CHEMISCHES ZENTRALBLATT

1830 gegründet
1897–1945 von der Deutschen Chemischen Gesellschaft fortgeführt

Herausgegeben im Auftrage
der Deutschen Akademie der Wissenschaften zu Berlin,
der Chemischen Gesellschaft in der DDR,
der Akademie der Wissenschaften zu Göttingen
und der Gesellschaft Deutscher Chemiker
von Prof. Dr. HEINRICH BERTSCH und Prof. Dr. Dr. h. c. WILHELM KLEMM

Chefredakteure
Dr. HELGA VÖLZ und Dr.-Ing. CHRISTIAN WEISKE

REFERAT 0001–1903
SEITE 1–200
140. JAHRGANG

20/1969

14. MAI 1969

AKADEMIE-VERLAG GMBH · BERLIN · VERLAG CHEMIE GMBH · WEINHEIM/BERGSTRASSE

Inhalt

A. Allgemeine, physikalisch-anorganische und anorganische Chemie . . . 1
- A–1. Physik der Atomkerne . . . 1
- A–2. Physik der Atome und Moleküle . . . 2
- A–3. Physik der Festkörper und Flüssigkeiten . . . 9
- A–4. Thermodynamik, Mechanik der Gase und Flüssigkeiten, Gleichgewichte . . . 39
- A–5. Elektrochemie . . . 50
- A–6. Kolloidchemie, Grenzflächen . . . 56
- A–7. Kinetik, Katalyse . . . 59
- A–8. Darstellung und Reaktionen von Elementen und anorganischen Verbindungen . . . 69
- A–9. Geochemie . . . 82

B. Physikalische organische Chemie . . . 83
- B–1. Optische, elektrische und magnetische Eigenschaften, Spektren . . . 84
- B–2. Strukturforschung . . . 89
- B–3. Thermodynamik . . . 91
- B–4. Phasengleichgewichte, chemische Gleichgewichte und ihre Energetik . . . 92
- B–5. Elektrochemie . . . 95
- B–6. Kinetik, Katalyse . . . 97

C. Präparative organische Chemie, Naturstoffe . . . 103
- C–1. Acyclische Verbindungen . . . 104
- C–2. Isocyclische Verbindungen . . . 108
- C–3. Heterocyclische Verbindungen . . . 118
- C–4. Naturstoffe . . . 129

D. Makromolekulare Chemie . . . 136

E. Biologische, physiologische und medizinische Chemie . . . 138

F. Pharmazeutische Chemie . . . 147

G. Analytische Chemie, Laboratoriumspraxis . . . 160
- G–1. Allgemeine Verfahren und Apparate . . . 160
- G–2. Analyse der Elemente und anorganischen Verbindungen . . . 166
- G–3. Analyse organischer Verbindungen . . . 174
- G–4. Analyse biologischer Materialien, forensische Analyse . . . 178
- G–5. Analyse technischer Produkte . . . 181

H. Angewandte Chemie . . . 186

Bibliographien (Beilage) Nr. . . . B —

CHEMISCHES ZENTRALBLATT

1830 gegründet
1897—1945 von der Deutschen Chemischen Gesellschaft fortgeführt

Herausgegeben im Auftrage
der Deutschen Akademie der Wissenschaften zu Berlin,
der Chemischen Gesellschaft in der DDR,
der Akademie der Wissenschaften zu Göttingen
und der Gesellschaft Deutscher Chemiker
von Prof. Dr. HEINRICH BERTSCH und Prof. Dr. Dr. h. c. WILHELM KLEMM

Chefredakteure
Dr. HELGA VÖLZ und Dr.-Ing. CHRISTIAN WEISKE

AKADEMIE-VERLAG GMBH · BERLIN – VERLAG CHEMIE GMBH · WEINHEIM · BERGSTRASSE

140. JAHRGANG

1969

Nr.	Referat	Seitenzahl	Ausgabe-Datum
17	0001—2115	1—200	23. April 1969
18	0001—2008	1—200	30. April 1969
19	0001—1811	1—192	7. Mai 1969
20	0001—1903	1—200	14. Mai 1969

Abkürzungsverzeichnis

Bitte besonders beachten:

1. Die Abkürzungen werden auch bei zusammengesetzten Wörtern verwendet. Die abgekürzten Wortteile werden durch einen Bindestrich verbunden. Der Bindestrich fällt weg, wenn der abgekürzte Wortteil am Wortende steht (Bldg.-Wärme, aber Wärmebldg.; ungesätt.).
2. Die Endung „isch" (chemisch, physikalisch, organisch usw.) wird durch einen Punkt ersetzt, ausgenommen sind Wörter, bei denen „isch" an einen Vokal angehängt ist (algebraisch).
3. Das letzte Wort eines Satzes wird nicht abgekürzt. Die Kurzzeichen für Maßeinheiten bilden hierbei eine Ausnahme (z. B. m, A).

A.	Äthanol, Äthylalkohol
Abb.	Abbildung(en)
abs.	absolut(e)
Ae.	Äther (nur Diäthyläther)
akt.	aktiv(e)
allg.	allgemein(e)
Anm.	Anmerkung(en)
App.	Apparat(e), Apparatur(en)
Ausb.	Ausbeute(n)
ausg.	ausgegeben
$[\alpha]_D^{20}$	optische Drehung, spezifische (nur in Verbindung mit Indizes und/oder Zahlenangaben, z. B. bei 20°, D-Linie)
ber.	berechnet(e)
bes.	besondere, besonders, insbesondere
Best.	Bestimmung(en)
bez.	bezüglich
Bibl.	Bibliographie(n)
bin.	binär(e)
Bldg.	Bildung(en)
Bzl.	Benzol (nur für die Verbindung C_6H_6)
Bzn.	Benzin
bzw.	beziehungsweise
C.	Chem. Zentralblatt
D.	Dichte(n) (auch in Verbindung mit Indizes und/oder Zahlenangaben, z. B. bei 20° auf Wasser der Dichte bei 4° bezogen: $D._4^{20}$)
dad. gek.	dadurch gekennzeichnet
Darst.	Darstellung(en)
Deriv.	Derivat(e)
Dest.	Destillation(en)
dest.	destillieren, destilliert(e)
d. h.	das heißt
E.	Erstarrungspunkt(e)
Eig.	Eigenschaft(en)
Einfl.	Einfluß, Einflüsse
Einw.	Einwirkung(en)
Entw.	Entwicklung(en)
et al.	und Mitarbeiter
evtl.	eventuell
F.	Schmelzpunkt(e)
fl.	flüssig(e)
Fl.	Flüssigkeit(en)
frakt.	fraktioniert(e)
gasf	gasförmig
geb.	geboren
Geh.	Gehalt(e)
gek.	gekennzeichnet
gesätt.	gesättigt(e)
Geschw	Geschwindigkeit(en)
gest.	gestorben
Gew.	Gewicht(e)
ggf.	gegebenenfalls
Ggw.	Gegenwart
Herst.	Herstellung
ibid.	ibidem
Koeff.	Koeffizient(en)
koll.	kolloid(e), kolloidal(e)
Koll.	Kolloid(e)
Kondens.	Kondensation(en)
Konfig.	Konfiguration(en)
Konform.	Konformation(en)
konst.	konstant(e)
Konst.	Konstante(n)
Konstit.	Konstitution(en)
Konz.	Konzentration(en)
konz.	konzentriert(e)
korr.	korrigiert(e)
Kp.	Siedepunkt(e) (Siedepunkt z. B. bei 10 Torr: $Kp._{10}$)
Krist.	Kristall(e)
krist.	kristallisieren, kristallisiert(e), kristallin(e)
KW-Stoff(e)	Kohlenwasserstoff(e)
Labor.	Laboratorium, Laboratorien
l.c.	loco citato
Leg.	Legierung(en)
lösl.	löslich(e)
Lsg.	Lösung(en)
Lsgm.	Lösungsmittel
Max.	Maximum
Meth.	Methode(n)
Min.	Minute(n), allgemein
Mitt.	Mitteilung(en)
mikr.	mikroskopisch(e)
mol.	molekular(e)
Mol.	Molekül(e)
Molgew.	Molekulargewicht(e)
n_D^{20}	Brechungsindex (nur in Verbindung mit Indizes und/oder Zahlenangaben, z. B. bei 20°, D-Linie)
nachst.	nachstehend(e)
Nachw.	Nachweis(e)
Nd.	Niederschlag, Niederschläge
Orig.	Original(e)
Ox.	Oxydation(en)
ox.	oxydiert(e)
PAe.	Petroläther
Präp.	Präparat(e)
prim.	primär(e)
Prior.	Priorität(en), Unionspriorität(en)
Prod.	Produkt(e)
‰ig.	promillig(e)
%ig.	prozentig(e)
Py.	Pyridin (nur für die Verbindung C_5H_5N)
qual.	qualitativ(e)
quant.	quantitativ(e)
quart.	quartär(e) (Bindigkeit)
quatern.	quaternär(e)
rac.	racemisch(e)
Red.	Reduktion(en)
red.	reduziert(e)
Ref.	Referat(e)
Rk.	Reaktion(en)
s.	siehe
sd.	siedend(e), siedet
sek.	sekundär(e)
Sek.	Sekunde(n), allgemein
sog.	sogenannt(e)
Std.	Stunde(n), allgemein
std.	stündig(e)
Subl.	Sublimation(en)
subl.	sublimiert(e)
symm.	symmetrisch(e)
Synth.	Synthese(n)
Syst.	System(e)
Temp.	Temperatur(en)
tern.	ternär(e)
tert.	tertiär(e)
u.	und
u. a.	und andere, unter anderem
u. dgl.	und dergleichen
Unters.	Untersuchung(en)
usw.	und so weiter
Verb.	Verbindung(en)
verd.	verdünnt(e)
Verf.	Verfahren
Verh.	Verhalten
Vers.	Versuch(e)
Verw.	Verwendung(en)
Vf.	Verfasser, Verfasserin(nen)
Vgl.	Vergleich(e)
vgl.	vergleiche
Vol.	Volumen, Volumina
Vork.	Vorkommen
vorl. Mitt.	vorläufige Mitteilung(en)
Vorr.	Vorrichtung(en)
vorst.	vorstehend(e)
W.	Wasser
Wrkg.	Wirkung(en)
wss.	wäßrig(e)
z. B.	zum Beispiel
Zers.	Zersetzung(en)
z. T.	zum Teil
Zus.	Zusammensetzung(en)

Mathematische Zeichen

$\approx$	angenähert, gleich, rund, zirka
⌀	Durchmesser
$\triangleq$	entspricht
$>$	größer als
$\geqq$	größer oder gleich
$<$	kleiner als
$\leqq$	kleiner oder gleich
$\sim$	proportional
∞	unendlich

Patent-Abkürzungen

Aust.P.	Australisches Patent
Belg.P.	Belgisches Patent
Belg.A.S.	Belgische Auslegeschrift
Brit.P.	Britisches Patent
Can.P.	Canadisches Patent
Dän.P.	Dänisches Patent
D.A.S.	Deutsche Auslegeschrift
D.B.P.	Deutsches Bundes-Patent
D.P.[DDR]	Deutsches Pat. [DDR]
Finn.P.	Finnisches Patent
F.P.	Französisches Patent
Ind.P.	Indisches Patent
Israel.A.S.	Israelische Auslegeschrift
It.P.	Italienisches Patent
Jap.A.S.	Japanische Auslegeschr.
Niederl.P.	Niederländisches Patent
Norw.P.	Norwegisches Patent
Oe.P.	Österreichisches Patent
Port.P.	Portugiesisches Patent
Schwed.P.	Schwedisches Patent
Schwz.P.	Schweizer Patent
Tschech.P.	Tschechoslowakisches Patent
UdSSR.P.	Sowjetisches Patent
Ung.P.	Ungarisches Patent
U.S.P.	Amerikanisches Patent

Dr. Helga Völz und Dr.-Ing. Christian Weiske

Namenregister Nr. 20

Ein vollständiger oder gekürzter Abdruck der Referate ist ohne Genehmigung der Redaktion und des Verlages verboten!

Abagjan, L. P. 0318
Abbott Laboratories 1436
Abdel-Rassoul, A. A. 1561
Abdrachmanov, R. S. 0374
Abe, M. 1195
Abe, Y. 1353
Abele, J. C. 1445
Abljaev, S. A. 0309
Ablov, A. V. 0839, 0856
Achanscikova, L. A. 0699, 0793
Ache, H. J. 0775, 1105
Achmetzjanov, K. G. 0300
Adair, R. K. 1445
Adamova, J. A. 0699, 0793
Adamovic, T. P. 0850
Adams, F. 0007
Adamson, A. W 0769
Adelson, S. V. 1742
Adler, N. 1778
Adloff, J. P. 0774
Afanasev, B. N. 0640
Afanasev, G. F. 1720
Affsprung, H. E. 1036
Afonin, V. P. 1478
Agievskij, D. A. 0126
Aglietto, M. 1160
Ahluwalia, S. S. 1495
Aihara, A. 0994
Aitcin, P. C. 1457
Ajvazov, A. A. 0302
Akers, C. 0183
Akersmark, B. 1173
Akiba, K. 1019
Akimoto, S. 0820
A/B Pharmacia 1404
Alamichel, C. 0931
Alanicev, V. N. 0799
Albert, H. E. 1858
Alberti, G. 1506
Alchimowicz, J. 1684
Alcock, N. W. 0237
Alderson, G. W. 1762, 1816
Aleksandrov, J. A. 0703
Aleksanjan, V. T. 0037, 0038
Alekseev, V. I. 0630
Aleonard, S. 0195
Alexiev, A. A. 1575
Alferov, Z. I. 0416
Alfrey, N. K. 1736
Ali, S. L. 1541
Aliev, M. R. 0037, 0038
Aliev, O. A. 0545
Alimarin, I. P. 0563
Aliphatic Research Co. Ltd. 1799
Allan, P. W. 1489
Allied Chemical Corp. 1784
Allinger, N. L. 0985, 0986
Allulli, S. 1506
Almagro, J 0647
Altenburg, K. 0987
Altermatt, H. 1888
Alvarez, F. 1433, 1437
Amagasa, M. 1854
Amakasu, O. 0997, 0998
Ambrose, D. 1002
American Cyanamid Co. 1852, 1875
Amiard, G. 1386
Amis, E. S. 0960
Ammar, I. A. 0560
Amonenko, V. M. 0509
Amsel, G. 0274
Anchel, M. 1284
Anderson, R. L. 1445
Andersson, L.-O. 0077
Anderssön, S. 0207
Andonian, M. 1857
Andreev, P. P. 0530
Andreev, S. N 0349, 0581
Andreeva, T. P. 1752
Andrianov, K. A. 0799, 1182, 1196, 1297
Andrianov, V. G. 0223
Andrussow, L. 1741
Andruzzi, R. 1059
Angel, Y 0903
Angert, N. B. 0262
Angliker, E. 1419
Anikina, L. D. 0218
Anisimov, V. M. 0508
Anson, F. C. 0001
Anspach, W. M. 0684, 0685
Antell, G. R. 0415
Anthony, W. C. 1358
Antill, J. E. 0734
Antipov, I. N. 0550
Antipova, V. V. 0793
Antonov, A. V. 0342
Antony, W. 0654
Aoyagi, T. 1348
Appelbaum, J. A. 0435
Appelt, K. 0644
Appleman, D. 1656
Apt, K. 0009, 0010
Arai, H. 1131
Arcache, G. 1295
Archandelskij, I. V. 0801
Arita, T. 1194
Ariyoshi, Y. 1291
Armijo, J. S. 0628
Armstrong, D. A. 0778
Armstrong, R. D. 0622
Armstrong, R. L. 0075
Arnold, G. 0375
Aronov, J. E. 1170
Arthur, P. 1550
Artico, M. 1264
Arunachalam, V. S. 0142
Arzoumanian, H. 1154
Asahi Kasei Kogyo K. K. 1823, 1833
Asao, M. 1750
Ashraf, M. 0651
Ashworth, M. R. F. 1465
Asinger, F. 1119
Aslanov, L. A. 0199, 0208
Asnin, V. M. 0401
Aspnes, D. E. 0326
Assarsson, P. 1004
Assink, J. E. 0010
Astheimer, R. W. 1445
Atkins jun., G. M. 1216
Atkinson, J. G. 1161
Atomenergie-kommission 1846
Atroscenko, V. I. 0742
Attardo, M. J. 0385
Augstein, J. 1413
Augustine, L. G. 1766
Aumann, D. C. 1512
Ayerst McKenna & Harrison Ltd. 1428, 1429
Aymerich, F. 0329
Azam, N. 0314

Babad-Zachrjapin, A. A. 0826
Babaev, I. K. 0074
Babaeva, A. V. 0073, 0662
Babajan, G. G. 0516
Babenkova, L. V. 1746
Babeskina, G. K. 0634
Babko, A. K. 0568
Babu, B. H. 1310
Babuskina, T. A. 0370
Bacanov, S. S. 0527, 0851
Bachmann, K. 0372
Backinowsky, L. V. 1275
Badische Anilin & Soda Fabrik 1740, 1785, 1798, 1841, 1861, 1867, 1884, 1887, 1892, 1902
Baer, H. J. 1057
Baes, C. F. 0050
Baessler, H. 1049, 1051
Baev, I. A. 0418
Baginski, W. A. 1728
Bagnall, K. W. 0830
Bagotzky, W. S. 0635
Bai, K. S. 0585
Bajdarovceva, M. A. 1503
Bakaev, S. A. 0126
Baker, F. W. 1043
Baker, R. H. 1073
Balakir, E. A. 0523, 0539
Balckmore, T. 0860
Ballardini, R. 0768
Ballin, G. 1327
Balz, W 1740
Balzani, V. 0768
Bamberger, C. E. 0050
Bancher, E. 1609, 1621
Bandoli, G. 0215
Banks, E. 0204
Banyai, E. 1518
Bapseres, P. 1855
Baranov, B. V. 0815
Baranovskij, I. B. 0862
Baranowski, R. 1616
Bardolle, J. 0158
Bardoneschi, R. 1805
Barejkis, V. A. 0395
Baret, J. F. 1023
Barfield, M. 0967, 0968
Barlow, I. C. 1583
Barocchi, F. 1003
Barolo, P. 1337
Barrett, L. R. 0304
Barsetgov, D. G. 0819
Bartnickaja, T. S. 1525
Barton, L. 0065
Barua, A. K. 0474
Basilevsky, A. G. 1662
Basinska, M. 1565
Baskirov, A. N. 1752
Basov, J. G. 0464, 0465
Basov, N. G. 0324
Bassani, F. 0329
Bassett, D. W. 0666
Bassett, W. A. 0282
Bastian, J. 1497
Batalovam, L. G. 1179
Battista, H. J. 1655
Bauer, H. H. 0613
Baumann, F. 1611
Baumann, H. 1884
Baumer, A. 0888
Bayless, J. 1167
Bazant, V. 1125
Bazilevskij, A. T. 0885
Bazin, A. I. 0360
Bazin, H. 1645
Bazin, N. M. 0711
Beardsley, D. A. 1576
Beck, F. 0611, 1060
Becker, H.-D. 1188
Beckert, W. F. 1183, 1184
Beckmann, K. H. 0333
Becsey, J. G. 1445
Beecham Group Ltd. 1442
Beeson, P. M. 1445
Beg, M. A. 0566, 1558
Begland, R. W. 1270
Behera, B. 0840
Behling, J. 1209
Behner, O. 1377
Bek, W 1475
Bekker, R. A. 1178
Belikov, V. M. 1174
Belikov, V. N. 0420
Beljaev, J. N. 0087
Beljaeva, K. F. 0196
Beljajeva, A. I. 0342
Beljustin, A. V. 0117
Belkov, A. F. 0420
Bell, R. P. 1088
Bell, T. K. 1483
Bella, E. P. Di 1781
Bellamy, W. D. 1024
Bellemans, A. 0462
Belling, J. A. 0888
Belockij, D. P. 0550
Beloglazova, A. L. 1555
Beloraj, J. L. 0662
Belova, V I. 0834
Belskaja, L. B. 0857
Ben-Sira, M. Y. 0125
Bender, H. 1896
Benesi, H. A. 0763
Bengelsdorf, I. S. 1880
Benn, M. H. 0992
Bennion, B. C. 0001
Benson, W. R. 1703
Beranger, G. 0274
Berde, B. 1420
Berdnikov, V, R. 0806
Berdowski, W. 0093
Beregi, L. 1398
Beremzanov, B. A. 0518
Beresneva, T. I. 0073
Berezin, B. D. 0588, 0716
Berg, W. T. 1001
Berge, H. 1607
Berger, A. 1776
Bergeron, J. A. 1024
Berges, D. A. 1207
Bergesen, K. 1267
Berikasvili, I. G. 0819
Berka, A. 1591
Berkowitz, J. 1141
Bernardi, R. 1106
Berndt, H. 1456
Bernstein, R. B. 0090
Bernstein, S. 1287, 1288, 1289
Berry, C. R. 0653
Bersov, L. V. 0377
Bertenev, V. M. 0043
Berther, C. 1804
Bertin, D. 1807
Bertini, I. 0847
Berti, M. 1861
Bery, J.-C. 0978
Beshinske, R. J. 1013
Bethune, J. E. 1637
Betrencourt-Stirneman, C. 0931
Bett, J. A. S. 1136
Beyer, W. 1675
Beyerle, R. 1896
Bezaschvili, K. A. 0688
Bezgudova, Z. I. 1259
Bezverchij, V. D. 0232
Bhat, A. N. 1568
Bhat, H. B. 1276
Bibik, V. F. 0391
Bichman, B. I. 0857
Bickel, H. 1392
Bien, H.-S. 1897
Bigl, F. 1473
Bigoli, F. 0188
Bildstein, H. 1680
Bilinska-Kozicka, U. 0575
Biljak, A. I. 0232
Billingsley II, F. P. 0969
Bilyj, M. U. 0361
Bindner, P. E. 0776
Birjukov, B. P. 0222
Bjoern Akermark, A. 1173
Blagoj, J. P. 0663
Blanicky, P. 1574
Blaser, K. 0631
Blasi, J. A. 1676
Blatt, F. J 1445
Blatter, H. M. 0986
Blaunstein, R. P. 1134
Blewitt, H. L. 0940
Blinov, L. N. 0448
Bliznakov, G. 0823
Bloemendal, H. 1654
Bloch, O. 0610
Blochin, S. M. 0043
Blood, A. E. 1828
Bloor, J. E. 0969
Blott, B. H. 0390
Blume, R. J. 1445
Blyholder, G. 0025
Bobylev, A. P. 0601
Bocca, B. U. 0990
Bock, R. 1541
Bodor, N. 1067, 1068
Boehringer, C. F. & Soehne GmbH 1346, 1400
Boeing Co. 1728
Boelhouwer, C. 1127
Boellert, V. 1847
Boer, J. H. De 0656, 0657, 0658
Boettcher, A. L. 0886
Bogaceva, E. G. 0728
Bogoljubskij, S. D. 0630
Bogomolova, L. D. 0379
Bogorodickij, N. P. 0406
Bohacek, J. 0645
Bohdansky, J. 0661
Boisot, P. 0274
Boissonnas, R. 1385, 1420
Bojarsinov, L. M. 0319
Bojko, J. I. 0306
Bokov, V. A. 0445, 0449
Boldyrev, V. V. 0218
Bollinger, J. M. 1038
Bolsakov, K. A. 0833
Bolton, R. 1099
Bondar, I. A. 0803
Bondarenko, V. K. 1589
Bongini, A. 1092
Bonneau, R. 1683
Bonnemay, M. 0604
Bonnier, J.-M. 1071
Bonniol, A. 0583
Bontchev, P. R. 1575
Boonstra, E. G. 0236
Borchers, H. 0160
Borchi, L. D. 1252
Borejko, M. K. 0713
Boreskov, G. K. 0740
Borisov, S. V. 0211, 0243
Borisova, A. P. 0715
Bork, K.-H. 1388
Borker, E. 1706
Born, H.-J. 1512
Borodaevskij, V. I. 0851
Borodko, J. G. 0665
Borovkov, V. S. 0589
Borth, R. 1502
Borzenkova, M. P. 0546
Borzjak, P. H. 0391
Bose, A. K. 1285
Bosshardt, R. 1392
Boswell, G. G. J. 0004
Botar, A. 0690
Bothorel, P. 0988
Botnick, E. M. 1445
Bouc, F. Le 1045
Boulette, B. 1200
Boumans, P. W. J. M. 1477
Bowd, A. J. 1523, 1614, 1615
Bowes, P. C. 1136
Bowie, J. H. 0948
Bowser, M. L. 1445
Bracey, A. 1341
Brachel, H. von 1797
Braibanti, A. 0188
Brailovskyj, J. J. 0413
Brand, M. J. D. 1064
Braude, E. V. 1174
Braude, I. S. 0255
Brauman, J. I. 1100
Braun, D. 1295
Braun, W. 1861
Brec, R. 0190
Breder, C. V. 1158
Bredereck, H. F. I. 1790
Bredichina, T. N. 0759
Brehm, C. 0132
Brewington, C. R. 1608
Brezina, M. 0601
Brezuleanu, V. 0035
Brichta, C. 1853
Bridger, G. L. 1736
Brierley, M. 0858
Brimhall, J. L. 1716
Brinen, J. S. 0909
Brink, J. A. 1581
Brinkmann, D. 0371, 0376
Briscoe, G. B. 1576
Bristol-Banyn Research Institute Ltd. 1362
British Petroleum Co. Ltd. 1762, 1816
Brixner, L. H. 0447
Brjuchanov, A. O. 0278
Broaddus, C. D. 1104
Broadhurst, J. G. 0892
Brocklehurst, B. 0691
Brodie, A. M. 0874
Brodskij, M. M. 0134
Broekhoff, J. C. P. 0656, 0657, 0658
Broers, G H. J. 0609
Brodsky, A. E. 1056
Brogden, M. E. 1783
Bron, J. 1113
Brongersma, H. H. 1076
Brosch, R. 0110
Brossel, J. 0092
Broucek, F. I. 0681
Brown, B. B. 1220
Brown, D. 0830
Brown, D. H. 0845
Brown, G. M. 0228, 0229
Brown, R. D. 0918
Brownstein, S. 0949
Bruce, M. I. 0860, 0861, 0865
Brudz, V. G. 1252
Bruice, T. C. 1090
Brun, G. 0798
Bruni, J. B. 1304
Brunie, J.-C. 1788
Brunie, S. 0200
Brunkhorst, W. 1692
Brusencev, F. A. 0214
Brusset, H. 1458
Bruylants, A. 1084
Brysneva, L. A. 0421
Buchaeva, V. C. 1228
Buchowski, H. 0513, 0514
Buck, H. M. 1075
Buckley, R. E. 1445
Bucko, M. I. 0426
Bucourt, R. 1434
Budanova, V. F. 0866
Budarin, L. I. 0704, 0705
Budesinsky, B. 1519
Budininkas, P. 0492, 0493, 0494
Buehler, A. 1089, 1893
Buell, B. G. 1875
Buettner, J. 0383
Buettner, M. 0859
Bugli, G. 0224
Buina, N. A. 1181
Buiten, J. 1137
Bukin, V. I. 0213
Bukshpan, S. 0125
Bulatov, M. I. 0559
Bulavin, A. I. 0420
Bulgakova, T. I. 0503
Buncuk, L. V. 0528
Burckhalter, J.-H. 1286
Burden, F. R. 0918
Burdett, C. F. 0444
Burgess, E. M. 1216
Burkert, P K. 0076
Burkov, V I. 0347
Burmistrov, S. I. 1186, 1247
Burnasova, T. D. 0817
Burns, D. T. 1462, 1523, 1614, 1615
Burton, C. S. 0927
Busev, A. I. 0578, 1578
Busing, W. R. 0229
Busnev, L. S. 0165
Butter, G. N. 1819
Buxmann, K. 0124
Buxton, G. V. 0771
Byckov, V. T. 0814
Bylina, E. A. 0662
Bystrova, R. M. 1189, 1755
Bzdega, J. 1681

Caddy, B. 0946
Cahn, R. W. 0142
Cain, D. F. 1641
Cajka, M. 0654
Calas, R. J. 1765
Calderazzo, F 1727
California Research 1735, 1814
Campbell, A. D. 1593, 1594
Canevari, R. 1397
Canossa, A. 1502
Canty, A. J. 0062
Capette, J. 0789
Capotosto jun., A. 0722
Caprara, G. 1853
Cardillo, G. 1325
Cardinali, M. 1059
Carelli, V. 1257
Carkin, O. P. 0034
Carles-Gibergues, A. 1457
Carpenter, S. H. 0287
Carra, S. 1079, 1121
Carrington, A. 0001
Carroll, D. G. 0032
Carson, K. R. 0279
Caruso, J. A. 1046
Casini, G. 1257
Cassella Farbwerke Mainkur AG 1797, 1896

Cassuto, A. 0960
Castov, A. A. 0335
Castrillon, J. P. A. 1244
Caurskij, N. I. 0819
Cava, M. P. 1214
Cazov, V. N. 1708
Ceburkov, J. A. 1170
Cecernikov, V. I. 0450
Cechovskoj, V. J. 0491
Cee, A. 1662
Cekalin, S. V. 0324
Centola, P. 0755
Cere, L. 1337
Cerkasov, V. M. 1208, 1261
Cernenkaja, E. I. 1711
Cernicova, N. M. 0876
Cernikov, S. S. 0665
Cernov, I. G. 0085
Cernova, A. I. 1633
Cerny, A. 1306
Cernyseva, T. V. 1520
Chabbibulina, S. M. 0723
Chafetz, L. 1339
Chaikin, S. 1077
Chajnman, V. J. 0676
Chajrullin, V. K. 1199
Chajutin, S. G. 0152
Chakravorty, A. 0838, 0840
Chambers, C. H. 1233
Champin, B. 0161
Chan Fam Zoan 0448
Chanasvili, L. M. 1297
Chandross, E. A. 0898, 0907
Chang, C. H. 0191
Chang, J. 0908
Chang, P. K. 1302
Chang, S. S. 1698
Chant, M. J. De 0707
Chapin, D. M. 0692
Charcenko, L. V. 1677
Charcenko, V. G. 1243
Charitonov, J. J. 0067, 0073
Charitonov, J. N. 0441
Charkova, G. V. 0154
Chatel, J.-L. 1461
Chawla, I. D. 1466
Chemerda, J. M. 1403
Chemisch-Pharmazeutische Fabrik 1363
Chemische Fabrik Schweizerhall 1345
Chemische Werke Huels AG 1876
Chemische Werke Witten GmbH 1864
Chemla, M. 0485
Chen, C.-Y. 0964
Chevreton, M. 0200
Chidambaram, S. 1082
Chihara, G. 1280
Chilko, G. I. 0345
Chin, H. L. 1452
Chippendale, J. C. 0892
Chitarov, N. I. 0884
Chitrova, V. I. 0206
Chiusoli, G. P. 1829, 1830
Chljupina, G. J. 1205
Chol, G. 0221
Chomasuridze, Z. F. 0783
Chomjakov, V. G. 1252
Chomutov, N. E. 1252
Chozainov, J. M. 0806
Christensen, C. J. 0001
Christensen, N. H. 1846
Christian, S. D. 1036
Christie, M. I. 1072
Christophorou, L. G. 1134
Christova, M. 1481
Chruscev, B. I. 0249
Chu, Y. Y. 0016
Chuchlancev, V. G. 0655
Chudjakova, T. A. 0593
Chughtai, F. R. 1653
Chughtai, N. A. 1622, 1653
Chupka, W. A. 1141
Chvostenko, G. 0054
Chvostov, V. A. 0412
Ciba AG 1392, 1414, 1416, 1776, 1792, 1889, 1893, 1894, 1895
Ciba Ltd. 1868
Ciba Soc. An. 1866
Cicerin, L. A. 0362
Cicerov, V. M. 0310
Cicischvili, G. V. 0688
Ciecierska-Stoklosa, D. 1521
Ciecierska-Tworek, Z. 1521
Ciliianu-Bibian, S. 1870, 1871
Cillien, C. 1109
Cincadze, G. V. 0681
Cinenko, O. V. 0284
Cingolani, A. 0366
Cirulnikova, N. V. 0584
Clark, A. H. 0878
Clark, A. M. 0878
Clark, R. D. 1836
Clarke, R. E. 0855
Claxton, T. A. 0956, 0976
Clement, C. 0988
Cline, J. E. 1454
Cline, R. S. 0131
Clotman, D. 1028
Clotten, R. 1638
Cnobloch, H. 0597
Coburn, T. T. 1034
Cocou, F. 1094
Codikov, V. V. 1252
Cohen, S. C. 1203
Cole, G. D. 1052
Cole, J. W. 1436
Colleuille, Y. 1765
Comisarow, M. B. 1038
Compernolle, F. 1201
Commercial Solvents Corp. 1819
Concilio, C. 1092
Conigliaro, P. J. 1263
Conrad, H. 0268, 0269
Constant, E. 1030
Conway, B. E. 1055
Cook, D. J. 0869
Cook, F. 1167
Cook jun., W. R. 0220
Cooke, E. V. 1791
Cooke, M. 0865
Cooney, R. P. J. 0351
Cooper, L. E. 1825, 1868
Cooper, M. J. 0113, 0246
Corcoran, W. H. 0698
Cordes, A. W. 1445
Cordes, O. L. 1454
Cordfunke, E. H. P. 0827
Corey, E. J. 1211, 1283
Cornille, M. 0246
Cornovolenko, A. A. 0412
Corsi, G. 1724
Corsiglia, L. 0020
Costain, W. 1764
Costello, J. 0112
Cottie, J. E. 1815
Cotton, J. D. 0861
Coulson, C. A. 0019, 0025
Court, J. 1071
Courtine, P. 0209
Courtney, W. G. 0505, 0506
Coutts, R. S. 0082
Couvillon, T. M. 1116
Couzi, M. 0936
Covitz, F. H. 1061
Cram, D. J. 1165
Cramer, J. W. 1302
Crandall, D. G. 0904
Crawford, R. C. 0170
Creger, P. Le R. 1431
Creighton, S. M. 1215
Crenne, N. 1788
Crenshaw, R. R. 1234
Crider, W. L. 1445
Crocker, H. P. 1849
Crouser, L. C. 0388
Csajka, M. 1663
Csicsery, S. M. 1611
Cubukov, V. V. 0535
Cufarov, G. I. 0728
Cuiban, F. 1870, 1871
Cukin, G. D. 0669, 0750
Culmo, R. 1595
Cupas, C. A. 1038
Curl jun., R. F. 0057
Curtis, R. M. 0763
Curtiss, C. F. 0488
Curtius, U. 1847
Cusack, N. E. 0486
Cykunova, S. V. 1584
Cys, S. N. 0074
Cyvin, S. J. 0040
Dahill jun., R. T. 1265
Dahl, J. P. 0030, 0031
Daiichi Seiyaku Co. Ltd. 1348
Dailey, B. P. 0937
Dalcq, A. 1084
Dalgatov, D. D. 1227
Damask, A. C. 0312
Damiano, V. V. 0268, 0269
Damico, R. 1155
Dams, R. 0005
Dance, N. J. 1723
Dancevskaja, M. N. 0737
Danesi, P. R. 1035
Daniels, R. D. 0275
Danilenko, L. P. 0819
Danilina, L. L. 0653
Danilina, N. E. 1218
Danilova, T. A. 1747
Danjusevskij, J. L. 1216
Dansas, P. 0915, 0916, 0922
Darwish, S. 0560
Das, K. G. 1285
Daskevic, E. V. 1671
Dastidar, T. K. R. 0474
Dastur, S. P. 1014
Daumezon, P. 0915, 0922
Dautzenberg, H. 1057
David, D. 0274
Davidenko, N. K. 0561
Davidovic, R. L. 0526
Davis, A. 1678
Davydov, J. P. 0678
Davydova, A. D. 0523
Dawihl, W. 0674, 0675
De, S. K. 1037
Dean, P. D. G. 1330
Deb, C. 1630
Dedegkaev, T. T. 0145
Deduch, L. M. 0288
Deghenghi, R. 1428, 1429
Degtiarev, L. S. 1056
Dehnert, J. 1867, 1884
Dejcman, E. N. 0524
Dekkers, H. P. J. M. 1076
Delafosse, D. 0725
Delahay, P. 0643, 0644
Delgado, J. N. 1333
Delimarskij, J. K. 0639
Dell'Erba, C. 1108
Delorme, P. 0933
Demin, P. 1235
Derbeneva, S. S. 0651
Derendjaev, S. P. 0717, 0718
Deschamps, J. 0924
Descotes, G. 0974
Deutch, J. M. 0469
Deutsche Gold- und Silber-Scheideanstalt vormals Roessler 1802
Devanathan, A. V. 0621
Devaux, G. 1338
Devay, J. 0625
Devillers, C. 0779
Devjatkin, V. N. 0058
Dexter, A. R. 1009
Dey, A. K. 0562, 1544
Dey, T. H. 0481
Diehl, P. 0947
Dietrich, H. 1379
Dilgen, S. F. 1202
Dimitrov, D. 1080
Distillers Co. Ltd. 1825, 1849, 1868, 1869
Distler, H. 1785
Djacenko, E. K. 1236, 1237
Djadin, J. A. 0044
Djatkin, B. L. 1178
Djatkina, M. E. 0034
Djatlova, N. M. 0584, 0857
Dmitriev, B. A. 1275
Dmitriev, I. S. 0098
Dobroborskaja, C. I. 1688
Dobson, C. D. 0414
Dodds, H. L. H. 0651
Doege, G. 0935
Doidge, P. R. 0510
Dokladalova, J. 1601
Dolezal, J. 1574
Dolja, G. P. 0313
Domingos, J. M. 1588
Domka, F. 1513
Dondes, S. 0697
Donec, E. D. 0832
Donzel, A. 1090
Dorin, V. A. 0398
Dorman, L. 1464
Dorn, H. 1177, 1281
Dorn, J. E. 0271
Dorofeenko, G. N. 0983
Douarec, J. C. Le 1397
Double, D. D. 0139
Douslin, D. R. 1001
Douzou, P. 0789
Dow Corning Corp. 1789
Dracynskyj, A. S. 0281
Draganic, I. 1150
Drain, D. J. 1344
Drake, G. H. 1462
Drazic, M. 1778
Dresner, J. 1050
Dressler, R. L. 1268
Driesen, G. 1412
Drodz, G. I. 1197, 1198
Drokin, A. I. 0453
Druin, V. A. 0832
Dubinina, E. M. 0242
Dubov, S. S. 0852, 0853
Dubrovin, K. P. 0382
Dubrovina, I. M. 1669
Dubrovskaja, I. N. 0423
Dubsky, J. 0970
Dudkin, V. A. 0766
Dudley, C. W. 0873
Dudzik, Z. 0753
Duenner, P. 0115
Duerckheimer, W. 1394
Duerr, S. 0124
Duff, E. J. 0854
Dufour, L.-C. 0726
Dulan, L. A. 1314
Dunce, M. E. 1309
Dupont, J. P. 1029
Du Pont de Nemours E. I. & Co. 1862, 1877
Dupuis, T. 0118
Dupuy, F. 0906
Durand, G. 0913
Duro, F. 1191
Dutcak, J. J. 0299, 0381
Duyne, R. Van 1036
Dwivedi, C. D. 1544
Dworecki, Z. 0387
Dymarcuk, N. P. 0702
Dynamit Nobel AG 1817
Dzamagidze, S. Z. 0144
Dzaparidze, E. I. 0396
Dzurinskaja, N. G. 0813
Dzurinskij, B. F. 0545
Eaborn, C. A. 0797
Easey, J. F. 0830
East, R. C. 1840
Eastham, A. R. 0510
Eastman Kodak Co. 1772, 1828, 1831, 1835, 1836
Ebel, H. 1455
Ebeling, W. 0467
Ebert, P. J. 1445
Eda, B. 0957
Eddy, R. D. 1590
Edelson, D. 0102
Edgar, K. 0068
Edler, E. 1741
Edmonds, D. T. 1445
Edmundsson, I. 1524
Edwards, R. K. 0492, 0493, 0494
Efferson, K. R. 1445
Efimova, B. A. 0423
Egashira, S. 1602
Egelstaff, P. A. 0248
Eger, C. 0684, 0685
Ehrenberg, A. 0958
Eichenberger, K. 1414
Eirich, F. R. 1004
Eisenbraun, E. J. 1202
Ejaz, M. 0006
Ekambaram, A. 1176
Ekin jun., J. W. 0693
Ekong, D. E. U. 1324
Elbe, G. von 0700
Eley, D. D. 1053
Eliseenkov, V. N. 1199
Eliseev, A. A. 0197
Ellefson, C. R. 1223
Ellermann, J. 0843
El-Meligy, M. S. A. 0821
Emannel, N. M. 1749
Emmenegger, H. 1419
Emura, S. 1657
Enderby, J. E. 0248
Engel, G. 0590
Engelbrecht, H.-J. 1375
Engelhard Industries, Inc. 1737
Engewald, W. 1101
Enuestuen, B. V. 0659
Ercoli, R. 1727
Erdal, B. R. 0015
Erdey-Gruz, T. 0594
Eremeeva, N. V. 0563
Eremenko, V. V. 0340, 0353
Erenburg, V. G. 0218
Eriksen, J. H. 0732
Eristavi, D. I. 0681
Eristavi, V. D. 0681
Ermakov, A. N. 0515, 0809
Ermolaev, A. M. 0442
Ermolenko, A. S. 0458
Ermolenko, E. N. 0761
Ermrich, W. 0389
Ern, V. 0896
Ernst, F. 0800
Erofeev, B. V. 0747
Eshdat, Y. 0194
Essery, J. M. 1234
Eugster, C. 1361
Eustorf, E. K. von 1881
Evdakov, V. P. 0813
Evdokimov, D. J. 1549
Evdokimov, V. B. 0759
Evreev, V. N. 0836
Exner, O. 0992, 1008
Eyring, E. M. 0001
Eyring, H. 0001
Fabian, J. 0979
Fadeeva, V. I. 0563
Falk, H. L. 1693
Falk, T. J. 0511
Farbenfabriken Bayer AG 1377, 1847, 1897, 1899, 1900, 1901
Farbwerke Hoechst AG vormals Meister Lucius & Bruening 1347, 1352, 1394, 1412, 1769, 1773, 1774, 1812, 1820, 1883, 1885
Faroux, J.-P. 0092
Farr, J. P. G. 0627
Fassbender, C. A. 1707
Faudot, F. 0276
Fauquembergue, R. 1030
Fauquet, J. 1338
Faure, J. 1683
Faust, J. 1224, 1225
Faust, R. J. 1295
Fayet, J.-P. 0919, 0920
Feates, F. S. 0305
Feder, H. M. 0001
Fedjanin, V. K. 0143
Fedorenko, A. I. 0313
Fedorova, G. K. 1180
Fedorovskij, A. N. 0404
Fedoseev, A. D. 0875
Fedosjuk, L. G. 1755
Fedotov, N. S. 1266
Fehnel, E. A. 1253
Fehsenfeld, F. C. 0695
Feiner, L. A. 1640
Feketeova, E. 1336
Feldman, F. J. 1676
Fell, B. 1119
Fenton, D. E. 1203
Ferguson, E. E. 0695
Fernandez, J. G. 1647
Fernholz, H. 1774
Ferretti, A. 1240
Ferrier, R. P. 0457
Feuer, J. 0028
Fevre, R. J. W. Le 0889
Fey, L. 1068
Field jun., R. L. 1445
Fiedler, H. C. 1714
Figurova, G. N. 0703
Filippova, A. P. 0059
Finch, A. 1006
Findlay, J. A. 1171
Finer, E. G. 0079
Finogenova, L. I. 0834
Fischer, C. F. 0021
Fischer, E. O. 0797
Fischer, G. 0429
Fischer, R. 1042
Fiser, I. Z. 0475
Fishbein, L. 1693
Fisk, C. 0023, 0024
Fitzner, H. 1892
Fiumara, A. 0760
Flanagan, V. 1240
Flatt, D. V. 1789
Flechsig, W. 0331
Fleet, B. 1064
Fleischhauer, R. 1896
Flesher, J. W. 1210
Fletcher, A. N. 0902
Fletcher, A. W. 1726
Fletcher, H. 1799
Flidlider, G. V. 1677
Flieger, A. 1491
Flodin, P. G. M. 1803
Flood, H. 0250
Flynn, C. P. 0443
Fomicev, N. N. 0338
Fomin, V. V. 0555, 1531
Fomina, T. V. 0702
Ford, D. L. 0062
Forrest, K. P. 0845
Fotah, M. O. Abo-el 0271
Fouche, J. C. L. 1351, 1369, 1370
Fournes, L. 0923
Foye, W. O. 1331
Fraga, S. 0023, 0024
Frahn, J. L. 1623
Frainnet, E. E. 1765
Franck, E. U. 0595
Frank, C. W. 1474
Frankevich, E. L. 0910
Franz, M. 0601
Freedman, B. 1735
Freel, J. 1126
Freeman, C. G. 0694
Freeman, H. C. 0231
Freiberg, L. A. 0985, 0986
Freiberger, I. A. 1643
Freidman, L. 0105
French, W. N. 1335
Frey, A. J. 0999
Fridberg, I. D. 0406
Fried, J. 1427
Friedman, H. L. 1005
Friedman, L. 0001, 1167
Frisch, B. 0674, 0675
Fritsch, J. M. 1175
Fritz, G. 1847
Fritz, H. P. 0076
Frolov, J. G. 0531
Frumkin, A. 0636
Frumkin, A. N. 0633
Fuchs, R. 0961
Fueki, K. 1143
Fueller, H. 1372
Fueno, T. 1093
Fujii, A. 1091
Fujii, Y. 0894
Fujimura, K. 1624
Fujishima, I. 1668
Fukuda, J. 1754
Fuller jun., E. L. 0671
Funasaka, W. 1624, 1679
Furst, M. 0901
Furukawa, H. 1282
Furukawa, J. 1093
Furushima, K. 1485
Gacoin, P. 0928
Gadient, F. 1408
Gagarinskij, J. V. 0243
Gaglia jun., C. A. 1339
Gagliardi, E. 1551, 1571
Gagneux, A. 1361
Gagneux, A. R. 1399
Gaillard, P. A. 1753
Gainar, I. 0782
Gaines jun., G. L. 1024
Gal, D. 1078
Gal, O. 1150
Galaktionova, A. N. 1584
Galcova, E. A. 0044
Galickij, N. V. 0553
Galli, R. 1106
Galpern, G. D. 1242
Galperin, E. L. 0852, 0853
Galwey, A. K. 1126
Galy, J. 0207
Gamazov, A. A. 0416

Gambarjan 0052
Ganeev, I. G. 0883
Ganesan, R. 1087
Gangulee, A. 0172
Gankin, V. J. 1748
Gansina, E. A. 0341
Garber, R. I. 0313
Garber, T. I. 0340
Garcia, V. C. 1696
Gardasnikov, L. E. 1470
Gardner, J. N. 1368
Gardner, P. J. 1006
Gardshol, J. I. 1803
Garifjanov, N. S. 0374
Garmaise, D. L. 1233
Garmatina, E. P. 0548
Garnier, G. 1457
Gary, L. P. 1054, 1140
Gasanov, G. S. 0156
Gasparic, J 1682
Gaultier, M. 0209
Gaunt, P. 0438
Gavrilov, N. V. 0531
Gavrilova, N. D. 0434
Geary, W. J. 0858
Gee, H. Y. 1563
Gehlen, H. 1235
Geider, K. 0996
Geigy, J. R. AG 1361, 1364, 1379, 1383, 1399, 1441
Geigy Soc. An. J. R. 1838
Geiseler, G. 1015
Geiss, F. 1486
Gelas, B. de 0274
Geld, P. V. 0166, 0296
Geller, I. C. 0398
Gendelev, S. S. 0453
Genender, L. S. 1748
Georgiev, E. V. 1704
Gerasenkova, A. N. 0835
Gerasimov, J. I. 0498
Gerbeleu, N. V. 0839
Gerber, N. N. 1308
Gercuk, M. P. 1169
Gerhold, G. A. 0925
Gerlach, J. 0724
Gert, L. M. 0826
Gertisser, B. 1777
Getmanova, A. K. 1747
Ghelardoni, M. 1269
Gheorghiu, C. 0864
Gianturco, F. A. 0019
Gianturco, M. A. 1240
Gibbs, H. H. 1862
Gibian, H. 1808
Gildengersel, C. I. 0866
Gillot, D. 0916
Ginsberg, H. 0626
Girard, A. 1376
Giuffrida, L. 1504
Giumanini, A. G. 1086
Given, P. H. 1120
Gjunasjan, A. P. 0516
Gladun, C. 0297, 0298
Glaeser, R. 0887
Glanz, G. 0301
Glatthard, R. 1418
Glayman, J. 1710
Glazov, V. M. 1719
Glazova, V. V. 0202
Gleiter, H. 0267
Glicksman, M. E. 0121
Glikman, E. E. 0266
Glusakova, V N. 0703
Gnezdilov, I. A. 1715
Goemans, A. H. 0111
Goessel, H. 1774
Goganov, D. A. 0042
Gogova, L. A. 0396
Golden, J. H. 1678
Goldfarb, J. L. 1218
Goldfinger, P. 1109
Goldman, M. M. 0528
Golesworthy, R. C. 1072, 1873
Golikova, O. A. 0394
Goljaev, N. D. 0317, 0318
Golovatyj, R. N. 1496
Golovina, G. P. 0806
Golubev, V. I. 0317, 0318
Gomankov, V. I. 0168
Gombas, P. 0018
Goode, G. C. 1548
Goodwin, A. R. 0414
Goodwin, W. G. 0576
Goodyear, J 0187
Goosey, R. E. 1725
Gorbach, G. 1702
Gorbenko, F. P. 1533
Gorbunov, A. N 0512
Gorbunova, J. E. 0227
Gorczynska, K. 1521
Gordienko, L. L. 1056
Gordievskij, A. V. 1468
Gordinskij, B. J. 1172
Gordon, E. K. 0189
Gordon, H. 1540
Gordon, J. 0414
Gordon, R. G. 0001
Gore, T. S. 1599
Gorjunova, N. A. 0815
Gorodyskij, A. V. 0639
Gorskov, V. I. 0679, 0680
Goto, K. 1660
Goto, S. 1692
Gould, R. W. 0167
Gout, J.-P. 0789
Goux, C. 0161
Govorov, V. V. 0547
Gozman, I. P. 1238
Grace, W. R. & Co. 1736, 1874
Grady, Q. J. F 0694
Graenicher, H. 0425
Grand, R. 1022
Grankina, Z. A. 0825
Grant, Z. A. 0358
Grauer, R. 0631
Gray, P. 1070
Graziani, R. 0215
Gream, G. E. 0948
Grebenscikov, R. G. 0538
Greckin, N. P 1181
Green, M. 0865, 0869, 1114, 1891
Green jun., R. E. 0261
Green, R. W. 0576
Green, S. M. 1413
Greenberg, E. 1445
Greenblatt, M. 0204
Greenslade, D. J. 0373
Gregorowicz, Z. 1532, 1616
Grekov, A. A. 0293
Grethe, G. 1209
Gridcina, G. I. 0568
Griffiths, J. F. 1081
Grigas, B. P. 0407, 0408
Grigorev, A. I. 0804
Grigoreva, V. S. 0815
Grimm, F. A. 0065
Grimm, H. 1625, 1626
Grinberg, A. A. 0866
Grinberg, B. A. 0174
Grinzburg, G. D. 0580
Gritzner, G. 0646
Grjaznov, J. M. 0335
Grjaznova, Z. V. 0688
Groessl, V. G. 1578
Gromov, V. A. 0670
Gromov, V. V. 0781
Gromovoj, J. S. 0710
Groot, K. de 1054, 1140
Gros, M. 1646
Grosbras, P. 0162
Grosse-Ruyken, H. 1554
Grossmann, O. 1554
Grube, M. M. 0358
Gruber, H. U. 0247
Gruber, W. H. 0843
Gruene, A. 1488
Grundy, P. J. 0439
Guareschi, A. 1108
Gubankov, V. N. 0417
Gudavadze, M. I. 0812
Gudkova, V. I. 0525
Gudzenko, J. D. 1720
Guenther, H. 1695
Gueremy, C. G. A. 1370
Guerillon, J.-P. 0132
Guerin, R. 0934
Gunar, V. I. 1262
Guncadze, T. P. 0812
Guniceva, T. N. 1478
Gunther, F. A. 1694
Gupta, S. K. 1305
Gupta, S. S. 1560
Gurevic, L. M. 0058
Guscin, V. S. 0341
Guscina, S. A. 0337
Guseva, L. I. 0683
Guss, J. M. 0231
Gutmann, V 0646
Gutowsky, H. S. 0001
Gutsche, K. 1371
Guy, A. G. 0167
Guyer, A. 1770
Guyer, P. 1770
Gverdciteli, I. M. 0812

Haack, E. 1346, 1400
Haco AG 1418
Hadek, V. 1048
Hadni, A. 0354
Haeflinger, F. 1361, 1399
Haering, M. 1367
Hafemeister, D. W 0256
Hafner, K. 1407
Hagel, W. C. 0733
Hagemeyer jun., H. J 1828, 1831
Hagen, G. 0040
Hagene, B. 1449
Hagihara, N. 0837, 0848
Hagino, S. 1604
Hagiwara, K. 1557
Hahn, H. 0273
Hahn, R. L. 0016
Haines, P. G. 1858
Hais, I. M. 1487
Halcon International, Inc. 1795, 1796
Hall, J. R. 0351
Hall, L. D. 1272
Hall, L. H. 0028
Hall, W. K. 1136
Halsall, T. G. 1330
Hamaguchi, H. 1586
Hambling, J. K. 1762, 1816
Hammond, G. S. 1151
Hampson, N. A. 0627
Hana, K. 1500, 1501
Hanai, T. 1624
Hanel, P G. 1202
Hanker, J. S. 1630
Hanneman, R. E. 0285
Hansen, G. 1867, 1884
Hansen, R. L. 1767
Happel, J. 1744, 1818
Harada, T. 1485
Harbourne, D. A. 0868
Hardham, W. M. 1151
Hardy-Grena, C. 0551
Harfenist, M. 1365
Hargrave, K. R. 1825, 1868
Harlow, R. G. 0479
Harmon, K. M. 1034
Harms, J. 1804
Harn, L. S. 1594
Harriman, J. E. 0973
Harris, C. M. 1239
Harris, E. P 0430
Harris, R. K. 0079, 0945
Harris, T. M. 1239
Harsdorff, M. 0141
Harteck, P. 0697
Hartmann, U. 1465
Hartt, W. H. 0270
Hashmi, M. H. 1569, 1622, 1653
Hasegawa, A. 1152
Hashimoto, S. 1311, 1312
Hassall, C. H. 0966
Hathaway, B. J. 0356
Hattori Tadashi 1129
Hattori Tatsuhiko 1129
Hauffe, K. 0732
Haught, A. F. 0001
Hausschild, F. 1372
Hawkins, G. F. 1772
Hayashi, K. 0894
Hayashi, Y. 1620
Haynes, L. V. 0080
Hazell, A. C. 0205
Hazony, Y. 1445
Headridge, J. B. 0651
Healy, G. W. 0497
Heath, R. L. 1763
Hecht, F. 1508
Hecker, A. B. H. 1497
Hedberg, A. 0958
Heimbuch, A. H. 1563
Heindel, N. D. 1258
Heindrichs, A. 1445
Hekal, I. 1702
Hellawell, A. 0139
Heller, M. 1287, 1288, 1289
Henecka, H. 1377
Henke, J. 1702
Henkel & Cie. 1872
Henkelmann, R. 1512
Henneke II, E. G. 0261
Henrion, G. 1528
Henry, B. R. 0001
Hensley jun., A. L. 0752
Hercules, D. M. 0908
Herman, H. 0312
Herman, M. A. 0586
Herndon, W. C. 0028
Herod, A. A. 1070
Herrmann, G. 1446
Herrmann, K. W. 1021
Herwig, W. 1812
Hertz, H. G. 0590
Herzenberg, A. 0099
Hesselbach, J. 1015
Heubner, U. 0138
Hiam, L. 1077
Higuchi, H. 1586
Hill, L. W. 1120
Hiller, K. 1315
Hinchliffe, A. 0971
Hingle, D. N. 1535
Hino, T. 0894
Hintermeier, K. 1797
Hinton, J. F. 0950
Hiraoka, T. 1411
Hirsch, L. 1769
Hirschmann, R. F. 1387, 1430
Hitachi Ltd. 1729, 1733
Hochmann, P. 0970
Hocking, M. B. 1118
Hockings, W. A. 1445
Hocquel, J. 1458
Hodge, S. J. 0966
Hoeppner, K. 0784
Hoernig, L. 1769, 1773
Hofer, A. 1573
Hoffmann, H. J. 0467
Hoffmann, K. 0951
Hoffmann-La Roche, F. & Cie. Soc. An. 1366, 1424, 1827
Hoffmann-La Roche, F. & Co. AG 1350
Hoffsommer jun., R. du B. 1349
Hofmann, A. 1356
Hofmann, U. 0882
Hohmann, W. 1897
Holde, K. E. Van 1013
Hollax, E. 0619
Hollister, R. G. 1734
Holm, J. L. 0541
Holmes, H. F. 0671
Holmes, R. 0471
Holt, A. R. 0097
Holub, K. 0638
Honig, R. E. 1445
Hook, W. A. Van 1011, 1012
Hooker Chemical Corp. 1843
Hooper, M. A. 0351
Hopkins, B. J. 0390
Hopkins jun., H. P. 0057
Hoppenjans, D. W. 0706
Horak, J. 0409, 0410
Horiuchi, Y. 1579
Hormuth, P. B. 0795, 0796
Horne, R. A. 1047
Horodecki, A. J 0363
Horrocks, D. L. 0895
Hoshino, S. 0433
Hossenlopp, I. A. 1001
Hoste, J. 0005
Hosteller, P. B. 0495
Houlihan, W. J. 1794
Howes, J. G. B. 1344
Hoyer, E. 1883
Hsu, C. J. 1534
Hu, H. 0131
Hubbard, W. N. 0001, 1001, 1445
Huber, F 0800, 0821
Hudson, C. B. 1221
Huffman, R. W. 1090
Hugenin, R. 1420
Hughes, G. A. 1389
Hughes, M. N. 0854
Hugon, P. 1398
Hull, D. C. 1828
Hultgren, A. 0163
Humphreys, F. J. 0169
Hunt, B. R. 1550
Hunt, J. B. 0706, 0707
Hunt, J. D. 0122
Hunter, D. L. 1880
Hunter, S. H. 0874
Hunziker, F. 1380, 1381, 1382
Huong Pham Van 0936
Hurdus, M. H. 0014
Hurle, D. T. J. 0122
Husain, L. 0003
Hussey, A. S. 1073
Huybrechts, G. 1109
Hynes, J. T. 0469
Huynh, C 1793, 1806

Iandelli, A. 0193
Ibaraki, M. 0137
Ichikawa, M. 1102
Ichtyol-Ges. Cordes Hermanni & Co. 1440
Igaki, H. 1679
Ignateva, L. A. 0669, 0750
Ignatkina, R. S. 0362
Iguchi, M. 1471
Iimura, K. 0944
Iitaka, Y. 0186, 1000
Ikekawa, N. 1699
Ikeuchi, H. 0650
Ilinskaja, T. N. 1316
Imamura, M. 1149
Imanaka, T. 0758
Imanishi, K. 1443
Imas, J. A. 0330
Imnadze, N. V. 1747
Imperial Chemical Industries Ltd. 1355, 1763, 1764, 1771, 1783, 1791, 1821, 1842, 1851, 1863, 1878, 1882, 1886
Imperial Metal Industries 1725
Imperial Smelting Corp. 1723
Imre, L. 0350
Inamdar, P. K. 1599
Inamoto, I. 1674
Inoue, T. 1025, 1026, 1027
International Flavors & Fragrances, Inc. 1766
Inui, T. 1617
Inventa AG fuer Forschung und Patentverwertung 1804, 1834
Ionin, B. I. 0078
Irikura, T. 1353
Irmscher, K. 1388
Ishii, B. 0315
Ishii, S. 1745
Ishizuka, Y. 1632
Isirikjan, A. A. 1484
Iskandarov, S. 1319
Issleib, K. 0846
Ito, F. 1692
Ito, K. 0612
Ito, M. 0051
Ito, T. 1107
Itoh, K. 0926
Itokawa, H. 1322
Ivanickaja, L. V. 0780
Ivanij, H. M. 0359
Ivankiv, L. I. 0754
Ivanov, A. 0035
Ivanov, A. N. 0382
Ivanov, C. P. 0942
Ivanov, V. M. 0563, 0578, 1578
Ivanov, V. T. 1313
Ivanova, G. V. 0208
Ivanova, I. A. 0543
Ivanova, L. M. 0721
Ivanova, N. D. 1713
Ives, N. F. 1504, 1651
Ivin, S. Z. 1197, 1198
Iwai, I. 1411
Iwakami, Y 1130
Iwakura, Y. 1192
Iwamoto, Y 1650
Iwao, T. 1132
Iwasaki, F. 0994
Iwasaki, M. 0957
Izmajlov, B. A. 1182
Izosimova, S. V. 0071
Ijzermans, A. B. 0629

Jacenko, O. S. 0391
Jacimirskij, K. B. 0704, 0705
Jagnjatinskaja, G. J. 1552
Jain, B. D. 1568
Jakovleva, E. F. 1669
Jakovleva, E. S. 0174
Jakovleva, N. I. 0044
Jakubovics, J. P. 0440
Jakutin, V. I. 0853
Janak, J 1509
Jancuk, A. F. 0731
Jandride, C. E. 1890
Jangg, G. 0624, 0870
Janischlieva, N. 1083
Jansen, W. 0822
Jarceva, R. D. 0524
Jarembas, E. I. 0197
Jarnagin, R. C 1054, 1140
Jaroseckij, I. D. 0322
Jarovenko, N. N. 1205
Jarvis, J. A. J. 0230
Jautelat, M. 1211
Javorskij, B. M. 0052
Jedlicka, H. 0624
Jeffries, A. T. 1234
Jehring, H. 0637
Jenkins, D. R. 0094, 0095
Jenkins, W. D. 0273
Jennings, K. R. 1115
Jensen, R. C. 0011
Jeroschewski, P 1607
Jevtusenko, N. H. 0278
Jindra, J. 0601
Jitsugiri, Y. 0245
Johanides, V. 1778
Johansson, N. G. 1173
Johansen, H. 0030, 0031
Johnson, B. F. G. 0709
Johnson, B. R. 0090
Johnson, F. 1763
Johnson, M. F. L. 0749
Johnson, Matthey & Co. Ltd. 1734
Johnston, H. S. 0001
Johnston, T. P. 1303
Jokay, L. 0954
Jonas, J. 0001
Jones, J. K. N. 1271
Jones, J. L. 1590
Jones, K. W. 1053
Jones, W. M. 0993
Jones, W. T. 1548
Jonsson, M. 1634
Joshua, C. P. 1153
Josimovic, L. 1150
Jost, K. H. 0181
Joussot-Dubien, J 1683
Joy, D. C. 0440
Jucker, E. 1406, 1408
Judin, B. F. 0499
Judinskaja, I. V. 0192
June, R. K. 1824
Jungen, M. 0027
Junusov, S. J. 1319
Jurecek, M. 1598
Jursik, F. 1572
Juscuk, S. I. 0449
Jusupov, T. M. 0460

Kabanov, V A. 1296
Kabir-ud-Din 0566, 1558
Kacanova, Z. P 0577
Kaclisvili, Z. S. 0400
Kadoya, S. 1348
Kaenzig, W. 0372
Kagan, J. B. 0736
Kagiya, T. 1025, 1026, 1027
Kaindl, K. 1621
Kaistha, K. K. 1335
Kajikawa, T. 0056
Kakemi, K. 1194
Kalaceva, V. G. 0557
Kalani, D. K. 0592
Kalia, K. C. 0838
Kalinicenko, I. E. 0792
Kalinicenko, I. I. 0730
Kalinicenko, N. B. 0515
Kalinina, N. N. 0689
Kalisch, R. 1226
Kaljamin, A. V. 1492, 1493
Kallmann, H. 0901
Kalsulkar, D. R. 0048, 0049
Kalugin, E. I. 0452
Kamada, H. 0051
Kametani, T. 1255, 1256
Kamiya, S. 1254
Kammori, O. 1670, 1674
Kampmeier, J. A. 1176
Kamzolkin, V V 1752
Kanao, H. 0894
Kanazawa, Y 1100
Kaneko, H. 1547
Kaneko, K. 1547
Kaneko, Shin-ichi 1323
Kaneko, T. 1291
Kangas, W. J. 1445
Kanno, K. 1256
Kanno, T. 1019
Kantorova, K. 1509
Kaplow, R. 0178
Kaposi, O. 0384
Kapran, N. A. 1208, 1261
Kaptein, R. 0938
Karapetjanc, M. C. 0500
Karaseva, G. M. 0242
Karazanov, N. A. 0557

Karelin, A. I. 0067
Kargin, V. A. 1296
Karjakin, A. V. 0572, 0809
Karkowski, F. M. 0986
Karlicek, R. 0582
Karnus, O. I. 0478
Karpov, O. N. 1189, 1755
Karpova, I. F. 0686
Karras, M. R. 0003
Kasha, H. 1445
Kasha, M. 0001
Kashiwa, T. 1606
Kasiura, K. 1542
Kasjan, O. S. 1187
Kaslinskaja, S. E. 1577
Kastalskij, A. A. 0402
Katada, S. 1754
Katcka, M. 0943
Katkova, N. M. 0711
Kato, T. 1249
Katric, N. P. 0303
Katychin, G. S. 1491
Katz, L. E. 0312
Katz, S. 1657
Katz, S. E. 1707
Katzenellenbogen, J. A. 1283
Kauffman, J. M. 1331
Kauffmann, J.-P. 0158
Kaufman, G. 1167
Kaufmann, G. 0066
Kavic, I. V. 0754
Kawahara, T. 1606
Kawai, N. 1445
Kawamoto, K. 1075
Kawamura, M. 1604
Kawazoe, Y. 1123
Kawski, A. 0363
Kay, R. W. 1849
Kayser, L. 1458
Kazakov, E. V. 0686
Kazankina, L. G. 1186
Kazanskij, L. P. 0809
Kecki, Z. 0953
Keenan, T. K. 0216
Keller, W. 0159
Kellerer, H. 0272
Kelley, D. R. 1210
Kelsh, D. J. 0643
Kemmler-Sack, S. 0828
Kemula, W. 0623
Kendall, P. W. 0380
Kenina, E. M. 0202
Kennard, C. H. L. 0233
Kent, G. J. 1430
Kerimov, I. G. 0446
Kern, R. 0140
Kessler, J. M. 0071
Keulks, G. W. 1073
Khan, A. A. 0995, 1558
Khan, F. 1510, 1511
Khan, W. A. 1086
Khasgiwale, K. A. 1539
Khetrapal, C. L. 0947
Kibler, M. R. 0022
Kieffer, R. 0870
Kielczewski, W. 1536
Kieslich, K. 1808
Kihara, H. K. 1628
Kikuchi, T. 1255, 1317
Kim, J. I. 0007
Kim, Pu-Jun 0837
Kimmer, W. 1062
Kimura, K. 1779
Kimura, M. 0579, 1290
Kinoshita, H. 0451
Kinoshita, M. 0899
Kinoshita, T. 1800
Kinstle, T. H. 0001
Kintner, P. 1445
Kinumaki, S. 0932
Kiovsky, T. E. 1039
Kirakosjan, A. K. 0529
Kireev, P. S. 0404, 0424
Kirgincev, A. N. 0519, 0520
Kirin, I. S. 0773
Kirjusov, V. N. 1468
Kirkbride, J. 0904
Kirkbright, G. F. 1535
Kirsanov, A. V. 1180
Kiselev, V. F. 0669
Kishida, S. 0758
Kishitake, K. 0137
Kisinevskij, L. M. 0100
Kisljakova, N. V. 0712
Kitazawa, C. 0994
Kitazawa, E. 1277
Kitazawa, S. 1194
Kizel, V. A. 0347
Klasek, A. 1318
Klasinc, L. 0977
Klasing, I. 0981
Klazar, J. 0410
Klechovskaja, V. V. 0206
Klein, A. K. 1651
Klein, R. 0429
Klejn, G. A. 0157
Klemperer, W. 0001
Klevcov, P. V. 0210
Klevcova, R. F. 0210, 0211
Klevenskaja, N. E. 0876
Klimasin, G. M. 0394
Klimes, I. 1509
Klinck, R. E. 1007
Klingele, H. 0160
Kliss, R. M. 1175
Kljucarev, A. N. 0046
Kljuev, V. P. 0244, 0262, 0290, 0294
Klose, J. 0297, 0298
Klusina, T. V. 0496
Knapp, W. J. 0250
Knizek, M. 1507
Knoc, L. L. 0634
Knock, F. E. 1332
Knoell, L. 0029
Knoll AG Chemische Fabriken 1438
Knor, Z. 0664
Knowles, J. E. 0455
Knunjanc, I. L. 1168, 1170, 1178
Kobayashi, H. 0051
Kobayashi, S. 1410
Kobayashi, T. 1620
Kocergin, V. P. 0723
Kocetkova, A. S. 1297
Kocetkova, N. S. 0052, 0712
Koch jun., J. H. 1737
Koch, H.-J. 1808
Kochetkov, N. K. 1275
Kochloefl, K. 1125
Kodak-Pathe 1837
Kodak Soc. An. 1801
Koegler, H. 0870
Koelbel, H. 1860
Koenig, K.-H. 1841
Koenig, U. 0221
Koevendi, A. 1067, 1068
Kogan, E. A. 1549
Kogan, L. M. 0525
Kogan, V. A. 0234
Kohlhaas, R. 0115, 0459
Koizumi, K. 1274
Koizumi, M. 0959
Kojima, H. 0848
Kojima, M. 1566
Kojima, T. 1679
Kokora, A. N. 0323
Kola, G. 0197
Kolcuzkina, A. I. 0165
Koleganov, J. F. 0317, 0318
Kolesnikov, G. S. 1468
Kolin, V. V. 1531
Koljada, V. M. 0313
Kollar, J. 1795, 1796
Kollmar, H. J. 0674, 0675
Kollonitsch, J. 1359
Komanova, E. 1618
Komarov, A. N. 0881
Komarov, N. V. 0817
Komissarova, L. N. 0450, 0801
Komlossy, J. 1233
Kondo, S. 0944
Konecna, A. 1601
Koningstein, J. A. 0355
Konishi, H. 0926
Kononov, A. M. 1196
Kononov, B. A. 0311
Konozenko, I. D. 0413
Kooyman, E. C. 0708
Kopcik, V. A. 0434
Kopylova, E. A. 0528
Korableva, N. A. 0535
Kordesch, K. 0605
Korenev, J. M. 0547
Korkisch, J. 1495
Kornev, K. A. 1193
Kornfeldt, P. 1803
Kornilov, I. I. 0202
Koroleva, L. N. 0803
Korotaev, A. D. 0284
Korsunov, B. G. 0525
Korsunov, V. D. 0397
Korte, R. W. de 0708
Korytkova, E. N. 0875
Korytnyj, E. F. 0199
Korytnyk, W. 1292
Kosek, S. 0953
Koshinuma, K. 1254
Kosmol, H. 1808
Kosorukov, A. A. 0547
Kossaja, A. M. 0633
Kostalas, H. A. 1459
Kosteckij, P. V. 1313
Kostellow, A. B. 1640
Kostenko, M. F. 0347
Kostin, M. D. 0692
Kostina, E. N. 0490
Kostjucenko, E. A. 0397
Kostrjukova, M. O. 0258
Kostromina, N. A. 0564
Kot, A. B. 0404
Kotelevskij, N. M. 0746
Kothe, N. 1315
Kotin, P. 1693
Kotler, G. R. 0120
Kotljar, G. C. 1522
Kovac, J. 1618
Kovacs, H. N. 1329
Kovacs, J. 1329
Kovalenko, L. S. 0805
Kovalev, R. A. 0146
Kovaleva, E. S. 0227
Kovba, L. M. 0192, 0202, 0212, 0552
Kozak, P. 1598
Kozeeva, L. P. 0210
Kozenov, K. S. 0747
Kozlov, B. I. 0146
Kozmin, P. A. 0227
Kozuka, M. 0932
Kozyrev, B. P. 0403
Krachmalev, V. A. 0157
Kradinova, L. V. 0815
Kraft, H.-G. 1388
Kramer, D. A. 1445
Kramer, L. 1744
Kramp, K.-D. 1456
Kranz, D. 1494
Kranz, J. 1887
Krapcho, A. P. 1097
Krasilnikova, N. P. 0805
Krasjuk, B. 0362
Krasnikova, A. J. 0434
Krasnikova, G. V. 1584
Krasnov, J. S. 0411
Krasovickij, B. M. 1206
Krasovskij, V. A. 1247
Krause, A. 1513, 1756
Krause, L. 0093
Krausel, P. 1899
Kravcenko, A. A. 1472
Kravcova, L. F. 0571
Kraxnerne, M. 0625
Krebs, H. 0247
Kreglewski, A. 0480
Krejngold, E. A. 0677
Kremer, G. J. 1644
Krencis, R. P. 0296
Krestov, G. A. 0295
Krestova, N. V. 0295
Krestovnikov, A. N. 0302
Kricsfalussy, Z. 1084
Krincik, G. S. 0337, 0341
Krishnamurthy, R. G. 1698
Krishnan, S. 1082
Kristiansen, L. A. 0064
Krivanek, M. 1564
Krivobok, V. I. 0818
Krjukov, P. G. 0324
Krjukova, A. A. 1720
Krjuckova, V. E. 1185
Krogh-Moe, J. 0064
Krogt, A. J. van der 0629
Kroh, J. 1144, 1145, 1148
Krohs, W. 1352
Kruckenberg, W. 1899, 1900, 1901
Krueger, G. 0859
Krueger, W. E. 1251
Kruglov, V. P. 0723
Krumlova, L. 1519
Krumme, J.-P. 0724
Krupina, T. I. 1243
Krupnov, V. K. 1555
Krutosikova, A. 1618
Krylov, E. I. 0534
Krylov, V. S. 0676
Krysciak, J. 1447
Kryzanovskij, B. P. 0332
Kubiak, E. J. 1342
Kubin, M. 0602
Kubisch, K. 0138
Kublanovskaja, A. I. 1717
Kucerov, I. J. 0422
Kuchtevic, I. L. 0232
Kuchtin, V. A. 1238
Kuder, J. E. 0939, 0941
Kudrjavceva, N. V. 0253, 0254
Kueng, W. 1379
Kuenzle, F. M. 1382
Kugler, E. 0594
Kuhn, R. 0996
Kuhnert-Brandstaetter, M. 1625, 1626
Kukula, F. 1564
Kukuskin, A. F. 0523
Kukuskin, J. N. 0719, 0720
Kulicka, J. 1616
Kumamaru, T. 1620
Kuno, H. 1628
Kunze, C. 1460
Kupchan, S. M. 1282
Kupferschmid, W. 1340
Kuprijanova, A. K. 0825
Kuramoto, Y. 0463
Kuratani, K. 1128
Kuri, Z. 1143
Kurihara, N. 1311, 1312
Kurik, M. V. 0346
Kurnevic, G. I. 0652
Kursanov, D. N. 0712
Kusnikov, J. A. 0528
Kutanov, I. P. 0761
Kuzjakov, J. J. 0059, 0060, 0501
Kuzmenko, N. E. 0060
Kuzmenko, P. P. 0307
Kuzmin, N. M. 1584
Kuzmin, S. G. 0665
Kuzmina, M. A. 0719
Kuznecov, A. F. 0498
Kuznecov, L. M. 0213
Kuznecov, V. G. 0227
Kuznecova, G. N. 0546
Kuznecova, L. A. 0060
Kuznecova, Z. M. 0527
Kuznesof, P. M. 0083
Kuznicev, S. P. 1743
Kuzovkov, A. D. 1316
Kuzovlev, I. A. 1584
Kuzuskin, J. N. 0867
Kyuno, E. 0569
Kyorin Seiyaku K. K. 1353
Kyowa Hakko Kogyo Co. Ltd. 1779

Labarre, J.-F. 0919, 0920
Labarre, M.-C. 0919, 0920, 0923
Laboratoire d'Analyses et de Recherches Biologiques Mauvernay-Centre Europeen de Recherches Fondamentales et Appliquees (CERFA) 1395
Lacombe, P. 0274
Laddha, G. S. 1010
Laemmler, G. 1394
Lafaix, M. 0933
Laffer, M. H. 0948
Laffitte, E. 0914
Lagerberg, G. 0163
Lakshmanan, S. 0621
Lakshminarayana, G. 1697
Lam, F. M. K. 0937
La Mare, P. B. D. 1099
Lambakachar, O. O. 0284
Lambe, K. A. D. 0265
Lambert, R. M. 1072
Lance, D. G. 1271
Landsberg, R. 0617
Lanfredi, A. M. M. 0188
Lange, F. F. 0265
Lange, G. 1902, 1903
Lange, J. 0008
Langford, C. H. 0001
Langmuir, D. 0521
Lanskaja, N. G. 0558
Lantelme, F. 0485
Lapickaja, E. V. 1533
Lapin, V. V. 0496
Laquer, H. L. 1445
Larsen, R. C. 1445
Larsson, L. 1307
Lascombe, J. 0936
Lassmann, G. 0784
Lassner, E. 1672
Lastockina, A. A. 0810
Lastovskij, R. P. 0584
Latowski, T. 1146
Latscha, H. P. 0795, 0796
Lavruchin, B. D. 1196
Laud, B. B. 0048, 0049
Laussade, J. P. 0905
Lauzon, A. F. 1445
Layng, R. B. 0444
Lazarev, A. N. 0803
Lazukin, V. N. 0379
Leadon, R. 0428
Lebedev, B. L. 1758
Lebedev, O. L. 0335
Lebedeva, E. V. 0454
Lebez, D. 1686
Lebowitz, J. L. 0001
Lederman, S. J. 1843
Lee, C. C. 1095
Lee Chi Hsiang 0913
Lee, H. M. 0304
Lee, R. 1629
Lee, R. A. 0778
Lee, T. J. 0390
LeFevre, B. G. 0167
Legencenko, I. A. 0682
Legradi, L. 1612
Legros, J. C. 1011, 1012
Lehmann, J. 0314
Lehmkuhl, H. 1809
Lehr, P. 0132
Leibovici, C. 0924
Lejeune, P. 0962
Leko, V. K. 0427
Le Lann, A. 0128
Lemanov, V. V. 0262, 0263, 0294
Lemieux, R. U. 1393
Lencner, B. I. 0634
Lengyel jun., B. 0625
Lenhard, R. H. 1287
Lenicer, D. 1405
Leonas, V. B. 0087
Leonov, A. I. 0499
Lepley, A. R. 1086
Leroy, M. J. F. 0066
Lesnych, D. S. 0548
Le Suer, W. M. 1780
Lettau, H. 1245
Lettenbauer, G. 1346, 1400
Leuschner, F. 1440
Leussing, D. L. 0585
Leventhal, J. J. 0105
Levi, C. P. 1706
Levi, L. 0425, 1124
Levin, E. 0901
Levin, I. S. 0532
Levina, I. M. 0117
Levine, R. D. 0090
Levy, I. S. 1716
Levy, J. 0150
Levskaja, N. M. 0670
Lewandowski, A. 1681
Lewis, G. E. 1153
Lewis, J. 0068, 0709
Lewis, T. J. 0419, 0481
Leyarovska, L. 0823
Li, N. C. 1031
Libenson, D. D. 1464
Libenson, M. P. 0323
Libenson, M. N. 0330
Liberatore, F. 1257
Lichtfus, G. 1028
Lidak, M. J. 1309
Lidner, G. 1524
Lieser, K. H. 1497
Lightner, D. A. 1165
Likussar, W. 1675
Lilic, L. S. 0530
Lillian, D. 1466
Lilova, O. M. 1492, 1493
Lindau, J. 0849
Lindenmann, A. J. 1408
Lindhard, J. 0089
Lindquist, L. 0930
Lingafelter, E. C. 0219
Link, J. D. 1651
Linnett, J. W. 1072
Lipke, B. 1246
Lipovka, Z. A. 0148
Lisica, M. P. 0411
Listein, V. N. 0417
Littler, J. G. F. 1053
Litvinenko, J. G. 0340
Litvinov, R. O. 0399
Litvinskaja, I. I. 1577
Litvjak, I. G. 0816
Liuti, G. 0697
Ljasenko, L. V. 0780
Ljibalin, M. D. 0133
Ljubomilov, V. I. 1600
Ljutaja, M. D. 1525
Lloyd, D. 0980
Logan, T. J. 1155
Lohonyai, N. 0620
Lojko, E. M. 0652
Lombardi, J. R. 0053
Lomozik, L. 1756
London, G. J. 0268, 0269
London, M. 1643
Longin, P. 0929
Lonza AG 1770
Loon, J. C. Van 1585
Lore, Z. 0197
Lorenzelli, V. 0933
Losev, N. F. 1478
Loskarev, M. A. 1720
Lossing, F. P. 0960
Loudon, R. 0339
Lowe jun., J. U. 1183, 1184
Lowenthal, W. 1685
Lozovoj, V. I. 0307
Lu, Sheng-Teh 1282
Lubart, L. 0425
Luberoff, B. J. 1452
Luciani, L. 1724
Luckhurst, G. R. 0001
Luehrmann, A. W. 0107
Luisi, P. L. 1160
Lukasenko, L. I. 0456
Lukaszewicz, K. 0226
Luke, M. O. 1161
Lukin, A. M. 1520, 1537
Lukovcev, P. D. 0589
Lusnikov, V. G. 0377
Luszcz, S. 0171
Luzan, V. I. 1193
Lyle, R. E. 1223, 1251
Lynn, M. 0993

M. & T. Chemicals, Inc. 1811
Ma, T. S. 1627
Mabry, T. J. 1217
McAfee jun., K. B. 0102, 0103
Macarovici, D. 0209
McCrae, R. C. 1233
McCreary, J. R. 0504
McCubbin, W. L. 0975
McCullough, J. E. 1097
McCullough, J. G. 0648
McCullough, J. P. 1001
McDaniel, R. S. 1147
Mac Dermott, T. E. 0841
McDonald, J. D. 0084
McGee, T. 0004
McGlynn, S. P. 0032, 0899
McHale, E. T. 0700
Machata, G. 1655
Macherauch, E. 0264
Machlis, F. A. 0321
Mackenzie, J. D. 0483
McKie, D. 0241
McKnight, L. G. 0103
MacLean, D. B. 0964
McLoughlin, B. J. 1356
McMahon, W. R. 0328
McMillen, D. F. 1100
McMorris, T. C. 1284
McPhail, A. T. 0999
McWhinnie, W. R. 0863
McWilliams, D. 0976
Madaule-Aubry, F. 0228, 0229
Mae, S. 0286
Maessen, J. G. H. 0744
Maggiuli, C. A. 1837
Mahoney, L. R. 1110
Maier, K. 1887
Mais, R. H. B. 0230
Maix, R. 1455
Majdic, A. 0159
Majer, A. I. 0500
Majer, J. 0582
Majerski, Z. 0977
Majorova, E. P. 0555

Majranovskij, S. G. 0642
Majzus, Z. K. 1749
Makarevic, L. G. 0234
Makarov, E. S. 0106
Makarova, N. N. 1196
Makarova, T. A. 0875
Makeeva, O. O. 1218
Maki, T. 1276
Makimoto, T. 1294
Makogon, M. B. 0148
Maksakov, B. I. 0543
Maksimov, B. N. 0660
Maksimova, V. A. 0815
Makuskin, J. S. 0036
Malcev, A. K. 0489
Malcev, A. N. 0786, 0787
Malik Fazal-ur-Rheman 1569
Malinen, P. A. 0458
Malino, L. A. 0810
Malkin, I. I. 0745
Malkova, A. I. 0378
Mamasev, R. 1746
Mamedov, T. A. 0446
Manaila, R. 0119
Mancini, M. 1003
Mandzgaladze, O. V. 0565
Mani, F. 0847
Mani, V. V. S. 1697
Manku, G. S. 1568
Manne, R. 0975
Manning, A. R. 0070
Manolov, K. R. 1704
Manousek, O. 1058
Manville, J. F. 1272
Manz, G. 1898
Mao, Ho-Kwang 0282
Mapother, D. E. 0430
Maquestiau, A. 0962
Maraval, P. 0988
Marchessault, R. H. 1032
Marchetto, M. 0597
Marchidan, D. I. 0537
Marchiori, F. 1298
Marciniec, B. 1513
Marcotrigiano, G. 1527
Marcu, G. 0690
Marcus, B. J. 1627
Marekov, N. 0965
Margerum, D. W. 0714
Margrave, J. L. 0084, 0191
Margulis, M. A. 0786, 0787
Maria, E. S. De 0129
Maricle, D. L. 0897, 0909
Marincic, N. 1055
Marinsky, J. A. 0684, 0685
Markevic, S. M. 1169
Markevic, V. S. 1169
Markl, I. 1508
Markl, P. 1508
Markov, V. I. 1187
Marov, I. N. 0515, 0809
Marriott, J. A. 0722
Mars, P. 0744
Marsakova, T. A. 0540
Marsel, C. J. 1818
Marshall, D. J. 1428, 1429
Martel, J. 1793, 1806
Martens, G. 1109
Martin, D. L. 1445
Martin, J. C. 1835
Martin, J. G. 1096
Martin, J. W. 0169
Martin, R. B. 1089
Martin-Smith, M. 0946
Martinez, A. 0906
Martino, G. De 1264
Martynenko, L. I. 0196, 0804
Martynov, J. M. 0677
Maruyama, K. 1132
Marymont jun., J. H. 1643
Masamune, S. 1754
Maslen, E. N. 0108, 0972
Mason, E. A. 0470
Mason, J. 0077
Masri, M. S. 1696
Massey, A. G. 1203
Massmann, H. 1526
Masson, A. 0140
Masson, J. C. 1845
Mastel, B. 1716
Masterson jun., D. S. 1343
Mataga, N. 0926
Matheson, A. J. 1009
Mathieu, J. 0984
Matin, M. A. 0592
Matsuda, T. 1162
Matsui, M. 1323, 1326, 1699
Matsumoto, H. 0137, 1122
Matsumoto, Y. 0848, 1410
Matsumura, I. 1093
Matsuo, H. 1123
Matsuoka, Shin-chi 1469
Matsuoka, T. 0136
Matsushita Electric Industrial 1731
Matter, M. 1418
Matthews, C. N. 1175
Matulenene, I. B. 0395
Matus, L. 0384
Matusiewicz, K. 1536
Matveec, L. V. 0670
Mau, G. 1769
Maurer, A. H. 0909
Mauret, P. 0919, 0920
Maurin, M. 0798
Mauvernay, R.-Y. 1395
Mavrodin, M. 0574
Maycock, J. N. 0325
Mayer, I. 0194
Mayer, J. 1148
Mayer, R. 1224, 1225
Mayne, N. 0869
Mayo, P. de 1142
Mazalov, L. N. 0044
Mazo, G. J. 0073
Mazor, L. 1499
Mazur, R. H. 1439
Mazurin, O. V. 0244, 0290
Medvid, A. H. 0278
Mee, C. H. B. 1445
Meeron, E. 0468
Mefferd jun., R. B. 1647
Mehlhorn, A. 0979
Meites, L. 0648
Melech, B. T. 0502
Melichov, I. V. 0673
Melo, A. A. 1588
Meloan, C. E. 1474
Mencer, A. N. 0424
Mensikov, A. Z. 0458
Menzel, D. 0667
Merck, E. AG 1388
Merck & Co., Inc. 1349, 1359, 1387, 1403, 1415, 1430, 1435, 1787
Mering, J. 0887
Merkulova, N. D. 0634
Merlini, L. 1325
Merrifield, R. E. 0896
Merritt, W. G. 1052
Merzoni, S. 1829, 1830
Meskin, S. S. 0362
Mesnard, P. 1338
Messerly, J. F. 1001
Metherell, A. J. F. 0320
Meyer, Y. 0928
Mezzetti, F. 0129
Micetich, R. G. 1393
Michajlenko, I. E. 0747
Michajljanc, S. A. 0813
Michajlopulo, I. A. 1262
Michajlov, F. K. 1711
Michajlov, J. I. 0218
Michaleva, I. L. 1205
Micheev, V. L. 0832
Michel-Calendini, M. O. 0022
Michelson, A. M. 1299, 1300, 1301
Micklem, H. S. 1645
Mikami, Y. 1322
Milicyn, K. N. 1715
Miller, D. R. 0170
Miller, E. 0925
Miller, H. E. 1217
Miller, J. R. 0709
Mills, P. A. 1498
Milman, M. 1139
Milner, G. W. C. 1666
Milnes, G. 1783
Miltiades Ioannu Iliopulos 1790
Minakami, H. 1410
Minasjanc, M. C. 0238
Minato, H. 1091
Minisci, F. 1106
Ministerul Industrei Petrolului 1857, 1870, 1871
Minkin, V. I. 0983
Minnesota Mining and Mfg. 1767, 1768
Minter, C. C. 0473
Minton, C. D. T. 1725
Mironov, V. F. 1266
Mironova, L. R. 0327
Mirosnicenko, D. S. 0794
Mirosnikov, L. A. 0166
Miscenko, K. P. 0702
Misev, I. 1481
Misono, M. 0762
Mitchell, D. L. 1215
Mitchell, J. B. 0271
Mitchell, P. W. D. 1766
Mitrofanova, G. N. 0741
Mitrofanova, N. D. 0196, 0804
Mitsuhashi, H. 1320
Mitsushima, H. 0756
Mitze, F. 1638
Miura, M. 1152
Miyazaki, M. 1044
Mizin, V. G. 1712
Mizuno, H. 1759
Mjalikgulyev, G. 0460
Mochnacev, I. G. 1314
Mociulewski, S. W. 1452
Modlin, A. A. 0313
Modylevskaja, K. D. 1522
Moebius, H.-H. 0606, 0607
Moebius, K. 0951
Moedritzer, K. 0811
Moellhoff, E. 1691
Mogutnov, B. M. 0164
Mohay, G. M. 0918
Mohos, B. 0954
Moine, J. 0162
Moine, P. 0162
Moiseiwitsch, B. L. 0097
Mokievskij, V. A. 0133
Mol, J. C. 1127
Molcanova, N. G. 0689
Molekular Research Ltd. R. & L. 1393
Molina, R. 1539
Moll, K.-K. 1760
Molodkin, V. B. 0109
Momose, T. 1453
Monachova, T. G. 1316
Monastyrskaja, V. I. 0819
Mondelli, R. 1325
Mondeshka, D. M. 0942
Monien, H. 1517
Monk, R. 1594
Monny, C. 1300, 1301
Monsanto Chemical 1845
Monsanto Co. 1722
Monse, E. U. 0696
Montecatini Soc. Gen. per l'Industria 1724, 1727, 1829, 1830
Montgomery, H. 0219
Montmollin, R. de 1889
Montuelle, J. 0128
Mooi, J. 0749
Moon, J. R. 0431
Moore, J. J. 1464
Mooren, H. 1396
Moran, T. F. 0105
Mordockina, N. A. 1174
Mordovin, O. A. 0544
Moreau, J. 0725
Mori, I. 1556
Mori, K. 1323
Moriceau, J. 0127
Moriguchi, Y. 1044
Morillon-Chapey, M. 0931
Morita, H. 0982
Morita, T. 1650
Moritani, I. 1212, 1213
Moroz, E. H. 0426
Morrill, G. A. 1640
Morris, J. G. 0130
Moruzzi, J. L. 0693
Moser, R. E. 1175
Moskaleva, D. A. 1688
Moskvin, L. N. 0533, 1491, 1492, 1493
Moskvina, Z. V. 0740
Moss, S. C. 0172
Mostinskij, I. L. 0507
Moulijn, J. A. 1127
Mrha, J. 0598, 0601
Mrowec, S. 0735, 1718
Mrozowski, S. 0375
Muchamedova, L. A. 1219
Muckerman, J. T. 0090
Mudrova, B. 1564
Muehle, H. 1345
Muehlstaedt, M. 1101
Mueller, E. W. 0176, 0239
Mueller, S. 0617
Muenzel, H. 0008
Muenzner, D. 1245
Muetterties, E. L. 0872
Mukerjee, D. 1560
Mull, R. P. 1416
Muller, A. 0066
Muller, G. 1805
Mumme, W. G. 0217
Mundschenk, H. 1649
Munro, H. E. 1837
Munshi, K. N. 0562
Murachtanov, V. V. 0044
Muradova, G. A. 0572, 0809
Murakami, T. 1322
Murakami, Y. 0758, 1129
Murray, E. J. 1784
Murti, P. S. R. 1111
Murzachanova, L. M. 0526
Muxfeldt, H. 1209
Muzzarelli, R. A. A. 1527

N. V. Organon 1426
Nacci, V. 1264
Nachodnova, A. P. 0818
Nagai, K. 0890
Nagakura, S. 0982
Nagashima, N. 0186
Nagata, W. 1423
Nagayama, M. 1660
Nair, M. S. R. 1284
Naito, T. 1348
Nakagawa, T. 0701
Nakajima, M. 1311, 1312
Nakamura, A. 1613
Nakamura, S. 0386, 0612
Nakasidze, G. A. 0396
Nakaya, K. 1485
Nakazawa, J. 1410
Nako, H. 1410
Nambudiri, E. S. 1705
Nametkin, N. S. 1179
Nanobasvili, E. M. 0780, 0783
Nathan, R. 1445
Nathans, M. W. 1563
National Lead Co. 1818
National Research Development 1726, 1873
Natta, G. 1727
Naumann, H. 0392
Naumenko, V. M. 0353
Nazarenko, V. A. 0565, 1552
Necaev, J. E. 0309
Necaeva, M. A. 1219
Nedelkina, N. N. 1261
Nefedov, V. D. 0689
Neiman, M. B. 1078
Nejezchleb, K. 0409
Nejmark, J. L. 0591
Nemceva, Z. I. 0578
Nemilov, S. V. 0260
Nemodruk, A. A. 0572
Nensberg, E. D. 0423
Nentwig, J. 1847
Nesmejanov, A. N. 0712
Nesmeji, A. 0350
Nesterenko, M. N. 0527
Nesterova, O. P. 0300
Netisenskaja, G. P. 0242
Neumann, W. 1295
Neuzil, E. F. 0009, 0010
Ni, L. P. 0528
Nichols, G. M. 1877
Nicolaides, C. 1855
Nielsen, V. 0089
Niewiadomski, H. 1700
Nigam, I. C. 1124
Niikura, O. 1632
Niizuma, S. 0959
Nikitenko, V. I. 0288
Nikitin, O. T. 0688
Nikliborc, J. 0387
Nikolaev, A. V. 0044
Nikolaev, M. N. 0317, 0318
Nikolaev, V. S. 0098
Nikolov, G. S. 0567
Nikolova, B. M. 0567
Nikolskaja, A. V. 0498
Nikolskij, V. G. 1758
Nikonov, V. I. 1742
Nippon Oils & Fats Co. Ltd. 1443
Nippon Shokubai Kogyo Co. Ltd. 1848
Nischik, H. 0597
Nishida, H. 1579
Nishida, S. 1212, 1213
Nishikaze, O. 1650
Nishimura, S. 1031
Nishimura, T. 0432
Nishimura, Y. 1075
Nishina, T. 1290
Nishinaga, T. 1317
Nishiyama, R. 1328
Nobili, D. 0129
Nobles, W. L. 1222
Noguchi, K. 1192
Nolan, M. E. 0479
Nollen, K. 0654
Noma, A. T. 1610
Nomine, G. 1386, 1434
Nonaka, A. 1505, 1603
Normant, H. 0797
Norris, A. R. 1033
Norris, R. K. 0946
North, D. M. 0248
Northrop, D. A. 0727
Norwich Pharmacal Co. 1417, 1444
Norwitz, G. 1540
Norymberski, J. K. 1502
Noshiro, M. 0245
Novik, V. K. 0434
Novikov, A. I. 1567
Novikov, G. V. 0449
Novikov, V. M. 1589
Novikova, A. A. 0496
Novoselceva, T. P. 0117
Novoselova, A. V. 0546, 0547
Noyes jun., W. A. 0927
Nuber, B. 0996
Nurachmetov, N. N. 0518
Nuretdinov, I. A. 1181
Nuriddinov, R. N. 1319
Nuttall, R. H. 0845
Nutter, J. D. 1445
Nuvareva, V. V. 0364

Oakes, J. 0955, 0956
Oakwood, T. G. 0275
Obedkov, V. D. 0104
Oberlaender, H. E. 1690
Obodovskaja, A. E. 0234
O'Brien, D. H. 1040, 1157
Ochiai, S. 1632, 1661
Ochotin, A. S. 0302
Ockur, A. P. 0042
O'Connell, A. M. 0972
O'Connell, J. P. 0472
Oefele, K. 0824
Oelkrug, D. 0348
Oelschlager, A. C. 1147
Oerdoegh, M. 1663
Oesterreichische Stickstoffwerke AG 1839
Ofte, D. 0488
Oganesjan, E. B. 0516
Ogareva, M. S. 0750
Ogawa, K. 1469
Ogihara, Y. 1000
O'Hare, P. A. G. 0001
Ohkawa, M. 1800
Ohkura, Y. 1453
Ohnacker, G. 1373, 1374
Ohnaka, M. 0451
Ohnishi, M. 1123
Oi, N. 0316
Okada, K. 0056
Okamoto, N. 1514, 1530
Okamoto, T. 0137
Okano, A. 1348
Okogun, J. I. 1324
Okubo, T. 1566
Okuda, M. 0959
Okuyama, T. 1093
Olah, G. A. 1038, 1039, 1040
Oldham, C. 0873
Olejniczenko, M. 1532
Olfat, M. D. 1609
Oliew, G. 0859
Olin Mathieson Chemical Corp. 1427, 1840
Olson, A. C. 1610
Onishi, K. 1529
Onishi, T. 1102
Ontario Research Foundation 1732
Onuma, N. 1586
Oosterhoff, L. J. 1076
Opalovskij, A. A. 0214, 0520, 0527
Opliger, P. S. 1303
Oppenheim, I. 0469
Orazsachatov, A. 0460
Orban, J. 0462
Orechova, N. P. 0460
Orlandini, F. 1035
Orlov, M. J. 0317, 0318
Orlova, E. J. 1248
Orlova, Z. F. 0816
Ortho Pharmaceutical Corp. 1421
Orzulova, R. G. 0742
Osborne, R. R. 0863
Oscapovskij, V. V. 1496
Oserovic, A. L. 0045
Osiecki, J. 1202
Osinovik, E. S. 0731
Osipov, J. V. 0403
Osipov, O. A. 0234
Ostroumov, Y. A. 0983
Ostroumova, G. I. 1229
Osypysyn, I. S. 0426
Otsuki, T. 1132
Ott, A. 0308
Ott, D. E. 1694
Ott, H. 0999
Otto, K. 0743
Ottolenghi, M. 0767
Ovcinnikov, J. A. 1313
Oveckin, E. K. 0805
Owens, B. B. 0554
Owston, P. G. 0230
Ozelton, M. W. 0484
Ozogin, V. I. 0445

Paddock, N. L. 0179
Padegimas, S. J. 1159
Page, J. R. 1696
Paillette, M. 0891
Palade, D. M. 0713
Palatnik, L. S. 0456
Palczewska, W. 0732
Palej, P. N. 0572
Palenzona, A. 0193
Palit, S. R. 1037
Palmer, N. J. 1703
Panasjuk, P. V. 0299
Panayotova, E. 1080
Pancenkov, G. M. 0464, 0465
Panigrahi, G. P. 1111
Pankratov, A. V. 0699, 0793, 0794
Pannetier, G. 0224
Panontin, J. A. 0012, 0013
Panov, V. A. 0589
Pant, A. K. 0182
Pant, L. M. 0116
Pantelejmonov, L. A. 0300
Paoli, P. 0314
Papanastassiou, Z. B. 1304
Paper, C. E. 0746
Pappalardo, G. 1191
Paquette, L. A. 1270
Parilis, E. S. 0100
Parish, R. C. 1043
Parissis, C. 1585
Parkash, R. 0807
Parke Davis & Co. 1431, 1782
Paromova, M. V. 0192
Parravano, G. 1103
Parrish, W. 1445
Parvi, L. 1859
Pascalau, M. 0086
Pasincev, J. I. 0146
Pasquale, R. J. De 1112
Pasquon, I. 0755
Paszkiewicz, M. 0844
Patek, P. 1680
Pathy, M. S. V. 1082

Patzelt, H. 1407
Paudler, W. W. 0939, 0940, 0941
Paul, B. 1292
Paul, R. C. 0807
Pausescu, P. 0119
Pavlenko, A. V. 0263
Pavlinskij, G. V. 1478
Pavlov, L. N. 1218
Pavlov, V. E. 0104
Pavlov, V. S. 0509
Pawlek, F. 0724
Peacor, D. R. 0225
Peakall, K. A. 0734
Pearce, P. J. 0917
Pearn, E. J. 1006
Pearson, D. E. 1158
Pecennikov, A. V. 0450
Peers, A. M. K. 0101
Peeters, J. 1133
Peister, H. 1407
Peng, C. T. 0900
Penning, P. 0111
Pennington, J. 1869
Pennsalt Chemical Corp. 1858
Penzhorn, L. 0706
Percenko, V. N. 1179
Perekalina, Z. B. 0347
Perelygin, I. S. 0071
Peretjaka, A. R. 0737
Peri, J. B. 0751, 0752
Perks, F. 1321
Perronnet, J. 1807
Perry, M. B. 1273
Persic, J. N. 0405
Persson, B. O. 1307
Perstorp A/B 1803
Perumareddi, J. R. 0769
Peshev, P. 0823
Pesin, V. G. 1236, 1237
Peterson, S. W. 0183
Petkovic, L. 1150
Petrescu, P. 0343
Petrie, D. R. 1594
Petrij, O. A. 0633
Petrocelli, A. W. 0722
Petrov, J. M. 0281
Petrov, K. D. 1229
Petrov, K. I. 0833
Petrov, V. A. 0491
Petrov, V. N. 1164
Petrovskaja, V. A. 1296
Petrovych, N. V. 0379
Petruchin, O. M. 0199
Petrunkin, V. E. 0836
Petry, O. 0636
Pettersson, E. 1634
Pettit, G. R. 1305
Pettit, L. D. 0587
Pfeiffer, S. 1315
Pfister, R. 1364
Pfizer Corp. 1413
Phelps, A. V. 0693
Philipp, B. 1057
Phillips, G. 1666
Phillips, L. F. 0694, 0790, 0791
Phillips, N. E. 0001
Phillips Petroleum Co. 1815
Piatti, G. 0272
Piaz, V. D. 1241
Pickup, K. G. 1825
Pierdet, A. 1434
Pierens, R. K. 0889
Pietraszko, A. 0226
Pietter, L. H. 0911, 0912
Pignataro, S. 0960
Pike, J. E. 1422
Pilipeckij, N. F. 0336
Piljankevic, A. N. 1717
Pilscikov, A. I. 0454
Pinkerton, H. 1783
Pino, P. 1160
Piretti, M. 1605
Pirkle, W. H. 1226
Pisano, M. A. 1329
Pisklov, V. P. 1314
Pitney, R. E. 1641
Pittsburgh Plate Glass Co. 1738
Pitzer, K. S. 0057
Pjatnickij, I. V. 0571
Plato, M. 0951
Pletjuskin, A. A. 0721
Pliva Pharmazeutische und Chemische Fabrik 1778
Pljuscev, V. E. 0517
Plock, C. E. 1562
Ploeg, R. E. van der 0708
Plonka, A. M. 1144, 1145
Plotnikov, R. I. 0042
Plowman, R. A. 0233
Pochon, F. 1299
Podesta, C. 1409
Poethke, W. 1340
Poitevin, A. 1805
Pokorny, G. 1571
Pokrovskij, B. I. 0450
Polaroid Corp. 1890, 1891
Poliscuk, S. A. 0243
Polivanov, K. M. 0452
Poljakova, V. S. 0672
Pollard, E. R. 0123
Polonskaja, M. N. 0404
Polotebnova, N. A. 0591
Polovov, V. M. 0164
Polster, R. 1887
Polynova, T. N. 0208
Polyvjannyj, I. R. 1709
Pommer, H. 1841
Pommez, P. 0933
Ponder, C. 1334
Ponec, V. 0664
Ponomarev, V. D. 0528, 1709
Ponta, A. 0782
Pope, D. P. 0114
Popea, F. 0574
Popelak, A. 1346, 1400
Popescu, S. 1871
Popov, A. 1083
Popov, A. I. 1046
Popov, S. 0965
Popova, N. M. 1746
Poraj-Kosic, M. A. 0196, 0199, 0208
Porat, D. I. 1445
Porile, N. T. 0012, 0013
Porter, D. F. 0622
Porter, R. F. 0065
Portnjagin, V. I. 0533
Portnoj, K. I. 0544
Posner, G. H. 1283
Pospelova, L. A. 0808
Postill, D. R. 0486
Poucke, L. C. Van 0586
Pouzet, C. 0195
Pozarov, S. L. 0085
Pozarskij, F. T. 1228
Pozela, J. K. 0395
Prahl, W. H. 1843
Prausnitz, J. M. 0472
Pravdjuk, N. F. 0382
Preobrazenskij, B. K. 1491, 1492, 1493
Preston, H. S. 0233
Preston, K. F. 0753
Prichodko, E. L. 0357
Prigent, M. 0610
Prijs, B. 1345
Prilzeaeva, E. N. 1164
Prins, G. 0827
Privat, M. 1022
Probst, O. 1773
Prochorenko, V. J. 0381
Procuchan, V. D. 0815
Prokofeva, I. G. 0192
Prokopev, E. P. 0745
Prokopov, T. S. 1596
Proskurjakov, O. B. 0449
Protasov, A. T. 0284
Protiva, J. 1336
Prytkina, L. V. 0424
Przeszlakowski, S. 1490
Psenicnyj, G. A. 0042
Psezeckij, S. J. 0378
Pucci, S. 1160
Puchalska, I. B. 0457
Pudovik, A. N. 1199
Pueschel, R. 1463
Pujante, A. 0647
Pungor, E. 1528
Purmal, A. P. 0577
Purtov, A. I. 0730
Puskarov, C. I. 0436
Puzej, I. M. 0168
Qaim, S. M. 0006
Quadflieg, T. 1769
Quist, O. P. 0287
Quitzsch, K. 1015, 1018
Qureshi, M. 1510, 1511
Raab, M. 0602
Raap, R. 1393
Rabani, J. 0767
Rabinovitch, B. S. 1069
Rabold, G. P. 0911, 0912
Rabotkina, L. R. 0365
Raczy, L. 1030
Radford, D. V. 0889
Rae, A. I. M. 0972
Rafikov, S. R. 1751
Ragaini, V. 1121
Ragacev, A. A. 0401
Ragimov, I. A. 0147
Ragulin, L. I. 1168
Raible, A. A. 0459
Rajzer, J. P. 0336
Rallo, F. 0641
Raman, S. 0477
Ramanathan, V. 1895
Ramazanov, P. E. 0364, 0365
Rambuszek, T. 1681
Rampazzo, L. 0641, 1059
Rao, J. K. M. 0235
Rao, N. R. 0063
Rao, N. V. S. 1310
Rapean, J. C. 1824
Rarenko, I. M. 0346
Rashid, A. 1569, 1653
Raskovskaja, E. A. 1711
Raspin, K. A. 0237
Ratajczak, H. 0352
Ratajczykowa, I. 0739
Rauch, H. 0110
Rauhut, M. K. 1852
Ravic, V. N. 0362
Rawalay, S. S. 1156
Rawat, J. P. 1511
Razmadze, N. A. 0783
Razuvaev, G. A. 0703
Reactor Centrum Nederland 1739
Rebenko, A. N. 0214
Rebinder, P. A. 0660
Rechson, S. M. 0290
Redman, R. 1445
Redy, L. 0620
Reed, T. B. 0123
Reed-Hill, R. E. 0270
Regge, P. De 0005
Regnier, G. 1397
Reich, C. W. 1454
Reid, S. T. 0946
Reinhold, D. F. 1403
Reinsch, E.-A. 0033
Reiss, H. 0001
Remes, N. L. 1811
Renaudin, P. G. 1753
Rendulic, K. D. 0176
Renner, A. 1792
Rensburg, H. C. van 1582
Renz, J. 1419
Renzi, G. 1241
Ressler, N. 1635, 1636
Reuben, J. 0949
Reusmann, G. 1516
Reut, L. S. 0475
Reutov, O. A. 0797
Revenko, A. G. 1478
Revjakin, V. V. 0535
Reznik, B. E. 0570
Reznikov, S. A. 0687
Rhone-Poulenc Soc. An. 1351, 1369, 1370, 1765, 1788
Rice, S. A. 0393
Rice, W. L. 0081
Richards, E. W. T. 0047
Richardson, W. H. 1163
Rickert, H. 0487
Ridgewell, H. F. F. 1088
Riedel, M. 0384
Riganti, V. 0760
Rijazur, R. 0547
Riley, H. L. 1721
Rinderknecht, H. 1639
Rinehart jun., K. L. 0001, 1293
Ritter, K. 1346, 1400
Ritzert, G. 0595
Rivest, R. 0072
Rizk, K. 0560
Rizzo, A. 0366
Rjabcikov, I. V. 1712
Rjabinina, S. A. 1757
Rjabych, S. M. 0785
Rjazanova, G. K. 1567
Roberts, J. P. 1664
Roberts, P. J. 0017
Robertson, A. V. 1221
Robinson, B. H. 0709
Robinson, D. W. 0055
Robinson, J. W. 1534
Robinson, P. W. 0709
Robinson, R. C. 0482
Rocchiccioli, C. 0118
Rochester, C. H. 1098
Rocker, W. 0459
Rode, W. C. 0872
Rodina, T. F. 0532
Rodley, G. A. 0874
Roe, D. K. 0908
Roesky, H. W. 0066, 0872
Rogac, E. D. 0293
Rogalski, W. 1209
Rogers, D. W. 1466
Rogers, G. R. 1701
Rogers, H. G. 1891
Rohland, B. 0606, 0607
Romanenko, E. D. 0564
Romanov, A. M. 0839
Romanov, G. A. 0829
Romanov, G. S. 0330
Rooge, M. A. Da 1110
Ropalo, P. P. 1168
Rosa, B. de 0726
Rosen, H. M. 0714
Rosenthal, D. W. 1427
Rosolovskij, V. J. 0067
Ross, R. G. 0486
Rossi, A. 1414
Roth, K. 1690
Roth, M. 1648
Roth, R. S. 0549
Rothe, L. 1265
Rouse, K. D. 0113
Roussel-Uclaf Soc. An. 1434, 1376, 1386, 1390, 1391, 1793, 1805, 1806, 1807
Roux, M. 0246
Roux, R. A. 1023
Rouxel, J. 0190
Rowland, F. S. 0777
Roysten, A. 0587
Rozanov, A. G. 0503
Rozanova, O. N. 0552
Rozanskij, V. N. 0147
Rozovskij, A. J. 0736
Rubcov, M. V. 0833
Rubin, A. A. 1378
Ruchelmann, M. W. 1020
Rudenko, M. S. 0478
Rudenko, N. P. 0558
Rudjak, V. M. 0441
Rudkovskij, D. M. 1748
Rudnicki, A. 1700
Rufer, C. 1808
Rukosuev, M. N. 0168
Rumyantsev, B. M. 0910
Ruopp, D. C. 1220
Rusina, M. N. 0584
Russell, P. J. 1321
Russo, F. 1269
Rutkowski, W. 1565
Ruyle, W. V. 1279
Ruzicka, E. 1619
Ruzicka, J. 1576
Rylova, N. A. 1577
Ryskin, A. I. 0345
Ryvkin, S. M. 0322, 0402
Ryzenko, B. N. 0884
Sabbatini, N. 0768
Saburi, M. 0842
Sacconi, L. 0847
Sadovnicij, A. A. 0399
Sadovskij, A. P. 0043
Sadowska, K. W. 1016
Sadrin, E. B. 0345
Safaeva, F. Z. 1555
Saffar, Z. M. El 0177
Safonov, M. S. 0679, 0680
Safonov, V. V. 0525
Safronova, N. A. 0660
Sagar, B. F. 1085
Sagawa, Y. 1194
Sagidullin, R. R. 1219
Sagisultanova, G. A. 0652
Saiki, Y. 1632, 1661
Saito, R. 0894
Saito, Y. 0762, 1131
Sajamjan, E. A. 0516
Sakin, O. V. 0263
Sakku, S. 0063
Saksonov, J. G. 0449
Sakuma, T. 1195
Salachutdinov, U. I. 0715
Salaeva, O. N. 0793
Sale, B. 1045
Salkov, J. A. 0412
Sallmann, A. 1364
Salmanov, V. M. 0322
Salmon, M. G. 1269
Salvi, G. 0760
Samarina, I. G. 0718
Samojlovic, M. I. 0377
Samson, S. 0189
Sancho, J. 0647
Sander, L. F. 0497
Sandler, S. I. 0470
Sando, K. M. 0973
Sandoz AG 1356, 1357, 1384, 1385, 1777
Sandoz Patents Ltd. 1408
Sandoz Soc. An. 1406, 1419, 1420
Sanesi, M. 0668
Saneyoshi, M. 1280
Sanger, D. G. 0966
Sankyo, Co. Ltd. 1410, 1411
Sannikov, J. I. 0534
Santavy, F. 1318
Sante, D. F. De 0280
Sapchim-Fournier-Cimay 1775
Saposnikov, V. N. 1309
Sapoznikova, O. V. 0581
Sarachov, A. I. 1484
Sarett, L. H. 1387
Sargent, C. M. 0151
Saripova, L. S. 0249
Sarkisov, E. S. 0806
Sarma, N. V. 0431
Sarrak, V. I. 0277
Sarsunova, M. 1336
Sarygin, L. M. 0655
Sasada, Y. 0997, 0998
Sasaki, T. 1230, 1231
Sasaki, Y. 1570
Sato, H. 0175
Sato, K. 1667, 1670, 1699
Sato, M. 1123
Sato, Y. 1320, 1410
Sauer, W. 1062
Sauerwald, F. 0849
Saulov, J. C. 0490
Savcenko, G. S. 0802
Savcenko, M. A. 0436
Savcuk, A. I. 0346
Savelev, V. J. 0736
Savic, I. A. 0715
Savickij, I. V. 0754
Savin, M.-C. 1645
Sawai, T. 1443
Sawaoka, A. 1445
Sawdey, G. W. 1801
Sawyer, D. T. 0080
Sax, S. M. 1464
Saxby, M. J. 0963
Saxena, O. C. 1543
Saxena, S. C. 0476, 0477
Saxena, S. K. 0880
Saxena, V. K. 0476
Sazonov, L. A. 0740, 0741
Scapini, G. 1191
Scatturin, A. 1298
Schacht, R. J. 1293
Schaefer, K. 1597
Schaefer, R. 1809
Schaefer, R. J. 0121
Schalch, W. 1420
Scharff, M. 0089
Schatz, E. A. 0334
Schaumann, W. 1346, 1400
Scheer, I. 1421
Scheller, F. 0617
Scheller, K. 1445
Schellman, J. A. 0041
Schenk, G. O. 1881
Schenke, M. 0609
Scherico Ltd. 1378
Schering AG 1371, 1425, 1808
Scherz, H. 1621
Schiller, I. 1345
Schilling, F. A. E. 1220
Schindler, W. 1383
Schins, H. E. J. 0661
Schlatti, M. 0184
Schleiffer, J. J. 0774
Schleyer, P. von R. 0001
Schmeidl, K. 1892
Schmeltekopf, A. L. 0695
Schmid, E. 1383
Schmid, R. 0646
Schmidt, A. 1761
Schmidt, E. M. S. 0616
Schmidt, K. 1015
Schmidt, P. 1414
Schmitt, K. 1412
Schmitz, G. 1689
Schmitz-DuMont, O. 0822
Schmutz, J. 1381, 1382
Schneider, G. 1652
Schneider, K. 1785
Schnitzer, W. A. 1665
Schoenmakers, J. G. G. 1654
Scholl, N. C. 1445
Schornosen, K. S. 1202
Schorr, M. 1394
Schreier, E. 1384
Schrenk, W. G. 1474
Schroeder, E. 1808
Schroeder, H. 1580
Schubert, H. 1245
Schubert, H. W. 1377
Schuberth, J. 1307
Schuett, M. 1281
Schuler, C. J. 1479
Schulte-Frohlinde, D. 0981
Schultze, H. J. 1804
Schumacher, D. 1450
Schumilowa, N. A. 0635
Schwabe, K. 0618
Schwartz, D. P. 1608
Schwartz II, H. F. 1333
Schwartz, R. W. 0204
Schwarz, P. 1079
Schwarz, V. 1336
Sciarini, L. J. 1302
Sciavolino, F. C. 1286
Scibona, G. 1035
Science Union et Cie. Soc. Francaise de Recherche Medicale 1397, 1398
Scott, D. W. 1001
Scott, J. M. W. 1096
Scott, P. M. 1115
Searle, G. D. & Co. 1439
Sears, P. G. 1046
Secoy, C. H. 0671
Seddon, W. A. 0776
Sedivy, J. 0259
Sedleckaja, N. S. 0454
Seeger, E. 1401, 1402
Seidel, H. O. 1482
Seka, I. A. 0810
Seki, H. 1149
Sekiguchi, S. 1745
Seligman, A. M. 1630
Selivanova, N. M. 0496
Seltzer, M. S. 0289
Selucenko, V. V. 1197, 1198
Selva, A. 1325
Selzer, G. 1341
Sembaev, D. C. 1751
Semenkovic, S. A. 0502
Semenova, E. I. 0374
Semin, G. K. 0370
Semjakin, M. M. 1313
Semonsky, M. 1306
Senasenko, V. S. 0098
Senatskij, J. V. 0324
Sencova, T. N. 1468
Senda, K. 1469
Senju, K. 1667
Sepelev, J. F. 0198
Sergeeva, E. P. 0852
Sergienko, R. I. 0173
Sergienko, V. I. 0526
Serman, A. B. 0262
Seshadri, K. V. 1087
Sestaeva, M. M. 1250
Setkina, V. N. 0712
Settle, J. L. 1445
Sevastjanov, A. I. 0558
Sevcenko, E. G. 0362
Sevcenko, V. J. 0540
Sevcova, Z. N. 0525
Shahid, M. A. 1622, 1653
Sharma, S. C. 1232
Sharma, V. P. 0644
Sharp, D. W. A. 0845
Shaw, D. 1203
Shaw, J. H. 0062
Shaw, R. A. 1873
Shaw, R. W. 1445
Shechter, H. 1167
Shelef, M. 0743
Shell Internationale Research Mij. N. V. 1822, 1824, 1844, 1865
Shen, T. Y. 1279
Sheppard, R. C. 0991
Sherk, F. T. 1815
Shetchter, H. 1156
Shiba, T. 1291

Shibata, T. 1249
Shibata, S. 1000
Shidlovsky, B. A. 1329
Shier, G. D. 1117
Shimanuki, T. 1673
Shimizu, M. 1348
Shimizu, Y. 1320
Shimomura, S. 1471
Shinagawa, M. 1485
Shionogi & Co. Ltd. 1354, 1423
Shinozaki, K. 1443
Shinra, K. 1617
Shivahare, G. C. 1545
Shodhan, R. P. 0291, 0292
Shono, T. 1617
Shriver, D. F. 0083
Shugarman, P. M. 1656
Shutajewa, G. W. 0635
Sic, L. A. 0660
Sicedison S. p. A. 1853, 1856
Sicheeva, L. V. 0556
Sichova, H. 0259
Sidorenko, F. A. 0166
Siegert, A. J. F. 0468
Siegfried AG 1367
Signore, R. 0903
Silber, P. 0798
Silina, E. V. 0548
Silverman, P. 1639
Sim, G. A. 0999
Simanskij, V. M. 1172
Simionescu, T. 1857
Simon, M. S. 1890
Simonov, A. M. 1227, 1228
Singer, M. I. C. 0980
Singh, P. P. 0072
Singh, S. 0072
Sinicyn, N. M. 0833
Sipatov, E. G. 0311
Sipler, D. 0102
Sipler, D. P. 0103
Sipovskij, D. P. 0875
Siutowicz, K. 1684
Sivakova, R. N. 1600
Sividova, S. N. 1468
Sixou, P. 0915, 0916, 0922
Sjutkina, V. I. 0174
Skarcenko, V. K. 1743
Skattebol, L. 1200
Skillman, D. C. 0653
Skirrow, G. 1081
Skoblo, A. I. 0573, 0829
Skolnikova, L. M. 0234
Skovorodkin, N. V. 0881
Skripkin, V. A. 0540
Slade, R. C. 0356
Slavceva, J. 1083
Slavinskaja, R. A. 0816
Sleeman, D. H. 0026
Sletzinger, M. 1403
Sluyters, J. H. 0614
Sluyters-Rehbach, M. 0614
Smagunova, A. N. 1478
Smeljakova, V. B. 1206
Smeykal, K. 1760
Smirnov, I. A. 0294
Smirnov, S. K. 0852, 0853
Smirnova, G. I. 0716
Smirnova, K. A. 1537
Smirnova, M. F. 0349
Smith, A. F. 0135
Smith, B. C. 1873
Smith, D. R. 0776
Smith, H. 1389
Smith, R. S. 1163
Smith jun., S. B. 1676
Smith, T. J. & Nephew Ltd. 1344
Smith Kline & French Laboratories 1360, 1368
Smolders, R. R. 0989
Smolenskij, G. A. 0262
Smolin, J. I. 0198
Smrekar, M. 1646
Snagovskij, J. S. 0745
SNAM-S. p. A. 1832
Snia Viscosa Soc. Nazionale Industria 1850
Snyder jun., H. R. 1417
Soc. d'Electro-Chimie 1859
Soc. des Usines Chimiques Rhone-Poulenc 1409
Soc. Nationale des Petroles 1855
Soczewinski, E. 1490
Soedigdo, S. 1210
Soerbo, B. 1307
Sokolov, D. N. 1503
Sokolov, O. M. 0794
Sokolov, V. A. 0360
Sokolovskij, V. D. 0740, 0741
Sokolskaja, A. M. 1757
Sokolskij, D. V. 0764, 1746
Sokolskij, G. A. 1168
Sokova, K. M. 1752
Soldatov, V. P. 0134
Solomon, S. 1200
Soltes, E. J. 1263
Soma, M. 1102
Soma, N. 1410
Somorjai, G. A. 0001
Son, T. D. 1135
Sorokin, J. A. 0378
Sostakovskij, M. F. 0817
Sotnikov, V. S. 0672
Spacu, P. 0864
Spassov, S. L. 0942
Specker, H. 1517
Sperber, N. 1378
Sperry, L. L. 0483
Spialter, L. 1157
Spicyn, V. I. 0192, 0747
Spies, H. 1224
Spindel, W. 0696
Spinelli, D. 1108
Spiro, T. G. 0070
Splading, D. R. 0320
Sprangler, R. J. 1214
Springer, G. 0879, 1480
Springer, V. 0582
Squires, T. G. 0993
Srinivasan, D. 1010
Srivastava, K. P. 1546
Stachowicz, W. 0953
Staehli, J. L. 0376
Stafford, F. E. 0083
Stamicarben, N. V. 1879
Stamm, W. 1810
Stang, P. J. 0001
Starcev, V. I. 0134
Starcev, V. N. 0534
Starodubcev, S. V. 0126
Starovojtov, A. T. 0445
Stauffer Chemical Co. 1810
Steckiv, O. P. 0299
Steel, K. D. 0889
Stefanski, R. J. 1445
Stehlik, G. 1621
Steidle, W. 1438
Steigmann, G. A. 0187
Steinfeld, J. I. 0001
Steinnes, E. 1631
Stener, A. 1241
Stengle, T. R. 0001
Stepanov, B. A. 1708
Stepanova, M. V. 1719
Stepanova, O. S. 1259
Stephen, I. 0047
Stepina, S. B. 0517
Sterlinski, S. 1587
Stern, K. H. 0596
Stern, M. J. 0696
Sternhell, S. 0946
Stevens, G. de 1416
Stevens, K. W. H. 0373
Stevenson, D. G. 1730
Stewart, W. E. 0482
Stock, L. M. 1043
Stolle, W. 0637
Stone, F. G. A. 0860, 0861, 0868, 0869
Stoneham, A. M. 0368
Stonehart, P. 1559
Stothers, J. B. 1007, 1113
Stott, M. A. 0471
Stoy, A. 0602
Strachan, R. G. 1387
Strachov, L. P. 0448
Straumanis, M. E. 0291, 0292
Strauss, H. L. 0001
Strauss, W. 0917
Strelcina, M. V. 0244
Strelcov, L. N. 0357
Strelcova, I. V. 0357
Strelnikova, N. P. 1577
Strelov, K. K. 0252
Strimer, P. 0354
Strizenjuk, S. L. 0682
Strocchi, A. 1605
Stroganov, S. S. 0534
Stroh, H.-H. 1041, 1246, 1260
Stroka, A. 0729
Strong, A. A. 1445
Strong, S. L. 0178
Struckov, J. T. 0222, 0223, 0238
Strukov, O. G. 0852, 0853
Stuart, R. S. 1161
Studer, H. P. 0763
Studiengesellschaft Kohle 1407, 1809, 1813, 1861
Stuhl, F. 1445
Stupian, G. W. 0443
Sturm, F. v. 0597
Sturzenegger, A. 1827
Stycenko, V. D. 0736
Styrikovic, M. A. 0507
Styrov, V. V. 0360, 0738
Subin, V. N. 0277
Suchovarov, V. F. 0165
Suda, K. 1586
Sudakov, N. I. 0453
Suess, R. 1406
Suesse, P. 0240
Sugahara, H. 1256
Sugawara, F. 0820
Sugier, A. 0610
Sugikawa, S. 1657
Suglobov, D. N. 0573, 0829
Suhl, H. 0428
Sujkin, N. I. 1758
Sukazov, E. A. 0173
Sulejmanov, M. C. 0197
Sulpina, I. L. 0145
Sumarokova, T. N. 0816
Sumida, Y. 1025, 1026, 1027
Sumilova, A. A. 0634
Sumitomo Chemical 1786, 1800
Summers, R. M. 1647
Sun, S. F. 1013
Sunagawa, G. 1410
Suponickij, J. L. 0500
Suprycov, V. A. 0877
Suput, J. 1778
Susbielles, G. G. 0644
Suslina, L. G. 0345
Sutov, G. M. 1248
Sutova, A. T. 0805
Sutton, J. 1135
Suvorov, B. V. 1751
Suzue, S. 1353
Suzuki, K. 1692
Suzuki, M. 1759
Suzuki, N. 1019
Svackin, J. P. 1309
Svajko-Svajkovskaja, T. P. 0244
Svajko-Svajkovskij, V. E. 0499
Svarc, K. K. 0358
Svarcman, L. A. 0164, 0630
Svata, M. 0603
Svedov, S. P. 0404
Svedov, V. P. 1531
Sviridov, A. N. 0074
Sviridov, V. V. 0850
Swalin, R. A. 0484
Swanson, L. W. 0388
Sycev, A. J. 0710
Syjanovskyj, V. I. 0422
Sylajev, V. I. 0342
Symons, M. C. R. 0955, 0956
Synek, M. 0020
Syntex Corp. 1432, 1433, 1437
Syono, Y. 0820
Syrkin, J. K. 0834
Syrkina, I. G. 0677
Szabadvary, F. 1518
Szabo, E. 1663
Szmant, H. H. 1244

Tadanier, J. S. 1436
Tadashi Yamaguchi 1854
Tadokoro, G. 1213
Tagami, E. 0944
Takabashi, S. 0315
Takacs, J. 1499
Takahashi, K. 1204
Takahashi, T. 0282, 0612
Takai, M. 1759
Takazono, M. 1130
Take, J.-I. 1122
Takeda, M. 0944
Takeda Chemical Industries Ltd. 1443
Takehara, Z. 0608
Takeuchi, T. 1515, 1668
Takiguchi, T. 1195
Takino, Y. 1240
Talbot-Besnard, S. 0276
Talke, H. 1644
Tamaki, S. 0386
Tamaru, K. 1102
Tamborski, C. 1112
Tamburro, A. M. 1298
Tamura, C. 0997, 0998
Tanabe, I. 0316
Tanabe, K. 1294
Tanaka, K. 1779
Tanaka, N. 0579
Tanaka, R. 1620
Tananaev, I. V. 0542, 0545, 0802
Tanei, T. 0952
Tang, C. S. 1171
Tao, E. 1514, 1530
Tarascan, A. N. 0377
Tarasenko, V. V. 0436
Tarasov, V. V. 0257
Taraszewska, J. 0623
Tarbell, D. S. 1176
Tardy, D. C. 1069
Tarshis, L. A. 0120
Tatsumi, S. 1074
Tatsuno, T. 1123
Tatsuta, K. 1277
Taub, D. 1349
Taylor, E. C. 1258
Taylor, S. A. 1036
Tchir, M. 1142
Tebbe, F. N. 0872
Tebble, R. S. 0439
Tedmon jun., C. S. 0733
Teisseire, Q. 0914
Tejima, S. 1276
Telea, C. 0537
Temkin, A. 0096
Temkina, V. J. 0584
Temrokov, A. I. 0251
Teniseva, T. F. 0803
Tenneco Chemicals, Inc. 1781
Tenor, E. 1372
Teranishi, S. 0758
Terao, S. 1786
Ter-Asaturova, N. I. 1179
Ter-Sarkisova, A. G. 0396
Tessari, G. 0644
Tetelbaum, B. I. 1197, 1198
Tetelman, A. S. 0280
Tevlina, A. S. 1468
Tewari, R. J. 1095
Texier, F. 1045
Theidel, H. 1689
Ther, L. 1352
Thewalt, K. 1864
Thiers, F. G. 0586
Thiessen, K. 0788
Thilo, E. 0859
Thirsk, H. R. 0622
Thodos, G. 1014
Thoma, K. GmbH 1373, 1374
Thomae, K. GmbH 1401, 1402
Thomaes, G. 1011, 1012
Thomas, J. K. 0772
Thompson jun., M. C. 1445
Thorhalisson, J. 0024
Thorn, R. J. 0504
Thorp, D. M. 1114
Thrift, R. J. 1782
Thrush, B. A. 0001
Thurlow, H. J. 1791
Tichnonov, L. V. 0154
Tichomirova, G. S. 0683
Tichonov, V. I. 0773
Tichonov, V. S. 0799
Tichonov, V. V. 0294
Tichonova, E. A. 0109
Tichonova, L. V. 0254
Tiggelen, A. van 1133
Tiginjanu, J. D. 0710
Timmer, B. 0614
Timofeev, V. B. 0344
Timofeeva, N. I. 0544
Timoscenko, N. E. 0406
Tipper, C. F. H. 1081
Tiraki, T. 1075
Tiripicchio, A. 0188
Titz, M. 0970
Tiwari, G. P. 0283
Tjurjaev, I. J. 1743
Tjutjunnikov, B. N. 0746
Tleukulov, O. M. 1709
Toda, S. 0051
Todd, S. S. 1001
Tokoli, E. G. 1768
Tolstoguzov, N. V. 1712
Tomaspolskij, J. J. 0203
Tominaga, T. 0777
Tomisek, A. J. 1489
Tomita, M. 1282
Tomita, T. 0569
Tomlinson, L. 0014
Tomura, K. 1586
Topliss, J. G. 1378
Topol, L. E. 0554
Torelli, V. 1386
Torgerson, R. T. 1728
Torikai, A. 1143
Toromanoff, E. 1793, 1806
Toropov, N. A. 0803
Toth, R. S. 0175
Tovmasjan, I. K. 0819
Townshend, A. 1451
Townsend, R. 1002
Travkin, V. F. 0833
Traynham, J. G. 1116
Trefilov, V. I. 0281
Treszczanowicz, A. 0466
Tretjakova, G. S. 1208, 1261
Trickey, E. B. 1838
Trifiro, F. 0755
Trinajstic, N. 0971, 0977
Troickaja, A. D. 0580
Trotter, J. 0179
Troxler, F. 1356, 1357
Truchtanov, V. A. 0449
Truelove, P. 0139
Truesdell, A. H. 0495
Trunov, V. K. 0212, 0552
Trusnikova, L. N. 0519, 0520
Trutnovsky, H. 1592
Tsaneva, M. 1080
Tsapline, B. 0246
Tsong, Tien Tzou 0239
Tsuchiya, R. 0569
Tsuchiya, T. 1130
Tsuda, K. 0997, 0998
Tsuge, S. 1515
Tsuji, A. 1613
Tsuji, N. 1658
Tsuji, T. 1212, 1213
Tsuruta, T. 1294
Tsuyama, A. 1659
Tuchfatullin, A. A. 0148
Tuedoes, F. 0954
Tunali, N. K. 0659
Tupikov, V. I. 0378
Turco, G. 0888
Turdakin, V. A. 0257
Turjanica, I. D. 0409
Turner, A. P. L. 0114
Turner, S. 0991
Turpin, R. A. 1637
Tward, E. 0075
Tycinskij, V. P. 0074
Tyrrell, H. J. V. 1467

Uchiyama, M. 1326
Udovenko, V. V. 0835
Ueno, K. 1044
Ueno, T. 1311, 1312
Ugaj, J. A. 0540
Ukraincev, V. B. 0720
Ulstrup, J. 0615
Umanskij, J. S. 0156
Umarchodzaev, R. M. 0670
Umezawa, S. 1277
Ungurean, N. 1857
United Coke & Chemicals Co. Ltd. 1721
United Kingdom Atomic Energy 1730
United States Borax and Chemical 1880
Universal Oil Products Co. 1794
Upadysev, V. A. 0336
Upjohn Co. 1358, 1405, 1422
Urano, K. 1195
Urbankova, I. 1066
Urbanski, T. 0943
Urech, J. 1392
Urin, A. B. 1242
Urry, D. W. 0001
Usakov, I. S. 0630
Usikov, B. S. 1492, 1493
Uyeo, S. 1317

Vagi, K. 1409
Vajnsenker, I. A. 0676
Vakin, N. A. 1503
Val, J.-L. 0061
Valcev, V. K. 0825
Valdemoro, C. 0023
Valjaeva, V. A. 0717, 0718
Valjavko, L. R. 0826
Valkenburg, R. K. Van 1583
Vallauri, R. 1003
Valls, J. 0984
Varma, R. S. 1222
Varsani, D. 0350
Vandewalle, M. 1201
Vaneckova, H. 0259
Vanjukov, A. V. 0424
Vanselow, R. D. 1814
Vasavada, K. V. 0096
Vascenko, V. I. 0344
Vasilev, D. I. 1448
Vasilev, G. S. 1164
Vasilev, N. N. 0405
Vasilev, V. P. 0498
Vasilevskaja, V. N. 0155
Vaubel, G. 1049, 1051
Vay, P. 0921
Vdovenko, D. N. 0829
Vdovenko, V. M. 0573
Vejko, V. P. 0323
Velikodnyj, J. A. 0212
Venevcev, J. N. 0203
Ventura, J. J. 1811
Verma, R. C. 1545
Verneker, V. R. P. 0325
Verolajnen, J. F. 0045
Versinina, N. I. 0453
Vertoprachov, V. N. 0288
Vetter, M. J. 1445
Vetterl, V. 0645, 1065
Veza, M. 1871
Vicedomini, M. 0649
Vieles, P. 0583
Vielstich, W. 0598
Vig, S. K. 1058
Vijayan, M. 0185, 0871
Villar, J.-G. 0930
Vineckaja, J. M. 1206
Vinogradov, J. K. 0508
Virobjanc, R. A. 1219
Vischer, E. 1392
Visco, R. E. 0898, 0907
Visnjakov, J. D. 0156
Visnjakova, R. S. 1172
Viswamitra, M. A. 0185
Viter, V. G. 0550
Vitol, M. J. 1309
Vitt, S. V. 1174
Vizel, J. M. 0507
Vjazankin, N. S. 0814
Vjazmenskij, J. E. 0867
Vjugina, A. F. 0719
Vlaanderen, P. Van 0827
Vlasov, G. A. 0522
Voehringer, O. 0264
Voelter, J. 1456
Voessing, R. 1808
Voevodskij, V. V. 0711
Vogel, G. 1352
Vogel, M. 1240
Voigt, D. 0919, 0923
Voigt, F. 0437
Voigt, H. 1363
Vojsvillo, N. A. 0327
Voljak, L. D. 0508
Volkenstejn, J. B. 1218
Volkov, V. V. 0424
Vollmann, H. 1897
Volodina, A. N. 0802
Volova, L. M. 0805
Volynskij, N. P. 1242
Vook, R. W. 0171
Vorobev, J. P. 0728
Vorotilina, T. B. 0542

Vorotjagina, V. D. 0570
Vorsina, I. A. 0532
Vostokov, I. A. 0814
Vostokov, V. M. 0593
Vreeland jun., T. 0114
Vriens, L. 0091
Vrublovsky, P. 1318
Vysokova, N. N. 1537

Wacker-Chemie 1826
Waddington, G. 1001
Wagendristel, A. 1455
Wagner, G. 1265
Wagner, V. 0668
Wah Chang Corp. 1728
Wahba, S. S. 1561
Wahl, A. C. 0015
Wahlbeck, P. G. 0492, 0493, 0494
Wailes, P. C. 0082
Wakahayashi, T. 1019
Walec, T. 0735
Waledziak, H. 1521
Walisch, W. 1597
Walker, W. W. 1052
Walls, D. R. 0130
Wander, A. AG 1380, 1381, 1382
Wang, Bi-Cheng 1445
Wang, Chin Hsien 0469
Wanner, J. 1445
Warburton, J. B. 0734
Warhurst, E. 0892
Waring, J. L. 0549
Warnell, J. L. 1862
Warner, T. B. 0765
Warnock, R. V. 0011
Wartburg, A. von 1419
Washuettl, J. 1609
Wasserkrug, H. L. 1630
Wassmundt, F. W. 1159
Watanabe, H. 0701
Watanabe, K. 0831
Watanabe, Ken-ichi 1107
Watatani, M. 1410
Watelle-Marion, G. 0725
Watson jun., E. J. 1444
Watson, J. K. G. 0039
Watson, W. W. 0477
Watts, G. B. 1006
Wawschinek, O. 1675
Wayland, B. B. 0081
Wazer, J. R. Van 0811
Weber, J. H. 0855
Weertman, J. 0279
Weichmann, H. 0846
Weidemann, R. 0138
Weiher, J. F. 0447
Weiss, C. 1101
Weiss, W. D. 0459
Weldrick, G. J. 1666
Welfle, H. 1177
Welge, K. H. 1445
Wellcome Foundation Ltd. 1365
Wendler, N. L. 1349
Wenkert, E. 1207
Werber, T. 0735, 1718
West, T. S. 1535
Westbrook, J. H. 0285
Westman, T. L. 1175
Westlake, D. G. 0153
Westphal, F. 1798
Westphal, G. 1041, 1260
Weisz, P. B. 0757
Wettig, K. 1063
Weymouth, J. W. 0112
Whewell, R. J. 0587
Whincup, P. A. E. 1771
White, A. M. 1040
White, E. 1304
White, L. M. 1610
Whitehouse, M. W. 1330
Whitehouse, P. A. 1305
Whitlock, L. S. 1635, 1636
Whitlow, S. H. 0179
Whitney, C. C. 1154
Whittaker, A. G. 1445
Widmer, F. 1792
Wieczorek, H. 1642
Wieder, H. F. 1790
Wiesener, K. 0600
Wiesner, I. 1687
Wilde, B. E. 0628
Wilder, D. R. 0328
Wilhelm, M. 1414
Wilkes, J. B. 1814
Wilkins, C. J. 0874
Wilkinson, D. G. 1886
Willcockson, G. W. 1880
Willett, R. D. 0183
Williams, A. I. 1553
Williams, C. 1791
Williams, D. A. 0201
Williams, F. 0770
Williams, J. E. 0001
Williams, M. 1576
Williams, P. M. 0367
Williams, R. 0893
Willis, C. 0779
Willis, M. R. 1053
Willis, F. 0992
Wilshire, J. F. K. 1190
Wilson, A. 1445
Wilson, E. R. 1021
Wilson, J. C. 1726
Wilson, W. L. 1738
Winefordner, J. D. 1476
Winkler, E. 0618
Wippel, H. G. 1902, 1903
Wirtz, R. 1774
Wise, H. 0748, 1077
Wise, H. S. 0047
Witt, C. A. 0626
Witt, F. 0171
Wittenberg, L. J. 0488
Woelker, G. 0618
Woitun, E. 1373, 1374
Wojcicki, A. 0709
Wojtowicz, J. 1055
Wolf, A. P. 0775
Wolf, E. 1551
Wolf, R. A. 1445
Wolfrom, M. L. 1263, 1274
Wollschlaeger, K. 0599
Wolosinski, H. T. 1890
Wood, A. J. 1666
Woodman, C. M. 0945
Woolston, J. R. 1445
Worcester, S. A. 1728
Worrell, L. F. 1333
Worzala, H. 0180
Woycicki, W. 1016
Wright, A. J. 0419
Wright, D. A. 0201
Wright jun., H. N. 1831
Wright, R. W. 1032
Wright, W. H. 1445
Wudl, F. 1165
Wulfson, N. 0965
Wyllie, P. J. 0886
Wysong, R. D. 1158

Yabuta, S. 1786
Yakowitz, H. 0273
Yale, G. D. 0062
Yamada, M. 1668
Yamada, S. 1166
Yamada, Y. 1152
Yamaguchi, K. 1779
Yamaguchi, N. 1670
Yamaguchi, T. 1660
Yamamoto, T. 0056
Yamamoto, Y. 1514, 1530, 1620
Yamanaka, H. 1249
Yamashita, K. 1323, 1632
Yamashoji, Y. 1617
Yamate, M. 1620
Yamazaki, H. 0848
Yamazaki, S. 1667
Yano, T. 1128
Yeomans, B. 1869
Yariv, A. 0905
Yates, E. A. 0904
Yoffe, A. D. 0367
Yokoyama, Y. 1658
Yoneda, Y. 0762, 1122, 1131
Yoshikawa, S. 0842
Yoshioka, T. 1230, 1231
Yoshizaki, T. 0701
Yoshizawa, S. 0608
Yosim, S. J. 0001
Yotsuyanagi, T. 1660
Young, E. E. 1865
Young, J. A. 1268
Young, J. P. 0050
Young, R. P. 1047
Yumoto, T. 1162

Zacharias, P. S. 0840
Zacharov, J. A. 0785
Zacharov, S. D. 0324
Zadanov, B. V. 0584
Zadneprovskij, G. M. 0243
Zaduban, M. 1482
Zadumkin, S. N. 0251
Zagorevskij, V. A. 1250
Zagorskaja, Z. A. 0543
Zaharescu, L. 1870
Zaicev, O. S. 0503
Zaikov, G. E. 1749
Zajac, A. I. 1717
Zajceb, L. M. 0808
Zajcev, I. A. 1250
Zajcev, V. M. 0773
Zajdman, I. D. 0461
Zakosovskij, G. V. 0042
Zalivina, E. N. 0851
Zanderighi, L. 1079
Zaretskii, V. 0965
Zarkova, D. N. 1669
Zarli, B. 0215
Zaslavskaja, G. B. 0052
Zasorin, A. P. 0742
Zastawnik, M. 1718
Zasyvajlo, T. V. 0361
Zatka, V. 0002
Zavgorodnij, S. V. 1185
Zavjalov, S. I. 1262
Zavoianu, D. 1094
Zbarskij, V. L. 1248
Zdanovskij, A. B. 0522
Zdanov, G. S. 0203
Zdanov, V. A. 0421
Zdanov, V. M. 0489
Zdanova, V. V. 0294
Zeegers-Huyskens, T. 1028, 1029
Zeeman, P. B. 1581, 1582
Zegalska, B. 1017
Zeidler, M. D. 0369
Zeitz, L. 1629
Zejf, A. P. 0044
Zelenaja, G. A. 1752
Zembura, Z. 0632
Zgadzaj, E. A. 0580
Zhdanov, Y. A. 0983
Zickendraht, C. 1893
Ziegeler, L. 1538
Ziegler, M. 1538, 1580
Zilin, V. F. 1248
Zimina, G. V. 0517
Zimogljad, B. N. 0663
Zimogorova, N. S. 0416
Zinovev, V. E. 0296
Zinoveva, V. P. 0288
Zitkov, K. F. 0058
Zizin, M. N. 0317
Zmija, J. 0149
Zoldakov, A. A. 0561
Zolotov, J. A. 0536
Zorina, L. I. 0867
Zosel, K. 1813
Zosimovic, D. P. 1713
Zubaňov, M. Z. 0394
Zubarev, V. N. 0856
Zuman, P. 1058
Zun, G. G. 0663
Zuravlev, V. E. 0689
Zusupbekov, B. O. 0764
Zutaeva, G. V. 0634
Zvonarev, A. V. 0317, 0318
Zwahlen, G. 1894
Zweifel, G. 1154
Zweig, A. 0897, 0909
Zwicker, U. 0432
Zwierzak, K. 1684
Zyka, J. 1574

Patentregister

Nr.	Ref. Nr.	Bezugspatent
Australische Patente (Aust. P.)		
268 779	1434	(U.S.P. 3 198 707)
270 769	1443	(U.S.P. 3 248 289)
272 550	1403	(Brit.P. 1 037 026)
274 311	1408	(Schwz.P. 419 147)
275 505	1410	(U.S.P. 3 205 235)
Belgische Patente (Belg. A. S.)		
631 243	1807	
644 538	1883	
645 187	1426	(U.S.P. 3 275 666)
674 682	1885	
Britische Patente (Brit. P.)		
1 036 087	1807	
1 059 811	1806	
1 060 005	1396	(Schwz.P. 422 005)
834	1404	(Schwz.P. 415 610)
1 061 233	1733	
946	1350	
1 064 416	1886	
1 066 052	1721	
1 068 985	1370	
1 070 227	1784	
589	1415	(U.S.P. 3 274 191)
1 073 466	1435	(U.S.P. 3 253 004)
637	1432	(U.S.P. 3 270 007)
1 075 264	1722	
1 077 327	1773	
597	1728	
1 078 166	1354	
485	1724	
1 079 416	1725	
456	1731	
989	1355	
1 081 091	1783	
465	1729	
1 082 025	1723	
466	1344	
1 084 211	1884	
1 085 180	1732	
1 087 322	1730	
782	1425	(D.A.S. 1 265 158) (D.A.S. 1 230 796) (D.A.S. 1 226 573) (D.A.S. 1 250 436)
1 088 736	1892	
1 091 051	1734	
1 094 309	1885	
1 095 122	1726	
1 097 579	1787	
1 098 977	1798	
1 103 754	1779	
1 119 682	1763	
1 120 515	1762	
1 121 877	1771	
1 122 827	1791	
Auslegeschriften der Patentanmeldungen des Deutschen Patentamtes München (D. A. S.)		
1 227 855	1440	
1 244 140	1727	
1 257 776	1785	
1 259 336	1807	
484	1887	
887	1789	
1 261 504	1797	
1 262 476	1899	(F.P. 1 372 326)
998	1349	
1 263 001	1790	
767	1812	
1 264 443	1809	
1 266 421	1900	(Brit.P. 933 160)
1 267 213	1395	(Schwz.P. 415 682)
1 268 754	1884	
1 270 567	1363	
1 274 126	1388	
764	1896	
1 275 052	1767	
054	1768	
526	1783	
1 279 017	1811	
Deutsche Patente (D. P. [DDR])		
55 014	1808	
739	1889	
955	1375	
956	1372	
Französische Patente (F. P.)		
2 616	1419	(Ung.P. [Med.] 151 506)
3 182	1417	(U.S.P. [Med.] 3 127 400)
435	1441	(D.P.[DDR] [Med.] 39 060)

Nr.	Ref. Nr.	Bezugspatent
627	1387	[Med.]
882	1420	(D.P.[DDR] [Med.] 40 706)
920	1439	(U.S.P. [Med.] 3 211 756)
4 100	1427	(Brit.P. [Med.] 1 084 856)
101	1429	(U.S.P. [Med.] 3 197 470)
1 309 694	1737	(U.S.P. 3 152 865)
1 313 549	1826	(Brit.P. 970 431)
1 316 076	1736	(U.S.P. 3 125 411)
878	1816	(Brit.P. 962 255)
1 317 805	1834	(Oe.P. 231 422)
1 318 368	1837	(U.S.P. 3 142 692)
1 319 834	1879	(U.S.P. 3 119 814)
1 320 557	1865	(Brit.P. 951 501)
1 321 322	1835	(U.S.P. 3 062 836)
1 322 597	1862	(Can.P. 691 974)
703	1815	(Brit.P. 948 584)
1 323 365	1852	(U.S.P. 3 116 316)
453	1819	(Brit.P. 951 506)
491	1860	(D.A.S. 1 203 255)
787	1863	(D.A.S. 1 190 926)
1 324 134	1830	(D.A.S. 1 203 759)
330	1855	(D.A.S. 1 204 219)
870	1844	(Brit.P. 958 995)
1 325 111	1858	(Can.P. 688 845)
538	1823	(Brit.P. 964 613)
1 326 684	1836	(U.S.P. 3 062 837)
1 327 409	1866	(Brit.P. 941 866)
613	1851	(Brit.P. 971 172)
679	1869	(U.S.P. 3 146 238)
1 328 008	1841	(Brit.P. 946 177)
143	1825	(Brit.P. 963 269)
552	1880	(U.S.P. 3 069 454)
654	1831	(U.S.P. 3 091 632)
696	1840	(Can.P. 695 768)
964	1878	(Brit.P. 978 353)
1 329 335	1843	(Belg.A.S. 620 276)
996	1821	(Brit.P. 978 355)
1 330 038	1838	(Brit.P. 966 533)
1 331 154	1833	(Can.P. 698 202)
210	1850	(Oe.P. 232 986)
256	1849	(Brit.P. 962 977)
351	1824	(Brit.P. 970 371)
1 332 282	1839	(D.P.[DDR] 36 404)
697	1859	(D.A.S. 1 205 109)
786	1818	(Brit.P. 964 127)
907	1868	(Brit.P. 971 174)
1 333 442	1814	(D.A.S. 1 201 329)
444	1842	(Brit.P. 939 873)
488	1813	(Brit.P. 976 930)
1 334 980	1847	(Brit.P. 975 368)
1 335 657	1853	(Oe.P. 237 590)
691	1827	(U.S.P. 3 142 700)
787	1876	(Brit.P. 973 838)
1 336 007	1873	(Brit.P. 966 799)
907	1874	(Brit.P. 960 298)
927	1864	(Brit.P. 948 893)
1 337 162	1875	(U.S.P. 3 120 520)
597	1828	(U.S.P. 3 062 872)
716	1817	(D.A.S. 1 202 268)
1 342 549	1829	(Can.P. 692 079)
963	1822	(Brit.P. 973 375)
1 343 090	1877	(U.S.P. 3 136 727)
502	1846	(Brit.P. 977 477)
770	1881	(D.P.[DDR] 36 415)
1 344 094	1856	(Brit.P. 964 636)
1 348 866	1739	(Brit.P. 964 227)
1 357 866	1740	(D.A.S. 1 204 644)
1 359 420	1738	(Brit.P. 979 564)
1 361 778	1867	(Brit.P. 975 165)
1 362 967	1870	(D.P.[DDR] 37 762)
968	1857	(D.P.[DDR] 35 386)
1 363 842	1856	(D.A.S. 1 205 529)
1 366 065	1871	(D.P.[DDR] 37 618)
1 367 271	1872	(D.A.S. 1 203 762)
388	1832	(D.P.[DDR] 40 649)
818	1820	(Can.P. 695 187)
1 368 390	1861	(Brit.P. 977 697)
494	1848	(Brit.P. 977 755)
1 372 086	1845	(Brit.P. 974 408)
971	1735	(D.A.S. 1 203 742)
1 377 648	1417	(U.S.P. 3 127 400)
1 379 915	1409	(D.P.[DDR] 41 348)
1 393 250	1442	(Brit.P. 967 108)
618	1441	(D.P.[DDR] 39 060)
1 430 135	1406	(D.P.[DDR] 41 479)
1 431 687	1420	(D.P.[DDR] 40 706)
1 439 391	1437	(U.S.P. 3 258 471)
1 441 417	1427	(Brit.P. 1 084 856)
1 443 074	1433	(U.S.P. 3 270 007)
1 446 051	1801	
1 447 200	1430	(U.S.P. 3 257 385)
1 450 864	1421	(Brit.P. 1 066 705)
1 453 171	1431	(Brit.P. 1 066 658)
1 455 037	1428	(U.S.P. 3 197 470)
1 459 827	1424	(Brit.P. 1 078 426)
1 460 133	1422	(U.S.P. 3 268 521)
1 462 723	1885	
1 472 617	1731	
1 481 650	1728	
1 486 765	1725	
1 490 125	1882	

Niederländische Patente
(Niederl. P.)

Nr.	Ref. Nr.	Bezugspatent
121 282	1807	
735	1806	
123 300	1391	
453	1390	

Oesterreichische Patente
(Oe. P.)

Nr.	Ref. Nr.	Bezugspatent
228 783	1846	(Brit.P. 977 477)
244 963	1802	
246 918	1442	(Brit.P. 967 108)
247 520	1441	(D.P.[DDR] 39 060)
248 445	1417	(U.S.P. 3 127 400)
249 669	1409	(D.P.[DDR] 41 348)
250 358	1406	(D.P.[DDR] 41 479)
979	1418	(Brit.P. 1 017 862)
251 586	1417	(U.S.P. 3 127 400)
252 913	1803	
256 335	1419	(Ung.P. 151 506)

Portugiesische Patente
(Port. P.)

Nr.	Ref. Nr.	Bezugspatent
45 858	1347	
959	1362	
46 115	1366	
822	1360	

Schwedische Patente
(Schwed. P.)

Nr.	Ref. Nr.	Bezugspatent
203 624	1398	(Schwz.P. 414 592)
626	1401	(Aust.P. 232 372)
627	1402	(Brit.P. 851 660)
628	1402	(Brit.P. 851 660)

Schweizer Patente
(Schwz. P.)

Nr.	Ref. Nr.	Bezugspatent
416 633	1380	
420 150	1367	
423 783	1379	
433 218	1407	(Niederl.P. 121 630)
551	1893	
435 255	1386	
517	1895	
436 269	1351	
277	1436	(Brit.P. 1 081 141)
439 241	1783	
264	1897	(Brit.P. 1 012 830)
270	1353	
541	1894	
441 258	1796	
288	1773	
293	1794	
294	1806	
316	1358	
367	1777	
442 291	1438	(Brit.P. 1 081 140)
301	1365	
322	1397	(U.S.P. 3 280 127)
329	1394	
330	1381	
353	1356	
443 251	1770	
260	1784	
274	1352	
292	1788	
298	1361	
300	1361	
301	1361	
302	1361	
303	1361	
317	1378	
325	1411	(U.S.P. 3 267 112)
334	1385	
444 146	1348	
160	1357	
177	1776	
846	1345	
866	1376	
874	1801	
445 483	1431	(Brit.P. 1 066 658)
498	1371	
446 288	1769	
301	1774	
308	1792	
339	1377	
345	1416	(U.S.P. 3 168 522)
346	1416	(U.S.P. 3 168 522)
347	1416	(U.S.P. 3 168 522)
348	1416	(U.S.P. 3 168 522)
358	1373	
361	1374	
383	1364	
389	1413	(U.S.P. 3 247 221)
447 135	1765	
136	1795	
141	1766	
156	1431	(Brit.P. 1 066 658)
172	1392	
192	1786	
201	1384	
448 059	1764	
068	1399	(U.S.P. 3 270 054)
071	1369	
321	1884	
449 004	1793	
025	1370	
033	1412	(D.A.S. 1 135 478) (D.A.S. 1 135 479)
034	1418	(Brit.P. 1 017 862)
039	1346	
618	1444	(Brit.P. 1 035 179)
630	1359	
649	1368	
651	1383	
810	1883	
450 401	1805	
422	1382	
424	1382	
425	1382	
426	1382	
434	1414	(Brit.P. 1 021 195)
588	1896	
451 130	1387	
150	1800	
185	1400	(Brit.P. 1 025 700)
918	1810	
453 379	1778	
454 120	1775	
856	1799	
455 087	1901	(Brit.P. 1 047 209)
763	1389	
456 587	1423	(U.S.P. 3 231 566)
458 312	1782	
313	1781	
326	1772	
579	1902	(F.P. 1 478 973)
580	1898	(F.P. 1 483 203)
581	1903	(F.P. 1 482 343)

U. S. A.-Patente
(U. S. P.)

Nr.	Ref. Nr.	Bezugspatent
3 253 001	1891	
002	1890	
3 268 523	1393	
3 271 391	1807	
407	1393	
3 313 853	1405	(Brit.P. 1 087 242)
3 347 900	1774	
3 359 178	1779	
3 360 532	1888	
3 361 856	1780	

Ungarische Patente
(Ung. P.)

Nr.	Ref. Nr.	Bezugspatent
154 014	1804	

CHEMISCHES ZENTRALBLATT

Nr. 20 · 14. Mai 1969
Referat 0001—1903
Seite 1—200

A. Allgemeine, physikalisch-anorganische und anorganische Chemie

0001 **Jährlicher Rückblick über die physikalische Chemie.** H. Eyring, C. J. Christensen und H. S. Johnston (Hrsg.). (Annual Review of Physical Chemistry) **Bd. 19,** (Palo Alto, Calif., USA: Annual Reviews, Inc. 1968, I—VII, 1—645; engl.) — Paramagnetische Elektronenresonanz (A. Carrington und G. R. Luckhurst; 31 bis 58); Salzschmelzen (S. J. Yosim und H. Reiss; 59 bis 82); Elektrochemie (F. C. Anson; 83—110); Experimentelle anorganische Thermochemie (W. N. Hubbard, P. A. G. O'Hare und H. M. Feder; 111—128); Schnelle Reaktionen in Lösung (E. M. Eyring und B. C. Bennion; 129—160;) Strahlungslose Elektronenübergänge in Molekülen (B. R. Henry und M. Kasha; 161—192); Dynamik der Ligandensubstitution (C. H. Langford und Th. R. Stengle; 193—214); Schwingungs- und Rotationsrelaxation (R. G. Gordon, W. Klemperer und J. I. Steinfeld; 215—250); Oberflächenchemie (G. A. Somorjai, 251—272); Ionen–Molekül-Reaktion (L. Friedman; 273—300); Massenspektrometrie (K. L. Rinehart jun. und Th. H. Kinstle; 301—342); Laser und ihre Anwendung in der physikalischen Chemie (A. F. Haught, 343—370); Zu elektronisch angeregten Spezies führende Gasreaktion (B. A. Thrush; 371—388); Statistische Mechanik — Überblick über ausgewählte Ergebnisse (J. L. Lebowitz; 389—418); Schwingungsspektroskopie (H. L. Strauss, 419—446); Kernmagnetische Resonanz (J. Jonas und H. S. Gutowsky; 447—476); Optische Rotation (D. W. Urry; 477—530); Physikalisch organische Chemie; Quantitative Konformationsanalyse, Berechnungsmethode (J. E. Williams, P. J. Stang und P. von R. Schleyer; 531—558); ^3He-^4He-Lösung (N. E. Phillips, 559—584). D. Hoene 8

0002 **Neue Atomgewichte 1967.** Vladimír Zátka. (Chem. Listy **62** (1968) 5, 579—83; Praha, Vysoká škola chem. technol., kat. anal. chem.; tschech.) L. Bartovská 8△

A–1. Physik der Atomkerne

0003 **Zerfall von ^{40}Cl.** L. Husain und M. R. Karras. (J. inorg. nuclear Chem. **30** (1968) 3, 685—89; Fayetteville, Ark., Univ. of Ark., Dep. of Chem.; engl.) — Fl. Ar wurde mit 14,8-MeV-Neutronen bestrahlt. Der Zerfall des über die Rk. ^{40}Ar(n, p)^{40}Cl entstandenen ^{40}Cl(1,4 Min.) wurde mit einem Ge (Li)-Detektor u. einem NaJ(Tl)-Detektor untersucht. 10 Niveaus wurden nachgewiesen, davon 5 neu. Folgende γ-Energien (in MeV) u. rel. Intensitäten wurden gemessen: 6,0, 7; 3,1, 23; 2,85, 14; 2,61, 11; 2,18, 6; 1,78, 8; 1,45, 100; 1,43, 12; 0,65, 14; 0,33, 25. Ein Zerfallsschema ist angegeben. Ein β-Verzweigungsverhältnis zum 1,45-MeV-Niveau von (0,75 $\pm$ 0,1) wurde beobachtet. Heinrich J. Schröder 20

0004 **Zerfall von ^{70}Se.** G. G. J. Boswell und T. McGee. (J. inorg. nuclear Chem. **30** (1968) 10, 2571—76; Dep. of Chem., Univ. of Salford, Salford, Lancashire; engl.) — ^{70}Se wurde durch ^{59}Co(^{14}N, 3n)^{70}Se mit 140-MeV-^{14}N-Ionen an natürlichen Co-Folien erhalten. Die Massenzuordnung von ^{70}Se wurde durch Identifizierung der ^{70}As-Tochteraktivität getroffen. Die Halbwertszeit von ^{70}As wurde zu 52,5 $\pm$ 0,3 Min. ermittelt, die von ^{70}Se zu 8,9 $\pm$ 1,1 Minuten. 11γ-Energien von 0,021 bis 0,427 MeV wurden beim Zerfall von ^{70}Se beobachtet. Herbert Weber 20

0005 **Mittlere Wirkungsquerschnitte von ^{127}J(n, p)^{127m}Te; ^{127}J(n, p)^{127}Te und ^{127}J(n, 2n)^{126}J für Spaltungsneutronen.** P. De Regge, R. Dams und J. Hoste. (Radiochim. Acta [Frankfurt/M.] 9 (1968) 2/3, 57—61; Inst. for Nucl. Sci., Ghent Univ., Belgium; engl.) — Aus den Absolutaktivitäten von ^{127m}Te, ^{127}Te u. ^{126}J, die bei der Neutronenbestrahlung von KJ entstanden, wurden die mittleren Wrkg.-Querschnitte für die Rk. ^{127}J(n, p)^{127m}Te, ^{127}J(n, p)^{127}Te u. ^{127}J(n, 2n)^{126}J experimentell bestimmt. Dazu wurde ein Trennverf. zur quant. Trennung von Te u. J ausgearbeitet, das auf der fl.–fl.-Extraktion von J u. der Fällung von Te mit Hilfe von Hydrazinhydrat beruht. Die Absolutaktivität des Te wurde mit einem geeichten Geiger-Müller-Zähler u. die J-Aktivität mit einem γ-Spektrometer gemessen. Für die Wrkg.-Querschnitte der Rk. ^{127}J(n, p)^{127m}Te u. ^{127}J(n, p)^{127}Te wurden 11,1 $\pm$ 0,2 μbarn bzw. 7,62 $\pm$ 0,11 μbarn gefunden. Für ^{127}J(n, 2n)^{126}J beträgt der Wrkg.-Querschnitt 0,647 $\pm$ 0,010 m-barn. Herbert Weber 20

0006 **Halbwertszeiten und Aktivitätsquerschnitte einiger Radioisotope von Jod, Tellur und Antimon, die bei den Wechselwirkungen von Jod mit 14,7-MeV-Neutronen gebildet werden.** S. M. Qaim und M. Ejaz. (J. inorg. nuclear Chem. **30** (1968) 10, 2577—81; Atom. Energy Centre, Lahore, Pakistan; engl.) — Für die Isotope ^{128}J, ^{126}J, ^{125}J, ^{127}Te u. ^{124m}Sb wurden die Halbwertszeiten 25,5 $\pm$ 0,3 min, 13,02 $\pm$ 0,07 d, 58 $\pm$ 2 d, 9,23 $\pm$ 0,13 h bzw. 21,3 $\pm$ 0,8 min u. die absoluten Aktivierungsquerschnitte σ(n, γ) = 7,2 $\pm$ 1,2 mb, σ(n, 2n) = 1128 $\pm$ 120 mb, σ(n, 3n) = 40 $\pm$ 15 mb, σ(n, p) = 8,9 $\pm$ 1,0 mb bzw. σ(n, α) = 1,5 $\pm$ 0,2 mb bestimmt. Ein 2,6-h-Isomeriezustand von ^{126}J scheint wahrscheinlich nicht zu existieren. Herbert Weber 20

0007 **Wirkungsquerschnitte für thermische Neutronen und deren Resonanzintegral von ^{184}Os, ^{190}Os, ^{192}Os, ^{64}Zn, ^{68}Zn und ^{59}Co.** J. I. Kim und F. Adams. (Radiochim. Acta [Frankfurt/M.] 9 (1968) 2/3, 61—66; Inst. for Nucl. Sci., Ghent Univ., Belgium; engl.) — Neutronenaktivierungsmessungen unter Benutzung von Cd-Filter u. Au als Standard-Monitor für die Rk. ^{184}Os(n, γ)^{185}Os usw. Herbert Weber 20

0008 **Bestimmung einiger Anregungsfunktionen für Deuteronenreaktionen mit ^{141}Pr.** J. Lange und H. Münzel. (Radiochim. Acta [Frankfurt/M.] 9 (1968) 2/3, 66—71; Inst. für Radiochem., Kernforsch.-Zentrum Karlsruhe; dt.) — Die Anregungsfunktionen der (d, p)-, (d, 2n)- u. (d, 3n)-Rk. für das Targetnuklid ^{141}Pr u. Projektilenergien bis maximal 50 MeV wurden bestimmt. Zur Deuteronenflußmessung diente ein Monitorverf., bei dem statt der in uniformen Schichten angeordneten Target- u. Monitorsubstanzen homogene Mischungen beider verwendet wurden. Für Deuteronenenergien, die unterhalb des Anwendungsbereiches der verwendeten ^{27}Al(d, αp)^{24}Na-Monitorrk. lagen, wurden (d, 2n) zu (d, p)-Querschnittsverhältnisse gemessen. Unter Verw. der Anregungsfunktionen wurden die Ausb. für die Bestrahlung dicker Targets berechnet. Von den Rk.-Prod. wurden folgende Halbwertszeiten bestimmt: ^{140}Nd 3,37 $\pm$ 0,02 d; ^{141}Nd 2,60 $\pm$ 0,12 h; ^{142}Pr 19,09 $\pm$ 0,07 h. Herbert Weber 20

0009 **Spaltung von ^{207}Pb durch 65-MeV-Heliumionen.** E. F. Neuzil und Kenneth Apt. (J. inorg. nuclear Chem. **30** (1968) 5, 1151—54; Ballingham/Wash., Western Washington State Coll., Dep. of Chem.; engl.) — Die Ergebnisse der ^{207}Pb-Spaltung durch 65-MeV-He-Ionen sind mit den in früheren Unters. der Vf. festgestellten Trends konsistent. Die Massenverteilungskurve der Spaltfragmente hat Gauß-Charakter; ihre Halbwertsbreite beträgt 20 $\pm$ 1 atomare Masseneinheiten. Der aus der Gauß-Verteilung abgeleitete Wrkg.-Querschnitt ist 44,5 $\pm$ 5 mbarn. D. Ertel 20

0010 **Spaltung von ^{185}Re und ^{187}Re durch 41-MeV- und 35-MeV-Heliumionen.** E. F. Neuzil, James E. Assink und Kenneth Apt. (J. inorg. nuclear Chem. **30** (1968) 5, 1161—67; engl.) — Vgl. vorst. Referat. — Beim Beschuß der angereicherten Isotope ^{185}Re u. ^{187}Re mit 41-MeV- u. 35-MeV-He-Ionen ergeben sich Spaltfragmentkurven mit Halbwertsbreiten von ca. 9 $\pm$ 2 atomaren Masseneinheiten. Infolge der mäßigen Reinheit der Re-Targets ist die Genauigkeit der experimentellen Resultate beschränkt. Auch die Tatsache, daß der totale Spaltquerschnitt für beide Isotope nur ca. 10 μbarn beträgt, kompliziert die Untersuchungen. Die Spaltquerschnitte für ^{185}Re u. ^{187}Re betragen bei **41** MeV 12,7 bzw. 9,6 μbarn u. bei 35 MeV 5,1 bzw. 5,8 μbarn. Der Fehler ist in allen Fällen ca. ± 20%. D. Ertel 20

0011 **Photospaltung von ^{209}Bi.** R. V. Warnock und R. C. Jensen. (J. inorg. nuclear Chem. **30** (1968) 8, 2011–16; Dep. of Chem., San Diego State College, San Diego, Calif.; engl.) — Die Fragmentausb. von ^{91}Sr, ^{92}Sr, ^{92}Y, ^{93}Y, ^{97}Zr, ^{99}Mo, ^{105}Ru, ^{109}Pd, ^{111}Ag u. ^{113}Ag wurden radiochem. für die Photospaltung von ^{209}Bi durch Bremsstrahlung von 28-, 30-, 32-, 35-, 36- u. 40-MeV-Elektronen von einem W-Konverter bestimmt. ^{65}Cu(γ, n)^{64}Cu an dünnen Cu-Folien diente zur Messung der integrierten Photonendosis. Eine symm. Massenausb.-Kurve von ca. 19 Masseneinheiten Breite wurde über den untersuchten Energiebereich beobachtet. Der totale Spaltungsquerschnitt stieg von $1 \cdot 10^{-8}$ barn bei 28 MeV auf $1 \cdot 10^{-5}$ barn bei 40 MeV. Herbert Weber 20

0012 **Ladungsverteilung bei der symmetrischen Spaltung von ^{238}U durch 450-MeV-Protonen.** John A. Panontin und N. T. Porile. (J. inorg. nuclear Chem. **30** (1968) 8, 2017–26; Dep. of Chem., Purdue Univ., Lafayette, Ind.; engl.) — Kumulative Wrkg.-Querschnitte von ^{111}Pd, ^{111}Ag u. ^{111}In sowie für mehrere andere Pd- u. Ag-Kerne werden bei der Spaltung von ^{238}U durch 450-MeV-Protonen bestimmt. Die Ergebnisse wurden einer Gauß-Ladungsverteilung angepaßt. Die Analyse zeigt, daß das Neutron-zu-Proton-Verhältnis des wahrscheinlichsten Prod. (N/Zp) einen konst. Wert von 1,420 ± 0,003 für A = 103–112 (wahrscheinlichste Ladung = Zp) hat; die volle Breite beim Halbmaximum der Verteilung ist 2,90 ± 0,10 Z-Einheiten; der Isobaren-Spaltungsquerschnitt im Bereich der symm. Spaltung ist 68 ± 4 mb. Herbert Weber 20

0013 **Rückstoßuntersuchung der symmetrischen Spaltung von ^{238}U durch 450-MeV-Protonen.** John A. Panontin und N. T. Porile. (J. inorg. nuclear Chem. **30** (1968) 8, 2027–37; engl.) — Vgl. vorst. Referat. — Eine Dicktarget-Rückstoßunters. der Isobarenprod. mit Massenzahlen 103 u. 111 aus der Spaltung von ^{238}U durch 450-MeV-Protonen wurde durchgeführt. Die Ergebnisse wurden analysiert, um für eine gegebene Massenkette die Abhängigkeit von der Ordnungszahl für die mittlere Kaskaden-Depositionsenergie, die mittlere totale Freisetzung kinet. Energie u. die mittlere Separationsentfernung der prim. Fragmentladungszentren zu erhalten. Die mittlere Depositionsenergie steigt um ca. 25 MeV pro Z-Einheit während die anderen 2 Größen im wesentlichen unabhängig von Z sind. Eine Korrelation zwischen dem wahrscheinlichsten Wert Z für eine gegebene Massenkette u. der Depositionsenergie, die zu diesem Prod. führt, wird abgeleitet. Herbert Weber 20

0014 **Vorläufer verzögerter Neutronen.** 3. Mitt. **^{87}Se.** L. Tomlinson und M. H. Hurdus. (J. inorg. nuclear Chem. **30** (1968) 8, 1995–2002; AERE, Harwell, Didcot, Berks.; engl.) — 2. vgl. C. **1969, 10**-0015. — Eine schnelle Meth. zur Abtrennung von Spaltprod.-Se wird beschrieben; sie beruht auf der Bldg. von H_2Se; chem. Ausb. an Se im Bereich 0,4–2,6% wurden in 5,4 s erhalten. Durch Zählung der Neutronen aus ^{87}Br (hervorgegangen aus ^{87}Se) wurden Halbwertszeit u. kumulative Spaltungsausb. von ^{87}Se zu 8,5 ± 0,5 s bzw. 1,17 ± 0,25% bestimmt. Die Spaltungsausb. stimmt mit derjenigen überein, die für einen normalen Typ der Ladungsverteilung in der Massenkette 87 ber. worden ist. Eine kurzlebige Neutronenaktivität wurde beobachtet; es ist jedoch nicht sicher, ob sie dem Se oder Verunreinigungen zuzuordnen ist. Aus der Form der Neutronenzerfallskurve wurde eine obere Grenze von ≤ 8% für das Neutronenverzweigungsverhältnis für ^{87}Se berechnet. Herbert Weber 20

0015 **^{121}Sn, ^{123}Sn, ^{125}Sn und ^{128}Sn aus der Spaltung — Reinigung, Halbwertszeiten und ^{128}Sn-γ-Energien.** Bruce R. Erdal und Arthur C. Wahl. (J. inorg. nuclaer Chem. **30** (1968) 8, 1985–93; Dep. of Chem., Washington Univ., St. Louis, Mo.; engl.) — Eine neue, schnelle u. relativ einfache Meth. zur Abtrennung von Sn-Isotopen aus allen anderen Spaltprod. wurde entwickelt. Sie beruht auf der Extraktion von Sn(II) in Methylisobutylketon aus einer wss. H_2SO_4–KJ-Lsg. u. Rückextraktion von Sn(IV) unter den gleichen Bedingungen. Die bestimmten Halbwertszeiten sind im allg. mit früheren Werten konsistent; die folgenden Werte werden empfohlen: ^{211}Sn 27,0 ± 0,1 h; ^{123}Sn 40,1 ± 0,2 min, 129,3 ± 0,5 d; ^{125}Sn 9,6 ± 0,1 min, 9,64 ± 0,03 d; ^{128}Sn 59,3 ± 0,5 min. Die Energien der 12 γ-Linien aus ^{128}Sn im Gleichgew. mit 10-min-^{128}Sb wurde mit einem Ge-Detektor bestimmt. Herbert Weber 20

0016 **Erzeugungsquerschnitte einiger J-, Te-, Ba- und Cs-Isotope aus der Wechselwirkung von 1-, 2- und 2,9-GeV-Protonen mit Uran.** Y. Y. Chu und R. L. Hahn. (J. inorg. nuclear Chem. **30** (1968) 10, 2561–69; Chem. Dep., Brookhaven Nat. Labor., Upton, N. Y; engl.) — Kumulative u. unabhängige Wrkg-Querschnitte wurden für die Erzeugung der Isobarenketten 127, 129, 132, 134 u. 139 aus der Rk. der 1-, 2- u. 2,9-GeV-Protonen mit U radiochem. bestimmt. Die Bldg.-Querschnitte für ^{127}Ba, ^{127}Cs, ^{129}Ba, ^{129}Cs, ^{132}Te, ^{132}J, ^{134}Te, ^{134}J u. ^{139}Cs werden ermittelt. Sie liegen bei diesen Protonenenergien zwischen 1 u. 10 mbarn. Die Werte für Neutronendefizit- u. Neutronenüberschuß-Nuclide werden diskutiert. Die Halbwertszeit von ^{127}Ba wird zu 13,0 ± 0,5 min bestimmt. Herbert Weber 20

A-2. Physik der Atome und Moleküle

0017 **Atomare Dreielektronen-Integrale für korrelierte s-Orbitale vom Salter-Typ.** P. John Roberts. (Theoret. chim. Acta [Berlin] **11** (1968) 3, 274–77; Univ. Inst. of Sci. and Technol., Manchester; engl.) D. Hoene 22

0018 **Korrektur des statistischen Besetzungsverbotpotentials.** P. Gombás. (Theoret. chim. Acta [Berlin] **11** (1968) 3, 210–19; Phys. Inst., Univ. für Techn. Wiss., Budapest; dt.) — Das statist. Besetzungsverbotpotential G_1, das bes. im Falle leichterer Atome für die Valenzelektronen zu tiefen Energienievaus führt, wird korrigiert, indem der Quantenzustand, der dem radialen Impuls $p_r = 0$ entspricht u. nicht existiert, ausgeschlossen wird. Die Anwendung des korrigierten G_1-Potentials zur Berechnung des 4s-Zustands des *K*-Atoms u. des 2s-Zustands des *Li*-Atoms führt zu befriedigenden Ergebnissen. D. Hoene 22

0019 **Größe und Energie der d-Orbitale in angeregten Zuständen des Schwefelatoms.** C. A. Coulson und F. A. Gianturco. (J. chem. Soc. [London], Sect. A **1968**, 7, 1618–22; Mathem. Inst., Oxford Univ.; engl.) — An Hand des Diracschen Vektormodells werden wellenmechan. Berechnungen für verschiedene Anregungszustände des S-Atoms durchgeführt. Es zeigt sich, daß die Promovierungsenergie auf d-Orbitale so groß ist, daß sie nur durch sehr starke Liganden aufgebracht werden kann. Bei Anhebung eines 2. Elektrons auf das d-Orbital tritt eine Kontraktion des Orbitals ein. Die Kontraktion ist größer bei Einbeziehung des d-Orbitals in einen hybridisierten Zustand. Eine Änderung der Ox.-Zahl des Atoms ändert die Form der 3s- u. 3p-Orbitale nur wenig, dagegen stark die Form des 3d-Orbitals. Die Ergebnisse zeigen keine Übereinstimmung mit der Slaterschen Beziehung für 3d-Orbitale. H. Tulhoff 22

0020 **Analytische Näherungswellenfunktionen für bestimmte Zustände von Nd^{3+}.** M. Synek und L. Corsiglia. (J. chem. Physics **48** (1968) 7, 3121–25; Dep. of Phys., Texas Christian Univ., Forth Worth, Tex.; engl.) — Berechnung analyt. SCF-Näherungsfunktionen für den Grundzustand u. die angeregten ^{4}S, ^{4}D, ^{4}F, ^{4}G u. ^{4}I-Zustände des laserakt. *Nd^{3+}*. R. Blank 22

0021 **Konfigurationsmischung in der Al-Sequenz.** Charlotte Froese Fischer. (J. quantitative Spectroscopy radiative Transfer 8 (1968) 2, 755–61; Dep. of Math., Univ. of B. C., Vancouver; engl.) — Die Konfig.-Überlagerungsmeth. wird auf den $3s^23p^2$P-Grundzustand u. auf 2 ^{2}D-Zustände, die hauptsächlich die $3s3p^2$ u. $3s^23d$-Konfig. enthalten, angewandt. Im einzelnen werden die Berechnungen für die gesamte isoelektron. Sequenz von

Fe^{13+} bis *Al* ausgeführt. Für hohe Ladungszahlen Z dominiert im tiefsten ^{2}D-Term die 3s3p^2-Konfig. (z. B. bei Fe^{13+}), mit abnehmendem Z nimmt jedoch die 3s^{2}3d-Konfig. zu u. dominiert schließlich in *Al*. Es werden die Oszillatorenstärken für die Übergänge aus dem Grundzustand angegeben. Sie sind weitgehend abhängig von den relativen Phasen der Mischungskoeff., welche bei der Klassifizierung der Zustände in isoelektron. Sequenzen berücksichtigt werden müssen. Demnach gehören der beobachtete 3s^{2}3d^{2}D-Zustand von *Al* u. der 3s3p^2 ^{2}D-Zustand von Si^+ zur selben Sequenz. G. Buttgereit 22

0022 **Autokohärente Funktionen und Radialintegrale für die Ionen der Eisenreihe.** Françoise M. O. Michel-Calendini und Maurice R. Kibler. (Theoret. chim. Acta [Berlin] **10** (1968) 4, 367–71; Labor. d'Électron. et de Phys. du Solide, Fac. des Sci., 69 Villeurbanne; engl.) — Die Integrale $\langle 3d|r^k|3d\rangle$, k = –3, –1, 2, 4 u. $\langle 4p|r^k|3d\rangle$, k = 1, 3 für Übergangsmetallionen der 1. Reihe (Sc^{2+}, Ti^{3+}, Ti^{2+}, Ti^+, V^{4+}, V^{3+}, V^{2+}, V^+, Cr^{5+}, Cr^{4+}, Cr^{3+}, Cr^{2+}, Cr^+, Mn^{6+}, Mn^{5+}, Mn^{4+}, Mn^{3+}, Mn^{2+}, Mn^+, Fe^{4+}, Fe^{3+}, Fe^{2+}, Co^{4+}, Co^{3+}, Co^{2+}, Co^+, Ni^{4+}, Ni^{3+}, Ni^{2+}, Cu^{4+}, Cu^{3+}, Cu^{2+}, Cu^+) wurden aus analyt. SCF-Wellenfunktionen berechnet. Mit Hilfe der Ausdrücke $\langle 4p|r^k|3d\rangle$ können die Oszillatorstärken der elektr. Dipolübergänge für ein in einer Krist.-Matrix eingeschlossenes Ion der Fe-Gruppe berechnet werden. D. Hoene 22

0023 **Spin-Bahn-Kopplung in einigen positiven Ionen von Cr, Mn und Fe.** C. Fisk, C. Valdemoro und S. Fraga. (J. chem. Physics **48** (1968) 7, 2923–25; Div. of Theor. Chem., Dep. of Chem., Univ. of Alberta, Edmonton, Alberta, Canada; engl.) — Vf. berechnen die Spin-Bahn-Aufspaltungsfaktoren für verschiedene Zustände der positiven Ionen *Cr(I)*, *Cr(III)*, *Cr(IV)*, *Cr(V)*, *Cr(VI)*, *Mn(IV)* u. *Fe(IV)* aus existierenden analyt. Hartree-Fock-Funktionen in guter Übereinstimmung mit verfügbaren experimentellen Werten. R. Blank 22

0024 **Spin-Bahn-Kopplung in Vielelektronenatomen.** J. Thorhalisson, C. Fisk und S. Fraga. (J. chem. Physics **48** (1968) 7, 2925–27; engl.) — Vgl. vorst. Referat. — Berechnung der Spin-Bahn-Aufspaltungsfaktoren aus existierenden analyt. Hartree-Fock-Funktionen für folgende isoelektron. Reihen: 1. 1s^2 2s^2 2p^n für n = 1, 2, 4 u. 5: *B, C, N, O, F, Ne, Na, Mg, Al, Si, P, S, Cl, Ar, K, Ca, Sc, Ti, V, Cr, Mn, Fe, Co, Ni, Cu, Zn, Ga, Ge, As, Se, Br, Kr*; 2. K(2)L(8)3s^2 3p^n für n = 1, 2, 4 u. 5: *Al, Si, P, S, Cl, Ar, K, Ca, Sc, Ti, V, Cr, Mn, Fe, Co, Ni, Cu, Zn, Ga, Ge, As, Se, Br, Kr* u. 3. K(2)L(8)3s^2 3p^6 3d^n für n = 1, 2, 3, 4, 6, 7, 8 u. 9: *Sc, Ti, V, Cr, Mn, Fe, Co, Ni, Cu, Zn*. R. Blank 22

0025 **Basis eines erweiterten Hückel-Formalismus.** G. Blyholder und C. A. Coulson. (Theoret. chim. Acta [Berlin] **10** (1968) 4, 316–24; Math. Inst., Oxford Univ.; engl.) — Es wird gezeigt, daß die Hartree-Fock-Gleichungen für eine abgeschlossene Schale unter der Voraussetzung, daß die Mulliken-Näherung u. zur Berechnung der Zweielektronenintegrale eine gleichmäßige Ladungsverteilung angenommen werden können, in eine mit der EH-Näherung übereinstimmende Form gebracht werden können. Ein numer. Vgl. ergibt Resultate, die für Mol., die nach der LCAO-HF-Meth. nicht behandelt werden können, ausreichend genau sind. D. Hoene 22

0026 **Bestimmung der SCF-LCAO-Lösungen für Konfigurationen mit offener Schale.** Derek H. Sleeman. (Theoret. chim. Acta [Berlin] **11** (1968) 2, 135–44; Electron. Computing Labor., Univ., Leeds; engl.) — LCAO-SCF-Rechnungen an offenen Schalen wurden nach der Meth. von Roothaan u. McWeeny durchgeführt. Um bei dem McWeenyschen Verf. Konvergenz zum abs. Minimum zu erhalten, ist oft schon eine gute Anfangsnäherung nötig. Die Meth. des steilsten Abstiegs ist keineswegs optimal. Extrapolationsmeth. können wohl die Konvergenz beschleunigen, nicht aber das beim Roothaan-Verf. manchmal auftretende Oszillieren unterdrücken. Berechnung der gesamten Elektronenenergie für die Konfig. OH^+, OH^-, $OH^•$, *HCN*, $HCOO^•$, $HCOO^-$ u. *BN*. D. Hoene 22

0027 **Vergleich einiger vereinfachter Methoden zur Lösung des SCF-Problems bei Systemen mit ungepaarten Elektronen.** Martin Jungen. (Theoret. chim. Acta [Berlin] **11** (1968) 3, 193–204; Lehrst. für Theoret. Chem., Univ., Göttingen; dt.) — Die von Diercksen vorgeschlagene SCF-OS-Meth. für Syst. mit ungepaarten Elektronen wird mit den Meth. von Nesbet, Roothaan u. einer bisher unveröffentlichten Meth. von McWeeny-Kutzelnigg verglichen. Die Matrixelemente zu „einfach angeregten" Funktionen dienen hierbei dazu, den Grad der Approximation an eine durch CI mit allen einfach angeregten Slater-Determinanten gewonnene Standardfunktion zu bestimmen. Der Fall von Syst. mit zwei ungepaarten Elektronen entgegengesetzten Spins wird kurz behandelt. D. Hoene 22

0028 **MO-Untersuchung des Systems Difluordiazin (N_2F_2).** W. C. Herndon, J. Feuer und L. H. Hall. (Theoret. chim. Acta [Berlin] **11** (1968) 2, 178–81; Tex. Technol. Coll., Lubbock; engl.) — Eine halbempir. MO-Meth. (CNDO/2) mit empir. Konst., die bis zur Übereinstimmung mit der Geometrie des Grundzustands angepaßt wurden, wird zur Unters. des Mechanismus der Isomerisierung von N_2F_2 benutzt. Die ber. Übergangszustände entsprechen nicht den geforderten einfachen Übergangszuständen. D. Hoene 22

0029 **Berechnung der Elektronenenergie eines Moleküls aus dem Erwartungswert der kinetischen Energie.** L. Knöll. (Theoret. chim. Acta [Berlin] **10** (1968) 4, 357–60; Theoret.-Phys. Inst., Univ., Jena; dt.) D. Hoene 22

0030 **Elektronische Strukturen des tetraedrischen CrO_4^{2-}, VO_4^{3-} und $TiCl_4$.** J. P. Dahl und H. Johansen. (Theoret. chim. Acta [Berlin] **11** (1968) 1, 26–30; Copenhagen, Denmark, Univ., Dep. of Phys. Chem.; engl.) — Die Elektronenstrukturen der Tetraedersyst. werden mit Hilfe halbquant. LCAO-MO-Rechnungen diskutiert. B. I. 22△

0031 **Elektronische Struktur des Permanganations.** J. P. Dahl und H. Johanson. (Theoret. chim. Acta [Berlin] **11** (1968) 1, 8–25; Copenhagen, Denmark, Univ., Dep. of Phys. Chem.; engl.) — Die Elektronenstruktur des MnO_4^- wird mit Hilfe einer halbquant. LCAO-MO-Meth. ohne empir. Parameter behandelt. Die Zustandsfunktionen des Zentralatoms werden variiert u. unter Einfl. symm. Änderungen der Bindungsabstände untersucht. Um die Ggw. von Kationen in Lsg. u. im Krist. zu simulieren, werden Rechnungen, bei denen einer stärkeren Elektronenanziehung durch die Liganden Rechnung getragen wird, durchgeführt. Das Absorptionsspektrum wird mit Hilfe der vorausgesagten Bandenform u. Übergangsenergien gedeutet. B. I. 22△

0032 **Halbempirische Molekülorbitalberechnungen.** 5. Mitt. **Elektronenstruktur von Tricarbonylarenchrom und Hexacarbonylchrom.** D. G. Carroll und S. P. McGlynn. (Inorg. Chem. [Washington] **7** (1968) 7, 1285–90; Coates Chem. Labor., La. State Univ., Baton Rouge, La.; engl.) — 3. vgl. C. **1968**, 1-0144. — SCF-Mulliken-Wolfsberg-Helmholz-Rechnungen an $XC_6H_5Cr(CO)_3$ ($X = H, NH_2$) u. $Cr(CO)_6$ zur Diskussion der Elektronenspektren u. Bindungszustände. R. Blank 22

0033 **Theoretische Überlegungen zur Cyclooctatetraensynthese nach Reppe.** Ernst-Albrecht Reinsch. (Theoret. chim. Acta [Berlin] **11** (1968) 4, 296–306; Inst. für Phys.-Chem., Johann-Wolfgang-Goethe-Univ., Frankfurt/M.; dt.) — Eine Wolfsberg-Helmholz-Berechnung wird für die Elektronenstruktur von *trans-Dicyanotetraacetylennickel(II)* durchgeführt, um die katalyt. Wrkg. von Ni-Komplexen bei der Tetramerisierung von Acetylen zu klären. Die Wrkg. beruht wahrscheinlich auf dem teilweisen Übergang der ungepaarten Elektronen des Ni-Ions auf zwei Acetylenliganden. Der Übergang findet statt, wenn diese Liganden eine bestimmte geometr. Lage eingenommen haben. D. Hoene 22

0034 **Valenzzustände der Atome und thermochemische Eigenschaften gasförmiger anorganischer Verbindungen.** 3. Mitt. **Halogenide, Oxide und Oxidhalogenide der Elemente der Untergruppen VB-VIB.** O. P. Čarkin und

M. E. Djatkina. (Ž. strukturnoj Chim. **9** (1968) 2, 275—78; Inst. novych chim. problem AN SSSR; russ.) — 2. vgl. C. **1969**, 10-0024. — Die unteren Energiegrenzen (Eg) der Valenzzustände $ns^2np^{x-i}nd^i$ u. $nsnp^{x+1-i}nd^i$ (x = 3, 4, 5; i = 1, 2, 3) der Elemente der P-, S- u. Cl-Untergruppe werden berechnet. Die Eg-Werte werden mit experimentell erhaltenen Dissoziationsenergien von Bindungen D_0 ($X_{k-1}M-X$) (k = 1, 2, ...) in den gasf. Halogeniden, Oxiden u. Oxidhalogeniden dieser Elemente verglichen. Für das P-Atom ist $Eg(3s3p^33d) \geq 325$ kcal, u. falls die Konfig. $3s3p^33d$ als Valenzkonfig. realisiert werden kann, ist die Energie D_0 (P-Halogen) in Verb. des Typs $P(Hal)_4$ u. $PO(Hal)_2$ notwendigerweise viel niedriger als in PHal, $P(Hal)_2$, $P(Hal)_3$ u. PO(Hal). Neben den Bindungskonfig. in diesen Halogeniden werden die Bahnbesetzungen in PF_5, SF_4, SF_6, ClF_3, BrF_5 u. JF_7 besprochen. H. Roschkowski 22

0035 **Berechnung der elektrostatischen Matrixelemente für die C_{2v}-Symmetrie.** Veronica Brezuleanu und A. Ivanov. (Rev. Chim. [Bucarest] **13** (1968) 4, 393 bis 400; Inst. for Phys. Chem. of the Socialist Rep. of Romania, Bucarest, Romania; engl.) — Vgl. ibid. **13** (1968) 163. — Tabellar. sind die Ergebnisse der Berechnungen der $\sum_{i,j} (1/r_{ij})$-Operatormatrixelemente für Koordinationsverb. MX_4Y_2 in der cis-Form mit C_{2v}-Symm. angegeben. R. Blank 22

0036 **Berechnung der Konstanten im Hamilton-Operator des nicht starren asymmetrischen Kreisels.** Ju. S. Makuškin. (Ž. prikl. Spektroskopii 8 (1968) 6, 1067—70; russ.) — Die Schwingungs-Rotationsenergie des H_2O-Mol. (Schwingungszustände 030, 041, 131, 031) wird, ausgehend von einem Ansatz für den Hamilton-Operator, berechnet. H. Roschkowski 22

0037 **Einfluß zentrifugaler Dehnung zweiter und vierter Ordnung auf die Rotationsniveaus von Molekülen vom Typ des symmetrischen Kreisels.** M. R. Aliev und V. T. Aleksanjan. (Optika i Spektroskopija **24** (1968) 3, 388—92; russ.) — Die entsprechenden Korrekturen werden angebracht. Behandelt werden Mol. vom Typ XY_3 u. ZXY_3. M. Wiedemann 22

0038 **Beziehung zwischen den Konstanten der Zentrifugaldehnung und der Coriolis-Wechselwirkung vielatomiger Moleküle.** M. R. Aliev und V. T. Aleksanjan. (Optika i Spektroskopija **24** (1968) 3, 461—62; russ.) — Vgl. vorst. Referat. — Behandelt werden beliebige Mol. u. eine Formel analog der früher für dreiatomige lineare Mol. abgeleiteten wird erhalten. M. Wiedemann 22

0039 **Bestimmung von Zentrifugalverzerrungskoeffizienten asymmetrischer Kreiselmoleküle.** 2. Mitt. **Ergebnisse von Dreizler, Dendl und Rudolph.** James K. G. Watson. (J. chem. Physics **48** (1968) 1, 181—85; Reading, Berks., Univ., Dep. of Chem.; engl.) — Vgl. ibid. **46** (1967) **5**, 1935. — Vf. weist nach, daß in der Energiegleichung des asymm. Kreisels von Kivelson u. Wilson eine lineare Beziehung zwischen den 6 Zentrifugalverzerrungskoeff. A_1 bis A_6 besteht. Dies hat zur Folge, daß 5 Koeff. zur Beschreibung der Effekte erster Ordnung ausreichen; eine weitere Abhängigkeit voneinander existiert sicher nicht. Damit hängt auch die von Dreizler et al. beobachtete Unterbestimmtheit der Kivelson-Wilson-Gleichung im Fall der Mol. $(CH_3)_2S$ u. $(CH_3)_2SO$ zusammen. Hans Bürger 22

0040 **Modifizierte Methode zur Berechnung der zentrifugalen Verzerrungskonstanten für mehratomige Moleküle.** S. J. Cyvin und G. Hagen. (Chem. Physics Letters [Amsterdam] **1** (1968) 13, 645—46; Inst. of Phys. Chem., TU of Norway, Trondheim, Norway; engl.) H. Liepack 22

0041 **Symmetrieregeln für die optische Rotation.** John A. Schellman. (Accounts chem. Res. **1** (1968) **5**, 144 bis 151; Dep. of Chem., Univ. of Oreg, Eugene, Oreg; engl.) — Angabe eines Modells zur Deutung der bisherigen Erklärungen des Cotton-Effektes. Das Verzeichen des Cotton-Effektes kann danach mit der Mol.-Konform. unter bestimmten Bedingungen in Beziehung gesetzt werden. D. Hoene 22

0042 **Analyse der Röntgenspektren der Elemente benachbarter Ordnungszahlen mit Hilfe des Escape-Peaks.** R. I. Plotnikov, G. V. Zakosovskij, D. A. Goganov, G. A. Pšeničnyj und A. P. Očkur. (Pribory Techn. Ėksperimenta **1968**, 3, 185—87; russ.) — Das energet. Auflösungsvermögen eines Proportionalzählers läßt sich wesentlich verbessern, wenn nicht der Hauptpeak der zu bestimmenden Strahlung, sondern der durch die Fluoreszenzstrahlung des Zählgases entstehende Peak vermessen wird. Damit kann man die nichtdispersive Auflösung der $K\alpha$-Strahlung benachbarter Elemente sowie die Trennung von $K\alpha$- u. $K\beta$-Linien erreichen. A. Meisel 24

0043 **Röntgen-K-Absorption von Chlor in einigen Gasen und Molekülkristallen.** A. P. Sadovskij, V. M. Bertenev und S. M. Blochin. (Teoret. ėksper. Chim. **4** (1968) 4, 533—38; Inst. neorg. chim. SO AN SSSR, Novosibirsk; russ.) — Die ClK-Absorptionsspektren in gasf. u. festem Cl_2, HCl, CCl_4 u. $CHCl_3$ wurden mit einem Durchflußproportionalzähler registriert. Die Unters. der festen Substanzen erfolgte mit Hilfe einer Spezialküvette, wobei die Gase auf eine auf ca. -130^0 gekühlte, durch Mylar geschützte Be-Folie (100 μm) aufgefroren wurden. Die Absorptionskurven bestehen aus einem schmalen **Max.**, das sich beim Übergang gasf. → fest wenig ändert u. das mit 1s-Elektronensprüngen auf die antibindenden unbesetzten MO erklärt wird. Die auf der kurzwelligen Seite sich anschließenden Strukturen werden bei den Festkörpern auf 1s → np-Übergänge zurückgeführt; sie haben ihren atomaren Charakter verloren u. erscheinen stark verbreitert. Nach einer Diskussion der zu erwartenden $K\beta$-Emissionsbanden werden diesbez. Messungen angekündigt. A. Meisel 24

0044 **Röntgen-K-Absorptionsspektren des Phosphors in phosphororganischen Extraktionsmitteln und die Struktur dieser Stoffe.** A. V. Nikolaev, L. N. Mazalov, E. A. Gal'cova, Ju. A. Djadin, A. P. Zejf, N. I. Jakovleva und V. V. Murachtanov. (Doklady Akad. Nauk SSSR **181** (1968) **1**, 119—22; Inst. neorg. chim. SO AN SSSR; russ.) — Mit Hilfe eines lichtstarken Spektrographen mit Quarzanalysator ($10\bar{1}1$, Krümmungsradius 1000 mm) wurden die K-Absorptionskanten u. die nahe Feinstruktur folgender Verb. untersucht u. die Verschiebung gegenüber rotem P tabelliert: $(C_4H_9)_3PO$ (**I**), $(C_4H_9O)(C_4H_9)_2PO$ (**II**), $(C_4H_9O)_3PO$ (**III**), $(C_2H_5O)_3PO$ (**IV**), $UO_2(NO_3)_2 \cdot 2$ **II**, $UO_2(NO_3)_2 \cdot 2$ **IV**, $(C_3H_7O)(C_4H_9)_2 \cdot PO$ (**V**), $(CH_3O)(C_4H_9)_2PO$ (**VI**), $(C_4H_9O)(C_3H_7)_2PO$ (**VII**), $(OH)(C_4H_9)_2PO$ (**VIII**), $(C_2H_5O)_2(C_3H_7)PO$ (**IX**), $(C_2H_5O)_2 \cdot (C_5H_{11})PO$ (**X**), $(C_2H_5O)_2(C_6H_{13})PO$ (**XI**), $Cl_2(C_5H_{11})PO$ (**XII**), $(OH)_2(C_5H_{11})PO$ (**XIII**), $(OH)_2(C_8H_{17})PO$ (**XIV**). Die steigende Gruppenelektronegativität in der Reihe **I—II—III, IV** bewirkt eine beträchtliche kurzwellige Verschiebung der Kante (**4,58—5,00—7,50; 7,59** eV), während die Länge der Kohlenstoffkette der Alkoxygruppe u. des Alkylrestes von Alkylphosphinsäuren u. ihren Estern ohne Einfl. auf die Kantenlage bleibt: **V—VI—VII; IX—X—XI; XIII—XIV**. Es zeigt sich, daß die steigende Gesamtelektronegativität der Gruppen am P dessen positive Atomladung erhöht u. der in umgekehrter Richtung wirkende Effekt der Festigung der $p\pi$—$d\pi$-Bindung ($\bar{P} \leftarrow \overset{+}{O}$) u. der Lockerung der σ-Donator—Akzeptor-Bindung ($\overset{+}{P} \rightarrow \bar{O}$) unterdrückt wird. A. Meisel 24

0045 **Experimentelle Bestimmung der Strahlungslebensdauern und Übergangswahrscheinlichkeiten in Ar I.** Ja. F. Verolajnen und A. L. Ošerovič. (Optika i Spektroskopija **25** (1968) 3, 466—68; russ.) — Lebensdauern für die Niveaus der Konfig. $3p^54p$ u. $3p^55p$ wurden bestimmt, ferner Übergangswahrscheinlichkeiten für Linien von 7500—8006 Å. M. Wiedemann 26

0046 **Bestimmung der Wirkungsquerschnitte der elektronischen Anregung der Cs-I-Linien.** A. N. Ključarev. (Optika i Spektroskopija **25** (1968) 3, 458—60; russ.) — Die relative Helligkeit der Linien der Nebenserie im Bereich 500—3500 nm im Gasentladungsplasma wurde bestimmt u. hieraus die mittleren Anregungsquerschnitte berechnet. Das Verhältnis der Wahrscheinlichkeiten der Übergänge $7^2P_{3/2} \rightarrow 7^2S_{1/2}$ u. $7^2P_{3/2} \rightarrow 5^2D_{3/2,5/2}$ wurde aus der Helligkeit der Linien 2931,8 u. 1342,1—1360,5nm bestimmt. M. Wiedemann 26

0047 **Überblick über das erste Spektrum von Protactinium.** E. W. T. Richards, I. Stephen und H. S. Wise. (Spectrochim. Acta [Oxford], Part B **23** (1968) 10, 635—42; AERE, Chem. Div., Harwell, Berks.; engl.) — Das Emissionsspektrum von Pa wurde zwischen 4000 Å u. 3 μm gemessen. Ca. 14000 Linien wurden gefunden — dabei einige neue — u. dem Termschema von ca. 200 geraden u. 300 ungeraden Niveaus zugeordnet. Wahrscheinliche J-Werte werden angegeben. A. Jaeschke 26

0048 **Potentialenergiekurven und Dissoziationsenergien einiger zweiatomiger Moleküle.** B. B. Laud und D. R. Kalsulkar. (Indian J. Physics Proc. Indian Assoc. Cultivat. Sci. **42/51** (1968) 1, 50—54; Dep. of Phys., Marathwada Univ., Aurangabad, Maharashtra, India; engl.) — Aus den drei spektroskop. bekannten Zuständen von *VO* (**I**) (Grundzustand, höherer Zustand des infraroten Syst. u. höherer Zustand des gelbgrünen Syst.) wurden mit Morse- u. Lippincott-Potentialkurven die Potentialenergiekurven konstruiert. Aus dem Vgl. der wahrscheinlichsten Übergänge mit den bekannten Intensitätsdaten des gelbgrünen u. des infraroten Syst. von **I** entspricht die Lippincott-Funktion mehr der wahren Potentialfunktion. Das gleiche gilt für die ber. Dissoziationsenergien von **I**, *TiO* u. *ZrO*. R. Blank 26

0049 **Emissionsspektrum des VO-Moleküls.** B. B. Laud und D. R. Kalsulkar. (Indian J. Physics Proc. Indian Assoc. Cultivat. Sci. **42/51** (1968) 1, 61—71; engl.) — Vgl. vorst. Referat. — Bei der erneuten Unters. des Emissionsspektrums von *VO* im gelbgrünen Bereich zwischen 6108 u. 4554 Å entdeckten Vf. 29 neue Banden. Die $\nu'-\nu''$-Übergänge werden zugeordnet (Tabelle) u. die Schwingungskonst. bestimmt. Danach finden Vf. bessere Übereinstimmung mit den beobachteten Werten als frühere Autoren. R. Blank 26

0050 **Verhalten geschmolzener Fluoride in Quarz; Einfluß der Temperatur auf das Spektrum von U^{4+} in geschmolzenen $LiF-BeF_2$-Gemischen.** C. E. Bamberger, C. F. Baes und J. P. Young. (J. inorg. nuclear Chem. **30** (1968) 7, 1979—81; Reactor Chem. Div., Analyt. Chem. Div., ORNL, Oak Ridge, Tenn.; engl.) — *Quarz* dient wegen seiner guten physikal. Eig. für viele Verb. als Aufnahmesubstanz. Bei *$LiF-BeF_2$*-Gemischen (**I**) ist jedoch die Rk. $2\,BeF_2 + SiO_2$ (**II**) $\rightleftharpoons SiF_4$ (**III**) $+ 2\,BeO$ (**IV**) zu befürchten. Berechnungen des Partialdruckes von **III** in dieser Rk. zeigen aber, daß er mit 0,03 Torr bei 700 °K bis 21 Torr bei 1000 °K überraschend niedrig ist. Vermutlich verhindert oder red. ein Überdruck von **III** den weiteren Angriff von **II** u. die Bldg. von **IV**. Zur genaueren Unters. dieses Effektes wurde die Rk. von *UF_4* (**V**) in **II** unter Bldg. von **III** u. *UO_2* durch Intensitätsmessungen des bekannten Absorptionsspektrums von **V** betrachtet. Berechnungen des Partialdruckes von **III** bei dieser Rk. ergeben ähnlich niedrige Werte wie bei **I** in Übereinstimmung mit den Absorptionsmessungen. Danach ist die relative Stabilität der *Metallfluoride* im Vgl. zu den *Oxiden* entscheidend für das Ausbleiben der Rk., wobei auch die mögliche Stabilität der Metasilicate im Gleichgew. $MeO + SiO_2 \rightleftharpoons MeSiO_3$ berücksichtigt werden muß. R. Blank 26

0051 **Absorptionsspektren von Azopyrazolonderivaten.** 7. Mitt. **Absorptionsspektren der 1:2-Chrom(III)-Komplexe von Phenolazopyrazolonderivaten.** Shozo Toda, Hiroshi Kobayashi, Motonobu Ito und Hitoshi Kamada. (J. chem. Soc. Japan, pure Chem. Sect. [Nippon Kagaku Zasshi] **89** (1968) 1, 29—32; Dep. of Chem. Engng., Univ. of Tokyo, Japan; jap., Auszug: engl.) — 6. vgl. C. **1969**, 11-0037. — Die Absorptionsspektren der Chrom(III)-Komplexe A von 15 verschiedenen Phenolazopyrazolonen mit (R_1, R_2, R_3 =) H, H, H; H, CH_3, H; CH_3, H, H; Cl, H, H; NO_2, H, H; H, NO_2, H; CH_3, Cl, H; CH_3, NO_2, H; CH_3, H, Cl; Cl, H, Cl; NO_2, H, Cl; $NHCOCH_3$, H, NO_2; CH_3, H, NO_2; Cl, H, NO_2 u. NO_2, H, NO_2 wurden in wss. A. aufgenommen. Die Spektren sind hinsichtlich ihrer Gestalt u. der Lage der Absorptionsmax. mit denen der Monoanionen der entsprechenden Phenolpyrazolone vergleichbar. Die ν_{max}-Werte der Komplexe u. der Monoanionen weichen jedoch bei Deriv. mit Elektronendonator-Substituenten beträchtlich voneinander ab. Die Korrelation zwischen ν_{max} u. den Hammettschen σ-Werten der Substituenten des Phenolkernes ist für Komplexe u. Monoanionen ähnlich. Es wurden 3 lineare Beziehungen gefunden; eine für eine Serie von Komplexen, deren Liganden keine zur OH-Gruppe benachbarte Substituenten (3'-Position) besitzen, die zweite für Komplexe der 3'-Chlorderiv. u. die dritte für Komplexe der 3'-Nitroderivate. Dies zeigt, daß wahrscheinlich die Me—O-Bindung stärker durch Substituenten in der 3'-Position des Phenolkernes beeinflußt wird. G. Stolze 26

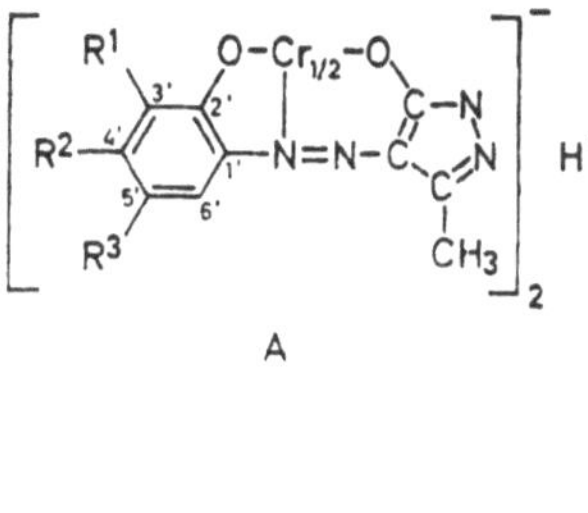

A

0052 **Zuordnung von Absorptionsbanden in den Elektronenspektren von Ferrocen und seinen Derivaten.** G. B. Zaslavskaja, B. M. Javorskij, N. S. Kočetkova und N. P. Gambarjan. (Doklady Akad. Nauk SSSR **179** (1968) 3, 589—92; Inst. ėlementoorg. soedinenij AN SSSR; russ.) — Die Bandenzuordnungen wurden für Ferrocen, *Alkylferrocene*, *Acylferrocene* u. *Alkylester von Ferrocencarbonsäuren* mit Hilfe der MO-Meth. nach Hückel vorgenommen. Vorausgesagte bathochrome u. hypsochrome Verschiebungen der Absorptionsbanden zwischen den Deriv. von Ferrocen konnten bestätigt werden. Die Energieniveaus der Cyclopentadienylringe von Ferrocen wurden graph. dargestellt. H.-D. Schwartz 26

0053 **Stark-Effekt bei Elektronenspektren: Der asymmetrische Kreisel.** John R. Lombardi. (J. chem. Physics **48** (1968) 1, 348—53; Dep. of Chem., Univ. of Ill., Urbana, Ill.; engl.) — Es wird qual. u. quant. untersucht, welche Information aus dem Elektronenspektrum eines asymm. Kreisels in einem elektr. Feld gewonnen werden kann. Dabei wird der allgemeinste Fall diskutiert, bei dem der Stark-Effekt kleiner, größer oder gleich der Asymmetrie-Verdopplung sein kann. A. Blaschette 28

0054 **Stark-Effekt der Hyperfeinniveaus des $7\,P_{3/2}$-Zustands von Cäsium.** G. Chvostenko und M. Čajka. (Optika i Spektroskopija **25** (1968) 3, 450—52; russ.) — Der Stark-Effekt wurde an den Hyperfeinstruktur-Niveaus des zweiten angeregten Zustands von ^{133}Cs untersucht u. die Stark-Konst. β zu (0,48 ± 0,01) MHz/$(kW/cm)^2$ bestimmt. M. Wiedemann 28

0055 **Magnetisches Rotationsspektrum des $A^2\Sigma^+ \leftarrow X^2\Pi_r$-Überganges in NO.** 1. Mitt. Dean W. Robinson. (J. chem. Physics **46** (1967) 11, 4525—29; Centre de Mécan. ondulatoire appl.; engl.) — Die γ-Banden von NO zeigen ein intensives magnet. Rotationsspektrum. Gemessen wird die 0.0-Bande im Syst. $A^2\Sigma^+ \leftarrow X^2\Pi_{1/2,3/2}$ bei 70 cm Küvettenschichtdicke u. 2500 G Feldstärke mit einem 7-m-Konkavgitter-Spektrographen in 1. Ordnung bei 0,3 cm^{-1} Auflösung. Der Probendruck beträgt 1—3 mm Hg. Es lassen sich Einzelheiten in den Linienprofilen erkennen. Eine qual. Deutung der Spektren sowie des Druck- u. Feldstärkeneinfl. ist nur auf der Grundlage des Faraday-Effekts möglich. NO wird sicherlich als Modellfall für künftige detaillierte Unters. der magnet. Rotationsspektroskopie dienen, denn bis jetzt liegen noch keine konkreten Kenntnisse vor. G. Buttgereit 28

0056 **Theorie der stoßinduzierten Infrarotabsorption in komprimierten Gasen.** 1. Mitt. **Stoßinduzierte Translationsabsorption in Edelgasgemischen.** Kenkichi Okada, Tamoyoshi Kajikawa und Tsunenobu Yamamoto. (Progr. theoret. Physics [Kyoto] **39** (1968) 4, 863—75; Dep. of Chem., Kyoto Univ., Kyoto; engl.) — Berechnung der Linienform der stoßinduzierten IR-Absorptionsspektren in Edelgasgemischen (*He-Ne*, *He-Ar*, *Ne-Ar*) unter den Annahmen 1. eines Hartkugelpotentials für die zwischenmol. Wechselwrkg. u. 2. des van Kranendonk-Modells für das induzierte elektr. Dipolmoment bei einem Stoßpaar ungleicher Moleküle. Die Stoßprozesse werden klass. behandelt. Die Theorie stimmt mit den Experimenten gut überein bis auf eine systemat. Abweichung am Hochfrequenzbereich, die vermutlich durch die Vernachlässigung von Quanteneffekten beim Stoßprozeß herrührt. R. Blank 30

0057 **Matrix-isolierte Infrarotuntersuchung der Kern-Spin-Umkehr.** H. P. Hopkins jun., R. F. Curl jun. und Kenneth S. Pitzer. (J. chem. Physics **48** (1968) 7, 2959—65; Cehm. Dep., Rice Univ., Houston, Tex.; engl.) — Unters. der Zeitentw. der Intensitäten in der Feinstruktur der IR-Banden von CH_3D (I), H_2O (II) u. NH_3 (III) in Edelgasmatrizen (*Ar, Kr, Xe*) zwischen 6,5° u. 20 °K. Danach weist I Feinstruktur bei 6,5 °K mit zeitabhängigen Intensitäten auf, die durch Kern–Spin-Umkehr gedeutet wird. Wegen der raschen Rückkehr bei 20 °K kann I nicht mit einer Nichtgleichgew.-Verteilung der Spinisomeren bei Raumtemp. erhalten werden. Die erneute Unters. der Zeitabhängigkeit der Feinstruktur der Deformationsschwingung von II bei 6,5 °K bestätigt frühere Ergebnisse. Die Kern–Spin-Umkehr ist bei 30 °K sehr rasch. Die Feinstruktur der symm. Deformation von III ist ebenfalls zeitabhängig, kann also nicht von der Rotation herrühren. R. Blank 30

0058 **Infrarot-Absorptionsspektren von in geschmolzenen Salzen gelöstem Chlorwasserstoff.** L. M. Gurevič, V. N. Devjatkin und K. F. Žitkov. (Ž. fiz. Chim. **42** (1968) 7, 1701—03; Berežnikovskij filial, VNI i proektnogo inst. aljuminievoj, magnievoj i elektrodnoj prom.; russ.) — Das Spektrum von HCl wurde in mit HCl gesätt. LiCl-, NaCl-, KCl-, RbCl- u. CsCl-Schmelzen aufgenommen. HCl löst sich in diesen Schmelzen mol. auf, es dürften sich frei drehbare HCl-Mol. in der Schmelze befinden. Eine intensive Komponente wird den Schwingungen der H-Bindung im Komplex $Cl-H...Cl^-$ zugeordnet. Mit wachsender Ordnungszahl des Kations in der Schmelze wird die Rotation der HCl-Mol. infolge der sich verstärkenden Wechselwrkg. des HCl mit dem Lsgm. gehemmt. J. J. Pohl 30

0059 **Analyse der Schwingungsstruktur des $^2\Sigma$–$^2\Pi$-Systems des Moleküls GeCl.** A. P. Filippova und Ju. Ja. Kuzjakov. (Vestnik Moskovskogo Univ., Ser. II **23** (1968) 3, 25—29; Kaf. fiz. chim.; russ., Auszug: engl.) — Das Emissionsspektrum von GeCl im Bereich 3188 bis 2848 Å wird durch eine Entladung in $GeCl_4$-Dampf angeregt. Die Schwingungskonst. für den $^2\Pi$- u. $^2\Sigma$-Zustand werden berechnet. Die Spinverdopplungs-Aufspaltung des $^2\Pi$-Grundzustands beträgt 971 cm^{-1}. H. Roschkowski 30

0060 **Analyse der Schwingungsstruktur des Emissionsspektrums des SiBr-Moleküls.** L. A. Kuznecova, N. E. Kuz'menko und Ju. Ja. Kuzjakov. (Vestnik Moskovskogo Univ., Ser. II **23** (1968) 3, 30—35; Kaf. fiz. chim.; russ., Auszug: engl.) — Das Emissionsspektrum von SiBr im Bereich 2875—3230 Å wurde in einer Glimmentladung in $SiBr_4$-Dampf angeregt, u. die Schwingungskonst. wurden zu $\omega_e' = 571{,}2 \pm 0{,}5$ (cm^{-1}), $\omega_e x_e' = 2{,}4 \pm 0{,}2$, $\omega_e'' = 425{,}3 \pm 0{,}1$ u. $\omega_e x_e'' = 1{,}5 \pm 0{,}1$ berechnet. Die Spinverdopplungsaufspaltung des $X^2\Pi$-Zustandes beträgt 423,1 cm^{-1}. H. Roschkowski 30

0061 **Emissionsspektren von durch aktivierten Stickstoff angeregtem CO_2 in den Bereichen von 4,3und 2,7 μ.** Jean-Louis Val. (C. R. hebd. Séances Acad. Sci., Sér. A et B **266** (1968) 7, B 408—B 411; Labor. de Photophys. moléc., Fac. des Sci., Orsay; franz.) — Emissionsspektren von Mischungen aus aktiviertem N (99,95 %) u. CO_2 (99,998 %) u. Angabe der beobachteten Systeme. Die ν_3-Niveaus von CO_2 werden durch aktiviertes N stark angeregt. Das Syst. 00^01–00^00 ist infolge Autoabsorption wenig intensiv. I. Zoll 30

0062 **Stärke der N_2O-Banden bei 4,5μ.** Guy D. Yale, Dale L. Ford und John H. Shaw. (Appl. Optics **7** (1968) 4, 695—97; Phys. Dep., O. State Univ., Columbus, O.; engl.) — Mit einem Doppelstrahlgitterspektrometer werden bei 300 °K die kombinierten Intensitäten der N_2O-Banden bei 4,5 μ zu 1920 $\pm$ 50 cm^{-1} (atm·cm NTP)$^{-1}$ bestimmt. A. Meixner 30

0063 **Normalkoordinatenbehandlung von HNO_3 im dampfförmigen und flüssigen Zustand.** N. Rajeswara Rao und S. Sakku. (Indian J. pure appl. Physics **6** (1968) 1, 4—6; Dep. of Phys., Osmania Univ., Hyderabad; engl.) — Obgleich das Mol. HNO_3 mit der Struktur $H-O-N(O_1)-O_2$ verschiedene Bindungslängen für N—O, N—O_1 u. N—O_2 hat, verhalten sich zwei Linien des Spektrums (1300 u. 1675 cm^{-1}), als seien sie symm. u. antisymm. Moden der NO_3-Gruppe. Folglich wird eine C_{2v}-Symmetrie für die NO_3-Gruppe angenommen u. diese als separates Ganzes behandelt. Kraftkonst. u. mittlere Amplituden der Gruppe werden für den fl. u. dampfförmigen Zustand ber. u. die Differenzen der Zustände der Wasserstoffbindungsbldg. zugeordnet. E. Otto 30

0064 **Schwingungsübertragung und Valenzkraftfeld des Boroxolgerüstes.** L. A. Kristiansen und J. Krogh-Moe. (Physics Chem. Glasses **9** (1968) 3, 96—100; Inst. Chem., Univ., Trondheim; engl.) — Mit Hilfe der Wilson-GF-Matrixmeth. wurden die Kraftkonst. des Boroxolgerüstes $B_3O_3(O^-)_3$ errechnet. Der Berechnung lagen experimentelle spektroskop. Daten für Metaborsäure u. Kaliummetaborat als auch Werte der Kraftkonst. für Borsäure zugrunde. Der Einfl. verschiedener Anlagerungen an die Grundeinheiten wurde theoret. untersucht. Es fanden sich einige Frequenzen, die völlig unempfindlich gegenüber der Masse der an die Boroxolgruppe angegliederten Atome sind. Die Ergebnisse werden bez. einer Strukturhypothese für Boroxidglas diskutiert. M. Hähnert 30

0065 **Schwingungsanalyse von gasförmigem Boroxin.** F. A. Grimm, L. Barton und Richard F. Porter. (Inorg. Chem. [Washington] **7** (1968) 7, 1309—16; Cornell Univ., Ithaca, N.Y.; engl.) — Auf Grund einer verbesserten Darst.-Meth. für Boroxin [vgl. Barton et al., ibid. **5** (1966) 2076] ist es möglich, IR-Spektren der gasf. Verb. u. der isotop. Spezies $H_3{}^{11}B_3{}^{16}O_3$, $H_3{}^{10}B_3{}^{16}O_3$, $H_3{}^{11}B_3{}^{18}O_3$, $D_3{}^{11}B_3{}^{16}O_3$ u. $D_3{}^{11}B_3{}^{18}O_3$ bei Drücken bis zu 20 Torr aufzunehmen. Diese Spektren werden in Beziehung zu zwei möglichen Mol.-Strukturen diskutiert: zu einem ebenen Modell (D_{3h}-Konfig.) u. einem nichtebenen (C_{3v}-Konfig.). Die Spektren der teilweise deuterierten Spezies $H_2DB_3O_3$ u. $HD_2B_3O_3$ unterstützen das nichtebene Modell; Ähnlichkeiten zwischen den Spektren von Boroxin u. Borazin werden diskutiert. Eine Normalkoordinationsanalyse der Frequenzen der isotop. Spezies ergibt unter Annahme des ebenen Mol. eine Reihe einfacher Kraftkonst. mit einer Wechselwrkg.-Konst., mit deren Hilfe für alle beobachteten Schwingungsfrequenzen die Banden mit einem Fehler von 3 % vorausgesagt werden können. G. Heller 30

0066 **Schwingungsspektren und Normalkoordinatenanalyse von Natriumtetrathiophosphat.** Maurice J. F. Leroy, Gérard Kaufmann, Achim Muller und Herbert W. Roesky. (C. R. hebd. Séances Acad. Sci., Sér. C **267** (1968) 8, 563—65; Strasbourg, Inst. de Chim.; franz.) — In Fortführung früherer Unters. (vgl. C. **1968**, 42-0041) wurde Na_3PS_4 IR- u. Raman-spektroskop. untersucht. Das $PS_4{}^{3-}$-Ion zeigt nachst. Absorptionsmaxima im IR, die zugeordnet werden: ν_a (P—S) F_2 540 cm^{-1}; ν_s (P—S) A_1 420; δ_a (S—P—S) F_2 280; δ_s (S—P—S) E 210. Die nach der Wilson-Meth. (1939) errechneten Kraftkonst. betragen: $f_r = 2{,}64$ mdyn/Å; $f_{rr} = 0{,}34$; $f_\alpha - f_{\alpha\alpha} = 0{,}28$; $f_\alpha - f'_{\alpha\alpha} = 0{,}37$; $f_{r\alpha} - f'_{r\alpha} = 0{,}16$. Über die mit röntgenograph. Meth. (vgl. Schäfer et al., C. **1966**, 33-0193) gefundene Verzerrung des $PS_4{}^{3-}$-Ions wird diskutiert. G. Gattow 30

0067 **Infrarotspektren von Silberperchlorylamidsalzen.** A. I. Karelin, Ju. Ja. Charitonov und V. Ja. Rosolovskij. (Ž. neorg. Chim. **13** (1968) 9, 2392—94; Inst. obšč. i neorg. chim. im. Kurnakova AN SSSR; russ.) — Die IR-Spektren von $Ag_2{}^{14}NClO_3 \cdot x\,H_2O$ u. $Ag_2{}^{15}NClO_3 \cdot x\,H_2O$ wurden im Bereich 400—1700 cm^{-1} aufgenommen, die Schwingungsfrequenzen zugeordnet u. die Strukturen der Silbersalze diskutiert. J. J. Pohl 30

0068 **Binäre Kombinationsspektren der CO-Gruppe einiger Pentacarbonylmetallkomplexe.** K. Edgar, J. Lewis, A. R. Manning und J. R. Miller. (J. chem. Soc. [London], Sect. A **1968**, 6, 1217—21; Dep. of Chem., Univ. of Essex, Colchester, England; engl.) — Messung u. Zuordnung der bin. Kombinationsfrequenzen der *CO*-Valenzschwingungen zwischen 3900 u. 4300 cm^{-1} von den Verb.: $ClMn(CO)_5$, $BrMn(CO)_5$, $JMn(CO)_5$, $ClRe \cdot (CO)_5$, $BrRe(CO)_5$, $JRe(CO)_5$ u. $(C_6H_5)_3PMo(CO)_5$. Für die Cotton-Kraihanzel-Behandlung der Grundschwingungen wird eine graph. Variationsmeth. entwickelt. Dabei werden weitere Verb. berücksichtigt: $H[Mn(CO)_5]$, $CH_3[Mn(CO)_5]$, $CF_3[Mn(CO)_5]$. R. Blank 30

0069 **Vorläufige Strukturuntersuchung von Koordinationskomplexen des Antimonpentachlorids mit N.N-Dimethylformamid, Dimethylsulfoxid und Wasser durch Infrarot- und Raman-Spektroskopie.** Michel Burgard, Gérard Kaufmann und Raymond Rohmer. (C. R. hebd. Séances Acad. Sci., Sér. C **267** (1968) 11, 689—92; Labor. de Chim. minér. et structurale, Inst. de Chim., Strasbourg; franz.) — Unters. der Schwingungsspektren von $[SbCl_5 \cdot DMF]$, $[SbCl_5 \cdot DMSO]$ u. $[SbCl_5 \cdot H_2O]$. Die Schwingungsspektren von $[SbCl_5 \cdot DMF]$ bestätigen die durch Röntgenbeugung ermittelte Struktur von $[SbCl_5 \cdot DMF]$. Auf Grund der großen Ähnlichkeit der Schwingungsspektren der 3 Verb. wird eine gleiche Struktur angenommen. Wahrscheinlich sitzt Sb im Zentrum eines deformierten Oktaeders der Symmetrie C_{4v}, umgeben von 5 Cl- u. 1 O-Atom. I. Zoll 30

0070 **Raman- und Infrarotspektren der tetrameren Thallium(I)-alkanolate und deren Analyse.** Victor A. Maroni und Thomas G. Spiro. (Inorg. Chem. [Washington] 7 (1968) 2, 193—97; Dep. of Chem., Princeton Univ., N.J.; engl.) — Die Raman- u. IR-Spektren (180 bis 650 cm^{-1}) von $Tl_4(OR)_4$ (**I**) (R = *Äthyl* u. *n-Propyl*) werden auf der Basis einer Tetraederstruktur zugeordnet. Dabei besetzen die vier Thallium- u. vier Sauerstoffatome die Ecken eines Quasiwürfels. Die Normalkoordinatenanalyse des $Tl_4(OR)_4$-Kerns führt, ähnlich wie bei $Pb_4(OH)_4^{4+}$ (**II**), zu Übereinstimmung mit den Frequenzen, wenn im Kraftfeld direkte Wechselwrkg. zwischen den Metallatomen eingeführt werden. Die ber. Metall-Metall-Valenzkraftkonst. von **I** (0,26), **II** (0,54) u. $Bi_6(OH)_{12}^{6+}$ (0,95 mdyn/Å) ändert sich proportional mit der Kernladung. R. Blank 30

0071 **Untersuchung der Wechselwirkung von Ionen mit Amidmolekülen mit Hilfe der Infrarotabsorptionsspektren.** I. S. Perelygin, S. V. Izosimova und Ju. M. Kessler. (Ž. strukturnoj Chim. **9** (1968) 3, 390—96; Ufimskij aviacionnyj inst.; russ.) — Die IR-Absorptionsspektren von *Formamid* (**I**), *N-Methylformamid* (**II**) u. *Dimethylformamid* in Ggw. von $LiClO_4$, $NaClO_4$, $Mg(ClO_4)_2$ u. *NaJ* in 1%ig. Lsg. der Amide in Acetonitril werden aufgenommen. Die Solvatation der Kationen verläuft durch Wechselwrkg. mit den O-Atomen, für **I** u. **II** auch mit den N-Atomen der Amide. Die Wechselwrkg. hat starken Donator-Akzeptor-Charakter. Das J^--Ion bildet Wasserstoffbindungen zum H der Aminogruppen, die Ggw. von ClO_4^- tritt in den Spektren nicht in Erscheinung. Mögliche Ionenpaarstrukturen für die Halogene werden vorgeschlagen. H. Roschkowski 30

0072 **Niederfrequente Infrarotspektraluntersuchungen an Triphenylphosphin-, -arsin- und -stibinverbindungen der Eisen- und Molybdäncarbonylkomplexe.** Surjit Singh, P. P. Singh und Roland Rivest. (Inorg. Chem. [Washington] 7 (1968) 6, 1236—38; Dep. of Chem., Univ. de Montreal, Montreal, Canada; engl.) — Die Analyse der IR-Spektren zwischen 700 u. 200 cm^{-1} von $Fe(CO)_4 \cdot As(C_6H_5)_3$, $Fe(CO)_4 \cdot P(C_6H_5)_3$, $Fe(CO)_4 \cdot Sb(C_6H_5)_3$, $Fe \cdot (CO)_3 \cdot [P(C_6H_5)_3]_2$, $Mo(CO)_5 \cdot As(C_6H_5)_3$ u. $Mo(CO)_5 \cdot Sb(C_6H_5)_3$ zeigt, daß keine Metall-Liganden-Banden anwesend sind. Vf. vermuten die Ursache in einer ν(M—L)-ν(M—C)-Kopplung, wodurch die ν(M—L) im untersuchten IR-Bereich nicht beobachtet werden können. R. Blank 30

0073 **Infrarotspektren der Umsetzungsprodukte von Palladiumchlorid mit Methylphenyläthinylcarbinol und seinen Derivaten.** Ju. Ja. Charitonov, T. I. Beresneva, G. Ja. Mazo und A. V. Babaeva. (Ž. neorg. Chim. **13** (1968) 9, 2458—66; russ.) — Vgl. C. **1969**, 19-0045. Die IR-Spektren von festem $(CH_3)(C_6H_5)C(OH)-C{\equiv}CH$ u. seinen Rk.-Prod. mit PdX (X = Cl, Br, J, SCN^2), wurden im Bereich 400—4000 cm^{-1}, die der CCl_4-Lsg. dieser Verb. bei 800—4000 cm^{-1} aufgenommen, die Rk.-Bedingungen werden diskutiert. Bei der Verb.-Bldg. tritt unter Beteiligung von W. Rk. an der Dreifachbindung u. Umlagerung des organ. Mol. auf, die mit $PdCl_2$ erhaltene Verb. hat die Zus. $RC(PdCl){=}CH{-}CR{=}CH{-}CR{=}CH{-}CHR{-}C(O)H$ mit $R = (CH_3)(C_6H_5)COH$. J. J. Pohl 30

0074 **Mechanismus der Inversion der Niveaubesetzung von Argonionen (Ar II).** I. K. Babaev, A. N. Sviridov, V. P. Tyčinskij und S. N. Cys'. (Ž. prikl. Spektroskopii **9** (1968) 3, 392—96; russ.) — Das opt. Emissionsspektrum von Ar bei 3600—6000 Å wird bei Impulsanregung (10 kV, 10—200 A, Impulsdauer ca. $2^1/_2$ μs) aufgenommen u. die Besetzung u. Anregungsgeschw. der Niveaus $4p^2P^0_{3/2}$, $4p^2D^0_{5/2}$, $4p^4D^0_{5/2}$ u. $4s^2P_{3/2}$ berechnet. Der Mechanismus der Besetzungsinversion wird besprochen. H. Roschkowski 34

0075 **Spin-Gitter-Relaxation in verdünnten Gasen. 2. Mitt. ^{19}F-Relaxation in CF_4 und SiF_4.** R. L. Armstrong und E. Tward. (J. chem. Physics **48** (1968) 1, 332—34; Dep. of Phys., Univ., Toronto, Canada; engl.) — 1. vgl. C. **1969**, 4-0083. — Die ^{19}F-Spin-Gitter-Relaxationszeiten wurden in gasf. CF_4 u. SiF_4 im D.-Bereich bis zu ca. 12 Amagat als Funktion der Temp. (244—370 bzw. 230—337 °K) gemessen. Die beobachtete Temp.-Abhängigkeit der Relaxationszeiten deutet auf einen Relaxationsmechanismus, der vorwiegend auf Spin-Rotations-Wechselwrkg. beruht. Es werden effektive Querschnitte für die Übertragung von Drehimpuls auf Mol.-Rotation bei Stößen abgeleitet. Es ergibt sich, daß im untersuchten Temp.-Bereich ein bis drei Zweierstöße ausreichen, um die Rotationsdrehimpulse der Mol. auszugleichen. A. Blaschette 36

0076 **Relaxationsverhalten und Schmidt-Korrelationen von (u,g)-Isotopenpaaren mit I = 3/2.** P. K. Burkert und H. P. Fritz. (Inorg. nuclear Chem. Letters **4** (1968) 8, 477—81; Suppl. zu: J. inorg. nuclear Chem.; Anorgan.-chem. Labor., TH, München; dt.) — Durch Breitlinien-NMR-Messungen an den (u,g)-Isotopenpaaren ^{79}Br-^{81}Br, ^{63}Cu-^{65}Cu u. ^{35}Cl-^{37}Cl wird gezeigt, daß die relativen Verhältnisse der magnet. Kernmomente bez. der entsprechenden Schmidt-Linien der (u,g)-Kernsystematik dem inversen Verhältnis der Relaxationszeiten dieser Isotope entsprechen. Untersuchte Verb.: *CsBr*, $CrJBr_2$, *CuCl*, NH_4Cl. A. Blaschette 36

0077 **Struktur von Distickstofftrioxid.** L.-O. Andersson und Joan Mason. (Chem. Commun. **1968**, 2, 99—101; Varian Res. Labor., Zürich; engl.) — Das ^{14}N-NMR-Spektrum von fl. N_2O_3 wurde an Proben aufgenommen, die unter einem NO-Druck von 17 atm standen; auf diese Weise wurden die Folgerk. $N_2O_3 \rightleftharpoons NO + NO_2$ u. $2\,NO_2 \rightleftharpoons N_2O_4$ unterdrückt. Die Herst. der Proben erfolgte aus NO u. NO_2 im Mol-Verhältnis 1,2 : 1, das Vol.-Verhältnis von Gas zu Fl. im NMR-Röhrchen betrug 4,8 : 1. Flüssiges N_2O_3 liefert zwei NMR-Signale mit chem. Verschiebungen von +165 u. —70 ppm bei —50° (bezogen auf gesätt. wss. NO_2^--Lsg. bei 20°). Ab NO : NO_2 = 1 : 1 erscheint außerdem das Signal von N_2O_4 bei +243 ppm (—50°). Auf Grund eines Vgl. mit $(CH_3)_2NNO_2$ (+444/+264 ppm), CH_3NO_2 (+232 ppm), $(CH_3)_2NNO$ (+372/+74 ppm) u. $(CH_3)_2N{-}C_6H_5{-}NO$ (—157 ppm für Nitroso-N) wird für N_2O_3 die Struktur $O_2N{-}NO$ abgeleitet. A. Blaschette 36

0078 **Theorie der chemischen Verschiebung von ^{31}P in Spektren der kernmagnetischen Resonanz.** B. I. Ionin. (Ž. obšč. Chim. **38** (**100**) (1968) 7, 1659—62; Leningradskij technol. inst. im. Lensoveta; russ.) — Die ^{31}P-Resonanz von dreierkoordinierten P-Verb. ist in den meisten Fällen durch die Hybridisierung des einsamen Elektronenpaares am Zentralatom bedingt. Die ^{31}P-Resonanz von vierer-, fünfer- u. sechserkoordiniertem P verläuft unter Beteiligung von d-Elektronen, die erhöhte

d-Elektronendichte am P führt zur Verschiebung der Resonanz gegen höhere Felder. Änderungen im Zustand der p_σ-Elektronen üben keinen wesentlichen Einfl. auf die magnet. Abschirmung von Phosphor aus.
J. J. Pohl 36

0079 **Vorzeichenwechsel der Kopplungskonstanten zwischen direkt aneinandergebundenen Phosphorkernen.** E. G. Finer und R. K. Harris. (Chem. Commun. **1968**, 2, 110–12; School of Chem. Sci., Univ. of East Anglia, Norwich; engl.) — Diskussion des Vorzeichens von $^1J_{PP}$-Kopplungskonst. an Hand von Literaturwerten für nachst. Verb. (me = CH_3, et = C_2H_5, ph = C_6H_5): F_2P-PF_2 ($^1J_{PP}$ = 227,4 Hz, wahrscheinlich +), H_2P-PH_2 (−108), me_2P-Pme_2 (−179,7), $ph_2P-P(C_6H_{11})_2$ (224, wahrscheinlich −), $et_2P-P(C_6H_{11})_2$ (282, dito), *LietP–Pphet* (396, dito), $(etO)_2P(S)-P(O)(Oet)_2$ (583, wahrscheinlich +), $[O_2P(O)-P(O)(H)O]^{3-}$ (+465,5, von Vf. neu bestimmt), $me_2P(S)-P(S)me_2$ (18,7, wahrscheinlich −), $et_2P(S)-P(S)(C_6H_{11})_2$ (69, dito), $me_2P(S)-Pme_2$ (−220).
A. Blaschette 36

0080 **Protonenmagnetische Resonanz einiger Molybdän(V)-chelate.** Louis V. Haynes und Donald T. Sawyer. (Inorg. Chem. [Washington] **6** (1967) 12, 2146–50; Dep. of Chem., Univ. of Calif., Riverside, Calif.; engl.) — PMR-Unters. (in D_2O) der Bldg., Stabilität u. Dynamik von *Mo(V)*-Komplexen mit *Äthylendiamintetraacetat (EDTA), dl-1.2-Propylendiamintetraacetat (PDTA), trans-(1.2-Cyclohexylendinitrilo)-tetraacetat (CyDTA), N-Methyliminodiacetat (MIDA)* u. *Nitrilotriacetat (NTA)*. Die EDTA-, PDTA- u. NTA-Chelate wurden synthetisiert, isoliert u. in der Elementaranalyse untersucht. Für die EDTA- u. PDTA-Verb. werden die Bruttoformeln $C_{10}H_{14}K_2Mo_2N_2O_{13}$ u. $C_{11}H_{16}K_2Mo_2N_2O_{13}$ nachgewiesen. Aus den PMR-Spektren folgt die Bldg. des Mo(V)–MIDA-Komplexes in Lsg.; der CyDTA-Komplex wurde nicht erhalten. Die PMR-Spektren bestätigen, daß die Chelate diamagnet. sind, was für die Existenz dimerer Molybdäneinheiten in den Chelatstrukturen spricht. Auf der Grundlage der PMR-Spektren werden Strukturvorschläge für die EDTA- u. PDTA-Komplexe gemacht.
H. Riemer 36

0081 **NH_3-Protonenkontaktverschiebungen. π-Wechselwirkungen von Ammoniak mit Metallionen.** Bradford B. Wayland und William L. Rice. (Inorg. Chem. [Washington] **6** (1967) 12, 2270–72; Harrison Labor. of Chem., Univ. of Pa., Philadelphia, Pa.; engl.) — Aus NMR-Unters. der Protonenkontaktverschiebungen von Komplexen der Form $[M(NH_3)_6]ClO_4$ [M = *Co(II), Ni(II), Cu(II), Mn(II)*] in fl. NH_3 folgt, daß zwischen NH_3 u. den Metallionen Co(II) u. Mn(II) Hyperkonjugationswechselwrkg. unter Einbeziehung der t_{2g} π-Akzeptororbitale der Metalle bestehen. Kopplungskonst. sind angegeben. Die Temp.-Abhängigkeit der Verschiebungen folgt über 30° dem Curie-Gesetz.
H. Riemer 36

0082 **Magnetische Eigenschaften der Cyclopentadienyltitan(III)-derivate $TicpCl_2$, $Ticp_2Cl$ und $Ticp_3$.** A. J. Canty, R. S. P. Coutts und P. C. Wailes. (Austral. J. Chem. **21** (1968) 3, 807–10; Div. of Appl. Chem., CSIRO Chem. Res. Labor., Melbourne; engl.) — Es werden die Änderungen der magnet. Suszeptibilität u. magnet. Momente von $TiCl_3$ nach Einführung von 1, 2 oder 3 Cyclopentadienylliganden untersucht sowie die Spektren der 4 Verb. im Bereich von 250–30000 cm^{-1} gemessen u. zugeordnet.
I. Zoll 38

0083 **Molekularstrahlmassenspektrometrische Untersuchung von Borazan- und Aminoborandämpfen.** P. M. Kuznesof, D. F. Shriver und F. E. Stafford. (J. Amer. chem. Soc. **90** (1968) 10, 2557–60; Dep. of Chem. and the Mater. Res. Center, Northwestern Univ., Evanston, Ill.; engl.) — Der Dampf über $BH_3 \cdot NH_3$ (**I**) bei Raumtemp. enthält nach massenspektrometr. Unters. **I**, BNH_6, BNH_4 u. B_2H_6. Bei der Pyrolyse von **I** wird weder BNH_4 noch BNH_2 gebildet. BNH_4 ist bei $5 \cdot 10^{-5}$ Torr therm. stabiler als **I**. Pyrolysedaten für BH_3ND_3 entsprechen eher der Struktur BH_2NH_2 für Aminoboran als der Struktur $BHNH_3$.
J. Büttner 42

0084 **Massenspektrometrische Untersuchungen flüchtiger Al-, Sc-, Co- Y-, Zr- und Seltenerdmetallchelate.** J. D. McDonald und J. L. Margrave. (J. less-common Metals [Lausanne] **14** (1968) 2, 236–39; Dep. of Chem., Rice Univ., Houston, Tex.; engl.) — Die Chelate des *2.2.6.6-Tetramethylheptandions-(3.5) (HTHD)* mit vorst. genannten Metallen (M) werden massenspektroskop. untersucht. Die Massenspektren (MS) der Eu-, Sm-, Yb-Chelate sind sich sehr ähnlich, während die MS der übrigen Seltenerdmetall-, Y- u. Sc-Chelate (mit Ausnahme der nicht untersuchten Ce u. Pm) dem des La-Chelats ähneln. In allen MS außer denen des Eu u. Zr tritt am häufigsten $M(THD)_2^+$ auf.
K.-J. Zwietasch 42

0085 **Einfluß eines elektrischen Feldes auf die Ionen-Molekül-Reaktionen komplexer Ionen des Wassers in einer gasdynamischen Strömung.** S. L. Požarov und I. G. Černov. (Chim. vysokich Énerg. **2** (1968) 4, 291 bis 296; Inst. jadernoj fiz. AN Uzb. SSR; russ.) — Es wurde der relative Geh. an komplexen W.-Ionen vom Typ $H_3O^+(H_2O)_n$ im Massenspektrum in Abhängigkeit vom Druck in der Ionisationskammer u. der elektr. Feldstärke im Bereich der gasdynam. Strömung bestimmt.
A. Pinkowski 42

0086 **Automatische Extrapolationsmethode für den Intensitätswert eines HD^+-Strahlenbündels, das aus einer Ionenquelle durch Elektronenstoß entsteht.** M. Pașcalău. (Rev. roum. Physique **13** (1968) 2, 173–74; Inst. de Phys. Atomique, Cluj; franz.)
I. Zoll 42

0087 **Stoßintegrale für die Komponenten dissoziierender Luft.** Ju. N. Beljaev und V. B. Leonas. (Teplofiz. vysokich Temperatur **6** (1968) 1, 188–90; Mosk. gos. univ.; russ.) — Die Potentialparameter u. die Stoßintegrale sind für 2000–10000 °K für die Syst. N_2–N_2, N_2–O_2, O_2–O_2, O–N_2, O–O_2, N–N_2 u. N–O_2 zusammengestellt.
M. Wiedemann 44

0088 **Berechnung der in Atomstoßproblemen auftretenden, langsam konvergierenden Radialintegrale.** J. A. Belling. (J. Physics, B (Proc. physic. Soc.) [2] **1** (1968) 1, 136–38; Dep. of Phys., Univ. Coll., London; engl.) — Mit einer asymptot. Entw.-Meth. berechnen Vf. die in Streuberechnungen oft auftretenden Integrale der Form $G(R) = \int_R^\infty r^{-n}F(r)F'(r)dr$, wobei F u. F' Radialfunktionen eines Stoßteilchens sind.
R. Blank 44

0089 **Näherungsmethode für die klassische Streuung durch abgeschirmte Coulomb-Felder. 1. Mitt. Atomstöße.** J. Lindhard, Vibeke Nielsen und M. Scharff. (Kong. danske Vidensk. Selsk., mat.-fysiske Medd. **36** (1968) 10, 1–32; Inst. of Phys., Univ. of Aarhus; engl.) — Unters. einer umfassenden Näherungsformel für die klass. Streuung schneller Ionen durch Atome.
H. Liepack 44

0090 **Innere Anregung bei Molekülstößen ohne Reaktion: Resonanzen bei der elastischen Streuung von Atomen durch zweiatomige Moleküle.** R. D. Levine, B. R. Johnson, J. T. Muckerman und R. B. Bernstein. (Chem. Physics Letters [Amsterdam] **1** (1968) 11, 517–20; Theoret. Chem. Inst. and Chem. Dep., Univ. of Wis., Madison, Wis.; engl.)
H. Liepack 44

0091 **Anregung von Helium durch Elektronen und Protonen.** L. Vriens. (Physic. Rev. [2] **160** (1967) 1, 100–08; Phys. Labor., Univ., Utrecht, Netherlands; engl.) — Theorie zur analyt. Darst. der Oszillatorenstärke f(K) u. des Gesamtanregungswrkg.-Querschnitts σ_B für die Übergänge $1\,^1S \rightarrow n\,^1S$, $n\,^1P$ u. $n\,^1D$ mit n = 2, 3, 4, 5 u. 6 in He.
R. Blank 44

0092 **Experimentelle Untersuchung des Verhaltens des $6\,^3P_1$-Niveaus des ^{202}Hg und ^{199}Hg bei Stößen mit Heliumatomen.** Jean-Pierre Faroux und Jean Brossel. (C. R. hebd. Séances Acad. Sci., Sér. A et B **264** (1967) 21, B1452–B1453; Fac. des Sci., Labor. de Spectroscop. Hertzienne, Paris; franz.) — Die Messungen der Relaxationszeit des Niveaus $6\,^3P_1$ bei Stoß mit He-Atomen werden wiederholt u. Übereinstimmung mit theoret. Voraussagen gefunden. Frühere Messungen waren durch eine Verunreinigung verfälscht.
M. Wiedemann 44

0093 **Durch Stöße mit Edelgasen induzierte m_J-Mischung in orientierten $4\,^2P_{1/2}$-Kaliumatomen.** W. Berdowski und L. Krause. (Physic. Rev. [2] **165** (1968) 1, 158—65; Dep. of Phys., Univ. of Windsor, Windsor, Canada; engl.) — Aus Polarisationsmessungen wurden folgende Wrkg.-Querschnitte der Disorientierung bestimmt: K–He 46 Å², K–Ne 39 Å², K–Ar 52 Å², K–Kr 80 Å² u. K–Xe 107 Å². H. Liepack 44

0094 **Bestimmung der Wirkungsquerschnitte bei Resonanzstrahlungslöschung von Metallatomen.** 2. Mitt. **Ergebnisse für Kalium, Rubidium und Cäsium.** D. R. Jenkins. (Proc. Roy. Soc. [London], Ser. A **303** (1968) 1475, 453—65; Shell Res. Ltd., Thornton Res. Centre, P.O. Box 1, Chester, England; engl.) — 1. vgl. C. **1967**, 34-0191. — Die in der 1. Mitt. beschriebene Flammenfluoreszenzmeth. wird auf die Unters. der Resonanzstrahlungslöschung von K (**I**), Rb (**II**) u. Cs (**III**) angewendet. Die aus der Messung der Fluoreszenzausb. abgeleiteten Wrkg.-Querschnitte der Löschsubstanzen *He*, *Ar*, H_2, H_2O, N_2, O_2, *CO* u. CO_2 sind tabelliert. Dabei wurden die Resonanzlinien bei 7664 u. 7699 Å für **I**, bei 7948 Å ($^2P_{1/2}$–$^2S_{1/2}$) für **II** u. bei 8521 Å ($^2P_{3/2}$—$^2S_{1/2}$) für **III** bei Temp. zwischen 1400 u. 1800 °K gemessen. R. Blank 44

0095 **Bestimmung der Wirkungsquerschnitte bei Resonanzstrahlungslöschung von Metallatomen.** 3. Mitt. **Ergebnisse für Thallium.** D. R. Jenkins. (Proc. Roy. Soc. [London], Ser. A **303** (1968) 1475, 467—75; engl.) — 2. vgl. vorst. Referat. — Gleiche Unters. für den $7s^2S_{1/2}$-Zustand von Thallium. Mit den Wrkg.-Querschnitten wurden die Geschw.-Konst. der Rk. Tl + H + X → HX + Tl mit X = *H*, *OH*, *Cl*, *Br* berechnet. R. Blank 44

0096 **Streuung von Elektronen durch H_2^+: Methode der polarisierten Einzentrenorbitale.** A. Temkin und Kashyap V. Vasavada. (Physic. Rev. [2] **160** (1967) 1, 109—17; Labor. for Theoret. Stud., Goddard Space Flight Center, Nat. Aeronaut. and Space Admin., Greenbelt, Md.; engl.) — Verallgemeinerte Meth. der polarisierten Orbitale zur Berechnung der Elektronenstreuung durch zweiatomige Mol. nach der Born-Oppenheimer-Näherung. R. Blank 44

0097 **Anwendung einer vereinfachten zweiten Born-Näherung auf die Streuung von Elektronen und Protonen durch Wasserstoffatome.** A. R. Holt und B. L. Moiseiwitsch. (J. Physics, B (Proc. physic. Soc.) [2] **1** (1968) 1, 36—47; Dep. of Appl. Math., School of Phys. and Appl. Math., Queen's Univ. of Belfast; engl.) — Mit einer vereinfachten Born-Näherung bestimmen Vf. die elast. Streuung von Elektronen durch H-Atome u. die 1s → 2s u. 1s → 2p-Anregungen durch Elektronen- u. Protonenstoß. R. Blank 44

0098 **Berechnung des effektiven Wirkungsquerschnitts für K-Elektronenverluste durch Stöße schneller heliumähnlicher Ionen mit Wasserstoff- und Heliumatomen.** V. S. Senašenko, V. S. Nikolaev und I. S. Dmitriev. (Ž. èksper. teoret. Fiz. **54** (1968) 4, 1203—12; Inst. jadernoj fiz. Mosk. gos. univ.; russ., Auszug: engl.) — Die Wrkg.-Querschnitte für K-Elektronenverluste durch H^--, He^0-, Li^+- u. Be^{2+}-Ionen u. auch durch Br-Atome bei Stoß mit H- oder He-Atomen werden nach der nichtrelativist. Born-Näherung für Teilchengeschw. zwischen $0{,}6 \cdot 10^8$ u. $60 \cdot 10^8$ cm/s berechnet. Einfache Näherungsformeln werden für den Wrkg.-Querschnitt des K-Elektronenverlustes durch beliebige Teilchen abgeleitet. Die Ergebnisse werden mit entsprechenden für H-ähnliche Teilchen verglichen. Eine theoret. Erklärung der experimentell beobachteten Identität mittlerer Wrkg.-Querschnitte für Elektronenverluste in den äußeren K- u. L-Schalen von Ionen mit gleichem Ionisationspotential wird gegeben. E. Otto 44

0099 **Elektronenablösung bei langsamen Stößen zwischen Atomen und negativen Ionen.** A. Herzenberg. (Physic. Rev. [2] **160** (1967) 1, 80—94; Westinghouse Res. Labor., Pittsburgh, Pa.; engl.) — Entw. einer Theorie mit der Rk. $H^- + H \rightarrow H_2 + e^-$ als Beispiel. R. Blank 44

0100 **Auger-Mechanismus der charakteristischen Verluste bei Atomstößen.** L. M. Kišinevskij und É. S. Parilis. (Ž. techn. Fiz. **38** (1968) 4, 760—63; Inst. élektron. AN Uzb. SSR, Taškent; russ.) — Ableitung eines derartigen Mechanismus u. Anwendung auf Vers.-Daten für Ar^+–Ar-, Ar–Ar-, Ne^+–Ne- u. Ne^+–Ar-Stöße. H. Roschkowski 44

0101 **Bestimmung der totalen Reaktionsquerschnitte von Ionen nach der Druckmethode.** A. MacKenzie Peers. (J. chem. Physics **47** (1967) 4, 1557—58; Labor. Curie, Inst. du Radium, Paris; engl.) — Vf. geht von der bekannten Gleichung $I = I_0 \exp(-\sigma N x)$ aus u. entwickelt daraus eine den Vers.-Bedingungen in der Ionenquelle eines Massenspektrometers entsprechende Gleichung. J. Büttner 44

0102 **Beweglichkeiten und Reaktionen von Ionen in Argon.** Kenneth B. McAfee jun., D. Sipler und D. Edelson. (Physic. Rev. [2] **160** (1967) 1, 130—35; Bell Telephone Labor., Murray Hill, N.J.; engl.) — Durch die Entw. eines speziellen Verf. (Ionen-Laufzeit-App.; Impuls-Townsend-Entladung) gelang Vf. die Identifizierung u. Messung der Beweglichkeit von Ar^+, Ar_2^+ u. Ar^{2+} in reinem Ar sowie von H_3^+ u. ArH^+ in H_2/Ar- u. Kr^+ in Kr/Ar-Gemischen. R. Blank 44

0103 **Strömungsgeschwindigkeiten und Reaktionen von Stickstoffionen in Stickstoff bei schwachen Feldern.** L. G. McKnight, K. B. McAfee und D. P. Sipler. (Physic. Rev. [2] **164** (1967) 1, 62—70; Bell Telephone Labor., Murray Hill, N.J.; engl.) — Unters. bei 300 °K u. E/N-Werten (Verhältnis von elektr. Feld zu Teilchendichte) zwischen 1,5 u. $20 \cdot 10^{-16}$ V · cm² u. Drücken von 0,5 bis 1 Torr. Massen u. Intensität der durch Glimmentladung erzeugten Ionen wurden als Funktion der Strömungsgeschw. durch einen Massenspektrographen bestimmt. Danach treten die Ionen in zwei Gruppen auf, N_2^+–N_4^+ u. N^+–N_3^+, wobei Wechselwrkg. innerhalb der Gruppen größer sind als zwischen den Gruppen. Aus den Messungen wurden RGK-Werte für die Bldg. der Ionen bestimmt. R. Blank 44

0104 **Einfang von Elektronen durch schnelle Protonen im ionisierten Li.** V. D. Ob'edkov und V. E. Pavlov. (Atom. Énerg. **23** (1967) 4, 345—46; russ.) — Ermittelt wurde der Wrkg.-Querschnitt des Einelektroneneinfangs $H^+ + Li^+ \rightarrow H + Li^{2+}$ u. auch der gesamte (experimentell gemessene) Querschnitt $\sigma = \Sigma n\sigma(n)$, summiert über alle Quantenzustände des H-Atoms. Ein Vgl. erlaubt Aufschlüsse über Umladungen in den angeregten Zuständen des Wasserstoffs. M. Wiedemann 44

0105 **Molekulare Resonanz–Ladungsübergangs-Prozesse; H_2^+–H_2 und N_2^+–N_2.** J. J. Leventhal, T. F. Moran und L. Friedman. (J. chem. Physics **46** (1967) 12, 4666—72; Chem. Dep., Brookhaven Nat. Labor., Upton, N.Y.; engl.) — Unters. des Zusammenhangs zwischen exothermen Ion–Mol.-Rk. u. Resonanz–Ladungsübergangs-Prozessen bei Stößen der zweiatomigen Mol.-Ionen u. den entsprechenden neutralen Mol. H_2^+–H_2 u. N_2^+–N_2. Ein solcher Zusammenhang gibt die experimentellen Ergebnisse besser wieder als eine Stoßparametermethode. R. Blank 44

A–3. Physik der Festkörper und Flüssigkeiten

0106 **Wechselseitige chemische Indifferenz von Atomen bei isomorphen Ersetzungen in Kristallen.** E. S. Makarov. (Geochimija **1968**, 8, 906—13; Inst. geochim. i anal. chim. im. Vernadskogo AN SSSR, Moskva; russ., Auszug: engl.) — Den Radienanalogien sollen bei diadochen Ersetzbarkeiten nur zweitrangige Bedeutung zukommen. Vielmehr wird eine chem. Indifferenz der zwei betreffenden Ionen zur gegenseitigen Verb.-Bldg. als prim. vorausgesetzt. Die Annahmen werden durch zahlreiche Beispiele belegt. M. Hähnert 50

Struktur

0107 **Kristallsymmetrien von ebenen Wellen ähnlichen Funktionen.** 1. Mitt. **Die symmorphen Raumgruppen.** A. W. Luehrmann. (Advances in Physics **17** (1968) 65, 1—77; Dep. of Phys. and Inst. for the Study of Metals, Univ. of Chicago, Chicago, Ill.; engl.) — Zusammenstellung von Koeff. für die Bldg. linearer Kombinationen

ebener Wellen, die in bezug auf alle erforderlichen Untergruppen aller 73 symmorphen Raumgruppen symmetrisiert sind, u. Symmetrieunters. aller Brillouin-Zonensymmetriepunkte dieser 73 Raumgruppen.
H. Liepack 51

0108 **Ausdruck für den Temperaturfaktor eines Atoms mit Librationsbewegung.** E. N. Maslen. (Acta crystallogr. [Copenhagen], Sect. A **24** (1968) 4, 434—37; Dep. of Phys., Univ. of Western Australia, Nedlands, Western Australia; engl.) H. Liepack 51

0109 **Einfluß der Ordnungseinstellung auf den Borrmann-Effekt.** V. B. Molodkin und E. A. Tichonova. (Fiz. Metallov Metallovedenie **25** (1968) 6, 987—95; Inst. metallofiz. AN USSR; russ.) — Eine dynam. Theorie der Elektronenstreuung an sich ordnenden Mehrstoffleg. wird entwickelt. Der Borrmann-Effekt kann danach sowohl an Struktur- als auch an Überstrukturreflexen beobachtet werden. Anwendung auf Leg. vom Typ des β-Messings. H. Roschkowski 51

0110 **Temperatureinfluß auf die kohärente Extinktion bei der Streuung von Neutronen an Einkristallen.** R. Brosch und H. Rauch. (Atomkernenergie **13** (1968) 3, 183—87; Atominst. der Österr. Hochsch., Wien, Austria; dt.) — Unters. der Temp.-Abhängigkeit von parasitären Reflexionen bei der Bragg-reflektierten Neutronenintensität. Die Messungen erfolgten bei Raumtemp. u. 80 °K an einem Pb-Einkrist., der in einem geeigneten N_2-Kryostat um die Bragg-Richtung u. um die Ebenennormale der (200)-Hauptreflexionsebene gedreht werden konnte. Es zeigten sich „Aufhellungen" bis zu 15% der ungestörten Intensität. Der Temp.-Einfl. tritt bes. für die an der Hauptreflexionsebene in zweiter Ordnung reflektierten Neutronen hervor. Die Zunahme der „Aufhellungen" mit abnehmender Temp. beträgt bis zu 150%.
Herbert Weber 51

0111 **Kontrast in Röntgenstrahltopographien von dünnen Kristallen.** P. Penning und A. H. Goemans. (Philos. Mag. [8] **18** (1968) 152, 297—300; Philips Res. Labor., N. V. Philips' Gloeilampenfabrieken, Eindhoven, Netherlands; engl.) — Unters. zum Kontrast, der durch Unvollkommenheiten in Transmissionsröntgentopographien von dünnen perfekten Krist. verursacht wird. Es wird theoret. u. experimentell (Si-Krist.) gezeigt, daß für hinreichend dünne Proben der Kontrast verschwindet, obgleich die Unvollkommenheiten im Krist. weiter bestehen. Die untere Grenze der Dicke von Krist., bei denen Unvollkommenheiten einen klaren Kontrast ergeben, ist ca. $^1/_3$ bis $^1/_6$ der Pendellsg.-Länge 2πL.
Herbert Weber 51

0112 **Eliminierung der harmonischen Strahlung bei Messungen der thermischen diffusen Röntgenstreuung.** James Costello und John W. Weymouth. (Acta crystallogr. [Copenhagen], Sect. A **24** (1968) 4, 476—77; Phys. Dep., Univ. of Nebr., Lincoln, Nebr.; engl.)
H. Liepack 51

0113 **Korrektur gemessener integrierter Bragg-Intensitäten bezüglich thermischer diffuser Streuung erster Ordnung.** M. J. Cooper und K. D. Rouse. (Acta crystallogr. [Copenhagen], Sect. A **24** (1968) 4, 405—10; Ceramics Div., AERE, Harwell, Berks.; engl.) — Ergebnisse für ein Θ–2 Θ-Raster (Detektor 2 : 1 an den Krist. gekoppelt). H. Liepack 51

0114 **Experimentelle Methoden zur Beobachtung von Versetzungen nach dem Berg-Barrett-Verfahren.** A. P. L. Turner, T. Vreeland jun. und D. P. Pope. (Acta crystallogr. [Copenhagen], Sect. A **24** (1968) 4, 452—58; W. M. Keck Labor. of Engng. Mater., Calif. Inst. of Technol., Pasadena, Calif.; engl.) — Diskussion der experimentellen Probleme, wie durch die Fluoreszenz aus der Probe verursachtes Untergrundrauschen u. unelast. Streuung. Beschreibung einer relativ einfachen Anordnung. H. Liepack 51

0115 **Temperaturabhängigkeit der Intensität von Röntgeninterferenzlinien an Eisen und Nickel.** Philipp Dünner und Rudolf Kohlhaas. (Z. Metallkunde **59** (1968) 7, 567—72; Inst. für theoret. Phys., Univ., Köln; dt.) — Mit Hilfe von Zählrohrdiffraktometeraufnahmen wird die Temp.-Abhängigkeit der Intensität ausgesuchter Röntgeninterferenzlinien u. gleichzeitig der Temp.-Verlauf des Gitterparameters an Fe- u. Ni-Einkrist. bestimmt (90—1070 °K für Fe, 90—1670 °K für Ni). Im Gegensatz zur Debyeschen Theorie läßt sich eine Temp.-Abhängigkeit der charakterist. Temp. finden. Die aus dem Exponenten des Debye-Waller-Faktors errechneten mittleren Schwingungsamplituden der Fe- u. Ni-Atome zeigen bis zum Curie-Punkt einen Temp.-Verlauf, der sich aus dem magnetostriktiven Verh. der beiden Metalle erklärt. Bei Ni wird bei $> \approx 1100$ °K eine merkliche Abnahme im Anstieg der Amplitudenkurve gefunden. Auf einen Zusammenhang zwischen diesem Verh. u. dem Suszeptibilitätsverlauf von Ni wird hingewiesen. M. Frenzel 51

0116 **Polytypie von Natrium-2-oxocaproatkristallen.** L. M. Pant. (Acta crystallogr. [Copenhagen], Sect. B **24** (1968) 9, 1205—06, 1 Tafel; Nat. Chem. Labor., Poona, India; engl.) — Die röntgenograph. beobachtete Ordnungs–Unordnungs-Struktur u. die Polytypie von $CH_3 \cdot (CH_2)_3COCOONa$ wird beschrieben.
H. Roschkowski 52

0117 **Morphologische Symmetrie von Bariumnitratkristallen.** A. V. Beljustin, I. M. Levina und T. P. Novosel'ceva. (Kristallografija **13** (1968) 4, 734—35, 1 Tafel; Gor'kovskij issl. fiz.-techn. inst.; russ.) — Morpholog. Unters. an $Ba(NO_3)_2$-Krist. zeigen ihre Zugehörigkeit zur Krist.-Klasse 23.
H. Roschkowski 52

0118 **Existenz zweier Kristallformen von wasserfreiem Bariumbromat.** Thérèse Dupuis und Claude Rocchiccioli. (C. R. hebd. Séances Acad. Sci., Sér. A et B **266** (1968) 7, B 397—B 399; Labor. de Pédologie, Fac. des Sci., Poitiers; franz.) — Mit Hilfe von IR-Spektren u. Röntgenbeugungsaufnahmen werden 2 Krist.-Formen von $Ba(BrO_3)_2$ nachgewiesen. Zwischen den Spektren der einen $Ba(BrO_3)_2$-Phase u. denen von $Ba(BrO_3)_2 \cdot H_2O$ besteht eine große Ähnlichkeit. I. Zoll 52

0119 **Phasenübergang in $NiCr_2O_4$.** P. Păuşescu und R. Mănăilă. (Kristallografija **13** (1968) 4, 627—30; Inst. fiz. AN Rum. SR, Bucharest; russ.) — Der Phasenübergang der tetragonalen in die kub. Modifikation von $NiCr_2O_4$ wird röntgenograph. untersucht. Der Übergang ist von 1. Ordnung. Messungen des elektr. Widerstandes ϱ deuten auf das Vorliegen einer Beziehung zwischen dem Temp.-Verlauf von ϱ u. dem Achsenverhältnis der Krist. hin. H. Roschkowski 52

0120 **Kinetik der isenthalpischen Verfestigung unter Anwendung der Theorie des Dendritenwachstums.** L. A. Tarshis und G. R. Kotler. (J. Crystal Growth [Amsterdam] **2** (1968) 4, 222—26; Schenectady, N.Y., Gen. Electr. Res. and Dev. Center; Dearborn, Mich., Ford Sci. Labor.; engl.) — Die aus isenthalp. Verfestigungsvers. von Glicksman et al. [vgl. ibid. **1** (1968) 297] an weißem P ermittelten kinet. Daten wurden krit. überprüft. Es wird gefragt, ob die Anwendung einer therm. Analyse, die auf der Annahme von isothermen Dendriten basiert, gerechtfertigt ist. Es wurde ein analyt. Alternativverf. angewandt, das die nichtisothermen Effekte, die aus lokalisierter Krümmung u. Kinetik resultieren, berücksichtigt. Es wurde keine einheitliche, lineare, kinet. Konst. für irgendeinen Bereich der experimentellen Daten gefunden, eine bemerkenswerte Konvergenz der Theorie zum Experiment wurde im Bereich großer Unterkühlung beobachtet. Die Ergebnisse bestätigen die quant. Best. der linearen kinet. Konst. für die Verfestigung von weißem P (P_4), sprechen aber gegen die früher angegebenen Schlußfolgerungen über die Beobachtung einer kinet. Übergangsregion u. die Wirksamkeit eines Max.-Geschw.-Kriteriums. Die Anwendungsgrenzen dieser Analyse u. die allg. experimentellen Verf. zur Ermittlung von kinet. Informationen werden diskutiert.
E. Schulte 54△

0121 **Theoretische Analyse der isenthalpischen Verfestigung.** M. E. Glicksman und R. J. Schaefer. (J. Crystal Growth [Amsterdam] **2** (1968) 4, 239—42; Washington, D.C., U.S. Naval Res. Labor.; engl.) — Es wurde eine vergleichende Unters. von zwei Annäherungsanalysen des dendrit. Wachstums durchgeführt.

Die beiden Theorien — Temkins Analyse u. die modifizierte Ivantsov-Analyse — nehmen an, daß nichtisotherme paraboloide Dendriten stetig mit einer maximalisierten Geschw. wachsen, sie unterscheiden sich merklich in der nachfolgenden Behandlung der Grenzbedingungen, die an der Fläche fest—fl. erfüllt sind. Die Anwendung von Temkins Behandlung durch Tarshis et al. (vgl. vorst. Ref.) auf die Analyse früherer Wachstumsgeschw.-Messungen in unterkühltem P wird detailliert diskutiert. Eine Erklärung für das Versagen der Theorie von Temkin bei der Erstellung einer rationalen kinet. Analyse der experimentellen Befunde wird gegeben. Der Erfolg der modifizierten Analyse von Ivantsov bei der Voraussage des Wachstumsverh. von P-Dendriten hängt z. T. ab von der therm. Wechselwrkg. zwischen benachbarten Dendriten während der isenthalp. Verfestigung bei sehr starker Unterkühlung.

E. Schulte 54△

0122 **Strukturen von facetten-/nicht facettenbildenden Eutektika.** J. D. Hunt und D. T. J. Hurle. (Trans. metallurg. Soc. AIME **242** (1968) 6, 1043—47; Dep. of Metallurg., Univ. of Oxford, Oxford, U.K.; engl.) — In Einphasenmaterial können Facetten nur gebildet werden, wenn die Fl.–Festkörper-Grenzschicht konvex zum festen Material gekrümmt ist. Eine Mikrofacette in der α–β-Grenzfläche kann zum Abbruch des Mechanismus für den Lamellenabstand u. der Selbststabilisierung der Rinne u. dem Aufbau einer Korngrenzenschicht führen. In der Folge entsteht eine unregelmäßige oder komplexe regelmäßige Struktur. Regelmäßige Strukturen entstehen, wenn aus geometr. Gründen keine Facetten entstehen können.

R. Zimmer 54

0123 **Dreibogenofen für die Czochralski-Züchtung mit einem kalten Tiegel.** T. B. Reed und E. R. Pollard. (J. Crystal Growth [Amsterdam] **2** (1968) 4, 243—47; Lexington, Mass., MIT, Lincoln Labor.; engl.) — App. u. Meth. einer Krist.-Ziehvorrichtung wird beschrieben. Die Schmelze wird durch drei Lichtbögen erhitzt u. der Einkrist. an der Spitze eines mit W. gekühlten Stabes, an dem sich ein Keim befindet, aus der Schmelze gezogen. Die Beschickung befindet sich in einem mit einem Stempel versehenen, wassergekühlten Cu-Tiegel. Die Oberfläche der Schmelze kann kontinuierlich auf gleicher Höhe gehalten werden. Mit dieser Meth. wurden Schmelzbirnen von *Sn, Si, Ge,* Cu_2O, *V, VO,* Ti_2O_3, *Ni, Nb, NbO* u. *TiC* mit F. zwischen 232 u. 3150° hergestellt. Eine Anzahl von *NbO*-Krist. verschiedener stöchiometr. Zus. u. guter Qualität wurden zur Messung ihrer elektr. Eig. gezüchtet. Die massenspektrometr. Analyse der gezüchteten Krist. ergab kein Cu oder W oberhalb 10 ppm, der experimentellen Nachw.-Grenze. Aus einem Graphittiegel gezogene Si-Krist. hatten einen Widerstand von ca. 10 $\Omega\cdot$cm. Es wird geschlossen, daß die vom Bogen oder vom Tiegel stammenden elektr. akt. Verunreinigungen 0,1 ppm nicht übersteigen. Die Vorteile der Meth. gegenüber anderen Meth. sind beträchtlich.

E. Schulte 54△

0124 **Abbildung von Erstarrungsprofilen mit Hilfe kurzer Ultraschallimpulse.** K. Buxmann und S. Dürr. (Z. Naturforsch. **23a** (1968) 5, 687—88, 1 Tafel; Inst. für Metallphys. u. Metallkunde, Univ. des Saarlandes, Saarbrücken; dt.) — Eine Meth. zur Aufzeichnung der zeitlichen Entw. der Phasengrenze fest—fl. während der Erstarrung von Metallen mit Hilfe kurzer, period. Ultraschallimpulse wird beschrieben. Die damit ermittelten Erstarrungsprofile (*Sn*) stimmen in wesentlich höherem Maß mit den theoret. geforderten überein als die nach dem Dekantierverf. erzielten. Fehlereinfl. beim Dekantieren werden kurz diskutiert.

M. Frenzel 54

0125 **Spontane Entstehung von Versetzungen während des Wachsens von Siliciumeinkristallen.** M. Y. Ben-Sira und S. Bukshpan. (J. Crystal Growth [Amsterdam] **2** (1968) 4, 248—50; Haifa, Israel, Israel Inst. of Technol., Dep. of Phys.; engl.) — Versetzungskonz. in ⟨111⟩-Si-Einkrist. (n-Typ, 2—3 cm ⌀, Du-Pont-SG-Material), die nach der Czochralski-Meth. hergestellt waren, wurden mit Hilfe der Ätzfiguren-Zählmeth. untersucht. Die große Konz. an Ätzfiguren (Ätzmittel: HJ–HNO_3–CH_3COOH-Gemisch) an den Peripherien der geätzten Scheiben wird durch die spontane Bldg. von Versetzungen während des Krist.-Wachstums erklärt.

E. Schulte 54△

0126 **Züchtung von Siliciumwhiskern.** S. V. Starodubcev, D. A. Agievskij und Š. A. Bakaev. (Izvest. Akad. Nauk Uzb. SSR, Ser. fiz.-mat. Nauk **125** (1968) 4, 76—78; Inst. jadernoj fiz. AN Uzb. SSR; russ.) — Die Quarzampulle wurde mit Si u. J_2 (oder Br_2) gefüllt, in einem Gradienten auf 900—1100° erhitzt u. dann abgekühlt. Zur Gewinnung von Si-Whiskern (4—8 mm lang, Durchmesser μ-Größenordnung) waren geringe Zusätze an Au notwendig. Ausgenutzt wurde das Gleichgew. zwischen SiJ_4, SiJ_2, Si u. J.

M. Wiedemann 54

0127 **Keimbildung von Aluminiumkristallen bei der Erstarrung durch eine Titan–Bor-Verbindung.** Jacques Moriceau. (C. R. hebd. Séances Acad. Sci., Sér. C **267** (1968) 3, 231—33; SOFEREC, Centre de Recherches du Groupe Péchiney, Voreppe, Isère; franz.) — Durch metallograph. Unters. u. Analysen mit der Mikrosonde wird gezeigt, daß die Keimbldg. von Al-Krist. bei der Erstarrung auf Titanborid-Teilchen erfolgt, wenn vorher kleine Mengen B u. Ti dem fl. Metall zugesetzt werden. Die Titanborid-Teilchen, die sich im Zentrum der Al-Körner befinden, enthalten 30 ± 6 % B u. 70 ± 5 % Ti; das entspricht TiB_2. — Während ungereinigtes Al mit einer groben Basaltstruktur (verlängerte Körner von 1—2 cm) erstarrt, ist die Struktur nach Zugabe der reinigenden Agenzien feinkörnig. Eine Zugabe von 0,03 % Ti oder von 0,003 % B allein führt zu einer Basaltstruktur ohne bemerkenswerte Reinigung. Eine Reinigung von Leg.-Körnern erfolgt auch bei Entfernung von überschüssigem, nicht an B gebundenem Ti; dagegen erfolgt in reinem Al (99,99 %) durch Titanborid-Krist. nur Keimbldg., wenn z. B. Ti, Fe oder Si zugesetzt wird.

K. Preuß 54

0128 **Bildung und Entwicklung einer Polygonisationsstruktur in einem Aluminium-Einkristall: Untersuchung durch Elektronenmikroskopie und Röntgenstrahlenmikrographie.** Alice Le Lann und Jean Montuelle. (C. R. hebd. Séances Acad. Sci., Sér. C **267** (1968) 3, 215—18; Centre d'Études de Chim. métallurg., CNRS, Vitry-sur-Seine, Val-de-Marne; franz.) — Vf. untersuchten die Polygonisierung eines in der Längsrichtung leicht deformierten (0,3 %), durch Zonenschmelzen erhaltenen Al-Einkrist. hoher Reinheit im Verlaufe von jeweils 16std. therm. Behandlung bei Temp. zwischen 100 u. 600° durch gleichzeitige Anwendung der beiden Methoden. — Bei schwacher Vergrößerung zeigte der schwach deformierte Al-Einkrist. eine an polierten Proben vor der Verformung beobachtete analoge Struktur von Gleitlinienbündeln, in deren Innerem bei stärkerer Vergrößerung eine Zellstruktur sichtbar wurde. Unterhalb von 250—300° erfolgt keinerlei merkliche Veränderung der Struktur, dagegen wird bei 300° ein Netz von dem Verlauf der Deformationsstreifen parallelen Linien sichtbar, das entsprechend der Erhöhung der Temp. charakteristischer wird. Bei stärker deformierten Proben (8 %) von gleicher Reinheit erfolgt währenddessen die Bldg. der ersten Polygonisationsnetze schon nach einer 16std. therm. Behandlung bei 100°.

K. Preuß 54

0129 **Kinetik der Rekristallisation von dispersionsverfestigten (Al/Al_2O_3)-Legierungen.** D. Nobili, F. Mezzetti und E. Susi De Maria. (J. Mater. Sci. **3** (1968) 3, 282—87; Phys. Chem. Branch, Euratom Res. Labor., Ispra (Varese); engl.) — Die Rekristallisationskinetik einer Al-Leg. mit 5,25 Gew.-% Al_2O_3 wurde metallograph. u. transmissionselektronenmkr. untersucht. Am Beginn des Prozesses gehorcht die isotherme Rk. der Avrami-Beziehung $x = 1 - \exp(Bt^k)$ mit k ca. 1,7. Mit der Zeit treten Abweichungen auf infolge einer Konkurrenz zwischen Erholung u. Rekristallisation.

H. Roschkowski 54

0130 **Ausheilcharakteristiken von Aluminiumlegierungen.** J. G. Morris und D. R. Walls. (Mater. Res. Bull. **3** (1968) 6, 513—18; Metallurg. Engng. Dep., Univ. of Ky., Lexington, Ky.; engl.) — Untersucht wurde die Ausheilkinetik einer *Al–30 %-Ag-* u. einer *Al–4,4 %-Mg-*

Legierung. Es folgt, daß die Kinetik des Rekristallisierungsprozesses stets dann verändert wird, wenn sich die Stärke, mit der Versetzungen an Ausscheidungen haften, verändert. W. Laqua 54

0131 **Mechanismus der Reorientierung während der Rekristallisation von polykristallinem Titan.** Hsun Hu und R. S. Cline. (Trans. metallurg. Soc. AIME **242** (1968) 6, 1013—24; Edgar C. Bain Labor. for Fund. Res., US Steel Corp., Monroeville, Pa.; engl.) — Im Bogen erschmolzene u. unter Ar erstarrte reine Titanbarren zeigten große Körner mit Widmanstätten-Struktur. Die zu 94% kaltgewalzten Proben wurden in einer Lsg. aus 10 (cm^3) HNO_3, 5 HF u. 50 H_2O bis zu einer Dicke von 0,008 in. geätzt, um Oberflächenschichten zu entfernen. Härtemessungen mit Diamantpyramide u. 1 kg Last, Korngrößenmessungen, Röntgenanalysen mit ZrO_2-gefilterter MoK_α-Strahlung u. elektronenmkr. Durchstrahlungsunters. an in einer Mischung aus 30 ml Perchlorsäure, 295 ml Methylalkohol u. 175 ml Butylalkohol bei 40 mA u. 20⁰ elektrolyt. dünnpolierten Folien zeigten, daß die Rekristallisation durch Keimbldg. u. Wachstum neuer Körner eintritt. Rekristallisationskeime entstehen durch Vereinigung von Kleinkörnern, das Kornwachstum tritt durch Wanderung von Großwinkelkorngrenzen ein. Das Rekristallisationsgefüge entsteht durch selektives Wachstum dieser Körner auf Grund der Orientirungsabhängigkeit der Großwinkelkorngrenzenwanderung. Im Anlaßgefüge findet man Erholungszustand, Polygonisation, Rekristallisation u. Kornwachstum abhängig von Anlaßzeit u. Temp. zu unterschiedlichen Anteilen. Das Kornwachstum der rekrist. Körner erfolgt nach $D = Kt^{1/3}$. R. Zimmer 54

0132 **Erholung und Rekristallisation von verformtem Titan.** Claude Brehm, Jean-Pierre Guerillon und Pierre Lehr. (C. R. hebd. Séances Acad. Sci., Sér. C **267** (1968) 4, 293—95, 1 Tafel; Vitry-sur-Seine, Centre d'Études de Chim. métallurg.; franz.) — Die Erholung u. Rekristallisation von durch Walzen verformtem Ti wurde in Abhängigkeit von der Temp. durch Durchstrahlungselektronenmikrographie, durch Widerstands- u. Härtemessungen u. durch Röntgenbeugungsunters. beobachtet. Es wurden drei Stufen festgestellt. In der dritten Stufe tritt eine Kornvergrößerung ein. Dieses Kornwachstum kann durch eine Aktivierungsenthalpie von 18300 cal/Mol. entsprechend dem Wert bei Zr beschrieben werden. F. Vier 54

0133 **Form von nach Czochralski gezüchteten Germaniumkristallen.** M. D. Ljubalin und V. A. Mokievskij. (Kristallografija **13** (1968) 4, 735—40; Leningradskij gornyj inst.; russ.) — Ausführliche Diskussion der Zusammenhänge zwischen Krist.-Form u. Züchtungsbedingungen. H. Roschkowski 54

0134 **Temperaturabhängigkeit der Wachstumsgeschwindigkeit von Zwillingsschichten in Wismuteinkristallen.** V. I. Starcev, V. P. Soldatov und M. M. Brodskij. (Fiz. Metallov Metallovedenie **25** (1968) 6, 1111—15; Fiz.-techn. inst. nizkichtemp. AN USSR; russ.) — Bei Temp. von 123—293 ⁰K u. konst. Schubspannung wird die Temp.-Abhängigkeit der normalen u. tangentialen Wachstumsgeschw. von Zwillingsschichten in Bi-Einkrist. gemessen. Sie ist exponentiell. Die Aktivierungsenergien des longitudinalen u. transversalen Zwillingswachstums werden berechnet. H. Roschkowski 54

0135 **Rekristallisation von β-abgeschrecktem, Eisen und Aluminium enthaltendem Uran.** A. F. Smith. (J. nuclear Mater. [Amsterdam] **26** (1968) 3, 341—44; Central Electr. Generat. Board, Berkeley Nuclear Labor., Berkeley, Glos.; engl.) — β-U-Proben werden bei 590—655⁰ angelassen u. die Rekristallisationsvorgänge metallograph. u. röntgenograph. untersucht (Kornstruktur, Zeit- u. Temp.-Abhängigkeit der Rekristallisationstiefe, kein Einleitungsbereich bei der Keimbldg.). M. Frenzel 54

0136 **Kinetik der sekundären Rekristallisation in Eisen-Silicium-Legierungen.** Takashi Matsuoka. (Trans. Iron Steel Inst. Japan **7** (1967) 5, 238—43; Central Res. Labor., Sumitomo Metal Ind., Ltd., Amagasaki; engl.) — Kinet. Unters. der sek. Rekristallisation in folgenden Fe-Leg.: T12 (3,14 Gew.-% Si, 0,42 Gew.-% Mn, 0,12 Gew.-% Ti), T13 (3,32 Gew.-% Si, 0,24 Gew.-% Mn, 0,15 Gew.-% Ti), NC3a (3,28 Gew.-% Si, 0,23 Gew.-% Mn, 0,03 Gew.-% Nb), A13 (0,30 Gew.-% Si, 0,30 Gew.-% Mn, 0,013 Gew.-% Al). Wenn die prim. rekrist. Körner ca. 0,02 mm groß sind, beginnt die sek. Rekristallisation im Innern der untersuchten Metallbänder. Eine sek. Rekristallisation tritt bei einem Tempern bei hohen Temp. nicht auf. Die Aktivierungsenergien für die Keimbldg. bei der sek. Rekristallisation betragen für T15, NC3a u. A13 120, 120 u. 110 kcal/Mol. I. Zoll 54

0137 **Struktur säulenartiger Kristalle von binären Legierungen auf Al-Basis und metastabilen Fe—C-Legierungen.** Masao Ibaraki, Taira Okamoto, Katsuhiko Kishitake und Hiroshi Matsumoto. (Mem. Inst. sci. ind. Res., Osaka Univ. **25** (1968) 101—15; engl.) — Zur Unters. der Dendritenstruktur von *Al–Cu-Leg.* mit Cu-Geh. von 5—28% wurde 99,99% reines Al u. 99,9% reines Cu zu zylindr. Barren mit 2,7 cm ∅ u. 10 cm Höhe zusammengeschmolzen. Ferner wurden Al–Si-, Al–Ag-, Al–Ni-, Al–Sn-Syst. in zylindr. Barren von 1,8 cm ∅ u. 10 cm Höhe erschmolzen, um den Einfl. verschiedener Leg.-Elemente festzustellen. 98% reines Si, 99,9% reines Ag, Elektrolytnickel u. 99,9% reines Sn wurden in verschiedenen Konz. zugesetzt. Nach Aufschmelzen der Barren bei verschiedenen Temp. wurden beim einseitigen Abkühlen Zeit–Temp.-Kurven aufgenommen. Außerdem wurden Dendriten- u. eutekt. Struktur von einseitig erstarrten, metastabilen Fe–C-Leg. untersucht, die mit 2,3—4,7% C aus Elektrolyteisen u. Elektrodenkohle bei 1430—1440⁰ in 15 Min. erschmolzen worden waren. Die metallograph. Unters. wurde senkrecht u. parallel zur Abkühlrichtung durchgeführt. Die Dendritenbreite ist umgekehrt proportional der Quadratwurzel der Abkühlungsgeschwindigkeit. Sie ist in niedriglegierten bin. Al-Leg. proportional der Quadratwurzel des Leg.-Anteils. In Fe–C-Leg. ist sie unabhängig vom C-Gehalt. Die Breite der Dendritenarme ist umgekehrt proportional der vierten Wurzel der Abkühlungsgeschwindigkeit. Sie nimmt mit steigendem Geh. an Leg.-Element ab. Das Wachstum von Ledeburit ist von dem des Al–$CuAl_2$-Eutektikums verschieden. Wenn sich die fest–fl. Grenzschicht gut entwickelt, erscheint das Wachstum senkrecht zu den Ledeburitlamellen als Dendritenarme. Die Größe des Ledeburits ist der Abkühlungsgeschw. umgekehrt proportional. R. Zimmer 54

0138 **Einfluß von Eisen und Phosphor auf die Korngröße von α-Messing.** Ulrich Heubner, Klaus Kubisch und Ruth Weidemann. (Z. Metallkunde **59** (1968) 6, 460—66; Labor. der Vereinigten Deutschen Metallwerke Akt.-Ges., Zweigniederlassung Carl Berg/Werdohl; dt.) — Unters. des Einfl. von Fe u. P sowie der Vorbehandlung auf die Hemmung des Kornwachstums von Ms70 ergeben, daß der Einfl. von Vorkorn u. Endabwalzgrad auf die Endkorngröße bes. dann zu erwarten ist, wenn das Messing mit Fe oder P bzw. Fe u. P verunreinigt ist. Dem Einfl. der Vorbehandlung kommt neben dem vorherrschenden Leg.-Einfl. nur zweitrangige Bedeutung zu. Eine Sekundärrekristallisation wird sowohl bei sehr geringen als auch bei hohen Fe- u. P-Zusätzen beobachtet. — Diskussion. M. Frenzel 54

0139 **Entwicklung von Vorzugsorientierungen in eutektischen Legierungen.** D. D. Double, P. Truelove und A. Hellawell. (J. Crystal Growth [Amsterdam] **2** (1968) 4, 191—98; Oxford, England, Oxford, Univ., Dep. of Metallurgy; engl.) — Eutekt. LiF–NaF-Proben wurden an prim. Keimen von LiF u. NaF nach der Czochralski-Meth. gezüchtet. Anfänglich entspricht die Orientierung der Phasen der der Keime; mit fortschreitendem Wachstum drehen sich beide Phasen zueinander, bis eine bevorzugte ⟨100⟩-Textur erreicht ist. Die Drehungen treten in verschiedenen Richtungen an verschiedenen Teilen der fest–fl. Front auf; es entsteht so ein Doppelpolykristall. Weitere Drehungen wurden in den lamellaren Körnern der richtungsmäßig gefrorenen eutekt. Leg. Al–Zn,

$Al-CuAl_2$ u. $Al-Ag_2Al$ beobachtet. Die Lamellenebenen u. Phasenorientierungen sind helixartig verdreht.
E. Schulte 54△

0140 **Kondensation von Gold auf Siliciumspaltflächen.** A. Masson und R. Kern. (J. Crystal Growth [Amsterdam] **2** (1968) 4, 227–38; Jerome, France, Fac. des Sci. de l'Univ. d'Aix-Marseille, Labor. des Mecan. de la Croissance Crist. Ass. au CNRS; franz.) — Die Kondens. von Au auf durch Spaltung im Hochvakuum erhaltenen (111)-Flächen von Si wird beschrieben. Elektronenmkr. Aufnahmen zeigen monoatomare Stufen, die durch Versetzungen im Krist. oder durch bei der Spaltung hervorgerufene Versetzungen entstehen. Stufen des ersten Typs sind auf Grund der guten Qualität der untersuchten Si-Krist. selten. Die Änderung der beiden Parameter, Temp. des Substrats u. Geh. von kondens. Au zeigt, daß die Kristallite im Größenbereich 20—100 Å auf einer derartigen glatten Oberfläche wandern können. Die Kollision solcher Kristallite bewirkt eine Koaleszenz, es werden runde, kappenartige Keime gebildet. Der Kontaktwinkel einer glatten (111)-Si-Fläche ist $\alpha = 88 \pm 3^0$; dieser Winkel ist nahezu null, wenn die Oberfläche verunreinigt ist (10^{-5} Torr). Die Grenflächenenergie $\sigma_{(111)Au(111)Si}$ ist 1200 ± 100 erg cm^{-2} u. die Adhäsionsenergie beträgt $\beta_{(111)Au(111)Si} = 2200 \pm 300$ erg cm^{-2}. Die Desorptionswärme für ein Au-Atom auf der (111)-Fläche von Si wurde zu $\Delta H_{des} = 40$ kcal Mol^{-1} bestimmt.
E. Schulte 54△

0141 **Einfluß der Gasadsorption auf die Epitaxie dünner Metallschichten.** Manfred Harsdorff. (Z. Naturforsch. **23a** (1968) 7, 1059–67; Inst. für Angew. Phys. der Univ. Hamburg; dt.) — Unters. des Einfl. von adsorbiertem *W.-*, *Chlf.-* u. *Methanol*-Dampf auf das epitakt. Wachstum der Syst. *Cu–NaCl*, *Au*–NaCl u. Au–*KJ* sowie der Unterlagetemp. für Cu–NaCl, Au–NaCl u. Au–KJ. Die Orientierungen der Metallschichten hängen stark von den physikal. Eig. der Dämpfe ab. Die Dicke der adsorbierten Schicht ist durch Dipolmoment u. Partialdruck des Dampfes sowie durch Substrattemp. u. Aufdampfrate der verdampften Metalle bestimmt; von diesen Größen hängt auch die Orientierung der Metallschicht ab.
H. Liepack 54

0142 **Technik zur Züchtung von CuAu-Einkristallen.** V. S. Arunachalam und R. W. Cahn. (J. Mater. Sci. **3** (1968) 3, 329; Bhabha Atom. Res. Centre, Bombay, Trombay; engl.) — Beschreibung eines modifizierten Bridgman-Verf. unter Verw. eines Zweizonenofens.
H. Roschkowski 54

0143 **Inhomogenität der Oberflächenkonzentration in binären Legierungen.** V. K. Fedjanin. (Kinetika i Kataliz. **9** (1968) 1, 205–06; Fiz. chim. inst. im. Karpova, Moskva; russ.) — Die Inhomogenität der Oberflächenkonz. in bin. Leg. vom Durchdringungs- u. Substitutionstyp wird theoret. diskutiert. Die Abhängigkeit der Durchdringungsenergie vom Abstand von der Oberfläche wird diskutiert.
J. J. Pohl 56

0144 **Strukturätzung von elementarem Bor.** Š. Z. Džamagidze. (Kristallografija **13** (1968) 3, 561–62; Suchumskij fiz.-techn. inst.; russ.) — Mkr. Unters. der Ätzfiguren von polykrist. u. einkrist. β-rhomboedr. B nach Einw. von O_2 bei 650—700° u. Entfernen der Oxidschicht mit HNO_3. Vgl. mit den Ätzergebnissen bei Verw. von H_2SO_4.
H. Roschkowski 56

0145 **Bei Temperungen in Silicium gebildete Ausscheidungen.** I. L. Šul'pina, A. I. Zaslavskij und T. T. Dedegkaev. (Fiz. tverdogo Tela **10** (1968) 5, 1347–54; Inst. poluprov. AN SSSR, Leningrad; russ.) — Röntgentopograph. u. Mikrosondenunters. getemperter (1000°; 15 min—30 h; 10^{-5} Torr) Si-Einkristalle. Bei Temperungen ≥ 1 h wird die Bldg. von *SiO_2*- u. *SiC*-Mikrokristalliten beobachtet.
K. Jaeger 56

0146 **Mechanismus des Verschwindens von Stapelfehlern in epitaktischen Siliciumfilmen.** R. A. Kovalev, B. I. Kozlov und Ju. I. Pašincev. (Kristallografija **13** (1968) 3, 573–76; russ.) — Das Verh. von Stapelfehlern in n-Si-Schichten bei der Eindiffusion von B bzw. beim Anlassen in H_2 wird mkr. nach Ätzen in $HF-HNO_3-CH_3COOH$ untersucht.
H. Roschkowski 56

0147 **Mehrschichtige Leerstellenversetzungsringe in Zink.** V. N. Rožanskij und I. A. Ragimov. (Fiz. tverdogo Tela **10** (1968) 5, 1408–12; Inst. kristallogr. AN SSSR, Moskva; russ.) — Die Bldg. der beobachteten mehrschichtigen Ringstrukturen in Zn wird durch eine stufenweise Kondens. überschüssiger Leerstellen an inneren, ringförmigen Stapelfehlern beschrieben (Burgers-Vektor 1/2 ⟨0001⟩). Eine neue, elektronenmkr. Meth. zur Best. des Burgers-Vektors wird mitgeteilt.
K. Jaeger 56

0148 **Prozesse der Ordnungseinstellung von Mg–Cd-Legierungen mit 22 und 28 Atom-% Cd.** A. A. Tuchfatullin, M. B. Makogon, Z. A. Lipovka und R. M. Tuchfatullina. (Fiz. Metallov Metallovedenie **25** (1968) 4, 647–52; Sibir. fiz.-techn. inst. im. Kuznecova; russ.) — Die Ordnungsvorgänge in Mg-Leg. mit 22 bis 18% Cd werden mit Hilfe der Änderung der Röntgenbeugungsdiagramme untersucht. Sie erfolgen in einem breiten Temp.-Intervall homogen. Die Daten über Ordnungsgrad, Gitterparameter u. elektr. Widerstand einer Reihe von Leg. des Typs Mg_3Cd bestätigen das Modell der Ordnungsleg. mit Domänenstruktur.
Friedel Schneider 56

0149 **Versetzungsdichte und Mosaikstruktur in Einkristallen von Aluminium und seinen Legierungen.** Józef Żmija. (Biul. wojskowej Akad. techn. im. Jarosława Dąbrowskiego **16** (1967) 11, 65–78; pol.) — Untersucht wurden Einkrist. von Al u. den Leg. Al–Cu (bis 3% Cu) u. Al–Zn (bis 5% Zn) mit Hilfe röntgenograph. Methoden.
Rolf Heyer 56

0150 **Auftreten von Korngrenzenwanderung in dünnen bikristallinen Folien aus Aluminium.** Jacques Lévy. (C. R. hebd. Séances Acad. Sci., Sér. C **267** (1968) 4, 296–98, 1 Tafel; Saint-Étienne, École Nat. Sup. des Mines; franz.) — Bei günstigen experimentellen Bedingungen konnte die Wanderung von Korngrenzen bei Raumtemp. im Elektronenmikroskop beobachtet werden. Manchmal tritt diese Wanderung nur partiell auf. Offenbar spielt bei dieser Erscheinung eine Verankerung der Korngrenzen an der Al_2O_3-Oberflächenschicht eine wesentliche Rolle.
F. Vier 56

0151 **Zwillingskorngrenzen in Aluminium.** Colin M. Sargent. (Trans. metallurg. Soc. AIME **242** (1968) 6, 1188–90; Metallurg. and Ceramics Res. Labor., Aerospace Res. Labor., Wright-Patterson. O.; engl.) — Anlaßzwillinge werden in Al untersucht, welches zu 90% gewalzt, teilweise rekrist., nochmals zu 60% bis auf 100 μ Dicke verformt u. dann 24 Std. bei 120° angelassen wurde. Elektronenmkr. Aufnahmen zeigen, daß die Zwillingsebene (111) war. Bei reflektierenden parallelen Ebenen im Zwilling u. in der Matrix wird die zusammenhängende Zwillingsgrenze unsichtbar. Sie besteht aus langen, geraden Abschnitten u. verändert nicht die Zwillingsebene.
R. Zimmer 56

0152 **Verzwillingung von Indium und seinen Legierungen.** S. G. Chajutin. (Fiz. Metallov Metallovedenie **25** (1968) 4, 730–34; Gidrocvetmetobrabotka; russ.) — Die Bldg. von Glüh- und Verformungszwillingen im In u. seinen Leg. mit *Pb* (bis zu 1 Gew.-%), *Ga* (0,5) u. *Tl* (20) wird untersucht. Es wird die Energie der kohärenten Zwillingsgrenzen in In ($\gamma = 0{,}3$ erg/cm^2) bestimmt u. ein Polmechanismus der Zwillingsbldg. vorgeschlagen.
Friedel Schneider 56

0153 **Habitusebenen von Zirkoniumhydrid in Zr und Zircaloy.** D. G. Westlake. (J. nuclear Mater. [Amsterdam] **26** (1968) 2, 208–16; Metallurgy Div., ANL, Argonne, Ill.; engl.) — Als Habitusebenen für die Ausscheidung von Zirkonhydrid in Zircaloy-2 u. Zircaloy-4 sind $\{10\bar{1}7\}$ ermittelt worden. Die Standardisierung experimenteller Techniken gestattet einen Vgl. dieses Ergebnisses mit der $\{10\bar{1}0\}$-Habitusebene, die früher für reines Zr bestimmt wurde. Diskrepanzen zwischen diesen u. früheren Ergebnissen werden diskutiert u. mögliche Erklärungen vorgeschlagen.
Herbert Weber 56

0154 **Bestimmung der räumlichen Orientierung von Versetzungslinien in einem Germanium-Einkristall aus Borrmann-Topogrammen.** L. V. Tichonov und G. V. Char'kova. (Kristallografija **13** (1968) 3, 479–86,

1 Tafel; Inst. metallofiz. AN USSR; russ.) — Beschreibung eines Verf. zur Aufnahme asymm. Beugungsaufnahmen an stark absorbierenden Krist. nach der Borrmann-Meth., das zur Best. der Richtung der Versetzungslinien im Krist. u. zur Beobachtung feiner Struktureinzelheiten der Versetzungslinien geeignet ist. Anwendung auf *Ge*. H. Roschkowski 56

0155 **Sichtbarmachen von Defekten in Germanium durch Ätzen.** V. N. Vasilevskaja. (Izvest. Akad. Nauk SSSR, Neorg. Mater. **4** (1968) 6, 817—20; Inst. poluprovodnikov AN USSR; russ.) — An Ge-Oberflächen werden Ätzvers. mit verschieden konz. wss. Lsg. von $K_3[Fe(CN)_6]$ + KOH bzw. HF + HNO_3 + CH_3COOH + KJ vorgenommen. Die beobachtete Ätzgrübchendichte ist bei Verw. verdünnterer Lsg. größer. H. Roschkowski 56

0156 **Stapelfehler in Blei–Indium-Legierungen.** Ja. D. Višnjakov, G. Š. Gasanov und Ja. S. Umanskij. (Fiz. Metallov Metallovedenie **25** (1968) 4, 721—25; Mosk. inst. stali i splavov; russ.) — Durch Zusatz von In zu Pb sinkt die Neigung zur Bldg. von Stapelfehlern. Die Ergebnisse werden durch röntgenograph. Unters. erzielt u. systemat. diskutiert. Friedel Schneider 56

0157 **Erhöhung der Versetzungsdichte und Veränderung der Versetzungsstruktur von Molybdäneinkristallen bei thermischer Ermüdung.** V. A. Krachmalev und G. A. Klejn. (Fiz. Metallov Metallovedenie **25** (1968) 5, 948—50; Inst. élektron. AN Uz. SSR; russ.) — Nach cycl. therm. Bearbeitung vollzieht sich die Veränderung der Versetzungsstruktur in zwei Stadien: 1. Erhöhung der Versetzungsdichte; 2. Polygonisation, Vergrößerung vororientierter Polygone mit anschließender Bewegung u. Krümmung ihrer Grenzen. Friedel Schneider 56

0158 **Einfluß des Oberflächenzustandes und von physikalischen und chemischen Fehlern eines Metalles auf die Ausbildung von Korrosionsfiguren bei der Einwirkung von in Methanol gelöstem Jod auf Eisen.** Jean-Pierre Kauffmann und Jean Bardolle. (C. R. hebd. Séances Acad. Sci., Sér. C **266** (1968) 11, 760—63; Fac. des Sci. d'Orléans, Orléans-la-Source, Loiret; franz.) — Die in einer früheren Mitt. [ibid. Sér. C **266** (1968) 439] gemachten Ausführungen werden an Hand von Beispielen vertieft. Eine Erklärung der auftretenden Figuren wird diskutiert. Ursache der Ätzfiguren sind nicht nur Gitterfehler der Oberfläche (Versetzungen, Gleitlinien etc.), sondern auch die Feinstruktur der Metalle an der Oberfläche (Flächen mit verschiedenen Indizes). Auch die Lsg. (Konz., Temp.) u. die Dauer der Einw. beeinflussen die Ätzfiguren. G. Schatz 56

0159 **Stapelfehleruntersuchungen an kalt verformten kubisch-raumzentrierten und kubisch-flächenzentrierten Eisenlegierungen.** Aleksander Majdič und Wolfgang Keller. (Arch. Eisenhüttenwes. **39** (1968) 5, 387—94; Inst. für Eisenhüttenwesen, Rhein.-Westfäl. TH Aachen; dt.) — Unters. an *Fe, Fe* mit *2—55 % Mn, Ms70, Ms63* u. *austenit. Mn–Cr-Stählen.* M. Frenzel 56

0160 **Texturuntersuchungen an einem unlegierten Stahl mit 0,04% C.** Heinz Borchers und Hermann Klingele. (Arch. Eisenhüttenwes. **39** (1968) 5, 369—74; Inst. für Metallurg. u. Metallk., TH München; dt.) — Best. der {222}-Polfiguren der Texturen bei einem unlegierten Stahl mit 0,04 (%) C, 0,01 Si, 0,30 Mn, 0,013 P, 0,029 S u. 0,01 Al nach Warmwalzen, Austenitisierungsglühen bei 950° mit nachfolgendem Abschrecken, nach an das Abschrecken anschließendem Kaltwalzen mit einer Dickenabnahme von 20, 40 u. 80% sowie nach prim. Rekristallisation bei Temp. unter Ac_1. M. Frenzel 56

0161 **Verhalten des δ-Ferrites der Eisen–Chrom- und Eisen–Molybdän-Legierungen während der Härtebehandlung.** Bernard Champin und Claude Goux. (C. R. hebd. Séances Acad. Sci., Sér. C **267** (1968) 4, 289—92; Saint-Étienne, École Nat. Sup. des Mines; franz.) — Die Unters. des Gleichgew.-Diagramms des Syst. Fe–Mo ergibt, daß die Fe–Mo-Leg. entsprechend den Fe–Cr-Leg. je nach ihrem Geh. an Mo in drei Gruppen unterteilt werden können. Allein die δ-Ferrite der Gruppe 1 bei sehr geringem Mo-Geh. bilden sich im Lauf der raschen Abkühlung, u. man erhält entsprechend dem Geh. an Verunreinigungen entweder Martensit oder gleichachsigen Ferrit. F. Vier 56

0162 **Ordnung–Unordnung-Umwandlung in einer Legierung des Typs L20: Eisen–Kobalt–Vanadin-Legierung.** Pierre Grosbras, Jacqueline Moine und Pierre Moine. (C. R. hebd. Séances Acad. Sci., Sér. C **267** (1968) 7, 528—31; Poitiers, Vienne, Fac. des Sci.; franz.) — An einer Leg., die in gleicher Atomzahl Fe u. Co u. 2% V enthielt, wurde durch Messen der Elastizitätsgrenze die Umwandlung Unordnung → Ordnung bestimmt. Die Proben wurden bei 730° in Öl abgeschreckt u. dann bei 475, 435, 421, 410 u. 400° bis zu 100 Std. lang gehalten. Mit dem Grad der Ordnung nahm die Elastizitätsgrenze ab. Bei 421 u. 410° wiesen die Elastizitätskurven Max. auf, bei den übrigen Temp. nahm die Elastizitätsgrenze kontinuierlich ab. Das Auftreten der Maxima wird mit dem Ineinandergreifen von zwei Vorgängen zur Ordnungsbldg. gedeutet: dem Austausch von Atomen gegeneinander u. einem Keimbldg.-Wachstumsvorgang. F. Vier 56

0163 **Substrukturen in heiß- und kaltdeformierten polykristallinen Ferriten.** Göran Lagerberg und Axel Hultgren. (Jernkontorets Ann. **152** (1968) 2, 95—106; engl.) — Es wurden die Unterschiede in der Gitterorientierung innerhalb des Korns polykristalliner Ferrite (Fe mit 0,002—0,02 (%) C; 0,02—0,34 Mn, maximal 0,044 P, maximal 0,025 S, 0,002—0,025 N) nach der Deformierung, wie sie in polarisiertem Licht nach Ätzung der Schliffe mit Ammoniumpersulfat beobachtet wurden, untersucht. Der Bldg.-Mechanismus dieser Substrukturen wird diskutiert. W. Gauster 56

0164 **Mikrokalorimetrische Untersuchung der Martensitalterung.** B. M. Mogutnov, V. M. Polovov und L. A. Švarcman. (Fiz. Metallov Metallovedenie **25** (1968) 1, 111—20; Inst. metallovedenija i fiz. metallov; russ.) — Durch mikrokalorimetr. Unters. der Martensitalterung von Fe–Ni-Leg. mit 0,02—1,04(%) C u. 30,8—14,1 Ni sowie von hochgekohlten Stählen mit 0,56, 0,76 u. 0,95 C bei Raumtemp. wird festgestellt, daß unmittelbar nach dem Abschrecken im Martensit Vorgänge ablaufen, die von einer intensiven Wärmeabgabe begleitet werden. Die Analyse des Charakters der Wärmeabgabe u. der Größe der Wärmeeffekte der Alterung der Stähle mit verschiedenem C-Geh. führt zu der Ansicht, daß in den frühen Anlaßstufen des Martensits die Prozesse der Wechselwrkg. der C-Atome mit den Gitterdefekten eine wesentliche Rolle spielen. H. Hochstein 56

0165 **Bei der Verformung des gealterten Stahls N36Ch · 12TJu gebildete Versetzungsstrukturen.** A. I. Kol'čužkina, L. S. Bušnev und V. F. Suchovarov. (Izvest. vysšich učebnych Zavedenij [Tomsk], Fiz. **11** (1968) 5 (72), 159—60; Sibir. fiz.-techn. inst. im. Kuznecova; russ.) — Nachw. der im Stahl mit 35,6 (Gew.-%) Ni; 12 Cr; 0,85 Mn; 0,33 Si; 1,5 Al; 3 Ti; 0,025 C; Rest Fe beim Altern bei 550 u. 700° gebildeten Versetzungsstruktur durch Ätzen in CH_3COOH–$HClO_4$-Gemischen. H. Roschkowski 56

0166 **Mischkristalle aus Kobalt und Nickeldisilicid.** F. A. Sidorenko, L. A. Mirošnikov und P. V. Gel'd. (Izvest. vysšich učebnych Zavedenij [Tomsk], Fiz. **11** (1968) 5 (72), 70—75; Ural'skij politechn. inst. im. Kirova; russ.) — Gitterparameter, D., therm. Ausdehnungskoeff. u. elektr. Leitfähigkeit von $CoSi_2$–$NiSi_2$-Mischkrist. im gesamten Zus.-Bereich werden gemessen. Das anomale Verh. des Gitterparameters beim Ersatz von Ni durch Co wird erklärt. H. Roschkowski 56

0167 **Ordnung und der K-Zustand in Nickel–Molybdän-Legierungen.** B. G. Le Fevre, A. G. Guy und R. W. Gould. (Trans. metallurg. Soc. AIME **242** (1968) 5, 788—95; Atlanta, Ga., Ga. Inst. of Technol., School of Chem. Engng.; engl.) — Die als K-Zustand bekannte Widerstandsanomalie wurde in Ni–Mo-Leg. mit 10,5 u. 14,0 Atom-% Mo untersucht. Beide Leg. weisen einen großen K-Effekt auf, der von der mechan. u. therm. Behandlung abhängig ist. Die Unters. der diffusen Streuung von

Röntgenstrahlen kombiniert mit Widerstandsmessungen zeigen, daß der K-Zustand in diesen Ni–Mo-Leg. mit Änderungen des Nahordnungsgrades in der α-Phase in Verbindung stehen kann. Die Widerstände nehmen zu, wenn der Nahordnungsgrad ansteigt. Feldionenmkr. Aufnahmen zeigen, daß die α-Phase einheitlich fehlgeordnet ist, jedoch sind wahrscheinlich Domänen kleiner als 50 Å unentdeckt geblieben. E. Schulte 56△

0168 **Nahordnung in Ni_3Fe.** V. I. Goman'kov, I. M. Puzej und M. N. Rukosuev. (Kristallografija **13** (1968) 3, 543—45; CNIIČERMET; russ.) — Die Nahordnung in polykrist. Ni_3Fe wird durch Neutronenbeugungsunters. an mit ^{62}Ni angereicherten Proben bestimmt. Die Nahordnungsparameter für Anlaßtemp. von 490—1000° werden angegeben. H. Roschkowski 56

0169 **Einfluß dispergierter Phasen auf die Temperung plastisch verformter Kupferkristalle.** F. J. Humphreys und J. W. Martin. (Philos. Mag. [8] **17** (1968) 146, 365—80; Dep. of Metallurg., Oxford Univ.; engl.) — Aus verformten Cu-Einkrist., die *Co* bzw. SiO_2 enthielten, wurden dünne Folien definierter Orientierung herausgeschnitten u. während des Ausheizens bei 700, 860 u. 900° elektronenmkr. untersucht. Innerhalb des Bereiches I der Verfestigungskurve verformte Cu-Krist. erholen sich während des Ausheizens so weit, daß die vor der Verformung existierende Versetzungsdichte erreicht wird. Bei der Erholung von Krist., die innerhalb des Bereiches II der Verfestigungskurve verformt wurden, bilden sich Versetzungsnetzwerke auf prim. Gleitebenen. Einige der beobachteten Versetzungsnetzwerke werden analysiert; ihr Bldg.-Mechanismus u. ihre Verteilung in bezug auf eine Modifizierung der Verformungsstrukturen werden diskutiert. Die Widerstandsfähigkeit der untersuchten Krist. gegenüber Rekristallisation wird auf die Stabilität der bei der Erholung gebildeten Versetzungsstrukturen u. das Fehlen von geeigneten Rekristallisationskeimen auf Grund der vergrößerten Homogenität der Versetzungsverteilung im verformten Zustand zurückgeführt. W. Laqua 56

0170 **Hexagonale Netzwerke in β-Messing.** D. R. Miller und R. C. Crawford. (Philos. Mag. [8] **17** (1968) 146, 333—37; The Univ. of Melbourne, Parkville, Victoria; engl.) — Streifen von β-Messing (51,2 % Cu) wurden nach Verformung von 3 % u. anschließendem, kurzzeitigem Ausheizen bei 415° elektronenmkr. untersucht. Die beobachteten hexagonalen Versetzungsnetzwerke bestehen aus Übergitterversetzungen mit ⟨111⟩-Burgers-Vektoren. Folgende Versetzungsrk. konnte nachgewiesen werden: $[11\bar{1}] + [1\bar{1}1] \rightarrow [100] + [100]$. Ein Versetzungsmodell, das sich von dem von Rinnovatore u. Brown angegebenen unterscheidet, wird postuliert. W. Laqua 56

0171 **Röntgenuntersuchungen an Strukturen von auf CaF_2- und NaCl-Einkristallen aufgedampften Silberfilmen.** Fred Witt, R. W. Vook und S. Luszcz. (Trans. metallurg. Soc. AIME **242** (1968) 6, 1111—15; Pitman-Dunn Res. Labor., Frankford Arsenal, Philadelphia, Pa.; engl.) — Um den Einfl. eines Einkrist.-Substrates im Vgl. zu Glassubstraten auf die Filmstruktur zu untersuchen, wurden polykrist. Ag-Filme auf {111}-CaF_2- u. {100}-NaCl-Spaltflächen in einer Röntgenbeugungsapp. mit Restgasdruck von $2 \cdot 10^{-9}$ Torr aufgedampft. Die Substrattemp. lag bei 80 °K. Die Filme wurden bis auf 350° angelassen. Vor Beendigung der Vers. wurden sie nicht der Atmosphäre ausgesetzt. Die Filmdicke, 1700 Å u. 1500 Å auf CaF_2 u. 1800 Å auf NaCl, wurde an der Abnahme der CaF_2- u. NaCl-Linien nach einer opt. Interferenzmeth. gemessen. Die Röntgenmessungen umfaßten die Best. der Lage von Beugungslinienmaxima, Linienform u. -intensität. Für die innere Stapelfehlerdichte wurden Werte von 0,06 für CaF_2 u. 0,04 für NaCl gefunden, die Zwillingsfehlerdichte betrug ca. 0,06. Die Filme befanden sich in einem Druckstadium senkrecht zur Filmoberfläche, die einheitliche Spannung betrug $^1/_{10}$ bis $^2/_{10}$ %, die uneinheitliche ca. 1 %. Die Teilchen haben senkrecht zur Filmoberfläche eine Dicke von mehr als 1000 Å. Werte für therm. Expansionsspannungen u. Spannungsenergien wurden berechnet. Während des Anlassens wird ein therm. aktivierter Erholungsprozeß beobachtet. CaF_2 u. Ag haben einen vergleichbaren therm. Ausdehnungskoeffizienten. Daher sind die beobachteten Gefüge- u. Kornwachstumsveränderungen beim Anlassen weniger stark als bei Ag auf NaCl. Die Stärke des Kornwachstums auf verschieden orientierten Körnern kann qual. mit therm. Spannungen u. Spannungsenergien erklärt werden. R. Zimmer 56

0172 **Fernordnung in Ag_3Mg.** A. Gangulee und S. C. Moss. (J. appl. Crystallogr. [Copenhagen] **1** (1968) 2, 61—67; Dep. of Metallurg. and Mater. Sci., MIT, Cambridge, Mass.; engl.) — Die Fernordnung in einer Ag_3Mg-Pulverprobe wurde röntgenograph. als Funktion der Abschrecktemp. unterhalb der krit. Ordnungstemp. von 665 °K untersucht. Die Ordnung u. Periodizität der Antiphasengrenzen wird ermittelt u. die Ergebnisse werden zur Theorie von Sato (1965) in Beziehung gebracht. H. Roschkowski 56

0173 **Einfluß des Abschreckens auf den Zerfall des Mischkristalls im System Ag–Mn–Sb.** É. A. Sukazov und R. I. Sergienko. (Fiz. Metallov Metallovedenie **26** (1968) 1, 191—92; Leningradskij inst. aviacionnyj priborostroenija; russ.) — Durch Messen des elektr. Widerstands einer Ag-Leg. mit 10(%) Mn + 1,5 Sb bei 0 bis 600° in verschiedenen Härtungs- u. Anlaßzuständen wird der Zerfall des Mischkrist. untersucht. Die Kinetik des Zerfalls wird von der vorhergehenden Härtung stark beeinflußt. H. Roschkowski 56

0174 **Mechanismus der Versetzungsblockierung in gehärteten Legierungen vom AuCu-Typ.** B. A. Grinberg, V. I. Sjutkina und É. S. Jakovleva. (Fiz. tverdogo Tela **10** (1968) 5, 1330—39; Inst. fiz. metallov AN SSSR, Sverdlovsk; russ.) — Theorie der Wechselwrkg. von Versetzungen mit Bereichsgrenzen in Zwillingsorientierung in AuCu-Gittern. K. Jaeger 56

0175 **Struktur von Martensit in β-Au–Cd-Legierungen.** R. S. Toth und H. Sato. (Acta metallurg. [Long Island City, N.Y.] **16** (1968) 3, 413—33; Sci. Labor., Ford Motor Comp., Dearborn, Mich.; engl.) — Krist.-Strukturen u. metallograph. Eig. von Martensit in der β-Phase von Au–45—51 Atom-% Cd werden elektronenmkr. untersucht. Fünf Typen von Martensitstrukturen werden beobachtet: α', β_2', β_2'', γ_2' u. ζ_2'. Zusätzlich werden noch zwei als α_2 u. α_{20} bezeichnete Strukturen in der 45 %-Leg. als Gleichgew.-Phasen beobachtet. α' hat eine ungeordnete kub.-flächenzentrierte Struktur, während β_2' u. γ_2' Stapelvarianten (3R u. 2H) einer geordneten Struktur vom Typ AuCu sind. Der β_2''-Martensit ist eine deutliche Martensitphase, jedoch mit einer feinen, regulär lamellaren Mischung von β_2' u. γ_2'. Der ζ_2'-Martensit hat eine geordnete hexagonale Struktur ähnlich ζ-AgZn. Die Abhängigkeit des Auftretens der Krist.-Strukturen von der Zus. u. ihre relative Stabilität sowie ihre metallograph. Eig. werden diskutiert u. mit Martensitstrukturen in anderen Edelmetalleg. sowie mit Strukturen stabiler Zustände in Edelmetalleg. verglichen. M. Frenzel 56

0176 **Atomstruktur von elektrolytisch auf Feldionenmikroskop-Spitzen aufgewachsenen Platinkristallen.** Klaus D. Rendulic und Erwin W. Müller. (J. appl. Physics **38** (1967) 2, 550—53; Dep. of Phys., Pa. State Univ., University Park, Pa.; engl.) — Die auf Ir- u. W-Spitzen aus $H_2[Pt(NO_2)_2SO_4]$-Lsg. bei pH 1 elektrolyt. abgeschiedenen Pt-Nd. sind polykrist. mit einer Krist.-Größe von 50—500 Å, hauptsächlich nach [111] orientiert. Bei Ir wird auch epitakt. Aufwachsen beobachtet. Es treten verschiedene Defekte auf wie Verzwillingung, Leerstellencluster u. hohe Versetzungsdichten ($10^{11}/cm^2$). Kurze Beschreibung analoger Unters. an elektrolyt. Cu-Abscheidungen auf Ir u. W. I. Zoll 56

0177 **Bestimmung der Wasserstoffpositionen in einigen Kristallhydraten unter Verwendung von Ergebnissen der kernmagnetischen Resonanz.** Z. M. El Saffar. (Acta crystallogr. [Copenhagen], Sect. B **24** (1968) 8, 1131—33; Dep. of Chem., Johns Hopkins Univ., Baltimore, Md.; engl.) — Unter Verw. bekannter Röntgenbeugungs- u. NMR-Daten sowie eines vom Vf. früher [J. chem. Physics **45** (1966) 4643] beschriebenen Berechnungsverf. werden die H-Atomparameter in den Strukturen von $Ba(ClO_3)_2 \cdot H_2O$, $K_2[HgCl_4] \cdot H_2O$, $Na_2CO_3 \cdot H_2O$, $CaHPO_4 \cdot 2\,H_2O$, $K(H_4B_5O_{10}) \cdot 2\,H_2O$, $K_2[CuCl_4] \cdot 2\,H_2O$, $Na_2Al_2Si_3O_{10} \cdot 2\,H_2O$, $Na_2S_2O_6 \cdot 2\,H_2O$, $Na_2S_2O_3 \cdot 5\,H_2O$, $FeCl_2 \cdot 4\,H_2O$, $(NH_2)_3CAl(SO_4)_2 \cdot 6\,H_2O$, $Cu_6Si_6O_{18} \cdot 6\,H_2O$ u. $NiSO_4 \cdot 7\,H_2O$ ermittelt. H. Roschkowski 58

0178 **Struktur von kristallinem B_2O_3.** S. L. Strong und Roy Kaplow. (Acta crystallogr. [Copenhagen], Sect. B **24** (1968) 8, 1032–36; Metallurg. Dep., MIT, Cambridge, Mass.; engl.) — Die Struktur von krist. B_2O_3 wurde durch Elektronenbeugung an mkr. Kristalliten, die röntgenograph. ermittelte Radialverteilungsfunktion u. ein Parameterverfeinerungsverf. erhalten. Grundeinheit der Struktur sind O-Atome in planaren Ketten gleichseitiger Dreiecke, in deren Mitte jeweils ein B-Atom liegt. Obwohl das Gitter hexagonal ist, nehmen die mol. Subeinheiten keine Lagen hoher Symmetrie innerhalb der Elementarzellen ein. Diskussion des Schwingungszustands der Moleküle. H. Roschkowski 58

0179 **Phosphornitrid-Derivate.** 15. Mitt. **Struktur von Hexadekamethoxycyclooktaphosphornitrid, $[NP(OCH_3)_2]_8$.** N. L. Paddock, James Trotter und S. H. Whitlow. (J. chem. Soc. [London], Sect. A **1968**, 9, 2227–36; Vancouver, Canada, Univ. of British Columbia, Dep. of Chem.; engl.) — 14. vgl. ibid. **1968**, 2, 392. — Die Krist. von $[NP(OCH_3)_2]_8$ sind triklin, mit a 8,40 (±0,01 Å), b 11,07, c 11,67; α 62° 7′ (±5′), β 84° 18′, γ 76° 14′; Z = 1; D_{exp} 1,52 (g cm^{-3}), D_R 1,53; Raumgruppe P$\bar{1}$. Die Struktur wurde aus dreidimensionalen Röntgendaten bestimmt u. nach der Meth. der kleinsten Quadrate verfeinert zu R = 0,079 (für 1786 beobachtete Reflexe). Der zentralsymm. sechszehngliedrige Ring besteht aus zwei angenähert planaren u. parallelen 6-Atom-Segmenten, die über eine Stufe verbunden sind. Die P–N-Bindungslängen sind alle gleich mit 1,561 (Å), ebenso die P–O- u. O–C-Bindungslängen mit 1,576 bzw. 1,440 (Å). Die Winkel P–O–C betragen alle 120°. Die Methoxygruppen umgeben den Ring gleichmäßig, ihre Anordnung ist so, daß sich wenig Konflikte zwischen den ster. u. π-Bindungsfaktoren ergeben. Die Struktur wird graph. dargestellt; Strukturfaktoren, Positionsparameter, Bindungslängen u. -winkel werden tabellar. angegeben. E. Schulte 58△

0180 **Kristallstruktur des Arsensäurehydrats $2\,H_3AsO_4 \cdot H_2O$.** Horst Worzala. (Acta crystallogr. [Copenhagen], Sect. B **24** (1968) 8, 987–91; Inst. für anorg. Chem., DAW, Berlin; dt.) — Krist. der Verb. wurden nach Animpfen aus einer konz. wss. H_3AsO_4-Lsg. erhalten. Röntgenbeugungsaufnahmen führen auf monokline Symmetrie, a = 7,60 ± 0,02; b = 13,29 ± 0,03; c = 8,24 ± 0,02 Å; β = 109,6 ± 0,3°; D_{exp} = D_R = 2,56 g/cm³ für Z = 4; $P2_1/c$. Best. der Atomparameter mit Patterson- u. Fourier-Methoden. Die Struktur besteht aus durch H-Bindungen verknüpften AsO_4-Tetraedern. H. Roschkowski 58

0181 **Struktur des Polyphosphats $[Na_3H(PO_3)_4]_x$.** K. H. Jost. (Acta crystallogr. [Copenhagen], Sect. B **24** (1968) 8, 992–96; Inst. für anorg. Chem., DAW, Berlin-Adlershof; dt.) — $[Na_3H(PO_3)_4]_x$ krist. nach Röntgenbeugungsdaten monoklin mit a = 11,32 ± 0,03; b = 9,95 ± 0,02; c = 8,73 ± 0,02 Å; β = 90,1 ± 0,2°; D_{exp} 2,60; D_R 2,61 g/cm³ für Z = 4 in C_{2h}^5–$P2_1/n$. Die Verb. stellt einen neuen Strukturtyp der Polyphosphate mit Ketten aus 8 PO_4-Tetraedern pro Periode dar. H. Roschkowski 58

0182 **Neubetrachtung der Struktur von β-$Na_2Si_2O_5$.** A. K. Pant. (Acta crystallogr. [Copenhagen], Sect. B **24** (1968) 8, 1077–83; Chem. Dep., Univ. of Glasgow; engl.) — β-$Na_2Si_2O_5$ krist. nach Röntgenbeugungsdaten monoklin mit a = 12,329 ± 0,004; b = 4,848 ± 0,004; c = 8,133 ± 0,003 Å; β = 104,24 ± 0,04°; Z = 4; D_{exp} 2,56; D_R 2,567 g/cm³ in $P2_1/a$. Die Verb. hat Schichtstruktur, wobei die Schichten durch Kondens. zweier unabhängiger alternierender Metasilicatketten entstehen. Die Schichten werden durch Na-Atome verbunden. Diskussion des Bindungscharakters. H. Roschkowski 58

0183 **Verfeinerung der Kristallstruktur von KSCN.** C. Akers, S. W. Peterson und R. D. Willett. (Acta crystallogr. [Copenhagen], Sect. B **24** (1968) 8, 1125–26; Dep. of Chem., Wash. State Univ., Pullman, Wash.; engl.) — Dreidimensionale Fourier-Synth., ausgehend von neu bestimmten Röntgenbeugungsintensitäten u. den von Klug (1933) angegebenen Atomparametern, führen auf verläßlichere Werte für die Atomabstände im SCN-Ion von C–S = 1,689 ± 0,013; C–N = 1,149 ± 0,014 Å u. den SCN-Winkel von 178,3 ± 1,2°. H. Roschkowski 58

0184 **Hydrothermalsynthese und Strukturtyp des Berylliumborates $Be_2BO_3OH \cdot H_2O$.** M. Schlatti. (Tschermaks mineralog. petrogr. Mitt. [3] **12** (1968) 4, 463–69; Miner. Inst., Univ. Wien; dt.) — Hydrothermalanalyse u. Strukturbest. nach der „trial and error"-Meth. aus Pulveraufnahmen von $Be_2BO_3OH \cdot H_2O$ (I). I hat die Raumgruppe P321–D_3^2 mit a = 4,43 Å u. c = 5,34 Å u. stellt einen neuen Strukturtyp dar mit ausgeprägtem Schichtcharakter. B ist von 3 O-Atomen koordiniert, Be nahezu tetraedr. von 3 O-Atomen u. einem ($OH \cdot H_2O$). Zwischen letzteren sind H-Brücken von 2,72 Å Länge ausgebildet, die die Bindung zwischen den Schichten bewirken. I. Zoll 58

0185 **Verfeinerung der Struktur von Hexakis-[antipyrin]-calciumperchlorat und vergleichende Untersuchung einiger Hexakis-[antipyrin]-metallperchlorate.** M. Vijayan und M. A. Viswamitra. (Acta crystallogr. [Copenhagen], Sect. B **24** (1968) 8, 1067–76; Dep. of Phys., Indian Inst. of Sci., Bangalore; engl.) — $[Ca(C_{11}H_{12}N_2O)_6](ClO_4)_2$ ist isomorph mit den entsprechenden Mg- u. Pb-Verb. u. krist. nach Röntgenbeugungsdaten trigonal mit a = 14,33; c = 9,78 Å; Z = 1 in P$\bar{3}$. Die Struktur wird, ausgehend von den Atomparametern der Pb- u. Mg-Verb. [ibid. **23** (1967) 1000] bestimmt u. auf R = 0,118 für 1131 Reflexe verfeinert. Die Natur der Metall–Sauerstoff-Bindungen der drei Verb. wird erörtert. Im Antipyrinmol. sind sowohl der Phenyl- als auch der Pyrazolonring eben u. um 62–68° gegeneinander geneigt. H. Roschkowski 58

0186 **Kristallstrukturen von Bariuminosin-5′-phosphat und Dinatriuminosin-5′-phosphat.** Nobuya Nagashima und Yoichi Iitaka. (Acta crystallogr. [Copenhagen], Sect. B **24** (1968) 8, 1136–38; Central Res. Labor., Ajinomoto Co., Inc., Kawasaki; engl.) — Nach Röntgenbeugungsdaten krist. $[Ba(C_{10}H_{11}N_4O_8P)] \cdot 6\,H_2O$ rhomb. mit (a =) 21,45; (b =) 8,85; (c =) 21,75 Å; (D_{exp}) 1,935; (D_R) 1,928 g/cm³ für (Z =) 8 in $P2_12_12_1$, die Na-Verb. $Na_2(C_{10}H_{11}N_4O_8P) \cdot 7{,}5\,H_2O$ rhomb. mit 23,06; 8,64; 21,92; 1,62; 1,616; 8 in $C222_1$. Angabe von Strukturprojektionen beider Verb. entlang der a-Achse. H. Roschkowski 58

0187 **Kristallstruktur von Cd_3As_2.** G. A. Steigmann und J. Goodyear. (Acta crystallogr. [Copenhagen], Sect. B **24** (1968) 8, 1062–67; Phys. Dep., Univ., Hull; engl.) — Cd_3As_2 krist. nach Röntgenbeugungsdaten tetragonal mit a = 12,67 ± 0,01; c = 25,48 ± 0,02 Å; Z = 32 in $I4_1cd$. Die As-Ionen liegen annähernd in kub. dichter Packung u. die Cd-Ionen sind tetraedr. koordiniert. Der Hauptunterschied zwischen dieser Struktur u. den von Stackelberg et al. (1935) gegebenen Daten liegt in der Position der tetraedr. Leerplätze. Beide Strukturen sind geometr. der Fluoritstruktur verwandt. H. Roschkowski 58

0188 **Kristallstruktur von Bis-[hydrazincarboxylato-N′,O]-cadmium.** A. Braibanti, A. Tiripicchio, A. M. Manotti Lanfredi und F. Bigoli. (Z. Kristallogr., Kristallgeometr., Kristallphysik, Kristallchem. **126** (1968) 4, 307–16; Ist. di Chim. gen., Univ. di Parma, Italia; engl.) — Die $Cd(N'H_2{-}NH{-}COO)_2$-Krist. haben die Raumgruppe $P2_12_12$ u. die Gitterkonst. a = 5,372 ± 0,007 Å; b = 9,116 ± 0,007 Å; c = 6,444 ± 0,005 Å u. Z = 2. Es liegen deformierte oktaedr. Komplexe mit Cd im Mittelpunkt u. den N′- u. O-Atomen der ($N'H_2$–NH–COO)-Gruppen in den Ecken vor. Die beiden O-Atome einer Gruppe gehören nicht dem gleichen Oktaeder an, sondern einzeln 2 benachbarten Oktaedern, die auf diese Weise zu Schichten parallel (001) miteinander verbunden sind. I. Zoll 58

0189 **Kristallstruktur von ε-$Mg_{23}Al_{30}$.** Sten Samson und E. Kent Gordon. (Acta crystallogr. [Copenhagen],

Sect. B **24** (1968) 8, 1004—13; Gates and Crellin Labor. of Chem., Calif. Inst. of Technol., Pasadena, Calif.; engl.) — Röntgenbeugungsunters. an der ε-Phase des Syst. Mg–Al führen auf rhomboedr. Struktur mit a = 10,3625 ± 0,0003 Å; α = 76° 27,7′ ± 0,2′; die hexagonale Zelle hat a = 12,8254 ± 0,0003 u. c = 21,7478 ± 0,0009 Å; Z = 53 Atome im Elementarrhomboeder. Die chem. Analyse u. die gemessenen D. entsprechen eher der Zus. $Mg_{22}Al_{31}$. Die Struktur ist ähnlich, aber nicht gleich der Struktur der R-Phase des Syst. Mo–Co–Cr.
H. Roschkowski 58

0190 **Herstellung und röntgenkristallographische Untersuchung der Amidoaluminate von Kalium, Rubidium und Cäsium. Gruppe der Alkaliamidoaluminate $MAl(NH_2)_4$.** Raymond Brec und Jean Rouxel. (Bull. Soc. chim. France **1968**, 7, 2721—26; Fac. des Sci. de Nantes; franz.) — Verb. des Typs $MAl(NH_2)_4$ (M = K, Rb, Cs) können durch Rk. von Al mit einer Lsg. des Alkalimetalls in fl. NH_3 hergestellt werden. Eine einfache Meth. zur Herst. von Krist. der Verb. wird beschrieben. $KAl(NH_2)_4$ liegt bei Normaltemp. als β-Form (orthorhomb., a = 11,37 ± 0,01; b = 8,85 ± 0,01; c = 6,146 ± 0,006 Å; Raumgruppe Pnma) vor, bei Temp. < 0° wird die hexagonale α-Form erhalten. $CsAl(NH_2)_4$ ist tetragonal (a = 7,57 ± 0,01; c = 5,360 ± 0,006 Å). $LiAl(NH_2)_4$ krist. orthorhomb. (a = 9,52 ± 0,01; b = 7,38 ± 0,01; c = 7,36 ± 0,01 Å). Beim Erhitzen der Verb. tritt Zers. ein: $MAl(NH_2)_4 \rightarrow MAl(NH_2) + 2\,NH_3$ (M = Li, Na, K, Rb, Cs); die Li-Verb. zersetzt sich bei 95°, die Na-Verb. > 70°, die Prod. sind röntgenamorph. Die K-Verb. zersetzt sich stufenweise: $KAl(NH_2)_4 \xrightarrow{59°} Al(NH_2)_2NHK + NH_3 \xrightarrow{90°} K\,Al(NH_2) + NH_3$, die Prod. sind kristallin. Analog verhalten sich die Rb- u. Cs-Verbindung.
J. Pickardt 58

0191 **Hochdruck-Hochtemperatur-Synthesen.** 3. Mitt. **Direkte Synthesen neuer Hochtemperaturformen von $LiAlO_2$ und $LiGaO_2$ und Polymorphie bei $LiMO_2$-Verbindungen (M = B, Al, Ga).** C. H. Chang und J. L. Margrave. (J. Amer. chem. Soc. **90** (1968) 8, 2020—22; Houston, Tex., Rice Univ., Dep. of Chem.; engl.) — 2. vgl. C. **1968**, 40-0601. — Die neuen polymorphen Hochdruckformen β-*$LiAlO_2$* u. β-*$LiGaO_2$* wurden bei 18 kb u. 370° bzw. 18 kb u. 420° synthet. dargestellt. Beide Formen haben die gleiche Struktur. β-*$LiAlO_2$*: a 8,147 (Å); b 7,941; c 6,303; β 93,18°. β-*$LiGaO_2$*: a 8,110; b 8,065; c 6,422; β 94,56°. IR-Spektren (400—1400 cm^{-1}) lassen den Schluß zu, daß *Al* u. *Ga* in den neuen Phasen die KZ 4 u. 6 haben. Eine folgerichtige Nomenklatur für das Syst. $LiMO_2$ (M = B, Al, Ga) wird vorgeschlagen u. benutzt. Die polymorphen Verb. von $LiMO_2$ schließen drei Phasentypen ein: 1. Die bei Normaldruck hergestellten α-Phasen: M^{3+} hat eine niedrige KZ, B hat die KZ 3 u. Al die KZ 4. 2. Die bei hohen Drücken u. hohen Temp. dargestellten γ-Phasen, M^{3+} hat eine hohe KZ, B hat die KZ 4 u. Al die KZ 6. 3. Die bei dazwischenliegenden Drücken u. Temp. dargestellten β-Formen, Mn^{3+} mit beiden KZ (4 u. 6). Für die beiden neuen Phasen werden indizierte d-Werte angegeben.
E. Schulte 58△

0192 **Barium-Seltenerdmetall-Doppeloxide.** Vikt. I. Spicyn, L. M. Kovba, M. V. Paromova, I. V. Judinskaja und I. G. Prokof'eva. (Doklady Akad. Nauk SSSR **180** (1968) 4, 879—81; Mosk. gos. univ. im. Lomonosova; russ.) — Durch Sintern von Seltenerdmetalloxid–Ba- (oder Sr-) Carbonatgemischen bei 1200° wurden nachst. Oxide erhalten u. röntgenograph. untersucht: *$Ba_3Lu_4O_9$* (a =) 6,022; (c =) 24,77 (Å); *$Ba_3Yb_4O_9$* 6,033; 24,845; *$Ba_3Tm_4O_9$* 6,059; 24,97; *$Ba_3Er_4O_9$* 6,082; 25,06; *$Ba_3Ho_4O_9$* 6,108; 25,165; *$Ba_3Dy_4O_9$* 6,115; 25,245; *$Ba_3Gd_4O_9$* 6,163; 25,51; *$Ba_3Sc_4O_9$* 5,783; 23,69; *$Sr_3Sc_4O_9$* 5,653; 23,23. — Eine für $Ba_3Sc_4O_9$ durchgeführte Strukturbest. zeigt, daß die Verb. in R$\bar{3}$ oder R32 krist., die Parameter für Ba u. Sc werden angegeben.
H. Roschkowski 58

0193 **Auftreten von MX_2-Phasen der Seltenerdmetalle mit Elementen der Gruppen IB, IIB und IIIB und ihre Kristallstrukturen.** A. Iandelli und A. Palenzona. (J. less-common Metals [Lausanne] **15** (1968) 3, 273—84; Genoa, Italy, Univ. of Genoa, Ist. di Chim. fis.; engl.) — Von intermetall. Verb. der Seltenerdmetalle (SE) der Zus. SEX_2 mit Metallen der Gruppen IB, IIB u. IIIB wurden Gitterkonst. u. magnet. Suszeptibilitäten bestimmt (X = Cu, Ag, Au, Zn, Cd, Hg, Ga, In, Tl). Die beobachteten Strukturtypen stehen zu den Dimensionen der beiden betrachteten Atome in Beziehung, jedoch müssen noch andere Faktoren, z. B. Elektronegativität u. Valenz, in Betracht gezogen werden. Bei den dreiwertigen SE nehmen Gitterkonst. oder interatomare Abstände u. die Kubikwurzeln der Elementarzellvol. linear mit ihren Ionenradien ab. Die Werte der magnet. Suszeptibilitäten zeigen, daß sich *Eu* u. *Yb* mit Ausnahme bei *$YbAu_2$* wie zweiwertige Elemente, d. h. ähnlich wie Erdalkalimetalle, verhalten. Die Ergebnisse sind tabellar. dargestellt.
E. Schulte 58△

0194 **Ternäre Phasen der Seltenerdmetalle MSi_xGe_{2-x}.** I. Mayer und Y. Eshdat. (Inorg. Chem. [Washington] **7** (1968) 9, 1904—08; Dep. of Inorg. and Analyt. Chem., Hebrew Univ. of Jerusalem, Jerusalem, Israel; engl.) — Die Strukturen der tern. Phasen MSi_xGe_{2-x} (M = La, Ce, Pr, Nd, Sm, Gd, Tb, Dy), aus den Elementen bei 1500 bis 1700° hergestellt, bilden 2 Hauptgruppen. 1. In der La–Ce-Gruppe haben die Si-reichen Phasen tetragonale $ThSi_2$-Struktur, die Ge-reichen eine verzerrte orthorhomb.; der Übergang liegt bei einem Si : Ge-Geh. von 1 : 1. 2. In der Sm–Dy-Gruppe krist. die Si-reichen Phasen orthorhomb. u. gehen bei Si : Ge = 1 : 1 in tetragonale Phasen über. Die Pr- u. Nd-Syst. mit hauptsächlich orthorhomb. Struktur liegen zwischen diesen beiden Gruppen. Die Abhängigkeit der Gitterkonst. von den Zus. der Phasen wird in Diagrammen wiedergegeben. Die Zellvol. verändern sich regulär u. proportional mit der Größe der substituierenden Atome. Die Strukturen der tern. Phasen sowie der Disilicide u. Digermanide werden diskutiert.
P. Scharner 58

0195 **Kristallographische Untersuchung einiger komplexer Seltenerdmetallfluoride der Formel NaA_2TF_6.** Suzanne Aléonard und Chantal Pouzet. (J. appl. Crystallogr. [Copenhagen] **1** (1968) 2, 113—16; Labor. d'Électrostat. et de Phys. du Métal, Grenoble, Isère; franz.) — Durch Umsetzung von RbF(CsF), NaF u. LnF_3 unter Ar bei 500—600° wurden nachst. Verb. erhalten u. röntgenograph. untersucht: *$NaRb_2YbF_6$* (kub., O_h^5—Fm3m; a =) 8,824 (Å); *$NaRb_2ErF_6$* 8,867; *$NaRb_2HoF_6$* 8,881; *$NaRb_2YF_6$* 8,8693; *$NaRb_2TbF_6$* 8,9208; *$NaRb_2SmF_6$* 8,988; *$NaCs_2YbF_6$* 9,022; *$NaCs_2ErF_6$* 9,061; *$NaCs_2YF_6$* 9,056; *$NaCs_2TbF_6$* 9,107 u. *$NaCs_2SmF_6$* 9,163. Die Verb. haben geordnete Perowskitstruktur, wobei die Kationen in speziellen Punktlagen liegen. Die Parameter der F^--Ionen für $NaRb_2ErF_6$ u. $NaCs_2ErF_6$ wurden bestimmt.
H. Roschkowski 58

0196 **Kristallographische Charakteristik der Seltenerdmetallmononitrilotriacetathydrate.** K. F. Beljaeva, M. A. Poraj-Košic, N. D. Mitrofanova und L. I. Martynenko. (Ž. strukturnoj Chim. **9** (1968) 3, 541—43; Mosk. gos. univ. im. Lomonosova; russ.) — Die Verb. LnX · n-H_2O (H_3X = Nitrilotriessigsäure) bilden nach Röntgenbeugungsdaten verschiedene Strukturgruppen. La, Pr u. Nd bilden rhomb. Trihydrate LnX · 3 H_2O, NdX · 3 H_2O hat a = 10,6; b = 16,4; c = 12,4 Å; Z = 8. — Sm, Eu u. auch Nd bilden eine weitere Gruppe von LnX · 3 H_2O-Verb. mit rhomb. Symmetrie, die Nd-Verb. hat a = 13,21; b = 20,88; c = 8,12 Å; Z = 8. — Isostrukturell sind auch LnX · 4 H_2O, Ln = Sm, Eu, Gd, die in der Laue-Klasse D_{6h}—6/mmm krist. sowie als 4. Gruppe die rhomb. Verb. LnX · 4 H_2O mit Ln = Y, Dy, Er u. Yb, bei denen für die Er-Verb. a = 21,4; b = 8,9; c = 12,1; Z = 8, $Pca2_1$ oder Pcam gilt. H. Roschkowski 58

0197 **Röntgenstrukturuntersuchung von Einkristallen der Samariumchalkogenide $SmSe_{2-x}$ und Sm_2S_3.** A. A. Eliseev, Ž. Lor'e, G. Kola, E. I. Jarembaš und M. Ch. Sulejmanov. (Ž. strukturnoj Chim. **9** (1968) 3, 538—39; Inst. obščej i neorg. chim. im. Kurnakova AN SSSR; russ.) — $SmSe_{2-x}$- u. Sm_2S_3-Krist. wurden durch Transportrk. erhalten. Das röntgenograph. untersuchte Selenid hat die Zus. etwa $SmSe_{1,8\pm0,1}$. Es krist. tetragonal mit a = 4,10 ± 0,05; c = 8,39 ± 0,05 Å in D_{4h}^7—P4/nmm. Angabe der Atomparameter. Sm_2S_3 krist.

rhomb., a = 7,33 ± 0,05; b = 15,12 ± 0,05; c = 3,90 ± 0,05 Å; Z = 4 in D_{2h}^{16}—Pnam oder C_{2v}^{9}—Pna2_1. Das Selenid gehört zum Fe_2As-Strukturtyp.

H. Roschkowski 58

0198 **Strukturbestimmung von Erbiumdisilicat.** Ju. I. Smolin und Ju. F. Šepelev. (Izvest. Akad. Nauk SSSR, Neorg. Mater. 4 (1968) 7, 1133—36; Inst. chim. silikatov AN SSSR; russ.) — Durch Verw. dreidimensionaler Patterson-Synth. wird die Struktur von *$Er_2Si_2O_7$* (monoklin; a = 4,683; b = 5,556; c = 10,79 Å; β = 96°; D_{exp} 5,85; D_R 5,98 g/cm³; $P2_1/b$) bestimmt u. durch die Meth. der kleinsten Quadrate auf den Wert R = 0,062 präzisiert. Die Koordinaten der Atome u. die Atomabstände werden angegeben. Vf. zeigen, daß die Struktur aus Schichten von Si_2O_7-Ionen gebildet wird, zwischen denen verzerrte oktaedr. Ringe von Er- u. O-Atomen liegen. Der Winkel Si—O—Si ist in Si_2O_7 gleich 180°. Die ermittelte Struktur wird mit der *Thortveitit*-Struktur verglichen.

H. Korn 58

0199 **Struktur von Tris-[acetylacetonato]-ytterbium.** E. F. Korytnyj, L. A. Aslanov, M. A. Poraj-Košic und O. M. Petruchin. (Ž. strukturnoj Chim. 9 (1968) 3, 540; Mosk. gos. univ. im. Lomonosova; russ.) — $[Yb(acac)_3]$ krist. nach Röntgenbeugungsdaten monoklin mit a = 18,10; b = 15,87; c = 8,67 Å; γ = 98°; Z = 4 in $P2_1/b$. Die Verb. ist anscheinend nicht isostrukturell mit den analogen Chelaten von Nd, Eu oder Ho, wie vorläufige Strukturbest. zeigen.

H. Roschkowski 58

0200 **Strukturelle Eigenschaften von Ti_5Te_8.** Simone Brunie und Maurice Chevreton. (Mater. Res. Bull. 3 (1968) 4, 309—14; Labor. d'Étude des Mater., Dép. de Mécanique, Inst. Nat. des Sci. Appl., Villeurbanne, France; franz.) — Eine neue Phase der Zus. Ti_5Te_8 mit B8-Struktur konnte dargestellt werden. Die Gitterkonst. der hexagonalen Elementarzelle betragen a' = 3,8533 ± 0,0007; c' = 6,380 ± 0,003 Å. Aus der Unters. der strukturellen Eig. von Ti–Te-Phasen mit Zus., die vom Verhältnis Ti/Te = 5/8 nach beiden Seiten abweichen, u. Vgl. mit Literaturdaten folgt, daß die Leerstellen im Ti_5Te_8-Gitter die gleiche Ordnung besitzen wie in den Phasen Ti_5Se_8, V_5Se_8 u. V_5S_8.

W. Laqua 58

0201 **Kristall- und Molekularstruktur von Titantetramethanolat.** D. A. Wright und D. A. Williams. (Acta crystallogr. [Copenhagen], Sect. B 24 (1968) 8, 1107—14; Austral. Def. Sci. Serv., Melbourne; engl.) — Die Verb. krist. nach Röntgenbeugungsdaten triklin mit a = 9,09 ± 0,02; b = 10,62 ± 0,02; c = 10,62 ± 0,02 Å; α = 101° 13' ± 12'; β = 123° 14' ± 12'; γ = 102° 06' ± 12'; D_{exp} 1,496; D_R 1,476 g/cm³ für Z = 2 in $P\bar{1}$. Die über Patterson- u. Fourier-Synth. bestimmte Struktur enthält diskrete tetramere $Ti_4(OCH_3)_{16}$-Moleküle. Diskussion der Bindungslängen. H. Roschkowski 58

0202 **Ordnungsstruktur von Zr_6O und Zr_3O.** L. M. Kovba, E. M. Kenina, I. I. Kornilov und V. V. Glazova. (Doklady Akad. Nauk SSSR 180 (1968) 2, 360—63; Inst. metallurg. im. Bajkova, AN SSSR; russ.) — Zus. des Syst. Zr–O mit einem O-Geh. von 0, 8, 12, 14, 14,5, 15, 16, 18, 20 u. 25 Atom-% wurden röntgenograph. u. chem.-analyt. charakterisiert. Die Mikrohärte hat bei 14,5 u. 25 Atom-% Sauerstoff Minima. Die Strukturänderungen während der Wärmebehandlung wurden verfolgt. Sowohl Zr_6O als auch Zr_3O zeigen eine Ordnungsstruktur. Zr_6O ist bei 1000° unbeständig.

J. J. Pohl 58

0203 **Struktur-Mikroelektronographie von Seignette-elektrika und Seignettemagnetika.** Ju. Ja. Tomašpol'skij, Ju. N. Venevcev und G. S. Ždanov. (Kristallografija 13 (1968) 3, 521—23; Fiz.-chim. inst. im. Karpova; russ.) — Die Vorzüge der Elektronen- vor der Röntgenbeugung bei Strukturbest. werden erörtert. Als Beispiel werden krist. Mikroproben von *$PbTiO_3$* untersucht, die Atomparameter der Perowskitstruktur sind angegeben.

H. Roschkowski 58

0204 **Neue, dem Spodiosit analoge Verbindungen $Ca_2VO_4 \cdot Cl$ und Ca_2AsO_4Cl.** E. Banks, M. Greenblatt und R. W. Schwartz. (Inorg. Chem. [Washington] 7 (1968) 6, 1230—32; Brooklyn, N.Y., Polytechn. Inst. of Brooklyn, Dep. of Chem.; engl.) — In Fortführung früherer Unters. (vgl. Acta crystallogr. [Copenhagen] 23 (1967) 166) wurden Ca_2VO_4Cl (I) u. Ca_2AsO_4Cl (II) durch Zusammenschmelzen von V_2O_5 bzw. As_2O_3 mit $CaCO_3$ u. $CaCl_2$ im Mol-Verhältnis 1 : 3 : 12, Tempern bei 900° (16 Std.) in O_2-Atmosphäre u. langsames Abkühlen (14,5°/Std.) auf 200° hergestellt. I u. II krist. rhomb. mit a = 6,311 u. 6,324; b = 7,140 u. 7,104; c = 11,052 u. 11,048 Å (± 0,005); D_R 3,07 u. 3,41; D_{exp} 3,06 u. 3,42 g/cm³. I u. II besitzen die Struktur von Spodiosit Ca_2PO_4F. Die röntgenograph. d-Werte, Intensitäten sowie die IR-Spektren von I u. II werden mitgeteilt.

G. Gattow 58

0205 **Kristallographische Daten von Diammoniumvanadyloxalatdihydrat, $(NH_4)_2VO(C_2O_4)_2 \cdot 2\,H_2O$.** A. C. Hazell. (J. inorg. nuclear Chem. 30 (1968) 7, 1981—83; Dep. of Inorg. Chem., Univ. of Aarhus, Aarhus, Denmark; engl.) — Die von Sathyanarayana et al. [ibid. 27 (1965) 2549] angegebenen Krist.-Strukturdaten von *$(NH_4)_2(VO)_2(C_2O_4)_3 \cdot 6\,H_2O$* u. *$(NH_4)_2VO(C_2O_4)_2 \cdot 2\,H_2O$* (I) werden bez. I überprüft. I krist. danach monoklin mit a = 13,56 ± 0,01 Å; b = 7,935 ± 0,005 Å; c = 11,19 ± 0,01 Å u. β = 109° 35' ± 10'; D_R 1,84 g/cm³; Z = 4; C_{2h}^{5}—$P2_1/n$. Die V=O-Gruppen liegen in Richtung der b-Achsen wie in den bekannten Verb. $VOSO_4 \cdot 5\,H_2O$ u. $(NH_4)_2VO(NCS)_4 \cdot 5\,H_2O$. Damit werden die früheren Strukturdaten vom Vf. bestätigt. R. Blank 58

0206 **Elektronographische Untersuchung der γ-Phase im System Ta–O.** V. V. Klečkovskaja und V. I. Chitrova. (Kristallografija 13 (1968) 3, 523—26; Inst. kristallogr. AN SSSR; russ.) — Die beim Aufdampfen von Ta im Vakuum von 10^{-5} bis 10^{-6} Torr erhaltene kub. Phase mit a = 4,44 Å ist nach Elektronenbeugungsunters. als feste Lsg. von O_2 in Ta anzusehen, sie hat die Zus. etwa $TaO_{0,9}$. Angabe der Atomparameter.

H. Roschkowski 58

0207 **Kristallstruktur von $MoNb_{15}O_{40}F$.** J. Galy und Sten Andersson. (Acta crystallogr. [Copenhagen], Sect. B 24 (1968) 8, 1027—31; Inst. of organ. Chem., Stockholm; franz.) — Das aus stöchiometr. Mengen von Nb_2O_5, MoO_3 u. NbO_2F bei 1000° erhaltene $MoNb_{15}O_{40}F$ krist. nach Röntgenbeugungsaufnahmen monoklin mit a = 22,29 ± 0,01; b = 3,831 ± 0,002; c = 20,27 ± 0,01 Å; β = 114,00 ± 0,05°; D_{exp} 4,48; D_R 4,52 g/cm³ für Z = 2 in C2. Die Struktur enthält nach dem ReO_3-Typ aufgebaute Blöcke aus Nb–O-Oktaedern, die sich unendlich entlang b erstrecken. Die Blöcke sind über gemeinsame Ecken u. an den Verbindungen von jeweils vier Blöcken durch tetraedr. koordiniertes Mo verbunden.

H. Roschkowski 58

0208 **Röntgenstrukturuntersuchung von Ammoniumdimolybdatomalat.** M. A. Poraj-Košic, L. A. Aslanov, G. V. Ivanova und T. N. Polynova. (Ž. strukturnoj Chim. 9 (1968) 3, 475—80; Mosk. gos. univ. im. Lomonosova; russ.) — *$(NH_4)_2[(MoO_3)_2C_4H_4O_5] \cdot 2{,}5\,H_2O$* krist. nach Röntgenbeugungsdaten mit a = 14,750 ± 0,07; b = 12,906 ± 0,005; c = 9,968 ± 0,005 Å; γ = 129° 53' ± 30'; Z = 4 in B2. Best. der Atomparameter über Fourier- u. Differenzsynthesen. Grundzug der Struktur sind Vierkernkomplexe mit zweizähliger Symmetrieachse. Mo ist oktaedr. koordiniert. Der Milchsäurerest wirkt als vierzähniger Ligand. H. Roschkowski 58

0209 **Thermische Synthese und Kristallstruktur von Thalliumwolframat.** Dan Macarovici, Max Gaultier und Pierre Courtine. (C. R. hebd. Séances Acad. Sci., Sér. C 266 (1968) 26, 1777—79; Fac. des Sci. de Paris; franz.) — Tl_2WO_4 wurde durch Festkörperrk. aus Tl_2O_3 u. WO_3 bei 1000—900° hergestellt; das Prod. wurde mit 5°/Std. auf 20° abgekühlt u. aus 0,0001 n KOH-Lsg. umkristallisiert. Aus Röntgengoniometermessungen u. Weissenberg-Aufnahmen wurde die Struktur der Verb. ermittelt: Tl_2WO_4 krist. hexagonal, a = 6,289 ± 0,004, c = 8,106 ± 0,004 Å, Z = 2, D. = 7,854 g/cm³, wahrscheinlichste Raumgruppen $P\bar{3}1m$ — D_{3d}^{1}, $P\bar{3}m1$ — D_{3d}^{3} oder P6 — C_6^{1}. DTA-Messungen zeigen eine Umwandlung β ⇌ α bei 560 ± 5° u. F. 612 ± 5°. J. Pickardt 58

0210 **Kristallographische Untersuchung von Kaliumyttriumwolframat und -molybdat.** P. V. Klevcov, L. P.

Kozeeva und R. F. Klevcova. (Izvest. Akad. Nauk SSSR, Neorg. Mater. **4** (1968) 7, 1147–51; Inst. neorg. chim. SO AN SSSR; russ.) — $KY(WO_4)_2$ u. $KY(MoO_4)_2$ wurden opt.-goniometr. u. röntgenograph. untersucht. $KY(WO_4)_2$ krist. monoklin mit $a_1 = 8{,}05$; $b = 10{,}35$; $c_1 = 7{,}54$ Å; $\beta = 94°$; $Z = 4$, $D._{exp}$ 6,53 g/cm³ in I 2/c, $KY(MoO_4)_2$ rhomb. mit $a = 18{,}23$; $b = 7{,}95$; $c = 5{,}07$ Å; $Z = 4$, $D._{exp}$ 4,10 g/cm³ in D_{2h}^{14} — Pbna. Das Molybdat zeigt Spaltebenen in (100) u. (010). Bei 1010° durchläuft das Wolframat eine reversible polymorphe Umwandlung, es schmilzt bei 1050°. $KY(MoO_4)_2$ zeigt bei 560° einen reversiblen schwachen endothermen Effekt, F. 980°.
H. Roschkowski 58

0211 **Kristallstruktur von $KY(WO_4)_2$.** S. V. Borisov und R. F. Klevcova. (Kristallografija **13** (1968) 3, 517–19; russ.) — Vgl. vorst. Referat. — Röntgenbeugungsunters. führen auf eine monokline Struktur, $a = 10{,}64$; $b = 10{,}35$; $c = 7{,}54$ Å; $\beta = 130° 30'$; $Z = 4$, C_{2h}^{6} — C2/c (veränderte Zelle gegenüber vorst. Mitt., a ist gleich der Diagonalen von a_1 u. c_1 aus vorst. Mitt.). Best. der Atomparameter mit Hilfe von Patterson- u. Fourier-Methoden. Eine Projektion der aus K-, Y- u. W-Koordinationspolyedern bestehenden Struktur wird wiedergegeben.
H. Roschkowski 58

0212 **Binäre Indiumwolframate.** Ju. A. Velikodnyj, V. K. Trunov und L. M. Kovba. (Vestnik Moskovskogo Univ., Ser. II **23** (1968) 4, 101–02; Kaf. neorg. chim.; russ., Auszug: engl.) — *$LiIn(WO_4)_2$* (I) u. *$NaIn(WO_4)_2$* (II) wurden röntgenograph. untersucht. I u. II wurden aus stöchiometr. Gemischen von WO_3, In_2O_3 u. Me_2CO_3 bei 1100 bzw. 950° während 40 Std. erhalten. I hat die Raumgruppe C2/m, C2 oder Cm, $a = 9{,}595$ ($\pm$ 0,005 Å), $b = 11{,}590$, $c = 4{,}971 \pm 0{,}001$ Å, $\beta = 91{,}04 \pm 0{,}03°$, $Z = 4$, $D._R$ 7,42, II hat $a = 10{,}077 \pm 0{,}005$, $b = 5{,}808 \pm 0{,}004$ u. $c = 5{,}027 \pm 0{,}005$ Å, $\beta = 91{,}16 \pm 0{,}07°$, $Z = 2$, $D._R$ 7,14. Die Strukturen der Verb. ähneln der von $MgWO_4$.
J. J. Pohl 58

0213 **Synthese und Eigenschaften neuer Verbindungen im System UO_3–H_2O.** L. M. Kuznecov und V. I. Bukin. (Doklady Akad. Nauk SSSR **180** (1968) 2, 356–59; Inst. geochim. i analit. chim. im. Vernadskogo AN SSSR; russ.) — Röntgenograph. u. chem.-analyt. Unters. des Syst. zeigen die Bldg. der Phasen *α-$UO_3 \cdot 0{,}55\, H_2O$*, gelb, $a = 6{,}801$ ($\pm$ 0,001 Å), $b = 7{,}431$, $c = 5{,}555$, $\alpha = 108° 30'$ ($\pm$ 1'), $\beta = 125° 22'$, $\gamma = 88° 18'$, $Z = 3$, $D._R$ = 6,93 (g/cm³), $D._{exp} = 6{,}65$, Raumgruppe C_i^1—$P\bar{1}$; *ϑ-UO_3*, rotorange, hexagonale Prismen, $a = 10{,}180 \pm 0{,}002$ Å, $c = 17{,}287 \pm 0{,}003$ Å, $Z = 24$, $D._R = 7{,}37$ (g/cm³), $D._{exp} = 7{,}22$; *α-$UO_3 \cdot 0{,}30\, H_2O$*, rotorange, durchsichtige Krist., rhomboedr., Elementarzelle $a = 15{,}953 \pm 0{,}005$ Å, $\alpha = 41°51' \pm 2'$, $Z = 24$, Raumgruppe D_{3d}^6 — $R\bar{3}c$ oder C_{3v}^6—R3c; *β-$UO_3 \cdot (0-0{,}30)\, H_2O$*, rote durchsichtige Krist., $a = 11{,}36 \pm 0{,}03$ Å, $c = 43{,}2 \pm 0{,}1$ Å, $Z = 24$, *β-$UO_3(0{,}5 \pm x)\, H_2O$*, gelbe, durchsichtige, monokline Krist., $a = 12{,}02 \pm 0{,}05$ Å, $b = 11{,}31 \pm 0{,}05$, $c = 7{,}02 \pm 0{,}03$ Å, β ca. 90°, *η-$UO_3 \cdot (0-0{,}26)\, H_2O$*, goldbraune, rhomb., durchsichtige Krist., $a = 6{,}83 \pm 0{,}04$, $b = 4{,}04 \pm 0{,}02$, $c = 8{,}36 \pm 0{,}04$ Å; *$UO_3 \cdot x\, H_2O$*, braunrote, durchsichtige, rhomb. Krist., $a = 6{,}56 \pm 0{,}04$, $b = 7{,}60 \pm 0{,}04$, $c = 16{,}52 \pm 0{,}08$ Å.
J. J. Pohl 58

0214 **Röntgenstrukturuntersuchung von Rubidium- und Cäsiumuranylfluoriden und Fragen der Automatisierung der Indizierung von Röntgenogrammen.** A. N. Rebenko, F. A. Brusencev und A. A. Opalovskij. (Izvest. sibirskogo Otd. Akad. Nauk SSSR, Ser. chim. Nauk **1968**, 1, 136–38; Inst. neorg. chim. SO AN SSSR, Novosibirsk; russ.) — *$Cs_3UO_2F_5$*, *$Cs_4(UO_2)_5(OH)_6F_8 \cdot 8\, H_2O$*, *$RbUO_2 \cdot (OH)_2F \cdot 1{,}5\, H_2O$* u. *$Rb_5(UO_2)_2(OH)_4F_5 \cdot 1{,}5\, H_2O$* wurden röntgenstrukturanalyt. untersucht, die Verb. in obiger Reihenfolge sind kub. mit $a = 9{,}869 \pm 0{,}002$, $a = 10{,}14 \pm 0{,}01$, $a = 7{,}036 \pm 0{,}001$ bzw. tetragonal, $a = 6{,}695 \pm 0{,}006$, $c = 7{,}96 \pm 0{,}002$. Die erhaltenen Daten wurden mit Hilfe eines Computerprogrammes ausgewertet.
J. J. Pohl 58

0215 **Kristalldaten für $UO_2(CH_3COO)_2 \cdot 2\,(C_6H_5)_3AsO$ und $[UO_2(CH_3COO)_2 \cdot (C_6H_5)_3AsO]_2$.** Giuliano Bandoli, Rodolfo Graziani und Bruno Zarli. (Acta crystallogr. [Copenhagen], Sect. B **24** (1968) 8, 1129–30; Centro Chim. della Radiazioni e dei Radioelementi, CNR, Padova; engl.) — Röntgenbeugungsunters. an den Verb. führen für $UO_2(CH_3COO)_2 \cdot 2(C_6H_5)_3AsO$ auf monokline Symmetrie, $a = 9{,}868 \pm 0{,}013$; $b = 19{,}166 \pm 0{,}016$; $c = 10{,}880 \pm 0{,}011$ Å; $\beta = 116° 32' \pm 5'$; $D._{exp}$ 1,85; $D._R$ 1,86 g/cm³, $Z = 2$; für $[UO_2(CH_3COO)_2 \cdot (C_6H_5)_3AsO]_2$ auf trikline Symmetrie, $a = 8{,}31 \pm 0{,}02$; $b = 11{,}05 \pm 0{,}03$; $c = 13{,}66 \pm 0{,}04$ Å; $\alpha = 101°50' \pm 12'$; $\beta = 91° 10' \pm 10'$; $\gamma = 109° 12' \pm 15'$; $D._{exp}$ 2,03; $D._R$ 2,05 g/cm³; $Z = 1$; $P\bar{1}$. Die Verb. sind isomorph zu den entsprechenden Triphenylphosphinanalogen.
H. Roschkowski 58

0216 **Gitterkonstanten von AmO_2F_2.** Thomas K. Keenan. (Inorg. nuclear Chem. Letters **4** (1968) 7, 381–84; Suppl. zu: J. inorg. nuclear Chem. LASL, Univ. of Calif., Los Alamos, N.Mex.; engl.) — Braunes AmO_2F_2, dargestellt durch Ox. von Am(III) mit $(NH_4)_2S_2O_8$ in verd. HNO_3 bei 92° zu Am(VI), Ausfällen von Na-Americyl(VI)-acetat u. Rk. des Acetats mit HF/F_2 bei $-196°$, krist. hexagonal (rhomboedr.) in $R\bar{3}m$ mit $a_0 = 4{,}136 \pm 0{,}006$ u. $c_0 = 15{,}85 \pm 0{,}06$ Å, $Z = 3$; es ist isostrukturell mit UO_2F_2, NpO_2F_2 u. PuO_2F_2. In einem Fall wurde bei der Darst. ein grüner Rückstand, wahrscheinlich *$NaAmF_6$*, erhalten.
A. Blaschette 58

0217 **Struktur von $Na_4Mn_4Ti_5O_{18}$.** W. G. Mumme. (Acta crystallogr. [Copenhagen], Sect. B **24** (1968) 8, 1114–20; Div. of Miner. Chem., CSIRO, Melbourne; engl.) — Durch Kristallisation einer auf 1200° erhitzten Oxidschmelze der Nominalzus. $NaMnTiO_4$ wird $Na_4Mn_4Ti_5O_{18}$ erhalten, das nach Röntgenbeugungsdaten rhomb. mit $a = 9{,}268 \pm 0{,}005$; $b = 26{,}601 \pm 0{,}005$; $c = 2{,}888 \pm 0{,}002$; $D._{exp}$ 4,06; $D._R$ 3,91 g/cm³ für $Z = 2$; Pba2 oder Pbam kristallisiert. In der Struktur besetzen Mn^{3+}- u. Ti^{4+}-Ionen Oktaederlagen, während ein weiteres Mn^{3+} rechteckig-pyramidal koordiniert ist. Gruppen von über Kanten u. Ecken verbundenen Oktaedern werden durch das fünffach koordinierte Mn^{3+} derart verbunden, daß eine Reihe von durch Na eingenommenen „Tunneln" entsteht.
H. Roschkowski 58

0218 **Bildung und Struktur des Doppelsalzes $K_3(MnO_4)_2$.** V. G. Erenburg, V. V. Boldyrev, L. D. Anikina und Ju. I. Michajlov. (Ž. strukturnoj Chim. **9** (1968) 3, 536–37, 1 Tafel; Novosibirskij gos. univ.; russ.) — Der sich bei der gemeinsamen Kristallisation von $KMnO_4$ u. K_2MnO_4 aus alkal. Lsg. bei verschiedenen Stadien der Red. des Permanganats bildende Nd. wird röntgenograph. untersucht. Daneben werden die IR-Spektren aufgenommen. $K_3(MnO_4)_2$ krist. hexagonal mit $a = 5{,}772 \pm 0{,}003$; $c = 21{,}349 \pm 0{,}007$ Å u. ist isostrukturell mit $KMnO_4 \cdot K_2CrO_4$ u. $Ba_3(AsO_4)_2$.
H. Roschkowski 58

0219 **Kristallstruktur von Diaquo-bis-[acetylacetonato]-mangan(II).** H. Montgomery und E. C. Lingafelter. (Acta crystallogr. [Copenhagen], Sect. B **24** (1968) 8, 1127–28; Canad. Serv. Coll., Royal Roads, Victoria, B.C.; engl.) — $[Mn(C_5H_7O_2)_2] \cdot 2\, H_2O$ krist. nach Röntgenbeugungsdaten monoklin, $a = 11{,}186 \pm 0{,}015$; $b = 5{,}426 \pm 0{,}008$; $c = 11{,}315 \pm 0{,}02$ Å; $\beta = 106{,}16 \pm 0{,}2°$; $Z = 2$ in $P2_1/c$. Die Verb. erweist sich als isostrukturell mit den entsprechenden Co-, Ni- u. Mg-Verb. (vgl. z. B. Morosin, ibid. **22** (1967), 315).
H. Roschkowski 58

0220 **Von Okamoto vorgeschlagene Struktur des δ-Fe_2O_3-Hydrats.** William R. Cook jun. (J. Amer. ceram. Soc. **51** (1968) 7, 408; Electronic Res. Div., Clevite Corp., Cleveland, O.; engl.) — Vf. nimmt krit. Stellung zu der von Okamoto (J. Amer. ceram. Soc. **51** (1968) 1, 54) aus Röntgenunters. ber. Struktur u. vertritt die Annahme, daß es sich bei dem untersuchten δ-Fe_2O_3-Hydrat um ein Gemisch von δ-FeO(OH) u. einer Spinellform des Fe-Oxids handelt.
H. Tulhoff 58

0221 **Röntgenbeugungs- und Neutronenbeugungsuntersuchungen an Ferriten der Reihe $Mn_xZn_{1-x}Fe_2O_4$.** U. König und G. Chol. (J. appl. Crystallogr. [Copenhagen] **1** (1968) 2, 124–26; Eduard-Zintl-Inst., TH, Darmstadt; dt.) — Die Kationenverteilung in Ferriten des vorst. Typs mit x = 0; 0,1 . . . 1,0) wurde durch Neutronenbeugung bestimmt. Der Anteil von Mn^{2+} auf Tetraederlagen wird mit der Veränderung des Gitterparameters

mit x verglichen. Aus den Messungen folgt, daß Zinkferrit ein vollständig normaler Spinell ist u. daß Mn^{2+} bis zu x = 0,6 nur Tetraederplätze einnimmt.
H. Roschkowski 58

0222 **Kristallstrukturen mehrkerniger Polymetallcarbonyle. 4. Mitt. Bis-[dicarbonyl-π-cyclopentadienyleisen]-zinndinitrit und Bis-[dicarbonyl-π-cyclopentadienyleisen]-dimethylzinn.** B. P. Birjukov und Ju. T. Stručkov. (Ž. strukturnoj Chim. **9** (1968) 3, 488—502; Inst. elementoorg. soedinenij AN SSSR; russ.) — 3. vgl. C. **1969**, **11**-0271. — Die Struktur von $[\pi\text{-}C_5H_5Fe(CO)_2]_2Sn(ONO)_2$ (I) u. $[\pi\text{-}C_5H_5Fe(CO)_2]_2Sn(CH_3)_2$ (II) wird durch Röntgenbeugung bestimmt. I krist. monoklin, (a =) 20,26 ± 0,04; (b =) 7,30 ± 0,02; (c =) 14,65 ± 0,04; (β =) 123,4 ± 0,5°; (D_{exp}) 2,08; (D_R) 2,10 (g/cm³); (Z =) 4 in C2/c; II ebenfalls monoklin mit 9,69 ± 0,01; 15,59 ± 0,03; 11,66 ± 0,02; 107,1 ± 1°; 1,79; 1,85; 4 in $P2_1/n$. Best. der Atomparameter von I u. II mit Hilfe üblicher Fourier-Methoden. In I liegen gewinkelte Fe—Sn—Fe-Ketten mit Fe—Sn-Bindungslängen von $2{,}56_3$ ± 0,005 Å vor. Das Sn-Atom ist stark verzerrt tetraedr. von den 2 Fe-Atomen u. 2 O-Atomen der ONO-Gruppen umgeben. Eine ähnliche gewinkelte Fe–Sn–Fe-Konfig. enthält auch II. Auch die verzerrt tetraedr. Koordination von Sn bleibt bei Ersatz von ONO^- durch die CH_3-Gruppen erhalten. Ausführliche Angabe von Strukturprojektionen u. interatomaren Abständen.
H. Roschkowski 58

0223 **Kristall- und Molekularstruktur zweier „Isomerer" von π-Cyclopentadienyl-bis-[triphenylphosphit]-eisenjodid. 2. Mitt.** V. G. Andrianov und Ju. T. Stručkov. (Ž. strukturnoj Chim. **9** (1968) 3, 503—12; russ.) — 1. vgl. C. **1969**, **11**-0264; vgl. vorst. Referat. — Die Struktur des l.c. kurz beschriebenen „Isomeren II" von π-Cyclopentadienyl-bis-[triphenylphosphit]-eisenjodid (I) wird röntgenograph. bestimmt. Die Verb. krist. rhomb., a = 20,43 ± 0,01; b = 27,15 ± 0,01; c = 13,73 ± 0,01 Å; D_{exp} 1,45; D_R 1,52 g/cm³ für Z = 8 in Pbca. Best. der Atomparameter nach der Schweratommethode. Die Strukturbest. ergibt, daß I kein Isomeres der l.c. beschriebenen Verb. gleicher Zus. darstellt. Im Mol. von I ist einer der Phenylringe des Triphenylphosphitliganden normal kovalent an den Cyclopentadienylring im Gegensatz zur l.c. untersuchten Verb. gebunden.
H. Roschkowski 58

0224 **Darstellung und Kristallstruktur einiger wasserhaltiger Kobalt(II)-Sulfite.** Guy Bugli und Guy Pannetier. (C. R. hebd. Séances Acad. Sci., Sér. C **267** (1968) 3, 234—35; Labor. de Cinétique chim. de la Fac. des Sci., Paris; franz.) — Vf. beschreiben die Darst. u. Krist.-Struktur zweier neuer allotroper *$CoSO_3$-Trihydrate* (monoklin u. orthorhomb.) sowie eines neuen tetragonal kristallisierenden Hydrates mit der Formel *$CoSO_3 \cdot {}^5/_2 H_2O$*. — Bei Einw. von SO_2 auf eine wss. Suspension von $CoCO_3$, wobei die Rk. bis zur Sättigung mit SO_2 durchgeführt werden kann, fällt *$CoSO_3 \cdot {}^5/_2 H_2O$* aus. Nach Filtrierung lieferte 2—3wöchiges Eindampfen der Lsg. bei Zimmertemp. unter N_2 oder H_2 eine rote krist. Masse, die nach Waschen mit W., A. u. Trocknung bei 10^{-2} Torr genügend luftbeständig war u. drei verschiedene Krist.-Arten enthielt. Durch chem. u. radiokristallograph. Unters. (Drehkrist.- u. Weissenberg-Meth.) konnten folgende Verb. identifiziert werden: *$CoSO_3 \cdot 3 H_2O$*, monoklin; Raumgruppe; $P2_1/n$; a $6{,}53_9$ (Å), b $8{,}63_3$, c $8{,}64_5$; β 96°26′; Z = 4. *$CoSO_3 \cdot 3 H_2O$*, orthorhomb.; Pnma oder $Pn2_1a$; a 9,53 ± 0,02, b 5,52 ± 0,01, c 9,41 ± 0,02; D^{25}_{exp} = 2,01 g/cm³; Z = 4. *$CoSO_3 \cdot {}^5/_2 H_2O$*, tetragonal; $P4_12_12$ oder $P4_32_12$; a = b = 9,45 ± 0,02, c = 10,20 ± 0,02; D^{25}_{exp} = 2,65; Z = 8.
K. Preuß 58

0225 **Kristallstruktur von $CoGeO_3$.** Donald R. Peacor. (Z. Kristallogr., Kristallgeometr., Kristallphysik, Kristallchem. **126** (1968) 4, 299—306; Dep. of Geol. and Miner., Univ. of Mich., Ann Arbor, Mich.; engl.) — Die Strukturbest. von $CoGeO_3$ wurde nach dem Ausgleichsverf. verfeinert. Die Verb. ist isotyp mit den zur Raumgruppe C2/c gehörenden diopsid. Pyroxenen. Die O-Atome sind annähernd kub.-dichtest gepackt u. allen Co-Atomen oktaedr. koordiniert. Die Ketten der Ge-Tetraeder unterscheiden sich stark von den analogen Ketten der isotypen Pyroxene. Die Polytypie bei $CoGeO_3$ wird durch die fast ideale dichteste Packung der O-Atome erklärt.
I. Zoll 58

0226 **Bestimmung der Kristallstruktur von β-$Ni_2P_2O_7$ mit einem Hochtemperatur-Weissenberg-Goniometer.** A. Pietraszko und K. Łukaszewicz. (Bull. Acad. polon. Sci., Sér. Sci. chim. **16** (1968) 4, 183—87; Inst. Niskich Temperatur I Badau Strukturalnych, Wrocław, PAN; engl.) — α-$Ni_2P_2O_7$ wandelt sich bei 565 ± 20° in die β-Phase um. Das monokline β-$Ni_2P_2O_7$ besitzt bei 580° die Gitterparameter a 6,501, b 8,239, c 4,480 Å, β 104,14°; Raumgruppe C^3_{2h}—C2/m mit Z = 2 u. D_R (580°) = 4,1698 g · cm⁻³. Die Krist.-Struktur von β-$Ni_2P_2O_7$ ähnelt der von β-$Mg_2P_2O_7$. Die Atomlagen, isotropen Temp.-Faktoren mit ihren Standardabweichungen u. interatomaren Abstände werden angegeben. Monoklines α-$Ni_2P_2O_7$ krist. bei 20° (530°) mit a 13,075 (13,118), b 8,265 (8,285), c 8,931 (8,970) Å u. β 104,43° (104,67°).
W. Laqua 58

0227 **Röntgenographische Untersuchung von Hexahydraten der Hexafluorogermanate zweiwertiger Metalle.** V. G. Kuznecov, Ju. E. Gorbunova, P. A. Koz'min und E. S. Kovaleva. (Ž. strukturnoj Chim. **9** (1968) 3, 470—74; Inst. obščej i neorg. chim. im. Kurnakova AN SSSR; russ.) — Röntgenograph. wurden für Verb. $[M^{II}(H_2O)_6][GeF_6]$ die nachst. hexagonalen Gitterparameter bestimmt: (M^{II} =) *Mg*, (a =) 9,58; (c =) 9,78, R$\bar{3}$; *Zn*, 9,45; 9,80; R$\bar{3}$; *Cd*, 9,61; 10,25; R$\bar{3}$m; *Fe* 9,70; 9,75; R$\bar{3}$m; *Co* 19,55 (= 2 · 9,78); 9,48; R$\bar{3}$m u. *Ni* 9,45; 9,80, R$\bar{3}$m.
H. Roschkowski 58

0228 **Kristallstrukturen von Komplexen von Nickelperchlorat mit substituierten Pyridinen. 1. Mitt. Diperchloratotetrakis-[3.5-dimethylpyridin]-nickel(II).** Françoise Madaule-Aubry und George M. Brown. (Acta crystallogr. [Copenhagen] Sect. B **24** (1968) 6, 745—53; Oak Ridge, Tenn., ORNL, Chem. Div.; engl.) — Zur Unters. geeignete Krist. von Ni-$[3.5\text{-dimethylpyridin}]_4 \cdot (ClO_4)_2$ in Form tetragonaler Bipyramiden wurden aus Dichlormethanlsg. erhalten. Die Krist. erwiesen sich als tetragonal mit a = b = 15,8759 ± 0,0017 (Å), c = 26,7581 ± 0,0025; $I4_1/acd$; Z = 8; D_{exp} liegt zwischen 1,498 u. 1,336; D_R 1,351. Die Struktur wurde mit Hilfe von Patterson- u. Fourier-Synth. bestimmt. Die gefundenen Parameter sind tabellar. angegeben. Das Ni-Atom ist von 2 Perchloratliganden u. 4 organ. Liganden umgeben. Das Ni-Atom der asymm. Einheit liegt in 0 ¹/₄ ¹/₈, während die ClO_4-Gruppe regellos um die zweizählige Achse x, ¹/₄ + x, ¹/₈ angeordnet ist, senkrecht zu der mittleren Ebene der Ni- u. N-Atome, die durch die zweizähligen Achsen x, ¹/₄ — x, ¹/₈ u. 0 ¹/₄z definiert sind. Die 4 organ. Liganden haben eine propellerähnliche Anordnung um die Achse durch das Perchlorat. Der Abstand Ni—N beträgt 2,093 Å; die N-Atome liegen abwechselnd oberhalb oder unterhalb ihrer mittleren Ebene.
C. Gottfried 58△

0229 **Kristallstrukturen von Komplexen von Nickelperchlorat mit substituierten Pyridinen. 2. Mitt. Tetrakis-[3.4-dimethylpyridin]-nickel(II)-perchlorat.** Françoise Madaule-Aubry, William R. Busing und George M. Brown. (Acta crystallogr. [Copenhagen], Sect. B **24** (1968) 6, 754—60; engl.) — 1. vgl. vorst. Referat. — Die Verb. krist. aus Dichlormethanlsg. in gut ausgebildeten tetragonalen Bipyramiden. Die Zelldimensionen sind a 10,3277 ± 0,0014 (Å); c 15,6136 ± 0,0037; Raumgruppe ist I4/m; Z = 2. Die durch Patterson- u. Fourier-Synthesen erhaltenen Parameter sind tabellar. angegeben. In dem Gitter hat das Ni quadrat.-ebene Koordination. Die Perchlorationen sind nicht an das Ni koordiniert, da der kürzeste Abstand Ni-O mit 3,343Å ± 0,007 Å zu groß für eine chem. Bindung ist. Die organ. Liganden liegen in zweifacher Rotationsregellosigkeit um ihre Achsen von dem N zu der 4-Methylgruppe vor, die Ebenen der Liganden liegen senkrecht zu der Spiegelebene. 2 der O-Atome des Perchlorations werden auf der vierzähligen Achse durch bindungslose Kontakte mit anderen Atomen gehalten; die beiden anderen O-Atome des Perchlorations u. das Cl-Atom sind regellos um die 0,0,z-Achse angeordnet; ihre Parameter ließen sich nur in grober Annäherung bestimmen. Der Abstand Ni—N mit

1,897 Å ist vergleichbar mit anderen Ni—N-Abständen in ebenen Komplexen des Ni. C. Gottfried 58△

0230 **Stereochemie von Nickel(II)-Komplexen. 2. Mitt. Kristall- und Molekülstruktur von Dibromo-bis-[triphenylphosphin]-nickel(II).** J. A. J. Jarvis, R. H. B. Mais und P. G. Owston. (J. chem. Soc. [London], Sect. A **1968**, 7, 1473—86; ICI Ltd., Petrochem. and Polymer Labor., P. O. Box 11, The Heath, Runcorn, Cheshire; engl.) — 1. vgl. ibid. **1967**, 1750. — Röntgenograph. Unters. zeigen, daß $NiBr_2 \cdot [P(C_6H_5)_3]_2$ monoklin krist., mit a = 9,828 ± 0,002, b = 37,178 ± 0,009, c = 10,024 ± 0,003 Å, β = 114,65 ± 0,002°, Raumgruppe $P2_1/n$, Z = 4. Die Koordination um das Ni-Atom ist verzerrt tetraedr., der Br—Ni—Br-Winkel beträgt 126°. Die Bindungslängen Ni—Br u. Ni—P betragen 2,34 bzw. 2,33 Å entsprechend der Länge von Einfachbindungen ohne π-Bindungsanteil, der Bindungsradius von tetraedr. Ni(II) ist 1,21 ± 0,01 Å. Die Bldg. der koordinativen Ni—P-Bindung beeinflußt die P—C-Bindungslänge u. den C—P—C-Bindungswinkel, also auch die Hybridisierung des P-Atoms nicht. J. J. Pohl 58

0231 **Verfeinerung der Struktur von Diaquo-bis-[glycinato]-nickel(II), $[Ni(NH_2 \cdot CH_2COO)_2(H_2O)_2]$.** H. C. Freeman und J. M. Guss. (Acta crystallogr. [Copenhagen], Sect. B **24** (1968) 8, 1133—35; School of Chem., Univ., Sydney, Australia; engl.) — Best. genauerer Atomparameter ausgehend von erneuten dreidimensionalen Röntgenbeugungsunters. u. den von Stosick [J. Amer. Chem. Soc. **67** (1945), 365] für die Verb. gegebenen Daten. H. Roschkowski 58

0232 **Struktur des Chlorophylls und seiner Metallderivate.** I. L. Kuchtevič, V. D. Bezverchij und A. I. Biljak. (Ž. neorg. Chim. **13** (1968) 2, 454—56; Dnjepropetrovskij selchoz. inst.; russ.) — Röntgenograph. werden *Chlorophyll* u. *Phäophytin* sowie *Cu-, Ni-, Co-, Zn-* u. *Cd-Phäophytinat* im festen Zustand untersucht. Die erhaltenen Schichtebenenabstände u. Streuwinkel stimmen mit den aus der Elektronenkonfig. der Metalle abgeleiteten Vorstellungen überein. K. Jasche 58△

0233 **Strukturelle Untersuchungen an Mono-[2.9-dimethyl-1.10-phenanthrolin]-Komplexen einiger Metall-(II)-Chloride.** H. S. Preston, C. H. L. Kennard und R. A. Plowman. (J. inorg. nuclear Chem. **30** (1968) 6, 1463—67; Brisbane, Australia, Univ. of Queensland, Dep. of Chem.; engl.) — Die Röntgenpulverdiagramme von $M^{II}Cl_2 \cdot$ dmp-Komplexen, mit M^{II} = Mn, Fe, Co, Ni (gelbe α- u. purpurfarbene β-Modifikation), Cu, Zn u. dmp = 2.9-Dimethyl-1.10-phenanthrolin, zeigen, daß die Komplexe von Fe^{II}, Co^{II} mit β-$NiCl_2 \cdot$dmp u. $ZnCl_2 \cdot$ dmp isomorph sind; das Zn-Atom ist tetraedr. koordiniert. Die Mn, α-Ni u. Cu-Komplexe sind alle strukturell verschieden. $FeCl_2 \cdot$ dmp krist. mit a = 11,22 ± 0,02; b = 17,80 ± 0,03; c = 7,53 ± 0,02 Å. Ernst Schulte 58△

0234 **Kristallchemische Daten von Chelatverbindungen N-substituierter Derivate des Salicylidenimins. 6. Mitt. Struktur einiger N-Arylsalicylideniminatokobalt(II)-, -zink- und -kupfer(II)-Verbindungen. Ungewöhnliche Konfiguration von N-[o-Methoxyphenyl]-salicylideniminatozink.** L. M. Škol'nikova, V. A. Kogan, L. G. Makarevič, O. A. Osipov und A. E. Obodovskaja. (Ž. strukturnoj Chim. **9** (1968) 3, 543—45; VNII chim. reaktivov i osobo čistych chim. veščestv; russ.) — 5. vgl. C. **1968**, 17-0279. — Die Gitterparameter nachst. *Bis-[N-arylsalicylideniminato]-metallchelate* wurden bestimmt: (Aryl =) *Phenyl*, (Metall =) *Zn*; triklin, (a =) 9,48 ± 0,01; (b =) 12,37 ± 0,04; (c =) 12,87 ± 0,02 (Å); α = 107°; β = 117°; γ = 101°; Z = 2; D_{exp} 1,30, D_R 1,34; P1 oder P$\bar{1}$; *2-Methoxyphenyl, Zn*, monoklin, 12,76 ± 0,02; 12,50 ± 0,02; 14,87 ± 0,04; β = 94°; Z = 4; D_{exp} 1,45; D_R 1,46; $P2_1/c$; *2.4.6-Trimethylphenyl, Zn*, rhomb., 20,26 ± 0,02; 16,84 ± 0,02; 16,82 ± 0,02; Z = 8; D_R 1,25; Pbca; *2-Methoxyphenyl, Co*, monoklin, 12,90 ± 0,01; 12,41 ± 0,02; 14,54 ± 0,02; β = 94°; Z = 4; D_{exp} 1,44; D_R 1,46; $P2_1/c$; *3-Methoxyphenyl, Co*, monoklin, 15,85 ± 0,03; 17,40 ± 0,03; 8,81 ± 0,02; β = 101°; Z = 4; D_{exp} 1,42; D_R 1,45; $P2_1/n$; *4-Methoxyphenyl, Co*, rhomb., 12,40 ± 0,02; 14,92 ± 0,02; 25,36 ± 0,05; Z = 8; D_{exp} 1,46; D_R 1,46; Pbca. — In Bis-[N-(o-methoxyphenyl)-salicylideniminato]-zink(II) liegt eine ungewöhnliche oktaedr. Konfig. von Zn(II) vor, da der Ligand dreizähnig unter Beteiligung der OCH_3-Gruppe ist. H. Roschkowski 58

0235 **Kristallstruktur von Silbernitrat-Glycin.** J. Krishna Mohana Rao. (Indian J. pure appl. Physics **6** (1968) 1, 51—53; Dep. of Phys., Indian Inst. of Sci., Bangalore; engl.) — *$AgNO_3 \cdot NH_2CH_2COOH$* krist. monoklin mit a = 5,48 ± 0,02 Å, b = 19,58 ± 0,02 Å, c = 5,64 ± 0,02 Å u. β = 102 ± 1°. Die Struktur wurde durch Verw. partieller dreidimensionaler Werte gelöst u. verfeinert. Sowohl die Carboxyl (—CCOO—) als auch die Nitratgruppe ist eben u. mit 52° bzw. 40° zur b-Achse geneigt. E. Otto 58

0236 **Kristallstruktur von Silberpermanganat.** E. G. Boonstra. (Acta crystallogr. [Copenhagen], Sect. B **24** (1968) 8, 1053—62; Nat. Phys. Res. Labor., CSIRO, Pretoria, South Africa; engl.) — Neue Röntgenbeugungsunters. der Struktur von $AgMnO_4$ führen zu Daten, die von den von Sasvari (1938) angegebenen Werten abweichen. $AgMnO_4$ krist. monoklin, a = 5,64; b = 8,33; c = 7,12 ± 0,02 Å; β = 92,25 ± 0,25°. Verglichen mit der l.c. angegebenen Struktur werden die Positionen von Ag u. Mn vertauscht u. für die O-Atome neue Parameter ermittelt. Die tetraedr. MnO_4-Gruppe ist innerhalb des Vers.-Fehlers regulär mit Mn—O = 1,61 ± 0,01 Å. H. Roschkowski 58

0237 **Strukturen von zweikernigen Ruthenium-Komplexen. 1. Mitt. Kristall- und Molekularstruktur von Tri-μ-chloro-chloro-pentakis-[diäthylphenylphosphin]-diruthenium(II).** N. W. Alcock und K. A. Raspin. (J. chem. Soc. [London], Sect. A **1968**, 9, 2108—23; Coventry, Univ. of Warwick, School of Molecular Sci.; Cambridge, Univ. Chem. Labor.; engl.) — Die Krist.-Struktur der Titelverb. *$Ru_2Cl_4[P(C_2H_5)_2(C_6H_5)]_5$*, wurde mit Hilfe röntgenograph. Einkrist.-Meth. bestimmt u. nach der least-squares-Meth. verfeinert zu R = 9,9 % für 5363 Reflexe. Die Krist. sind monoklin ($P2_1$) mit a 15,882 ± 0,013 (Å), b 19,078 ± 0,017, c 10,418 ± 0,018, β 104,18 ± 0,07°. Z = 2. D_{exp} = 1,35 (gcm^{-3}), D_R 1,27. Jedes Mol. enthält zwei Ru-Atome mit angenähert oktaedr. Koordination, die durch drei brückenbildende Cl-Atome zusammengehalten werden. Ein Ru-Atom, Ru(1) ist weiterhin an drei P-Atome u. das andere Ru(2) an zwei P-Atome u. ein nicht brückenbildendes Cl-Atom Cl(4) gebunden. Dieses Cl(4) bewirkt eine merkliche Asymmetrie in der Anordnung des transbrückenbildenden Cl-Atoms [Cl(2) zwischen den beiden Ru-Atomen]. Atomkoordinaten, Strukturfaktoren, Bindungslängen u. -winkel werden tabellar. angegeben, die Struktur wird graph. dargestellt. E. Schulte 58△

0238 **Kristall- und Molekularstruktur von π-Allyl-π-cyclopentadienylpalladium.** M. Ch. Minasjanc und Ju. T. Stručkov. (Ž. strukturnoj Chim. **9** (1968) 3, 481—87; Inst. élementoorg. soedinenij AN SSSR; russ.) — Rote, nadelförmige, nach c gestreckte Krist. der Verb. wurden durch Subl. gewonnen. Nach Röntgenbeugungsdaten sind sie rhomb., a = $10,22_0$; b = $5,72_2$; c = $13,13_4$ Å; Z = 4; D_R 1,83 g/cm³; $Pna2_1$ oder Pnam. Best. der Atomparameter mit Fourier-Methoden. Die Allylgruppen sind symm., d. h. die Doppelbindung ist völlig delokalisiert. Der Abstand von Pd zu den C-Atomen der Allylgruppe ist bedeutend kürzer als zu den C-Atomen des Cyclopentadienylrings. Der Winkel zwischen den Ebenen der Liganden C_3H_5 u. C_5H_5 ist 19,5°. Angabe einer Strukturprojektion auf ac. H. Roschkowski 58

0239 **Feldionenmikroskopische Untersuchung der geordneten Pt_3Co-Legierung.** Tien Tzou Tsong und Erwin W. Müller. (J. appl. Physics **38** (1967) 9, 3531—36; Dep. of Phys., Pa. State Univ., University Park, Pa.; engl.) — Die atomar aufgelösten Feldionenmikroskop (FIM)-Aufnahmen von (111)-Flächen der geordneten Pt_3Co-Leg. bestätigen die früher aufgestellte Hypothese der Vf. [Appl. Physics Letters **9** (1966), 7], daß die Co-Atomspezies in Pt—Co-Leg. nicht sichtbar sind. Nach der $L1_2$-Gitterstruktur von Pt_3Co können für die Zus. der (110)- u. (100)-Flächen abwechselnd reine Pt-Schichten u. gleichatomige Pt- u. Co-Schichten erwartet werden. Dies konnte ebenfalls durch direkte Beobachtung der Schicht-bei-Schicht-Abdampfung bestätigt werden.

I. Zoll 58

0240 **Kristallstruktur von Botryogen.** P. Süsse. (Acta crystallogr., [Copenhagen], Sect. B **24** (1968) 6, 760–67; Göttingen, Univ., Miner. Kristallograph. Inst.; dt.) – Unters. der Krist.-Struktur eines Zn-reichen Botryogens von Rammelsberg nahe Goslar, der die Zus. $Fe^{3+}(Zn_{0,47}Mg_{0,20}Mn_{0,25}Fe^{2+}_{0,08})(SO_4)_2OH \cdot 7\,H_2O$ hat: der Krist. hat monokline Symmetrie mit a 10,526 (Å); b 17,872; c 7,136; $\beta = 100{,}13^0$; Raumgruppe $P2_1/n$; $Z = 4$; $D._{exp}$ 2,19; $D._R$ $2{,}23_5$. Die Struktur wurde mit Hilfe dreidimensionaler Fourier-Meth. bestimmt u. mit der Meth. der kleinsten Quadrate weiter verfeinert. Die Atomparameter werden tabellar. angegeben. Eine Entscheidung, ob in dem Zn-reichen Krist. die zweiwertigen Ionen die allg. Punktlage u. Fe^{3+}-Ionen die speziellen Punktlagen besetzen, konnte nicht getroffen werden.

C. Gottfried 58△

0241 **Elementarzelle von Gaylussit.** Duncan McKie. (Z. Kristallogr., Kristallgeometr., Kristallphysik, Kristallchem. **126** (1968) 5/6, 392–96; Dep. of Miner. and Petrol., Univ. of Cambridge; engl.) – Gaylussit, $Na_2Ca(CO_3)_2 \cdot 5\,H_2O$, krist. monoklin in Cc oder C2/c mit $a = 14{,}34$, $b = 7{,}777$, $c = 11{,}58$ Å, $\beta = 130{,}2^0$, $D._{exp}$ 1,981, $Z = 4$.

M. Frenzel 58

0242 **Elektronenmikroskopische Untersuchung von durch Einwirkung eines Elektronenstrahls auf Monomere erhaltenen Filmen.** E. M. Dubinina, G. P. Netišenskaja und G. M. Karaseva. (Izvest. Akad. Nauk SSSR, Ser. fiz. **32** (1968) 6, 1071–74; Fiz. fak. Mosk. gos. univ. im. Lomonosova; russ.) – Untersucht werden Filme, die sich bei der Elektronenbestrahlung eines Gemisches eines Metalldampfes (Ni, Ta, W, Zn) mit Siliconöldampf bilden. Die erhaltenen Filme sind amorph.

H. Roschkowski 60

0243 **Röntgenstrukturuntersuchung von $UF_4 \cdot 2{,}5\,H_2O$ und seinen Entwässerungsprodukten.** G. M. Zadneprovskij, S. A. Poliščuk, S. V. Borisov und Ju. V. Gagarinskij. (Izvest. sibirskogo Otd. Akad. Nauk SSSR, Ser. chim. Nauk **1968**, 1, 122–26; Inst. neorg. chim. SO AN SSSR, Novosibirsk; russ.) – In $UF_4 \cdot 2{,}5\,H_2O$ liegen nach Literaturdaten die U-Atome in Spiegelebenen in der Richtung der kurzen c-Achse. Bei der Entwässerung des rhomb. $UF_4 \cdot 2{,}5\,H_2O$ entstehen röntgenamorphe Prod., die mit den bei der Entwässerung von $UF_4 \cdot 4/3\,H_2O$ gebildeten ident. sind u. die sich in ihrer Struktur sowohl von der des Ausgangshydrats als auch von der des UF_4 unterscheiden.

J. J. Pohl 60

0244 **Tieftemperatur-Viskosität von Natriumborosilicatgläsern.** M. V. Strel'cina, V. P. Kljuev, T. P. Švajko-Švajkovskaja und O. V. Mazurin. (Izvest. Akad. Nauk SSSR, Neorg. Mater. 4 (1968) 7, 1129–32; Inst. chim. silikatov im. Grebenščikova, AN SSSR; russ.) – Die Konstruktion eines Viskosimeters, das zur Best. der Abhängigkeit der Viskosität von NaB-Silicatgläsern von der Zus. verwendet wurde, wird beschrieben. Bei der Viskositätsmessung treten zwei Maxima, bedingt durch Entmischung bzw. Änderung der Koordination des B-Atoms, auf. Der Geh. der leichtschmelzenden Komponente im SiO_2-Skelett ist im inhomogenen Glas bei 8% Na_2O maximal. Bei > 8% Na_2O wird das Skelett zerstört.

J. J. Pohl 60

0245 **Infrarotspektroskopische Bestimmung der Kristallinität des aus Glas auskristallisierten Lithiummeta- und -disilicats.** Makoto Noshiro und Yukio Jitsugiri. (J. chem. Soc. Japan, pure Chem. Sect. [Nippon Kagaku Zasshi] 89 (1968) 4, 394–98; Res. Labor., Asahi Glass Co., Ltd.; jap., Auszug: engl. S. A 21) – Der Geh. an Li_2SiO_3 wurde aus der Absorption bei 851 cm^{-1}, der von Li_2SiO_5 aus der bei 643 cm^{-1} bestimmt. Als Standards (100% Kristallinität) wurden aus $Li_2O : SiO_2 = 1 : 1$ bzw. 1 : 2 dargestellte Gläser, die 24 Std. auf 750° erhitzt wurden, verwendet. Eine Best. nach der KBr-Preßtechnik dauert 15 Minuten. Die Standardabweichung beträgt 0,4% für Krist.-Geh. von 24–55%.

U. Strobel 60

0246 **Compton-Profil von Wasser.** Malcolm J. Cooper, M. Roux, M. Cornille und B. Tsapline. (Philos. Mag. [8] 18 (1968) 152, 309–12; Crystallogr. Labor., Cavendish Labor., Cambridge, England; engl.) – Das Compton-Profil (Spektrum der unelast. gestreuten Röntgenstrahlen, das im Bereich großer Impulsübertragung direkt der Projektion der Elektronenimpulsverteilung auf den Streuvektor entspricht) von Mo–Kα-Röntgenstrahlen bei der Streuung an W. wird gemessen u. mit theoret. Voraussagen auf der Grundlage von mol. Wellenfunktionen u. Wellenfunktionen für freie Atome verglichen. Berechnungen auf der Basis der mol. Wellenfunktionen von Moccia zeigen die beste Übereinstimmung mit dem Experiment. Die 2 Peaks bei 0,709 Å u. 0,713 Å resultieren aus der therm. Streuung der Mo–$K\alpha_1\alpha_2$-Strahlung.

Herbert Weber 60

0247 **Struktur des geschmolzenen Antimons.** H. U. Gruber und H. Krebs. (Angew. Chem. **80** (1968) 23, 999; dt.; int. Edit. 7 (1968) 12, 947; engl.; Inst. für anorg. Chem., Univ., Stuttgart) – Die Nahordnung der Atome im geschmolzenen Sb bei 620° (unterkühlt), 670° und 830° wurde mit verbesserten experimentellen und rechnerischen Methoden röntgenographisch neu bestimmt. Die Sb-Atome bilden Doppelschichten wie im Gitter des schwarzen P mit einer röntgenograph. bestimmbaren Längenausdehnung bis zu ca. 6 Atomen. Der Sb–Sb-Abstand ist 3,03 Å.

Autorreferat 60△

0248 **Strukturfaktor für flüssige Metalle.** 1. Mitt. **Anwendung von Neutronenbeugungsmethoden.** D. M. North, J. E. Enderby und P. A. Egelstaff. (J. Physics, C (Proc. physic. Soc.) [2] 1 (1968) 3, 784–94; Univ. of Sheffield; engl.) – Das Verf., das für Temp. bis zu 1300° anzuwenden ist, wird beschrieben, wobei die nötigen Korrekturen ausführlich diskutiert werden, bes. der Einfl. von Absorption, Vielfachstreuung u. inelast. Effekten. Die mit Neutronenbeugungsmeth. gewonnenen Resultate haben für die schwereren Elemente eine Genauigkeit von einigen Prozent für fast alle Werte der Impulsübertragung; bei den leichteren Metallen (z. B. Li, Al, evtl. auch K) werden die erforderlichen Korrekturen zu groß. Als Beispiel werden die gemessenen Strukturfaktoren für fl. *Tl* (320°) u. fl. *Pb* (340 u. 600°) angegeben.

P. Weiland 60

0249 **Einphononstreuung von Neutronen an flüssigem Blei.** B. I. Chruščev und L. S. Šaripova. (Izvest. Akad. Nauk Uzb. SSR, Ser. fiz.-mat. Nauk **125** (1968) 4, 68–71; Inst. jadernoj fiz. AN Uzb. SSR; russ.) – Mit dem quasikrist. Modell der Fl. können Neutronenbeugungsdaten an fl. Pb gut wiedergegeben werden, wenn eine Verweilzeit der Fl. im „krist. Zustand" von $t \leqq 10^{-12}$ s angenommen wird.

M. Wiedemann 60

0250 **Strukturelle Eigenschaften flüssiger Mischungen von Feldspat und Quarz.** H. Flood und W. J. Knapp. (J. Amer. ceram. Soc. **51** (1968) 5, 259–63; Inst. of Silicate Sci., Technic. Univ. of Norway, Trondheim, Norway; engl.) – Unter Verw. von Literaturdaten für die Bldg.-Enthalpie u. die freie Bldg.-Energie von Feldspat u. Quarz im krist. u. glasigen Zustand u. für die entsprechenden Phasendiagramme werden die thermodynam. Eig. fl. Mischungen von Feldspat u. Quarz abgeleitet u. in Beziehung zur Struktur der fl. Mischungen interpretiert. Für quarzreiche Mischungen von *Albit* bzw. *Orthoklas* u. Quarz wird ein Modell mit statist. verteilten AlO_4- u. SiO_4-Tetraedern angenommen; in Albit–Quarz-Mischungen scheinen zusätzlich in untergeordneter Menge polymere Alumosilicateinheiten vorhanden zu sein. Es wird vermutet, daß in fl. *Anorthit*–Quarz-Mischungen hauptsächlich polymere Einheiten der Art 4 AlO_2, 3 SiO_2 oder 4 AlO_2, 2 SiO_2 die Struktur bestimmen.

W. Laqua 60

Mechanische und thermische Eigenschaften

0251 **Einfache Methode zur Berechnung der Oberflächenenergie und Oberflächenspannung von Ionenkristallen.** S. N. Zadumkin und A. I. Temrokov. (Izvest. vysšich učebnych Zavedenij [Tomsk], Fiz. **11** (1968) 9 (76), 40 bis 51; Kabardino-Balkarskij Gosuniv.; russ.) – Ableitung eines entsprechenden mathemat. Formalismus, ausgehend von den Gibbsschen Beziehungen, für die Oberflächenenergie sowie numer. Berechnungen der Oberflächenenergie u. -spannung für *MeX* (Me = *Li*, *Na*, *K*, *Rb*;

X = *F, Cl, Br, J*) u. für *CsF*. Vgl. mit experimentell erhaltenen Literaturwerten. H. Roschkowski 72

0252 **Näherungsberechnung der Oberflächenenergie fester Oxide.** K. K. Strelov. (Ž. fiz. Chim. **42** (1968) 9, 2284 bis 2286; VNI i proektnyj inst. ogneupornoj i šinnoj prom., Sverdlovsk; russ.) — Eine Beziehung zur Berechnung der Oberflächenenergie aus der Schmelz- u. Verdampfungswärme von Oxiden wird vorgeschlagen. Für *MgO, CaO,* Al_2O_3, SiO_2 u. *BaO* ber. Werte stimmen gut mit Literaturwerten überein. H. Roschkowski 72

0253 **„Punkte der Steigung Null" in Kristallen.** N. V. Kudrjavceva. (Fiz. tverdogo Tela **10** (1968) 6, 1616 bis 1621; Tomskij Gos. univ. im. Kujbyševa; russ.) — Theorie der Symmetriepunkte der Brillouin-Zonen aller Symmetriegruppen, für die die Wellenvektoren k gleich — k sind („Punkte der Steigung Null"). Diskussion der Spin–Bahn-Wechselwrkg. in diesen Punkten. K. Jaeger 72

0254 **Dispersionsgesetze für Kristalle mit rhombischflächenzentriertem Gitter.** N. V. Kudrjavceva und L. V. Tichonova. (Izvest. vysšich učebnych Zavedenij [Tomsk], Fiz. **11** (1968) 7 (74), 45—52; Sibir. fiz.-techn. inst. im. Kuznecova; russ.) — Vgl. vorst. Referat. — Mit Hilfe der Gruppentheorie werden parametr. Gleichungen für die Dispersionsgesetze in quadrat. Näherung der Komponenten des Wellenvektors, möglicher Mehrfachentartung u. Nullanstiegen der Oberflächenenergie in der Nähe bes. Punkte der Brillouin-Zone für rhomb.-flächenzentrierte Krist. erhalten. Die Spin–Bahn-Wechselwrkg. wird berücksichtigt. H. Roschkowski 72

0255 **Bestimmung der Dispersionskurven von Natriumfluoridkristallen durch diffuse Röntgenstreuung.** I. S. Braude. (Ukraïns'kyj fiz. Ž. **13** (1968) 8, 1378—83; Fiz.-techn. inst. nyz'kych temp. AN URSR; ukrain., Auszug: engl.) — Best. der Dispersionskurven von NaF-Krist. durch diffuse Röntgenstreuung u. Vgl. mit entsprechenden Neutronenmessungen. Nachgewiesen wird eine anomale Frequenzabhängigkeit eines Wellenvektors für longitudinale opt. Zweige in [111]-Richtung. Tabellierte Angaben für Geschw.- u. elast. Konstanten. I. Zoll 72

0256 **Relativistische Korrekturen bezüglich der Elektronendichte an der Kernoberfläche und der Alkalimetallhalogenid-Überlappungsintegrale.** D. W. Hafemeister. (J. chem. Physics **46** (1967) 5, 1929—34; Univ. of Calif., LASL, Los Alamos, N.Mex.; engl.) — Die Elektronendichte an der Kernoberfläche u. die Überlappungsintegrale für die Alkalimetallhalogenidgitter wurden mit Hartree-Fock-, Hartree-Fock-Slater- u. relativist. Dirac-Slater-SCF-Wellenfunktionen berechnet. G. Richard 72

0257 **Spezifische Wärme bei niedrigen Temperaturen und polymere Struktur von Natriumboratgläsern.** V. V. Tarasov und V. A. Turdakin. (Ž. neorg. Chim. **13** (1968) 10, 2651—54; Mosk. chim. technol. inst. im. Mendeleeva; russ.) — Die Strukturänderungen von Na-Boratgläsern mit Na_2O-Geh. von 7,8; 13,7; 21,09 u. 33,33 Mol-% im Bereich der hochpolymeren Struktur wurden durch Best. der spezif. Wärme bei 70—280 °K verfolgt. Die Ergebnisse stimmen mit akust. u. magnet. Daten u. a. überein u. zeigen, daß die „Boranomalie" (Extrema, Wendepunkte u. Knicke der Zus.–Eig.-Diagramme) nicht durch einfache Koordinationsumwandlung der B-Atome, sondern durch Strukturbesonderheiten des Boratgerüsts bedingt ist. $H_{298,15}-H_{50}$ beträgt in den verschiedenen Glasproben 434—456 cal/g-Atom. J. J. Pohl 74

0258 **Spezifische Wärme von wasserfreiem $CrCl_3$ unterhalb 4 °K.** M. O. Kostrjukova. (Ž. èksper. teoret. Fiz.— Pis'ma v Redakciju 8 (1968) 5, 231—34; Moskva, Gos. univ. im. Lomonosova; russ.) — Die spezif. Wärme wurde im Gebiet von 2 bis 4° K gemessen (Kurve). Eine empir. Beziehung wurde für den Kurvenverlauf abgeleitet. V. Burjan 74△

0259 **Röntgenographische Bestimmung der charakteristischen Debye-Temperatur von NbC, TaC und TiC.** J. Šedivý, H. Šichová und H. Vaněčková. (Freiberger Forsch.-H., Reihe B **1968**, 129, 95—100; dt.) — Mit Hilfe der Debye-Scherrer-Meth. wird röntgenograph. die Debye-Temp. Θ für die stöchiometr. zusammengesetzten Verb. TiC, NbC u. TaC bei Zimmertemp. ermittelt. Die Messung wurde mittels eines Zählrohrgoniometers mit der Eintemp.-Meth. ausgeführt. Die Intensität der einzelnen Debye-Scherrer-Linien wurde für NbC u. TaC mit einem mittleren Fehler von ± 2%, bei TiC mit ± 5% bestimmt. Für Θ ergeben sich die Werte: TiC 758 ± 53 °K; NbC 633 ± 44 °K; TaC 367 ± 26 °K. I. Zoll 74

0260 **Abhängigkeit der Schallgeschwindigkeit von der Masse und Energie der chemischen Umwandlung.** S. V. Nemilov. (Doklady Akad. Nauk SSSR **181** (1968) 6, 1427—29; russ.) — Ber. u. Vers.-Werte des Poisson-Koeff. für *Ag, Al, Au, Ba, Bi, Ca, Co, Cu, Fe, Mo, Ni, Pb, Pd, Pt, Si, Sn, Ta, W, Be, Mg, Zn* u. *Cd* u. Vers.-Daten für Mv_t^2 = U (M = Atom- oder Molgew., v_t = Schallwellengeschw.) für *Ag, Al, Au, Bi, Cu, Fe, La, Nd, Ni, Pd, Pb, Pr, Pt, Ta, V, Y, Yb, ZnS,* TiO_2, *Ge, Si, Be, AlSb, GaAs, GaSb, InSb, PbS,* SiO_2, *CsBr, KBr, KCl, KF, KJ, LiBr, LiCl, LiF, LiJ, NaBr, NaCl, NaF, NaJ, RbBr, RbCl, RbF* u. *RbJ* sind tabelliert. Der Zerfall von Festkörpern bei hohen Schallgeschw., -Frequenzen u. -Intensitäten wird diskutiert. J. J. Pohl 76

0261 **Zusammenstellung der elastischen Wellenfortpflanzungsarten und der Orientierungsabhängigkeit von Fehlstellendämpfung in Kupfer.** Edmund G. Henneke II und Robert E. Green jun. (Trans. metallurg. Soc. AIME **242** (1968) 6, 1971—76; Dep. of Mechan., Johns Hopkins Univ., Baltimore, Md.; engl.) — Die Geschw. der drei möglichen elast. Wellenfortpflanzungsarten in einkrist. *Cu* werden in 1°-Intervallen des räumlichen Dreiecks ber. u. die Ergebnisse als Linien gleicher Geschw. in dieses eingetragen. Vgl. mit analogen Daten für *Al.* R. Zimmer 76

0262 **Anregung und Ausbreitung longitudinaler elastischer Wellen mit Frequenzen von 200—2000 MHz in Lithiumniobatkristallen.** V. V. Lemanov, A. B. Šerman, G. A. Smolenskij, N. B. Angert und V. P. Kljuev. (Fiz. tverdogo Tela **10** (1968) 6, 1720—24; Inst. poluprov. AN SSSR, Leningrad; russ.) — Best. des Dämpfungskoeff. u. des Wrkg.-Grades der Umwandlung elektromagnet. in elast. Wellen. Die Frequenzabhängigkeit der Dämpfung kann mit der Theorie von Achieser beschrieben werden. Im Vgl. zu *Quarz* ist die Dämpfung in $LiNbO_3$ um eine Größenordnung geringer u. die Umwandlung um 25—30 dB größer. K. Jaeger 76

0263 **Resonanzabsorption elastischer Wellen in Einkristallen von Yttrium–Ferrit-Granat in Abwesenheit eines äußeren Magnetfelds.** V. V. Lemanov, A. V. Pavlenko und O. V. Šakin. (Ž. èksper. teoret. Fiz. — Pis'ma v Redakciju 8 (1968) 242—46; russ.) — Vgl. vorst. Referat. — Bei 20 u. 100°, 300—1800 MHz wurde (piezoelektr. Anregung) die Frequenzabhängigkeit der Dämpfung der Wellen u. bei 840 u. 650 MHz die Temp.-Abhängigkeit (300—500 °K) dieser Dämpfung in der [110]-Richtung gemessen. Resonanzen wurden gefunden. V. Burjan 76△

0264 **Zugverformung vielkristalliner Werkstoffe.** O. Vöhringer und E. Macherauch. (Metall **22** (1968) 10, 1002—11; Inst. für Werkstoffkunde, Univ. Karlsruhe; dt.) — Zusammenfassende Übersicht. — 77 Literaturangaben. I. Zoll 78

0265 **Wechselwirkung zwischen einer Rißfront und einer Spaltstufe.** F. F. Lange und K. A. D. Lambe. (Philos. Mag. [8] 18 (1968) 151, 129—36; AERE, Harwell, Berkshire; engl.) — Untersucht wird die Wechselwrkg. einer Rißfront mit einer Spaltstufe auf Bruchflächen von *MgO*-Einkristallen. Aus den mkr. u. elektronenmkr. Unters. folgt, daß Spaltstufen gegenüber einer Rißfront eine hemmende Kraft ausüben, die ihrer Höhe proportional ist, u. daß die Rißfront sich selbst noch vor der Bldg. einer Stufe überlappt. Aus den Beobachtungen u. mit der Hypothese, daß eine Rißfront eine Linienspannung besitzt, läßt sich ein Mechanismus entwickeln, der die Überlappung eines Teils einer Rißfront mit dem anderen Teil erklärt, die zur Bldg. von Spaltwhiskern führt. Die Energieverhältnisse, die bei der Teilung einer Stufe eine Rolle spielen, werden diskutiert. W. Laqua 78

0266 **Senkung der Oberflächenenergie von Korngrenzen in Metallen bei der durch Anreicherung der Grenzen mit Beimengungen hervorgerufenen Versprödung.** E. È. Glikman. (Fiz. Metallov Metallovedenie **26** (1968) 2, 233—40; Sibir. metallurg. inst.; russ.) — Ableitung einer Näherungsbeziehung zwischen der effektiven Bruch-Oberflächenenergie γ_B, dem Radius der plast. verformten Zone am Riß R u. der wahren Oberflächenenergie γ_0 von Oberflächen, die sich beim quasispröden Bruch von Metallen bilden. Experimentelle Bestätigung an einem *Stahl* mit 0,08(%) C; 1,8 Mn u. 0,030 P. H. Roschkowski 78

0267 **Berechnung der Schubspannungserhöhung von Legierungen mit verspannten Teilchen.** H. Gleiter. (Acta metallurg. [Long Island City, N.Y.] **16** (1968) 6, 829 bis 830; MPI für Metallforsch., Stuttgart; engl.) — Bei der Berechnung der Erhöhung der krit. Schubspannung von Leg. mit verspannten kohärenten Ausscheidungen müssen die Versetzungslinien als flexibel betrachtet werden. Alle Rechnungen, die von starren Versetzungslinien ausgehen, können im allg. die Erhöhung der krit. Schubspannung nicht richtig beschreiben. H. Liepack 78

0268 **Mikrokompression von Beryllium und Berylliumlegierungseinkristallen parallel zu [0001]. 1. Mitt. Kristallpräparation und Mikrodehnungseigenschaften.** G. J. London, V. V. Damiano und H. Conrad. (Trans. metallurg. Soc. AIME **242** (1968) 6, 979—86; Franklin Inst. Res. Labor., Philadelphia, Pa.; engl.) — Die Einkrist.-Herst. von durch Zonenschmelzen gereinigtem 99,98% reinem *Be, Be–4,37% Cu* u. *Be–5,24% Ni* wird beschrieben. Für die Kompressionsvers. werden diese Krist. parallel zu [0001] auf $\pm 3'$ zu (0001) ausgerichtet. Die c-Achsen-Kompressionsvers. wurden als Funktion der Temp. von 77 bis 700 °K ± 5 °K, der Reinheit u. des Leg.-Geh. mit einer Geschw. von $1{,}1 \cdot 10^{-4}\,s^{-1}$ durchgeführt. Dazu wurde eine App. mit einer Spannungsauflösung von (3 bis 5) $\cdot 10^{-6}$ entwickelt. Die Plastizität von 99,98% reinen Be-Einkrist. ist im ganzen Temp.-Bereich geringer als $5 \cdot 10^{-6}$, der Übergang vom spröden zum Scherbruch erfolgt zwischen Raumtemp. u. 200°. Starke c-Achsendehnbarkeit zeigten durch Zonenschmelzen gereinigtes Be bei 220 u. 333° u. Be-Leg. bei Raumtemp. u. darüber mit Gleitung auf $\{11\bar{2}2\}$-Ebenen. R. Zimmer 78

0269 **Mikrokompression von Beryllium und Berylliumlegierungseinkristallen parallel zu [0001]. 2. Mitt. Gleitlinienanalyse und Durchstrahlungselektronenmikroskopie.** V. V. Damiano, G. J. London und H. Conrad. (Trans. metallurg. Soc. AIME **242** (1968) 6, 987—94; engl.) — 1. vgl. vorst. Referat. — Der bei c-Achsenkompression aktivierte Gleitmodus wurde an Einkrist. aus 99,6% u. 99,98% reinem *Be, Be–5,24% Ni* u. *Be–4,37 Cu* im Temp.-Bereich von 25—364° durch Analyse der Gleitlinien auf zwei zueinander senkrechten, seitlichen Oberflächen u. der Gleitstufenhöhe sowie durchstrahlungselektronenmkr. untersucht. Die Leg. zeigten starke pyramidale $\{11\bar{2}2\}$-$[11\bar{2}3]$-Gleitung, in zunehmendem Maß bei steigender Temperatur. In 99,98% reinem Be war die Gleitung geringer als in den Leg., u. in 99,6% reinem Be wurden nur wenige pyramidale Gleitlinien in der Nähe der Bruchfläche beobachtet. In den $\{11\bar{2}2\}$-Gleitbändern wurden bei elektronenmkr. Unters. dünner Folien Fehlstellen mit [0001] u. $^1/_3\langle 11\bar{2}0\rangle$ sowie $^1/_3\langle 11\bar{2}3\rangle$-Burgers-Vektoren gefunden. Es wird angenommen, daß nach den Kanten orientierte Fehlstellen mit $^1/_3\langle 11\bar{2}3\rangle$-Burgers-Vektor während der Kompression aktiviert werden u. nach $^1/_3\langle 11\bar{2}3\rangle \rightarrow [0001] + {}^1/_3\langle 11\bar{2}0\rangle$ dissoziieren. R. Zimmer 78

0270 **Innere Verformung und Bruch von $\{10\bar{1}1\}$-$\{10\bar{1}2\}$-Zwillingen zweiter Ordnung in Magnesium.** W. H. Hartt und R. E. Reed-Hill. (Trans. metallurg. Soc. AIME **242** (1968) 6, 1127—33; U. S. Army Mater. and Mechan. Res. Center; engl.) — *Mg*-Einkrist. hoher Reinheit wurden so orientiert, daß die Basisebene parallel zur Druckrichtung lag, u. bei Zimmertemp. spannungsverformt. Die dabei entstandenen $\{10\bar{1}1\}$-$\{10\bar{1}2\}$-Zwillinge zweiter Ordnung wurden auf ihrer Scherebene $(1\bar{2}10)$ opt. u. elektronenmkr. an Celluloseacetat–Kohle-Abdrücken untersucht. Zum Vgl. wurden einige polykrist. Proben beobachtet. Bei niedrigen Spannungen wird mit zunehmender Verformung die Basisebene in sek. $\{10\bar{1}1\}$-$\{10\bar{1}2\}$-Zwillingen bis in eine annähernd parallele Lage (um 54°) zur Zwillingskorngrenze gedreht. Diese Gitterdrehung wird durch zwei Mechanismen erklärt, zuerst Basisgleitung im prim. Zwilling, dann geschwungener Verlauf im sek. Zwilling. Für die Verformung in Zwillingsbändern wird ein Mechanismus, ähnlich der Scherwrkg. an Korngrenzen, angenommen, da einfache Basisgleitung trotz der Drehung der Basisebene unwahrscheinlich ist. Der Bruch an $\{10\bar{1}1\}$-$\{10\bar{1}2\}$-Zwillingen wird durch kleine Lücken an der Zwillingskorngrenze, die sich zu Mikrobrüchen vergrößern, hervorgerufen. R. Zimmer 78

0271 **Tieftemperatur-Deformationsmechanismen der kubisch-raumzentrierten Legierung Mg–14 Gewichtsprozent Li–1,5 Gewichtsprozent Al.** M. O. Abo-el Fotah, J. B. Mitchell und J. E. Dorn. (Trans. metallurg. Soc. AIME **242** (1968) 7, 1449—52; Berkeley, Calif., Univ. of Calif., Inorgan. Mater. Res. Div., Lawrence Radiat. Labor. and Dep. of Miner. Technol.; engl.) — Der Einfl. der Dehnungsgeschw. u. der Temp. auf die Fließspannung unter Zug der polykrist. kub.-raumzentrierten Leg. wurde bei Dehnungsgeschw. von $3{,}13 \cdot 10^{-5}$ bis $3{,}13 \cdot 10^{-3}\,s^{-1}$ u. 20—300 °K gemessen. Von ca. 180—300 °K zeigt die Leg. ein atherm. Deformationsverh., dabei ist die Fließspannung von der Dehnungsgeschw. unabhängig u. steigt nur leicht mit abnehmender Temp. an. Bei niedrigeren Temp. ist die Fließspannung stark abhängig von der Dehnungsgeschw. u. der Temp. u. charakterist. für Deformationen, die durch einen therm. aktivierten Mechanismus kontrolliert werden. E. Schulte 78△

0272 **Zeit–Temperatur-Abhängigkeit der Härte von ausgehärteten Aluminiumlegierungen.** H. Kellerer und G. Piatti. (J. nuclear Mater. [Amsterdam] **27** (1968) 3, 245—56; Metallurg. and Ceram. Div., EURATOM, CCR, Ispra; engl.) — Unters. der Warmhärte von Al (4—15,5) % Al_2O_3 (SAP) bei 20—600° an Luft sowie Härtekriechvers. an SAP mit 7% Al_2O_3 bei 350 u. 450° (bis 4000 Min.). M. Frenzel 78

0273 **Einfluß des Nickels auf die Eigenschaften von Verbundmetallen der Zusammensetzung Al–10 Gewichtsprozent Si, die nickelbedeckte Sapphir-Whisker enthalten.** H. Yakowitz, W. D. Jenkins und H. Hahn. (J. Res. nat. Bur. Standards, Sect. A **72 A** (1968) 3, 269—72; Inst. for Mater. Res., NBS, Washington, D.C.; engl.) — Ni-bedeckte Sapphir-Whisker wurden in eine Al-Leg. mit 10 Gew.-% Si durch Heißpressen der fl. Phase eingeführt. Der Einfl. des Ni auf die Bindung Whisker—Matrix wurde durch opt. u. Elektronenmikroskopie, durch Unters. mit der Elektronenmikrosonde u. durch Messung der Mikrohärte bestimmt. Während des Heißpressens diffundiert ein beträchtlicher Teil des Ni in die Matrix ein, wobei $NiAl_3$ gebildet u. als disperse Phase ausgeschieden wird. Dadurch wird die mittlere Härte des Verbundmetalls, nicht aber seine Festigkeit erhöht. Die Bindung des Ni an die Sapphir-Whisker erfolgt, falls eine solche Bindung überhaupt existiert, über Ni-reiche, Al-enthaltende Cluster, die sich an der Zwischenfläche Whisker-Matrix ausscheiden. Es wird angenommen, daß sich die Bindung des Ni an die Sapphir-Whisker u. damit die Festigkeit des Verbundmetalls durch Wärmebehandlung verbessern läßt. W. Laqua 78

0274 **Vergleich der Mikrohärtekurven und der Kurven der Konzentration an gelöstem Sauerstoff in α-Zirkonium nach verlängerter Oxydation bei 850°.** Georges Amsel, Gérard Béranger, Pierre Boisot, Daniel David, Bernard de Gélas und Paul Lacombe. (C. R. hebd. Séances Acad. Sci., Sér. C **267** (1968) 4, 301—04; Paris, École Norm. Sup.; franz.) — Härtekurven u. Kurven der Konz. von gelöstem O wurden an Proben aus Zr, die 400 Std. bei 850° ox. wurden, bestimmt. Dabei wurde festgestellt, daß ein in den Härtekurven auftretender Absatz in den O-Konz.-Kurven nicht zu beobachten war. Die Unters. ergaben, daß der Härteabsatz bei Konz. von 14—20 Atom-% O auftrat entsprechend den Näherungsformeln Zr_6O u. Zr_4O. Der Härteabsatz kann also nicht, wie früher vorgeschlagen wurde, mit dem Auftreten der

Substruktur Zr_3O zusammenhängen. Die Erscheinung wird vielmehr mit einer Änderung des Diffusionskoeff. von O in der Nähe des Sättigungspunktes in Verb. gebracht. F. Vier 78

0275 **Umwandlung duktil-spröde-duktil in Niob–Wasserstoff-Legierungen.** T. G. Oakwood und R. D. Daniels. (Trans. metallurg. Soc. AIME **242** (1968) 7, 1327—33; East Chicago Ind., Inland Steel Co.; Norman, Okla., Univ. of Oklahoma; engl.) — Die Einfl. von kleinen Mengen H_2 auf die mechan. Eig. von Nb wurden untersucht. Dehnungsproben mit H_2-Geh. von 20—200 ppm wurden bei 300, 191 u. 77 °K geprüft. Die Festigkeit von Nb wird durch H_2 wenig beeinflußt, die Duktilität jedoch ist in Nb–H-Leg. sehr empfindlich sowohl gegen die H_2-Konz. als auch gegen die Temperatur. Bei 300 °K tritt ein plötzlicher Duktilitätsverlust bei einer krit. H_2-Konz. auf. Ein ähnliches Ergebnis wurde bei einer niedrigeren H_2-Konz. bei 191 °K erhalten. Bei 77 °K wurde ein mehr gradueller Verlust an Duktilität mit zunehmender H_2-Konz. beobachtet. Es liegt ein Übergang duktil-spröde-duktil vor. Metallograph. Unters. der zerrissenen Probe zeigen eine starke Porosität bei 77 u. 300 °K, sie ist eine Funktion des H_2-Gehaltes. Bei 191 °K war die Porosität minimal, obgleich einige sek. Brüche beobachtet wurden. Die Beobachtungen werden mit Hilfe der H_2-Löslichkeit u. -Beweglichkeit als Funktion der Temp. u. der Rolle von H_2 bei der fortschreitenden Ausbldg. von Mikrobrüchen gedeutet. E. Schulte 78△

0276 **Nachweis des Auftretens von Piobert-Lüders-Bändern auf Eisen hoher Reinheit.** Françoise Faudot und Simone Talbot-Besnard. (C. R. hebd. Séances Acad. Sci., Sér. C **267** (1968) 4, 299—300; Vitry-sur-Seine, Centre d'Études de Chim. métallurg.; franz.) — An Zugvers. unterworfenen Proben aus sehr reinem Fe, das durch Zonenschmelzen gereinigt war, konnte das Auftreten u. die Fortpflanzung von Piobert-Lüders-Bändern beobachtet werden. Anscheinend ist dieses Auftreten eine Folge bestimmter Wärmebehandlungen. F. Vier 78

0277 **Einfluß der Prüfgeschwindigkeit auf den Widerstand gegenüber plastischer Verformung von Eisen verschiedener Reinheit.** V. I. Sarrak und V. N. Šubin. (Fiz. Metallov Metallovedenie **26** (1968) 2, 337—41; Inst. metallovedenija i fiz. metallov CNIIČM im. Bardina; russ.) — Die Geschw.-Abhängigkeit der Verformung von Fe hängt nach Vers.-Daten an techn. u. reinem Fe mit der Änderung des Bewegungswiderstandes einzelner Versetzungen u. der Versetzungsstruktur zusammen. H. Roschkowski 78

0278 **Einfluß der Austenitzersetzung auf den Elastizitätsmodul von gehärtetem Stahl.** A. H. Medvid', A. O. Brjuchanov und N. H. Jevtušenko. (Ukraïns'kyj fiz. Ž. **13** (1968) 2, 343—44; Odes'kyj deržuniv. im. Mečnikova; ukrain.) I. Zoll 78

0279 **Bildung von Versetzungsknoten und die Reckalterung in karburierten Einkristallen aus Eisen mit 3,25% Silicium.** K. R. Carson und J. Weertman. (Trans. metallurg. Soc. AIME **242** (1968) 7, 1413—18; Houston, Tex., Rice Univ., Dep. of Mechan. and Aerospace Engng. and Mater. Sci.; engl.) — Das Kaltverfestigungsverh. von 3,25% Si–Fe-Einkrist. wurde bei 300 u. 425 °K unter kontinuierlicher u. unter unterbrochener Dehnspannung bestimmt. Eine beträchtlich erhöhte Härtung wurde in den bei der erhöhten Temp. deformierten Krist. beobachtet, durch unterbrochene Dehnung wurde die Härtung weiter ausgeprägt. Die resultierenden Versetzungsstrukturen wurden elektronenmkr. untersucht. E. Schulte 78△

0280 **Ausheilen von wasserstoffinduzierten Mikrobrüchen in Eisen-3% Silicium.** D. F. De Sante und A. S. Tetelman. (Trans. metallurg. Soc. AIME **242** (1968) 7, 1473—75; Stanford, Calif., Stanford Univ., Dep. of Mater. Sci.; engl.) — Die Unters. zeigen, daß bei 900° das Ausheilen der inneren Mikrobrüche in Fe-3% Si einen dauerhaften Anstieg in der makroskop. Bruchfestigkeit u. der Duktilität sowie eine Abnahme der Umwandlungstemp. duktil → spröde bewirkt. E. Schulte 78△

0281 **Versetzungsstruktur und Besonderheiten bei der Bildung zäher Risse in Armco-Eisen.** A. S. Dračyn-s'kyj, Ju. M. Petrov und V. I. Trefilov. (Ukraïns'kyj fiz. Ž. **13** (1968) 9, 1535—39; Inst. metalofiz. AN URSR, Kyïv; ukrain., Auszug: engl.) — Unters. der Versetzungsstruktur im Flaschenhalsbereich der Proben zeigen, daß bei der Verformung die Zelldimensionen abnehmen u. die Desorientierungen zwischen angrenzenden Zellen zunehmen. Die Feinstruktur der Oberflächenbrüche ähnelt der Zellstruktur dieses Bereichs. Es wird angenommen, daß sich längs der deformierten Zellgrenzen ein zäher Riß ausbildet. I. Zoll 78

0282 **Isothermale Kompression der Eisenlegierungen bis zu 300 Kilobar bei Raumtemperatur: Eisen–Nickel-Legierungen.** Taro Takahashi, William A. Bassett und Ho-Kwang Mao. (J. geophys. Res. **73** (1968) 14, 4717—25; Rochester, N.Y., Univ. of Rochester, Dep. of Geol. Sci. and Space Sci. Center; engl.) — Der Einfl. des Druckes auf die Krist.-Struktur u. das Molvol. der Fe-Leg. mit 5% Ni u. 10% Ni wurde bei Raumtemp. u. Drücken bis zu 300 kb röntgenograph. u. unter Anwendung einer Diamant-Amboß-Hochdruckzelle untersucht. Die Leg. zeigen eine reversible bcc-hcp Phasenumwandlung, die von einer Vol.-Änderung von $-0,36 \pm 0,02$ cm³/Mol. begleitet ist. Das kristallograph. Achsenverhältnis c/a der hcp Phase steigt mit dem Ni-Geh. an; es wird vom Druck nicht beeinflußt. Die aus den Vol.-Daten für die bcc- u. hcp-Phasen der Leg. ber. räumlichen Elastizitätskoeff. unterscheiden sich nicht sehr von den entsprechenden der Phasen des Fe. Der räumliche Elastizitätskoeff. beim Druck Null der hcp-Phase wurde zu $2,06 \pm 0,15$ Mb bestimmt, er ist ca. 20% größer als der Wert für die bcc-Phase. Das Vol. der hcp-Phase bei Druck Null wurde aus Vol.-Druck-Daten extrapoliert. Für Fe u. die Leg. wurde der Wert $6,67 \pm 0,02$ cm³/Mol. ermittelt. Die erhaltenen Druck-Vol.-Beziehungen sind mit den aus Schock-Kompressionsmeth. ermittelten Ergebnissen von Mc-Queen u. Marsh (1960, 1966) in Übereinstimmung. E. Schulte 78△

0283 **Korngrenzenentartung in Kupfer–Helium-Legierungen.** G. P. Tiwari. (J. nuclear Mater. [Amsterdam] **27** (1968) 3, 345—47; Metallurg. Div., Bhabha Atom. Res. Centre, Trombay, Bombay; engl.) — Anwendung eines bekannten Gasblasendruckmodells zur Deutung des Zeitstandverhaltens. M. Frenzel 78

0284 **Kinetik der Dispersionsverfestigung und Änderung des Gleitmechanismus von Cu–Ti- und Cu–Ti–Al-Legierungen.** A. D. Korotaev, A. T. Protasov, O. V. Cinenko und O. O. Lambakachar. (Izvest. vysšich učebnych Zavedenij [Tomsk], Fiz. **11** (1968) 9 (76), 113—20, 2 Tafeln; Sibir. fiz.-techn. inst. im. Kuznecova; russ.) — Untersucht werden eine Cu-Leg. mit 4,7 (Gew.-%) Ti u. zwei tern. Cu-Leg. mit 2,3 Ti u. 2 Al bzw. 2,3 Ti u. 5 Al. Die Verfestigung der bin. u. tern. Leg. im Stadium des kohärenten Zerfalls kann im wesentlichen mit dem Mott-Nabarro-Mechanismus beschrieben werden. Der Gleitmechanismus gehärteter u. überalterter Leg. wird elektronenmkr. untersucht. H. Roschkowski 78

0285 **Einfluß der Adsorption auf die bei der Eindruckhärtebestimmung auftretende Verformung nichtmetallischer Festkörper.** R. E. Hanneman und J. H. Westbrook. (Philos. Mag. [8] **18** (1968) 151, 73—88; Gen. Electr. Res. and Dev. Center, Schenectady, N.Y.; engl.) — An Einkrist. folgender Verb. bzw. Elemente wurde die Mikroeindruckhärte gemessen: *GaSb, GaAs, GaP, InSb, CdS, CdTe, ZnO, ZnS, ZnSe, ZnTe, BeO, SiC, Ge, Si, C, LiF*, Al_2O_3, *Boracit, Quarz*, SiO_2*-Glas* u. *Alkaliglas*. Durch Adsorption von H_2O (bzw. anderen polaren Verb. wie CCl_4, A., Methanol, Mineralöl) ergeben sich beträchtliche Unterschiede für die Werte der Mikrohärte, das Kriechverh. u. die Versetzungsbeweglichkeit. Die mechan. Anisotropie gegenüberliegender polarer Flächen nicht-zentrosymm. Krist. läßt sich nach den experimentellen Ergebnissen eher auf unterschiedliche Einfl. des adsorbierten H_2O als auf den Krist. innewohnende mechan. Eig. zurückführen. Die Anwendbarkeit von Mikrohärtemessungen zur Bestimmung der kristallograph. Polarität nicht-zentrosymm. Krist. wird diskutiert. Mögliche

Mechanismen zur Deutung des Einfl. adsorbierter polarer Verb. auf die Mikrohärte nichtmetall. Festkörper werden angegeben. W. Laqua 78

0286 **Lückenbildung beim nichtbasalen Gleiten von Eiseinkristallen unter Zug.** Shinji Mae. (Philos. Mag. [8] 18 (1968) 151, 101—14; Dep. of Phys., Hokkaido Univ.; engl.) — Untersucht wurde die Zugverformung rechteckiger Eiseinkristalle, die kristallograph. so orientiert waren, daß nur nichtbasales Gleiten auf {10$\bar{1}$0}-Ebenen stattfinden konnte. Im Verlaufe des Verformungsprozesses bildeten sich in Reihen angeordnete Lücken aus, die parallel ⟨11$\bar{2}$0⟩ verliefen. Diese Lücken besitzen die Form dünner kreisförmiger oder hexagonaler Plättchen, die in auf der Basisebene liegenden Schichten angeordnet sind. Mit zunehmender Verformung nehmen Anzahl u. Größe der Lücken zu; einige von ihnen bilden große Hohlräume, was zum Bruch des Materials führt. Im Verlaufe einer Spannungsalterung nimmt die Anzahl der Lücken ab, während das Vol. der verbleibenden Lücken zunimmt. Es wird ein Modell entwickelt, wonach die Lücken als Leerstellenaggregate hinter kletternden Stufenversetzungen, die auf {10$\bar{1}$0}-Ebenen liegen, zurückbleiben. Theorie u. Experiment stehen in guter Übereinstimmung. Bei Druckverformung werden keine Lücken gebildet. W. Laqua 78

0287 **Einfluß statischer Kompressionsbelastung auf die innere Reibung von LiF.** S. H. Carpenter und O. P. Quist. (Trans. metallurg. Soc. AIME 242 (1968) 6, 967—71; Univ. of Denver, Denver, Colo.; engl.) — Die innere Reibung von mit ⟨100⟩, ⟨110⟩ u. ⟨111⟩ parallel zur Länge orientierten LiF-Einkrist. wurde untersucht. Die Messungen wurden als Funktion des stat. Kompressionsdruckes im spannungsamplitudenabhängigen u. -unabhängigen Bereich durchgeführt. Bei Raumtemp. konnte bis zu einer Belastung von 3 kg/mm² keine Fehlstellenbewegung in nach ⟨111⟩ orientierten Proben gemessen werden, entsprechend einer Haftung der Fehlstellen auf diesen Gleitebenen. Bei nach ⟨100⟩ u. ⟨110⟩ orientierten Krist. bewirkte stat. Druck einen Anstieg des amplitudenunabhängigen Druckes. Der amplitudenabhängige Druck nahm zuerst ab u. stieg dann rasch an. R. Zimmer 78

0288 **Versetzungsstruktur und mechanische Eigenschaften von Aluminiumantimonid-Einkristallen.** V. I. Nikitenko, V. N. Vertoprachov, L. M. Deduch und V. P. Zinov'eva. (Fiz. tverdogo Tela 10 (1968) 6, 1824—32; Inst. fiz. tverdogo tela AN SSSR, Moskva; russ.) — Best. der photoelast. Konst., der Mikrohärte, Mikrostruktur u. des Fließverh. (350—650°) bei einseitiger Kompression. Der Einfl. der Oberflächenhydrolyse auf die Bruchfestigkeit wird untersucht. K. Jaeger 78

0289 **Aktivierungsenergien für das Hochtemperatur-Gleichgewichtskriechen von Bleisulfid.** 2. Mitt. M. S. Seltzer. (Trans. metallurg. Soc. AIME 242 (1968), 7, 1456—57; Columbus, O., Battelle Mem. Inst., Metal Sci. Group; engl.) — 1. vgl. ibid. 239 (1967) 650. — Die Aktivierungsenergien für das Gleichgew.-Kriechen in PbS unter den Bedingungen konst. Pb- u. S-Leerstellenkonz. werden bestimmt. Die Ergebnisse der Unters. zeigen, daß die Defekte, die das Gleichgew.-Kriechen in PbS kontrollieren, einfach ionisierte Pb- u. S-Leerstellen sind. E. Schulte 78△

0290 **Einfluß der Größe der Dehnungsspannung auf die Viskosität von Gläsern.** S. M. Rechson, V. P. Kljuev und O. V. Mazurin. (Izvest. Akad. Nauk SSSR, Neorg. Mater. 4 (1968) 8, 1392—93; Inst. chim. silikatov im. Grebenščikova AN SSSR; russ.) — Die Abhängigkeit der Viskosität von Fensterglas von der Spannung im Bereich 0,5—125 kg/cm² u. 498—529° ≙ 10^{15}—10^{13} Poise wurde bestimmt. Die kleinste Verformungsgeschw. betrug 10^{-8} cm/s (±10%), im Bereich $10^{-5,5}$ bis 10^{-7} betrug der Fehler ±5%. Die Viskosität ist bei jeder Temp. von einem charakterist. Spannungswert an unabhängig von der Spannung. Diese charakterist. Grenzspannung wird bei wachsender Temp. niedriger. Von einem gewissen Restspannungswert ab kann die Erhitzungsgeschw. von Fensterglas stark abnehmen. J. J. Pohl 78

0291 **Gitterkonstanten, Koeffizienten der thermischen Ausdehnung und Dichte von Molybdän unterschiedlicher Reinheit und die Löslichkeit von Schwefel, Selen und Tellur in Molybdän bei 1100°.** Martin E. Straumanis und Ramesh P. Shodhan. (Z. Metallkunde 59 (1968) 6, 492—95; Graduate Center for Mater. Res., Univ. of Mo.-Rolla, Rolla, Mo.; engl.) — Für 99,9935 (%ig.) Mo ist a_{25} = 3,14700 ± 0,00001 Å, für 99,95 Mo 3,14696 ± 0,00003 Å, der Koeff. der therm. Ausdehnung $\alpha = 4{,}89 \cdot 10^{-6}$ Grad^{-1} für 15—65°; $D_{\cdot exp}$ 10,222 ± 0,036, $D_{\cdot R}$ 10,2201 g/cm³ bei 25°. Nach Glühen des Mo zusammen mit S, Se oder Te tritt eine leichte Gitteraufweitung ein, die vom S zum Te hin größer wird. Es wird angenommen, daß diese Gitteraufweitung durch eine gewisse Löslichkeit der Chalkogene (< 1—2 Atom-%) hervorgerufen wird. M. Frenzel 80

0292 **Gitterparameter und thermischer Ausdehnungskoeffizient von Molybdän zwischen 15 und 65°.** M. E. Straumanis und R. P. Shodhan, (Trans. metallurg. Soc. AIME 242 (1968) 6, 1185—86; engl.) — Vgl. vorst. Referat. — Die Gitterkonst. u. der Ausdehnungskoeff. von sehr reinem Mo u. von 99,95% reinem Mo werden röntgenograph. zwischen 15 u. 65° bestimmt. Für die Gitterkonst. von reinem Mo wurde ein Durchschnittswert von 3,14700 Å (25°) ermittelt. Der Ausdehnungskoeff. wurde nach $\alpha = \Delta a/\Delta t \cdot a_{25}$ bestimmt u. betrug für reines Mo $\alpha = 4{,}89 \cdot 10^{-6}$ Grad^{-1}. Für 99,95% reines Mo betrug die Gitterkonst. bei 25° 3,1469 Å. R. Zimmer 80

0293 **Dilatometrische Untersuchung von SbSJ-Einkristallen.** A. A. Grekov und E. D. Rogač. (Izvest. vysšich učebnych Zavedenij [Tomsk], Fiz. 11 (1968) 9 (76), 138—39; Rostovskij-na-Donu gosuniv.; russ.) — Die relative Ausdehnung u. der lineare Ausdehnungskoeff. von SbSJ-Einkrist. bei −40 bis +30° werden dilatometr. bestimmt. Das Verh. beider Größen am seignetteelektr. Phasenübergang bei ca. 20° wird besprochen. H. Roschkowski 80

0294 **Thermische Eigenschaften von Lithiumniobatkristallen.** V. V. Ždanova, V. P. Kljuev, V. V. Lemanov, I. A. Smirnov und V. V. Tichonov. (Fiz. tverdogo Tela 10 (1968) 6, 1725—28; Inst. poluprov. AN SSSR, Leningrad; russ.) — Messung der linearen Ausdehnung, der spezif. Wärme u. der Wärmeleitfähigkeit von 77—500 °K. Senkrecht u. parallel zur trigonalen Achse ist der lineare Ausdehnungskoeff. stark anisotrop; die Wärmeleitfähigkeit zeigt in diesen Richtungen keine Anisotropie. Die Debye-Temp. im untersuchten Bereich liegt zwischen 300 u. 600 °K. K. Jaeger 80

0295 **Thermische Charakteristiken der kristallinen Franciumhalogenide und der Alkalimetallastatide im Temperaturintervall 0—300 °K.** G. A. Krestov und N. V. Krestova. (Radiochimija 10 (1968) 3, 344—50; russ.) — Auf der Grundlage ihrer früheren Unters. ber. Vf. die Temp.-Koeff. der Ionenabstände u. die therm. Ausdehnungskoeff. für die Krist. *FrF, FrCl, FrBr, FrJ, NaAt, KAt, RbAt, CsAt* u. *FrAt* im Temp.-Bereich 0 bis 300 °K. Bis 150 °K ergibt sich eine starke Abhängigkeit dieser Koeff. von der Temp., bei > 300 °K erreichen sie Grenzwerte. Bei gleichen Temp. vergrößern sich die Koeff. in der Reihe FrF > FrCl > FrBr > FrJ > FrAt sowie NaAt > KAt > RbAt > CsAt > FrAt. Für die Temp. 0, 10, 20, 30, 40, 50, 60, 80, 100, 150, 200, 250 u. 300 °K sind die Koeff. tabellar. angegeben. Vf. ber. ferner die Temp.-Koeff. der Ionenradien von Fr^{+} u. At^{-}. G. Ewald 80

0296 **Temperaturleitfähigkeit und Wärmeleitfähigkeit von Titan bei hohen Temperaturen.** V. E. Zinov'ev, R. P. Krencis und P. V. Gel'd. (Teplofiz. vysokich Temperatur 6 (1968) 5, 927—28; Ural'skij politechn. inst.; russ.) — Angabe von Meßdaten für Temp. von ca. 1000—1500 °K. Beide Größen zeigen unter- bzw. oberhalb der α—β-Phasenumwandlung (1156 °K) unterschiedliche Temp.-Abhängigkeiten. H. Roschkowski 82

0297 **Wärmeleitfähigkeit von Titan und Zirkon bei tiefen Temperaturen.** C. Gladun und J. Klose. (Mber. dtsch. Akad. Wiss. Berlin 10 (1968) 6, 426—29; Inst.

für Tieftemp.-Phys., Dresden, DAW; dt.) — Das Wärmeleitvermögen von polykrist. Ti (99,9 %), zonengeschmolzenem Ti u. Zr (99,9 %) wurde im Temp.-Bereich von 4,2—300 °K gemessen. Bei Ti erkennt man eine schwache Abhängigkeit der Wärmeleitfähigkeit von Reinheit u. Korngröße des Materials. Der Meßfehler beträgt im gesamten Temp.-Bereich ca. 5 %. I. Zoll 82

0298 **Wärmeleitfähigkeit von Werkstattmaterialien (Kupfer, Neusilber, V2A-Stahl) bei tiefen Temperaturen.** C. Gladun und J. Klose. (Mber. dtsch. Akad. Wiss. Berlin **10** (1968) 6, 429—32; dt.) — Vgl. vorst. Referat. — Messung der Wärmeleitfähigkeit von Elektrolytkupfer E-Cu 99,9, Neusilber NS 6512 (65 % Cu, 22 % Zn, 12 % Ni, Spuren von Mn, Fe u. Pb) u. V2A-Stahl (72 % Fe, 18 % Cr, 9 % Ni, 0,5 % Ti, Spuren von Mn, Si, C) im Temp.-Bereich von 4,2—50 °K. I. Zoll 82

0299 **Wärmeleitung in Legierungen des Systems Pb—Bi im flüssigen Zustand.** Ja. J. Dutčak, P. V. Panasjuk und O. P. Stec'kiv. (Ukraïns'kyj fiz. Ž. **12** (1967) 12, 2049—50; L'vivs'kyj deržuniv. im. Franka; ukrain.) I. Zoll 82

0300 **Einfluß von Rutheniumzusätzen auf die Wärmeleitfähigkeit von Niob.** L. A. Pantelejmonov, O. P. Nesterova und K. G. Achmetzjanov. (Vestnik Moskovskogo Univ., Ser. II **23** (1968) 3, 98—99; Kaf. obščej chim.; russ., Auszug: engl.) — Die Wärmeleitfähigkeit von Nb steigt bei Zusatz von bis zu 20 Atom-% Ru linear um ca. 15 % im Temp.-Bereich von 50—350° an. H. Roschkowski 82

0301 **Temperaturleitfähigkeit des Systems UO_2–SiO_2 im Temperaturbereich 100—800°.** G. Glanz. (J. nuclear Mater. [Amsterdam] **27** (1968) 3, 331—34; Inst. für Atomphys., Bukarest; dt.) M. Frenzel 82

0302 **Wärmeübertragungsprozesse in Kupferchalkogeniden.** A. S. Ochotin, A. N. Krestovnikov und A. A. Ajvazov. (Teplofiz. vysokich Temperatur **6** (1968) 5, 930—32; Inst. stali i splavov; russ.) — Die Wärmeleitfähigkeit von Cu_2Te, Cu_2Se u. Cu_2S wurde gemessen u. der Mechanismus des Wärmetransports in den Verb. zwischen Raumtemp. u. den F. wird besprochen. H. Roschkowski 82

0303 **Sättigung von Ni und Ti mit Wasserstoff durch Eindringen von H_1^+-Ionen mit einer Energie von 35 keV.** N. P. Katrič. (Atom. Énerg. **25** (1968) 3, 217—21; russ.) — Beim Beschuß von Ti bzw. Ni mit schnellen H_1^+-Ionen wurde eine Ausdehnung des Bereiches mit extrem hoher Wasserstoffkonz. beobachtet. Die Verteilung des eingedrungenen Wasserstoffes im Ni-Film wurde ermittelt, die Abhängigkeit der Desorption bei 300 °K von der Menge des bei 78 °K eingebrachten Wasserstoffes wird analysiert. J. J. Pohl 84

0304 **Diffusion von Kohlenstoff und Uran in Urancarbid.** Hee Myong Lee und L. R. Barrett. (J. nuclear Mater. [Amsterdam] **27** (1968) 3, 275—84; Dep. of Chem. Engng. and Chem. Technol., Imp. Coll., London; engl.) — Tracerunters. für stöchiometr. UC ergeben für C $D = 1{,}75 \exp(-63000/RT)$ für $1266 < T < 1684°$; für U $D = 8{,}47 \exp(-104000/RT)$ für $1505 < T < 1863°$ (Zwischengitter- bzw. Leerstellendiffusion; Unters. des Einfl. von C-Unterschuß bzw. -Überschuß). In lichtbogengeschmolzenem hypostöchiometr. UC_x liegt bei niedrigeren Temp. Korngrenzendiffusion vor. M. Frenzel 84

0305 **Diffusion von Kohlenstoff in Graphiteinkristallen.** F. S. Feates. (J. nuclear Mater. [Amsterdam] **27** (1968) 3, 325—30; ANL, Lemont, Ill.; engl.) — Neue Meth. zur Best. der Selbstdiffusion in Graphit durch Ätzen u. Elektronenmikroskopie (^{14}C). Einkrist. werden an den äußeren Oberflächen mit ^{14}CO markiert u. ^{14}C wird bei 2000—2600° eindiffundiert (Bldg. von Gitterleerstellen, erzeugt durch Zerfall von ^{14}C zu ^{14}N). Nach dem Spalten der Krist. werden die Leerstellen durch Ox. vergrößert u. zur Zählung mit Au markiert. Die Selbstdiffusionskonst. bei 2200° parallel u. senkrecht zur Grundebene betragen $2{,}9 \cdot 10^{-13}$ bzw. $2{,}5 \cdot 10^{-14}$ cm²/s. M. Frenzel 84

0306 **Über eine mögliche Bedeutung von Anion—Kation-Leerstellenpaaren beim Interdiffusionsvorgang im System KCl—KBr.** Ju. I. Bojko. (Ukraïns'kyj fiz. Ž. **13** (1968) 9, 1540—43; Charkivs'kyj deržuniv. im. Gor'kogo; ukrain., Auszug: engl.) — Es wird der Einfl. eines konst. äußeren elektr. Feldes auf den Interdiffusionsprozeß zwischen KCl- u. KBr-Einkristallen mit Ca^{2+}-Verunreinigungen im Temp.-Bereich von 510—690° untersucht. Es ist möglich, daß die Leerstellenpaare an der Massenübertragung u. nicht an der Ladungsübertragung teilnehmen. Durch Zusatz 2wertiger Verunreinigungskationen werden zusätzlich Leerstellenpaare im Interdiffusionsvorgang gebildet. I. Zoll 84

0307 **Beweglichkeit von Silber in Titan.** P. P. Kuz'menko und V. I. Lozovoj. (Fiz. Metallov Metallovedenie **26** (1968) 2, 382—84; Kievskij gosuniv. im. Ševčenko; russ.) — Die Diffusion u. elektr. Überführung von Ag in Ti bei Temp. von 1120—1620 °K wird untersucht. H. Roschkowski 84

0308 **Diffusion von Gold in festem Lithium.** A. Ott. (Z. Naturforsch. **23a** (1968) 10, 1683—84; Phys. Dep. Chalmers Univ. of Technol., Gothenburg; engl.) — Unters. in Li normaler Isotopenzus. bei 45—150° ergeben $D = D_0 \exp(-Q/RT)$ mit $D_0 = 0{,}21 \pm 0{,}08$ cm²/s⁻¹ u. $Q = 10{,}99 \pm 0{,}18$ kcal · Mol⁻¹; in 4,4 % ^7Li—95,6 % ^6Li werden um ca. 8 % höhere Diffusionsgeschw. beobachtet. M. Frenzel 84

0309 **Ionenquelle auf der Grundlage der scharf fokussierten Röntgenröhre.** Š. A. Abljaev und Ju. E. Nečaev. (Izvest. Akad. Nauk Uzb. SSR, Ser. fiz.-mat. Nauk **12** (1968) 3, 64; Inst. elektroniki Uzbek. SSR; russ.) — Durch spezielle Form der Elektroden fokussierte Elektronen von 30—40 keV fallen auf das Target aus dem untersuchten Material u. führen zur Verdampfung u. Ionisation. So wurden Ionen von Sb, Ni, Si, B u. Mo zum Zweck der Dotierung von Si sowie für analyt. Zwecke gewonnen. V. Burjan 86△

0310 **Einfluß von Gitterwärmeschwingungen auf die Streuung von Ionen an Kristallen.** V. M. Čičerov. (Ž. èksper. teoret. Fiz. **55** (1968) 1 (7), 25—38; russ., Auszug: engl.) — Messung der Temp.-Abhängigkeit (200—1000 °K) der Streuverteilung von Ar^+ (10—20 keV) an *Cu*. Der Einfl. der Targettemp. ist bei kleinen Einstrahl- u. Streuwinkeln am größten. K. Jaeger 86

0311 **Kanalgeleitete Protonen in Einkristallen von Ionenverbindungen und Halbleitern.** É. G. Šipatov und B. A. Kononov. (Izvest. vysšich učebnych Zavedenij [Tomsk], Fiz. **11** (1968) 9 (76), 52—56; Tomskij politechn. inst. im. Kirova; russ.) — Die Energieverteilung von durch *NaCl*-, *KCl*-, *KBr*-, *Si*- u. *Ge*-Einkrist. hindurchgeleiteten Protonen wird in Abhängigkeit vom Winkel des auftreffenden Protonenstrahls zu den (100)- u. (110)-Ebenen bestimmt. Der Anteil kanalgeleiteter Protonen u. dessen Abhängigkeit vom Einfallswinkel, der Probenart u. der Protonenenergie wird ermittelt. H. Roschkowski 86

0312 **Ausscheidung in neutronenbestrahlten Al—Cu-Legierungen.** L. E. Katz, H. Herman und A. C. Damask. (Acta metallurg. [Long Island City, N.Y.] **16** (1968) 7, 939—45; School of Metallurg. and Mater. Sci., Univ. of Pa., Philadelphia, Pa.; engl.) — Der Einfl. einer Bestrahlung mit Reaktorneutronen bei 40° auf die Kinetik der Bldg. von Θ' in Al–1 % Cu bei 110 u. 130° wird untersucht. Die erhöhte Ausscheidungsgeschw. wird auf eine verstärkte Keimbldg. in strahlungsgeschädigten Gebieten zurückgeführt. Der Beschleunigungseffekt sättigt sich bei Dosen in der Größenordnung 10^{15} nvt für Anlaßtemp. von 130°. Nach Bestrahlung wärmebehandelter 1, 2 u. 4%ig. Leg. wird bei 235° keine verstärkte Ausscheidung beobachtet (Dosen von 10^{14}—10^{17} nvt). Vers. bei hoher Dosis (ca. 10^{19} nvt) zeigen eine deutliche Beschleunigung der Bldg. von Θ' in Al–4 % Cu, verstärkte Keimbldg. rührt von der Bestrahlung her; die in der bestrahlten Leg. gebildeten Ausscheidungsteilchen sind jedoch strukturell nicht unterscheidbar von den Teilchen in der unbestrahlten Legierung. M. Frenzel 86

0313 **Strahlungszerstäubung eines Goldeinkristalls durch schnelle Neutronen.** R. I. Garber, G. P. Dolja, V. M. Koljada, A. A. Modlin und A. I. Fedorenko. (Ž. èks-

per. teoret. Fiz. — Pis'ma v Redakciju 7 (1968) 10, 375—78; Fiz.-techn. inst. AN Ukr.SSR; russ.) — Die Zerstäubung einer einkrist., epitakt., nach (100) orientierten Au-Aufdampfschicht auf NaCl bei Einw. von 14-MeV-Neutronen wird untersucht. Der Zerstäubungskoeff. beträgt $3 \cdot 10^{-3}$ Atome/Neutron. Vorzugsweise werden Au-Atome in den vier [110]- u. einer [100]-Richtung zerstäubt.
H. Roschkowski 86

0314 **Schwellen von Uran bei Bestrahlung.** J. Lehmann, P. Paoli und N. Azam. (J. nuclear Mater. [Amsterdam] 27 (1968) 3, 285—309; Dép. de Métallurg., Centre d'Études Nucl. de Saclay; franz.) — Unters. an *U-1,1* (%) *Mo*, *U-1,1 Mo-Al-Sn*, *Sicral F1* u. *Sicral F2* in Abhängigkeit von Temp. u. Druck bei Reaktorbestrahlung.
M. Frenzel 86

0315 **Strahlenwirkung auf die Mikrostruktur von komprimiertem UO_2.** Bumpei Ishii und Shuichiro Takahashi. (J. nuclear Sci. Technol. [Tokyo] 5 (1968) 6, 292—97; Mitsubishi Atom. Power Ind., Inc., Kitabukuro, Omiya, Saitama-ken; engl.) — Die Mikrostruktur von komprimiertem UO_2, das bis zu einem Ausbrand von 3000 MWD/T-*U* bei ca. 1400° bestrahlt worden war, wurde elektronenmkr. untersucht. Es zeigten sich Spaltprod.-Spuren in gemischten UO_2- u. Spaltprod.-Ausscheidungen im Krist.-Korninneren. Die Mikrostrukturen von komprimiertem u. gesintertem UO_2 nach Bestrahlungen unter gleichen Bedingungen werden verglichen.
M. Schenk 86

0316 **Segregation von Spaltprodukten an der Oberfläche von bestrahlten UO_2-Teilchen.** N. Oi und I. Tanabe. (J. nuclear Mater. [Amsterdam] 25 (1968) 3, 288—95; Central Res. Labor., Tokyo Shibaura Electr. Co. Ltd., Kawasaki; engl.) — Schwach neutronenbestrahlte UO_2-Einkrist. werden in verschiedenen Atmosphären zwischen 600 u. 1200° geglüht. Die Spaltprod., die sich an der Oberfläche ablagern, werden getrennt. Bei 10 Min. langer Glühung im Vakuum bei 1000° beträgt die Menge der Spaltprod. Mo u. Ba 35—45%. Anfangs ist die Diffusion für die Ausscheidung geschwindigkeitsbestimmend. Tc verdampft fast vollständig bei höheren Temperaturen. Ein Zusammenhang zwischen der Ausscheidung von Mo u. Ba u. der Zus. der Einschlüsse in stark bestrahltem UO_2 wird angenommen.
M. Frenzel 86

0317 **Neutronenfortpflanzung in Urandioxid.** 1. Mitt. **Räumlich-energetische Verteilung.** V. I. Golubev, N. D. Goljaev, A. V. Zvonarev, M. N. Zizin, Ju. F. Koleganov, M. N. Nikolaev und M. Ju. Orlov. (Atom. Energ. 25 (1968) 4, 292—97; russ.) — Best. der Energieverteilung von Reaktorneutronen in UO_2.
H. Roschkowski 86

0318 **Neutronenfortpflanzung in Urandioxid.** 2. Mitt. **Doppler-Effekt bei ^{238}U.** L. P. Abagjan, V. I. Golubev, N. D. Goljaev, A. V. Zvonarev, Ju. F. Koleganov, M. N. Nikolaev und M. Ju. Orlov. (Atom. Energ. 25 (1968) 4, 297—302; russ.) — 1. vgl. vorst. Referat. — Der Einfl. des Doppler-Effekts an ^{238}U-Resonanzen auf die Fortpflanzung von Neutronen in UO_2 wird untersucht.
H. Roschkowski 86

0319 **Dreifache Rückstreuung von Elektronen.** L. M. Bojaršinov. (Doklady Akad. Nauk SSSR 178 (1968) 3, 573—76; Mosk. inst. stali i splavov; russ.) — Die Intensität I der Dreifach-Rückstreuung von Elektronen an Targets aus *Pb*, *Cd*, *Mo*, *Cu*, *Ni* u. *Fe* wird mit Hilfe einer speziellen App. gemessen. I hängt nach $I = A \cdot Z^n$ logarithm. von der Ordnungszahl Z ab.
H. Roschkowski 86

0320 **Plasmonenverluste in Al-Mg-Legierungen.** D. R. Spalding und A. J. F. Metherell. (Philos. Mag. [8] 18 (1968) 151, 41—48; Cavendish Labor., Cambridge; engl.) — Durch kombinierte Elektronenmikroskopie u. Geschw.-Analyse wurden die Plasmonenverluste in den α-, β-, γ- u. δ-Phasen von Al-Mg-Leg. gemessen. Bei Kenntnis der Verlustspektren der einzelnen Leg. lassen sich mit dieser Meth. Mikroanalysen von Ausscheidungen durchführen, die mit konventionellen Beugungsmeth. nicht mehr identifiziert werden können. Experimentell erhaltene u. theoret. zu erwartende Verlustspektren werden miteinander verglichen. Die Halbwertsbreite der Verlustpeaks ist unabhängig von der Zus. der Leg., was im Gegensatz zu Ergebnissen von Klemperer et al. [J. appl. Physics 14 (1963) 89] steht.
W. Laqua 86

0321 **Erwärmung strahlenchemischer Systeme bei γ-Bestrahlung.** F. A. Machlis. (Atom. Energ. 25 (1968) 3, 209—13; russ.) — An zylindr. Proben aus *Polymethylmethacrylat*, *Duraluminium* u. *Stahl* wird der Einfl. der absorbierten Dosis (bis zur Erreichung einer konst. Temp.), der Dosisleistung (von 1—4 Mrad/h), des Durchmessers des Bestrahlungsobjektes (20—100 mm) u. der Bestrahlungsanordnung auf die Erwärmung des Objektes untersucht.
A. Pinkowski 86

0322 **Wärmestrahlung von Silicium bei Laserbestrahlung.** S. M. Ryvkin, V. M. Salmanov und I. D. Jaroseckij. (Fiz. tverdogo Tela 10 (1968) 4, 1022—24; Fiz.-techn. inst. im. Joffe AN SSSR, Leningrad; russ.) — Si-Proben wurden mit fokussiertem Nd-Laserlicht bestrahlt u. die Abhängigkeit der Wärmestrahlung von der Wellenlänge (400—700 nm) u. der Laserimpulsenergie (0,5—3 Joule) gemessen. Das kontinuierliche Spektrum wurde bis zur Zerstörung des Krist. bei ca. 1500 °K Strahlungstemp. gemessen. Die Diffusion von Strukturdefekten wird diskutiert.
K. Jaeger 86

0323 **Experimentelle Überprüfung der Temperaturverteilung in der Einwirkungszone der Strahlung eines Lasers auf ein Metall.** V. P. Vejko, A. N. Kokora und M. P. Libenson. (Doklady Akad. Nauk SSSR 179 (1968) 1, 68—71; VNII legkogo a tekstil. mašst.; russ.) — Es wird theoret. die Tiefe der erhitzten Zone eines Metalls (Stahls) nach Auffallen des Laserimpulses ohne Oberflächenzerstörung durch metallograph. Best. der angelassenen Zone abgeleitet; die Berechnung berücksichtigt die Energie des Lasers u. die physikal. Eig. des Metalls. Die prakt. Überprüfung (Nd-Laser, Impulsenergie 7,5 J, 4 μs) an dem 45-Stahl (Abschreckungstemp. 850°) zeigt nach Ätzen mit 4% HNO_3 in A. die Höchsttiefe der Anlaßzone um 300 μ u. so gegenüber der Berechnung (230—280 μ) einen Fehler von höchstens 20%.
J. Tůmová 86△

0324 **Experimente zur Beobachtung der Neutronen bei der Fokussierung leistungsfähiger Laserstrahlung auf die Oberfläche von Lithiumdeuterid.** N. G. Basov, S. D. Zacharov, P. G. Krjukov, Ju. V. Senatskij und S. V. Čekalin. (Ž. èksper. teoret. Fiz. — Pis'ma v Redakciju 8 (1968) 1, 26—30; Moskva, Fiz. inst. im. Lebedeva; russ.)
V. Burjan 86△

0325 **Photochemische Zersetzung von $AgClO_4$.** V. R. Pai Verneker und J. N. Maycock. (J. physic. Chem. 72 (1968) 8, 2798—2801; Res. Inst. for Adv. Stud., Martin Marietta Corp., Baltimore, Md.; engl.) — Die Kinetik der Gasentw. aus wasserfreiem $AgClO_4$ durch Bestrahlung mit Licht einer Niederdruck-Hg-Lampe wurde als Funktion von Intensität, Temp., Bestrahlungszeit, Probenalter u. Verunreinigungen untersucht. Die Meßwerte weisen auf 3 vorliegende Mechanismen. 1. Bldg. von Defektstellen, die zur Beschleunigung der Photolysengeschw. führen; 2. Verbrauch an Defektstellen, der Verlangsamung zur Folge hat, u. 3. ein stationärer Zustand, der aus Ag-Metall-Stellen resultiert. Die Vers. mit Verunreinigungen zeigen, daß die Defektzentren Anionenleerstellen sind.
K.-J. Lucas 86

Optische Eigenschaften

0326 **Stoßverbreiterung des Franz-Keldysh-Effekts.** D. E. Aspnes. (Physica Status solidi [Berlin, 23 (1967) 1; K 79—81; Dep. of Phys., Brown Univ., Providence, R.I.; engl.) — Diskussionsbeitrag zu einer Mitt. von Enderlein [ibid. 20 (1967) 1, 295] über die Berechnung des Einfl. der Stoßverbreiterung auf den Absorptionskoeff. an einer Fundamental- oder M_0-Kante in Ggw. eines elektr. Feldes.
H. Roschkowski 92

0327 **Änderung des Emissions (Strahlungs)-Koeffizienten einiger auf 100° erhitzter Stoffe.** N. A. Vojšvillo und L. R. Mironova. (Ž. prikl. Spektroskopii 8 (1968) 5, 840—43; russ.) — Untersucht wurden u. a. verschiedene techn. Gläser, Konstantan, Duraluminium, Quarz u.

Chromschwarz auf rostfreiem Stahl. Die Emissionskoeff. lagen zwischen 0,87 u. 0,05. Eine Erhöhung der Temp. der Oberfläche auf 100⁰ führte zu einer geringfügigen Erhöhung der Emissionsfähigkeit (innerhalb der Fehlergrenzen). M. Wiedemann 92

0328 **Spektrale Emission einiger Seltenerdmetalloxide in den Halbkugelraum.** W. R. McMahon und D. R. Wilder. (J. Amer. ceram. Soc. **51** (1968) 4, 187–92; Inst. for Atomic Res. and Dep. of Ceram. Engng., Ia. State Univ., Ames, Ia.; engl.) — Gemessen wurde das Verhältnis der Emissionsgeschw. der therm. Energie von Y_2O_3, Sm_2O_3, Gd_2O_3, Er_2O_3, Tm_2O_3 u. Yb_2O_3 innerhalb einiger enger Wellenlängenbereiche (0,488, 0,539, 0,575, 0,605, 0,676 μm) in einen Raum von 2π Steradian zu der eines schwarzen Körpers von gleicher Temp. (1400 bis 3000 °K). Die zur Messung benutzte Meth. von Comstock wurde modifiziert u. weiterentwickelt; ihre Anwendbarkeit wurde am Beispiel des ZrO_2 getestet. Die für Y_2O_3, Gd_2O_3 u, Yb_2O_3 erhaltenen Werte nehmen mit der Temp. stark zu. W. Laqua 92

0329 **Einfluß eines elektrischen Feldes auf Interbandübergänge an kritischen Punkten außerhalb des Zentrums der Brillouin-Zone.** F. Aymerich und F. Bassani. (Nouvo Cimento, B [10] **56/114** (1968) 2, 295–310; Ist. di Fis. dell'Univ., Cagliari; engl.) — Der Einfl. eines elektr. Feldes auf die opt. Konst. bei verschiedenen äquivalenten krit. Punkten der Brillouin-Zone hängt von der Richtung des elektr. Feldes sowie von der Polarisationsrichtung des einfallenden Lichtes ab. Es kann gezeigt werden, auf welche Weise der gesamte Effekt von der Art der krit. Punkte u. der experimentellen Geometrie abhängt. Bes. wird die Abhängigkeit von der Polarisation des Lichtes untersucht, woraus sich die effektiven Massen an den krit. Punkten ergeben. Detaillierte Ergebnisse werden für Λ_3-Λ_1-Übergänge an M_1-krit. Punkten in einem kub. Krist. beschrieben. Damit läßt sich die von Rehn u. Kyser beobachtete Abhängigkeit der Elektroreflexion von der Polarisationsrichtung des Lichtes in *GaAs* erklären. K. H. Härdtl 92

0330 **Berechnung des Einflusses der Temperaturabhängigkeit der optischen Konstanten eines Metalls auf dessen Erwärmung durch Laserstrahlung.** M. N. Libenson, G. S. Romanov und Ja. A. Imas. (Ž. techn. Fiz. **38** (1968) 7, 1116–19; russ.) — Theoret. Unters. mit Anwendung auf die Erhitzung von *Ag* bei Einw. der Strahlung eines Nd-Glaslasers. H. Roschkowski 92

0331 **Optisches und elektrisches Verhalten der Metalle auf Grund von Messungen an sehr dünnen, durch Aufdampfen erzeugten Schichten.** 5. Mitt. **Vergleich von Theorie und Messung bei der optischen Absorption dünner tröpfchenförmiger Schichten von Silber. Einfluß der Änderung der optischen Werte infolge geometrischer Begrenzung der Trägerwegstrecken und beim Abkühlen.** Werner Flechsig. (Z. Physik **200** (1967) 3, 304–31; Phys.-Techn. Bundesanstalt Braunschweig; dt.) — 4. vgl. C. **1967**, 31-0358. A. Jaeschke 92

0332 **Reflexion von Halbleiterschichten von SnO_2 im Infrarotbereich.** B. P. Kryžanovskij. (Optika i Spektroskopija **25** (1968) 3, 442–44; russ.) — Die SnO_2-Schicht wurde auf Quarzglas durch Hydrolyse von $SnCl_2$ aufgebracht u. je nach Erhitzen verschiedene Widerstände erzielt. Im Bereich 4–20 μ wurde das Reflexionsvermögen bestimmt. UV-Bestrahlung erhöhte die Leitfähigkeit u. den Reflexionskoeffizienten. M. Wiedemann 92

0333 **Methoden und Ergebnisse optischer Untersuchungen an Halbleitergrenzflächen.** K. H. Beckmann. (Angew. Chem. **80** (1968) 6, 213–24; dt.; int. Edit. 7 (1968) 3, 161–71; Philips Zentrallabor. G.m.b.H., Hamburg; engl.) — Übersicht; Adsorptionsprozesse u. Rk.-Schichten an Halbleiteroberflächen. H. Liepack 92

0334 **Spektrales Reflexionsvermögen gesinterter Oxide.** Elihu A. Schatz. (J. Amer. ceram. Soc. **51** (1968) 5, 287–89; Amer. Mackine & Foundry Comp., Alexandria, Va.; engl.) — Zwischen 0,23 u. 2,65 μm wurde das spektrale Reflexionsvermögen R von Preßsinterkörpern (18900 psi, 400–1550⁰) der Oxide Al_2O_3, CeO_2, TiO_2, Y_2O_3 u. *ZnO* gemessen. wobei ein deutlicher Einfl. der Sinterbedingungen auf die Spektren beobachtet werden konnte. Ein Verlust von H_2O-Spuren erhöht den Abstand zwischen den Teilchen u. bedingt eine Zunahme von R, bes. bei Wellenlängen > 0,65 μm. Die Zunahme von R nach Erhitzen auf Temp., bei denen Sintervorgänge eine untergeordnete Rolle spielen, ist auf eine Vergrößerung der Teilchenabstände beim Abkühlen zurückzuführen, da die Teilchen durch die vorangegangene Wärmeausdehnung teilweise aneinanderhaften. Eine Abnahme der Oberflächenrauheit während des Sinterns bedingt eine Zunahme von R, während R durch den während des Sinterns ablaufenden Schrumpfungsprozeß wellenlängenabhängig verringert wird. W. Laqua 92

0335 **Effekt der Verringerung der Durchlässigkeit von Farbstoffen im intensiven Lichtstrahl.** Ju. M. Grjaznov, O. L. Lebedev und A. A. Častov. (Optika i Spektroskopija **24** (1968) 2, 246–48; russ.) — Bei monomerem Phthalocyaninaluminiumchlorid (**I**) u. auch dem Ga-Analogen in Dichlorbenzol nahm die Durchlässigkeit unter dem Einfl. intensiver Lichtstrahlen zu. Beim dimeren **I**, dessen Absorptionsspektrum sich von dem des monomeren unterscheidet, nahm dagegen die Durchlässigkeit ab (Zunahme der Extinktion), der steile Abfall begann bei $3{,}2 \cdot 10^{-6}$ Mol/l u. ca. 2 MW/cm² u. war vom Lsgm. abhängig, bes. ausgeprägt in $CHCl_3$ u. Dichlorbenzol, nicht vorhanden in einer wss. Lsg. einer Na-Seife. M. Wiedemann 92

0336 **Absorption von Laserstrahlung in transparenten Substanzen unter Bedingungen des Opazitätsauftretens.** N. F. Pilipeckij, Ju. P. Rajzer und V. A. Upadyšev. (Ž. ėksper. teoret. Fiz. **54** (1968) 4, 1064–66; Inst. problem mechan. AN SSSR; russ., Auszug: engl.) — Absorptionseinfl. von Laserstrahlungsenergie (freier Erzeugungsbereich) in transparanten organ. Dielektrika werden untersucht. Der absorbierte Anteil der eingestrahlten Energie beträgt ca. 0,5–0,8. Die auf die Spaltfläche bezogene absorbierte Energie beträgt 1,1 ± 0,22 J/cm². Die Abhängigkeit des Absorptionsvermögens von Fl. von der Lichtintensität wird gemessen. Abwesenheit von Hyperschallerzeugung wird nachgewiesen u. die Rolle anderer Mechanismen zur Opazitätserzeugung mit nachfolgender Zerstörung des Festkörpers diskutiert. E. Otto 92

0337 **Einfluß des Magnetfeldes auf den Faraday-Effekt in Ferritgranaten.** G. S. Krinčik und S. A. Guščina. (Ž. ėksper. teoret. Fiz. **55** (1968) 2 (8) 490–95; Mosk. gos. univ.; russ., Auszug: engl.) — Untersucht wird der Einfl. eines äußeren Magnetfeldes bis zu 34 kOe auf den Faraday-Effekt in Yttrium- u. Holmiumferritgranaten für Wellenlängen von 1–4 μ. Die relative Änderung des Faraday-Effekts in $Y_3Fe_5O_{12}$, die durch ein Magnetfeld im Sättigungsbereich induziert wird, ist ebenso groß wie in ferromagnet. d-Metallen. Diese Anomalie steht nicht mit einer Änderung der Magnetisierung der Probe in Zusammenhang, sondern nur mit dem gyroelektr. Teil des Faraday-Effekts. I. Zoll 92

0338 **Elektrooptische Apparatur mit KH_2PO_4(KDP)-Kristall zur Ablenkung eines Laserstrahls.** N. N. Fomičev. (Pribory Techn. Ėksperimenta **1968**, 2, 184–86; russ.) H. Roschkowski 92

0339 **Theorie der IR- und optischen Spektren von Antiferromagneten.** Rodney Loudon. (Advances in Physics **17** (1968) 66, 243–80; Phys. Dep., Essex Univ., Colchester; engl.) — Die Theorie wird auf experimentelle Ergebnisse über Exzitonen u. Magnonen in MnF_2, FeF_2 u. CoF_2 angewendet. Herbert Weber 94

0340 **Magnonenanteil in der Lichtabsorption durch antiferromagnetischen α-Sauerstoff.** Ju. G. Litvinenko, V. V. Eremenko und T. I. Garber. (Ž. ėksper. teoret. Fiz. — Pis'ma v Redakciju 7 (1968) 378–82; Fiz.-techn. inst. nizkich temp. AN Ukr. SSR; russ.) — Bei Temp. < 23,8 °K wurden die Temp.-Abhängigkeit u. die Abhängigkeit von der Konz. der nichtmagnet. Beimengungen (N) der Lage der Bande 26405 (cm⁻¹), 26251, 27645, 29017 u. 30362 untersucht. V. Burjan 94△

0341 **Spin–Bahn-Aufspaltung des Übergangs von 0,7 eV und die Elektronenstruktur von ferromagnetischem Nickel.** G. S. Krinčik, V. S. Guščin und E. A. Gan'šina. (Ž. èksper. teoret. Fiz.—Pis'ma v Redakciju 8 (1968) 2, 53—58; Moskva, Fiz. fakult. Gos. univ. im. Lomonosova; russ.) — Bei 80—300 °K wurde der äquatoriale Kerr-Effekt $\delta(\omega)$ im Bereich von 0,5—1,5 eV gemessen. Die Anomalien bei 1,3—1,4 eV u. bei 0,72 u. 0,9 eV wurden untersucht. V. Burjan 94△

0342 **Elektron–Magnon-Übergänge in den Absorptionsspektren gemischter $KMn_{1-x}Ni_xF_3$-Einkristalle.** A. I. Beljajeva, A. V. Antonov und V. I. Sylajev. (Ukraïns'kyj fiz. Ž. **13** (1968) 8, 1350—54; Fiz.-techn. inst. nyz'kych temp. AN URSR, Charkiv; ukrain., Auszug: engl.) — Absorptionsspektren von $KMn_{1-x}F_3$-Einkrist. (x = 0, 0,06; 0,16, 0,31) im $^6A_{1g}(^6S) \rightarrow {^4A_{1g}}{^4E_g}(^4G)$-Übergangsbereich der Mn^{2+}-Ionen. Unters. der Bandintensitäten u. Frequenzen bei 20,4 °K. In den Spektren reiner antiferromagnet. Krist. treten Exziton–Magnon-Banden auf, die auf die gleichzeitige Bldg. eines Exzitons u. Magnons hindeuten. In diesem Fall sollte das Energieintervall zwischen O—O-Bande u. Magnon–Satellit gleich der maximalen Energie eines Magnons sein ($h\nu_M \sim kT_N \sim$ 60 cm^{-1}). Für antiferromagnet. Mischkrist. (Ni^{2+} sind Verunreinigungen) wird ein neuer Mechanismus für elektr. Dipolübergänge realisiert, wenn ein Übergang des Wirtions (Mn^{2+}) im angeregten Zustand durch die Bldg. eines magnet. Moments der nächsten Ni^{2+}-Ion-Verunreinigung begleitet wird. I. Zoll 94

0343 **In den Photoemissionsspektren von NaCl, LiCl und RbBr nachgewiesene L-Banden.** P. Petrescu. (Physica Status solidi [Berlin] **23** (1967) 2, K 105—K 107, 2 Tafeln; Inst. of Phys. of RPR Acad. Bucharest; engl.) — In den Photoemissionsspektren von RbBr, NaCl u. LiCl wurden bei Anregung mit einer Xe-Lampe die L-Banden nachgewiesen. Tabellar. Angabe der Photonenenergien. H. Roschkowski 94

0344 **Optische Eigenschaften von BiJ_3-Einkristallen nahe der langwelligen Kante der Eigenabsorption.** V. B. Timofeev und V. I. Vaščenko. (Optika i Spektroskopija **24** (1968) 5, 740—43; russ.) — Bei 293, 90, 20,4 u. 4,2 °K wurden die Absorptionsspektren von BiJ_3-Einkrist. der Raumgruppe C_{3i}^2 nahe der langwelligen Kante der Eigenabsorption (641—616 nm) untersucht. Krist. des Typs II, die einen Überschuß an Bi enthielten, zeigten bei tiefen Temp. eine diskrete Struktur des Spektrums, solche der Gruppe I nicht. Ferner wurden indirekte Exziton–Phonon Bindungsenergie des Exzitons ca. 0,005 eV)- u. Band–Band-Übergänge beobachtet. M. Wiedemann 94

0345 **Exzitonenspektren von ZnS-Kristallen mit Stapelfehlern.** A. I. Ryskin, L. G. Suslina, G. I. Chil'ko und E. B. Šadrin. (Ž. èksper. teoret. Fiz. — Pis'ma v Redakciju **7** (1968) **9**, 335—38; Gos. opt. inst. im. Vavilova russ.) — Bei 4,2 °K wurden die Exzitonenspektren für die Krist. mit unterschiedlicher Stapelfehlerdichte gemessen. V. Burjan 94△

0346 **Natur der Feinstruktur der Absorption von GaSe.** M. V. Kurik, A. I. Savčuk und I. M. Rarenko. (Optika i Spektroskopija **24** (1968) 6, 999—1002; russ.) — Vf. untersuchten den Einfl. der Dicke der Krist. u. der Deformation auf die Feinstruktur der Absorption (bei 2—2,4 eV) von GaSe-Einkrist. bei 77 °K. Die Lage der Grundbande ändert sich nicht mit Vergrößerung der Krist.-Dicke. Ihre Intensität nimmt mit Verringerung der Dicke zu. Bei einer Deformation der Krist. verschiebt sie sich in das längerwellige Gebiet um 0,004 eV. Die 2. Bande wird nur bei dicken Krist. (57 u. 20 µm) deutlich beobachtet. Sie verschiebt sich in das kurzwellige Gebiet mit Verringerung der Dicke. Bei Deformation ist sie nicht mehr zu beobachten. W. Müller-Litz 94

0347 **Optische Aktivität im Bereich von Schwingungsübergängen.** V. I. Burkov, V. A. Kizel', M. F. Kostenko und Z. B. Perekalina. (Doklady Akad. Nauk SSSR **179** (1968) 4, 806—08; Mosk. fiz.-techn. inst.; russ.) — Im Bereich 0,6—2 µ wurden opt. Rotationsdispersion u. Absorption von $K_2S_2O_6$, $SrS_2O_6 \cdot 4\,H_2O$ u. $CaS_2O_6 \cdot 4H_2O$ gemessen. Die opt. akt. Banden im Bereich der Absorption (ca. 1,5—2 µ) dürften demnach durch das Kristallwasser bedingt sein, sie fehlen bei dem ersten Salz. M. Wiedemann 94

0348 **Optische Absorption und Struktur des CuF_6^{4-}.** Dieter Oelkrug. (Z. physik. Chem. [Frankfurt/M.][N.F.] **56** (1967) 5/6, 325—33; Inst. für Phys. Chem., Univ. Tübingen; dt.) — Die Absorptionsspektren von CuF_2, $K[CuF_3]$, $Na_2[CuF_4]$ u. $K_2[CuF_4]$ werden in diffuser Reflexion aufgenommen u. mit Hilfe des elektrostat. Punktladungsmodells zugeordnet. Verb. mit gedehnten Koordinationsoktaedern (CuF_2, $K[CuF_3]$, $Na_2[CuF_4]$) zeigen gute Übereinstimmung zwischen Rechnung u. Spektrum. Die Banden im $K_2[CuF_4]$, in dem ein gestauchtes CuF_6-Oktaeder vorliegen soll, lassen sich jedoch nicht zuordnen. Das Absorptionsspektrum macht auch in dieser Verb. ein gedehntes Oktaeder wahrscheinlich. M. Frenzel 94

0349 **Abhängigkeit der Stabilisierungsenergie im Kristallfeld einiger Co(II)-Komplexverbindungen von der äußeren Koordinationssphäre.** S. N. Andreev und M. F. Smirnova. (Ž. neorg. Chim. **13** (1968) 9, 2611—12; Leningradskij inst. tekstil. prom. im. Kirova; russ.) — Die Wrkg. der Außensphärenionen auf die Frequenz der d–d-Elektronenübergänge u. auf die Größe der Stabilisierungsenergie im Krist.-Feld der Co(II)-Komplexe wurde im Falle der Verb.: $[Co^{II}(H_2O)_6]A_n$, ($A = ClO_4^-$, BrO_3^-, SO_4^{2-}, SiF_6^{2-} u. $SnCl_6^{2-}$), $M_2[Co(SO_4)_2] \cdot 6\,H_2O$, $M = K$, NH_4, Rb, Cs, $(CH_3)_4N$, $M_2[CoX_4]$, $M = Cs$, $(CH_3)_4N$, $(C_2H_5)_4N$, $X = Cl$, Br, J durch Aufnahme der Elektronenabsorptionsspektren bei 2000—10000 cm^{-1} untersucht. J. J. Pohl 94

0350 **Gleichzeitige Beobachtung von Absorptions- und Emissionsspektren im IR-Bereich.** D. Varšani, A. Nesmeji und L. Imre. (Optika i Spektroskopija **24** (1968) 3, 462—64; CNII chim. AN Vengrii, Budapešt; russ.) — IR-Emission wurde bei der Unters. der Temp.-Abhängigkeit der Intensitäten der Absorptionsbanden von fl. *Cyclohexylcyclohexan* im KBr-Bereich beobachtet. Die möglichen Ursachen (durch Photonen stimulierte Emission, Reemission von durch ein Photon angeregten Mol., spontane Emission therm. angeregter Mol.) werden besprochen. H. Roschkowski 94

0351 **Raman-Spektren von Quecksilber(I)- und Quecksilber(II)-jodid im festen Zustand.** R. P. J. Cooney, J. R. Hall und M. A. Hooper. (Austral. J. Chem. **21** (1968) 9, 2145—52; Dep. of Chem., Univ. of Queensland, St. Lucia; engl.) — Das Raman-Spektrum von gelbem Hg_2J_2 zeigt Besonderheiten bei 110 u. 192 cm^{-1}, die Hg–Hg- bzw. Hg–J-Valenzschwingungen entsprechen. Das Raman-Spektrum von gelbem HgJ_2 bei 150° zeigt Banden bei 33 cm^{-1} (J—Hg—J-Knickschwingungen) u. bei 133 cm^{-1} (Hg–J-Valenzschwingung). Berechnung einiger Kraftkonst. für Hg_2J_2, Hg_2Br_2 u. Hg_2Cl_2. I. Zoll 94

0352 **Infrarotabsorptionsspektren der inneren Schwingungen von Kaliumdihydrogenphosphat.** Henryk Ratajczak. (C. R. hebd. Séances Acad. Sci., Sér. A et B **265** (1967) 15, B 807—B 810; Labor. des Rech. phys., Fac. des Sci., Paris; franz.) — Die Messungen erfolgten mit polarisiertem Licht an KH_2PO_4-Einkrist.-Plättchen zwischen 400 u. 4000 cm^{-1}. Vgl. mit Raman- u. Reflexionsspektren. Diskussion über die Art der H-Bindung. I. Zoll 94

0353 **Langwellen-Infrarotabsorption in antiferromagnetischem $CoWO_4$.** V. V. Eremenko und V. M. Naumenko. (Ž. èksper. teoret. Fiz. — Pis'ma v Redakciju **7** (1968) 11, 416—19; Fiz.-techn. inst. nizkich temp. AN Ukr. SSR; russ.) — Im Bereich von 20—200 cm^{-1} bei 10—100 °K wurde das Absorptionsspektrum von $CoWO_4$ untersucht. Die Banden wurden mit der Anregung der antiferromagnet. Resonanz u. mit der Zweimagnonenabsorption identifiziert. V. Burjan 94

0354 **Absorption und Dichroismus im fernen Infrarot eines Praseodymfluorid-Einkristalls bei tiefer Temperatur.** Armand Hadni und Pierre Strimer. (C. R. hebd. Séances Acad. Sci., Sér. A et B **265** (1967) 15, B 811 bis B 814; Inst. de Phys. Fac. des Sci., Nancy; franz.) — Unters. der Spektren im fernen IR von PrF_3-Einkrist.

bei Temp. des fl. H_2, des fl. N_2 u. bei Raumtemperatur. Zwischen 80 u. 600 μ werden 8 Absorptionslinien beobachtet, die elektr. u. magnet. Dipolübergängen zugeordnet werden. Die 9 Unterniveaus des Grundzustands vom Pr-Ion in PrF_3 liegen etwa bei 0, 38,5, 65, 68,5, 77, 90, 91, 103 u. 109 cm^{-1}. I. Zoll 94

0355 **Beobachtung elektronischer Raman-Übergänge des Tb-Ions.** J. A. Koningstein. (Chem. Physics Letters [Amsterdam] 2 (1968) 4, 213—15; EWR Steacie Building, Dep. of Chem., Carleton Univ., Ottawa, Canada; engl.) — Durch Vgl. der durch einen Tieftemp.-Laser induzierten Raman-Spektren in einem *Yttriumaluminiumgranat-* u. einem *Terbiumaluminiumgranat*-Krist. wird auf 10 elektron. Raman-Übergänge geschlossen. H. Liepack 94

0356 **Einfluß von Kationen auf die Eigenschaften der Hexanitrometallat-Anionen im $K_2M^{II}[M^{II}(NO_2)_6]$-Komplextyp von Nickel(II)- und Kupfer(II)-Ionen.** B. J. Hathaway und R. C. Slade. (J. chem. Soc. [London], Sect. A **1968**, 1, 85—87; Colchester, Univ. of Essex; engl.) — Die kub. Gitterkonst., IR-Spektren, magnet. Suszeptibilitäten, elektron. u. ESR-Spektren für vier Verb. vom Typ $K_2M^{II}[Ni(NO_2)_6]$ mit M^{II} = *Ca, Sr, Pb* u. *Ba* werden mitgeteilt. Die Gitterkonst. (in vorst. Reihenfolge von M^{II} a = 10,31; 10,49; 10,58 u. 10,73 Å) u. die IR-Spektren zeigen den Einfl. der Ionengröße des vorliegenden Kations. Die elektron. Eig. der Anionen sind im Pb-Komplex sehr verschieden von denen der Ca-Sr- u. Ba-Komplexe. Es wird geschlossen, daß die größere Polarisations- u. Red.-Kraft des Pb^+-Ions für die größere Wechselwrkg. mit den O-Atomen der Hexanitroniccolat-Anionen verantwortlich ist. Es wird weiter angenommen, daß durch diese Wechselwrkg. der dynam. Jahn-Teller-Effekt im Komplex $K_2Pb[Cu(NO_2)_6]$ bedingt ist. E. Schulte 94△

0357 **Einfluß eines elektrischen Feldes auf die Absorptionskante von PbS-Schichten.** L. N. Strel'cov, E. L. Prichod'ko und I. V. Strel'cova. (Izvest. Akad. Nauk SSSR, Neorg. Mater. 4 (1968) 2, 284—86; Mosk. inst. stali i splavov; russ.) — Untersucht werden chem. abgeschiedene u. aufgedampfte PbS-Schichten (d = 0,3 μm) auf Quarzsubstraten. Die Messungen werden bei der Temp. des festen N_2 u. bei Raumtemp. durchgeführt. H. Richter 94

0358 **Optische Eigenschaften von LiF-Dosimeterkristallen.** M. M. Grube, K. K. Švarc und Z. A. Grant. (Izvest. Akad. Nauk Latv. SSR, Ser. fiz. techn. Nauk **1968**, 4, 7—12; Inst. fiz. AN Latv. SSR; russ., Auszug: engl.) — Unters. über Farbzentren u. Lumineszenz von in der Thermolumineszenz verwendeten LiF : Mg, Ca-Dosimeterkristallen. Die Thermolumineszenzkurve zeigt 8 Maxima bei 140, 175, 200, 240, 290, 330, 400, 480°. Das Max. bei 240° u. die Hochtemp.-Peaks hängen mit der F-Bande u. benachbarten kurzwelligen Banden zusammen. Im Anregungsspektrum werden 4 Banden (120 nm; 138—144 nm; 170—190 nm; 190—200 nm) nachgewiesen. Das Max. des Emissionsspektrums liegt bei 410 nm. I. Zoll 96

0359 **Abhängigkeit der Röntgenlumineszenz des NaCl-Phosphats von der Bestrahlungszeit.** H. M. Ivanij. (Ukraïns'kyj fiz. Ž. **12** (1967) 12, 2059—61; Dnipropetrovs'kyj deržuniv.; ukrain.) — Unters. an mit Ni, Ag oder Cu dotiertem NaCl. I. Zoll 96

0360 **Anregung der Radikalrekombinationslumineszenz einiger Alkalimetallhalogenid-Kristallophosphore.** A. I. Bažin, V. V. Styrov und V. A. Sokolov. (Izvest. vysšich učebnych Zavedenij [Tomks], Fiz. **11** (1968) 5 (72), 140—42; Tomsk, Tomsk. politechn. inst. im. Kirova; russ.) — Es wurden die Spektren von KCl : Eu u. reiner Krist. von NaCl u. KCl bei Einw. von atomarem Wasserstoff (in der Hochfrequenzentladung) gemessen. V. Burjan 96△

0361 **Spektraleigenschaften von mit Silber aktivierten Halogenidsalzlösungen.** M. U. Bilyj und T. V. Zašyvajlo. (Ukraïns'kyj fiz. Ž. **13** (1968) 8, 1266—72; Kyïv'skyj derzuniv. im. Ševčenka; ukrain., Auszug: engl.) — Unters. der Absorption (bei Raumtemp.), Lumineszenz u. Anregungsspektren (Raumtemp. u. 77 °K) folgender wss. Lsg.: *LiCl* : Ag^+, *LiBr* : Ag^+, *NaCl* : Ag^+, *NaBr* : Ag^+, *CsBr* : Ag^+. Langwellige Absorptions-, Lumineszenz- u. Anregungsbanden werden durch $4d^{10} \rightleftharpoons 4d^9 5s$-Übergänge u. kurzwellige durch $4d^{10} \rightleftharpoons 4d^9 5p$-Übergänge innerhalb des Ag^+-Ions hervorgerufen. I. Zoll 96

0362 **Effektive Elektrolumineszenz epitaktischer und diffundierter GaP-p-n-Strukturen.** R. S. Ignatkina, B. A. Krasjuk, S. S. Meskin, V. N. Ravič, L. A. Čičerin und E. G. Ševčenko. (Doklady Akad. Nauk SSSR **179** (1968) 3, 593—95; russ.) — Die p–n-Strukturen werden hergestellt: 1. durch Diffusion von *Zn* aus der Gasphase in n-GaP, das durch *Te* u. *O* legiert worden war. 2. durch epitakt. Aufwachsen der Schichten aus der fl. Phase im Wasserstoffstrom u. in einem abgeschlossenen Raum im Vakuum. a) p-GaP : Zn auf eine n-GaP : (Te, O)-Schicht; b) p-GaP : (Zn, O) auf eine n-GaP : Te-Schicht u. c) n-GaP : Te auf eine p-GaP : (Zn, O)-Schicht. — Die epitakt. p-GaP-Schichten wurden aus einer Schmelze gezüchtet, in der sich außer *Ga* (> 90%) GaP (2—6%) u. Zn (1—3%) oder Te (10^{-4} bis $4 \cdot 10^{-4}$%) befanden. Zum Legieren von p-GaP-Schichten mit O wurden in die Schmelze zusätzlich *ZnO* oder Ga_2O_3 eingeführt (1—3%). Die Ohmschen Kontakte wurden durch Einschmelzen von *In* + *Zn* (1%) + *Ni* (3%)-Leg. bzw. *In* + *Ni* (3%)-Leg. hergestellt. Es wurden die elektr. u. die Strahlungscharakteristiken der Übergänge untersucht. Die Abhängigkeit der Intensität der roten Banden von der D. des Gleichstroms u. der Temp. sowie die Abhängigkeit der Halbwertsbreite der roten Banden von der Stromdichte wurden graph. dargestellt. H.-D. Schwartz 96

0363 **Natur der Leuchtzentren von Zinksulfid-Phosphoren.** A. Kawski und A. J. Horodecki. (Z. Naturforsch. **23a** (1968) 8, 1234—35; Inst. für Phys. der Pädagog. Hochsch., Gdańsk, Polen; dt.) — Vf. finden, daß auch die Eingangskonz. von Koaktivatoren (Cl, Br, J) einen sehr wesentlichen Einfl. auf die Herst. von ZnS-Cu-Phosphoren hat (Unters. der Verschiebungen der Emissionsspektren). Herbert Weber 96

0364 **Emissionscharakteristiken elektrolumineszierender Einkristalle von ZnS : Cu, Al.** V. V. Nuvar'eva und P. E. Ramazanov. (Izvest. vysšich učebnych Zavedenij [Tomsk], Fiz. **11** (1968) 5 (72) 145—47; Sibir. fiz.-techn. inst. im. Kuznecova; russ.) — Für diese Einkrist. wurde die Frequenzabhängigkeit der Leuchtintensität für Spannungen von 150—300 V u. die Abhängigkeit der Leuchtintensität von der Spannung für Frequenzen des elektr. Felds von 60 Hz—6 kHz gemessen. V. Burjan 96△

0365 **Temperaturabhängigkeit der Helligkeitswellen der Elektrolumineszenz von ZnS : Cu, Al bei niedrigen Frequenzen.** P. E. Ramazanov und L. R. Rabotkina. (Izvest. vysšich učebnych Zavedenij [Tomsk], Fiz. **11** (1968) 7 (74), 19—23; Sibir. fiz.-techn. inst. im. Kuznecova; russ.) — Die Unters. der Elektrolumineszenz EL zeigen, daß der für ZnS : Cu, Al-Phosphore bekannte Relaxationscharakter der Temp.-Abhängigkeit der EL-Helligkeit bei Schallfrequenzen auch bei ultraniedrigen Frequenzen des anregenden elektr. Felds erhalten bleibt. H. Roschkowski 96

0366 **Photolumineszenz und induzierte Absorption in ZnS : Ag-Einkristallen.** A. Cingolani und A. Rizzo. (Nuovo Cimento, B [10] **57**/114 (1968) 1, 212—14; Ist. di Fis. dell'Univ., Bari, Italy; engl.) — Unters. einiger Photolumineszenzeig. von hexagonalen *ZnS*-Einkrist. (aus der Dampfphase) mit vernachlässigbaren Mengen *Cu* (< 10^{-8}), aber mit $2 \cdot 10^{-4}$ *Ag* durch Diffusion dotiert. Die Photolumineszenzemission bei 300 °K hat eine breite rote Emissionsbande bei 1,9 eV u. bei 77 °K drei Emissionsbanden. Davon ist die erste Bande bei ≃ 3,16 eV in drei Komponenten mit abnehmender Intensität u. dem Energieabstand von ≃ 0,022 eV entsprechend einem Phonon ($\hbar\omega$ = 0,022 eV) des hexagonalen *ZnS* aufgespalten. Die zweite Emissionsbande liegt bei 3,04 eV u. die dritte mit viel höherer Intensität als die anderen bei 2,7 eV. Während der Emission bei 77 °K findet induzierte Absorption mit einer breiten Bande zwischen 0,5 u. 2,9 eV u. zwei Peaks bei 1,2 u. 1,7 eV statt. Darüber hinaus beobachteten Vf. einen neuen Effekt; wurde die Probe während der Photolumineszenzemission mit monochromat. Licht der Wellenlänge der Peaks des induzierten Absorptionsspektrums bestrahlt, so erfolgte totale Löschung der drei blauen Absorptionsbanden mit anschließender starker u. langlebiger Rot-Emission. Die Verschiebung der Emission von Rot nach Blau entspricht der Emission bei 300 °K. Der der Thermolumineszenzemission entsprechende Transfereffekt wird diskutiert R. Blank 96

0367 **Rasterelektronenmikroskopische Untersuchungen der Kathodolumineszenz in ZnSe-Einkristallen.** P. M. Williams und A. D. Yoffe. (Philos. Mag. [8] 18 (1968) 153, 555—60; Cambridge, Cavendish Labor., Surface Phys.; engl.) — Die Kathodolumineszenz in hexagonalen u. kub. *ZnSe*-Einkrist. wurde bei der Temp. des fl. N_2 mit Hilfe eines Rasterelektronenmikroskops untersucht. Die Einfl. von Stapelfehlern u. Zwillingsgrenzen auf die Lumineszenz wurden durch Vgl. der Mikroaufnahmen des gleichen Krist. mit dem Transmissions- u. dem Rasterelektronenmikroskop erhalten. Mit der Raster-Meth. wurden bei Vergrößerungen bis zu 40000 Lumineszenzspektren von sehr kleinen Bereichen dickerer Einkrist. aufgenommen. Bei Vergrößerung der Stromdichte wurde ein Schwelleneffekt bei der Emission bestimmter Peaks, die von dünnen Basisebenen-Verwachsungen in den benutzten hexagonalen Plättchen ausgehen, beobachtet. Die Peaks entstehen in kub. Zentren, die in diesen Verwachsungen liegen. E. Schulte 96△

0368 **Strukturen inhomogen verbreiterter Resonanzlinien.** 2. Mitt. **Effekte zweiter Ordnung.** A. M. Stoneham. (J. Physics, C (Proc. physic. Soc.) [2] 1 (1968) 3, 565—74; Theor. Phys. Div., Atomic Energy Res. Establ., Harwell, Didcot, Berks., England; engl.) — Vgl. C. **1967,** 48-0356. — Diskussion der Berechnung von Linienstrukturen in der ESR u. NMR in Abhängigkeit von den Defekteig. in Krist., die diese Störungen hervorrufen, d. h. statist. Eig. der Verteilung, Störungsfelder der einzelnen Defekte u. deren Konzentrationen. Diese Störungen treten in quadrat. Gliedern in den Berechnungen auf. R. Blank 98

0369 **Kern-Spin-Gitter-Relaxation in einem Dreispin-Molekül vom SI_2-Typ.** M. D. Zeidler. (Ber. Bunsenges. physik. Chem. 72 (1968) 3, 481—88; Inst. für Phys. Chem. u. Elektrochem., Univ., Karlsruhe; engl.) — Die longitudinale Relaxation der Kernmagnetisierung wurde mit Hilfe der D.-Matrixtheorie für ein Syst. ber., das aus 3 Kernen mit dem Spin 1/2 besteht, wobei jedoch ein Kern ein anderes gyromagnet. Verhältnis besitzt als die beiden anderen Kerne. Korrelationseffekte zwischen verschiedenen Paarwechselwrkg. sind in allen untersuchten Fällen völlig zu vernachlässigen. Für Methylgruppen mit innerer Rotation ist die Theorie für 3 gleiche Spins zuständig. D. Hoene 98

0370 **Änderung der Spin-Gitter-Relaxationszeit T_1 und des Multiplettcharakters in den Spektren der Kernquadrupolresonanz von Molekülkristallen bei Phasenübergängen.** T. A. Babuškina und G. K. Semin. (Kristallografija 13 (1968) 3, 527—29; Inst. ėlementoorg. soedinenij AN SSSR; russ.) — Unters. der Änderung der NQR-Spektren von $HGeCl_3$ u. $C_2H_5SiCl_3$ im Verlauf der $\alpha \rightarrow \beta \rightarrow \gamma$-Phasenübergänge. H. Roschkowski 98

0371 **Verschiebung des lokalen magnetischen Feldes in der Kernresonanz von Edelgasen.** D. Brinkmann. (Helv. physica Acta 41 (1968) 3, 367—84; Phys.-Inst. der Univ. Zürich; dt.) — Zusammenfassender Bericht über die Messungen der Verschiebung ΔH bei ^{131}Xe in der Gasphase, ^{129}Xe in fl. u. fester Phase sowie ^{83}Kr in allen 3 Phasen. Herbert Weber 98

0372 **Paraelastische Defektelektronenzentren in Alkalimetallhalogeniden.** K. Bachmann und W. Känzig. (Physik kondens. Materie 7 (1968) 4, 284—317; Labor. für Festkörperphys., ETH, Zürich; dt.) — Cl_2^--Ionen in KCl u. Br_2^--Ionen in KBr (H-Zentren) lassen sich bei tiefen Temp. durch elast. Verformung des Wirtsgitters ausrichten. Die stat. Kopplung der H-Zentren ans Gitter u. die Kinetik ihrer Reorientierung werden durch Auswertung des durch einachsige Spannung induzierten Dichroismus der H-Bande bestimmt. Weiter werden die paraelast. Eig. der V_1-Zentren in KCl u. KCl : NaCl untersucht. H. Roschkowski 98

0373 **Kernresonanz eines temperaturunabhängigen Paramagneten.** D. J. Greenslade und K. W. H. Stevens. (Proc. physic. Soc. 91 (1967) 573, 627—31; Nottingham, Univ., Dep. of Phys.; engl.) — Berechnung der relativen Magnetfeldverschiebung der kernmagnet. Resonanz von ^{19}F in $K_2[OsF_6]$ mit Hilfe der Theorie des starken Krist.-Feldes, mittelstarker Kopplung zwischen Spin- u. Bahnmomenten u. der LCAO-Meth. von Stevens. Es wird eine größenordnungsmäßige Übereinstimmung mit den experimentellen Ergebnissen von Elwell [ibid. 84 (1964) 409] gefunden. Vf. betonen den Wert der Kernresonanz bei der Unters. der Bindungsparameter bei Übergangsmetallkomplexen mit nichtmagnet. Grundzustand. J. M. Spaeth 98

0374 **EPR-Untersuchung der Struktur einiger Oxofluorokomplexe.** R. S. Abdrachmanov, N. S. Garif'janov und E. I. Semenova. (Ž. strukturnoj Chim. 9 (1968) 3, 530—31; Kazanskij fiz.-techn. inst.; russ.) — Bei 77 °K werden die EPR-Spektren gefrorener Lsg. der Ionen $[CrOF_5]^{2-}$, $[MoOF_5]^{2-}$ u. $[WOF_5]^{2-}$ in konz. HF bei 600—1200 MHz aufgenommen. In den Komplexen liegt eine Wechselwrkg. des ungepaarten d-Elektrons des Zentralatoms mit 2 magnet., nicht äquivalenten F-Atompaaren in der Äquatorialebene des Komplexes vor. Die Veränderungen des Spektrums bei 4,2 °K werden besprochen. H. Roschkowski 98

0375 **Elektronenspinresonanz von turbokristallinem Kohlenstoff.** 1. Mitt. G. Arnold und S. Mrozowski. (Carbon [Oxford] 6 (1968) 2, 243—56; Carbon Res. Labor. and Dep. of Phys., State Univ. of N.Y. at Buffalo, Buffalo, N.Y.; engl.) — Die ESR-Spektren von unbestrahltem u. neutronenbestrahltem C-Ruß P33 bzw. Thermax wurden nach Wärmebehandlung zwischen 1400 u. 3000° bei Raumtemp. u. 80 °K gemessen. Bestimmt wurden Intensität, g-Wert u. Linienbreite der ESR-Signale. Im gesamten Bereich läßt sich die ESR-Absorption auf Absorption durch lokalisierte Spins bzw. Ladungsträger zurückführen; durch Austauschmischungen der g-Werte wird eine einzige ESR-Linie erzeugt. Das beobachtete Intensitätsminimum wird auf eine Änderung der Bandüberlappung zurückgeführt. Durch Neutronenbestrahlung nimmt die ESR-Intensität zu, was von einer Zunahme der Konz. lokalisierter Spins herrührt. Die Stabilität dieser Zentren lokalisierter Spins gegenüber einer erneuten Wärmebehandlung ist um so größer, je niedriger die Temp. der ersten Wärmebehandlung war. Die Abhängigkeit des g-Faktors bei Raumtemp. der Ladungsträger von der Wärmebehandlung entspricht der Änderung der diamagnet. Suszeptibilität im gleichen Temp.-Bereich. W. Laqua 98

0376 **Magnetische Kernresonanz von ^{27}Al im Anorthit, $CaAl_2Si_2O_8$.** D. Brinkmann und J. L. Stähli. (Helv. physica Acta 41 (1968) 3, 274—81; Phys.-Inst. der Univ. Zürich; dt.) — Messungen zur Al-Ordnung (Al-Si-Verteilung) u. zur Best. der elektr. Feldgradienten am Ort der Al-Atome. Herbert Weber 98

0377 **Elektronen-Loch-Zentren in natürlichen und synthetischen Calcit-Einkristallen mit Phosphorbeimengungen.** L. V. Beršov, M. I. Samojlovič, V. G. Lušnikov und A. N. Taraščan. (Ž. strukturnoj Chim. 9 (1968) 2, 309—11; Inst. geol. rudnych mestoroždenij, petrogr. miner. i geochim. AN SSSR; russ.) — Bei 9,3 GHz werden die EPR-Spektren von P-haltigen Calcitproben aufgenommen u. die g-Werte der einzelnen paramagnet. Komplexe bestimmt. Beobachtet werden die Zentren PO_3^{2-}, PO_2^{2-} u. PO_2^0. H. Roschkowski 98

0378 **EPR-Untersuchung der paramagnetischen Zentren in γ-bestrahlten Zeolithen vom Typ Y.** V. I. Tupikov, A. I. Malkova, Ju. A. Sorokin und S. Ja. Pšeżeckij. (Chim. vysokich Ėnerg. 2 (1968) 4, 352—58; Fiz-chim. inst. im. Karpova; russ.) — Es wurde der Einfl. einer γ-Bestrahlung auf synthet. Zeolithe vom Na-, K-, Li-, H-, Cs- u. Ca-Typ untersucht. Bei O_2-Adsorption

an vorher bestrahlten Proben wandeln sich deren Spektren in das Spektrum der O_2^--Ionenradikale um.
A. Pinkowski 98

0379 **Paramagnetische Elektronenresonanz von Gläsern, die zwei Übergangselemente enthalten. Einfluß von Kobalt auf das EPR-Spektrum von Cu^{2+} in Oxidgläsern.** L. D. Bogomolova, V. N. Lazukin und N. V. Petrovych. (Doklady Akad. Nauk SSSR **181** (1968) 2, 313–16; Mosk. gos. univ. im. Lomonosova; russ.) — Die EPR-Spektren der Syst. X–CuO–CoO–BaO, X = B_2O_3, SiO_2 oder P_2O_5, wurden bei den Zus. 60 X + m CuO + n CoO + [40 – (m + n)BaO], wobei m + n = 4 bis 20, untersucht. Die paramagnet. Elektronenresonanz von Cu^{2+} sowie Co^{2+} bei ihrer getrennten u. gemeinsamen Anwesenheit in den Gläsern wird analysiert. Bei der Substitution von Ba durch Co sinkt die Anzahl der Cu^{2+}-Zentren. Die Anwesenheit von Co verschiebt nicht das Gleichgew. $Cu^{2+} + e \rightleftharpoons Cu^+$ nach rechts. Die Co^{2+}-Ionen weisen eine rasche Relaxation auf u. führen zu ebenfalls rascher Relaxation der Cu^{2+}-Ionen in ihrer Umgebung, die dadurch nicht mehr zur Intensität des EPR-Signals bei 77 °K beitragen.
J. J. Pohl 98

Elektrische Eigenschaften

0380 **Absolute Thermokräfte der flüssigen Alkalimetalle.** P. W. Kendall. (Physics Chem. Liquids **1** (1968) 1, 33–48; Harwell, Berks., AERE; Metallurg. Div.; engl.) — Zur Prüfung der Theorie von Ziman, die auf der Basis eines Modells beinahe freier Elektronen zur Erklärung des thermoelektr. Effekts abgeleitet worden ist, werden neue Werte an den reinen Alkalimetallen *Li*, *Na*, *K*, *Rb* u. *Cs* in Abhängigkeit von der Temp. gemessen. Dabei wird auf die Änderung der thermoelektr. Kraft bei der Phasenänderung geachtet. Bei *Na*, *K* u. *Rb* treten tatsächlich nur kleine oder unmerkliche Abweichungen auf, dagegen ändert sich der absolute Wert beim *Cs* von – 1 μV/Grad im festen zu + 6,5 μV/Grad im fl. Zustand, beim *Li* sind beide Werte positiv, doch beobachtet man einen Sprung von + 5,5 μV/Grad beim Schmelzen. Folgende Werte in guter Übereinstimmung mit der Literatur werden angeführt: $S_{Li,180°} = +21{,}7$ μV/Grad, $S_{Na,100°} = -7{,}9$, $S_{K,65°} = -14{,}0$, $S_{Rb,40°} = -6{,}3$ u. $S_{Cs,30°} = +6{,}4$.
H. U. Borgstedt 112

0381 **Strukturabhängigkeit der thermoelektrischen Eigenschaften von flüssigem Indium und Gallium.** Ja. J. Dutčak und V. Ja. Prochorenko. (Ukraïns'kyj fiz. Z. **12** (1967) 12, 2057–59; L'vivs'kyj deržuniv. im. Franke; ukrain.) — Messung der Thermo-EMK von In u. Ga bei ca. 20–240°.
I. Zoll 112

0382 **Einfluß von Reaktorbestrahlung auf Thermoelementmaterialien.** N. F. Pravdjuk, A. N. Ivanov und K. P. Dubrovin. (Atom. Energ. **25** (1968) 3, 233–35; russ.) — Der Mittelwert der Änderung der Thermo-EMK bei Strahlendosen an raschen Neutronen (E ≧ 1 MeV) zwischen 0,35 u. 7,5 · 10^{20} cm^{-2} wurde im Falle von *Cu*, *Fe*, *Konstantan*, *Copel*, *Nichrom*, *Alumel*, *Chromel*, *Gold*, *60% Au + 40% Pd*, *Pt*, *Pt + 13% Rh* u. *Mo* bestimmt. Mo wurde bei 1000° u. 10^{-5} Torr, die übrigen Proben bei 700° 3 Std. erhitzt, dann bestrahlt. Die größte Änderung wurde bei Au u. Au-Leg. festgestellt. J. J. Pohl 112

0383 **Massenspektrometrische Untersuchungen der Ionenbildung bei thermischer Oberflächenionisation von Seltenerdmetallen.** J. Büttner. (Z. physik. Chem. [Leipzig] **237** (1968) 3–4, 243–55; Inst. für Elektrochemie, TU Dresden; dt.) — Bei therm. Oberflächenionisation von Seltenerdmetallen (*La*, *Ce*, *Pr*, *Nd*, *Sm*, *Eu*, *Gd*, *Tb*, *Dy*, *Ho*, *Er*, *Tm*, *Yb* u. *Lu*) an *W*-, *Ta*- u. *Mo*-Oberflächen fällt der Metalloxidionenanteil eines jeden Elements mit steigender Glühfadentemp. ab. Außerdem tritt bei konst. Glühfadentemp. innerhalb der Reihe der Seltenerdmetalle mit steigender Ordnungszahl ein ständiger Abfall des Metalloxidionenanteils auf. Wie die Messungen mit markiertem O zeigen, eignet sich die therm. Oberflächenionisation gut zum Studium von Adsorptionsprozessen, da ja adsorbierte Teilchen, die die Oberfläche eines Metalls bedecken, in erheblichem Maße die Oberflächenionisation an diesem Metall beeinflussen. Speziell bei O, dem wichtigsten Adsorbat, ermöglicht die therm. Oberflächenionisation ein ausführliches u. genaues Studium der Adsorptionsrk. u. der Adsorptionskinetik vor allem bei hohen Temperaturen. J. Büttner 114

0384 **Untersuchung der Emission positiver Ionen von einem Wolfram-Draht mit einem Flugzeit-Massenspektrometer.** 2. Mitt. Olivér Kaposi, Miklós Riedel und Lajos Matus. (Magyar Kémiai Fólyoirat [Ung. Z. Chem.] **74** (1968) 9, 429–33; ung.) — 1. vgl. C. **1968**, 25-0411. — Unters. der Na^+- u. K^+-Emission in Abhängigkeit von der Aufheizgeschw. für Drähte mit u. ohne Wärmevorbehandlung. D. Hoene 114

0385 **Feldionenmikroskopische Beobachtungen an einer W–Os-Legierung (1% Os).** M. J. Attardo. (Physics Letters [Amsterdam] **25 A** (1967) 3, 184–85; Brookhaven Nat. Labor., Upton, N.Y.; engl.) — Die Beobachtungen bei 4,2 °K zeigen, daß die Os-Atome nach dem Abdampfungsprozeß bevorzugt an den (110)-Flächen des W zurückgehalten werden. I. Zoll 114

0386 **Temperaturabhängigkeit der Feldverdampfungsendform von Wolfram im Feldionenmikroskop.** Shozo Tamaki und Shogo Nakamura. (Jap. J. appl. Physics **6** (1967) 10, 1249; Inst. of Sci. and Ind. Res., Osaka Univ., Osaka; engl.) — An Hand von He-Ion-Abbildungen einer W-Spitze wird die Feldverdampfungsendform der W-Oberfläche bei verschiedenen Temp. (77, 670 u. 770 °K) untersucht. Diskussion über das Auftreten von (111)-Flächen unterhalb 370 °K u. von (100)-Flächen oberhalb 370 °K, die dann mit steigender Temp. bis 770 °K verschwinden. I. Zoll 114

0387 **Austrittsarbeit von Xenon an einzelnen Kristallflächen von Wolfram.** J. Nikliborc und Z. Dworecki. (Acta physica polon. **32** (1967) 6 (12), 1023–24; Chair of Experim. Phys., Wroclaw Univ., Polska; engl.) — Best. der Austrittsarbeit von Xe an folgenden W-Krist.-Flächen: (001), (112) (111), (011), (116), (023) sowie an der Gesamtoberfläche. Durch Xe wird die Austrittsarbeit aller untersuchter Flächen erniedrigt, d. h., das Moment der Oberflächendoppelschicht wird durch Polarisation physikal. adsorbierter Atome erniedrigt. I. Zoll 114

0388 **Totale Energieverteilung von feldemittierten Elektronen und Austrittsarbeit einzelner Wolframflächen.** L. W. Swanson und L. C. Crouser. (Physic. Rev. [2] **163** (1967) 3, 622–41; Field Emission Corp., McMinnville, Oreg.; engl.) — Die Messungen der totalen Energieverteilung im Temp.-Bereich von 77–900 °K längs der [310]-, [211]-, [111]- u. [611]-Richtungen von W stimmen gut mit dem klass. Fowler-Nordheim-Modell überein im Gegensatz zu analogen Messungen in [100]- u. [110]-Richtung. Bei Bedeckung des Emitters mit dem Coadsorbat Zr–O (kleine Austrittsarbeit (Φ)) wird die Energieverteilung normal. Für die Temp.-Koeff. von Φ des reinen W in den Richtungen [110], [112], [100], [111], [116] u. [310] wird erhalten –17,0; –14,3; –10,9; 3,5; 5,0 u. –3,2 · 10^{-5} eV/Grad. I. Zoll 114

0389 **FEM-Untersuchung über Elektronenstoß-Effekte in einer Stickstoffadsorptionsschicht auf Wolfram.** W. Ermrich. (Suppl. Nuovo Cimento [1] **5** (1967) 2, 582 bis 585; Philips Zentrallabor., Labor. Aachen, Aachen; engl.) — Feldelektronenmkr. Unters. einer emittierenden W-Spitze bei Einw. von Elektronenstrahlen von definierter Energie u. Stromdichte. Es wurde die Austrittsarbeit Φ vor u. nach N_2-Adsorption u. die Änderung der Austrittsarbeit $\Delta\Phi$ als Funktion der Anzahl der Elektronen/cm^2, die auf die W-Spitze auftreffen, sowie in Abhängigkeit von der Energie des Elektronenstrahls bestimmt. Die Ergebnisse von (016)-, (013)- u. (111)-Flächen zeigen eine starke Abhängigkeit des Effekts von der Krist.-Orientierung. Es wird angenommen, daß N_2 aus der mol. γ-Phase in eine neue ϰ-Phase übergeht.
I. Zoll 114

0390 **Austrittsarbeit von Cäsium an nach (100) und (110) orientierten Flächen von Wolfram-Einkristallen.** T. J. Lee, B. H. Blott und B. J. Hopkins. (Appl. Physics Letters **11** (1967) 11, 361–63; Surface Phys., Univ., Southampton; engl.) — Messungen der Austrittsarbeit bei Raumtemp. an reinen bzw. mit Cs bedeckten (100)-

u. (110)-Flächen von W-Einkrist. ergaben folgende Werte für (100): 4,65 bzw. 1,82 eV u. für (110): 5,14 bzw. 2,06 eV. Die unterschiedlichen Werte für reine u. mit Cs bedeckte Oberflächen entsprechen den Vorhersagen von Smoluchowski (Physics Rev. **60** (1941), 661).
I. Zoll 114

0391 **Feldelektronenemittierende Ge- und Si-Photozellen.** V. F. Bibik, P. H. Borzjak und O. Ch. Jacenko. (Ukraïns'kyj fiz. Ž **13** (1968) 5, 868—70; Inst. fiz. AN URSR, Kyïv; ukrain.) I. Zoll 114

0392 **Untersuchung heißer Elektronen in Halbleitern mit Hilfe der Feldelektronenemission.** H. Naumann. (Z. Naturforsch. **23a** (1968) 2, 204—07; Phys. Inst., Univ. Leipzig; dt.) — Eine Meth. zur Auswertung von Feldemissionskennlinien wird beschrieben, die Daten über die Feldabhängigkeit des Widerstandes u. damit der Beweglichkeit der Ladungsträger im untersuchten Emittermaterial liefert. Dies Verf. ist bes. für hochohmige Halbleiter u. ggf. Dielektrika geeignet. Die beobachtete Feldabhängigkeit der Beweglichkeit der Elektronen in In_2S_3 läßt sich durch Streuung an polaren opt. Phononen deuten. Bei 77 °K ist zusätzlich die Wechselwrkg. mit akust. Nullpunktsschwingungen, bei 195 °K möglicherweise die Streuung an ionisierten Störstellen zu berücksichtigen.
M. Frenzel 114

0393 **Untersuchungen der Elektronenzustände einfacher Flüssigkeiten.** Stuart A. Rice. (Accounts chem. Res. **1** (1968) 3, 81—96; Dep. of Chem., Univ. of Chicago, Chicago, Ill.; engl.) — Überblick über Unters. der leitenden u. nichtleitenden Elektronenanregungszustände in einfachen Fl. wie z. B. He, Ar. H. Liepack 116

0394 **Elektrische Eigenschaften von Bor.** O. A. Golikova, M. Ž. Žubanov und G. M. Klimašin. (Fiz. Techn. Poluprovodnikov **2** (1968) 4, 548—51; Inst. poluprov. AN SSSR, Leningrad; russ.) — Messung der spezif. elektr. Leitfähigkeit u. der Thermo-EMK (300 bis 1500 °K), des Hall-Effektes (300—1200 °K) u. der magnet. Widerstandsänderung polykrist. p-B-Proben ($10^{19}-3\cdot 10^{20}$ cm^{-3}). Die Hall-Beweglichkeit bei Zimmertemp. ist anomal niedrig ($\leqq 1$ cm²/V · s). Andere Anomalien (Frequenzabhängigkeit der Leitfähigkeit, negative magnet. Widerstandsänderung) werden diskutiert. K. Jaeger 116

0395 **Elektrische Schwankungen heißer Elektronen in Silicium.** Ju. K. Požela, V. A. Barejkis und I. B. Matulenene. (Fiz. Techn. Poluprovodnikov **2** (1968) 4, 606—07; Inst. fiz. poluprov. AN LitSSR, Vil'njus; russ.) — Gemessen wurde das longitudinale, therm. Rauschen der Nichtgleichgew.-Ladungsträger ($\leqq 4\cdot 10^3$ V/cm; 300 u. 77 °K) in n-Si. Die Abweichung der Verteilungsfunktion der heißen Elektronen von der Gleichgew.-Funktion wird diskutiert.
K. Jaeger 116

0396 **Optische Eigenschaften von Silicium-Mehrschichtstrukturen.** G. A. Nakašidze, L. A. Gogava, E. I. Džaparidze und A. G. Ter-Sarkisova. (Soobšč. Akad. Nauk Gruz. SSR **50** (1968) 2, 321—26; AN Gruz. SSR, Inst. kibernetiki; russ.) — Die Spektralabhängigkeit der Photokurzschluß-EMK u. das Photoleitungsspektrum von n-p-n-p-Si-Mehrfachschichten wird untersucht.
H. Roschkowski 116

0397 **Einwirkung von Neutronen auf Siliciumdioden.** V. D. Koršunov und E. A. Kostjučenko. (Izvest. vysšich učebnych Zavedenij [Tomsk], Fiz. **11** (1968) 6 (73), 15—19; Ul'janovskij politechn. inst.; russ.) — Die Einw. eines Beschusses mit Neutronen einer Energie bis zu 1 MeV bei integralen Neutronenströmen bis $8{,}5\cdot 10^{14}$ n/cm² auf die Strom-Spannungscharakteristik von Si-Dioden wird untersucht. Aus p-Si mit $\varrho = 5\ \Omega\cdot$ cm hergestellte Dioden behalten ihre Leistungsfähigkeit bei Neutronenströmen bis $(1-2)\cdot 10^{14}$ n/cm².
H. Roschkowski 116

0398 **Sondenuntersuchung von Silicium-p–n-Übergängen.** I. Ch. Geller und V. A. Dorin. (Izvest. vysšich učebnych Zavedenij [Tomsk], Fiz. **11** (1968) 6 (73), 71—74; Leningradskij politechn. inst.; russ.) — Angabe von Sondencharakteristiken für pn-Übergänge von Si in Durchlaß- u. Sperrichtung. H. Roschkowski 116

0399 **Inhomogenität der Oberflächenladung und der Oberflächendurchschlag in Silicium-p–n-Übergängen.** R. O. Litvinov und A. A. Sadovničij. (Fiz. Techn. Poluprovodnikov **2** (1968) 4, 560—67; Inst. poluprov. AN USSR, Kiev; russ.) — Mikromessungen des Kontaktpotentialabfalles an Si-p–n⁺-Übergängen. Die von Stellen mit hoher negativer Ladungsdichte auf der Übergangsfläche ausgehenden Mikroplasmen werden untersucht. Ein Modell der Inhomogenität der Übergangsfläche wird diskutiert. K. Jaeger 116

0400 **Theorie des Tieftemperaturdurchschlages in hochreinem Germanium.** Z. S. Kačlišvili. (Fiz. Techn. Poluprovodnikov **2** (1968) 4, 580—84; russ.) — Theorie des Tieftemp.-Durchschlages für Ge-Proben mit einer Gesamtstörstellenkonz. $\leqq 10^{13}$ cm^{-3}. Numer. Berechnungen für 10 °K u. Orientierungsmessungen stimmen gut überein. K. Jaeger 116

0401 **Mott-Übergang im Exzitonensystem in Germanium.** V. M. Asnin und A. A. Ragačev. (Ž. éksper. teoret. Fiz. — Pis'ma v Redakciju **7** (1968) 12, 464—67; Fiz.-techn. inst. im. Joffe AN SSSR; russ.) — Die Photoleitfähigkeit von n- u. p-Ge bei Konz. der Beimengungen von $3-6\cdot 10^{13}$/cm³ wurde bei Temp. von 1,7 u. 4,2 °K mit einer Impulslichtquelle untersucht. Der Anstieg der Photoleitfähigkeit begann bei einer Konz. der Elektron-Loch-Paare von $2\cdot 10^{15}$/cm³ u. erfolgte sprungweise, nicht monoton. Es wird ein Übergang des Exzitonengases in den metall. Zustand angenommen, wobei die krit. Konz. temperaturabhängig ist. M. Wiedemann 116

0402 **Neuer Typ der Instabilität des Stroms in n-Germanium.** A. A. Kastal'skij und S. M. Ryvkin. (Ž. éksper. teoret. Fiz. — Pis'ma v Redakciju **7** (1968) 12, 446—50; Fiz.-techn. inst. im. Ioffe AN SSSR; russ.) — Bei Temp. von 4,2; 20 u. 30 °K u. verschiedenen Drücken (bis 300 kg/cm²) wurden Volt-Ampere-Charakteristiken aufgenommen. Bei niederen Temp. u. Drücken wurde die Erscheinung des sog. negativen Widerstands beobachtet, der durch Besonderheiten der Elektronenverteilung infolge Elektronenerhitzung gedeutet wird.
M. Wiedemann 116

0403 **Photoempfindlichkeit dünner Germaniumschichten.** B. P. Kozyrev und Ju. V. Osipov. (Izvest. vysšich učebnych Zavedenij [Tomsk], Fiz. **11** (1968) 6 (73), 100 bis 103; Leningradskij élektrotechn. inst. im. Ul'janova (Lenina); russ.) — Die Spektralabhängigkeit der Photospannung von n- u. p-Ge-Proben bei 0,55—2,35 µm wird untersucht. H. Roschkowski 116

0404 **Photomagnetoelektrischer Effekt im gepulsten Magnetfeld.** P. S. Kireev, A. N. Fedorovskij, A. B. Kot, M. N. Polonskaja und S. P. Švedov. (Fiz. Techn. Poluprovodnikov **2** (1968) 4, 613—14; Mosk. inst. stali i splavov; russ.) — Oszillograph. Registrierung des Effektes in *n-Ge*-Proben für gepulste Gleichfelder $\leqq 80$ kG. K. Jaeger 116

0405 **Einfluß von Dotierungsanionen auf die elektrische Leitfähigkeit von Alkalimetallhalogenidkristallen.** Ja. N. Peršic und N. N. Vasil'ev. (Fiz. tverdogo Tela **10** (1968) 5, 1587—89; russ.) — Messung der spezif. elektr. Leitfähigkeit von reinen u. dotierten (*KOH*, $CdCl_2$, *Cd*, *Au*) KCl-Krist. (300—700°). Der Einfl. einer partiellen Elektrolyse u. einer Färbung auf die Leitfähigkeit u. auf die Absorptionsmaxima (200—350 nm) wird untersucht. OH^--Ionen führen zu einer Erniedrigung der spezif. elektr. Leitfähigkeit, die dadurch rückgängig gemacht werden kann, daß die OH^--Ionen in Komplexen gebunden werden, deren Bldg. durch Dotierung mit Cd^{2+} u. Au^+ ermöglicht wird (Anionen-/Kationenleerstellenkomplexe u. Cd^{2+}/Anionenleerstellenkomplexe). K. Jaeger 116

0406 **Mechanismus der unipolaren elektrischen Leitung zweiter Art in ionischen Dielektrika.** N. P. Bogorodickij, N. E. Timoščenko und I. D. Fridberg. (Fiz. tverdogo Tela **10** (1968) 5, 1480—91; Leningradskij élektrotechn. inst. im. Ul'janova (Lenina); russ.) — Leitfähigkeitsmessungen an *NaCl* (420°; reine Na^+-Leitung) u. BaF_2 (475°; reine F^--Leitung) mit Elektroden aus *Pt*, *Ag*, *Ni*, *V* u. *Graphit*. Die Überführungszahlen werden bestimmt, die physikal.-chem. Prozesse des Leitungsmechanismus diskutiert. K. Jaeger 116

0407 **Einfluß der Drücke der flüchtigen Komponenten auf einige physikalische Eigenschaften von aus der Gasphase gezüchteten SbSJ-Einkristallen.** B. P. Grigas. (Fiz. Techn. Poluprovodnikov **2** (1968) 4, 481—87; Vil'njusskij gos. ped. inst.; russ.) — Best. der elektr. Leitfähigkeit, der Photoströme u. der therm. angeregten Ströme (77—330 °K) als Funktion der S- u. J-Partialdampfdrücke bei der Krist.-Züchtung. Die Widerstände bei Raumtemp. lagen im Intervall von 10^5—10^{10} $\Omega \cdot$ cm. K. Jäger 116

0408 **Einfluß des Dampfdruckes der flüchtigen Komponenten auf einige physikalische Eigenschaften von aus der Gasphase gezüchteten SbSeJ-Einkristallen.** B. P. Grigas. (Fiz. Techn. Poluprovodnikov **2** (1968) 4, 585—89; Vil'njusskij gos. ped. inst.; russ.) — Thermoelektr. Messungen an SbSeJ-Einkrist. als Funktion des Se-Partialdampfdruckes ($2 \cdot 10^{-5}$ bis $7 \cdot 10^{-1}$ Torr) u. des J-Partialdampfdruckes (300 Torr bis 3,8 atm) während der Krist.-Züchtung. Die Proben zeigten bei Zimmertemp. spezif. elektr. Widerstände von 10^2—10^7 $\Omega \cdot$ cm. Donatorniveaus wurden bei 0,37 u. 0,88 eV gefunden, das letztere mit einer therm. Aktivierungsenergie von 0,2 eV. Die therm. angeregten Ströme zeigten drei Niveaus mit Aktivierungsenergien von 0,26; 0,31 u. 0,36 eV. Der opt. Bandabstand beträgt bei 290 °K 1,7 eV mit einem Temp.-Koeff. von $-1{,}0 \cdot 10^{-3}$ eV/Grad. K. Jaeger 116

0409 **Herstellung von Kristallen des Antimon(III)-selenidjodids, ihre spektrale Durchlässigkeit und Photoleitfähigkeit.** K. Nejezchleb, I. D. Turjanica und J. Horák. (Collect. czechoslov. chem. Commun. **33** (1968) 3, 674—82; Inst. für allg. und anorg. Chem., TH für Chemie, Pardubice; dt.) — SbSeJ-Einkrist. konnten aus einem Gemisch der hochreinen Elemente in Ggw. eines J-Überschusses von 0,2—1 Mol-% aus der Gasphase (0,1 Torr N_2) gezüchtet werden. Bei einem Temp.-Gradienten von 60°/15 cm konnten, ausgehend von 410°, bis zu 20 mm lange u. bis zu 0,6 mm dicke Krist., die entlang der b-Achse gewachsen waren, erhalten werden. Im polarisierten Licht wurde an Krist. unterschiedlicher Dicke die Spektraldurchlässigkeit in dem der Absorptionskante benachbarten Bereich (680—780 nm) zwischen 120 u. 290 °K gemessen. Die Breite der verbotenen Zone wurde bei 300 °K zu 1,66 eV bestimmt; ihre Temp.-Abhängigkeit ergab sich zu $E_g = E_0 + \beta T$ mit $\beta = -7{,}0 \cdot 10^{-4}$ eV/Grad u. $E_0 = 1{,}87$ eV. Das Max. des inneren Photoeffektes liegt im langwelligen Ausläufer der Absorptionskante bei ca. 730 nm; es verschiebt sich mit sinkender Temp. nach der Seite kürzerer Wellenlängen. W. Laqua 116

0410 **Herstellung und photoelektrische Eigenschaften von SbSBr- und SbSeBr-Kristallen.** J. Klazar und J. Horák. (Collect. czechoslov. chem. Commun. **33** (1968) 3, 973—76; dt.) — Vgl. vorst. Referat. — SbSBr- u. SbSe · Br-Krist. wurden durch Züchtung aus der Gasphase erhalten; das Ausgangsgemisch enthielt äquimolare Mengen von $SbBr_3$, S bzw. Se u. Sb. Das Temp.-Gefälle in der unter 0,2 Torr N_2 stehenden Glasampulle betrug, ausgehend von 200 bzw. 220°, 30°/15 cm. Die nach 96 Std. erhaltenen Krist. waren bis zu 10 cm lang u. einige Zehntel Millimeter dick. An den Krist. wurde die Spektralzerlegung des inneren Photoeffektes untersucht. Das Max. des Photoeffektes liegt für einen Einfall des polarisierten Lichtes parallel zur kristallograph. b-Achse bei 560 bzw. 660 nm; für die Breite der verbotenen Zone ergaben sich die Werte 2,2 bzw. 1,92 eV. Zwischen 200 u. 393 °K wurde die Temp.-Abhängigkeit der elektr. Leitfähigkeit bestimmt. SbSBr-Krist. besitzen eine um 2—3 Größenordnungen niedrigere Leitfähigkeit als SbSeBr-Kristalle. Die Aktivierungsenergie beider Verb. beträgt ca. 2,0 eV. W. Laqua 116

0411 **Energieschema von nichtdotierten, hochohmigen SiC-Einkristallen.** M. P. Lisica und Ju. S. Krasnov. (Fiz. Techn. Poluprovodnikov **2** (1968) 4, 536—39; Inst. poluprov. AN USSR, Kiev; russ.) — Gemessen wurden von 80—300 °K an reinen α-SiC-Einkrist. die Photolumineszenz, die therm. angeregte Leitfähigkeit, die stationäre Fundamentalphotoleitfähigkeit u. die Dunkelleitfähigkeit. Die beobachteten Störstellen werden als zwei Arten von Akzeptor–Donator-Paaren beschrieben. K. Jaeger 116

0412 **Optische und elektrische Eigenschaften der Strom–Spannung-Charakteristiken von p-SiC–n-CdS-Heteroübergängen.** Je. A. Sal'kov, V. A. Chvostov und A. A. Čornovolenko. (Ukrains'kij fiz. Ž. **13** (1968) 5, 710 bis 715; Inst. napivprovidnykiv AN URSR, Kyïv; ukrain., Auszug: engl.) — Experimentelle Unters. über das Auftreten eines negativen differentiellen Widerstandes an einem direkten Zweig der Strom–Spannung-Charakteristik eines p-SiC–n-CdS-Übergangs. Diese Erscheinung wird von einer Lichtstrahlung an dem Übergang u. von einer Photosensibilität des CdS-Bereiches begleitet, die eine positive Rückkopplung zwischen der Strahlung u. dem durch die Probe laufenden Strom zur Folge hat. I. Zoll 116

0413 **Einfluß von γ-Strahlung auf die elektrischen Eigenschaften von p-GaAs.** Je. Ju. Brailovs'kyj und I. D. Konozenko. (Ukrains'kyj fiz. Ž. **12** (1967) 12, 2065—68; Inst. fiz. AN URSR, Kyïv; ukrain.) I. Zoll 116

0414 **Durch Epitaxie aus der flüssigen Phase hergestelltes Galliumarsenid mit hoher Beweglichkeit.** A. R. Goodwin, J. Gordon und C. D. Dobson. (J. Physics, D (Brit. J. appl. Physics) [2] **1** (1968) 1, 115—16; Standard Telecomm. Labor., Harlow, Essex; engl.) — Bei 800 bis 900° aus einem H_2–$AsCl_3$-Gemisch mit As gesätt. Ga-Schmelzen, die teilweise mit Se dotiert waren, werden in der von Bolger et al. (Proc. Symp. on Gallium Arsenid, Reading 1966) beschriebenen App. zur Abscheidung von 100—150 μ dicken epitakt. GaAs-Schichten benutzt. Undotierte Schichten weisen bei 296 °K Donatorkonz. N_d—N_a von 10^{15}—10^{16} (cm^{-3}) u. Ladungsträgerbeweglichkeiten μ zwischen $6 \cdot 10^3$ u. $7 \cdot 10^3$ (cm^2/Vs) auf, während Se-dotierte Schichten N_d—N_a ca. $6 \cdot 10^{18}$ u. μ ca. $2 \cdot 10^3$ besitzen. Herbert Müller 116

0415 **Durch Festkörperdiffusion in Galliumarsenid gebildete abrupte Übergänge.** G. R. Antell. (J. Physics, D (Brit. J. appl. Physics) [2] **1** (1968) 1, 113—14; Standard Telecomm. Labor., Harlow, Essex; engl.) — Auf polierten GaAs-Flächen werden durch gemeinsame Kathodenzerstäubung von Si- u. Zn-Targets ca. 4000 Å dicke, Zn-haltige Si-Schichten aufgebracht. Die Proben werden anschließend in einer abgeschmolzenen Spectrosil-Ampulle ohne überschüssiges As 5 Std. lang bei 900° getempert. Durch Zn-Diffusion werden 6 μ tiefe, abrupte p–n-Übergänge gebildet, in denen die Spannungsabhängigkeit der Kapazität C in Sperrichtung mit $C^{-2} = f(U)$ bis 15 V beschrieben wird. Mit dem Verf. wird die Bldg. von p–i–n-Übergängen sowie eine seitlich unter die Masken verlaufende Zn-Diffusion vermieden, die bei Verw. von SiO_2-Masken u. Zn-Quellen auftritt. Herbert Müller 116

0416 **Photoempfindlichkeitsspektren von GaP_xAs_{1-x}–Ga · As-n-n-Heteroübergängen.** Ž. I. Alfërov, A. A. Gamazov und N. S. Zimogorova. (Fiz. Techn. Poluprovodnikov **2** (1968) 4, 596—99; Fiz.-techn. inst. im. Ioffe AN SSSR, Leningrad; russ.) — Photo-EMK-Messungen (1,3—2,1 eV; 300 u. 77 °K) an Heteroübergängen aus epitakt. GaP_xAs_{1-x}-Schichten ($0{,}04 \leq x \leq 0{,}37$) auf Ga · As-Einkristallen. Ein Bandmodell des Überganges wird diskutiert. K. Jaeger 116

0417 **Möglichkeit zur Bestimmung der Störstellenkonzentration in n-InSb.** V. N. Gubankov und V. N. Listein. (Fiz. Techn. Poluprovodnikov **2** (1968) 4, 599—602; Inst. radiotechn. i élektron. AN SSSR, Moskva; russ.) — Vorgeschlagen wird eine Meth. zur Best. der Störstellenkonz. aus Messungen der Strom–Spannung-Kurven bei 4,2 °K K. Jaeger 116

0418 **Ladungsträgerrekombination und Haftstelleneffekte in n-InSb.** I. A. Baev. (Doklady bolgarskoj Akad. Nauk **21** (1968) 1, 15—18; Teachers Training Inst., Plavdiv; engl.) — Lebensdauermessungen (Lichtfleckraster; 77 bis 250 °K) an n-InSb-Einkristallen. Haftstellen 0,05 eV über der Valenzbandkante u. Abstoßungsschwellen beim Elektroneneinfang von 0,011 eV wurden gefunden. K. Jaeger 116

0419 **Elektrische Leitfähigkeit von Magnesiumoxid bei niedrigen Temperaturen.** T. J. Lewis und A. J. Wright. (J. Physics, D (Brit. J. appl. Physics) [2] 1 (1968) 4, 441—47; Dep. of Mater. Sci., Coll. of North Wales, Bangor, Caerns., England; engl.) — Messung der elektr. Leitfähigkeit von MgO-Einkrist. im Temp.-Bereich 400 bis 750°. Die Ergebnisse stimmen mit bisherigen Messungen bei höheren Temp. überein. Danach hat die Aktivierungsenergie einen Wert von $2{,}8 \pm 0{,}1$ eV im gesamten Temp.-Bereich von 400—1800°. Die verwendeten Felder reichten von 0,4—500 kV/cm. Neben den Einkrist. wurden auch polykrist. Proben mit hohem Verunreinigungsgrad gemessen. Danach scheint der Leitfähigkeitsprozeß durch Elektronensprünge zwischen Verunreinigungsplätzen im Krist. hervorgerufen zu werden. R. Blank 116

0420 **Einfluß des Brennens im Vakuum auf die Eigenschaften von Keramik aus TiO_2.** A. F. Belkov, V. N. Belikov und A. I. Bulavin. (Izvest. Akad. Nauk SSSR, Neorg. Mater. 4 (1968) 4, 546—48; Mosk. chim.-technol. inst. im. Mendeleeva; russ.) — Eine Literaturübersicht über das Syst. TiO–TiO_2 wird gegeben. Der Einfl. des Brennens im Vakuum auf die keram. Eig. von TiO_2 wird hinsichtlich der Zus. u. der elektr. Eig. untersucht. Der stöchiometr. Koeff. beträgt bei der Hochvakuumherst. 2—1,97, der elektr. Widerstand fällt von $5 \cdot 10^9$ auf ca. 40 $\Omega \cdot$ cm. Durch Sinterung von TiO_2-Keramik in oxydierenden Mitteln u. nachfolgende Hochtemp.-Vakuumbehandlung werden Prod. mit reproduzierbaren dielektr. Eig. erhalten. U. Strobel 116

0421 **Bestimmung der effektiven Ionenladungen in ZnS (Wurtzit).** V. A. Ždanov und L. A. Brysneva. (Izvest. vysšich učebnych Zavedenij [Tomsk], Fiz. 11 (1968) 6 (73), 88—89; Sibir. fiz.-techn. inst. im. Kuznecova; russ.) — Die effektive Ionenladung in ZnS mit Wurtzitstruktur wird durch Auswertung von Elastizitätsdaten zu $e = 1{,}1\, e_0$ bestimmt. H. Roschkowski 116

0422 **Vergleichende Untersuchung über die Kinetik der Oberflächen- und Volumenleitung von CdS-Einkristallen.** I. Ja. Kučerov und V. I. Šyjanovs'kyj. (Ukraïns'kyj fiz. Ž. 12 (1967) 12, 2070—72; Kyïvs'kyj deržuniv. im. Ševčenka; ukrain.) I. Zoll 116

0423 **Nichtparabolizität der Leitungsbänder von PbSe und PbS.** I. N. Dubrovskaja, B. A. Efimova und E. D. Nensberg. (Fiz. Techn. Poluprovodnikov 2 (1968) 4, 530—35; Inst. poluprov. AN SSSR, Leningrad; russ.) — Messung des Hall-Koeff. u. der Thermo-EMK von n-PbSe u. n-PbS in starken Magnetfeldern (≤ 33 kOe; 1,2—150 °K, Feldabhängigkeit bei ca. 85 °K). Die Ergebnisse können durch das bekannte nichtparabol. Bandmodell beschrieben werden. K. Jaeger 116

0424 **Abhängigkeit des Bandabstandes im System $CdSe_x \cdot CdTe_{1-x}$ von der Zusammensetzung.** L. V. Prytkina, V. V. Volkov, A. N. Mencer, A. V. Vanjukov und P. S. Kireev. (Fiz. Techn. Poluprovodnikov 2 (1968) 4, 611—12; Mosk. inst. stali i splavov; russ.) — Der Bandabstand nimmt für $1 > x > 0{,}82$ linear ab, verläuft dann bei 0,5 durch ein Minimum. Für $0{,}4 < x < 0{,}6$ liegen die hexagonale u. die kub. Phase nebeneinander vor. K. Jaeger 116

0425 **Elektrische Eigenschaften von mit NH_4F dotiertem Eis.** Laura Levi, Luisa Lubart und H. Gränicher. (Physik kondens. Materie 7 (1968) 5, 368—71; Consejo Nac. de Invest. Ci. y Tecn. y Serv. Meteorolog. Nac., Buenos Aires; engl.) — Messungen der DK u. der elektr. Leitfähigkeit von mit 10^{-2}n NH_4F dotiertem Eis ergaben eine Aktivierungsenergie der Relaxationszeit von 0,10 eV. Obwohl im Bereich von -10^0 die Relaxationszeiten von reinem u. dotiertem Eis prakt. gleich sind, wird durch den Vgl. der Aktivierungsenergien die Behauptung widerlegt, daß eine NH_4F-Dotierung die DK-Relaxation nicht beeinflusse (vgl. Dengel et al., C. **1967**, 13-0502). D. Hoene 116

0426 **Einige Eigenschaften von Proustit (Ag_3AsS_3).** M. I. Bucko, E. H. Moroz und I. S. Osypyšyn. (Ukraïns'kyj fiz. Ž. 12 (1967) 12, 2052—54; L'vivs'kyj ordena Lenina politechn. inst.; ukrain.) — Photostrom, Spektralabhängigkeit des Photostroms (600—800 nm), Gitterparameter. I. Zoll 116

0427 **Einfluß von Al_2O_3 auf die elektrischen Eigenschaften und die Struktur verschiedener alkalischer Silicatgläser.** V. K. Leko. (Izvest. Akad. Nauk SSSR, Neorg. Mater. 4 (1968) 1, 121—24; Zavod chudožestvennogo stekla g. Leningrad; russ.) — Der Einfl. von Al_2O_3 auf den elektr. Widerstand von Li-, Na- u. K-Silicatgläsern wurde untersucht u. die Vers.-Ergebnisse graph. dargestellt. Zusatz geringer Mengen Al_2O_3 zu Li-Gläsern führt zur Erhöhung des elektr. Widerstandes, bedingt durch die gleichmäßigere Kationenverteilung gegenüber den zwei Komponenten enthaltenden Li-Silicatgläsern. In den K-Silicatgläsern sind die Kationen K^+ gleichmäßig über das gesamte Vol. verteilt u. Zusatz geringer Al_2O_3-Mengen wirkt sich nicht merklich auf den elektr. Widerstand aus. Zusatz geringer Al_2O_3-Mengen zu den zwei Alkalimetalloxide enthaltenden Silicatgläsern bewirkt auch keine Vergrößerung des elektr. Widerstandes, da in diesen Gläsern die Alkalimetallkationen ebenfalls gleichmäßig verteilt sind. B. Karos 116

0428 **Eigenschaften von einem Abrikosov-Fluxoid in Supraleitern zweiter Art.** R. Leadon und H. Suhl. (Physic. Rev. [2] 165 (1968) 2, 596—601; Univ. of Calif., San Diego, La Jolla, Calif.; engl.) — Eine angenäherte Greensche Funktion wurde für das Syst. erhalten, u. die lokalen Zustandsdichten wurden als Funktionen von Energie u. Lage numer. berechnet. Die Berechnungen sind in Übereinstimmung mit experimentellen Werten von Silbernagel. E. Otto 120

0429 **Mikrowellenuntersuchung der Proximity-Effekte in der Supraleitung.** Gaston Fischer und Rudolf Klein. (Physik kondens. Materie 7 (1968) 1, 12—42; Labor. RCA Ltd., Zürich; engl.) — Der Mikrowellenoberflächenwiderstand einer dünnen *Cu*-Schicht im Kontakt mit der Oberfläche einer dicken *Pb*-Schicht wird untersucht. Die bisher entwickelten Vorstellungen über die Proximity-Effekte können das Verh. zufriedenstellend beschreiben. Es existiert ein komplexes Anregungsspektrum in Cu mit niedrigliegenden Anregungen über einer Energielücke u. einer Gruppe von hochenerget. Anregungen. Die Nachwrkg. auf ein Magnetfeld zeigt, daß die Streuung an der freien Cu-Oberfläche diffus ist. Dies führt in kleinen Feldern, bei denen ein Meissner-Abschirmstrom an der Cu-Oberfläche fließt, zu einer Entpaarungsenergie um einen großen Betrag von 1. Ordnung im Vektorpotential **A** an Stelle einer kleinen Korrektur 2. Ordnung. Damit wird ebenfalls eine anfängliche Absorption erklärt, die bei kleinen Feldern auftritt. Für Felder in einem weiten Bereich unterhalb des krit. Feldes von Pb wird die Supraleitung in Cu prakt. unterdrückt. Die Zunahme der Eindringtiefe von Pb auf Grund der Cu-Bedeckung u. die effektive Elektron–Elektron-Wechselwrkg. in Cu werden analysiert. D. Hoene 120

0430 **Kritisches Feld für supraleitendes Aluminium als Funktion von Druck und Temperatur oberhalb 0,3 °K.** E. P. Harris und D. E. Mapother. (Physic. Rev. [2] 165 (1968) 2, 522—32; Mat. Res. Labor. and Dep. of Phys., Univ. of Ill., Urbana, Ill.; engl.) — Genaue Messungen wurden von 0,3 °K bis zur Sprungtemp. T_c u. bei Drücken von 0, 3100, 5400 u. 7200 psi durchgeführt. Es wurde eine bessere Übereinstimmung mit kalor. Messungen u. thermodynam. Eig. des supraleitenden Al als in vorherigen Arbeiten erzielt. E. Otto 120

0431 **Einfluß von Defekten auf die Struktur des Übergangszustandes in supraleitendem Blei.** N. V. Sarma und J. R. Moon. (Philos. Mag. [8] 17 (1968) 147, 501—08; Internat. Res. and Dev. Co. Ltd., Fossway, Newcastle-upon-Tyne; engl.) — Die Struktur des Übergangszustandes von supraleitendem polykrist. Pb (99,99%) bei 4,2 °K wurde nach einer verfeinerten Bitter-Meth. untersucht, wobei aus der Gasphase kleine Teilchen eines ferromagnet. Metalls auf den zu untersuchenden Proben kondensiert werden. Die Verteilung des magnet. Flusses wird durch Gruppen von Versetzungen beeinflußt, die durch mechan. Verformung u. anschließendes Ausheizen bei Raumtemp. im Pb entstanden sind. Die Rekristallisierungsstrukturen stehen in Zusammenhang mit der ungleichförmigen Verteilung von Verunreinigungen u. Teilchen einer zweiten Phase, was zu einer ungleichförmigen Verteilung der Versetzungen u. damit indirekt zu einer Beeinflussung der Struktur des Übergangszustandes führt. W. Laqua 120

0432 **Supraleitung und Phasenumwandlung bei Titanlegierungen. 3. Mitt. Zusätze von Eisen und Niob.** Takashi Nishimura und Ulrich Zwicker. (Z. Metallkunde **59** (1968) 1, 69—73; Inst. für Werkstoffwiss. II, Univ., Erlangen-Nürnberg; dt.) — Unters. an Ti-Leg. mit dem β-stabilisierenden Zusatz Nb (4—25 Atom-%) u. dem ein Eutektoid u. eine intermetall. Phase bildenden Zusatz Fe (4 u. 9,5) sowie von Zusätzen beider Elemente [4 (Fe)-9 (Nb); 8,2-4,9; 3-25; **33,3-33,3**] zeigen, daß eine gegenseitige Beeinflussung stattfinden kann. Der zu erwartende Abfall der Übergangstemp. bei einer 400°- u. 500°-Auslagerung β-abgeschreckter Fe-haltiger Proben wird gefunden. Bei tern. Leg. wird bei im Vgl. zu Nb hohen Fe-Geh. eine Abnahme von T_c u. bei im Vgl. zu Fe hohen Nb-Geh. eine Zunahme von T_c beobachtet. Der bei den bin. Leg. gefundene negative Temp.-Koeff. des elektr. Widerstandes tritt auch bei den tern. Leg. auf. M. Frenzel 120

Dielektrische und magnetische Eigenschaften

0433 **Ferroelektrische Phasenübergänge von festen Wasserstoffhalogeniden.** S. Hoshino. (Japan atomic Energy Res. Inst., Res. Rep. **1968,** 1157, 76—79; Tokyo Univ., Inst. for Solid State Phys.; jap., Auszug: engl.) — Mit Hilfe von D-E-Hysteresisschleifen wurde an *HCl*- u. *HBr*-Einkrist. festgestellt, daß die Tieftemp.-Phasen von HCl u. HBr ferroelektr. sind. Die Einkrist. wurden auf Elektroden aus Ni-Folien dargestellt. Die Temp.-Abhängigkeit (70 — 100 °K) der spontanen Polarisation (P_s) u. der Feldstärke (E_c) zeigt, daß der Phasenübergang von HCl 1. Ordnung, während der von HBr 2. Ordnung ist. Vf. erhielt für HCl $P_s = 1{,}2\ \mu$Coul/cm² u. $E_c = 3{,}3$ kV/cm bei 90 °K sowie für HBr $P_s = 0{,}4\ \mu$Coul/cm² u. $E_c = 4{,}3$ kV/cm bei 78 °K. H.-S. Park 134

0434 **Anomalie der pyroelektrischen Eigenschaften von Kaliumhexacyanoferrat(II).** A. Ja. Krasnikova, N. D. Gavrilova, V. K. Novik und V. A. Kopcik. (Vestnik Moskovskogo Univ., Ser. III **23** (1968) 4, 111—14; Kaf. fiz. kristallov; russ.) — Der pyroelektr. Effekt von $K_4[Fe(CN)_6]$-Krist. der monoklinen u. tetragonalen Modifikation wird an unbehandelten u. mehrmals auf — 80° abgekühlten Proben gemessen. Die Temp.-Abhängigkeit der pyroelektr. Koeff. u. der spontanen Polarisation wird graph. angegeben. H. Roschkowski 134

0435 **Grundzustandsenergie des Hamilton-Operators nach Anderson.** Joel A. Appelbaum. (Physic. Rev. [2] **165** (1968) 2, 632—35; Bell Telephone Labor., Inc., Murray Hill, N.J.; engl.) — Berechnung für unendliche d-d-Korrelationsenergie. H. Liepack 136

0436 **Spinwellen und lokale Spinzustände in Kristallen mit Versetzungen.** Ch. I. Puškarov, M. A. Savčenko und V. V. Tarasenko. (Ž. èksper. teoret. Fiz. **54** (1968) 2, 571—82; Mosk. gos. univ.; russ., Auszug: engl.) — Energiespektrum von Spinwellen in Ferromagnetika mit einem einfachen kub. Gitter mit Versetzungen. Best. des differentiellen Querschnitts der Neutronenstreuung durch lokale u. quasi-lokale Niveaus. I. Zoll 136

0437 **Anisotrope Spinwellendämpfung in kubischen Ferrimagnetika.** 1. Mitt. **Einfluß einer von der Ausbreitungsrichtung abhängigen Dämpfung der Spinwelle auf ihre parametrische Anregung.** 2. Mitt. **Ausbreitungsrichtung der Spinwellen nach der Dispersionsbeziehung.** 3. Mitt. **Abhängigkeit der Spinwellenrelaxation von der Magnetisierung bezüglich der Kristallachsen.** F. Voigt. (Ann. Physik [7] **21** (1968) 3/4, 202—12, 213—18, 219—24; Jena, DAW, Inst. für magnet. Werkstoffe; dt.) — Im 1. u. 2. Teil wird gezeigt, daß die ausgeprägte Orientierungsabhängigkeit der Spinwellenrelaxation nicht durch eine Abhängigkeit der Dämpfung von der Ausbreitungsrichtung der Spinwelle erklärt werden kann. Die Abhängigkeit der Dämpfung von den Werten des Richtungskosinus des Magnetisierungsvektors bez. der Krist.-Achsen wird theoret. abgeleitet u. die Ergebnisse werden durch Vers.-Daten an $Ni_{0,67}Zn_{0,33}Fe_2O_4$ bestätigt. H. Roschkowski 136

0438 **Temperaturabhängigkeit der Eigenschaften von Teilchen, die aus einer einzigen Domäne bestehen.** P. Gaunt. (Philos. Mag. [8] **17** (1968) 146, 263—66; Phys. Dep., Univ. of Sheffield, Sheffield; engl.) — Ber. wird der Unterschied zwischen maximaler u. minimaler Energie von aus einer einachsigen Domäne bestehenden Teilchen in einem einwirkenden Feld für Orientierungen zwischen 0 u. 45° der Achse leichter Magnetisierbarkeit zur Feldrichtung. W. Laqua 136

0439 **Lorentz-Elektronenmikroskopie.** P. J. Grundy und R. S. Tebble. (Advances in Physics **17** (1968) 66, 153—242; Dep. of Phys., Univ., Salford, England; engl.) — Überblick über die Lorentz-Elektronenmikroskopie zur Unters. der Struktur von magnet. Domänen. — 60 Literaturangaben. Herbert Weber 136

0440 **Direkte Beobachtung magnetischer Domänen durch Rasterelektronenmikroskopie.** D. C. Joy und J. P. Jakubovics. (Philos. Mag. [8] **17** (1968) 145, 61—69; Dep. of Metallurg., Parks Road, Oxford; engl.) — Die Domänenstruktur von ein- u. polykrist. *Co* konnte durch Rasterelektronenmikroskopie direkt beobachtet werden. Aus den Unters. folgt, daß die Kontraste durch Ablenkung von Sekundärelektronen durch die Lorentz-Kraft, die auf entmagnetisierende Felder nahe der Probenoberfläche zurückgeht, zustandekommen. W. Laqua 136

0441 **Existenz von zwei selbständigen Mechanismen der Barkhausen-Sprünge in Ferromagnetika.** V. M. Rudjak und Ju. N. Charitonov. (Doklady Akad. Nauk SSSR **178** (1968) 2, 331—33; Kalinin, Gos. ped. inst. im. Kalinina; russ.) — An therm. behandelten Proben von Fe mit 0,8% Si wurde eine andere Gruppe der Barkhausen-Sprünge beobachtet, die länger u. mit einer größeren Änderung des magnet. Moments behaftet als die gewöhnlichen Barkhausen-Sprünge sind. Der Anteil der Sprünge verschiedener Länge im Ummagnetisierungsprozeß wird gezeigt. Durch die Verteilungskurve der Sprunglängen, die durch mechan. Spannungen verursacht werden, wurde gezeigt, daß diese anomalen Sprünge durch die Abbremsung der mehr beweglichen 180°-Domänengrenze von der mit ihr verbundenen 90°-Grenze verursacht werden. V. Burjan 136△

0442 **Einfluß quasilokalisierter Zustände auf den De Haas-Van Alphen-Effekt in Metallen vom Wismuttyp.** A. M. Ermolaev. (Ž. èksper. teoret. Fiz. **54** (1968) 4, 1259—63; Char'kovskij gos. univ.; russ., Auszug: engl.) — Lagen u. Breiten lokalisierter Energieniveaus wurden für ein Elektron in einem nichtidealen Metall bei angelegtem Magnetfeld bestimmt. Diese Niveaus führen zu einem Schwingungsinkrement der freien Energie, dessen Frequenz sich von der Grundfrequenz schwach unterscheidet. Die experimentell beobachteten Schwebungsfrequenzen werden erklärt. E. Otto 136

0443 **Seltenerdmetallverunreinigungen in flüssigem Aluminium.** G. W. Stupian und C. P. Flynn. (Philos. Mag. [8] **17** (1968) 146, 295—326; Dep. of Phys. and Mater. Res. Labor., Univ. of Ill., Urbana, Ill.; engl.) — Gemessen wurde die Konz.-Abhängigkeit der magnet. Suszeptibilität von Seltenerdmetall-Al-Leg. bei 1200 °K u. die Temp.-Abhängigkeit der Knight-Verschiebung zwischen 800 u. 1100°. Der Geh. der Leg. an ***La, Ce, Pr, Nd, Sm, Lu, Yb, Gd, Eu, Ho, Tb, Er, Dy*** u. ***Tm*** betrug bis zu 2 Atom-%. Mit Ausnahme der für Eu-Al- u. Yb-Al-Leg. erhaltenen Suszeptibilitäten stimmen die Ergebnisse mit den nach der Theorie von Van Vleck unter Annahme 3wertiger Seltenerdmetallionen zu erwartenden Werten überein. Für Eu u. Yb müssen 2wertige Ionenzustände angenommen werden. Die gemessenen Knight-Verschiebungen lassen sich auf der Basis der Theorie der Wellenstreuung deuten. Da die Suszeptibilitäten in guter Übereinstimmung mit der

Theorie der Spin–Bahn-Kopplung für freie Ionen stehen, müssen die Orbitale entweder als unbesetzt oder als vollständig besetzt angesehen werden; die entsprechenden Phasenverschiebungen an der Fermi-Fläche betragen 0 oder π. Die inneren Orbitale der Seltenerdmetallverunreinigungen in fl. Al liegen nahe der Fermi-Fläche in einem Band mit einer Breite von ca. 0,5 eV. Die Aufspaltung zwischen den Spinunterbändern beträgt ca. 1 eV. Für die Spinpolarisierung in der Umgebung der magnet. Verunreinigungen wird eine Beziehung erhalten, die nicht mit den Vorhersagen der Störungstheorie von Ruderman, Kittel u. Yosida übereinstimmt. W. Laqua 136

0444 **Magnetische Dämpfung in Terbium.** C. F. Burdett und R. B. Layng. (J. Physics, D (Brit. J. appl. Physics) [2] 1 (1968) 8, 1005–09; Dep. of Metallurg., Univ. of Strathclyde, Glasgow; engl.) — Die Änderung der inneren Reibung mit der Dehnungsamplitude wird von Tb bei Temp. von 113, 155, 181 u. 298 °K mit Hilfe eines Torsionspendels bei einer Frequenz von 1 Hz gemessen. Die Dämpfung beruht bei tieferen Temp. auf verschiedenen Komponenten. Hier wird nur der Beitrag zur Dämpfung betrachtet, der durch Versetzungen u. magnet. Domänen entsteht u. der mit Hilfe des Granato-Lücke-Modells von der totalen Dämpfung abgetrennt wird. Die Ergebnisse werden durch irreversible Bewegung der Domänengrenzen erklärt. I. Zoll 136

0445 **Magnetische Eigenschaften von $RbNiF_3$ in starken gepulsten magnetischen Feldern.** A. T. Starovojtov, V. I. Ožogin und V. A. Bokov. (Fiz. tverdogo Tela **10** (1968) 5, 1553–55; russ.) — Magnetisierungsmessungen (4,2 u. 77 °K) an Einkrist. bei $\leqq$ 300 kOe in Richtung u. senkrecht zur c-Achse. Best. des Anisotropiefeldes (15 bzw. 17 kOe), der Anisotropiekonst. (1,12) u. der Sättigungsmagnetisierung (19,5 bzw. 22,2 Gauß · cm^3/g). Diskussion der magnet. Struktur. K. Jaeger 136

0446 **Magnetische Suszeptibilität und Magnetostriktion der Verbindung MnSe.** I. G. Kerimov und T. A. Mamedov. (Fiz. Metallov Metallovedenie **26** (1968) 1, 188–91; Inst. fiz. AN Az. SSR; russ.) — Angabe von Suszeptibilitäts- u. Magnetostriktionsdaten für MnSe bei ca. 80–260 °K u. Felder bis 25000 Oe. H. Roschkowski 136

0447 **Magnetische Untersuchung eines Chlorapatits von Mangan, $Ba_5(MnO_4)_3Cl$.** L. H. Brixner und J. F. Weiher. (Inorg. Chem. [Washington] 7 (1968) 7, 1474–75; Pigments Dep., E. I. du Pont de Nemours & Co., Inc., Wilmington, Del.; engl.) — Suszeptibilitätsmessungen von $Ba_5(MnO_4)_3Cl$ (I) zwischen 2000 u. 8000 Oe bei 300 u. 77 °K sowie die Ähnlichkeit des Absorptionsspektrums mit MnO_4^{3-} in starken Alkalien deuten darauf hin, daß die neue Verb. I Mangan(V) enthält. R. Blank 136

0448 **Magnetische Suszeptibilität von V_2O_5.** Fam Zoan Chan, L. N. Blinov und L. P. Strachov. (Fiz. Techn. Poluprovodnikov **2** (1968) 4, 457–62; Leningradskij gos. univ. im. Ždanova; russ.) — Unters. der Anisotropie der magnet. Suszeptibilität an hochreinen V_2O_5-Einkrist. (77 u. 293 °K; 4200–6300 Oe) in *He*-Atmosphäre. Für V_2O_5 werden pro Formeleinheit 3 kovalente u. 2 ion. Bindungen vorgeschlagen: $[V_2^{2+}O_3]O_2^{2-}$. Die Suszeptibilitäten in Richtung der kristallograph. Achsen betragen 129 · 10^{-6} (b) u. 153 · 10^{-6} (a u. c). K. Jaeger 136

0449 **Magnetische Eigenschaften und Kristallstruktur des festen Lösungssystems Mg_2SnO_4–$MgFe_2O_4$.** V. A. Bokov, G. V. Novikov, O. B. Proskurjakov, Ju. G. Saksonov, V. A. Truchtanov und S. I. Juščuk. (Fiz. tverdogo Tela **10** (1968) 4, 1080–84; Inst. poluprovodnikov AN SSSR, Leningrad; russ.) — Magnet., Mössbauer- u. Röntgenunters. (77 u. 295 °K) an x · Mg_2SnO_4 · (1–x) $MgFe_2O_4$ mit x < 0,5 u. x = 1,0. Für x = 0,1 u. 0,2 wurden die ^{57}Fe-Hyperfeinstrukturen erhalten. Die Kationenverteilungen werden bestimmt. Die Ergebnisse lassen sich durch das magnet. Modell von Gitteo beschreiben. K. Jaeger 136

0450 **Magnetische Eigenschaften im System Fe_2O_3–Sc_2O_3.** V. I. Čečernikov, B. I. Pokrovskij, A. V. Pečennikov und L. N. Komissarova. (Izvest. Akad. Nauk SSSR, Neorg. Mater. 4 (1968) 2, 233–36; Mosk. gos. univ. im. Lomonosova; russ.) — Mit röntgenograph. u. magnet. Analysenmeth. wird das bin. Syst. mit den Komponenten α-Fe_2O_3 (schwach ferromagnet.) u. Sc_2O_3 (diamagnet.) untersucht. Die magnet. Suszeptibilität wird in Abhängigkeit von der Probenzus. u. von der Temp. gemessen. Alle untersuchten Proben zeigen antiferromagnet. Eig. mit Ausnahme der Proben, deren Konz. im Bereich des rhomboedr. Fe_2O_3-Mischkrist. liegt. Hier wird schwacher Ferromagnetismus festgestellt. H. Richter 136

0451 **Einfluß axialer Spannung auf die Anfangssuszeptibilität eines Systems feiner Körner der Reihe der festen Lösungen Fe_2TiO_4–Fe_3O_4.** Mitiyasu Ohnaka und Hajjimu Kinoshita. (J. Geomagnetism Geoelectr. [Tokyo] **20** (1968) 2, 107–10; Tokyo, Univ. of Tokyo, Geophys. Inst.; engl.) — Es wurde die Magnetisierung unter mechan. Beanspruchung von Titanomagnetiten mit verschiedenen TiO_2-Geh. [x Fe_2TiO_4–(1–x) Fe_3O_4 mit x = 0,0–0,7] durchgeführt. Die für die Spannungsempfindlichkeit erhaltenen experimentellen Werte weichen über den gesamten untersuchten Druckbereich (0–4 kb) sehr stark von den theoret. Werten ab. Zur Lösung des Problems sind daher weitere theoret. Überlegungen über die Druckabhängigkeit der Magnetisierung unter Berücksichtigung der aktuellen Spannungsverteilung in der mechan. beanspruchten Probe erforderlich. E. Schulte 136△

0452 **Drehmomentenkurve für die einachsige ferromagnetische Anisotropie.** K. M. Polivanov und E. I. Kalugin. (Fiz. Metallov Metallovedenie **26** (1968) 1, 33–40; Mosk. ènerget. inst.; russ.) — Untersucht wurde die ferromagnet. einachsige Anisotropie der Ferrite $BaFe_{12}O_{19}$, $BaSc_{0,2}Fe_{11,8}O_{19}$, $Ba_2Zn_2Fe_{12}O_{22}$ u. $BaFe^{II}_2$ · $Fe^{III}_{16}O_{27}$. Die Anisotropiekonst. u. Sättigungsmagnetisierungen werden angegeben. H. Roschkowski 136

0453 **Hystereseverluste und magnetische Anisotropie von Einkristallen von Barium- und Barium–Kobalt-Hexaferriten.** A. I. Drokin, N. I. Sudakov, S. Š. Gendelev und N. I. Veršinina. (Izvest. vysšich učebnych Zavedenij [Tomsk], Fiz. **11** (1968) 4 (71), 7–12; Inst. fiz. SO AN SSSR; russ.) — Die Hystereseverluste sind proportional dem Feld. Sie erreichen bei 16000–18000 Oe ein Max. u. werden danach wieder kleiner. Mit steigender Temp. verringern sich die Verluste. In Einkrist. von $BaCo_2Fe_{16}O_{27}$ (I) nehmen im Gegensatz zu $BaFe_{12}O_{19}$ die Hystereseverluste bei Temp.-Erhöhung auf 120° — bedingt durch Diffusion der Co^{2+}-Ionen — zu. Die Proportionalität zwischen den Hystereseverlusten u. dem Feld wird durch dynam. Strukturbezirke gewährleistet. Härtung von I nach längerem Brennen in Luft erhöht die magnet. Krist.-Anisotropie. U. Strobel 136

0454 **Korneinfluß auf die Spinwellenverluste in polykristallinen Ferriten.** E. V. Lebedeva, A. I. Pil'ščikov und N. S. Sedleckaja. (Vestnik Moskovskogo Univ., Ser. III **23** (1968) 3, 45–50; Kaf. radiotechn.; russ.) — Der Einfl. der Polykristallinität u. der Kornabmessungen auf die Spinwellenverluste in Mn-, Mg–Mn-, Mg–Cr-, Mg–Al-, Ni–Al- u. Li-Ferriten sowie Y–Fe-, Y–Ca–V- u. Bi–Ca–V-Granaten wird vergleichend untersucht. H. Roschkowski 136

0455 **Mit einem polykristallinen Ferrit assoziierte magnetostatische Energie.** J. E. Knowles. (J. Physics, D (Brit. J. appl. Physics) [2] **1** (1968) 8, 987–94; Mullard Res. Labor., Redhill, Surrey; engl.) — An den Korngrenzen mäßig magnet. harter Ferrite treten Schichten von freien „Magnetpolen" auf. Zur Best. der magnetostat. Energie werden die Größe der Oberflächenpoldichte $\overline{\omega}$ als Funktion der Gesamtmagnetisierung, der μ^*-Effekt u. die Konfig. der verschiedenen Bereiche freier Pole, die sich mit der Magnetisierung ändern, bestimmt. Die Berechnungen stimmen mit Beobachtungen über die Domänenverteilung in Mn–Mg-Ferrit überein. I. Zoll 136

0456 **Einfluß der Dicke auf die magnetischen Eigenschaften „überkritischer" Permalloyfilme.** L. S. Palatnik und L. I. Lukašenko. (Fiz. Metallov Metallovedenie **26** (1968) 1, 55–59; Char'kovskij politechn. inst.;

russ.) — Permalloyfilme (80—85% Ni, Rest Fe) im „überkrit. Zustand" zeigen mit steigender Dicke h (3—15 μ) eine Verminderung der relativen Restinduktion u. der Koerzitivkraft, die Domänenbreite ist $h^{1/2}$ proportional. In Kondensaten, die bei einem Auftreffwinkel von ca. 45° erhalten wurden, wird eine neue Relaxationserscheinung beobachtet, die aus einem von selbst verlaufenden Ausgleich der Hystereseschleife u. einem Umbau der Domänenstruktur in schwachen Feldern besteht. H. Roschkowski 136

0457 **Hochspannungselektronenmikroskop-Beobachtung von Streifendomänen in bei schrägem Einfall aufgedampften Permalloyfilmen.** I. B. Puchalska und R. P. Ferrier. (Thin solid Films [Lausanne] **1** (1968) **6**, **437**—**45**; Cavendish Labor., Univ. of Cambridge; engl.) — Die magnet. Streifendomänenstruktur von Permalloyfilmen (83% Ni, 17% Fe; 1500—3000 Å dick) wurde in Abhängigkeit vom Winkel (0—80°) zwischen dem Dampfstrahl u. der Substratnormalen untersucht. Zur elektronenmkr. Beobachtung wurden die Filme vom Substrat abgelöst. Eine Deutung für die Abhängigkeit der Domänenstruktur vom Aufdampfwinkel wird angegeben. H.-D. Schwartz 136

0458 **Entstehen einer einaxialen magnetischen Anisotropie bei der Martensitumwandlung im Magnetfeld.** A. S. Ermolenko, A. Z. Men'šikov und P. A. Malinen. (Fiz. Metallov Metallovedenie **26** (1968) 1, 76—80; Inst. fiz. metallov AN SSSR; russ.) — Durch Aufnahme von Drehmomentkurven wird der Einfl. der Martensitumwandlung des Austenits von Fe–Ni- u. Fe–Ni–Mn-Leg. (ca. 25% Ni u. 3% Mn) auf die magnet. Anisotropie untersucht. Unter der Einw. des Feldes bildet sich orientierter Martensit. H. Roschkowski 136

0459 **Magnetische Untersuchungen über den Antiferromagnetismus austenitischer Eisen–Chrom–Nickel-Legierungen.** Rudolf Kohlhaas, Alfred Adolf Raible, Werner Rocker und Wolf Dieter Weiss. (Z. Naturforsch. **23a** (1968) 4, 611—12; Inst. für theoret. Phys., Univ., Köln; dt.) — Spezif. magnet. Suszeptibilität χ, Permeabilität μ u. die Temp. T_N des Max. von χ von nachst. handelsüblichen Stählen (normale Wärmebehandlung) werden bestimmt: *X8CrNiNb1613* 0,08 (Gew.-% C), 17,16 (Cr), 0,28 (Mo), 0,81 (Nb), 12,76 Ni; *X8CrNiMoVNb1613* 0,05, 16,1, 1,34, 0,74, 14,2, 0,10 N, 0,83 V; *X8CrNiMoNb1616* 0,05, 15,8, 1,93, 0,84, 15,8; *X8CrNiMoNb1616* 0,045, 17,13, 1,91, 0,58, 18,0; *X15CrNiSi2520* 0,11, 23,4, —, —, 21,8 Ni, 2,40 Si. Fe bedingt offenbar die antiferromagnet., Ni die ferromagnet. Komponente. Der Temp.-Gang von χ läßt sich durch Antiferromagnetismus deuten. M. Frenzel 136

0460 **Galvanomagnetische und magnetische Eigenschaften von Eisen–Nickel–Kupfer-Legierungen im Gebiet der Curie-Temperaturen.** G. Mjalikgulyev, T. M. Jusupov, A. Orazsachatov und N. P. Orechova. (Izvest. Akad. Nauk Turkm. SSR, Ser. fiz.-techn., chim. geol. Nauk **1968**, 2, 31—36; Turkmen. gos. univ. im. Gor'kogo; russ.) — Für die Leg. der Zus. 3(%) Fe, 66 Ni, 31 Cu; 3 Fe, 70 Ni, 27 Cu; 3 Fe, 73 Ni, 23 Cu; 3 Fe, 86 Ni, 11 Cu wurde die Temp.-Abhängigkeit des galvanomagnet. Effekts bei Sättigungsfeldern u. der Sättigungsmagnetisierung gemessen. Die Curie-Punkte aller untersuchten Leg. wurden bestimmt. V. Burjan 136△

0461 **Einfluß der Textur auf den Charakter der Abhängigkeit der spezifischen Verluste von Transformatorenstahl von der Amplitude der magnetischen Induktion.** I. D. Zajdman. (Fiz. Metallov Metallovedenie **26** (1968) 1, 41—44; Zavod „Zaporožstal'"; russ.) — Der Einfl. der Texturvollkommenheit auf die magnet. Verluste wurde in Abhängigkeit von der Induktionsamplitude bestimmt. Die Abhängigkeit ist bei Stahl mit hoher Texturvollkommenheit quadrat. Art u. geht bei Texturverschlechterung zu höheren Potenzen über. H. Roschkowski 136

A-4. Thermodynamik, Mechanik der Gase und Flüssigkeiten, Gleichgewichte

0462 **Überschuß an freier Energie einer Zweikomponentenmischung harter Kugeln von schwach unterschiedlicher Größe.** A. Bellemans und J. Orban. (Chem. Physics Letters [Amsterdam] **2** (1968) 4, 253—54; Center for Statist. Mechan. and Thermodynam., Univ. of Tex., Austin, Tex.; engl.) — Numer. Berechnungen. H. Liepack 141

0463 **Nichtlineare Einflüsse auf kritische Fluktuationen.** Yoshiki Kuramoto. (Progr. theoret. Physics [Kyoto] **39** (1968) 3, 578—92; Dep. of Phys., Kyoto Univ., Kyoto; engl.) — Das Verh. des Ordnungsparameters zur Beschreibung von Phasenübergängen zweiter Ordnung wird diskutiert. Im Rahmen einer verallgemeinerten Betrachtung der freien Energie wird das anomale Verh. der langwelligen Komponente von k-abhängigen Fluktuationen oberhalb des krit. Punktes untersucht. Es zeigt sich, daß nichtlineare Effekte in der Nähe des krit. Punktes wichtig werden: Die nichtlinearen Terme beeinflussen einmal den Wert der Übergangstemp. u. außerdem den Grad der Singularität der Korrelationsfunktionen für große Wellenlängen. Zweitens läßt sich die Relaxation der langwelligen Komponente des Ordnungsparameters nicht durch eine einzelne Relaxationszeit beschreiben, nicht einmal im Rahmen einer makroskop. Theorie. P. Weiland 142

0464 **Genauere Gleichung für den Trennungskoeffizienten bei der thermischen Dissoziation von Molekülen.** Ju. G. Basov und G. M. Pančenkov. (Vestnik Moskovskogo Univ., Ser. II **23** (1968) 4, 89—90; Kaf. fiz. chim.; russ., Auszug: engl.) — Eine Gleichung für die Berechnung des Trennungskoeff. wurde auf Grund einer verfeinerten Gleichung für die Anzahl der akt. Zusammenstöße abgeleitet. J. J. Pohl 142

0465 **Anzahl der aktiven Zusammenstöße bei der thermischen Dissoziation von Molekülen.** G. M. Pančenkov und Ju. G. Basov. (Vestnik Moskovskogo Univ., Ser. II **23** (1968) 4, 90—92; russ., Auszug: engl.) — Vgl. vorst. Referat. — Eine abgeleitete Gleichung der Anzahl aktiver Zusammenstöße bei therm. Dissoziationsrk. zeigt, daß die Prozeßgeschw. dem Quadrat der Mol.-Konz. proportional ist. J. J. Pohl 142

0466 **Thermodynamik chemisch reagierender Mischungen. 19. Mitt. Freie Exzeßenthalpie von atherm assoziierten Mischungen vom Typ A + A_2 + B.** A. Treszczanowicz. (Bull. Acad. polon. Sci., Sér. Sci. chim. **16** (1968) 2, 71—75; Inst. of Phys. Chem., Pol. Acad. of Sci.; engl.) — 18. vgl. ibid. **15** (1967) 495; 15. vgl. C. **1967**, 38-0499. — Thermodynam. Betrachtung der Aktivitätskoeff. u. freien Exzeßenthalpie von Mischungen mit A_2-Dimeren u. Berechnungen der Dimerisationskonstanten. G. Malow 142

0467 **Quantenstatistik des Hochtemperaturplasmas im thermodynamischen Gleichgewicht. 2. Mitt. Die freie Energie im Temperaturbereich 10^6 bis 10^8 °K.** H. J. Hoffmann und W. Ebeling. (Beitr. Plasmaphysik **8** (1968) **1**, 43—56; Inst. für theoret. Phys. der Univ. Rostock; dt.) — Explizite Berechnung von Quantenkorrekturen zur klass. freien Energie nach Debye-Hückel eines Elektronen–Ionen-Plasmas. H. Liepack 144

0468 **Statistische Mechanik von Systemen harter Teilchen.** Emmanuel Meeron und Arnold J. F. Siegert. (J. chem. Physics **48** (1968) 7, 3139—55; Dep. of Phys., Northwestern Univ., Evanston, Ill.; engl.) — Theoret. Ableitung von Zustandssummen in Syst. harter Teilchen. Die resultierende einfache Zustandsgleichung liefert gute Näherungswerte für die 4. u. 5. Virialkoeff. für harte Scheiben u. für den 4. Virialkoeff. für harte Kugeln. Im eindimensionalen Fall werden die Näherungen exakt u. liefern die bekannten Ausdrücke für die Zustandsgleichung u. die Paarverteilungsfunktion des eindimensionalen Systems. R. Blank 144

0469 **Quantenverbesserung an Zeitkorrelationsfunktionen.** James T. Hynes, J. M. Deutch, Chin Hsien Wang und Irwin Oppenheim. (J. chem. Physics 48 (1968) 7, 3085—91; Dep. of Chem., Princeton Univ., Princeton, N.J.; engl.) — Durch Entw. der quantenmechan. Korrelationsfunktion in Potenzen der Planckschen Konst. erhalten Vf. Quantenkorrekturen an Zeitkorrelationsfunktionen. Dieser Formalismus wird an

Transporteig., Kernspin-Gitter-Relaxation, u. bei der Berechnung von Isotopeneffekten bei Transporteig. mit dem H_2-Syst. als Beispiel diskutiert. R. Blank 144

0470 **Abweichungen der kinetischen Theorie vom Blanc-Gesetz der Ionenbeweglichkeit.** Stanley I. Sandler und E. A. Mason. (J. chem. Physics **48** (1968) 7, 2873–75; Univ. of Del., Newark, Del.; engl.) — Die Unters. der Ionenbeweglichkeit in Gasgemischen mit der exakten kinet. Theorie zeigt, daß die Einstein-Beziehung zwischen Beweglichkeit u. Diffusionskoeff. bei höheren Näherungen exakt ist. Außerdem wird ein expliziter Ausdruck für die Abweichungen vom Blanc-Gesetz für Ionen in einem bin. Gasgemisch in zweiter Chapman-Enskog-Näherung abgeleitet. Genaue Berechnungen zeigen, daß die Abweichungen im allg. klein sind, aber Syst. mit großen Abweichungen durchaus möglich sind. Die Ergebnisse sind allg. auf Tracerdiffusion u. nicht nur auf Ionen anwendbar. R. Blank 146

0471 **Analyse multipler Relaxationsprozesse.** R. Holmes und M. A. Stott. (J. Physics, D (Brit. J. appl. Physics) [2] **1** (1968) 5, 607–15; Liverpool, Univ., Dep. of Electric. Engng. and Electronics; engl.) — Zur Überwindung der bisher schwierigen Analyse doppelter therm. Relaxationsvorgänge, wie sie durch Ultraschallmessungen beobachtbar sind, wird eine systemat. Meth. zur Auflösung experimenteller Daten in Termen einer Anzahl von Relaxationsprozessen entwickelt. Sie basiert auf einem Verf., das automatisch Relaxationszeiten u. -Stärken so ber., daß die Summe der Quadrate der Abweichung der Meßpunkte von der theoret. Kurve ein Minimum ist. Das Verf. kann auch ohne Einschränkungen der Relaxationsparameter angewandt werden u. ergibt schnelle Konvergenz zum Minimum. Der Einfl. von Fehlern in den Relaxationsparametern wird abgeschätzt. Da eine Gauss-Verteilung angenommen wird, ist eine große Zahl von Meßwerten, die frei von systemat. Fehlern sein müssen, notwendig, im Beispiel der Rechnung für *Äthan* über 300 Meßpunkte. H. U. Borgstedt 146

0472 **Analytische Potentialmodelle und Eigenschaften der Edelgase.** J. P. O'Connell und J. M. Prausnitz. (J. physic. Chem. **72** (1968) 2, 632–38; Coll. of Chem., Univ. of Calif., Berkeley, Calif.; engl.) — Berechnung der thermodynam. u. Transporteig. von *Ar*, *Kr* u. *Xe* mit analyt. Ausdrücken für das zwischenmol. Potential mit zwei oder mehr Parametern. H. Liepack 146

0473 **Wärmeleitfähigkeit binärer Gasmischungen.** 1. Mitt. **H_2–He-Mischungen.** Clarke C. Minter. (J. physic. Chem. **72** (1968) 6, 1924–26; Dep. of Chem., American Univ., Washington, D.C.; engl.) — Das Minimum bei 8 Mol-% H_2 wurde bestätigt. Für den ganzen Konz.-Bereich gilt $K_m = 41{,}8(1 + 0{,}0796 \ln p)\, p + 34{,}4\, [1 + 0{,}048 \ln (1 - p)](1 - p)$, p Mol-% von H_2. H. Liepack 146

0474 **Relaxationseffekte und Wärmetransport in einem chemisch reagierenden Gasgemisch bei inerter Verdünnung.** A. K. Barua und T. K. Rai Dastidar. (Indian J. Physics Proc. Indian Assoc. Cultivat. Sci. **42/51** (1968) 1, 11–19; Dep. of Gen. Phys. and X-Rays, Ind. Assoc. for Cultiv. of Sci., Calcutta; engl.) — Eine Analyse der existierenden therm. Leitfähigkeitsdaten im mit *He* bzw. *Ar* verd. Rk.-Syst., $N_2O_4 \rightleftharpoons 2\, NO_2$ bez. des Einfl. der chem. Rk. auf die bin. Diffusionskoeff. zwischen den ungleichen Komponenten des Gemisches zeigt, daß die Theorie des Wärmetransports in reagierenden Gasen die Relaxation der chem. Energie in verd. Syst. noch nicht ausreichend berücksichtigt. R. Blank 146

0475 **Adsorption atomarer Beimischungen an quantisierte Wirbel in flüssigem Helium II.** L. S. Reut und I. Z. Fišer. (Ž. èksper. teoret. Fiz. **55** (1968) 2 (8), 722 bis 731; Odesskij gos. univ.; russ., Auszug: engl.) — Es wird gezeigt, daß Beimischungen von Quasiteilchen von einer verd. ^{3}He-Lsg. in superfluidem ^{4}He mit quantisierten Wirbeln in Wechselwrkg. treten, indem sie von den Wirbeln angezogen werden. Die Wechselwrkg. eines zugesetzten Quasiteilchens mit einer Wirbellinie wird im Rahmen der Superfluiditätstheorie von Landau analysiert. Bei tiefen Temp. ist die Adsorption von Beimischungen an Wirbel beträchtlich. I. Zoll 146

0476 **Trennung von Gasmischungen durch thermische Diffusionssäulen.** V. K. Saxena und S. C. Saxena. (Z. Naturforsch. **23a** (1968) 3, 471–72; Phys. Dep., Univ. of Rajasthan, Jaipur, India; engl.) — Beschreibung einer Meth. zur Berechnung des optimalen Arbeitsdrucks u. der maximalen Trennung für eine vorgegebene Säule. Als Beispiele werden die Syst. CO_2–C_3H_8, Ar–Ne, CH_4–Xe, Xe–H_2, Xe–D_2, HT–^{4}He, DT–^{4}He, T_2–^{4}He u. He–H_2 untersucht. H. Liepack 146

0477 **Trennung von Isotopengemischen polyatomarer Gase durch Thermodiffusionssäulen: Interpretation der Daten bei Sauerstoff.** S. Raman, S. C. Saxena und W. W. Watson. (J. chem. Physics **48** (1968) 7, 2920–23; Sloane Phys. Labor., Yale Univ., New Haven, Conn.; engl.) — Vf. verwenden die Erweiterung der Furry-Jones-Theorie [Physics Rev. **69** (1946) 459] der Thermodiffusionssäulen auf reine mehratomige Gase nach Youssef u. Hanna [Z. physik. Chem. [Frankfurt/M.] **47** (1965) 42], um die Experimente von Narten u. Landau [J. Chem. Physics. **43** (1965) 751] an *Sauerstoff* zu interpretieren. Danach ist die erweiterte Theorie nur um wenige Prozente besser als die relativ einfachere Theorie von Furry u. Jones, die nur auf reine einatomige Gase anwendbar ist. Die Abweichungen zwischen Experiment u. Theorie sind noch erheblich größer als die Differenzen zwischen den beiden Theorien. R. Blank 146

0478 **Viskosität von ^{4}He im Bereich von 14–31 °K und bei einem Druck von 100 Atmosphären** M. S. Rudenko und O. I. Karnus. (Ukraïns'kyj fiz. Ž. **13** (1968) 8, 1332–36; Fiz.-techn. inst. AN URSR, Charkiv; ukrain., Auszug: engl.) — Viskositätsmessungen an ^{4}He bei 14–31 °K u. 100 atm Druck. Die Ergebnisse stimmen nicht mit den halbempir. Ausdrücken von Enskog überein, die auf seiner Theorie unter Druck stehender Gase aus harten Kugeln beruhen. I. Zoll 146

0479 **Schallabsorption in Sauerstoff mit Gehalten an Wasserstoff, Kohlendioxid oder Wasserdampf als Verunreinigung.** R. George Harlow und M. E. Nolan. (J. acoust. Soc. America **43** (1968) 6, 1287–90; Univ. of Surrey, London, England; engl.) — In einem Resonanzrohrsyst. werden im f/p-Bereich von 80–1700 Hz/atm Schalldämpfungsmessungen in O_2 mit Geh. von bis zu 2,6% H_2, CO_2 oder H_2O vorgenommen. Die genauen Daten werden für die Ableitung mol. Stoßprozesse benötigt. Für die Abhängigkeit der f_0/p-Werte vom Molenbruch an zugesetzten Verunreinigungen werden folgende Formeln angegeben: O_2–H_2: $f_0/p = -0{,}3 + 64{,}2\,h \pm 9$ (Hz/atm), O_2–CO_2: $f_0/p = 9 + 45\,h \pm 70$, O_2–H_2O: $f_0/p = 9 + 162\,h + 144\,h^2 \pm 26$. Darin ist f_0 die Frequenz der maximalen Absorption u. $10^3\,h$ der Molenbruch des verunreinigenden Stoffes. Die Abhängigkeit der Relaxationsfrequenz der Mischungen O_2–H_2O vom Molenbruch stimmt mit Literaturangaben gut überein, während Angaben von Harlow u. Kitching [ibid. **36** (1964) 1100] wegen der Adsorption von H_2O an der Rohrwand fehlerhaft sein dürften. H. U. Borgstedt 146

0480 **Halbempirische Behandlung der Eigenschaften flüssiger Mischungen.** 2. Mitt. **Abschätzung der Einflüsse von Molekülgrößen in Flüssigkeiten und flüssigen Mischungen.** Aleksander Kreglewski. (J. physic. Chem. **72** (1968) 6, 1897–1905; Thermodynam. Res. Center, Dep. of Chem., Tex. A & M Univ., College Station, Tex.; engl.) — 1. vgl. ibid. **71** (1967) 2860. — Unters. der plötzlichen Änderungen der thermodynam. Eig., wenn die Größe mindestens einer der Komponenten die von CH_4 (oder einer CH_3-Gruppe) überschreitet. H. Liepack 146

0481 **Ionenbeweglichkeit und Flüssigkeitsbewegung in verflüssigtem Argon.** T. H. Dey und T. J. Lewis. (J. Physics, D (Brit. J. appl. Physics) [2] **1** (1968) 8, 1019–29; Mater. Labor., Queen Mary Coll., London; engl.) — Best. der Strom–Spannungs-Charakteristiken sowie Ionenbeweglichkeiten von verflüssigtem Ar (5 ppm O u. 1 ppm O) in Feldern bis zu 10 kV cm^{-1} mit Hilfe einer Triodenzelle mit radioakt. Emitter. Die Experimente zeigen, daß selbst in einer atomaren Fl., in der van der Waalssche Nahbereichskräfte überwiegen, durch die Ionenbewegung eine ausgeprägte Fl.-Bewegung induziert wird. I. Zoll 146

0482 **Selbstdiffusion in flüssigem Kohlendioxid und Propan.** Richard C. Robinson und Warren E. Stewart. (Ind. Engng. Chem. Fundamentals 7 (1968) 1, 90–95; Dep. of Chem. Engng., Univ. of Wis., Madison; engl.) — Mit Hilfe radioakt. Tracermessungen ($^{14}CO_2$, $CH_3{}^{14}CH_2CH_3$) wurde die Selbstdiffusion des fl. CO_2 u. Propan als Funktion von Temp. u. D. bestimmt. Die Ergebnisse wurden auf die red. Temp. 0,80, 0,90 u. 0,97 u. bis zu Drücken von 182 atm umgerechnet. Die Diffusionsdaten erfüllen die Gleichungen der hydrodynam. Theorie ebenso wie die Theorie des freien Volumens. G. Malow 146

0483 **Druckabhängigkeit der Viskosität von B_2O_3.** L. L. Sperry und J. D. Mackenzie. (Physics Chem. Glasses **9** (1968) 3, 91–95; Rensselaer Polytechn. Inst., Troy, N.Y.; engl.) — Die Druck- u. Temp.-Abhängigkeit der Viskosität des fl. B_2O_3 wird zwischen 380 u. 465° u. 1–300 bar gemessen. Weiterhin wurde im obigen Bereich die isotherme Kompressibilität bestimmt. Die Temp.-Abhängigkeit der Viskosität ist bei konst. Vol. fast ebenso groß wie bei konst. Druck. Auch bei V = const. gehorcht die Temp.-Abhängigkeit keiner Arrhenius-Gleichung. Eine Temp.-Abhängigkeit des strukturellen Aufbaus wird angenommen: random-Netzwerk-Typ → partielle Zerteilung → dative bonded-Konfig. im Sinne von Ottar-Ruigh. M. Hähnert 146

0484 **Selbstdiffusion in flüssigem Natrium bei konstantem Volumen und konstantem Druck.** M. W. Ozelton und R. A. Swalin. (Philos. Mag. [8] 18 (1968) 153, 441–51; Minneapolis, Minn., Univ. of Minn., School of Mineral and Metallurg. Engng.; engl.) — Der Selbstdiffusionskoeff. von fl. *Na* wurde im Temp.-Bereich F. bis 300° unter konst. Druck u. konst. Vol. bestimmt. Für konst. Druck gilt $D = 0{,}92 \cdot 10^{-3} \exp(-2343/RT)$ cm²/s. Von den betrachteten theoret. Ansätzen ist keiner in der Lage, die experimentell erhaltenen Daten korrekt vorherzusagen, weil wahrscheinlich mehr als ein Diffusionsprozeß in der Fl. auftritt. E. Schulte 146△

0485 **Diffusion von Natrium- und Fluorionen in Kryolithbädern.** Frédéric Lantelme und Marius Chemla. (C. R. hebd. Séances Acad. Sci., Sér. C **267** (1968) 4, 281–84; Labor. d'Électrochim., Fac. des Sci. de Paris; franz.) — Die mit den Radioisotopen ^{22}Na u. ^{18}F gemessenen Diffusionskoeff. (Kapillarmeth.) betragen 9,50 bzw. $5{,}88 \cdot 10^{-5}$ cm²/s in reinem Kryolith bei 1050°. Die Daten demonstrieren die Leichtigkeit der Verschiebung des Elementes F im Gegensatz zu seiner schwachen Beweglichkeit unter der Wrkg. elektr. Felder. Die Ergebnisse zeigen, daß dieses Element (außer seiner Beteiligung an den Gruppen $AlF_6{}^{3-}$ u. $AlF_4{}^-$) ebenfalls in Form neutraler oder positiver Gruppen kleiner Dimensionen existieren sollte. Herbert Weber 146

0486 **Zustandsgleichung und elektrischer Widerstand von flüssigem Quecksilber bei höheren Temperaturen und Drücken.** D. R. Postill, R. G. Ross und N. E. Cusack. (Philos. Mag. [8] 18 (1968) 153, 519–30; London, Northern Polytechnic, Dep. of Phys.; engl.) — Die Zustandsgleichung u. der elektr. Widerstand ϱ von fl. *Hg* wurden in den Bereichen 20–1100° u. 0–1000 bar genau bestimmt. Über den Bereich ändert sich die D. um ca. 20% ihres Wertes bei Raumtemp., u. der Widerstand steigt um einen Faktor von ca. 4. Folgende thermodynam. u. elektr. Quantitäten wurden abgeleitet: Wärmeausdehnungs- u. Kompressibilitätskoeff., krit. D., $C_p - C_v$, $(\delta\varrho/\delta T)_v$, $(\delta\varrho/\delta T)_p$, $(\delta\varrho/\delta V)_T$. Die Gleichungen der Isochoren u. Isobaren sind angegeben. Es werden Tabellen zur numer. Auswertung der Daten aufgeführt. Die Ergebnisse werden, soweit möglich, mit anderen Arbeiten verglichen u. diskutiert. Zur Theorie des Widerstandes werden Anmerkungen gegeben. E. Schulte 146△

0487 **Elektrochemische Messung der Sauerstoffdiffusion in flüssigem Silber und flüssigem Kupfer.** Hans Rickert und A. A. El Miligy. (Z. Metallkunde **59** (1968) 8, 635–41; Inst. für Phys. Chem. u. Elektrochem., Univ. Karlsruhe; dt.) — Messungen mit der Festkörperkette Pt, Luft ($pO_2 = 0{,}21$ atm)/ZrO_2(+ CaO)/Me (fl.) [+ O (gel.)]; $D_0(Ag) = 26{,}3 \cdot 10^{-4} \exp(-7300/RT)$ cm²/s (990–1220°); $D_0(Cu) = 1{,}22 \cdot 10^{-2} \exp(-14400/RT)$ cm²/s (1100 bis 1250°). M. Frenzel 146

0488 **Fließverhalten von flüssigen Plutoniumlegierungen in einem Schwingungsgefäßviskosimeter.** L. J. Wittenberg, D. Ofte und C. F. Curtiss. (J. chem. Physics **48** (1968) 7, 3253–60; Monsanto Res. Corp., Mound Labor., Miamisburg, O.; engl.) — Viskositätsmessungen der niedrigschmelzenden *Pu*-Leg. mit 10,43 bzw. 9,81 Atom-% Fe u. *Pu–Ce–Co* (19,6, 56,2, 24,2 Atom-%) zeigen anomales Verh., das nicht näher bestimmt wird, aber auf viskoelast. oder nicht-Newtonsches Verh. schließen läßt. R. Blank 146

0489 **Spezifische Wärme, Enthalpie und Entropie von kristallinem As_2Se_3, glasförmigem As_2Se_3 und kristallinem As_2Te_3 bei tiefen Temperaturen.** V. M. Ždanov und A. K. Mal'cev. (Ž. fiz. Chim. **42** (1968) 8, 2051–54; Mosk. chim.-technol. inst. im. Mendeleeva; russ.) — Die mit Hilfe eines adiabat. Vakuumkalorimeters bei 53–310 °K (Cp) bzw. 53–298,15 °K bestimmten Werte der thermodynam. Eig. sind tabelliert. Für krist. As_2S_3 ist $S^0_{298,15}$ 38,1 ± 0,6 (cal/Mol · Grad), $H^0_{298,15}–H_0{}^0$ 5426 ± 30 (cal/Mol), für krist. As_2Se_3 46,5 ± 0,8 u. 6276 ± 35 u. für krist. As_2Te_3 54,1 ± 1,0 u. 6984 ± 40. J. J. Pohl 148

0490 **Thermodynamische Untersuchungen bei tiefen Temperaturen. 1. Mitt. Spezifische Wärme und Entropie von Cadmiumsulfid bei der Temperatur des flüssigen Stickstoffs.** Ju. Ch. Šaulov und É. N. Kostina. (Ž. fiz. Chim. **42** (1968) 8, 2049–51; Mosk. inst. elektron. mašst.; russ.) — Die spezif. Wärme von hexagonalem CdS, 4,8 g/cm³, wurde bei 55–300 °K bestimmt, die erhaltenen Werte von $S_T–S_0$ (Joule/Mol · Grad) bzw. $H_T–H_0$ (Joule/Mol) sind 0–50 °K 8,64 ± 0,52; 297,5 ± 18; 50–298,16 °K 59,58 ± 0,30; 9846,5 ± 39 bzw. 0–298,16 °K 68,22 ± 0,82 u. 10144,0 ± 57. Die Werte wurden auf Grund von Messungen mit einem adiabat. Kalorimeter ermittelt. J. J. Pohl 148

0491 **Experimentelle Messung der Enthalpie von Molybdän bei begrenzt hohen Temperaturen.** V. Ja. Čechovskoj und V. A. Petrov. (Teplofiz. vysokich Temperatur **6** (1968) 4, 752–53; Inst. vysokich temp. AN SSSR; russ.) — Die mit Hilfe einer früher beschriebenen App. erhaltenen Meßwerte für die Enthalpie von Mo bei 1000 bis 2800 °K befolgen die Beziehung $H_T–H_{273,15} = 5{,}3082\,T + 7{,}5153 \cdot 10^{-4}\,T^2 + 2148 \cdot 10^3 \exp(-216 \cdot 10^2/T) - 1506{,}0$ cal/g-Atom; c_p folgt der Beziehung $c_p = 5{,}3082 + 15{,}0306 \cdot 10^{-4}\,T + 4714 \cdot 10^7\,T^{-2} \exp \cdot (-216 \cdot 10^2/T)$ cal/g-Atom · Grad. H. Roschkowski 148

0492 **Dissoziationsenergien von gasförmigen, homonuklearen, zweiatomigen Molekülen der VI. Hauptgruppe. 1. Mitt. Schwefel.** P. Budininkas, R. K. Edwards und P. G. Wahlbeck. (J. chem. Physics **48** (1968) 7, 2859 bis 2866; Dep. of Chem., Ill. Inst. of Technol., Chicago, Ill.; engl.) — Thermochem. bestimmen Vf. durch modifizierte Knudsen-Effusion von gasförmigem Schwefel in einem Aluminium-Doppelofen die Gleichgew.-Konst. von $S_2(g) \rightleftharpoons 2\,S(g)$ u. daraus die Dissoziationsenergie von $S_2(g)$ zu 101,7 ± 2,9 kcal/Mol. Als Testwert für die Meth. wurde die Dissoziationsenergie von $J_2(g)$ zu 36,17 ± 0,77 kcal/Mol im Vgl. zum angenommenen Wert von 35,538 kcal/Mol bestimmt. R. Blank 150

0493 **Dissoziationsenergien von gasförmigen, homonuklearen, zweiatomigen Molekülen der VI. Hauptgruppe. 2. Mitt. Selen.** P. Budininkas, R. K. Edwards und P. G. Wahlbeck. (J. chem. Physics **48** (1968) 7, 2867 bis 2869; engl.) — 1. vgl. vorst. Referat. — Nach der gleichen Meth. wie im vorst. Ref. bestimmen Vf. aus dem Gleichgew. $Se_2(g) \rightleftharpoons 2\,Se(g)$ die Dissoziationsenergie $D_0{}^0$ zu 75,7 ± 2,5 kcal/Mol in guter Übereinstimmung mit spektroskop. u. massenspektroskop. Werten der Literatur. R. Blank 150

0494 **Dissoziationsenergien von gasförmigen, homonuklearen, zweiatomigen Molekülen der VI. Hauptgruppe.**

3. Mitt. **Tellur.** P. Budininkas, R. K. Edwards und P. G. Wahlbeck. (J. chem. Physics 48 (1968) 7, 2870 bis 2873; engl.) — 2. vgl. vorst. Referat. — Die nach der Knudsen-Effusionsmeth. aus dem Gleichgew. $Te_2(g) \rightleftharpoons 2\,Te(g)$ bestimmte Dissoziationsenergie $D_0{}^0 = 61{,}3 \pm 1{,}1$ kcal/Mol weist beim Vgl. mit spektroskop. ermittelten Werten auf einen höchstwahrscheinlich nichtentarteten Elektronengrundzustand von $Te_2(g)$ hin.
R. Blank 150

0495 **Dissoziationskonstanten des KSO_4^- von 10—50⁰.** A. H. Truesdell und P. B. Hostetler. (Geochim. cosmochim. Acta [London] 32 (1968) 9, 1019—22; U. S. Geol. Surv., Menlo Park, Calif.; engl.) — Die Dissoziationskonst. der Rk. $KSO_4^- = K^+ + SO_4^{2-}$ wurden für 10, 25, 38 u. 50⁰ bestimmt zu: $0{,}19_5$, $0{,}14_2$, $0{,}11_7$ u. $0{,}09_5$. Die ΔG_f- u. ΔH_f^0-Werte des KSO_4^--Ions betragen $-245{,}96$ u. $-274{,}02$ kcal/Mol; $\Delta S^0 = +42{,}3$ cal/Mol · Grad.
M. Hähnert 150

0496 **Bildungswärme von Kaliumselenit.** T. V. Klušina, N. M. Selivanova, V. V. Lapin und A. A. Novikova. (Ž. neorg. Chim. 13 (1968) 11, 2917—21; Mosk. chim. technol. inst. im. Mendeleeva; russ.) — Die Rk.-Wärme der Umsetzung von krist. Kaliumselenit mit wss. Bleinitratlsg. wurde isotherm kalorimetr. bei 25⁰ bestimmt. Die Standardbldg.-Wärme von krist. K_2SeO_3 aus den Elementen wurde auf Grund der kalorimetr. Daten ber., sie beträgt $\Delta H_{298} = -234{,}5 \pm 0{,}2$ kcal/Mol.
J. J. Pohl 150

0497 **Umwandlung von CaO in CaS bei 1400—1650⁰.** L. F. Sander und G. W. Healy. (Trans. metallurg. Soc. AIME 242 (1968) 6, 1039—42; Mater. Group, Villanova Univ. Villanova, Pa.; engl.) — Zur Unters. der festen Löslichkeit von *CaS* in *CaO* u. der Änderung der Freien Enthalpie bei der Rk. $CaO + {}^1/_2S_2 \rightarrow CaS + {}^1/_2O_2$ wurden durch Glühen von $CaCO_3$ hergestellte CaO-Plättchen unter $CO–CO_2–SO_2$-Gasgemischen geglüht. Für die Gleichsgew.-Konst. gilt: $1/k = a(CaO) \cdot A/a(CaS)$, wobei $A = \sqrt{P(S_2)/P(O_2)}$ für die gewählten Gasgemische bekannt war. Die S-Analyse erfolgte nach einer stöchiometr. Verbrennungsmethode. Unterhalb eines krit. A-Wertes wurde bei keiner Temp. S gefunden. Seine Löslichkeit in CaO ist geringer als 0,025 Gew.-%. Für die Freie Enthalpie wurden unabhängig von der Temp. 19300 ± 300 cal bestimmt.
R. Zimmer 150

0498 **Thermodynamische Untersuchung von Thalliumtelluriden mit der EMK-Methode.** V. P. Vasil'ev, A. V. Nikol'skaja, Ja. I. Gerasimov und A. F. Kuznecov. (Izvest. Akad. Nauk SSSR, Neorg. Mater. 4 (1968) 7, 1040—46; Mosk. gos. univ. im. Lomonosova, Chim. fak.; russ.) — Die EMK der Kette (—)-α-Tl/NaCl + TlCl in Glycerin/Tl_xTe_{100-x}(+) bei 40—190⁰ wurde gemessen. x betrug 4,5—68. Die EMK-Daten bestätigen die bisher für das Syst. Tl–Te bekannten Zustandsdiagramme. Aus den ber. Enthalpien, Entropien u. Freien Enthalpien sowie aus Röntgenbeugungsdaten folgt, daß im Syst. die Phase Tl_2Te existiert. Sie ist an der Luft instabil. Für die Phasen Tl_2Te_3, $TlTe$, Tl_5Te_3 u. Tl_2Te sind die Freien Bldg.-Enthalpien, Bldg.-Entropien u. -Enthalpien tabellar. angegeben.
H. Roschkowski 150

0499 **Thermodynamische Eigenschaften von Cerchromit.** V. E. Švajko-Švajkovskij, B. F. Judin und A. I. Leonov. (Izvest. Akad. Nauk SSSR, Neorg. Mater. 4 (1968) 6, 925—30; Inst. chim. silikatov im. Grebenščikova AN SSSR; russ.) — Der Gleichgew.-O_2-Druck bei der Synth. von $CeCrO_3$ aus CeO_2 u. Cr_2O_3 wurde gemessen. Aus den Meßdaten werden $C_p{}^0\,(CeCrO_3) = 25{,}92 + 7{,}43 \cdot 10^{-3}\,T$; die Bldg.-Enthalpie u. -Entropie aus den Elementen zu $\Delta H^0_{298} = -365$ kcal/Mol bzw. $S^0_{298} = 28{,}6$ Clausius ermittelt. Bei 1740—1820 ⁰K wird bei hinreichend niedrigen O_2-Drücken eine Defektbldg. im Anionengitter von $CeCrO_3$ beobachtet.
H. Roschkowski 150

0500 **Bildungsenthalpie von Scandium- und Yttriumselenit.** A. I. Majer, Ju. L. Suponickij und M. Ch. Karapet'janc. (Izvest. Akad. Nauk SSSR, Neorg. Mater. 4 (1968) 6, 921—24; Mosk. chim.-technol. inst. im. Mendeleeva; russ.) — Kalorimetr. wird der Wärmeeffekt der Rk. von $ScCl_3$ mit Na_2SeO_3 in wss. Lsg. u. die Lsg.-Wärme von $Y_2(SeO_3)_3$ u. H_2SeO_3 in wss. HCl bestimmt. Die Bldg.-Enthalpie von amorphem $Sc_2(SeO_3)_3$ u. krist. $Y_2(SeO_3)_3$ wird zu $-660{,}91 \pm 0{,}86$ bzw. $773{,}2 \pm 0{,}9$ kcal/Mol. berechnet.
H. Roschkowski 150

0501 **Dissoziationsenergien einiger Monohalogenide der Kohlenstoff-Untergruppe.** Ju. Ja. Kuzjakov. (Vestnik Moskovskogo Univ., Ser. II 23 (1968) 3, 21—24; Kaf. fiz. chim.; russ., Auszug: engl.) — Die Dissoziationsenergien von *CCl*, *SiCl*, *GeCl*, *SnCl*, *CF*, *SiF*, *GeF* u. *SnF* im $^2\Delta$-Zustand werden nach verschiedenen Meth. berechnet.
H. Roschkowski 150

0502 **Thermodynamische Eigenschaften von Wismut(III)-tellurid und -selenid.** B. T. Melech und S. A. Semenkovič. (Izvest. Akad. Nauk SSSR, Neorg. Mater. 4 (1968) 8, 1346—48; Inst. poluprovodnikov AN SSSR; russ.) — Die EMK der Konz.-Ketten (—)Bi(fest)|$ZnCl_2$–KCl–NaCl–$BiCl_3$|Bi_2Te_3 + Te(fest)(+) u. (—)Bi(fl.)|$ZnCl_2$–KCl–NaCl–$BiCl_3$|Bi_2Se_3(fest) + Se(fl.) (+) wurden bei Temp. von ca. 500—580 ⁰K gemessen, u. aus den Daten werden ΔG, ΔS u. ΔH für die Bldg. von Bi_2Te_3 u. Bi_2Se_3 aus den Elementen berechnet. Die Umrechnung auf Standardbedingungen ergibt $-\Delta G_{298} = 82{,}8$ bzw. 151,9 (kJoule/Mol); $\Delta S_{298} = -5{,}9$ bzw. $-7{,}5$ Joule/Mol · Grad u. $-\Delta H_{298} = 84{,}5$ bzw. 154,0 für Bi_2Te_3 bzw. Bi_2Se_3.
H. Roschkowski 150

0503 **Einige thermodynamische Charakteristiken der Bildungs- und Reduktionsprozesse von $MnFe_{2,065}O_x$.** A. G. Rozanov, T. I. Bulgakova und O. S. Zaicev. (Izvest. Akad. Nauk SSSR, Neorg. Mater. 4 (1968) 8, 1385—86; Inst. okeanolog. AN SSSR; russ.) — Für die Rk. $MnFe_{2,065}O_x + (x-1)\,H_2 = MnO + 2{,}065\,Fe + (x-1)\,H_2O$ u. $Mn + 2{,}065\,Fe + 0{,}5x O_2 = MnFe_{2,065}O_x$ werden die Temp.-Abhängigkeiten der Freien Enthalpie ΔG^0 u. Enthalpie ΔH^0 sowie die Entropieänderung ΔS^0 für $x = 4{,}10-3{,}30$ im Temp.-Intervall 817—1150⁰ bestimmt. Graph. Darst. der Temp.-Abhängigkeit der Freien Enthalpie.
B. Karos 150

0504 **Sublimationswärme und -entropie von Nickeldichlorid, -dibromid und -dijodid; Dissoziationsenergie von gasförmigem $NiCl_2$ und $NiBr_2$.** J. R. McCreary und R. J. Thorn. (J. chem. Physics 47 (1968) 7, 3290—97; ANL, Argonne, Ill.; engl.) — Direkte Messungen der Dampfdrücke von festem, wasserfreiem *$NiCl_2$* (**I**), *$NiBr_2$* (**II**) u. *NiJ_2* (**III**) durch Torsionsrückstoß einer Effusionszelle u. indirekt durch Messung der Masseneffusion. Danach gilt mit R in cal/Mol · Grad u. p in atm für **I** (550—608⁰): $RT \ln p = -(53{,}59 \pm 0{,}41) \cdot 10^3 + (43{,}70 \pm 0{,}48)\,T$, bei 855 ⁰K $\log p = -4{,}1472$, **II** (519—584⁰): $RT \ln p = -(53{,}01 \pm 0{,}76) \cdot 10^3 + (45{,}11 \pm 0{,}95)\,T$, bei 820,16⁰ K $\log p = -4{,}2595$, **III** (462—505⁰): $RT \ln p = -(35{,}58 \pm 0{,}36) \cdot 10^3 + (32{,}60 \pm 0{,}52)\,T$. Die entsprechenden Werte der Masseneffusionsmeth. weichen um den konst. Faktor 1,05 ab, was auf einen systemat. Unterschied der beiden Meth. hinweist. Die aus den Messungen abgeleitete freie Bindungsenergie der gasf. Stoffe ist in cal/Mol für **I**: $\Delta F^0 = -180000 + 54{,}78\,T$ u. für **II** $\Delta F^0 = -131000 + 38{,}22\,T$ sowie die Dissoziationsenergie der gasf. Atome für **I**: 7,8 eV bei 850 ⁰K u. für **II**: 5,7 eV bei 820 ⁰K. Die abs. Entropie von gasf. **I** bei 850 ⁰K mit 85,4 (Entropieeinheiten) liefert 13,3 für die Schwingungs- u. Elektronenfreiheitsgrade. Genaue Ergebnisse für **III** sind wegen der im Gaszustand stets anwesenden *NiJ* u. *J_2* nicht möglich.
R. Blank 150

0505 **Homogene Keimbildung und Kondensation von Wasser.** Welby G. Courtney. (J. physic. Chem. 72 (1968) 2, 421—32; Thiokol Chem. Corp., Denville, N.J.; engl.) — Unters. theoret. u. Deutungsprobleme. Die Lothe-Pound-Theorie der Cluster-Thermodynamik ist verfahrensmäßig exakt; sie wird zur Berücksichtigung der Einfl. von Cluster-Verteilung u. Monomerenverluste u. zur Eliminierung mathemat. Näherungen erweitert.
H. Liepack 152

0506 **Kondensation von Wasser in einer Nebelkammer.** Welby G. Courtney. (J. physic. Chem. 72 (1968) 2, 433—40; engl.) — Unters. der Kondens. durch Messung des Drucks in Abhängigkeit von der Zeit. Die Reproduzierbarkeit von dichtem Nebel u. der Druck–Zeit-Kurve

lassen auf homogene Keimbldg. schließen. Die Kondens. bei hoher Temp. (259 °K) kann durch die klass. Keimbldg.-Theorie in Verbindung mit einem kleinen Akkommodationskoeff. für das Wachsen der Teilchen erklärt werden. Bei tiefer Temp. (228 °K) war die Keimbldg. wesentlich schneller als das Max. von 0,4 Teilchen/cm^3 aus der klass. Theorie. Die Ergebnisse werden mit verschiedenen Modellen für die Kondens.-Kinetik verglichen. Es wird angenommen, daß ultrakleine W.-Cluster ca. 10^{-3}mal so stabil sind als nach der Thermodynamik makroskop. Cluster. Die Kompression des Gases infolge der Wärmeleitung von den Wänden wird diskutiert.
H. Liepack 152

0507 **Massenaustausch bei der Kondensation von Kaliumdampf aus dem Strom eines Dampf-Gas-Gemisches.** M. A. Styrikovič, I. L. Mostinskij und Ja. M. Vizel'. (Teplofiz. vysokich Temperatur **6** (1968) 4, 707—13; Inst. vysokich temp. AN SSSR; russ.) — Die Kondens. von K aus strömenden K-Dampf + N_2 (oder *Ar*)-Gemischen an gekühlten Rohrwänden wird vergleichend untersucht.
H. Roschkowski 152

0508 **Experimentelle Bestimmung des Sättigungsdampfdrucks von Rubidium.** L. D. Voljak, Ju. K. Vinogradov und V. M. Anisimov. (Teplofiz. vysokich Temperatur **6** (1968) 4, 754—55; Mosk. aviacionnyj inst.; russ.) — Der mit Hilfe einer stat. Meth. gemessene Sättigungsdampfdruck von 99,98%ig. Rb bei 600—950° befolgt die Beziehung p(atm) = 6,5218—4184,97/T—0,72135 log T.
H. Roschkowski 152

0509 **Phasenumwandlungen in Cer.** V. M. Amonenko und V. S. Pavlov. (Izvest. Akad. Nauk SSSR, Metally **1968**, 4, 206—08; Char'kov; russ.) — Beschrieben wird eine App. zur DTA von Metallen u. Legierungen. In reinem Ce wurden nur zwei therm. Effekte bei 727° ($\gamma \rightleftharpoons \delta$-Umwandlung) u. bei 804° (F.) beobachtet. Ein weiterer Effekt bei 600—700° hängt in nicht reinem Ce mit den Beimengungen zusammen. H. Roschkowski 152

0510 **Nachweis einer dritten Phase von Quecksilber.** P. R. Doidge und A. R. Eastham. (Philos. Mag. [8] **18** (1968) 153, 655—58; London, Univ. of Surrey, Dep. of Phys.; engl.) — Durch Dehnungsformation bei der Temp. des fl. He wird *α-Hg* partiell in eine γ-Phase umgewandelt, die sich von den α- u. β-Phasen durch eine niedrigere Kurve des krit. Feldes der Supraleitung sowie eine niedrigere Umwandlungstemp., $T_{c\gamma}$ = **3,74** ± 0,05 °K, im Vgl. zu $T_{c\alpha}$ = **4,153** °K u. $T_{c\beta}$ = **3,949** °K unterscheidet. Widerstandsmessungen zeigen, daß sich die γ-Phase bei ca. **53** °K wieder in die α-Phase zurückverwandelt. E. Schulte 152△

0511 **Verdampfung von submikronkleinen Platinteilchen im Stoßrohr.** T. J. Falk. (J. chem. Physics **48** (1968) 7, 3305—16; Aerodynamic Res. Dep., Cornell Aeronaut. Labor., Inc., Buffalo, N.Y.; engl.) — Durch elektr. explodierenden Platindraht werden äußerst feine Pt-Teilchen in Xe–Ar oder reinem Xe-Gas suspendiert u. in Stoßwellenexperimenten durch die sichtbare Strahlung des Aerosols der Dampfdruck bei hohen Temp. (≈3700 °K) gemessen. Diese Meth. eignet sich allg. zur Best. von Metalldampfdrücken bei hohen Temperaturen.
R. Blank 152

0512 **Gegenseitige Anordnung der ternären und binären invarianten Zusammensetzungspunkte in Diagrammen für Dreistoffsysteme mit idealer Phase.** 2. Mitt. A. N. Gorbunov. (Vestnik Leningradskogo Univ., Ser. fiz. Chim. **23** (1968) 4 Ser. Nr. 1, 102—07; russ., Auszug: engl.) — 1. vgl. C. **1968**, 42-0419. — Es wird gezeigt, daß sich die Lage der tern. u. bin. Eutektika in den Syst. Phenanthren–Acenaphthen–Naphthalin, Azobenzol–Acenaphthen–Benzil, o-, m-, p-Nitroanilin u. Li, Na, Rb ‖ F den Gesetzmäßigkeiten unterordnet, die für ideale eutekt. Syst. gelten. H. Roschkowski 154

0513 **Bestimmung mittlerer Assoziationszahlen.** Henryk Buchowski. (Roczniki Chem. [Ann. Soc. chim. Polonorum] **42** (1968) 1, 165—66; Łódź, Univ., Dep. of Phys. Chem.; engl.) — Die durch $\chi \equiv n/\bar{n}$ definierte mittlere Assoziationszahl χ ($n = \Sigma i n_i$, $\bar{n} = \Sigma n_i$, n_i = Mol-Zahl des i-Meren) charakterisiert assoziierte Lsg. in unpolaren Lösungsmitteln. Vf. teilt eine Meth. zur Berechnung von X aus experimentellen Daten (IR-Spektroskopie, Gefrierpunktserniedrigung, Aktivitätsbest.) mit.
D. Ertel 154

0514 **Assoziationskonstanten aus mittleren Assoziationszahlen.** Henryk Buchowski. (Roczniki Chem. [Ann. Soc. chim. Polonorum] **42** (1968) 1, 167—68; engl.) — Vgl. vorst. Referat. — Assoziationskonst. lassen sich aus der Konz.-Abhängigkeit der Assoziationszahlen bestimmen. Vf. teilt die mathemat. Grundlagen mit.
D. Ertel 154

0515 **Löslichkeit von Diäthylentriaminpentaessigsäure in Perchlorsäurelösungen.** A. N. Ermakov, N. B. Kaliničenko und I. N. Marov. (Ž. neorg. Chim. **13** (1968) 11, 3146—47; Inst. geochim. i analit. chim. im Vernadskogo AN SSSR; russ.) — Die Löslichkeit von Diäthylentriaminpentaessigsäure (H_5L) in $HClO_4$ wurde bei 27° im Bereich 0—2m $HClO_4$ bestimmt. Die Vers. zeigen die Bldg. von H_6L^+ u. H_7L^{2+} nach $H_6L^+ \rightleftharpoons H_5L^0 + H^+$, K_6 = 0,33 u. $H_7L^{2+} \rightleftharpoons H_6L^+ + H^+$, K_7 = 0,03.
J. J. Pohl 154

0516 **Löslichkeitsdiagramm des Systems Na_2SiO_3–Na_2CO_3–NaOH–H_2O bei 0 und 20°.** G. G. Babajan, É. A. Sajamjan, É. B. Oganesjan und A. P. Gjunašjan. (Armjanskij chim. Ž. **21** (1968) 2, 99—102; Erevanskij NII chim.; russ.) — Die Löslichkeit im quatern. nichtreziproken Syst. wurde untersucht, als feste Phasen wurden *$Na_2SiO_3 \cdot 9\,H_2O$, $Na_2CO_3 \cdot 10\,H_2O$, $Na_2CO_3 \cdot H_2O$, $NaOH \cdot H_2O$* u. Mischkrist. auf $Na_2CO_3 \cdot 10\,H_2O$-Basis mit $Na_2SiO_3 \cdot 9\,H_2O$ identifiziert. Die Zus. der festen Phase ist bei 0 u. 20° die gleiche, nur die Größe der Kristallisationsbereiche ändert sich mit zunehmender Temperatur. J. J. Pohl 154

0517 **System KBr–$SbBr_3$–HBr–H_2O bei 25°.** G. V. Zimina, S. B. Stepina und V. E. Pljuščev. (Ž. neorg. Chim. **13** (1968) 11,3116—19; russ.) — Die Löslichkeit im quatern. Syst. wurde bei HBr-Konz. von 5, 10, 15, 20 Massen-% u. 25° untersucht. Es bilden sich zwei inkongruent schmelzende Verb., *$7\,KBr \cdot 3\,SbBr_3$* u. *$3\,KBr \cdot 2\,SbBr_3$*, die röntgenograph. charakterisiert wurden. $7\,KBr_3 \cdot 3\,SbBr_3$ hat D^{25}_{exp} 3,55 g/cm^3, n > 1,780, $3\,KBr \cdot 2\,SbBr_3$ hat D. 3,68 u. n > 1,780.
J. J. Pohl 154

0518 **System $CO(NH_2)_2$–H_3PO_4–K_2SO_4–H_2O bei 25°.** N. N. Nurachmetov und B. A. Beremžanov. (Ž. neorg. Chim. **13** (1968) 11, 3126—29; Kazach. gos. univ. im. Kirova; russ.) — Die Kristallisationsfelder von Kaliumsulfat, Harnstoff, Harnstoffphosphat, $KHSO_4$ u. KH_2PO_4 wurden auf Grund von Löslichkeitsdaten bei 25° bestimmt. Die Größe der Felder >80%, <1%, 9—10%, 6% u. 3,5%. J. J. Pohl 154

0519 **Systeme K_2CO_3–Cs_2CO_3–H_2O, K_2CO_3–Rb_2CO_3–H_2O und Rb_2CO_3–Cs_2CO_3–H_2O bei 25°.** A. N. Kirgincev und L. N. Trušnikova. (Ž. neorg. Chim. **13** (1968) 11, 3107—11; Inst. neorg. chim. AN SSSR; russ.) — Löslichkeitsunters. bei 25° zeigen, daß die ersten beiden Syst. vom einfachen euton. Typ sind, während sich im letzten eine kontinuierliche Mischkrist.-Reihe bildet. Im Syst. K_2CO_3–Cs_2CO_3–H_2O schwimmt festes K_2CO_3 bei ca. 40% K_2CO_3 in der Lsg. auf der Lsg.-Oberfläche. Die D. der Lsg. des Syst. wurde bestimmt. Thermodynam. Funktionen von $K_2CO_3 \cdot 1{,}5\,H_2O$–$Rb_2CO_3 \cdot 1{,}5\,H_2O$-Mischkrist. wurden berechnet. J. J. Pohl 154

0520 **System KF–CsF–H_2O bei 25°.** A. N. Kirgincev, L. N. Trušnikova und A. A. Opalovskij. (Ž. neorg. Chim. **13** (1968) 11, 3112—15; russ.) — Vgl. vorst. Referat. — Löslichkeitsunters. des Syst. KF–CsF–H_2O zeigen die Bldg. der festen Phasen *$KF \cdot 2\,H_2O$, $KF \cdot 0{,}3\,H_2O$* (vielleicht KF) u. *$CsF \cdot 1{,}5\,H_2O$*.
J. J. Pohl 154

0521 **Stabilität von Calcit, basierend auf Messungen der Löslichkeit in Wasser.** Donald Langmuir. (Geochim. cosmochim. Acta [London] **32** (1968) 8, 835—51; Dep. of Geochem. and Miner., Pa. State Univ., University Park, Pa.; engl.) — Die erneute Unters. der Löslichkeit von *Calcit* (I) in reinem W. zeigt, daß das Aktivitätsprod. von I bei 25° u. 1 at $10^{-8,40+0,02}$ beträgt. Der neue Wert ΔG_f^0 für Ca^{2+} (aq) wurde zu — 132,350 ± 250 (cal · Mol^{-1}) bestimmt. Aus diesen Daten u. dem Wert ΔG_f^0 für

CO_3^{2-} (aq) von $-126{,}170 \pm 70$ wurde ΔG_f^0 (Freie Bldg.-Enthalpie) für **I** ermittelt zu $-269{,}980 \pm 260$. Die verschiedenen bei Löslichkeitsmessungen möglichen Fehlerquellen werden diskutiert. E. Schulte 154△

0522 **Löslichkeit von γ-Anhydrit in konzentrierten H_2SO_4-Lösungen bei 25 und 96°.** A. B. Zdanovskij und G. A. Vlasov. (Ž. neorg. Chim. **13** (1968) 11, 3104–06; Leningradskij inž.-ėkonom. inst.; russ.) — Die Löslichkeit von γ-$CaSO_4$ wurde isotherm. in 60–100%ig. H_2SO_4-Lsg. bestimmt, sie wächst in diesem Bereich stark infolge der Bldg. von $CaSO_4 \cdot 3\,H_2SO_4 \cdot H_2O$ in 63–99%ig. H_2SO_4 bei 25° u. von $CaSO_4 \cdot H_2SO_4$ in 99–100%ig. H_2SO_4 bei 96°. In reinen H_2SO_4-Lsg. entsteht bei 25° das saure Salz $CaSO_4 \cdot 3\,H_2SO_4$, dünne Prismen oder Nadeln. J. J. Pohl 154

0523 **Hydrolyse einiger Fluoridsysteme.** E. A. Balakir, A. D. Davydova und A. F. Kukuškin. (Izvest. sibirskogo Otd. Akad. Nauk SSSR, Ser. chim. Nauk **1968**, 1, 33–37; CNII mašst., Moskva; russ.) — Die Hydrolyse in den eutekt. Syst. MgF_2–CaF_2, MgF_2–BaF_2 u. AlF_3–LiF wurde thermogravimetr. untersucht. Die Rk.-Fähigkeit der Komponenten hängt von der Phasenzus. des Syst. ab, das Eutektikum spielt eine spezif. Rolle. Es wird angenommen, daß sich das Eutektikum bei der Hydrolyse als selbständige Phase verhält. Am Beispiel des Syst. AlF_3–LiF wird die Möglichkeit der Verw. der Hydrolyse als Schnellmeth. zur Beurteilung der Bldg.-Kinetik der Verb. gezeigt. J. J. Pohl 154

0524 **Kalium- und Thalliumfluoroindate.** É. N. Dejčman und R. D. Jarceva. (Izvest. sibirskogo Otd. Akad. Nauk SSSR, Ser. chim. Nauk **1968**, 1, 19–21; Inst. obšč. i neorg. chim. im. Kurnakova, Moskva; russ.) — Die Löslichkeit in den Syst. InF_3–KF–H_2O u. InF_3–TlF–H_2O wurde bei 25° untersucht. Es bilden sich die Verb. $3\,KF \cdot 2\,InF_3 \cdot H_2O$, $K_3[InF_6]$, $Tl[InF_4] \cdot 2\,H_2O$, $Tl_2[InF_5] \cdot H_2O$ u. $Tl_3[InF_6]$. $Tl[InF_4(H_2O)_2]$ bildet anisotrope Krist. mit $N_p = 1{,}550$, $N_g = 1{,}527$, $N_m = 1{,}535$, $Tl_2 \cdot [InF_5] \cdot H_2O$ hat $N_p = 1{,}6280$, $N_p = 1{,}6115$, $N_m = 1{,}6115$, $Tl_3[InF_6]$ hat kub. Krist. mit $n = 1{,}746$. Die Verb. wurden röntgenograph. u. thermograph. charakterisiert. In ca. 20%ig. KF-Lsg. wird In quant. gefällt, während die Ausscheidung aus ca. 33%ig. TlF-Lsg. nicht vollständig ist. J. J. Pohl 154

0525 **Löslichkeit von Seltenerdmetallchloridhydraten in Hexachlorbutadien-(1.3).** Z. N. Ševcova, B. G. Koršunov, V. V. Safonov, L. M. Kogan und V. I. Gudkova. (Ž. neorg. Chim. **13** (1968) 11, 3096–99; Mosk. inst. tonkoj chim. technol. im. Lomonosova; russ.) — Die Löslichkeit von $LaCl_3 \cdot 7\,H_2O$, $CeCl_3 \cdot 7\,H_2O$, $PrCl_3 \cdot 7\,H_2O$, $NdCl_3 \cdot 6\,H_2O$ u. $SmCl_3 \cdot 6\,H_2O$ in Hexachlorbutadien-(1.3) wurde bei 25, 50 u. $75 \pm 0{,}1°$ bestimmt, die festen Phasen wurden chem.-analyt., röntgenograph. u. thermograph. untersucht. Die D., Viskositäten u. Drehzahlen der Lsg. bei den obigen Temp. sind tabelliert. Beim Erwärmen der Hydrate in Hexachlorbutadien findet eine teilweise Entwässerung statt. Aus dem Syst. können die Seltenerdmetallchloridhydrate mit verschiedenem Geh. an Kristallisationswasser isoliert werden. J. J. Pohl 154

0526 **Komplexe Vanadinfluoride in den Systemen MF–V_2O_5–HF–H_2O.** R. L. Davidovič, V. I. Sergienko und L. M. Murzachanova. (Izvest. sibirskogo Otd. Akad. Nauk SSSR, Ser. chim. Nauk **1968**, 1, 58–61; Otd. chim. Dal'nevostočnogo filiala SO AN SSSR, Vladivostok; russ.) — Die Syst. MF–V_2O_5–HF–H_2O, M = K, Rb, Cs, wurden beim Mol-Verhältnis $MF/V_2O_5 = 1$–50 chem., röntgenograph. u. IR-spektroskop. im Bereich 400 bis 2000 cm^{-1} untersucht. Bei der Umsetzung von KF mit V_2O_5 u. HF entsteht prim. $K_3V_2O_4F_5$ in Form durchsichtiger mikrokrist., gelbgrüner Blättchen, das bis 150° beständig ist. Bei KF : V = 4 : 1 bildet sich auch $K_2VO_2F_3$, prismat. Kristalle. $K_5V_3O_3F_{14}$ wurde bei einem großen HF-Überschuß erhalten. In den Rb- u. Cs-haltigen Syst. entstehen Verb. vom gleichen Typ. J. J. Pohl 154

0527 **Alkalimetall- und Ammoniumfluorooxomolybdate, -fluorooxowolframate und -fluorooxouranate.** A. A. Opalovskij, S. S. Bacanov, Z. M. Kuznecova und M. N. Nesterenko. (Izvest. sibirskogo Otd. Akad. Nauk SSSR, Ser. chim. Nauk **1968**, 1, 15–19; Inst. neorg. Chim. SO AN SSSR, Novosibirsk; russ.) — Das Löslichkeitsmax. von MoO_3 beträgt bei 25° in den Syst. NH_4F–MoO_3–H_2O 1,68 (Gew.-% MeO_3), der Geh. an MF am Max. (Gew.-%) 5,50, KF–MoO_3–H_2O 6,11, 19,00, RbF–MoO_3–H_2O 3,47, 2,37, CsF–MoO_3–H_2O 2,17, 1,00, NH_4F–WO_3–H_2O 0,03, 10,00, KF–WO_3–H_2O 0,20, 21,62, RbF–WO_3–H_2O 0,25, 27,08, CsF–WO_3–H_2O 0,98, 21,92, NH_4F–UO_3–H_2O 1,13, 3,16, KF–UO_3–H_2O 1,87, 3,58. Die ausfallenden festen Phasen wurden mit der Meth. von Schreinemakers thermograph. u. röntgenograph. charakterisiert. Nachst. Verb. wurden aufgefunden u. ihre Brechungsindizes, D., Mol-Refraktionen u. therm. Stabilitäten bestimmt: $(NH_4)_2[MoO_3F_2]$, $(NH_4)_3[MoO_3F_3]$, $K_3[MoO_3F_3]$, $Rb \cdot [MoO_3F] \cdot 0{,}5\,H_2O$; $Rb_2[MoO_3F_2] \cdot H_2O$; $Rb_3[MoO_3F_3]$, $Cs_3[Mo_3O_9F_3]$, $Cs_3[MoO_3F_3]$, $NH_4[WO_3F]$, $(NH_4)_9 \cdot [W_5O_{15}F_9]$, $K_2[WO_3F_2] \cdot 2\,H_2O$, $K_5[W_2O_6F_5] \cdot 2\,H_2O$, $Rb_5 \cdot [W_2O_6F_5] \cdot 2\,H_2O$, $Rb_3[WO_3F_3]$, $Cs_{11}[W_5O_{15}F_{11}] \cdot 5\,H_2O$, $NH_4[(UO_2)_2(OH)_4F]$, $(NH_4)_3[UO_2F_5]$ u. $K_2[UO_2(OH)_2F_2] \cdot H_2O$. J. J. Pohl 154

0528 **Hydrogranate des Systems Na_2O–Al_2O_3–Fe_2O_3–CaO–SiO_2–H_2O.** L. P. Ni, L. V. Bunčuk, E. A. Kopylova, M. M. Gol'dman, V. D. Ponomarev und Ju. A. Kušnikov. (Ž. neorg. Chim. **13** (1968) 11, 3075–79; Inst. metallurg. i obogaščenija AN Kazach. SSR; russ.) — IR-spektroskop. Unters. im Bereich 400–3800 cm^{-1} sowie chem.-phasenanalyt. Daten des Syst. bei 280° zeigen, daß im Bereich der kaust. Moduln 2–8 gemischte Al–Fe-Hydrogranate der Art $3\,CaO \cdot n\,Al_2O_3 \cdot (1-n)\,Fe_2O_3 \cdot x\,SiO_2 \cdot m\,H_2O$ krist., der Anteil des Al sinkt mit wachsendem kaust. Modul der Ausgangsaluminatlösung. Aus Aluminatlsg. mit hohem Modul mit $\alpha_K = 12$–30 krist. Fe-Hydrogranate mit sich änderndem SiO_2-Gehalt. J. J. Pohl 154

0529 **Fällungsreaktion von Kupferhydroxidnitraten mit Ammoniak.** A. K. Kirakosjan. (Ž. neorg. Chim. **13** (1968) 11, 2925–30; russ.) — Die Fällung von Cu-Hydroxidnitraten im Syst. $Cu(NO_3)_2$–NH_3–H_2O erfolgt nach Unters. bei 25° in zwei Stufen. Zunächst wirkt Ammoniak bis zum molaren Verhältnis NH_3 : Cu von N = 1,75 als Fällungsmittel, in der zweiten Stufe bei N > 1,75 löst sich der ausgefallene Nd. auf. Im Syst. entstehen die Salze $Cu(NO_3)_2 \cdot n\,Cu(OH)_2 \cdot x\,H_2O$ u. $Cu(NO_3)_2 \cdot n\,Cu(OH)_2 \cdot s\,NH_3 \cdot x\,H_2O$. Salze des ersten Typs bilden sich in Cu-Nitratlsg. der Konz. ≦ 0,1 m u. N < 2 u. aus konz. Lsg. bei niedrigen N-Werten. Aus konz. Cu-Nitratlsg. fallen Salze des zweiten Typs aus. Mit wachsender Menge des Ammoniaks im Syst. nimmt der Anteil der OH-Gruppen im Nd. direkt proportional mit dem N-Wert ab, während die NH_3-Menge im Nd. parallel wächst. J. J. Pohl 154

0530 **Bestimmung des Wasserdampfdrucks über den Systemen $Me(ClO_4)_2$–H_2O, Me = Mn^{2+}, Co^{2+}, Ni^{2+}, Cu^{2+}, und $Me(ClO_4)_2$–$HClO_4$–H_2O, Me = Mn^{2+}, Co^{2+}, Ni^{2+}, Cu^{2+} und Zn^{2+}.** L. S. Lilič und P. P. Andreev. (Ž. neorg. Chim. **13** (1968) 11, 3141–42; russ.) — Der W.-Dampfdruck bei $25 \pm 0{,}01°$ über den tern. Syst. $Mn(ClO_4)_2$–$HClO_4$–H_2O, $Co(ClO_4)_2$–$HClO_4$–H_2O, $Ni(ClO_4)_2$–$HClO_4$–H_2O, $Cu(ClO_4)_2$–$HClO_4$–H_2O u. $Zn(ClO_4)_2$–$HClO_4$–H_2O wurde isopiest. bestimmt. J. J. Pohl 154

0531 **Aussalzen bei der Extraktion von Säuren und einigen radioaktiven Elementen.** 1. Mitt. **Osmotischer Koeffizient und Aussalzen.** Ju. G. Frolov und N. V. Gavrilov. (Atom. Ėnerg. **25** (1968) 1, 39–42; russ.) — Eine Gleichung, die bei Kenntnis des molalen osmot. Koeff. einer Komponente in der gemischten Lsg. u. bei der Annahme einer Gleichheit der Koeff. für eine bestimmte Komponente in isopiest. Lsg. den Aussalzeffekt bestimmt, wird vorgeschlagen. Der isopiest. osmot. Koeff. einer Substanz ist also ein Kriterium der aussalzenden Wirkung. Der Zusammenhang dieser Vorstellungen mit der Ždanovskij-Regel u. der Mikulin-Gleichung, die zur Berechnung der Aktivitätskoeff. der Komponenten in einfachen gemischten Lsg. verwendet werden, wird gezeigt. J. J. Pohl 154

0532 **Extraktion von Thallium(III) mit Alkylphosphorsäuren.** I. S. Levin, T. F. Rodina und I. A. Vorsina.

(Ž. neorg. Chim. 13 (1968) 6, 1611–19; Inst. fiz.-chim. osnov pererabotki mineral'nogo syr'ja SO AN SSSR; russ.) — Alkylphosphorsäuren stellen wirksame Extrahenten von Tl^{3+} dar. Tl^{3+} wird durch Lsg. von H_2SO_4, HNO_3, $HClO_4$, H_3PO_4, CH_3COOH u. 2-Äthylhexylphosphorsäuren in einem breiten Konz.-Bereich der Säuren quant. red., wobei die Extraktionsfähigkeit in der Reihenfolge Di- < Mono-2-äthylhexylphosphorsäure < 2-Äthylhexyldiphosphorsäure wächst. HCl u. HBr sowie Chlorid- u. Bromidlsg. sind für die Reextraktion von Tl^{3+} geeignet. Das Syst. Tl^{3+}–Di-2-äthylhexylphosphorsäure–TBP–H_2SO_4 zeigt einen beträchtlichen antagonist. Effekt. Extraktionskurven von Tl^{3+} aus Br^--haltigen Lsg. verlaufen durch ein gut ausgeprägtes Minimum, in dem sich der Extraktionschemismus ändert. Die Extraktion von Tl^{3+} aus schwach sauren HBr-Lsg. von Alkylphosphorsäuren verläuft nicht nach einem Kationenaustauschmechanismus. Die IR-Spektren wurden bei 700–2800 cm^{-1} zur Unters. der P–O–C- u. P=O-Valenzschwingungen der Lsg. aufgenommen. J. J. Pohl 154

0533 **Einfluß von Na-, K-, Mg- und Ca-Salzen auf die Extraktion von Ce und Y mit Bis-[2-äthylhexyl]-phosphorsäure aus sauren Lösungen.** L. N. Moskvin und V. I. Portnjagin. (Atom. Energ. 24 (1968) 6, 568–70; russ.) — Der Einfl. von Kationen auf die Abnahme des Verteilungskoeff. von Ce bei der Extraktion mit Bis-[2-äthylhexyl]-phosphorsäure (I) in n-Heptan aus HCl-Lsg. sinkt nach Ca > Mg > K > Na. Auch im Falle von Y wurde eine Wrkg. von Ca u. Mg beobachtet. Ein wachsender Säuregrad vermindert die Spezifität u. die Stärke dieses Einflusses. Steigende Beimengungskonz. in der wss. Phase schwächen den Einfl. der I-Konz. in der organ. Phase auf die Größe des Verteilungskoeff. ab. J. J. Pohl 154

0534 **Zusammensetzung des sich bei der Extraktion von Niob(V) mit Tributylphosphat bildenden Komplexes.** V. N. Starcev, Ju. I. Sannikov, S. S. Stroganov und E. I. Krylov. (Ž. neorg. Chim. 13 (1968) 6, 1608–10; Vsesojuznyj naučno-issl. gorno-metallurg. inst. cvetnych metallov; russ.) — Bei der Extraktion von Nb aus salzsauren Lsg. mit TBP entsteht der Komplex $H_2[NbO \cdot (OH)Cl_4]$. IR-spektroskop. Daten bei 1000–1400 cm^{-1} zeigen, daß bei der Extraktion mit TBP ein Teil der Mol. des organ. Lsgm. im kation. Teil der extrahierten Verb. vorliegt. Der kation. Teil stellt ein Oxoniumion dar, während das Anion $[NbO(OH)Cl_4]^{2-}$ mit TBP solvatisiert ist. Die durch Extrapolation ermittelte Bldg.-Konst. des Komplexes beträgt 0,016. Die Trennung von Nb u. Ti im salzsauren Medium durch Extraktion mit TBP wird auf Grund der Best. der Bldg.-Konst. der entsprechenden Komplexe diskutiert. J. J. Pohl 154

0535 **Extraktion von Salpetersäure und Uranylnitrat mit Phenylphosphonsäuredihexylester.** V. V. Revjakin, V. V. Čubukov und N. A. Korableva. (Ž. neorg. Chim. 13 (1968) 11, 3090–95; russ.) — Die Verteilungskoeff. von HNO_3 u. von Mikromengen an $UO_2(NO_3)_2$ zwischen wss.-salpetersauren Lsg. u. Phenylphosphonsäuredihexylester(PPH)-Lsg. in n-Decan wurden in einem breiten Konz.-Bereich der Säure u. des Extraktionsmittels bestimmt. PPH extrahiert Solvate der Zus. $HNO_3 \cdot PPH$, $(HNO_3)_2 \cdot PPH$ u. $UO_2(NO_3)_2 \cdot 2\,PPH$. Für $m\,H^+_{wss.} + m\,NO^-_{3\,wss.} + PPH_{organ.} \rightleftharpoons (HNO_3)_m \cdot PPH_{organ.}$ gilt der Konz.-Verteilungskoeff. für HNO_3, $K_1' = 0{,}189$. Für $m\,HNO_{3\,wss.} + PPH_{organ.} \rightleftharpoons (HNO_3)_m \cdot PPH_{organ.}$ ist $K_1 = 6{,}68$, $K_2 = 0{,}193$. Die Extraktionskonst. für $UO_2(NO_3)_2$-Mikromengen bei PPH-Konz. von 2–50 Vol.-% u. Säuregraden von 1–7m beträgt $3{,}08 \cdot 10^5$. J. J. Pohl 154

0536 **Mitextraktion und Unterdrückung der Extraktion komplexer Metallsäuren.** Ju. A. Zolotov. (Doklady Akad. Nauk SSSR 180 (1968) 6, 1367–69; Inst. geochim. i analit. chim. im. Vernadskogo AN SSSR; russ.) — Bei der Verw. von Lsgm. mit relativ hoher DK kann eine reversible Mitextraktion stattfinden. Es entstehen keine mehrkernigen Assoziate. Die Komplexsäuren dissoziieren hierbei. $HFeCl_4$ liegt z. B. als $H^+_{(0)}$ u. $FeCl_{4(0)}$ vor. Bei der Mitextraktion spielt hier der Effekt der gemeinsamen Ionen eine große Rolle. Beispiele der Unterdrückung einer Extraktion werden diskutiert. In Fällen, wenn die Makrokomponente in Form einer Komplexsäure extrahiert werden u. die Mikrokomponente in der wss. Phase bleiben soll, sollen als Lsgm. nicht Äther, wie Ae., Dipropyl- u. Dibutyläther, sondern Lsgm. mit relativ hoher DK, wie β.β'-Dichlordiäthyläther, TBP u. Ketone, verwendet werden. J. J. Pohl 154

0537 **Mischungswärme binärer Systeme aus geschmolzenen Salzen.** D. I. Marchidan und Cr. Telea. (Rev. roum. Chim. 13 (1968) 3, 291–95; Inst. de Chim. phys., Acad., Bucarest; franz.) — Mit Hilfe eines Hochtemp.-Kalorimeters wurden die Mischungswärmen der Syst. *CsBr–CsCl*, *NaJ–NaCl* u. *LiCl–KCl* bei 860° u. verschiedenen Konz. bestimmt. Das erste Syst. weist eine positive Mischungswärme auf, die der beiden anderen sind negativ. A. Blaschette 154

0538 **Struktur und physikalisch-chemische Eigenschaften von Rubidiumfluoroberyllaten.** R. G. Grebenščikov. (Izvest. sibirskogo Otd. Akad. Nauk SSSR, Ser. chim. Nauk **1968**, 1, 114–18; Inst. chim. silikatov im. Grebenščikova AN SSSR, Leningrad; russ.) — $Rb_3[BeF_5]$ schmilzt inkongruent bei ca. 730°. Die Tieftemp.-γ-Form krist. tetragonal mit a = 7,2, c = 11,2 Å, Z = 4, D_R 4,13 g/cm³. Im Syst. $Rb_2[BeF_4]$–$Na_2[BeF_4]$ wurde eine neue tern. Verb., $Rb_{2,5}Na_{1,5}[BeF_4]_2$, beobachtet, die im Glaserittyp krist., D_{exp} 3,2 g/cm², N = 1,363, a = 5,74, c = 7,49, Z = 2. Ähnlichkeiten der physikal. Eig. der analogen Silicat- u. BeF_4^{2-}-haltigen Syst. werden diskutiert. J. J. Pohl 154

0539 **Auflösung von MgO in den Systemen MF–AlF_3, M = Li, Na, K.** E. A. Balakir. (Izvest. sibirskogo Otd. Akad. Nauk SSSR, Ser. chim. Nauk **1968**, 1, 30–33; CNII mašst., Moskva; russ.) — Ein Mechanismus der Auflsg. von anorgan. Krist. in Ionenschmelzen, der auf den Unterschieden der energet. Charakteristiken der Ionen des Lsgm. u. der gelösten Substanz beruht, wird vorgeschlagen. Ein Vgl. der Löslichkeit von MgO in äquimol. Zus. der Syst. LiF–AlF_3, NaF–AlF_3 u. KF–AlF_3 zeigt eine Abhängigkeit der Löslichkeit vom ion. Anteil der Bindung im Alkalimetallfluorid, vom Sättigungsgrad der Ladung des Fluoridanions, der durch den AlF-Abstand in Al–F–Me–F bestimmt wird, u. von der Abnahme der Potentialenergie F–Al bei der Umsetzung des F-Atoms mit den Bindungselektronen. Unterschiede der Abhängigkeitskurven rühren vom verschiedenen Charakter der Änderung der Potentialenergie der Umsetzung der Bindungselektronen des Alkalimetalls mit dem F^--Anion her. Der Zusammenhang des Temp.-Koeff. der elektr. Leitfähigkeit von MeF-Schmelzen u. der Löslichkeit von MgO in Kryolithen wurde bestimmt. J. J. Pohl 154

0540 **Phasenübergänge im System Zn_4Sb_3–Cd_4Sb_3.** V. Ja. Ševčenko, V. A. Skripkin, Ja. A. Ugaj und T. A. Maršakova. (Izvest. Akad. Nauk SSSR, Neorg. Mater. 4 (1968) 8, 1359–60; Inst. radiotechn. i èlektron. AN SSSR; russ.) — Die Thermo-EMK α u. der spezif. elektr. Widerstand ϱ verschiedener Zus. des Syst. Zn_4Sb_3–Cd_4Sb_3 wurden bei 100–350 °K gemessen u. die Temp.-Abhängigkeit von α u. ϱ für Cd_4Sb_3 graph. dargestellt. Im Temp.-Intervall 220–290 °K treten anomale Änderungen von α(T) u. ϱ(T) auf, welche durch den Übergang von β-Cd_4Sb_3 unterhalb Zimmertemp. in eine neue Phase erklärt werden. Diese Annahme wird bestätigt durch die unterschiedliche Steigung der Kurven α(T) vor u. nach dem Temp.-Intervall der anomalen Eig.-Änderung sowie durch die unterschiedlichen spezif. elektr. Widerstände. B. Karos 154

0541 **Phasendiagramm des Systems Na_3AlF_6–CaF_2 und Konstitution der Schmelze in dem System.** Jan Lützow Holm. (Acta chem. scand. 22 (1968) 3, 1004–12; Trondheim, TU of Norway, Inst. of Inorg. Chem.; engl.) — Das bin. Syst. Na_3AlF_6 (I)–CaF_2 (**II**) wurde über den Konz.-Bereich von 0–90 Mol-% **II** mit Hilfe von DTA, therm. Analyse sowie röntgenograph. u. mkr. Meth. untersucht; das Phasendiagramm ist graph. wiedergegeben. Das Syst. ist einfach eutekt.; das Eutektikum befindet sich bei 50,0 Mol-% **II** u. 945,5°. Feste

Lsg. von I in II u. von II in I konnten nicht festgestellt werden. Die Temp. der Umwandlung α-I ⇌ β-I liegt bei 560,1°. Die Mischungsenthalpien $\Delta\overline{H}$(I) (in cal), Exzeßentropien $\overline{S}^e$(I) (in cal/Grad) u. Freien partiellen Exzeßenthalpien $\overline{G}^e$(I) (in cal) lassen sich als Funktion des Molenbruchs N(II) = n (II)/[n (I) + n (II)] besschreiben [n (I) bzw. n (II) = Anzahl der Mole I bzw. II]: $\Delta\overline{H}(I) = (1200 \pm 450) \cdot N^2(II)$; $T \cdot \overline{S}^e(I) = (200 \pm 500) \cdot N^2(II)$ u. $\overline{G}^e(I) = (+1200 \pm 300) \cdot N^2(II)$.
G. Gattow 154

0542 **Umsetzung von Galliumfluorid mit Kalium- und Ammoniumfluorid.** I. V. Tananaev und T. B. Vorotilina. (Izvest. sibirskogo Otd. Akad. Nauk SSSR, Ser. chim. Nauk **1968, 1**, 3–5; Inst. obšč. i neorg. chim. im. Kurnakova AN SSSR, Moskva; russ.) — Die Syst. GaF_3–KF–H_2O u. GaF_3–NH_4F–H_2O wurden röntgenograph., thermograph. u. IR-spektroskop. sowie mit der Löslichkeitsmeth. bei 25° im Bereich 0,26–41,54 Gew.-% bzw. 0,90–41,91 % NH_4F untersucht. Die Verb. der Syst. sind *$K_2[GaF_5] \cdot H_2O$, $K_3[GaF_6]$, $(NH_4)_2[GaF_5] \cdot H_2O$, $NH_4[GaF_4] \cdot 2\,H_2O$* u. *$(NH_4)_3[GaF_6]$*. Die Löslichkeit der Ammoniumfluorogallate ist höher als die der K-haltigen Analogen. Die Umsetzung von AlF_3 u. GaF_3 mit KF- bzw. NH_4F-Lsg. führt zur Bldg. analoger Verbindungen. J. J. Pohl 154

0543 **Thermographische Untersuchung von Zweikomponentensystemen aus Erdalkalimetall- und Seltenerdmetallfluoriden.** Z. A. Zagorskaja, I. A. Ivanova und B. I. Maksakov. (Izvest. sibirskogo Otd. Akad. Nauk SSSR, Ser. chim. Nauk **1968, 1**, 27–30; Gos. opt. inst., Leningrad; russ.) — Das Schmelzdiagramm der Syst. CaF_2–YF_3, CaF_2–YbF_3, CaF_2–CeF_3 u. CaF_2–LaF_3 wurde untersucht. Thermograph. Unters. zeigen vier Dystektika bei den Zus. *20 $CaF_2 \cdot LaF_3$*, F. 1450°, *4$CaF_2 \cdot LaF_3$*, F. 1460°, *$CaF_2 \cdot LaF_3$*, F. 1400°, u. *$CaF_2 \cdot 2\,LaF_3$*, F. 1420°. Die vier Eutektika liegen bei 15, 40, 60 u. 80 Mol-% LaF_3. Im Syst. CaF_2–CeF_3 entstehen ebenfalls vier Phasen, *9 $CaF_2 \cdot CeF_3$*, F. 1370°, *3 $CaF_2 \cdot CeF_3$*, F. 1365°, *2 $CaF_2 \cdot CeF_3$*, F. 1355°, u. *3 $CaF_2 \cdot 4\,CeF_3$*, F. 1325°. Die Eutektika enthalten 5, 20, 30, 45 u. 65 % CeF_3. Die Phasen des Syst. CaF_2–YbF_3 schmelzen bei 1420 u. 1050° u. haben die Zus. *9 $CaF_2 \cdot YbF_3$* u. *$CaF_2 \cdot 2\,YbF_3$*. Die Eutektika enthalten 60 u. 72 % YbF_3. Im Syst. CaF_2–YF_3 entstehen *9 $CaF_2 \cdot YF_3$*, F. 1450°, u. *2 $CaF_2 \cdot 5\,YF_3$*, F. 1150°, die Eutektika enthalten 55 u. 85 % YF_3. Röntgenograph. u. thermograph. Daten zeigen, daß in den Syst. Mischkrist. gebildet werden.
J. J. Pohl 154

0544 **Schmelzdiagramm des Systems Europiumoxid–Chromoxid.** K. I. Portnoj, O. A. Mordovin und N. I. Timofeeva. (Izvest. Akad. Nauk SSSR, Neorg. Mater. **4** (1968) 8, 1368–70; russ.) — An brikettierten Eu_2O_3–Cr_2O_3-Gemischen mit 0–100 Mol-% Cr_2O_3 wurden die Schmelztemp. bestimmt u. nach den Vers.-Ergebnissen das Schmelzdiagramm des Syst. Eu_2O_3–Cr_2O_3 konstruiert. Im Syst. bildet sich die bei 2290 ± 50° kongruent schmelzende Verb. *$EuCrO_3$*. Es existieren zwei Eutektika bei 15 u. 75 Mol-% Eu_2O_3 mit F. 1930–2070°. Die Eig. von Eu_2O_3 u. $EuCrO_3$ wurden untersucht. Eu_2O_3 hat ein spezif. Gew. von 6,36 (kub. Modifikation) bzw. 7,75 g/cm³ (monokline Modifikation), F. 2220 ± 50°, Mikrohärte 420 kg/mm². Eu_2O_3 reagiert mit heißem W. unter Bldg. von $Eu(OH)_3$ u. ist lösl. in konz. u. verd. Säuren sowie in NH_4Cl- u. $(NH_4)_2SO_4$-Lsg., in Laugen ist es unlöslich. $EuCrO_3$ hat ein spezif. Gew. von 7,38 g/cm³, F. 2290 ± 50°, Mikrohärte 1500 kg/mm². $EuCrO_3$ reagiert nicht mit heißem W. u. ist beständig gegenüber Laugen, verd. Säuren u. H_2O_2. In konz. Säuren löst sich $EuCrO_3$ teilweise, in $HClO_4$, $HClO_4$ + HCl, H_2SO_4 + H_3PO_4 mit Zusätzen an $K_2Cr_2O_7$ bzw. $KMnO_4$ dagegen vollständig. B. Karos 154

0545 **Löslichkeit und Phasengleichgewichte in den Systemen Sm_2O_3–SrO–B_2O_3 und Eu_2O_3–SrO–B_2O_3 bei 1100°.** B. F. Džurinskij, I. V. Tananaev und O. A. Aliev. (Izvest. Akad. Nauk SSSR, Neorg. Mater. **4** (1968) 6, 941–47; Inst. obšč. i neorg. chim. im. Kurnakov AN SSSR; russ.) — Nach der Meth. der isothermen Sättigung wurden die Phasengleichgew. im Syst. *Sm_2O_3–SrO–B_2O_3* u. Teilen des Syst. *Eu_2O_3–SrO–B_2O_3* bei 1100° untersucht. In charakterist. Gebieten existieren die festen Phasen *$SmBO_3$* (I), *$Sm(BO_2)_3$*, *$Sm_2Sr_3(BO_3)_4$* (II), *$Sr_2B_2O_5$*. Einkrist. wurden von I, II u. $Eu(BO_2)_3$ erhalten. Bestimmt wurde die Löslichkeit der Oxide von La, Pr, Nd, Sm, Eu, Gd, Tb, Dy, Ho, Er u. Yb in Schmelzen monotekt. Zus. des Syst. Ln_2O_3–SrO–B_2O_3 bei 1100°.
U. Strobel 154

0546 **Systeme KF–YF_3, BF_2–YF_3 und K_2BeF_4–K_3YF_6.** M. P. Borzenkova, A. V. Novoselova und G. N. Kuznecova. (Izvest. sibirskogo Otd. Akad. Nauk SSSR, Ser. chim. Nauk **1968, 1**, 5–9; Mosk. gos. univ. im. Lomonosova; russ.) — Thermograph., röntgenograph. visuell-polytherme Daten zeigen im Syst. KF–YF_3 die Bldg. von *3 KF · YF_3*, *KF · YF_3*, *KF · 2 YF_3*, *KF · 3 YF_3* u. *KF · 6 YF_3*. KF · 2 YF_3 zersetzt sich peritekt. bei 845 ± 5°, KF · 3 YF_3 u. KF · 6 YF_3 ebenfalls peritekt. bei 800 ± 5 bzw. 965 ± 5°. Das Eutektikum des Syst. BF_2–YF_3 liegt bei ca. 79 Mol-% BF_2, F. 800°. Im Syst. findet Glasbldg. statt. Im Syst. K_2BeF_4–K_3YF_6 befindet sich ebenfalls ein Eutektikum. J. J. Pohl 154

0547 **Umsetzung von Hafnium- und Zirkoniumtetrafluorid mit Alkalimetallfluoriden.** Ju. M. Korenev, V. V. Govorov, A. A. Kosorukov, R. Rijazur und A. V. Novoselova. (Izvest. sibirskogo Otd. Akad. Nauk SSSR, Ser. chim. Nauk **1968, 1**, 10–14; Mosk. gos. univ. im. Lomonosova; russ.) — Die Umsetzung von HfF_4 mit LiF, KF u. RbF wurde mit der DTA-Meth. u. röntgenograph. untersucht, Daten für die Syst. ZrF_4–KF u. ZrF_4–RbF sind angegeben. *$Li_2[HfF_6]$* bildet hexagonale Krist. mit a = 4,969, c = 4,637 Å; D_R 5,13, D_{exp} 5,02 g/cm³; Z = 1. Eutektika des Syst. LiF–HfF_4 liegen bei 20 Mol-% u. 610° u. 49 %, 532°. α-Li_3 [HfF_7] erleidet bei 652° eine polymorphe Umwandlung in die β-Form u. schmilzt bei 690°. Die β-Form zersetzt sich bei 457° unter Bldg. von $Li_2[HfF_6]$ u. LiF, $Li_2[HfF_6]$ schmilzt bei 605°. *$K[ZrF_5]$* hat (a =) 6,363, (b =) 3,962, (c =, Å) 3,867), (α =) 89° 18′, (β =) 89° 30′, (γ =) 89° 18′, (D_R) 3,86, (D_{exp}) 3,70 g/cm³; *$Rb[ZrF_5]$* 6,617, 3,973, 3,886, 89° 31′, 89° 47′, 90° 0′, 4,42, 4,37; *$K[HfF_5]$* 6,324, 3,907, 3,811, 89° 37′, 89° 26′, 89° 02′, 6,33; alle drei Verb. haben Z = 1. Die Eutektika von KF–HfF_4 liegen bei 12 %, 762°, 44 %, 420° u. 54 %, 425°; *$K_2[HfF_6]$* erleidet polymorphe Umwandlungen bei 100, 155, 200 u. 430°, Zers. bei 593°, *$K_3[HfF_7]$* schmilzt bei 915°, *$K_3[Hf_2F_{11}]$* inkongruent bei 476°, *$K[HfF_5]$* bei 432° u. *α-$K[HfF_{29}]$*, das sich bei 444° in die β-Form umwandelt, inkongruent bei 628°. *$K_7[Hf_6F_{31}]$* zersetzt sich bei 325° unter Bldg. von $K_3Hf_2F_{11}$ u. $KHfF_5$. Die Eutektika von RbF–HfF_4 liegen bei 10 % u. 695°, 43 %, 408°, 48 %, 396° u. 54 %, 392°. *α-$Rb_2[HfF_6]$* erleidet eine polymorphe Umwandlung bei 435° u. zersetzt sich inkongruent bei 608°, *$Rb_3[HfF_7]$* schmilzt bei 856°, *α-$Rb[Hf_4F_{21}]$*, das sich bei 326° polymorph umwandelt, bei 410°, *$Rb_5[HfF_5]$* bei 400° u. *α-$Rb[Hf_2F_9]$*, das sich bei 420° polymorph umwandelt, inkongruent bei 584°. Eine Umwandlung der Mischkrist. findet bei 40 % u. 330° statt. J. J. Pohl 154

0548 **Umsetzung von Alkalimetallgermanaten, -metaboraten und -fluoriden in Schmelzen.** D. S. Lesnych, E. P. Garmatina und E. V. Šilina. (Ž. neorg. Chim. **13** (1968) 11, 3130–33; Rostovskij-na-Donu, gos. univ., Kaf. obsc. i neorg. chim.; russ.) — Die tern. Syst. Li, Cs ‖ GeO_3, BiO_2 u. Li, K ‖ GeO_3, F wurden visuell-polytherm, einzelne Zus. röntgenograph., thermograph. u. durch Best. der Änderung der DK bestimmt. Das Syst. Li, Cs ‖ GeO_3, BO_2 mit der stabilen Diagonale Li_2GeO_3–$CsBO_2$ enthält die Komplexe *$Li_2GeO_3 \cdot 2\,Cs_2 \cdot GeO_3$* u. *2 $CsBO_4$ · 3 $LiBO_2$*. Das Eutektikum des Schnittes liegt bei 28,5 Äquivalent-% Li_2GeO_3 u. F. 600°. Die tern. invarianten Punkte des Syst. liegen bei (E_1) 5 (% Li_2GeO_3) — % (Cs_2GeO_3), 30 (% $CsBO_2$), F. 642°, (Gleichgew.-Phasen) $LiBO_2$, Li_2GeO_3, 2 $CsBO_2$ · 3 $LiBO_2$ (E_2) 2, —, 67,5, 30,5, F. 520°, Li_2GeO_3, $CsBO_2$, 2 $CsBO_2$ · 3 $LiBO_2$; (P_1) 18, 35, 47, —, 545°, Li_2GeO_3, $CsBO_2$, Li_2GeO_3 · 2 Cs_2GeO_3; (E_3) 10,5, 55,5, 34, —, 504°, Cs_2GeO_3 · $CsBO_2$, Li_2GeO_3 · 2 Cs_2GeO_3. Die zwei tern. Eutektika des Syst. Li, K ‖ F, GeO_3 liegen bei 3,5 bzw. 35 % Li_2GeO_3, 50 bzw. 45 % KF, 46,5 bzw. — % LiF u. — bzw. 20 % K_2GeO_3,

F. 480 bzw. 540°. Das Syst. ist irreversibel reziprok, die stabile Diagonale Li_2GeO_3-KF ist ohne Komplexbildung. J. J. Pohl 154

0549 **Einfluß von Oxidzusätzen auf die Polymorphie von Tantal(V)-oxid. Das System Ta_2O_5–TiO_2.** J. L. Waring und R. S. Roth. (J. Res. nat. Bur. Standards, Sect. A 72 A (1968) 2, 175–86; Washington, D.C., NBS, Inst. for Materials Res.; engl.) — Durch Aufnahme von Abkühlungskurven u. mit röntgenograph. Meth. wurde das bin. Syst. TiO_2 (I)–Ta_2O_5 (II) über dem gesamten Konz.-Bereich untersucht; das Zustandsdiagramm ist graph. wiedergegeben. In dem Syst. treten die Phasen *$TiTa_2O_7$* (III; F. 1662°., kongruent), *$TiO_2 \cdot 49\,Ta_2O_5$* (Zers. 1230°) u. *$TiO_2 \cdot 7\,Ta_2O_5$* (Zers. 1190°) auf. I löst maximal 9 Mol-% II bei 1630°; die Eutektika liegen bei 54 Mol-% II u. 1650° sowie bei 31 u. 1630°. III krist. monoklin mit a = 20,297; b = 3,804, c = 11,831 Å, β = 120° 14', u. ist vermutlich mit $TiNb_2O_7$ isostrukturell. II zeigt eine enantiotrope Phasenumwandlung bei 1630 ± 10°, deren Temp. durch Zusatz von I bis auf 1150° (bei 9 Mol-% I) erniedrigt wird. Die abgeschreckte Hochtemp.-Modifikation H-II besitzt bei Zimmertemp. wahrscheinlich trikline Symmetrie: a = 3,801, b = 3,785, c = 37,74 Å, α = 90° 54,4', β = 90° 11,5', γ = 89° 59,9'. Metastabiles H-II wandelt sich beim Erwärmen bei 320° in eine monokline Form um, die ihrerseits bei 920° in tetragonales II (a = 3,81, c = 36,09 Å) übergeht. In den festen Lsg. von II mit ≦ 9 Mol-% I existieren mehrere morphotrope Zwischenphasen. G. Gattow 154

0550 **Thermische und röntgenographische Analyse des Systems BiJ_3–SbJ_3.** V. G. Viter, D. P. Belockij und I. N. Antipov. (Ž. neorg. Chim. 13 (1968) 11, 3134–35; Černovickij gos. univ.; russ.) — Das Schmelzdiagramm des Syst. wurde auf Grund von therm. u. röntgenograph. Daten konstruiert, im Syst. bilden sich im gesamten Konz.-Bereich Substitutionsmischkristalle. J. J. Pohl 154

0551 **Thermodynamik von in Alkalimetallchloridschmelzen gelöstem UCl_3.** C. Hardy-Grena. (J. nuclear Mater. [Amsterdam] 25 (1968) 3, 337–39; CCR, Euratom, Ispra, Varese; engl.) — Die Aktivität von UCl_3 (I) in NaCl-Schmelze wird über den Partialdruck p_1 bestimmt (Knudsensche Effusionsmeth.). Für den Dampfdruck von reinem I gilt log p_2 = (– 11 552/T) + 8,97 (750 bis 900°). Oberhalb 800° bildet sich vermutlich *UCl_4*, das sofort ox. wird. Gleichungen für p_1 der Gemische mit 5–15 Gew.-% I u. Aktivitätskoeff. von I (800–845°) werden mitgeteilt. Bei > 1 Mol-% I ist positive Abweichung vom idealen Verh. zu beobachten (vermutlich Selbstassoziation von I bzw. Bldg. von Komplexanionen). M. Frenzel 154

0552 **System UMo_2O_8–UW_2O_8.** O. N. Rozanova, L. M. Kovba und V. K. Trunov. (Vestnik Moskovskogo Univ., Ser. II 23 (1968) 4, 100–01; Kaf. neorg. chim.; russ., Auszug: engl.) — Das Syst. wurde röntgenograph. u. therm. untersucht. Die Proben wurden während 60–100 Std. bei 850–1000° dargestellt u. langsam abgekühlt. Bei den Zus. < 75 Mol-% UW_2O_8 entstehen bei 850–1000° Mischkrist. mit UMo_2O_8. Bei > 83 % bilden sich Mischkrist. auf UW_2O_8-Basis. Bei 1170° schmilzt UW_2O_8 endotherm. J. J. Pohl 154

0553 **Druck und Zusammensetzung des Dampfes in den Systemen NaCl–$FeCl_3$ und NaCl–$AlCl_3$.** N. V. Galickij. (Ž. neorg. Chim. 13 (1968) 11, 3120–25; russ.) — Der Sättigungsdampfdruck über reinem $FeCl_3$ bzw. $AlCl_3$ wurde mit der Gassättigungsmeth. u. tensimetr. mit Hilfe eines Membran-Nullmanometers bestimmt. Die Dampfbldg.-Enthalpie wächst in den Syst. $MeCl_3$–NaCl mit steigendem NaCl-Gehalt. Die Siedetemp. bei 50 Mol-% $FeCl_3$ liegt bei 1060–1070 °K, die Dampfbldg.-Enthalpie beträgt 25,0 ± 1 kcal/g-Mol. Bei 630° enthält die Dampfphase auch NaCl. Bei der Kondens. des Dampfes bilden sich zwei Schichten, zunächst eine NaCl-arme, dann eine mit NaCl-Anreicherungen. Die Flüchtigkeit von $Na[FeCl_4]$ u. $Na[AlCl_4]$ steigt rasch über 570–600°, diese Verb. sind in der Dampfphase stark dissoziiert. Bei 873–1073 °K gilt für das Gleichgew. ($NaMeCl_4$) ⇌ (NaCl) + ($MeCl_3$), Me = Al, (ΔH^0_T, kcal/g-Mol) 49,7 ± 2,0 (ΔS^0_T, Clausius) 28,9 ± 2,0, Me = Fe 51,6 ± 2,5, 28,9 ± 2,0. — 39 Literaturangaben. J. J. Pohl 154

0554 **Thermodynamische Untersuchungen der stark leitenden Mischkristallsysteme RbJ–AgJ, KJ–AgJ und NH_4J–AgJ.** L. E. Topol und B. B. Owens. (J. physic. Chem. 72 (1968) 6, 2106–11; Atomics Internat. Div. of North American Rockwell Corp., Canoga Park, Calif.; engl.) — Die bekannten Phasendiagramme wurden bestätigt. Alle drei Syst. bilden eine stark ionenleitende Verb. MAg_4J_5 u. eine nichtleitende Verb. M_2AgJ_3. Für alle drei Syst. existiert eine Temp., bei der die Rk. 7/2 AgJ (fest) + 1/2 M_2AgJ (fest) = MAg_4J_5 (fest) im Gleichgew. ist. Die freien Energien von MAg_4J_5 sowie die freien Bldg.-Energien von MAg_4J_5 u. M_2AgJ_3 wurden bestimmt. H. Liepack 154

0555 **Einfluß der Nichtberücksichtigung der Aktivitätskoeffizienten auf die Ergebnisse der Bestimmung von Stabilitätskonstanten komplexer Ionen.** V. V. Fomin und E. P. Majorova. (Ž. neorg. Chim. 13 (1968) 11, 3137 bis 3139; russ.) — Krit. Diskussion einer Arbeit von Laksminarayanan et al. (J. inorg. nucl. Chem. 26 (1964) 1001), in der Stabilitätskonst. von Nitratoplutoniumkomplexen durch Extraktionsvers. ohne Berücksichtigung der Aktivitätskoeff. bestimmt wurden. J. J. Pohl 156

0556 **Spektrophotometrische Untersuchung des Gleichgewichts in salzsauren Lösungen von Tellur(IV).** L. V. Šicheeva. (Ž. neorg. Chim. 13 (1968) 11, 2967–73; Leningradskij gornoj inst. im. Plechanova; russ.) — Die Absorptionsspektren von Te(IV)-Lsg. ($1{,}0 \cdot 10^{-2}$ bis $2{,}5 \cdot 10^{-4}$n) in 5,0–10,0n HCl wurden im Bereich 340 bis 450 nm untersucht. $[TeCl_6]^{2-}$ hat ein Absorptionsmax. bei 375 ± 2 nm $[TeCl_5(H_2O)]^-$ eines bei 381 ± 2 nm. Die Bldg.-Konst. der Komplexe betragen $[TeCl_6]^{2-}$ K_6 = $(6{,}4 \pm 0{,}7) \cdot 10^{-3}$, $[TeCl_5(H_2O)]^-$ K_5 = $(1{,}48 \pm 0{,}08) \cdot 10^{-2}$, $(TeOCl_4)^{2-}$, K_4 = $(4{,}8 \pm 0{,}8) \cdot 10^{-4}$. Die Gleichgew.-Konst. des Überganges $[TeOCl_4]^{2-} + 2\,H^+ + H_2O \rightleftharpoons [TeCl_4(H_2O)_2]$ beträgt $(6{,}3 \pm 1{,}3) \cdot 10^{-3}$. J. J. Pohl 156

0557 **Bedingungen des Auftretens von Borcitrat-Komplexen in Lösungen.** N. A. Karažanov und V. G. Kalačeva. (Izvest. Akad. Nauk Kaz. SSR, Ser. chim. Nauk 18 (1968) 3, 1–6; russ.) — Elektr. Leitfähigkeits-, pH-metr. u. konduktometr. Unters. des Syst. H_3BO_3–$C_6H_8O_7$–H_2O zeigen, daß Bor- u. Citronensäure in Lsg. den Komplex *$H_3BO_3 \cdot 2\,C_6H_8O_7$* bilden, der bei großen Säurekonz., kleinen pH-Werten (< 2,2) u. niedrigen Temp. beständig ist. J. J. Pohl 156

0558 **Stabilitätskonstanten der Innerkomplexverbindungen von Beryllium mit einigen β-Diketonen.** N. P. Rudenko, A. I. Sevast'janov und N. G. Lanskaja. (Ž. neorg. Chim. 13 (1968) 6, 1566–69; Mosk. gos. univ. im. Lomonosova; russ.) — Die Extraktion von Be aus NH_4Cl-haltigen wss. Lsg. mit $CHCl_3$-haltigem Acetylaceton (Hac), Benzoylaceton (HBac), Dibenzoylmethan (HDBM) oder Thenoyltrifluoraceton (HTTA) wurde bei 17–20° u. μ = 1,0 untersucht. Die entstehenden Komplexverb. *$Be(ac)_2$*, *$Be(Bac)_2$*, *$Be(DBM)_2$* u. *$Be(TTA)_2$* haben folgende Dissoziationskonst.: (log K_1 =) 7,27 · (± 0,04), (log K_2 =) 14,26 (± 0,06); 9,00; 16,06; 11,11; 18,78; 5,42; 11,50. Die Verteilungskonst. der vorst. Komplexe sind 2,07 (± 0,03), 1,90, 1,60, 2,58. J. J. Pohl 156

0559 **Spektrophotometrische Untersuchung der Reaktion von Zinkionen mit Xylenolorange.** M. I. Bulatov. (Ž. neorg. Chim. 13 (1968) 11, 3002–08; Leningradskij technol. inst. im. Lensoveta; russ.) — Zn^{2+} bildet mit Xylenolorange (H_6R) einen einfachen einkernigen Komplex der Zus. 1 : 1, der bei 570 nm den mol. Absorptionskoeff. $2{,}74 \cdot 10^4$ hat. Die Instabilitätskonst. des Komplexes ist β_k = $1{,}72 \cdot 10^6$. Lsg. des Syst. wurden bei pH 2,85 bis 6,55 im Bereich 400–700 nm spektrophotometr. untersucht. J. J. Pohl 156

0560 **Potentiometrische Untersuchung von Cyanoquecksilber(II)-Komplexen in wäßriger Lösung.** I. A. Ammar, S. Darwish und K. Rizk. (Electrochim. Acta [London] 13 (1968) 4, 797–805; Dep. of Chem.,

Cairo Univ., Giza; engl.) — Unters. bei Hg(II) : CN = 1 : 1 bis 1 : 20 u. [Hg(II)] = 0,00005—0,15 m ergeben die Bldg. von $Hg(CN)_2$ u. $[Hg(CN)_4]^{2-}$ sowie die mögliche Existenz von $[Hg(CN)_q]^{(q-2)-}$ mit q = 5, 6 u. möglicherweise 7. $[Hg(CN)_3]^-$ wird nicht beobachtet. Stabilitätskonst. werden berechnet. M. Frenzel 156

0561 **Stabilität der Seltenerdmetallkomplexe mit β-Isopropyltropolon in wäßrig-methanolischen Lösungen.** N. K. Davidenko und A. A. Žoldakov. (Ž. neorg. Chim. **13** (1968) 11, 2955—59; Inst. obšč. i. neorg. chim. AN Ukr. SSR; russ.) — Die Konst. der Säuredissoziation von β-Isopropyltropolon u. die Stabilitätskonst. seiner Seltenerdmetallkomplexe wurden in 80 Vol.-% Methanol + 20% W. in Ggw. von 0,1 n HCl bei 24 ± 1° pH-potentiometr. bestimmt. log K_a des Liganden beträgt 7,87 ± 0,02, die Werte log K_1, log K_2, log K_3, log K_4 für *La* sind 7,88 ± 0,05, 6,35 ± 0,05, 5,0 ± 0,1, 3,4 ± 0,2, für *Pr* 8,3 ± 0,1, 6,85 ± 0,05, 5,5 ± 0,1, 4,1 ± 0,1, für *Nd* 8,4 ± 0,1, 6,99 ± 0,05, 5,7 ± 0,1, 4,2 ± 0,1, für *Sm* (8,7), 7,29 ± 0,05, 6,0 ± 0,1, 4,6 ± 0,1, *Eu* (8,9), 7,45 ± 0,05, 6,1 ± 0,1, 4,7 ± 0,1, für *Gd* (8,8), 7,33 ± 0,05, 6,1 ± 0,1, 4,6 ± 0,1, für *Tb* (9,1), 7,6 ± 0,1, 6,3 ± 0,1, 4,9 ± 0,1, für *Dy* (9,2), 7,7 ± 0,1, 6,4 ± 0,1, 5,0 ± 0,1, für *Er* (9,4), 7,9 ± 0,1, 6,7 ± 0,1, 5,4 ± 0,1, für *Y* (9,0), 7,5 ± 0,1, 6,2 ± 0,1, 4,8 ± 0,1, für *Ho* (9,2), 7,7 ± 0,1, 6,5 ± 0,1, 5,2 ± 0,1. J. J. Pohl 156

0562 **Chelatbildungsreaktionen zwischen Lanthaniden und Eriochromcyanin R.C.** Kailash N. Munshi und Arun K. Dey. (Rev. Chim. minérale **5** (1968) 3, 619—28; Univ. Nagpur, India; engl.) — Eriochromcyanin RC (ECRC) bildet mit einer Reihe von Lanthanidionen zwischen pH 5,5 u. 8,0 rote Chelate im Verhältnis 1 : 2 (Metallion: ECRC). Bei pH 6,5 u. 25° wurden folgende λ_{max} gemessen (nm): *Pr* 490; *Nd* 500; *Sm* 510; *Gd, Ho* 520; *Tm, Yb, Lu* 530. Nach den Meth. von Dey, Harvey, Manning u. Job wurden die Beständigkeitskonst. ermittelt; log K-Werte für die Komplexe: 10,6; 9,6; 9,6; 9,8; 9,8; 9,4; 9,2 bzw. 9,4. J. Pickardt 156

0563 **Spektrophotometrische Untersuchung der Komplexbildung von Scandium mit Sulfochlorphenol C.** V. I. Fadeeva, V. M. Ivanov, N. V. Eremeeva und I. P. Alimarin. (Ž. neorg. Chim. **13** (1968) 11, 2960—66; Mosk. gos. univ.; russ.) — Spektrophotometr. Daten wss. Lsg. von Sc^{3+} u. Sulfochlorphenol C (1.8-Dihydroxy-2.7-bis-[2-hydroxy-3-sulfo-4-chlorphenylazo]-naphthalindisulfonsäure-(3.6), H_8R] bei 400—720 nm zeigen die Bldg. des Komplexes $[ScH_2R]^{3-}$ mit einem Absorptionsmax. bei 630 nm im Bereich pH 2,5—2. Der mol. Absorptionskoeff. des Komplexes beträgt bei 630 nm $3,9 \cdot 10^4$, bei 650 nm $3,8 \cdot 10^4$. Die Gleichgew.-Konst. beträgt log K = 1,65 ± 0,13. J. J. Pohl 156

0564 **Spektrographische Untersuchung von Nd-Glycinatkomplexen.** N. A. Kostromina und E. D. Romanenko. (Ukrainskij chim. Ž. **34** (1968) 7, 645—51; Inst. obšč. i neorg. chim. AN Ukr. SSR; russ.) — Das Syst. $NdCl_3$–Glycin(HA)–NaOH wurde bei pH 7,18—7,93 u. HA-Konz. von $1 \cdot 10^{-2}$ bis $1 \cdot 10^{-1}$m spektroskop. im Bereich 430 nm ($^4I_{9/2}$–$^2P_{1/2}$-Übergang) untersucht. Bei diesen Bedingungen entstehen die Komplexe NdA^{2+}, log K_1 = 3,73 ± 0,10 u. $NdAOH^+$, log K_2 = 9,46 ± 0,08. J. J. Pohl 156

0565 **Reaktionen von Zirkoniumionen mit 3.4-Dihydroxyazoverbindungen.** V. A. Nazarenko und O. V. Mandžgaladze. (Ž. neorg. Chim. **13** (1968) 3, 756—61; russ.) — Spektralphotometr. wird die Rk. von Zr-Ionen mit 3.4-Dihydroxyazobenzol (**I**) u. 3.4-Dihydroxyazobenzol-4'-sulfonsäure untersucht. Bei optimaler pH-Einstellung von 1 bildet Zr mit I Neutralkomplexe der Zus. Zr : L = 1 : 2. Im Komplex liegt Zr kation. als $Zr(OH)_2^{2+}$, der Ligand in der tautomeren Chinonhydrazon-Form mit einer einfach ionisierten OH-Gruppe vor. K. Jasche 156△

0566 **Hydroxocyanoverbindungen. 1. Mitt. Spektrophotometrische Untersuchung der Komplexbildung von Vanadin(IV) mit Kaliumaquohydroxocyanomolybdat(IV).** Kabir-ud-Din und M. Aijaz Beg. (J. Indian chem. Soc. **45** (1968) 5, 455—58; Aligarh Muslim Univ. Aligarh, Indien; engl.) — $K_3[Mo(OH)_3(CN)_4H_2O] \cdot 2\,H_2O$ bildet in wss. Lsg. mit Vanadyl(IV)-Ionen einen lösl. violetten 1:1-Komplex $KVO[Mo(OH)_3(CN)_4(H_2O)]$ mit λ_{max} = 550 nm bei pH 6, der im Bereich pH 5,25—7,5 stabil ist. Die Stabilitätskonst. beträgt $7,2 \cdot 10^4$, die freie Bldg.-Enthalpie — 6,66 kcal/ bei 25°. Hanspeter Schulz 156

0567 **Elektronenspektren der Citratodioxovanadin(V)-Komplexe.** G. St. Nikolov und B. M. Nikolova. (J. inorg. nuclear Chem. **30** (1968) 1, 331—33; Univ. of Sofia, Dep. of Chem., Sofia, Bulgaria; engl.) — Aus den UV-Spektren zwischen 30 u. 45 kK u. konst. pH 3,00 von Lsg. mit verschiedenen VO_2^+-Konz. (I) u. verschiedenen Mol-Verhältnissen zwischen **I** u. Citrat läßt sich die Existenz eines Citrato-Komplexes nachweisen. Vf. vermuten, daß mehrere, auch mehrkernige Komplexe gebildet werden. R. Blank 156

0568 **Einfluß des Zustandes von Vanadin in Lösungen auf seine Reaktionsfähigkeit mit organischen Reagenzien.** A. K. Babko und G. I. Gridčina. (Ž. neorg. Chim. **13** (1968) 11, 3029—32; Inst. obšč. i neorg. chim. AN Ukr. SSR; russ.) — Der Einfl. des Polymerisationsgrades auf die Rk.-Geschw. von V(V) mit dem Indikator Xylenolorange wurde spektroskop. verfolgt. Bei $< 4 \cdot 10^{-5}$m V bilden sich bei keinem pH-Wert merkliche Mengen von reaktionsunfähigen Polymeren. Mit wachsender Konz. bilden sich bes. im isoelektr. Bereich der Vanadinsäure (pH 3,6—4) polymere Formen mit herabgesetzter Rk.-Fähigkeit. Bei großen u. kleinen pH-Werten tritt Depolymerisation auf. Die Bldg.- u. Zers.-Geschw. der polymeren Formen wurden bestimmt. J. J. Pohl 156

0569 **Bildungskonstante von Maleatochrom(III)-Komplexen und einige ihrer Eigenschaften im festen Zustand.** Takeshi Tomita, Eishin Kyuno und Ryokichi Tsuchiya. (Bull. chem. Soc. Japan **41** (1968) 1130—32; Dep. of Chem., Fac. of Sci., Kanazawa Univ., Kanazawa; engl.) — Die Bldg.-Konst. von Cr(III)-Komplexen mit Maleinsäure betragen nach der pH-Meth. bei μ = 0,1 u. 25° log k_1 = 5,4 ± 0,1, log k_2 = 3,0 ± 0,1 u. log k_3 = 1,9 ± 0,2. Im festen Zustand wurde das röntgenamorphe $[Cr(Maleat)(OH)(H_2O)]$ isoliert, das, wie IR-spektroskop. u. thermogravimetr. Daten bestätigen, leicht W. aufnimmt. J. J. Pohl 156

0570 **Titanatomolybdatophosphorsäurekomplexe.** B. E. Reznik, V. D. Vorotjagina. (Ž. neorg. Chim. **13** (1968) 11, 3080—81; Dnepropetrovski, gos. univ.; russ.) — Die Zus. der Titanatomolybdatophosphorsäure, die bei der Umsetzung von Molybdatophosphorsäure mit Ti-Sulfat im schwefelsauren Medium entsteht, wurde untersucht. Die Absorption der Säure im Bereich 200—380 nm wurde bestimmt, das Max. liegt bei 315—320 nm. Die Extinktion wurde mit der Meth. der isomol. Reihen untersucht, das Farbmax. liegt beim Verhältnis Ti : Molybdatophosphorsäure = 1 : 1. Die Instabilitätskonst. beträgt nach graph. Ergebnissen $2 \cdot 10^{-5}$ u. $1,2 \cdot 10^{-5}$, ist also höher als die Werte für die Titanatomolybdatophosphorsäure, die aus den einzelnen Komponenten erhalten wird. J. J. Pohl 156

0571 **Tartrat- und Citratkomplexe von Wolfram.** I. V. Pjatnickij und L. F. Kravcova. (Ukrainskij chim. Ž. **34** (1968) 7, 706—13; Kievskij gos. univ. im. Ševčenko; russ.) — Das Gleichgew. zwischen W-Hydroxychinolatlsg. in $CHCl_3$ u. wss. Wein- u. Citronensäurelsg. wurde untersucht. Bei Hydroxysäurekonz. von 0,001—0,01 m entstehen W-Komplexe der Zus. WO_2^{2+} : Hydroxysäure = 1 : 1. Die Instabilitätskonst. der Komplexe bei pH 1—3 sind $[WO_2^{2+}][C_4H_3O_6^{3-}]/[WO_2C_4H_3O_6^-] = (5 \pm 1) \cdot 10^{-25}$, $[WO_2^{2+}][C_6H_5O_7^{3-}]/[WO_2C_6H_5O_7^-] = (3,4 \pm 0,3) \cdot 10^{-14}$, bei pH 3,5—7,5 $[WO_2^{2+}][C_4H_2O_6^{4-}]/[WO_2C_4H_2O_6^{2-}] = (6,4 \pm 1,6) \cdot 10^{-37}$, $[WO_2^{2+}][C_6H_4O_7^{4-}]/[WO_2C_6H_4O_7^{2-}] = (3 \pm 0,9) \cdot 10^{-24}$. Die Tartrat- u. Citratkomplexe mit W sind ca. 100—200fach beständiger als die analogen Mo-Komplexe. Die Gleichgew.-Konst. der Verteilung von W-Hydroxychinolat zwischen wss. u. $CHCl_3$-Lsg. beträgt in Ggw. von $2 \cdot 10^{-2}$m 8-Hydroxychinolin u. 1 n $HClO_4$ $(5,15 \pm 0,66) \cdot 10^{-34}$. J. J. Pohl 156

0572 **Zersetzung der Uranylgruppe in stark sauren Lösungen.** A. A. Nemodruk, P. N. Palej, L. P. Gluchova, A. V. Karjakin und G. A. Muradova. (Doklady Akad. Nauk SSSR 180 (1968) 4, 872—75; Inst. geochim. i analit. chim. im. Vernadskogo AN SSSR; russ.) — Die Farbrk. von U(VI) mit Arsenazo III wurde in Abhängigkeit von der Konz. in HNO_3-, HCl- u. $HClO_4$-Lsg. untersucht. Die Absorption bei 656—665 nm ist bei pH 2—3 maximal. Bei einer Zunahme der Säurekonz. von 1,2—1,6m bis auf 5,0—5,5m geht U(VI) teils in die UO_4^+-Form über, die in konz. Säurelsg. mit Arsenazo III reagiert. IR-Daten bei 700—1200 cm^{-1} zeigen, daß U(VI) in 6,5m HCl zu ca. 50% zerstört ist, $R = [UO^{4+}][H_2O]/[UO_2^{2+}][H^+]^2 = 5 \cdot 10^{-5}$ bzw. nach Daten bei 380—500 nm $6{,}4 \cdot 10^{-5}$. J. J. Pohl 156

0573 **Anionische Sulfatkomplexe des Uranyls in nichtwäßrigen Lösungen.** V. M. Vdovenko, A. I. Skoblo und D. N. Suglobov. (Radiochimija 10 (1968) 2, 258 bis 261; russ.) — Vf. nahmen die IR-Spektren u. die Absorptionsspektren im sichtbaren Bereich von Lsg. von $(R_4N)_2SO_4$ (I) u. von $(R_4N)_2[UO_2(SO_4)_2]$ (II; $R = C_{10}H_{21}$) in CCl_4 auf. Die Zuordnung der einzelnen Frequenzen von SO_4^{2-} zu den Verb. I, UO_2SO_4, II, I + II, $(R_4N)_3 \cdot [UO_2(SO_4)_2Cl]$, $(R_4N)_3[UO_2(SO_4)_2NO_3]$ u. $(R_4N)_2[UO_2 \cdot (SO_4)_2TBPO]$ ist tabellar. angegeben. Außerdem wurden die Frequenzen $\nu_3(UO_2^{2+})$ u. die Frequenzverschiebung (gegenüber UO_2SO_4) $\Delta\nu_3(UO_2^{2+})$ für oben angeführte uranhaltige Verb. sowie für $R_4N[UO_2Cl_3]$, $R_4N[UO_2Cl_3 \cdot TBPO]$, $(R_4N)_2[UO_2Cl_3NO_3]$ u. $(R_4N)_2[UO_2Cl_4]$ tabellar. angeführt. Im Syst. I–II werden bei kontinuierlicher Zugabe von I Veränderungen in den Spektren, z. B. bei $\nu(F_2)(SO_4^{2-})$, beobachtet, die mit der Bldg. der Komplexverb. $(R_4N)_{2n-2}[UO_2(SO_4)_n]$ (n = 3—5) erklärt werden. G. Ewald 156

0574 **Spektrophotometrische Untersuchung des Systems UO_2^{2+}–Dihydroxymaleinsäure in organischen Lösungsmitteln. Neue Methode zur Bestimmung von Uran(VI) in Gegenwart von Thorium und Seltenerdmetallen.** Florica Popea und Maria Mavrodin. (Rev. roum. Chim. 13 (1968) 5, 591—99; Centre of inorg. Chem. of the Acad., Bucharest; engl.) — UO_2^{2+} bildet mit Dihydroxymaleinsäure (I) in CH_3OH, A. oder Aceton eine braunorange gefärbte Verb. im Verhältnis $UO_2^{2+}/I = 2/1$, welche bei Raumtemp. > 90 Min. stabil bleibt. Aus IR-Spektren wird geschlossen, daß I in cis-Konfig. vorliegt. Die Dissoziationskonst. der Verb. in den oben genannten Lsgm. wurden nach der Job-Meth. ermittelt: $2{,}15 \cdot 10^{-9}$, $4{,}1 \cdot 10^{-9}$ bzw. $2{,}15 \cdot 10^{-9}$. Zwischen 10 u. 100 µg U/ml gilt exakt das Lambert-Beer-Gesetz; bei 420 nm ist die Absorption genügend scharf u. die von I zu vernachlässigen; molare Extinktionskoeff. 1583 (CH_3OH), 852,7 (A.) u. 502 (Aceton). Th^{4+}, Lanthanidionen^{3+}, Pb^{2+}, Mg^{2+} u. Ca^{2+} bilden mit I Nd. u. können daher aus der Lsg. entfernt werden. J. Pickardt 156

0575 **Flavonkomplex mit Metallionen. 1. Mitt. Bildungsbedingungen und Instabilitätskonstanten.** Urszula Bilińska-Kozicka. (Roczniki Chem. [Ann. Soc. chim. Polonorum] 41 (1967) 7/8, 1215—20; Kat. Chem. Nieorg., Uniw., Warszawa; pol.) — Die in H_2O/CH_3OH (1 : 1 Vol) untersuchten Komplexe von Be^{2+}, TiO^{2+} u. UO_2^{2+} mit Quercetin (I) u. Rutin (II) bilden sich in einem weiten pH-Bereich, jedoch am besten bei pH 5,0—7,8. Die Komplexe von Be^{2+} u. UO_2^{2+} mit I u. II sowie der Komplex von TiO^{2+} mit I liegen im Mol-Verhältnis 1 : 1 vor, der TiO^{2+}-Komplex mit II im Verhältnis 1 : 2. Die Instabilitätskonst. betragen für die Komplexe von I mit Be^{2+} $1{,}7 \cdot 10^{-6}$, TiO^{2+} $4{,}9 \cdot 10^{-7}$, UO_2^{2+} $1{,}5 \cdot 10^{-7}$; von II mit Be^{2+} $2{,}8 \cdot 10^{-6}$, TiO^{2+} $2{,}0 \cdot 10^{-12}$, UO_2^{2+} $7{,}0 \cdot 10^{-7}$. Sie absorbieren bei größeren Wellenlängen als I u. II. Rolf Heyer 156

0576 **Thermodynamik der Chelatbildung. 1. Mitt. Eisen(II)- und Zink(II)-Komplexe von Pyridin-2-aldehyd-2'-pyridylhydrazon.** R. W. Green und W. G. Goodwin. (Austral. J. Chem. 21 (1968) 5, 1165—73; School of Chem., Univ. of Sidney, N.S.W.; engl.) — *Pyridin-2-aldehyd-2'-pyridylhydrazon* (I; HL) verhält sich in verd. Lsg. als eine bifunktionelle Base oder als ein dreizähniger Chelatbildner. Die mit Fe(II) bzw. Zn(II) entstehenden kation. Komplexe geben in zwei Stufen Protonen ab. Folgende Konst. wurden bestimmt: pk_1^H, pk_2^H, pk_3^H (Säuredissoziationskonst. von H_3L^{2+}, H_2L^+ bzw. HL); β_1, β_2 (Stabilitätskonst. von $[M(HL)]^{2+}$ bzw. Gesamtstabilitätskonst. von $[M(HL)_2]^{2+}$ sowie pk_1^c u. pk_2^c (1. bzw. 2. Säuredissoziationskonst. von $[M(HL)_2]^{2+}$) [M = Fe(II) bzw. Zn(II)]. J. J. Pohl 156

0577 **Mehrkernige Fe^{3+}-Komplexe mit Äthylendiamintetraessigsäure.** Ž. P. Kačanova und A. P. Purmal'. (Ž. fiz. Chim. 42 (1968) 7, 1690—93; Inst. chim. fiz. AN SSSR, Moskva; russ.) — Die Abhängigkeit des Extinktionskoeff. des Absorptionsmax. bei λ = 482 nm des Syst. Fe^{3+}–AeDTE von der Konz. der Komponenten wurde bestimmt, sie deutet auf das Auftreten eines mehrkernigen Komplexes. Die Komplexbldg. erfolgt unter Beteiligung der CH_2COO^--Gruppen des AeDTE-Moleküls. Der Bldg.-Mechanismus dürfte eine dimere Form einschließen, in der zwei Fe^{3+}-Ionen über $N-CH_2-COO^-$ u. zwei OH^--Ionen verbunden sind. J. Pohl 156

0578 **Spektralphotometrische Untersuchung der Umsetzung von Kobalt(II)-Salzen mit 4-(2-Pyridylazo)-resorcin.** A. I. Busev, V. M. Ivanov und Ž. I. Nemceva. (Ž. neorg. Chim. 13 (1968) 2, 511—15; Mosk. gos. univ. im. Lomonosova; russ.) — Durch Aufnahme der Kurven Extinktion–pH-Wert wird die Komplexbldg. im Syst. *Co(II)–4-(2-Pyridylazo)-resorcin* (I) untersucht. Es werden die mol. Absorptionskoeff., die Gleichgew.- u. die Beständigkeitskoeff. bestimmt. I reagiert in Form von HR^- mit Co(II) im Mol-Verhältnis Co : I = 1 : 2. K. Jasche 156△

0579 **Bildungskonstanten von Nitrilotriacetatoniccolat(II) und dessen protoniertem Komplex.** Nobuyuki Tanaka und Masaru Kimura. (Sci. Rep. Tôhoku Univ., Ser. I 50 (1967) 4, 203—07; Dep. of Chem., Fac. of Sci., Tohoku Univ., Sendai; engl.) — Eine neue Meth. zur Best. der Bldg.-Konst. von Metall-Nitrilotriacetatkomplexen u. ihren protonierten Komplexen, die von polarograph. Messungen der Gleichgew.-Konz. hydratisierter Metallionen in Nitrilotriacetatlsg. ausgeht, wird angegeben u. am Beispiel Nitrilotriacetatoniccolat(II) im Temp.-Bereich 0—25° bei einer Ionenstärke von 0,2 angewendet. Für 25° betragen danach log K_{NiX} = 11,20 (bei 0° 11,18; H_3X = Nitrilotriessigsäure) u. log K^H_{NiHX} = 3,14 (bei 0° 3,48). H.-J. Schönherr 156

0580 **Absorptionsspektren und magnetische Suszeptibilität von tetrakoordinierten Nickel(II)-Komplexverbindungen.** G. D. Ginzburg, É. A. Zgadzaj und A. D. Troickaja. (Ž. neorg. Chim. 13 (1968) 6, 1585—90; Kazinskij chim. technol. inst.; russ.) — Die Absorptionsspektren im Bereich 300—1100 nm sowie die magnet. Suszeptibilität wurden in Syst. des Typs *$NiBr_2$–Organophosphorverb.–Bzl.* mit den P-Verb. $(C_2H_5)_3P$, $(C_3H_7O)_3P$, $(C_4H_9 \cdot O)_3P$, $(i\text{-}C_3H_7O)_3P$ u. $(sec.\text{-}C_4H_9O)_3P$ untersucht. Die 1:4-Komplexe mit normalen Phosphiden haben eine dichte Konfig., in Isophosphitkomplexen wurde ein Singulett–Triplett-Gleichgew. beobachtet. Eine Systematik der tetrakoordinierten Ni(II)-Komplexe wird vorgeschlagen. J. J. Pohl 156

0581 **Komplexbildung im System $Cu^{2+} \cdot aq$–HCl–H_2O.** S. N. Andreev und O. V. Sapožnikova. (Ž. neorg. Chim. 13 (1968) 6, 1548—54; Leningradskij inst. tekstilnoj i legkoj promyšl. im. Kirova; russ.) — Die Elektronenabsorptionsspektren des Syst. $Cu^{2+} \cdot aq$–HCl–H_2O im Bereich 10^{-4} bis 20,3m HCl bei 200—1400 nm wurden mit den Absorptionsspektren von krist. Cu-Verb. verglichen. Die Komplexbldg. dürfte in den Lsg. nach $[Cu(H_2O)_6]^{2+} \rightleftharpoons [Cu(H_2O)_5Cl]^+ \rightleftharpoons [Cu(H_2O)_4Cl_2] \rightleftharpoons [Cu(H_2O)_3Cl_3]^- \rightleftharpoons$ trans-$[Cu(H_2O)_2Cl_4]^{2-} \rightleftharpoons [CuCl_4]^{2-}$ tetraedr. $\rightleftharpoons$ (... $CuCl_6$ ...) verlaufen. Die stufenweise Substitution der W.-Mol. durch Cl^--Ionen in der inneren Sphäre des hydratisierten Cu-Ions dominiert in Lsg., die vollständig in Ionen dissoziierte HCl-Mol. enthalten. In Lsg., die eine bedeutende Menge nicht dissoziierter HCl-Mol. enthalten, überwiegen Gleichgew.-Prozesse, die zu einer Änderung der Koordinationszahl der Cu^{2+}-Ionen führen. J. J. Pohl 156

0582 **Spektrophotometrisches Studium der Komplexe einiger Komplexone des Monoamintyps.** Rolf Karliček, Vladimir Špringer und Jaroslav Majer. (Acta Fac. pharmac. bohemosloven. 14 (1967) 117—66; Pharmazeut. Fak., Bratislava; dt.) — Vf. untersuchten die

Komplexbldg. von *Iminodiessigsäure*, *N-Hydroxyäthyliminodiessigsäure* u. *N.N-Bis-[hydroxyäthyl]-glycin* (BHG) mit Cu^{2+}, Ni^{2+} u. Co^{2+}, in dem sie die Absorptionsspektren der Lsg. in Abhängigkeit vom pH ermittelten. Die Stabilitätskonst. werden aus den photometr. festgestellten Konz.-Werten der Komponenten in der Lsg. im Bereich, in dem der Komplex genügend dissoziiert ist, ermittelt; die so erhaltenen Werte weichen von potentiometr. erhaltenen um log K = ± 0,2 ab. Aus den Ergebnissen wird auf die Struktur der Komplexe geschlossen. Einige Komplexe konnten krist. isoliert werden. Ferner wurde festgestellt, daß sich BHG-Komplexe auch im stark alkal. Gebiet bilden. J. Pickardt 156

0583 **Anwendung des Zirkulardichroismus zur Untersuchung der Bildungskonstanten von Aminosäure- und Hydroxysäurechelaten.** Alain Bonniol und Pierre Vieles. (J. Chim. physique Physico-Chim. biol. **65** (1968) 3, 414—20; Labor. de Chim. gén., Fac. des Sci., Montpellier; franz.) — Es wurde geprüft, ob sich CD-Messungen prinzipiell zur Best. der Bldg.-Konst. von Chelaten mit opt. akt. Liganden eignen. Das Verf. ist analog der klass. Spektralphotometrie, wobei der CD eine größere Spezifität aufweist. Als Beispiele wurden untersucht: pK_α-Wert der Milchsäure; Bldg.-Konst. der Chelate von *Alanin* mit Cu^{2+} bzw. von *Milchsäure* mit Cu^{2+}, Ni^{2+} u. Co^{2+}. Brauchbare Ergebnisse wurden nur für Cu-Alaninat u. Co-Lactat erhalten. A. Blaschette 156

0584 **Synthese und Komplexbildnereigenschaften von p-Kresol-2-methyleniminodiessigsäure.** V. Ja. Temkina, N. M. Djatlova, M. N. Rusina, N. V. Cirul'nikova, B. V. Žadanov und R. P. Lastovskij. (Doklady Akad. Nauk SSSR **180** (1968) 4, 885—88; VNII chim. reaktivov i osobe čistych chim. veščestv; russ.) — Die Dissoziation u. die komplexbildenden Eig. von p-Kresol-2-methyleniminodiessigsäure (1-Hydroxy-2-(N.N-bis-[carboxy-methyl]-aminomethyl)-4-methylbenzol; **I**) wurden potentiometr., IR-spektroskop. bei 100—1600 cm^{-1} u. durch Hochfrequenztitration untersucht. **I** wurde durch Rk. von 8,64 g p-Kresol in 12 ml W. mit 8 ml 30%ig. NaOH u. einer Lsg. mit pH 7—8 von 11,20 Iminodiessigsäure in 12 ml W. sowie Versetzen bei 10° mit 6,46 ml einer 37%ig. Formaldehydlsg., Stehenlassen während 1 Std. bei Zimmertemp., 2std. Erhitzen auf 60—70°, Ansäuern mit konz. HCl bis pH 2, u. Eindampfen bis zur Trockne bei 60—70° im Vakuum erhalten, 45,8%. Die Dissoziationskonst. von **I** betragen pK_1 = 2,46, pK_2 = 8,30 u. pK_3 = 11,04. Ein Vgl. der Komplexbldg. von **I** u. von o-Hydroxyphenyliminodiessigsäure zeigt, daß die Komplexe vom Typ MHL im Falle von **I** = H_3L wesentlich beständiger sind. Die Stabilitätskonst. der **I**-Komplexe vom Typ MHL bzw. ML betragen für Ca^{2+} —, 6,08, Mg^{2+} —, 6,72, Sr^{2+} —, 6,50, Ba^{2+} —, 6,40, Mn^{2+} —, 9,00, Cd^{2+} 7,17, 11,06, Co^{2+} 7,71, 12,65, Ni^{2+} 8,74, 12,78, Zn^{2+} 8,05, 13,0, Cu^{2+} 10,34, 14,52, Fe^{3+} —, 17,61, La^{3+} 8,10, 12,61, Nd^{3+} 8,15, 12,70, Sm^{3+} 8,30, 12,84, Tb^{3+} 8,37, 12,90, Er^{3+} 8,48, 13,00, Ho^{3+} 8,52, 13,10. J. J. Pohl 156

0585 **N-Salicylidenglycinat-Komplexe. Vergleich mit Pyridoxal.** D. L. Leussing und Kyu Sun Bai. (Analytic. Chem. **40** (1968) 3, 575—81; Dep. of Chem., O. State Univ., Columbus, O.; engl.) — Zus. u. Stabilität der tern. Komplexe von Salicylaldehyd (HSal), Glycinat (Gly^-) u. Me(II) (wobei *Me* = *Mn*, *Ni*, *Cu* oder *Zn*) in wss. Lsg. werden untersucht. Cu bildet nur Cu(Sal)(Gly), die anderen Metallionen außerdem $[Me(Sal)(Gly)_2]^-$ u. $[Me(Sal)_2 \cdot (Gly)_2]^{2-}$. Die erhöhte Stabilität der Komplexe, die Sal^- u. Gly^- im Verhältnis 1 : 1 enthalten, deutet auf die Bldg. einer Schiffschen Base hin, was durch UV-spektroskop. Unters. bestätigt wird. Außerdem werden die magnet. u. spektralen Eig. von $[Fe(Sal \cdot Gly)_2]^{2-}$ (λ_{max} 550 nm, ε 1560) untersucht. Die Salicylidenglycinatokomplexe sind stabiler als die Komplexe mit Pyridoxal u. Gly^-, der Unterschied nimmt in der Reihe Ni < Cu < Zn zu.
W. Grimmich 156

0586 **Ag(I)-Komplexe einiger ω-Aminocarbonsäuren.** F. G. Thiers, L. C. Van Poucke und M. A. Herman. (J. inorg. nuclear Chem. **30** (1968) 6, 1543—52; Dep. of Gen. and Inorg. Chem., Univ. of Ghent, Belgium; engl.) — Die Konst. der Säuredissoziation u. der Stabilität der Ag(I)-Salze von $NH_2(CH_2)_xCOOH$, x = 1—5, wurden pH-metr. bei 25° in 0,5m KNO_3 bestimmt. Die Werte von pK_{HL} u. log k_1 zeigen einen linearen Zusammenhang. Die Werte betragen für x = 1 (log k_1 =) 3,15, (log k_2 =) 3,41, (log K_2 =) 6,56; x = 2 : 3,33, 3,79, 712; x = 3 : 3,36 3,75, 7,20; x = 4 : 3,56, 3,79, 7,35 u. x = 5 : 3,59, 3,95, 7,54. J. J. Pohl 156

0587 **Liganden, die Elemente der Gruppe VI B enthalten. 1. Mitt. Silberkomplexe substituierter Phenylthioessigsäuren.** L. D. Pettit, A. Roysten und R. J. Whewell. (J. chem. Soc. [London], Sect. A **1968**, 8, 2009—12; Leeds, Univ., Dep. of Inorgan. and Struct. Chem.; engl.) — Aus den mit einer Ag–AgCl-Indikatorelektrode u. einer Hg-Sulfat-Vgl.-Elektrode bestimmten tabellar. angeführten Stabilitätskonst. einer Reihe substituierter Phenylthioessigsäuren $RC_6H_4SCH_2COOH$; (HL; R = *H*, *o-CH₃*, *m-CH₃*, *p-CH₃*, *o-OCH₃*, *m-OCH₃*, *p-OCH₃*, *o-*, *m-* u. *p-Cl*, *o-*, *m-* u. *p-COOH*, *o-* u. *p-NO₂*, *m-CF₃*, *p-CN*, *p-Br*, *p-NH₂*, *o-SCH₃*, *p-SCH₃*), werden die Konst. der Komplexarten AgL, $AgHL^+$ (μ = 0,20m) u. AgL_2^- ber. u. ihre Werte untereinander über die Hammett-σ-Werte der Substituenten in Relation gebracht. Aus der hohen Stabilität der mit o-SCH_3 in den Liganden substituierten Komplexe wird auf Chelatierung geschlossen. Die geringe Löslichkeit der mit p-SCH_3 substituierten Liganden gebildeten Komplexe wird auf Polymerisation zurückgeführt. H. Gleinig 156△

0588 **Koordinationseffekte und ihre Verknüpfung mit den Eigenschaften cyclischer π-Liganden.** B. D. Berezin. (Izvest. vysšich učebnych Zavedenij [Ivanovo], Chim. i chim. Technol. **11** (1968) 5, 537—41; Ivanovskij chim.-technol. inst., Kaf. analit. chim.; russ.) — Die Abhängigkeit der Absorptionsspektren u. der Säure–Base-Eig. von Phthalocyanin von der Art des koordinierten Metallatoms wird diskutiert. Auf Grund der Korrelation der Größe der hypsochromen Verschiebung der ersten Absorptionsbande u. des Unterschiedes der freien Lsg.-Energie der Phthalocyanine in H_2SO_4 wurden alle stabile Phthalocyaninkomplexe in drei Gruppen eingeteilt. Zu den einzelnen Gruppen gehören 1. ZnPc, CoPc, NiPc, CuPc, PdPc, PtPc; 2. $(H_2SO_4)GaPc$, $(HSO_4) \cdot IrPc$, $(HSO_4)AlPc$, $(HSO_4)RhPc$, $(HSO_4)RuPc$ u. 3. $(HS \cdot O_4)_2SnPc$, $(H_2SO_4)_2VPc$ u. $(HSO_4)_2OsPc$.
J. J. Pohl 156

A–5. Elektrochemie

0589 **Untersuchung der Vorgänge in elektrochemisch gesteuerten Widerständen. 1. Mitt. Analyse der Kennlinien elektrochemisch gesteuerter Widerstände.** V. S. Borovkov, P. D. Lukovcev und V. A. Panov. (Élektrochimija **4** (1968) 8, 907—10; Inst. élektrochim. AN SSSR, Moskva; russ.) — Theoret. Betrachtung der Charakteristiken elektrochem. gesteuerter Widerstände.
E. Winkler 161

0590 **Negative Hydratation. Untersuchung durch kernmagnetische Relaxation.** G. Engel und H. G. Hertz. (Ber. Bunsenges. physik. Chem. **72** (1968) 7, 808—34; Inst. für Phys. Chem., Univ., Karlsruhe; engl.) — Eine strukturelle u. thermodynam. Unters. der negativen Hydratation (Strukturbrecheffekt) zeigt, daß der Zustand der negativen Hydratation energet. höher liegt als der Zustand der Hydratation, welcher durch inerte gelöste Teilchen verursacht wird. Ferner sind im Zustand der negativen Hydratation die mol. Konfig., die die Hydratation bilden, über einen verhältnismäßig weiten Bereich verteilt. Protonenrelaxationsraten in wss. Lsg. von Ionen verschiedenen Typs wurden ausgeführt. Die Umorientierungszeit des W.-Mol. in den jeweiligen Lsg. diente als Indikator für die Art der Hydratation. Nichtwss. Lsgm. scheinen mit Ausnahme von *Äthylenglykol* u. *Glycerin* keine negative Solvatation zu zeigen. Die negative Hydratation ist ein kooperativer Effekt zwischen mehreren W.-Molekülen. Die Zugabe von organ. Mol. zu wss. Lsg. zerstört im allg. den Effekt. Der Strukturbrecheffekt wird durch ein hinreichend schwaches elektrostat. Feld bewirkt, welches sich aus der groben Geometrie des betrachteten Ions vorhersagen läßt. Als Strukturbildner sind zu betrachten: N_3^-, J_3^-, HSO_4^-, JO_3^-, HCO_3^-, $HCOO^-$, Na^+, H_3O^+, Ag^+, CF_3COO^-, Li^+, F^-,

CD_3COO^-, $[(CD_3)_4N]^+$, OH^-, CCl_3COO^-; als Strukturbrecher sind zu betrachten: K^+, Cl^-, ReO_4^-, Rb^+, Br^-, CN^-, Cs^+, NO_2^-, NO_3^-, $AuBr_4^-$, BrO_3^-, PF_6^-, BF_4^-, SCN^-, JO_4^-, J^-, ClO_3^-, ClO_4^-, $[Ag(CN)_2]^-$, $[Co(CN)_6]^{3-}$, $S_4O_6^{2-}$, SO_4^{2-}, WO_4^{2-}, Ba^{2+}, Pb^{2+}, SO_3^{2-}, Sr^{2+}, CO_3^{2-}, SeO_3^{2-}, Ca^{2+}, TeO_3^{2-}, Mg^{2+}, HgJ_4^{2-}, CdJ_4^{2-}, $[Hg(CN)_4]^{2-}$. D. Hoene 162

0591 **Natur von Molybdatowolframatophosphorsäure.** N. A. Polotebnova und Ja. L. Nejmark. (Ž. neorg. Chim. **13** (1968) 11, 3071—74; Kišinevskij gos. univ. Kaf. analit. chim.; russ.) — $H_3[PMo_2W_{10}O_{40}] \cdot 22\,H_2O$, $H_3 \cdot [PMo_3W_9O_{40}] \cdot 24\,H_2O$, $H_3[PMo_6W_6O_{40}] \cdot 20\,H_2O$, $H_3 \cdot [PMo_8W_4O_{40}] \cdot 22\,H_2O$ u. $H_3[PMo_{10}W_2O_{40}] \cdot 24\,H_2O$, in Isopropanol, Methyläthylketon, Essigsäure u. DMF wurden potentiometr. mit KOH, $NaOCH_3$ oder Py. titriert. Die Resultate bestätigen, daß die Säuren in Form individueller Verb. in den Lsg. vorliegen. In amphoteren Lsgm. u. in CH_3COOH sind alle Säuren dreibasig. J. J. Pohl 162

0592 **Untersuchung der Assoziation von Metallkomplexen durch Kryoskopie.** D. K. Kalani und M. A. Matin. (Lab. Pract. **17** (1968) 9, 997—1000; Dep. of Inorg. and Phys. Chem., Poona, Univ.; engl.) — Die Abweichungen von der Debye-Hückel-Theorie beruhen hauptsächlich auf der Assoziation der Ionen. Die Assoziationskonst. der angegebenen Verb. werden kryoskop. bestimmt, die ΔH-, ΔG- u. ΔS-Werte werden berechnet. Am Ep. liegen die Assoziationskonst. (in der Größenordnung) der Sulfate bei 10^2, der Chloride bei $10^{0,5}$. Die Variation der Assoziationskonst. mit der Konz. deutet auf das Vorliegen von mehr als zwei Spezies. Die Assoziationskonst. der Übergangsmetallsalze weisen eine geringe Veränderung mit der Ordnungszahl auf, die der Alkalimetallsalze eine starke Abhängigkeit. Folgende Verb. wurden untersucht: H_2SO_4, Na_2SO_4, K_2SO_4, MSO_4 (M = *Fe, Be, Cu, Mg, Zn, Ca, Cd, Mn, Ni, Co*), *HCl*, $FeCl_3$, $ZnCl_2$, $CdCl_2$, HNO_3, MNO_3 (M = *Na, K*, NH_4, *Ag*), $M(NO_3)_2$ (M = *Cu, Mg, Ca, Ba, Zn, Cd, Pb*, UO_2, *Co, Ni*), $Al(NO_3)_3$, $Fe(NO_3)_3$, $Th(NO_3)_4$, $K_3[Fe(CN)_6]$ u. $K_3[Co(CN)_6]$. D. Hoene 162

0593 **Chronokonduktometrische Untersuchung der Reaktion starker Säuren mit Basen und deren Gemische in wäßrigen Lösungen.** T. A. Chudjakova und V. M. Vostokov. (Ž. prikl. Chim. **41** (1968) 5, 1137—40; Gor'kovskij politechn. inst. im. Ždanova; russ.) — Ca. 0,075n Lsg. von *NaOH, KOH, LiOH, Piperidin, Diäthylamin, Triäthylamin, Dimethylamin, Isobutylamin, Trimethylamin, Monoäthanolamin, Diäthanolamin, Ammoniumhydroxid, Morpholin, Hydrazinhydrat, Triäthanolamin, α-Picolin, Urotropin, Pyramidon, Anilin, α-Naphthylamin, m-Nitranilin, Acetoxim*, $Ba(OH)_2$, $Ca(OH)_2$, $Sr(OH)_2$, *Hexamethylendiamin, Benzidin, p-Phenylendiamin* bzw. *m-Phenylendiamin* wurden mit 0,3n HCl chronokonduktometr. titriert. Basen mit $pK_b < 10$ lassen sich mit einem relativen Fehler von ± 1 bis 2% bestimmen. Simultanbest. in bin. Gemischen starker mit schwachen Basen ist möglich, wenn der pK_b-Wert der schwachen Base zwischen 4 u. 10 liegt. E. Bomke 164

0594 **Wanderungsmechanismus von Wasserstoff- und Hydroxylionen.** 8. Mitt. **Einfluß der Zusammensetzung von Glycerin—Wasser-Gemischen auf die elektrische Leitfähigkeit und Viskosität von gelöstem HCl, KOH, KF und KCl bei 5 und 25°.** T. Erdey-Grúz und E. Kugler. (Acta chim. Acad. Sci. hung. **57** (1968) 3, 301—11; Inst. für Phys. Chem. u. Radiol., Eötvös Lorand Univ., Budapest; dt.) — 7. vgl. C. **1968**, 28-0609. — Ident. mit C. **1969**, 1-0597. M. Frenzel 164

0595 **Elektrische Leitfähigkeit wäßriger Lösungen bei hohen Temperaturen und Drücken.** 1. Mitt. **KCl, $BaCl_2$, $Ba(OH)_2$ und $MgSO_4$ bis 750° und 6 kbar.** G. Ritzert und E. U. Franck. (Ber. Bunsenges. physik. Chem. **72** (1968) 7, 798—808; Inst. für Phys. Chem., Univ., Karlsruhe; dt.) — Eine induktiv geheizte Zelle zur Messung elektrolyt. Leitfähigkeiten wird beschrieben. Die Äquivalenzleitfähigkeiten Λ verd. wss. Lsg. verschiedener Konz. von KCl (bis 750° u. 6 kbar), $BaCl_2$ (760°, 6), $Ba(OH)_2$ (760°, 6) u. $MgSO_4$ (350°, 6) werden angegeben. Aus den unterschiedlichen Max.-Werten von Λ wird auf stufenweise Dissoziation von $BaCl_2$ u. $Ba(OH)_2$ geschlossen. Die Dissoziationskonst. werden für $BaCl_2$ u. $MgSO_4$ berechnet. D. Hoene 164

0596 **Membranpotentiale und Ionenselektivität für Quarzglas in geschmolzenen Salzen.** Kurt H. Stern. (J. physic. Chem. **72** (1968) 6, 1963—75; Inst. for Basic Standards, NBS, Washington, D.C.; engl.) — Unters. des Einfl. von Li^+, Na^+, K^+ u. Cs^+ auf die Membranpotentiale an der Grenzfläche geschmolzenes Salz—Quarzglas für die Konz.-Zellen Ag/AgCl, M_1Cl, M_2Cl.../Glas/M_1Cl, M_2Cl..., AgCl/Ag, M_1, M_2 Alkalimetallkationen sowie des Einfl. von Anionen auf das Membranpotential für die Zelle M/MCl, NaCl/Quarzglas/MBr, NaBr/M, M = Ag, Tl u. Pb. H. Liepack 166

0597 **Gestützte Elektroden.** F. v. Sturm, H. Cnobloch, H. Nischik und M. Marchetto. (Abh. sächs. Akad. Wiss. Leipzig, math.-naturwiss. Kl. **49** (1968) 5, 165—89; Forsch.-Labor. der Siemens AG., Erlangen; dt.) — Stromspannungsverh. von gestützten Elektroden als H_2- u. O_2-Elektroden in Abhängigkeit von Betriebsbedingungen, Herst. u. Art der Katalysatoren (für H_2 Raney-Ni, für O_2 Raney-Ag u. aktivierte C-Pulver); Verbesserung der Belastbarkeit u. des Dauerbetriebsverh. von H_2–O_2-Zellen bei Temp. bis zu $-20°$ durch therm. Vorbehandlung des Raney-Ni u. durch intensivere Auslaugung des Al aus Raney-Ag. M. Frenzel 166

0598 **Sauerstoffelektrode in hydrazinhaltigen alkalischen Elektrolyten.** J. Mrha und W. Vielstich. (Abh. sächs. Akad. Wiss. Leipzig, math.-naturwiss. Kl. **49** (1968) 5, 71—83; Inst. für Phys. Chem., Univ. Bonn; dt.) — Unters. des Mechanismus der Brennstoffrk. an der O_2-Kathode in Verbindung mit der Hydrazin-Ox.; Best. der Hydrazinverluste. M. Frenzel 166

0599 **Strukturabhängige Belastungssteigerung an Kohle—Sauerstoff-Elektroden.** K. Wollschläger. (Abh. sächs. Akad. Wiss. Leipzig, math.-naturwiss. Kl. **49** (1968) 5, 197—202; dt.) — Verf. zur Charakterisierung von Kohle—O-Elektroden werden beschrieben: An der Benetzungswärme evakuierter Proben erkennt man den Grad der Hydrophobie der Elektroden u. erhält damit einen Anhaltspunkt für deren wahrscheinliche Lebensdauer; die Benetzungswärme definiert vorbedeckter Elektroden ist offenbar proportional der Dreiphasengrenzfläche u. damit der Belastbarkeit; die Messung des spezif. elektr. Widerstandes ist als zerstörungsfreier Qualitätstest bei der techn. Elektrodenherst. anwendbar. M. Frenzel 166

0600 **Kohle—Sauerstoff-Elektroden in sauren Elektrolyten.** K. Wiesener. (Abh. sächs. Akad. Wiss. Leipzig, math.-naturwiss. Kl. **49** (1968) 5, 85—95; DAW zu Berlin, Zentralinst. für Kernforsch., Rossendorf bei Dresden; dt.) — Unters. zur Leistungssteigerung durch Zusatz geeigneter Promotoren zu den Edelmetallkatalysatoren oder durch Zugabe von Redoxüberträgern bzw. zur Senkung der notwendigen Edelmetallkonzentration. M. Frenzel 166

0601 **Aktive Kohlenstoffe für die Sauerstoffelektrode.** M. Brezina, M. Franz, J. Jindra und J. Mrha. (Abh. sächs. Akad. Wiss. Leipzig, math.-naturwiss. Kl. **49** (1968) 5, 137—44; Heyrovský Inst. of Polarography, Czechoslov. Acad. of Sci., Prague; engl.) — Herst. solcher Kohlenstoffe aus Buchenholz ($ZnCl_2$-Verf.) u. ihre Eig. (spezif. Oberfläche, scheinbare u. wahre D., Makroporenvol., Luftdurchlässigkeit, Ohmscher Widerstand, polarograph. Verh., H_2O_2-Test) sowie Herst. von C-Pastenelektroden. M. Frenzel 166

0602 **Elektrolytmembranen auf Grund der Copolymeren der Äthylensulfonsäure.** A. Stoy, M. Kubin und M. Raab. (Abh. sächs. Akad. Wiss. Leipzig, math.-naturwiss. Kl. **49** (1968) 5, 257—65; Tschechoslow. Akad. der Wiss., Inst. der makromol. Chem., Prag; dt.) — Unters. der elektrochem. (Membranpotential, Leitfähigkeit) u. mechan. Eig. (Reißfestigkeit, -dehnung) von Kationenaustauschermembranen aus Acrylnitril—Äthylensulfonsäure-Copolymeren bez. ihres Einsatzes in Brennstoffelementen. M. Frenzel 166

0603 **Bestimmung der Porengrößenverteilung poröser Silberelektroden.** M. Svatá. (Abh. sächs. Akad. Wiss. Leipzig, math.-naturwiss. Kl. **49** (1968) 5, 191—96; J. Heyrovský Inst. of Polarography, Prague; engl.) — Unters. der Eignung der Glycerinporosimetrie u. der Hg-Porosimetrie von (Al_2O_3-) geschütztem Ag. M. Frenzel 166

0604 **Analyse der Reaktionskinetik poröser Elektroden von Brennstoffelementen mit Hilfe von Pulsmethoden.** M. Bonnemay. (Abh. sächs. Akad. Wiss. Leipzig, math.-naturwiss. Kl. **49** (1968) 5, 59—70; Labor. d'Elektrolyse du CNRS, Bellevue; engl.) M. Frenzel 166

0605 **Brennstoffelemente mit dünnen Kohleelektroden.** K. Kordesch. (Abh. sächs. Akad. Wiss. Leipzig, math.-naturwiss. Kl. **49** (1968) 5, 47—57; Carbide Corp., Parma Techn. Center, O.; dt.) — Übersicht. — 14 Literaturangaben. M. Frenzel 166

0606 **Elektroden für Festelektrolytbrennstoffzellen.** H.-H. Möbius und B. Rohland. (Abh. sächs. Akad. Wiss. Leipzig, math.-naturwiss. Kl. **49** (1968) 5, 343—54; Inst. für Phys. Chem., Univ. Greifswald; dt.) — Übersicht u. Theorie. — 28 Literaturangaben. M. Frenzel 166

0607 **Leitfähigkeits- und Stabilitätsuntersuchungen an Festelektrolyten für Brennstoffzellen aus dem System ZrO_2–$YO_{1,5}$–MgO.** B. Rohland und H.-H. Möbius. (Abh. sächs. Akad. Wiss. Leipzig, math. naturwiss. Kl. **49** (1968) 5, 355—66; dt.) — Vgl. vorst. Referat. M. Frenzel 166

0608 **Wasserstoff–Chlor-Brennstoffelement bei hoher Temperatur.** Z. Takehara und S. Yoshizawa. (Abh. sächs. Akad. Wiss. Leipzig, math.-naturwiss. Kl. **49** (1968) 5, 317—25; Kyoto Univ., Kyoto; engl.) — Elektrochem. Verh. u. Elementkonstruktion (poröse C-Elektrode, Pt–C–H_2-Elektrode, KCl–LiCl-Eutektikum). M. Frenzel 166

0609 **Elektrodenprozesse in Brennstoffelementen mit Carbonatschmelzen.** G. H. J. Broers und M. Schenke. (Abh. sächs. Akad. Wiss. Leipzig, math.-naturwiss. Kl. **49** (1968) 5, 299—315; engl.) — Theoret. Behandlung der Transporterscheinungen. M. Frenzel 166

0610 **Theorie und Kinetik der Methanol-Reformierung. Verwendung zur Berechnung des Reaktors für ein Wasserstoffelement.** M. Prigent, A. Sugier und O. Bloch. (Abh. sächs. Akad. Wiss. Leipzig, math.-naturwiss. Kl. **49** (1968) 5, 267—76; Inst. Français du Petrole, Div. „Applications"; engl.) — Thermodynam. u. kinet. Unters. der Reforming-Rk. von Methanol an $CuCr_2O_4$, $CuCr_2O_4$–Al_2O_3 u. $CuFe_2O_4$ zur Gewinnung von H_2 u. CO_2 für ein saures H_2-Element (Reaktorkonstruktion für eine 1-kW-Zelle). M. Frenzel 166

0611 **Poröse Nickelanoden für Brennstoffzellen.** F. Beck. (Abh. sächs. Akad. Wiss. Leipzig, math.-naturwiss. Kl. **49** (1968) 5, 239—56; Hauptlabor., BASF, Ludwigshafen/Rh.; dt.) — Ni-Katalysatorelektroden nach Ackermann werden bez. ihrer Eignung als H_2-, Methanol- u. Äthylenglykol-Elektroden in 3n KOH untersucht. Der durch direkte Aktivierung von pulverförmigem Carbonyl-Ni erhaltene Katalysator hat etwa gleiche katalyt. Wrkg. bei der Hydrierung (von *Dimethylvinylcarbinol*) wie Raney-Ni. M. Frenzel 166

0612 **Pd-Elektroden für gasförmige Kohlenwasserstoffe bei hoher Temperatur.** T. Takahashi, S. Nakamura und K. Ito. (Abh. sächs. Akad. Wiss. Leipzig, math.-naturwiss. Kl. **49** (1968) 5, 327—42; Dep. of Appl. Chem., Nagoya Univ., Furo-cho, Chikusa-ku, Nagoya; engl.) — Elektrochem. Verh., gaschromatograph. Prod.-Analyse u. Kinetik für Brennstoffelemente mit Pd-Anoden (CH_4, C_2H_6, C_3H_8, C_2H_4, C_3H_6). M. Frenzel 166

0613 **Elektrochemischer Durchtrittsfaktor.** Henry H. Bauer. (J. electroanalyt. Chem. Interfacial Electrochem. [Lausanne] **16** (1968) 3, 419—32; Dep. of Chem., Univ. of Ky., Lexington, Ky.; engl.) — Übersicht über Theorie u. Definitionen. — 102 Literaturangaben. M. Frenzel 170

0614 **Impedanz galvanischer Zellen. 24. Mitt. Impedanz der Elektrodenreaktion In^{3+}/In(Hg) in KSCN- und KCl-Lösungen.** B. Timmer, M. Sluyters-Rehbach und J. H. Sluyters. (J. electroanalyt. Chem. Interfacial Electrochem. [Lausanne] **19** (1968) 1/2, 73—83; Labor. of Analytic. Chem., State Univ., Utrecht; engl.) — 23. vgl. C. **1969**, 16-0606. — Die Unters. erfolgte mit der Hg-Tropfelektrode unter Verw. von Wechsel- u. Gleichstrom, in 1m KSCN, KCl u. 1m KNO_3 + $12 \cdot 10^{-3}$m KCl u. $(0{,}2-2) \cdot 10^{-3}$m In^{3+}. Mit der In^{3+}-Konz. als Parameter wurde die Potentialabhängigkeit (ca. −0,2 bis −1,2 V) folgender Größen bestimmt: Kapazität der Doppelschicht (C_d), C_{LF} u. C_{HF} (Nieder- u. Hochfrequenz C), σ = Warburg-Koeff. ($\Omega \cdot cm^2 \cdot s^{-1/2}$), Θ = Ladungsübergangwiderstand ($\Omega \cdot cm^2$), RGK (k_{sH}, für die Übergangskoeff. α, 0,5 u. 0,2). Die Werte sind tabelliert oder in Diagrammen dargestellt. Ihre Analyse u. Interpretation erfolgt nach l. c. abgeleiteten Beziehungen. Die spezif. Adsorption von In^{3+} in KSCN erfolgt bis $0{,}4 \cdot 10^{-3}$m nach einer linearen Adsorptionsisothermen. In 1m KCl ist die Elektrodenrk. nicht völlig reversibel, $k_{sH} = (6 \pm 2) \cdot 10^{--2}$cm/s beim Standardpotential; es unterstützt die Hypothese, daß die Adsorption von Rk.-Teilnehmern eine Elektrodenrk. reversibel machen. Die Erscheinung, daß der Grenzstrom des In^{3+}-Polarogramms ein Minimum besitzt, für dessen Potential die Impedanz negativ ist, läßt sich qual. an Hand von Gleichungen erklären, welche auf der Potentialabhängigkeit von k_{sH} beruhen. Vf. stellen fest, daß k_{sH} exponentiell von der individuellen, adsorbierten Ladung (q^1) des Anions des Grundelektrolyten abhängt; $\log k_{sH} = f(-q^1_{Cl^-}, \mu C/cm^2)$ ergibt eine Gerade, deren Steigung von α abhängt. G. Schatz 170

0615 **Thallium(I)/(III)-Paar an rotierenden Scheibenelektroden aus Gold und Platin.** J. Ulstrup. (Electrochim. Acta [London] **13** (1968) 3, 535—43; TU of Denmark, Chem. Dep. A, Lyngby; engl.) — Die Red. von Tl(III) u. die Ox. von Tl(I) werden in $HClO_4$ unter potentiostat. Bedingungen untersucht. Die Strom–Spannung-Kurven sind komplizierter als bisher mitgeteilt wurde; es wird ein Potentialprogramm ausgearbeitet, welches für die Red. die sich aus der Passivierung der Elektroden ergebenden Schwierigkeiten eliminiert. Auf Grund der Strom–Spannung-Kurven u. der Werte für den stationären Zustand kann bewiesen werden, daß die beiden ersten, relativ langsamen Stufen bei der elektrochem. Red. von Tl(III) die Diffusion des Tl(III) zur Elektrodenoberfläche u. der Übergang von einem Elektron unter Bldg. von Tl(II) sind. Die zeitstationäre kinet. Behandlung des Vorgangs bei sehr positiven Potentialen deutet darauf hin, daß Tl(III) zu Tl(I) red. wird u. nicht eine Disproportionierung eintritt, wie bisher angenommen wurde. Die Geschw.-Konst. werden ber.; die Red. verläuft an Pt rascher als an Au. M. Frenzel 170

0616 **Korrosionserscheinungen an alkalischen Sauerstoff-Diffusionselektroden.** E. M. S. Schmidt. (Abh. sächs. Akad. Wiss. Leipzig, math.-naturwiss. Kl. **49** (1968) 5, 107—13; Zentralinst. für Kernforsch., Rossendorf; dt.) — Unters. in NaOH u. KOH (reinst u. techn.). M. Frenzel 170

0617 **Einfluß inaktiver Oberflächenbereiche auf elektrochemische Reaktionen an Festelektroden unter besonderer Berücksichtigung der Sauerstoffreduktion.** R. Landsberg, S. Müller und F. Scheller. (Abh. sächs. Akad. Wiss. Leipzig, math.-naturwiss. Kl. **49** (1968) 5, 125—36; Physikal.-chem. Inst., Humboldt-Univ., Berlin; dt.) — Beschreibung der Herst. von Modellscheibenelektroden; Einfl. von inakt. Bereichen auf den Grenzstrom an Kohle- u. aktivierten Kohleelektroden; galvanostat. Messungen an $[Fe(CN)_6]^{4-}$–KCl mit den Modellelektroden; Rolle u. Anteil von Konvektion, linearer u. nichtlinearer Diffusion. M. Frenzel 170

0618 **Sauerstoffreduktion an partiell eingetauchten Kohleelektroden ohne Überdruck.** K. Schwabe, E. Winkler und G. Woelker. (Abh. sächs. Akad. Wiss. Leipzig, math.-naturwiss. Kl. **49** (1968) 5, 33—45; Inst. für Elektrochem. u. physikal. Chem., TU, Dresden; dt.) — Die Red. in alkal. Lsg. erfolgt vorwiegend an der Grenze zwischen benetztem u. unbenetztem Porenraum; Größe der Zone u. Zufuhr von O_2 an diese Zone bestimmen die Red.-Geschwindigkeit. Der hohe Einfl. des O-Partialdrucks auf die Belastbarkeit solcher Kohlen rührt daher, daß die Zufuhr des O_2 zur Rk.-Zone bei niedrigen Partialdrücken nur durch Diffusion im nicht benetzten Porenraum erfolgt, in reinem O_2 aber durch Strömung infolge eines Druckgefälles. M. Frenzel 170

0619 **Elektrochemisches und hydrophiles Verhalten von Kohle–Sauerstoff-Elektroden mit saurer Oberflächenoxidbedeckung.** E. Hollax. (Abh. sächs. Akad. Wiss. Leipzig, math.-naturwiss. Kl. **49** (1968) 5, 203—10; Zentralinst. für Kernforsch., Rossendorf bei Dresden; dt.) — Die Wirksamkeit der elektrochem. O_2-Red. in 6m KOH an Kohleelektroden, welche in Luft-O-Atmosphäre bei 400—500° zur Erzeugung saurer Oberflächenoxide unterschiedlich stark aktiviert wurden, wird im Zusammenhang mit den funktionellen Gruppen u. der BET-Oberfläche untersucht. M. Frenzel 170

0620 **Untersuchung der elektrochemischen Adsorption von Sauerstoff an Graphitelektroden mit Hilfe von Ladekurven.** L. Rédy und N. Lohonyai. (Abh. sächs. Akad. Wiss. Leipzig, math.-naturwiss. Kl. **49** (1968) 5, 97—106; Inst. for Appl. Chem., Polytechn. Univ. of Budapest; engl.) — Unters. der Chemisorption in H_2SO_4 u. NaOH. M. Frenzel 170

0621 **Mechanismus und Kinetik der Passivierung von Cadmium und Zink in alkalischen Lösungen.** M. A. V. Devanathan und S. Lakshmanan. (Electrochim. Acta [London] **13** (1968) 4, 667—77; Central Electrochem. Res. Inst., Karaikudi; engl.) — Die Passivierung von Cd u. Cd-Amalgam in 8n KOH wird mit Hilfe einer instationären galvanostat. Meth. untersucht. Die Abhängigkeit zwischen $i \cdot \tau^{1/2}$ u. i bei kleinen Stromdichten i (τ = Zeit bis zum Erreichen einer krit. Konz. des Ox.-Prod.) u. die Konstanz dieses Prod. bei hohen Stromdichten stimmt gut mit der von Reddy, Devanathan u. Bockris abgeleiteten theoret. Beziehung überein. Die Ergebnisse werden bez. eines Auflsg./Fällungs-Mechanismus diskutiert, bei welchem der passivierende Schritt die Bldg. einer elektron. leitenden monomol. Oxidschicht ist. Ein Mechanismus für die Passivierung von Cd mit *$CdOH^+$* als akt. Zwischenprod. wird vorgeschlagen. Die Interpretation der Ergebnisse von Kaesche zeigt, daß ein gleicher Mechanismus gut auf die Passivierung von Zn zutrifft (wahrscheinliches Zwischenprod. *$ZnOH^+$*). Es wird gezeigt, daß die Kritik von Fleischmann et al. am Auflsg./Fällungs-Modell, basierend auf potentiostat. Unters., unbegründet ist. M. Frenzel 170

0622 **Passivierung von Quecksilber in einer Sulfidionen enthaltenden Lösung.** R. D. Armstrong, D. F. Porter und H. R. Thirsk. (J. physic. Chem. **72** (1968) 7, 2300 bis 2306; Univ. of Newcastle upon Tyne, Newcastle upon Tyne; engl.) — Nach der potentiostat. Meth. wurden das Wachstum dünner anod. Filme an der Hg-Elektrode u. der Einfl. der Filme auf die anod. Auflsg. von Hg untersucht. Elektrolyt war eine Lsg. von 0,5m Na_2S + 1m $NaHCO_3$ u. 1m Na_2S. Das Potential von schwarzem HgS (**I**) in der gepufferten S^{2-}-Lsg. betrug —0,692 u. von rotem —0,698 V gegen Hg/HgO in 1n NaOH. Zunächst bilden sich 2 aufeinanderfolgende monomol. Schichten von **I**. Jede Schicht hemmt die Auflsg.-Geschw. von Hg zu HgS_2^{2-}. Die Bldg. jeder Schicht bedingt eine Unstetigkeit in der Strom–Potential-Kurve. Die Filme wurden elektronenmkr. u. durch Elektronenbeugung untersucht. G. Schatz 170

0623 **Passiver Charakter der Quecksilber(I)–Halogenid-Schichten.** W. Kemula und J. Taraszewska. (Rev. Chim. minérale **5** (1968) 2, 535—59; Inst. de Chim. Phys., Acad. Polon. des Sci., Varsovie; franz.) — Durch Aufnahme von Strom–Spannung-Kurven (bis +7 V), durch oszillograph. Registrierung der Spannung–Zeit-Kurven u. durch Impedanzbest. am hängenden Hg-Tropfen untersuchten Vf. das Verh. der anod. passivierten Hg-Elektrode in Halogenidlsg. (X = Cl, Br). Der nach erfolgter Passivierung fließende Korrosionsstrom K_i ist relativ groß bez. der dichten Sulfatschicht. NO_3^- u. ClO_4^- werden an Hg bevorzugt adsorbiert u. verhindern den Nd. von Hg_2X_2. Sie ergeben daher eine poröse Schicht, d. h., K_i ist groß. Durch Impedanzbest. wird der elektr. Widerstand der Hg_2X_2-Schicht in 1m KCl (+0,3 V) ermittelt (einige $\Omega \cdot cm^2$). Die Passivierungsschicht besitzt in einem schmalen Potentialbereich ein gutes elektron. Leitvermögen. Bei Br^--Lsg. besteht für das zweite Max. (im Gegensatz zum ersten) eine starke Abhängigkeit des K_i von [Br^-]. Die Ursache ist im Auftreten einer zweiten Form von Hg_2Br_2 (Farbänderung) mit besserer Leitfähigkeit u. damit vergrößertem K_i zu sehen, obwohl eine dichtere Schicht vorliegt. G. Schatz 170

0624 **Verhalten der Amalgame der in Quecksilber wenig löslichen Metalle gegen wäßrige Oxydationsmittel und beim anodischen Lösen.** G. Jangg und H. Jedlicka. (Electrochim. Acta [London] **13** (1968) 4, 679—91; Inst. für chem. Technolog. anorgan. Stoffe, TH, Wien; dt.) — Die Amalgame der in Hg sehr wenig lösl. u. im Hg nur suspendiert vorliegenden Metalle, z. B. *Fe, Co, Cr, Ni, Mn* u. *Cu*, können durch oxydierende Lsg. sehr rasch unter Auflsg. des amalgambildenden Metalls ohne Mitangriff von Hg zersetzt werden. Auch anod. Herauslösen ist bis zu hohen Stromdichten ohne Mitlösen des Hg möglich. Der Metallauflsg. geht eine durch prim. gebildete Hg-Ionen katalysierte Entnetzung der suspendierten Metallteilchen voraus. Die Amalgamzers. ist daher nur mit Lsg. möglich, die auch Hg anzugreifen vermögen bzw. bei denen sich bei der anod. Zers. das Potential einer Hg-Elektrode einstellt. M. Frenzel 170

0625 **Elektrolytische Wechselstromkorrosion des Aluminiums.** 1. Mitt. József Dévay, Béla Lengyel jun. und Márta Kraxnerné Tóth. (Magyar Kémiai Folyóirat [Ung. Z. Chem.] **74** (1968) 8, 371—76; ung.) — Durch Modellmessungen u. Berechnungen wurde festgestellt, daß die Kriechstromkorrosion von Al durch einen Wechselstrom vergrößert wird. Der Einfl. des Wechselstroms wird um so größer, je größer die Stromdichte u. je kleiner dessen Frequenz ist. Das wird durch die polarisationsverringernde Wrkg. an den kathod. u. anod. Oberflächenteilen erklärt. D. Hoene 170

0626 **Potentialmessungen zur Abgrenzung und Festigung des Passivverhaltens von Aluminium.** 1. Mitt. H. Ginsberg und C. A. Witt. (Metall **22** (1968) 5, 437—42; Leichtmetall-Forschungsinst. der Vereinigt. Aluminiumwerke Akt.-Ges., Bonn; dt.) — Es wird eine umfassende Literaturübersicht zur Korrosion des Al u. ihrer Messung gegeben. Es folgt die Beschreibung einer Vers.-App., mit der potentiokinet. anod. Stromdichte–Potential-Kurven aufgenommen werden, die Rückschlüsse auf die Korrosionsvorgänge bei verschiedenen pH-Werten u. in Ggw. verschiedener anorgan. Salze ermöglichen. Die Vers.-Ergebnisse sind einer späteren Mitt. vorbehalten. H. Tulhoff 170

0627 **Anodisches Verhalten von Cadmium und Blei in alkalischer Lösung.** J. P. G. Farr und N. A. Hampson. (Electrochem. Technol. **6** (1968) 1/2, 10—15; Univ. of Birmingham, England; engl.) — An Cd u. Pb wurden die zeitliche Abhängigkeit der Überspannung für verschiedene Stromdichten i_d, die zur Passivierung erforderliche Strommenge als Funktion von i_d sowie der Einfl. der Temp. u. der Stromunterbrechung auf die Passivierungszeit bestimmt u. die Proben elektronenmkr. untersucht. Auf der Metalloberfläche bilden sich Schutzschichten, schon bevor das Potential der O_2-Entw. (Cd) bzw. der Ox. Pb(II)–Pb(IV) erreicht wird. Zwischen der Passivierungszeit u. i_d konnte keine Gesetzmäßigkeit ermittelt werden. Bei Cd wird die Korngröße der Passivschicht von i_d u. der Elektrolytkonz. beeinflußt. Das Verh. von Pb u. Cd wird mit dem von Zn verglichen. Für alle 3 besteht eine Beziehung zwischen der Löslichkeit der Schutzschicht im Elektrolyten u. der Bldg. von Schutzschichten während der akt. Phase der Polarisation. Die Löslichkeit von PbO als Funktion der OH^--Konz. wurde bestimmt. Bei Cd liegt eine Hydroxidschicht, bei Pb ein Gemisch von tetragonalem u. rhomb. PbO, α- u. β-PbO_2 vor. G. Schatz 170

0628 **Einfluß des Si-Gehalts auf die Korrosionsfestigkeit von austenitischen Fe–Cr–Ni-Legierungen in oxydierenden Säuren.** J. S. Armijo und B. E. Wilde. (Corrosion Sci. 8 (1968) 9, 649–64, 3 Tafeln; Stanford Res. Inst., Menlo Park, Calif.; engl.) — Leg. mit 2–4, nicht jedoch solche mit 0,5–1 % Si sind sehr beständig gegen interkrist. Korrosion in HNO_3 (Korrosions-, Polarisations-, elektronenmkr. u. Elektronenbeugungsunters.). Die Erhöhung des Korrosionswiderstandes hängt mit der Bldg. einer Si-reichen Passivschicht zusammen. M. Frenzel 170

0629 **Lochfraßkorrosion eines austenitischen korrosionsbeständigen Cr–Ni-Stahls in H_2S enthaltendem H_2SO_4.** A. B. Ijzermans und A. J. van der Krogt. (Corrosion Sci. 8 (1968) 9, 679–87; Central Res. Inst., AKU, Arnhem; engl.) — Potentiostat. u. potentiokinet. Polarisationsmessungen an 18 Cr–18 Ni–2 Mo-Stählen, auch in Abhängigkeit vom pH-Wert, SO_4^{2-}-Konz., Temp., Zus. der Legierung. M. Frenzel 170

0630 **Thermodynamik der Wasserstoffkorrosion.** S. D. Bogoljubskij, V. I. Alekseev, I. S. Ušakov und L. A. Švarcman. (Ž. fiz. Chim. 42 (1968) 3, 609–14; CNIIČERMET im. Bardina, Moskva; russ.) — Die Bedingungen des Entstehens einer Wasserstoffkorrosion von Stahl bei erhöhten Temp. u. Wasserstoffdrücken werden thermodynam. analysiert. Als Kriterium der Wasserstoffbeständigkeit von Stählen wurde der Gleichgew.-Druck von Methan gewählt, der sich in den Mikroporen von Stahl bei der Umsetzung des Kohlenstoffs im Stahl mit dem diffundierenden Wasserstoff bildet. Die Aktivität des Kohlenstoffs in den Stahlsorten Ch25H20C2, 18Ch3MB u. 30ChMA wurde durch Unters. des Gleichgew. im Gemisch H_2–CH_4–C im Stahl bei 650–1000° bestimmt. Es besteht eine Beziehung zwischen der Aktivität des Kohlenstoffs im Stahl u. der Wasserstoffbeständigkeit. J. J. Pohl 170

0631 **Potentialumkehr im Korrosionselement Eisen/Zink.** R. Grauer und K. Blaser. (Chimia [Aarau, Schweiz] **22** (1968) 4, 191–93; Inst. für anorg., analyt. u. phys. Chem., Univ., Bern; dt.) — Es wurden Korrosionsvers. (Gew.-Verlustbest.) an Zn u. dem Element Fe/Zn in Lsg. mit bestimmtem HCO_3^--Geh. unter vorgegebenem CO_2-Partialdruck bei 40–80° durchgeführt. Die Lsg. wurden mit einem Gemisch von 1 % CO_2 in O_2 bzw. reinem O_2 durchgespült. Die abgeschiedenen Schichten wurden mkr. untersucht. Die Potentialumkehr bei Fe/Zn wird durch eine submikrokrist. gleichmäßige Bedeckung mit n-leitendem ZnO verursacht. Fehlstellen in dieser Schicht werden durch nichtleitendes $2\,ZnCO_3 \cdot 3\,Zn(OH)_2$ abgedeckt. Die Ausbldg. gleichmäßiger dünner ZnO-Schichten wird durch Temp.-Steigerung sehr begünstigt. G. Schatz 170

0632 **Beziehung zwischen Metallkorrosion und Grenzstrom bei Verwendung der rotierenden Scheibenelektrode.** Z. Zembura. (Corrosion Sci. 8 (1968) 9, 703–13; Dep. of Phys. Chem. and Electrochem., School of Mining and Metallurg., Krakow; engl.) — Übersicht, Theorie u. Unters. über die Verw. der rotierenden Scheibenelektrode bei Korrosionsunters. (*Armco-Fe* in luft- u. O_2-gesätt. sowie *Elektrolyt-Cu* in O_2-gesätt. Na_2SO_4-Lsg.). M. Frenzel 170

0633 **Thermodynamik von Oberflächenerscheinungen auf Platinmetallen in alkalischen Lösungen und beim Sauerstoffadsorptionspotential.** A. N. Frumkin, O. A. Petrij und A. M. Kossaja. (Élektrochimija 4 (1968) 4, 475–79; Mosk. gos. univ. im. Lomonosova; russ.) — Aus der Gibbsschen Gleichung wird eine Beziehung für die Potentialabhängigkeit der OH^--Oberflächenkonz. bei Überschuß an indifferentem Elektrolyten gegenüber dem Alkaligeh. der Lsg. abgeleitet. Es wird gezeigt, daß die erhaltene Beziehung einfach in die früher für saure Lsg. angegebene Gleichung (vgl. Frumkin, ibid. 2 (1966) 387) übergeführt werden kann u. daß diese bei reversibler Ionisationsrk. des adsorbierten Sauerstoffs auch bei dem Sauerstoffadsorptionspotential gültig ist. Zur experimentellen Überprüfung wurden an einer mit Rh-Schwarz bedeckten Pt-Elektrode in 1 n KCl + 0,01 n KOH u. 1 n Na_2SO_4 + 0,01 n H_2SO_4 $(\partial\varphi/\partial\mu_{H^+})$– φ_r-Kurven ermittelt u. mit einer früher erhaltenen Kurve für 1 n KCl + 0,01 n HCl (vgl. Petrij et al., ibid 3 (1966) 116) verglichen, wobei sich eine starke Syst.-Spezifität des Kurvenverlaufs zeigte. Ber. u. aus Ladekurven bestimmte Oberflächenkonz. stimmten für saure Lsg. im gesamten Potentialbereich u. in alkal. bei $\varphi < 0{,}3$ V quant. überein, wobei die Abweichungen bei stärker anod. Potentialen mit einer Behinderung der Gleichgew.-Einstellung erklärt werden. C. Herold 170

0634 **Anwendung der potentiodynamisch programmierten Oberflächenbehandlung bei Untersuchung der Wasserstoff- und Sauerstoffadsorption an Silber.** G. V. Žutaeva, L. L. Knoc, B. I. Lencner, N. D. Merkulova und A. A. Šumilova. (Élektrochimija 4 (1968) 4, 482 bis 486; Moskva, inst. élektrochim. AN SSSR; russ.) — Da sich die Eig. einer Ag-Elektrode bez. der H- u. O-Adsorptionsprozesse durch das Potential beeinflussen lassen, wurde eine Schaltung entwickelt, mit deren Hilfe das Elektrodenpotential nach vorgegebenem Programm stufenförmig verändert u. schließlich ein Trapez- oder Dreiecksimpuls an die Elektrode angelegt werden kann. Durch Veränderungen im Programm der potentiodynam. Vorbehandlung der Ag-Elektrode u. anschließende Aufnahme von Polarisations- u. Stromdichte–Zeit-Kurven in 1 n KOH konnten die H-Desorption, die Zers. intermetall. K–Ag-Verb. u. O-Chemisorption erfaßt werden. C. Herold 170

0635 **Adsorption und Ionisation von Sauerstoff an Nickel, Silber und Nickel–Silber-Gemischen.** N. A. Schumilowa, W. S. Bagotzky und G. W. Shutajewa. (Abh. sächs. Akad. Wiss. Leipzig, math.-naturwiss. Kl. **49** (1968) 5, 115–24; Inst. für Elektrochem. der Akad. der Wiss. der UdSSR, Moskau; dt.) — Polarisationsunters. an der rotierenden Ringscheibenelektrode in KOH in Abhängigkeit vom Oberflächenzustand der Elektroden. M. Frenzel 170

0636 **Methode zur Untersuchung von Adsorptionserscheinungen an Metallen der Platingruppe.** A. Frumkin und O. Petry. (Abh. sächs. Akad. Wiss. Leipzig, math.-naturwiss. Kl. **49** (1968) 5, 17–37; Univ., Moskau; dt.) — Meth., beruhend auf thermodynam. Beziehungen zwischen der Abhängigkeit der Ionenadsorption vom Potential u. der Abhängigkeit des Potentials der Elektrode vom pH-Wert u. der Konz. der Lsg., die bei konst. Gesamtladung der Elektrode besteht (Verifizierung an *Pt-*, *Rh-* u. *Ru*-Elektroden). M. Frenzel 170

0637 **Untersuchung zur Empfindlichkeitssteigerung in der Tensammetrie. 2. Mitt. Einfache und Oberwellen-Wechselstrompolarographie am stationären Hg-Tropfen.** H. Jehring und W. Stolle. (Collect. czechoslov. chem. Commun. **33** (1968) 6, 1670–77; Inst. für Phys. Chem., DAW, Berlin; dt.) — 1. vgl. C. **1969**, 15-1523. — Bei der Best. sehr kleiner Tensidkonz. mit der einfachen u. der Oberwellen-Wechselstrompolarographie läßt sich durch Anwendung des stationären Hg-Tropfens eine erhebliche Empfindlichkeitssteigerung erzielen (Vgl.-Substanz *Polyäthylenglykol M 1000*). Bei sehr niedrigen Tensidkonz. (unterhalb der Gleichgew.-Einstellung) ist die Empfindlichkeit proportional der Wurzel aus der Wartezeit. Beim Übergang von der einfachen Wechselstrompolarographie ergibt sich bei tensammetr. Wellen eine zehnfache Empfindlichkeit. M. Frenzel 172

0638 **Strom–Zeit-Abhängigkeit für Durchtrittsreaktionen mit Adsorption des Reaktanten an einer Tropfelektrode.** K. Holub. (J. electroanalyt. Chem. Interfacial Electrochem. [Lausanne] **16** (1968) 3, 433–36; Dep. of Chem., New York Univ., New York, N.Y.; engl.) — Theoret. Unters. des Einfl. der Adsorption auf diese Abhängigkeit u. Lösung des Diffusionsproblems. M. Frenzel 172

0639 **Auswertung von Polarogrammen irreversibler Prozesse.** A. V. Gorodyskij und Ju. K. Delimarskij. (Doklady Akad. Nauk SSSR **179** (1968) 4, 904–07; Inst. obščej i neorg. chim. AN Ukr. SSR; russ.) — Gegen die Voraussetzungen der Meth. von Eyring et al. (**1949**) zur Ermittlung der Überspannung aus irreversiblen Polarogrammen werden Einwände erhoben. Als Alternative wird ein Verf. vorgeschlagen, nach dem die Überspannung an der Elektrode (die Aktivierungspolarisation) aus experimentell gemessenen Zusammenhängen zwischen der Gesamtüberspannung u. der Stromdichte mit Hilfe einer von Bagockij angegebenen Gleichung (Ž. fiz. Chim. **22** (1948), 1466) ermittelt werden kann. Es wird gezeigt, daß dieses Verf. gleichzeitig die Standardentropie des Gesamtprozesses u. der Elektrodenrk. liefert. C. Herold 172

0640 **Einige Eigenschaften der kurzzeitigen Ströme in der Polarographie beim Vorliegen der Inhibierung der Elektrodenvorgänge durch oberflächenaktive Stoffe.** B. N. Afanas'ev. (Elektrochimija **4** (1968) 6, 740—41; Leningradskij technol. inst. im. Lensoveta; russ.) — Vf. untersucht die Abhängigkeit kurzzeitiger Ströme bei der polarograph. Red. von Phenylglyoxylsäure in Ggw. oder Abwesenheit oberflächenakt. Stoffe (Polyvinylalkohol bzw. Triton X-102) von der Zeit. Zwischen experimentell gefundener u. ber. Abhängigkeit bestehen erhebliche Differenzen. E. Winkler 172

0641 **Polarographische Reduktion von Sauerstoff in Formamid.** Francesco Rallo und Liliana Rampazzo. (J. electroanalyt. Chem. Interfacial Electrochem. [Lausanne] **16** (1968) 1, 61—66; Ist. di Chim., Univ. di Roma; engl.) — Red. in 0,1 f KF-Formamid ergibt zwei irreversible Stufen mit $E_{1/2}$-0,14 bzw. -0,92 V (gegen Hg-Pool). M. Frenzel 172

0642 **Einfluß einer vorangegangenen Entladung von Metallionen auf die polarographischen Reduktionsstufen organischer Verbindungen.** S. G. Majranovskij. (Elektrochimija **4** (1968) 8, 930—36; Inst. org. chim. AN SSSR, Moskva; russ.) — Die Bldg. von Metallamalgamen mit negativeren Potentialen des elektrokapillaren Max. als Hg, die bei der Entladung von Cd^{2+}, Tl^{+} bzw. Na^{+} an der Hg-Tropfelektrode erfolgt, beeinflußt Halbstufenpotentiale u. Stufenform organ. Verb., die bei negativeren Potentialen als die betreffenden Metalle red. werden. Im einzelnen wurden untersucht der Einfl. von *Cd* auf: die Red. von C_2H_5J in 0,1 n KCl, das polarograph. Verh. von *Bromäthylcyclohexanol* in 0,1 n KCl, Adsorptions- u. katalyt. H_2-Wellen von *Chininhydrochlorid* in 0,1 n KCl bzw. Acetatpuffer (pH 4), die Red. von *Phenylacetaldehydoxim* in Acetatpuffer (pH 5,6); von *Tl* auf das polarograph. Verh. von *2.6-Lutidin* u. von *Na* auf die katalyt. H_2-Wellen bei der Polarographie von *Dithienylsulfid* in 0,05 n $(C_2H_5)_4NJ$ in 50 %ig. Äthanol. Als Mechanismus werden erhöhte Adsorbierbarkeit der organ. Depolarisatoren u. Strukturänderung der elektr. Doppelschicht, die zur Verringerung des ψ_1-Potentiales u. damit zur Erhöhung des pH-Wertes im elektrodennahen Raum führt, diskutiert. E. Bomke 172

0643 **Messung der Differentialkapazität in Lösungen geringer elektrischer Leitfähigkeit mit der Quecksilbertropfelektrode.** P. Delahay und D. J. Kelsh. (J. electroanalyt. Chem. Interfacial Electrochem. [Lausanne] **16** (1968) 1, 116—20; Dep. of Chem., New York Univ., N.Y.; engl.) — Modifiziertes Verf.; Messungen an *NaF*-Lösungen. M. Frenzel 172

0644 **Photoströme an einer Grenzfläche Metall–Elektrolyt.** V. P. Sharma, P. Delahay, G. G. Susbielles und G. Tessari. (J. electroanalyt. Chem. Interfacial Electrochem. [Lausanne] **16** (1968) 3, 285—94; engl.) — Vgl. vorst. Referat. — Coulostat. Messungen an der Hg-Tropfelektrode in N_2O-gesätt. NaF-Lsg. bei 2500 bis 3900 Å u. theoret. Behandlung. M. Frenzel 172

0645 **Wechselwirkung von Polyphosphat mit der Oberfläche einer Quecksilberelektrode.** Vladimír Vetterl und Jiří Boháček. (J. electroanalyt. Chem. Interfacial Electrochem. [Lausanne] **16** (1968) 3, 313—18; Inst. of Biophys., Czechoslov. Acad. of Sci., Brno; engl.) — Messung der Differentialkapazität der Hg-Tropfelektrode sowie gleich- u. wechselstrompolarograph. Unters. an sauren Na-Polyphosphat-Lsg. (Sorptionserscheinungen; Einfl. von *NaCl*, *KCl* u. $CaCl_2$; Abbau der Makromol.). M. Frenzel 172

0646 **Oszillographische Untersuchungen an Lanthanoiden in Dimethylsulfoxid und Dimethylformamid.** G. Gritzner, V. Gutmann und R. Schmid. (Electrochim. Acta [London] **13** (1968) 4, 919—24, 2 Tafeln; Inst. für Anorg. Chem., TH, Wien; dt.) — Das oszillopolarograph. Verh. der Lanthanoid(III)-Ionen (*La*, *Ce*, *Pr*, *Nd*, *Sm*, *Eu*, *Gd*, *Tb*, *Dy*, *Ho*, *Er*, *Yb*; als Chloride) wird untersucht u. mit Ergebnissen der Gleichspannungspolarographie verglichen. M. Frenzel 172

0647 **Polarographisches Verhalten von Th(IV) in Dimethylsulfoxid.** J. Sancho, J. Almagro und A. Pujante. (J. electroanalyt. Chem. Interfacial Electrochem. [Lausanne] **16** (1968) 1, 77—81; Univ. of Murcia, Inst. „A. de G. Rocasolano" of the CSIC, Spain; engl.) — Polarograph. u. derivativpolarograph. Untersuchung. M. Frenzel 172

0648 **Elektroreduktion von Niob(V) in salzsauren Lösungen an Quecksilberelektroden. 2. Mitt. Coulometrie bei geregeltem Potential und Chronoamperometrie an der Sumpfelektrode, die gerührt wird.** John G. McCullough und Louis Meites. (J. electroanalyt. Chem. Interfacial Electrochem. [Lausanne] **19** (1968) 1/2, 111—23; Dep. of Chem. Polytechn. Inst. of Brooklyn, Brooklyn, N.Y.; engl.) — 1. vgl. ibid. **18** (1968) 1/2, 123. — Die Unters. erfolgte in 10,75 f HCl in einer Zelle mit 3 durch 2 Diaphramen voneinander getrennten Räumen; sie besaß eine hohe Massenübergangskonst. (10^{-2} s^{-1}). Die Rk.-Prod. wurden polarograph. analysiert. In verd. Lsg. (Nb^{5+} < 10 mf) liegt Nb(V) monomer vor u. wird in 2 Stufen zu Nb(IV) u. Nb(II) red., welche Nb(III) bilden. Bei 10 mf ist Nb(V) dimer u. wird zu Nb(V, IV) red., das 3Hydrolysenprod. mit je 2 O-Brücken bildet, von denen nur $[Cl_4Nb(V)\langle{}^{O}_{O}\rangle Nb(IV)Cl_3OH_2]^{2-}$ zu $(Nb^{4+})_2$ red. wird; letzteres geht über in Nb(V, III), das sich zu Nb(IV, III) u. bei noch negativeren Potentialen zu Nb(III) u. Nb(II) reduzieren läßt. Bei sehr negativem Potential (— 0,76 V) wird $(Nb^{4+})_2$ zu Nb(IV, II) red., das rasch unter Bldg. von Nb(III)-Ionen zerfällt. Nb(II) läßt sich zu Nb(III) + Nb(V) u. Nb(III) zu Nb(V) oxydieren. Die dimeren Formen besitzen wahrscheinlich 2 O-Brücken u. eine intermetall. Bindung. Letztere ermöglicht die rasche Disproportionierung von $[Nb(IV)]_2$ u. Nb(IV, III) u. schützt die Komplexe Nb(V, IV), Nb(V, III), Nb(IV, III) vor Dissoziation. Die elektrochem. Beziehungen zur Deutung der experimentellen Ergebnisse werden abgeleitet. G. Schatz 172

0649 **Polarographisches Verhalten von Wismut(III) und Löslichkeit von Wismutoxid in alkalischen Glycerinlösungen.** Mario Vicedomini. (Gazz. chim. ital. **98** (1968) 5, 556—68; Napoli, Ist. di Chim. Anal. dell'Univ.; ital.) — Bi(III) wird an der Hg-Tropfelektrode in alkal., glycerinhaltigem Medium mit einem Halbwellenpotential von — 0,80 V gegen die gesätt. Kalomel-Elektrode in 1 m NaOH u. 0,1 m Glycerin (G) irreversibel reduziert. In Ggw. von Gelatine ist die polarograph. Welle gut definiert, u. Bi kann in diesem Medium neben Sb u. Cu bestimmt werden. Die Löslichkeit von Bi_2O_3 steigt in alkal. Lsg. merklich mit der Konz. von G u. Hydroxylionen. Experimentelle Werte können mit Hilfe des folgenden Gleichgew. wiedergegeben werden: $Bi(OH)_3 + 0{,}5\ OH^- + G \rightleftharpoons BiG^{1/2-} + x\ H_2O$; $Bi(OH)_3 + OH^- + 2\ G \rightleftharpoons BiG_2^- + y\ H_2O$. Die Bldg.-Konst. sind bei 25° u. konst. Ionenstärke ($[Na^+] = 1$ m) $\beta_1 = (1{,}1 \pm 0{,}2) \cdot 10^{-2}$ u. $\beta_2 = (6{,}3 \pm 1{,}5) \cdot 10^{-2}$. E. Otto 172

0650 **Polarographische Diffusionskoeffizienten von Nitro-ammin-kobalt(III)-Komplexionen.** Haruko Ikeuchi. (J. electroanalyt. Chem. Interfacial Electrochem. [Lausanne] **16** (1968) 3, 405—11; Fac. of Sci. and Technol., Sophia Univ., Chioyda-ku, Tokyo; engl.) — Best. für $[Co(NH_3)_6]^{3+}$, $[Co(NO_2)(NH_3)_5]^{2+}$, *cis*- u. *trans*-$[Co\cdot(NO_2)_2(NH_3)_4]^+$, $[Co(NO_2)_3(NH_3)_3]$ u. $[Co(NO_2)_4(NH_3)_2]^-$ in KNO_3-Lsg. (Hg-Tropfelektrode). M. Frenzel 172

0651 **Polarographie anorganischer Stoffe in Dimethylformamid.** J. B. Headridge, M. Ashraf und H. L. H. Dodds. (J. electroanalyt. Chem. Interfacial Electrochem. [Lausanne] **16** (1968) 1, 114—16; Dep. of Chem., Univ., Sheffield; engl.) — $E_{1/2}$ in abs. DMF für *Cu(II)*, *Pb(II)*, *Tl(I)*, *Cd(II)*, *Ni(II)*, *Zn(II)*, *Co(II)*, *Mn(II)*, *Ba(II)*,

Na(I), *Cs(I)*, *Rb(I)*, *K(I)*, *Sr(II)*, *Li(I)*, *Ca(II)*, *Mg(II)*, *Cobalticinium-Ion*, *Bi-*, *In-*, *Pb-*, *Tl-*, *Cd-*, *Ga-* u. *Zn-Amalgam* (alle Hg-Tropfelektrode) u. *Ferrocen* (rotierende Pt-Elektrode). M. Frenzel 172

A-6. Kolloidchemie, Grenzflächen

0652 **Verhalten von Germaniumdioxid in alkalischen Lösungen.** G. A. Šagisultanova, G. I. Kurnevic und É. M. Lojko. (Ž. neorg. Chim. **13** (1968) 11, 3100—03; russ.) — Die Löslichkeit von GeO_2 in 0,1—0,5 m wss. KOH-, NaOH-, LiOH- u. NH_3-Lsg. wurde bestimmt, es entstehen dabei in der Lsg. koll. Teilchen. Die Abnahme des Ge-Geh. in der Lsg. bei einer bestimmten Alkalikonz. wird durch das Erreichen einer Schwellenkonz. der Alkalimetallkationen, die eine Koagulation der Kolloidteilchen bewirkt, bedingt. J. J. Pohl 182

0653 **Einfluß der Teilchenform auf die Spektralabsorption von kolloidalem Silber in Gelatine.** David C. Skillman und Chester R. Berry. (J. chem. Physics **48** (1968) 7, 3297—3304; Res. Labor., Eastman Kodak Co., Rochester, N.Y.; engl.) — Vf. untersuchen die Abhängigkeit der Verschiebung der Hauptabsorptionsbande bei 400 nm von der Teilchenform von Silber-Sphäroiden, die durch photograph. Entw. von feinkörnigem *AgBr* in Gelatine mit einem Durchmesser zwischen 140 u. 400 Å gebildet wurden. Danach haben geringe Abweichungen von einer Kugelgestalt in Richtung eines Ellipsoids einen größeren Einfl. als Änderungen im Durchmesser oder des Brechungsindex. R. Blank 184

0654 **Elektrische Ladung von Pigmenten in Suspensionen und deren Einfluß auf die Suspensionsstabilität.** W. Antony und K. Nollen. (Kolloid-Z., Z. Polymere **227** (1968) 1/2, 116—26; Forsch.-Inst. für Pigmente u. Lacke e. V., Stuttgart; dt.) — Bei der Stabilisierung von TiO_2-(Rutil-) Suspensionen durch elektr. abstoßende Kräfte läßt sich die verantwortliche elektr. Größe durch die red. elektr. Ladung Q/r beschreiben (elektrophoret., Flokkulations- u. Adsorptionsmessungen). In Lsg. von Polyestern wird die Stabilität der TiO_2-Suspensionen durch abstoßende elektr. Ladungen oder durch Adsorptionsschichten hinreichender Stärke erreicht. Der Stabilisierungsmechanismus hängt von der chem. Konstit. u. der Konz. des Polyesters ab. M. Frenzel 186

0655 **Einfluß der Ausfriertemperatur von wäßrigen Gelen auf die Porosität des Adsorbenten.** L. M. Šarygin und V. G. Čuchlancev. (Ž. fiz. Chim. **42** (1968) 8, 2120—23; Ural'skij politechn. inst. im. Kirova, Sverdlovsk; russ.) — Die Abnahme der Ausfriertemp. von Silicagelen von —0,5 bis —10,95 führt zu niedrigeren Porositäten der Produkte. Eine Kompression des Gelskeletts während des Ausfrierens aus der wss. SiO_2-Gelphase verläuft prim. unter der Einw. von Kapillarkräften. J. J. Pohl 192

0656 **Porensysteme in Katalysatoren.** 12. Mitt. **Bestimmung der Porenverteilungen aus dem Desorptionsast einer Stickstoff-Sorptions-Isotherme im Falle zylindrischer Poren. Eine Analyse des Kapillar-Verdampfungsprozesses.** J. C. P. Broekhoff und J. H. De Boer. (J. Catalysis **10** (1968) 4, 368—76; Dep. of Chem. Technol., TU of Delft; engl.) — 11. vgl. ibid. **10** (1968) 153; 10. vgl. C. **1968, 34**-0696. — Die klass. Gleichung nach Kelvin für die Verdampfung aus Poren wird unter Einbeziehung des Einfl. der Adsorptionskräfte auf die Form des Meniskus Fl.–Dampf verfeinert. Die Form des Meniskus ist abhängig vom Abstand der Porenwände. Der Einfl. der Adsorptionskräfte auf das Gleichgew. Fl–Dampf resultiert in einer Stabilisierung der kapillarkondens. Fl. in den Poren u. in einer Stabilisierung des Mechanismus des Verdampfungsprozesses. G. Malow 200

0657 **Porensysteme in Katalysatoren.** 13. Mitt. **Bestimmung der Porenverteilungen aus dem Desorptionsast einer Stickstoff-Sorptions-Isotherme im Falle zylindrischer Poren. Anwendungen.** J. C. Broekhoff und J. H. De Boer. (J. Catalysis **10** (1968) 4, 377—90; engl.) — 12. vgl. vorst. Referat. — Die quant. Berechnung des Einfl. der Adsorptionskräfte auf die Verdampfung aus Kapillarporen von oxid. Absorbentien (ZrO_2, poröses Glas, Gibbsit u. a.) zeigt, daß die Anwendung der klass., nicht korr. Kelvin-Gleichung auf die Porengrößenbest. aus den Sorptionsisothermen zu zu kleinen Werten der Porenradien führt. Die theoret. Breite der Hystereseschleife für offene Zylinder wird als Funktion des relativen Druckes bestimmt. Diese Ergebnisse werden zur Analyse der Porenform aus der Breite der Hystereseschleife angewendet. Ein Vgl. der Ergebnisse der Porengrößenverteilungsberechnungen aus dem Desorptionsast u. dem Adsorptionsast ergab in geeigneten Fällen gute Übereinstimmung. G. Malow 200

0658 **Porensysteme in Katalysatoren.** 14. Mitt. **Berechnung der kumulativen Verteilungsfunktionen für schlitzförmige Poren aus dem Desorptionsast einer Stickstoff-Sorptions-Isotherme.** J. C. P. Broekhoff und J. H. De Boer. (J. Catalysis **10** (1968) 4, 391—400; engl.) — 13. vgl. vorst. Referat. — Der Einfl. der Adsorption auf die Kapillarverdampfung des Stickstoffes aus schlitzförmigen Poren wird quant. diskutiert. Aus thermodynam. Betrachtungen folgt ähnlich wie nach Derjagin eine Korrektur der klass. Kelvin-Gleichung. Der Zusammenhang zwischen Kontaktwinkel u. Kapillarverdampfung wird diskutiert. Außer für sehr weite Poren sind Fl., die mit der festen Oberfläche des Adsorbens einen Kontaktwinkel ausbilden, zur Porenverteilungsanalyse aus Dampf-Sorptionsdaten ungeeignet. Die Anwendung der korr. Kelvin-Gleichung zur Berechnung der Porengrößenverteilungsfunktionen aus den Stickstoff-Sorptions-Isothermen wird diskutiert. Die Beispiele ergeben für die Praxis befriedigende Ergebnisse. G. Malow 200

0659 **Bestimmung der spezifischen Oberfläche von Strontiumsulfat durch isotopischen Ionenaustausch.** B. V. Enüstün und N. K. Tunali. (Int. J. appl. Radiat. Isotopes **19** (1968) 8, 637—43; Dep. of Chem., Middle East Techn. Univ., Ankara, Turkey; engl.) — Es wurde eine verfeinerte Behandlung entwickelt für die Best. der spezif. Oberflächen von Ionenfestkörpern aus Ergebnissen des isotop. Ionenaustauschs. Unter Verw. von $^{89}Sr^{2+}$ u. $^{35}SO_4^{2-}$ als Indikatoren wurde die Kinetik des Ionenaustausches von $SrSO_4$ bei 25° untersucht. Auf der Grundlage der vorgeschlagenen Behandlung wurde gute Übereinstimmung festgestellt zwischen den spezif. Oberflächenwerten, die aus den Austauschergebnissen jedes Ions ber. wurden. Weiterhin werden spezif. Geschw. des Austauschs u. der Selbstdiffusion von beiden $SrSO_4$-Ionen angegeben. I. Zoll 200

0660 **Einige Oberflächen- und Volumeneigenschaften der Kalium- und Natriumsalzlösungen fluorsubstituierter aliphatischer Säuren.** L. A. Šic, N. A. Safronova, P. A. Rebinder und B. N. Maksimov. (Doklady Akad. Nauk SSSR **180** (1968) 2, 416—19; russ.) — Für die wss. Lsg. von C_4F_9COOK, C_4F_9COONa, $C_6F_{13}COOK$, $C_6F_{13}COONa$, $C_8F_{17}COOK$, $C_8F_{17}COONa$, $ClCF_2CFCl(CF_2)_2COOK$, $Cl\cdot CF_2CFCl(CF_2)_4COOK$, $ClCF_2CFCl(CF_2)_5COOK$ u. $H\cdot(CF_2)_6COOK$ wurden untersucht, die Oberflächenspannung gemessen, die krit. Konz. der Mizellbldg., die Oberflächenaktivität, die Assoziationsenergie der Mol. im Mizell u. die auf ein Mol. in der gesätt. Adsorptionsschicht entfallende Fläche bestimmt. u. die Isothermen (20°) der Oberflächenspannung der untersuchten Lsg. graph. dargestellt. Die Substitution der H-Atome im hydrophoben Radikal durch F-Atome führt zu einem starken Anstieg der Oberflächenaktivität. B. Karos 202

0661 **Oberflächenspannung und Dichte der flüssigen Erdalkalimetalle Mg, Ca, Sr, Ba.** J. Bohdansky und H. E. J. Schins. (J. inorg. nuclear Chem. **30** (1968) 9, 2331—37; Direct Conversion Group, CCR-EURATOM Ispra, Varese, Italia; engl.) — Best. der Oberflächenspannung δ u. der Dichte ϱ im Bereich hoher Temperaturen. Die Messungen ergeben für Mg: $\delta = 721 - 0{,}149\,T$; für Ca: $\delta = 472 - 0{,}100\,T$, $\varrho = 1{,}613 - 2{,}21\cdot 10^{-4}\,T$; für Sr: $\delta = 392 - 0{,}085\,T$, $\varrho = 2{,}648 - 2{,}62\cdot 10^{-4}\,T$; für Ba: $\delta = 351 - 0{,}075\,T$, $\varrho = 3{,}59 - 2{,}74\cdot 10^{-4}\,T$. Alle Oberflächenspannungsgeraden schneiden sich in einem Punkt nahe $\delta = 0$, was als Folge gleicher Oberflächenenergie je Oberflächenatom für alle Erdalkalimetalle gedeutet wird. I. Zoll 202

0662 **Kernrelaxationscharakteristiken der Benetzbarkeit von dispersen Substanzen.** E. A. Bylina und Ja. L. Beloraj. (Ž. fiz. Chim. 42 (1968) 8, 2138–40; VNII jadernoj geofiz. i. geochim., Moskva; russ.) — Am Beispiel von Paraffin, S, Graphit, Zuckerkohle, akt. Zuckerkohle, Kaolin, weißem Quarzsand, Silicagel, Sand, Monothermit, Cellulose, Bentonit, Torf, Diatomit, Stärke u. Agar-Agar wird gezeigt, daß die Benetzbarkeit durch Best. der Kern–Spin–Gitter-Relaxationszeit der Protonen von an der Oberfläche dieser Substanzen adsorbiertem W. u. Bzl. bewertet werden kann. J. J. Pohl 202

0663 **Spezifische Tieftemperaturadsorption der o- und p-Modifikationen von H_2 und D_2.** Ju. P. Blagoj, B. N. Zimogljad und G. G. Žun'. (Doklady Akad. Nauk SSSR 181 (1968) 3, 630–33; Fiz.-techn. inst. nižkich temp. AN Ukr.; russ.) — Die Adsorptionsisotherme von p-D_2 an Al_2O_3 bei 20,4 °K u. die Abhängigkeit des Prozentgeh. von p-D_2 im Adsorbat vom mittleren Druck während der dynam. Adsorption bei 55 u. 77°K wurden bestimmt. Die Abhängigkeit des Sättigungsdampfdruckes vom p-D_2-Anteil im fl. D_2 wird diskutiert. Vgl. mit entsprechenden Daten für H_2. J. J. Pohl 204

0664 **Formen des an Eisen adsorbierten Stickstoffs.** V. Ponec und Z. Knor. (J. Catalysis 10 (1968) 1, 73–82; Inst. of Phys. Chem., Czechoslovak Acad. of Sci., Prague; engl.) — Die Adsorptionsisothermen des Stickstoffs an aufgedampften Fe-Filmen wurden im Temp.-Bereich von 78–273 °K an sauberen u. an mit Wasserstoff vorbelegten Oberflächen untersucht. Die Wasserstoffadsorption wurde an sauberen u. an mit Stickstoff vorbelegten Filmen untersucht. Der Mechanismus der Stickstoffadsorption wird mit Hilfe der volumetr. Messungen, der Arbeitsfunktion u. der Widerstandsänderungen der Filme diskutiert. Neben der physikal. Adsorption wurde eine schwache u. eine starke Chemisorption gefunden. G. Malow 204

0665 **IR-spektroskopische Untersuchung der Struktur und der Ni—N-Bindungsenergie im NiN_2-Oberflächenkomplex.** S. S. Černikov, S. G. Kuz'min und Ju. G. Borod'ko. (Ž. fiz. Chim. 42 (1968) 8, 2038–40; Inst. chim. fiz. AN SSR, Fil. Černogolovka; russ.) — Die Oberflächenkomplexe von $^{14}N^{14}N$, $^{14}N^{15}N$ u. $^{15}N^{15}N$ an Ni wurden IR-spektroskop. im Bereich 2100–2300 cm^{-1} bei —150 bis 150° u. N_2-Drücken von 1–700 Torr untersucht. Der Komplex ist linear, die Bldg.-Enthalpie beträgt bei einem Sättigungsgrad der Oberfläche von Θ ca. 0,05 9,2 kcal/Mol. J. J. Pohl 204

0666 **Verstärkung der Felddesorption von Sauerstoff von Wolfram durch Edelgase.** D. W. Bassett. (Brit. J. appl. Physics 18 (1967) 12, 1753–61; Dep. of Chem., Imp. Coll. of Sci. and Technol., London; engl.) — Eine Desorption von O tritt im Vakuum bei elektr. Feldern auf, die ca. $^1/_2$ so groß sind wie das Feld, bei dem W verdampfen würde. In Ggw. inerter Gase wie *He*, *Ne* u. *Ar* (1 mTorr) wird das zur Desorption einer O-Schicht erforderliche Feld um ca. 12, 17 bzw. 32 % erniedrigt. Es wird gezeigt, daß die Erhöhung der Desorption prim. durch energiereiche Elektronen, die durch Feldionisation der inerten Gase frei werden, bewirkt wird. I. Zoll 204

0667 **Massenspektrometrische Untersuchung der inelastischen Wechselwirkung langsamer Elektronen mit adsorbierten Teilchen.** Dietrich Menzel. (Z. Naturforsch. **23a** (1968) 2, 330–31; Lehrstuhl für Physikal. Chem., TH Darmstadt; dt.) — Bei Beschuß einer mit CO belegten polykrist. Wolfram-Oberfläche mit Elektronen der Energie 100 eV desorbieren Ionen u. Neutralteilchen, die in einem Massenspektrometer als CO, CO^+ u. O^+ identifiziert werden. Die Ausb. hängt von der Zeitdauer des Elektronenbeschusses u. der Temp. des Targets ab. Es lassen sich Rückschlüsse auf verschiedene Adsorptionszustände u. auf Veränderungen der Adsorptionsschicht durch den Elektronenstrahl ziehen. G. Ertl 204

0668 **Wechselwirkung Gas–Festkörper.** 3. Mitt. **Adsorptionsenergie einiger gesättigter Kohlenwasserstoffe auf γ-Al_2O_3.** Manlio Sanesi und Vittoriano Wagner. (Z. Naturforsch. **23a** (1968) 7, 979–84; Inst. of Phys. Chem., Univ. of Pavia, Italy; engl.) — 2. vgl. C. **1967,** 46-0869. — GSC-Best. der Adsorptionswärmen von n-C_4H_{10}, n-C_5H_{12}, n-C_6H_{14}, n-C_7H_{16}, n-C_8H_{18}, n-C_9H_{20} u. iso-C_8H_{18} an schwach aktiviertem Al_2O_3 u. Extrapolation auf die Bedeckung O. Diskussion der Abhängigkeit der Adsorptionsenergie von der Zahl der C-Atome. Die Wechselwrkg. mit der Oxidoberfläche erfolgen hauptsächlich über Londonsche Dispersionskräfte. H. Liepack 204

0669 **Natur der sauren Zentren auf der Oberfläche von Silicaten.** L. A. Ignat'eva, V. F. Kiselev und G. D. Čukin. (Doklady Akad. Nauk SSSR 181 (1968) 4, 914 bis 917; Mosk. gos. univ. im. Lomonosova; russ.) — Das IR-Spektrum von dehydratisiertem Silicagel bei 1400 bis 4000 cm^{-1} wird diskutiert. Die erhaltenen Daten zeigen, daß auf der dehydratisierten Oberfläche von SiO_2 u. von Alumosilicat keine Protonenzentren vorhanden sind. Die Quellen für Protonenzentren in Silicaten stellen koordinativ gebundene W.-Mol. dar. J. J. Pohl 204

0670 **Chemische Verschiebung von an Silicagel adsorbiertem Wasser.** R. M. Umarchodžaev, N. M. Levskaja, L. V. Matveec und V. A. Gromov. (Ž. fiz. Chim. 42 (1968) 8, 2141–42; Mosk. gos. univ. im. Lomonosova; russ.) — Die Verschiebung der PMR ändert sich rasch bis zur Sättigung der Monoschicht, nachher langsam. Die PMR-Signale sind bei unaufgefüllter Monoschicht im stärkeren Feld als die von W. in der Gasphase. Die Adsorption erfolgt an Zentren, die die elektr. Umgebung des Mol. stark verändern. Entweder befinden sich paramagnet. Verunreinigungen an der Silicageloberfläche oder es verhält sich die Oberfläche selbst paramagnetisch. J. J. Pohl 204

0671 **Benetzungswärmen des Systems Thoriumoxid–Wasser.** 4. Mitt. **Änderung der reinen differentiellen Adsorptionswärme mit der spezifischen Oberfläche.** H. F. Holmes, E. L. Fuller jun. und C. H. Secoy. (J. physic. Chem. 72 (1968) 6, 2095–2100; Reactor Chem. Div., ORNL, Oak Ridge, Tenn.; engl.) — 3. vgl. ibid. 72 (1968) 2, 573; 2. vgl. C. **1967,** 37-0654. — Best. der reinen differentiellen Adsorptionswärmen für H_2O an ThO_2 aus den integralen Immersionswärmen. Die Werte liegen bei kleinen Bedeckungsgraden zwischen —15 u. —40 kcal/Mol. Es wird eine dissoziative Chemisorption zur Bldg. von Oberflächen-Hydroxylgruppen mit zusätzlichen H-Bindungsbeiträgen unter Einbeziehung von Oberflächen-Hydroxylgruppen u. irreversibel adsorbierten H_2O-Mol. angenommen. H. Liepack 204

0672 **Adsorption von Anionen aus Elektrolyten an Germanium-, Silicium- und Quarzoberflächen.** V. S. Sotnikov und V. S. Poljakova. (Radiochimija **10** (1968) 2, 240–41; russ.) — Vf. untersuchten die Adsorption folgender Anionen an Ge, Si u. Quarz: $HGeO_3^-$ (GeO_3^{2-}), $H_2PO_4^-$ (PO_4^{3-}), $H_2AsO_4^-$ (AsO_4^{3-}), $Cr_2O_7^{2-}$ (CrO_4^{2-}), SO_4^{2-}, $HSeO_3^-$ (SeO_3^{2-}), $HTeO_3^-$ (TeO_3^{2-}) SCN^- u. Br^-. Aufgenommen wurde die Abhängigkeit des Adsorptionsgrades vom pH-Wert (1–14), von der Anionenkonz. u. von der Rk.-Dauer. Die Anionen $HGeO_3^-$, $H_2PO_4^-$, $H_2AsO_4^-$, SO_4^{2-}, SCN^- u. Br^- werden im pH-Bereich 1–7 nicht an Ge, Si u. Quarz adsorbiert. $Cr_2O_7^{2-}$, $HSeO_3^-$ u. $HTeO_3^-$ werden nur an Ge u. Si adsorbiert, wobei die Red. dieser Anionen zu Cr^{3+} bzw. zu elementarem Se u. Te ausschlaggebend ist. Die bes. Struktur der Ge-Oberfläche (mit GeO u. lösl. GeO_2 in den Außenschichten) (u. der Si-Oberfläche) läßt die Red.-Mittelwrkg. dieser Elemente hervortreten. Die Oberfläche hat außerdem Eig. eines Kationenaustauschers, die einen Austausch (Adsorption) der Anionen verhindern. G. Ewald 204

0673 **Adsorptions-kinetische Bedingungen der Mitfällung.** 1. Mitt. **Einfang von Beimengungen durch Kristalle bei idealer Struktur der Phasengrenzfläche.** I. V. Melichov. (Radiochimija **10** (1968) 4, 401–12; russ.) — Übersicht über die Kinetik des Isotopenaustausches u. der Sorption von Beimengungen an stabilen Kristallen. An der Trennfläche fest–fl. können drei Schichten mit spezif. Sorptionseig. unterschieden werden: die Adsorptionsschicht der orientierten Fl., die Voroberflächenschicht u. die erste Monoschicht der festen Phase. Die Beschreibung der Sorption einer Mikrokomponente am wachsenden Krist. mit Hilfe des Dreischichtmodells erlaubt eine Interpretation des Zusammenhanges zwischen den Einfangskoeff. u. den Parametern des Elementaraktes der Mitfällung. Grenzfälle der Nichtgleichgew.-Sorption der Beimengung können auf Grund der Analyse der Abhängigkeit des Einfangkoeff. der Mikrokomponente von der Krist.-Wachstumsgeschw. unterschieden werden. J. J. Pohl 204

0674 **α-Aluminiumoxidgrenzflächen.** 1. Mitt. **Anordnung adsorbierter Monocarbonsäuremoleküle an α-Aluminiumoxidoberflächen.** W. Dawihl, B. Frisch und H. J. Kollmar. (Ber. dtsch. keram. Ges. **45** (1968) 5, 220—23; Inst. für Werkstofftechnol. u. Allg. Hüttenkunde, Univ. des Saarlandes; dt.) — Best. der Adsorption von Monocarbonsäuren an α-Al_2O_3-Pulvern aus C_6H_6-Lösungen. Die Adsorptionsisothermen sind vom Langmuir-Typ. Die Adsorptionsenergien von 5,5—7 kcal/Mol lassen auf eine H-Brückenbindung der organ. Mol. an der Oberfläche des α-Al_2O_3 schließen. Die relativen Sättigungsbelegungen für *Ameisen-*, *Propion-*, *Capron-*, *Caprin-* u. *Palmitinsäure* wurden für verschiedene α-Al_2O_3-Pulver ermittelt. Der Platzbedarf des Carbonsäuremol. in der monomol. Schicht ergibt sich für Propion- u. Palmitinsäure zu 20,5 $Å^2$, für Capronsäure zu 25,2 $Å^2$ u. für Caprinsäure zu 27,2 $Å^2$. Die geometr. Oberflächenbeschaffenheit beeinflußt die Ausbldg. der monomol. Schicht. I. Zoll 204

0675 **α-Aluminiumoxidgrenzflächen.** 2. Mitt. **Sedimentaktivität von Carbonsäuren in Al_2O_3-Suspensionen.** W. Dawihl, B. Frisch und H. J. Kollmar. (Ber. dtsch. keram. Ges. **45** (1968) 8, 403—05; dt.) — 1. vgl. vorst. Referat. — Die sich in Bzl. ergebenden thixotropen α-Al_2O_3-Sedimente werden durch sedimentakt. Zusätze von Carbonsäuren verdichtet. Die Verdichtung ist von der Kettenlänge abhängig. Der Teilchenabstand für die maximale Reichweite der Haftkräfte wird mitgeteilt. Mit langkettigen Monocarbonsäuren ist bei geeigneter Kornverteilung eine Sedimentdichte von 2 g/cm³ zu erreichen. Die Sedimentaktivität der Dicarbonsäuren ist geringer als die der Monocarbonsäuren. Unters. mit: *Ameisen-*, *Propion-*, *Capron-*, *Caprin-*, *Palmitin-*, *Oxal-*, *Malon-*, *Bernstein-*, *Glutar-*, *Adipin-*, *Pimelin-*, *Sebacin-*, *Malein-* u. *Fumarsäure.* I. Zoll 204

0676 **Einfluß der elektrischen Doppelschicht auf die Adsorption von Flotationsreagenzien.** I. A. Vajnšenker, V. S. Krylov und V. Ja. Chajnman. (Élektrochimija **4** (1968) 8, 911—17; Inst. élektrochim. AN SSSR, Moskva; russ.) — Der Einfl. des elektr. Feldes auf den Diffusions-(Adsorptions-) Prozeß von geladenen u. neutralen Teilchen von Flotationsreagenzien zur ebenen Oberfläche des Minerals in verd. Elektrolytlsg. wurde theoret. untersucht. Unter Berücksichtigung des Anteils der diffusen u. kompakten Doppelschicht wird gezeigt, daß die Diffusionsgeschw. ionoider Flotationsreagenzien, die gleichsinnig mit der Mineraloberfläche geladen sind, durch das Feld verringert wird, während dieser Effekt für neutrale Mol. nur bei relativ großen Sprüngen des Potentials an der Grenzfläche Mineral-Lsg. zu erwarten ist. Die Berechnungen wurden für Ölsäure spezifiziert. E. Bomke 204

0677 **Verhalten von Aluminiumtrichlorid-Lösungen in Titantetrachlorid.** Ju. M. Martynov, I. G. Syrkina und E. A. Krejngol'd. (Ž. fiz. Chim. **42** (1968) 8, 1899—1901; russ.) — Der Aktivitätskoeff. von $AlCl_3$ ist bei 25—135° unabhängig von der Konz. u. zeigt eine Temp.-Abhängigkeit von $\gamma_2 = -(490/T) + 1{,}03$. Die Löslichkeit von $AlCl_3$ in $TiCl_4$ beträgt bei $-20°$ $1{,}1 \cdot 10^{-4}$ (Massen-%), 0° $9{,}9 \cdot 10^{-4}$, 20° $6{,}3 \cdot 10^{-3}$, 30° $1{,}4 \cdot 10^{-2}$ u. 50° $6{,}2 \cdot 10^{-2}$. Die Adsorption von $AlCl_3$ aus $TiCl_4$ an Silicagel wurde bei —20, 0, 20 u. 30° bestimmt, der Henry-Koeff. beträgt dabei 212, 37,5, 7,2 u. 3,3, der Koeff. der Adsorptionsverteilung 88700, 15700, 3020 bzw. 1280. Die Temp.-Abhängigkeit des Henry-Koeff.: $\ln G = (2600/T) - 8{,}09$. J. J. Pohl 204

0678 **Natur der Kolloide von radioaktiven Elementen.** Ju. P. Davydov. (Radiochimija **10** (1968) 4, 508—09; russ.) — Diskussionsbeitrag zu einer Mitt. von Starik et al. (ibid. **9** (1967) 1, 105) über die Wrkg. von SiO_2-Beimengungen u. der Gleichgew.-Einstellungsbedingungen auf Adsorptionsdaten. J. J. Pohl 204

0679 **Stationäre Ionenaustauschprozesse.** 1. Mitt. **Entfernen der stark sorbierbaren Komponente aus der Lösung.** V. I. Gorškov und M. S. Safonov. (Ž. fiz. Chim. **42** (1968) 6, 1459—65; Mosk. gos. univ. im. Lomonosova; russ.) — Der Prozeß des stationären Ionenaustauschs im Gegenstrom von Lsgm. u. Ionit wird für den Fall der Anreicherung des Ioniten mit der stark sorbierbaren Komponente mathemat. beschrieben. J. Eliassaf 206

0680 **Stationäre Ionenaustauschprozesse.** 2. Mitt. **Entfernen der stark sorbierbaren Komponente aus dem Ioniten.** V. I. Gorškov und M. S. Safonov. (Ž. fiz. Chim. **42** (1968) 6, 1466—69; russ.) — 1. vgl. vorst. Referat. — Die Konz.-Verteilung des Sorbats (in Abhängigkeit von der Säulenhöhe) im stationären Ionenaustausch wird für den Fall des Entfernens der stark sorbierbaren Komponente berechnet. Die Möglichkeit der Regenerierung im Gegenstrom wird besprochen u. der hierfür erforderliche Überschuß an Lsgm. berechnet. Werden hierfür 2 oder mehrere Kolonnen benutzt, so können beim gleichen Reagenzienaufwand reine Lsg. der entfernten Ionen gewonnen werden. J. Eliassaf 206

0681 **Röntgenographische Untersuchung der Fluoridform des Anionits bei der Absorption von Beryllium.** D. I. Éristavi, V. D. Éristavi, F. I. Brouček und G. V. Cincadze. (Ukrainskij chim. Ž. **34** (1968) 8, 858 bis 859; Gruzinskij politechn. inst. im. Lenina; russ.) — Die Bldg. von Be-Komplexen am polyfunktionellen, stark bas. Anionit AV-16 in der F^-–OH^-- bzw. SO_4^{2-}-Form wurde röntgenograph. untersucht. Die Röntgenogramme sind nach Sättigung der F^--Form des Anionits mit einer Natriumfluoroberyllatlsg. bzw. nach Sättigen der F^--Form mit einer Be-Sulfatlsg. gleich. Die Sorption der Be-Kationen an der F^--Form des Anionits erfolgt durch die Bldg. fluorid. Anionenkomplexe. J. J. Pohl 206

0682 **Sorptionskinetik von Zink und Cadmium am Kationit KU-1.** I. A. Legenčenko und S. L. Strižženjuk. (Ž. fiz. Chim. **42** (1968) 7, 1840—42; Inst. obšč. i neorg. chim. AN Ukr. SSR, Odessa; russ.) — Die Unters. der Austauschkinetik von NH_4^+ gegen Zn^{2+} u. Cd^{2+} an KU-1 zeigt, daß mit Ausnahme des gleichgewichtsnahen Bereiches die Zeitabhängigkeit der Konz. mit dem zweiten Fickschen-Gesetz zufriedenstellend beschrieben werden kann. Auf Grund der Abhängigkeit der Gleichgew.-Einstellungszeit von der Korngröße, von der Änderung der scheinbaren Koeff. der inneren Massenübertragung, von den Konz.-Änderungen am Anfang des Prozesses u. in der Nähe des Gleichgew. wird die Rolle des gemeinsamen Einfl. der inneren u. äußeren Massenübertragung auf die Kinetik des Prozesses diskutiert. J. J. Pohl 206

0683 **Abtrennung der Transplutoniumelemente von den Seltenerdelementen am Anionit im System Ammoniumrhodanid–Alkohol–Wasser.** L. I. Guseva und G. S. Tichomirova. (Radiochimija **10** (1968) 2, 246—49; russ.) — Nach einer früher beschriebenen dynam. Meth. (Trennkolonne) untersuchten Vf. die Sorption von Am u. Eu am Anionit Dowex 1x4 in Abhängigkeit von der $NH_4 \cdot SCN$-Konz. (1—8 Mol/l) sowie die Sorption von Am, Cm, La u. Eu aus 1—2 n NH_4SCN-Lsg. in Ggw. verschiedener Mengen von Methyl-, Äthyl- bzw. Propylalkohol. Der Verteilungskoeff. D von Am u. Eu vergrößert sich mit der NH_4SCN-Konz., wobei diese Vergrößerung bei Am stärker ausgeprägt ist. Somit ergeben sich bei $[NH_4SCN] = 8{,}6$ Mol/l die günstigsten Trennungsbedingungen, jedoch wächst mit $[NH_4SCN]$ auch die „Verschmierung" des Am-Peaks. Die Trennung kann im Bereich $[NH_4SCN] = 3{,}5—8{,}6$ Mol/l erfolgen, jedoch verbleiben ca. 1,0—1,5% Eu in der Am-Fraktion. In Ggw. der Alkohole u. NH_4SCN wird die „Verschmierung" der peaks geringer (schärfere Fronten bei der Eluation). In Ggw. von Methanol u. A. vergrößert sich D_{Eu} u. D_{Am} mit der Vergrößerung des Anteils der nichtwss. Komponente. Für Propanol zeigt sich zunächst einer Verringerung von D (bis 30% C_3H_7OH) u. erst dann eine Vergrößerung (bei 50—70% Propanol). Die optimalen Trennungsbedingungen für die Abtrennung der Transplutoniumelemente von den Elementen der Yttriumgruppe ergeben sich bei Verw. eines Gemisches aus

1–2 Mol/l NH_4SCN + 70% CH_3OH bzw. 1–2 Mol/l NH_4SCN + 50–70% A. bzw. Propanol.
G. Ewald 206

0684 **Koordinationsverhalten von Co, Ni, Cu und Zn in einem chelatbildenden Ionenaustauscherharz.** 1. Mitt. C. Eger, W. M. Anspach und J. A. Marinsky. (J. inorg. nuclear Chem. **30** (1968) 7, 1899–1909; State Univ. of New York at Buffalo, N.Y.; engl.) — Mit dem Ziel der Vorhersage thermodynam. Eig. von Ionenaustauscherharzen wurden N-Benzyliminodiessigsäure (I) u. Dowex A-1 (Divinylbenzolcopolymer mit Diiminodiessigsäure als funktionelle Gruppen) (II) sowie die Syst. I bzw. II mit unterschiedlichem molarem Verhältnis zur Co^{2+}-, Ni^{2+}-, Cu^{2+}- bzw. Zn^{2+}-Konz. (1 : 1, 2 : 1, 4 : 1) bei konst. Ionenstärke (Grundelektrolytzusatz) bei 25° mit 0,1 m CO_2-freiem NaOH potentiometr. titriert. Es gelang nur für die I–Me^{2+}-Syst. die Gleichgew.-Konst. zu bestimmen, während für die II–Me^{2+}-Syst. der Gleichgew.-Zustand nicht erreicht werden konnte. Das vernetzte Harz besitzt ein ähnliches Koordinationsverh. wie das Monomere.
E. Bomke 206

0685 **Koordinationsverhalten von Co, Ni, Cu und Zn in einem chelatbildenden Ionenaustauscherharz.** 2. Mitt. C. Eger, J. A. Marinsky und W. M. Anspach. (J. inorg. nuclear Chem. **30** (1968) 7, 1911–24; engl.) — 1. vgl. vorst. Referat. — Umfangreichere Unters. (Polarographie, Isotopenverd., Spektrophotometrie) ergaben, daß auch im Syst. Dowex A-1–Me^{2+} der Gleichgew.-Zustand erreicht wird. Vf. bestimmen die 1. Dissoziationskonst. dieser Syst. bei 10, 25 u. 40°. Durch Vgl. mit den entsprechenden Werten für die Syst. N-Benzyliminodiessigsäure–Me^{2+} konnte bewiesen werden, daß es möglich ist, die thermodynam. Eig. von Ionenaustauscherharzen mit den thermodynam. Eig. des entsprechenden Monomeren des Harzes zu identifizieren u. unter Berücksichtigung von Polyelektrolyteffekten gezielt Ionenaustauscherharze entwickelt werden können.
E. Bomke 206

0686 **Bildungsmechanismus von organischen Hexacyanoferrationiten und der Charakter des Austausches an ihnen.** 1. Mitt. E. V. Kazakov und I. F. Karpova. (Vestnik Leningradskogo Univ., Fiz., Chim. **23** (1968) 10 Ser. Nr. 2, 105–09; russ., Auszug: engl.) — Bei der Extraktion von Hexacyanoferrat(II)- u. Cu^{2+}-Ionen durch in der organ. Phase lösl. Amine dürften innerkomplexe Verb. von Cu-Hexacyanoferrat(II) mit Aminen vom Chelattyp entstehen. Die Kationenaustauscheig. von cyanoferrathaltigen organ. Ioniten rührt wahrscheinlich von der Ggw. von Innerkomplexverb. mit negativen Überschußladungen her. Die Bldg. verschieden geladener Komplexe im Ionit in Abhängigkeit von der Basizität des Harzträgers erklärt die hohe Austauschfähigkeit dieser organ. Ionite mit quatern. Ammoniumbasen als funktionelle Gruppen, während bei Harzen mit anderen Amingruppen die Austauschfähigkeit kleiner ist (z. B. prim. u. sek. Amine als basizitätsbestimmende Gruppen).
J. J. Pohl 206

0687 **Relative gaschromatographische Aktivitätskoeffizienten für binäre flüssige Phasen.** S. A. Reznikov. (Ž. fiz. Chim. **42** (1968) 7, 1730–33; Opytno-konstruktors. bjuro avtomat., Angarskij filial; russ.) — Ableitung von Korrelationsbeziehungen, die die relativen chromatograph. Aktivitätskoeff. mit der Zus. einer bin. fl. Phase verbinden. Die erhaltenen Formeln können zur Best. der effektiven Vol.-Brücke der Komponenten in einer bin. Lsg. verwendet werden. Die effektiven Vol.-Brüche von Dibutylmaleat in β,β'-Hydroxydipropionitril bei Molenbrüchen von 0,1667 u. 0,6189 werden ermittelt.
H. Roschkowski 208

0688 **Trennung der isotopen Wasserstoffmoleküle an der H-Form von synthetischen Zeolithen.** Z. V. Grjaznova, O. T. Nikitin, G. V. Cicischvili und K. A. Bežaschvili. (Isotopenpraxis **4** (1968) 6, 226–27; Mosk. gos. univ. im. Lomonosova; russ.) — Vf. untersuchten die Trennung der Wasserstoffmol. an den H-Formen u. den Na-Formen der Zeolithe vom Typ A (HA = 17%), X (HX = 53%), Y (HY = 80%) u. dem Mordenit-Typ (M) sowie an einer dekationisierten H-Form des Zeoliths X. Außerdem wurde der H–D-Austausch mit den H-Ionen der angeführten Zeolithe untersucht. Der Trennungskoeff. HD/H_2 für die Trennung an der H-Form der Zeolithe vergrößert sich mit der Vergrößerung des Verhältnisses SiO_2/Al_2O_3, d. h. vom Zeolith A zum Zeolith M. Für die Na-Form der Zeolithe ergibt sich die umgekehrte Abhängigkeit. Bezüglich ihrer Trennfähigkeit lassen sich die Zeolithe wie folgt einordnen: NaA > NaX > NaY > HM > dekationiertes X > HNaY > HNaX > HNaA = 0. An einigen H-Formen der Zeolithe (HNaA, HM, HNaX) wurde ein HD-Austausch mit den H-Ionen der Zeolithe beobachtet.
G. Ewald 208

0689 **Chromatographische Trennung der Phenylderivate von Elementen der IV. Gruppe.** V. D. Nefedov, V. E. Žuravlev, N. G. Molčanova und N. N. Kalinina. (Ž. obšč. Chim. **38(100)** (1968) 6, 1219–21; Permskij gos. univ.; russ.) — Es werden die Möglichkeiten der chromatograph. Trennung nachst. Verb. an Al_2O_3 diskutiert u. die R_F-Werte in einigen Lsgm. angegeben: $(C_6H_5)_4C$, $(C_6H_5)_3CCl$, $(C_6H_5)_2CCl_2$, $C_6H_5CCl_3$ (R_F-Werte in PAe., CCl_4, Bzl. u. Methanol); $(C_6H_5)_4Si$, $(C_6H_5)_2SiCl_2$, $C_6H_5SiCl_3$ (PAe., Methanol, A.); $(C_6H_5)_4Ge$, $(C_6H_5)_3GeCl$, $(C_6H_5)_2GeCl_2$ (CCl_4, Dichloräthan, Methanol); $(C_6H_5)_4Sn$, $(C_6H_5)_3SnCl$, $(C_6H_5)_2SnCl_2$, $C_6H_5SnCl_3$ (Äthylacetat, Dichloräthan, $CHCl_3$); $(C_6H_5)_4Pb$, $(C_6H_5)_3PbCl$, $(C_6H_5)_2 \cdot PbCl_2$ (Bzl., $CHCl_3$, Ae., Dichloräthan).
K. Jasche 208△

0690 **Untersuchung der Verbindungsbildung von Uran und einiger Begleitelemente in Formaldoxim durch Papierelektrophorese.** 1. Mitt. **Trennung des UO_2^{2+} von Ce^{3+}, Fe^{3+}, Co^{2+}, Ni^{2+} und Cu^{2+}.** Gheorge Marcu und Alexandru Botar. (Studia Univ. Babeş-Bolyai [Cluj], Ser. Chem. **13** (1968) 1, 111–15; rum.) — In 0,1 m *Formaldoxim*-Lsg., bei pH ~1,42–7,02 entstehen Kationen wahrscheinlich vom Typ $[Me(CH_2NOH)_m]^{n+}$, in 1,0 m Lsg. mit alkal. Rk. Anionen $[Me^n(CH_2NO^-)_6]^{(n-6)+}$ (Me = Metall). *Cu*-Verb. entstehen bei pH ~7,10; *Fe*-, *Co*-, u. *Ni*-Verb. bei pH ~10,13; *Ce*-Verb. bei pH ~10,93. Durch elektrophoret. Bewegungen bei 1000 V, 20 mA in 0,1 m Lsg. ist *U* sehr gut von Ce, Co, Ni u. Cu bei pH ~3,3–7,0 abtrennbar; von Fe bei pH ≈1,4–2,7. In 1,0 m Lsg. scheidet sich Uran bei pH ≈4,02 sehr gut von Fe, Co, Ni u. Cu, bei pH ~9,50 von Ce ab. Diese Meth. läßt sich mit Erfolg für die Analyse von U-Verb. u. Mineralien anwenden.
M. Bromilski 208△

A–7. Kinetik, Katalyse

0691 **Grundprozesse der Inertgassensibilisierung.** B. Brocklehurst. (Radiat. Res. Rev. [Amsterdam] **1** (1968) 2, 223–40; Chem. Dep., Univ., Sheffield; engl.) — Überblick über Energieniveaus, Massenspektrometrie, Sensibilisierung durch Bestrahlung, Anregung durch Entladungen, Resonanz, Laser u. Nachglühen. — 101 Literaturangaben.
W. Sobieski 212

0692 **Stoßdichte und Reaktionskinetik energetischer Atome.** 3. Mitt. D. M. Chapin und M. D. Kostin. (J. chem. Physics **48** (1968) 7, 3067–70; School of Engng. and Appl. Sci., Princeton Univ., Princeton, N.J.; engl.) — 2. vgl. C. **1968**, 15-0677. — Berechnung der Stoßdichte u. RGK k der bimol. Gasphasenrk. H + D_2 → HD + D bei 1000 °K durch photochem. erzeugte, energet. H-Atome, die durch J_2 herausgespült u. durch He bzw. Ar abgeschwächt wurden. Unter Berücksichtigung quantenmechan. Einfl. auf die Wrkg.-Querschnitte u. durch deren Berechnung mittels van der Waals-Kraftkonst. u. Lennard-Jones-Potentialkonst. der einzelnen Spezies werden die k-Werte bez. des He- bzw. Ar-Moderators u. bez. des Spülmittels mit den Gleichgew.-Konst. verglichen. Danach erreichen H-Atome die therm. Energien bereits nach wenigen Zehntel der Stöße, wogegen sie im Moderator mehrere hundert Stöße benötigen.
R. Blank 212

0693 **Elektronenerzeugung durch Ablösung bei der Assoziation von O^--Ionen mit NO, CO und H_2.** J. L. Moruzzi, J. W. Ekin jun. und A. V. Phelps. (J. chem. Physics **48** (1968) 7, 3070–76; Westinghouse Res. Labor., Pittsburgh, Pa.; engl.) — Vf. beobachteten in Gemischen von Sauerstoff mit H_2, CO bzw. NO einen Elektronenstrom, der aus dem Prozeß $A^- + B \rightarrow AB + e^- +$ Energie stammt, wobei die O^--Ionen mittels durch UV-Licht erzeugten Kathodenelektronen gebildet werden u. nicht die für Stoßprozesse notwendige kinet. Energie besitzen, sondern durch Assoziation einen neutralen Komplex AB unter Aussendung eines Elektrons bilden. Nach den Geschw.-Koeff. handelt es sich um einen Zweikörperprozeß mit den Werten 2,2, 6,5 u. 7,5 · 10^{-10} cm^3 s^{-1} für die Syst. O^-–NO; O^-–CO u. O^-–H_2. Ein Ausbleiben der Rk. zwischen O_2^- u. CO weist auf einen Koeff. $<10^{-14}$ cm^3 s^{-1} dieser Rk. hin. R. Blank 212

0694 **Reaktion von atomarem Sauerstoff mit JCN.** Q. J. F. Grady, C. G. Freeman und L. F. Phillips. (J. physic. Chem. **72** (1968) 2, 743–44; Chem. Dep., Univ. of Canterbury, Christchurch, New Zealand; engl.) — Die Rk. von JCN mit überschüssigem O wurde bei 25° u. ca. 3 Torr in einem Strömungssyst. untersucht. Als Rk.-Prod. wurden $(CN)_x$ als braunes Polymeres sowie ein weißes Jodoxid an der Glaswand abgeschieden. Die Rk., die sich nicht zur Erzeugung von CN-Radikalen eignet, verläuft über O + JCN → JO + CN (k ≧ 10^{10} cm^3/Mol · s), CN + O_2 → CNO + O, CNO + O → CO + NO. A. Blaschette 212

0695 **Nachleuchten bei den Reaktionen von He^+, $He(2^3S)$ und O^+ mit schwingungsangeregtem N_2.** A. L. Schmeltekopf, E. E. Ferguson und F. C. Fehsenfeld. (J. chem. Physics **48** (1968) 7, 2966–73; Aeronomy Labor., Environm. Sci., Serv. Admin., Boulder, Colo.; engl.) — Folgende Rk. wurden als Funktion der Schwingungstemp. von N_2 zwischen 300 u. 6000 °K gemessen: 1. a) $He^+ + N_2 \rightarrow N^+ + N + He$, bzw. 1. b) $\rightarrow N_2^+ + He$, 2. $He(2^3S) + N_2 \rightarrow N_2^+ + He + e^-$ u. 3. $O^+ + N_2 \rightarrow NO^+ + N$. Die Rk. 1 u. 3 sind die ersten Ion–Mol.-Rk., die als Funktion der Schwingungstemp. der neutralen Spezies gemessen wurden. Die Geschw.-Konst. von Rk. 1 u. 2 sind gegenüber der Schwingungstemp. von N_2 unempfindlich. Die Geschw.-Konst. von Rk. 3 steigt um den Faktor 40 bei steigender Schwingungstemperatur. Das Verhältnis 1a zu 1b steigt ebenfalls meßbar mit der Schwingungstemperatur. R. Blank 212

0696 **Temperaturabhängigkeiten von Isotopeneffekten.** Marvin J. Stern, W. Spindel und E. U. Monse. (J. chem. Physics **48** (1968) 7, 2908–19; Dep. of Chem., Belfer Graduate School of Sci., Yeshiva Univ., New York, N.Y. u. Dep. of Chem., Rutgers, State Univ., Newark, N.J.; engl.) — Vf. zeigen, daß die Beiträge der harmon. Schwingung zum Isotopeneffekt selbst zu mehreren Typen von temperaturabhängigen Anomalien führen können, einschließlich Umkehrungen, Maxima, Minima u. Überschneidungen in den Kurven der isotopen Gleichgew.-Konst. oder Geschw.-Konst. gegen die Temperatur. Solche Anomalien werden bei 15 von 91 ^{15}N-Austauschrk. zwischen folgenden Stickstoffverb. u. bei 97 der 153 ^{18}O-Austauschrk. zwischen 20–2000 °K gefunden: $^{14}N/^{15}N$-Austausch: *NO_2^-, NOBr, NOCl, NOF, NO_2, NO_2Cl, NO_3^-, NO_2F, HNO_3, NO_2^+, NO_3F, trans-HNO_2* u. *cis-HNO_2*, $^{16}O/^{18}O$-Austausch: *N*O, NO*O⁻, N*OBr, N*OCl, N*OF, NO*O, NO*OCl, NO_2*O⁻, NO*OF, H*ONO_2, HONO*O, NO*O⁺, F*ONO_2, FONO*O, trans-H*ONO, trans-HON*O, cis-H*ONO* u. *cis-HON*O*. R. Blank 212

0697 **Reaktion von Stickstoffatomen mit N_2O_5.** G. Liuti, S. Dondes und P. Harteck. (J. physic. Chem. **72** (1968) 3, 1081–82; Rensselaer Polytechn. Inst., Troy, N.Y.; engl.) — Die Einw. von N-Atomen (erzeugt durch kondens. Gasentladung aus N_2) auf N_2O_5 wurde im Strömungssyst. bei 0,2 Torr u. einer Strömungsgeschw. von 40 m/s durchgeführt (N- bzw. N_2O_5-Partialdruck 0,025 bzw. 0,005–0,010 Torr) u. die Rk.-Prod. wurden massenspektrometr. untersucht. Demnach findet zwischen N u. N_2O_5 keine oder nur eine sehr langsame Rk. statt (k < 10^{-15} cm^3/Teilchen · s). Das bedeutet, daß diese Rk. keine Rolle bei der Strahlenchemie von N_2–O_2-Mischungen spielt. Das Massenspektrum von N_2O_5 ist durch die Peaks mit m/e = 30 (NO^+) u. 46 (NO_2^+) gekennzeichnet (11,5 eV; relative Intensitäten 83,3 %, 16,7 %); das Ion $N_2O_5^+$ tritt im Spektrum nicht auf. A. Blaschette 212

0698 **Mechanismus der Oxydation von ppm-Mengen Stickstoffmonoxid.** W. H. Corcoran. (Ind. Engng. Chem. Fundamentals **7** (1968) 1, 184; Calif. Inst. of Technol., Pasadena, Calif.; engl.) — Für die Ox.-Geschw. von ppm-Mengen des NO wird zusätzlich zu früheren Angaben [vgl. Morrison et al., ibid. **5** (1966) 175] die Gleichung $-dC_{NO}/dt = 2\ k_7K_3C_{NO}^2C_{O_2} + 2\ k_6K_4K_5C_{NO}C_{NO_2}C_{O_2}$ (Konst. vgl. l. c.) zur Diskussion gestellt. G. Malow 212

0699 **Kinetik und Mechanismus der Reaktion von Tetrafluorhydrazin mit Isobuten.** A. V. Pankratov, L. A. Achanščikova und Ju. A. Adamova. (Ž. neorg. Chim. **13** (1968) 11, 2937–43; russ.) — Die Addition von N_2F_4 an Isobuten erfolgt nach der kinet. Gleichung $d[C_4H_8(NF_2)_2]/dt = 3{,}2 \cdot 10^9 \cdot \exp(-12500/RT) \cdot [NF_2] \cdot [C_4H_8]$. Die kinet. Charakteristiken bleiben in einem breiten Variationsbereich des Dissoziationsgrades von N_2F_4 (α = 0,009–0,96) konstant. Ein möglicher Mechanismus der Rk. wird diskutiert, die Dissoziationsrk. von N_2F_4 dürfte durch das thermodynam. Gleichgew. der NF_2-Radikale bedingt sein, die Grundrk. ist die Umsetzung der NF_2-Radikale mit Isobutenmolekülen. J. J. Pohl 212

0700 **Explosive Zersetzung von ClO_2.** Edward T. McHale und Guenther von Elbe. (J. physic. Chem. **72** (1968) 6, 1849–56; Kinetics and Combust. Group, Atlant. Res. Corp., Alexandria, Va.; engl.) — Unters. im Bereich 0,2–40 Torr u. 54–134°. Die die Rk. charakterisierenden langen Induktionsperioden wurden in Abhängigkeit von Temp., Druck, Gefäßgröße, Lichteinstrahlung, N_2-Zusätzen u. anderen Chloroxiden untersucht. Angabe eines Rk.-Mechanismus. H. Liepack 214

0701 **Butanolyse von B-Tris-[phenyläthinyl]-borazin im Mischlösungsmittel 1-Butanol/Dioxan.** Tamotsu Yoshizaki, Haruyuki Watanabe und Toshio Nakagawa. (Inorg. Chem. [Washington] **7** (1968) 7, 1304–06; Shionogi Res. Labor., Shionogi & Co. Ltd., Fukushimaku, Osaka; engl.) — Wie spektralphotometr. Unters. zeigen, verläuft die Alkoholyse von $(HNBC{\equiv}CC_6H_5)_3$ (**I**) mit n-Butanol in Dioxan (0–30 Vol-%) in Ggw. von $N(C_2H_5)_3$ (**II**) als Katalysator in einer Rk. 1. Ordnung sowohl bez. [**I**] als auch [**II**] mit einer Aktivierungsenergie von 4,79 kcal/Mol (20 % Butanol; 0,0179 m **II**) u. einer Aktivierungsentropie von –45,3 eu (für 300 °K). Die Unters. des Solventisotopeneffekts u. des Solventzus. Effekts auf die beobachtete Rk.-Geschw. führen zu der Annahme, daß der geschwindigkeitsbestimmende Schritt der Angriff des durch H-Bindung an das Amin oder an ein Triäthylammoniumbutylat-Ionenpaar gebundenen Butanols auf den Borazinring ist. G. Heller 216

0702 **Chemische und amperometrische Untersuchung der Kinetik der Reaktion von Na_2SO_3 mit $K_2S_2O_8$ in wäßrigen Lösungen.** T. V. Fomina, N. P. Dymarčuk und K. P. Miščenko. (Ž. prikl. Chim. **41** (1968) 5, 982–86; Leningradskij technol. inst. celljulozno-bumažnoj prom.; russ.) — Die Kinetik der Bruttork. $K_2S_2O_8 + Na_2SO_3 + H_2O \rightarrow K_2SO_4 + Na_2SO_4 + H_2SO_4$ wurde bei 10, 25, 35 u. 50° chem., bei 20–21° amperometr. untersucht, sie ist sowohl auf $K_2S_2O_8$, als auch auf Na_2SO_3 bezogen von zweiter Ordnung. Ein möglicher Rk.-Mechanismus wird vorgeschlagen, die Geschw.-Konst. beträgt bei 10° 0,00356 (l/Mol · sec), bei 25° 0,00752, bei 35° 0,0140, bei 50° 0,0355, die Aktivierungsenergie bei 10–25° 8,36 (kcal/Mol), bei 25–35° 11,34 u. bei 35–50° 12,25. Amperometr. Vers. ergeben als Optimalbedingungen der Rk.-Führung 0,4 m Phosphatpuffer, pH 7, 0,001 bis 0,002 m Na_2SO_3, 0,9 V u. eine Stromstärke in der Größenordnung mA. J. J. Pohl 216

0703 **Oxydation von Bis-[triäthylgermyl]-quecksilber mit Sauerstoff.** G. A. Razuvaev, Ju. A. Aleksandrov, V. N. Glušakova und G. N. Figurova. (Doklady Akad. Nauk SSSR **180** (1968) 5, 1119–21; Labor. stabilizacii polimerov, AN SSSR; russ.) — Die Ox. von $(C_2H_5)_3 \cdot GeHgGe(C_2H_5)_3$ (**I**; $Kp._1$ 123,5–124°) mit in n-Octan gelöstem O_2 verläuft bereits bei –20°, der autokatalyt. Charakter tritt schon bei Temp. < 0° klar in Erscheinung. Die scheinbare Aktivierungsenergie des Prozesses beträgt

13,7 kcal/Mol. Zugaben von 2.6-Di-tert.-butyl-4-methylphenol u. 2.4.6-Tris-tert.-butyl-phenol sind ohne Wirkung. Bei der Ox. von I entsteht intermediär $(C_2H_5)_3GeHgOGe \cdot (C_2H_5)_3$, das sich unter Bldg. von $(C_2H_5)_3GeOGe(C_2H_5)_3$ + Hg zersetzt. Bei der Rk. dürfte sich keine Peroxoverb. bilden. $[(C_2H_5)_3Ge]_2O$ wirkt ebenso katalyt. wie andere nucleophile Reagenzien, wie Triphenylphosphin, Triäthylamin u. Ammoniak. J. J. Pohl 216

0704 **Untersuchung der raschen Umsetzung einiger Seltenerdmetalle mit Xylenolorange mit der Temperatursprungmethode.** K. B. Jacimirskij und L. I. Budarin. (Doklady Akad. Nauk SSSR **180** (1968) 6, 1383—84; Inst. obšč. i neorg. chim. AN Ukr. SSR; russ.) — Die Kinetik der Bldg. u. Dissoziation gefärbter Komplexe der dreiwertigen Seltenerdmetallionen mit Xylenolorange wurde unter Verw. wss. $La(ClO_4)_3$-, $CeBr_3$-, $PrCl_3$-, $NdCl_3$-, $SmCl_3$- u. $GdCl_3$-Lsg. mit der Stoßmeth. verfolgt. Die Bldg.-Rk. verläuft bei einer Konz. der Ausgangssubstanzen von 10^{-4} m in ca. 10^{-4} s. Die Abhängigkeit der Relaxationszeit von der Pr(III)-Konz. wurde bei μ = 0,1 u. 25° ermittelt. Die elektronenoszillograph. bestimmte Geschw.-Konst. der Bldg. bzw. Dissoziation der Komplexe sind: La 8,5 ($\cdot 10^6$ Mol^{-1}/s^{-1}), 150 (s^{-1}), Ce 3,7; 900, Pr 12,0; 630; Nd 9,5; 900; Sm 4,0; 620; Gd 5,4; 750. J. J. Pohl 216

0705 **Schnelle Reaktionen von Trilon B mit aus Xylenolorange und Seltenerdmetallen der Ceruntergruppe gebildeten gefärbten Komplexen.** L. I. Budarin und K. B. Jacimirskij. (Teoret. èksper. Chim. 4 (1968) 474—79; russ.) — Vgl. vorst. Referat. — Mit Hilfe einer spektrophotometr. Stopmeth. wird in einer bes. beschriebenen App. die Kinetik der sehr rasch verlaufenden Rk. $Ln^{III}X$ + AeDTE $\rightleftharpoons$ Ln^{III}AeDTE + X mit Ln = La, Ce, Pr, Nd, Sm u. Gd u. X = Xylenoloranganion untersucht. Limitierendes Stadium der Rk. ist die Dissoziation des gefärbten Komplexes $Ln^{III}X$. Geschw.-Konst., Aktivierungsenergien u. -entropien der Dissoziationsrk. werden angegeben. H. Roschkowski 216

0706 **Stöchiometrie und Kinetik der Reduktion des Chloroerythrochrom(III)-Ions durch Chrom(II).** D. W. Hoppenjans, J. B. Hunt und L. Penzhorn. (Inorg. Chem. [Washington] 7 (1968) 7, 1467—69; Dep. of Chem., Catholic, Univ. of America, Washington, C.D.; engl.) — Der zweikernige, als Chloroerythroion bekannte Chrom(III)-Komplex $[(NH_3)_5Cr(OH)Cr(NH_3)_4Cl]^{4+}$ (I) hat zwei chem. verschiedene Chromatome, die beide ein Elektron aufnehmen können. Vf. untersuchen deshalb die Hydrolyse von I in Perchlorat-Lsg. mit $Cr(ClO_4)_2$ als Red.-Mittel. Als Rk.-Gleichung folgt: I + $5\,H_3O^+ \xrightarrow{Cr^{2+}}$ $[(NH_3)_5Cr(OH_2)]^{3+}$ + $4\,NH_4^+$ + $[(H_2O)_5CrCl]^{2+}$. Danach ist der geschwindigkeitsbestimmende Schritt eine Elektronenübertragungsrk. mit *Chlor* als Brückenligand. R. Blank 216

0707 **Kinetik und Sauerstoffisotopenverhältnis bei der Reaktion der isomeren Chloroaquotetramminchrom(III)-Ionen mit Chrom(II).** M. J. DeChant und J. B. Hunt. (J. Amer. chem. Soc. **90** (1968) 14, 3695—99; engl.) — Vgl. vorst. Referat. — Die Abspaltung von NH_3 aus *cis*- u. *trans*-$[Cr(NH_3)_4(OH_2)Cl]^{2+}$ (I) unter Bldg. von $[Cr(OH_2)_5Cl]^{2+}$ wird durch Cr^{2+}-Ionen (II) nach dem Rk.-Geschw.-Gesetz = k [I] [II] katalysiert. Dabei ist k = 1,16 $Mol^{-1}\,s^{-1}$ bei 25° u. E_a = 10,3 kcal/Mol für das trans- u. 1,14 $\cdot$ 10^{-1} $Mol^{-1}\,s^{-1}$, E_a = 11,2 kcal/Mol für das cis-Isomere in Perchloratlösung. Die Rk.-Geschw. des trans-Isomeren steigt mit der Ionenstärke u. dem Zusatz von Cl^--Ionen stärker an als beim cis-Isomeren. Die Messung des ^{16}O-Anteils im Vgl. zu ^{18}O im W.-Ligand bei der Rk. der Isomere mit II ergibt die kinet. Verhältnisse $k_{O^{16}}/k_{O^{18}}$ = 1,017 für das trans- u. 1,007 für das cis-Isomere. Danach muß der Chrom(III)-Komplex eine tetragonale Störung bei der Bldg. des aktivierten Komplexes erleiden.

Versuche: Darst. der *cis*- u. *trans*-$[Cr(NH_3)_4 \cdot (OH_2)Cl](ClO_4)_2$ nach Literaturvorschriften, wobei das cis-Isomere durch vorsichtige Titration von cis-$[Cr(NH_3)_4 \cdot (OH_2)Cl]Cl_2$ mit konz. $HClO_4$ erhalten wurde. $Cr(ClO_4)_2$-Lsg. durch Auflösung von hochreinem Cr-Metall in luftfreiem 4 m $HClO_4$ unter Stickstoff. R. Blank 216

0708 **Zwischenstufen in der Autoxydation.** 3. Mitt. **Reaktionen des Mn(III)-Acetates in Essigsäure mit Benzol, Chlorbenzol und Toluol.** R. E. van der Ploeg, R. W. de Korte und E. C. Kooyman. (J. Catalysis **10** (1968) 1, 52—59; Labor. of Organic Chem., Leiden Univ., Netherlands; engl.) — 2. vgl. C. **1968, 39**-0891. — Aus der Analyse der Rk.-Prod. der Rk. von Mn(III)-Acetat mit Bzl. (100°), Chlorbenzol oder Toluol (110°) in Eisessig folgt, daß die HOOC—CH_2-Radikale die prim. Zwischenprod. sind. Unter Abwesenheit von Bzl.-Deriv. reagieren sie mit Mn(III)-Acetat unter Bldg. von Acetoxyessigsäure oder unter Dimerisation zu Bernsteinsäure–Acetoxyessigsäure. Acetoxyessigsäure reagiert weiter zum Methylendiacetat. Bzl., Chlorbenzol oder Toluol lagern sich an die HOOC—CH_2-Radikale an unter Bldg. der entsprechenden Phenylessigsäuren, die schließlich bis zu den Hauptprod. Benzylacetat, Benzaldiacetat u. Benzaldehyd weiter reagieren. In Anwesenheit von KBr reagiert Toluol mit einer größeren Geschw. u. die Rk.-Prod. bestehen hauptsächlich aus Benzylacetat u. Benzylbromid. G. Malow 216

0709 **$C^{18}O$-Austauschuntersuchungen an $Mn(CO)_5X$-Systemen (X = Cl oder Br).** B. F. G. Johnson, J. Lewis, J. R. Miller, B. H. Robinson, P. W. Robinson und A. Wojcicki. (J. chem. Soc. [London], Sect. A **1968**, 3, 522—27; Dep. of Chem., Univ., Manchester; engl.) — Unters. des $C^{18}O$-Austauschs mit den CO-Gruppen von $Mn(CO)_5Cl$ u. $Mn(CO)_5Br$ durch die Zeitänderungen der IR-Spektren (in $CHCl_3$ u. Toluol) im C–O-Valenzschwingungsbereich bei 2000 cm^{-1}. Die CO-Valenzschwingungen der zu erwartenden isotopensubstituierten Verb. wurden ber. u. die Spektren zugeordnet. Dadurch konnten die Zuordnungen der unsubstituierten Mol. sowie die Cotton-Kraihanzel-Parameter verbessert werden. Die Kinetik der Austauschrk. wird diskutiert. R. Blank 216

0710 **Katalytische und magnetische Eigenschaften von Mangan(II)- und Mangan(III)-Komplexverbindungen mit α.α'-Dipyridyl und o-Phenanthrolin.** A. Ja. Syčev, Ja. D. Tiginjanu und Ju. S. Gromovoj. (Ž. fiz. Chim. **42** (1968) 8, 2081—84; Kišinevskij gos. univ.; russ.) — Die Hyperfeinstruktur des EPR-Spektrums von Mn(II) verschwindet bei der Zugabe eines dreifachen o-Phenanthrolin- u. eines mehr als vierfachen α.α'-Dipyridylüberschusses zu einer 0,05 m $MnCl_2$-Lsg. vollständig. Die Maxima der katalyt. Aktivität der Komplexe bei der Zers. von H_2O_2 liegen bei den gleichen Mn : Ligand-Verhältnissen. Die mol. elektr. Leitfähigkeit der Mn(III)-Komplexe $[Mn(dipy)(H_2O)Cl_3]$ u. $[Mn(phen)(H_2O)Cl_3]$ beträgt 620 bzw. 645 $\Omega^{-1} \cdot cm^2$. Eine 0,005 m Lsg. hat pH 2,6. Beim Lösen in W. findet rasche Aquotisierung nach $[Mn(dipy)(H_2O)Cl_3]$ + 3 H_2O $\rightleftharpoons$ $[Mn(dipy)(H_2O)_3 \cdot OH]^2$ + 3 Cl^- + H^+ statt. Die Zers.-Geschw. von H_2O_2 beträgt in Ggw. von 1 : 1-Mn(II)- u. Mn(III)-phen-Komplexen bei pH 6,5 u. gleichen Konz. k = (1,9 ± 0,1) $\cdot$ 10^4 Mol H_2O_2/min., im Falle von dipy k = (2,6 ± 0,1) $\cdot$ 10^4 Mol H_2O_2/min. J. J. Pohl 216

0711 **Reaktionen des Wasserstoffatoms im System H_2O + H_2SO_4 + Fe_2SO_4. 6. Mitt. Kinetik.** V. V. Voevodskij, N. M. Bažin und N. M. Katkova. (Kinetika i Kataliz 9 (1968) 3, 521—27; Inst. chim. kinetika i gorenija SO AN SSSR, Novosibirsk; russ.) — 5. vgl. ibid. 8 (1967) 3, 532; 4. vgl. C. **1968, 38**-1031. — Die Kinetik des Verschwindens der H$^\bullet$-Atome in der Rk. mit Fe^{2+} wurde untersucht. Offensichtlich sind nicht alle Wasserstoffatome als äquivalent zu betrachten. Unter bestimmten Voraussetzungen konnten Vf. jedoch die Geschw.-Konst. für eine der möglichen Rk.-Typen $H_i^\bullet$ + Fe^{2+} im Festkörper erhalten, welche durch den Ausdruck 10^{-9} exp(— 6000 ± 1000/RT) gegeben ist. Eine Extrapolation dieser Funktion auf Zimmertemp. führt zu einer genügenden Übereinstimmung mit den für die Rk. H$^\bullet$ + Fe^{2+} bei dieser Temp. erhaltenen experimentellen Werten. Die Rk. des Wasserstoffatoms mit Methyl- u. Allylalkoholmol. bei 90 °K wird aller Wahrscheinlichkeit nach durch die Diffusion bestimmt. Die Diffusionskonst. K_D = 6 $\cdot$ 10^{-23} cm^3/s ist ca. 10mal größer als die kinet. Geschw.-Konst. für die Rk. H + Fe^{2+}. H. Will 216

0712 **Einfluß von tertiären Butylgruppen auf die Reaktionsfähigkeit von Ferrocen.** V. N. Setkina, N. V. Kisljakova, N. S. Kočetkova, A. N. Nesmejanov und D. N. Kursanov. (Doklady Akad. Nauk SSSR **178** (1968) 1, 119—22; Inst. ėlementoorgan. soedin. AN SSSR; russ.) — Der Einfl. von tert. Butylgruppen im Ferrocen wird durch kinet. Messungen des H-Isotopenaustausches im Cyclopentadienylring bei Einw. deuterierter Essigsäure u. Trifluoressigsäure in CH_2Cl_2 ermittelt. Bez. auf $K_{Ferrocen} = 1$ ergeben sich folgende k_{rel}-Werte: *Äthylferrocen*: k = 8; *tert.-Butylferrocen*: k = 6; *1.1′-Diäthylferrocen*: k = 33; *1.1′.3-Tri-tert.-butylferrocen*: k = 34; *1.1′.3.3′-Tetra-tert.-butylferrocen*: k = 80. Drei tert. Butylgruppen aktivieren das Ferrocensyst. in gleicher Weise wie zwei heteroannulare Äthylgruppen. Die kinet. Messungen werden durch polarograph., UV- u. ^{1}H-NMR-spektroskop. Unters. vervollständigt. Auch aus diesen Vers. ist auf ein anomales Verh. der tert. Butylgruppe im Ferrocen zu schließen, was sich u. a. in einer verminderten RG der Verb. mit elektrophilen Agenzien im Vgl. zu anderen Alkylferrocenen äußert. K. Jasche 216△

0713 **Kinetik der Aquotisierung von cis-Dichloro-bis-[phenanthrolin]-kobalt(III)-chlorid.** D. M. Palade und M. K. Borejko. (Ž. neorg. Chim. **13** (1968) 11, 3021—23; Doneckij politechn. inst.; russ.) — Die Kinetik des Austausches von Chlor gegen W.-Mol. wurde durch potentiometr. Best. von Cl^- nach Austausch des Kations am KU-2 in der H-Form verfolgt. Die Aquotisierungsgeschw. wurde bei 18, 25, 30, 35 u. 40° bestimmt. Die Geschw.-Konst., Aktivierungsenergien u. -entropien sowie B-Werte der Arrhenius-Gleichung für die Aquotisierung von cis-$[CoCl_2phen_2]^+$ sind $K \cdot 10^3$, min^{-1} bei 18° 1,5, 25° 4,1, 30° 7,5, 35° 13,9, 40° 27,1, E (kcal/Mol) 23,7, ΔS^* (Clausius) 9,9, log B 14,9, für cis-$[CoCl_2(en)_2]^+$ $K \cdot 10^3$ bei 25° 15, E = 20, $\Delta S^* = -3$. J. J. Pohl 216

0714 **Kinetik vielzähniger Liganden.** 12. Mitt. **Reaktion des Äthylendiamintetracetations mit Mono- und Bis-[diäthylentriamin]-nickel(II)-Komplexen.** Dale W. Margerum und H. M. Rosen. (Inorg. Chem. [Washington] **7** (1968) 2, 299—305; Purdue Univ., Lafayette, Ind.; engl.) — 10. vgl. C. **1968,** 16-0706. — Bei den Rk. von $Ni(dien)_2^{2+}$ (**I**) oder $Ni(dien)^{2+}$ (**II**) mit dem Äthylendiamintetraacetation Y^{4-} wird ein schrittweiser Ersatz eines vielzähnigen Liganden durch einen anderen beobachtet. **I** reagiert nicht direkt mit Y^{4-}, sondern muß erst zu **II** überführt werden. **II** reagiert schnell mit Y^{4-} unter Bldg. von $Ni(dien)Y^{2-}$. Dieser Komplex unterliegt weiterer Abspaltung von Dien u. wachsender Koordination von Y^{2-}; dabei werden zwei aufeinanderfolgende Schritte 1. Ordnung mit $k_3 = 26\,s^{-1}$ u. $k_4 = 2{,}55\,s^{-1}$ zwischen pH 8,42 u. 9,95 beobachtet, bevor NiY^{-2} u. Dien entstehen. Überschüssiges **II** kann langsam mit Y^{4-} reagieren unter Bldg. einer Spezies mit Y-Brücke, $[Ni(dien)Y(dien)\cdot Ni]$. Differenz-Spektralunters. an NiY^{2-} u. **I** zeigen eine andere mögliche Brückenspezies an, nämlich $[Ni(dien)\cdot YNiY(dien)Ni]^{2-}$. G. Heller 216

0715 **Katalytische Aktivität von Kupferkomplexen mit einigen Dipeptiden.** U. I. Salachutdinov, A. P. Borisova und I. A. Savič. (Ž. fiz. Chim. **42** (1968) 8, 2076—78; Mosk. gos. univ. im. Lomonosova, chim. fak.; russ.) — Die katalyt. Aktivität der Cu-Komplexe mit Glycyl-β-alanin, Glycyl-l-α-alanin, Glycyl-dl-norleucin u. Glycyl-dl-leucin in bezug auf die Hydrolyse von p-Nitrophenylacetat wurde spektrophotometr. bei 25, 35 u. 45° untersucht. Die Aktivierungsenergie der Hydrolyse in Ggw. der genannten Komplexe beträgt 9266, 14838, 6650 bzw. 5189 cal/Mol. J. J. Pohl 216

0716 **Bildungskinetik von Metallphäophytinaten in einigen sauerstoffhaltigen Lösungsmitteln.** B. D. Berezin, G. I. Smirnova. (Ž. fiz. Chim. **42** (1968) 8, 1952—57; Ivanovskij chim.-technol. inst.; russ.) — Die Bldg.-Geschw. von Cu^{2+}- u. Zn^{2+}-Phäophytinat wurde in Methanol, A., n-Pentanol, Aceton, Dioxan u. Eisessig untersucht, die Werte der Geschw.-Konst., der Aktivierungsenergie u. -entropie sind tabelliert. Die Werte werden durch die geometr. Struktur des Lsgm.-Mol. u. der Stabilität der Solvat-Koordinationssphäre des Kations beeinflußt. Die zunehmende spezif. Umsetzung des Lsgm. mit dem Rk.-Zentrum der Phäophytinmol. führt zu keiner Abnahme der Geschw. u. zu keinem Steigen der Aktivierungsenergie. Auch die Umsetzung des Lsgm. mit Salzanionen beeinflußt die Charakteristiken nicht wesentlich. J. J. Pohl 216

0717 **Reaktionsgeschwindigkeit der Isomeren von Dichloro-bis-[diäthylsulfid]-platin(II) mit Ammoniak.** V. A. Valjaeva und S. P. Derendjaev. (Ž. neorg. Chim. **13** (1968) 11, 3045—51; Udmurtskij gos. ped. inst.; russ.) — Die Rk.-Geschw. der isomeren Formen von $[PtCl_2\cdot\{S(C_2H_5)_2\}_2]$ mit Ammoniak zu $[PtClNH_3\{(C_2H_5)_2S\}_2]Cl$ u. weiter zu $[Pt(NH_3)_3\{(C_2H_5)_2S\}]Cl_2$ sowie $[Pt(NH_3)_4]Cl_2$ wurde in wss.-alkohol. Lsg. bei 20 ± 1° bestimmt. Das trans-Isomere reagiert mit Ammoniak schneller. Die Rk.-Geschw. hängt vom Alter der wss.-alkohol. Ausgangslsg. ab. Mit wachsender Alterungszeit reagiert das cis-Isomer schneller, das trans-Isomer langsamer infolge verschiedenen Hydrolysegrades. Bei wachsender relativer Ammoniakkonz. sinkt die Aktivierungsenergie im Falle beider Isomere. J. J. Pohl 216

0718 **Geschwindigkeit der Umsetzung von Dichloro-bis-[diäthylsulfid]-platin(II) mit Ammoniak.** V. A. Valjaeva, S. P. Derendjaev und I. G. Samarina. (Ž. vses. chim. Obšč. im. D. I. Mendeleeva **12** (1967) 1, 118—19; russ.) — Kurzmitt. zu vorst. Referat. J. J. Pohl 216

0719 **cis- und trans-Wirkung von Dimethylsulfoxid im Platin(II)-Komplex.** Ju. N. Kukuškin, M. A. Kuz'mina und A. F. V'jugina. (Radiochimija **10** (1968) 4, 470—74; russ.) — Der Isotopenaustausch von Chlor im Komplexion $[Pt(DMSO)Cl_3]^-$ wurde untersucht. DMSO zeigt neben einer großen trans-Wrkg. auch eine starke cis-Wirkung. Die ^{36}Cl-Isotopenaustauschgeschw. in der Koordinate Cl–Pt–Cl beträgt im Komplexion $[Pt\cdot(DMSO)Cl_3]^-$ $4{,}96\cdot10^{-4}\,s^{-1}$. Der Austausch in der L–Pt–Cl-Koordinate ist sehr rasch. J. J. Pohl 216

0720 **Kinetik der Umsetzung von Kaliumtetrachloroplatinat(IV) mit aliphatischen Aminen und Aminoalkoholen.** Ju. N. Kukuškin und V. B. Ukraincev. (Ž. neorg. Chim. **13** (1968) 11, 3143—44; russ.) — Die Geschw.-Konst. K der Umsetzung von $K_2[PtCl_4]$ mit folgenden Verb. A zu Komplexen $K[PtCl_3A]$ wurden bestimmt: *n-$C_3H_7NH_2$* ($K\cdot10^3$, l/Mol · s bei 25°) 0,53; *n-$C_4H_9NH_2$* 0,55; *i-$C_4H_9NH_2$* 0,58; *$(CH_3)_2NH$* 0,52; *$NH_2\cdot(CH_2)_2OH$* 1,44; *$NH_2(CH_2)_3OH$* 1,09. Die Aktivierungsenergien liegen bei 16 kcal/Mol. Die Eindringgeschw. der verschiedenen Amine in die innere Sphäre von $[PtCl_4]^{2-}$ wächst nach den Vers.-Daten gemäß $NH_3 < C_2H_5NH_2$, n-$C_3H_7NH_2$, n-$C_4H_9NH_2$, iso-$C_4H_9NH_2$, $(CH_3)_2NH < CH_3NH_2 < HOCH_2CH_2CH_2NH_2 < HOCH_2CH_2NH_2 < CH_3CH(NH_2)CH_2NH_2 < NH_2CH_2CH_2CH_2NH_2$. J. J. Pohl 216

0721 **Thermische Zersetzung von Methyltrichlorsilandämpfen.** L. M. Ivanova und A. A. Pletjuškin. (Izvest. Akad. Nauk SSSR, Neorg. Mater. **4** (1968) 7, 1089—93; Inst. metallurg. im. Bajkova AN SSSR; russ.) — Chromatograph. u. chem.-analyt. wurde die Zus. der festen, fl. u. gasförmigen Prod. der therm. Zers. von CH_3SiCl_3-Dämpfen in H_2-Atmosphäre auf bis zu 1350 bis 1600° erhitzten Oberflächen untersucht. Als Hauptprod. bilden sich bei der Zers. von CH_3SiCl_3 SiC u. HCl nach der Rk. $CH_3SiCl_3 = SiC + 3\,HCl$, deren Ausb. jeweils 72% erreicht. Als fl. Nebenprod. konnten geringe Mengen $SiHCl_3$, $SiCl_4$, CH_3SiCl_3 u. $(CH_3)_2SiCl_2$ nachgewiesen werden, u. die Gasphase enthält neben HCl geringe Mengen CH_4, C_2H_4, C_2H_6 u. C_2H_2. Die Bldg. dieser Verb. ist auf Zwischen- u. Nebenrk. zurückzuführen. Des weiteren wird der Mechanismus der Bldg. von SiC, HCl, der Chlorsilane u. KW-Stoffe bei der Zers. von CH_3SiCl_3 diskutiert: 1 — Abspaltung von Cl u. Bldg. von $CH_3SiCl_2^+$, CH_3SiCl^+ u. CH_2SiCl^+, 2 — Sprengung der Kette —Si—C— u. Bldg. von $SiCl_3^+$, $SiCl_2^+$, $SiCl^+$, Si^+, Cl^+, 3 — Pyrolyse von Methan. B. Karos 218

0722 **Einfluß von Katalysatoren auf die thermische Zersetzung von Natriumhyperoxid.** Jean A. Marriott, Augustine Capotosto jun. und Americo W. Petrocelli. (Analytica chim. Acta [Amsterdam] **41** (1968) 1, 121—29; Gen. Dynamics Corp., Groton, Conn.; engl.) — Das therm. Verh. von reinem NaO_2 u. von NaO_2-Proben mit einem Geh. von 1 Gew.-% Cu_2O wurde durch simultane DTA, TGA u. DTGA untersucht. Zers. des Hyperoxids unter Gew.-Verlust (O_2-Abgabe) erfolgt mit merklicher Geschw. nur bei Temp. ab ca. 250°. Der Einfl. einer Reihe von Katalysatoren auf die Zers. von NaO_2 wurde mit Hilfe von DTA-Messungen geprüft. Cu_2O, Al_2O_3, NiO, Fe_3O_4, Fe_2O_3 u. Ag_2O waren ohne Effekt, während PdO, TiO_2 u. CdO geringfügige, aber signifikante Änderungen der DTA-Kurven hervorriefen. Polymeres *Cu-Phthalocyanin*, V_2O_3, V_2O_5 u. MnO_2 scheinen oberhalb 250° mit NaO_2 zu reagieren. Eine kurze Vorbehandlung des NaO_2 mit 100% Luftfeuchtigkeit bewirkt oberflächliche Bldg. von $Na_2O_2 \cdot H_2O_2$ u./oder $Na_2O_2 \cdot 2\,H_2O_2$, die beim Erhitzen unter Abgabe von O_2 u. W.-Dampf zerfallen; letzterer führt seinerseits dazu, daß die O_2-Abgabe aus NaO_2 u. Na_2O_2 bei niedrigerer Temp. als im Fall unvorbehandelter NaO_2-Proben erfolgt. A. Blaschette 218

0723 **Thermische Dissoziation von Kaliumnitrat in Gegenwart von Kaliumhalogeniden.** A. N. Kruglov, S. M. Chabbibulina und V. P. Kočergin. (Ž. neorg. Chim. **13** (1968) 11, 3144—45; Sverdlovskij gos. univ.; russ.) — Der therm. Dissoziationsgrad von KNO_3 nimmt in der Reihenfolge der Zusätze KBr–KCl–KF ab. Im Syst. KNO_3–KF sinkt der Dissoziationsgrad mit wachsendem KF-Geh., im Syst. KNO_3–KCl, bes. im Syst. KNO_3–KBr geht er mit steigendem KX-Geh. durch ein ausgeprägtes Minimum. Dies steht in Übereinstimmung mit der Bldg. inkongruent schmelzender Verb. in den KCl- u. KBr-haltigen Systemen. J. J. Pohl 218

0724 **Thermische Dissoziation von Hafniumtetrajodid.** J. Gerlach, J.-P. Krumme und F. Pawlek. (J. less-common Metals [Lausanne] **15** (1968) 3, 303—10; Inst. für Metallhüttenkunde, TU, Berlin; dt.) — Die Überführungsgeschw. des Hf von einem unreinen Bodenkörper zu einem Abscheidungsdraht wurde in Abhängigkeit von der Rohmetall- u. von der Abscheidungstemp. sowie vom HfJ_4-Dampfdruck gemessen. Sie zeigte bei einem HfJ_4-Dampfdruck von 0,7 (Torr) ein Maximum. Es ergibt sich, daß der geschwindigkeitsbestimmende Schritt unterhalb eines Gesamtdruckes von 0,35 durch die Rk. am Abscheidungsdraht, bei höheren Drücken hingegen von der Gasdiffusion bestimmt wird. Die typ. Ausprägung eines Max. der Transportgeschw. wird dagegen von den thermochem. Gleichgew.-Verhältnissen am Abscheidungsdraht bestimmt. P. Scharner 218

0725 **Mechanismus der Dehydratation von Calciumchromatmonohydrat.** Jacques Moreau, Denise Delafosse und Ginette Watelle-Marion. (C. R. hebd. Séances Acad. Sci., Sér. C **266** (1968) 7, 451—53; Labor. de Rech. sur la Réactivité des Solides, Fac. des Sci., Dijon; franz.) — Die therm. Stabilität u. die Kinetik der Dehydratation von $CaCrO_4 \cdot H_2O$ unter kontrolliertem H_2O-Druck wurden thermogravimetr., mkr. u. elektronenmkr. in Abhängigkeit von Temp. u. Zeit untersucht (Diagramm). Der H_2O-Druck scheint im Intervall von 10^{-3} bis 150 Torr auf die Rk.-Geschw. ohne Einfl. zu sein. Die an der Oberfläche gebildete Schicht von wasserfreiem Chromat ist sehr durchlässig u. ermöglicht ein rasches Entweichen des H_2O-Dampfes. Zur Erklärung des Rk.-Ablaufs wird die Theorie von Mampel [1940] herangezogen. O. Rösner 218

0726 **Einfluß der Dauer der thermischen Behandlung bei 310° im Vakuum von orthorhombischem Bleimonoxid, β-PbO, auf die Reduktionsgeschwindigkeit durch Wasserstoff.** Bernard de Rosa und Louis-Claude Dufour. (C. R. hebd. Séances Acad. Sci., Sér. C **266** (1968) 7, 431—34; Labor. de Rech. sur la Réactivité des Solides, Fac. des Sci., Dijon; franz.) — Durch Erhitzen von β-PbO bei 310° im Vakuum erscheinen an der Oberfläche metall. Keime, deren Bldg. auf Red.-Vorgänge durch Öldämpfe aus der App. zurückzuführen sind. Die Red.-Geschw. des Oxids durch H_2 bei 310° wächst mit der Dauer dieser „Vor-Rk.". Die Vers.-Ergebnisse sind in Diagrammen zusammengestellt u. zeigen den Sauerstoffabbau als Funktion der Zeit. O. Rösner 218

0727 **Verdampfung von Bleizirkonat–Bleititanat-Materialien.** 2. Mitt. **Heiß gepreßte Zusammensetzungen von annähernd theoretischer Dichte.** David A. Northrop. (J. Amer. ceram. Soc. **51** (1968) 7, 357—61; Sandia Labor., Albuquerque, N.Mex.; engl.) — 1. vgl. ibid. **50** (1967) 9, 441—45. — Die PbO-Verdampfung aus Formteilen der Zus. $Pb(Zr_{0,65}Ti_{0,35})O_3$ wird unterhalb 100 Torr zwischen 780 u. 1270° thermogravimetr. untersucht. Die Verdampfung zeigt eine parabol. Zeitabhängigkeit. Geschwindigkeitsbestimmender Schritt ist die Pb-Diffusion durch die an Pb verarmende äußere Schicht. Massenspektrometr. wird bei 950° die gleiche Dampfphasenzus. wie über reinem PbO gefunden. Die Aktivierungsenergie beträgt 38,5 kcal/Mol, für mit 0,02 Atom-% Bi versetztem Material dagegen 35,0 kcal/Mol. Der Vgl. mit kalt gepreßten Formstücken mit nur 58—77% der theoret. D. zeigt, daß die PbO-Verdampfung von der D. unabhängig ist. H. Tulhoff 218

0728 **Einfluß der Kationenwertigkeiten auf den Mechanismus und den Druck der Dissoziation komplizierter Oxide.** Ju. P. Vorob'ev, E. G. Bogačeva und G. I. Čufarov. (Izvest. Akad. Nauk SSSR, Neorg. Mater. **4** (1968) 6, 948—51; Inst. metallurg., Sverdlovsk; russ.) — Der Sauerstoffdruck log p_0 bei der Red. von $Fe^{2+}V^{3+}Fe^{3+}O_4$ (**I**) u. $Fe_2^{2+}V^{4+}O_4$ (**II**) mit H_2 bei 1000, 1050 u. 1100° wurde bestimmt. **I** (a = 8,423 ± 0,005 Å) wurde in Ar bei 1200° in 20 Std. aus Magnetit (**III**), Wüstit (**IV**) u. V_2O_3 (**V**) erhalten; **II** aus **IV**, V_2O_5 u. **V**. Die unterschiedlichen Wertigkeiten wurden aus elektr. Leitfähigkeiten (L) bestimmt. L ist für **II** kleiner als für **I**. Nach den Debyeogrammen von **I** ist bei 1000 u. 1050° u. $0 < x < 50$ (x = Red.-Grad) Spinell mit γ-Fe im Gleichgewicht. Bei 1100° tritt bis zu x = 3% **IV** auf, danach auch Spinell u. γ-Fe. Bei x > 22% werden die Gitterparameter diskontinuierlich geändert. Die Gitterparameter des γ-Fe bleiben immer konst., die von **I** werden von 8,424 Å (x = 0) auf 8,448 (x = 39,2%) vergrößert, weil FeV_2O_4 (**VI**) größere Gitterparameter hat (a = 8,454 A). Die Dissoziationsdrücke von **I** u. **II** werden erst bei x = 50% gleich, denn dann haben die Red.-Prod. die gleiche Phasenzus.: γ-Fe + **VI**. Bei der Red. von **I**, das eine feste Lsg. von **III** u. **VI** ist, wird **III** red.; dagegen wird bei **II** Fe^{3+} zu Fe^{2+} u. V^{4+} zu V^{3+} reduziert. Die Kationenwertigkeit beeinflußt den Dissoziationsdruck empfindlich. U. Strobel 218

0729 **Unterschiede in der Zersetzungskinetik von Nickeldeuterid und Nickelhydrid.** A. Stroka. (Bull. Acad. polon. Sci., Sér. Sci. chim. **16** (1968) 2, 65—70; Inst. of Phys. Chem., Pol. Acad. of Sci.; engl.) — Die Zers. des Ni-Deuterids verläuft nach einer Rk.-Gleichung 1. Ordnung. Es werden nur 88—95% des von der Probe aufgenommenen Deuteriums nach diesem Mechanismus desorbiert, was auf eine andere Zers.-Kinetik in der α-Phase des Ni-Deuterids zurückgeführt wird. Die Zers.-Geschw.-Konst. des Deuterids ist um einen Faktor 1,9 niedriger als die des Hydrids u. beträgt bei 25° ± 0,05° für eine 10 μ dicke Ni-Folie $(4{,}69 \pm 1{,}00) \cdot 10^{-4}\,s^{-1}$ u. für eine 20 μ dicke Ni-Folie $(4{,}90 \pm 0{,}95) \cdot 10^{-4}\,s^{-1}$. Die entsprechenden Werte für das Hydrid lauten $(9{,}07 \pm 2{,}30) \cdot 10^{-4}\,s^{-1}$ bzw. $(9{,}20 \pm 2{,}00) \cdot 10^{-4}\,s^{-1}$. Die Aktivierungsenergie der Zers. der Ni-Deuterid-β-Phase wurde zwischen 15 u. 45° zu $Q^D = 10630 \pm 380$ cal/Mol u. des Ni-Hydrids zu $Q^H = 11525 \pm 400$ cal/Mol bestimmt. Die entsprechenden Frequenzfaktoren betragen $A_D = 1{,}54 \cdot 10^5\,s^{-1}$ u. $A_H = 1{,}02 \cdot 10^6\,s^{-1}$. G. Malow 218

0730 **Zersetzungskinetik von Nickelnitrathydrat.** A. I. Purtov und I. I. Kaliničenko. (Ž. neorg. Chim. **13** (1968) 11, 2931—36; russ.) — Die Kinetik der therm. Zers. von Ni-Nitrathydrat kann mit Hilfe der Erofeev-Gleichung $\alpha = 1 - \exp(-c\tau^n)$ mit α = Umwandlungsgrad, c = Konst., τ = Rk.-Zeit, n = Keimbldg.-Konst. beschrieben werden. Die Aktivierungsenergie des Anfangs-, Mittel- und Endstadiums der Rk. beträgt 55,9, 9,0 bzw. 43,6 kJoule/Mol. Die log K/1 T-Linien zeigen bei 230—310° einen Knickpunkt. Die Unters. der Hydrolysenkinetik von $Ni(NO_3)_2$ in W.-Dampf u. Dampf-N_2-Gemischen zeigt, daß das Hydrat zunächst zwei bzw. drei Mol. Kristallwasser abspaltet, dann bilden sich bas. Salze, die nachfolgende Zers. führt zu NiO. J. J. Pohl 218

0731 **Einfluß von Wasserstoff auf die Geschwindigkeit der thermischen Zersetzung von Silbercyanid.** E. S. Osi-

novik und A. F. Jančuk. (Izvest. Akad. Nauk Beloruss. SSR, Ser. chim. Nauk **1968**, 2, 124–25; Inst. fiz.-org. chim. AN Beloruss. SSR; russ.) — Die therm. Zers. von AgCN wurde bei 360 u. 370° in Ggw. von 1, 10, 50, 100 u. 200 Torr Wasserstoff untersucht. Wasserstoff beschleunigt die therm. Zers. von AgCN, es werden H_2-Mol. an der Oberfläche von AgCN adsorbiert u. wirken als Elektronendonoren. Die maximale Rk.-Geschw. wächst, die Zeit des Erreichens des Max. sinkt in Ggw. von H_2.
J. J. Pohl 218

0732 **Beeinflussung der Oxydationsgeschwindigkeit von Metallen mit ionenleitenden Deckschichten in einer elektrochemischen Kette. 2. Mitt. Oxydation von Zirkonium.** J. H. Eriksen und K. Hauffe. (Z. physik. Chem. [Frankfurt/M.] [N.F.] **59** (1968) 5/6, 332–35; Inst. für Phys. Chem., Univ. Göttingen; dt.) — 1. vgl. C. **1969**, 17-0828. — Analog l.c. wird die Beeinflussung der Ox.-Geschw. eines Zundersyst. mit ionenleitender Deckschicht durch „Kurzschlußbldg." u. Anlegen eines elektr. Feldes durch Unters. der Ox. von *Zr* als reines Zr-Blech u. mit einer Pt-bedeckten ZrO_2-Schicht in 1 atm O_2 bei 700 bis 800° nachgewiesen. Die experimentell ermittelte u. ber. Zunderkonst. bei 800° liegt bei ca. $7 \cdot 10^{11}$ Äquivalenten · $cm^{-1} \cdot s^{-1}$.
W. Sobieski 218

0733 **Oxydation von mit Lithium beschichtetem Chrom.** C. S. Tedmon jun. und W. C. Hagel. (J. electrochem. Soc. **115** (1968) 2 Part 1, 147–51; Gen. Electr. Res. and Dev. Center, Schenectady, N.Y.; engl.) — Cr-Proben aus CrJ_3 wurden in geschmolzenem LiF elektrochem. mit Li überzogen. Die Ox. unter isothermen Bedingungen bei 1100–1350° in trockener Luft (760 Torr) oder trockenem O_2 (100 Torr) gehorcht einem parabol. Gesetz. Die Best. der RGK der Ox. für verschiedene Abscheidungszeiten u. -temp. sowie verschiedene Ox.-Temp. erfolgte durch TGA; die Werte werden mit denen von reinem Cr verglichen. Der Li-Überzug bringt nachst. Vorteile: die Ox.-Geschw. ist merklich red., die Li-haltige Schutzschicht ist resistent gegen Rißbldg. u. Nitridbldg. während der Luftoxydation.
G. Schatz 218

0734 **Oxydation von Flußstahl und niedriglegierten Stählen in CO_2-Atmosphären.** J. E. Antill, K. A. Peakall und J. B. Warburton. (Corrosion Sci. **8** (1968) 9, 689 bis 701, 1 Tafel; Metallurg. Div., AERE, Didcot, Berks.; engl.) — Verh. von Fe, Baustahl [0,35(%) Mn, 0,53 Cr, 0,01 Mo, 0,01 Si] u. niedriglegierten Stählen (0,90–1,10 Cr, 0,57–1,00 Mo, 0,45–0,50 Mn, 0,07–50 Si) in CO_2 mit geringen Geh. an CO u. H_2O bei 500°.
M. Frenzel 218

0735 **Mechanismus der Sulfidzunderbildung auf Eisen–Chrom-Legierungen.** S. Mrowec, T. Walec und T. Werber. (Bull. Acad. polon. Sci., Sér. Sci. chim. **16** (1968) 5, 257–62; Cracow, Acad. of Mining and Metallurg., Dep. of Inorg. Chem.; engl.) — Der Mechanismus der Sulfurierung von Fe–Cr-Leg. mit *S*-Dampf, bei der sich in Abhängigkeit von der *Cr*-Konz. drei verschiedene Arten der Sulfidschicht ausbilden, wurde aufgeklärt. Im Bereich I, bei niederen *Cr*-Geh., wird $Fe_{1-x}S$ gebildet; im darauffolgenden Bereich II (bis ca. 41% Cr) bilden sich zwei Schichten aus, die homogene innere Schicht besteht aus $Fe(Fe_{2-x}Cr_x)S_4$, die äußere aus $Fe_{1-x}S$; im Bereich III (ca. 41–100% *Cr*) liegt eine Bldg. von FeS–Cr_2S_3-Mischkrist. vor. Ein Vgl. mit den Ergebnissen anderer Autoren für das Syst. Fe–Cr–O zeigt, daß die Abhängigkeiten der Sulfurierungs- u. der Ox.-Geschw. von der Cr-Konz. analogen Charakter aufweisen.
E. Schulte 218△

0736 **Kinetik und Makrokinetik der Hydrierung von Eisencarbid.** A. Ja. Rozovskij, V. Ja. Savel'ev, Ju. B. Kagan und V. D. Stycenko. (Kinetika i Kataliz **9** (1968) 2, 452–55; Inst. neftechim. sinteza im. Topčieva AN SSSR, Moskva; russ.) — Die Makrokinetik u. Kinetik der Hydrierung von Eisencarbid in einem differentiellen Durchflußreaktor wird bei 220–260° an Eisenproben mit 29,6 u. 32,3 Gew.-% Fe_2C untersucht. Bei linearen Gasgeschw. < 3 cm/s wird eine Innerdiffusionshemmung beobachtet. Die Volumendurchflußgeschw. übt bei Geschw. $< 2 \cdot 10^{-2}$ Mol/g · min ebenfalls einen Einfl. auf die spezif. Rk.-Geschw. aus. Die spezif. Rk.-Geschw. beträgt oberhalb der angegebenen Grenzwerte zwischen $w = 6{,}3 \cdot 10^{-5}$ u. $5{,}8 \cdot 10^{-5}$ Mol/g · min. Die Bldg. von Eisenkeimen bei der Hydrierung verläuft nach einem Potenzgesetz. Die Aktivierungsenergie beträgt für die beiden untersuchten Proben 13 u. 16,5 kcal/Mol.
D. Radeck 218

0737 **Aktivität und Verfahren zur Desaktivierung von Glas bei der para–ortho-Umwandlung und dem Isotopenaustausch von Wasserstoff.** A. R. Peretjaka und M. N. Dančevskaja. (Vestnik Moskovskogo Univ., Ser. II **23** (1968) 3, 94–96; Kaf. fiz. chim.; russ., Auszug: engl.) — Untersucht wurde ein techn. Mo-Glas, Pyrex u. Quarz. Die Aktivität der Gläser nimmt bei Behandlung mit H_2 zu u. unter dem Einfl. von Ox.-Mitteln (bei Quarz am stärksten durch O_2-Einw. bei 800°) ab. Die katalyt. Aktivität beruht wahrscheinlich auf SiOH-Gruppen.
H. Roschkowski 220

0738 **Katalytische Aktivität einiger Sulfide und Oxide bei der Oberflächenrekombination von atomarem Wasserstoff.** V. V. Styrov. (Kinetika i Kataliz **9** (1968) 1, 124 bis 129; Tomskij politechn. Inst. im. Kirova; russ.) — Mittels Diffusionsmeth. u. thermoelektr. Sonden wird der Koeff. der Rekombination von atomarem Wasserstoff an ZnO (Aktivierungsenergie 6,7 kcal/Mol), CaO (4,6), Al_2O_3 (2,7) u. MgO(2,7) sowie ZnS (4,1) zwischen 300 u. 630 °K gemessen. Die Rekombination ist in allen Fällen 1. Ordnung. Durch die Einführung geringer Mengen Cu bzw. Cr in das ZnS steigt die Aktivierungsenergie etwas. Die Temp.-Abhängigkeit der Rekombination wird auf Oberflächendefekte zurückgeführt.
D. Radeck 220

0739 **Schwefelwasserstoff als Katalysatorgift in der Kinetik der Wasserstoffatom-Rekombination an Eisen.** I. Ratajczykowa und W. Palczewska. (Bull. Acad. polon. Sci., Sér. Sci. chim. **16** (1968) 2, 77–82; Dep. of Catalysis on Metals, Inst. of Phys. Chem., Pol. Acad. of Sci.; engl.) — Die Rekombination der H-Atome an Armco-Eisen (99,6% Fe) in reinem Wasserstoff wurde zwischen 298–570 °K gemessen. Der Rekombinationskoeff. beträgt bei 298 °K $\gamma_H = (1{,}7 \pm 0{,}1) \cdot 10^{-2}$. Die Aktivierungsenergie wurde zu $E_H = 1500 \pm 100$ cal/Mol u. der Präexponentialfaktor zu $\log (\gamma_H T)_0 = 1{,}79 \pm 0{,}05$ berechnet. In Ggw. von H_2S ($4 \cdot 10^{-5}$ bis $1{,}8 \cdot 10^{-3}$ Torr) gilt für die Rekombination der H-Atome bei 298° in den ersten 10 Std. nach Abschaltung der H_2S-Zufuhr $\gamma_{H_2S} = (2{,}7 \pm 0{,}7) \cdot 10^{-3}$, während die weitere Einw. von atomarem H auf die Fe-Oberfläche zur ursprünglichen Aktivität des Katalysators zurückführt. Die Aktivierungsenergie betrug $E_{H_2S} = 4800 \pm 200$ cal/Mol u. der Präexponentialfaktor $\log (\gamma_{H_2S} T)_0 = 3{,}39 \pm 0{,}06$.
G. Malow 220

0740 **Homomolekularer und Isotopenaustausch von Sauerstoff an Lanthanoxid.** V. D. Sokolovskij, L. A. Sazonov, G. K. Boreskov und Z. V. Moskvina. (Kinetika i Kataliz **9** (1968) 1, 130–34; Inst. kataliza SO AN SSSR, Novosibirsk; russ.) — Bei der Unters. des homomol. Austausches des Sauerstoffs ($p_{O_2} = 10$ Torr) an La_2O_3 (formiert im Vakuum u. erwärmt im Sauerstoffmilieu bei 700°) zwischen –80 u. 350° werden 3 Temp.-Gebiete von –80 bis –50° (Aktivierungsenergie 2,6 kcal/Mol), –20 bis 20(1,5) u. 200 bis 350(9,9) beobachtet. Die Rk.-Ordnung steigt von 0,75 bei 176 °K auf 1,40 bei 421 °K u. sinkt bei 534 °K wieder auf 0,85. Bei Formierung des Katalysators nur im Vakuum wird eine Erhöhung der katalyt. Aktivität beobachtet. Beim heterogenen Isotopenaustausch zwischen Gasphase u. La_2O_3 zwischen 210 u. 350° werden auf Grund der nichteinheitlichen Oberfläche zwei Gebiete mit unterschiedlicher Austauschgeschw. bei gleicher Aktivierungsenergie beobachtet ($E_A = 8–9$ kcal/Mol). Es wird angenommen, daß für den homomol. u. heterogenen Sauerstoffaustausch ähnliche geschwindigkeitsbestimmende Schritte in diesem Temp.-Gebiet existieren.
D. Radeck 220

0741 **Einfluß einer γ-Bestrahlung auf die katalytische Aktivität von Lanthanoxid in der homomolekularen Sauerstoffisotopenaustausch-Reaktion.** L. A. Sazonov, V. D. Sokolovskij und G. N. Mitrofanova. (Chim. vysokich Energ. **2** (1968) 4, 359–62; russ.) — Vgl. vorst. Referat. — Eine γ-Bestrahlung von La_2O_3 erhöht dessen katalyt. Aktivität um etwa 2 Größenordnungen. Die Aktivierungsenergie der Rk. beträgt $2{,}7 \pm 2$ kcal/Mol. Über –115° tritt infolge Ausheilung der bei der Bestrahlung gebildeten akt. Zentren eine schnelle Verringerung der katalyt. Aktivität ein. A. Pinkowsk 220

0742 **Oxydation von Ammoniak mit Sauerstoff in Platinrohren.** A. P. Zasorin, R. G. Orzulova und V. I. Atroščenko. (Ukrainskij chim. Ž. 34 (1968) 7, 728—32; Char'kovskij politechn. inst.; russ.) — Die Kinetik der Ox. von Ammoniak wurde bei verschiedenen Rohrabmessungen bei NH_3-Konz. im Gemisch von 15 bis 45 Vol.-% u. 200—60 kg NH_3/m^2 · Tag untersucht. Hohe Ox.-Ausb. bis 96—97% können bei parabol. Änderung der Rohrlänge mit dem Durchmesser erreicht werden. Die Ox. von NH_3 an Pt u. Pt-Leg. verläuft im Bereich der äußeren Diffusion, die scheinbare Aktivierungsenergie des Prozesses beträgt 6360 cal/Mol, die Arrhenius-Gleichung lautet $K = 0{,}497 \cdot 10^6 e^{-(6360/RT)}$. J. J. Pohl 220

0743 **Auftreten von N_2O bei der katalytischen Reduktion von NO durch CO.** M. Shelef und K. Otto. (J. Catalysis **10** (1968) 4, 408—12; Chem. Dep., Sci. Labor., Ford Motor Co., Dearborn, Mich.; engl.) — Die Rk. von CO u. NO wurde an einer Reihe von Trägerkatalysatoren (Pt, Fe_2O_3, $CuCr_2O_4$, Cu_2O, Cr_2O_3, NiO, Co_3O_4, MnO, V_2O_5 auf 95% Al_2O_3 — 5% SiO_2) untersucht. Die Rk.-Prod. (CO_2, NO, N_2O, N_2, CO) wurden massenspektrometr. bestimmt. Über α-Fe_2O_3- u. NiO-Katalysatoren ist bei tiefen Temp. ($\approx 100^0$) in der Nähe der Rk.-Schwelle N_2O das einzige Rk.-Prod., bei hohen Temp. (≈ 400 bis 500^0) verhalten sich die gebildeten Mengen $CO_2 : N_2$ wie 2 : 1. Mit steigender Temp. nimmt der N_2O-Peak ab. Der Rk.-Mechanismus wird diskutiert. Merkliche Zers. des N_2O wurde nur $> 350^0$ beobachtet. G. Malow 220

0744 **Mechanismus und Kinetik der Oxydation von Schwefeldioxid an Vanadin und Alkalimetalloxid enthaltenden Katalysatoren.** P. Mars und J. G. H. Maessen. (J. Catalysis **10** (1968) 1, 1—12; Central Lab., Staatsmijen/DSM, Geleen, Netherlands; engl.) — Die Ox. von SO_2 an Na-K-V-Katalysatoren (Kieselsäureträgerkatalysatoren mit 6,8—8,2 Gew.-% V_2O_5 u. 9—17 Gew.-% K) verläuft unter schneller Gleichgew.-Einstellung nach $SO_2 + 2\,V^{5+} + O^{2-} \rightleftharpoons SO_3 + 2\,V^{4+}$. Die Rk. des O mit V^{4+} ist der geschwindigkeitsbestimmende Schritt. Die Rk.-Geschw. läßt sich über $v = (kp_{O_2}/p_{SO_3})/[1 + (Kp_{SO}/p_{SO_2})^{1/2}]^2$ ausdrücken, worin K die Gleichgew.-Konst. bedeutet. G. Malow 220

0745 **Berücksichtigung des Einflusses der Diffusion in den Poren von Katalysatoren für eine beliebige Kinetik.** Ju. S. Snagovskij, I. I. Malkin und E. P. Prokop'ev. (Kinetika i Kataliz **9** (1968) 3, 707—09; Fiz.-chim. inst. im. Karpova, Moskva; russ.) — Es wird ein Parameter $\bar{\gamma}$ eingeführt, welcher den Einfl. der Diffusion auf die Geschw. von Rk. auf porösen Katalysatorkörnern für den Fall beliebiger kinet. Gleichungen charakterisiert. Für $\bar{\gamma} \leqq 1{,}4$ verläuft die Rk. im kinet., für $\bar{\gamma} \geqq 5$ im inneren Diffusions-, für $1{,}4 < \bar{\gamma} < 5$ im Übergangsgebiet. Für einige Typen kinet. Gleichungen wurde der Ausnutzungskoeff. für die innere Oberfläche des Katalysators η berechnet. Es wurde gezeigt, daß dieser Koeff. eindeutig durch die Größe des Parameters $\bar{\gamma}$, unabhängig von der Art der kinet. Gleichung, bestimmt wird. H. Will 220

0746 **Automatisches Gerät zur Messung der Änderung der magnetischen Suszeptibilität von Katalysatoren.** B. N. Tjutjunnikov, C. E. Paper und N. M. Kotelevskij. (Kinetika i Kataliz **9** (1968) 3, 717—19; Politechn. inst. im. Lenina, Char'kov; russ.) — Es wird ein Gerät für die Messung der Änderung der magnet. Suszeptibilität von Ni-Katalysatoren bei ihrer Herst., im Verlauf des katalyt. Prozesses, als auch bei der Adsorption von Wasserstoff auf dem Katalysator beschrieben. Das Gerät gestattet eine automat. Messung der Änderung der magnet. Suszeptibilität bei einer Erwärmung des Katalysators bis auf 300^0 u. besitzt eine genügend hohe Empfindlichkeit. H. Will 220

0747 **Anordnung für die Messung der elektrischen Leitfähigkeit und der Thermokraft radioaktiver Katalysatoren.** V. I. Spicyn, B. V. Erofeev, K. S. Koženov und I. E. Michajlenko. (Kinetika i Kataliz **9** (1968) 2, 456—58; Inst. fizic. chim. AN SSSR, Moskva; russ.) — Es wird eine Anordnung zur Messung von elektr. Widerständen zwischen 10^{-3} u. $10^{12}\,\Omega$ u. zur Messung der Thermo-EMK radioakt. fester Katalysatoren im Vakuum (10^{-5} Torr) oder in beliebiger Gasatmosphäre im Schema vorgestellt. Die Anordnung ist für die Messung fester, polykrist. Stoffe (in Tabletten oder ausgeschliffenen Blöcken) vorgesehen. D. Radeck 220

0748 **Aktivierungsentropie und elektronische Eigenschaften von Metallkatalysatoren.** Henry Wise. (J. Catalysis **10** (1968) 1, 69—73; Solid-State Catalysis Lab., Stanford Res. Inst., Menlo Park, Calif.; engl.) — Die katalyt. Eig. von Metallen u. Leg. in der heterogenen Katalyse werden auf der Grundlage einer Elektronenbewegung auf ein lokalisiertes Band erklärt. Die Energieniveaus der Elektronen im Festkörper werden in Verb. mit der Oberflächenrk. zur Aktivierungsentropie in Beziehung gesetzt. G. Malow 220

0749 **Ursprung und Arten von Poren in einigen Aluminiumoxid-Katalysatoren.** Marvin F. L. Johnson und John Mooi. (J. Catalysis **10** (1968) 4, 342—54; Sinclair Res., Inc. Harvey, Ill.; engl.) — In einem einfach calcinierten Katalysator wurden unter Anwendung der N_2-Desorptionsisotherme zur Berechnung der Porenvolumenverteilungen drei verschiedene Porensyst. gefunden. Dehydratisierungsporen bilden sich durch Verlust des W. aus größeren Krist. oder Aluminiumoxidhydraten (Trihydrat oder Boehmit). Diese Poren sind klein u. abhängig von den Sinterbedingungen. Vol. u. Größe der Interteilchenporen hängen in manchen Fällen direkt von der Teilchengröße ab. G. Malow 220

0750 **Infrarotspektroskopische Untersuchung der aktiven Zentren von Alumosilicat-Katalysatoren.** L. A. Ignat'eva, G. D. Čukin und M. S. Ogareva. (Ž. prikl. Spektroskopii 8 (1968) 6, 1039—42; russ.) — Unters. von SiO_2-Katalysatoren mit 12,7% Al_2O_3, die bei 500—550⁰ ausgeheizt wurden. Bei Adsorption von Py. bei geringen Drücken werden lediglich Lewis-Säurezentren u. OH-Gruppen festgestellt. Bei $p/p_s = 1$ tritt zusätzlich noch H-Bindung zwischen Py. u. Oberflächen-OH-Gruppen auf. Bei Zusatz von W. wird Brønsted-Acidität festgestellt. Es wird für möglich gehalten, daß das am Katalysator adsorbierte W. als Protonenzentrum wirkt. Zusatz von W. zu mit Na^+-Ionen vergifteten Katalysatoren führt nicht zum Auftreten der Brønsted-Acidität. D. Hoene 220

0751 **Einfluß von Fluorid auf die „sauren" Zentren an Oberflächen von γ-Aluminiumoxid und Siliciumdioxid-Aluminiumoxid.** J. B. Peri. (J. physic. Chem. **72** (1968) 8, 2917—25; Res. and Dev. Dep., Amer. Oil Co., Whiting, Ind.; engl.) — IR-Unters. der Chemisorption von CO_2 u. CO an γ-Al_2O_3 u. SiO_2 mit 13—32% Al_2O_3 deuten darauf hin, daß NH_4F starke Lewis-Säurezentren an Al_2O_3 verstärkt, sie an SiO_2-Al_2O_3 unverändert läßt oder schwächt. Ersatz von OH durch F entfernt Brønsted-Säurezentren. Die katalyt. Aktivität für die Polymerisation von *Buten-(1)* ist groß von wenig oder keine OH-Gruppen enthaltenden Katalysatoren, danach sind Brønsted-Zentren nicht für die Polymerisation von Bedeutung. D. Hoene 220

0752 **Oberflächenstruktur von Silicagel.** J. B. Peri und A. L. Hensley jun. (J. physic. Chem. **72** (1968) 8, 2926 bis 2933; engl.) — Vgl. vorst. Referat. — Unters. der OH-Oberflächengruppen durch Rk. mit $AlCl_3$ oder $SiCl_4$. Der auch bei höheren Ausheiztemp. vorliegenden OH-Paare wird abgeschätzt. Wenn OH-Paare vorliegen, kann die Oberfläche nicht einer (111)-Fläche von Cristobalit oder einer (0001)-Fläche von Tridymit gleichen. Bei vollständiger Hydratation kann die Oberfläche einer (100)-Fläche von Cristobalit ähneln, an deren Si-Atomen jeweils zwei OH-Gruppen sitzen. Statist. Teildehydratisierung einer derartigen Oberfläche (Monte-Carlo-Meth.) ergibt eine relativ stabile Oberfläche mit 4,56 OH/150 Å² (geminale oder vicinale Paare). D. Hoene 220

0753 **Paramagnetismus und katalytische Aktivität von mit Schwefel imprägnierten Zeolithen.** Z. Dudzik und K. F. Preston. (J. Colloid Interface Sci. **26** (1968) 3, 374—78; Div. of Appl. Chem., Nat. Res. Council of Canada, Ottawa, Ontario; engl.) — Die Imprägnierung von Linde-Molekularsieben (3 A, 4 A u. 5 A) mit

Schwefeldampf bei Temp. um 400° hat die Ausbldg. eines starken Paramagnetismus zur Folge, der auf die Anwesenheit von langen Schwefelketten (Biradikalen) im Zeolithgitter zurückgeführt wird. Das mit S gesätt. Sieb 3 Å ist bes. stabil u. ein akt. Katalysator für die heterogene Zers. von KW-Stoffen. Die Zers.-Geschw. des 2.3-Dimethylbutans steigt mit zunehmender Konz. der Biradikale im Katalysator, woraus gefolgert wird, daß freie S-Radikale direkt oder indirekt an der Krackrk. beteiligt sind. G. Malow 220

0754 **Einfluß von Beimengungen auf die katalytische Aktivität und die elektrische Leitfähigkeit von α-HgS.** L. I. Ivankiv, I. V. Kavič und I. V. Savickij. (Kinetika i Kataliz 9 (1968) 1, 191—94; L'vovskij gosudarstvennyj Univ. im. Franko; russ.) — Die katalyt. Aktivität von α-HgS (I) bei der Dehydrierung von A. wird durch Zusätze von 0,01—0,1 Gew.-% Cu bedeutend erhöht. Cu wirkt im I-Gitter als Akzeptor. Die elektr. Leitfähigkeit des I wird durch 0,01 % Cu um 3 Zehnerpotenzen gesenkt. Über 0,1 Gew.-% Cu steigt die elektr. Leitfähigkeit wieder u. die katalyt. Aktivität sinkt. Durch Zusatz von Jod wird die katalyt. Aktivität nicht beeinflußt, während die elektr. Leitfähigkeit schwach erhöht wird. Durch die Zusätze wird eine Verringerung der Gitterabstände hervorgerufen, die bei 0,01 bis 0,001 Gew.-% Cu bzw. bis 0,3 Gew.-% Jod am größten ist. Es wird die begrenzte Bldg. fester Lsg. angenommen. D. Radeck 220

0755 **Die Rolle der Metall—Sauerstoff-Doppelbindung für die Aktivität der Molybdate bei Oxydationsreaktionen.** F. Trifirò, P. Centola und I. Pasquon. (J. Catalysis 10 (1968) 1, 86—88; Ist. di Chim. Ind. del Politecn. di Milano; engl.) — Das katalyt. Verh. von verschiedenen Molybdaten (von Fe, Co, Ni, Mn, Cr, Bi, Al, Ca, Tl u. Pb) sowie von MoO_3 bei der Ox. von NH_3 u. Propen wird zwischen 300 u. 500° untersucht. Die katalyt. Aktivität wird im Zusammenhang mit der IR-Absorptionsbande im Bereich von 900—1000 cm^{-1} gedeutet, während die Absorptionsbande mit der Metall—Sauerstoff-Doppelbindung in Beziehung gesetzt wird. Je größer die Aktivität der Molybdate ist, desto mehr verschiebt sich Me=O-Bande zu niedrigeren Frequenzen. G. Malow 220

0756 **Formaldehydsynthese durch die Dampfphasenoxydation von Dimethyläther. 1. Mitt. Darstellung von Katalysatoren für die Synthese.** Hirotsugu Mitsushima. (J. chem. Soc. Japan, ind. Chem. Sect. [Kōgyō Kagaku Zasshi] 71 (1968) 3, 378—82; Akita Petrochem. Co., Tsuchizaki minato, Akita, Japan; jap., Auszug: engl.) — Das Nebenprod. der Methanolsynth., Dimethyläther, wurde mit Luftsauerstoff in Ggw. von Metalloxidkatalysatoren oxydiert. Gut verwendbares akt. WO_3 kann durch Fällung aus einer $(NH_4)_2WO_4$-Lsg., durch saure Zers. von $5\,(NH_4)_2O \cdot 12\,WO_3 \cdot 5\,H_2O$ oder durch die therm. Zers. von $5\,(NH_4)_2O \cdot 12\,WO_3 \cdot 5\,H_2O$ bei $< 600°$ erhalten werden. WO_3 u. H_3PO_4 an Alundumträger sind für die Industrie verwendbare Katalysatoren mit einer Lebensdauer $>$1000 Std. bei 500°, einer Raumgeschw. von 2500—3000, einer Dimethylesterkonz. von 4,5—5,0 % u. einer Ausb. von 60—70 %. J. J. Pohl 220

0757 **Tiefsee-Manganknollen als Oxydationskatalysatoren.** Paul B. Weisz. (J. Catalysis 10 (1968) 4, 407—12; Mobil Res. and Dev. Corp., Res. Dep., Paulsboro, N.J.; engl.) — Die katalyt. Aktivität von Tiefseebodenproben der typ. Zus. 20—30 Gew.-% Mn, 3—20 % Fe u. kleineren Anteilen Co, Ni u. Cu für die Ox. von n-C_4H_{10}, CH_4 u. CO in Luft wurde untersucht. Zum Vgl. wurden zwei kommerzielle Ox.-Katalysatoren (CuO-Type K, Houdry Process Corp., Pt/Al_2O_3, Oxy-Catalyst, Inc.) verwendet. In allen Fällen zeigten die natürlichen Katalysatoren die größere Aktivität. G. Malow 220

0758 **Adsorbierter Wasserstoff an Nickelboridkatalysator, katalytische Aktivität bei der Hydrierung.** Yuriko Murakami, Sanae Kishida, Toshinobu Imanaka und Shiichiro Teranishi. (J. chem. Soc. Japan, pure Chem. Sect. [Nippon Kagaku Zasshi] 89 (1968) 3, 263 bis 266; Fac. of Engng. Sci., Osaka Univ., Toyonaka-shi, Osaka Japan; jap., Auszug: engl., S. A15.) — Die katalyt. Hydrierung von Alkenen, Ketonen u. Aldehyden am Ni-Borid wurde bei Zimmertemp. u. einem Wasserstoffdruck von 1 atm untersucht. Die Aktivität des Katalysators steigt bei Alkalizugabe u. ist bei pH 10—12 maximal. Die Menge des adsorbierten Wasserstoffs wurde auf Grund der Menge des Äthylbenzols bestimmt, das bei der Rk. von Styrol mit dem adsorbierten Wasserstoff in N_2 u. bei Verw. von Cyclohexan als Lsgm. entsteht. Der Katalysator enthält ca. 11 ml schwach adsorbierten Wasserstoff/1 g Ni. Der Zusammenhang der Ketonkonz. mit der Hydrierungsgeschw. kann mit Hilfe des Langmuir-Hinshelwood-Mechanismus erklärt werden. J. J. Pohl 220

0759 **Magnetische Eigenschaften des Systems Ni/Zeolith.** T. N. Bredichina und V. B. Evdokimov. (Vestnik Moskovskogo Univ., Ser. II 23 (1968) 3, 36—40; Kaf. fiz. chim.; russ., Auszug: engl.) — Die Magnetisierung u. Suszeptibilität von durch Ionenaustausch erhaltenen Ni-Zeolith-Proben werden in Abhängigkeit von der Ni-Konz. untersucht. Der Zusammenhang der magnet. mit den Katalysatoreig. der Zeolithe wird kurz besprochen. H. Roschkowski 220

0760 **Einfluß von Fe_2O_3-Zusätzen zu Ni—MgO-Gaserzeugungskatalysatoren.** Giuliano Salvi, Annunziata Fiumara und Vincenzo Riganti. (J. Catalysis 10 (1968) 4, 307—15; Staz. Sper. per i Combust., Politecn. di Milano, Italy; engl.) — Mit Hilfe kristallograph. Verf. wurde der Einfl. von Fe_2O_3-Zusätzen zu Ni—MgO-Katalysatoren für die Spaltung von KW-Stoffen (Stadtgaserzeugung) mit 9,55 bzw. 7,35 Gew.-% NiO, 1,65 bzw. 9,64 Gew.-% Fe_2O_3, 1,52 bzw. 1,35 Gew.-% SiO_2, 0,54 bzw. 0,87 Gew.-% Al_2O_3, 86,74 bzw. 80,79 Gew.-% MgO untersucht u. die Gründe für das anomale Verh. einiger Katalysatoren erklärt. Aus röntgenograph. Unters. wurden die Wechselwrkg. zwischen akt. Metall (Ni) u. dem Metall des schützenden Oxids (Fe_2O_3) während der Katalyse sichtbar. Die Rk. ergaben feinverteilte Fe—Ni-Leg. mit geringer katalyt. Aktivität. G. Malow 220

0761 **Gegenseitige Schutzwirkung, Struktur und Phasenumwandlungen im gemischten NiO—Cr_2O_3-Katalysator.** E. N. Ermolenko und I. P. Kutanov. (Izvest. Akad. Nauk Beloruss. SSR, Ser. chim. Nauk 1968, 2, 34—38; Inst. fiz.-org. chim. AN Beloruss. SSR; russ.) — Die gemeinsam gefällten Hydroxide $Cr(OH)_3$ u. $Ni(OH)_2$ haben bei einem $Cr(OH)_3$-Geh. von 0,05—5 Mol-% die Struktur von $Ni(OH)_2$. Bei höheren $Cr(OH)_3$-Geh. ist das Syst. infolge der „Schutzwrkg." (Kristallisationshemmung) amorph. Nach Erhitzen eines gemeinsam gefällten Hydroxidgemisches bei 400° während 5 Std. wurde bei allen Komponentenverhältnissen eine krist. Phase beobachtet. Bei einem Cr_2O_3-Geh. < 5 % krist. NiO, bei 5—33 % Cr_2O_3 NiO + Spinell, bei 50 % Spinell u. 67 u. 84 % Cr_2O_3 + Spinell aus. Die Adsorptionsisotherme von Bzl.-Dämpfen deutet auf das Überwiegen von großen Poren im gemischten Katalysator. J. J. Pohl 220

0762 **Katalytische Aktivität und Selektivität von trägerlosen Metallsulfaten für die Isomerisierung von n-Butenen.** Makoto Misono, Yasukazu Saito und Yukio Yoneda. (J. Catalysis 10 (1968) 1, 88—91; Dep. of Synthetic Chem., Fac. of Engng., Univ. of Tokyo, Hongo, Bunkyo-ku, Tokyo, Japan; engl.) — Die katalyt. Wrkg. der trägerfreien Metallsulfate [$Al_2(SO_4)_3$, $ZnSO_4$, $NiSO_4$, $MgSO_4$, $CuSO_4$] auf die Geschw. u. Selektivität der n-Butenisomerisierung wird mit der von Silicagelträgerkatalysatoren verglichen. Die katalyt. Aktivität ändert sich im Gegensatz zur Selektivität merklich mit der Kalzinierungstemp. der wasserhaltigen Verb., die größte Aktivität erreichte jeder Katalysator bei einem W.-Geh., der zwischen dem des Monohydrats u. der H_2O-freien Verb. lag. Für eine Kalzinierungstemp. von 300° ergab sich die katalyt. Aktivität in der Reihenfolge der Elektronegativitäten der Metallionen u. der Säurestärke. G. Malow 220

0763 **Darstellung von feinverteilten Katalysatormetallen. Platin auf Silicagel.** H. A. Benesi, R. M. Curtis und H. P. Studer. (J. Catalysis 10 (1968) 4, 328—35; Shell Dev. Co., Emeryville, Calif.; engl.) — Ein Pt-Trägerkatalysator mit 15 Å großen Kristalliten wurde durch Red. von an

Silicagel adsorbierten $[Pt(NH_3)_4]^{2+}$-Ionen (aus dem Chlorid) hergestellt. Die Charakterisierung des Pt wurde durch H-Chemisorption, Röntgenbeugung u. elektronenmkr. Unters. vorgenommen. G. Malow 220

0764 **Einfluß von Aluminiumoxid auf die Geschwindigkeit der Hydrierung einiger einfacher Verbindungen an Pt-, Pd-Katalysatoren.** D. V. Sokol'skij und B. O. Žusupbekov. (Kinetika i Kataliz 9 (1968) 1, 194—95; Kasachskij gos. univ. im. Kirova, Alma-Ata; russ.) — Der Einfl. von Al_2O_3 in mechan. Gemischen mit akt. „Platinschwarz" bei der Hydrierung von Dimethyläthinylcarbinol beruht auf der Möglichkeit der Diffusion von an Al_2O_3 adsorbiertem Wasserstoff zu den akt. Zentren des Katalysators. Die Wrkg. des Adsorbenten ist von der Natur des Katalysators abhängig. Bei Pd-Schwarz wird nur ein geringer Einfl. von Al_2O_3 in Gemischen beobachtet. D. Radeck 220

0765 **Aktivität von Platinkatalysatoren in Lösung. 3. Mitt. Flächen von in der Gebläseflamme gebildeten Platinkugeln.** Theodore B. Warner. (J. electrochem. Soc. **115** (1968) 6, 615—16; Naval Res. Labor., Washington, D.C.; engl.) — 2. vgl. C. **1969,** 5-0574. — Das Ende eines Pt-Drahtes wurde in der Knallgasflamme geschmolzen u. die gebildeten Perlen langsam abgekühlt. Die Perlen wurden mit einem opt. Goniometer untersucht. Die großen Flächen des kub. Pt-Einkrist. hatten die Indizes (111), die kleinen (100). Pt-Elektroden dieser Tracht besitzen eine hohe Aktivität. G. Schatz 220

0766 **Verteilungsfunktion der Geschwindigkeit der Zerfallsprodukte bei der Photodissoziation von Molekülen.** V. A. Dudkin. (Optika i Spektroskopija **24** (1968) 3, 367—71; russ.) — Für den Fall einer die Photodissoziation hervorrufenden Spektralquelle mit engen Banden unterscheidet sich nach theoret. Berechnungen die Verteilungsfunktion stark von der nach Maxwell, für den Fall einer Quelle mit breiten Banden nur wenig. M. Wiedemann 222

0767 **Photochemische Erzeugung von NO_2 in wäßrigen Lösungen.** Michael Ottolenghi und Joseph Rabani. (J. physic. Chem. **72** (1968) 2, 593—98; Dep. of Phys. Chem., Hebrew Univ. of Jerusalem, Jerusalem, Israel; engl.) — Die Rk. solvatisierter Elektronen, die photochem. in wss. $K_4Fe(CN)_6$-Lsg. erzeugt wurden, mit NO_3^- führt zur Bldg. gelöster NO_2-Moleküle. Es ist $k(NO_2 + Fe(CN)_6^{4-}) = (4{,}3 \pm 1{,}0) \cdot 10^6\ M^{-1} \cdot s^{-1}$; für die Disproportionierung von NO_2 folgt ein scheinbares $k = (3{,}8 \pm 1{,}4) \cdot 10^7\ M^{-1} \cdot s^{-1}$. Diskussion des Mechanismus des NO_2-Zerfalls in Wasser. H. Liepack 222

0768 **Photochemische Reaktionen des Nitropentamminkobalt(III)-Ions.** V. Balzani, R. Ballardini, N. Sabbatini und L. Moggi. (Inorg. Chem. [Washington] **7** (1968) 7, 1398—1404; Ist. „G. Ciamician", Univ., Bologna; engl.) — Unters. des photochem. Verh. des $[Co(NH_3)_5NO_2]^{2+}$-Ions (I) von $[Co(NH_3)_5NO_2](NO_3)_2$ in 0,1n $HClO_4$ u. im festen Zustand nach Anregung bei 254, 313, 365 u. 442 nm, entsprechend der CT- u. LF-Banden. Die Prod. der Photork. wurden spektroskop. im UV, Sichtbaren u. IR sowie analyt. durch Vgl. mit den Daten der hypothet. Rk.-Prod. $[Co(NH_3)_5(ONO)] \cdot (ClO_4)_2$ (II), $[Co(NH_3)_5(H_2O)](ClO_4)_3$, *cis*-$[Co(NH_3)_4(H_2O) \cdot NO_2](NO_3)_2$ (III) u. *trans*-$[Co(NH_3)_4(H_2O)NO_2]Cl_2$ (IV) verglichen. Danach tritt in wss. Lsg. bei allen Wellenlängen Ox.-Red.-Zers. ($I \xrightarrow{h\nu} Co^{2+} + 5\,NH_3 + NO_2$) mit gleichzeitiger Nitro → Nitrito-Isomerisierung ($I \xrightarrow{h\nu} II$) auf, wogegen im festen Zustand I beim Bestrahlen fast ausschließlich isomerisiert wird. Die Quantenausb. der beiden Photork. nimmt mit fallender Energie der Anregungsstrahlung ab, aber deren Verhältnis ist stets wellenlängenunabhängig. Die Bldg. der cis- bzw. trans-Isomere III u. IV, wie sie in der Literatur formuliert werden, konnte nicht bestätigt werden. Die Nitro → Nitrito-Isomerisierung verläuft nach einem intramol. Mechanismus. R. Blank 222

0769 **Photochemie von Komplexionen. 5. Mitt. Photochemie einiger quadratisch-planarer Platin(II)-Komplexe.** Jayarama R. Perumareddi und Arthur W. Adamson. (J. physic. Chem. **72** (1968) 2, 414—20; Dep. of Chem., Univ. of Southern Calif., Los Angeles, Calif.; engl.) — 4. vgl. C. **1968,** 24-0740. — Die Ligandenaustauschrk. zwischen cis- bzw. trans-$[Pt(NH_3)_2Cl_2]$ u. H_2O unter Bldg. von *cis*- bzw. *trans*-$[Pt(NH_3)_2(H_2O)_2]^{2+}$ werden unter photochem. Bedingungen untersucht. Die Ergebnisse zeigen, daß die Quantenausb. für den cis-Komplex wesentlich größer als für den trans-Komplex ist. Obwohl sich wss. Lsg. von cis-$[Pt(NH_3)_2(H_2O)_2]^{2+}$ bei der Photolyse zersetzen, ist bekannt, daß sich in angesäuerter Lsg. der cis-Komplex zum trans-Komplex isomerisiert. Die Quantenausb. für die Photoaquotisierung betragen 0,1—0,5 u. zeigen nur eine geringe Abhängigkeit von der Wellenlänge des verwendeten Lichtes. Die Aktivierungsenergien werden zu 2—3 kcal/Mol bestimmt. Die kinet. u. thermodynam. Parameter des therm. Gleichgew. cis-$[Pt(NH_3)_2Cl_2] + H_2O \rightleftharpoons$ cis-$[Pt(NH_3)_2Cl(H_2O)]^+ + Cl^-$ sowie die ersten u. zweiten Dissoziationskonst. der komplexen Kationen cis- u. trans-$[Pt(NH_3)_2(H_2O)_2]^{2+}$ werden bestimmt. M. Steidinger 222

0770 **Kinetik der Ionenprozesse bei der Radiolyse von Flüssigkeiten.** 4. Mitt. **Paarrekombination von Ionen.** Ffrancon Williams. (J. chem. Physics **48** (1968) 9, 4077—78; Dep. of Chem., Univ. of Tenn., Knoxville, Tenn.; engl.) — 3. vgl. Nature [London] **212** (1966) 281. — Es wird eine Abschätzung der Dispersion der Rekombinationszeit von Ionen bei Diffusionsrekombination durchgeführt u. der geringste Abstand der Ionen ermittelt, der nach der Nernst-Einstein-Gleichung der Ionenbewegung noch möglich ist. W. Sobieski 222

0771 **Ausbeuten an primären Radikalen und Molekülen in wäßriger Lösung. Einfluß des pH-Wertes und der Konzentration des Gelösten.** G. V. Buxton. (Radiat. Res. Rev. [Amsterdam] **1** (1968) 2, 209—22; Cookridge High Energy Radiat. Res. Centre, Univ. of Leeds, Cookridge Hosp.; engl.) — Überblick u. Literaturdaten zur Strahlenchemie einer Reihe von organ. u. anorgan. Systemen. — 68 Literaturangaben. W. Sobieski 222

0772 **Darstellungsmethoden von solvatisierten Elektronen und ihre chemischen und physikalischen Eigenschaften.** J. K. Thomas. (Radiat. Res. Rev. [Amsterdam] **1** (1968) 2, 183—208; Chem. Div., ANL, Argonne, Ill.; engl.) — Es werden Meth. zur Darst. solvatisierter Elektronen sowie deren strahlenchem. Verh. u. Rk. mit organ. u. anorgan. Verb. beschrieben. — 94 Literaturangaben. W. Sobieski 222

0773 **Chemische Effekte des Isotopenübergangs von ^{133m}Xe in Xenondifluorid.** V. M. Zajcev, I. S. Kirin und V. I. Tichonov. (Chim. vysokich. Ėnerg. *2* (1968) 4, 374—75; russ.) — XeF_2 wurde 72 Std. mit therm. Neutronen ($3 \cdot 10^{12}\ n/cm^2 \cdot s$) bestrahlt. Nach Abdest. des elementaren Xe reicherte sich in dem bestrahlten XeF_2, das die Isotope ^{133m}Xe ($\tau = 2{,}3$ Tage), ^{133}Xe ($\tau = 5{,}27$ Tage) u. ^{125}Xe ($\tau = 18$ Std.) enthielt, sowohl in festem Zustand als auch in Lsg. des XeF_2 in Acetonitril u. Nitromethan das Isotop ^{133}Xe an. A. Pinkowski 222

0774 **Retention des bei der $^{19}F(n, 2n)$-Reaktion in festem XeF_2 und XeF_4 erzeugten Fluor-18.** J. P. Adloff und J. J. Schleiffer. (Inorg. nuclear Chem. Letters 4 (1968) 7, 403—05; Suppl. zu: J. inorg. nuclear Chem.; Dép. de Chim. Nucl., CRN, Strasbourg; engl.) — Festes XeF_2 bzw. XeF_4 wurden während 30 Min. mit 14-MeV-Neutronen bestrahlt u. nach einigen Min. (Abklingzeit des ^{19}O) die γ-Spektren des gebildeten ^{18}F ($t_{1/2} = 110$ Min.) vermessen. Die entsprechenden spezif. Aktivitäten werden mit denen verglichen, die mit ein- oder mehrfach subl. Proben (bis zur Erreichung konst. Aktivität) erhalten wurden; auf diese Weise wurde die ^{18}F-Retention im XeF_2 zu 100% u. im XeF_4 zu 89 ± 2% bestimmt. Da die ^{18}F-Rückstoßenergie größer als die Xe—F-Bindungsenergie ist, muß die Retention auf einer Rekombination heißer F-Atome mit Xe beruhen. A. Blaschette 222

0775 **Strahlungseinfluß auf die Reaktionen von Rückstoß-^{11}C im Stickstoff–Sauerstoff-System.** Hans J. Ache und Alfred P. Wolf. (J. physic. Chem. **72** (1968) 6, 1988—93; Chem. Dep., Brookhaven Nat. Labor., Upton, N.Y.; engl.) — Energiereiche ^{11}C wurden aus $^{14}N(p, \alpha)^{11}C$

u. $^{14}N(p, 2p2n)^{11}C$ erzeugt. Die Ox. der Primärrk.-Prod. ^{11}CN u. ^{11}CO wurde in Abhängigkeit von der Strahlungsenergiedissipation durch den Protonenstrahl in dem Syst. untersucht. ^{11}CN wurde größtenteils zu $^{11}CO_2$ oxydiert. Die Ox. von ^{11}CO zu $^{11}CO_2$ war angenähert eine lineare Funktion der Strahlungsdosis. H. Liepack 222

0776 **Elektronenspinresonanznachweis von aus Wasserdampf kondensierten Radikalen und Elektronen nach der Bestrahlung mit 1-MeV-Heliumionen.** W. A. Seddon, D. R. Smith und P. E. Bindner. (Canad. J. Chem. **46** (1968) 10, 1747—54; Chalk River, Ontario, Atomic Energy of Canada Ltd., Res. Chem. Branch; engl.) — Ein W.-Dampfstrahl wurde mit einem 1-MeV-He-Ionenstrom von 100 μA bestrahlt. 40% des bestrahlten Dampfes konnten an einem auf 77 °K abgekühlten Quarzrohr kondensiert werden. ESR-Spektren des Kondensats ließen die Ggw. von HO_2-Radikalen u. Elektronen erkennen. Zusatz von CH_3J u. N_2O zum Dampf lieferte den Hinweis, daß H-Atome ebenfalls gebildet, jedoch nicht im Nd. eingefangen werden. Der Dampfdruck (ca. 0,05 Torr) in der Bestrahlungszone u. die Zeit ($1,4 \cdot 10^{-5}$ s), welche die Mol. benötigen, um aus der Bestrahlungszone zum Kühlfinger zu gelangen, wurden berechnet. W. Wiechmann 222

0777 **Bestimmung der Bindungsdissoziationsenergien von N—H-Bindungen durch Zuordnung zu HT-Ausbeuten aus der Rückstoßtritiumabstreifung.** T. Tominaga und F. S. Rowland. (J. physic. Chem. **72** (1968) 4, 1399—1400; Irvine, Calif., Univ., Dep. of Chem.; engl.) — Die Rk. von Rückstoß-T-Atomen mit N—H-Bindungen wurden an NH_3 (**I**), CD_3NH_2 (**II**) u. $(CD_3)_2NH$ (**III**) untersucht. Trennung von DT u. Ausb.-Best. des HT erfolgte radiogaschromatographisch. Die aus den HT-Messungen ber. spezif. Ausb. wurden zu den Bindungsdissoziationsenergien von 103 ± 2 (**I**), 92 ± 3 (**II**) u. 86 ± 3 kcal/Mol (**III**) in Beziehung gesetzt, wobei sich eine Kurve ergab, die innerhalb der experimentellen Fehlergrenzen mit der Kurve für die spezif. HT-Ausb. in Beziehung zur C—H-Bindungsdissoziationsenergie übereinstimmt. Daraus wurde geschlossen, daß der Abstreifmechanismus bei C—H- u. N—H-Bindungen sehr ähnlich sein kann. W. Wiechmann 222

0778 **Radiolyse von gasförmigem Bromwasserstoff: Einfluß von Druck, Brom und eines elektrischen Feldes.** R. A. Lee und D. A. Armstrong. (Int. J. appl. Radiat. Isotopes **19** (1968) 7, 585—91; Puerto Rico Nucl. Center; engl.) — Für die radiolyt. Zers. von HBr durch ^{60}Co-γ-Strahlen (Ionisationskammerverf.) ergibt sich eine Ionenpaarausb. von 4,7 bzw. ein $G(H_2)$ von 9,7. Unters. mit Br_2 u. SF_6 ergeben eine ca. 30%ig. Hemmung der H_2-Ausb. bei Fängerkonz. von ca. 6 Mol-%. Es wird auf die Ggw. von zwei H-bildenden Spezies geschlossen. Ein äußeres elektr. Feld hat keinen Einfl. auf die H_2-Ausbeute. M. Frenzel 222

0779 **Impulsradiolyse von CO.** C. Willis und C. Devillers. (Chem. Physics Letters [Amsterdam] **2** (1968) 1, 51—53; Res. Chem. Branch, Chalk River Nucl. Labor., Atomic Energy of Canada Ltd., Chalk River, Ontario, Canada; engl.) — Vf. bestrahlten CO mit Impulsen hoher Intensität von 1-MeV-Elektronen u. beobachteten zwei kurzzeitige Absorptionsspektren. Das eine bestand aus einer Reihe von Banden zwischen 5000 u. 8600 Å, das zweite aus einer einzelnen Linie bei 2479 Å. Als Ursprung ist wahrscheinlich $C_2O(^3\Sigma)$ bzw. $C(^1S)$ anzunehmen. Als Rk.-Schema wird $CO^* + CO \rightarrow C_2O(^3\Sigma) + O$ angegeben. H. Liepack 222

0780 **Radiolyse von Kalium- und Ammoniumthiocyanat in Äthanol.** L. V. Ivanickaja, E. M. Nanobašvili und L. V. Ljašenko. (Soobšč. Akad. Nauk Gruz. SSR **50** (1968) 2, 367—72; AN Gruzin. SSR, Inst. neorg. chim. i ėlektrochim.; russ.) — Die strahlungschem. Umwandlungen von KCNS u. NH_4CNS in A. wurden in Abhängigkeit von der Bestrahlungsdosis (10^{18}—10^{19} eV/Mol · s), der Art der Gasphase u. von der Lsg.-Konz. u. a. analyt. untersucht. Als Radiolyseprod. entstehen Cyanide u. Sulfate sowie organ. Thiocyanate, die sich bei $1,9 \cdot 10^{20}$ eV/ml vollständig zersetzen. In Ggw. von Sauerstoff verlaufen zunächst Kettenrk. bei hoher strahlungschem. Ausbeute. J. J. Pohl 222

0781 **Einfluß einer Elektronenbestrahlung auf die Nichtgleichgewichtslöslichkeit von Strontium- und Calciumsulfat.** V. V. Gromov. (Chim. vysokich Ėnerg. **2** (1968) 4, 379—80; Inst. fiz. chim. AN SSSR; russ.) — Die Löslichkeit von bestrahltem $CaSO_4 \cdot 2\,H_2O$ u. $SrSO_4$ wächst infolge Veränderung der Oberflächenstruktur der Krist. mit der absorbierten Dosis an, sinkt jedoch im Verlaufe von ca. 80 Std. infolge Ausheilens der Defekte wieder auf den Wert der unbestrahlten Proben ab. A. Pinkowski 222

0782 **Thermisches Verhalten methanolischer Lösungen von neutronenbestrahltem Chrom(III)-acetylacetonat.** I. Găinar und A. Ponta. (Rev. Chim. [Bucarest] **18** (1968) 4, 401—07; Bucharest, Inst. for Atom. Phys.; engl.) — Chrom(III)-acetylacetonat (**I**) wurde in der therm. Säule eines Reaktors bestrahlt u. anschließend hinsichtlich seines Temper- u. Isotopenaustauschverh. in methanol. Lsg. untersucht. Die Anfangsretention lag bei 32,1 ± 1,3%. Therm. Ausheilung erfolgte zwischen 60 u. 105°. Dabei wurde eine Induktionsperiode beobachtet, der ein schneller Übergangsprozeß folgte. Darauf wurde bis zu Temp. von 95° jeweils ein Pseudoplateau erreicht, dessen Höhe mit der Temp. stieg. Oberhalb 95° erschienen Maxima, was auf das Auftreten von mit dem Transferprozeß konkurrierenden Rk. hindeutet. Bei der Unters. des ^{51}Cr-Isotopenaustausches wurden im Bereich von 75—95° ebenfalls Isothermen erhalten, die nach einem Anlauf eine schnelle Austauschrk.-Stufe erkennen ließen; die schließlich erreichten Plateauwerte waren jedoch bei allen Temp. gleich. Die für den Transferprozeß u. den Isotopenaustausch aus den Meßdaten ber. Aktivierungsenergiewerte betragen 7,5 bzw. 36,3 kcal/Mol. W. Wiechmann 222

0783 **Reduktion von Quecksilber und Kupfer in Salzlösungen bei der Bestrahlung.** N. A. Razmadze, Ž. F. Chomasuridze und E. M. Nanobašvili. (Soobšč. Akad. Nauk Gruz. SSR **50** (1968) 3, 625—30; AN Gruz. SSR, Inst. neorg. chim. i elektrochim.; russ.) — Die Cu-Ionen der Syst. $CuSO_4$–NaH_2PO_2–H_2O u. $Cu(NO_3)_2$–NaH_2PO_2–H_2O werden bei ^{60}Co-γ-Bestrahlung reduziert. Die Radiolyse von alkal. Hg-Salzlsg. zeigt, daß die Red. des Hg in Hg-Acetat intensiver verläuft als in Hg-Chlorid. Organ. Zusätze erhöhen die Ausb. der red. Formen bei der Radiolyse von wss. Hg- u. Cu-Lösungen. Als organ. Zusätze wurden Methanol, A. u. Glycerin untersucht, Glycerin wirkt am stärksten, A. am schwächsten. J. J. Pohl 222

0784 **ESR-Nachweis eines aliphatischen zinnorganischen Radikals mit Zinnhyperfeinstruktur.** G. Lassmann und K. Höppner. (Z. Naturforsch. **23 a** (1968) 4, 622—23; Inst. für Biophys. u. Inst. für angew. Isotopenforsch., DAW, Berlin; engl.) — In bei 77 °K röntgenbestrahltem $(CH_3)_4Sn$ wurden bei derselben Temp. die ESR-Spektren zweier Radikale mit g = 2,0067 (**I**) u. g = 2,023 beobachtet. Spektrum **I** wird $(CH_3)_3Sn\dot{C}H_2$ zugeordnet. Es zeigt eine Aufspaltung durch 2 Protonen mit a_H = 21 G u. Superhyperfeinstruktur mit der Aufspaltungskonst. a ($^{117,\,119}Sn$) = 132 G. Die Sn-Kopplungskonst. entspricht einer Sn(5s)-Spindichte von 2,3%. B. Stender 222

0785 **Radiolyse von Bleiazideinkristallen.** S. M. Rjabych, A. P. Lysych und Ju. A. Zacharov. (Chim. vysokich Ėnerg. **2** (1968) 4, 344—48; Tomskij politechn. inst. im. Kirova; russ.) — Vf. fanden, daß der Zerfall von PbN_6 unter der Wrkg. von Röntgenstrahlen u. schnellen Protonen proportional der absorbierten Dosis ist. Ag^+-Zusätze beschleunigen u. Cu^{2+}-Zusätze verlangsamen den Zerfall bei p-Bestrahlung. Es wird ein Radiolysemechanismus für PbN_6 vorgeschlagen. A. Pinkowski 222

0786 **Berechnung der Energieausbeute von durch Ultraschallwellen initiierten chemischen Reaktionen. 1. Mitt. Chemisch-akustische Reaktionsausbeute.** M. A. Margulis und A. N. Mal'cev. (Ž. fiz. Chim. **42** (1968) 6, 1441—46; Mosk. gos. univ. im. Lomonosova, Chim. fak.; russ.) — Zur Best. der Energieausb. im Ultraschallfeld soll bei energet. u. kinet. Berechnungen nicht die ganze akust. Energie in der Lsg. verwendet werden, sondern nur der Teil, der zur Bldg. freier Radikale ausgenützt wird, d. h. die sog. chem.-akust. Energie. Die Größe der chem.-

akust. Rk.-Ausb. ist der Anzahl der Mol. u. Radikale gleich, die pro 100 eV chem.-akust. Energie reagieren. Untersucht werden Schallfrequenzen von 400 kHz bis 1 MHz bei Leistungen von 2—5 W/cm². Die chem.-akust. Rk.-Ausb. der Bldg. von H_2O_2 u. der Ox. von $FeSO_4$ sind in einer O_2-Atmosphäre der strahlungschem. Ausb. etwa gleich, die Wrkg. der Art des gelösten Gases ist im Falle der schallchem. Ausb. etwas stärker. Im Falle der Stereoisomerisierung von Äthylen-1.2-dicarbonsäure bei Sensibilisierung mit Br_2 oder Alkylbromiden ist die chem.-akust. Ausb. um 2—3 Größenordnungen höher als bei H_2O_2 u. Fe^{3+}, d. h., die cis–trans-Isomerisierung dürfte nach einem Kettenmechanismus verlaufen.

J. J. Pohl 222

0787 **Berechnung der Energieausbeute von durch Ultraschallwellen initiierten chemischen Reaktionen. 2. Mitt. Chemisch-akustische Anfangsausbeute der Produkte der Ultraschallzersetzung von Wasser.** M. A. Margulis und A. N. Mal'cev. (Ž. fiz. Chim. **42** (1968) 6, 1447—51; russ.) — 1. vgl. vorst. Referat. — Bei normalen Bedingungen erfolgt die Rk. der freien Radikale bei Ultraschallbedingungen in zwei Stufen. Die Rk. im Probenvol. folgt auf die Rekombination in der Kavitationszone. Die Größe der chem.-akust. Anfangsausb. ist bei der Zers. von W. gleich der Anzahl der Radikale u. Mol. pro 100 eV chem.-akust. Energie bei Spaltung der W.-Mol. in der Kavitationszone. Sie hängt im wesentlichen von der Art des gelösten Gases ab. Für Rk. mit bekanntem Mechanismus wird eine Gleichung zur Verknüpfung der chem.-akust. Ausb. u. Anfangsausb. vorgeschlagen. Ein Vgl. der ber. u. experimentell bestimmten Daten erlaubt Schlüsse über den Mechanismus von Rk. zu ziehen, die durch Ultraschallwellen hervorgerufen werden.

J. J. Pohl 222

0788 **Tribochemische Reaktion von festem NaCl mit Quecksilber.** Karsten Thiessen. (Mber. dtsch. Akad. Wiss. Berlin **10** (1968) 3, 200—03; Zentralinst. für physikal. Chem., DAW, Berlin; dt.) — Es wurden NaCl u. Hg in einer Kugelmühle unter Luft, H_2- u. Ar-Atmosphäre tribomechan. beansprucht u. die hierbei ablaufenden chem. Vorgänge verfolgt. Nach einer 2std. Mahlung (H_2, Ar) wurden Hg-Chlorid u. Na in geringer Menge nachgewiesen. In Luft entstanden Na_2O_2 u. Hg-Chloride. Aus dem Ablauf der Rk. werden Schlußfolgerungen für das Auftreten des Triboplasmas gezogen.

G. Heinicke 222

0789 **Untersuchung der chemischen Erzeugung von Singulett-Sauerstoff durch Chemilumineszenz.** Pierre Douzou, Jean Capette und Jean-Pierre Gout. (C. R. hebd. Séances Acad. Sci., Sér. C **266** (1968) 14, 993—96; Inst. de Biol. phys.-chim., Paris; franz.) — Beschreibung eines Verf. zur gezielten Analyse der Chemilumineszenz, die bei der Einw. von Singulett-O_2 auf organ. Substrate auftritt. Das Singulett-O_2 wird aus H_2O_2 u. ClO^- in wss. Lsg. bei 0° erzeugt u. reagiert mit geeigneten Substraten (*Luminol, Flavinmononucleotid*) zu unbeständigen Addukten $R-O_2$. Der Zerfall dieser Addukte wird durch kontrollierte Temp.-Erhöhung gesteuert u. die dabei auftretende Chemilumineszenz registriert.

A. Blaschette 224

0790 **Vakuumultraviolettchemilumineszenz bei den Reaktionen von aktivem Stickstoff mit J_2, JBr, JCl und JCN.** L. F. Phillips. (Canad. J. Chem. **46** (1968) 8, 1429—34; Chem. Dep., Univ. of Canterbury, Christchurch, New Zealand; engl.) — Bei der Flammenrk. von J_2, JBr, JCl u. JCN (I) mit akt. Stickstoff lassen sich die zwischen 1261 u. 2062 Å beobachteten zahlreichen Emissionslinien der angeregten J-, Br- u. Cl-Atome einem Anregungsmechanismus bez. der Abhängigkeit der Emissionsintensität von [N] oder $[N]^2$ zuordnen. Die Vorgänge bei I bleiben ungeklärt. Bei der Abhängigkeit von [N] resultiert die Emission aus einer Energieübertragung von einem angeregten N_2, das durch die Rk. von N mit NJ (II) gebildet wird u. mit 185 ± 3,5 kcal/Mol der Spezies $N_2(^3\Delta_u)$ entspricht. Die Dissoziationsenergie von II liegt zwischen 35,6 u. 40 ± 3,5 kcal/Mol. Für die Bldg. des angeregten N_2 nimmt Vf. folgende Prozesse an: $N(^4S) + N_2(^3\Delta_u) \rightarrow N_2(^1\Sigma_g^+, \nu \gg 0) + N(^4S) \rightarrow N_2(^3\Sigma_u^+) + N(^4S)$.

R. Blank 224

0791 **Infrarotemission einer N–J_2-Reaktionsflamme.** L. F. Phillips. (Canad. J. Chem. **46** (1968) 8, 1450—52; Chem. Dep., Univ. of Canterbury, Christchurch, New Zealand; engl.) — Das Emissionsspektrum einer Rk.-Flamme von akt. Stickstoff mit Jod zwischen 1 u. 3 μ besteht hauptsächlich aus den ersten positiven Stickstoffbanden plus der Jodatomlinie bei 1,315 μ. Die Intensität der Emissionsbanden steigt stark mit dem Jodgehalt. Die in der Literatur beschriebene Energieresonanz in einem Prozeß wie $N_2^* + N(^4S) \rightarrow N(^4S) + N_2(^3\Pi_g, \nu')$, wobei N_2^* eine bei der Rk. von N mit NJ gebildete angeregte Spezies bedeutet, kann danach nicht bestätigt werden. Nach Ansicht des Vf. ist J_2 oder J ein dritter Partner für die Rekombination von Stickstoffatomen in den $^5\Sigma_g^+$-Zustand.

R. Blank 224

0792 **Aktivierung der Chemilumineszenzreaktion von Luminol mit H_2O_2 durch Mangansalze.** I. E. Kaliničenko. (Ukrainskij chim. Ž. **34** (1968) 3, 307—08; Inst. obšč. i neorg. chim. AN Ukr. SSR; russ.) — Einfache Mn-Salze sowie die meisten Mn-Komplexe stellen schwache Katalysatoren der Ox. von Luminol durch H_2O_2 dar. Die Lumineszenzintensität eines Lsg.-Gemisches von $MnCl_2$, Aktivator, Luminol, Puffer u. H_2O_2 wurde bestimmt. Triäthylentetramin, o-Phenanthrolin, α.α'-Dipyridyl u. Schiffsche Basen von Sulfosalicylaldehyd mit Äthylendiamin, Diäthylentriamin u. Triäthylentetramin zeigen eine aktivierende Wirkung. Anilin, Aminophenole u. die entsprechenden Schiffschen Basen wirken als Inhibitoren. Die Chemilumineszenz von Luminol in Ggw. von Mn-Salzen u. obigen Aktivatoren wird durch Polyphenole, Hydroxysäuren, Komplexone, Salicylsäure, Hydroxychinolin, Triäthanolamin u. a. inhibiert. Im Falle der Rk. unter Beteiligung von o-Phenanthrolin u. α.α'-Dipyridyl wirken Citronen-, Wein-, Äpfel- u. Schleimsäure aktivierend, Mannit hat eine schwächere Wrkg., Mandelsäure prakt. keine, während Oxalsäure inhibiert.

J. J. Pohl 224

A–8. Darstellung und Reaktionen von Elementen und anorganischen Verbindungen

Nichtmetalle

0793 **Reaktion von Tetrafluorhydrazin mit einigen anorganischen Substanzen.** A. V. Pankratov, L. A. Achanščikova, Ju. A. Adamova, O. N. Šalaeva und V. V. Antipova. (Ž. neorg. Chim. **13** (1968) 11, 2944—46; russ.) — N_2F_4 setzt sich mit N_2O_4 sehr energ. unter Entflammung u. Bldg. von FNO um. Das Prod. wurde chem.-analyt. u. IR-spektroskop. identifiziert. Die Rk. von N_2F_4 mit $^1/_2$ O_2 führt zu $FNO + NF_3$. Die Rk.-Geschw. hängt von der Anwesenheit von Feuchtigkeit u. vom Material des Rk.-Gefäßes ab. In einem Metallgefäß verläuft die Rk. bei Zimmertemp. während 5—8 Tagen. Die Hydrolyse erfolgt nach IR-spektroskop., massenspektroskop. u. chem.-analyt. Daten nach $3\,N_2F_4 + 7\,H_2O \rightleftharpoons 12\,HF + 2\,HNO_3 + 1{,}5\,N_2 + NO$. Bei 80° hydrolysieren in 10 Std. ca. 10% des N_2F_4. Mit 3%ig. H_2O_2 setzt sich die Verb. energ. mit 80—96%ig. Ausb. nach $N_2F_4 + 2\,H_2O_2 \rightleftharpoons 4\,HF + 2\,HNO_3$ um. IR-spektroskop. wurde eine kleine Menge von NF_3 festgestellt, das bei der Rk. von N_2F_4 mit Sauerstoff, der sich bei Zers. von H_2O_2 bildet, entsteht. Die Rk. $4\,LiH + N_2F_4 \rightleftharpoons 4\,LiF + N_2 + 2\,H_2$ verläuft nach einer längeren Induktionsperiode bei 0—50° explosiv. Ae., Dioxan u. Hexan ändern die Rk.-Richtung nicht. Die Rk. von N_2F_4 mit 1,0—1,1 n C_4H_9Li in Hexan verläuft bei — 78° mit großer Geschw. unter Bldg. von H_2N_2, Butan, Buten, Tributylamin, Decan u. LiF. Die Mechanismen der Rk. werden diskutiert.

J. J. Pohl 243

0794 **Synthese von Stickstofffluoriden durch Fluorierung von Ammoniumfluorid.** A. V. Pankratov, O. M. Sokolov und D. S. Mirošničenko. (Ž. neorg. Chim. **13** (1968) 11, 3139—40; russ.) — Vgl. vorst. Referat. — Die maximale NF_3-Ausb. der Rk. $NH_4F + 3\,F_2 \rightleftharpoons NF_3 + 4\,HF$ beträgt bei 20—70°, einer F_2-Konz. von 98—100% u. der Zugabegeschw. 32,0 ml/min 70%. Die Nebenrk. ist $2\,NH_4F + 3\,F_2 \rightleftharpoons 8\,HF + N_2$. Beim Verdünnen des F_2 mit 80% N_2 u. Vermischen des NH_4F mit KF oder

NaF im Gew.-Verhältnis 1 : 5 entsteht zu 25% N_2F_4 nach $2\,NH_4F + 5\,F_2 \rightleftharpoons N_2F_4 + 8\,HF$. Bei der gemeinsamen Einw. von F_2 u. Cl_2 verlaufen die Rk. $NH_4F + 2\,F_2 + Cl_2 \rightleftharpoons NFCl_2 + 4\,HF$ u. $2\,NH_4F + 5\,F_2 + Cl_2 \rightleftharpoons 2\,NF_2Cl + 8\,HF$. Die gleichen Prod. entstehen bei der Einw. von F_2 auf ein Gemisch von NH_4F u. NaCl, dabei verlaufen die Rk. $NH_4F + 2\,NaCl + 3\,F_2 \rightleftharpoons NFCl_2 + 2\,NaF + 4\,HF$ u. $NH_4F + NaCl + 3\,F_2 \rightleftharpoons NF_2Cl + NaF + 4\,HF$. J. J. Pohl 243

0795 **Reaktionen von Phosphorverbindungen mit Isocyanaten. 3. Mitt. Umsetzung von $C_3H_7Cl_4N_2OP$ mit Methylisocyanat.** H. P. Latscha und P. B. Hormuth. (Z. anorg. allg. Chem. **359** (1968) 1/2, 78—80; Heidelberg, Anorgan.-chem. Inst. der Univ.; dt.) — 2. vgl. C. **1968**, 40-0599. — Rk. von I in trockenem Bzl. mit

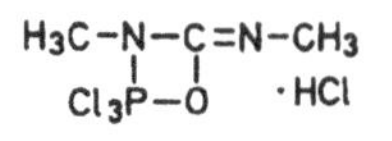

I

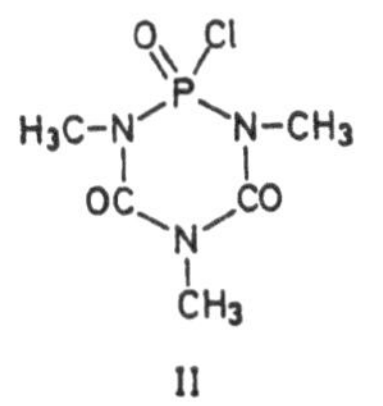

II

H_3CNCO unter Feuchtigkeitsausschluß in einer Glasbombe für 60 Std. bei 100° ergibt neben H_3CNCCl_2 u. einem in der Struktur unbekannten polymeren Prod. das sechsgliedrige Ringsyst. **II** (Zers.-Punkt >140° zu schaumartigem Prod., das bei 170° fl. wird). Aus dieser Rk. ergeben sich Hinweise über den Ablauf der Umsetzung von **I** mit H_2O sowie SO_2, wobei $POCl_3$, Trimethylisocyanursäure u. **II** bzw. $POCl_3$, $SOCl_2$ u. **II** entstehen. H.-J. Schönherr 264

0796 **Reaktionen von Phosphorverbindungen mit Isocyanaten. 4. Mitt. Umsetzung von 2.2.2.4.4.4-Hexachloro-1.3-dimethylcyclodiphosphazan, $(Cl_3PNCH_3)_2$, mit Methylisocyanat.** H. P. Latscha und P. B. Hormuth. (Z. anorg. allg. Chem. **359** (1968) 1/2, 81—89; dt.) — 3. vgl. vorst. Referat. — Vf. verfolgen Rk. zwischen den Verb. 2.2.2.-4.4.4-Hexachloro- (**I**), 2.4-Dioxo-2.4-dichloro- (**II**) u. 2.4-Dithia-2.4-dichloro-1.3-dimethylcyclodiphosphazan (**III**) u. H_3CNCO mit Hilfe der ^{31}P-KMR-Spektroskopie. Diese Rk. werden in trockenem Bzl. unter Feuchtigkeitsausschluß in Glasbomben für 30 Std. bei 100° durchgeführt. Neben einem braunen, harzigen Prod. entsteht

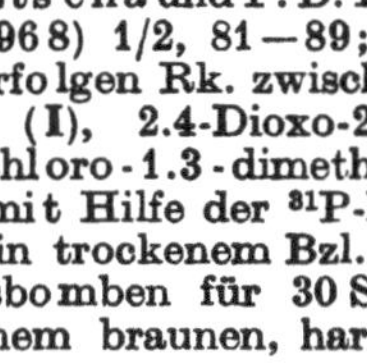

IV

jeweils **IV** (Ausb. an **IV** bei Rk. mit **I** 60—65%, mit **II** 47% u. mit **III** 53%). Diskussion u. Angabe der Rk.-Mechanismen vgl. Original.

Versuche: **I**, F. 177—178° (Bzl.), aus H_3CNH_3Cl u. PCl_5 in trockenem Tetrachloräthan. — **II**, F. 101—103° (Cyclohexan), $Kp._{0,01}$ 60°, aus **I** in trockenem CH_2Cl_2 durch Einleiten von SO_2; Ausb. 78%. — **III**, F. 120 bis 122° (PAe.), $Kp._{0,1}$ 70°, aus **I** in trockenem Bzl./Py. durch Einleiten von H_2S; Ausb. 78%. H.-J. Schönherr 264

Metalle

0797 **Übersichten über die Organometallchemie.** C. Eaborn, E. O. Fischer, H. Normant und O. A. Reutov (Hrsg.). (Organometallic chemistry reviews) Bd. **8**, Nr. 3. (Elsevier Sequoia S.A., Lausanne 1968, 281—423; dt., engl.) — Spaltung Si-, Ge- und Sn-organischer Stickstoffverbindungen durch Hauptgruppenelementhalogenide (O. J. Scherer; 281—309); Trichlorogermaniumchemie (V. F. Mironov und T. K. Gar; 311 bis 321); Organometallverbindungen mit Metall–Metall-Bindungen zwischen verschiedenen Metallen (N. S. Vyazankin, G. A. Razuvaev und O. A. Kruglaya; 323—423). Ch. Weiske 270

0798 **Eine Reihe von Kaliumphosphaten der Formel $K_{10-n}H_n(PO_4)_2P_2O_7$ mit n = 2, 4, 6 und 8.** Gérard Brun, Piere Silber und Maurice Maurin. (Bull. Soc. chim. France **1968**, Sonder-Nr., 1781—82; Montpellier, Fac. des Sci., Labor. de chim. minér. C; franz.) — Vf. berichten über die Darst. von $K_8H_2(PO_4)_2P_2O_7$ (**I**), $K_6H_4(PO_4)_2 \cdot P_2O_7$ (**II**), $K_4H_6(PO_4)_2P_2O_7$ (**III**) u. $K_2H_8(PO_4)_2P_2O_7$ (**IV**). **I** erhält man rein durch Thermolyse von K_2HPO_4 bei 270° an der Luft. **I** läßt sich auch in wss. Lsg. u. durch Hydrolyse von $K_4P_2O_7$ durch W.-Dampf darstellen. **II** bildet sich bei der Thermolyse von $K_3H_3(PO_4)_2$, es ist an der Luft bis ca. 225° stabil, oberhalb 400° wird es zu $K_5P_3O_{10}$ u. Kurrolschem Polyphosphat umgesetzt. **III** wurde durch Hydrolyse von $K_2H_2P_2O_7$ im geschlossenen Rohr zwischen 150 u. 190° erhalten, es zersetzt sich an der Luft bei 20° spontan zu KH_2PO_4 u. $K_2H_2P_2O_7$. Als Ausgangsverb. zur Darst. von **IV** eignen sich $KH_5(PO_4)_2$ u. $KH_3P_2O_7$. Die Thermolyse des Orthophosphates ist (auch im Vakuum) wegen der therm. Stabilität des relativ niedrigen F. der Rk.-Prod. nicht geeignet. Die Hydrolyse von $KH_3P_2O_7 \cdot H_2O$ liefert je nach den Vers.-Bedingungen im geschlossenen Rohr **IV** oder $KH_5(PO_4)_2$. Die in der Literatur angegebenen Monohydrate von K_2HPO_4 u. $K_4P_2O_7$ konnten nicht gefunden werden. Dikaliumdiphosphat tritt krist. als wasserfreies $K_2H_2P_2O_7$ oder als Hemihydrat $K_2H_2P_2O_7 \cdot {}^1/_2\,H_2O$ auf. Das Monokaliumdiphosphat wurde in Form des krist. $KH_3P_2O_7 \cdot H_2O$ isoliert. C. Gottfried 275△

0799 **Darstellung von Kaliumtrimethylsilanolat.** K. A. Andrianov, V. N. Alaničev und V. S. Tichonov. (Ž. obšč. Chim. **38** (**100**) (1968) 6, 1402—03; Mosk. inst. tonkoj chim. technol. im. Lomonosova; russ.) — Durch Umsetzung von Hexamethyldisiloxan mit KOH u. metall. K wird unter H_2-Entw. *Kaliumtrimethylsilanolat*, C_3H_9KOSi, F. 131°, erhalten, wobei bei 33std. Erhitzen des Rk.-Gemisches eine Ausb. von 69,5% erreicht wird. K. Jasche 275△

0800 **Organometallkomplexe. 7. Mitt. Darstellung von Koordinations-Verbindungen der Diphenylthalliumhalogenide.** F. Huber und F. Ernst. (Z. Naturforsch. **23b** (1968) 7, 1011—12; Inst. für Anorg. Chem. u. Elektrochem., Rhein.-Westfäl. TH, Aachen; dt.) — 6. vgl. C. **1968**, 24-0774. — Durch Sättigen des abs. Donators (Py., DMF u. DMSO) mit dem Akzeptor Diphenylthalliumhalogenid in der Hitze u. Abfiltrieren vom Ungelösten erhält man in der Kälte farblose Nd. der Komplexe, die sich nicht umkristallisieren lassen u. bereits bei Raumtemp. langsam die Liganden abspalten. In Donatoratmosphäre sind sie jedoch einige Zeit haltbar. Die Isolierung der Komplexe mit Triphenylphosphin- oder -arsinoxid aus organ. Lsgm. gelingt nicht. Lediglich die 1.10-Phenanthrolin(phen)-Komplexe können aus Dioxanlsg. nach 5 Min. langem Erhitzen erhalten werden. Die analogen 2.2′-Dipyridyl-Verb. können nicht dargestellt werden.

Versuche: $(C_6H_5)_2TlX \cdot 2\,A$, (X =) *Cl*, (A =) *py*; *Br*, *py*; *J*, *py*; *Cl*, *DMF*; *Br*, *DMF*; *Cl*, *DMSO*; *Br*, *DMSO*; *J*, *DMSO*; $(C_6H_5)_2TlJ \cdot DMF$; $(C_6H_5)_2TlX \cdot phen$, X = *Cl*, *Br*, *J*; $(p\text{-}CH_3C_6H_4)_2TlBr \cdot phen$; $(p\text{-}Cl \cdot C_6H_4)_2TlBr \cdot phen$. H.-J. Schönherr 297

0801 **Synthese und thermische Beständigkeit von wasserfreiem Scandiumacetat.** L. N. Komissarova, I. V. Archangel'skij und A. P. Bobylev. (Izvest. Akad. Nauk SSSR, Neorg. Mater. 4 (1968) 7, 1094—96; Mosk. gos. univ. im. Lomonosova, chim. fak.; russ.) — $Sc(NO_3)_3$ u. $Sc(OH)_3$ wurden mit Acetanhydrid, wasserfreies $ScCl_3$ mit einem Acetanhydrid–Essigsäure-Gemisch sowie Butylacetat u. metall. Sc mit Eisessig behandelt (jeweils zehnfacher Überschuß gegenüber der stöchiometr. Menge), die Gemische im Rücklaufkühler unter ständigem Rühren zum Sieden erhitzt u. der Nd. abfiltriert. Die nach diesen Meth. hergestellten Scandiumacetatproben haben alle die Formel $Sc(CH_3COO)_3$ (Elementaranalyse) u. besitzen die gleiche Struktur (ident. IR-Spektren). Die Synth. von $Sc(CH_3COO)_3$ aus Sc_2O_3 u. Essigsäure bzw.

Acetanhydrid ist nicht möglich. Die Unters. der therm. Beständigkeit (Thermogravigramm) von $Sc(CH_3COO)_3$ an der Luft u. in inerter Atmosphäre ergab zwei exotherme Effekte bei 285—325 u. 380—400° u. einen endothermen Effekt bei 365—375°. Die Zers. erfolgt nach dem Schema $Sc(CH_3COO)_3 \xrightarrow[285-305°]{} Sc_2O_3 + H_3CC(O)O(O)CCH_3$, das entweder bei 285—305° in Ggw. von W.-Spuren in $CH_3 \cdot COOH$ übergeht oder bei 380—400° unter der katalyt. Wrkg. von Sc_2O_3 zu CH_3COCH_3 u. CO_2 reagiert. B. Karos 299

0802 **Bildung, Zusammensetzung und thermische Eigenschaften der Selenite einiger Seltenerdmetalle und des Yttriums.** G. S. Savčenko, I. V. Tananaev und A. N. Volodina. (Izvest. Akad. Nauk SSSR, Neorg. Mater. **4** (1968) 7, 1097—1107; Inst. obščej i neorg. chim. im. Kurnakova AN SSSR; russ.) — Die Löslichkeitsdiagramme in den Syst. MCl_3–H_2SeO_3–H_2O u. M_2O_3–SeO_2–H_2O wurden bei 25° untersucht u. auf der Grundlage der dabei gewonnenen Erkenntnisse eine Meth. zur Synth. von $MH(SeO_3)_2$, $M(HSeO_3)_3$ u. $M_2(SeO_3)_3$ (M = *Pr, Nd, Sm, Gd, Y*) entwickelt. Die Selenite $M_2(SeO_3)_3$ bilden sich bei den entsprechenden stöchiometr. Verhältnissen von H_2SeO_3 u. M_2O_3. Bei Abweichungen vom stöchiometr. Verhältnis nach einer beliebigen Seite bilden sich bas. oder saure Di- u. Triselenite. Der gegenseitige Übergang der sauren Selenite ineinander hängt von der H_2SeO_3-Konz. in der Lsg. ab, wobei der Existenzbereich der Diselenite sich mit steigender Ordnungszahl des Seltenerdmetalls vergrößert. Die Selenite der Seltenerdmetalle wurden chem. u. röntgenograph.untersucht, ihre opt. Konst. bestimmt u. Mikrophotographien, ihre IR-Spektren u. Thermogramme aufgenommen. Die therm. Beständigkeit der Selenite der Seltenerdmetalle wächst mit sinkender Ordnungszahl. Eine Ausnahme bildet Yttrium, für dessen Selenite eine verhältnismäßig große therm. Beständigkeit charakterist. ist. B. Karos 303

0803 **Spektroskopische Klassifikation und Stabilitätsbereiche von drei Typen der Seltenerdmetalloxidorthosilicate.** A. N. Lazarev, T. F. Teniševa, I. A. Bondar', L. N. Koroleva und N. A. Toropov. (Izvest. Akad. Nauk SSSR, Neorg. Mater. **4** (1968) 8, 1287—89; Inst. chim. silikatov im. Grebenščikova AN SSSR; russ.) — Für die Verb. $Ln_2O_3 \cdot SiO_2 = Ln_2O(SiO_4)$ sind nach früheren IR-Unters. (vgl. Lazarev, Izvest. Akad. Nauk SSSR, Ser. chim. **1963**, 1220) drei Strukturtypen bekannt, deren Stabilitätsbereiche in Abhängigkeit von der Temp. u. vom Kationenradius neu ermittelt werden. Die Verb. $Ln_2O_3 \cdot SiO_2$ können für Ln = La–Lu, Y u. Sc jeweils in 2 Strukturtypen krist., die Verb. $7\,Ln_2O_3 \cdot 9\,SiO_2$ treten für Ln = La–Er auf. H. Roschkowski 303

0804 **Eigenschaften und Struktur von Seltenerdmetalldinitrilotriacetaten.** N. D. Mitrofanova, L. I. Martynenko und A. I. Grigor'ev. (Ž. neorg. Chim. **13** (1968) 11, 2947—54; Mosk. gos. univ. im. Lomonosova, Kaf. neorg. chim.; russ.) — Die Komplexe der Seltenerdmetalle mit Nitrilotriessigsäure (H_3X) krist. in Form der Hexahydrate, wobei Sc, La u. Yb Ausnahmen bilden. Die Hexahydrate sind isomorph. Röntgenograph. Daten zeigen, daß die entwässerten Verb. der Cer-Untergruppe mit den Ausgangshydraten isomorph sind. Im Falle von Gd u. der Y-Elemente führt die Entwässerung zu einer Strukturänderung. Die IR-Spektren von K_3X, K_2HX, $LaX \cdot 5\,H_2O$, LaX, $PrX \cdot 3\,H_2O$, PrX, $NdX \cdot 3\,H_2O$, NdX, $SmX \cdot 3\,H_2O$, SmX, $GdX \cdot 4\,H_2O$, GdX, $YX \cdot 4\,H_2O$, YX, $DyX \cdot 4\,H_2O$, DyX, $ErX \cdot 4\,H_2O$, ErX, $YbX \cdot 4\,H_2O$, YbX, $ScX \cdot 3\,H_2O$, ScX, $K_3[LaX_2] \cdot 4{,}4\,H_2O$, $K_3[LaX_2]$, $K_3[PrX_2] \cdot 6\,H_2O$, $K_3[PrX_2]$, $K_3[NdX_2] \cdot 6H_2O$, $K_3[NdX_2]$, $K_3[SmX_2] \cdot 6\,H_2O$, $K_3[SmX_2]$, $K_3[GdX_2] \cdot 6\,H_2O$, $K_3[GdX_2]$, $K_3[YX_2] \cdot 6\,H_2O$, $K_3[YX_2]$, $K_3[DyX_2] \cdot 6\,H_2O$, $K_3[DyX_2]$, $K_3[ErX_2] \cdot 6\,H_2O$, $K_3[ErX_2]$, $K_3[YbX_2] \cdot 3{,}3\,H_2O$, $K_3[YbX_2]$, $K_2[ScX_2] \cdot 5\,H_2O$ u. $K_3[ScX_2]$, wurden im Bereich 600—3200 cm^{-1} aufgenommen, die Lage der charakterist. Banden wird diskutiert. Die Komplexe wurden chem.-analyt. u. thermogravimetr. analysiert. J. J. Pohl 303

0805 **Faserartiges Kaliumhexatitanat.** E. K. Ovečkin, N. P. Krasil'nikova, L. M. Volova, A. T. Šutova und L. S. Kovalenko. (Izvest. Akad. Nauk SSSR, Neorg. Mater. **4** (1968) 7, 1141—46; Gos. N.-I. i proektnyj inst. osnovnoj chim., Char'kov; russ.) — Die günstigsten Herst.-Bedingungen für faserartiges $K_2Ti_6O_{13}$ (**I**) aus Anatas (**II**) u. K_2CO_3 (**III**) in Schmelzen aus KCl u. KF wurden ermittelt. **I** wird bei 970—1050° gebildet. Fasern mit guten Eig. entstehen, wenn 1 Gew.-% Mischung von **II** u. **III** (Verhältnis 6 : 1) in einer Schmelze aus 80% KCl u. 20% KF umgesetzt werden u. die Abkühlung bis 900° in 2 Stufen (ca. 0,77 Grad/Min. von 1050—980° u. 0,3 Grad/Min. von 980—900°) vorgenommen wird. Die Kristallisation ist bei ca. 900° beendet. Submkr. Aufwachsungen auf den Fasern sorgen für eine gute Verfilzung. Bei V-Geh. unter 10% steigt die Dichte. Bei Konz.-Erhöhung des Rk.-Gemisches werden die Fasern kürzer u. dichter, ab 5 Gew.-% entstehen harte, schwammartige Produkte. Die Fasern verlieren nach 20std. Behandlung mit konz. HCl, H_2SO_4 oder NaOH 5,2 bzw. 2% an Gewicht. Bei 1200° wird die Faserstruktur in 2 Std. zerstört. U. Strobel 321

0806 **Gewinnung von Samariumtitanat $Sm_2Ti_2O_7$.** È. S. Sarkisov, V. R. Berdnikov, Ju. M. Chožainov und G. P. Golovina. (Izvest. Akad. Nauk SSSR, Neorg. Mater. **4** (1968) 8, 1371; Mosk. inst. tonkoj chim. technol. im. Lomonosova; russ.) — $Sm_2Ti_2O_7$ wurde durch Erhitzen der entsprechenden gemeinsam ausgefällten Hydroxide hergestellt. Das Thermogramm weist bei 260° einen endothermen Effekt (Dehydratation) u. bei 775° einen exothermen Effekt auf, welcher der Kristallisation des gebildeten $Sm_2Ti_2O_7$ entspricht. Die Rk. verläuft quant. bei 1std. Erhitzen der gemeinsam ausgefällten Hydroxide auf 1200°. B. Karos 321

0807 **Komplexe von Titan(IV)-halogeniden mit Benzalanthron und Dibenzylanthron.** R. C. Paul und R. Parkash. (J. less-common Metals [Lausanne] **15** (1968) 3, 269—72; Chem. Dep., Panjab Univ., Chandigarh, India; engl.) — $TiCl_4$ u. $TiBr_4$ bilden mit Benzal-(A) u. Dibenzylanthron (B) in inerten Lsgm. wie CCl_4 feste Komplexe der Zus. $TiCl_4 \cdot 2\,A$ (**I**; Zers. ab 44°; braun), $TiBr_4 \cdot 2\,A$ (**II**; Zers. ab 44°; dunkelgrün), $TiCl_4 \cdot 2\,B$ (**III**; Zers. ab 34°; blaßgelb) u. $TiBr_4 \cdot 2\,B$ (**IV**; rot), die in Bzl., Chlorbenzol, $CHCl_3$, CCl_4 u. Cyclohexan unlösl., in Aceton, THF u. DMF unter Zers. lösl. sind. **IV** ist unbeständig, die anderen Verb. sind an Luft relativ stabil, durch W. werden sie leicht hydrolysiert. Auf Grund der thermogravimetr. Unters. wird angenommen, daß **I**, **II** u. **III** in festem Zustand dimer vorliegen. Die Carbonylstreckschwingungen von A u. B werden durch die Komplexbldg. mit Ti(IV) nicht beeinflußt; mögliche Ursachen werden erörtert. P. Scharner 321

0808 **Oxalatocarbonatozirkonate.** L. A. Pospelova und L. M. Zajceb. (Ž. neorg. Chim. **13** (1968) 11, 2980—84; Inst. obšč. i neorgan. chim. im. Kurnakova AN SSSR; russ.) — Die Unters. der IR-Spektren im Bereich 700 bis 1600 cm^{-1} sowie der thermogravimetr. Charakteristiken, der mol. elektr. Leitfähigkeit u. des pH-Werts von Lsg. von $(CN_3H_6)_6[Zr_2O(CO_3)_6] \cdot 2\,H_2O$, $(CN_3H_6)_6[Zr_2O \cdot (CO_3)_4(C_2O_4)_2]$, $K_2(CN_3H_6)_4[Zr_2O(C_2H_4)_4(CO_3)_2] \cdot 6\,H_2O$, $(NH_4)_2[Zr(C_2O_4)_3] \cdot 2\,H_2O$, $K_2[Zr(C_2O_4)_3] \cdot H_2O$, $(NH_4)_6 \cdot [Zr(C_2O_4)_5] \cdot H_2O$, $K_6[Zr(C_2O_4)_4CO_3] \cdot 7{,}5\,H_2O$, $(CN_3H_6)_6 \cdot [Zr(C_2O_4)_2(CO_3)_3] \cdot 7\,H_2O$, $(CN_3H_6)_6[Zr(C_2O_4)(CO_3)_4] \cdot H_2O$ zeigt, daß die Carbonatgruppe mit dem Zr-Atom fester verbunden ist als die Oxalatgruppe. Die Verb. wurden bei entsprechenden $Zr^{4+} : C_2O_4^{2-} : CO_3^{2-}$-Verhältnissen aus gesätt. wss. Lsg. gefällt. J. J. Pohl 322

0809 **Zustand des Wassers in einigen Zirkonium- und Hafniumverbindungen.** A. N. Ermakov, A. V. Karjakin, G. A. Muradova, I. N. Marov und L. P. Kazanskij. (Ž. neorg. Chim. **13** (1968) 11, 2985—89; Inst. geochim. i analit. chim. im. Vernadskogo AN SSSR; russ.) — Die IR-Spektren von $Zr(SO_4)_2 \cdot 4\,H_2O$, $Zr(OH)_2 \cdot SO_4 \cdot 4\,H_2O$, $HfOCl_2 \cdot 8\,H_2O$, $ZrOCl_2 \cdot 8\,H_2O$, $ZrO(NO_3)_2 \cdot 2\,H_2O$ u. $HfO(NO_3)_2 \cdot 2\,H_2O$ wurden im Bereich 400 bis 4000 cm^{-1} aufgenommen. Auf Grund der OH-Valenzschwingungen wird die Bldg. von Wasserstoffbindungen mit dem Anion angenommen. Die Energie dieser Bindungen ist in vielen Fällen recht hoch u. beträgt z. B. im Falle von $Zr(SO_4)_2 \cdot 4\,H_2O$ 8,5 kcal/Bindung. J. J. Pohl 323

0810 **Basische Komplexfluoride von Zirkonium und Hafnium mit Kalium.** I. A. Šeka, A. A. Lastočkina und L. A. Malinko. (Ž. neorg. Chim. **13** (1968) 11, 2974–79; Inst. obšč. i neorgan. chim. AN Ukr.SSR; russ.) — *K[ZrOF₃] · 2 H₂O* (**I**) u. *K[HfOF₃] · 2 H₂O* (**II**) wurden chem., thermograph., röntgenograph., IR-spektroskop. im Bereich 800–3800 cm^{-1} u. mkr. charakterisiert. Die IR-Spektren zeigen, daß **I** u. **II** Zr=O- bzw Hf=O-Gruppen enthalten. Die Verb. geben ab 100 bzw. 120° endotherm W. ab. Die wasserfreien Prod. krist. bei 390–490 bzw. 350–450°, sie sind in W., HCl u. HNO_3 unlösl., in HF u. in konz. H_2SO_4 u. HNO_3 beim Erwärmen löslich. J. J. Pohl 323

0811 **Verteilung von mehreren austauschbaren Substituenten zwischen CH_3Ge und $(CH_3)_2Ge$.** K. Moedritzer und J. R. Van Wazer. (Inorg. chim. Acta [Padova] **2** (1968) 2, 111–15; Central Res. Dep., Monsanto Comp., St. Louis, Mo.; engl.) — Die Verteilung von *Cl, Br* u. *J* bzw. *Cl, Br, J* u. *OC₆H₅* zwischen $CH_3Ge\equiv$ u. $(CH_3)_2Ge=$ wurde ¹H-NMR-spektroskop., quant. bei 33° untersucht. Die theoret. Gleichgew.-Verteilungen können auf Grund der minimalen Anzahl der Gleichgew.-Konst., nämlich 12 im ersten u. 25 im zweiten Fall, bestimmt werden. Infolge einer bevorzugten Affinität zum $CH_3Ge\equiv$ treten manche möglichen Verb. im Gleichgew. nur in sehr kleinen Mengen oder überhaupt nicht auf. *Dimethyldiphenoxygerman* ($Kp._{0,6}$ 135°) wurde in Bzl. aus Dimethyldihalogengerman, Phenol u. Triäthylamin dargestellt. J. J. Pohl 326

0812 **Einwirkung von Triäthylgerman auf einige ungesättigte Hydroxyverbindungen.** I. M. Gverdciteli, T.P. Guncadze und M. I. Gudavadze. (Soobšč. Akad. Nauk Gruz.SSR **50** (1968) 3, 609–12; Tbilisskij gos. univ.; russ.) — Folgende Verb. wurden synthetisiert: *4-Methyl-6-(triäthylgermyl)-octadien-(5.7)-ol-(4)* (**I**), $Kp._4$ 156–159°, durch 3std. Erhitzen von $(C_2H_5)_3GeH$ (**II**) mit Methylpropyläthinylcarbinol in Ggw. von H_2PtCl_6 · 6 H_2O auf dem W.-Bad, nach Abklingen der exothermen Rk. u. beendeter Umsetzung destillative Aufarbeitung; $D._4^{20}$ 1,0298; n_D^{20} 1,4875; 40,5% (Ausb.). — Analog: *1-Methyl-1-äthyl-2-(triäthylgermyl)-4.4-dipropylbuten-(2)-diol-(1.4)*, $Kp._3$ 174–175°, aus **II** u. Methyläthyldipropylbutindiol; $D._4^{20}$ 1,0030; n_D^{20} 1,4740; 8,3%. — *1.1-Dimethyl-4.4-dipropyl-2-(triäthylgermyl)-buten-(2)-diol-(1.4)*, $Kp._3$ 205–207°, durch 4std. Rk. von **II** mit Dimethylpropylbutindiol bei 60–70° u. Vakuumdest. des Rk.-Gemisches; 13,2%. — *4-Methyl-6-(triäthylgermyl)-octatrien-(3.5.7)*, $Kp._4$ 175°, durch Dehydratisierung von **I** in Ggw. von $KHSO_4$ u. wenig Dithizon als Antioxydans, Dest.; $D._4^{20}$ 1,0124; n_D^{20} 1,4991; 46,2%. — *4-Methyl-6-(triäthylgermyl)-octanol-(4)*, $Kp._4$ 132–133°, durch katalyt. Hydrierung von **I** über Raney-Ni in alkohol. Lsg.; $D._4^{20}$ 1,0385; n_D^{20} 1,4890; 46,5%. K. Jasche 326△

0813 **Synthese phosphorgermaniumorganischer Verbindungen auf der Basis ungesättigter Phosphorverbindungen.** N. G. Dzurinskaja, S. A. Michajljanc und V. P. Evdakov. (Ž. obšč. Chim. **38** (**100**) (1968) 6, 1267–69; Gos. NII i proektnyj inst. azotnoj prom. i prod. organ. sinteza; russ.) — Durch katalyt. Addition von $(C_2H_5)_3$· GeH (**I**) an Allyl- u. Vinylphosphonsäuredichloride u. -diester werden entsprechende triäthylgermaniumsubstituierte Phosphonsäurederiv. erhalten.

Versuche: *3-(Triäthylgermyl)-propylphosphonsäuredichlorid*, $C_9H_{21}Cl_2GeOP$, $Kp._{20}$ 77°, durch 10std. Erhitzen von **I** mit Allylphosphonsäuredichlorid auf 160 bis 165° in Ggw. katalyt. Mengen H_2PtCl_6, destillative Aufarbeitung; $D._4^{20}$ 1,1952; n_D^{20} 1,4610; 51,9% (Ausb.). — Analog: *3-(Triäthylgermyl)-propylphosphonsäurediäthylester*, $C_{13}H_{31}GeO_3P$, $Kp._{3-5}$ 150°, $Kp._{10}$ 166°, a) aus Allylphosphonsäurediäthylester ($Kp._{11}$ 96°; n_D^{20} 1,4335) u. **I**; 59,6%; b) durch Arbusov-Rk. aus Triäthylphosphit u. Triäthyl-3-chlorpropylgerman (15 Std. bei 200–230°); $D._4^{20}$ 1,0950 (1,0976); n_D^{20} 1,4580 (1,4560); 73,3%. — *2-(Triäthylgermyl)-äthylphosphonsäuredichlorid*, $C_8H_{19}Cl_2GeOP$, $Kp._{5-4}$ 136°, durch Addition von **I** an Vinylphosphonsäuredichlorid ($Kp._{16}$ 64–66°; n_D^{20} 1,4820) $D._4^{20}$ 1,2947; n_D^{20} 1,4962; 17,4%. — *2-(Triäthylgermyl)-äthylphosphonsäurediäthylester*, $C_{12}H_{29}GeO_3P$, $Kp._4$ 120°, $Kp._3$ 112°, a) aus **I** u. Vinylphosphonsäurediäthylester; 51,4%; b) durch Veresterung vorst. Verb.; $D._4^{20}$ 1,1088 (1,1050); n_D^{20} 1,4572 (1,4554); 38%. — *3-(Triäthylgermyl)-propylphosphonsäuredibutylester*, $C_{17}H_{39}GeO_3P$, $Kp._2$ 157°, $Kp._3$ 166°, a) durch 10std. Rk. von **I** mit Allylphosphonsäuredibutylester ($Kp._3$ 92–102°; n_D^{20} 1,4370) bei 200–220° ohne Katalysator, Vakuumdest.; 36,5%; b) durch Arbusov-Rk.; $D._4^{20}$ 1,0591 (1,0510); n_D^{20} 1,4585 (1,4577); 34,8%. K. Jasche 326△

0814 **Bis-[triäthylgermyl]-zink.** N. S. Vjazankin, V.T. Byčkov und I. A. Vostokov. (Ž. obšč. Chim. **38** (**100**) (1968) 6, 1345–48; Labor. stabilizacii polimerov AN SSSR Gor'kij; russ.) — Durch Umsetzung von Triäthylgermyllithium (**I**) mit $ZnCl_2$ in THF entsteht *Bis-[triäthylgermyl]-zink* (**II**). Die Ge–Zn-Bindung in **II** wird bei der Rk. mit Äthylbromid (**III**), 1.2-Dibromäthan (**IV**) u. Benzoylperoxid (**V**) gespalten, während die $(C_2H_5)_3Ge$-Gruppe intakt bleibt.

Versuche: *Bis-[triäthylgermyl]-zink* (**II**), $C_{12}H_{30}$· Ge_2Zn, 3tägige Rk. von Bis-[triäthylgermyl]-quecksilber mit metall. Li in abs. Bzl., Abdekantieren der gebildeten **I**-Lsg. vom Li-Amalgam, Abdest. des Lsgm. u. Lösen des geleeartigen Rückstands in THF, allmähliche Zugabe von wasserfreiem $ZnCl_2$ zur **I**-Lsg. bei 0–7°, exotherme Rk., Abdest. des THF von der grünen Lsg. (im Vakuum) u. Lösen des Rückstands in Bzl., Abtrennen des LiCl (93,1% Ausb.), Abziehen des Lsgm. vom LiCl-freien Filtrat, grüne nichtdestillierbare Fl. als Rückstand; 73,3%. — **II**-Thermolyse: 6std. Erhitzen von **II** bei 100° u. 3 Std. bei 130°, Ausäthern des Rk.-Gemisches u. Fraktionieren des Extrakts: *Tetraäthylgerman* (**VI**), Kp. 158 bis 160°; n_D^{20} 1,4451; 32,1%. *Hexaäthyldigerman*, $Kp._{1,5}$ 82–86°; n_D^{20} 1,4960; 44,6%. Daneben: Nichtdestillierbarer Ge-haltiger viskoser Rückstand u. metall. Zn (93%). — Rk. von **II** mit **III**: 1std. Umsetzung der Komponenten bei Raumtemp., danach weitere 1std. Rk. auf dem W.-Bad, Abdekantieren der organ. Phase vom Nd. u. Fraktionierung; 48,6% **VI** u. 93% $ZnBr_2$. — Rk. von **II** mit **IV**: Zugabe von **II** zu **IV** bei Temp. des fl. N_2, Entw. von *Äthylen* (63,5%), danach mehrstd. Rk. bei Raumtemp., Abfiltrieren des *ZnCl₂* (78,3%), Fraktionieren des Filtrats: *(C₂H₅)₃GeBr*, $Kp._{10}$ 63–65°; n_D^{20} 1,4840; 60,9%. — Rk. von **II** mit **V**: Umsetzung der Komponenten in Bzl. bei 20°, in exothermer Rk. Entfärbung des grünen Rk.-Gemisches, Abfiltrieren des *Zn-Benzoats*, $C_{14}H_{10}O_4Zn$ (61,2%), Fraktionieren des Filtrats: *Triäthylbenzoyloxygerman*, $Kp._5$ 118–119°; 64% K. Jasche 326△

0815 **Einige Eigenschaften der Verbindung $ZnSnSb_2$.** N. A. Gorjunova, B. V. Baranov, V. S. Grigor'eva, L. V. Kradinova, V. A. Maksimova und V. D. Počuchan. (Izvest. Akad. Nauk SSSR, Neorg. Mater. **4** (1968) 7, 1060–63; Fiz.-techn. inst. im. Joffe AN SSSR; russ.) — Durch Kristallisation aus einer Lsg. in fl. Sn wurde $ZnSnSb_2$ erhalten. Die Verb. hat Zinkblendestruktur mit a = 6,281 ± 0,001 Å; $D._{exp}$ 5,72 ± 0,05 g/cm³, Härte 250 ± 20 kg/mm² u. ordnet sich in die Reihe der bekannten $A^{II}B^{IV}C_2^{V}$-Verb. $ZnSnP_2$–$ZnSnAs_2$ ein. H. Roschkowski 327

0816 **Nitriliumkomplexsalze' und ihre Derivate.** T. N. Sumarokova, R. A. Slavinskaja, I. G. Litvjak und Z. F. Orlova. (Ž. neorg. Chim. **13** (1968) 3, 712–17; russ.) — Bei der Rk. der Koordinationsverb. $SnCl_4$· 2 RCN, $SbCl_5$ · RCN · R'Cl u. $SbCl_5$ · RCN mit HBr sowie von RCN · 2 HBr mit $SnCl_4$ oder $SbCl_5$ in Lsg. (R = C_6H_5; R' = i-C_3H_7) findet neben der HBr-Addition an die C≡N-Dreifachbindung ein Cl–Br-Austausch der miteinander reagierenden Verb. statt. Folgende Verb. werden synthetisiert: *[C₆H₅(Cl)C=NH–C₃H₇][SbCl₄· Br₂]*, F. 118–119°, aus $SbCl_5$ · C_6H_5CN · C_3H_7Cl (**I**) u. HBr; orangefarbene glänzende Schuppen. — *[C₆H₅(Br)C=NH–C₃H₇][SbClBr₅]*, F. 110–111°, aus **I** u. HBr; dunkelrote Kristalle. — *[C₆H₅(Cl)C=NH₂][SbCl₆]*, F. 176 bis 178°, aus C_6H_5CN · 2 HBr (**II**) u. $SbCl_5$; gelbe glänzende Schuppen. — *[C₆H₅(Cl)C=NH₂][SbCl₆]*, F. 182°, aus $SbCl_5$ · C_6H_5CN u. HCl; gelbe glänzende Schuppen. — *[C₆H₅(Cl)C=NH₂]₂[SnCl₃Br₃]*, F. 109–111°, aus **II** u. $SnCl_4$; farblose Nadeln. — *[C₆H₅(Br)C=NH₂]₂[SnClBr₅]*, F. 134–136°, aus **II** u. $SnCl_4$; hellgelbe Kristalle. — *[C₆H₅(Br)C=NH₂]₂[SnBr₆]*, F. 137°, aus $SnCl_4$ · 2 C_6H_5CN

u. HBr; gelbe Kristalle. — $[C_6H_5(Br)C{=}NH_2]_2[SnBr_6]$, F. 135—137°, aus $SnBr_4 \cdot 2\,C_6H_5CN$ u. HBr; gelbe Kristalle. K. Jasche 327△

0817 **Reaktionen von Hexachlorcyclopentadien mit einigen silicium- und zinnorganischen Verbindungen mit Dreifachbindungen.** N. V. Komarov, M. F. Šostakovskij und T. D. Burnašova. (Ž. obšč. Chim. **38** (**100**) (1968) 6, 1398—1401; Irkutskij inst. organ. chimii Sibirskogo otdel. AN SSSR; russ.) — Trialkylsilyl-(stannyl)-acetylen u. Bis-[trialkylsilyl]-diacetylen setzen sich mit Hexachlorcyclopentadien (I) zu den entsprechenden Diels-Alder-Addukten um. Si- u. Sn- Atome in α-Stellung zur CC-Mehrfachbindung behindern die Dienkondens. nicht. Die nucleophile Spaltung des Bis-[trialkylsilyl]-diacetylen-I-Addukts in wss.-alkohol. Lsg. führt unter Abspaltung der $Si(CH_3)_3$-Reste an der Si-Acetylenbindung u. am Hexachlorbicycloheptadienkern zum *Hexachlorbicycloheptadienylvinyläthyläther*. Bis-[trialkylstannyl]-diacetylen u. Trialkylstannyläthinylvinylsulfid setzen sich mit I nicht im Sinne einer Diels-Alder-Rk. um, sondern es erfolgt eine Austauschrk. unter Bdg., von *Trialkylzinnchlorid*.

Versuche: *1.2.3.4.7.7-Hexachlor-6-(triäthylstannyl)-bicyclo-[2.2.1]-heptadien-(2.5)*, $C_{13}H_{16}Cl_6Sn$, Kp.$_{0,05}$112°, durch langsames Erhitzen (10—14 Std.) eines Gemisches von Triäthylstannylacetylen, I u. einigen Krist. Hydrochinon im Bombenrohr unter N_2, destillative Aufarbeitung des Rk.-Gemisches nach beendeter Umsetzung; D_4^{20} 1,5919; n_D^{20} 1,5595; 44,14% (Ausb.). — Analog: *1.2.3.4.7.7-Hexachlor-6-(trimethylsilyl)-* (II), $C_{10}H_{10}Cl_6Si$, Kp.$_3$ 126°; D_4^{20} 1,4213; n_D^{20} 1,5350; 74,32%. — *1.2.3.4.7.7-Hexachlor-5-(trimethylsilyläthinyl)-6-(trimethylsilyl)-* (III), $C_{15}H_{18}Cl_6Si_2$, Kp.$_{14}$ 193°, F. 82—83°; 68,8%. — *1.2.3.4.7.7-Hexachlor-5-(dimethyläthylsilyläthinyl)-6-(dimethyläthylsilyl)-*, $C_{17}H_{22}Cl_6Si_2$, Kp.$_3$ 173°, F. 37°; D_4^{20} 1,2349; n_D^{20} 1,5407; 36,8%. — Nucleophile Spaltung von III: 9std. Erhitzen von III in wss.-alkohol. KOH auf 50—55°, nach Abkühlen Abfiltrieren der krist. Rk.-Prod. u. Umkristallisieren: *Hexachlorbicycloheptadienylvinyläthyläther*, $C_{11}H_8Cl_6O$, F. 103° (A.); 74,6%. Aufarbeitung des Filtrats: $(CH_3)_3SiOH$ u. $[(CH_3)_3Si]_2O$. — Nucleophile Spaltung von II: 12std. Erhitzen von II mit wss.-alkohol. KOH bei 70—74° u. nach Abkühlen der Rk.-Lsg. Neutralisieren mit verd. HCl, Aufarbeitung der unteren Schicht: *1.2.3.4.7.7-Hexachlorbicyclo-[2.2.1]-heptadien-(2.5)*, $C_7H_2Cl_6$, Kp.$_4$ 105—106°; D_4^{20} 1,6627; n_D^{20} 1,5534; 62,65%. Aufarbeitung der oberen Schicht ergibt $(CH_3)_3SiOH$ u. $[(CH_3)_3Si]_2O$. K. Jasche 327△

0818 **Herstellung von Bleisulfid.** V. I. Krivobok und A. P. Nachodnova. (Izvest. Akad. Nauk SSSR, Neorg. Mater. 4 (1968) 7, 1178; Doneckij gos. univ.; russ.) — PbS mit Geh. an Cu, Ag, Bi, Al, Ni, Sb, As u. Co $\leq 1 \cdot 10^{-5}$% u. Fe von $1 \cdot 10^{-4}$% wird durch vorhergehende Reinigung einer $Pb(NO_3)_2$-Lsg. u. Sulfidfällung erhalten. Aus der Ausgangslsg. werden dazu 5—10% der theoret. PbS-Menge gefällt, dem Filtrat eine Lumogallion IREA-Lsg. zugesetzt u. zur Sorption der Fremdmetallkomplexe Aktivkohle zugesetzt. Dem Filtrat dieser Lsg. wird Trilon B beigegeben, eingeengt u. die ausfallenden $Pb \cdot (NO_3)_2$-Krist. werden zum Sulfid weiterverarbeitet. H. Roschkowski 328

0819 **Röntgenographische Untersuchung binärer Salze aus Blei-, Cadmium-, Thallium- und Cäsiumhalogeniden.** I. K. Tovmas'jan, N. I. Čaurskij, D. G. Barsetgov, V. I. Monastyrskaja, I. G. Berikašvili und L. P. Danilenko. (Ž. neorg. Chim. **13** (1968) 11, 3009—11; Rostovskij-na-Donu gos. ped. inst.; russ.) — Die Verb. $CdBr_2 \cdot TlBr$, $PbBr_2 \cdot CsBr$, $PbCl_2 \cdot CsCl$, $CdBr_2 \cdot CsCl$, $CdCl_2 \cdot CsCl$, $CdJ_2 \cdot 2\,CsJ$, $CdCl_2 \cdot 2\,CsCl$ u. $CdCl_2 \cdot TlCl$ wurden röntgenograph. identifiziert, sie wurden aus den geschmolzenen Komponenten, die im entsprechenden Verhältnis gemischt wurden, dargestellt. J. J. Pohl 328

0820 **Hochdrucksynthese einer neuen Verbindung $PbSnO_3$ mit Perowskit-Struktur.** F. Sugawara, Y. Syono und S. Akimoto. (Mater. Res. Bull. **3** (1968) 6, 529—32; Inst. for Solid State Phys., Univ. of Tokyo, Tokyo; engl.) — Durch Rk. von rhomb. PbO u. SnO_2 bei 500° unter 60—70 kbar konnte $PbSnO_3$ synthetisiert werden, das eine verzerrte Perowskit-Struktur besitzt. Aus Pulveraufnahmen mit Cu-$K_{\alpha 1}$-Strahlung wurden die Gitterkonst. der monoklinen Zelle wie folgt bestimmt: a = c = 4,076, b = 4,043 Å, β = 89° 45′. Bei ca. 400 °K wandelt sich die Verb. in eine kub. Perowskitphase um. W. Laqua 328

0821 **$Pb(H_2PO_4)_4 \cdot (C_6H_5)_3PO$, durch Triphenylphosphinoxid stabilisiertes Blei(IV)-tetrakis-[dihydrogenphosphat].** F. Huber und M. S. A. El-Meligy. (Angew. Chem. **80** (1968) 24, 1031; dt.; int. Edit. **7** (1968) 12, 946—47; engl.; Inst. für anorg. Chem. u. Elektrochem., TH, Aachen.) — Vers. zur Darst. bin. Blei(IV)-phosphate durch Rk. von $Pb(OCOCH_3)_4$ (I) oder PbO_2 mit H_3PO_4 ergaben, auch in Ggw. von $(C_6H_5)_3PO$ (II), nur komplexe Phosphatoblei(IV)-säuren. Ein durch II stabilisiertes Blei(IV)-phosphat, $Pb(H_2PO_4)_4 \cdot (C_6H_5)PO$ (farblose Krist. Zers. 140°), wurde aus einer nicht isolierbaren, aus I u. II in Bzl. entstehenden gelben Verb. $Pb(OCOCH_3)_4 \cdot (C_6H_5)_3PO$ durch Anionenaustausch mit H_3PO_4 gewonnen. Therm. Abspaltung von II oberhalb 140° führt zu O_2-Abspaltung u. Bldg. von Blei(II)-phosphat. Autorreferat 328△

0822 **Dikaliumhexaamidoplumbat(IV).** O. Schmitz-Du Mont und W. Jansen. (Angew. Chem. **80** (1968) 24, 1031—32; dt.; int. Edit. **7** (1968) 12, 950—51; engl.; Anorg.-chem. Inst., Univ., Bonn.) — Durch Rk. von $(C_6H_5)_2PbJ_2$ (I) mit KNH_2 in fl. NH_3 bei — 75° wird über das Zwischenprod. $[(C_6H_5)_2Pb]_3N_2$ (gelber unlösl. Nd.) bei weiterem Zusatz von KNH_2 $K_2[Pb(NH_2)_6]$ (II) erhalten, farblose, derbe Krist., bei Raumtemp. Zers. unter NH_3-Abspaltung u. teilweiser Red. des Pb^{IV} zu Pb^{II} sowie Bldg. einer schwarzen, hochexplosiven Substanz. II reagiert mit fl. NH_3 bei 10° unter N_2-Entw. zu $K \cdot [Pb(NH_2)_3]$. Autorreferat 328△

0823 **Borothermische Darstellung einiger Vanadin-, Niob- und Tantalboride.** P. Peshev, L. Leyarovska und G. Bliznakov. (J. less-common Metals [Lausanne] **15** (1968) 3, 259—67; Inst. of Gen. and Inorg. Chem., Bulgar. Acad. of Sci., Sofia; engl.) — Vf. untersuchten die Bldg. der V-, Nb- u. Ta-Diboride durch Rk. von V_2O_3, Nb_2O_5 u. Ta_2O_5 mit B im Vakuum bei 1000—1750°. Nahezu stöchiometr. NbB_2 (I) u. TaB_2 (II) wurden nach 1std. Rk. der Komponenten bei 1650° erhalten. Die borotherm. Red. von V_2O_3 ergibt keine einheitliche Phase, sondern ein Gemisch von VB_2 u. VB. Für ΔH^0_{298} u. S^0_{298} von VB wurden die Werte — 31,0 kcal/Mol bzw. 6,7 cal/Mol · Grad berechnet. Der Nb- bzw. Ta-Geh. von I u. II wurde nach Aufschluß mit $K_2S_2O_7$ u. Behandlung mit Weinsäure mit Cupferron bestimmt. Die B-Best. erfolgte nach Aufschluß mit einer Lsg. aus 30%ig. NaOH u. H_2O_2 (1 : 2), Abtrennung von Nb u. Ta mit $BaCO_3$ in verd. HCl oder an einem Ionenaustauscher volumetr. mit NaOH. Zur Best. der freien B-Geh. in I bzw. II wurde dieses selektiv durch 2std. Kochen mit einem Gemisch von 1 g KJO_4 in 2 ml konz. HCl aus I bzw. mit $HClO_4$ (1,35) aus II herausgelöst. P. Scharner 332

0824 **Pentacarbonyl-[2.3-diphenylcyclopropenyliden]-chrom(0).** K. Öfele. (Angew. Chem. **80** (1968) 24, 1032 bis 1033; dt.; int. Edit. **7** (1968) 12, 950; engl.; Anorg.-chem. Labor., TH, München.) — Auf der Suche nach Übergangsmetall-Komplexen mit Carbenliganden ohne Heteroatome wurde 1.1-Dichlor-2.3-diphenylcyclopropen mit $Na_2[Cr(CO)_5]$ in THF umgesetzt. Dabei entstand mit 20%ig. Ausb. eine luftbeständige, tiefgelbe, krist. Verb., F. 199—200° (Zers.), die durch Elementaranalyse u. Massenspektrum als Pentacarbonyl-[2.3-diphenylcyclopropenyliden]-chrom(0) identifiziert wurde. Autorreferat 335△

0825 **Physikochemische Eigenschaften von Doppelmolybdaten der Seltenerdmetalle.** V. K. Val'cev, A. K. Kuprijanova und Z. A. Grankina. (Izvest. Akad. Nauk SSSR, Neorg. Mater. 4 (1968) 7, 1201—03; Inst. neorg. chim. SO AN SSSR; russ.) — Die dargestellten Verb. $KPr(MoO_4)_2$ (I), $KNd(MoO_4)_2$ (II), $KEr(MoO_4)_2$ (III) u. $KY(MoO_4)_2$ (IV) wurden chem., röntgenograph., thermograph. u. IR-spektroskop. untersucht. I u. II besitzen Scheelitstruktur, III u. IV krist. anders. Der Strukturunterschied von I u. II gegenüber III u. IV wird durch die

IR-Aufnahmen u. Thermogramme bestätigt. Für **I** u. **II** bzw. **III** u. **IV** sind diese untereinander sehr ähnlich. Von allen Verb. werden die IR-Absorptionsbanden zwischen 400 u. 1200 cm^{-1} mitgeteilt u. zugeordnet. **I** schmilzt bei 1030°, **IV** bei 980°, **II** u. **III** schmelzen bei 990°. In den Thermogrammen von **II** u. **I** sind bei 690 u. 780 bzw. 685 u. 810° polymorphe Umwandlungen zu erkennen.

U. Strobel 336

0826 **Möglichkeit der Bildung von Wolframoxidcarbid mit kubisch-flächenzentriertem Gitter.** A. A. Babad-Zachrjapin, L. M. Gert und L. R. Valjavko. (Izvest. Akad. Nauk SSSR, Neorg. Mater. **4** (1968) 8, 1366—67; russ.) — Literaturangaben über die Bldg. von Wolframcarbiden mit kub.-flächenzentriertem Gitter werden diskutiert u. der Einfl. von O_2 auf die Bldg. von Wolframoxidcarbid mit kub.-flächenzentriertem Gitter experimentell untersucht. Beim Erhitzen eines Graphitplättchens auf 1300° u. einer W-Probe auf 1800° in einer Vakuumkammer (Anordnung der Proben zwischen verschiedenen elektr. Kontakten, Widerstandsheizung) u. anschließendem Einströmen von Luft bildet sich nach 10—20 Min. langem Erhitzen auf dem Graphitplättchen eine 5—10 μ starke graue Schicht, welche aus W_2C u. Wolframoxidcarbid mit kub.-flächenzentriertem Gitter, a = 4,24 Å, besteht.

B. Karos 337

0827 **Darstellung und Eigenschaften von violettem „U_3O_8-Hydrat".** E. H. P. Cordfunke, G. Prins und P. Van Vlaanderen. (J. inorg. nuclear Chem. **30** (1968) 7, 1745—50; Petten/Netherlands, Reactor Centrum; engl.) — Vf. beschreiben die photochem. Darst. der nichtstöchiometr. UO_3-Hydrate $UO_{2,86} \cdot 1{,}5\,H_2O$ u. $UO_{2,86} \cdot 0{,}5\,H_2O$. Das in der Literatur beschriebene sog. „U_3O_8-Hydrat" erweist sich als ident. mit der amorphen Form dieser nichtstöchiometr. UO_3-Hydrate. Bldg.-Wärme u. H_2O-Dampfdruck dieser Hydrate wurden bestimmt.

D. Ertel 339

0828 **Blei-Uran-Oxidfluorid $Pb_{1,5}U_2O_6F$.** Sibylle Kemmler-Sack. (Z. Naturforsch. **23b** (1968) 7, 1010; Labor. für anorg. u. anal. Chem., Univ., Tübingen; dt.) — Die Verb. wurde nach 1,5 PbO + UO_3 + O, 75 UO_2 + 0,25 UF_4 → $Pb_{1,5}U_2O_6F$ bei 400—750° unter Luftabschluß erhalten. $Pb_{1,5}U_2O_6F$ krist. kub., a = 11,1$_0$ Å, O_h^7 — Fm3m, D_{exp} von 9,70 steht mit der bei Annahme der Elementarzellzus. $Pb_{13,88}U_{18,32}O_{54,88}F_{9,12}$ ber. D. von 10,01 g/cm³ in guter Übereinstimmung. Nach Suszeptibilitäts- u. opt. Reflexionsmessungen sollten Uranylgruppen in der Verb. vorliegen.

H. Roschkowski 339

0829 **Reduktion des Uranylions durch Tridecylamin im nichtwäßrigen Medium.** V. M. Vdovenko, G. A. Romanov, A. I. Skoblo und D. N. Suglobov. (Radiochimija **10** (1968) 2, 255—57; russ.) — Wenn zu einer benzol. Lsg. von $R_4N[UO_2(ClO_4)_3]$($R = C_{10}H_{21}$) Tridecylamin (**I**) zugegeben wird, so zeigt sich bei 30—35° nach 15 Min. eine intensive Schwarzfärbung. Nach Vakuumverdampfung des Lsgm. verbleibt eine viskose, zähe, dunkelbraune Masse. Auszüge dieser Masse mit $HClO_4$ enthalten U(IV) (Absorptionsspektrum, Titration mit Ammoniumvanadat), womit eine Red. nachgewiesen wird. Die gleiche Rk. verläuft auch in Ggw. von CCl_4 (statt Bzl.), jedoch wird hier außerdem noch R_4NClO_4 gebildet. Die Red. wurde nach IR-spektrometr. u. photospektrometr. Messungen sowie durch Messung der magnet. Suszeptibilität verfolgt. Ein Schema für die Rk. wird angegeben. Die gebildete polymere Verb. hat evtl. die Zus. $[UO_2Am]_n^{n+}(ClO_4^-)_n$ [Am = R_3N u. R_2N (CH=CH—R')], wobei U die mittlere Wertigkeit 5 besitzt.

G. Ewald 339

0830 **Neptunium(V)- und -(VI)-oxidfluoride.** K. W. Bagnall, D. Brown und J. F. Easey. (J. chem. Soc. [London], Sect. A **1968**, 9, 2223—27; Chem. Div. AERE, Harwell, Berks.; engl.) — *Neptuniumoxidtrifluorid*, $NpOF_3$ (**I**) u. *Neptuniumdioxiddifluorid*, NpO_2F_2 (**II**) können aus Np_2O_5 bzw. $NpO_3 \cdot H_2O$ u. gasf. HF bei 40 bis 60° bzw. 250—275° dargestellt werden. Bei der Rk. zu **I** wird zunächst $NpOF_3 \cdot x\,H_2O$ ($1 < x < 2$) gebildet, das bei 100—150° in HF zu **I** entwässert wird. **II** kann u. a. durch direkte Fluorierung von Np_2O_5 bzw. $NpO_3 \cdot H_2O$ bei 350 bzw. 225° dargestellt werden. Vers., **I** oder **II** mit H_2 bei 325—350° während 5—6 Tagen zu red., ergaben Oxidfluoride des Np(V) variabler Zus., deren Debye-Scherrer-Diagramme über den Bereich Np · $O_{1,96}F_{1,08}$ bis $NpO_{1,8}F_{1,4}$ (**III**) ident. sind. Alle Verb. sind an der Luft beständig, sie zerfließen in Ggw. von W.-Dampf. **II** ist ein schwachrosa Festkörper, leicht lösl. in W. u. Mineralsäuren, unlösl. in CCl_4, C_6H_6, $CHCl_3$ u. CH_2Cl_2. **I** u. **III** sind grün, **III** ist unlösl. in 1 m $HClO_4$, wenn keine H_3BO_3 zugesetzt wird. — **I**, rhomboedr. R$\bar{3}$m — D_{3d}^5, mit (a_0) 4,185 ± 0,01 (Å), (c_0) 15,790 ± 0,01; **II**, rhomboedr., R$\bar{3}$m — D_{3d}^5, 4,185 ± 0,01, 15,799 ± 0,01; **III**, tetragonal, 8,341 ± 0,005, 7,193 ± 0,005. IR-Daten vgl. Original.

D. Gerlatzek 342

0831 **Fällung von Plutonium(IV)-wolframat.** Kenju Watanabe. (J. nuclear Sci. Technol. [Tokyo] **5** (1968) 5, 260—61; JAERI, Tokai-mura, Ibaraki-ken; engl.) — Auf Zugabe wss. Na-Wolframatlsg. zu wss. Pu(IV)-Lsg. fällt Pu(IV)-Wolframat aus, dessen Farbe je nach Fällungsbedingungen (pH-Wert) zwischen rosa u. gelbbraun schwankt. Vf. führte Löslichkeitsunters. an den verschiedenen Nd. durch.

D. Ertel 343

0832 **Das Element 103 des Periodensystems.** E. D. Donec, V. A. Druin und V. L. Micheev. (Atom. Energ. **25** (1968) 2, 87—94; russ.) — Übersicht über die Gewinnung des Elements 103 bei Kernrk. in den Laboratorien von Dubna bzw. Berkeley.

H. Roschkowski 348

0833 **Einfluß der Art des Amins auf die Eigenschaften und Struktur der Octylammoniumperrhenate.** K. A. Bol'šakov, N. M. Sinicyn, K. I. Petrov, V. F. Travkin und M. V. Rubcov. (Ž. neorg. Chim. **13** (1968) 11, 3082 bis 3089; Mosk. inst. tonkoj chim. technol. im. Lomonosova; russ.) — Die Zus. von Koordinationsverb., die sich bei der Extraktion von $HReO_4$ mit Aminen bilden, wurde durch Auswertung der Extraktionskurven u. potentiometr. bestimmt. Die Potentialsprünge zeigen, daß unabhängig von der Struktur des Amins in alkohol. Lsg. Verb. des Typs (AminH)[ReO_4] entstehen.

Versuche: Folgende Verb. mit Mono- (**I**), Di- (**II**) u. Trioctylamin (**III**) wurden isoliert: $(C_8H_{17}NH_3)[ReO_4]$ aus 3 g **I** in Hexan u. 10 ml einer 2,5 m wss. $HReO_4$-Lsg., weißes Krist.-Pulver, Zers. ab 255° unter exothermer Abspaltung des Octylradikals. $(C_8H_{17})_2NH_2[ReO_4]$, weiß, schmilzt endotherm bei 205—215°, zersetzt sich ab 305° exotherm. $(C_8H_{17})_3NH[ReO_4]$, durch Schütteln einer 1 m $HReO_4$-Lsg. während 2 Std. mit dem gleichen Vol. einer 0,5 m **III**-Lsg. in Bzl., farbloses viskoses Prod., N^{25} = 1,4840, Zers. ab 310° mit exothermen Maxima bei 325 u. 360°. Die elektr. Leitfähigkeit u. die Löslichkeit der ReO_4-Komplexe nehmen in der Reihenfolge 1, 2, 3 ab. Die Löslichkeit in W. wurde bei 25, 50 u. 75° bestimmt, die UV-Spektren wurden bei 220—260 nm, die IR-Spektren bei 800—3600 cm^{-1} aufgenommen.

J. J. Pohl 352

0834 **Synthese und magnetische Suszeptibilität von Hexajodorhenaten(IV) mit organischen Kationen.** V. I. Belova, G. K. Babeškina, Ja. K. Syrkin und L. I. Finogenova. (Ž. strukturnoj Chim. **9** (1968) 3, 464—70; Inst. obščej i neorg. chim. im. Kurnakova AN SSSR; russ.) — Durch Rk. von Hexachlororhenaten organ. Kationen mit HJ werden die nachst. entsprechenden Hexajodorhenate erhalten. Ihre magnet. Suszeptibilitäten werden gemessen. Die effektiven magnet. Momente sind temperaturabhängig, sodaß auf das Vorliegen von Austauschwechselwrkg. geschlossen wird. Aus Röntgenbeugungsunters. der Hexajodorhenate folgt, daß sie untereinander nicht isomorph sind u. eine niedrigere Symmetrie haben als z. B. kub. K_2ReCl_6 u. K_2ReBr_6.

Versuche: Durch Umsetzung von $(AH)_2[ReCl_6]$ mit konz. HJ wurden nachst. Verb. $(AH)_2[ReJ_6]$ erhalten: (A =) *Äthylendiamin*; 96—97% (Ausb.); *Chinolin* (92—93%); *Py.* (97—98%); *α.α'-Dipyridyl* (97%). — Analog: $(BH)_2[ReBr_6]$, B = *α.α'-Dipyridyl*.

H. Roschkowski 352

0835 **Kobaltkomplexverbindungen mit Monoäthanolamin.** A. N. Gerasenkova und V. V. Udovenko. (Ž. neorg. Chim. **13** (1968) 11, 3012—13; Kievskij politechn. inst.; russ.) — $[Co(NH_2C_2H_4OH)_3]SO_4$ wird an der Luft unter Bldg. des zweikernigen Komplexes $[Co_2(NH_2C_2H_4O)_3]$ ·

SO_4 oxydiert. Bei der Synth. von [$Co(NH_2C_2H_4OH)_3 \cdot (NO_3)_2$] nach Hieber et al. (1932) entsteht der zweikernige Co(III)-Komplex [$Co_2(NH_2C_2H_4O)_3(NH_2C_2H_4 \cdot OH)_3$] $\cdot (NO_3)_3$.

Versuche: *[$Co_2(NH_2C_2H_4O)_3 \cdot (NH_2C_2H_4OH)_3$] $\cdot (NO_3)_3$* aus 7%ig. alkohol. Co-Nitratlsg. u. Monoäthanolamin im Verhältnis 1 : 3; 90%. *[$Co(NH_2C_2H_4OH)_3$]SO_4* aus fein zerkleinertem Co-Sulfat in Methanol u. Monoäthanolamin im Mol-Verhältnis 1 : 3, dünne rosafarbene Blättchen, 85%, unlösl. in den üblichen organ. Lsgm., zersetzt sich in W. unter Bldg. bas. Salze. *$Co_2(NH_2C_2H_4O)_3 \cdot SO_4 \cdot 5\,H_2O$* aus der obigen Verb. während 2 Wochen durch Lufteinw., dunkelrotes Produkt.

J. J. Pohl 355

0836 **Spaltungsreaktion dreikerniger Co-Komplexe mit Monoäthanolamin.** V. N. Evreev und V. E. Petrun'kin. (Ž. neorg. Chim. **13** (1968) 11, 3014—20; russ.) — In sauren u. alkal. Lsg. gehen dreikernige Co-Monoäthanolamin-Komplexe in zwei- u. einkernige Innerkomplexverb. des Typs [$Co(NH_2C_2H_4OH)_3$]X_3 über, wobei X ein einwertiges Anion ist. [$Co_2(NH_2C_2H_4O)_3 \cdot (NH_2C_2H_4OH)_3$] X (**I**), X = [$Co(CNS)_4$] oder CNS, enthält zwei- u. dreiwertiges Co im Verhältnis 1 : 2 u. tritt in zwei stereoisomeren Formen auf. Das Co(II)-Ion ist in **I** u. in [($NH_3 \cdot C_2H_4OH)_2$]$Co(CNS)_4 \cdot 3\,H_2O$ viererkoordiniert u. befindet sich im tetraedr. Feld der CNS^--Liganden.

Versuche: *[$Co(NH_2C_2H_4O)_3$] $\cdot 3\,H_2O$* entsteht beim Vermischen einer konz. wss. Lsg. von *[$Co_3(NH_2 \cdot C_2H_4O)_6$]$Cl_2 \cdot 8\,H_2O$* mit einer 25%ig. NH_4OH oder Monoäthanolamin (**II**)-Lsg., rotviolette Nadeln, das Pentahydrat des Salzes, sechseckige rotviolette Krist., aus einer stark gekühlten Lsg. des dreikernigen Carbonats bei tropfenweiser **II**-Zugabe. *[$Co_2(NH_2C_2H_4O)_3(NH_2C_2H_4 \cdot OH)_3$]$J_3$*, durch Einw. einer gesätt. Sodalsg. auf eine konz. [$Co_3(NH_2C_2H_4O)_6$]$J_2 \cdot 6\,H_2O$-Lsg. u. Zugabe von krist. KJ, dunkelrote, sechseckige Kristalle. **I** aus der wss. Lsg. einer dreikernigen Verb. unter tropfenweiser Zugabe einer wss. NH_4CNS-Lsg. bis zum Aufhören der Bldg. eines blauen Niederschlages. Die erhaltenen Verb. wurden im Bereich 340—1100 nm spektrophotometr. untersucht.

J. J. Pohl 355

0837 **Darstellung von Acetylenalkoholkobalthexacarbonylen und ihre Reaktivität gegenüber Säuren.** Pu-Jun Kim und Nobue Hagihara. (Bull. chem. Soc. Japan **41** (1968) 5, 1184—87; Inst. of Sci. and Ind. Res., Osaka Univ., Sakai, Osaka; engl.) — *$CH_3HC(OH)C{\equiv}CH \cdot Co_2(CO)_6$*, F. 36—38°, rote Krist., *$(CH_3)_2C(OH)C{\equiv}CH \cdot Co_2(CO)_6$*, F. 42—43,5°, rote Krist., *$(C_6H_5)_2C(OH)C{\equiv}CH \cdot Co_2(CO)_6$*, Zers. bei 125°, rote Krist., *$(C_6H_5)_2C \cdot (OH)C{\equiv}CC_6H_5 \cdot Co_2(CO)_6$*, Zers. bei 95°, rotbraune Krist., *$CH_3HC(OH)C{\equiv}CC(OH)HCH_3 \cdot Co_2(CO)_6$*, Zers. bei 100°, rote Krist., *$(CH_3)_2C(OH)C{\equiv}CC(OH)(CH_3)_2 \cdot Co_2(CO)_6$*, Zers. bei 110°, rotbraune Krist. u. *$(C_6H_5)_2 \cdot C(OH)C{\equiv}CC(OH)(C_6H_5)_2 \cdot Co_2(CO)_6$*, Zers. bei 115°, rotbraune Krist., wurden durch Umsetzung der Alkinole bzw. Alkindiole mit $Co_2(CO)_8$ bei Zimmertemp. während 2 Std. in Ae. unter N_2 erhalten. *$(CH_3)_2C(OCH_3)C{\equiv}CH \cdot Co_2(CO)_6$* entsteht bei weiterer Rk. mit Methanol. Die dreikernigen Verb. *$CH_3CH_2CCo_3(CO)_9$*, *$CH_3CH_2CH_2CCo_3 \cdot (CO)_9$*, Zers. bei 110°, *$(CH_3)_2CHCH_2CCo_3(CO)_9$*, F. 105°, *$(C_6H_5)_2CHCH_2CCo_3(CO)_9$*, Zers. bei 124°, entstehen aus den analogen ungesätt. Verb. in Methanol beim Kochen unter Rückfluß mit 10n H_2SO_4 während 2 Std., violette bis braune Kristalle. Die Daten der PMR-Spektren der dreikernigen Verb. sind angegeben, die IR-Spektren sowohl der zwei- als auch der dreikernigen Verb. werden diskutiert.

J. J. Pohl 355

0838 **Kernresonanzuntersuchung von Tris-[2-arylazophenolato]-kobalt(III).** K. C. Kalia und A. Chakravorty. (Inorg. chim. Acta [Padova] 2 (1968) 2, 154—56; Dep. of Chem., Indian Inst. of Technol., Kampur, India; engl.) — *Tris-[2-phenylazo-4-methyl-*, *Tris-[2-m-tolylazo-4-tert.-butyl-*, *Tris-[2-p-tolylazo-4-tert.-butylphenolato]-kobalt(III)* sowie *Tris-[α-(m-tolylazo)-* u. *Tris-[α-(p-tolylazo)-β-naphtholato]-kobalt(III)* wurden durch Ox. in wss.-alkohol. Lsg. mit H_2O_2 von Co(II)-Acetat in Ggw. des entsprechenden Liganden dargestellt. NMR-spektroskop. Unters. u. chromatograph. Trennvers. geben keine Anzeichen auf die Existenz der ster. nicht begünstigten cis-Form der Verbindungen.

J. J. Pohl 355

0839 **Derivate des Selenosemicarbazons von Salicylaldehyd mit dreiwertigem Kobalt, Chrom und Eisen.** A. V. Ablov, N. V. Gėrbėlėu und A. M. Romanov. (Ž. neorg. Chim. **13** (1968) 11, 3024—28; Inst. chim. AN Mold. SSR; russ.) — In Analogie zu den bekannten Thiosemicarbazonen wurden oktaedr. Komplexe mit dreizähnigen Selenosemicarbazonresten dargestellt. Das Selenosemicarbazon verdrängt im Unterschied zum Thiosemicarbazon des Salicylaldehyds Dimethylglyoxim aus der inneren Sphäre der Co(III)-Dioximine nicht.

Versuche: *[$Co(HL)L$] $\cdot 2\,H_2O$*, H_2L = Salicylaldehydselenosemicarbazon, aus 2,4 g $CoCl_2 \cdot 6\,H_2O$ in 30 ml heißem W. u. 2,4 g H_2L in 240 ml heißem A., nach Durchperlen mit Luft, brauner Nd., 36—40%, leicht lösl. in Methanol, A. u. Aceton, unlösl. in Ae. u. Wasser. *NH_4[CoL_2]* aus einer Co-Salzlsg. u. einer ammoniakal. H_2L-Lsg. im Mol-Verhältnis 1 : 2 u. Oxydieren; 75%, dunkelbraune Rhomben, mol. elektr. Leitfähigkeit in abs. Methanol bei 25°, V = 1000 l/Mol, 62,7 $\Omega^{-1} \cdot cm^2 \cdot Mol^{-1}$. *[$Cr(HL)L$] $\cdot H_2O$* aus 1,7 g trans-NH_4[$Cr(NCS)_4 \cdot (NH_3)_2$] $\cdot H_2O$ u. 2,4 g H_2L in 50 ml A., braune Krist., 35—40%. *NH_4[FeL_2]* aus 1,0 g $Fe(NO_3)_3 \cdot 9\,H_2O$ in 15 ml heißem A. u. 1,2 g H_2L in 120 ml kochendem A. u. tropfenweise Zugabe von 20—25 ml warmem 10%ig. NaOH, dunkelbraune Prismen, leicht lösl. in Methanol, A., Aceton u. W., unlösl. in Ae., 61 $\Omega^{-1} \cdot cm^2 \cdot Mol^{-1}$. [Fe(HL)L] $\cdot$ py aus einer heißen wss. Lsg. von 0,2 g $Fe(NO_3)_3 \cdot 9\,H_2O$ unter tropfenweiser Zugabe von 2,4 g H_2L in 15 ml Py., dunkelbrauner Nd., 60%, unlösl. in W. u. Äther.

J. J. Pohl 355

0840 **Triazen-(1)-oxidchelate von Kobalt(III).** A. Chakravorty, B. Behera und P. S. Zacharias. (Inorg. chim. Acta [Padova] **2** (1968) 1, 85—88; Kampur, India, Indian Inst. of Technol.; engl.) — N-Methyl- bzw. N-Äthylhydroxylamin reagieren mit Aryldiazoniumsalzen unter Bldg. von *1-Methyl-* bzw. *1-Äthyl-3-aryl-triazen-(1)-oxiden*, die hauptsächlich in der intra-H-Brückenbindungsform vorliegen. Die Tris-Chelate mit *Co(III)* existieren nur in der trans-Form. Die elektron. Übergänge der *Triazen-(1)-oxidchelate*: *1-Methyl-3-phenyl-* ($C_{21}H_{24}N_9O_3Co$, F. 165—166°), *1-Methyl-3-tolyl-* ($C_{24}H_{30}N_9O_3Co$, *o-Verb.*, F. 135°; *m-Verb.*, F. 157°; *p-Verb.*; F. 157°) u. *1-Äthyl-3-phenyl-* ($C_{24}H_{30}N_9O_3Co$, F. 144—145°) liegen bei ca. 19000 u. 29400 cm^{-1}. Zuordnungen werden diskutiert.

B. I. 355△

0841 **Geometrische Isomere des Laevo-tris-[(—)-propylendiamin]-kobalt(III)-Ions.** T. E. Mac Dermott. (Inorg. chim. Acta [Padova] **2** (1968) 1, 81—84; Lyngby, Denmark, Techn. Univ. of Denmark, Chem. Dep. A; engl.) — Die cis- u. trans-Isomeren werden als Chloride u. Bromide isoliert (cis-Form krist., trans-Form glasig). Beide Isomere bilden ähnliche krist. Dithionate, die durch Röntgen-Pulveraufnahmen u. IR unterschieden werden können. Die NMR-, UV- u. Zirkulardichroismusspektren zeigen keine Unterschiede.

B. I. 355△

0842 **Stereochemische Untersuchungen von Metallchelaten.** 2. Mitt. **Stereospezifische Koordination des N-Methyl-L-alanins zum Kobalt(III)-Ion.** Masahiko Saburi und Sadao Yoshikawa. (Inorg. Chem. [Washington] **7** (1968) 9, 1890—95; Fac. of Engng., Univ. of Tokyo, Bunkyo-ku, Tokyo, Japan; engl.) — 1. vgl. C. **1968**, 40-0641. — An Hand der Ergebnisse von Unters. der Rotationsdispersion, des Zirkulardichroismus sowie der sichtbaren u. ^1H-NMR-Spektren (Abb.) wird die Struktur des N-Methyl-L-alanin-(I)-Kobalt(III)-Komplexes diskutiert. I koordiniert stereospezif. in Hinsicht auf das sek. N-Atom. Es wird gefunden, daß die Beiträge der asymm. C- u. asymm. sek. N-Atome zur opt. Aktivität sich qual. additiv verhalten. Die Herst. von Co(III)-Komplexen mit I u. ähnlichen Verb. wird beschrieben.

Versuche: *D-(+)-Pipecolinsäure* (**II**); $[\alpha]_D^{25}$ + 28,3°, aus rac. Pipecolinsäure durch Mischen mit äquimol. Menge d-Weinsäure in heißem A., nach 48 Std. u. siebenmaligem Umkristallisieren des Diastereomeren aus A. u. Trennen durch Ionenaustausch (Amberlite

IR-45, OH-Form). — *N-Methyl-L-alaninatotetrammin-kobalt(III)-nitratmonohydrat* (**III**), [CoN-Meala$(NH_3)_4$] · $(NO_3)_2$ · H_2O (N-MealaH = **I**) durch Lösen von **I** in 1 n NaOH, Zugabe von [CoCl$(NH_3)_4$ · H_2O]SO_4 u. 2 n NH_3-Lsg., Rühren u. Erhitzen auf 70° (90 Min.), Filtrieren, Zugabe von NH_4NO_3 u. wenig A. (Kühlen), Waschen des Nd. mit A. u. Umkristallisieren aus W. (+ NH_4NO_3); rote Kristalle. — *N-Methyl-L-leucinatotetramminkobalt(III)-nitrat*, [CoN-Meleu$(NH_3)_4$]$(NO_3)_2$ analog **III** unter Verw. von N-Methyl-L-leucin (N-MeleuH), nach Zugabe von NH_4NO_3 Einengen, Zugabe von Methanol, Lösen des Nd. in wenig warmem W. (+ NH_4NO_3), Kühlen auf 5°, Waschen mit Methanol u. Aceton u. Trocknen an der Luft. — *D-Pipecolinatotetramminkobalt(III)-nitrat*, [Co · D-Pipec$(NH_3)_4$]$(NO_3)_2$ (D-PipecH = **II**) analog **III**, nach Zugabe des NH_4NO_3 Filtrieren, Kühlen auf 5° (24 Std.), Waschen des Nd. mit W.–Methanol (1 : 1), Methanol, Trocknen an der Luft u. Umkristallisation aus warmem W. (+ NH_4NO_3); orangerosa Nadeln.

K.-J. Zwietasch 355

0843 **Spiroheterocyclische und bi-heterocyclische Verbindungen. 12. Mitt. Darstellung und Eigenschaften eines bicyclischen Diäthylkobalthydrid-Komplexes.** J. Ellermann und W. H. Gruber. (Angew. Chem. **80** (1968) 3,

I 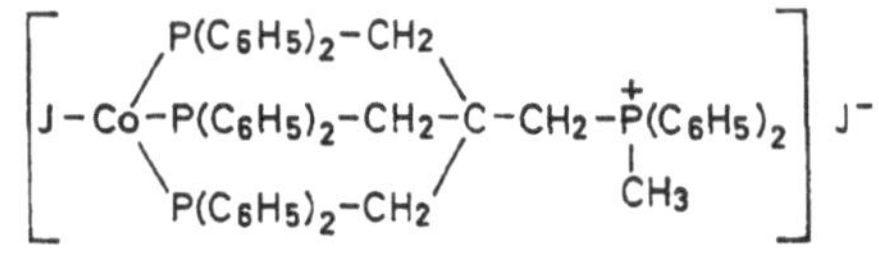

115—16, dt.; int. Edit. **7** (1968) 2, 129—30; engl.; Inst. für Anorgan. Chemie, Univ. Erlangen-Nürnberg). — 11. vgl. Z. anorg. allg. Chem. **360** (1968) 3/4, 191; **9**. vgl. C. **1968**, 58-0069. — Durch Red. von Co(III)-Acetylacetonat (**IV**) mit Diäthylaluminiumäthanolat (**V**) in Ggw. von Tetrakis-[diphenylphosphinomethyl]-methan (**III**) entsteht der bicycl. Diäthylkobalthydrid-Komplex **II**. IR- u. UV-Daten vgl. Original.

Versuche: *1.1-Diäthyl-4-diphenylphosphinomethyl-1-hydrido-2.2.6.6.7.7-hexaphenyl-2.6.7-triphospha-1-cobaltabicyclo[2.2.2]octan* (**II**), F. 204° (Zers.), aus **III** u. **IV** (1 : 1) in abs. Bzl. unter Rühren u. N_2 bei Raumtemp., C_2H_4-Entw., Zugabe von Äther. Beim Erhitzen über den F. entsteht neben C_2H_6 u. C_2H_4 ein *Co-Hydridkomplex*. Mit überschüssigem CH_3J entsteht unter CH_4-, C_2H_4- u. C_2H_6-Entw. der hellbraune *Co(I)-phosphoniumjodid-Komplex* **I** (bei 20°: μ = 2,5 BM).

H.-J. Schönherr 355

0844 **Elektrolytische Herstellung von Nickelpulver. Einfluß der Elektrolysenparameter auf die Eigenschaften des Endproduktes.** K. Appelt und M. Paszkiewicz. (Electrochim. Acta [London] **13** (1968) 4, 843—49; TH, Labor. für elektrochem. Generatoren, Poznań; dt.) — Die elektrolyt. Herst. von feinkörnigem Ni-Pulver mit kontinuierlichem Elektrolytdurchfluß wird beschrieben (Einfl. von Stromdichte, Temp. u. Ni^{2+}-Konz.). Die Stromdichte u. die Ni^{2+}-Konz. beeinflussen stark die Korngröße u. die Stromausbeute. Durch Steuerung der Elektrolyse ist es möglich, bei entsprechender Wahl der Elektrolysebedingungen die gewünschte Korngröße bei maximaler Stromausb. (30—50%) zu erreichen.

M. Frenzel 356

0845 **Pyridintrihalogenometallat-Anionen [M(py)X_3]$^-$ von Kobalt(II), Nickel(II) und Zink(II).** D. H. Brown, K. P. Forrest, R. H. Nuttall und D. W. A. Sharp. (J. chem. Soc. [London], Sect. A **1968**, 9, 2146—49; Glasgow, Univ. of Strathclyde, Dep. of Pure and Appl. Chem.; engl.) — Die Umsetzung äquivalenter Mengen von MeL_2X_2 (L = Py. oder Picolin) mit einem Alkylhalogenid in A. oder Cyclohexan bei ca. 200° im Autoklaven führt zur Bldg. von N-Alkylpyridinium- bzw. N-Alkylpicolinium-trihalogeno-pyridin(picolin)-metallaten. Im Überschuß des Alkylhalogenids entstehen die entsprechenden Tetrahalogenometallate, von denen nur die Bromoverb. isoliert werden konnten. Tetraäthylammoniumsalze der Anionen [MLX_3]$^-$ wurden durch Umsetzung von Tetraäthylammoniumhalogenid, Metall(II)-halogenid u. Py. in einem geeigneten Lsgm. dargestellt. Die elektr. Leitfähigkeiten, Spektren u. magnet. Suszeptibilitäten der Komplexe werden diskutiert u. bestätigen die pseudotetraedr. Konfig. der Anionen um die Metallatome.

Versuche: N-Alkylpyridinium- bzw. N-Alkylpicoliniumtrihalogeno-[pyridin(picolin)]-metallate: Durch 2std. Erhitzen äquivalenter Gemische von Bis-[pyridin]- oder Bis-[picolin]-metall(II)-halogenid mit Propyl- oder Allylhalogeniden in A. oder Cyclohexan im Autoklaven (200°, 2 Std.) wurden erhalten: *(ApyH)[Co(py)Cl_3]* (ApyH = N-Allylpyridinium); *(ApicH)* · *Co(pic)Cl_3]* (ApicH = N-Allylpicolinium), *(PpyH)[Co(py)* · *Br_3]* (PpyH = N-n-Propylpyridinium), *(PpicH)[Co(pic)* · *Br_3]* (PicH = N-n-Propylpicolinium); *(PpyH)[Co(py)J_3]*, *(PpicH)[Ni(pic)Br_3]*, *(PpyH)[Ni(py)J_3]*, *(ApyH)[Zn(py)* · *Cl_3]*, *(ApicH)[Zn(pic)Cl_3]* *(PpyH)[Zn(py)Br_3]*, *(PpicH)* · *[Zn(pic)Br_3]*, *(PpyH)[Zn(py)J_3]*. — Analog, jedoch mit einem Überschuß an n-Propylbromid wurden erhalten *$(PpyH)_2$[$CoBr_4$]* u. *$(PpyH)_2$[$ZnBr_4$]*. — Durch Umsetzung äquimol. Mengen von Tetraäthylammoniumhalogenid, Metall(II)-halogenid u. Py. in A. entstanden *[$(C_2H_5)_4$ · N][Co(py)Cl_3]*, *[$(C_2H_5)_4$N][Co(py)Br_3]*, *[$(C_2H_5)_4$N][Zn(py)* · *Cl_3]* u. *[$(C_2H_5)_4$N][Zn(py)Br_3]*.

H. Gleinig 356△

0846 **Komplexchemie der Phosphine und Phosphinoxide. 19. Mitt. Äthylen-bis-[organophosphin]-Komplexe des Nickels und Kobalts.** K. Issleib und H. Weichmann. (Z. anorg. allg. Chem. **362** (1968) 1/2, 33—43; Halle/Saale, Inst. für Anorg. Chem., Martin-Luther-Univ.; dt.) — 18. vgl. C. **1968**, 32-0759. — *Äthylen-bis-[phenylphosphin]* bzw. *Äthylen-bis-[äthylphosphin]* (A bzw. B) reagieren mit wasserfreien Ni(II)-Salzen unter Bldg. der Komplexe *[NiXA_2]X* bzw. *[NiXB_2]X* mit fünffach koordiniertem Ni. Mit Co(II)-Salzen entstehen die oktaedr. low-spin-Komplexe *[CoX_2A_2]* bzw. *[CoX_2B_2]*. CoJ_2 liefert außerdem den diamagnet. Zweikernkomplex *[$Co_2J_2A_4$]J_2*. Die Verb. werden durch Absorptionsspektren, magnet. Messungen u. Leitfähigkeitsmessungen charakterisiert.

Versuche: *A* bzw. *B* durch Red. der entsprechenden Äthylen-bis-[organoisopropylphosphinate] mit $LiAlH_4$. — *[NiXA_2]X*, (X =) *Cl*, Zers. ab 150°; *Br*, F. 158—160°; *J*, F. 175—180°; *[NiXB_2]X*, *Cl*, F. 137 bis 140°; *Br*, 156—158°; *J*, F. 160—162°; *[NiXA_2]* · *[B$(C_6H_5)_4$]*, *Cl*, Zers. ab 170°; *Br*, Zers. ab 173°; *J*, F. 148—150°; *[NiXB_2][B$(C_6H_5)_4$]*, *Cl*, F. 150—151°; *Br*, F. 161—162°; *J*, F. 154—156°; *[NiBrA_2]$_2$[NiBr_4]*, F. 182 bis 186°; *[NiBrB_2]$_2$[NiBr_4]*, F. 135—138°. — *[CoX_2A_2]*, *Cl*, F. 170—175°; *Br*, F. 177—180°, *J*, Zers. 174—176°; *[CoX_2B_2]*, Zers. ab. 155—160°, *J*, F. 160—162°; *[CoBr_2 · A_2]Br*, Zers. 185—190°; *Di-μ-jodo-tetrakis-[äthylen-bis-(phenylphosphin)]-dikobalt(II)-jodid*, Zers. ab 195—198°, *-tetraphenylborat*, F. 156—160°.

D. Hoene 356

0847 **Fünffachkoordination mit „Hybrid"-Liganden. 2. Mitt. Nickel(II)-Komplexe mit polyfunktionellen arsenhaltigen Liganden.** L. Sacconi, I. Bertini und F. Mani. (Inorg. Chem. [Washington] **2** (1968) 7, 1417—20; Ist. di Chim. Gen. e Inorg., Univ., Florence; engl.) — Die neuen Liganden *Tris-[2-diphenylarsinoäthyl]-amin* (NAs_3), *Bis-[2-diphenylarsinoäthyl]-amin* (AsNHAs), *-sulfid* (AsSAs) u. *-oxid* (AsOAs) sowie *1.2-Bis-[diphenylarsino]-äthan* (AsC_2As) u. *1.4-Bis-[diphenylarsino]-butan* (AsC_4As) wurden dargestellt. Mit Ni-Salzen bilden NAs_3, AsNHAs u. AsSAs fünffach koordinierte „low-spin"-Komplexe, AsSAs auch den verzerrt oktaedr. Komplex *Ni(AsSAs)Br_2*, AsOAs u. AsC_4As tetraedr. u. AsC_2As quadrat.-planare Komplexe. *[Ni(AsNHAs)Br_2]$_2$* ist im festen Zustand dimer mit einem sechsfach koordinierten paramagnet. u. einem diamagnet. Ni-Ion, also Ni(II) sowohl im Triplett- als auch Singulettgrundzustand.

Versuche: *NAs_3*, F. 95—96°, durch ½std. Rückflußkochen von $KAs(C_6H_5)_2$ · 2 Dioxan (**I**) u. $NH(CH_2 \cdot CH_2Cl)_2$ (3 : 1) in THF unter N_2, Konz., Zugabe von Butanol, Abfiltrieren von NaCl u. Kühlen, aus Butanol Krist.; *AsNHAs*, analog im Verhältnis 2 : 1, Öl, wie vorst.: *AsOAs*, Öl; *AsSAs*, F. 64—65°; *AsC_2As*, F. 114 bis 115°, aus **I** u. $(CH_2)_2Cl_2$; *AsC_4As*, F. 125—127°; *Ni(AsNHAs)Br_2*, F. 142—144°, Erhitzen von AsNHAs u. $NiBr_2$ in trockenem Butanol, Konz. oder Fällen mit Cyclohexan u. Trocknen unter Vakuum, rot, (μ_{eff} =)

2,25 (BM); analog: *Ni(AsNHAs)J₂*, F. 224—226°, dunkelgrün, diamagnet.; *Ni(AsOAs)J₂*, F. 218—223°, dunkelbraun, 3,11; *Ni(AsSAs)J₂*, F. 216—217°, grün, diamagnet.; *Ni(AsSAs)₂Br₂*, F. 130—131°, hellgrün, 3,12; *Ni(AsC₂As)Br₂*, F. 215—220°, purpurfarben, diamagnet.; *Ni(AsC₂As)J₂*, F. 200° (Zers.), amethystfarben, diamagnet.; *Ni(AsC₄As)J₂*, F. 199—203°, braun, 3,17. — *[Ni(NAs₃)X]B(C₆H₅)₄*, X = *Br*, F. 207—208°, Kochen von wasserfreiem $NiBr_2$ u. NAs_3 in abs. Butanol u. Fällen mit $NaB(C_6H_5)_4$ (1 : 1 : 1), aus Butanol diamagnet. grüne Krist.; *J*, F. 183—188°, analog in A., aus A. u. Chlf. grüne Kristalle. G. Heller 356

0848 **Verbesserte Darstellung von Alkylnickelkomplexen.** Hiroshi Yamazaki, Yoshio Matsumoto, Hidetaka Kojima und Nobue Hagihara. (Mem. Inst. sci. ind. Res., Osaka Univ. **25** (1968) 121—23; engl.) — Durch Rk. von Nickelocen (I) mit Grignard-Reagenzien in Ggw. von Triarylphosphinen entstehen *Ni-Komplexe* des Typs π-$C_5H_5Ni(L)R$ [L = Triarylphosphin, R = Alkyl u. Alkinyl]. *[π-Cyclopentadienyl]-[methyl]-[triphenylphosphin]-nickel* wird außerdem aus **I** u. Dimethyl-Mg in THF bei 5° u. nach Hydrolyse durch Zugabe von Triphenylphosphin (**II**) wahrscheinlich über *[π-Cyclopentadienyl]-[methyl]-nickel* in 11%ig. Ausb. erhalten. NMR- u. IR-Daten vgl. Original.

Versuche: *[π-Cyclopentadienyl]-[methyl]-[triphenylphosphin]-nickel*, aus **I** u. **II** in Bzl. u. CH_3MgJ in Ae. bei Raumtemp., Hydrolyse mit wss. NH_4Cl, Chromatographie an Al_2O_3 mit Bzl./Hexan (1 : 1); 45% (Ausb.). — *[π-Cyclopentadienyl]-[äthinyl]-[tris-(p-chlorphenyl)-phosphin]-nickel*, F. 125—128° (Zers.), aus **I** u. Tris-[p-chlorphenyl]-phosphin in THF u. Diäthinyl-Mg (aus Diäthyl-Mg) analog vorst. Verb.; 16%. — *[π-Cyclopentadienyl]-[äthinyl]-[tris-(p-tolyl)-phosphin]-nickel*, F. 128—130° (Zers.), analog vorst. Verb.; 50%. — *[π-Cyclopentadienyl]-[butinyl]-[triphenylphosphin]-nickel*, F. 105° (Zers.), analog vorst. Verb. jedoch mit Butinyl-MgBr; 30%. — *[π-Cyclopentadienyl]-[pentinyl]-[triphenylphosphin]-nickel*, F. 76,0—76,5°, analog vorst. Verb. mit Pentinyl-MgBr; 18%. H.-J. Schönherr 356

0849 **Gewinnung der Schwermetalle durch Schmelzelektrolyse.** 8. Mitt. **Abscheidung kompakter Metallschichten, insbesondere aus Mischphasen mit $AlBr_3$.** J. Lindau und F. Sauerwald. (Z. anorg. allg. Chem. **359** (1968) 1/2, 90—101; Inst. für Phys. Chem., Martin-Luther-Univ., Halle-Wittenberg; dt.) — 7. vgl. C. **1964**, **19-2056**. — Unters. an den Syst. *AgBr*-$AlBr_3$, $AgNO_3$–KNO_3–$LiNO_3$ sowie Unters. der Abscheidung von *Fe*, *Ni*, *Cr* u. ihrer Leg., *Mn*, *Cu*, *Mg* u. *Zr* aus $AlBr_3$-Elektrolyten (Einfl. von Abscheidungsbedingungen u. Zusätzen, Dendritenwachstum). M. Frenzel 358

0850 **Thermische Zersetzung gemeinsam gefällter Hydroxide des Systems $Cu(OH)_2$–$Fe(OH)_3$.** T. P. Adamovič und V. V. Sviridov. (Izvest. Akad. Nauk Beloruss. SSR, Ser. chim. Nauk **1968**, 2, 112—16; Beloruss. gos. univ. im. Lenina; russ.) — Gemeinsam gefällte Hydroxide des Syst. $Cu(OH)_2$–$Fe(OH)_3$ mit > 10 Mol-% $Fe(OH)_3$ sind röntgenamorph. Das Erwärmen von Proben mit Cu : Fe = 1 : 2 bei > 400° führt zur Bldg. des Ferrits $CuFe_2O_4$. Bei großem Fe-Geh. entsteht neben $CuFe_2O_4$ u. α-Fe_2O_3 auch CuO. Beim Erhitzen eines mechan. Gemisches der gleichen Zus. entsteht kein Ferrit. Gemeinsam gefällte Hydroxide wurden thermograph., thermogravimetr. u. röntgenograph. untersucht. J. J. Pohl 358

0851 **Synthese und Eigenschaften von Bromid- und Jodidchloriden des Kupfers.** S. S. Bacanov, E. N. Zalivina, S. S. Derbeneva und V. E. Borodaevskij. (Doklady Akad. Nauk SSSR **181** (1968) 3, 599—602; Inst. teplofiz. AN SSSR; russ.) — Durch Einw. einer alkohol. Br_2-Lsg. auf krist. CuCl wurde *CuClBr* u. durch Einw. einer alkohol. J_2-Lsg. auf krist. CuCl, Eindampfen der fl. Phase u. Waschen des erhaltenen Nd. mit CCl_4 zur Entfernung des überschüssigen J_2 wurde *CuClJ* gewonnen, die synthetisierten Verb. thermograph. u. röntgenograph. untersucht, ihre IR-Spektren aufgenommen u. einige Eig. bestimmt. Die dunkelbraunen schwach anisotropen CuClBr-Krist. sind leicht lösl. in W., Säuren, NH_3, Aceton, unlösl. dagegen in CCl_4, Bzl. u. Chloroform. Bei 300° wandelt sich CuClBr unter Abspaltung von Cl_2 u. Br_2 in CuO um (endothermer Effekt). Die D. von CuClBr beträgt $D._4^{25}$ 4,22 g/cm³, die mittlere Brechungszahl — 2,12 ± 0,02 u. die molare Refraktion R_D = 22,8 cm³. CuClJ ist eine hellbraune in W., Laugen, Säuren u. Toluol unlösl. Verbindung. Das Thermogramm weist zwei endotherme Effekte bei 180 u. 280° aus, welche der Bldg. des Oxidhalogenids bzw. der Bldg. von CuO entsprechen. CuClJ ist schwach anisotrop mit einer mittleren Brechungszahl von 2,04 ± 0,02; die D. beträgt 3,02 g/cm³ u. die molare Refraktion R_D = 38,4 cm³. K. Karos 358

0852 **Fumaronitrilkomplexe mit CuCl.** S. K. Smirnov, O. G. Strukov, E. L. Gal'perin, S. S. Dubov und E. P. Sergeeva. (Ž. neorg. Chim. **13** (1968) 11, 2990 bis 2992; russ.) — Die sich beim Lösen von Fumaronitril in Methanol u. Zugabe von CuCl in wss. NaCl-Lsg. bildenden Komplexe $CuCl \cdot C_4H_2N_2$ u. $2\,CuCl \cdot C_4H_2N_2$ haben nach röntgenograph. Daten ähnliche Krist.-Struktur, die von der des Fumaronitril stark abweicht. Die π-Elektronen der C≡N-Bindung dürften an der Komplexbldg. beteiligt sein. J. J. Pohl 358

0853 **Dicyankomplexe mit CuCl.** S. K. Smirnov, O. G. Strukov, S. S. Dubov, E. L. Gal'perin, V. I. Jakutin und L. L. Danilina. (Ž. neorg. Chim. **13** (1968) **11**, 2993—95; russ.) — Vgl. vorst. Referat. — Bei der Sättigung einer CuCl-Lsg. in 25%ig. wss. NaCl mit $(CN)_2$ bilden sich goldgelbe Nadeln von $2\,CuCl \cdot (CN)_2$. Die Verb. zerfällt bei Zimmertemp., bei höheren Temp. wird die Zers. beschleunigt. Röntgenograph. u. IR-Charakteristiken der Verb. werden diskutiert. J. J. Pohl 358

0854 **Oxazolkomplexe. 1. Mitt. Am N-Atom gebundene Komplexe aus Benzoxazol und Kobalt(II), Nickel(II), Kupfer(II) und Zink(II).** Edward J. Duff und M. N. Hughes. (J. chem. Soc. [London], Sect. A **1968**, 9, 2144—46; London, Queen Elizabeth Coll., Dep. of Chem.; engl.) — Die Umsetzung von Benzoxazol (L) mit Metallhalogeniden bzw. -nitraten führt, mit Ausnahme des planaren $CuCl_2L_2$, zu Komplexen mit tetraedr. bzw. oktaedr. Konfig.; während die Darst. entsprechender Perchloratkomplexe nicht gelingt. Die Strukturen werden aus den angeführten u. diskutierten IR-Spektren, Leitfähigkeiten in DMF, den magnet. Momenten bei Raumtemp. sowie den elektron. Spektren im festen u. gelösten Zustand, abgeleitet. Die $CoBr_2$-Komplexe sind typ., in DMF nicht elektrolyt., tetraedr. Co(II)-Komplexe; der entsprechende J-Komplex liefert eine rosafarbene Lsg. mit einem für oktaedr. Co(II)-Komplexe typ. elektron. Spektrum in Lösung. Hier wird eine Koordinierung mit 2 Mol des Lsgm. vermutet, zumal Eindampfen des Lsgm. zur Wiedergewinnung des grünfarbenen tetraedr. Komplexes führt. Der rosafarbene $CoCl_2L_2$-Komplex ist nach den Spektren u. dem magnet. Moment oktaedr. gebaut. Lösen des vorst. Komplexes in einer Reihe von Lsgm. liefert tiefblaue Lsg., deren elektron. Spektrum typ. für tetraedr. Co(II)-Komplexe sind. Eindampfen der vorst. Lsg. führt zur Wiedergewinnung des ursprünglichen rosafarbenen Komplexes. Daraus wird auf eine polymere Struktur der Verb. mit Cl-Brücken im festen Zustand geschlossen. Der Co(II)-Nitrat-Komplex hat die Konfig. $CoL_2(NO_3)_2 \cdot H_2O$ nach dem IR-Spektrum mit koordiniertem W. u. einzähnigen Nitratgruppen, im Einklang mit der sich aus dem elektron. Spektrum u. magnet. Moment ergebenden oktaedr. Struktur. Erhitzen des Co(II)-Nitrat-Komplexes führt, unter W.-Verlust, zu einem Komplex mit zweizähnigen Nitratgruppen. Die 1 : 2-Nickelhalogenid-Komplexe werden als in DMF nicht elektrolyt., octaedr. Komplexe bestimmt. Sie enthalten im festen Zustand ebenfalls Cl-Brücken. Der isolierte Ni(II)-Nitratkomplex ist den entsprechenden Co(II)-Komplexen analog. Mit Cu werden ausschließlich in DMF nicht elektrolyt. Komplexe der Formeln CuL_2X_2 (X = Cl, NO_3) bzw. $CuBr_2L$ erhalten. Die Darst. von Cu-Bromidkomplexen mit mehr als 1 Mol des Liganden gelingt nicht. Der diamagnet. $CuBr_2$-Komplex ist voraussichtlich durch Paarung je eines einzelnen d-Elektrons an jedem Cu-Atom zu einer Cu—Cu-Bindung ein Dimeres mit der Struktur eines tetraedr. Cu(II)-Komplexes. Weitere strukturelle Möglichkeiten hierzu werden diskutiert. Der $CuCl_2$-Komplex hat quadrat. planare Struktur. Die Zink-Komplexe haben auf Grund des Vgl. ihrer IR-Spektren mit denjenigen der entsprechenden Co(II)-Komplexe tetraedr. Struktur.

Versuche: Metallhalogenid(nitrat)–Benzoxazol-Komplexe, durch Rk. des L mit dem entsprechenden Metallsalz in A. bzw. Essigester: *$ZnCl_2L$*. — *$ZnBr_2L_2$*. — *$CuCl_2L_2$*, hellblau. — *$CuBr_2L$*. — *$NiCl_2L_2$*, grün. — *$NiBr_2L_2$*, gelb. — *NiJ_2L_2*, grüngelb. — *$Ni(NO_3)_2 \cdot L_2 \cdot 2\,H_2O$*, grüngelb. — *$CoCl_2L_2$*, blau. — *$CoJ_2L_2$*, grün. — *$Co(NO_3)_2L_2 \cdot 2\,H_2O$*, rosa. H. Gleinig 358△

0855 **Komplexe mit Pyrrolderivaten als Liganden. 2. Mitt. Kupfer(II)-komplexe mit vierzähnigen Liganden.** Richard E. Clarke und James H. Weber. (J. inorg. nuclear Chem. **30** (1968) 7, 1837—45; Parsons Chem. Labor., Univ. of N.H., Durham, N.H.; engl.) — 1. vgl. C. **1969**, 3-0793. — Vf. beschreiben die Herst. von Cu(II)-Komplexen des Typs Z, worin A folgende Gruppen

Z 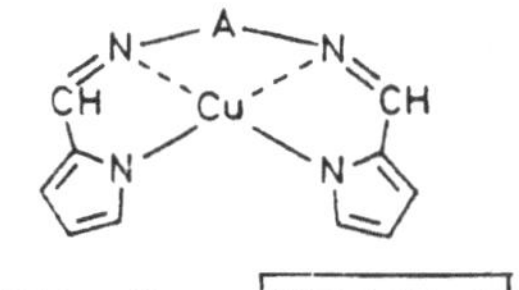

bezeichnet: $-(CH_2)_2-$ (**I**), $-CH(CH_2)_4CH-$ (**II**), o-C_6H_4 (**III**), $-CH(CH_3)CH_2-$ (**IV**), $-(CH_2)_3-$ (**V**), $-(CH_2)_4-$ (**VI**) u. $-(CH_2)_5-$ (**VII**). Aus IR-Spektren (Tabelle) folgt eine Abnahme der C=N-Valenzfrequenzen um 20 bis 65 cm^{-1}. Die Komplexe mit A = **VI u. VII** liegen in Toluol monomer vor wie aus osmometr. Molgew.-Best. hervorgeht. Die magnet. Momente liegen zwischen **1,80—1,93** BM. An Hand dieser Daten sowie UV-, sichtbaren u. Ligandenfeldspektren werden die Strukturen der Komplexe diskutiert. Durch Lösen der Komplexe in Py. (außer A = **VII**), Zugabe von Hexan u. Einengen entstehen grüne, instabile 1:1-Addukte.

Versuche: Durch Lösen des Liganden in wasserfreiem THF, Zugabe von K-tert.-Butylat in THF, anschließende Zugabe von festem Tetramethylammoniumtetrachlorocuprat(II) oder Kupfer(II)-chlorid, 12std. Rühren bei Raumtemp., Filtrieren, Einengen des Filtrats unter red. Druck u. Umkristallisieren entstehen folgende Komplexe des Typs Z: A = **I**, F. 207° (Bzl.; Zers.), braun; A = **II**, F. 229° (CH_2Cl_2–Hexan; Zers.), braun; A = **III**, F. 267—268° (Bzl.), grün oder braun; A = **IV**, F. 133° (Bzl.), rotbraun; A = **V**, F. 181—182° (95%ig. A.), braun; A = **VI**, F. 150—151° (95%ig. A.), braun; A = **VII**, F. 170° (95%ig. A.; Zers.), graubraun.

K.-J. Zwietasch 358

0856 **Komplexverbindungen von 2.4-Dioxo-3-oximinopentan mit Kupfer, Nickel und Eisen(II).** A. V. Ablov und V. N. Zubarev. (Ž. neorg. Chim. **13** (1968) 11, 3033 bis 3039; Inst. chim. AN Mold. SSR; russ.) — 2.4-Dioxo-3-oximinopentan (HDOP) reagiert mit Cu^{2+} in Ggw. von NH_3 oder Methylamin zu Komplexen der Art $[Cu\{CH_3C \cdot (NH)C(NO)C(O)CH_3\}_2]$ (**I**) u. $[Cu\{CH_3C(NCH_3)C(NO)C \cdot C(O)CH_3\}_2]$ (**II**). In Ggw. von Äthylendiamin entstehen zwei schwarz (**IIIb**) bzw. gelbgrün (**IIIa**) gefärbte Isomere der Bruttozus. $C_{12}H_{16}CuN_4O_4$, deren EPR- u. IR-Spektren sowie Elektronenbeugungsdiagramme sich unterscheiden. Mit Ni^{2+} wird eine analoge Verb., $C_{12}H_{16}N_4NiO_4$, erhalten. Fe(II) bildet in Ggw. von Alkali- oder Erdalkalimetallacetaten bzw. Alkylammoniumacetaten mit HDOP Verb. mit dem Anion $[Fe(DOP)_3]^-$. Heterocycl. Amine bilden Salze der Art $[Fe(DOP)_2(Amin)_2]$. Die Fe(II)-Verb. sind nach Suszeptibilitätsmessungen diamagnetisch.

Versuche: Bis-[2-imino-4-oxopentan-3-oximinato]-kupfer (**I**), aus Cu-Acetat in heißem W., konz. NH_3 bis zur dunkelblauen Färbung u. HDOP, dunkelrote Krist., unlösl. in W., lösl. in Methanol, 80%. *Bis-[2-methylimino-4-oxopentan-3-oximinato]-kupfer*, braune Krist., analog mit Methylamin, 99%. *Grüne Modifikation* (**IIIb**) *der Cu-Verb. der Schiffschen Base von HDOP mit Äthylendiamin* aus 2 g Cu-Acetat in W., 1,2 ml Äthylendiamin u. 0,56 g HDOP, unlösl. in W., A. u. Ae., schlecht lösl. in CCl_4 u. Methanol, 60%. Die *schwarze Modifikation* (**IIIa**) kann aus der Mutterlauge oder bei einem kleinen Überschuß von Äthylendiamin erhalten werden. Die entsprechende Ni-Verb., *$C_{12}H_{16}N_4NiO_4$* aus 1,2 g Ni-Acetat u. 1,2 ml Äthylendiamin u. 1,28 g HDOP, orangefarbige Blättchen, 90%. *Na-Tris-[2.4-dioxo-pentan-3-oximinato]-ferrat(II)* aus 3,84 g HDOP in 20 ml W., 1,36 g Na-Acetat bei 40—50° u. 1,9 g frisch bereitetem $FeCl_2$ unter Ar, dunkelblaue, rechteckige Blättchen, 90%, in abs. Methanol bei 25° u. V = 500 l/Mol μ = 79,0 $\Omega^{-1} \cdot cm^2 \cdot Mol^{-1}$, diamagnetisch. Analog *$Ca[Fe(DOP)_3]_2$*, *$Sr[Fe(DOP)_3]_2$*, *$Ba[Fe(DOP)_3]_2$*, *$CH_3NH_3 \cdot [Fe(DOP)_3]$*, *$(CH_3)_2NH_2[Fe(DOP)_3]$*, *$(CH_3)_3NH[Fe(DOP)_3]$* *$C_2H_5NH_3[Fe(DOP)_3]$*, *$(C_2H_5)_2NH_2[Fe(DOP)_3]$*, *$(C_2H_5)_3 \cdot NH[Fe(DOP)_3]$* u. *$(\alpha$-$C_5H_4NHNH_2)[Fe(DOP)_3]$*. *Bis-[2.4-dioxopentan-3-oximinato]-bis-[pyridin]-eisen(II)* aus 1,3 g HDOP in 20 ml A. bei 40° u. 4 ml Py. sowie 0,9 g $FeCl_2$ unter Ar, dunkelblaue Krist., unlösl. in W., lösl. in A. u. Py., 70%, μ = 7,24, diamagnetisch. Analog: *$[Fe(DOP)_2(\beta$-$C_5H_4NCH_3)_2]$*, *$[Fe(DOP)_2(\gamma$-$C_5H_4NCH_3)_2]$* u. *$[Fe(DOP)_2(\beta$-$C_5H_4NCl)_2]$*. J. J. Pohl 358

0857 **Synthese und Untersuchung von [Äthylendiamin-bis-(isopropylphosphonato)]-kupfer.** B. I. Bichman, L. B. Bel'skaja und N. M. Djatlova. (Ž. neorg. Chim. **13** (1968) 11, 2996—97; russ.) — Elektrophoret. Unters. bestätigen den Innerkomplexcharakter des Komplexonats. Die Verb. wird bereits bei 50—100° entwässert, bei 100—175° findet intensive Zers. statt. Bei 540° liegt nach Abgabe der gasförmigen Prod. CuO u. P_2O_5 vor.

Versuche: *$C_8H_{20}CuN_2P_2O_6 \cdot 4\,H_2O$* entsteht bei der Umsetzung von frisch bereitetem Cu-Hydroxid mit Äthylendiamin-bis-[isopropylphosphonsäure] (**I**) im Verhältnis 1 : 1 bei 80° während 1 Stunde. *$C_8H_{20}CuN_2P_2O_6 \cdot H_2O$* wurde durch die Rk. von **I** mit einer n KOH-Lsg. mit einem 1½fachen Überschuß von $CuCl_2$ erhalten, blaue nadelförmige Kristalle. J. J. Pohl 358

0858 **Übergangsmetallkomplexe von 1.2-Dipyridyläthylenisomeren.** 2. Mitt. **Kobalt(II)-, Nickel(II)- und Kupfer(II)-halogenidderivate unsymmetrisch substituierter Isomerer.** M. Brierley und W. J. Geary. (J. chem. Soc. [London], Sect. A **1968**, 7, 1641—45; Lanchester Coll. of Technol., Coventry; engl.) — 1. vgl. C. **1968**, 30-0763. — Komplexe mit L = 1-Pyridyl-(2)-2-pyridyl-(3)-äthylen u. L' = 1-Pyridyl-(2)-2-pyridyl-(4)-äthylen wurden dargestellt u. ihre Strukturen auf Grund der magnet. u. spektralen (im sichtbaren u. IR-Gebiet) Eig. diskutiert. Während die Co(II)- u. Cu(II)-Komplexe polymer vom Typ $[MX_2L]_n$ sind, folgen die Ni(II)-Komplexe einem weniger geordneten Schema.

Versuche: *$[CoCl_2L]_n$*, aus $CoCl_2$ u. L (1 : 1) in abs. A., ½std. Rückflußkochen, Abfiltrieren, Soxhlet-Extraktion mit A. u. Trocknen bei 100°, königsblau, (μ_{eff} =) 4,25 (BM); *$[CoBr_2L]_n$*, blau, 4,33; *$[CoJ_2L]_n$*, leuchtendgrün, 4,52; *$[CoCl_2L']_n$*, hellblau, 5,02; *$[CoBr_2L']_n$*, königsblau, 4,55; *$[CoJ_2L']_n$*, grün, 4,61; *$[CuCl_2L]_n$*, blaugrün, 1,88; *$[CuBr_2L]_n$*, khakifarben, 1,81; *$[CuCl_2L']_n$*, grün, 1,83; *$\{[CuBr_2]_nL'_{n-1}\}$* mit n = *12*, gelbgrün bis dunkelgrün, 1,35; *$[Ni_6Cl_{12}L_7 \cdot 6\,H_2O]$*, hellgelb, 3,50; *$[NiBr_2L_2]$*, hellgelb, 3,34; *$[NiCl_2L']_n$*, hellgelb, 3,40; *$[NiJ_2L_2'(H_2O)_2]$*, braungelb, 3,21. G. Heller 358

0859 **Anhydride von Kieselsäure und Methyltrisilanol mit Schwefelsäure und deren Polymerisationsvermögen.** G. Krüger, M. Büttner, G. Oliew und E. Thilo. (Z. anorg. allg. Chem. **360** (1968) 1/2, 70—76; Berlin-Adlershof, Inst. für anorg. Chem. der DAW, Berlin; dt.) — Bei der schnell verlaufenden Rk. von $SiCl_4$ (**I**) oder $SiBr_4$ mit überschüssigem Ag_2SO_4 (**II**) in Acetonitril bei —40° entsteht neben Ag-Halogenid Silbertetrasulfatosilicat, $Si(OSO_3Ag)_4$, das bei Erwärmen unter Bldg. von $Ag_2S_2O_7$ (**III**) zu polymerem $\left[(AgOSO_3)_2Si\langle^{O^-}\right]_n$ umgesetzt wird. 2 Mol **II** reagieren mit **I** zu leicht polymerisierendem $Si(SO_4)_2$, das beim Behandeln mit **II** in Verb. mit (≡$SiOSO_3Ag$)-Gruppen übergeht. Methyltrichlorsilan reagiert mit **II** zu $CH_3Si(OSO_3Ag)_3$, das sich beim Erwärmen zu **III** u. Methylsilsesquioxan, $(CH_3 \cdot SiO_{1,5})_n$, umsetzt. P. Scharner 359

0860 **Chemie der Metallcarbonyle. 49. Mitt. Dicarbonyl-π-cyclopentadienylrutheniumfluorkohlenstoff-Komplexe.** T. Balckmore, M. I. Bruce und F. G. A. Stone. (J. chem. Soc. [London], Sect. A **1968**, 9, 2158–62; Bristol, Univ., Dep. of Inorgan. Chem.; engl.) — 48. vgl. C. **1969**, 20-0869. — Das ausgehend von der Carbonylierung von $RuCl_3$ erhältliche $[Ru(CO)_3Cl_2]_2$ (**I**) reagiert mit Na-Cyclopentadienid (**II**) in 40–50%ig. Ausb. zum $[(\pi\text{-}C_5H_5)\cdot Ru(CO)_2]_2$ (**III**). Umsetzung von **III** mit Na-Amalgam in THF führt zu dem Anion $[(\pi\text{-}C_5H_5)Ru(CO)_2]^-$ (**V**), das mit Fluorkohlenwasserstoffen schlechter reagiert als das analoge $[(\pi\text{-}C_5H_5)Fe(CO)_2]^-$ (**IV**). Rk. des Anions **V** mit Hexafluorpropen (**VI**) gibt *trans*-$(\pi\text{-}C_5H_5)Ru(CO)_2\cdot CF{=}CFCF_3$ bzw. mit Dekafluorcyclohexen (**VII**) *cyclo*-$C_6F_9Ru(CO)_2(\pi\text{-}C_5H_5)$. Analog zu den Umsetzungen des Anions **V** mit polyfluoraromat. bzw. polyfluorheterocycl. Stickstoffverb., werden mit dem Anion **V** entsprechende *Perfluorphenyl-*, *3.4-Dicyantrifluorphenyl-* u. *Perfluorpyridyl-Komplexe* dargestellt. Anion **V** reagiert mit Trifluoracetylchlorid (**VIII**) zum flüchtigen fl. *Komplex* $CF_3CORu(CO)_2(\pi\text{-}C_5H_5)$. Mit Perfluorbutyrylchlorid (**IX**) wird statt der gesuchten Acylkomplexe nur $(\pi\text{-}C_5H_5)\cdot Ru(CO)_2Cl$ gefunden. Mit Pentafluorbenzoylchlorid (**X**) liefert **V** $\pi\text{-}C_5H_5Ru(CO)_2COC_6F_4{-}Ru(CO)_2(\pi\text{-}C_5H_5)$. Die angeführten IR- u. ^{19}F–NMR-Spektren sowie Eig. u. Strukturen der Verb. werden im Vgl. mit denjenigen der entsprechenden Eisenkomplexe diskutiert.

Versuche: *Bis-[dicarbonyl-π-cyclopentadienylruthenium]* (**III**), $[(\pi\text{-}C_5H_5)Ru(CO)_2]_2$, Subl. 140–160°/0,1 Torr; 46% (Ausb.); Kochen von $RuCl_3$ mit $SOCl_2$ über Nacht u. Lösen in CH_3OH, 24std. Carbonylierung mit CO bei 65°/10 atm, Eindampfen im Rotationsverdampfer u. kurze Behandlung unter Vakuum von 0,1 Torr, Lösen des Rückstands in THF u. 1std. Zutropfen zur Lsg. von **II** in THF, Kochen über Nacht, Kühlen u. Eindampfen, Bzl.-Extraktion sowie Eindampfen des Filtrats. — $Na[\pi\text{-}C_5H_5Ru(CO)_2]$; orangerotfarben; durch 5std. Rk. von **III** mit Na-Amalgam in **THF** bei Raumtemperatur. — Dicarbonyl-π-cyclopentadienylrutheniumkomplexe mit fluorierten organ. Verb., $\pi\text{-}C_5H_5Ru(CO)_2F$ oder Säurechloriden, durch mehrstd. Rk. der Lsg. von **V** mit Polyhalogenverb. in THF, Eindampfen u. Aufarbeitung, Subl. bzw. Rekristallisation: L = $CF{=}CFCF_3$ (F.) 70–71° (PAe.); Nadeln; 30%; mit **VI** in 2 Std. bei −78° u. 18std. Erwärmen auf Raumtemp. sowie Subl. 50°/0,2 Torr. — *cyclo*-C_6F_9, 88–89° (PAe.); 20%; mit **VII** u. Kochen über Nacht sowie Subl. 80–100°/0,1 Torr. — C_6F_5, 159 bis 160°; 20%; mit Hexafluorbenzol in 18 Std. bei Raumtemp., Eindampfen u. Dichlormethanextraktion, Chromatographie mit PAe.–Bzl. sowie Subl. 65°/0,2 Torr. — $C_6F_3(CN)_2$, 155–157° (Zers., PAe.); cremefarben; 20%; mit Tetrafluorphthaldinitril u. Kochen über Nacht, Eindampfen u. Chromatographie mit Bzl.–PAe. sowie Subl. 180°/0,1 Torr. — C_5F_4N, 207–208° (Ae.–PAe.); 16%; mit Pentafluorpyridin in 18 Std. bei Raumtemp., Eindampfen u. Dichlormethanextraktion, Chromatographie mit Bzl.–PAe. sowie Subl. 120°/0,3 Torr. — $COCF_3$, Kp.$_{0,2}$ 40°; 10%; mit **VIII** in 2 Std. bei −78° u. Erwärmenlassen auf Raumtemp. über Nacht, Eindampfen u. Dichlormethanextraktion, Chromatographie mit Bzl.–PAe., Kühlen auf −78° u. Erwärmen auf Raumtemperatur. — *Cl*, $C_7H_5ClO_2Ru$, mit **IX** über Nacht bei Raumtemp., Eindampfen u. Chromatographie des Dichlormethanextrakts. — $p\text{-}COC_6F_4Ru(CO)_2{-}(\pi\text{-}C_5H_5)$, 178 bis 180° (A.–PAe.); 3%; mit **X** wie vorstehend.

H. Gleinig 363△

0861 **Chemie der Metallcarbonyle. 50. Mitt. Dihydrogentetracarbonylruthenium und verwandte Verbindungen.** J. D. Cotton, M. I. Bruce und F. G. A. Stone. (J. chem. Soc. [London], Sect. A **1968**, 9, 2162–65; engl.) — 49. vgl. vorst. Referat. — Die Rk. von $Ru_3(CO)_{12}$ (**I**) mit Na in fl. NH_3 liefert vermutlich $Na[HRu(CO)_4]$ oder ein Gemisch dieser Verb. mit $Na_2Ru(CO)_4$. Das Prod. wird mit H_3PO_4 in das sehr flüchtige, instabile *cis-Dihydrogentetracarbonylruthenium* (**II**), das nach Analyse u. physikal. Daten am besten der Formel $H_2Ru_3(CO)_{12}$ entspricht, übergeführt. **II** reagiert mit Halogenen bzw. chloriertem Lsgm. zu entsprechenden dimeren Rutheniumcarbonylhalogeniden, so mit CCl_4 zu einem Gemisch aus Rutheniumcarbonylchloriden, aus dem *cis*-$[Ru(CO)_3Cl_2]_2$, daneben $CHCl_3$, isoliert werden; u. mit J_2 zu *cis*-$J_2Ru\cdot(CO)_4$, das sich zu $[Ru(CO)_3J_2]_2$ umlagert. Mit Trimethylzinnhydrid liefert **II** das bekannte *Bis-[trimethylstannyl]-tetracarbonylruthenium*. Umsetzen von **II** mit Triphenylzinnchlorid in Ggw. von methanol. KOH gibt *trans-Tetracarbonyl-bis-[triphenylstannyl]-ruthenium*. Mit Triphenylphosphin reagiert **II** zu einer als *Dihydrogendicarbonyl-bis-[triphenylphosphin]-ruthenium* (**III**) charakterisierten Verb., die in $CHCl_3$ das *Dicarbonyl-bis-[triphenylphosphin]-rutheniumdichlorid* (**IV**) liefert. Das Dichlorid **IV** wird mit $LiAlH_4$ zum Hydrid **III** reduziert. Analog wird das aus dem entsprechenden *Triäthylphosphinkomplex* (**VI**) bzw. Triäthylphosphin u. $[Ru(CO)_3Cl_2]_2$ zugängliche Dichlorid (**V**) zu *Dihydrogendicarbonyl-bis-[triäthylphosphin]-ruthenium* (**VI**) reduziert. Mit Trimethylchlorsilan liefert das Hydrid **VI** das *Bis-[trimethylsilyl]-bis-[triäthylphosphin]-dicarbonylruthenium*. Austausch von H_2 gegen Halogen im Dihydrid **II** führt zu $Ru(CO)_4X_2$ (X = Br, J), die sich in Lsg. zu Dimeren der Formel $[Ru(CO)_3X_2]_2$ umlagern. Die Strukturen der Verb. werden an Hand ihrer IR- u. ^1H–NMR-Spektren sowie Vgl. mit den der entsprechenden Eisen- bzw. Osmiumkomplexe diskutiert.

Versuche: *cis-Dihydrogentetracarbonylruthenium* (**II**), (F.) −63° (Zers. bei 0° bzw. bei Raumtemp. in der Gasphase zu einem hellroten Feststoff); 25% (Ausb.); durch Eindampfen des Gemisches aus **I**, Na u. fl. NH_3, Zutropfen von konz. H_3PO_4 bei Raumtemperatur. — Rutheniumcarbonylhalogenide, durch Rk. von **II** mit einem Halogen, 1 Std. Erwärmen auf Raumtemp. u. Eindampfen, frakt. Dest. u. Stehenlassen: *cis*-$[Ru(CO)_3Cl_2]_2$, mit CCl_4 bei −196°. — *cis*-$[Ru(CO)_3J_2]_2$, mit J_2 in Äther. — *cis*- u. *trans*-$[Ru(CO)_3\cdot Br_2]_2$-Gemisch, mit Br_2 in Äther. — $[(CH_3)_3Sn]_2Ru(CO)_4$, durch ½std. Rk. von **II** mit Trimethylzinnhydrid bei Raumtemp., Eindampfen u. Chromatographie an SiO_2 mit Pentan. — $[(C_6H_5)_3Sn]_2Ru(CO)_4$, durch Kondens. von **II** mit Triphenylzinnchlorid in Ggw. von methanol. KOH, ½std. Erwärmen auf Raumtemp. u. Eindampfen. — $H_2Ru(CO)_2[P(C_6H_5)_3]_2$ (**III**); 28%; durch ½std. Rk. von **II** mit Triphenylphosphin bei Raumtemp., daneben $Ru(CO)_3[P(C_6H_5)_3]_2$; bzw. durch $LiAlH_4$-Red. des aus Rk. von **III** mit $CHCl_3$ erhaltenen **IV** in THF. — $[(C_2H_5)_3\cdot P]_2Ru(CO)_2Cl_2$ (**V**); 80%; durch Rk. von $[Ru(CO)_3Cl_2]_2$ mit Triäthylphosphin in THF, kurzes Kochen nach dem Ende der CO-Entw., Eindampfen u. Rekrist. aus A.–Petroläther. — $H_2Ru(CO)_2[P(C_2H_5)_3]_2$ (**VI**), durch $LiAlH_4$-Red. des Chlorids **V** in Ae., Zers. mit A. u. Eindampfen des Filtrats. — $[(CH_3)_3Si]_2Ru(CO)_2[P(C_2H_5)_3]_2$; gelb; durch ½std. Rk. des Hydrids **VI** mit Trimethylchlorsilan in Ae., Eindampfen u. Ausäthern, Waschen mit Hexan u. Rekristallisation aus Hexan–Dichlormethan.

H. Gleinig 363△

0862 **Cyanoamminrhodium(III)-Komplexe.** I. B. Baranovskij und A. V. Babaeva. (Ž. neorg. Chim. **13** (**1968**) 11, 3148–50; Inst. obšč. i neorg. chim. im. Kurnakova AN SSSR; russ.) — Die Umsetzung von KCN mit sulfithaltigen Rh(III)-Komplexen führt zum Eindringen der Cyangruppen in die innere Komplexsphäre. Die Cyangruppe in Rh(III)–Ammin-Komplexen übt keine merkliche labilisierende Wrkg. aus.

Versuche: $[Rh(NH_3)_4SO_3(CN)]\cdot 2H_2O$ aus einer 5–6%ig. trans-$Na[Rh(NH_3)_4(SO_3)_2]$-Lsg., Erwärmen, Zugabe von KCN-Lsg. (dreifacher Überschuß), farblose Krist., 92%, die IR-spektroskop. charakterisiert wurden. Der Komplex ist in W. beständig, ein Nichtelektrolyt, μ^{25}_{1000} = 2,3 $\Omega^{-1}\cdot cm^2$. $[Rh(NH_3)_5CN]Cl_2$ aus 0,5 g der vorigen Verb. u. 2–3 ml konz. HCl auf dem kochenden W.-Bad, amorphes, weißes Pulver, 0,47 g. Das Prod. wurde mit NH_4Cl u. 5–7 ml konz. NH_4OH umgesetzt, weißer Nd., wurde thermogravimetr. u. IR-spektroskop. charakterisiert. $[Rh(NH_3)_5CN](NO_3)_2$ aus 0,15 g der vorigen Verb. durch Lösen u. Erwärmen mit 5–6 ml W., Versetzen mit der gleichen Menge konz. HNO_3, farblose Krist., 0,14 g. $[Rh(NH_3)_5CN]_2Ag(NO_3)_5\cdot 1{,}5\,H_2O$ aus einer konz. heißen Lsg. des Nitrats u. einer konz. $AgNO_3$-Lsg. im Gew.-Verhältnis 1 : 2, farblose Nadeln. Die Verb. enthält nach IR-spektroskop. Daten nur Brückencyangruppen.

J. J. Pohl 364

0863 **Koordinationsverhalten verschiedener Pyridyl-(2)-ketone. 2. Mitt. Rhodium(III)-Komplexe mit 2-Benzoylpyridin.** Rosemary R. Osborne und William R. McWhinnie. (J. chem. Soc. [London], Sect. A **1968,** 9, 2153–55; London, Queen Elizabeth Coll., Chem. Dep.; engl.) — 1. vgl. ibid. **1967,** 2075. — Umsetzung von Rh(III)-Chloridtrihydrat (**I**) mit 2-Benzoylpyridin (**II**) in äthanol. Lsg. liefert *Dichloro-bis-[2-benzoylpyridin]-rhodium(III)-tetrachloro-[2-benzoylpyridin]-rhodat(III)* (**III**). Analog wird der entsprechende *Dibromo-Komplex* (**IV**) dargestellt. Austauschrk. des Komplexes **III** mit Na-Perchlorat führt zum *trans-Dichloro-trans-bis-[2-benzoylpyridin]-rhodium(III)-perchlorat* (**V**). Mit dem Anion von **III** wird *Tetraphenylarsoniumtetrachloro-[2-benzoylpyridin]-rhodat(III)*, (**VI**) dargestellt. Der *Komplex* **V** wird durch Erwärmen mit W. in das *cis–trans-Isomere* (**VII**) übergeführt. Nur der Dibromokomplex **IV** ist als Perchlorat (**VIII**) zugänglich. Der Komplex **V** bildet das *Addukt* $Rh(C_6H_5CO\text{-}py)_2Cl_3 \cdot HCl \cdot 2\,H_2O$. Kochen von **VII** bzw. **VIII** in W. liefert $[Rh(C_6H_5CO\text{-}py)_2Cl_2(OH)]$ (**IX**) bzw. $[Rh(C_6H_5CO\text{-}py)_2Br_2(OH)]$ (**X**), die beide Nichtelektrolyte sind. **III** u. **IV** liefern die *Hydroxoverb.* (**IX** bzw. **X**) wie vorst., deren Filtrate durch Stehen, vermutlich infolge langsamer Aquotisierung des Tetrachloro-[2-benzoylpyridin]-rhodat(III)-Anions zu $[Rh(C_6H_5CO\text{-}py)Cl_3(H_2O)] \cdot H_2O$ (**XI**) bzw. $[Rh(C_6H_5CO\text{-}py)Br_3(H_2O)] \cdot H_2O$ (**XII**) führen. Kochen von **IX** bzw. **X** mit wss. A. bzw. von **III** oder **IV** mit NaCl oder LiBr führt zu *trans-Trihalogeno-bis-[2-benzoylpyridin]-rhodium(III)*-Verb. $[Rh(C_6H_5CO\text{-}py)_2Cl_3]$ (**XIII**) bzw. dem entsprechenden *Tribromid* (**XIV**). **V** reagiert mit Py. im Überschuß zu *trans-Dichloro-tetrakis-[pyridin]-rhodium(III)-perchlorat,* über einen nicht bestimmten *Komplex* $[Rh(C_6H_5CO\text{-}py)_2(py)Cl_2(ClO_4)]$. Die spektroanalyt. Daten werden diskutiert.

Versuche: *trans-Dichloro-bis-[2-benzoylpyridin]-rhodiumtetrachloro-[2-benzoylpyridin]-rhodat(III)* (**III**), 0,41 g (Ausb.); orangefarben; durch ½std. Kochen von 0,26 g **I** mit 0,37 g **II** in A., Waschen des Nd. mit A.; *-perchlorat* (**V**), 0,45 g; gelb; durch ½std. Kochen von m26 g **I**, 0,37 g **II** u. 1,23 g $NaClO_4$ in wss. A., Waschen 0,it kaltem W. u. A., bzw. Austauschrk. von **III** mit Na · ClO_4 in wss. A.; orangefarbenes *Isomeres,* 0,19 g, durch Erwärmen von 0,2 g des gelben Isomeren in Wasser. — *trans-Dibromo-bis-[2-benzoylpyridin]-rhodium-tetrabromo-[2-benzoylpyridin]-rhodat(III)* (**IV**), 0,8 g; durch ½std. Kochen von 0,39 g **I** u. 0,54 g **II** mit 1,3 g LiBr in A. u. wie vorstehend. *-perchlorat* (**VIII**), 0,12 g; durch kurze Rk. von 0,2 g **IV** mit wss. $NaClO_4$ u. Waschen des Nd. mit Wasser. — *trans-Dichloro-* bzw. *Dibromohydroxo-bis-[2-benzoylpyridin]-rhodium(III),* (**IX**) u. (**X**), durch 15 Min. langes Kochen von **VII** bzw. **VIII** in W. u. Waschen des Nd. mit W., bzw. wie vorst. aus **III** bzw. **IV**, daneben $[Rh(2\text{-}benzoylpyridin)Cl_3(H_2O)] \cdot H_2O$ (**XI**) bzw. das *Tribromoderiv.* (**XII**); orangefarben; durch Stehenlassen u. Aufarbeiten der Filtrate. — *trans-Trichloro-(bzw. Tribromo-)-bis-[2-benzoylpyridin]-rhodium(III)* (**XIII**) bzw. (**XIV**), gelb; durch 3std. Rk. von **IX** bzw. **X** in sd. 75%ig. A. u. Rekristallisation aus $CHCl_3$. — *Tetraphenylarsoniumtetrachloro-[2-benzoylpyridin]-rhodat(III)* (**VI**); 0,25 g; orangefarben; durch ½std. Kochen von 0,12 g **I** u. 0,09 g **II** mit 0,63 g Tetraphenylarsoniumchlorid in A. u. Filtrieren. H. Gleinig 364△

0864 **Beitrag zur Koordinationschemie des Rhodiums.** 2. Mitt. **Rhodium(III)-Komplexe mit Biguanidderivaten.** P. Spacu und Constanta Gheorghiu. (J. less-common Metals [Lausanne] **15** (1968) 3, 331–39; Dep. of Inorg. Chem., Fac. of Chem., Bucharest Univ., Romania; engl.) — Verb. der Zus. $[RhL_3]X_3$ {L = N.N-Dimethylbiguanid (**I**), N-Morpholinobiguanid (**II**), N-p-Chlorphenyl-N-isopropylbiguanid (**III**, **pald, Paludrin**); X = Cl, Br, J, NO_3, CNO, CNS, N_3, $[Cr(SCN)_6]$, **Tartrat**} werden in wss. oder alkohol. Lsg. a) durch Einw. der Biguanidderiv. auf $Na_3[RhCl_6]$ (**IV**), b) durch Erhitzen von $[HL]_3[RhCl_6]$ oder c) durch doppelte Umsetzung der Chloride dieser Reihe mit entsprechenden Na-, Li- oder Ag-Salzen erhalten. Die Ggw. von A. erhöht die Rk.-Geschw. während der Bldg. der Rh(III)-Komplexe. Alle Verb. sind diamagnet., die Absorptionsmaxima der Chloride im sichtbaren u. UV-Bereich werden tabellar. angegeben. *Tris-[paludrin]-rhodium(III)-chlorid* (**V**) kann über sein Tartrat in seine opt. Antipoden aufgespalten werden. $[Rh(pald)_2X_2]X$ (X = Cl, NO_2) werden in alkohol. Lsg. durch Einw. von **III** auf $RhCl_3 \cdot 4\,H_2O$ (**VI**) bei pH 5–6 oder durch therm. Zers. der Biguanidverb. bei 120° unter Eliminierung von HCl erhalten. $[Rh(pald)_2Cl_2] \cdot Cl$ (**VII**) existiert in 2 Stereoisomeren, von denen die löslichere gelbe cis-Form beim Erwärmen von **VI** mit **III** in A. nach Abkühlen, die weniger lösl., orangefarbene trans-Form nach Einengen des Filtrats isoliert werden kann. $[RhCl_2(pald)_2][RhCl_4(pald)]$ entsteht beim Einengen alkohol. Lsg. von **VI** u. **III** im molaren Verhältnis 1 : 1,5 bei pH 3,5–5,5. Die Formulierung als zweikerniger Komplex wird durch die Isolierung von $[H(pald)] \cdot [RhCl_4(pald)]$ aus einer Lsg. von $K_2[RhCl_5(OH_2)]$ (**VIII**) u. **III** bei 35° gestützt; bei 120° wird dieses unter Abgabe von HCl zu **VII** zersetzt. Mit **IV** u. **VIII** in wss. Lsg. werden bei Raumtemp. die quatern. Ammoniumsalze der Zus. $(HL)_3[RhCl_6]$ u. $(HL)_2[RhCl_5(OH_2)]$ als rosafarbene Pulver erhalten, die fest beständig sind. In A. bei Raumtemp. sind sie unbeständig und zersetzen sich zu $[RhL_3]Cl_3$ u. $[RhL_2Cl_2]Cl$. Ihre Löslichkeit in Methanol u. W. nimmt in der Reihe **III** < **I** < **II** zu.

Versuche: *Tris-[dimethylbiguanid]-rhodium(III)-chlorid,* durch Erwärmen der konz., wss. Lsg. von **I** u. **IV**; hellgelbe Kristalle. — *Tris-[morpholinobiguanid]-rhodium(III)-chlorid,* aus **II** u. **IV** in wenig W. nach Erwärmen; krist., gelb. — **V**, aus **III** u. **IV** in W. nach Erwärmen; gelbes mikrokrist. Pulver. — *d.l-Tris-[paludrin]-rhodium(III)-chloridtartrat* (?), aus vorst. Verb. u. d-Ag-Tartrat. — *l-* u. *d-Tris-[paludrin]-rhodium(III)-nitrat,* durch Lösen vorst. Verb. in A., Kristallisation der schwerer lösl. l- u. der leichter lösl. d-Form durch langsames Einengen, Fällung der opt. akt. Formen mit $K_3[Cr(SCN)_6]$ zu rosaviolettem $[Rh(pald)_3][Cr(SCN)_6]$ u. Umsetzung mit $AgNO_3$ in A.; $[\alpha]_D$ –86° bzw. +87°; gelbe Kristalle. — *Dichloro-bis-[paludrin]-rhodium(III)-chlorid,* aus **VI** in W. u. **III** in A., Filtrieren u. 2std. Kochen des Filtrats (pH 3–3,5); nach Abkühlen gelbe Krist. (a); nach Einengen des Filtrats gelborangefarbene Krist. (b). — *Dinitro-[paludrin]-rhodium(III)-nitrit,* aus **VI** in W., $NaNO_2$ u. **III** in A. nach Erwärmen; gelbe Kristalle. — *Dichloro-bis-[paludrin]-rhodium(III)-tetrachloro-bis-[paludrin]-rhodat (III),* aus einer wss. konz. $RhCl_3$-Lsg. u. **III** in A. (im molaren Verhältnis 1 : 1,6) bei pH 3,5–5,5 nach Erwärmen; orangefarben. — *Tris-[N-p-chlorophenyl-N-isopropylbiguanidium]-hexachlororhodat(III),* aus **IV** u. **III** (1 : 3) bei Raumtemp.; rosafarben. — *Bis-[N-p-chlorphenyl-N-isopropylbiguanidium]-pentachloroaquorhodat(III),* aus einer konz. wss. Lsg. von **VIII** u. **III**-Lsg. (1 : 2) bei maximal 18°; rosafarben. — *N-p-chlorphenyl-N-isopropylbiguanidiumtetrachloro-[paludrin]-rhodat(III),* wie vorst. Verb. bei 35°; gelborangefarben. P. Scharner 364

0865 **σ, π-$C_8H_8Os(CO)_3$, ein ungewöhnlicher Cyclooctatetraen–Übergangsmetall-Komplex.** M. I. Bruce, M. Cooke und M. Green. (Angew. Chem. **80** (1968) 16, 662–63, dt.; int. Edit. **7** (1968) 8, 639; engl.; Dep. of Inorg. Chem., Univ., Bristol.) — Bei UV-Bestrahlung von $Os_3(CO)_{12}$ u. Cyclooctatetraen in Bzl. (Raumtemp., 72 Std.) entsteht die krist. Titelverb., F. 69°, für die auf der Grundlage der ¹H-NMR-Daten die Struktur A vorgeschlagen wird. Diese Verb. isomerisiert in Lsg. bei gelindem Erwärmen zu einem orangegelben Komplex, der nach IR- u. NMR-Daten den Cyclooctatetraenverb. von Fe u. Ru analog ist. H. Roschkowski 366

A

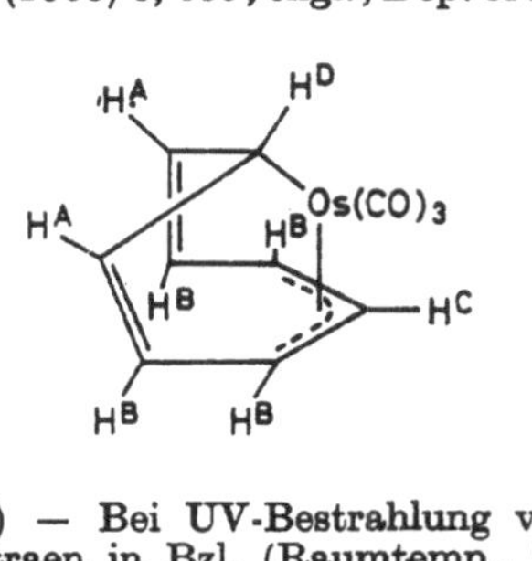

0866 **Synthese und saure Eigenschaften des Pentamins $[Pt(py)_4NH_3Cl](NO_3)_3$.** A. A. Grinberg, Ch. I. Gil'dengeršel' und V. F. Budanova. (Ž. neorg. Chim. **13** (1968) 11, 3040–44; russ.) — Die Säuredissoziationskonst. von $[Pt(py)_4NH_3Cl](NO_3)_3$ wurde durch potentiometr. Titration des Amidotetramins $[Pt(py)_4(NH_2)Cl](NO_3)_2$ bei 25,0 ± 0,1° u. μ = 0,1, 0,3 u. 0,5 (HNO_3) bestimmt.

Versuche: *$[Pt(py)_4(NH_2)Cl](NO_3)_2 \cdot 0{,}5\,H_2O$* aus 7,4 g NH_4NO_3 in 7 ml W. u. 1,8 g $[Pt(py)_4Cl_2](NO_3)_2$ in 3 ml W., 85%. $[Pt(py)_4(NH_3)Cl](NO_3)_3 \cdot H_2O$ aus 1,5 g der vorigen Verb. in 25 ml W., Filtrieren u. Versetzen mit 25 ml konz. HNO_3 in 100 ml eisgekühltem A., Fällen mit 100–120 ml Ae., 70%. J. J. Pohl 368

0867 **Trans-Wirkung des Dimethylsulfoxids in Platin(II)-Komplexverbindungen.** Ju. N. Kuzuškin, Ju. É. Vjaz'menskij und L. I. Zorina. (Ž. neorg. Chim. **13** (1968) 11, 3052–58; russ.) — Den bei der Rk. von $K[Pt(DMSO)Cl_3]$ mit Ammoniak u. Py. entstehenden Verb. $[PtNH_3 \cdot (DMSO)Cl_2]$ u. $[Pt(py)(DMSO)Cl_2]$ wird trans-Konfig. zugeschrieben. Das DMSO weist eine trans-Wrkg. auf, die größer ist als die des Chloridions.

Versuche: *$K[Pt(DMSO)Cl_3]$* kann aus 3 g $K_2Pt \cdot Cl_4$ in 30 ml W. u. 0,575 g DMSO während drei Std. erhalten werden, 2,67 g. *trans-$[PtNH_3(DMSO)Cl_2]$* aus 1,16 g der vorigen Verb. in 15 ml W. bei tropfenweiser Zugabe von Ammoniak in 10%ig. Überschuß, gelber Nd., 0,61 g. Die cis- u. trans-Form dieser Verb. wurde thermograph., mikrophotograph. u. spektroskop. im Bereich 220–280 nm untersucht. Die Löslichkeit in W. beträgt bei 20 ± 0,1° für die cis-Form 21,8 ± 0,5, für die trans-Form 104 ± 2 mg/100 ml. J. J. Pohl 368

0868 **Chemie der Metallcarbonyle. 47. Mitt. Reaktionen von 3.3.3-Trifluorpropin.** D. A. Harbourne und F. G. A. Stone. (J. chem. Soc. [London], Sect. A **1968**, 8, 1765 bis 1771; Univ. Bristol; engl.) — 46. vgl. C. **1969**, 1-0763. — $HC{\equiv}C{-}CF_3$ (**I**) reagiert mit verschiedenen Übergangsmetallcarbonylhydriden MH u. anderen Übergangsmetallkomplexen zu Komplexverb. der Typen *cis-$HMC{=}CH{-}CF_3$* (**II**), *$H_2C{=}CM{-}CF_3$* (**III**) bzw. ring-

IV 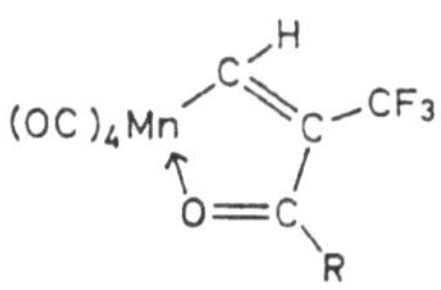 V 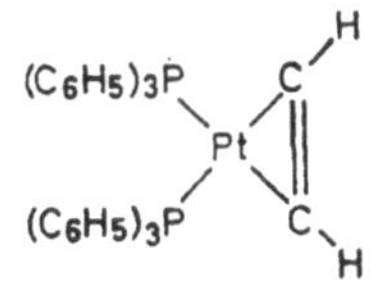

VI 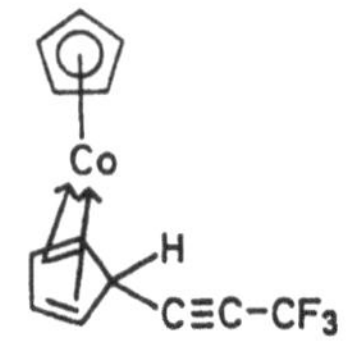

förmigen Verb. wie **IV**, **V** u. **VI**. Die Komplexe wurden mit Hilfe von ^{19}F- u. ^{1}H-NMR-, IR- u. Massenspektren sowie Molgew.-Best. untersucht u. die Strukturen diskutiert.

Versuche (unter N_2): **II**, M = *$Re(CO)_5$*, durch 70std. Erwärmen von **HM** u. **I** (1 : 1,5) auf 40° in einem zugeschmolzenen Rk.-Gefäß, 2 Wochen langes Stehenlassen bei Raumtemp., Öffnen im Vakuum, Dest. der Fl. bei 20°/10^{-3} Torr u. Auffangen bei –78°, Fl., 84% (Ausb.); *Gemisch von* **II** *u.* **III**, M = *$Fe(CO)_2(\pi\text{-}C_5H_5)$*, analoge vier Tage lange Rk. von HM u. **I** (1 : 1,1) in Bzl. bei Raumtemp., Chromatographieren an Florisil (**VII**), Eluieren mit Bzl./Leichtbenzin (1 : 1) u. wiederholte Dest. bei 50°/10^{-3} Torr, gelbe Fl., 10%; *cis-***III**, M = *$[(C_2H_5)_3 \cdot P]_2PtCl$*, F. 145–147° (aus Ae.), durch 10std. UV-Bestrahlen von trans-HM u. **I** (1 : 1,3) in Leichtbenzin, Öffnen, Dekantieren, Extrahieren mit Ae., Krist., 36%; **IV**, R = *H*, 1½std. Erwärmen von $HMn(CO)_5$ u. **I** (1 : 1,1) auf 40°, 40std. Rk. bei Raumtemp., Öffnen, Dest. bei 20° im Vakuum, braungelbe Fl., 78%, u. Chromatographieren an **VII**; R = *CH_3*, F. ca. 0°, ¾std. Erhitzen von $CH_3 \cdot Mn(CO)_5$ u. **I** (1 : 2,2) auf 100°, Öffnen, Extrahieren mit Pentan, Chromatographieren an **VII**, Vakuumdest. bei 20° u. Chromatographieren an deaktiviertem Al_2O_3, gelborangefarbene Fl., 18%; **V**, F. 193–196°, 2 Wochen lange Rk. von $[(C_6H_5)_3P]_4Pt$ mit **I** (1 : 7) in Bzl. bei Raumtemp., Öffnen, Eindampfen, Waschen des Rückstandes mit Pentan u. A., Chromatographieren an **VII** u. Eluieren mit Ae., Krist., 33%; *$[\pi\text{-}C_5H_5]Co[\pi\text{-}C_5H_5{-}C{\equiv}C{-}CF_3]$*, F. 84–85°, durch 42std. UV-Bestrahlung von Cobaltocen mit überschüssigem **I** in THF, Öffnen, Eindampfen, Extrahieren mit Bzl., Chromatographieren an **VII**, Eluieren mit Leichtbenzin u. Vakuumsubl. bei 20°, orangefarbene Krist., 31%; *$[\pi\text{-}C_5H_5Ni]_2(HC{\equiv}C{-}CF_3)$*, F. 72–74°, 97std. Bestrahlen von Nickelocen u. überschüssigem **I** in Ae., Öffnen, Eindampfen, Chromatographieren, Eluieren mit Hexan, Aussetzen der Luft, wiederholtes Chromatographieren an Al_2O_3 u. Eluieren mit Pentan/Ae. (20 : 1), dunkelgrünes Pulver, 34%, u. Vakuumsubl. bei 20°; *$Co_2(CO)_6[CF_3{-}C{\equiv}CH]$*, a) durch 3 Wochen lange Rk. von $Co_2(CO)_8$ u. **I** (1 : 2,1) in Pentan bei Raumtemp., Öffnen u. Vakuumdest. bei 20°; rote Fl.; b) analog 15 Std. bei 110°, Öffnen, Eindampfen der filtrierten Lsg. unter red. Druck, Chromatographieren an **VII**, Eluieren mit Pentan, Entwickeln der roten Bande, Eindampfen, Chromatographieren an Al_2O_3 u. Dest., 500 mg = 19%; *$[Co(CO)_3]_3C{-}CH_2{-}CF_3$*, a) Entwickeln der violettroten Bande, Chromatographieren an **VII**, Vakuumsubl. bei 20° u. Umkrist. aus Pentan, tiefrotschwarze Krist., 100 mg; b) 16std. Rk. von **VI** u. $Co_2(CO)_8$ (1 : 1) in Pentan bei 110°; *$Co_2(CO)_4(HC{\equiv}C{-}CF_3)_3$*, a) Entwickeln der tiefvioletten Bande, Chromatographieren, Umkrist. aus Pentan u. Vakuumsubl. bei 20°, violette Krist., 60 mg; b) 19std. Erhitzen von **VI** u. überschüssigem **I** in Pentan auf 110°, 59%; *$[(C_6H_5)_3P]_2Co_2(CO)_4(HC{\equiv}C{-}CF_3)$*, F. 211–213°, 10std. UV-Bestrahlung von **VI** u. $(C_6H_5)_3P$ in Leichtbenzin, Abfiltrieren, Chromatographieren, Eluieren mit Ae. u. Umkrist. aus CH_2Cl_2/Hexan, dunkelrote Kristalle. G. Heller 368

0869 **Chemie der Metallcarbonyle.** 48. Mitt. **Komplexe von „Dewar-Hexafluorbenzol".** D. J. Cook, M. Green, N. Mayne und F. G. A. Stone. (J. chem. Soc. [London], Sect. A **1968**, 8, 1771–75; engl.) — 47. vgl. vorst. Referat. — Die Rk. von Hexafluorbicyclo[2.2.0]hexadien-(2.5) (**I**), mit Übergangsmetallcarbonylanionen M^- ergibt die cycl. Verb. **II**–**V** (Abb.). — Die Rk. von **III** mit

II III IV V

M = $Pt[P(C_6H_5)_3]_2$ mit J_2 in Brombenzol ergibt **I** in 92%ig. Ausbeute. Die neuen Komplexe wurden mit Hilfe von IR-, ^{19}F-NMR-, Massenspektren sowie osmometr. Molgew.-Best. in Bzl. untersucht u. ihre Strukturen diskutiert.

Versuche: **II**, M = *$Re(CO)_5$*, F. 31,5–32°, durch ½std. Zutropfen von NaM in THF unter Rühren zu einer Lsg. von **I** (Mol-Verhältnis 1 : 3,6) in THF bei –78°, Erwärmen auf Raumtemp., Eindampfen im Vakuum, Chromatographieren (an Florisil) u. Eluieren mit Leichtbenzin (Kp. 40–60°, **VI**), blaßgelb, 20% (Ausb.) u. Umkrist. aus Pentan; *$C_6F_5Re(CO)_5$*, F. 153–154°, zweites Eluat, 13%; **III**, M = *$IrCl(CO)[P(C_6H_5)_2CH_3]_2$*, F. 159–161°, 24std. Rühren von **I** u. **M** (3,6 : 1) in Bzl. bei Raumtemp., Eindampfen im Vakuum u. Umkrist. aus CH_2Cl_2/Hexan, cremefarben, 78%; *$Pt[P(C_6H_5)_3]_2$*, F. 173°, 12std. Rühren von **I** u. $Pt[P(C_6H_5)_3]_4$ (3,4 : 1) in Bzl., Einengen im Vakuum, Chromatographieren u. Eluieren mit Bzl., 63%, aus CH_2Cl_2/Hexan; *$Rh(CH_2{=}CH_2)$(acetylacetonat)*, F. 120°, 12std. Rühren von **I** u. **M** (2 : 1) in Ae. u. wie vorst., aber Eluieren mit CH_2Cl_2, 8%, Vakuumsubl. bei 50°, gelb; *$Fe(CO)_4$*, F. 41–42°, 16std. Erwärmen von **I** u. $Fe_2(CO)_9$ (1,57 : 1) im zugeschmolzenen Rohr auf höchstens (!) 45–50°, u. wie vorst., aber Eluieren mit **VI**, zweimaliges Umkrist. aus Pentan u. dreimalige Vakuumsubl. bei 0°, hellgelbes zersetzliches Pulver, 13%; **IV**, M = *$Fe(CO)_4$*, F. 147°, weiteres Eluieren mit VI u. Umkrist. aus VI, cremefarben, 3,5%; $C_6H_3F_6[Re(CO)_5]_2$, F. 115–116°, 16std. Rk. von I u. $HRe(CO)_5$ (2,8 : 1) im zugeschmolzenen Rohr bei Raumtemp. u. Umkrist. aus THF/Hexan, orangefarben, 10%; V, M = $Mn(CO)_5$, 12std. UV-Bestrahlen von I u. $(CH_3)_3 \cdot SnMn(CO)_5$ (VII) im Verhältnis 1,6 : 1 in Pentan im zugeschmolzenen SiO_2-Rohr, Chromatographieren, Eluieren mit VI, wobei zuerst VII, dann ein Komplexgemisch (u. a. Dekafluordiphenyl) u. schließlich V erhalten werden, 4%. G. Heller 368

0870 **Herstellung der Silicide der Übergangsmetalle nach dem Hilfsmetallbadverfahren.** Gerhard Jangg, Richard Kieffer und Heinz Kögler. (Z. Metallkunde **59** (1968) 7, 546–52; Inst. für Chem. Technol. anorg. Stoffe, TH Wien; dt.) — Übersicht über die Löslichkeit von Si in Metallen u. über thermodynam. Daten von Siliciden (A). — Die Eignung verschiedener Metalle als Hilfsmetallbäder für die A-Gewinnung wird an Hand thermodynam. Überlegungen abgeschätzt. Die Herst. von WSi_2, W_5Si_3, Mo_5Si_3 u. Mo_3Si aus dem Cu-Bad, die Beständigkeit (gegenüber HNO_3, NaOH) der Mo- u. W-A u. von Cu-Leg. mit 3,8–20,2% Si sowie die Herst. von $MoSi_2$ aus dem Pb-, Sn-, Ag- u. Al-Bad werden untersucht. In Hilfsmetallen mit größerer Affinität zu Si ist größerer Si-Überschuß notwendig; bei inerten Hilfsmetallen sind stöchiometr. Verhältnisse der Partner ausreichend. — 67 Literaturangaben. M. Frenzel 369

0871 **Metall- und Molekülverbindungen von Antipyrin.** M. Vijayan. (J. sci. ind. Res. [New Delhi] **27** (1968) 3, 98–102; Dep. of Phys., Indian Inst. of Sci., Bangalore; engl.) — Übersicht (Verbindungen von Antipyrin mit Übergangs- u. Hauptgruppenmetallen sowie Nichtmetallen) an Hand von 84 Literaturangaben. H. Roschkowski 369

0872 **Neue S-haltige Chelate.** F. N. Tebbe, H. W. Roesky, W. C. Rode und E. L. Muetterties. (J. Amer. chem. Soc. **90** (1968) 13, 3578–79; Central Res. Dep. Exper. Stat., E. I. du Pont de Nemours & Co., Wilmington, Del.; engl.) — Monochelate des Difluorodithiophosphat(V)-Anions, $S_2PF_2^-$, mit *Cu(I)*, *Ag(I)* u. $[Cu(PPh_3)_2]^+$ (Ph = Phenyl), Dichelate mit 2wertigem *Mn, Fe, Co, Ni, Pd, Zn, Cd* u. *Hg* sowie Tris-Chelate mit *Cr(III)* u. *Co(III)* wurden durch Rk. der Metalle oder Metallhalogenide mit wasserfreiem $HSPSF_2$ oder der Metalle mit $(S_2PF_2)_2$ (I) dargestellt. Die Tris-Chelate entstehen durch Ox. der Dichelate mit I. Die Ni- u. Pd-Verb. sind diamagnetisch. Die Ergebnisse von Suszeptibilitäts- u. ^{19}F-NMR-Messungen werden diskutiert. Die Dichelate reagieren mit Donatormol. zu 5- oder 6fach koordinierten Komplexen. $Co(S_2PF_2)_2$ (II) reagiert mit NO zu $(NO)_2 \cdot CoS_2PF_2$ (III) u. I, das in einer Konkurrenzrk. II zu $Co(S_2PF_2)_3$ (IV) oxydiert. In langsamer Rk. reagiert IV mit NO zum Nitrosylderiv. u. I. III ist diamagnet. u. flüchtig ($Kp._{12}$ 64°). Die IR-Banden der N–O-Schwingung charakterisieren den Liganden als NO^+, so daß Co in der ungewöhnlichen Ox.-Stufe –1 auftritt. D. Gerlatzek 369

0873 **Übergangsmetall–O-Sulfinatkomplexe.** C. W. Dudley und C. Oldham. (Inorg. chim. Acta [Padova] **2** (1968) 2, 199–201; Dep. of Chem., Univ. of Lancaster, Lancaster, U.K.; engl.) — Durch Lösen des Metallsalzhydrates in einer minimalen Menge W. u. Behandeln mit Na-Arylsulfinat (Verhältnis Metall : Ligand = 1 : 2) wurden folgende, vermutlich oktaedr. Komplexe dargestellt: $[Mn(C_6H_5SO_2)_2(H_2O)_2]$, $[Fe(C_6H_5SO_2)_2(H_2O)_2]$, $[Co(C_6H_5SO_2)_2(H_2O)_2]$, $[Ni(C_6H_5SO_2)_2(H_2O)_2]$, $[Cu(C_6H_5 \cdot SO_2)_2(H_2O)_2]$ u. $[Cu(p\text{-}CH_3C_6H_4SO_2)_2(H_2O)_2]$. Die IR-Spektren der Verb. deuten darauf, daß die Sulfinatgruppen über O an das Metall gebunden sind. Die Struktur der Komplexe wird auf Grund der IR- u. Elektronenspektren sowie der magnet. Momente diskutiert. J. J. Pohl 369

0874 **Fünffachkoordinierte Komplexe $[ML_5]^{2+}$ und $[ML_4 \cdot (ClO_4)]^+$ mit high-spin-Trimethylphosphinoxid und Trimethylarsinoxid.** A. M. Brodie, S. H. Hunter, G. A. Rodley und C. J. Wilkins. (Inorg. chim. Acta [Padova] **2** (1968) 2, 195–98; Chem. Dep., Univ. of Canterbury, Christchurch, N.Z.; engl.) — Durch die Rk. mit Metallsalzen in wasserfreiem Aceton mit einem kleinen Ligandenüberschuß wurden folgende Komplexverb. isoliert: $[Ni(R_3PO)_5](ClO_4)_2$, $[Co(R_3PO)_5(H_2O)](ClO_4)_2$, $[Co(R_3 \cdot PO)_4(H_2O)_2](ClO_4)_2$, $[Mn(R_3PO)_5](ClO_4)_2$, $[Co(R_3PO)_5] \cdot (ClO_4)_2$, $[Ni(R_3PO)_5(H_2O)](ClO_4)_2$, $[Fe(R_3PO)_4(ClO_4)]ClO_4$, $[Cu(R_3PO)_4(ClO_4)]ClO_4$, $[Mn(R_3AsO)_5](ClO_4)_2$, $[Mn(R_3 \cdot AsO)_4(ClO_4)]ClO_4$, $[Fe(R_3AsO)_4(ClO_4)]ClO_4$, $[Co(R_3AsO)_5] \cdot (ClO_4)_2$, $[Ni(R_3AsO)_5](ClO_4)_2$, $[Ni(R_3AsO)_5](BF_4)_2$, $[Ni \cdot (R_3AsO)_5](NO_3)_2$, $[Ni(R_3AsO)_4(ClO_4)]ClO_4$, $[Ni(R_3AsO)_4 \cdot (ClO_4)][B(C_6H_5)_4]$, $[Ni(R_3AsO)_4(NO_3)][B(C_6H_5)_4]$, $[Cu \cdot (R_3AsO)_4(ClO_4)]ClO_4$, $[Fe(R_3AsO)_4(ClO_4)][B(C_6H_5)_4]$ (R = CH_3). Die Daten der Elektronenreflexionsspektren sowie der IR-Spektren bei 200–1200 cm^{-1} (Bandentabelle) deuten auf eine quadrat.-pyramidale Struktur mit Fünferkoordination. Die Feuchtigkeitsempfindlichkeit der Trimethylphosphinoxidkomplexe deutet auf die Bldg. von sechsfach koordinierten $[ML_5(H_2O)]^{2+}$-Komplexen. Die magnet. Suszeptibilitäten von $[MnL_5](ClO_4)_2$, $[FeL_4 \cdot (ClO_4)]ClO_4$, $[CoL_5](ClO_4)_2$, $[NiL_5](ClO_4)_2$, $[NiL_5](BF_4)_2$, $[NiL_4(ClO_4)]ClO_4$, $[CuL_4(ClO_4)]ClO_4$ werden angegeben. J. J. Pohl 361

A–9. Geochemie

0875 **Kristallisation faserförmiger Amphibole aus Serpentin unter hydrothermalen Bedingungen.** E. N. Korytkova, D. P. Sipovskij, A. D. Fedoseev und T. A. Makarova. (Zap. vses. mineralog. Obšč. [2] **97** (1968) 4, 500–07; Inst. chim. silikatov AN SSR, Leningrad; russ.) — Hydrothermale Aufarbeitungen natürlicher Minerale der Serpentingruppe (Antigorit, Chrysotil, Ophit, Lizardit) erlauben bei erhöhten Temp. u. Drücken die Darst. faserförmiger Alkaliamphibole (Faserlänge bis 4 mm, ∅ 0,05–0,3 μm). Auf die Kristallisationsvorgänge haben bes. Einfl. Temp., Druck, Dispersität der Ausgangsstoffe, pH-Wert, Mengenverhältnis feste/fl. Ausgangsstoffe. M. Hähnert 380

0876 **Erster Jozit-Fund in der Verwitterungsrinde der Granitoide.** N. E. Klevenskaja und N. M. Černicova. (Doklady Akad. Nauk SSSR **180** (1968) 2, 449–51; Inst. miner., geochim. i kristallochim. redkich ėlementov; russ.) — Vf. beschreiben ein erstes Vork. von Jozit (I) in der Verwitterungsrinde mesozoischer leukokrater Granite der Orenburg-Region (Süd-Ural). Die I-Geh. nehmen zusammen mit den *Rutil-* u. *Anatas*-Geh. von tieferen zu oberflächennahen Zone ab, während die *Hämatit*-Geh. in gleicher Richtung ansteigen. I unterscheidet sich morpholog. deutlich von I früher beschriebener Vorkommen. Es werden 2 unterschiedliche Mineralphasen beschrieben: 1. I mit einem Reflexionsvermögen von 16%, ohne Innenreflexe u. opt. isotrop; 2. I mit einem Reflexionsvermögen von 20% zusammen mit *Magnetit* u. *Maghämit*, die sich im Ergebnis der Ox. von I bzw. Magnetit bildeten. H. Kelch 380

0877 **Neue Daten über Laumontit und Leonhardit der Krim.** V. A. Supryčov. (Dopovidi Akad. Nauk Ukr. SSR, Ser. B-Geologija, Geofiz., Chim. Biol. **1968**, 8, 711–16; Inst. miner. resursiv; ukrain., Auszug: engl.) — Bas. Eruptivgesteine der Krim (nahe Simferopol) sowie Tuffbrekzien von Karadag führen beide Zeolithe. Leonhardit unterscheidet sich von Laumontit durch die Alkali- u. W.-Geh., eine höhere Härte, höhere Dichte u. geringere Doppelbrechung. Die Röntgendaten gleichen den Werten der Minerale aus ungar. u. amerikan. Fundstätten. Laumontit tritt in zwei genet. Typen (hypergen u. hydrothermal) auf. Leonhardit bildet sich direkt aus Lsg. (200–150°) u. ebenfalls hydrothermal. M. Hähnert 380

0878 **Elektronenmikrosondenanalyse von Mackinawit der Ylöjärvi-Lagerstätte, Finnland.** A. H. Clark und A. M. Clark. (Neues Jb. Mineralog., Mh. **1968**, 8, 259–68; Dep. of Geol. Sci., Miller Hall, Queen's Univ., Kingston, Ontario, Canada; engl.) — Die Elektronenstrahlmikrosondenanalyse von 4 Ni- u. Co-freien Mackinawiten aus der Ylöjärvi-Lagerstätte mit Troilit als Standard ergab Zus. im Bereich von $Fe_{1,057-1,064}S$ u. bestätigt, daß das natürliche, tetragonale Eisensulfid keine exakte polymorphe Beziehung zum Troilit besitzt. Aus den neuen analyt. Ergebnissen werden Phasenbeziehungen für tiefe Temp. im FeS–Fe-Bereich des Syst. Fe–S hergeleitet. G. Malow 380

0879 **Elektronenmikrosondenanalyse von Mackinawit und Valleriit.** G. Springer. (Neues Jb. Mineralog., Mh. **1968**, 8, 252–58; Inst. für Miner. u. Lagerstättenlehre, TH Aachen; engl.) — Mackinawit von Outokumpu in Finnland, Sudbury in Kanada, Kaveltorp in Schweden u. dem Bushveld u. Palabora in Südafrika u. Valleriit von Kaveltorp u. Palabora wurden mit Hilfe einer Elektronenstrahlmikrosonde quant. analysiert. Es wurde gefunden, daß Mackinawit weitgehend der Formel FeS entspricht; bis zu 15 Mol-% des Eisensulfids können jedoch durch Ni-, Co- u. kleine Mengen an Kupfersulfid ersetzt werden. Kristallograph. Unters. von Evans u. Allmann haben gezeigt, daß Valleriit aus wechsellagernden Schichten von Kupfer–Eisen-Sulfid u. Magnesium–Aluminium-Hydroxid besteht. Die neuen Analysen von Material aus Kaveltorp u. aus dem Phoscorit von Palabora ergeben, daß Fe an Stelle von Al in die Hydroxidlagen eintreten kann. Valleriit aus dem transgressiven Carbonatit von Palabora enthält Fe nur in sulfid. Form. G. Malow 380

0880 **Natur der Mischung von Ferromagnesiumsilicaten und die Bedeutung des Verteilungskoeffizienten.** S. K. Saxena. (Neues Jb. Mineralog., Mh. **1968**, 8, 275–86; Inst. of Mineralogy and Geology, Uppsala, Schweden; engl.) — Die Wahrscheinlichkeit von bin. Mischungen in Ferromagnesium-Mineralen u. ihre Annäherung an das ideale Lsg.-Modell wird durch Vgl. der Verteilung des Fe–Mg, Ti u. Mn in koexistierenden Mineralen diskutiert. G. Malow 380

0881 **Ätzfiguren radioaktiver Defekte in Mineralien.** A. N. Komarov und N. V. Skovorodkin. (Doklady Akad. Nauk SSSR **181** (1968) 3, 691–94; Inst. geol. i geochronologii dokembrije AN SSSR; russ.) — Unters. einiger Mineralproben (*Obsidian, Muskovit, Apatit, Vesuvian, Biotit, Phlogopit*) mit Hilfe der fission-track-Methode. Als Ätzmittel dienten KOH, HCl, HF, H_3PO_4. Untersucht wurden tracks, die durch spontane U-Zerfallsspuren, neutroneninduzierten Zerfall u. ^{244}Cm-Zerfall verursacht wurden. Vf. weist auf die Unterschiede der hierdurch erzeugten Ätzfiguren zu denen hin, die durch Wachstumsprozesse (Versetzungen, Fremdkörper u. a.) hervorgerufen werden. M. Hähnert 380

0882 **Chemie des Tons.** U. Hofmann. (Angew. Chem. **80** (1968) 18, 736–47; dt.; int. Edit. **7** (1968) 9, 681–92; engl.; Heidelberg, Univ., Anorgan. Chem. Inst.) — Überblick über die wichtigsten Tonmineralien, *Kaolinit, Illit, Chlorit, Montmorillonit, Vermiculit* u. *Halloysit*. Die mögliche Rolle der Tonmineralien als Katalysatoren bei der Erdölbldg. u. der Entstehung des Lebens wird diskutiert. E. Schulte 380△

0883 **Bildung „schwerer Phasen" bei der hydrothermalen Züchtung von Quarz.** I. G. Ganeev. (Doklady Akad. Nauk SSSR **181** (1968) 3, 714–15; russ.) — Zur Unters. von Begleiterscheinungen bei der Hydrothermalsynth. von Quarz wurden die Löslichkeiten des Quarzes in verschiedenen Elektrolyten ($NH_4OH, Rb_2CO_3, Cs_2CO_3$, NaOH, Na_2CO_3, KOH, NH_4F) ermittelt. In Auswertung der Vers. ergibt sich, daß die sog. „schweren Phasen" durch Anionen-Polykondens.-Rk. sowie eine kristallchem. Diskrepanz der Na-Kationen mit Kieselsäuremotiven entstehen u. polymerisierte Orthokieselsäuren mit geringen Mengen Silicaten des Fe, Mg u. a. Elementen darstellen. M. Hähnert 382

0884 **Form der Kieselsäure in wäßrigen Lösungen.** B. N. Ryženko und N. I. Chitarov. (Geochimija **1968**, 8, 957–61; Inst. geochim. i analit. chim. im. Vernadskogo AN SSSR, Moskva; russ., Auszug: engl.) — Im Temp.-Bereich von 50–250° u. bei entsprechenden gesätt. Dampfdrücken werden elektr. Leitfähigkeitsmessungen im Syst. $SiO_2 + M_2O$ (M = Li, Na, K) durchgeführt. In verd. Lsg., die MOH + SiO_2 enthalten, führt die Vergrößerung des M/Si-Verhältnisses von 0–10 zu einem Übergang einer mol. ungeladenen Form (vorwiegend wahrscheinlich H_4SiO_4) zu $H_3SiO_4^-$ u. $H_2SiO_4^{2-}$. In konz. Lsg. wird beim Übergang Na/Si = 1 → 2 → 5 → 10 das $(SiO_2)_n$ zu $(SiO_3^{2-})_n$ → $Si_2O_7^{6-}$ → SiO_4^{4-} umgewandelt. Temp.-Steigerungen bis 250° ergeben im Syst. Na_2O–SiO_2–H_2O keine deutlichen Abhängigkeiten zu den Ladungszuständen; beim Li_2O treten Li_2SiO_3-Abscheidungen auf; das K_2O-Syst. zeigt bedeutende Hydrolysen der K-Silicate. M. Hähnert 382

0885 **Experimentelle Untersuchungen im System Dunit–Basalt.** A. T. Bazilevskij. (Geochimija **1968**, 8, 989–90; Geol. upravlenie centr. rajonov, Moskva; russ.) — Dunite des Mončegorsker Plutons u. Doleritbasalte der sibir. Trappe dienten als Unters.-Material. Schmelz- u. Kristallisationsvers. wurden in Ar-Atmosphäre durchgeführt. Bei atmosphär. Drücken können im Syst. Dunit–Basalt–Olivin Olivine mit Fo_{89-92}-Zus. krist., die denen alpinotyper Hyperbasite entsprechen. Neben dem Olivin treten je nach Kristallisationsbedingungen u. Zus. Erzminerale u. Glas auf. M. Hähnert 382

0886 **Stabilität des Jadeits in Gegenwart silicatischer Schmelzen des Systems $NaAlSiO_4$–SiO_2–H_2O.** A. L. Boettcher und P. J. Wyllie. (Geochim. cosmochim. Acta [London] **32** (1968) 9, 999–1012; Dep. of Geochem. and Miner., Pa. State Univ., University Park, Pa.; engl.) — Unters. der Rk. Nephelin + Hochalbit = Jadeit u. Hochalbit = Jadeit + Quarz in Ggw. hoher Dampfdrücke u. Silicatschmelzen ($NaAlSiO_4$–SiO_2–H_2O) bei Temp. zwischen 600 u. 800°. Weitere Daten wurden auch für die Rk. Analcim + Hochalbit = Jadeit + Dampf ermittelt. Aus den Vers. wird abgeleitet, daß sich Jadeit unter sehr verschiedenen geolog. Bedingungen (auch bei niedrigeren Drücken als bisher angenommen wurde) bilden kann. M. Hähnert 382

0887 **Gebiete der homogenen Hydratation der Smektite.** Rachel Glaeser und Jacques Méring. (C. R. hebd. Séances Acad. Sci., Sér. D **267** (1968) 5, 463–66; Paris 5e, ESPCI, Labor. de Cristallochimie, 10, rue Vauquelin; franz.) — Die Beständigkeitsgrenzen für die 3 smektit. Mineralien *Beidellit, Montmorillonit* u. *Hectorit*, die mit Na u. Ca gesätt. waren, werden durch W.-Dampfdruckmessungen bei 20° bestimmt. Röntgenograph. Messungen [Reflexe (001)] lassen bei den Na-Smektiten mit Ausnahme des Beidellits deutlich die homogene Hydratation in einer Schicht u. bei den Ca-Smektiten in vorwiegend 2 Schichten erkennen. Die Na-Smektite enthalten nach Desorption des Kapillar- u. des an der Oberfläche adsorbierten W. je nach p/p_0 4 bzw. 8 u. die Ca-Smektite 6 bzw. 9 Mol. H_2O pro Elementarzelle. F. Ensslin 382

0888 **Hydrothermale Synthese eines fluorfreien Zunyits.** Alain Baumer und Guy Turco. (C. R. hebd. Séances Acad. Sci., Sér. D **267** (1968) 5, 467–70; Nice, Alpe Maritimes, Fac. des Sci., Labor. de Pétrolog.-Mineralog.; franz.) — Vers. zur Herst. eines Zunyits [$Al_{13}Si_5O_{20}$ · $(OH, F)_{18}F_2Cl$], in dem das gesamte F durch OH ersetzt ist, führten im Gegensatz zu den Angaben von Althaus [Contr. Mineralog. Petrol. [Berlin] **13** (1966) 31–50] zu keinem positiven Ergebnis, obwohl die Synth. des F-Zunyits bei einem Druck von 2000 bar zwischen 360 u. 600° unter hydrothermalen Bedingungen keine Schwierigkeiten macht. Bei den Bedingungen nach Althaus entstehen Gemische von 16 $Al[(OH)F)]_3 \cdot 6\,H_2O$ oder $Al_{24}O_{11}(OH)_{44}Cl_6$ mit verschiedenen Silicaten, wie Kaolinit, Pyrophyllit, Quarz, Topas u. Zunyit sowie Boehmit u. Korund u. a., nicht jedoch $Al_{13}Si_5O_{20}(OH)_{18}Cl$. F. Ensslin 382

B. Physikalische organische Chemie

0889 **Molare Kerr-Konstanten, scheinbare Dipolmomente etc. von Alkylnitriten als gelöste Stoffe.** R. J. W. Le Fèvre, R. K. Pierens, D. V. Radford und K. D. Steel. (Austral. J. Chem. **21** (1968) 8, 1965–74; School of Chem., Univ., Sydney, N.S.W.; engl.) — Von *Methyl-, Äthyl-, n-Propyl-, Isopropyl-, n-Butyl-* (I), *Isobutyl-* (II),

tert.-Butyl-, *Isopentyl-*, *Neopentyl-* u. *n-Hexylnitrit* in CCl_4 sowie **I** u. **II** in Bzl. werden Werte von D., DK-, Brechungsindex, Polarisation, Dipolmoment u. Kerr-Konst. bestimmt u. bez. der Polarisierbarkeit u. Konform. der R–O- u. N=O-Bindungen diskutiert.
W. Sobieski 400

B-1. Optische, elektrische und magnetische Eigenschaften, Spektren

0890 **Polarisierbarkeitsanisotropien bei n-Alkanen.** Kazuo Nagai. (J. chem. Physics **47** (1967) 11, 4690–96; Ikeda, Osaka, Japan, Gov. Ind. Res. Inst.; engl.) — Basierend auf dem Additivitätsprinzip für Bindungspolarisierbarkeiten, werden die Polarisierbarkeitsanisotropien oder opt. Anisotropien von *n-Alkanen* (1–44 CC-Bindungen) mit Hilfe der Matrizenmeth. berechnet.
G. O. Jäger 402△

0891 **Absolute Messung der durch eine intensive Lichtwelle in Flüssigkeiten verursachten Änderung des Brechungsindex.** Michel Paillette. (C. R. hebd. Séances Acad. Sci., Sér. A et B **267** (1968) 1, B29–B31; Dép. de Rech. électroopt. de la CSF, Orsay, Essonne; franz.) — Vf. maßen mit Hilfe eines Jamin-Interferometers die Änderung des Brechungsindex bei 4880 Å, die durch eine von einem Rubinlaser ausgehende Lichtwelle in CS_2, *α-Chlornaphthalin, Nitrobenzol, Bzl.* u. *Toluol* verursacht wird.
J. Richter 402

0892 **Extrapolationsmethode zur Bestimmung der Extinktionskoeffizienten von Anionen freier Radikale und Dianionen in Ätherlösung.** J. G. Broadhurst, J. C. Chippendale und E. Warhurst. (Trans. Faraday Soc. **64** (1968) 550, 2586–92; Dep. of Chem., Univ., Manchester; engl.) — Die Meth. wird erläutert u. an Hand von Ergebnissen an *Na-Benzophenon* u. *Na-p-Phenylbenzophenon* in Dioxan demonstriert.
W. Sobieski 402

0893 **Effekt der optischen Drehung in der nematischen flüssigen Phase von p-Azoxyanisol.** Richard Williams. (Physic. Rev. Letters **21** (1968) 6, 342–44; RCA Labor., Princeton, N.J.; engl.) — Die Unters. an großen fl. Einkrist. der Titelverb. (**I**) zeigen, daß nemat. **I** in zwei definierten Formen existiert, die sich bei gleichem Betrag durch entgegengesetzten Drehsinn der opt. Drehung unterscheiden.
W. Sobieski 404

0894 **Einfluß der Meßparameter auf die spezifische Drehung von Aminosäuren. 1. Mitt. Einfluß der Konzentration des gelösten Stoffes und der Salzsäure auf die optische Drehung.** Koichi Hayashi, Yutaka Fujii, Ryuichi Saito, Hiroyuki Kanao und Tetsuo Hino. (Agric. biol. Chem. [Tokyo] **30** (1966) 12, 1221–32; Kawasaki Fact., Ajinomoto Co., Inc., Kawasaki, Japan; engl.) — Für folgende L-Aminosäuren (**A**) wird der Einfl. der **A**- u. HCl-Konz. auf die opt. Drehung der **A** in salzsaurer Lsg. bei 20° untersucht (die Lutz-Jirgenson-Regel ist für einige **A** in der kation. Form anwendbar): *L-Alanin, L-Argininhydrochlorid, L-Asparaginsäure, L-Citrullin, L-Cystin, L-Glutaminsäure, L-Glutamin, L-Histidinhydrochloridmonohydrat, L-Hydroxyprolin, L-Isoleucin, L-Leucin, L-Lysinhydrochlorid, L-Methionin, L-Phenylalanin, L-Prolin, L-Serin, L-Threonin, L-Tryptophan, L-Tyrosin* u. *L-Valin*. Außerdem wurde der Temp.-Einfl. untersucht.
G. O. Jäger 404△

0895 **Messung des Energieübertragungsvermögens und des Strahlungsübergangs in aromatischen Lösungsmitteln bei sehr niedriger Konzentration des Gelösten.** Donald L. Horrocks. (Molecular Crystals **4** (1968) 1–4, 45–59; Argonne Nat. Labor., Argonne, Ill.; engl.) — Untersucht wird die Lumineszenzausb. von *PPO* in Toluol bei –20 u. +24° u. ^{113}Sn- u. ^{238}Pu-α-Anregung sowie das Übertragungsvermögen von PPO u. N_2–POPOP {*1.4-Bis-[4-methyl-5-phenyloxazolyl-(2)]-benzol*} in Toluol bei gleicher Anregung. Die Ergebnisse werden bez. der Strahlungs energieübertragungsprozesse u. Löschvorgänge diskutiert.
W. Sobieski 408

0896 **Einfluß des magnetischen Feldes auf die Löschung von Triplettexcitonen in organischen Kristallen.** V. Ern und R. E. Merrifield. (Physic. Rev. Letters **21** (1968) 609–11; Central Res. Dep., E. I. du Pont de Nemours & Co., Wilmington, Del.; engl.) — Die Unters. der verzögerten Fluoreszenz zeigen, daß die Geschw. der Löschung von Exzitonen durch paramagnet. Verunreinigungen in *Anthracen*-Krist. bei Raumtemp. vom angelegten Magnetfeld abhängig ist. Eine theoret. Deutung des Effekts wird diskutiert.
W. Sobieski 408

0897 **Zum Mechanismus der präannihilierten Elektrochemilumineszenz.** Arnold Zweig und Donald L. Maricle. (J. physic. Chem. **72** (1968) 1, 377–78; Stamford, Conn., Amer. Cyanamid Co., Central Res. Div.; engl.) — Die Vf. verteidigen ihr in C. **1968**, 30-0915 angegebenes Modell für den Mechanismus der präannihilierten Elektrochemilumineszenz gegen die Angriffe von Chandross u. Visco (vgl. nachst. Ref.). Die Vf. entkräften die thermodynam. Überlegungen, die gegen ihren Mechanismus sprechen sollen, u. weisen darauf hin, daß bei *Chrysen* unter ähnlichen Bedingungen wie bei Chandross u. Visco Emission beobachtet wurde.
I. Bargon 408

0898 **Zur präannihilierten Elektrochemilumineszenz und zur heterogenen elektrochemischen Bildung angeregter Zustände.** Edwin A. Chandross und Robert E. Visco. (J. physic. Chem. **72** (1968) 1, 378–79; Murray Hill, N.J., Bell Telephone Labor.; engl.) — Vgl. vorst. Referat. — Die in der Literatur bekannten alternativen Mechanismen der präannihilierten Elektrochemilumineszenz (Maricle et al., C. **1968**, 41-0806, u. Zweig et al., C. **1968**, 30-0915) werden durch Vers. von *Rubren* in Benzonitril geprüft. Obwohl Kationen u. Anionen gebildet werden, wird keine Lumineszenz beobachtet.
I. Bargon 408

0899 **Verzögerte Lumineszenz organischer Mischkristalle. 4. Mitt. Triplett–Triplett-Vernichtung.** M. Kinoshita und S. P. McGlynn. (Molecular Crystals **4** (1968) 1/4, 231 bis 251; Coates Chem. Labor., La. State Univ., Baton Rouge, La.; engl.) — **3.** vgl. J. chem. Physics **45** (1966) 3, 817; **7.** vgl. C. **1969**, 6-0814. — Die Temp.-Abhängigkeit der verzögerten Fluoreszenz u. Phosphoreszenz von *Chrysen*, H_8- u. *D_8-Naphthalin*, H_{10}- u. *D_{10}-Phenanthren* in Biphenyl-Wirtkrist. sowie die Kinetik der Triplett–Triplett-Vernichtung wird untersucht.
W. Sobieski 408

0900 **Gültigkeit der Perrin-Gleichung für Löschung durch Gelöstes.** C. T. Peng. (Molecular Crystals **4** (1968) 1–4, 109–24; Radioact. Res. Center, Dep. of Pharm. Chem., Univ. of Calif., San Francisco Med. Center, San Francisco, Calif.; engl.) — Die Konst. der Gleichung u. Löschkurven für *p-Terphenyl* (**I**), *Phenyl-α-naphthylamin* u. *Methylanthranilsäure* bei α- u. γ-Anregung werden bestimmt, ebenso die Löschkurven im Syst. *Diphenylhexatrien*–verschiedene Lsgm. bei α-Anregung u. Syst. mit *T-Anthracen, T-1.2-Benzanthracen, T-Carbazol, T-1.4-Bis-[4-methyl-5-phenyloxazolyl-(2)]-benzol, T-2.5-Diphenyloxazol, T-Fluoranthen, T-Naphthalin*, ^{14}*C-Naphthalin, T-2-[Naphthyl-(1)]-5-phenyloxazol, T-1.2.3.4.5.6.7.8-Oktahydroanthracen* u. T-**I**.
W. Sobieski 408

0901 **Flüssige Szintillatoren bei hoher Temperatur.** M. Furst, H. Kallmann und E. Levin. (Molecular Crystals **4** (1968) 1–4, 213–30; Phys. Dep., New York Univ., New York, N.Y.; engl.) — Der Temp.-Einfl. auf die durch UV- u. γ-Strahlung angeregte Fluoreszenz von *PBD* in o-Xylol u. Anisol bei 300–550 °K sowie die durch UV- u. γ-Strahlung angeregte Fluoreszenz der „Lsgm." *Anisol, Diphenyloxid, p-Xylol, o-Xylol, Cumol* u. *α-Methylnaphthalin* werden im selben Temp.-Bereich untersucht.
W. Sobieski 408

0902 **Verschiebung der Fluoreszenzemissionsbande mit der Anregungswellenlänge.** Aaron N. Fletcher. (J. physic. Chem. **72** (1968) 8, 2742–49; Chem. Div., Res. Dep., Naval Weapons Center, China Lake, Calif.; engl.) — Die Fluoreszenzemission von nachst. Verb. in verschiedenen Lsgm. u. bei verschiedener Anregung wird untersucht: *Acridin, 3-Aminocarbazol, 2-Aminopurin* (**I**), *o.o'-Biphenol* (**II**), *Biphenyl*; *1.7-, 2.6-Dimethoxynaphthalin*; *2.5-Dimethoxyanilin, 6-Äthoxychinaldin* (**III**), *2-Hydroxychinolin, Isochinolin, Luminol* (**IV**), *2-Methoxypyridin, 6-Methoxychinaldin* (**V**), *6-Methoxychinolin* (**VI**), *Rhodamin B, Chinin* (**VII**), *Chininsulfat* u. *Chinolin*.

I—VII zeigen eine Verschiebung der Fluoreszenzbande, die von mindestens zwei Konform. des fluoreszierenden Mol. mit eigenen diskreten Elektronenenergieübergängen (stabilisiert durch Wechselwrkg. mit dem Lsgm. im Grund- u. angeregten Zustand) induziert wird. W. Sobieski 408

0903 **Verstärkung der elektrischen Lumineszenz in flüssiger Phase durch Mischen mehrerer lumineszierender organischer Substanzen.** Yves Angel und Robert Signore. (C. R. hebd. Séances Acad. Sci., Sér. A et B **267** (1968) 3, B230—B233; CNAM, Labor. de Transmiss. radioélectr., Paris; franz.) — Vf. untersuchten die Lumineszenz folgender paarweise in DMF in Ggw. von Tetraäthylammoniumbromid gelöster Substanzen: *9.10-Diphenylanthracen, Naphthacen, 1.3-Diphenylisobenzofuran* u. *Rubren.* J. Richter 408

0904 **Löschmessungen an organischen Szintillatoren.** E. A. Yates, D. G. Crandall und J. Kirkbride. (Molecular Crystals **4** (1968) 1—4, 165—70; EG & G, Inc., Santa Barbara, Calif.; engl.) — An den Szintillatorfl. *NE 211, Ne 213, NE 226, Trimethylbenzol* mit *p-Terphenyl* u. *Toluol* mit PPO wird die Löschwrkg. von O_2, N_2, Acetophenon u. einer Reihe weiterer Verb. untersucht. W. Sobieski 408

0905 **Phasenkopplung und ultrakurze Laserimpulse durch anisotrope molekulare Flüssigkeiten.** Jean P. Laussade und Amnon Yariv. (Appl. Physics Letters **13** (1968) 2, 65—66; Div. of Engng. and Appl. Sci., Calif. Inst. of Technol., Pasadena, Calif.; engl.) — Theorie u. vorl. Mitt. über Vers. an *Nitrobenzol* unter Verw. eines Q-Rubinlasers. D. Schmitt 408

0906 **Herkunft des Intensitätsmaximums der verzögerten Fluoreszenz in festen Lösungen aromatischer Kohlenwasserstoffe in unmittelbarer Nähe des Schmelzpunktes.** André Martinez und François Dupuy. (C. R. hebd. Séances Acad. Sci., Sér. A et B **264** (1967) 26, B1799 bis B1802; Talence, Fac. des Sci. de Bordeaux; franz.) — Untersucht wurde die Lsg. von *3.4-Benzpyren* ($5 \cdot 10^{-4}$m) in Äthanol. J. F. Cordes 408△

0907 **Mechanismus der Elektrochemilumineszenz von aromatischen Kohlenwasserstoffen in aprotischen Lösungsmitteln.** R. E. Visco und E. A. Chandross. (Electrochim. Acta [London] **13** (1968) 5, 1187—96; Bell Telephone Labor., Inc., Murray Hill, N.J.; engl.) — Die Kinetik des Zerfalls von radikal. Anion u. Kation der Syst. *Rubren* (I) in Benzonitril an Pt-Elektroden wird untersucht u. bez. angeregter Zustände u. der beobachteten Elektrochemilumineszenz diskutiert. W. Sobieski 408

0908 **Rolle des Triplettzustandes bei der Elektrochemilumineszenz von Rubren.** J. Chang, D. M. Hercules und D. K. Roe. (Electrochim. Acta [London] **13** (1968) 5, 1197—1207; Dep. of Chem., Labor. for Nucl. Sci., MIT, Cambridge, Mass.; engl.) — Vgl. vorst. Referat. — Die beobachtete Elektrolumineszenz von Rubren (I) in Benzonitril an Pt-Elektroden wird der Rk. von I-Radikalanionen mit den Akzeptoren *p-Phenylendiamin* u. *N.N.N'.N'-Tetramethyl-p-phenylendiamin*, der Rk. von I-Radikalkationen mit den Donatoren *p-Benzochinon, Naphthochinon* u. *Anthrachinon* sowie Rk. von I-Radikalkationen mit I-Radikalanionen unter Beteiligung des Triplettzustandes zugeschrieben. W. Sobieski 408

0909 **Präannihilierung-Elektrochemilumineszenz.** D. L. Maricle, A. Zweig, A. H. Maurer und J. S. Brinen. (Electrochim. Acta [London] **13** (1968) 5, 1209—20; American Cyanamid Co., Stamford, Conn.; engl.) — Vgl. vorst. Referat. — Der Mechanismus der Präannihilierungselektrolumineszenz wird an *Rubren* u. *Phenanthren* untersucht u. bez. der Ox. der Anionen bzw. der Red. der Kationen diskutiert. W. Sobieski 408

0910 **Ladungsübertragung-Exzitonen und verzögerte Fluoreszenz von Anthracen.** E. L. Frankevich und B. M. Rumyantsev. (Physica Status solidi [Berlin] **30** (1968) 1, 329—40; Inst. of Chem. Phys., Acad. of Sci. of USSR, Moscow; engl.) — Unters. der Abklingkinetik u. der Gleichgew.-Intensität der verzögerten Fluoreszenz von Anthracen im Magnetfeld von 3000 Gauß sowie der Lebendauer der Ladungsübertragungs-Exzitonen. H. Roschkowski 408

0911 **Untersuchung des Triplettzustandes von organischen Chelatbildnern.** 1. Mitt. **Nullfeld-Aufspaltung als Maß für geometrische Änderung.** Gary Paul Rabold und Lawrence H. Pietter. (Spectroscopy Letters **1** (1968) 5, 211—24; Dep. of Biochem. and Biophys., Univ. of Hawaii, Honolulu, Hawaii; engl.) — Es werden die metallfreien Verb. u. die *Zn*-Komplexe von *o-Phenanthrolin* u. *2.2'-Bipyridyl* (I) durch ESR- u. Mikrowellenspektroskopie untersucht. Außerdem sind die Parameter der Nullfeldaufspaltung für *Fluoren, Biphenyl, Phenanthren, 2.2'-Bichinolyl* (II) u. *Zn-2.2'-Bichinolyl* angegeben sowie ΔM = 2-Übergänge von I, II u. *2.2'-Binaphthyl.* D. Schmitt 408

0912 **Untersuchung des Triplettzustandes von organischen Chelatbildnern.** 2. Mitt. **Wirkung von Metallionen auf die Lebensdauer des Triplettzustandes.** Gary Paul Rabold und Lawrence H. Piette. (Spectroscopy Letters **1** (1968) 5, 225—36; engl.) — 1. vgl. vorst. Referat. — Die Phosphoreszenz-Halbwertszeiten sind angegeben für die Komplexe von *Zn(II), Mg(II), Al(III)* u. *HCl* mit *o-Phenanthrolin, 5-Methyl- 4.7-Diphenyl-* u. *5-Phenyl-o-phenanthrolin, 2.2'-Bichinolyl, α.α'-Bipyridyl, Dibenzoylmethan* u. *Dicumarol* sowie für die metallfreien Verbindungen. D. Schmitt 408

0913 **Ursache der Erzeugung einer emittierenden Harmonischen in einem flüssigen Kristall.** Georges Durand und Chi Hsiang Lee. (C. R. hebd. Séances Acad. Sci., Sér. A et B **264** (1967) 20, B 1397—99; Cambridge, Mass., Harvard-Univ.; franz.) — Das Phänomen wurde an *Cholesteryl*-[*2-(2-äthoxyäthoxy)-äthyl*]*-carbonat* untersucht. J. F. Cordes 408△

0914 **Lumineszenz von Rhodamin B und von Pyronin B nach Anregung durch die S → T-Bande.** Elisabeth Laffitte und Quitrie Teisseire. (J. Chim. physique Physico-Chim. biol. **64** (1967) 6, 1059—60; Fac. des Sci. de Bordeaux; franz.) J. F. Cordes 408△

0915 **Verschiedene Typen der Hertzschen Absorptionsspektren von binären Lösungen polarer Flüssigkeiten.** 1. Mitt. **Einige experimentelle Ergebnisse.** Pierre Sixou, Pierre Daumezon und Pierre Dansas. (J. Chim. physique Physico-Chim. biol **64** (1967) 5, 824—33; Orsay, Fac. des Sci.; franz.) — Untersucht wurden bin. Gemische assoziierter [*3-Methylheptandiol-(2.4)* mit *Methanol, A., Propanol, Butanol, Butandiol-(1.3), 2-Äthylhexanol, Glycerin*), u. nicht assoziierter Substanzen (*Trikresylphosphat* mit *Dioctyl-* u. *Dibutylphthalat, Citral, Isobutyl-* u. *Isoamylbromid, Isobutylchlorid* sowie Gemische beider Typen. J. F. Cordes 410△

0916 **Vergleich der Auswertungsmöglichkeiten dielektrischer Messungen bei konstanter Temperatur und variabler Frequenz beziehungsweise bei konstanter Frequenz und variabler Temperatur.** Pierre Sixou, Pierre Dansas und Daniele Gillot. (J. Chim. physique Physico-Chim. biol. **64** (1967) 5, 834—42; franz.) — Vgl. vorst. Referat. J. F. Cordes 410△

0917 **Abschätzung der DK von flüssigen Mischungen bei hohem Druck.** P. J. Pearce und W. Strauss. (Austral. J. Chem. **21** (1968) 8, 2127—29; Dep. of Chem. Engng. and Indust. Sci., Univ. of Melbourne, Parkville, Vic.; engl.) — Es wird eine einfache lineare Interpolationsmeth. zur Abschätzung der DK abgeleitet u. die Ergebnisse mit experimentellen Daten (Literatur) von W.-Gemischen mit *Dioxan, Methanol, Acetan, Benzylalkohol, Tetrachlorkohlenstoff* u. *n-Hexan* verglichen. W. Sobieski 410

0918 **Polarität von KW-Stoffen und Nicht-Nachbar-Resonanzintegrale.** R. D. Brown, F. R. Burden und G. M. Mohay. (Austral. J. Chem. **21** (1968) 7, 1695 bis 1702; Dep. of Chem., Monash Univ., Clayton, Vic.; engl.) — VE SCF-Berechnungen unter Einschluß von Nicht-Nachbar-Resonanzintegralen werden an folgenden Verb. durchgeführt u. die Dipolmomente ermittelt: *cis-Butadien-(1.3), Dimethylencyclobuten, o-Benzochinodimethan, 9.10-Phenanthrachinodimethan, 1-Methylencyclohexadien-(2.5), -(2.4), Styrol, 1.1-Diphenyläthylen, cis-Stilben, Phenanthren, 1.2-Benzanthracen, 3.4-Benzophen-*

anthren, Methylencyclopropen, Fulven, Heptafulven, Triapentafulvalen, Sesquifulvalen, Azulen, Benzocyclobuten, Benzofulven, Benzoheptafulven, Acenaphthylen u. *Fluoranthen.* W. Sobieski 410

0919 **Dipolmomente von Molekülen des Typs P(XYZ) und OP(XYZ). Natur der PO-Bindung.** Pierre Mauret, Jean-Pierre Fayet, Daniel Voigt, Marie-Claire Labarre und Jean-François Labarre. (J. Chim. physique Physico-Chim. biol. **65** (1968) 3, 549–61; Labor. des Chim. Systémat., Fac. des Sci., Toulouse; franz.) — Aus den Dipolmomenten nachst. Verb. erhielten Vf. die Beziehung $\Delta\mu = \mu[OP(XYZ)] - \mu[P(XYZ)]$, deren Änderung in Abhängigkeit vom Substituenten die Änderung des Elektronenzustands ($\sigma + \pi$) der PO-Bindung wiedergibt: Dichlorphosphine: *n-Propyloxy-* (Kp.$_{760}$ 138°), *n-Hexyloxy-* (Kp.$_{15}$ 93°); Monochlorphosphine: *Diäthoxy-* (Kp.$_{760}$ 154°), *Di-n-butoxy-* (Kp.$_{12}$ 107°), *Di-p-tolyloxy-* (Kp.$_{11}$ 206°); Phosphite: *Triäthyl-* (Kp.$_{760}$ 158°), *Tri-n-butyl-* (Kp.$_{20}$ 130°), *Tri-n-hexyl-* (Kp.$_{0,5}$ 144°); Phosphine: *n-Pentyl-di-n-pentyloxy-* (Kp.$_{0,5}$ 87°), *Di-n-butyl-n-butoxy-* (Kp.$_1$ 84°), *Di-n-pentyl-n-pentyloxy-* (Kp.$_{0,5}$ 95°), *Di-n-hexyl-n-hexyloxy-* (Kp.$_1$ 143°), *Triäthyl-* (Kp.$_{760}$ 126°), *Tri-n-propyl-* (Kp.$_{16}$ 760°), *Tri-n-butyl-* (Kp.$_{14}$ 116°); Trithiophosphite: *Tri-n-propyl-* (Kp.$_2$ 102°), *Tri-n-butyl-* (Kp.$_{0,7}$ 137°), *Tri-n-pentyl-* (Kp.$_{0,7}$ 174°); Dichlorphosphinoxide: *Di-n-propoxy-* (Kp.$_{10}$ 68°), *Di-n-butoxy-* (Kp.$_{14}$ 95°); Monochlorphosphinoxide: *Diäthoxy-* (Kp.$_{30}$ 98°), *Di-n-butoxy-* (Kp.$_{12}$ 138°), *Di-p-tolyloxy-* (Kp.$_{0,2}$ 148°); Phosphate: *Triäthyl-* (Kp.$_{48}$ 129°), *Tri-n-propyl-* (Kp.$_{15}$ 132°), *Tri-n-butyl-* (Kp.$_{18}$ 174°), *Tri-n-pentyl-* (Kp.$_{0,4}$ 127°); Phosphinoxide: *Äthyldiäthoxy-* (Kp.$_{760}$ 198°), *n-Propyl-di-n-propoxy-* (Kp.$_1$ 114°), *n-Butyl-di-n-butoxy-* (Kp.$_9$ 149°), *n-Hexyl-di-n-hexyloxy-* (Kp.$_{0,7}$ 150°), *Di-n-butylbutoxy-* (Kp.$_{0,8}$ 97°), *Di-n-pentylpentyloxy-* (Kp.$_1$ 119°), *Di-n-heptylheptyloxy-* (Kp.$_{0,5}$ 164°); Phosphinoxide: *Tri-n-butyl-* (Kp.$_{12}$ 165°), *Tri-n-pentyl-* (Kp.$_{0,7}$ 144°), *Tri-n-heptyl-* (Kp.$_1$ 170°); Trithiophosphate: *Tri-S-n-propyl-* (Kp.$_{0,9}$ 132°), *Tri-S-n-butyl-* (Kp.$_1$ 166°). J. Richter 410

0920 **Scheinbare Dipolmomente der P=S-Bindung in aliphatischen Molekülen des Typs SP(XYZ).** Jean-Pierre Fayet, Pierre Mauret, Marie-Claire Labarre und Jean-François Labarre. (J. Chim. physique Physico Chim. biol. **65** (1968) 4, 722–24; franz.) — Vgl. vorst. Referat. — Vf. bestimmten die Dipolmomente nachst. Verb. u. ermittelten daraus die Größe $\Delta\mu$: *Trichlorphosphinsulfid, Thionophosphorsäurebutylesterdichlorid, Thionophosphorsäurediäthylester-* u. *-dibutylesterchlorid, Thionophosphorsäuretri-n-propylester, Butylthionophosphonsäuredibutylester, Heptylthionophosphonsäurediheptylester, Dipropylthionophosphinsäuredipropylester, Dipentylthionophosphinsäuredipentylester, Trithiophosphorsäuretriäthyl-* u. *-tripropylester, Tripropyl-, Tributyl-* u. *Tripentylphosphinsulfid.* J. Richter 410

0921 **Dipolmoment von Carbonylverbindungen mit einer N-Gruppe.** Paul Vay. (C. R. hebd. Séances Acad. Sci., Sér. C **264** (1967) 20, 1617–20; Labor. de Chim. organ., domaine Univ., Fac. des Sci. de Grenoble, Saint-Martin-d'Héres, Isére; franz.) — Untersucht wurden *trans-β-Dimethylaminoacrolein, trans-β-Äthylaminoacrolein, trans-β-Dimethylamino, cis-β-Äthylamino-, cis-β-Aminocrotonsäureäthylester, trans-2-Aminomethylencyclohexanon, trans-β-Anilinocrotonsäureäthylester.* J. F. Cordes 410△

0922 **Hertzsche Relaxationsspektren einer Mischung aus Isobutylchlorid und Tri-o-kresylphosphat.** Pierre Sixou, Pierre Dansas und Pierre Daumezon. (C. R. hebd. Séances Acad. Sci., Ser. A et B **264** (1967) 15, B 1119 bis B 1122; franz.) J. F. Cordes 410△

0923 **Beitrag der P—S-Bindung zur Magnetisierung einiger Moleküle des Typs SP(XYZ).** Daniel Voigt, Marie Claire Labarre und Louis Fournes. (C. R. hebd. Séances Acad. Sci., Sér. C **264** (1967) 20, 1613–16; Toulouse, Dép. de Chim. inorgan.; franz.) — Untersucht wurden folgende Verb.: Trialkylphosphinsulfide: *Tri-n-propyl-, Tri-n-butyl-, Tri-n-pentyl-, n-Butanthionophosphonsäuredi-n-butylester*; Trialkylthionophosphate: *Triäthyl-, Tri-n-propyl-, Tri-n-butyl-; Di-n-propylthionophosphinsäure-n-propylester, Di-n-pentylthionophosphinsäure-n-pentylester; Thionophosphorsäurediäthylesterchlorid, -di-n-butylesterchlorid; Thionophosphorsäureäthylesterdichlorid, -n-butylesterdichlorid*; Trialkyltetrathiophosphate: *Triäthyl-, Tri-n-propyl-, Tri-n-butyl-; $SPCl_3$.* J. F. Cordes 412△

0924 **Theoretische Untersuchung der Elektronenspektren von Verbindungen mit p-Chinonstruktur nach der Methode von Pariser-Parr-Pople.** 2. Mitt. **Oxime des p-Benzochinons.** Claude Leibovici und Jean Deschamps. (Theoret. chim. Acta [Berlin] **7** (1967) 3, 157–66; Pau, Coll. Sci. Univ.; franz.) — 1. vgl. ibid. **4** (1966) 4, 321. — Untersucht wurden das *Monoxim* u. 2 Isomere des *Dioxims* unter Berücksichtigung aller einfach angeregter Konfigurationen. J. F. Cordes 415△

0925 **Temperaturabhängigkeit des Lösungsmittel-Stark-Effekts.** G. A. Gerhold und E. Miller. (J. physic. Chem. **72** (1968) 8, 2737–41; Dep. of Chem., Univ. of Calif., Davis, Calif.; engl.) — Die Temp.-Abhängigkeit wird im Bereich 5–50° an der 22200 cm^{-1}-Bande von *Naphthacen* in 25 organ. Lsgm. bestimmt u. bez. der Theorie von Baur u. Nicol diskutiert. Die DK von *Heptanon-(4), Hexen-(5)-on-(2)* u. *Undecanon-(2)* zwischen 5 u. 50° ist angegeben. W. Sobieski 418

0926 **Optische Absorptions- und Lumineszenzspektren eines Quintettgrundzustandes eines KW-Moleküls.** K. Itoh, H. Konishi und N. Mataga. (J. chem. Physics **48** (1968) 10, 4789–90; Fac. of Engng. Sci., Osaka Univ., Toyonaka, Osaka; engl.) — In einer Dekalin-Cyclohexanmatrix wird *m-Phenylen-bis-[phenylmethylen]* (Photozers.-Prod. von *1.3-Bis-[α-diazobenzyl]-benzol*) untersucht. D. Schmitt 418

0927 **Relaxation von Elektronenenergie in Toluol-Dampf.** Charles S. Burton und W. Albert Noyes jun. (J. chem. Physics **49** (1968) 4, 1705–14; Dep. of Chem., Univ. of Tex., Austin, Tex.; engl.) — Untersucht werden: Absorptions- u. Fluoreszenzspektrum der Titelverb. in Ggw. von cis-Buten-(2), Fluoreszenzausb. u. -löschung durch Edelgase, SF_6 u. O_2 bei UV-Anregung sowie mögliche Energieübergänge u. -relaxation von schwingungslosen Niveaus des oberen Singulett- zum Triplettzustand. D. Strauch 418

0928 **Einfluß des Mediums auf die zeitlich aufgelöste Phosphoreszenz von Acetophenon.** Philippe Gacoin und Yves Meyer. (C. R. hebd. Séances Acad. Sci., Sér. A et B **267** (1968) 2, B 149–B 152; Labor. de Phys., École Polytechn., Paris; franz.) — Es werden die Spektren der Verb. in reinen Lsgm. (Alkane, Alkohole, Toluol) bei 77 °K mitgeteilt u. gedeutet. J. Richter 418

0929 **Photolumineszenz von Biacetyl in der Dampfphase. Fluoreszenzspektrum.** Paule Longin. (C. R. hebd. Séances Acad. Sci., Sér. A et B **267** (1968) 2, B 128–B 131; Labor. d'Opt. mol. de la Fac. des Sci. de Bordeaux; franz.) J. Richter 418

0930 **Absorptionsspektren und Kinetik der Desaktivierung des Triplettzustandes von Phthalocyanin in Lösung.** Jean-Guy Villar und Lars Lindquist. (C. R. hebd. Séances Acad. Sci., Sér. A et B **264** (1967) 26, B 1807 bis B 1810; Orsay, Essonne, Fac. des Sci.; franz.) — Als Lsgm. wurde 1-Chlornaphthalin verwendet. J. F. Cordes 418△

0931 **Untersuchung der parallelen Komponente der $2\nu_5$-Bande bei 2880 cm^{-1} von CH_3Cl.** Claude Alamichel, Claudine Betrencourt-Stirneman und Mireille Morillon-Chapey. (C. R. hebd. Séances Acad. Sci., Sér. A et B **267** (1968) 3, B 205–B 207; Labor. d'IR, Chim. phys., Fac. des Sci. de Paris; franz.) — Durch hohe Auflösung konnten 207 Linien vom Typ $^QP(J)$ u. $^QR(J)$ identifiziert u. die Mol.-Konst. (unter Vernachlässigung einer Störung) ber. werden. J. Richter 420

0932 **NF-Banden und Barriere der inneren Rotation in Pentafluoräthan.** Susumu Kinumaki und Muneteru Kozuka. (Bull. chem. Soc. Japan **41** (1968) 4, 809–13; Chem. Res. Inst. of Non-Aqueous Solutions, Tohoku Univ., Sendai; engl.) — Die IR-Absorptionsspektren der

gasf. u. fl. Verb. im Bereich 500—60 cm^{-1} u. die Raman-Spektren der fl. Verb. werden untersucht.
W. Sobieski 420

0933 **Zuordnung der Schwingungen der Grundfrequenzen bei einer Reihe von p-disubstituierten Benzolen.** Philippe Pommez, Marie Lafaix, Pierre Delorme und Vincenzo Lorenzelli. (C. R. hebd. Séances Acad. Sci., Sér. A et B **264** (1967) 15, B 1113—B 1116; Reims, Fac. des Sci.; franz.) — Die Schwingungen zwischen 600 u. 70 cm^{-1} wurden für folgende Benzole zugeordnet: *p-Difluor-*, *p-Dichlor-*, *p-Dibrom-*, *p-Dijod-*, *p-Dinitro-*, *p-Fluormethyl-*, *p-Fluorchlor-*, *p-Fluorbrom-*, *p-Fluorjod-*, *p-Chlorbrom-*, *p-Chlorjod-*, *p-Bromjod-*, *p-Nitrofluor-*, *p-Nitrochlor-*, *p-Nitrobrom-*, *p-Nitrojod-*.
J. F. Cordes 420△

0934 **IR-Absorptionsspektren von flüssigem Furan und seinen beiden kristallinen Formen.** René Guérin. (C. R. hebd. Séances Acad. Sci., Sér. A et B **267** (1968) 3, B 199 bis B 201; Labor. de Phys. mol., Fac. des Sci., Poitiers, Vienne; franz.) J. Richter 420

0935 **Raman-spektroskopische Untersuchung der Breite einiger totalsymmetrischer Thiophenschwingungsbanden in flüssiger Phase.** G. Döge. (Z. Naturforsch. **23a** (1968) 8, 1130—35; Inst. für phys. Chem. u. Elektrochem., TU Braunschweig; dt.) — Die Temp.- u. Konz.-Abhängigkeit der Halbwertsbreite einiger A_1-Schwingungen der Titelverb. wird untersucht u. bez. einer Resonanzverbreiterung diskutiert. D. Schmitt 420

0936 **Einfluß der Wasserstoffbindung auf die Frequenz und die Intensität der Deformationsschwingung γ-(OH) von Phenol.** Pham Van Huong, Michel Couzi und Jean Lascombe. (J. Chim. physique Physico-Chim. biol. **64** (1967) 6, 1056—58; Talence, Fac. des Sci. de Bordeaux, Dép. de Chim. Phys.; franz.)
J. F. Cordes 420△

0937 **Mikrowellenspektrum von Cyclopropylbromid.** Frank M. K. Lam und Benjamin P. Dailey. (J. chem. Physics **49** (1968) 4, 1588—93; Dep. of Chem., Columbia Univ., New York, N.Y.; engl.) — Untersucht wurden die markierten Verb. $C_3H_5{}^{79}Br$, $C_3H_5{}^{81}Br$, $C_3H_4 \cdot D^{79}Br$ u. $C_3H_4{}^{81}Br$. D. Strauch 422

0938 **Chemisch induzierte dynamische Kernpolarisation in fünf Alkyl-Radikalen.** R. Kaptein. (Chem. Physics Letters [Amsterdam] **2** (1968) 4, 261—67; Dep. of Theoret. Organ. Chem., Univ., Leiden, Nederland; engl.) — Das Titelphänomen (NMR-Emission u. verstärkte Absorption bei schnellen Rk. freier Radikale) wird in den NMR-Spektren von *Methyl-*, *Äthyl-*, *n-Propyl-*, *Isopropyl-* u. *tert.-Butyl*-Radikalen untersucht u. bez. der beobachteten anomalen Verstärkung der Multipletts diskutiert.
W. Sobieski 424

0939 **N-Heterocyclen mit 10 π-Elektronen.** 4. Mitt. **Synthese, Bromierung und NMR-Spektren von Imidazo-[1.2:a]-pyrimidinen.** W. W. Paudler und J. E. Kuder. (J. org. Chemistry **31**, 809—812, 1966; Dep. of Chem., O. Univ., Athens, O.; engl.) — 3. vgl. C. **1967**, 6-0874. — Die Synth. von nachst. Imidazo-[1.2:a]-pyrimidinen (**A**) aus 2-Aminopyridinen u. den entsprechenden α-Halogencarbonylverb. wird beschrieben: *unsubstituiert* [**I**, F. 217—218,5°; 69% (Ausb.), *1-Methojodid*, F. 237 bis 238,5°, *Hydrochlorid*, F. 231—232°], *7-Methyl-* (**II**, F. 167 bis 169°; 86%), *5.7-Dimethyl-* (**III**, F. 124—125°; 78%, *1-Methojodid*, F. 255—255,5°), *2.3.7-Trimethyl-* (F. 214 bis 215,5°; 86%, *1-Methojodid*, F. 188—190°) u. *2-Phenyl-7-methyl-* [F. 224—224,5°, *Hydrochlorid*, F. 242—244° (Zers.)]. Untersucht werden: die Bromierung mit NBS von **I** zu *3-Brom-* [F. 157—158,5°; 76% (Ausb.)] u. **III** zu *3-Brom-5.7-dimethylimidazo-[1.2:a]-pyrimidin* (F. 247 bis 248°; 87%) u. die NMR-Spektren aller genannten Verb., um die Stelle der Protonierung u. Methylierung in den Stammverb. zu ermitteln. Ber. werden die Elektronendichten von **I**—**III** u. *5-Methylimidazo-[1.2:a]-pyrimidin* sowie die chem. Verschiebungen von **I**.
Axel Jochum 424

0940 **N-Heterocyclen mit 10π-Elektronen.** 5. Mitt. **Ort der Protonierung und N-Methylierung von Imidazo-[1.2:a]-pyridinen und die Planarität des Ringsystems.** W. W. Paudler und H. L. Blewitt. (J. org. Chemistry **31**, 1295—98, 1966; engl.) — 4. vgl. vorst. Referat. — Die NMR-Spektren nachst. Verb. werden untersucht, um die Stelle der Protonierung u. Methylierung in den Stammverb. zu ermitteln: 2-Aminopyridine: *unsubstituiert**, *5-Methyl-** u. *-Hydrochlorid*, *4-Methyl-** u. *-Hydrochlorid*, *3-Methyl-**, *4.6-Dimethyl-** u. *-Hydrochlorid*; Imidazo-[1.2:a]-pyridine: *unsubstituiert**, *6-Methyl-**, dessen *Hydrochlorid* (F. 145,2—149°) u. *Methojodid* (F. 190 bis 191,2°), *7-Methyl-**, dessen *[3-D]-Hydrochlorid* (F. 179 bis 181,5°) u. *Methojodid* (F. 215—216°), *8-Methyl-**, dessen *Hydrochlorid* (F. 242—244,6°) u. *Methojodid* [F. 288,5 bis 289,5° (Zers.)], *5.7-Dimethyl-**, dessen *Hydrochlorid* (F. 284—286°), *2.3-Dihydro-7-methyl-* ($Kp._{0,5}$ 170—175°) u. *-Hydrochlorid*. Die Planarität des **A**-Ringes wird durch Best. der pK_a-Werte in 90%ig. wss. **A**. der mit * gekennzeichneten Verb. u. von *2-Amino-6-methyl-* u. *5-Methylimidazo-[1.2:a]-pyridin* untersucht.
Axel Jochum 424

0941 **N-Heterocyclen mit 10 π-Elektronen.** 8. Mitt. **Semiempirische Berechnung der chemischen Verschiebungen von Ring- und Methylprotonen.** William W. Paudler und James E. Kuder. (J. heterocyclic Chem. **3**, 33—37, 1966; engl.) — 7. vgl. C. **1967**, 6-0875. — 5. vgl. vorst. Referat. — Nach einer semiempir. Meth. werden unter Verw. von HMO-Ladungsdichten die chem. Verschiebungen nachst. Verb. ber.: Pyrrocoline: *1-*, *2-*, *3-*, *4-*, *5-*, *6-*, *7-Methyl-*; Imidazo-[1.2:a]-pyridine: *2-*, *3-*, *5-*, *6-*, *7-Methyl-*, *5.7-Dimethyl-*; Imidazo-[1.5:a]-pyridine: *1-*, *3-*, *5-Methyl-* ($Kp._{0,7}$ 112—113, *Methojodid*, F. 190°), *3.5-Dimethyl-* (F. 62—63°, *Methojodid*, F. 218°) sowie von *7-Methyl-* u. *5.7-Dimethylimidazo-[1.2:a]-pyrimidin.* Axel Jochum 424

0942 **NMR-Spektren von substituierten Indonen und deren Thiophen-Analogen.** S. L. Spassov, D. M. Mondeshka und Ch. P. Ivanov. (Doklady bolgarskoj Akad. Nauk **21** (1968) 4, 351—54; Clair of Organ. Chem., Chem.-Technol. Inst., Sofia; engl.) — Untersucht werden die Spektren von *2-Methyl-*, *2-Methyl-3-phenyl-*, *3-Methyl-2-phenyl-*, *2.3-Diphenyl-*, *2-Phenyl-3-thienyl-(2)-indon*, *6-Methyl-5-phenyl-4-oxo-* u. *5.6-Diphenyl-4-oxo-4H-cyclopenta-[b]-thiophen.* W. Sobieski 424

0943 **NMR-Spektren von Pyridin, Picolinen und deren Hydrochloriden und Methojodiden.** M. Kątcka und T. Urbański. (Bull. Acad. polon. Sci., Sér. Sci. chim. **16** (1968) 7, 347—50; Inst. of Organ. Chem., Polish Acad. of Sci., Warszawa; engl.) — Untersucht werden *Py.*, *-hydrochlorid*, *N-Methylpyridiniumjodid*, *α-Picolin*, *-hydrochlorid*, *N-Methyl-α-picoliniumjodid*, *β-Picolin*, *-hydrochlorid*, *N-Methyl-β-picoliniumjodid*, *γ-Picolin*, *-hydrochlorid* u. *N-Methyl-γ-picoliniumjodid.* W. Sobieski 424

0944 **Lösungsmitteleffekte auf die ¹H-NMR-Spektren von 2.3-Dichlorbutan und das Problem der Rotationsisomeren.** Shoichi Kondo, Eijiro Tagami, Kazuyoshi Iimura und Masatami Takeda. (Bull. chem. Soc. Japan **41** (1968) 4, 790—95; Dep. of Chem., Fac. of Sci., Sci. Univ. of Tokyo, Shinjuku-ku, Tokyo; engl.) — Die Spektren von *meso-* u. *rac.-2.3-Dichlorbutan* in verschiedenen Lsgm. werden analysiert u. die Konform.-Energien berechnet. W. Sobieski 424

0945 **NMR-Spektren von Molekülen mit CF_2-Gruppen.** 2. Mitt. **Perfluorbutan.** R. K. Harris und C. M. Woodman. (J. molecular Spectroscopy **26** (1968) 4, 432—43; School of chem. Sci., Univ. of East Anglia, Norwich; engl.) — Das F-NMR-Spektrum u. die ^{13}C-Satellitenspektren werden ausführlich diskutiert.
D. Schmitt 424

0946 **¹H-NMR-Spektren einiger Benzo-[b]-thiophene. Untersuchung des Substituenteneffekts in einem heteroaromatischen System.** B. Caddy, M. Martin-Smith, R. K. Norris, S. T. Reid und S. Sternhell. (Austral. J. Chem. **21** (1968) 7, 1853—66; Dep. of Pharm., Univ. of Strathclyde, Glasgow; engl.) — Tabelliert sind chem. Verschiebung u. Kopplungskonst. nachst. Benzo-[b]-thiophene: *5-Amino-*, *5-Hydroxy-*, *5-Methoxy-*, *5-Acetoxy-*, *[5-D]-*, *5-Methylsulfonyloxy-*, *5-Chlor-*, *5-Hydroxymethyl-* (F. 93—94°), *5-Chlormethyl-* (F. 37—38°), *5-Brom-*, *5-Cyan-* (F. 72—73°), *5-Acetylamino-*, *5-[5-Benzo-[b]-thienyl]-* (F. 160—162°), *5-Jod-*, *5-Formyl-* (F. 47—48°),

5-Methoxycarbonyl- (F. 96—97°), *5-Carboxy-*, *5-Nitro-*; *4-Brom-5-amino-*, *2-Methoxycarbonyl-5-amino-*, *4.6-Dibrom-5-methoxy-*, *2-Methoxycarbonyl-5-acetoxy-*, *4-Brom-5-acetylamino-*, *3-Carboxymethyl-6-äthoxy-*, *2-Methoxycarbonyl-5-acetylamino-*, *3-Brom-5-nitro-*, *2.3-Dibrom-5-nitro-*, *2-Methoxycarbonyl-5-nitro-*, *2-Dimethylcarbamoyl-5-nitro-*, *3-Methoxy-5-nitro-* (F. 145°), *3-Acetoxy-5-nitro-*. D. Schmitt 424

0947 **NMR-Spektren von in einer nematischen Phase orientiertem Pyrazin und p-Benzochinon.** P. Diehl und C. L. Khetrapal. (Molecular Physics **14** (1968) 4, 327—31; Dep. of Phys., Univ., Basel; engl.) — Als nemat. Phase wird *p.p'-Di-n-hexyloxyazoxybenzol* benutzt. D. Schmitt 424

0948 **NMR-Untersuchungen.** 2. Mitt. **Durch Benzol induzierte Lösungsmittelverschiebungen der Protonenresonanzen in den NMR-Spektren von α-Diketonen.** J. H. Bowie, G. E. Gream und M. H. Laffer. (Austral. J. Chem. **21** (1968) 7, 1799—1805; Dep. of Organ. Chem., Univ., Adelaide, S.A.; engl.) — 1. vgl. Tetrahedron [London] **24** (1968) 1407. — Untersucht werden *Diacetyl*, *Hexandion-(3.4)*, *Octandion-(4.5)*, *Decandion-(5.6)*, *Dodecandion-(6.7)*, *2.5-Dimethylhexandion-(3.4)*, *2.2.5.5-Tetramethylhexandion-(3.4)*, *3.3.5.5-Tetramethylcyclopentandion-(1.2)*, *-tetrahydrofurandion-(1.2)*, *3.3-Dimethylindandion-(1.2)*, *3.3.6.6-Tetramethylcyclohexandion-(1.2)*, *1.1.4.4-Tetramethyltetralindion-(2.3)*, *Campherchinon*, *1-Methyl-*, *4-Methylphenanthrachinon*, *α-Furil*, *Benzil* u. dessen *[2.4.6.2'.4'.6'-D_6]-Derivat*. W. Sobieski 424

0949 **Sauerstoff-17-Fluor-19-Spin-Spin-Kopplung in Acetylfluorid.** J. Reuben und S. Brownstein. (J. molecular Spectroscopy **28** (1967) 1, 96—98; Rehovoth, Israel, Weizmann Inst. of Sci., Isotope Dep.; engl.) B. I. 424△

0950 **^{1}H-NMR-Untersuchung von wäßrigen N-Methylacetamidlösungen.** J. F. Hinton und E. S. Amis. (Z. physik. Chem. [Frankfurt/M.] [N. F.] **60** (1968) 1—4, 159—66; Dep. of Chem., Univ. of Ark., Fayetteville, Ark.; engl.) — Die Spektren werden als Funktion der Temp. u. des W.-Geh. untersucht. W. Sobieski 424

0951 **EPR-Untersuchung der g-Faktoren und Cl-Hyperfeinstrukturen von gelösten aliphatischen Radikalen.** K. Möbius, K. Hoffmann und M. Plato. (Z. Naturforsch. **23a** (1968) 8, 1209—13; II. Physikal. Inst., FU, Berlin; dt.) — Untersucht wurden die α-C-Radikale von *Isopropanol*, *1.3-Dichlorpropanol-(2)*, *Essigsäure*; *Mono-* u. *Dichloressigsäure*, *Chloralhydrat*, *Propionsäure* u. *α-Chlorpropionsäure*. D. Schmitt 426

0952 **ESR-Untersuchung von ultraviolettbestrahltem und an Silicagel und Al_2O_3 adsorbiertem Benzol.** Tadayoshi Tanei. (Bull. chem. Soc. Japan **41** (1968) 4, 833—37; Dep. of Chem., Fac. of Sci., Kyoto Univ., Sakyo-ku, Kyoto; engl.) — Die ESR-Spektren bei 77—173 °K werden untersucht u. bez. der Adsorption diskutiert. W. Sobieski 426

0953 **Einfluß von O_2 auf γ-bestrahlte, eingefrorene Lösungen in Tetrahydronaphthalin.** Zbigniew Kęcki, Stanisław Kosek und Wacław Stachowicz. (Nukleonika [Warszawa] **13** (1968) 7, 805—13; Inst. of Nucl. Res., Dep. of Radiat. Chem., Warszawa; engl.) — Die Veränderungen im ESR-Spektrum beim Erwärmen von bei 77 °K ^{60}Co-γ-bestrahlten (1,6 · 10^{19} eV/ml/h), entgasten u. belüfteten Lsg. von *Benzylalkohol*, *Benz-*, *Capronaldehyd*, *Undecanal* u. *Acetophenon* in Tetralin werden untersucht u. bez. der Bldg. von Radikalen, Peroxyradikalen u. Radikalrekombinationen diskutiert. W. Sobieski 426

0954 **ESR-Untersuchung des Triphenylmethylradikals.** B. Mohos, F. Tüdös und L. Jókay. (Physics Letters [Amsterdam] **24 A** (1967) 6, 310—12; Budapest, Central Res. Inst. of Chem. of the Hungarian Acad. of Sci.; engl.) B. I. 426△

0955 **Solvatationsspektren.** 24. Mitt. **Lösungsmitteleinfluß auf die ESR-Spektren von 2.6-Dimethyl- und verwandten p-Benzosemichinonen.** J. Oakes und M. C. R. Symons. (Trans. Faraday Soc. **64** (1968) 550, 2579—85; Dep. of Chem., Univ., Leicester; engl.) — 16. vgl. C. **1969**, 12-0967. — Die ESR-Spektren von *p-Benzosemichinon*, *Durosemichinon*, *2.3-Dimethyl-*, *2.5-Dimethyl-*, *2.6-Dimethyl-* (**I**), *2.6-Di-tert.-butyl-p-benzosemichinon* (**II**), bes. **I** u. **II** in einer großen Anzahl von Lsgm. werden untersucht u. bez. der Solvatbldg. von **I-** u. **II**-Anionen an den beiden O-Atomen diskutiert. W. Sobieski 426

0956 **Ursprung der Änderung der Linienbreite in Semichinon–Alkalimetall-Systemen.** T. A. Claxton, J. Oakes und M. C. R. Symons. (Nature [London] **216** (1967) 5118, 914—15; Dep. of Chem., Univ. of Leicester; engl.) — Die ESR-Spektren des Na-Salzes von *Durosemichinon* in 1.2-Dimethoxyäthan bei —90 u. +20° werden untersucht u. ber. u. bez. einer intramol. Wanderung zwischen äquivalenten Plätzen diskutiert. W. Sobieski 426

0957 **ESR von durch γ-Bestrahlung in einem Maleinsäureanhydrideinkristall erzeugten Ionen–Radikal-Paaren.** M. Iwasaki und B. Eda. (Chem. Physics Letters [Amsterdam] **2** (1968) 4, 210—12; Gov. Ind. Res. Inst., Hirate-machi, Kitaku, Nagoya, Japan; engl.) — Die ESR-Spektren bei 77 °K werden untersucht u. zeigen, daß positive u. negative Ionen in Paaren längs der c-Achse eingefangen werden. W. Sobieski 426

0958 **Erhöhung der Auflösung der ESR-Spektren von bestrahlten Glycineinkristallen.** A. Hedberg und A. Ehrenberg. (J. chem. Physics **48** (1968) 11, 4822—28; Nobel Med. Inst., Biochem. Dep., Karolinska Inst., Stockholm; engl.) — Mit der neuen Meth. wird die Struktur des $^+H_3N\dot{C}HCOO^-$-Radikals aufgeklärt. D. Schmitt 426

0959 **ESR-Untersuchung des Verhaltens von Acridinradikalanionen.** Shigeya Niizuma, Michio Okuda und Masao Koizumi. (Bull. chem. Soc. Japan **41** (1968) 4, 795—99; Dep. of Chem., Fac. of Sci., Tohoku Univ., Katahira-cho, Sendai; engl.) — Die ESR- u. UV-Absorptionsspektren von Lsg. von Acridin in THF bei Zusatz von Alkalimetallen werden untersucht. W. Sobieski 426

0960 **Freie Radikale durch Massenspektrometrie.** 36. Mitt. **Ionisationspotentiale konjugierter und nichtkonjugierter Radikale.** S. Pignataro, A. Cassuto und F. P. Lossing. (J. Amer. chem. Soc. **89** (1967) 15, 3693—97; Div. of Pure Chem., Nat. Res. Council, Ottawa, Canada; engl.) — 21. vgl. C. **1962,** 4120. — Die Ionisationspotentiale folgender freier Radikale werden durch Elektronenstoß gemessen: *3-Cyclopentenyl*, *acycl.-Pentadienyl*, *Äthylallyl*, *3-Cyclohexenyl* u. *4-Cyclohexenyl*. Aus den Appearancepotentialen wird ΔH_f (cyclo-$C_5H_7^+$) u. ΔH_f (cyclo-C_5H_7) abgeschätzt. J. Büttner 428

0961 **Kinetische Energie ionisierter Molekülfragmente.** 6. Mitt. **Einfach- und doppeltgeladene Ionen hoher Anfangsenergie in den Bruchstückspektren von Kohlenwasserstoffen.** R. Fuchs. (Z. Naturforsch. **21 a,** 2069—82, 1966; Physikal.-techn. Bundesanst., Braunschweig; dt.) — 5. vgl. C. **1967,** 11-0168. — Bei der massenspektrometr. Unters. nachst. Verb. unter Verw. von 150-eV-Elektronenenergie wird ein neuer Typ von Satelliten in den Anfangsenergiespektren von Fragmentionen aus KW-Stoffen mit drei oder mehr C-Atomen beobachtet. Diese „zweiten" Satelliten entsprechen einer Fragmentierung des Typs $A^{3+} \rightarrow B^+ + C^{2+}$. Die Anfangsenergien der Satellitengruppen u. deren Verteilungen sind angegeben von Ionen aus *Propan*, *n-Butan*, *Isobutan*, *n-Pentan*, *Isopentan*, *Neopentan*, *n-Hexan*, *2-Methylpentan*, *2.3-Dimethylbutan*, *n-Heptan*, *n-Octan*, *n-Nonan*, *n-Decan* sowie von *Buten-(1)*, *cis-* u. *trans-Buten-(2)*, *Isobuten*, *3-Methylbuten-(1)* u. *Butadien-(1.3)*. K. Jasche 428△

0962 **Massenspektren einiger Derivate des Dimedons.** A. Maquestiau und P. Lejeune. (Bull. Soc. chim. belges **76** (1967) 1—2, 133—44; Mons, Fac. Polytechn.; franz.) — Untersucht wurden folgende Dimedone: *Unsubstituiert*, [2.2-D_2]-, *2-Methyl-* u. *2-[D_3-Methyl]-*, *2-Äthyl-*, *2-[2.2.2-D_3-Äthyl]-*, *2.2-Dimethyl-*, *2.2-[CD_3]-Dimethyl-* sowie *Methyl-[3-oxo-5.5-dimethylcyclohexenyl]-äther* u. sein [D_3-Methyl]-Derivat. J. F. Cordes 428△

0963 **Identifizierung von Aminen durch Massenspektrometrie.** M. J. Saxby. (Chem. and Ind. **1968,** 39, 1316; Carreras Ltd., Res. Div., Basildon, Essex; engl.) — Vorl.

Mitt. über die Unters. der Massenspektren von *N-Äthyl-* u. *N-Pentyl-(3)-trifluoracetamid* u. deren Fragmentierungsmechanismus. W. Sobieski 428

0964 **Massenspektren und ^{1}H-NMR-Spektren einiger Tetrahydroprotoberinalkaloide.** C.-Y. Chen und D. B. MacLean. (Canad. J. Chem. **46** (1968) 15, 2501–06; Dep. of Chem., McMaster Univ., Hamilton, Ontario; engl.) — Die Massenspektren sind angegeben von *DL-Stylopin* (I), *DL-Scoulerin*, *DL-Canadin* (II), *DL-Tetrahydropalmatin, Capaurimin, Capaurin, Caseamin, Caseadin, Caseadinmethyläther* u. *Norcoralydin* (III), die ^{1}H-NMR-Spektren von I–III. D. Schmitt 428

0965 **Massenspektrometrische Untersuchung einiger Gentianaalkaloide.** S. Popov, N. Marekov, V. Zaretskii und N. Wulfson. (Doklady bolgarskoj Akad. Nauk **21** (1968) 5, 435–38; Inst. of Organ. Chem., Bulgarian Acad. of Sci., Sofia; engl.) — Die Massenspektren von *Gentianidin, 5-Bromgentianidin, Gentianin* u. *Gentioflavin* werden untersucht. W. Sobieski 428

B–2. Strukturforschung

0966 **Instrument zur Messung der Dimensionen von Molekülmodellen.** C. H. Hassall, S. J. Hodge und D. G. Sanger. (Chem. and Ind. **1968, 37**, 1248; Dep. of Chem., Univ. Coll. of Swansea, Wales; engl.) — Ein Instrument zur Winkel- u. Abstandsbest. in Mol.-Modellen nach Beevers, Dreiding u. Godfrey wird beschrieben. D. Schmitt 431

0967 **Valenzbindungsuntersuchungen von direkter Kern–Spin–Spin-Kopplung.** 1. Mitt. **„truncated matrix"-Summenmethode.** Michael Barfield. (J. chem. Physics **48** (1968) 10, 4458–62; Dep. of Chem., Univ. of Ariz., Tucson, Ariz.; engl.) — Eine theoret. Beschreibung der direkten Kopplung wird über einen Valenzbindungs (VB)-Formalismus durchgeführt u. unter Einschluß einer Summe über VB-Triplett-Wellenfunktionen ein allg. Ausdruck für direkte Kern–Spin-Kopplungskonst. abgeleitet. Die Meth. wird an der Best. von Triplettbeiträgen zu Fernbereich-Protonenkopplungskonst. des *Butadien-* u. *Allen*-Mol. demonstriert. W. Sobieski 432

0968 **Valenzbindungsuntersuchungen von direkter Kern–Spin–Spin-Kopplung.** 2. Mitt. **Fernbereich-π-Elektronenkopplung zwischen Protonen.** Michael Barfield. (J. chem. Physics 48 (1968) 10, 4463–68; engl.) — 1. vgl. vorst. Referat. — Eine theoret. Beschreibung der über mehrere Bindungen reichenden Protonenkopplung wird analog l. c. durchgeführt. Die π-Elektronenbeiträge zu den Protonenkopplungen über 4–7 Bindungen werden an einer Reihe von Fragmenten von ungesätt. Mol. ber. u. mit experimentellen Daten der entsprechenden Verb. verglichen. Der Mechanismus der direkten Kern–Spin–Spin-Kopplung wird an Hand der Ergebnisse diskutiert. W. Sobieski 432

0969 **Theoretische Untersuchung der Elektronenspektren substituierter aromatischer Moleküle.** 4. Mitt. **PPP-SCF-Parameter für polysubstituierte Benzole und 5-Ring-Heterocyclen, die N, O und S enthalten.** F. P. Billingsley II und J. E. Bloor. (Theoret. chim. Acta [Berlin] **11** (1968) 4, 325–43; Dep. of Chem., Univ. of Va., Charlottesville, Va.; engl.) — 3. vgl. C. **1968**, 9-0838. — Elektronenstrukturdaten werden von *Bzl., Anilin* (I), *N-Methyl-* (II), *N.N-Dimethylanilin* (III); *o-, m-, p-Phenylendiamin; N.N.N'.N'-Tetramethyl-o-phenylendiamin, -m-phenylendiamin, -p-phenylendiamin; Methoxy-, 1.2-Dimethoxy-, 1.3-Dimethoxy-, 1.4-Dimethoxy-, 1.2.4-Trimethoxy-, 1.2.4.5-Tetramethoxybenzol; Thioanisol; o-, m-, p-Bis-[methylmercapto]-benzol; 1.3.5-Tris-, 1.2.4.5-Tetrakis-[methylmercapto]-benzol; m-, p-N.N-Dimethylanisidin; m-, p-N.N-Dimethylaminoanilin; o-, m-, p-Methylmercapto-N.N-dimethylanilin; o-, m-, p-Methylmercaptoanisol; 3-Methoxy-4-methylmercapto-N.N-dimethylanilin, Naphthalin; Naphthyl-(1)-amin, -(2)-amin; 1-, 2-Dimethylaminonaphthalin; 1-, 2-Methoxynaphthalin; 1-, 2-Methylmercaptonaphthalin; Pyrrol* (IV), *Indol* (V), *Carbazol* (VI), *Furan* (VII); *Benzo-* (VIII), *Dibenzofuran* (IX); *Thiophen* (X); *Benzo-* (XI) u. *Dibenzothiophen* (XII) ber., von I–XII auch die π-Elektronendipolmomente. W. Sobieski 432

0970 **Tabellen quantenchemischer Daten.** 11. Mitt. **Energiecharakteristiken einiger nichtalternierender Kohlenwasserstoffmoleküle und -ionen.** P. Hochmann, J. Dubský und M. Titz. (Collect. czechoslov. chem. Commun. **32** (1967) 3, 1260–64; Inst. of Phys. Chem., Czech. Acad. of Sci., Prague; engl.) — 10. vgl. C. **1967**, 40-0890. — Angegeben sind die Hückel-Daten für eine Anzahl von Anionen, Kationen u. neutralen Mol. von Polyacenen u. verzweigten polycycl. KW-Stoffen mit endständigen 5- u./oder 7-Ringen. W. Sobieski 432

0971 **Elektroneneigenschaften von konjugierten Ionen.** 2. Mitt. A. Hinchliffe und N. Trinajstic. (Theoret. chim. Acta [Berlin] **11** (1968) 3, 271–73; Dep. of Chem., Univ., Sheffield; engl.) — 1. vgl. Trans. Faraday Soc. **62** (1966) 1362. — Die Energien der erlaubten Übergänge u. die Übergangsmomente sind ber. für die Dianionen von *Butadien-(1.3), Naphthalin* (I), *Anthracen* u. *Biphenyl* sowie die Spindichten des Monoanions von I. D. Schmitt 432

0972 **Verteilung gebundener Elektronen und Elektronendichte.** A. M. O'Connell, A. I. M. Rae und E. N. Maslen. (Acta crystallogr. [Copenhagen] **21**, 208–19, 1966; Dep. of Phys., Univ. of Western Australia, Nedlands; engl.) — Die endgültigen Differenzsynth. von 2.4.6-Triaminotrinitrobenzol, 2-Amino-3-methylbenzoesäure, Salicylsäure, p-Nitroanilin, Ammoniumoxamidat u. β-Sulfanilamid werden auf Anzeichen von Bindungselektronen untersucht u. Vgl. mit Berechnungen über Wellenfunktionen nach Slater angestellt sowie die Verw. von Mol.-Wellenfunktionen an Stelle von Wellenfunktionen isolierter Atome diskutiert. C. Gottfried 432△

0973 **Erweiterte PPP-SCF-Spindichtebestimmung in einigen Kohlenwasserstoffradikalen.** John E. Harriman und Kenneth M. Sando. (J. chem. Physics **48** (1968) 11, 5138–45; Theoret. Chem. Inst., Univ. of Wis., Madison, Wis.; engl.) — Daten sind angegeben für *Allyl-, Pentadienyl-, Benzyl-* Radikale u. die Anion- u. Kationradikale von *Naphthalin, Anthracen* u. *Azulen.* D. Schmitt 432

0974 **Aromatizität organischer Moleküle.** G. Descotes. (Chim. mod. **12** (1967) 77, 69–80; franz.) — Übersicht. J. Richter 432

0975 **Einfache LCAO-Berechnungen der Bandstruktur der idealen Polyäthylenkette.** W. L. McCubbin und R. Manne. (Chem. Physics Letters [Amsterdam] **2** (1968) 4, 230–32; Quantum Chem. Group, Univ., Uppsala, Sweden; engl.) — Nach der erweiterten Hückel-Meth. wird die Bandstruktur von idealem Polyäthylen berechnet. W. Sobieski 432

0976 **Wechselwirkungen von Ionen.** 1. Mitt. **Theoretische Untersuchung des Lösungsmitteleffekts auf die Elektronenspindichteverteilung bei verschiedenen Benzosemichinonradikalionen.** T. A. Claxton und D. McWilliams. (Trans. Faraday Soc. **64** (1968) 550, 2593–2604; engl.) — Ber. werden die Spindichten für nachst. Semichinone: *p-Benzo-, p-Xylo-, o-Xylo-, m-Xylo-, Duro-* u. *2-Methyl-p-benzo-* in einer Reihe von Lösungsmitteln. W. Sobieski 432

0977 **MO-Berechnungen einiger Furotropone.** L. Klasinc, Z. Majerski und N. Trinajstić. (Z. physik. Chem. [Leipzig] **239** (1968) 3/4, 262–67; Inst. „Rudjer Bosković", Zagreb, Yugoslavia; engl.) — Angegeben sind die Gesamt-HMO-μ-Energie, die Delokalisierungsenergie, die π-Bindungsordnung u. die Reaktivitätsindizes von *Furo-[3.2:d]-, -[4.3:d]-, -[3.2:b]-, -[4.3:b]-* u. *-[2.3:b]-tropon.* D. Schmitt 432

0978 **Elektronenstruktur des Formaldehyds und des Formiations.** Jean-Claude Béry. (Theoret. chim. Acta [Berlin] **7** (1967) 3, 249–52; Marseille, Fac. des Sci.; franz.) J. F. Cordes 432△

0979 **LCAO-MO-Berechnungen an schwefelhaltigen π-Systemen.** 9. Mitt. **Beschreibung der Thiocarbonylvorbande mit Hilfe der einfachen HMO-Methode.** Jürgen

Fabian und Achim Mehlhorn. (Z. Chem. **7** (1967) 5, 192—94; Inst. für organ. Chem., TU, Dresden; dt.) — 11. vgl. C. **1969**, 3-0943. — Es wird geprüft, inwieweit bereits die einfache MO-LCAO(HMO)-Meth. eine Abschätzung der langwelligen C=S-Vorbande in einer Reihe acycl. Thiocarbonylverb. mit CS-, S—CS- u. S—CS—S-Gruppen erlaubt. Untersucht wurden: *Dimethylthioketon, Thioacetophenon, Thiobenzophenon, Fluorenthion, Dithioessigsäuremethylester, 1-Methylmercapto-2-[methylmercaptothiocarbonyl]-cyclopenten, Dithiobenzoesäuremethylester, Dithio-α-pyron, 1.2-Dithiacyclopenten-(4)-thion-(3), Benzo-1.2-dithiacyclopententhion-(3), Trithiokohlensäuredimethylester, 1.3-Dithiacyclopenten-(4)-thion-(2), Benzo-1.3-dithiacyclopententhion-(2), Dibenzo[b, f]cycloheptatrienthion-(1), Thiopropionaldehyd, Thioessigsäure-O-äthylester, Thioacetamid, Dithiokohlensäure-o.s-diäthylester, Dithiocarbaminsäuremethylester, Thiokohlensäure-o.o-diäthylester, Thiocarbaminsäure-O-methylester, Thioharnstoff, N-Acetylthioacetamid, N-Acetylthiocarbaminsäure-O-methylester, N-Acetyldithiocarbaminsäuremethylester, N.N'-Diacetylthioharnstoff, Chlorthioameisensäure-O-äthylester, Chlordithioameisensäuremethylester, Thiophosgen* u. *N.N-Dimethylthiocarbamoylchlorid.* K. Jasche 432△

0980 **pπ–dπ-Orbitalüberlappung in Heteroniumyliden.** Douglas Lloyd und M. I. C. Singer. (Chem. and Ind. **1968**, 38, 1277—78; Dep. of Chem., United Coll., Univ. of St. Andrews, Fife, Scotland; engl.) — Die Reaktivität von *1.2.3.4.6.6-Hexaphenyl-6-thiafulven, -6-selenafulven, 1.2.3.4.6.6.6-Heptaphenyl-6-phosphafulven, -6-arsafulven* u. *-6-stibafulven* gegenüber *Benzaldehyd, p-Nitrobenzaldehyd* u. *Nitrobenzol* wird qual. untersucht u. bez. der Ausb. an *1.2.3.4.6-Pentaphenyl-6-azafulven* u. *-N-oxid* sowie einer Überlappung von pπ–dπ-Orbitalen zwischen dem sp^2-C-Atom u. dem benachbarten Heteroatom diskutiert. W. Sobieski 432

0981 **HMO-Berechnungen an einigen substituierten Phenyldiazoniumionen.** I. Klasing und D. Schulte-Frohlinde. (Z. physik. Chem. [Frankfurt/M.] [N. F.] **60** (1968) 1—4, 1—10; Inst. für Strahlenchem., Kernforschungszentrum Karlsruhe; engl.) — Elektronenstrukturdaten werden für nachst. Phenyldiazonium-Verb. (Diazonium- u. Carboniumionen) ber.: *Unsubstituiert, p-Methyl-, m-Methyl-, p-Fluor-, m-Fluor-, p-Chlor-, m-Chlor-, p-Brom-, m-Brom-, m-* u. *p-Jod-, p-Methoxy-, m-Methoxy-, p-Dimethylamino-, m-Dimethylamino-, p-Nitro-, m-Nitro-, p-Phenyl-, m-Phenyl-, p-Acetyl-, m-Acetyl-, p-Äthylcarbonyl-, m-Äthylcarbonyl-, p-Methoxycarbonyl-, m-Methoxycarbonyl-, p-Äthoxycarbonyl-, m-Äthoxycarbonyl-, p-Methylmercapto-* u. *m-Methylmercapto-*. Bez. der erhaltenen Daten werden die Kinetik der Zers., die Spektren u. die Quantenausb. der Photolyse der genannten Verb. diskutiert. W. Sobieski 432

0982 **Elektronenabsorptionsspektren und Elektronenstruktur von Cytosin, Isocytosin und deren Anionen und Kationen.** Hiroshi Morita und Saburo Nagakura. (Theoret. chim. Acta [Berlin] **11** (1968) 4, 279—95; Inst. for Solid State Phys., Univ. of Tokyo, Roppongi, Minato-ku, Tokyo; engl.) — Die Absorptionsspektren von Cytosin u. Isocytosin in verschiedenen Lsgm. bei Raumtemp. u. die Temp.- u. pH-Abhängigkeit in wss. Lsg. wird untersucht. Nach PPP-SCF-MO- u. CI-Verf. werden die π-Elektronenstrukturen u. Dipolmomente der tautomeren Formen der Verb. u. deren Ionen berechnet. W. Sobieski 432

0983 **Quantenchemie von Kohlenhydraten.** 1. Mitt. **Elektronenstruktur einiger Pentosen.** Yu. A. Zhdanov, V. I. Minkin, Yu. A. Ostroumov und G. N. Dorofeenko. (Carbohydrate Res. [Amsterdam] **7** (1968) 2, 156—60; Rostov-on-Don, State Univ., USSR; engl.) — Nach der LCAO-MO-Meth. nach Del Re werden die Elektronenstrukturen ster. nicht näher bezeichneter Pentosen berechnet. D. Schmitt 432

0984 **Moderne Aspekte der Stereochemie.** 2. Mitt. **Neuere theoretische Entwicklungen auf dem Gebiet stereospezifischer Synthesen.** Jean Mathieu und Jacques Valls. (Chem. Weekbl. **63** (1967) 3, 21—31; franz.) — Übersicht. — Über 59 Literaturhinweise. J. Richter 434

0985 **Konformationsanalyse.** 46. Mitt. **Konformationsenergien einfacher Alkylgruppen.** Norman L. Allinger und Leslie A. Freiberg. (J. org. Chemistry **31** (1966) 3, 894—97; Dep. of Chem., Wayne State Univ., Detroit, Mich.; engl.) — 43. vgl. C. **1967**, 9-0903; 62. vgl. C. **1969**, 53-0218. — Die Darst., die Gleichgew.-Konst. im Temp.-Bereich von 329—416 °K u. die Freie Konform.-Energie bei 373 °K wurden für folgende Verb. untersucht: *cis-* u. *trans-4-tert.-Butyl-, cis-* u. *trans-4-Methyl-, cis-* (Kp. 227°K) u. *trans-4-Äthyl-* (Kp. 231°K), *cis-* (Kp. 243°K) u. *trans-4-Isopropylcyclohexancarbonsäureäthylester* (Kp. 245°K) sowie für *cis-* ($Kp._5$ 127°K) u. *trans-4-Äthyl-* (F. 49—49,8°K) u. *cis-4-Isopropylcyclohexancarbonsäure* (F. 41—42°K). G. O. Jäger 434

0986 **Konformationsanalyse.** 51. Mitt. **Konformationen von Cyclohexanonringen in einfachen Molekülen.** Norman L. Allinger, Herbert M. Blatter, Leslie A. Freiberg und Frederick M. Karkowski. (J. Amer. chem. Soc. **88** (1966) 13, 2999—3011; engl.) — 50. vgl. C. **1948**, 42-0743. — Die Gleichgew.-Konst. im Temp.-Bereich von 483—567 °K sowie die ΔG^0_{25}, ΔH^0_{25} u. ΔS^0_{25} wurden für *3.5-Di-tert.-butylcyclohexanon* ermittelt u. im Hinblick auf die Wanne–Sessel-Isomerisierung diskutiert. Die Energiefunktion für *1.4-Cyclohexandion* wurde berechnet. Die Konform. wurde mit der von *Perhydroanthrachinon* verglichen (IR-, Raman-Daten u. DK angegeben). Ferner wurden Gleichgew.-Daten zwischen 25 u. 80° für *2-Methyl-* ($Kp._{3,2}$ 75°K), *2-Äthyl-* ($Kp._{2,7}$ 88°K), *2-Isopropyl-* ($Kp._{2,7}$ 89°) u. *2-tert.-Butyl-4-tert.-butylcyclohexanon* ($Kp._{2,3}$ 89°K) ermittelt. G. O. Jäger 434

0987 **Zur Berechnung der Radien cyclischer Verbindungen.** 4. Mitt. **Methylalkylcyclohexane.** K. Altenburg. (Z. physikal. Chem. [Leipzig] **234** (1967) 1/2, 136—39; Inst. für physikal. Chem. der DAW zu Berlin, Berlin-Adlershof; dt.) — 2. vgl. C. **1967**, 32-0891. — Es werden die Radien für folgende Verb. ber.: *Äthylcyclohexan, Isopropylcyclohexan, tert.-Butylcyclohexan, cis-* u. *trans-1-Äthyl-2-methyl-, -3-methyl-* u. *-4-methylcyclohexan, cis-* u. *trans-1-Isopropyl-2-methyl-, -3-methyl-* u. *-4-methylcyclohexan, cis-* u. *trans-1-tert.-Butyl-2-methyl-, -3-methyl-* u. *-4-methylcyclohexan.* J. Blume 434

0988 **Konformationsanalyse der n-Alkane durch depolarisierte Rayleigh-Streuung.** Pierre Bothorel, Claude Clément und Philippe Maraval. (C. R. hebd. Séances Acad. Sci., Sér. C **264** (1967) 7, 568—70; Pessac, Gironde, Inst. de Magnetochim. du CNRS „Brivazac"; franz.) — Untersucht wurden die fl. sowie die in CCl_4 bzw. Cyclohexan gelösten *n-Alkane* C_nH_{2n+2} mit $n = 4—23$. J. F. Cordes 434△

0989 **Struktur und absolute Konfiguration von Cedrelanol, $C_{15}H_{26}O$, einem Sesquiterpenalkohol aus dem ätherischen Öl Cedrela odorata brasiliensis.** R. R. Smolders. (Ing. Chimiste [Bruxelles] **49** (1967) 244—45, 12; Serv. de Chim. Organ. Gén. et Analyt., Inst. des Ind. de Fermentat., Inst. Meurice chim., Bruxelles; franz.) J. Richter 434

0990 **Struktur des syn- und anti-Isomeren von Hydroxymethylfurfurol-2.4-dinitrophenylhydrazon.** Bernardino Ubertis Bocca. (Riv. ital. Essenze, Profumi, Piante officin., Aromi, Saponi, Cosmet., Aerosol **49** (1967) 4, 207—11; ital.) — Die Unters. wird mit Hilfe der UV- u. IR-Spektren (Orig.) durchgeführt. J. F. Cordes 434△

0991 **Konformationen von δ-Lactonen.** R. C. Sheppard und S. Turner. (Chem. Commun. **1968**, 2, 77—78; Liverpool, Liverpool Univ., Robert Robinson Labor.; engl.) — Auf Grund von NMR-Daten wird bei folgenden 3-[Hydroxy-2.4b.8.8-tetramethylperhydrophenanthryl-(2)]-propionsäure-δ-lactonen zugunsten der Halbsesselkonform. entschieden: *Unsubstituiert, 3α-* u. *3β-Hydroxy-, 3α-* u. *3β-Acetoxy-* u. *3α-Methoxy-*. A. Jochum 434

0992 **Acylderivate von Hydroxylamin.** 13. Mitt. **Konfiguration und Konformation von S-haltigen Hydroxamsäurederivaten.** O. Exner, M. H. Benn und Frances Willis. (Canad. J. Chem. **46** (1968) 11, 1873—80; J. Heyrovsky Inst. of Polarography, Czech. Acad. of Sci., Prague; engl.) — 12. vgl. Collect. czechoslov. chem. Commun. **30** (1965) 12, 4078; 11. vgl. C. **1968**, 36-0912. —

Die Konfig. u. Konform. von *S-Methyl-* (I), *S-Oxo-S-methyl-* [II, F. 142—143° (Ae./PAe.)] u. *S.S-Dioxo-S-methylbenzothiohydroxamsäure* [III, F. 145—146° ($CHCl_3$/Bzl.)] wird über die Dipolmomente von I—III u. *S-Methyl-* [IV, F. 134—140° (Ae./PAe.)], *S-Oxo-S-methyl-* [V, F. 163—164° (Aceton/PAe.)], *S.S-Dioxo-S-methyl-p-nitrobenzothiohydroxamsäure* [VI, F. 174° (A.)] bestimmt. Angegeben sind ferner NMR- u. IR-Daten von I—VI, *syn-* u. *anti-O-Äthylbenzohydroxamsäure*.
W. Sobieski 434

0993 **Bimolekulare Eliminierungen in konformationell gespannten Systemen, die acidische β-Protonen enthalten. 2-[p-Tolylsulfonyl]-4-tert.-butylcyclohexylsulfonate.** W. M. Jones, T. G. Squires und Merrill Lynn. (J. Amer. chem. Soc. **89** (1967) 2, 318—29; Gainesville, Fla., Univ. of Fla., Dep. of Chem.; engl.) — Es werden die 4 möglichen Konfig.-Isomeren von 2-[p-Tolylsulfonyl]-4-tert.-butylcyclohexanol synthetisiert. Die Konfig. werden durch Esterspaltung der Tosyl- u. der Mesylester der Verb. (mittels Piperidin in DMF bei 30°; Ermittlung der RGK) zugeordnet u. NMR-spektroskop. bestätigt.

Versuche: *cis-* u. *trans-4-tert.-Butylcyclohexenoxid*, $Kp._7$ 74—75°, aus 4-tert.-Butylcyclohexen; 77% (Ausb.). — *cis-* u. *trans-2-[p-Tolylmercapto]-tert.-butylcyclohexanol*, $Kp._{0,3}$ 164—166°; 95%. — *trans-2-[p-Tolylsulfonyl]-cis-4-tert.-butylcyclohexanol*, $C_{17}H_{26}O_3S$, F. 121 bis 122° (Essigester/PAe.); 15%. — *cis-4-tert.-Butylcyclohexanol*, F. 80—82°. — *1-[p-Tolylsulfonyl]-5-tert.-butylcyclohexen*, $C_{17}H_{24}O_2S$, F. 100—101°. — *cis-* u. *trans-2-[p-Tolylsulfonyl]-4-tert.-butylcyclohexanon*, $C_{17}H_{24}O_3S$, F. 143—144°; 23%; *trans-Isomeres*, F. 127,5—128,5°. — *cis-2-[p-Tolylsulfonyl]-trans-4-tert.-butylcyclohexanol*, C_{17}·$H_{26}O_3S$, F. 149—150,5° (Bzl.); 64%. — *trans-2-[p-Tolylsulfonyl]-trans-4-tert.-butylcyclohexanol*, F. 115—116°; 84%. — *trans-2-[p-Tolylsulfinyl]-cis-4-tert.-butylcyclohexanol*, $C_{17}H_{26}O_2S$, F. 173—174°. — *trans-2-[p-Tolylmercapto]-cyclohexanol*, $Kp._{0,7}$ 109—110°; 75%. — *trans-2-[p-Tolylsulfonyl]-cyclohexanol*, F. 119,5—121°; 92%. — *2-[p-Tolylmercapto]-cyclohexanon*, $Kp._{0,1}$ 118—119°; 79%. — *2-[p-Tolylsulfonyl]-cyclohexanon*, F. 75—78°; 71%. — *cis-2-[p-Tolylsulfonyl]-cyclohexanol*, F. 94,5—96°; 65%. — *1-[p-Tolylsulfonyl]-5-tert.-butylcyclohexen*, F. 100—102°; 98,5%. — *1-[p-Tolylsulfonyl]-1-cyclohexen*, F. 81—83°. — Tosyl- u. Mesylester aus vorst. Alkoholen: *trans-2-[p-Tolylsulfonyl]-cis-4-tert.-butylcyclohexyltosylat* (trans-cis-I-Tosylat, $C_{24}H_{32}O_5S_2$, F. 125—126°; 88%) u. *-mesylat* (F. 153—154°; 90%), *cis.cis-I-Mesylat* (F. 166—168°; 90%), *trans.trans-I-Tosylat* (F. 163—164°; 35%) u. *-Mesylat* (F. 170—171°; 85%), *cis-trans-I-Mesylat* (F. 130 bis 131°; 88%), *trans-I-Tosylat* (F. 111—112°) u. *-Mesylat* (F. 159—160°; 91%), *cis-I-Tosylat* (F. 116—118°; 46%) u. *-Mesylat* (F. 178—179°; 89%). H. Pehlmann 434

0994 **Dipolmoment, Molekülkonformation und Kristallstruktur von 1.4-Bis-[dicyanmethylen]-cyclohexan.** Ariyuki Aihara, Chikazu Kitazawa und Fujiko Iwasaki. (Bull. chem. Soc. Japan **41** (1968) 4, 1034; Dep. of Mater. Sci., Univ. of Electro-Communicat., Chofu, Tokyo; engl.) W. Sobieski 438

0995 **Dimensionen der Elementarzelle und Raumgruppe von 7-Brom-2.3-dihydro-4H-1.4-benzoxazepinon-(5).** Vorl. Mitt. Aijaz A. Khan. (Z. Kristallogr., Kristallgeometr., Kristallphysik, Kristallchem. **126** (1968) 4, 317; Reg. Res. Labor., Hyderabad, India; engl.) W. Sobieski 438

0996 **Elementarzellen und Raumgruppen der Damasceninsäure und ihrer Hydrate.** B. Nuber, R. Kuhn und K. Geider. (Z. Kristallogr., Kristallgeometr., Kristallphysik, Kristallchem. **126** (1968) 4, 268—71; Mineralog.-petrograph. Inst., Univ., Heidelberg; dt.) — Die Daten sind angegeben von der Titelverb. (3-Methoxy-2-methylaminobenzoesäure), deren *Trihydrat* u. von *Tridamascenin-dihydrat*. W. Sobieski 438

0997 **Die Kristallstrukturen von Derivaten des Tetrodotoxin. 1. Mitt. Tetrodonsäurehydrobromid.** Chihiro Tamura, Osamu Amakasu, Yoshio Sasada und Kyosuke Tsuda. (Acta crystallogr. [Copenhagen] **21**, 1966, 219—25; Res. Labor., Sankyo Co. Ltd., Hiromachi, Shinagawa-ku, Tokyo; engl.) — Die Krist.- u. Mol.-Struktur der Titelverb. ($C_{11}H_{17}N_3O_8$ · HBr) einschließlich der Bindungslängen u. -winkel werden bestimmt u. Aussagen über die abs. Konfig. gemacht.
C. Gottfried 438△

0998 **Die Kristallstrukturen von Derivaten des Tetrodotoxin. 2. Mitt. Diacetylanhydrotetrodotoxinhydrojodid.** Chihiro Tamura, Osamu Amakasu, Yoshio Sasada und Kyosuke Tsuda. (Acta crystallogr. [Copenhagen] **21**, 226—36, 1966; engl.) — 1. vgl. vorst. Referat. — Vf. bestimmen die Krist.- u. Mol.-Struktur der Titelverb. einschließlich der Bindungslängen u. -winkel, u. es werden Konform.-Aussagen gemacht.
C. Gottfried 438△

0999 **Fungalmetabolite. 5. Mitt. Röntgenographische Bestimmung der Struktur und der Stereochemie Isomerer der Ergot-Alkaloide vom Peptidtyp.** A. T. McPhail, G. A. Sim, A. J. Frey und H. Ott. (J. chem. Soc. [London], Sect. B **1966**, 377—95; Dep. of Chem., Univ. of Ill., Urbana, Ill.; engl.) — 4. vgl. C. **1968**, 27-0985. — Mittels einer Krist.-Strukturanalyse von *2α-Benzyl-9α-hydroxy-11α-methyl-11-[p-jodbenzoylamino]-3.12-dioxo-8β(H)-1.4-diaza-10-oxatricyclo-[7.3.0.0⁴·⁸]-dodecan* (I; F. 207—208°) wird die Stereochemie der Peptidkomponente der aci-Isomeren der Ergotalkaloide bestimmt. Bindungslängen u. -winkel von I sind angegeben.
C. Gottfried 438△

1000 **Kristall- und Molekularstruktur von Monobromduclauxin.** Yukio Ogihara, Yoichi Iitaka und Shoji Shibata. (Acta crystallogr. [Copenhagen], Sect. B **24**

I 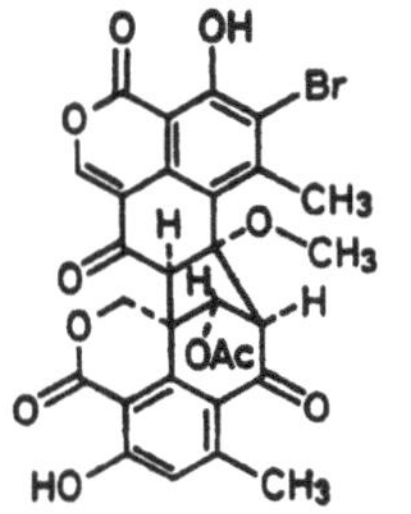

(1968) 8, 1037—47; Fac. of Pharm. Sci., Univ. of Tokyo, Hongo, Tokyo; engl.) — Untersucht wird die Struktur u. abs. Konfig. der Titelverb. [I; $C_{29}H_{21}BrO_{11}$, F. 260° (Zers.)]. W. Sobieski 438

B–3. Thermodynamik

1001 **Pyrrol. Chemisch-thermodynamische Eigenschaften.** D. W. Scott, W. T. Berg, I. A. Hossenlopp, W. N. Hubbard, J. F. Messerly, S. S. Todd, D. R. Douslin, J. P. McCullough und G. Waddington. (J. physic. Chem. **71** (1967) 7, 2263—70; Bartlesville, Okla., Bartlesville Petroleum Res. Center, Bur. of Mines, U.S. Dep. of Interior, Thermodynam. Labor.; engl.) — Folgende Eig. werden bestimmt: Spezif. Wärmen für die Temp.-Intervalle 11—249,74 °K (fest), **249,74** bis 365° (fl.), **338—500°** (gasf.); Temp. des λ-Überganges in der festen Phase; Schmelz-, Verdampfungs-, Verbrennungs- u. Bldg.-Enthalpien; thermodynam. Funktionen u. Dampfdrücke. B. I. 442△

1002 **Kritische Temperatur und kritischer Druck von Alkanen.** D. Ambrose und R. Townsend. (Trans. Faraday Soc. **64** (1968) 550, 2622—31; Div. of Chem. Stand., Nat. Phys. Labor., Teddington, Middlesex; engl.) — Ber. u. gemessene krit. Daten, die Konst. einer Cox-Gleichung sowie azentr. Faktoren sind tabelliert von *n-Nonan*, *n-Decan*, *n-Undecan*, *n-Dodecan*, *2.2.3.3-2.2.3.4-*, *2.2.4.4-*, *2.3.3.4-Tetramethylpentan*, *3.3.5-Trimethylheptan*, *2.2.3.3-* u. *2.2.5.5-Tetramethylhexan*.
W. Sobieski 442

1003 **Volumenrelaxation in CS_2–CCl_4-Mischungen.** F. Barocchi, M. Mancini und R. Vallauri. (J. chem. Physics **49** (1968) 4, 1935—37; Centro Microonde del CNR, Florence; engl.) — Durch Messung der Konz.-Abhängigkeit von Über- u. Ultraschallgeschw. u. von Relaxationszeit wird das Titelphänomen untersucht.
D. Strauch 442

1004 **Eigenschaften von Amiden in wäßriger Lösung. 1. Mitt. A. Viskositäts- und Dichteänderungen von Amid-Wasser-Systemen. B. Analyse der Volumenverminderung von Mischungen auf Grund der Unterschiede in der Molekülgröße (Mischung von starren Kugeln, „hard spheres").** P. Assarsson und F. R. Eirich. (J. physic. Chem. **72** (1968) 8, 2710—19; Polytechn. Inst., Brooklyn, N.Y.; engl.) — Tabelliert sind die partiellen Molvol. bei unendlicher Verdünnung sowie D., Viskosität u. Einstein-Koeff. der Syst. nachst. Amide mit W. bei 25° über den gesamten Zus.-Bereich: *N.N-Dimethyl-*, *N.N-Diäthyl-*, *N.N-Di-n-propyl-*, *N.N-Diisopropylacetamid*; *N.N-Diäthylformamid*, *N.N-Diäthylpropionamid*; *N-Methyl-*, *N-Äthylacetamid*; *N-Methyl-*, *N-tert.-Butylpyrrolidon* u. *N-Methylcaprolactam*. Eine Analyse der Vol.-Verminderung von Mischungen auf Grund der unterschiedlichen Mol.-Größe wird durchgeführt u. die Geometrie bin. Mischung bez. eines Modells starrer Kugeln diskutiert. W. Sobieski 442

1005 **Regelmäßigkeiten und spezifische Effekte für die Enthalpien der Überführung von Ionen aus Wasser in aprotische Lösungsmittel.** Harold L. Friedman. (J. physic. Chem. **71** (1967) 6, 1723—26; Stony Brook, N.Y., State Univ. of N.Y., Dep. of Chem.; engl.) — An Hand der Lsg.-Wärmen von Li^+, Na^+, K^+, Rb^+, Cs^+, $N(CH_3)_4^+$, $N(C_2H_5)_4^+$, $As(C_6H_5)_4^+$, Cl^-, Br^-, J^-, ClO_4^- u. $B(C_6H_5)_4^-$ in W., Propylencarbonat, DMSO, Formamid u. N-Methylformamid für unendliche Verdünnung werden die Enthalpien ΔH_{tr} der Ionenüberführung von W. in die aprot. Lsgm. berechnet. Eine spezif. Wechselwrkg. von $As(C_6H_5)_4^+$ u. $B(C_6H_5)_4^-$ mit DMSO wird nachgewiesen. B. I. 446△

1006 **Thermochemie von Triphenylbor, Tricyclohexylbor und Phenylborhalogeniden.** Arthur Finch, P. J. Gardner, E. J. Pearn und G. B. Watts. (Trans. Faraday Soc. **63** (1967) 536, 1880—88; Dep. of Chem., Royal Holloway Coll., Englefield Green, Surrey; engl.) — Die Enthalpien bei der Hydrolyse von *Phenylbordichlorid* (**I**; $Kp._{760}$ 170—174°), *-bromid* (**II**; F. 28—29°), *Diphenylborchlorid* (**III**; F. 29—30°), *-bromid* (**IV**; $Kp._{0,05}$ 112°) bzw. bei der oxydativen Hydrolyse von Triphenylbor (**V**) u. Tricyclohexylbor (**VI**) sowie die Lsg.-Enthalpien von **V** in *1.4-Dioxan* u. *Bzl.* u. von **VI** in *Cyclohexanol* sowie die Verdampfungs- u. Standardbldg.-Enthalpien von **I** bis **VI** u. außerdem die Bindungsenergien von B-Phenyl werden bestimmt. W. Sobieski 446

1007 **NMR-Untersuchungen. 8. Mitt. Bestimmung der thermodynamischen Parameter für die Assoziation substituierter Benzaldehyde in Toluol.** R. E. Klinck und J. B. Stothers. (Canad. J. Chem. **44,** 37—44, **1966**; Dep. of Chem., Univ. of Western Ontario, London, Ontario; engl.) — 6. vgl. C. **1966,** 8-0696. — Aus der Temp.-Abhängigkeit der chem. Verschiebungen der Formyl- u. Arylprotonen von *Benzaldehyd*, *Terephthaldialdehyd*, *p-Dimethylamino-* u. *p-Nitrobenzaldehyd* (Tabellen, Kurven) in D_8-Toluol werden Enthalpie u. Entropie der Komplexbldg. zwischen Aldehyd u. Lsgm. ermittelt. H. Frischleder 446

1008 **Additive physikalische Eigenschaften.** 4. Mitt. **Additive Größen auf der Grundlage der Viskositätsmessung.** O. Exner. (Collect. czechoslov. chem. Commun. **32** (1967) 12, 4327—54; J. Heyrovský Inst. of Polarography, Czechoslovak Akad. of Sci., Prague; engl.) — 3. vgl. C. **1969,** 8-0908. — Die Größe $\log(10^5\eta)$ (η = Viskosität) läßt sich additiv aus Atom- oder Gruppeninkrementen zusammensetzen. Dies ergibt sich aus der Auswertung der experimentellen Daten für folgende homologen Reihen: *1-Jodalkane*, *1-Alkene*, *n-Alkane*, *Alkylcyclopentane*, *Alkylcyclohexane*, *1-Nitroalkane*, *Carbonsäuren*, *1-Alkanole*. Während die Additivität für diese Reihen voll gilt, ist sie in Verb. mit Kettenverzweigungen u. mehreren OH-Gruppen nicht mehr gültig. Der Rheochor u. die Beziehung von Souders (1938) sind keine additiven Größen. Ferner wurden untersucht: Temp.-Abhängigkeit von Rheochor u. Viskosität, die Abhängigkeit des Rheochors vom Molgew. sowie der additive Charakter u. die Temp.-Abhängigkeit des Orthochors. K. Strenge 448

1009 **Temperaturabhängigkeit der Molwärme und der Viskosität von nichtassoziierten Flüssigkeiten.** A. R. Dexter und A. J. Matheson. (Trans. Faraday Soc. **64** (1968) 550, 2632—38; Dep. of Chem., Univ. of Essex, Colchester; engl.) — Untersucht werden *Toluol*, *Propan*, *Ae.*, *Chlf.*, *Bzl.*, *Äthylbenzol*, *Methylcyclohexan*, *Methylcyclopentan*, *Schwefelkohlenstoff*, *n-Hexan*, *n-Heptan*, *n-Octan*, *n-Nonon*, *n-Decan*, *n-Dodecan*, *Methan*, *Cyclopentan*, *Neopentan*, *Cyclohexan*, *Tetrachlorkohlenstoff*, *Hg*, *Ne*, O_2, *Ar* u. N_2. W. Sobieski 448

1010 **Bestimmung der Diffusionskoeffizienten flüssiger binärer Systeme mit einer Diaphragma-Zelle.** D. Srinivasan und G. S. Laddha. (Indian J. Technol. **6** (1968) 4, 97—99; A. C. Coll. of Technol., Univ. of Madras, Madras; engl.) — Untersucht wurde bei 30° die Diffusion der Carbonsäure/Lsgm.-Syst.: *Trichloressigsäure* (**I**)–*n-Butanol* (**II**), *Malonsäure* (**III**)–**II**, *Ölsäure* (**VI**)–*Bzl.*, *Acetylsalicylsäure–Methanol* (**IV**), *Laurinsäure*–**IV**, **III**–**IV**, **I**–**IV**, *Myristinsäure*–**IV**, *Linolsäure*–**IV**, *Anthranilsäure*–**IV**, *p-Aminobenzoesäure–Isopropanol* (**V**), **I**–**V**, **VI**–**V**, Weinsäure–**V**, Adipinsäure–**V** u. Zimtsäure–**V**. W. Sobieski 448

1011 **Konvektion und thermische Diffusion in einer von unten erhitzten Lösung.** 2. Mitt. **Das System $CHBr_2 \cdot CHBr_2$–$CHCl_2CHCl_2$.** J. C. Legros, W. A. Van Hook und G. Thomaes. (Chem. Physics Letters [Amsterdam] **2** (1968) 4, 249—50; Univ. Libre de Bruxelles; engl.) — Für das Titelsyst. wird der krit. Punkt für das Einsetzen der Konvektion (Bénard-Effekt) u. der durch therm. Diffusion bedingte Konz.-Gradient ΔN bestimmt. Beim Erhitzen von unten wird ΔN aufgehoben. W. Sobieski 448

1012 **Thermische Diffusion in $CHBr_2CHBr_2$–$CHCl_2CHCl_2$-Lösungen.** J. C. Legros, W. A. Van Hook und G. Thomaes. (Chem. Physics Letters [Amsterdam] **2** (1968) 4, 251—52; engl.) — Vgl. vorst. Referat. — Die therm. Diffusion des Titelsyst. wurde bei normalem u. inversem Temp.-Gradienten in einem Fließsyst. untersucht. Die l. c. gemachten Beobachtungen konnten bestätigt werden. W. Sobieski 448

1013 **Translationsdiffusion von einfachen monocyclischen Kohlenwasserstoffen in Tetrachlorkohlenstoff.** S. F. Sun, R. J. Beshinske und K. E. Van Holde. (J. Amer. chem. Soc. **89** (1967) 25, 6417—19; Dep. of Chem., St. John's Univ., New York, N.Y.; engl.) — Die Diffusions- u. Reibungskoeff. wurden für *Cyclopentan*, *Cyclohexan* u. *Cycloheptan* nach der Theorie von Kirkwood u. Tchen ber. u. mit experimentell gewonnenen Daten verglichen L. Strauß 448

B-4. Phasengleichgewichte, chemische Gleichgewichte und ihre Energetik

1014 **Berechnung von Gleichgewichtskonstanten für Drei- und Vier-Komponenten-Mischungen.** S. P. Dastur und G. Thodos. (Brit. chem. Engng. **11,** 198—201, 1966; Proctor & Gamble Co., Cincinnati, O.; engl.) — Es wird eine lineare Abhängigkeit zwischen Verhältnissen von Gleichgew.-Konst. [log (Kl/Ki) = f log (Kl/Kh)] für tern. u. quatern. KW-Stoff-Syst. gefunden, die bis zum krit. Punkt anwendbar u. unabhängig von Temp., Druck u. Zus. ist. Nach den aufgestellten Beziehungen werden die Dampf–Fl.-Gleichgew.-Daten für das Syst. *Äthan* (**I**)–*n-Pentan* (**II**)–*n-Heptan* (**III**) berechnet. Kl/Ki = f (Kl/Kh)-Beziehungen sind außerdem graph. angegeben für die Syst. *Methan* (**IV**)–**I**–*Propan* (**V**), **IV**–**V**–**II**, **IV**–*n-Butan*–*n-Decan* u. **I**–**II**–**III**. A. Jaeschke 454

1015 **Thermodynamische Untersuchungen an Mischsystemen aus stellungsisomeren hydroxygruppenhaltigen n-Alkanderivaten und n-Heptan. 2. Mitt. Exzeßenthalpien und -entropien.** G. Geiseler, K. Quitzsch, J. Hesselbach und K. Schmidt. (Z. physik. Chem. [Frankfurt/M.] [N. F.] **60** (1968) 1/4, 41—48; Phys.-Chem. Inst., Univ. Leipzig; dt.) — 1. vgl. C. **1969,** 18-1016. — Die Daten werden von den Syst. *n-Heptan* mit *Octanon-(2)-oxim*, *-(3)-oxim*, *-(4)-oxim* bei 20° u. mit *Octanol-(1)*, *-(2)*, *-(3)* u. *-(4)* bei 25° über den gesamten Zus.-Bereich bestimmt (Tabellen). W. Sobieski 454

1016 **Mischungswärme und -volumen der Systeme von Cyclohexan und Methylcyclohexan mit Piperidin und α-Pipecolin.** W. Wóycicki und K. W. Sadowska. (Bull. Acad. polon. Sci., Sér. Sci. chim. **16** (1968) 7, 365—70; Inst. of Phys. Chem., Polish Acad. of Sci.; engl.) — Daten sind angegeben für die Syst. Piperidin (I)–Cyclohexan (II), I–Methylcyclohexan (III), I–α-Pipecolin (IV), IV–II u. IV–III. W. Sobieski 454

1017 **Flüssigkeit–Flüssigkeit-Gleichgewichte in Systemen von Wasser mit Chinolinbasen.** B. Zegalska. (Bull. Acad. polon. Sci., Sér. Sci. chim. **16** (1968) 7, 357—63; Inst. of Phys. Chem., Polish Akad. of Sci.; engl.) — Bestimmt wird die Löslichkeit von *Chinolin* (I), *Isochinolin* (II), *Chinaldin, Lepidin, 7-Methylchinolin* u. *8-Methylchinolin* in W., die Gleichgew.-Daten der bin. Syst. der Basen mit W. u. des tern. Syst. W.–I–II. W. Sobieski 454

1018 **Thermodynamik binärer Flüssigkeitsgemische mit homologen Formamiden.** 3. Mitt. **Das System Tetrachlorkohlenstoff–DMF.** K. Quitzsch. (Z. physik. Chem. [Leipzig] **233,** 321—32, 1966; Phys.-Chem. Inst., Karl-Marx-Univ., Leipzig; dt.) — 2. vgl. C. **1966,** 4-0706. — Für das Titelsyst. werden nach der dynam. Meth. die isothermen Verdampfungsgleichgew. bei 30—60° sowie durch kalorimetr. Messungen die Mischungsenthalpie ΔH^E bei 25° u. durch pyknometr. Messungen die mittleren orthobaren D. bzw. molaren Exzeßvol. bei 25 u. 40° bestimmt. Aus den Aktivitätskoeff. u. ihrer Temp.-Abhängigkeit werden ΔG^E u. ΔH^E ermittelt; die Konst. des Ansatzes nach Guggenheim bzw. Redlich-Kister für ΔG^E, ΔH^E u. ΔV^E sind ebenfalls angegeben. H. D. Jacobi 454

1019 **Beziehung zwischen der Verteilung von TTA und dem „Löslichkeitsparameter" des alkoholischen Lösungsmittels.** N. Suzuki, K. Akiba, T. Kanno und T. Wakahayashi. (J. inorg. nuclear Chem. **30** (1968) 9, 2521—28; Res. Inst. of Min. Dressing and Metallurgy, Tohoku Univ., Sendai, Japan; engl.) — Die Verteilung von *Thenoyltrifluoraceton* (TTA) zwischen einer Reihe von Alkoholen u. wss. Perchloratlsg. der Ionenstärke 0,1 wird bei 25° untersucht u. eine lineare Beziehung zwischen dem Verteilungskoeff. von TTA u. dem Löslichkeitsparameter des Alkohols aufgestellt. W. Sobieski 454

1020 **Löslichkeitsuntersuchung von Östron in organischen Lösungsmitteln mit Gas–flüssig-Chromatographie.** Mary on W. Ruchelman. (Analyt. Biochem. [New York] **19** (1967) 1, 98—108; Houston, Tex., Univ. of Tex., M. D. Anderson Hospital and Tumor Inst.; engl.) — Löslichkeiten der Verb. in p-Dioxan, Cyclohexan, THF, Aceton, Methanol, CH_2Cl_2, A., Ae., Bzl., Chlf. u. Toluol werden bei 0, 15, 25, 30 u. 40° gaschromatograph. bestimmt. Differentielle Lsg.-Wärmen werden angegeben. B. I. 454△

1021 **Mizelleneigenschaften einiger zwitterionischer Tenside.** K. W. Herrmann und E. R. Wilson. (Abh. dtsch. Akad. Wiss. Berlin, Kl. Chem., Geol. Biol. **1966** (1967) 6b, 881—94; Miami Valley Labor., Procter & Gamble Co., Cincinnati, O.; engl.) — Durch Lichtstreuungsmessungen wurden die krit. Mizellenkonz. u. das Mizellenmol.-Gew. von Zwitterion-Tensiden bestimmt. Für *γ-[Dimethyldecyl-, γ-[Dimethyldodecyl-* u. *γ-[Dimethylhexadecylammonio]-propansulfonat* wurde außerdem der Einfl. der Kettenlänge für *γ-[Dimethyldodecylammonio]-butyrat, 3-[Dimethyldodecylammonio]-propansulfonat-(1), -2-hydroxypropansulfonat-(1)* u. *-propanmonosulfat*; für *3-[Dimethyldodecylphosphonio]-propansulfonat-(1), Diäthyldodecylammonioacetat, α-Dodecyltrimethylammonioacetat* u. *3-[Di-n-propyldodecylammonio]-propansulfonat-(1)* der Einfl. struktureller Veränderungen auf die Mizelleneig. untersucht. Elektrolyteneinfl. (NaCl) wurden im Fall von *3-[Dimethyldodecylammonio]-propansulfonat-(1), Dimethyldodecylaminoxid* u. *Natriumdodecylsulfat* ermittelt. K. Strenge 456

1022 **Adsorption an der Oberfläche von polarisiertem Hg beim Kontakt mit wäßrigen Lösungen organischer Säuren.** 4. Mitt. Mireille Privat und René Grand. (J. Chim. physique Physico-Chim. biol. **65** (1968) 6, 1060—63; Labor. de Chim. Gén. II, Fac. des Sci. de Montpellier; franz.) — Vf. bestimmten aus der Beziehung zwischen pK-Wert u. dem mittleren pH, bei dem die Kurven, die den Zusammenhang zwischen Erniedrigung der Grenzflächenspannung u. pH wiedergeben, Unstetigkeiten aufweisen, den pK_2- u. pK_3-Wert von *N-[2-Hydroxyäthyl]-iminodiessigsäure.* J. Richter 456

1023 **Kinetik der Adsorption von Steroiden an der Grenzfläche Wasser–Öl.** J. F. Baret und R. A. Roux. (Kolloid-Z., Z. Polymere **225** (1968) 2, 139—47; Labor. de Phys. des Liquides, Fac. des Sci., Marseille; franz.) — Die diffusionsbestimmte Kinetik der Adsorption von *Östradiol, Östriol, Dehydroepiandrosteron, 17α-Hydroxyprogesteron, Cortison, Cortisol, Cholesterin, 5α-Androstan* (I) u. *3.4-Bis-[p-hydroxyphenyl]-hexan* wird durch Messung der Grenzflächenspannung als Funktion der Zeit untersucht. Am Beispiel von I wird ferner gezeigt, daß die Adsorptionsgeschw. durch eine Aktivierungsschwelle beim Übergang von I aus der Lsg. an die Grenzfläche W.–Öl bestimmt wird. W. Sobieski 456

1024 **Monoschichten von Porphyrinestern. Spektrale Störungen und Molekülwechselwirkungen.** J. A. Bergeron, G. L. Gaines jun. und W. D. Bellamy. (J. Colloid. Interface Sci. **25** (1967) 1, 97—106; Gen. Electr. Res. and Dev. Center, Schenectady, N.Y.; engl.) — Die auf Phosphatpuffer (pH 8) gespreiteten Monoschichten von Protoporphyrin-IX-dimethylester, Hämatoporphyrin-IX-dimethylester, Coproporphyrin-III-tetramethylester, Coproporphyrin-I-tetramethylester u. Uroporphyrin-III-octamethylester werden spektroskop. untersucht (350 bis 800 nm). Die Oberflächenpotentiale u. Oberflächendipolmomente der Filme werden ebenfalls gemessen u. im Zusammenhang mit den anderen Ergebnissen diskutiert. K. Strenge 456

1025 **Maß für die elektronenabgebende und elektronenanziehende Kraft von flüssigen organischen Verbindungen.** Tsutomu Kagiya, Yūzō Sumida und Tokuji Inoue. (Bull. chem. Soc. Japan **41** (1968) 4, 767—73; Fac. of Engng., Kyoto Univ., Sakyo-ku, Kyoto; engl.) — Mit Hilfe der Störungen der O—D-Absorptionsbande von CH_3OD u. der C=O-Bande von *Acetophenon* durch nachst. fl. Verb. wird die relative Größe der elektronenabgebenden ($\Delta\gamma_D$) u. -anziehenden Kraft ($\Delta\nu_A$) der Verb. quant. bestimmt. Die Daten sind tabelliert für: *Bzl., Toluol, Äthylbenzol, Styrol, α-* u. *p-Methylstyrol; Chlor-, Brom-, o-Dichlor-, m-Dichlorbenzol; n-Hexan, n-Heptan, Tetrachlorkohlenstoff, Chloroform; Methylen-, Äthylenchlorid; Nitromethan, -äthan, -benzol; Aceto-, Propio-, Acryl-, Benzonitril; Methyl-, Äthyl-, Vinylacetat; Methylchloracetat, Methyldichloracetat; Äthyl-, Methylpropionat; Methylisobutyrat; Methyl-, Äthylacrylat; Methylmetacrylat; β-Propio-, γ-Butyro-, ε-Caprolacton; Aceton; Methyläthyl-, Diäthyl-, Methylvinylketon; Cyclohexanon, Acetophenon, Ae.; Di-n-propyl-, Diisopropyl-, Äthyl-n-butyl-, Äthylvinyl-, n-Butylvinyl-, Isobutylvinyl-, Diallyläther; 1.2-Dimethoxyäthan, Anisol, Phenetol; Propylen-, Styroloxid; Epichlorhydrin, 3.3-Bis-[chlormethyl]-oxetan, Furan, THF, 1.3-Dioxolan; 2-Methyl-, 4-Methyl-, 2-Phenyl-, 4-Chlormethyl-1.3-dioxolan; Tetrahydropyran, 1.4-Dioxan; Acet-, Propion-, n-Butyr-, Croton-, Benzaldehyd; Acrolein; Äthyl-, n-Propyl-, Di-n-propyl-, Triäthylamin* (I); *Anilin; N-Methyl-, N.N-Dimethylanilin* (II); *Py.; α-* u. *γ-Picolin; 4-Äthylpyridin, o-Toluidin* (III), *Piperidin, 4-Vinylpyridin; Äthylen-, N-Phenyläthylenimin; N.N-Dimethylformamid* (IV), *N.N-Dimethylacetamid, DMSO* sowie *$ZnCl_2$, $SnCl_4$* u. *$SbCl_5$*. Beziehungen zwischen $\Delta\gamma_D$ u. pK-Werten, $\Delta\nu_D$ u. dem Ionisationspotential, $\Delta\nu_D$ u. dem Koordinationsvermögen zu $Zn(C_2H_5)_2$, zwischen $\Delta\nu_D$ u. $\Delta\nu_A$ an einigen Verb. sowie zwischen $\Delta\nu_D$ u. der Bindungsdissoziationsenergie der Ladungsübertragungskomplexe von J_2 mit I, II, III, IV, Ae., A. u. Py. werden untersucht. W. Sobieski 458

1026 **Untersuchung der nucleophilen Solvatation auf der Grundlage der Theorie des chemischen Gleichgewichts.** Tsutomu Kagiya, Yūzō Sumida und Tokuji Inoue. (Bull. chem. Soc. Japan **41** (1968) 4, 773—78; engl.) — Vgl. vorst. Referat. — Über die IR-Daten der O—D-Schwingungsbande von CH_3OD wird ähnlich l. c. die nucleophile Solvatation zum D-Atom von CH_3OD in einfachen u. binären Lsg. quant. untersucht u. eine empir. Beziehung zwischen der $\Delta\nu_D$ u. den nucleophilen Gleichgew.-Konst. verschiedener Lsgm. aufgestellt. Tabelliert sind die Verhältnisse der Gleichgew.-Konst. bez. *THF* von *Bzl.*, *Nitroäthan*, *Phenetol*, *Äthylpropionat*, *THF*, *Py.* u. *Triäthylamin* sowie die Gleichgew.-Konst. der nucleophilen Solvatation in CH_3OD dieser Verb. u. von *Äthylbenzol*, *Styrol*; *α-* u. *p-Methylstyrol*; *Äthylacetat*, *-acrylat*; *Methylisobutyrat*, *-metacrylat*; *Vinylacetat*; *β-Propio-*, *γ-Butyro-*, *ε-Caprolacton*; *Methyläthyl-*, *Methylvinylketon*; *Ae.*, *Äthylvinyläther*, *p-Methoxystyrol*, *Propylenoxid*, *Epichlorhydrin*, *Styroloxid*, *3.3-Bis-[chlormethyl]-oxetan*, *1.3-Dioxolan*, *4-Methyl-1.3-dioxolan*, *Tetrahydropyran*; *Propio-* u. *Acrylnitril*. W. Sobieski 458

1027 **Definition der Selektivität der nucleophilen Solvatation in einer binären Lösung.** Tsutomu Kagiya, Yūzō Sumida und Tokuji Inoue. (Bull. chem. Soc. Japan 41 (1968) 4, 779—82; engl.) — Vgl. vorst. Referat. — Analog l. c. wird die nucleophile Solvatation bez. CH_3OD als Lsgm. in bin. Lsg. untersucht u. die Selektivität der Solvatation als Verhältnis der Gleichgew.-Konst. der Komponenten definiert. Angegeben sind die Selektivitäten der nucleophilen Solvatation von *Bzl.*, *Nitroäthan*, *Phenetol*, *Äthylpropionat* (I), *THF*, *Py.* u. *Triäthylamin* bez. THF u. I. W. Sobieski 458

1028 **Nachweis von stöchiometrischen 2:1-Komplexen mittels IR-Spektroskopie.** D. Clotman, G. Lichtfus und Th. Zeegers-Huyskens. (Bull. Soc. chim. belges 77 (1968) 1/2, 115—16; Labor. de Chim.-Phys. III, Univ., Louvain; franz.) — Auf Grund der Intensität der OH-Valenzschwingung bei ca. 3600 cm^{-1} wird die 2:1-Komplexbldg. zwischen nachst. Phenolen u. *Triäthylamin* in CCl_4 bei 30° untersucht: *p-Formyl-*, *3.4-Dimethyl-*, *p-Methyl-*, *m-Methyl-*, *p-Fluor-*, *p-Brom-*, *p-Jod-*, *m-Fluor-m-Brom-*, *3.4-Dichlor-*, *p-Cyan-*, *m-Nitro-*, *3.5-Dichlor-* u. *p-Nitro-*. F. Langenbucher 458

1029 **Nachweis von stöchiometrischen 2:1-Komplexen mittels UV-Spektroskopie.** J. P. Dupont und Th. Zeegers-Huyskens. (Bull. Soc. chim. belges 77 (1968) 1/2, 117—18; franz.) — Vgl. vorst. Referat. — Analog l. c. wird die 2:1-Komplexbldg. zwischen nachst. Phenolen u. *Triäthylamin* in Cyclohexan bei 25° über die $1L_b$-Bande bei 270—320 mμ untersucht: *unsubstituiert*, *p-Methyl-*, *p-Chlor-*, *3.4-Dichlor-*, *m-Nitro-*, *3.5-Dichlor-*, *p-Cyan-*, *p-Formyl-* u. *p-Nitro-*. F. Langenbucher 458

1030 **Hertzspektrometrische Untersuchung der Autoassoziation des Pyrrols.** Renaud Fauquembergue, Ladislas Raczy und Eugène Constant. (C. R. hebd. Séances Acad. Sci., Sér. C 264 (1967) 15, 1213—15; Lille, Fac. des Sci.; franz.) J. F. Cordes 458△

1031 **IR-Untersuchung der Komplexe von Aminen mit einigen Organophosphor-Verbindungen.** Sanji Nishimura und Norman C. Li. (J. physic. Chem. 72 (1968) 8, 2908—12; Dep. of Chem., Duquesne Univ., Pittsburgh, Pa.; engl.) — Tabelliert sind Absorptionsdaten, Dimerisierungs- u. Bldg.-Konst. der 1:1-Komplexe von *Anilin* u. *N-Methylanilin* mit *Tri-n-butylphosphat* (I) u. *Tri-n-octylphosphinoxid*. Die NH-Valenzbanden im Gebiet des 1. Obertons sind abgebildet sowie thermodynam. Daten dieser Komplexe u. von *Chloroform-I*. D. Schmitt 458

1032 **Intramolekulare H-Bindung in Cycloalkandiol-(1.2)-monoacetaten.** Robert W. Wright und R. H. Marchessault. (Canad. J. Chem. 46 (1968) 15, 2567—75; Cellulose Res. Inst. and Chem. Dep., State Univ. of N.Y., Coll. of Forestry, Syracuse, N.Y.; engl.) — Die H-Bindungen werden durch Analyse der hochaufgelösten IR-Banden im 3-μ-Bereich von *cis-* u. *trans-Cyclopentandiol-(1.2)*, *cis-* u. *trans-Cyclohexandiol-(1.2)* sowie *cis-* u. *trans-Cyclopentandiol-(1.2)-monoacetat* u. *cis-* u. *trans-Cyclohexandiol-(1.2)-monoacetat* untersucht. D. Schmitt 458

1033 **Cyanidkomplex von 1.3.5-Trinitrobenzol in nichtwäßrigen Lösungsmitteln.** A. R. Norris. (Canad. J. Chem. 45 (1967) 22, 2703—09; Dep. of Chem., Queen's Univ., Kingston, Ontario; engl.) — Von dem 1:1-Komplex zwischen der Titelverb. u. CN^--Ionen (Tetra-n-butylammoniumcyanid) werden IR- u. Absorptionsdaten (in vielen organ. Lsgm.), die Gleichgew.-Konst., molaren Extinktionskoeff. u. RGK der Wechselwrkg. der Komponenten bestimmt. Der Komplex ist vom Meisenheimer-Typ. W. Sobieski 458

1034 **Carboniumionensalze.** 12. Mitt. **IR- und thermodynamische Untersuchung an Hydroxytropenyliumhalogenidhydraten.** Kenneth M. Harmon und Thomas T. Coburn. (J. physic. Chem. 72 (1968) 8, 2950—53; Dep. of Chem., Harvey Mudd Coll., Claremont, Calif.; engl.) — 11. vgl. C. **1968**, 64-0479. — Von *Hydroxytropenyliumbromidmonohydrat* u. *-jodidmonohydrat* werden die IR-Spektren untersucht u. die thermodynam. Daten der Dissoziation bei 298 °K bestimmt sowie bez. der starken H-Bindungen zwischen den OH des Kations u. dem Hydratwasser diskutiert. W. Sobieski 458

1035 **Computer-Berechnung der Aggregationsgleichgewichte einiger Alkylammoniumsalze in Benzol.** P. R. Danesi, F. Orlandini und G. Scibona. (J. inorg. nuclear Chem. 30 (1968) 9, 2513—19; CNEN, CSN, Casaccia, Roma, Italia; engl.) — Die Daten werden ermittelt für *Trilaurylammoniumchlorid*, *-bromid*, *-nitrat* u. *-perchlorat* bei 25°. W. Sobieski 458

1036 **Eigenassoziation und Hydratisierung von Benzoesäure in Benzol.** Roger Van Duyne, S. A. Taylor, S. D. Christian und H. E. Affsprung. (J. physic. Chem. 71 (1967) 11, 3427—30; Dep. of Chem., Univ. of Okla., Norman, Okla.; engl.) — Die Unters. ergaben das Vorliegen eines Säure-Dimeren, eines Mono- u. Dihydrats der Monomeren u. ein Monohydrat des Dimeren. K. Jasche 458△

1037 **Wechselwirkung Farbstoff—Alkohol in aprotischen Medien.** Sadhan Kumar De und Santi R. Palit. (J. Indian chem. Soc. 45 (1968) 5, 395—403; Dep. of Phys. Chem., Indian Assoc. for the Cultivation of Sci., Jadavpur, Calcutta; engl.) — Die Assoziationskonst. der Bldg. der gefärbten Form wird aus Wechselwrkg. der Carbinolbase von *Äthylviolett* mit folgenden Alkoholen in Bzl., Toluol u. Xylol bestimmt: *Trifluoräthanol*, *2.2.3.3-Tetrafluorpropanol*, *[1.1.5-H₃]-Oktafluorpentanol*, *[1.1.7-H₃]-Dodekafluorheptanol*, *[1.1.9-H₃]-Hexadekafluornonanol*, *[1.1.11-H₃]-Eikosafluorundecanol*, *2.2-Dinitropropanol*, *Dichlorhydrin* u. *Hexafluoracetonhydrat*. W. Sobieski 458

1038 **Stabile Carboniumionen.** 45. Mitt. **Benzylkationen.** J. Martin Bollinger, Melvin B. Comisarow, Chris A. Cupas und George A. Olah. (J. Amer. chem. Soc. 89 (1967) 22, 5687—91; Case Western Reserve Univ., Cleveland, O., Dep. of Chem.; engl.) — 44. vgl. ibid. 89 (1967) 14, 3591; 46. vgl. C. **1968**, 41-0858. — Durch Ionisierung nachst. Benzylchloride in SbF_5–SO_2-Lsg. bei —60° entstehen entsprechende ringsubstituierte Benzylkationen. — *Chlormethylbromdurol*, $C_{11}H_{14}BrCl$, F. 106,5—108° (PAe., Kp. 90—100°), aus Bromdurol u. Chlormethylmethyläther (I); 32%. — *4-Methoxytetramethylbenzylchlorid*, $C_{12}H_{17}ClO$, F. 102—104° (CH_2Cl_2), aus Durylmethyläther u. Formaldehyd/HCl; 24%. — *2-Bromtetramethylbenzylchlorid*, $C_{11}H_{14}BrCl$, F. 113 bis 114° (Hexan), aus 2.3.4.5-Tetramethylbrombenzol u. I in Ggw. von $SnCl_2$; 57%. — *3.5-Di-tert.-butylfluormethylbenzol*, $C_{15}H_{23}F$, F. 40—42°, aus 3.5-Di-tert.-butyltoluol u. N-Bromsuccinimid (→ *3.5-Di-tert.-butylbenzylbromid*, $Kp._{0,1}$ 75—80°), Umsetzung mit AgF_2; 68%. — *2.4.6-Tri-tert.-butylbenzylchlorid*, $C_{19}H_{31}Cl$, F. 141,5—143,5° (Hexan), aus 2.4.6-Tri-tert.-butylphenyllithium u. gasf. Formaldehyd in Ae., Chlorierung des intermediär gebildeten Benzylalkohols mit SO_2Cl_2. — *Pentamethyl-[2-D]-benzylchlorid*, F. 82—83°, Ox. des Pentamethylbenzylchlorids mit 2-Nitropropan zum Pentamethylbenzaldehyd, Red. mit $LiAlD_4$ u. Chlorierung mit SO_2Cl_2. K. Jasche 462△

1039 **Stabile Carboniumionen.** 51. Mitt. **Fluorocyclohexadienylkationen.** George A. Olah und Thomas E. Kiovsky. (J. Amer. chem. Soc. 89 (1967) 22, 5692—94; engl.) — 50. vgl. C. **1968**, 41-0862; 45. vgl. vorst. Referat. — Untersucht wird die Protonierung von *Fluor-*, *p-* u. *m-Difluor-*, *1.3.5-*, *1.2.4-Trifluor-* u. *1.2.3.5-Tetrafluorbenzol* in FSO_3H–SbF_5 bei —78° unter Bldg. entsprechender *Fluorcyclohexadienylkationen*. [1]H- u. ^{19}F-NMR-Spektren werden wiedergegeben. K. Jasche 462△

1040 **Stabile Carboniumionen. 52. Mitt. Protonierte Ester und ihre Spaltung in FSO_3H-SbF_5-Lösungen.** George A. Olah, Daniel H. O'Brien und Anthony M. White. (J. Amer. chem. Soc. **89** (1967) 22, 5694—5700; engl.) — 51. vgl. vorst. Referat. — Untersucht wird ^{1}H-NMR-spektroskop. das Verh. von *Methyl-*, *Äthyl-* u. *Isopropylformiat*, *Methyl-*, *Äthyl-* u. *sek.-Butylacetat*, *Methylpropionat*, *Methylisobutyrat*, *Methyl-* u. *Äthylbenzoat* sowie Pivalinsäuremethylester in HSO_3F–SbF_5–SO_2. K. Jasche 462△

1041 **Anwendung der Hammett-Beziehung zur Berechnung der Basizitätskonstanten substituierter Phenylhydrazine.** Gerhard Westphal und Hans-Hartwig Stroh. (Z. Chem. **7** (1967) 5, 192; Inst. für Chem. an der Landw.-gärtner. Fak. der Humboldt-Univ. zu Berlin; dt.) — Die für m- u. p-kernsubstituierten Phenylhydrazine (*Jod-*, *Cyano-*, *Phenyl-*, *Phenoxy-*) gültige lineare Beziehung zwischen ΔpK_b- (Basizitätsdifferenz) u. den σ-Werten läßt sich auch auf o-substituierte Phenylhydrazine mit Ausnahme des ster. behinderten o-Äthoxycarbonylphenylhydrazins anwenden. — Untersuchte Phenylhydrazine: *m-Jod-*, $Kp._5$ 156°. — *p-Jod-*, F. 103° (W.). — *m-Cyan-*, F. 106—107° (W./A.). — *p-Cyan-*, F. 157—158° (A.). — *p-Diphenylhydrazin*, F. 135 bis 136° (A.). — *p-Phenoxy-*, F. 105° (W.). K. Jasche 462△

1042 **Bestimmung der scheinbaren Dissoziationskonstanten von 2.4-Dinitrophenol und der scheinbaren zweiten Aciditätskonstanten der Citronensäure in verschiedenen Lösungen von Salzen.** Robert Fischer. (Bull. Soc. chim. France **1967**, 6, 2094—2100; Strasbourg, Inst. de Chim.; franz.) — Untersucht wurde der Salzeinfl. im Zusammenhang mit der Hückel-Theorie. J. F. Cordes 462△

1043 **Chemie der Bicyclo-[2.2.2]-octane. 5. Mitt. Dissoziationskonstanten von Bicyclo-[2.2.2]-octen-(2)-carbonsäuren-(1), Dibenzobicyclo-[2.2.2]-octadien-(2.5)-carbonsäuren-(1) und Cubancarbonsäuren.** Frank W. Baker, Roger C. Parish und Leon M. Stock. (J. Amer. chem. Soc. **89** (1967) 22, 5677—85; Univ. of Chicago, Ill.; engl.) — Die Dissoziationskonst. sowie die lg (K/K_H)-Werte in A./W.-Gemischen (50 Gew.-%) bei 25° sind angegeben von folgenden Verb.: Bicyclo-[2.2.2]-octancarbonsäuren-(1): *unsubstituiert*, *4-Trifluormethyl-* u. *4-Trimethylammonio-* als *Chlorid*. Bicyclo-[2.2.2]-octen-(2)-carbonsäuren-(1): *unsubstituiert*, *4-Methyl-*, *4-Chlor-*, *4-Äthoxycarbonyl-*, *4-Carbamoyl-*, *4-Trifluormethyl-*, *4-Cyan-* u. *4-Trimethylammonio-* als *Chlorid*. Dibenzobicyclo-[2.2.2]-octadien-(2.5)-carbonsäuren-(1): *unsubstituiert*, *4-Methyl-*, *4-Methoxy-*, *4-Fluor-*, *4-Chlor-*, *4-Brom-* u. *4-Nitro-*. *Cubansäure*, *Adipinsäure*, *Bicyclo-[2.2.2]-octan-1.4-dicarbonsäure* u. seinem *Monoanion*, *Δ^2-Bicyclo-[2.2.2]-octen-1.4-dicarbonsäure* u. seinem *Monoanion* u. *Cuban-1.4-dicarbonsäure* u. seinem *Monoanion*.

Versuche: 9-Methoxyanthracen u. Br_2 → *9-Methoxy-10-bromanthracen*, $C_{15}H_{11}BrO$, F. 150—151° (Subl.), 70%; Rk. mit Butyllithium u. Carbonisieren → *10-Methoxy-9-anthronsäure*, $C_{16}H_{12}O_3$, F. 212—212,5° (Subl.); 73%. — Äthylenaddition an entsprechende Anthronsäuren: *Dibenzobicyclo-[2.2.2]-octadien-(2.5)-1-carbonsäure*, F. 250° (A., Subl.); 45%. *4-Methyl-*, $C_{18}H_{16}O_2$, F. 238,5—239°; 63%. *4-Methoxy-*, $C_{18}H_{16}O_3$, F. 255 bis 256°; 46%. *4-Chlor-*, $C_{17}H_{13}ClO_2$, F. 233°; 57%. *4-Brom-*, $C_{17}H_{13}BrO_2$, F. 257—258°; 56%. — Rk. von 10-Cyan-9-bromanthracen mit KF in DMF (unter N_2) → *9-Cyano-10-fluoranthracen*, F. 218—219,5°; 10%; Einw. von Äthylen in Toluol → *1-Cyan-4-fluordibenzobicyclo-[2.2.2]-octadien-(2.5)*, $C_{17}H_{12}FN$, F. 109—110°, Umsetzung mit KOH in A. → *4-Fluorodibenzobicyclo-[2.2.2]-octadien-(2.5)-1-carbonsäure*, $C_{17}H_{13}FO_2$, F. 235° (Subl.); 97%. — Rk. von 10-Nitro-9-anthronsäuremethylester/4-tert.-Butylcatechol in Toluol mit Äthylen → *4-Nitrodibenzobicyclo-[2.2.2]-octadien-(2.5)-1-carbonsäuremethylester*, $C_{18}H_{15}NO_4$, F. 173,5—175°; 21%; Verseifung mit KOH → *4-Nitrodibenzobicyclo-[2.2.2]-octadien-(2.5)-1-carbonsäure*, $C_{17}H_{13}NO_4$, F. 255—256° (A., Subl.); 95%. K. Jasche 462△

1044 **Synthese von chelatbildenden Stoffen. 5. Mitt. 1.2.3-Triaminopropanhexaessigsäure und deren Säuredissoziationsschema.** Mitsumasa Miyazaki, Yoshiki Moriguchi und Keihei Ueno. (Bull. chem. Soc. Japan **41** (1968) 4, 838—43; Dep. of Organ. Synth., Fac. of Engng., Kyushu Univ., Hakozaki, Fukuoka; engl.) — 4. vgl. ibid. **40** (1967) 10, 2326. — Darst. u. Säuredissoziationseig. von *1.2.3-Triaminopropan-N.N.N'.N'.N''.N''-hexaessigsäure* (I, Monohydrat, Zers. bei 230—233,5°) werden beschrieben. Angegeben sind die pK_a-Werte aller 6 Stufen von I im Vgl. mit ähnlichen Aminpolyessigsäureverb., IR-Spektren von I in D_2O bei verschiedenen p_D sowie von I (Monohydrat) u. deren Na_3-, Na_4-, Na_5- u. Na_6-Salzen. W. Sobieski 462

B-5. Elektrochemie

1045 **Das durch Verbrennung von KW-Stoffen erhaltene fluide Medium der magnetohydrodynamischen Konversion.** F. Le Bouc, B. Salé und F. Texier. (Rev. Inst. franç. Pétrole Ann. Combustibles **22** (1967) 7/8, 1157—82; franz.) — Vf. behandeln die thermodynam. u. elektr. Eig. der mit K geimpften Verbrennungsprod., aus denen das fluide Medium im offenen Stromkreis besteht. Bes. wird der Einfl. des Brennstoffes (*Methan*, *Äthan*, *Äthylen*, *Acetylen*, *Propan*, *Propylen*, *Butan*, fl. *Octan*, fl. *Bzl.*, *Kerosin* $C_{10,4}H_{2,08}$ u. ein schwerer Brennstoff $C_{70,8}H_{105}O_{0,56}N_{0,43}$), des Ox.-Mittels ($O_2$, Luft), des Drucks, der Anfangstemp. u. der Konz. auf diese Eig. untersucht. J. Richter 465

1046 **Leitfähigkeit und Dissoziation von 5-substituierten Tetrazolen in 1.1.3.3-Tetramethylguanidin bei 25°.** Joseph A. Caruso, Paul G. Sears und Alexander I. Popov. (J. physic. Chem. **71** (1967) 6, 1765—60; Dep. of Chem., Mich. State Univ., East Lansing, Mich.; engl.) — Daten der elektr. Leitfähigkeit u. Dissoziationskonst. werden bestimmt von nachst. Tetrazolen: *unsubstituiert*, *5-p-Nitrophenyl-* [F. 226—227° (Zers.)], *5-p-Chlorphenyl-* [F. 260—261° (Zers.)], *5-p-Methoxyphenyl-* (F. 239 bis 240°), *5-Phenyl-* (F. 221—222°), *5-Methyl-* (F. 148°), *5-Benzyl-* (F. 124—125°), *5-p-Chlorbenzyl-* (F. 162—163°), *5-Äthyl-*, *5-n-Propyl-* sowie von *Pikrinsäure*, *Tetra-n-butylammoniumjodid* u. *Triisopentyl-n-butylammoniumtetraphenylborat* in 1.1.3.3-Tetramethylguanidin (I). Bestimmt wird außerdem die DK von I u. der induktive Effekt der Substituentengruppen auf die Säurestärke der Tetrazole (Taft-Beziehung). W. Sobieski 468

1047 **Elektrische Leitfähigkeit von wäßrigen Tetraalkylammoniumhalogenid-Lösungen unter hydrostatischem Druck.** R. A. Horne und R. P. Young. (J. physic. Chem. **72** (1968) 5, 1763—67; Arthur D. Little, Inc., Cambridge, Mass.; engl.) — Untersucht wurden *Tetramethyl-*, *-äthyl-*, *-propyl-*, *-n-butyl-* u. *-n-pentylammoniumchlorid*, *-bromid* u. *-jodid*. D. Schmitt 468

1048 **Elektronen- und Lochleitfähigkeit von Donator-Akzeptor-Komplexen oligoanilinischer Substanzen und ihre thermoelektrischen Eigenschaften.** V. Hádek. (Physica Status solidi [Berlin] **30** (1968) 1, 275—82; Inst. of Makromol. Chem., Czech. Acad. of Sci., Prague; engl.) — Es wird ein Zusammenhang zwischen dem Auftreten der n- bzw. p-Leitfähigkeit in Oligoanilinkomplexen u. den verschiedenen Akzeptoren festgestellt u. der Einfl. des relativen Akzeptoranteils im Komplex diskutiert. Außerdem ergibt sich, daß für p-Leitfähigkeit die Akzeptorkomponente u. für n-Leitfähigkeit die Donatorkomponente maßgebend sind. Es besteht daher die Möglichkeit, den Leitfähigkeitstyp bei organ. Halbleitern zu beeinflussen. Untersucht wurden die Komplexe (Verknüpfung der Oligoaniline vermutlich in p-Stellung): 1—6 Mol J_2 mit den Donatoren *Dianilinobenzol*, *Bis-[anilinophenyl]-amin*, *N.N'-Bis-[anilinophenyl]-phenylendiamin*, *N.N'-Bis-[(anilinoanilino)-phenyl]-phenylendiamin*, *Bis-[aminophenyl]-amin*, *N.N'-Bis-[aminophenyl]-phenylendiamin*, *N-[Anilinophenyl]-phenylendiamin*, *Tris-[aminophenyl]-amin*, *Bis-[N.N-dimethylaminophenyl]-amin* (I), *N.N'-Bis-[N.N-dimethylaminophenyl]-phenylendiamin* (II), *Bis-[(N.N-dimethylaminoanilino)-phenyl]-amin* (III), *N.N'-Bis-[tolyl]-phenylendiamin*; 1—4 Mol *TCNQ* mit den Donatoren **I**, **II**, **III**, *Bis-[(N.N.N'-trimethylphenylen-*

diamino)-phenyl]-methylamin sowie von *p-Chloranil* mit I u. II u. von *m-Dinitrobenzol* mit I u. II.
H. Roschkowski 470

1049 **Bestimmung der Bandlücke im Anthracen.** G. Vaubel und H. Baessler. (Physics Letters [Amsterdam] **27A** (1968) 6, 328—29; Phys. Dep., TH München; engl.) — Es werden der Schwellenwert der Photoemission von Elektronen u. Löchern von Ce u. Mg in die Ce- u. Mg-dotierte Titelverb. mit sehr reinem W. als Gegenelektrode gemessen. D. Schmitt 470

1050 **Bestimmung der Struktur des Leitungsbandes in Anthracen durch Photoemission.** J. Dresner. (Physic. Rev. Letters **21** (1968) 6, 356—58; RCA Labor., Princeton, N.J.; engl.) — Die Struktur des Leitungsbandsyst. von krist. Anthracen (I) wird über die Photoemission von Elektronen aus durch Rk. mit K u. Na gebildeten negativen I-Ionen untersucht. Zwei Leitungsbänder werden beobachtet u. diskutiert. W. Sobieski 470

1051 **Oberflächenzustände von Anthracen-Kristallen.** H. Baessler und G. Vaubel. (Physic. Rev. Letters **21** (1968) 9, 615—17; Phys. Dep., TH München; engl.) — Durch Best. der Schwellenwerte der Photoemission von Elektronen u. Löchern aus Metallen in Anthracen wird die Existenz von Oberflächenzuständen nachgewiesen. Diese können Elektronen u. Löcher einfangen u. als Rekombinationszentren für Ladungsträger dienen.
W. Sobieski 470

1052 **Positronenlebensdauer in Cholesterylpropionat.** George D. Cole, Walter G. Merritt und William W. Walker. (J. chem. Physics **49** (1968) 4, 1980—81; Dep. of Phys. Univ. of Ala., University, Ala.; engl.)
D. Strauch 470

1053 **Halbleitfähigkeit organischer Verbindungen.** 11. Mitt. **Elektrische Eigenschaften von substituierten Allyradikalen.** D. D. Eley, K. W. Jones, J. G. F. Littler und M. R. Willis. (Trans. Faraday Soc. **63** (1967) 4/532, 902—10; Chem. Dep., Univ., Nottingham; engl.) — 10. vgl. C. **1968**, 44-0803. — Photoelektr. Eig. werden bestimmt von *α.γ-Bis-[biphenylen]-β-phenylallyl* [F. 189 bis 191° (Ae.)], *-β-p-isopropylphenylallyl* [F. 189—190° (Methylcyclohexan)], *-β-p-isopropenylphenylallyl*, F. 197 bis 199° (Methylcyclohexan)], *-β-[p-biphenylylphenyl]-allyl* [F. 278—280° (Bzl./PAe.)] u. *-β-[p-chlorbiphenylyl]-allyl* [F. 269—271° (Bzl./PAe.)]. W. Sobieski 472

1054 **Ausbeute an freien Ladungsträgern aus Triplett-Triplett-Zusammenstößen in flüssigen Medien.** K. de Groot, L. P. Gary und R. C. Jarnagin. (J. chem. Physics **48** (1968) 11, 5280—81; Dep. of Chem., Univ. of N.C., Chapel Hill, N.C.; engl.) — Von *Phenanthren*, *Anthracen*, *Naphthalin*, *Pyren* u. *Tetracen* in THF, Methyltetrahydrofuran, Benzo- u. Acetonitril wird die Triplett-Ionisierung untersucht, aus den bestimmten D. der Ladungsträger u. Tripletts die relative Ausb. der freien Ionen ber. u. deren Abhängigkeit von der DK des Lsgm. ermittelt. W. Sobieski 472

1055 **Periodische Änderung der Kinetik bei der elektrochemischen Oxydation von Formiat und Äthylen.** J. Wojtowicz, N. Marincic und B. E. Conway. (J. chem. Physics **48** (1968) 10, 4333—45; Dep. of Chem., Univ., Ottawa, Canada; engl.) — Untersucht wird das Schwingungsverh. unter galvanostat., potentiostat. u. potentiodynam. Bedingungen bei stationären u. rotierenden Elektroden von K-Formiatlsg. u. Äthylen. Diskutiert wird der Ox.-Mechanismus u. der Ursprung der Schwingungseffekte. W. Sobieski 476

1056 **Kathodische Reduktion einiger aromatischer Verbindungen zu freien Anionradikalen.** A. E. Brodsky, L. L. Gordienko und L. S. Degtiarev. (Elektrochim. Acta [London] **13** (1968) 5, 1095—1100; L. V. Pissarzhevsky's Inst. of Phys. Chem., Acad. of Sci. of the Ukrain. SSR, Kiev; engl.) — Die Red. nachst. Verb. in aprot. Medien an einer Hg-Tropfelektrode wird untersucht. Angegeben sind die Halbwellenpotentiale der Anthrachinone: *1-Amino-*, *1-Methoxy-*, *1-Aminocarbonyl-*, *1-Jod-*, *1-Fluor-*, *1-Chlor-*, *1-Nitro-*, *1-Nitro-2-carboxy-*, *1.2-Diäthyl-*, *2-Amino-*, *2-Methyl-*, *2-Äthyl-*, *2-Fluor-*, *2-Chlor-*, *2-Brom-*, *2-Aminocarbonyl-*; der Phenazine: *2-Methoxy-*, *2-Methyl-*, *2-Chlor-6-methoxy-*, *unsubstituiert*, *2-Phenyl-*, *2-Chlor-*, *2-Formyl-*, *2-Cyan-*, *2-Nitro-*, *1-Methoxy-*, *1-Chlor-*, *1-Aminocarbonyl-*, *1-Anilinocarbonyl-*, *1-[Naphthylaminocarbonyl]-*, *2-Methyl-7.8-diphenyl-(?)*; den Phenazin-N.N'dioxiden: *2-Methoxy-*, *2-Methyl-*, *unsubstituiert*, *2-Phenyl-*, *2-Chlor-*, *2-Phenyl-6-methoxy-*, *1-Phenyl-*; den p'-Nitrobiphenylen: *p-Amino-*, *p-Methyl-*, *unsubstituiert*, *p-Fluor-*, *p-Chlor-*, *p-Brom-*, *p-Nitro-*, *p-Acetyl-*, *p-Äthoxycarbonyl-* u. von den p'-Nitrostilbenen: *unsubstituiert*, *p-Amino-* u. *p-Nitro-*. W. Sobieski 478

1057 **Einfluß von Polymeren auf die Diffusionsstromstärke organischer Depolarisatoren.** H. J. Bär, H. Dautzenberg und B. Philipp. (Z. physik. Chem. [Leipzig] **239** (1968) 1/2, 84—103; TU Dresden, Inst. für Spez. analyt. Chem.; dt.) — Es wird der Einfl. von techn. Viskose, Cellulosexanthogenatlsg., Carboxymethylcellulose u. Polyacrylat auf die polarograph. Grenzströme von *Schwefelkohlenstoff* u. *Nitrobenzol* in 1 m NaOH untersucht u. bez. der Veränderung der Stufenhöhe u. der Umxanthogenierung bei Viskosespinlsg. diskutiert.
W. Sobieski 478

1058 **Weitere Beispiele von p- und o-disubstituierten Benzolderivaten, die in einer reversiblen 2-Elektronenstufe zu Produkten begrenzter Stabilität reduziert werden.** P. Zuman, O. Manoušek und S. K. Vig. (J. electroanalyt. Chem. Interfacial Electrochem. [Lausanne] **19** (1968) 1/2, 147—55; J. Heyrovsky Inst. of Polarography, Czech. Acad. of Sci., Prague; engl.) — Das polarograph. Verh. von *Terephthalphenon*, *4.4'-Diacetyldiphenylmethan*, *Terephthalaldehyd*, *Phthalaldehyd*, *p-Dinitrobenzol*, *Phthalodinitril*, *Isophthalodinitril* u. *Terephthalodinitril* wird untersucht u. mit dem von p-Diacetylbenzol verglichen. W. Sobieski 478

1059 **Polarographisches Verhalten von Phenylfluoron.** 1. Mitt. **Reduktion in wäßriger Lösung.** Romanio Andruzzi, Mario Cardinali und Liliana Rampazzo. (Ricerca sci. **37** (1967) 7—8, 660—64; Roma, Univ., Fac. di Ing.; ital.) — Untersucht wurde *2.3.7-Trihydroxy-9-phenylfluoron-(6)*. J. F. Cordes 478△

1060 **Rolle des Elektrolyten bei der kathodischen Hydrodimerisierung des Acrylnitrils.** Fritz Beck. (Ber. Bunsenges. physik. Chem. **72** (1968) 3, 379—88; Labor. der BASF-Akt.-Ges., Ludwigshafen/Rh.; dt.) — Aus polarograph. Red.-Potentialmessungen verschiedener Leitsalzkationen, Leitfähigkeitsmessungen, Lyotropie-Unters. der Leitsalze, präp. Elektrolysevers. u. Strom-Spannungsmessungen an der Hg-Tropfkathode bei verschiedenen Leitsatzkonz. wird ein ion. Rk.-Mechanismus abgeleitet. B. Hempel 478

1061 **Elektrochemische Reduktion von α.α'-Dibrom-p-xylol.** Frank H. Covitz. (J. Amer. chem. Soc. **89** (1967) 21, 5403—09; Union Carbide Chem. and Plastics Operations Div., Bound Brook, N.J.; engl.) — Der Mechanismus der Zweistufenrk. der Titelverb. (I) wird aus polarograph. u. coulometr. Daten u. auf der Grundlage der Elektrolyse bei kontrolliertem Potential u. der cycl. Voltammetrie diskutiert. Intermediär wird p-Xylylen gebildet. Polarograph. Daten sind angegeben von I, *α.α'-Dibrom-o-xylol*, *-m-xylol*, *-2-chlor-p-xylol*, *-2.4-dichlor-p-xylol*, *α-Bromtoluol*, *4.4'-Bis-[brommethyl]-dibenzyl* u. *N.N.N-Triäthyl-N-[4-brommethylbenzyl]-ammoniumbromid* (F. 173—175°, aus I u. Triäthylamin; 90% Ausb.).
D. Schmitt 478

1062 **Untersuchungen zum polarographischen Verhalten des Styrolpseudonitrosits.** W. Sauer und W. Kimmer. (Z. physik. Chem. [Leipzig] **238** (1968) 5/6, 377—87; Unters.-Labor. des VEB Chem. Werke Buna, Schkopau; dt.) — Das polarograph. Verh. sowie die UV-Spektren der Titelverb. (I) bei verschiedenen pH-Werten werden untersucht. Aus den Daten wird abgeleitet, daß I in Lsg. als ω-Nitroacetophenonoxim vorliegt. Der Red.-Mechanismus u. ungefähre pK-Werte von I sind angegeben.
D. Schmitt 478

1063 **Halbstufenpotentiale und IR-Daten einiger Benzoylderivate polycyclischer Kohlenwasserstoffe.** K. Wettig. (Z. Chem. **7** (1967) 3, 107—08; Berlin, Humboldt-Univ., Lehrstuhl für Allg. u. Kommunale Hygiene; dt.) —

Es werden die Halbstufenpotentiale von Arylphenylketonen $R-CO-C_6H_5$ [R = *Phenyl, 1-Naphthyl, 5-Acenaphthenyl, 2-Fluorenyl, 9-Anthryl, 6-Chrysenyl, 3-Pyrenyl, 1-Hexahydropyrenyl* u. *1-Benzpyrenyl*] in Abhängigkeit vom pH-Wert bestimmt. Außerdem werden die IR-Spektren aufgenommen. K. Alker 478

1064 **Polarographische Untersuchung klassischer Reaktionen organischer funktioneller Gruppen. 2. Mitt. Polarographisches Verhalten von 4-Cyanzimtsäure und deren Äthylester.** M. J. D. Brand und B. Fleet. (J. electroanalyt. Chem. Interfacial Electrochem. [Lausanne] **19** (1968) 1/2, 157—67; Chem. Dep., Imperial Coll. of Sci. and Technol., London; engl.) — 1. vgl. C. **1969,** 18-1070. W. Sobieski 478

1065 **Wechselstrompolarographie von Nucleosiden.** Vladimír Vetterl. (J. electroanalyt. Chem. Interfacial Electrochem. [Lausanne] **19** (1968) 1/2, 169—73; Inst. of Biophys., Czech. Acad. of Sci., Brno, Czechoslovakia; engl.) — Das polarograph. Verh. von *Uridin, Cytidin, Thymidin, Desoxycytidin, Adenosin, Desoxyadenosin, Guanosin* u. *Desoxyguanosin* wird untersucht. W. Sobieski 478

B–6. Kinetik, Katalyse

1066 **Systematische Bearbeitung organischer Reaktionen zu Registrierzwecken.** Irena Urbánková. (Chem. Listy **62** (1968) 6, 641—55; Výzk. úst. pro farmac. a biochem., Praha; tschech.) — Übersicht über die Syst. der Klassifizierung u. mechan. Registrierung organ. Rk. nach dem Typ der strukturellen Änderungen, die bei der Rk. eintreten, unter Verw. von Aus- bzw. Einschnittskarten nach Ziegler (Handbearbeitung), oder nach vollmechanisierten dt. u. sowjet. Systemen (Gremas, Ural IV). — 9 Literaturangaben. K. Kámen/Prag 481 △

1067 **Struktur und Reaktivität substituierter Nitrobenzole. 3. Mitt. Einfluß von p-Substituenten auf die Isonitrosierung von o-Nitroäthylbenzolen.** Nicolae Bodor und Alexandru Kövendi. (Rev. roum. Chim. **11,** 413—20, 1966; Chem. Pharm. Res. Inst., Cluj; engl.) — 2. vgl. C. **1969,** 18-1122. — Der Einfl. von p-Substituenten auf die Geschw. der Isonitrosierung nachst. o-Nitroäthylbenzole in alkal. Lsg. wird untersucht: *unsubstituiert, p-Chlor-* ($Kp._3$ 100,5—102,5°), *p-Brom-* ($Kp._3$ 111,5—113,5°), *p-Jod-* ($Kp._3$ 125,5—127°), *p-Dimethylaminosulfonyl-, p-Phenylsulfonyl-, p-Äthoxymethyl-* ($Kp._{2,5}$ 127—129°), *p-Phenoxymethyl-* ($Kp._1$ 183—184°) u. *p-Piperidinomethyl-* ($Kp._{2,2}$ 162—163°). Die Hammett-Substituentenkonst. der Gruppen $p-C_2H_5OCH_2-$, $p-C_5H_{10}NCH_2-$, $p-C_6H_5SO_2-$ u. $p-(CH_3)_2NSO_2-$ werden bestimmt. Dargestellt wurde außerdem *3.3'-Dinitro-4.4'-diäthyldiphenylmethan* [F. 148—150° (A.)]. K. Jasche 481

1068 **Struktur und Reaktivität substituierter Nitrobenzole. 4. Mitt. Einfluß von p-Substituenten auf die Dissoziation und polarographische Reduktion von o-Nitroacetophenonoxim.** Nicolae Bodor, Ludovic Fey und Alexandru Kövendi. (Rev. roum. Chim. **11,** 421—27, 1966; engl.) — 3. vgl. vorst. Referat. — Von nachst. o-Nitroacetophenonoximen werden die pK_a-Werte u. polarograph. Halbstufenpotentiale bestimmt u. mit den Hammett-Substituentenkonst. korreliert sowie mit den l. c. erhaltenen Ergebnissen verglichen: *unsubstituiert, p-Chlor-, p-Brom-, p-Jod-, p-Dimethylaminosulfonyl-, p-Phenylsulfonyl-, p-Äthoxymethyl-, p-Phenoxymethyl-* u. *p-Piperidinomethyl-*. Die UV-Spektren aller Verb. sind abgebildet. K. Jasche 481

1069 **Übertragung der Schwingungsenergie einer homologen Reihe von chemisch angeregten Radikalen.** D. C. Tardy und B. S. Rabinovitch. (J. chem. Physics **48** (1968) 11, 5194—5201; Dep. of Chem., Univ. of Wash., Seattle, Wash.; engl.) — Die relativen Stoßausb. einiger inerter Gasmol. für die Stoßdesaktivierung hochangeregter Spezies wurde gemessen. Als inerte Gase wurden H_2, N_2, CH_4 u. CF_4 benutzt. Die angeregten Radikale waren *2-Butyl-, 2-Methylbutyl-*(2)-, *Pentyl-*(2)-, *Hexyl-*(2)- u. *Octyl-*(2)-*Radikale.* D. Schmitt 482

1070 **Reaktionen von Methylradikalen mit Isopropanol und Methanol, deren Äthern und deuterierten Derivaten.** Peter Gray und A. A. Herod. (Trans. Faraday Soc. **64** (1968) 550, 2723—34; School of Chem., Univ., Leeds; engl.) — Die Arrhenius-Parameter der Rk. von CH_3 u. CD_3 (durch Photolyse von H_6- u. D_6-Aceton) mit Isopropanol, dessen [1-D]- u. OD-Deriv., mit Methanol, dessen CD_3- u. OD-Deriv., mit *Dimethyl-* u. *Diisopropyläther* sowie die prim. Isotopeneffekte werden bestimmt. W. Sobieski 482

1071 **Reaktivität konjugierter Säuren von einigen Methylderivaten des Pyridins gegenüber Radikalen.** Jane-Marie Bonnier und Jean Court. (C. R. hebd. Séances Acad. Sci., Sér. C **265** (1967) 3, 133—36; Saint-Martin-d'Hères, Fac. des Sci. de Grenoble; franz.) — Untersucht wurde die Rk. von *2-, 4-* u. *3-Methyl-* bzw. *2.6-Dimethylpyridin* mit Benzoylperoxid in Eisessig + konz. Salzsäure. J. F. Cordes 482 △

1072 **Massenspektrometrische Untersuchung der Reaktion von Stickstoff-Atomen mit Acetaldehyd.** R. M. Lambert, M. I. Christie, R. C. Golesworthy und J. W. Linnett. (Proc. Roy. Soc. [London], Ser. A **302** (1967) 1469, 167—83; Inorgan. Chem. Lab., Oxford, Univ.; engl.) — Die Kinetik der Rk. von N-Atomen (durch elektr. Entladung) mit Acetaldehyd wird massenspektrometr. untersucht. Die wichtigsten stabilen Rk.-Prod. sind *HCN*, H_2 u. *CO*; außerdem entsteht ein geringer Teil *Gyloxal.* J. Büttner 482

1073 **Konkurrenz-Hydrierungen an Platin.** Allen S. Hussey, Robert H. Baker und George W. Keulks. (J. Catalysis **10** (1968) 3, 258—65; Ipatieff Labor., Dep. of Chem., Northwestern Univ. Evanston, Ill.; engl.) — Es wird über die Konkurrenz-Hydrierung von 14 Kombinations-Paaren aus 10 Cycloalkenen (*Cyclopenten, Cyclohexen, Cyclohepten, Cycloocten, 1-Methylcyclopenten, 1-Methylcyclohexen, 3-Methylcyclohexen, 4-Methylcyclohexen, 1-Methylcyclohepten, 4.4-Dimethylcyclohexen*) in Cycloalkan-Lsgm. am Al_2O_3-Träger-Pt-Katalysator bei 25° u. 1 atm berichtet. Die Ergebnisse stimmen mit dem Gleichgew.- u. dem chemisorptionskontrollierten Geschw.-Modell überein. Stereochem. Probleme bei der Bldg. von trans-Dimethylcyclohexan aus den Xylolen u. das druckabhängige cis/trans-Prod.-Verhältnis aus den Dialkylcycloalkenen werden diskutiert. G. Malow 483

1074 **Asymmetrische Hydrierungsaktivität eines modifizierten Raney-Ni-Katalysators.** Susumu Tatsumi. (Bull. chem. Soc. Japan **41** (1968) 2, 408—18; Inst. for Protein Res., Osaka Univ., Kita-ku, Osaka; engl.) — An den opt. akt. Verb. *3-Hydroxybuttersäuremethylester, D-, L-, DL-* u. *meso-Weinsäure, L-* u. *DL-Äpfelsäure, L-* u. *DL-Citramalsäure, L-erythro-* u. *D-threo-2.3-Dihydroxybuttersäure, L-2-Hydroxyisovaleriansäure, L-2-Hydroxyisocapronsäure, L-2-Hydroxy-3-phenylpropionsäure, (+)-threo-* u. *(—)-erythro-2-Methylweinsäure, (+)-2.3-Dimethylweinsäure, (+)-erythro-* u. *(—)-threo-3-Methyl-Äpfelsäure, L-Methylbernsteinsäure* sowie *(+)-1.2-Dihydroxycyclohexan-1.2-dicarbonsäure* wurde die Beziehung zwischen asymm. Aktivität u. Katalysator untersucht. pH-, Temp.-, Konz.- u. Zeiteinfl. bei Veränderung des Katalysators wurden ermittelt. K. Jasche 483 △

1075 **Katalytische Dehydrierung von sekundären Alkoholen mit reduziertem Cu. 6. Mitt. Dehydrierung von Isopropylalkohol.** 3. Mitt. Kazuaki Kawamoto, Yoshiharu Nishimura und Teruo Tiraki. (Bull. chem. Soc. Japan **41** (1968) **4,** 932—36; Inst. of Commodities, Fac. of Economics, Kagawa Univ., Takamatsu; engl.) — 5. bzw. 2. vgl. C. **1968, 12760.** — Die Kondens. der Titelverb. zu Isobutylmethyl-, Diisobutylketon u. Isobutylmethylcarbinol mit Cu-Katalysatoren verschiedener Herstellungsweise wird untersucht u. der Einfl. von Lsgm., Nd. u. reduzierenden Verb. auf die Aktivität des red. Cu bei der Dehydrierung u. der Kondens. diskutiert. W. Sobieski 483

1076 **Homogen katalysierte Hydrierung von Chinonen und aromatischen Radikal-Kationen mit Alkanen.** H. H. Brongersma, H. M. Buck, H. P. J. M. Dekkers und L. J. Oosterhoff. (J. Catalysis **10** (1968) 2, 149—52; Chem. Labor. of the Univ. of Leiden, Netherlands; engl.)

— Das in einer starken Protonensäure gelöste *Pentamethylbenzyl*-Kation (I) ist ein wirksamer Katalysator für die Hydrierung von Chinonen (*p-Chinon, α-Naphthochinon, Anthrachinon, Diphenochinon*) u. aromat. Radikalionen (*3.4-Benzopyren, Tetracen, Anthracen, Perylen, Pyren*) durch Alkane. Kinetik u. Mechanismus der Rk. werden diskutiert. G. Malow 483

1077 **Katalytische Oxydation von Kohlenwasserstoffen an Platin.** Leon Hiam, Henry Wise und Saul Chaikin. (J. Catalysis **10** (1968) 3, 272—76; Solid-State Catalysis, Labor., Stanford Res. Inst., Menlo Park, Calif.; engl.) — Es wurde die katalyt. Ox. von *Äthan, Propan, n-Butan* u. *Isobutan* an einem Pt-Draht untersucht. Aus der Unters. der zur heterogenen therm. Zündung erforderlichen Bedingungen wurden die Ox.-Geschw. bestimmt. Der Einfl. der chem. Struktur der KW-Stoffmol. auf den katalyt. Prozeß wird diskutiert. Die Aktivierungsenergien der Ox. an Pt sind angegeben. G. Malow 484

1078 **Reihenfolge der Elementarschritte bei der Gasphasenoxydation von KW-Stoffen.** M. B. Neiman und D. Gál. (Combust. and Flame **12** (1968) 4, 371—79; Inst. for Chem. Phys., Acad. of Sci. of the USSR, Moscow; engl.) — Die Rk. werden mit Hilfe der kinet. Isotopen-Meth. untersucht u. der Einfl. der Zwischenprod. diskutiert. Daten werden angegeben für die Ox. von *Propylen, Propan, Äthylen* u. *Äthan*. — 33 Literaturangaben. D. Schmitt 484

1079 **Reaktionsverlauf der Gasphasenoxydation von Cumol an V_2O_5.** L. Zanderighi, P. Schwarz und S. Carrà. (J. Catalysis **11** (1968) 3, 187—94; Ist. di Chim. Fis., Univ., Milano; engl.) — Die Kinetik der Rk. wird untersucht u. der Mechanismus bez. der Rolle von intermediär auftretendem 2-Phenylacrolein diskutiert. D. Strauch 484

1080 **Einfluß verschiedener Stähle auf die Oxydation von n-Cetan zu Alkoholen in Gegenwart von Tri-n-butylborat als Katalysator.** D. Dimitrov, E. Panayotova und M. Tsaneva. (Doklady bolgarskoj Akad. Nauk **21** (1968) 5, 465—68; Dep. of Bases of Chem. Technol., Inst. of Chem. Technol., Sofia; engl.) — Der Einfl. von Stückchen verschiedener Stahlsorten auf die Ox.-Geschw. u. Selektivität der Ox. in trockenem Luftstrom bei 185° wird untersucht. W. Sobieski 484

1081 **Voruntersuchung der Tieftemperaturaldehydoxydation mit Hilfe numerischer Analyse.** J. F. Griffiths, G. Skirrow und C. F. H. Tipper. (Combust. and Flame **12** (1968) 4, 360—66; Donnan Labor., Univ., Liverpool; engl.) — Die therm. Ox. von *Acetaldehyd* u. *Propionaldehyd* wird rechner. analysiert u. bez. der Kinetik u. des Radikalkettenmechanismus diskutiert. D. Schmitt 484

1082 **Redoxkinetische Bestimmung von Nitrobenzol, Anthrachinon, p-Nitroanisol und α-Nitroso-β-naphthol.** S. Chidambaram, S. Krishnan und M. S. V. Pathy. (Bull. Acad. polon. Sci., Sér. Sci. chim. **16** (1968) 7, 391—95; Central Electrochem. Res. Inst., Karaikudi, India; engl.) — Die Titrationskurven (mit VSO_4) der Titelverb. sind abgebildet. W. Sobieski 484

1083 **Methode zum Nachweis von Antioxydanzien in Methyloleat für kinetische Untersuchungen.** A. Popov, N. Janischlieva und J. Slavceva. (Doklady bolgarskoj Akad. Nauk **21** (1968) 5, 443—46; Inst. für Organ. Chem., Bulgar. Akad. der Wiss.; dt.) — Die Kinetik der Ox. der Titelverb. bei 60° wird untersucht u. bez. der Peroxidanlagerung u. des Geh. an Inhibitoren der Titelverb. aus natürlicher Ölsäure diskutiert. W. Sobieski 484

1084 **Kinetik der Reaktion der salpetrigen Säure mit Amiden. 5. Mitt. Einfluß des Lösungsmittels auf die Reaktion des n-Butylnitrits mit Acetamid.** Z. Kricsfalussy, A. Bruylants und A. Dalcq. (Bull. Soc. chim. belges **76** (1967) 1—2, 168—70; Louvain, Univ.; franz.) — **4.** vgl. C. **1968**, 40-0866. J. F. Cordes 484△

1085 **Autoxydation von N-Alkylamiden. 3. Mitt. Mechanismus der thermischen Oxydation.** B. F. Sagar. (J. chem. Soc. [London], Sect. B **1967**, 10, 1047—61; Shirley Inst., Didsbury, Manchester; engl.) — 2. vgl. C. **1969**, 2-1091. — Untersucht wurde die Kinetik der Ox. von: *N-Äthylacetamid, N-n-Propylpropionamid* u. *N-Isopropylacetamid*. K. Jasche 484△

1086 **Direkte α-Butylierung tertiärer Amine. Einfluß struktureller Veränderungen an den N-Alkylsubstituenten.** Wajid A. Khan, Angelo G. Giumanini und Arthur R. Lepley. (Chim. e Ind. [Milano] **49** (1967) 12, 1342 bis 1343; Dep. of Chem. Queen's Univ., Belfast; engl.) — *Triäthylendiamin, Triäthylamin, N.N-Diäthylanilin, N-Äthyl-N-methylanilin* u. *N-Methyldiphenylamin* wurden in Ggw. von *N.N-Dimethylanilin* der konkurrierenden α-Alkylierung durch *n-Buthyllithium* u. *1-Jodbutan* unterworfen. Die Prod.-Analyse ist angegeben. U. Feist 486

1087 **Kinetische Untersuchung der Bromierung einiger aromatischer Verbindungen in Essigsäure.** R. Ganesan und K. V. Seshadri. (Z. physik. Chem. [Frankfurt/M.] [N.F.] **60** (1968) 1—4, 58—68; Dep. of Phys. Chem., Univ., Madras, India; engl.) — Die Kinetik der Bromierung von *Methyl-, Äthyl-, n-Propyl-, Isopropyl-* u. *n-Butylphenyläther* in abs. Essigsäure wird im Konz.-Bereich $2{,}5 \cdot 10^{-3}$ bis $2{,}5 \cdot 10^{-2}$ m u. Temp.-Bereich 20—40° untersucht. Ein Rk.-Mechanismus mit einem 6-Ring-Übergangszustand (π-Komplex von Br_2 u. Substrat) wird diskutiert. W. Sobieski 487

1088 **Kinetik der Jodierung von Brenztraubensäureäthylester.** R. P. Bell und H. F. F. Ridgewell, (Proc. Roy. Soc. [London], Ser. A **298** (1967) 1453, 178—83; Oxford, Univ., Phys. Chem. Labor.; engl.) — Die Kinetik wird spektralphotometr. untersucht. Die Rk. verläuft nicht vollständig; Gleichgew.-Konst. werden bestimmt. B. I. 487△

1089 **Säurekatalysierte Esterhydrolyse.** R. Bruce Martin. (J. Amer. chem. Soc. **89** (1967) 10, 2501—02; Chem. Dep., Univ. of Va., Charlottesville, Va.; engl.) — Die Aktivierung der Hydrolyse durch Protonierung eines kleinen Teils der Estermol. wird allg. diskutiert u. ein Vgl. zwischen den spezif. RGK des H_2O-Angriffs auf protonierte Ester u. den ber. RGK der Hydrolyse des Glycinäthylester-Co(III)-Chelatkomplexes (Literaturdaten) gezogen. W. Sobieski 488

1090 **Aminolyse von Estern. 7. Mitt. Reaktion von Lysin mit Phenylacetat und Triacetin.** Robert W. Huffman, Alain Donzel und Thomas C. Bruice. (J. org. Chemistry **32** (1967) 6, 1973—76; Dep. of Chem., Univ. of Calif., Santa Barbara, Calif; engl.) — Die Kinetik der Lysinolyse der Titelverb. in wss. Lsg. sowie die spezif. opt. Drehung von *ε-N-Acetyl-* u. *α-Acetyl-L-Lysin* werden bestimmt. W. Sobieski 488

1091 **Erzeugung freier Radikale bei Temperaturen unter Null. 1. Mitt. Methanolyse von Thionylchlorid und Methylchlorsulfit.** Hiroshi Minato und Atsushi Fujii. (Bull. chem. Soc. Japan **40** (1967) 1, 202—08; Mitaka, Tokyo, Int. Christian Univ., Dep. of Chem.; engl.) — Die RGK der Methanolyse von $SOCl_2$ u. $ClSO_2CH_3$ werden konduktometr. zwischen —91,6 u. +1° gemessen u. mit anderen Säurechloriden verglichen. Die Aktivierungsenthalpien u. -entropien werden ermittelt. B. I. 488△

1092 **Acylglykolsäuren. 3. Mitt. Alkalische Hydrolyse p-substituierter Äthylbenzoylglykolate.** Carlo Concilio und Alessandro Bongini. (Ann. Chimica **57** (1967) 11, 1352—63; Bologna Ist. Chim. „G. Ciamician" dell'Univ.; ital.) — 2. vgl. ibid. **57** (1967) **3**, 292. — Vf. untersuchten die IR-Spektren, die RG u. den Substituenteneinfl. (Hammett-σ-Konst.) der Hydrolyse beider Estergruppierungen von folgenden O-[p-X-Benzoyl]-glykolsäureäthylestern: *unsubstituiert* (→ O-Benzoylglykolsäure, F. 111—112°), *O-[p-Nitro-* (→ O-[p-Nitrobenzoylglykol]-säure, F. 146—147°), *O-[p-Chlor-* (→ O-[p-Chlorbenzoyl]-glykolsäure, F. 128—129°), *O-[p-Methoxy-* (→ O-[p-Methoxybenzoyl]-glykolsäure, F. 110

bis 111°), *O-[p-Dimethylamino-* (→ O-[p-Dimethylaminobenzoyl]-glykolsäure, F. 190—191°), *O-[p-Hydroxy-* (→ O-[p-Hydroxybenzoyl]-glykolsäure, F. 174—175°). Außerdem wurde der Substituenteneinfl. auf die aromat. ν(C=O) der Äthylbenzoylglykolate untersucht. J. Richter 488

1093 **Struktur und Reaktivität von α,β-ungesättigten Äthern. 4. Mitt. Einfluß von Ringsubstituenten auf die Geschwindigkeit der säurekatalysierten Hydrolyse von Phenylvinyläther.** Takayuki Fueno, Itaru Matsumura, Tadashi Okuyama und Junji Furukawa. (Bull. chem. Soc. Japan **41** (1968) **4**, 818—23; Fac. of Engng. Sci., Osaka Univ., Toyonaka, Osaka; engl.) — Kinet. u. Hammett-Daten der Hydrolyse nachst. Phenylvinyläther in 80 : 20-Dioxan/W. in Ggw. von HCl werden bestimmt: *unsubstituiert* ($Kp._{17}$ 54°), *p-Methoxy-* ($Kp._{12}$ 91,0—91,5°), *m-Methoxy-* ($Kp._{13}$ 96°), *p-Methyl-* ($Kp._{17}$ 72,5°), *m-Methyl-* ($Kp._{16}$ 71°), *p-Chlor-* ($Kp._{19}$ 85,5—86,5°) u. *m-Chlor-* ($Kp._{17}$ 82,5—83,5°). W. Sobieski 488

1094 **Hydrolyse von Nitrilen. 9. Mitt. Wirkung der α-Methylierung auf die Reaktivität von α-n-Alkylphenylacetonitrilen.** D. Zăvoianu und F. Cocou. (Rev. roum. Chim. **12** (1967) 9, 1141—53; Univ. de Bucarest, Fac. de Chim.; franz.) — Vf. untersuchten die Kinetik der Hydrolyse von folgenden Nitrilen: Phenylacetonitrile: *unsubstituiert, α-Methyl-, α-Äthyl-, α-n-Propyl-, α-n-Butyl-, α-n-Pentyl-, α-n-Hexyl-, α-n-Heptyl-, α-n-Octyl-*; α-Alkyl-α-methylphenylacetonitrile: *α-Methyl-, α-Äthyl-, α-n-Propyl-, α-n-Butyl-, α-n-Pentyl-, α-n-Hexyl-, α-n-Heptyl-, α-n-Octyl-*. $\Delta S^{\neq}$- u. $\Delta H^{\neq}$-Werte der tert. Nitrile sind negativer bzw. kleiner als die der sek., was auf den Volumeneffekt der CH_3-Gruppe zurückgeführt wird. In beiden Reihen zeigen $\Delta S^{\neq}$ u. $\Delta H^{\neq}$ in Abhängigkeit von der C-Zahl der Alkylgruppe analoges Verh. (ster. Behinderung der Solvatisierung). P. W. Kittner 488

1095 **Umlagerungsuntersuchungen mit ^{14}C. 32. Mitt. Lösungsmitteleffekte bei der Solvolyse von [1-^{14}C] 2-Phenyläthyltosylat und [1-^{14}C] 2-Phenyläthyl-Hg(II)-perchlorat.** C. C. Lee und R. J. Tewari. (Canad. J. Chem. **46** (1968) **13**, 2314—16; Dep. of Chem. and Chem. Engng. Univ. of Saskatchewan, Saskatoon, Sask.; engl.) — 31. vgl. C. **1969**, 17-1222. W. Sobieski 488

1096 **Thermodynamische Parameter und Lösungsmittelisotopeneffekte als mechanistische Kriterien bei der neutralen Hydrolyse von Alkyltrifluoracetaten in H_2O mit D_2O.** June G. Martin und J. M. W. Scott. (Chem. and Ind. **1967**, 16, 665; Dep. of Chem., Memorial Univ. of Newfoundland, St. John's, Newfoundland, Canada; engl.) — Von *Trifluoressigsäuremethylester, -äthylester, -isopropylester* u. *-tert.-butylester* werden die thermodynam. Parameter, RGK u. Lsgm.-Isotopeneffekte bei der Rk. in H_2O u. D_2O bestimmt u. diskutiert. W. Sobieski 488

1097 **Ionenreaktionen in der Spiranreihe. 3. Mitt. Solvolyse von Spiranen mit mittlerer Ringgröße.** A. Paul Krapcho und J. Edward McCullough. (J. org. Chem. **32** (1967) 8, 2453—58; Dep. of Chem., Univ. of Vt., Burlington, Vt.; engl.) — 2. vgl. C. **1966**, 19-0833. — Vf. bestimmten RG, Aktivierungsparameter u. Prod. der Acetolyse von *2.2-Dimethylcyclooctyl-β-naphthalinsulfonat* sowie der Tosylate (TS) bzw. β-Naphthalinsulfonate (NS) folgender Spiranole (aus den Ketonen mit $LiAlH_4$): *Spiro-[4.7]-dodecanol-(6)* ($Kp._1$ 70—72°; *NS*, F. 40°, Zers., → [nach katalyt. Hydrierung] 63% Cyclopentylcycloheptan + 27% Bicyclo-[6.4.0]-dodecan (?)), *Spiro-[5.7]-tridecanol-(7)* (F. 64—66°; *NS*, F. 64—66°, → 86% Cyclohexylcycloheptan), *Spiro-[6.7]-tetradecanol-(8)* (F. 61—62°; *TS*, F. 33—34, → 90% Bicycloheptyl), *Spiro-[5.6]-dodecanol-(1)* ($Kp._{0,9}$ 84—85°; *TS*, F. 54—55°, → 50% Cyclopentylcycloheptan + 38% Bicyclo-[6.4.0]-dodecan (?) + 12% Spiro-[5.6]-dodecan), *Spiro-[7.8]-hexadecanol-(9)* (F. 60—62°; *NS*, F. 80—81°, → 96% Bicyclooctyl).

Versuche: *2-Carbäthoxy-2-[ω-brompentyl]-cyclooctanon*, $Kp._{0,08}$ 115—119°, aus 2-Carbäthoxycyclooctanon mit NaH + 1.5-Dibrompentan; 70% (Ausb.). — *2-[ω-Brompentyl]-cyclooctanon*, $Kp._1$ 145—149°, durch Decarboxylierung vorst. Verb.; 85%. — *Spiro-[4.7]-tridecanon-(7)*, $Kp._{0,1}$ 72—75°, aus vorst. Verb. mit NaH; 87%. — *Spiro-[4.7]-dodecanon-(6)*, analog vorst. Verb. über *2-Carbäthoxy-2-[γ-brombutyl]-cyclooctanon* ($Kp._{0,05}$ 135 bis 140°; 77%) u. *2-[γ-Brombutyl]-cyclooctanon* ($Kp._{0,2}$ 115—119°; 82%); 72%. J. Richter 488

1098 **Korrelation der Reaktionsgeschwindigkeiten mit Säurefunktionen in stark basischen Medien. 3. Mitt. Einfluß der Temperatur und der austretenden Gruppe bei aromatischen S_N2-Reaktionen.** C. H. Rochester. (J. chem. Soc. [London], Sect. B **1967**, 10, 1076—80; Univ. Nottingham, Chem. Dep., England; engl.) — 2. vgl. C. **1966**, 29-0789. — Unters. der Kinetik der Rk. von *1-Chlor-2.4-dinitrobenzol* u. *2.4-Dinitrophenetol* mit wss. NaOH bei 25° u. der Umsetzung von *2.4-Dinitroanisol* bei verschiedenen Temperaturen. K. Jasche 489△

1099 **Sulfurylchlorid als elektrophiles Agens bei aromatischer Substitution.** R. Bolton und P. B. D. de la Mare. (J. chem. Soc. [London], Sect. B **1967**, **10**, 1044 bis 1046; Bedford Univ., Regents Park, Chem. Dep. London; engl.) — Es wird die Kinetik der Rk. von SO_2Cl_2 mit *Anisol, 3-Methyl-, 2.3-Dimethyl-, 3.5-Dimethyl-* u. *2.3.5-Trimethylanisol* in Chlorbenzol unter Bldg. entsprechender am aromat. Kern chlorierter Verb. untersucht. K. Jasche 489△

1100 **Kohlenwasserstoff - Carbanion–Proton - Austauschreaktionen in Dimethylsulfoxid.** John I. Brauman, Donald F. McMillen und Yiko Kanazawa. (J. Amer. chem. Soc. **89** (1967) 7, 1728—30; Dep. of Chem. Stanford Univ.; engl.) — Vf. untersuchen die Kinetik der Rk. zwischen *Fluorenyllithium* u. *Fluoren* in DMSO als Lsgm. mit der ENDOR-Methode. E. Graßhoff 489

1101 **Isotopenaustauschreaktionen nichtbenzoider Aromaten. 4. Mitt. Elektrophiler H–D-Austausch der $H_{(1)}$- und $H_{(3)}$-Atome des Indolizins.** W. Engewald, C. Weiss und M. Mühlstädt. (Isotopenpraxis **4** (1968) 8, 326 bis 328; Inst. für Organ. Chem., Karl-Marx-Univ., Leipzig; dt.) — 3. vgl. C. **1968**, 25-1048. — Der H–D-Austausch zwischen *Indolizin* (**I**), *2-Methyl-, 1.2-Dimethyl-* (**II**), *2.3-Dimethyl-* (**III**), *1.2.3-Trimethylindolizin* (**IV**) u. CH_3OD bzw. 0,1 n CH_3COOD in CH_3OD bei 50 bzw. 100° wird untersucht u. ergibt, daß unter milden Bedingungen ausschließlich die Atome $H_{(1)}$ u. $H_{(3)}$ ausgetauscht werden. **IV** zeigt keine Deuterierung. Die RGK der spezif. H–D-Austauschrk. mit D_2O/Dioxan bei 50° werden von *3-Methyl-, 3-Acetyl-, 3-Benzoyl-, 3-Nitro-, 3-Phenylazoindolizin*, **I**, **II** u. **III** bestimmt. W. Sobieski 489

1102 **H–D-Austauschreaktion zwischen molekularem Wasserstoff und Elektronendonator–Akzeptor-Komplexen organischer Verbindungen.** Masaru Ichikawa, Mitsuyuki Soma, Takaharu Onishi und Kenzi Tamaru. (Bull. chem. Soc. Japan **40** (1967) **4**, 1015; Dep. of Chem., Univ. of Tokyo, Hongo, Bunkyo-ku, Tokyo; engl.) — Die RGK der Rk. von D_2 mit den Komplexen von Na mit nachst. Akzeptoren bei 80° werden bestimmt u. als Funktion der maximalen D. ungepaarter Elektronen im Anionradikal des Akzeptormol. aufgetragen: *1.2.4.5-Tetracyanbenzol, Benzol-1.2.4.5-tetracarbonsäuredianhydrid, 4.4'-Dinitrobiphenyl, 1.4-, 1.3-, 1.2-Dinitrobenzol, 1.2-, 1.3-, 1.4-Dicyanbenzol, p-Terphenyl, 4-Nitrobiphenyl, 1.5-, 1.8-Dinitronaphthalin, Nitrobenzol, Naphthalin, Cyanbenzol, Anthracen, Phenanthren, Pyren* u. *Perylen*. W. Sobieski 489

1103 **Katalytischer Wasserstoffaustausch zwischen Cyclohexan und Benzol.** G. Parravano. (J. Catalysis **11** (1968) 3, 269—71; Dep. of Chem. and Metallurg. Engng., Univ. of Mich., Ann Arbor, Mich.; engl.) — Die Rk. wird im Temp.-Bereich 150—235° unter Verw. von radioakt. Bzl. an Pt-Al_2O_3-, Au-Al_2O_3- u. Au-MgO-Kontakten untersucht. D. Strauch 489

1104 **Gleichgewichte und basenkatalysierter Austausch bei substituierten Olefinen.** C. D. Broaddus. (Accounts chem. Res. **1** (1968) 8, 231—38; Procter and Gamble Co., Miami Valley Labor., Cincinnati, O.; engl.) — Untersucht wird die Tautomerie bei *1-Cyanmethylcyclohexen, n-Dodecenyl-(1)-* (**I**) u. *n-Hexenyl-(1)-methylmercaptan, n-Dodecenyl-(1)-* u. *n-Hexenyl-(1)-methylsulfoxid, n-Hexenyl-*

(1)-methylsulfon (II), *Dihydrothiophen-S.S-dioxid. 3-Methyldihydrothiophen-S.S-dioxid.* Der basenkatalysierte H–D-Austausch wird untersucht bei I, *Dodecylallyläther*, II, *Butylmethylsulfon, n-Hexenyl-(1)-methylsulfon, n-Hexen-(2)-yl-(1)-methylsulfon, Thiophan-S.S-dioxid* u. *Dihydrothiophen-S.S-dioxid.* D. Schmitt 489

1105 **Einfluß von Edelgasen und aromatischen Zusätzen auf den selbstinduzierten Isotopenaustausch von Tritium mit Toluol.** Hans J. Ache. (J. physic. Chem. **71** (1967) 11, 3388–95; Va. Polytechn. Inst., Blacksburg, Va.; engl.) — Die Geschw. der Rk. ist eine Funktion der T-Konzentration. K. Jasche 489△

1106 **Radikalische Aminierung von Alkylbenzolen und Methylcinnamat mit N-Chloraminen. Einfluß verschiedener Faktoren auf die Orientierung sowie den Angriff auf Kern und Seitenkette.** F. Minisci, R. Galli, A. Galli und R. Bernardi. (Chim. e Ind. [Milano] **49** (1967) 3, 252–58; Ist. di chim. del Politecn., Milano; ital.) — Vf. vergleichen die Aminierung von *Toluol* (I), *Cumol, tert.-Butylbenzol, N.N-Dimethyl-2-phenyläthylamin, N.N-Dimethylbenzylamin* u. Methylcinnamat (II) mit *N-Chlordimethylamin*, von I u. II mit *N-Chlorpiperidin* u. von I mit *N-Bromdimethylamin* bez. des Einfl. von Alkylgruppe u. Lsgm. auf die Orientierung (o:m:p-Verhältnis, Kern: Seitenkette). J. Richter 489

1107 **Untersuchungen organischer katalytischer Reaktionen.** 6. Mitt. **Rolle von Pyridin und Kupfer in der Rosenmund-von-Braun-Reaktion.** Takehiko Ito und Ken-ichi Watanabe. (Bull. chem. Soc. Japan **41** (1968) 2, 419–23; Dep. of Chem., Fac. of Sci., Tokyo Metropolitan Univ., Setagaya-ku, Tokyo; engl.) — 5. vgl. C. **1968**, **44**-0651. — Gaschromatograph. wurde die Bldg. der Cyan–Aryl-Verb. durch Rk. von *CuCN* mit *Jod-, Brom-, o-Bromnitro-, p-Bromnitro-, Chlor-, Fluor-* u. *o-Chlornitrobenzol*, mit *Brommesitylen, o-Bromacetophenon* u. *β-Bromnaphthalin* in Ggw. organ. Basen untersucht. Für Brombenzol wurde die Kinetik der Cyan- u. Chlorsubstitution, für *o-* u. *p-Bromtoluol* außerdem der Substituenteneinfl. ermittelt. K. Jasche 489△

1108 **Selenophenserien.** 3. Mitt. **Substituenteneinfluß auf die Geschwindigkeit der Umsetzung einiger 2-Brom-3-nitro-5-X-selenophene mit Piperidin in Äthanol.** Carlo Dell'Erba, Alessandro Guareschi und Domenico Spinelli. (J. heterocyclic Chem. 4 (1967) 3, 438–40; Univ. of Genova; engl.) — 1. vgl. C. **1967**, 7-1110. — Vf. untersuchen die Gültigkeit der Hammett-Gleichung bei der Debromierung von *2-Brom-3-nitro-5-X-selenophenen* (X = *H, Br*, $COOC_2H_5$, $CONH_2$, SO_2CH_3 (II), $COCH_3$, *CN*, $SO_2OC_6H_5$ u. NO_2) mittels Piperidin (I) u. vergleichen die Ergebnisse mit denen der entsprechenden Thiophene. RGK, E, $\Delta H^{\neq}$, $\Delta S^{\neq}$ u. σ^- sind angegeben. Mit Ausnahme der Rk. von I mit II ergibt sich für die Selenophene ein ϱ-Wert von + 3, 15, während er für die entsprechenden Thiophene + 3,21 beträgt. U. Feist 489

1109 **Wasserstoffabspaltung aus chlorierten Äthanen durch Chloratome.** C. Cillien, P. Goldfinger, G. Huybrechts und G. Martens. (Trans. Faraday Soc. **63** (1967) 535, 1631–35; Service de Chim. Phys., Univ. Libre de Bruxelles, Brussels; engl.) — Die H-Abspaltung aus chlorierten Äthanen (A) durch Cl-Atome wird in der Gasphase zwischen 323–423 °K durch gaschromatograph. Verfolgung der Rk. kinet. untersucht. Bei den höher chlorierten Verb. werden die RGK durch Messung einer Konkurrenzrk. mit $CHCl_3$ oder CH_3Cl ermittelt. Die RGK-Verhältnisse zwischen Haupt- u. Konkurrenzrk. werden als Funktion der Temp. angegeben. Aus den kinet. Daten ergeben sich Aktivierungsenergien u. präexponentielle Faktoren lg A. Untersucht werden: *Äthylchlorid, 1.1-Dichloräthan, 1.1.1-Trichlor-, 1.2-Dichlor-, 1.1.2-Trichlor-, 1.1.1.2-Tetrachlor-, 1.1.2-Trichlor-, 1.1.2.2-Tetrachlor-* u. *Pentachloräthan.* K. Jasche 489△

1110 **Inhibierung freiradikalischer Reaktionen.** 4. Mitt. **Synergistischer Effekt des 2.6-Di-tert.-butylphenols bei der durch 4-Methoxyphenol verzögerten Kohlenwasserstoff-Oxydation.** L. R. Mahoney und M. A. DaRooge. (J. Amer. chem. Soc. **89** (1967) 22, 5619–29; Sci. Labor., Ford Motor Comp. Dearborn, Mich.; engl.) — 3. vgl. C. **1969**, 5-1031. K. Jasche 489△

1111 **Reaktion zwischen Benzylchlorid und Aminen in einem Nitrobenzol–Äthanol-Gemisch.** P. S. Radhakrishna Murti und G. P. Panigrahi. (Israel J. Chem. **6** (1968) 2, 137–42; Dep. of Chem., Khallikote Coll., Berhampur (Ganjam), Orissa, India; engl.) — Die RGK der Rk. von *Benzylchlorid* (I) u. *p-Nitrobenzylchlorid* mit nachst. Aminen in 80 Vol.-% Nitrobenzol–20 Vol.-% A. bei 80° werden bestimmt u. als Funktion der pK_a-Werte aufgetragen: *Anilin; o-, m-, p-Toluidin; β-Naphthylamin; o-, m-, p-Chloranilin; m-Bromanilin, N-Methylanilin; Dimethyl-, Diäthyl-, Benzyl-* u. *n-Butylamin.* Außerdem werden die Hammett-σ-Substituentenkonst. der Rk. von I mit den Aminen bestimmt. W. Sobieski 489

1112 **Reaktionen von Natrium-Pentafluorphenolat mit substituierten Pentafluorbenzolen.** Ralph J. DePasquale und Christ Tamborski. (J. org. Chemistry **32** (1967) 10, 3163–68; Wright-Patterson Air Force Base, O., Air Force Materials Labor., Polymer Branch; engl.) — Die Rk. von Na-Pentafluorphenolat (I) mit *Pentafluorbenzol* (II), *Brom-* (III), *Chlor-* (IV) u. *Trifluormethylpentafluorbenzol* (V) sowie mit *Hexafluorbenzol* (VI), *Pentafluorbenzoesäureäthylester* (VII) u. *Dekafluorbiphenyl* (VIII) in N.N-Dimethylacetamidlsg. werden untersucht. Hauptprod. sind Diphenyläther mit abgespaltenem p-F-Atom, Nebenprod. solche mit abgespaltenem o-F-Atom; Mischungen von Triphenyläthern werden gelegentlich beobachtet. Die relativen RG werden bei 106° gemessen u. mit den Hammett-Substituentenkonst. korreliert. Ein 2-Stufen-Additions-Eliminierungsmechanismus wird diskutiert. Die chem. Verschiebungen der einzelnen F-Atome der Prod. sind angegeben.

Versuche: *Na-4-H-Tetrafluorphenolat* (IX), F. > 350°, aus 4-H-Tetrafluorphenol u. $NaOCH_3/CH_3OH$; 98–100% (Ausb.). — *Na-Pentafluorphenolat* (I), F. 320° (Zers.), wie vorst.; 95–100%. — Diphenyläther: *4-Bromnonafluor-*, $C_{12}BrF_9O$, F. 85–86°, aus I u. III; 70%; daneben *2-Bromnonafluor-*. — *4-Chlornonafluor-*, $C_{12}Cl \cdot F_9O$, F. 74–75°, aus I u. IV; 68%. — *Decafluor-*, F. 70 bis 73°, aus I u. VI; 59%; daneben *x-Phenoxydiphenyläther*, F. 142–150°. — *4-H-Nonafluor-*, $C_{12}HF_9O$, F. 54 bis 56°, a) aus I u. II; 25%; b) aus IX u. VI; 36%. — *4-Trifluormethylnonafluor-*, $C_{13}F_{12}O$, F. 62–63°, aus I u. V; 80%. — *2-Trifluormethyl-5-H-Octafluor-*, $C_{13}HF_{11}O$, Kp.$_1$ 96°, aus I u. 4-H-Heptafluortoluol; 34%. — *4-Carbäthoxynonafluor-*, $C_{15}H_5F_9O$, F. 46–47°, aus I u. VII; 88%. — *4-Nonafluordiphenyläthercarbonsäure*, $C_{13} \cdot HF_9O_3$, F. 168–169°, aus vorst. Verb. u. NaOH/W.; 10,5%. — *4-[4-H-Tetrafluorphenoxy]-nonafluorbiphenyl*, $C_{18}HF_{13}O$, F. 58–60°, aus IX u. VIII; 63%. — *4.4'-Bis-[pentafluorphenoxy]-octafluorbiphenyl*, $C_{24}F_{18}O_2$, F. 160–165°, aus I u. VIII; 90,5%; daneben *4-[Pentafluorphenoxy]-nonafluorbiphenyl* (F. 57–59°). H. Pehlmann 489

1113 **Kinetische ^{13}C-Isotopeneffekte.** 4. Mitt. **Temperatureinfluß auf k_{12}/k_{13} bei Benzylhalogeniden in bimolekularen Reaktionen.** Jan Bron und J. B. Stothers. (Canad. J. Chem. **46** (1968) 11, 1825–29; Dep. of Chem., Univ. of Western Ontario, London, Ontario; engl.) — 3. vgl. C. **1969**, 12-1115. — Untersucht wird die Temp.-Abhängigkeit von k_{12}/k_{13} bei der Rk. von *[α-^{13}C]-Benzylbromid* mit Methylat (–23 bis 0°) u. von *[1-^{13}C]-1-Brom-1-phenyläthan* mit Äthylat (0–25°). W. Sobieski 489

1114 **Mechanismus der Reaktion von Phosphorpentachlorid und Thionylchlorid mit Carbonsäureestern.** M. Green und D. M. Thorp. (J. chem. Soc. [London], Sect. B **1967**, 10, 1067–68; Univ. Bristol, Dep. of Inorg. Chem.; engl.) — Untersucht wurde die Rk. von *[$^{18}O_{COH}$]-Benzylbenzoat* u. *[$^{18}O_{COH}$]-p-Methoxybenzoesäurebenzylester* mit PCl_5 u. $SOCl_2$ in CCl_4 u. Sulfolan. K. Jasche 489△

1115 **Entfernung von Fluor durch Wasserstoffatome.** P. M. Scott und K. R. Jennings. (Chem. Commun. **1967**, 14, 700; Dep. of Chem., Univ., Sheffield; engl.) — Durch Hg-photosensibilisierte Zers. von C_2H_5F bei Raumtemp. wurden als Hauptprod. $CH_3 \cdot CHF \cdot CHF \cdot CH_3$ (I) (meso- u. DL-Form) u. $CH_3 \cdot CHF \cdot CH_2 \cdot$

CH_3 (II) neben geringen Mengen n-C_4H_{10}, C_2H_6, C_2H_4, $CH_2{=}CFH$ u. H_2 erhalten. Zusatz von molekularem H_2 zu dem Syst. erhöht die Ausb. von II, n-C_4H_{10}, C_2H_6 u. C_2H_4 relativ zu I. Bei der Rk. des $CH_3 \cdot CHF_2$ wird das H-Atom vorwiegend vom fluorierten C-Atom abgespalten u. die entstehenden CH_3CF_2-Radikale dimerisieren zum Hauptprod. $CH_3 \cdot CF_2 \cdot CF_2 \cdot CH_3$. In geringer Menge wird auch $CH_3 \cdot CF_2 \cdot CH_2 \cdot CF_2H$ gebildet. Eine Anzahl von Nebenprod. wird in höheren Ausb. gefunden, wenn dem Syst. molekulares H_2 zugesetzt wird. D. Gerlatzek 490

1116 **Radikalische Additionen von Cl–CCl₃ an cis-Cycloocten.** James G. Traynham und Thomas M. Couvillon. (J. Amer. chem. Soc. **89** (1967) 13, 3205–11; La. State Univ., Baton Rouge, La.; engl.) — Sowohl photochem. als auch therm. initiierte Additionen von CCl_4 an cis-Cycloocten (I) führen zu stereoisomeren *1-Chlor-4-(trichlormethyl)-cyclooctanen.* Die peroxid-initiierte Anlagerung von Trichlormethansulfonylchlorid an I ergibt 1.2- u. 1.4-Additionsprodukte. Aus energet. Betrachtungen ber. sich eine für die trans-annulare H-Atomverschiebung notwendige Aktivierungsenergie zu ca. 18 kcal/Mol. Die Rk.-Prod. werden IR- u. NMR-spektroskop. identifiziert. K. Jasche 490△

1117 **Dimerisation und Polymerisation von Allen durch einen homogenen Palladium-Katalysator.** George D. Shier. (J. organometallic Chem. [Amsterdam] **10** (1967) 2, P 15–P 17; Midland, Mich., Dow Chemical Co., Phys. Res. Labor.; engl.) — Lsg. von Pd-Salzen (Acetat, Nitrat, Perchlorat) in Eisessig katalysieren die Rk. von Allen zu *Allylacetat, 2.3-Dimethylbutadien-(1.3), 3-Methyl-2-hydroxymethylbutadien-(1.3)-acetat, 2.3-Dihydroxymethylbutadien-(1.3)-diacetat* u. *Propen.* Wird dem Pd-Salz Triphenylphosphin zugesetzt (1 : 1), so erhält man hauptsächlich ein Polymeres. U. Goetze 490

1118 **Stereospezifität der Curtius-Umlagerung.** Martin B. Hocking. (Canad. J. Chem. **46** (1968) 13, 2275–82; Explor. Res. Labor., Dow Chemical of Canada Ltd., Sarnia, Ontario; engl.) — Die Zers. bei 33° von *cis-Crotonylazid* (cis-I) wird durch NMR untersucht. Angegeben sind NMR-Daten von *cis*-I, *trans*-I, *cis-* u. *trans-Propenylisocyanat, cis-* (F. 117–118°) u. *trans-Propenylharnstoff* (F. 99–101°), *N-Methyl-* (F. 112–123°) u. *N.N-Dimethyl-N'-trans-propenylharnstoff* (F. 144–148°). Dargestellt wurde außerdem *N.N-Dimethyl-N'-cis-propenylharnstoff* (F. 60–65°). W. Sobieski 492

1119 **Doppelbindungsisomerisierung bei den Monoolefin-KW-Stoffen.** 5. Mitt. **Spezielle Verfahren, radikalisch katalysierte Doppelbindungsisomerisierungen. Reine cis-trans-Isomerisierungen.** Friedrich Asinger und Bernhard Fell. (Erdöl Kohle — Erdgas — Petrochem. **19**, 500 bis 02, 1966; Inst. für Techn. Chem., TH Aachen; dt.) — 4. vgl. C. **1967,** 18-0915. — Überblick über spezielle Verf. der Bindungsisomerisierung u. über B- u. Al-organ. Verb. radikal. verlaufende Olefinisomerisierungen. — 42 Literaturzitate. K. Jasche 492△

1120 **Katalyse der Isomerisierung und Polymerisierung von Olefinen an Rußen.** P. H. Given und L. W. Hill. (Carbon [Oxford] **6** (1968) 4, 525–35; Dep. of Materials Sci., Pa. State Univ., University Park, Pa.; engl.) — Die Wechselwrkg. einiger kommerzieller Ruße mit Olefinen wird an deren katalyt. Wrkg. auf folgende Rk. untersucht: die Polymerisierung von *2-Methylpropen* bei 120°, Polymerisierung u. Kinetik der Isomerisierung von *2-Methylbuten-(1)* bei 120°, Kinetik der Isomerisierung von *2-Methylpenten-(1)* bei $\leqq 60°$ u. die Isomerisierung von *Decen-(1)* bei 170°. W. Sobieski 492

1121 **Über den Mechanismus der Buten-(1)-Isomerisierung an Träger-Palladium.** Sergio Carra und Vittorio Ragaini. (J. Catalysis **10** (1968) 3, 230–37; Ist. di Chim. Fis., Univ. di Milano; engl.) — Die Wanderung der Doppelbindung des Buten-(1) wurde an Träger-Palladium (Al_2O_3-Träger) unter Ausschluß von H_2 untersucht. Die Eigentümlichkeit dieser Rk. ist die Stereo-Selektivität gegenüber cis-Buten-(2). Aus der Kinetik wird der Rk.-Mechanismus abgeleitet. G. Malow 492

1122 **Lineare Beziehungen der freien Energie bei heterogener Katalyse.** 8. Mitt. **Isomerisierung von Alkylbenzolen an festen sauren Katalysatoren.** Hideyuki Matsumoto, Jun-Ichiro Take und Yukio Yoneda. (J. Catalysis **11** (1968) 3, 211–19; Dep. of Synth. Chem., Fac. of Engng., Univ. of Tokyo, Bunkyo-ku, Tokyo; engl.) — 6. vgl. C. **1969,** 9-1065. — Untersucht wurde die Kinetik der Isomerisierung bei hohen Temp. u. die Selektivität zwischen Desalkylierung u. Isomerisierung nachst. Verb. an SiO_2–Al_2O_3-Kontakten unter Verw. der Titelbeziehungen: m- u. p-Xylol, m- u. p-Äthyltoluol, m- u. p-Diäthylbenzol, m- u. p-Isopropyltoluol, m- u. p-Diisopropylbenzol, m- u. p-tert.-Butyltoluol u. Isopropylbenzol. D. Strauch 492

1123 **Untersuchungen über die Racemisierung von Aminosäuren und ihren Derivaten.** 1. Mitt. **D—H-Austausch von Aminosäurederivaten in alkalischen Medien.** Hisayuki Matsuo, Yutaka Kawazoe, Motomu Sato, Masako Ohnishi und Takashi Tatsuno. (Chem. pharmac. Bull. [Tokyo] **15** (1967) 4, 391–98; Inst. of Phys. and Chem. Res. Komagome, Bunkyo-ku, Tokyo; engl.) — Vf. untersuchen den Einfl. der Substitution von α-Aminosäuren auf ihre Racemisierung. Mit Hilfe von polarograph. u. NMR-Messungen an *D-Phenylglycin* (I), *I-äthylester* (II) u. *N-Phthaloyl-*I (III) wurde das Bestehen einer Parallelität zwischen der basenkatalysierten α-Deuterierung (A) u. der Racemisierung von α-Aminosäuren u. ihren Deriv. bestätigt. Deshalb konnten sich Vf. darauf beschränken, den Einfl. der Substitution auf die A von *Na-Propionat, Propionamid, N.N-Diäthyl-* u. *N-Benzylpropionamid, Propionanilid, γ-Butyro-* u. *δ-Valerolactam, Äthyl-* u. *Benzylpropionat,* I, II, III, *N-Propionyl-* u. *N-Acetyl-*I, *Phenylessigsäure* u. *-ester, L-Alanin* (IV), *N-Acetyl-*IV, IV*-äthylester, N-Acetyl-* u. *N-Phthaloyl-L-alaninamid* zu bestimmen. U. Feist 492

1124 **Ätherische Öle und ihre Bestandteile.** 42. Mitt. **Isomerisierung von Epoxiden an aktivem Al_2O_3.** Ishwar C. Nigam und Leo Levi. (Canad. J. Chem. **46** (1968) 11, 1944–47; Res. Labor., Food and Drug Directorate, Dep. of Nat. Health and Welfare, Ottawa; engl.) — 41. vgl. J. Chromatogr. [Amsterdam] **34** (1968) 1, 85; 40. vgl. C. **1968,** 61-0771. — Die bei der Chromatographie von *Limonenoxid, α-Pinenoxid* u. *Caryophyllenoxid* an akt. Al_2O_3 auftretenden Isomerisierungen u. Nebenrk. werden untersucht. W. Sobieski 492

1125 **Hydrogenolyse von gesättigten KW-Stoffen an einem Ni-Katalysator.** 2. Mitt. **Selektivität der hydrogenolytischen Spaltung einiger aliphatischer und alicyclischer KW-Stoffe und ihre Reaktivität.** K. Kochloefl und V. Bažant. (J. Catalysis **10** (1968) 2, 140–48; Inst. of Chem. of Process Fundamentals, Czechoslovak Acad. of Sci., Prague-Suchdol; engl.) — 1. vgl. C. **1968,** 39-0879. — Die Hydrogenolyse von *Octan, Decan, 2.2.4-Trimethylpentan, 2.2-Dimethylbutan* u. *Methylcyclopentan, Äthylcyclopentan, Methylcycloheptan, Äthylcycloheptan, Cyclopentan, Cycloheptan, cis-* u. *trans-1.2-Dimethylcyclohexan* in der Gasphase an einem Ni-Katalysator mit 8 Gew.-% Al_2O_3 wurde untersucht. G. Malow 493

1126 **Kohlenwasserstoff-Crackreaktionen an Nickel.** J. Freel und A. K. Galwey. (J. Catalysis **10** (1968) 3, 277 bis 89; Chem. Dep., The Queen's Univ. of Belfast, Northern, Ireland; engl.) — Die Kinetik der Crackrk. von *Äthan, Äthylen, Acetylen, Propan, Propylen, Cyclopropan, Butan, Buten-(1), Bzl.* wurden an einem Ni-Carbid-Katalysator bei Anwesenheit u. unter Ausschluß von H_2 untersucht. G. Malow 493

1127 **Mechanismus der Disproportionierung von Olefinen.** J. C. Mol, J. A. Moulijn und C. Boelhouwer. (J. Catalysis **11** (1968) 1, 87–88; Labor. for Chem. Technol., Univ., Amsterdam, Nederland; engl.) — An Hand von experimentellen Ergebnissen (Literatur) wird der Mechanismus der Disproportionierung von *Propylen* an einigen akt. Metalloxid-Kontakten (über 1.2-Dimethylcyclobutadien) diskutiert. W. Sobieski 493

1128 **Initiierungsschritt bei der Pyrolyse von Methan.** Takayuki Yano und Kenji Kuratani. (Bull. chem. Soc. Japan **41** (1968) 4, 799–802; Inst. of Space and

Aeronaut. Sci., Univ. of Tokyo, Komaba, Meguro-ku, Tokyo; engl.) — Die Pyrolyse von äquimol. CH_4–CD_4-Mischungen bei 1560 °K durch eine reflektierte Stoßwelle wird untersucht u. bez. der Isotopenverteilung im ersten Rk.-Schritt diskutiert. W. Sobieski 493

1129 **Puls-Reaktionstechnik. 2. Mitt. Desalkylierung und Disproportionierung von Cumol.** Yuichi Murakami, Tatsuhiko Hattori und Tadashi Hattori. (J. Catalysis **10** (1968) 2, 123—27; Dep. of Synthetic Chem., Nagoya Univ., Nagoya, Japan; engl.) — 1. vgl. ibid. **10** (1968) 2, **114**. — Die Kinetik des katalyt. Crackens von *Cumol* an einem Kieselsäure–Aluminiumoxid-Katalysator (13,4% Al_2O_3) wurde mit Hilfe der Pulstechnik unter Verw. eines rechteckigen Impulses untersucht. G. Malow 493

1130 **Thermische Zersetzung von Hexamethylentetramin.** Yoshitomo Iwakami, Masao Takazono und Toshikazu Tsuchiya. (Bull. chem. Soc. Japan **41** (1968) 4, 813—17; Ind. Res. Inst. of Kanagawa Prefecture, Kanazawa-ku, Yokohama; engl.) — Die Pyrolyse wird bei 200—400° in Ggw. u. Abwesenheit von bei der Zers. entstandenem akt. C untersucht. W. Sobieski 493

1131 **Äthanol-Dehydratation über Aluminiumoxid-Katalysatoren. 2. Mitt. IR-Untersuchung der Adsorption von Diäthyläther an Aluminiumoxid.** Hiromichi Arai, Yasukazu Saito und Yukio Yoneda. (J. Catalysis **10** (1968) 2, 128—33; Dep. of Synthetic Chem., Fac. of Engng., Univ. of Tokyo, Bunkyo-ku; engl.) — 1. vgl. C. **1968**, 40-0837. — Die Struktur u. die therm. Zers.-Prod. des an Al_2O_3 adsorbierten Ae. wurden IR-spektroskop. u. massenspektrometr. untersucht. G. Malow 493

1132 **Zersetzung von Hydrazinderivaten durch Reaktion mit Hydroperoxiden.** Kazubiro Maruyama, Tetsuo Otsuki und Tetsuya Iwao. (J. org. Chemistry **32** (1967) 1, 82—86; Kyoto, Univ., Fac. of Sci., Dep. of Chem.; engl.) — Die Rk. von *Triphenylhydrazin, Diphenylpikrylhydrazin, unsymm.-Diphenylhydrazin* u. *Tetraphenylhydrazin* (**I**) mit tert.-Butylhydroperoxid wird untersucht. Als Hauptprod. wird außer bei **I** *Diphenylamin* gefunden. Die gebildeten Radikale werden ESR-spektroskop. analysiert. Ein Rk.-Mechanismus wird vorgeschlagen. J. Blume 493

1133 **Experimentelle Bestimmung der Geschwindigkeit von Chemie-Ionisationsprozessen.** J. Peeters und A. van Tiggelen. (Combust. and Flame **12** (1968) 4, 394—95; Labor. for Inorgan. Chem., Univ. of Louvain; engl.) — Untersucht werden Rk. in der *Methan–O₂*-Flamme. D. Schmitt 494

1134 **Elektronenanlagerung an halogenierte aliphatische KW-Stoffe.** R. P. Blaunstein und L. G. Christophorou. (J. chem. Physics **49** (1968) 4, 1526—31; Health Phys. Div., Oak Ridge Nat. Labor., Oak Ridge, Tenn.; engl.) — Es wurden die Wrkg.-Querschnitte der Elektronenanlagerung in Abhängigkeit von der Elektronenenergie von *Chlor-, Dichlor-, Trichlor-, Tetrachlor-, Chlortrifluor-, Dichlordifluor-, Trichlorfluor-, Chlordifluor-, Dichlorfluor-, Brom-, Dibrom-, Bromtrifluor-, Dibromdifluor-, Jod-, Trifluor-* u. *Tetrafluormethan, Trichloräthylen, 1.1.1-* u. *1.1.2-Trichloräthan, Trichlortrifluor-, Tetrabrom-* u. *Jodäthan* bestimmt. D. Strauch 494

1135 **Geschwindigkeit der Reaktion von drei Nitroparaffinen mit Wasserstoffatomen und solvatisierten Elektronen in wäßrigem Medium.** Jack Sutton und Tran Dinh Son. (J. Chim. physique Physico-Chim. Biol. **64** (1967) 4, 688—90; Saclay, Centre d'Ét. Nud.; franz.) — Untersucht wurden die Rk. von *Nitromethan, -äthan* u. *1-Nitropropan* mit Radiolyseprod. des Wassers. J. F. Cordes 494△

1136 **Thermische Explosion von Benzoylperoxid.** P. C. Bowes. (Combust. and Flame **12** (1968) 4, 289—301; Fire Res. Stat., Boreham Wood, Herts.; engl.) — Das therm. Verh. der reinen Titelverb. u. als Paste in Dimethylphthalat werden ausführlich diskutiert u. die kinet. Daten der Rk. angegeben. D. Schmitt 494

1137 **Oxydation von Propylen mit Hilfe von SnO_2–MoO_3-Katalysatoren. 1. Mitt. Einfluß der Kombination von SnO_2 und MoO_3.** J. Buiten. (J. Catalysis **10** (1968) 2, 188—99; Centraal Labor., Staatsmijnen/DSG, Geleen, Netherlands; engl.) G. Malow 495

1138 **Anwendung der mikrokatalytischen Technik auf eine Reaktion nullter Ordnung. Die Dehydratation von Butanol-(2) über Hydroxyapatit-Katalysatoren.** John A. S. Bett und W. Keith Hall. (J. Catalysis **10** (1968) 2, 105—13; Mellon Inst., Pittsburgh, Pa.; engl.) G. Malow 495

1139 **Isotopen- und Phaseneffekt bei mit langsamen Neutronen bestrahltem Bromäthan.** Miriam Milman. (J. Chim. physique Physico-Chim. biol. **64** (1968) 4, 658—64; Orsay, Fac. des Sci.; franz.) — Vf. untersuchte die Rk. $^{79}Br(n,\gamma)^{80m}Br$ u. $^{82m}Br(JT)^{82}Br$ in fl. u. festem C_2H_5Br. J. F. Cordes 496△

1140 **Bimolekulare Ionisierung des Triplettzustandes von aromatischen KW-Stoffen in Lösung.** L. P. Gary, Klaas de Groot und R. C. Jarnagin. (J. chem. Physics **49** (1968) 4, 1577—87; Dep. of Chem., Univ. of N.C., Chapel Hill, N.C.; engl.) — Es wurde die Photoionisierung nach Blitzanregung von *Anthracen, Naphthalin, Phenanthren* u. *Pyren* in verschiedenen Lsgm. durch Messung der Photoströme untersucht. D. Strauch 498

1141 **Photoionisation von Äthan, Propan und n-Butan mittels Massenanalyse.** William A. Chupka und Joseph Berkowitz. (J. chem. Physics **47** (1967) 8, 2921—33; Argonne Nat. Labor., Argonne, Ill.; engl.) — Für die Ursprungs- u. Fragmentionen der Verb. werden die relativen Photoionisations-Wrkg.-Querschnitte in Abhängigkeit der Photonenenergie zwischen dem Ionisationspotential u. 14,0 eV bestimmt. J. Büttner 498

1142 **Photochemische Synthesen. 20. Mitt. Cyclopentenon-Photocycloaddition. Reaktion aus einem höheren Triplettzustand.** P. de Mayo, J.-P. Pete und M. Tchir. (J. Amer. chem. Soc. **89** (1967) 22, 5712—13; Univ. of Western Ontario, London, Canada; engl.) — 19. vgl. C. **1969**, 1-1242. — Untersucht wird die Quantenausb. der Cycloadditionen von Cyclopentenon an *Cyclohexen* unter Zusatz verschiedener Sensibilisatoren. K. Jasche 498△

1143 **Ionische Zwischenprodukte in γ-bestrahlten organischen Gläsern. Stilben-Anionen in 2-Methyltetrahydrofuran.** Ayako Torikai, Kenji Fueki und Zen'ichiro Kuri. (Bull. chem. Soc. Japan **40** (1967) 1, 223—24; Chikusa-ku, Nagoya, Nagoya Univ., Dep. of Synth. Chem.; engl.) — γ-Bestrahlung von *cis-* u. *trans-Stilben* in 2-Methyltetrahydrofuran bei 77 °K führen zu Stilben-Anionradikalen. Diese Radikale werden spektralphotometr. u. ESR-spektroskop. nachgewiesen. B. J. 498△

1144 **Strahlungsinduzierte H—T-Substitution im System aromatischer KW-Stoff–Methanol. Einflüsse von O_2 und Naphthalin.** J. Kroh und A. M. Plonka. (Bull. Acad. polon. Sci., chim. **16** (1968) 7, 383—86; Dep. of Radiat. Chem., TU, Łódź; engl.) — Die *H*—T-Substitution von CH_3OT in *Bzl.* u. *Toluol* bei ^{60}Co-γ-Bestrahlung ($3 \cdot 10^{18}$ eV/l·s) in Ggw. u. Abwesenheit von O_2 u. Naphthalin wird untersucht. W. Sobieski 498

1145 **Strahlungsinduzierte H—T-Substitution im System aromatischer KW-Stoff–Methanol. Abhängigkeit der Substitution von der Konzentration.** J. Kroh und A. M. Płonka. (Bull. Acad. polon. Sci., Sér. Sci. chim. **16** (1968) 7, 387—90; engl.) — Vgl. vorst. Referat. — Der Einfl. der CH_3OT-Konz. wird untersucht. W. Sobieski 498

1146 **Photochemische Reaktionen mit Elektronenübertragung. 4. Mitt. Rolle der Elektronenaffinität des Akzeptors bei der Wechselwirkung zwischen angeregtem N.N-Dimethylanilin und Halogenbenzolderivaten.** Tadeusz Latowski. (Z. Naturforsch. **23a** (1968) 8, 1127—30; Dep. of Phys. Chem., School of Educat., Gdańsk; engl.) — 3. vgl. C. **1968**, 64-0326. — Die Quantenausb. der Halogenwasserstoffbldg. bei UV-Bestrahlung von N.N-Dimethylanilin mit nachst. Halogenbenzolen wird bestimmt: *Chlor-, Brom-, Jod-; 1.2-, 1.3-* u. *1.4-Dichlor-; 1.2-, 1.3-* u. *1.4-Dibrom-; 1.4-Chlorbrom-, 1.2-* u. *1.4-Fluor-*

brom-; Toluolen: *o*- u. *p-Chlor*-; *o*-, *m*- u. *p-Brom*-; *p-Jod*- sowie *p-Chloranisol* u. *p-Bromanilin*.
D. Schmitt 498

1147 **Zersetzung eines Addukts von Phosphorylazid und Norbornylen.** R. S. McDaniel und A. C. Oehlschlager. (Canad. J. Chem. **46** (1968) 13, 2316—18; Dep. of Chem., Simon Fraser Univ., Burnaby, B.C.; engl.) — Die Pyrolyse u. Photolyse von *1-Diäthylphosphoryl-Δ^2-1.2.3-norbornanotriazolin* (I) wird untersucht. Pyrolyse bei $>200^0$ gibt direkt *2-Diäthylphosphoryliminonorbornan*, während *3-Diäthylphosphoryl-3-azatricyclo-[3.2.1.0^{2,4}]-octan* (**II**, Kp. 110°, IR-, NMR-Daten) stabil bleibt. Das Photolyseprod. von **I** ist dagegen **II**.
W. Sobieski 498

1148 **Radikalprozesse bei der Radiolyse des Systems Äthanol–Benzol.** J. Kroh und J. Mayer. (Bull. Acad. polon. Sci., Sér. Sci. chim. **16** (1968) 7, 377—82; Dep. of Radiat. Chem., TU, Łódź; engl.) — Die ^{60}Co-γ-Radiolyse ($2{,}8 \cdot 10^{19}$ eV/l · s) wird bei +20 u. —196° untersucht u. bez. der entstehenden Radikale diskutiert.
W. Sobieski 498

1149 **Isotopenzusammensetzung des bei Bestrahlung von flüssigem CH_3OD mit ^{60}Co-γ-Strahlen und ^{10}B(n, α)^{7}Li-Rückstoßteilchen gebildeten Wasserstoffs.** Hiroshi Seki und Masashi Imamura. (J. chem. Physics **48** (1968) 4, 1866—67; Inst. of Phys. and Chem. Res., Tokyo; engl.)
W. Sobieski 498

1150 **Radiolyse von fester Oxalsäure und Ammoniumoxalat durch gemischte Reaktorstrahlung und ^{60}Co-γ-Strahlung.** O. Gal, Lj. Petković, Lj. Josimović und I. Draganić. (Int. J. appl. Radiat. Isotopes **19** (1968) 8, 645 bis 656; Boris Kidrič Inst. of Nucl. Sci., Vinča, Yugoslavia; engl.) — Die Radiolyse wird bei Temp. zwischen 30 u. 85°, Drücken bis zu 30 atm u. Dosen bis zu 1000 Mrad untersucht, die Kinetik der Zers.-Rk. u. der Prod.-Bldg. bestimmt.
W. Sobieski 498

1151 **Mechanismus photochemischer Reaktionen in Lösung.** 43. Mitt. **Addition von Maleinsäureanhydrid an Benzol.** William M. Hardham und George S. Hammond. (J. Amer. chem. Soc. **89** (1967) 13, 3200—05; Calif. Inst. of Technol., Pasadena, Calif.; engl.) — 42. vgl. C. **1968**, 29-1058. — Die Photoaddition von Maleinsäureanhydrid an Bzl. wird sowohl direkt als auch mittels sensibilisierter Anregung untersucht. Die Verw. geeigneter Inhibitoren u. Sensibilisatoren sowie ein Wechsel in der Konz. der Reaktanten zeigt einen Triplettmechanismus.
K. Jasche 498△

1152 **ESR-Untersuchung der γ-Radiolyse von an Silicagel adsorbierten Monocarbonsäuren.** Masaji Miura, Akinori Hasegawa und Yoshio Yamada. (Bull. chem. Soc. Japan **41** (1968) 6, 1320—23; Dep. of Chem., Fac. of Sci., Hiroshima Univ., Higashisenda-machi, Hiroshima; engl.) — Untersucht wurden *Ameisen*-, *Essig*- u. *Propionsäure*.
D. Schmitt 498

1153 **Photochemische Reaktionen von Azoverbindungen.** 10. Mitt. **Photochemische Eigenschaften von Azobenzol-2-carbonsäure.** C. P. Joshua und G. E. Lewis. (Austral. J. Chem. **20** (1967) 5, 929—34; Univ. of Adelaide, Dep. of Org. Chem.; engl.) — 9. vgl. C. **1969**, 11-1209. — Bei der Bestrahlung bilden 4-Chlor-, 4'-Chlor-, 4-Methyl- u. 4'-Methylazobenzol-2-carbonsäure in 98%ig. H_2SO_4 unter Cyclisierung in guten Ausb. die entsprechenden *Benzo-[c]-cinnolin-4-carbonsäuren*. Die Eig. der substituierten Azobenzol-2-carbonsäuren bez. ihrer Cyclisierung werden auf der Basis intramol. H-Bindungen zwischen der Carboxylgruppe u. einem Azo-N diskutiert. Auf die Existenz derartiger H-Bindungen weisen die IR-Spektren hin. Vers. zur Darst. der cis-Azoverb. blieben erfolglos.

Versuche: *Azobenzol-2-carbonsäure*, F. 94,5°, aus Anthranilsäuremethylester (**I**) u. Nitrosobenzol. — *4'-Chlor*-, F. 167° (A.), aus 9,5 g p-Chlornitrosobenzol u. 11,5 g **I** [→ *4'-Chlorazobenzol-2-carbonsäuremethylester* (9,5 g)], Verseifen; 6,5 g (Ausb.). — Analog: *4'-Methyl*-, F. 115° (A.), aus 11,5 g **I** u. 9 g p-Nitrosotoluol; 6 g. — *4-Chlor*-, F. 127° (A.), aus 5 g 2-Amino-5-chlorbenzoesäuremethylester u. 4 g **II**; 1,5 g. — *4-Methyl*-, $C_{14}H_{12} \cdot N_2O_2$, F. 99° (Leichtpetroleum), aus 2-Amino-5-chlorbenzoesäure in methanol. HCl [→ 2-Amino-5-benzoesäuremethylester (**III**)] u. Umsetzung von **III** u. **I**. — Photochem. Cyclodehydrierung: Lösen der betreffenden Azobenzol-2-carbonsäure in 98%ig. H_2SO_4 u. Bestrahlung mit einer Hg-Hochdrucklampe: *Benzo-[c]-cinnolin-4-carbonsäure*, F. 283—285° (neben *Benzo-[c]-cinnolin*, F. 154°; 2,5%); 75%. — *9-Chlor*-, $C_{13}H_7ClN_2O_2$, F. 272° (Toluol); 75%. — *9-Methyl*-, $C_{14}H_{10}N_2O_2$, F. 268° (Toluol); 70%. — *2-Chlor*-, $C_{13}H_7ClN_2O_2$, F. 244° (im Vakuum); 60%. — *2-Methyl*-, $C_{14}H_{10}N_2O_2$, F. 232° (im Vakuum); 63%.
K. Jasche 498△

C. Präparative organische Chemie, Naturstoffe

1154 **Bequeme stereoselektive Synthese von substituierten Alkenen durch Hydroborierung–Jodierung von Alkinen.** G. Zweifel, H. Arzoumanian und C. C. Whitney. (J. Amer. chem. Soc. **89** (1967) 14, 3652—53; Univ. of Calif., Davis, Calif.; engl.) — Hydroborierung von Hexin-(1) (**I**) mit *Dicyclohexylboran* (**II**) u. Jodierung des gebildeten Vinylborans in Ggw. von NaOH liefert reines *cis-1-Cyclohexylhexen-(1)*. Analog wird aus **II** u. C_2H_2 *Vinylcyclohexan* erhalten. Die Meth. erlaubt die Einführung olefin. Seitenketten in cycl. u. acycl. Systeme.

Versuche: *cis-1-Cyclohexylhexen-(1)*, $Kp._1$ 44 bis 45°, durch Zutropfen von Boran in THF zu Cyclohexen in THF unter Eiskühlung, 1std. Rühren des Nd. bei 0—5°, Verdünnen mit **I** in THF bei 15—20°, $^1/_2$std. Rühren nach erfolgter Lsg., Zugabe von 6n NaOH bei —10°, $^1/_4$std. Zutropfen von J_2 in THF, Erwärmen auf Raumtemp., Zugabe von $Na_2S_2O_4$-Lsg. u. Aufarbeiten mit Pentan; n_D^{20} 1,4586; 75% (Ausb.). — Analog: *Vinylcyclohexan*, aus C_2H_2 u. **II**; 83%. — *cis-1.2-Dicyclohexyläthylen*, aus Cyclohexylacetylen u. **II**; 77%. — *3-Cyclohexylhexen-(3)*, aus Hexin-(3) u. **II**; 85%. — *cis-2.3-Dimethylnonen-(4)*, aus **I** u. Bis-[1.2-dimethylpropyl]-boran; 63%.
H. Miele 510△

1155 **Isomerisierung von ungesättigten Alkoholen mit Eisenpentacarbonyl. Darstellung von Ketonen und Aldehyden.** Ralph Damico und Ted. J. Logan. (J. org. Chemistry **32** (1967) 7, 2356—58; Procter & Gamble Co., Miami Valley Labor., Cincinnati, O.; engl.) — Ungesätt. sek. Alkohole werden durch Erhitzen mit $Fe(CO)_5$ glatt zu *Ketonen* isomerisiert. Ungesätt. prim. bzw. cycl. Alkohole, die infolge Polymerisierung nur geringe Ausb. an *Aldehyden* bzw. *Cycloalkanonen* liefern, werden besser durch Bestrahlen mit UV-Licht in Ggw. von $Fe(CO)_5$ bei Raumtemp. isomerisiert.

Versuche: *Heptanon-(4)*, durch 4std. Erhitzen von Hepten-(1)-ol-(4) u. $Fe(CO)_5$ auf 110° unter Ar, Kühlen, Zugabe von $FeCl_3$ in A., 1std. Rühren u. Zusatz von W.; 80% (Ausb.). *2.4-Dinitrophenylhydrazon* (*DNP*), F. 70—71°. — *2-Methylheptanon-(3)*, $Kp._{12-15}$ 42—49°, durch 6std. Erhitzen von 2-Methylhepten-(1)-ol-(3) u. $Fe(CO)_5$ in n-Octan auf 124° u. Aufarbeiten analog vorst. Verb. (Meth. **A**); 75%. — *Hexanal* (**I**), durch Zugabe von $Fe(CO)_5$ zu cis-Hexen-(3)-ol-(1), 6std. Erhitzen auf 110° u. Gaschromatographie; 8%. — *2-Butyloctén-(2)-al*, $C_{12} \cdot H_{22}O$, a) neben **I**; 29%; b) durch 6std. Erhitzen von **I** u. $Fe(CO)_5$ auf 110°; 85%. — *Decanal*, a) durch 5std. Bestrahlen von Decen-(9)-ol-(1) (**II**) u. $Fe(CO)_5$ in Pentan bei ≈ 20° mit einer Hg-Hochdrucklampe (Meth. **B**); 54%; b) aus **II** nach **A** in 5 Std.; ≈ 10%. *DNP*, F. 100 bis 101°: 54%. — *Dodecanon-(3)*, nach **A** aus Dodecen-(1)-ol-(3) in 6 Std.; 60%. — *Octanon-(3)*, nach **B** aus Octen-(1)-ol-(3) in 1 Std.; 70%. — *Cyclohexanon*, a) nach **A** aus Cyclohexen-(2)-ol in 6 Std.; 20%; b) nach **B** in 4 Std.; 40%.
H. Miele 510△

1156 **Oxydation von primären, sekundären und tertiären Aminen mit neutralem Permanganat. Einfache Methode zum Abbau von Aminen zu Aldehyden und Ketonen.** Surjan S. Rawalay und Harold Shetchter. (J. org.

Chemistry **32** (1967) 10, 3129—31; Dep. of Chem., Ohio State Univ., Columbus, O.; engl.) — Prim., sek. bzw. tert. Amine mit einem H-Atom in α-Stellung zum N-Atom. werden von neutraler $KMnO_4$-Lsg. in wss. tert.-Butanol bei 60—80° unter rascher Isolierung der Prod. zu *Aldehyden* bzw. *Ketonen* oxydiert.

Versuche: *Cyclobutylamin*, Kp. 81—82°, aus NaN_3 u. Cyclobutancarbonsäure in konz. H_2SO_4 bei 40 bis 50°; 65% (Ausb.). — 2.4-Dinitrophenylhydrazone: *Formaldehyd-*, a) aus Methylamin bzw. N-Methyl-tert.-oktylamin, 0,5 Val $KMnO_4$ u. $CaSO_4 \cdot 2\,H_2O$ in wss. tert.-Butanol bei 50—75° u. Rk. mit 2.4-Dinitrophenylhydrazin (I); 9% bzw. 12%; b) aus Dimethylamin, $KMnO_4$ u. $CaSO_4 \cdot 2\,H_2O$ in wss. tert.-Butanol bei 25 bis 30° u. Rk. mit I; 10%. — *Propionaldehyd-*, aus Propylamin nach a); 42%. — *Isobutyraldehyd-*, aus Isobutylamin bzw. aus Diisobutylamin; 51% bzw. 56%. — *Benzaldehyd-*, aus Benzylamin; 61%. — *p-Chlorbenzaldehyd-*, aus p-Chlorbenzylamin; 68%. — *p-Methoxybenzaldehyd-*, aus p-Methoxybenzylamin; 70%. — *p-Nitrobenzaldehyd-*, aus p-Nitrobenzylamin; 59%. — *Aceton-*, aus Isopropyl-, Diisopropyl- bzw. N-Methyldiisopropylamin; 82%, 86% bzw. 74%. — *Butanon-(2)-*, aus sek.-Butylamin bzw. Di-sek.-butylamin; 91% bzw. 96%. — *Cyclobutanon-*, aus Cyclobutylamin; 71%. — *Heptanon-(2)-*, aus Heptyl-(2)-amin; 79%. — *Acetophenon-*, aus α-Phenäthylamin; 78%. — *Benzophenon-*, aus Benzhydrylamin; 83%. — *Butyraldehyd-*, F. 122—123° (A.), a) aus Butylamin; 46%; b) aus Dibutylamin; 50%; c) aus Tributylamin; 33%. — *p-Tolualdehyd-*, F. 231—233°, aus p-Methylbenzylamin; 67%. — *Cyclohexanon-*, F. 162° (A.), a) aus Cyclohexylamin bei 70°; 75%; b) analog a) bei ca. 55—75°; 56%; c) aus Dicyclohexylamin mit 3 Val $KMnO_4$; 85%; d) analog c) mit ca. 4 Val $KMnO_4$; 67%; e) aus N-Äthyldicyclohexylamin; 89%. Hans Köhne/Berlin 510△

1157 **Untersuchung der Umkehrbarkeit der Pt-katalysierten Hydrosilylierung von Olefinen.** Leonard Spialter und Daniel H. O'Brien. (J. org. Chemistry **32**, (1967) 1, 222—23; Wright-Patterson Air Force Base, Ohio, Office of Aerospace Res., Chem. Res. Labor.; engl.) — Die Racemisierung der aus $HSiCl_3$ u. 2-Methylbuten-(1) (I) in Ggw. von Pt zugängl. (+)-(*S*)-*2-Methylbutylsilan* u. (+)-(*S*)-*2-Methylbutyltrichlorsilan* in Ggw. von Pt wird untersucht. Ergebnisse vgl. Original.

Versuche: (+)-(*S*)-*2-Methylbutylsilan*, durch 20std. Erhitzen von $HSiCl_3$ u. I in Ggw. von Pt/Kohle auf 100° u. Dest. bei 162—169°; 55,3% (Ausb.). — (+)-(*S*)-*2-Methylbutyltrichlorsilan*, aus $HSiCl_3$ u. I in Ggw. von H_2PtCl_6; 93%. H. Gleinig 510△

1158 **Ortho-Bromierung von Phenolen.** D. E. Pearson, R. D. Wysong und C. V. Breder. (J. org. Chemistry **32** (1967) 7, 2358—60; Vanderbilt Univ., Nashville, Tenn.; engl.) — Bromierung von Phenolen in Ggw. stark bas. aliphat. Amine bei —70° erfolgt spezif. in o-Stellung: *2-Brom-* u. *2.6-Dibromphenol*, *o-Bromthymol*, *7-Brom-8-hydroxychinolin* u. *2-Bromnaphthol-(1)* werden dargestellt. Unter gleichen Bedingungen erfolgt Chlorierung in o- u. p-Stellung.

Versuche: *2.6-Dibromphenol*, F. 55—56° (Hexan), durch Zutropfen von Br_2 zu abs. Toluol u. tert.-Butylamin bei —20 bis —30°, Zugabe von Phenol in CH_2Cl_2 bei —70 bis —75° u. Erwärmen auf Raumtemp.; 75% (Ausb.). — Analog: *2-Bromphenol*, Kp. 186—195°; 60%. — *2-Isopropyl-5-methyl-6-bromphenol*, $Kp._{0,5}$ 83 bis 84°; hellgelbes Öl; 80%. *Phenoxyessigsäurederiv.*, $C_{12}H_{15} \cdot BrO_3$, F. 90,5—91,5°; aus W. Nadeln. — *7-Brom-8-hydroxychinolin*, F. 137—138°; 92%. — *2-Bromnaphthol-(1)*, F. 44—45°, isoliert durch Dampfdest.; 61%. H. Miele 510△

1159 **Direkte Amidierung. Ein neuer aromatischer Substitutionsprozeß.** Frederick W. Wassmundt und Stanley J. Padegimas. (J. Amer. chem. Soc. **89** (1967) 26, 7131—32; Univ. of Conn., Storrs, Conn.; engl.) — Aromat. Verb. u. Hydroxamsäuren reagieren in heißer Polyphosphorsäure zu den *Acylaminoderiv. der aromat. Verbindungen.* Anisol gibt mit 10 Val Acetohydroxamsäure *N-Acetyl-p-methoxyanilin* in 57%ig. Ausbeute. Toluol bzw. Anisol geben nur *p-Acylaminoderivate*. *β-Phenylpropionhydroxamsäure* bildet in Polyphosphorsäure bei 165—170° in 79%ig. Ausb. *1.2.3.4-Tetrahydro-2-oxochinolin*. Hans Köhne/Berlin 520△

C-1. Acyclische Verbindungen

1160 **Konformationsstabilität aliphatischer Paraffine. Synthese und Bestimmung der absoluten Konfiguration von (3S.5S)- und (3R.5S)-2.2.3.5-Tetramethylheptan.** S. Pucci, M. Aglietto, P. L. Luisi und P. Pino. (J. Amer. chem. Soc. **89** (1967) 11, 2787—88; Center of Macromolecular Chem. of CNR, Inst. of Ind. Org. Chem., Univ., Pisa, Italy; engl.) — Das durch Rk. von (—)-(S)-3-Methylpentanal [$Kp._{760}$ 120—121°; $[\alpha]_D^{25}$ —7,10°; 97% opt. Reinheit] mit tert.-Butyl-MgCl erhaltene (—)-(*5S*)-*2.2.5-Trimethylheptanol-(3)* ($C_{10}H_{22}O$, $Kp._{20}$ 85°, $[\alpha]_D^{25}$ —2,17°) wird zu (+)-(*S*)-*2.2.5-Trimethylheptanon-(3)* ($C_{10}H_{20}O$, $Kp._{22}$ 75°; $[\alpha]_D^{25}$ +19,16°) ox. u. mit CH_3MgBr in (+)-(*5S*)-*2.2.3.5-Tetramethylheptanol-(3)* ($C_{11}H_{24}O$, $Kp._{20}$ 90°, $[\alpha]_D^{25}$ +10,13°) übergeführt. Durch Dehydratisierung mit J_2 u. Hydrieren an Raney-Ni bei 120° wird daraus das *Diastereomerengemisch* (I) von (+)-(*3R.5S*)- u. (—)-(*3S.5S*)-*2.2.3.5-Tetramethylheptan* [$C_{11}H_{24}$, $Kp._{18}$ 61—62°, $[\alpha]_D^{25}$ —0,69° (rein), —0,83° (c = 15; n-Pentan)] erhalten. Durch fraktionierende Kristallisation von I wird ein *Diastereomeres* [$Kp._{14}$ 54—55°; 95% Diastereoisomeren-Reinheit] isoliert. Rk. von (—)-(R)-2.3.3-Trimethylbutanol-(1) [$[\alpha]_D^{25}$ —15,5° (c = 3,41; A.)] mit $SOCl_2$ gibt (—)-(*R*)-*1-Chlor-2.3.3-trimethylbutan* ($C_7H_{15}Cl$, $Kp._{158}$ 89 bis 91°; $[\alpha]_D^{25}$ —19,93°), das nach Grignardierung mit Propanol zu (*5S*)-*5.6.6-Trimethylheptanol-(3)* umgesetzt wird. Durch Ox. wird (—)-(*S*)-*5.6.6-Trimethylheptanon-(3)* [$C_{10}H_{20}O$, $Kp._{126}$ 128—130°; $[\alpha]_D^{25}$ —7,00°. *Semicarbazon*, F. 159—160°] erhalten u. mit CH_3MgBr in (—)-(*5S*)-*3.5.6.6-Trimethylheptanol-(3)* ($C_{11}H_{24}O$, $Kp._{18}$ 89—92°, $[\alpha]_D^{25}$ —7,00°) übergeführt. Dessen Dehydratisierung mit J_2 u. Hydrieren an Raney-Ni bei 120° gibt das *Diastereomerengemisch* (II) von (*3S.5R*)- u. (*3S.5S*)-(—)-*2.2.3.5-Tetramethylheptan* [$C_{11}H_{24}$, $[\alpha]_D^{25}$ —26,19° (c = 20,58; n-Pentan)]. Die Beziehung zwischen den ber. molaren Rotationen der Diastereomeren von I u. II u. ihrer abs. Konfig. wird diskutiert. Bei der Synth. von I u. II tritt keine wesentliche Racemisierung ein. W. Senf 560△

1161 **Vereinfachte Darstellung volldeuterierter Kohlenwasserstoffe von hohem Molekulargewicht.** J. G. Atkinson, M. O. Luke und R. S. Stuart. (Canad. J. Chem. **45** (1967) 13, 1511—18; Merck Sharp and Dohme of Canada, Ltd., Montreal, Quebec; engl.) — Leiten von D_2 durch Gemische von hochsd. KW-Stoffen u. 2%ig. Pd/Kohle bei 190—200° führt in 35—75%ig. Ausb. zu perdeuterierten Prod. von hoher isotop. u. chem. Reinheit (Abb. der Rk.-App.). 2% Pt/Kohle u. 2% Rh/Kohle sind ebenfalls brauchbar. Spaltung oder Strukturisomerisierung tritt nicht ein; hingegen erfolgt Epimerisierung am asymm. C-Atom. Dargestellt wurden: [[D_{22}]-*n-Decan*, [D_{26}]-*n-Dodecan*, [D_{34}]-*n-Hexadecan*, [D_{38}]-*n-Octadecan*, [D_{50}]-*n-Tetrakosan*, [D_{58}]-*n-Octakosan*, [D_{74}]-*n-Hexatriakontan*, [D_{40}]-*Pristan* (*2.6.10.14-Tetramethylpentadecan*), [D_{62}]-*Squalan* (*2.6.10.15.19.23-Hexamethyltetrakosan*), [D_{24}]-*Cyclododecan*, [D_{26}]-*1.2-Dicyclohexyläthan* u. [D_{18}]-*Dekalin* (93% *trans-* u. 7% *cis*-Form, sowohl aus cis- als auch aus trans-Dekalin). H. Miele 560△

1162 **Synthese von 1.1.2-Trichlorbutadien-(1.3).** Tatsuo Matsuda und Takaari Yumoto. (Bull. chem. Soc. Japan **40** (1967) 8, 1991—92; Gov. Indust. Res. Inst., Nagoya, Kita-ku, Nagoya; engl.) — Durch Dehydrochlorierung von 1.1.2.4-Tetrachlorbuten-(1) wird die Titelverb. dargestellt. MR_D-Werte vgl. Original.

Versuche: *1.1.2-Trichlorbuten-(1)-ol-(3)*, $Kp._{15}$ 86°, a) durch Kochen von Tetrachloräthylen in A. in Ggw. von Lauroylperoxid oder Benzoylperoxid bzw. Isopropylperoxydicarbonat oder Bestrahlen mit ^{60}Co; n_D^{20} 1,5150, $D._4^{20}$ 1,440; b) durch Dehydrochlorierung nachst. Verb. mit wss. NaOH; 95% (Ausb.). — *1.1.2.2-Tetrachlorbutanol-(3)*, $Kp._{15}$ 106°, neben vorst. Verb. nach a); n_D^{20} 1,5130, $D._4^{20}$ 1,536. — *1.1.2-Trichlorbutadien-(1.3)*, $Kp._{15}$ 41°, aus vorvorst. Verb. mit P_2O_5 bei 200°; n_D^{20} 1,5290, $D._4^{20}$ 1,373; 51%. — *3.3.4.4-Tetrachlorbuten-(1)*, $Kp._{15}$ 61—63°, neben vorst. Verb.; n_D^{20} 1,5068, $D._4^{20}$ 1,463; 8,4%. G. Westphal 570△

1163 **Peroxid-Fragmentierungsreaktion.** William H. Richardson und Ronald S. Smith. (J. Amer. chem. Soc. **89** (1967) 9, 2230—31; Dep. of Chem., San Diego State College, San Diego, Calif.; engl.) — Das aus Isobutylenchlorhydrin erhaltene *Isobutylenoxid* (I) reagiert mit tert.-Butylhydroperoxid in saurem Milieu zu *2-Methyl-2-[tert.-butylperoxy]-propanol-(1)*, das durch CrO_3 zu *2-Methyl-2-[tert.-butylperoxy]-propionsäure* ($C_8H_{16}O_4$) ox. wird. Diese wird mit Triäthylamin (II) in Chlorbenzol quant. zu *Aceton, tert.-Butylalkohol* u. CO_2 gespalten. Der Rk.-Mechanismus wird diskutiert. Rk. von I mit Neopentylalkohol in saurem Medium gibt *2-Methyl-2-neopentoxypropanol-(1)*, der mit CrO_3 zu *2-Methyl-2-neopentoxypropionsäure* ($C_9H_{18}O_3$) ox. wird. Diese Säure ist gegenüber II inert. IR- u. NMR-Max. vgl. Original. W. Senf 620△

1164 **Rolle des Lösungsmittels bei der nucleophilen Thiylierung konjugierter Moleküle mit Dreifachbindung.** E. N. Prilžeaeva, G. S. Vasil'ev und V. N. Petrov. (Izvest. Akad. Nauk SSSR, Ser. chim. **1967**, 10, 2217—22; Inst. org. chim. im. Zelinskogo AN SSSR; russ.) — Die Rk. von n-Decylmercaptan mit Diacetylen (I) in A. [Šostakovskij et al., Ž. obšč. chim., **30** (1960), 3143] liefert *n-Decyl-[buten-(1)-in-(3)-yl]-sulfid*, $C_{14}H_{24}S$, $Kp._{0,08}$ 56°; $D._4^{20}$ 0,8975; n_D^{20} 1,5018; 82% (Ausb.). Bei der Rk. von tert.-Butylmercaptan (II) mit I (tropfenweise Zugabe von 19,4 g II zu 10,8 g I, 0,5 g KOH u. 8,7 ml CH_3OH in 217 ml THF u. 2½std. Rühren) entsteht ein Gemisch aus *cis-* u. *trans-tert.-Butyl-[buten-(1)-in-(3)-yl]-sulfid*, $C_8H_{12}S$, $Kp._3$ 39—42,5°; n_D^{20} 1,5260; 85%. Die Rk. von II mit Vinylacetylen (III) (5,2 g III mit 9,0 g II, 1,0 g NaOH u. 50 ml THF im Rohr 25—27 Std. lang auf 65—70° erhitzen) liefert ein Gemisch ($Kp._{23}$ 70—71°; 59%) aus 8% *cis-tert.-Butyl-[butadien-(1.3)-yl]-sulfid* (IV) u. 92% *tert.-Butyl-[butadien-(2.3)-yl]-sulfid* (V). Bei Ausführung der Rk. in Ggw. von 12 Mol.-% CH_3OH wird dagegen ein Gemisch ($Kp._{12}$ 58—60°; 70%) aus 29% IV, 64% V u. 7% *tert.-Butyl-[butin-(3)-yl]-sulfid* erhalten. Die Rk. von III mit Äthylmercaptan unter vorst. Bedingungen in THF führt zu einem Gemisch ($Kp._{25}$ 55—56°; 51%) aus 3% *cis-Äthyl-[butadien-(1.3)-yl]-sulfid*, 92% *Äthyl-[butadien-(2.3)-yl]-sulfid* u. 5% *Äthyl-[butin-(3)-yl]-sulfid*. Die Zus. der Gemische wird durch NMR- u. gaschromatograph. Analyse ermittelt. Helmut Schäfer 640△

1165 **Methansulfinsäure und ihre Eigenschaften.** Fred Wudl, D. A. Lightner und Donald J. Cram. (J. Amer. chem. Soc. **89** (1967) 16, 4099—4101; Univ. of Calif., Los Angeles; engl.) — *Methansulfinsäure* (I) wird durch Hydrolyse des Säurechlorids in krist. Form erhalten. Massenspektren bei verschiedenen Temp. zeigen, daß beim Zerfall von I ein CS_2^+-Fragment entsteht. Röntgenstrukturanalyse zeigt, daß alle Mol. eines bestimmten Krist. gleiche Konfig. am S besitzen. Überführung eines einzelnen opt.-akt. Krist. von I in opt.-akt. I-Methylester durch Rk. mit CH_2N_2 gelang nicht; es entsteht das Racemat.

Versuche: *Methansulfinsäure* (I), CH_4O_2S, durch Zutropfen von 3,6 ml dest. W. zu 20 g Methansulfinylchlorid bei —30° unter N_2; hygroskop. Nadeln; 8—10 g Ausbeute. H. Miele 640△

1166 **Dinitrophenylhydrazone von Acetaldol und Dialdan.** Shozo Yamada. (Bull. chem. Soc. Japan **40** (1967) 8, 1990—91; Osaka City Inst. of Hygiene, Kita-ku, Osaka; engl.) — Es werden dargestellt: *Acetaldol-2.4-dinitrophenylhydrazon*, $C_{10}H_{12}N_4O_5$, F. 113—114°, durch mehrstd. Kochen von Acetaldol mit 2.4-Dinitrophenylhydrazin in Methanol; aus $CHCl_3$ gelbe Nadeln. — *Dialdan-2.4-dinitrophenylhydrazon*, $C_{14}H_{18}N_4O_6$, F. 180°, durch Stehen von Dialdan mit 2.4-Dinitrophenylhydrazin in 2 n HCl; aus $CHCl_3$ gelbe Nadeln. G. Westphal 690△

1167 **Reaktionen von Butyllithium mit Sulfonylhydrazonen.** G. Kaufman, F. Cook, H. Shechter, J. Bayless und L. Friedman. (J. Amer. chem. Soc. **89** (1967) 22, 5736—37; O. State Univ., Columbus, O.; engl.) — Sulfonylhydrazone mit α-ständigen H-Atomen geben mit 2 Val Butyl-Li bei 70—90° *Olefine*, ohne daß eine Umlagerung oder Bldg. von Cyclopropanderiv. eintritt. 3.3-Dimethylbutanon-(2)-tosylhydrazon (I), 3-Methylbutanon-(2)- bzw. Pentanon-(2)-benzolsulfonylhydrazon bilden quant. *3.3-Dimethylbuten-(1)* (II), *3-Methylbuten-(1)* bzw. *Penten-(1)*. Die Zers. von I in Dekalin bei 70—110° mit geringeren Mengen als 1,8 Val Butyl-Li ergibt *Gemische* aus II, *1.1.2-Trimethylcyclopropan* (III), *2.3-Dimethylbuten-(1)* (IV) u. *2.3-Dimethylbuten-(2)* (V). Mit 0,5 Val Butyl-Li werden 36% II, 11% III, 38% IV u. 18% V gebildet, mit 1 Val Butyl-Li 57% II, 40% III u. 3% IV u. mit 1,4 Val Butyl-Li 95% II u. 5% III. In Diäthylcarbitol verläuft die Rk. ähnlich; III ist unter den Rk.-Bedingungen stabil. Ein Rk.-Mechanismus für die Zers. von Sulfonylhydrazonen mit überschüssigem Butyl-Li unter intermediärer Bldg. von Mono-Li-Salzen wird angegeben. 2-Äthylmercaptoacetophenontosylhydrazon bildet mit mehr als 2 Val Butyl-Li ein Di-Li-Salz. Die Li-Salze von Aldehydtosylhydrazonen zerfallen unter vermindertem Druck bereits bei niedrigerer Temp. als die bisher verwendeten Na-Salze unter Bldg. von *prim. Diazoalkanen*; ebenso zersetzen sich die Li-Salze der Tosylhydrazone von α-substituierten Ketonen bei niedrigeren Temp. als die der unsubstituierten Ketone. Aus den Li-Salzen des 3-Methylbutanon-(2)-tosylhydrazons bzw. I entstehen durch Vakuumpyrolyse *2-Diazo-3-methylbutan* bzw. *2-Diazo-3.3-dimethylbutan* in 90—95%ig. Ausbeute. *2-Diazo-1-phenylpropan* u. *2-Diazo-1.3-diphenylpropan* lassen sich analog bei 80—120° darstellen. R. Dahl 710

1168 **Fluorhaltige β-Sultone.** 21. Mitt. **α-Fluorsulfonyltetrafluorpropionsäure.** L. I. Ragulin, P. P. Ropalo, G. A. Sokol'skij und I. L. Knunjanc. (Izvest. Akad. Nauk SSSR, Ser. chim. **1968**, 8, 1754—58; russ.) — Hexafluorpropan-2-β-sulton (I; 1-Hydroxyhexafluorpropan-2-sulfonsäureanhydrid) wird bei Einw. nucleophiler Verb. zu *α-Fluorsulfonyltetrafluorpropionsäure* (II)-*Fluorid* isomerisiert. Durch Hydrolyse von I u. nachfolgende Rk. der entstehenden II mit PCl_5 bzw. P_2O_5 werden II-*Chlorid* bzw. II-*Anhydrid* erhalten. Die Alkoholyse von I liefert II-*Alkylester*. Bei der Pyrolyse von I wird *1-Hydrotetrafluoräthan-1-sulfonsäure* (III)-*Fluorid* erhalten, das in III-*Diäthylamid* übergeführt wird.

Versuche: *Hexafluorpropan-2-β-sulton* (I), Kp. 46,5°; $D._4^{20}$ 1,6670; n_D^{20} 1,3000. — *α-Fluorsulfonyltetrafluorpropionsäure* (II), *Fluorid*, $C_3F_6O_3S$, Kp. 42,5°, a) durch 1std. Erhitzen von I im Autoklaven auf 150 bis 160°; $D._4^{20}$ 1,7060; n_D^{20} 1,28; 70% (Ausb.); b) durch langsame Zugabe von HF zu I; 71%; c) durch tropfenweise Zugabe von Di-n-butyläther (Dioxan oder Dichlordimethyläther) zu I bei 20—25°; 75%, 75% bzw. 83%; d) durch Erhitzen von II-Chlorid mit SbF_3 auf dem sd. W.-Bad unter Abdest. von I-Fluorid; 85%. *Chlorid*, $C_3ClF_5 \cdot O_3S$, Kp. 70°, durch Hydrolyse von I mit W. in CH_2Cl_2 bei —10°, Versetzen mit PCl_5 u. Erhitzen; $D._4^{20}$ 1,5634; n_D^{20} 1,3200; 75%. *Anhydrid*, $C_6F_{10}O_7S_2$, Kp. 152°, durch Hydrolyse von I mit W. in CH_2Cl_2 bei —10°, Zugabe von P_2O_5 u. 2std. Erwärmen auf 50°; $D._4^{20}$ 1,7738; n_D^{20} 1,3335; 71%. *Methylester*, $C_4H_3F_5O_4S$, Kp. 118,5°, durch Lösen von I in CH_3OH; $D._4^{20}$ 1,5600; n_D^{20} 1,3415; 90%. *Äthylester*, $C_5H_5F_5O_4S$, F. 131,5°, durch langsame Zugabe von 0,1—0,12 Mol abs. A. zu 23 g I unter Kühlung; $D._4^{20}$ 1,4743; n_D^{20} 1,3448; 85%. Analog: *n-Propylester*, $C_6H_7F_5O_4S$, Kp. 148°; $D._4^{20}$ 1,4022; n_D^{20} 1,3520; 88%. *n-Butylester*, $C_7H_9F_5O_4S$, $Kp._{20}$ 72°; $D._4^{20}$ 1,3700; n_D^{20} 1,3630; 78%. *n-Amylester*, $C_8H_{11}F_5O_4S$, $Kp._8$ 64°; $D._4^{20}$ 1,3751; n_D^{20} 1,3700; 73%. *n-Hexylester*, $C_9H_{13}F_5O_4S$, $Kp._{11}$ 86°; $D._4^{20}$ 1,2900; n_D^{20} 1,3760; 75%. *Cyclohexylester*, $C_9H_{11}F_5O_4S$, $Kp._2$ 110°; $D._4^{20}$ 1,3902; n_D^{20} 1,3885; 70%. — *1-Hydrotetrafluoräthan-1-sulfonsäure* (III), *Fluorid*, $C_2 \cdot HF_5O_2S$, Kp. 60°, a) durch tropfenweise Zugabe von W. zu I unter Kühlung; $D._4^{20}$ 1,6496; n_D^{20} 1,3000; 93%; b) durch Behandeln von II-Chlorid mit W.; 78%. *Diäthylamid*, $C_6H_{11}F_4NO_2S$, $Kp._3$ 89°, durch tropfenweise Zugabe von $(C_2H_5)_2NH$ in abs. Ae. zu **III**-Fluorid in abs. Ae. unter Kühlung; $D._4^{20}$ 1,3091; n_D^{20} 1,3915; 66%.

Helmut Schäfer 810△

1169 **Sorbinsäuresynthese.** V. S. Markevič, M. P. Gerčuk und S. M. Markevič. (Ž. prikl. Chim. **40** (1967) 5, 1116—23; Novokujbyševskij filial NII sintet. spirtov u. org. produktov; russ.) — Die Kondens. von Aceton mit Crotonaldehyd (**I**) liefert *Crotonylidenaceton*, das bei Ox. mit NaOCl in *Sorbinsäure* übergeht. Als Nebenprod. der Kondens.-Rk. entstehen *Undecadien-(2.9)-diol-(4.8)-on-(6)* u. *Diacetonalkohol*.

Versuche: *Crotonylidenaceton*, $C_7H_{10}O$, Kp.$_{10}$ 70 bis 72°, durch langsame Zugabe von **I** zu Aceton u. 10%ig. NaOH bei 5—6°, 2std. Rühren bei 15—16°, Neutralisieren mit H_2SO_4, Abdest. des Acetons, Zugabe von 30%ig. NaOH, Abdest. des entstehenden Acetons (aus Diacetonalkohol) im Vakuum bei 20° u. Neutralisieren; n_D^{20} 1,5190; 41% (Ausb.). Daneben *Undecadien-(2.9)-diol-(4.8)-on-(6)*, $C_{11}H_{18}O_3$, Kp.$_{4-5}$ 127—131°; n_D^{20} 1,5160; 16%. — *Sorbinsäure*, $C_6H_8O_2$, F. 132—133°, durch 5 bis 15 Min. lange Rk. vorst. Verb. mit NaOCl-Lsg. (1 : 5) bei 73—75° unter Abdest. des $CHCl_3$; 93%.

L. Berseck 810△

1170 **Bis-[trifluormethyl]-keten. 9. Mitt. Dimerisierung bei Einwirkung schwacher Basen und Reaktion mit Triäthylphosphit.** Ju. E. Aronov, Ju. A. Čeburkov, und I. L. Knunjanc. (Izvest. Akad. Nauk SSSR, Ser. chim. **1967**, 8, 1758—68; Inst. ėlementoorg. soedinenij AN SSSR; russ.) — Bei Einw. schwacher Basen auf Bis-[trifluormethyl]-keten (**I**) entstehen je nach verwendeter Base *1.1.1.5.5.5-Hexafluor-2.4-bis-[trifluormethyl]-3-hydroxypenten-(3)-carbonsäure-(2)-lacton* (**II**), *Tetrakis-[trifluormethyl]-allen* (**III**), das über **II** gebildet wird, oder Gemische aus **II**, **III** u. *α-Hydrohexafluorisobutyrylfluorid* (**IV**). Die Prod. der Anlagerung von Alkoholen, Mercaptanen, Aminen u. W. an **II** u. **III** werden beschrieben. Die dargestellten Verb. werden NMR-, PMR- u. IR-analyt. untersucht. Die Massenspektren von **I**, **II** u. **III** sind angegeben.

Versuche: *1.1.1.5.5.5-Hexafluor-2.4-bis-[trifluormethyl]-3-hydroxypenten-(3)-carbonsäure-(2)-lacton* (**II**), $C_8 \cdot F_{12}O_2$, Kp.$_{149}$ 48°, Kp.$_{745}$ 92°, a) durch 24std. Stehen von 1 Mol **I** mit 0,1 Mol Tetraäthylharnstoff (Tetramethylharnstoff) bei 20°; n_D^{20} 1,3091; 93% (90—95%) (Ausb.); b) durch 24std. Stehen von **I** mit Diäthylnitrosamin bei 0°; 65%; c) durch 4—24std. Stehen von **I** mit Triäthylphosphat oder N.N-Dimethylacetamid bei 0—24°; 40 bzw. 20% (daneben 12% **III** u. 58% **IV**). — *α-Hydrohexafluorisobutyrylfluorid* (**IV**), Kp. 35°, durch 4std. Stehen von **I** mit Dimethylnitrosamin (1 : 1 Mol) bei 0°; 42%. — *Tetrakis-[trifluormethyl]-allen* (**III**), C_7F_{12}, Kp.$_{743}$ 41°, a) durch Zugabe von Triäthylphosphit (**V**) zu **I** bei 0°, 4std. Rühren bei 0—20° u. 12std. Stehen; n_D^{20} 1,275; 76%; b) durch Pyrolyse von **II** bei 800°; 80%; c) durch Zugabe von **V** zu **II** bei —78° u. Erwärmen auf 0°; 65%; daneben *CO* u. *Triäthylphosphat*; e) durch 4std. Erhitzen von N.N-Dimethylacetamid mit **II** auf 60°. — *α.α.γ.γ-Tetrakis-[trifluormethyl]-acetessigsäure, Methylester*, $C_9H_4F_{12}O_3$, Kp.$_{34}$ 76—78°, durch Zugabe von überschüssigem CH_3OH zu **II** bei —78° u. langsames Erwärmen auf 20°; n_D^{20} 1,3243; 94%. *Äthylester*, $C_{10}H_6F_{12}O_3$, Kp.$_{737}$ 160—161°, aus **II** u. A.; n_D^{20} 1,3270; 81%. *Phenylester*, $C_{14}H_6F_{12}O_3$, Kp.$_{12}$ 97°, durch 2 Tage langes Stehen von **II** mit Phenol in abs. Ae.; n_D^{20} 1,3829; 42%. *Amid*, $C_8H_3F_{12}NO_2$, F. 161 bis 162° (A.–Heptan, Toluol), durch Zugabe von **II** in abs. Ae. zu fl. NH_3 bei —78° u. Erwärmen auf 20°; 91%. *Anilid*, $C_{14}H_7F_{12}NO_2$, F. 36—37° (Hexan), durch 12std. Stehen von **II** mit Anilin in abs. Ae. bei 0°; 62%. — *α.α.γ.γ-Tetrakis-[trifluormethyl]-acetthiolessigsäure, Äthylester*, $C_{10}H_6F_{12}O_2S$, Kp.$_{86}$ 113—115°, durch 12std. Stehen von **II** mit Äthylmercaptan in abs. Ae.; n_D^{20} 1,3662; 68%. *Phenylester*, $C_{14}H_6F_{12}O_2S$, Kp.$_7$ 111, durch 2std. Stehen von **II** mit Thiophenol; n_D^{20} 1,4224; 74%. — *symm. Tetrakis-[trifluormethyl]-aceton*, $C_7H_2F_{12}O$, Kp. 102°, F. 71,5—72°, a) durch Stehen von **II** mit dem gleichen Vol. W. bis zur Beendigung der CO_2-Entw.; 93%; b) durch $^1/_2$std. Schütteln von **III** mit W. u. Dioxan im Rohr, 3std. Stehen u. Dest. der unteren Phase aus dem gleichen Vol. konz. H_2SO_4; 82%. — *αH-Hexafluorisobutyraldehyd*, Kp. 49°, durch 1 std. Erwärmen von **II** mit DMF auf 40° unter Abdest. von **I** (28%) u. **III** (12%) u. Behandeln des Rückstandes bei 0° mit konz. HCl; 51%. — *γ-Chlor-α.α.γ.γ-tetrakis-[trifluormethyl]-acetessigsäuremethylester*, $C_9H_3Cl \cdot F_{12}O_3$, Kp.$_7$ 53°, durch 5std. Bestrahlen von **II** u. fl. Cl_2 in CCl_4 im Rohr mit UV-Licht u. Versetzen mit überschüssigem CH_3OH; n_D^{20} 1,3621; 76%. — 1.1.3.3-Tetrakis-[trifluormethyl]-propene-(1): *2-Methoxy-*, $C_8 \cdot H_4F_{12}O$, Kp.$_{738}$ 103—105°, durch Vermischen von **III** mit dem gleichen Vol. CH_3OH unter Kühlung u. langsames Erwärmen auf 30°; n_D^{20} 1,3100; 85%. — *2-Amino-*, $C_7H_3 \cdot F_{12}N$, Kp.$_{117}$ 67°, durch 3std. Stehen von **III** mit fl. NH_3 in abs. Ae. bei —78° u. 12std. Stehen bei 0°; n_D^{20} 1,3233; 42%; steht in Gleichgew. mit der tautomeren Iminoform. — *2-Methylamino-*, $C_8H_5F_{12}N$, Kp.$_{15}$ 38°, Kp.$_{56}$ 60°, aus **III** u. CH_3NH_2; n_D^{20} 1,3183; 53% (Gleichgew. mit der tautomeren Iminoform). — *2-Anilino-*, $C_{13}H_7F_{12}N$, Kp.$_8$ 68°, F. 30°, aus **III** u. Anilin; n_D^{20} 1,3922; (Gleichgew. mit der tautomeren Anilform) 77%. — *Unsubstituiert*, $C_7H_2F_{12}$, Kp. 68—70°, a) durch langsames Erwärmen von **III** mit fl. H_2S u. NaSH in Sulfolan von —78° auf 0°, 3std. Stehen bei —78° u. 3 Tage langes Stehen bei 0°; 68%; b) durch 6std. Erhitzen von **III** mit $(C_2H_5)_3N$ auf 65° u. 24std. Stehen; 33%; daneben (durch Rk. mit dem entstandenen Vinyldiäthylamin) *1.1-Bis-[trifluormethyl]-2-[β.β.β.β'.β'.β'-hexafluorisopropyl]-4-diäthylaminobutadien-(1.3)*, $C_{13}H_{13}F_{12}N$, Kp.$_{0,05}$ 67—69°; 32%.

Helmut Schäfer 810△

1171 **Leichte Einstufenumwandlung von aliphatischen Aldehyden in Nitrile.** J. A. Findlay und C. S. Tang. (Canad. J. Chem. **45** (1967) 9, 1014—15; Dep. of Chem., Univ. of New Brunswick, Fredericton, New Brunswick; engl.) — Aliphat. Aldehyde u. ihre Trimeren sowie ihre Hydrogensulfitaddukte werden durch Rk. mit $NH_2OH \cdot HCl$ in sd. A. in Ggw. von konz. HCl in sehr guten Ausb. in *Nitrile* (**A**) übergeführt. Aliphat. Oxime werden unter diesen Rk.-Bedingungen leicht zu **A** dehydratisiert.

Versuche: Säurenitrile: *n-Octadekan-*, F. 40 bis 42° (CH_2Cl_2), a) aus trimerem n-Octadekanal; 87% (Ausb.); b) aus n-Octadekanaloxim; 94%; c) aus n-Octadekanal–Hydrogensulfit-Verb.; 89%. — *n-Hexadekan-*, aus n-Hexadekanal–Hydrogensulfit-Verb.; 92%. — *n-Tetradekan-*, aus n-Tetrakanal; 90%. — *n-Oktan-*, aus n-Oktanal; 83%.

W. Senf 810△

1172 **Darstellung und Isolierung reiner Monoalkylmaleate.** B. Ju. Gordinskij, V. M. Šimanskij und R. S. Višnjakova. (Ž. prikl. Chim. **40** (1967) 8, 1881 bis 1883; russ.) — Durch Veresterung von Maleinsäureanhydrid (**I**) mit prim. Alkoholen werden *Maleinsäuremonoalkylester* synthetisiert.

Versuche: Man rührt 1,02 Mol **I** mit 1,0 Mol des entsprechenden Alkohols $1^1/_2$—$2^1/_2$ Std. lang bei 60—115°, neutralisiert mit Soda- u. $NaHCO_3$-Lsg. auf pH 6—7, extrahiert mit Ae. die entstandenen Dialkylmaleate u. säuert mit 20%ig. H_2SO_4 auf pH 3—4 an: *Maleinsäuremonoalkylester*, *-methyl-*, aus 1,02 Mol **I** u. 1 Mol CH_3OH durch $1^1/_2$—2std. Erhitzen auf 60—65°; $D._4^{20}$ 1,2457; n_D^{20} 1,4624; 55,0% (Ausb.). Analog: *-äthyl-*; $D._4^{20}$ 1,1832; n_D^{20} 1,4569; 56,8% ($1^1/_2$ Std., 60—65°). *n-propyl-*; $D._4^{20}$ 1,1340; n_D^{20} 1,4580; 62% (2 Std., 60—65°). *-isopropyl-*; $D._4^{20}$ 1,1312; n_D^{20} 1,4540; 28,0% (2 Std., 65 bis 70°). *-n-butyl-*; $D._4^{20}$ 1,1030; n_D^{20} 1,4560; 62,6% (2 Std., 80—95°). *-iso-butyl-*; $D._4^{20}$ 1,0966; n_D^{20} 1,4555; 80,0% (2 Std., 85—90°). *-n-amyl-*; $D._4^{20}$ 1,0787; n_D^{20} 1,4577; 83,4% (2 Std., 82—85°). *-isoamyl-*; $D._4^{20}$ 1,0618; n_D^{20} 1,4540; 86,1% (2 Std., 80—85°). *-n-hexyl-*; $D._4^{20}$ 1,0525; n_D^{20} 1,4572; 67,8% ($1^1/_2$—2 Std., 67—70°). *-isohexyl-*; $D._4^{20}$ 1,0622; n_D^{20} 1,4610; 83,2% ($1^1/_2$—2 Std., 80—95°). *-n-heptyl-*, F. 28,5° (n-Hexan); $D._4^{30}$ 1,0315; n_D^{30} 1,4560; 71,0% ($2^1/_2$ Std., 90—95°). *-n-octyl-*; $D._4^{20}$ 1,0122; n_D^{20} 1,4560; 51,7% ($2^1/_2$ Std., 75—95°). -*[2.2.4-trimethylpentyl-(1)]-*; $D._4^{20}$ 1,0217; n_D^{20} 1,4598; 81,5% (2 Std., 70—85°). *-n-nonyl-*, F. 22—23° (n-Hexan); $D._4^{30}$ 1,0057; n_D^{30} 1,4580; 77,7% (2 Std., 75—85°). *-n-decyl-*, F. 39—40° (Aceton); $D._4^{45}$ 0,9800; n_D^{45} 1,4530; 61,8% ($2^1/_2$ Std., 115°). *-allyl-*; $D._4^{20}$ 1,1868; n_D^{20} 1,4770; 43,6% (2 Std., 65—75°).

Helmut Schäfer 820△

1173 **Einige Methoden für die stereospezifische oder stereoselektische Darstellung von erythro-2-Methyl-3-**

propylbernsteinsäure. Björn Åkermark und Nils Gunnar Johansson. (Acta chem. scand. **21** (1967) 2, 583—84; Dep. of Organ. Chem., Royla Inst. of Technol., Stockholm, Sweden; engl.)

Versuche: *2-Methyl-3-propylbernsteinsäureanhydrid*, Kp.$_{12}$ 131—133°, aus 30 g 2.3.3-Tris-[äthoxycarbonyl]-hexan (durch Kondens. von Propylmalonsäurediäthylester u. 2-Brompropionsäureäthylester in DMS in Ggw. von NaH) u. konz. H_2SO_4 bei 85° u. Rk. mit Acetylchlorid; 12 g (Ausb.); (Verhältnis erythro/threo 2,5:7,5). — *2-Brom-2-methyl-3-propylbernsteinsäureanhydrid*, $C_8 \cdot H_{11}BrO_3$, aus 7,1 g vorst. Verb. u. rotem Phosphor u. Rk. mit Br_2; 8,5 g. — *Methylpropylmaleinsäureanhydrid*, $C_8H_{10}O_3$, a) aus 8,5 g vorst. Verb., LiBr u. Li_2CO_3 in DMF bei 50°; 3,2 g; b) durch wiederholte langsame Dest. von 4 g vorst. Verb. im Vakuum; 1,6 g. — *Methylpropylmaleinimid*, $C_8H_{11}NO_2$, F. 55—56°, aus vorst. Verb. u. Harnstoff. — *cis-2-Methyl-3-propylsuccinimid*, $C_8H_{13}NO_2$, F. 49—50° (PAe.), durch Hydrieren von 1,01 g vorst. Verb. in A. in Ggw. von 10%ig. Pd–Kohle; 0,91 g. — *erythro-2-Methyl-3-propylbernsteinsäure*, $C_8H_{14} \cdot O_4$, F. 158—160° (verd. HCl), durch Kochen von 0,086 g vorst. Verb. mit konz. HCl; 0,04 g.

K.-P. Hilgetag 820△

1174 **Darstellung von α-Hydroxycarbonsäureäthylestern und Gaschromatographie von Estern und α-Hydroxynitrilen.** V. M. Belikov, S. V. Vitt, E. V. Braude und N. A. Mordočkina. (Izvest. Akad. Nauk SSSR, Ser. chim. **1967**, 8, 1862—64; Inst. élementoorg. soed. AN SSSR; russ.) — Es werden *α-Hydroxycarbonsäurenitrile* dargestellt u. durch Alkoholyse in *α-Hydroxycarbonsäureäthylester* übergeführt. Zur Analyse der Gemische von α-Hydroxynitrilen u. α-Hydroxycarbonsäureäthylestern wird eine gaschromatograph. Meth. angegeben.

Versuche: *Glykolsäure, Nitril*, Kp.$_{16}$ 100—102°, durch Zugabe von HCHO in Ae. zu KCN oder NaCN in wenig W. bei <20°; 76% (Ausb.). — *Milchsäure, Nitril*, Kp.$_{25}$ 79°, analog vorst. Verb.; 75%. *Äthylester*, Kp. 155°, durch 12std. Einleiten von HCl in vorst. Nitril u. abs. A. bei 0°, u. 3std. Kochen unter weiterem Einleiten von HCl; 8%. — *α-Hydroxybuttersäure, Nitril*, Kp.$_{20}$ 98°; 69%. *Äthylester*, Kp.$_{25}$ 45°; 35%. — *α-Hydroxyisobuttersäure, Äthylester*, Kp.$_{30}$ 55°; 10%. — *Acetoncyanhydrin*, Kp.$_{15}$ 78—82°; 77%. — *α-Hydroxyvaleriansäure, Nitril*, Kp.$_{20}$ 106°; 82%. *Äthylester*, Kp.$_{40}$ 85—87°; 61%. — *α-Hydroxyisovaleriansäure, Nitril*, Kp.$_{22}$ 106 bis 107°; 83%. *Äthylester*, Kp.$_{50}$ 92—94°; 63,5%. — *Leucinsäure, Nitril*, Kp.$_{20}$ 118°; 85%. — *α-Hydroxyisocapronsäure, Äthylester*, Kp.$_{20}$ 95—98°; 75%.

Helmut Schäfer 850△

1175 **Dimerer Cyanwasserstoff. Aminocyancarben.** R. E. Moser, J. M. Fritsch, T. L. Westman, R. M. Kliss und C. N. Matthews. (J. Amer. chem. Soc. **89** (1967) 22, 5673—76; Monsanto Co., St. Louis, Mo.; engl.) — Therm. u. photolyt. Zers. des *Na-* (I) bzw. *Li-Salzes* (II) von *1-Cyanformamid-p-toluolsulfonylhydrazon* liefert hauptsächlich *Diaminomaleinsäuredinitril*, das Tetramere von HCN. Photolyse von II in 2-Methyltetrahydrofuran-Glas bei —196° führt zu einem gelben Prod., das auf Grund der Absorptionsbanden bei 332—450 mμ (Hauptmaximum bei 391 mμ) als *Aminocyancarben* (III) H_2N—C—C≡N identifiziert wird. EPR-Unters. zeigen, daß III Singulett-Multiplizität im Grundzustand besitzt. Der schwach elektrophile Charakter von III folgt aus dem Ausbleiben der Rk. mit Olefinen. III ist wahrscheinlich eine wichtige Zwischenstufe bei der HCN-Polymerisation.

Versuche: *1-Cyanformamid-p-toluolsulfonyl-hydrazon*, $C_9H_{10}N_4O_2S$, F. 204—205°, durch 2std. Zugabe von 27 g p-Toluolsulfonylhydrazin in A. zu 36 g Dicyan in A. unter Eiskühlung; gelbe Plättchen; 17 g (Ausb.). *Na-Salz* (I), F. 215° (Zers., THF/Ae.), aus vorst. Verb. u. NaH in Methanol; 100%. *Li-Salz* (II), F. 175° (Zers., THF/Ae.), mit $LiOCH_3$; 100%. — *1-Cyanformamid-hydrazon*, $C_2H_4N_4$, F. 83—85° (Äthylacetat/CCl_4), durch Zugabe von 85%ig. $N_2H_4 \cdot H_2O$ zu Dicyan in kaltem Äthanol. — *Diaminomaleinsäuredinitril*, F. 182—184°, a) durch ca. 2std. Erhitzen von 0,6 g I in Diglyme auf 140—150° unter N_2 u. Abfiltrieren des *Na-p-toluolsulfinats*; aus Bzl./Isopropanol gelbe Krist.; 0,096 g; b) analog a) aus II in ca. der halben Ausb.; c) durch 2std. Bestrahlen von 0,26 g I in abs. Diglyme unter N_2 bei ca. 10° im Bombenrohr mit einer 140 W Hg-Hochdrucklampe; 0,015 g; d) durch Photolyse von II in n-Pentan u. Zugabe von THF.

H. Miele 880△

1176 **Einwirkung von Basen auf 1-Mercaptopropyltrimethylammoniumjodid.** A. Ekambaram, Ralph Thomas, David A. Buckley, J. A. Kampmeier und D. Stanley Tarbell. (J. org. Chemistry **32** (1967) 10, 2985—87; Dep. of Chem., Univ. of Rochester, Rochester, N.Y.; engl.) — 1-Mercaptopropyltrimethylammoniumjodid (I) ist gegen verd. NaOH bei 90° bzw. gegen $Na \cdot OCH_3$ in sd. CH_3OH oder K-tert.-Butylat in sd. tert.-Butanol beständig. Mit 25%ig. NaOH gibt I bei 150° *Propionsäure, CH_3OH, Trimethylamin, Diallyldisulfid, H_2S* u. das *Polymere* $(-CH_2CH_2CH_2S-)_x$. Trimethylensulfid (II) ist unter diesen Bedingungen beständig. II entsteht auch nicht aus I in sd. konz. Alkali. Beim Erhitzen von I mit K-tert.-Butylat bzw. mit CH_3ONa auf 180° wird *3-Dimethylamino-1-methylmercaptopropanhydrojodid* erhalten. 2-Mercaptoäthyltrimethyl- bzw. 2-Mercaptoäthyltriäthylammoniumjodid geben mit K-tert.-Butylat bei 125—130° bzw. 180° nur *Triäthylamin* u. Polymere.

Versuche: *Bis-[3-dimethylaminopropyl-(1)]-disulfid*, aus 3-Dimethylamino-1-chlorpropan u. $Na_2S_2O_3$ in sd. wss. CH_3OH; 66% (Ausb.). *Dimethojodid*, $C_{12}H_{30}J_2 \cdot N_2S_2$, F. 226—227° (A.), aus dem Disulfid u. CH_3J in sd. CH_3OH; 79%. — *1-Mercaptopropyltrimethylammoniumjodid* (I), $C_6H_{16}JNS$, F. 187—188° (abs. A.), durch elektrolyt. Red. von vorst. Disulfid; 50%. — *3-Dimethylamino-1-methylmercaptopropanhydrojodid*, $C_6H_{16}JNS$, F. 78—79° (abs. A.), a) aus 3-Dimethylamino-1-chlorpropanhydrochlorid u. CH_3SH in verd. methanol.-wss. NaOH u. Rk. mit 20%ig. HJ; 65%; b) aus 5,2 g I u. trockenem K-tert.-Butylat bei 180°; 1,29 g. — *Verb. vom F. 205 bis 222°* (A.), aus I durch therm. Zersetzung. — *1-Mercaptoäthyltrimethylammoniumjodid*, F. 164—165° (A.), durch elektrolyt. Red. aus Bis-[2-dimethylaminoäthyl]-disulfid u. Rk. mit CH_3J in sd. CH_3OH. — *Bis-[2-diäthylaminoäthyl]-disulfid. Diäthojodid*, F. 220—222° (A.), aus 1-Mercaptoäthyldiäthylamin u. NaJO u. Rk. mit sd. C_2H_5J; 77%. — *1-Mercaptoäthyltriäthylammoniumjodid*, $C_8H_{20}JNS$, F. 195—196° (A.), durch elektrolyt. Red. vorst. Disulfides u. Rk. mit C_2H_5J; 95%.

Hans Köhne/Berlin 910△

1177 **Das Dimethylformamidrazon des N.N-Bis-[2-chloräthyl]-hydrazins.** Helmut Dorn und Heinz Welfle. (Z. Chem. **7** (1967) 7, 277; Inst. für Organ. Chem. der DAW zu Berlin, Berlin-Adlershof; dt.) — Es wird dargestellt: *$N^3.N^3$-Dimethyl-$N^1.N^1$-bis-[2-chloräthyl]-formamidrazon* (I), $C_7H_{15}Cl_2N_3$, F. 35,7—37,5° (PAe.), durch Zutropfen von $POCl_3$ zu DMF/Bzl. unter Rühren u. Feuchtigkeitsausschluß, 2std. Rühren, mehrstd. Stehen, Zutropfen von N.N-Bis-[2-chloräthyl]-hydrazin, Alkalisieren des erhaltenen Öls in Bzl. mit n NaOH u. Einengen der Bzl.-Phase; 53% (Ausb.). *Perchlorat*, $C_7H_{16}ClN_3O_4$, F. 162—165°, durch Zugabe von $HClO_4$ zur methanol. Lsg. von I.

K.-P. Hilgetag 910△

1178 **α-Difluoraminoperfluorcarbonsäuren und ihre Derivate.** R. A. Bekker, B. L. Djatkin und I. L. Knunjanc. (Izvest. Akad. Nauk SSSR, Ser. chim. **1967**, 5, 1060—65; Inst. élementoorg. soedinenij AN SSSR; russ.) — Durch Rk. von Alkylperfluorvinyläthern mit Tetrafluorhydrazin (I) werden *Difluoramino-äthoxy-perfluoralkane* u. daraus die entsprechenden *α-[Difluoramino]-perfluorcarbonsäurederiv.* dargestellt. Die Decarboxylierung der Säuren liefert *N-Fluoriminoperfluoralkane*.

Versuche: *1.2-Bis-[difluoramino]-1-äthoxyperfluorpropan* (II), $C_5H_5F_9N_2O$, Kp.$_{120}$ 62°, durch 4std. Erhitzen von Äthylperfluorpropenyläther mit I auf 140—150° im Autoklaven; n_D^{20} 1,3180; D_4^{20} 1,5145; 80% (Ausb.). — *1.2-Bis-[difluoramino]-1-chlor-2-äthoxydifluoräthan* (III), $C_4H_5ClF_6N_2O$, Kp.$_{95}$ 67°, durch 4std. Rk. von I mit Äthyl-β-chlor-α.β.difluorvinyläther bei 100—110°; n_D^{20} 1,3545; D_4^{20} 1,4559; 79%. — *1.2-Bis-[difluoramino]-1-äthoxytrifluoräthan*, $C_4H_5F_7N_2O$, Kp.$_{160}$ 50°, durch 4std. Rk. von I mit Äthyltrifluorvinyläther u. Difluordichlormethan bei 100°; n_D^{20} 1,3150; D_4^{20} 1,4231; 80%. — *1-Äthoxy-2-[difluoramino]-2-trifluormethylperfluorpropan* (IV), $C_6H_5F_{10}NO$, Kp.$_{140}$ 55° durch 3std.

Rk. von I mit 1-Äthoxy-2-nitroso-2-trifluormethylperfluorpropan bei 80°; n_D^{20} 1,3060; D_4^{20} 1,5217; 48%. Daneben *1-Äthoxy-2-[fluor-NNO-azoxy]-2-trifluormethylperfluorpropan*, $C_6H_5F_9N_2O$, Kp.$_{74}$ 71; n_D^{20} 1,3330; D_4^{20} 1,5661; 35%. — *α-[Difluoramino]-perfluorpropionsäure, Fluorid* (V), Kp. —5,5 bis —5°, durch Rk. von II mit SbF_5 bei —78°; 72%. *Äthylester*, $C_5H_5F_6NO_2$, Kp.$_{110}$ 48°, durch Rk. der Säurefluorides mit A. bei —78°; n_D^{20} 1,3200; D_4^{20} 1,3801; 95%. *Methylester*, $C_4H_3F_6NO_2$, Kp.$_{190}$ 47°; n_D^{20} 1,3115; D_4^{20} 1,4728; 95%. — *Difluoraminofluorchloressigsäuremethylester*, $C_3H_3ClF_3NO_2$, Kp.$_{60}$ 45°, durch Rk. von III mit SbF_5 bei — 78 u. Zugabe von CH_3OH bei —78°; n_D^{20} 1,3650; D_4^{20} 1,4485; 61%. — *α-[Difluoramino]-perfluorisobuttersäure* (VI), durch Rk. von SbF_5 mit IV bei 70° im Vakuum; 56%. — *Perfluoracetaldimin*, C_2F_5N, Kp. —30°, durch Vermischen von V mit 4 ml 50%ig. wss. Aceton bei —78° u. 1½std. Stehen bei 20°; 70%. — *Perfluoracetonimin*, C_3F_7N, Kp. —6°, aus VI-Fluorid; 32%. — *Difluoraminodifluoressigsäure*, $C_2HF_4NO_2$, Kp.$_{126}$ 61°, aus dem Fluorid durch Versetzen mit 50%ig. wss. Aceton bei —78°; n_D^{20} 1,3200; D_4^{20} 1,5220. *Methylester*, $C_3H_3F_4NO_2$, Kp.$_{540}$ 59°; n_D^{20} 1,3156; D_4^{20} 1,3957; 58%. — *Fluorchlor-N-fluorformimin*, $CClF_2N$, Kp. —13 bis —9°, aus III über das Säurefluorid, Aufarbeiten mit 50%ig. wss. Dioxan u. Rk. analog vorst. Verb.; 25%. H. Dalmer 950△

1179 **Reaktion von Triäthyläthyleniminosilan mit Aldehyden.** N. S. Nametkin, L. G. Batalovam, V. N. Perčenko und N. I. Ter-Asaturova. (Chim. geterocikličeskich Soedinenij **1967**, 1, 106—09; Inst. neftechim. sint. im. Topčieva AN SSSR, Moskva; russ.) — Die Rk. von Triäthyläthyleniminosilan (I) u. Dimethyl-bis-äthyleniminosilan (II) mit Aldehyden (tropfenweise Zugabe von 0,05 Mol der Aldehyde zu 0,05 Mol I bzw. 0,025 Mol II u. einigen Tropfen W. u. wenig Alkali unter Kühlung u. 4—8std. Kochen) liefert folgende Verb.: *1-Triäthylsiloxy-1-äthyleniminoäthan*, $C_{10}H_{23}NOSi$, Kp.$_{2,5}$ 65—67°, aus I u. Acetaldehyd (III); D_4^{20} 1,4410; n_D^{20} 0,8833; IR-Absorptionsspektrum bei 700—3100 cm^{-1} ist angegeben; 80% (Ausb.). — *1-Triäthylsiloxy-1-äthyleniminobutan*, $C_{12}H_{27}NOSi$, Kp.$_6$ 102°, aus I u. Butyraldehyd; D_4^{20} 0,8856; n_D^{20} 1,4450; 43%. — *α-Triäthylsiloxy-α-äthyleniminotoluol*, $C_{15}H_{25}NOSi$, Kp.$_5$ 140—141°, aus I u. Benzaldehyd; D_4^{20} 0,9691; n_D^{20} 1,4985; 40%. — *α-[Triäthylsiloxyäthyleniminomethyl]-furan*, $C_{13}H_{23}NO_2 \cdot Si$, Kp.$_5$ 120—122°, aus I u. Furfurol; D_4^{20} 0,9865; n_D^{20} 1,4742; 50%. — *Dimethyl-bis-[α-äthyleniminoäthoxy]-silan*, $C_{10}H_{22}N_2O_2Si$, Kp.$_9$ 96—98°, aus II u. III (1 : 2 Mol); D_4^{20} 0,9660; n_D^{20} 1,4405; 68%. Helmut Schäfer 980△

1180 **Synthese von Triallylphosphinoxid.** A. V. Kirsanov und G. K. Fedorova. (Ž. obšč. Chim. **37/99** (1967) 4, 959—60; Inst. organ. chim. Ukr. AN SSR; russ.) — Durch Erhitzen von P_2J_4 mit Allyljodid auf 90° u. (nach Beendigung der exothermen Rk.) ½std. Erhitzen auf 110—115°, Zugabe von wss. Na_2SO_3 u. Extrahieren mit Bzl. wurde *Triallylphosphinoxid* ($C_9H_{15}OP$, Kp.$_{1,5}$ 114—116°; n_D^{20} 1,5019) in 20—40%ig. Ausb. dargestellt. N. Kucharczyk 980△

1181 **Äthylenimide der Selenophosphorsäuren.** I. A. Nuretdinov, N. A. Buina und N. P. Grečkin. (Ž. obšč. Chim. **37/99** (1967) 4, 959; Kazan', Inst. organ. i fiz. chim. im. Arbuzova AN SSSR; russ.) — Durch Einw. von Se auf die entsprechenden Äthylenimidophosphorigsäureester (auch in Bzl.-Lsg.) bei 60—80° u. nachfolgende Dest. im Vakuum wurden *Selenophosphorsäure-O-propylester-bis-2.2-dimethyläthylenimid* [$C_{11}H_{23}N_2OPSe$, Kp.$_{0,08}$ 88—89°; n_D^{20} 1,5092; D_4^{20} 1,1863; 80% (Ausb.)], *Selenophosphorsäure-O-p-tolylester-bis-äthylenimid* [$C_{11}H_{15} \cdot N_2OPSe$; n_D^{20} 1,5880; D_4^{20} 1,3611; 90%] u. *Selenophosphorsäure-O.O-di-m-tolylesteräthylenimid* [$C_{16}H_{18}NO_2PSe$; n_D^{20} 1,5915; D_4^{20} 1,1341; 93,6%] dargestellt. Die Verb. sind unbeständig u. gehen beim Stehen in feste Prod. über. N. Kucharczyk 980△

1182 **Hydrolyse höherer Dialkyldichlorsilane.** K. A. Andrianov und B. A. Izmajlov. (Izvest. Akad. Nauk SSSR, Ser. chim. **1967**, 5, 1070—76; Inst. élementoorg. soedinenij AN SSSR; russ.) — Durch Hydrolyse von Dialkyldichlorsilanen werden cycl. u. lineare *Siloxane* dargestellt. IR-Spektren s. Original.

Versuche: *1.3.5.7-Tetrahexyl-1.3.5.7-tetramethyl-1.7-dihydroxytetrasiloxan*, $C_{28}H_{66}O_5Si_4$, Kp.$_{1,5}$ 10^{-2} 125 bis 132°, durch Zugabe von Hexylmethyldichlorsilan (I) in Ae. u. W. bei 18—20° u. 10 Min. langes Rühren; n_D^{20} 1,4410; D_4^{20} 0,9195. — *symm.-Trihexyltrimethylcyclotrisiloxan*, $C_{21}H_{48}O_3Si_3$, Kp.$_2$ 154—159°, a) aus I bei 160°; n_D^{20} 1,4356; D_4^{20} 0,9007; daneben *symm.-Tetrahexyltetramethylcyclotetrasiloxan* (IV, $C_{28}H_{64}O_4Si_4$, Kp.$_2$ 204—212°; n_D^{20} 1,4383; D_4^{20} 0,9047); b) durch mehrstd. Rühren von I mit 37,4%ig. HCl in Toluol; daneben IV. — *1.3.5-Trihexyl-1.3.5-trimethyl-1.5-dichlortrisiloxan*, $C_{21}H_{48}Cl_2O_2Si_3$, Kp.$_{1,10^{-1}}$ 103—110°, durch 3std. Erhitzen von I mit Acetylchlorid (III) u. 1std. Erhitzen mit PCl_5; n_D^{20} 1,4430; D_4^{20} 0,9501; 1,2 g; daneben *1.3.5.7-Tetrahexyl-1.3.5.7-tetramethyl-1.7-dichlortetrasiloxan*, $C_{28}H_{64}Cl_2O_3Si_4$, Kp.$_{1,10^{-1}}$ 132—140°; n_D^{20} 1,4408; D_4^{20} 0,9373. — *symm.-Trioctyltrimethylcyclotrisiloxan*, $C_{27}H_{60}O_3Si_3$, Kp.$_{1,5}$ 204—210°, a) durch Hydrolyse von Octylmethyldichlorsilan bei 160°; n_D^{20} 1,4430; D_4^{20} 0,8930; daneben *symm.-Tetraoctyltetramethylcyclotetrasiloxan*, $C_{36}H_{80}O_4Si_4$, Kp.$_{1,5}$ 250 bis 256°; n_D^{20} 1,4450; D_4^{20} 0,8953. — *1.3-Diisooctyl-1.3-diäthyl-1.3-dihydroxydisiloxan*, $C_{20}H_{46}O_3Si_2$, Kp.$_{1,5}$ 162 bis 168°, durch Hydrolyse von Isooctyläthyldichlorsilan (V); n_D^{20} 1,4555; D_4^{20} 0,9147(daneben *1.3.5.7-Tetraisooctyl-1.3.5.7-tetraäthyl-1.7-dihydroxytetrasiloxan*, $C_{40}H_{90} \cdot O_5Si_4$, Kp.$_{1,5}$ 203—209°; n_D^{20} 1,4520; D_4^{20} 0,9055. — *symm.-Pentaisononylpentamethylcyclopentasiloxan*, $C_{50} \cdot H_{110}O_5Si_5$, Kp.$_1$ 244—250°, aus Isononylmethyldichlorsilan (II); n_D^{20} 1,4507; D_4^{20} 0,8980. — *symm.-Triisononyltrimethylcyclotrisiloxan*, $C_{30}H_{66}O_3Si_3$, Kp.$_2$ 202 bis 208°, a) aus II bei 160°; daneben *vorst. Verb.* [Kp.$_2$ 254 bis 260°; n_D^{20} 1,4507; b) aus II durch Hydrolyse mit 37,4%ig. HCl in Toluol; c) aus 8,5 g II durch Dest. im Vakuum. — *1.3.5-Triisononyl-1.3.5-trimethyl-1.5-dichlortrisiloxan*, $C_{30} \cdot H_{66}Cl_2O_2Si_3$, Kp.$_3$ 175—182°, durch Rk. von II mit III u. PCl_5; n_D^{20} 1,4508; D_4^{20} 0,9289; daneben *vorst. Verbindung*. — *Triisooctyltriäthylcyclotrisiloxan*, Kp.$_2$ 207 bis 212°, aus 9,42 g V; n_D^{20} 1,4350 D_4^{20} 0,9025; 3,75 g (Ausb.). — *Tridecyltrimethylcyclotrisiloxan*, $C_{33}H_{72}O_3Si_3$, Kp. 230—310°, aus 10 g Decylmethyldichlorsilan; n_D^{20} 1,4495; D_4^{20} 0,8379; 4,32 g. H. Dalmer 980△

C–2. Isocyclische Verbindungen

1183 **Friedel-Crafts-Alkylierung von Pentafluorbenzol.** W. F. Beckert und J. U. Lowe jun. (J. org. Chemistry **32** (1967) 4, 1212—15; Res. and Dev. Dep., U.S. Naval Propellant Plant, Indian Head, Md.; engl.) — Durch Friedel-Crafts-Alkylierung der Titelverb. (I) mit Chlormethanen in Ggw. von $AlCl_3$ u. in I als Lsgm. im Autoklaven bei 150° werden *Pentafluorphenyl-substituierte Methane* in teilweise sehr guten Ausb. erhalten. Während 1.2-Dichloräthan u. Benzylchlorid nicht reagierten, wird 2.3.4.5.6-Pentafluorbenzylchlorid (III) ebenfalls mit Erfolg in der Friedel-Crafts-Rk. eingesetzt. Die bei Verw. von CH_2Cl_2 u. $CHCl_3$ erwarteten Zwischenprod. Pentafluorphenylchlor- u. -dichlormethan sowie Bis-[pentafluorphenyl]-chlormethan konnten nicht gefunden werden; jedoch ließ sich *Hexachlorbenzol* (II) als Nebenprod. in allen Rk. isolieren. Cu u. $CuCl_2$ haben keine katalyt. Wrkg. in der Reaktion. H- u. ^{19}F-NMR-Werte sowie IR- u. UV-Banden s. Original.

Versuche (F. korr.; Ausb. der Rohprod.): *Bis-[pentafluorphenyl]-methan*, $C_{13}H_2F_{10}$, F. 63—64°, a) aus I u. CH_2Cl_2 mit $AlCl_3$ bei 150° (Meth. A); 76% (Ausb.); b) analog a) in sd. CH_2Cl_2; 39—55%; daneben II (F. 227 bis 230°); c) aus I u. III mit $AlCl_3$; 45%. — *Tris-[pentafluorphenyl]-methan*, $C_{19}HF_{15}$, F. 165,5—166°, a) nach A aus $CHCl_3$; 92%; b) analog a) in sd. $CHCl_3$; 58—59%. — *Pentafluortoluol*, Kp. 116—117°, nach A aus CH_3Cl; 8%. — *Pentafluorphenylphenylmethan*, $C_{13}H_7F_5$, F. 56—57° (A.), aus III u. Bzl. mit $AlCl_3$; 64%. W. Senf 1010△

1184 **Reaktion von Nickelcarbonyl mit Pentafluorhalogenbenzolen.** W. F. Beckert und J. U. Lowe jun. (J. org. Chemistry **32** (1967) 4, 1215—17; engl.) — Vgl. vorst. Referat. — Nickelcarbonyl (II) reagiert mit Pentafluorjodbenzol (I), in geringerem Maße auch mit Pentafluorbrombenzol (IV), nicht zum erwarteten Dekafluorbenzil, sondern zu *Dekafluorbiphenyl, Dekafluorbenzophenon* (III) u. *Pentafluorbenzol*. Dies spricht für eine radikal. Rk., deren Mechanismus diskutiert wird. Die Rk. ist unabhängig von der Polarität des Lösungsmittels. Mit Toluol allein reagiert I nicht. Hexafluorbenzol setzt sich mit II in DMF nicht um.

Versuche (F. korr.; Ausb. bezogen auf verbrauchtes Ausgangsprod.): *Dekafluorbiphenyl*, F. 69,5 bis 70° (Heptan/A.), a) aus I u. II in sd. THF; 37% (Ausb.); b) analog a) in sd. DMF; 40%; daneben 26,3% *Dekafluorbenzophenon* (III); c) analog a) in sd. Toluol; 26,6—35,2%; daneben 17,6—20,4% III u. 19,6—23,2% *Pentafluorbenzol*; d) analog a) in sd. II; 31,6%; daneben 34% III; e) analog b) aus IV; 12,5%; daneben 29,1% III; f) analog d) aus V; <5%; daneben <5% III.

W. Senf 1010△

1185 **2-sek.-Alkyl-4-bromanisole und einige ihrer Umwandlungen.** V. E. Krjučkova und S. V. Zavgorodnij. (Ukrainskij chim. Ž. **33** (1967) 2, 189—91; Kievskij inst. legkoi promyšlennosti; russ.) — Durch Alkylierung von p-Bromanisol mit Penten-(1), Hexen-(1) u. Hepten-(1) in Ggw. von $BF_3 \cdot H_3PO_4$ bzw. von BF_3 werden die entsprechenden *2-sek.-Alkyl-4-bromanisole* (**A**) dargestellt. Die **A** bilden nach Überführung in die Mg-organ. Verb. mit CO_2 *3-sek.-Alkyl-4-methoxybenzoesäuren*, die in Chinolin in Ggw. von Cu-Vitriol unter Bldg. von *2-sek.-Alkylanisolen* descarboxyliert werden. IR-Spektrum von *2-[Pentyl-(2)]-anisol* s. Original.

Versuche: *2-[Pentyl-(2)]-4-bromanisol*, $C_{12}H_{17} \cdot BrO$, Kp.$_5$ 122—123°, a) zu $BF_3 \cdot H_3PO_4$ gibt man 4-Bromanisol, erhitzt auf 60°, gibt Penten-(1) hinzu u. erhitzt 1 Std. auf 60°; 14,6 g (Ausb.); b) analog a) mit BF_3; 47%. — Analog nach a): *2-[Hexyl-(2)]-4-bromanisol*, $C_{13}H_{19}BrO$, Kp.$_7$ 135—137°; 65%. — *2-[Heptyl-(2)]-4-bromanisol*, $C_{14}H_{21}BrO$, Kp.$_2$ 123—124°; 63%. — 4-Methoxybenzoesäuren, durch Grignard-Rk. vorst. Verb. u. Sättigen mit CO_2: *3-[Pentyl-(2)]-*, $C_{13} \cdot H_{18}O_3$, F. 144—144,5°; 55%. — *3-[Hexyl-(2)]-*, $C_{14}H_{20}O_3$, F. 128,5—129,5°; 51%. — *3-[Heptyl-(2)]-*, $C_{15}H_{22}O_3$, F. 113,5—114°; 44%. — Anisole, durch Decarboxylierung vorst. Verb. in Chinolin in Ggw. von Cu-Vitriol: *2-[Pentyl-(2)]-*, $C_{12}H_{18}O$, Kp. 223—225°; 52%. — *2-[Hexyl-(2)]-*, $C_{13}H_{20}O$, Kp. 240—242°; 55%. — *2-[Heptyl-(2)]-*, $C_{14}H_{22}O$, Kp. 252—253°; 42%.

Ch. Maniewski 1060△

1186 **1-Arensulfonyl-2-halogenalkyläthylenimide.** 4. Mitt. L. G. Kazankina und S. I. Burmistrov. (Ukrainskij chim. Ž. **33** (1967) 3, 303—05; Dnepropetrovskij chim.-technolog. inst.; russ.) — Die Alkylierung von Arensulfamiden mit 1.1.3-Trichlor-2-methylpropen-(1) (I) führt zu *Arensulfonyl-N.N-bis-[3.3-dichlor-2-methylpropen-(2)-yl]-amiden* u. *3-[Arensulfamido]-1.1-dichlor-2-methylpropenen-(1)* (**A**). Bei Chlorierung der **A** werden *3-[Arensulfamido]-1.1.1.2-tetrachlor-2-methylpropane* erhalten, die beim Kochen mit NaOH Arensulfamide liefern. Als Zwischenprod. entstehen hierbei wahrscheinlich die entsprechenden Äthylenimide.

Versuche: 3-[Arensulfamido]-1.1-dichlor-2-methylpropene-(1) (**A**), durch 3std. Kochen des Arensulfamids mit I u. NaOH in A./W., Dest. mit W.-Dampf, Behandeln des Nd. mit warmer 5%ig. NaOH (disubstituiertes Prod. ist unlösl.), Filtrieren u. Neutralisieren mit verd. HCl: *Benzol-*, $C_{10}H_{11}Cl_2NO_2S$, F. 63 bis 64°; 53% (Ausb.). — *p-Chlorbenzol-*, $C_{10}H_{10}Cl_3NO_2S$, F. 80—81°; 58%. — *p-Brombenzol-*, $C_{10}H_{10}BrCl_2NO_2S$, F. 85,5—86,5°; 41%. — *p-Toluol-*, $C_{11}H_{13}Cl_2NO_2S$, F. 82 bis 83°; 56%. — Arensulfonyl-N.N-bis-[3.3-dichlor-2-methylpropen-(2)-yl]-amide, neben vorst. Verb. als in 5%ig. NaOH unlösl. Teil: *Benzol-*, $C_{14}H_{15}Cl_4 \cdot NO_2S$, F. 68—70°; 32%. — *p-Chlorbenzol-*, $C_{14}H_{14}Cl_5 \cdot NO_2S$, F. 98—99°; 25%. — *p-Brombenzol-*, $C_{14}H_{14}BrCl_4 \cdot NO_2S$, F. 92,5—93°; 20%. — *p-Toluol-*, $C_{15}H_{17}Cl_4NO_2S$, F. 102—102,5°; 24%. — 3-Arensulfamido-1.1.1.2-tetrachlor-2-methylpropane, durch Chlorierung der **A** in $CHCl_3$ bei 0°: *Benzol-*, $C_{10}H_{11}Cl_4NO_2S$, F. 114 bis 115,5°; 59%. — *p-Chlorbenzol-*, $C_{10}H_{10}Cl_5NO_2S$, F. 176,5 bis 178°; 26%. — *p-Brombenzol-*, $C_{10}H_{10}BrCl_4NO_2S$, F. 171—172°; 58%. — *p-Toluol-*, $C_{11}H_{13}Cl_4NO_2S$, F. 153 bis 154°; 24%.

L. Berseck 1090△

1187 **Synthese von N-Aren-(alkan)sulfonylbenzaliminen.** V. I. Markov und O. S. Kas'jan. (Ukrainskij chim. Ž. **33** (1967) 3, 299—301; VNII monokristallov, scintilljac. mat. i osbo čistych veščestv; russ.) — Die *Titelverb.* werden aus Aren(alkan)sulfamiden u. aromat. Aldehyden in fast quant. Ausb. in Ggw. der Kationenaustauscher KU-1 oder KU-2 dargestellt.

Versuche: N-Aren(alkan)sulfonylbenzalimine, durch 3—10std. Kochen von 0,1 Mol Sulfonamid, 0,15 Mol aromat. Aldehyd u. 0,2 g KU-1 oder KU-2 in 100—150 ml Toluol unter Entfernung des Rk.-Wassers: *Benzol-*, $C_{13}H_{11}NO_2S$, F. 81—82°; 80% (Ausb.). — *p-Toluol-*, $C_{14}H_{13}NO_2S$, F. 108,5—109,5°; 90%. — *o-Toluol-*, $C_{14}H_{13}NO_2S$, F. 88°; 85%. — *2.5-Dimethylbenzol-*, $C_{15}H_{15}NO_2S$, F. 96—97°; 79%. — *p-Chlorbenzol-*, $C_{13}H_{10}ClNO_2S$, F. 109—110°; 83%. — *p-Brombenzol-*, $C_{13}H_{10}BrNO_2S$, F. 121—122°; 83,5%. — *m-Nitrobenzol-*, $C_{13}H_{10}N_2O_4S$, F. 128—128,5°; 93%. — *2-Methyl-5-nitrobenzol-*, $C_{14}H_{12}N_2O_4S$, F. 120,5°; 92%. — *Methyl-*, $C_8H_9 \cdot NO_2S$, F. 91—92°; 83%. — Analog: N-[p'-Toluolsulfonyl]-benzalimine: *-o-nitro-*, $C_{14}H_{12}N_2O_4S$, F. 132 bis 132,5°; 86%. — *-m-nitro-*, $C_{14}H_{12}N_2O_4S$, F. 142—143°; 83%. — *-p-nitro-*, $C_{14}H_{12}N_2O_4S$, F. 206,5—207,5°; 78%. — *-p-methoxy-*, $C_{15}H_{15}NO_3S$, F. 128,5°; 85%. — *-3.4-dimethyl-*, $C_{16}H_{17}NO_2S$, F. 108—108,5°; 78%. — *-o-hydroxy-*, $C_{14}H_{13}NO_3S$, F. 125—126°; 89%. — *-p-dimethylamino-*, $C_{16}H_{18}N_2O_2S$, F. 172,5—173,5°; 92,5%.

L. Berseck 1090△

1188 **Darstellung von Fuchsonen.** Hans-Dieter Becker. (J. org. Chemistry **32** (1967) 10, 2943—47; Gen. Electric Res. and Dev. Center, Schenectady, N.Y.; engl.) — 2.6-disubstituierte Phenole lassen sich bei Raumtemp. mit Benzhydrol (I) in Ggw. von H_2SO_4 zu *3.5-disubstituierten 4-Hydroxytriphenylmethanen* kondensieren, die mit akt. MnO_2, NiO_2 bzw. PbO_2 in Bzl. zu *3.5-disubstituierten Fuchsonen* ox. werden. *4.4'-Dimethoxybenzylhydrol* (**II**) wird durch Red. von 4.4'-Dimethoxybenzophenon mit $NaBH_4$ dargestellt. **II** gibt mit 2.6-Di-tert.-butylphenol (**III**) *4'.4''-Dimethoxy-3.5-di-tert.-butyl-4-hydroxytriphenylmethan* (**IV**), das mit akt. MnO_2 zu *4'.4''-Dimethoxy-3.5-di-tert.-butylfuchson* ox. wird. *4-Hydroxy-3-phenyltriphenylmethan* (**V**), das durch säurekatalysierte Kondens. von o-Phenylphenol (**VI**) mit **I** entsteht, wird von NiO_2 in Bzl. zu *3-Phenyl-5-[2-phenyl-4-benzhydrylphenoxy]-fuchson* oxydiert. Durophenol gibt mit **I** *4-Hydroxy-2.3.5.6-tetramethyltriphenylmethan* (**VII**). Durch Ox. von **VII** mit akt. MnO_2 bzw. NiO_2 entsteht das *Dimere* des entsprechenden *Phenoxyradikals*. **VII** u. 2.4.6-Tri-tert.-butylphenol (**VIII**) bilden bei der Ox. mit akt. MnO_2 in Bzl. *2.4.6-Tri-tert.-butyl-4-[4-diphenylmethyl-2.3.5.6-tetramethylphenoxy]-cyclohexadien-(2.5)-on-(1)*. Analog wird *2.4.6-Tri-tert.-butyl-4-[2.3.5.6-tetramethylphenoxy]-cyclohexadien-(2.5)-on-(1)* aus **VIII** u. Durophenol dargestellt. **VIII** u. **V** geben bei der Ox. *2.4.6-Tri-tert.-butyl-4-[4-diphenylmethyl-2-phenylphenoxy]-cyclohexadien-(2.5)-on-(1)*. Aus **VIII** u. 3.5-Diphenyl-4-hydroxytriphenylmethan (**IX**) entsteht analog *2.4.6-Tri-tert.-butyl-4-[2.6-diphenyl-4-diphenylmethylphenoxy]-cyclohexadien-(2.5)-on-(1)* (**X**), das in Lsg. in *3.5-Diphenylfuchson* u. **VIII** übergeht.

Versuche: 4-Hydroxytriphenylmethane: *4'.4''-Dimethoxy-3.5-di-tert.-butyl-* (**IV**), $C_{29}H_{36}O_3$, F. 125 bis 126° (wss. CH_3OH), aus **III** u. **II** in CH_3COOH in Ggw. von konz. H_2SO_4; 94% (Ausb.). — *3.5-Dimethyl-*, $C_{21}H_{20}O$, F. 129—130°, analog **IV**; 90%. — *3.5-Diisopropyl-*, $C_{25}H_{28}O$, F. 107°; 92%. — *3.5-Dicyclohexyl-*, $C_{31}H_{36}O$, F. 151—152°; 92%. — *3.5-Diphenyl-* (**IX**), $C_{31}H_{24}O$, F. 141—142°; 96%. — *3-Methyl-5-phenyl-*, $C_{26}H_{22}O$, F. 98—99°; 84%. — *3-Phenyl-5-tert.-butyl-*, $C_{29}H_{28}O$, F. 153°; 97%. — *3-Phenyl-* (**V**), $C_{25}H_{20}O$, F. 142—143° (CH_3OH u. PAe.), aus **VI** u. **I**; 40,5%. — *2.3.5.6-Tetramethyl-* (**VII**), $C_{23}H_{24}O$, F. 147—148° (wss. CH_3OH), aus Durophenol u. **I**; 85%. — Fuchsone: *4'.4''-Dimethoxy-3.5-di-tert.-butyl-*, $C_{29}H_{34}O_3$, F. 180° (Aceton/CH_3OH), aus **IV** u. akt. MnO_2 in Bzl.; 76%. — *3.5-Dimethyl-*, F. 200—202°; 84%. — *3.5-Diisopropyl-*, F. 170—171°, analog vorst. Verb.; 94%. — *3.5-Dicyclohexyl-*, F. 238—240°; 99%. — *3.5-Diphenyl-*, $C_{31}H_{22}O$, F. 297—298° ($CHCl_3$/Bzl.), a) aus **IX**; 92%; b) aus **X** in sd. Bzl. unter N_2; 80%. — *3-Methyl-5-phenyl-*, $C_{26} \cdot H_{20}O$, F. 219° (Bzl./Ae.); 92%. — *3-Phenyl-5-tert.-butyl-*, $C_{29}H_{26}O$, F. 209—210° (Subl.), mit NiO_2; 94%. —

3.5-Di-tert.-butyl-, F. 182°, mit PbO_2; 97%. — *3-Phenyl-5-[2-phenyl-4-diphenylmethylphenoxy]-*, $C_{50}H_{36}O_2$, F. 325 bis 328° ($CHCl_3$/Bzl.), aus V u. NiO_2 in Bzl.; 19%. — *Dimeres 2.3.5.6-Tetramethyl-4-diphenylmethylphenoxyradikal* $C_{46}H_{46}O_2$, F. ca. 95—100°, aus VII u. NiO_2 in Bzl.; 40%. — *2.4.6-Tri-tert.-butyl-4-[4-diphenylmethyl-2.3.5.6-tetramethylphenoxy]-cyclohexadien-(2.5)-on-(1)*, $C_{41}H_{52}O_2$, F. 131—133° ($CHCl_3$/CH_3OH), aus VIII, VII u. akt. MnO_2 in Bzl.; 85%. — *2.4.6-Tri-tert.butyl-4-[2.3.5.6-tetramethylphenoxy]-cyclohexadien-(2.5)-on-(1)*, $C_{28}H_{42}O_2$, F. 140—145° (Ae./CH_3OH), analog vorst. Verb. aus VIII u. Durophenol; 57%. — *2.4.6-Tri-tert.-butyl-4-[4-diphenylmethyl-2-phenylphenoxy]-cyclohexadien-(2.5)-on-(1)*, $C_{43}H_{48}O_2$, F. 116—117° (Ae./CH_3OH), aus VIII u. V; 75%. — *2.4.6-Tri-tert.-butyl-4-[2.6-diphenyl-4-diphenylmethylphenoxy]-cyclohexadien-(2.5)-on-(1)* (X), $C_{49}H_{52}O_2$, F. ca. 275° (Gelbfärbung bei 100°), aus IX u. VIII; 62%.

Hans Köhne/Berlin 1190△

1189 **Synthese von Salicylsäureestern unter Verwendung des Kationaustauscherharzes KU-2 als Katalysator.** O. N. Karpov und R. M. Bystrova. (Ž. prikl. Chim. **40** (1967) 6, 1399—1402; Doneckij filial VNII chim. reaktivov i osobo čistych chim. veščestv; russ.) — Durch Veresterung von Salicylsäure (I) mit Alkoholen in Ggw. des Kationenaustauscherharzes KU-2 werden *Salicylsäurealkylester* (Reinheitsgrad 98,4—99,8%) dargestellt. Der Einfl. der Temp. (115—160°), des Lsgm. (Bzl., Toluol, Xylol) u. der Katalysatormenge auf Ausb. u. Veresterungsgeschw. werden untersucht (Tabelle, graph. Darst.).

Versuche: *Salicylsäure, Isobutylester*, $Kp._8$ 98 bis 104°, durch $9^1/_2$std. Erhitzen von 2 (Mol) Isobutanol mit 0,5 I u. 0,8 Xylol in Ggw. von 48 g KU-2 auf 115 bis 122° unter Abdest. des entstehenden W.; $D._4^{20}$ 1,0750; 47,8 bzw. 84,6% (Ausb., bezogen auf eingesetztes bzw. umgesetztes I). — Analog: *n-Butylester*, $Kp._8$ 108—112°; $D._4^{20}$ 1,0718; 72,8 bzw. 89,3%. *Isoamylester*, $Kp._6$ 123 bis 126°; $D._4^{20}$ 1,0578; 66,1 bzw. 86,1%. *n-Amylester*, $Kp._6$ 128—132°; $D._4^{20}$ 1,0650; 72,0 bzw. 94,4%. *n-Hexylester*, $Kp._4$ 136—140°; 68,3 bzw. 87,0%. *n-Heptylester*, $Kp._4$ 154—157°; $D._4^{20}$ 1,0170; 70,5 bzw. 91,8%. *n-Decylester*, $Kp._4$ 172—176°; $D._4^{20}$ 0,9956; 70,0 bzw. 85,8%.

Helmut Schäfer 1250△

1190 **Darstellung von 2-Fluor-5-nitrobenzonitril und die Protonenresonanzspektren einiger Verbindungen mit einer N-[2-Cyan-4-nitrophenyl]-gruppe.** J. F. K. Wilshire. (Austral. J. Chem. **20** (1967) 8, 1663—70; Div. of Protein Chem., CSIRO Wool Res. Labor., Parkville, Victoria; engl.) — Vf. synthetisieren *2-Fluor-5-nitrobenzonitril* u. setzen die Verb. mit einer Reihe von Aminen, Aminosäuren u. NH-heteroaromat. Verb. um. Die PMR-Spektren der dabei erhaltenen *N-[2-Cyan-4-nitrophenyl]-deriv.* werden verglichen.

Versuche: *2-Chlor-5-nitrobenzonitril*, $Kp._{0,6}$ 119 bis 122°, F. 107—109° (Hexan/CH_2Cl_2), aus o-Chlorbenzonitril u. rauchender HNO_3 bei —20°; 87% (Ausb.). — *2-Fluor-5-nitrobenzonitril*, $C_7H_3FN_2O_2$, $Kp._{0,5}$ 94°, F. 73—75°, durch Erwärmen eines Gemisches aus vorst. Verb. u. wasserfreiem KF in DMS auf dem Dampfbad; 73%; daneben *Verb. vom F. 226—270°*. — *N-[2-Cyan-4-nitrophenyl]-L-alanin*, F. 163—165°, aus vorst. Verb., L-Alanin u. Triäthylamin in DMS/W.; 57%. — *N-[2-Cyan-4-nitrophenyl]-dimethylamin*, $C_9H_9N_3O_2$, F. 108—110° (wss. A.); 91%. — *2-Cyan-4-nitroanilin*, $C_7H_5N_3O_2$, F. 210 bis 212°, aus NH_3; 86%. — *N-[2-Cyan-4-nitrophenyl]-pyrrolidin*, $C_{11}H_{11}N_3O_2$, F. 135—137° (wss. A.); 98%. — *N-[2-Cyan-4-nitrophenyl]-imidazol*, $C_{10}H_6N_4O_2$, F. 176 bis 178° (Hexan/CH_2Cl_2); 94%. — *N-[2-Cyan-4-nitrophenyl]-pyrazol*, $C_{10}H_6N_4O_2$, F. 117—119° (Hexan/CH_2Cl_2); 86%. — *N-[2-Cyan-4-nitrophenyl]-1.2.4-triazol*, $C_9H_5N_5O_2$, F. 147—149° (Hexan/CH_2Cl_2); 71%. — *N-[2-Cyan-4-nitrophenyl]-benzimidazol*, $C_{14}H_8N_4O_2$, F. 160 bis 162° (Hexan/CH_2Cl_2); 95%. — *N-[2-Cyan-4-nitrophenyl]-4.5-diphenylimidazol*, $C_{22}H_{14}N_4O_2$, F. 206—208° (wss. A.); 75%. — *N-[2-Cyan-4-nitrophenyl]-glycin*, $C_9H_7N_3O_4$, F. 179—181° (wss. A.); 76%. — *N-[2-Cyan-4-nitrophenyl]-DL-alanin*, $C_{10}H_9N_3O_4$, F. 195—197° (wss. A.); 77%.

K.-P. Hilgetag 1290△

1191 **Einwirkung von Acetanhydrid auf symmetrische o-Aminodiphenyldisulfide.** 2. Mitt. Giovanni Pappalardo, Francesco Duro und Giancarlo Scapini. (Ann. Chimica **57** (1967) 2, 159—76; Catania, Ist. di Chim. Farmaceut. e Tossicol. dell'Univ.; ital.) — 1. vgl. Ateneo Parmense **34** (1963) 5, 536. — Folgende Verb. werden dargestellt: *Bis-[2-diacetylamino-4-chlorphenyl]-disulfid*, $C_{20}H_{18}Cl_2N_2O_4S_2$, F. 201—202° (A.), aus 2.2'-Diamino-4.4'-dichlordiphenyldisulfid (I) durch Kochen mit Acetanhydrid bis zur völligen Lsg.; gibt durch $^1/_2$std. Kochen mit konz. HCl/A. (1 : 1) in quant. Ausb. I. — *Bis-[2-acetylamino-4-chlorphenyl]-disulfid* (II), $C_{16}H_{14}Cl_2N_2O_2S_2$, F. 193—194° (A.), a) aus vorst. Verb. mit 1n NaOH in sd. A.; Prismen; b) aus I mit Acetanhydrid in sd. Eisessig; gibt mit konz. HCl/A. (1 : 1) ($^1/_2$std. Kochen) I. — *2-Acetylamino-2'-nitro-4-chlor-4'-aminosulfonyldiphenylsulfid* (III), $C_{14}H_{12}ClN_3O_5S_2$, F. 219 bis 220° (A.), durch $^1/_2$std. Kochen von 0,01 Mol II in 1n NaOH/A. (1 : 1) u. Versetzen mit 3-Nitro-4-chlorbenzolsulfonamid; gelbe Prismen; 5,88 g (Ausb.); daneben *Na-2-Acetylamino-4-chlorbenzolsulfinat*, $C_8H_7ClNNaO_3S$, F. 287—288° (A.); 92%. — *2-Acetylamino-4-chlorbenzolsulfinsäuremethylester*, $C_9H_{10}ClNO_3S$, F. 163—164° (W. u. Methanol), aus vorst. Na-Sulfinat durch Kochen mit Methyljodid in Methanol; Prismen. — *2-Methyl-5-chlorbenzothiazol*, F. 69—70° (PAe.), aus II u. 1n NaOH/A. u. Ansäuern mit verd. HCl; 91%; daneben *2-Acetylamino-4-chlorbenzolsulfinsäure*. — *2-Acetylamino-4-chlor-S-acetylthiophenol*, F. 150—151° (A.), aus I bzw. II durch $^1/_2$std. Erhitzen mit 1n NaOH/A. (1 : 1), Kühlen auf 0° u. Versetzen mit Acetanhydrid; Nadeln; gibt durch Kochen mit HCl vorst. Verbindung. — *Na-2-Acetylamino-4-chlorthiophenolat*, aus vorst. Verb. mit 2 Val 0,5n NaOH; gibt in 0,5n NaOH mit J_2 in quant. Ausb. II, durch Ansäuern mit HCl *2-Methyl-5-chlorbenzothiazol* u. durch Rk. mit 3-Nitro-4-chlorbenzolsulfonamid III. — *2-Amino-2'-nitro-4-chlor-4'-aminosulfonyldiphenylsulfid*, $C_{12}H_{10}ClN_3O_4S_2$, F. 224—225° (A.), aus I durch $^1/_2$std. Kochen mit 2n NaOH/A. (1 : 1) u. Versetzen mit 3-Nitro-4-chlorbenzolsulfonamid in sd. A.; gelbe Prismen; 80%; gibt durch Kochen ($^1/_4$ Std.) mit Acetanhydrid/Eisessig III; 98%. — *2-Amino-4-chlorbenzolsulfinsäure*, $C_6H_6ClNO_2S$, F. 139—140°, aus den Mutterlaugen vorst. Verb. durch Ansäuern mit verd. HCl. — *Bis-[2-diacetylamino-5-chlorphenyl]-disulfid*, $C_{20}H_{18}Cl_2N_2O_4S_2$, F. 147—148° (Methanol), aus V u. Acetanhydrid durch Kochen bis zur völligen Lsg.; Nadeln. — *2.2'-Diamino-5.5'-dichlordiphenyldisulfid* (V), $C_{12}H_{10}Cl_2N_2S_2$, F. 111—112° (A.), a) aus 2-Amino-5-chlorthiophenolhydrochlorid u. H_2O_2 in verd. NH_4OH; gelbe Prismen; b) aus vorst. Verb. durch Kochen mit konz. HCl/A. (1 : 1); 100%. — *Bis-[2-acetylamino-5-chlorphenyl]-disulfid* (VI), $C_{16}H_{14}Cl_2N_2O_2S_2$, F. 247—248° (Essigsäure), a) aus vorvorst. Verb. mit 1n NaOH/A.; Nadeln; b) durch Kochen von V mit Acetanhydrid in Essigsäure; gibt durch Erhitzen mit konz. HCl/A. (1 : 1) V u. mit Acetanhydrid vorvorst. Verbindung. — *2-Acetylamino-2'-nitro-5-chlor-4'-aminosulfonyldiphenylsulfid* (IV), $C_{14}H_{12}ClN_3O_5S_2$, F. 207 bis 208° (Essigsäure), a) aus 0,01 Mol vorst. Verb. mit sd. 1n NaOH/A. (1 : 1); gelbe Prismen; 5,84 g; daneben *2-Acetylamino-5-chlorbenzolsulfinsäuremethylester*, $C_9H_{10}ClNO_3S$, F. 156—157° (W. u. Methanol); b) aus VII u. Acetanhydrid; 97%. — *2-Methyl-6-chlorbenzothiazol*, F. 86 bis 87° (PAe.), a) aus VI u. 1n NaOH/A. (1 : 1) u. Ansäuern mit verd. HCl; 95%; b) durch Erhitzen nachst. Verb. mit 15%ig. HCl. — *2-Acetylamino-5-chlor-S-acetylthiophenol*, $C_{10}H_{10}ClNO_2S$, F. 146—147° (A.), a) analog dem 4-Chlorisomeren; Nadeln; b) aus V u. 1n NaOH/A. (1 : 1) u. Versetzen mit Acetanhydrid bei 0°. — *Na-2-Acetylamino-5-chlorthiophenolat*, aus vorst. Verb. durch Erhitzen mit 0,5n wss.-äthanol. NaOH; gibt durch Behandeln mit 0,2n J_2-Lsg. in quant. Ausb. VI, mit HCl *2-Methyl-6-chlorbenzothiazol* u. durch Erhitzen mit 3-Nitro-4-chlorbenzolsulfonamid IV. — *2-Amino-2'-nitro-5-chlor-4'-aminosulfonyldiphenylsulfid* (VII), $C_{12}H_{10}ClN_3O_4S_2$, F. 226—227° (A.), aus V durch $^1/_2$std. Kochen mit 2n NaOH/A. (1 : 1) u. Versetzen mit 3-Nitro-4-chlorbenzolsulfonamid in sd. A.; orangerote Prismen; 86%. — *2-Amino-5-chlorbenzolsulfinsäure*, $C_6H_6ClNO_2S$, F. 158 bis 159°, neben VII. — *Bis-[2-diacetylamino-4-nitrophenyl]-disulfid*, $C_{20}H_{18}N_4O_8S_2$, F. 202—203° (Essigsäure), aus 2.2'-Diamino-4.4'-dinitrodiphenyldisulfid (VIII) u. Acetanhydrid durch Erhitzen bis zur Lsg.; Nadeln; gibt durch Erhitzen mit konz. HCl/A. (1 : 1) quant. **VIII**. — *Bis-[2-acetylamino-4-nitrophenyl]-disulfid* (**IX**), F. 263° (Essigsäure), a) aus vorst. Verb. durch Erhitzen mit 1 n NaOH/A.; Nadeln; b) aus **VIII** u. Acetanhydrid in sd. Essigsäure; gibt durch Kochen mit konz. HCl/A. (1 : 1) **VIII**. — *2-Acetylamino-2'.4-dinitro-4'-aminosulfonyldiphenylsulfid* (**X**), F. 229—230° (A. oder wss. Aceton), aus 0,005 Mol **IX** durch Erhitzen mit 1 n NaOH/A. (1 : 1) u. Versetzen mit 3-Nitro-4-chlorbenzolsulfonamid; gelbe Nadeln; 1,574 g. — *2-Methyl-5-nitrobenzothiazol*, F. 140—141° (A.), a) aus 0,005 Mol **IX** mit 1 n NaOH/A. (1 : 1) u. Ansäuern mit verd. HCl; Nadeln; 0,5 g; b) aus nachst. Verb. durch Erhitzen mit 15%ig. HCl; c) durch Ansäuern von Na-2-Acetylamino-4-nitrothiophenolat mit HCl. — *2-Acetylamino-4-nitro-S-acetylthiophenol*, $C_{10}H_{10}N_2O_4S$, F. 168 bis 169° (A.), a) aus **IX** mit 1 n NaOH/A. (1 : 1) u. Versetzen mit Acetanhydrid bei 0°; Nadeln; b) aus 3,38 g **VIII** mit 1 n NaOH/A. (1 : 1) u. Versetzen mit Acetanhydrid bei 0° u. 12std. Stehen; ca. 2 g. — *Na-2-Acetylamino-4-nitrothiophenolat*, durch Erhitzen vorst. Verb. mit 0,5 n NaOH in wss. A.; gibt durch Rk. mit 0,5 n J_2 in 100%ig. Ausb. **IX** u. mit 3-Nitro-4-chlorbenzolsulfonamid **X**. — *2.2'-Diamino-4.4'-dinitrodiphenylsulfid*, F. 221—222° (A.), aus 3,38 g **VIII** durch 1/2std. Kochen mit 2 n NaOH/A. (1 : 1); rote Nadeln; 1,15 g. — *2-Amino-2'.4-dinitro-4'-aminosulfonyldiphenylsulfid*, F. 249° (A.), a) aus den Mutterlaugen vorst. Verb. durch Erhitzen mit 3-Nitro-4-chlorbenzolsulfonamid in A. auf 60°; goldgelbe Prismen; 91%; b) aus 3,38 g **VIII** u. 3-Nitro-4-chlorbenzolsulfonamid in A. in Ggw. von 2 n NaOH durch Kochen; 96%. — *2-Amino-4-nitrobenzolsulfinsäure*, $C_6H_6N_2O_4S$, F. >350° (Braunfärbung ab 165°; A.), durch Ansäuern der Mutterlaugen vorst. Verb. (pH 5); gelbliche Prismen; 0,45 g. — *Bis-[2-acetylamino-5-nitrophenyl]-disulfid* (**XIII**), $C_{16}H_{14}N_4O_6S_2$, F. 229—230° (Essigsäure), aus 2.2'-Diamino-5.5'-dinitrodiphenyldisulfid (**XI**) durch 1std. Kochen mit Acetanhydrid; Nadeln; gibt beim Erhitzen mit konz. HCl/A. (1 : 1) **XI**. — *2-Acetylamino-2'.5-dinitro-4'-aminosulfonyldiphenylsulfid* (**XIV**), $C_{14}H_{12}N_4O_7S_2$, F. 266—267° (Essigsäure), aus **XIII** (0,005 Mol) durch Kochen mit 1 n NaOH/A. (1 : 1) u. Versetzen mit 3-Nitro-4-chlorbenzolsulfonamid in sd. A.; gelbe Nadeln; 2,9 g; daneben *2-Amino-5-nitrobenzolsulfinsäuremethylester*, $C_7H_8N_2O_4S$, F. 206—207° (Methanol), aus den Mutterlaugen durch Kochen mit Methyljodid in Methanol. — *2-Methyl-6-nitrobenzothiazol* (**XII**), F. 168—169° (A.), aus 0,005 Mol **XIII** mit 1 n NaOH/A. (1 : 1) u. Ansäuern mit verd. HCl; Nadeln; 1,2 g. — *2-Acetylamino-5-nitro-S-acetylthiophenol*, $C_{10}H_{10}N_2O_4S$, F. 180—181° (A.), a) aus **XIII** u. 1 n NaOH/A. (1 : 1) u. Versetzen mit Acetanhydrid bei 0°; Nadeln; b) durch 1/2std. Kochen von **XI** in Dioxan mit 2 n NaOH, Versetzen mit Acetylchlorid, Abtrennen von **XII** u. Einengen der Mutterlaugen; gibt durch Erhitzen mit 15%ig. HCl **XII**. — *2-Amino-5-nitro-S-acetylthiophenol*, $C_8H_8N_2O_3S$, F. 216—217°, aus **XI** mit 1 n NaOH/A. (1 : 1) u. Versetzen mit Acetanhydrid bei 0° neben **XII**; geht über in **XII**. — *Na-2-Acetylamino-5-nitrothiophenol*, aus vorvorst. Verb. durch Erhitzen mit 2 Val 0,5 n NaOH; gibt durch Behandeln mit 0,2 n J_2-Lsg. in quant. Ausb. **XIII**, durch Ansäuern mit HCl **XII** u. durch Erhitzen mit 3-Nitro-4-chlorbenzolsulfonamid **XIV**. — *2-Amino-2'.5-dinitro-4'-aminosulfonyldiphenylsulfid*, $C_{12}H_{10}N_4O_6S_2$, F. 229—230° (A.), durch 1/2std. Kochen von 3,38 g **XI** mit 2 n NaOH/A. (1 : 1) u. Versetzen mit 3-Nitro-4-chlorbenzolsulfonamid in sd. A.; gelbe Prismen; 97%; gibt durch Behandeln mit Acetanhydrid in Essigsäure in der Wärme 88% **XIV**. — *2-Amino-5-nitrobenzolsulfinsäure*, $C_6H_6N_2O_4S$, F. 187—188°, aus den Mutterlaugen vorst. Verb. durch Ansäuern mit verd. HCl; 0,65 g.

P. Golinske 1310△

1192 **Stabile Bis-carbodiimide.** Yoshio Iwakura und Kohji Noguchi. (Bull. chem. Soc. Japan **40** (1967) 10, 2383—88; Dep. of Synth. Chem., Fac. of Engng., Univ. of Tokyo, Hongo, Bunkyo-ku, Tokyo; engl.) — Dehydrosulfurierung von Bis-thioharnstoffen mit einem aromat. Rest führt zu den entsprechenden *Bis-carbodiimiden*, von denen Verb. mit ster. großen Substituenten, wie der tert.-Butyl- bzw. 2.6-Xylylgruppe, ohne Polymerisation u. Disproportionierung isoliert werden können. Bis-carbodiimide mit kleineren Substituenten lassen sich auf Grund der Polymerisation bzw. Disproportionierung nicht isolieren.

Versuche: *m-Phenylendiisothiocyanat*, Kp.<1 123 bis 125°, F. 49—52°, aus NH_4OH, m-Phenylendiamin u. CS_2, Suspendieren des erhaltenen *m-Phenylen-bis-[dithiocarbaminsäure]-diammoniumsalzes* [95% (Ausb.)] in W./Aceton, Zugabe von Chlorkohlensäureäthylester bei —10°, 1std. Rühren bei Raumtemp., Zugabe von wss. NaOH bei 0° u. Extrahieren mit $CHCl_3$; 63%. — *Isopropylisothiocyanat*, nach Hodgkins u. Ettlinger [J. org. Chemistry **21** (1956) 404]. — *Cyclohexylisothiocyanat*, nach Hodgkins (l. c.). — *Thionyl-p-phenylendiamin* (**I**), nach Michälis [Liebigs Ann. Chem. **274** (1893) 261]. — *Benzhydroxamoylchlorid* (**II**), nach Werner u. Buss [Ber. Bunsenges. physik. Chem. **27** (1894) 2197]. — p-Phenylen-bis-thioharnstoffe, a) durch Rk. des entsprechenden Diisothiocyanats mit einem Monoamin (Meth. **A**); b) aus dem entsprechenden Monoisothiocyanat u. einem Diamin (Meth. **B**): *N.N'-Di-tert.-butyl-* (**III**), $C_{16}H_{26}N_4S_2$, F. 197° (Zers.; DMF/W.), analog **A**; 95%. — *N.N'-Diisopropyl-*, $C_{14}H_{22}N_4S_2$, F. 196° (Zers.; DMF/W.), analog **B**; 78%. — *N.N'-Dicyclohexyl-*, $C_{20}H_{30}N_4S_2$, F. 203° (DMF), analog **B**; 73%. — *N.N'-Di-2.6-xylyl-*, $C_{24}H_{26}N_4S_2$, F. 214°, analog **A**; 88%. — *N.N'-Di-tert.-butyl-m-phenylen-bis-thioharnstoff*, $C_{16}H_{26}N_4S_2$, F. 193° (Methanol), analog **A**; 96%. — *p-Phenylen-bis-[4-phenyl-1.2.3.5-oxathiadiazol-S-oxid]* (**IV**), $C_{20}H_{14}N_4O_4S_2$, F. 116,5 bis 117° (Zers.; Dioxan/Methanol), aus Triäthylamin, **I** u. **II** in Ae. bei <5°; 87%. — p-Phenylen-bis-carbodiimide: *N.N'-Di-tert.-butyl-* (**V**), $C_{16}H_{22}N_4$, Kp.$_{0,1}$ 168,5 bis 169,5°, F. 51—52,5°, a) aus **III**, Antiformin, 40%ig. NaOH u. Toluol bei 70°; 73%; b) durch Zugabe von HgO zu einer sd. Suspension von **III** in abs. Bzl., 5std. Kochen, Kühlen, Filtrieren u. Einengen; 56%. — *N.N'-Diisopropyl-*, $C_{14}H_{18}N_4$, Kp.$_{0,12}$ 138—139°, analog b); 50%. — *N.N'-Dicyclohexyl-*, $C_{20}H_{26}N_4$, analog b); 39%. — *N.N'-Di-2.6-xylyl-*, $C_{24}H_{22}N_4$, F. 113—115°, analog a); 60%. — *N.N'-Diphenyl-*, $C_{20}H_{14}N_4$, durch Zers. von **IV** bei 120—125°; 46%. — *m-Phenylen-bis-[tert.-butylcarbodiimid]*, $C_{16}H_{22}N_4$, Kp.$_{0,1}$ 137—139°; 29%. — p-Phenylen-bis-harnstoffe, aus dem entsprechenden Bis-carbodiimid u. n-HCl: *N.N'-Di-tert.-butyl-*, $C_{16}H_{26}N_4O_2$, F. >360° (A.); 49%. — *N.N'-Diisopropyl-*, $C_{14}H_{22}N_4O_2$, F. >300° (DMF); 68%. — *N.N'-Dicyclohexyl-*, $C_{20}H_{30}N_4O_2$, F. >360° (DMF); 63%. — *N.N'-Di-2.6-xylyl-*, $C_{24}H_{26}N_4O_2$, F. >300° (DMF); 51%. — *N.N'-Diphenyl-*, $C_{20}H_{18}N_4O_2$, F. >300° (DMF); 33%. — *m-Phenylen-bis-[tert.-butylharnstoff]*, $C_{16}H_{26}N_4O_2$, F. 243 bis 245° (Zers.; A.); 36%. — p-Phenylendiamine, aus **V** mit der entsprechenden akt. Verb.: *N.N'-Bis-[(tert.-butylaminobenzylamino)-methylen]-*, $C_{30}H_{40}N_6$, F. 122,5—123,5° (Cyclohexan); 57%. — *N.N'-Bis-[(tert.-butylaminocyclohexylamino)-methylen]-*, $C_{28}H_{48}N_6$, F. 137 bis 138° (Isopropyläther); 71%. — *N.N'-Bis-[(tert.-butylaminomorpholino)-methylen]-*, $C_{24}H_{40}N_6O_2$, F. 172,5 bis 173,5° (Essigester); 64%. — *N.N'-Bis-[(tert.-butylaminobenzyloxy)-methylen]-*, $C_{30}H_{38}N_4O_2$, F. 192—193° (Bzl.); 41%. — *N.N'-Bis-[(tert.-butylamino-m-tolyloxy)-methylen]-*, $C_{30}H_{38}N_4O_2$, F. 151—155° (n-Hexan); 18%. — *N.N'-Bis-[(tert.-butylaminophenylmercapto)-methylen]-*, $C_{28}H_{34}N_4S_2$, F. 159—163° (Essigester); 58%. — *N.N'-Bis-[(tert.-butylcarbamoyl)-(cyclohexylcarbonyl)]-*, $C_{30}H_{46}N_4O_4$, F. 318—318,5° (Essigester); 38%. — *N.N'-Bis-[(tert.-butylcarbamoyl)-(propionyl)]-*, $C_{22}H_{34}N_4O_4$, F. 283—283,5° (Essigester); 32%.

K.-P. Hilgetag 1310△

1193 **Synthese von Derivaten des p-Nitrophenylchlormethylcarbinols.** V. I. Luzan und K. A. Kornev. (Ukrainskij chim. Ž. **33** (1967) 2, 196—99; Inst. chim. vysokomol. soedinenij AN USSR; russ.) — Die Red. von p-Nitrophenylchlormethylcarbinol (**I**) mit Hydrazinhydrat (**II**) in Ggw. von Raney-Ni führt zu *p-Aminophenylchlormethylcarbinolhydrochlorid* (**III**). Stearinsäurechlorid reagiert mit **I** zu dem entsprechenden Ester, der in Ggw. von Raney-Ni oder durch **II** zu *p-Aminophenylchlormethylcarbinolstearat* (**V**) red. wird. Analog wird aus 2-[p-Nitrophenyl]-2-hydroxyäthylamin (**IV**) die p-Amino-Verb. dargestellt. Beim Erhitzen von **IV** mit Stearinsäure entsteht das Amid, das zu *Stearinsäure-*

2-[p-aminophenyl]-2-hydroxyäthylamid (VIII) red. wird. VIII reagiert mit Glycerinchlorhydrin unter Bldg. von *Stearinsäure-2-[p-(2.3-dihydroxypropylamino)-phenyl]-2-hydroxyäthylamid.*

Versuche: *p-Aminophenylchlormethylcarbinolhydrochlorid* (III), $C_8H_{11}Cl_2NO$, F. 134° (CH_3OH), durch 3std. Erhitzen von I mit II in CH_3OH auf 60° unter ständiger Zugabe von Raney-Ni; 90% (Ausb.). — *p-Nitrophenylchlormethylcarbinolstearat* (V), $C_{26}H_{42}ClNO_4$, F. 62° (CH_3OH), durch 2std. Erhitzen von I, Bzl. u. Py. mit Stearinsäurechlorid auf 100° u. 7std. Erhitzen auf 120°; 78%. — *p-Aminophenylchlormethylcarbinolstearat* (VI), $C_{26}H_{44}ClNO_2$, F. 75° (CH_3OH), a) analog III aus V u. II in A.; 78%; b) durch Red. von V in A. im Autoklaven bei 20 at/60° in Ggw. von Raney-Ni; 60%. — *Stearinsäure-2-[p-nitrophenyl]-2-hydroxyäthylamid* (VII), $C_{26}H_{44}N_2O_4$, F. 81° (Bzl.), durch 8std. Erhitzen von IV mit Stearinsäure; 80%. — *Stearinsäure-2-[p-aminophenyl] 2-hydroxyäthylamid* (VIII), $C_{26}H_{46}N_2O_2$, F. 115° (CH_3OH), analog VI nach a) aus VII u. II; 47%. — *Stearinsäure-2-[p-(2.3-dihydroxypropylamino)-phenyl]-2-hydroxyäthylamid*, $C_{29}H_{52}N_2O_4$, F. 140° (CH_3OH), durch 5std. Erhitzen von VIII in A. mit Glycerinchlorhydrin u. K_2CO_3 auf 80—90°; 70%. — *2-[p-Aminophenyl]-2-hydroxyäthylamin*, $C_8H_{12}N_2O$, F. 145° (CH_3OH), analog III durch Red. von IV mit II; 94%. *Triacetat*, $C_{14}H_{18}N_2O_4$, F. 189°, durch 3std. Erhitzen mit Essigsäureanhydrid auf 70°; 66%. Ch. Maniewski 1320△

1194 **Untersuchungen über die pharmazeutische Wirksamkeit von Drogen. 2. Mitt. p-Aminosalicylsäurederivate.** Kiichiro Kakemi, Takaichi Arita, Shikifumi Kitazawa und Yoshihisa Sagawa. (Chem. pharmac. Bull. [Tokyo] **15** (1967) 12, 1828—40; Fac. of Pharm. Sci., Kyoto Univ., Yoshida-shimoadachi-cho, Sakyo-ku, Kyoto; engl.) — *ω-Chlor-*, *ω-Amino-*, *ω-Diäthylamino-*, *ω-Phenyläthylamino-*, *ω-Morpholino-*, *ω-Pyrrolidino-* u. *ω-Piperidinoäthylester* der p-Aminosalicylsäure (I) werden dargestellt u. auf ihre tuberculostat. Wirksamkeit untersucht. Des weiteren werden die physikochem. Eig. angegeben u. die biolog. Wrkg. auf den Tierkörper untersucht.

Versuche: *p-Aminosalicylsäure* (I). *ω-Chloräthylester*, $C_9H_{10}ClNO_3$, F. 118° (verd. Methanol), durch Umsetzen von I mit Äthylenchlorhydrin in Ggw. von konz. H_2SO_4 bei 0° u. 15—20std. Erwärmen auf 90°; 80,2% (Ausb.). *ω-Chlorpropylester*, $C_{10}H_{12}ClNO_3$, F. 83° (Methanol), analog vorst. Deriv.; 53%. *ω-Chlorbutylester*, $C_{11}H_{14}ClNO_3$, F. 102° (Methanol); 85,7%. *ω-Chlorpentylester*, $C_{12}H_{16}ClNO_3$, F. 66° (Methanol); 60%. *ω-Chlorhexylester*, $C_{13}H_{18}ClNO_3$, F. 60°; aus A. Nadeln; 63,1%. *ω-Chlorheptylester*, $C_{14}H_{20}ClNO_3$, F. 57°, durch Umsetzen von p-Nitrosalicylsäure mit dem entsprechenden Alkylenchlorhydrin in konz. H_2SO_4 bei 0°, 8—10std. Erwärmen auf 110° u. Red. mit $SnCl_2$/konz. HCl in sd. A.; aus A. Tafeln; 62%. *ω-Chloroktylester*, $C_{15}H_{22}ClNO_3$, F. 72°, analog vorst. Deriv.; aus A. Nadeln; 58%. *ω-Chlornonylester*, $C_{16}H_{24}ClNO_3$, $Kp._{0,1}$ 250°; hellgelbes Öl; 32,5%. *ω-Chlordecylester*, $C_{17}H_{26}ClNO_3$, $Kp._{0,1}$ 290°; hellgelbes Öl; 38,6%. *ω-Diäthylaminoäthylester*, $C_{13}H_{20}N_2O_3$, F. 32°, durch Zugabe von Diäthylamin zum entsprechenden ω-Chloralkylester in A. in Ggw. von NaJ u. 8std. Kochen; aus A. hellgelbe Nadeln; 25,3%. *ω-Diäthylaminopropylester*, $C_{14}H_{22}N_2O_3$, F. 38°, analog vorst. Deriv.; aus A. hellgelbe Nadeln; 23,6%. *ω-Diäthylaminobutylester*, $C_{15}H_{24}N_2O_3$, F. 53°; aus A. hellgelbe Nadeln; 27,4%. *ω-Diäthylaminopentylester*, $C_{16}H_{26}N_2O_3$, F. 65°; aus A. hellgelbe Tafeln; 45,1%. *ω-Diäthylaminohexylester*, $C_{17}H_{28}N_2O_3$, F. 58°; aus A. hellgelbe Tafeln; 30,8%. *ω-Diäthylaminoheptylester*, $C_{18}H_{30}N_2O_3$, F. 42,5°; aus A. hellgelbe Tafeln; 21,1%. *ω-Diäthylaminooktylester*, $C_{19}H_{32}N_2O_3$, F. 47°; aus A. hellgelbe Tafeln; 11,9%. *ω-Diäthylaminononylester*, $C_{20}H_{34}N_2O_3$, F. 53°; aus A. hellgelbe Tafeln; 15,4%. *ω-Diäthylaminodecylester*, $C_{21}H_{36}N_2O_3$, F. 64,5°; aus Essigsäureäthylester hellgelbe Tafeln; 13,4%. *ω-Phenyläthylaminoäthylester*, $C_{17}H_{20}N_2O_3$, F. 93° (Methanol), durch Erwärmen von N-Phenyl-N-äthylamin mit $NaNH_2$ in Toluol, Eindampfen, Zugabe des entsprechenden ω-Chloralkylesters in Toluol u. 3std. Kochen; 10,3%. *ω-Phenyläthylaminopropylester*, $C_{18}H_{22}N_2O_3$, F. 84,5°, analog vorst. Deriv.; aus Methanol hellgelbes Pulver; 21,4%. *ω-Phenyläthylaminobutylester*, $C_{19}H_{24}N_2O_3$, F. 87°; aus Methanol hellgelbe Prismen; 15,9%. *ω-Phenyläthylaminopentylester*, $C_{20}H_{26}N_2O_3$, F. 67°; aus A. hellgelbes Pulver; 18%. *ω-Phenyläthylaminohexylester*, $C_{21}H_{28}N_2O_3$, F. 61°; aus Methanol hellgelbes Pulver; 11,5%. *ω-Phenyläthylaminoheptylester*, $C_{22}H_{30}N_2O_3$, F. 58,5°; aus A. hellgelbe Prismen; 9,5%. *ω-Phenyläthylaminooktylester*, $C_{23}H_{32}N_2O_3$, F. 73,5°; aus Essigsäureäthylester hellgelbes Pulver; 12,5%. *ω-Phenyläthylaminononylester*, $C_{24}H_{34}N_2O_3$, F. 85°; aus Essigsäureäthylester hellgelbe Prismen; 7,8%. *ω-Phenyläthylaminodecylester*, $C_{25}H_{36}N_2O_3$, F. 92°; aus Essigsäureäthylester hellgelbes Pulver; 12,9%. *ω-Diphenylaminoäthylester*, $C_{21}H_{20}N_2O_3$, F. 175° (Essigsäureäthylester), durch Erwärmen von Diphenylamin mit $NaNH_2$ in Toluol, Einengen, Zugabe von entsprechenden p-Nitrosalicylsäure-ω-chloralkylestern in Toluol, 3—4std. Kochen u. Hydrieren; 21,7%. *ω-Diphenylaminopropylester*, $C_{22}H_{22}N_2O_3$, F. 137°, analog vorst. Deriv.; aus Essigsäureäthylester hellgelbe Prismen; 23,1%. *ω-Diphenylaminobutylester*, $C_{23}H_{24}N_2O_3$, F. 152°; aus Essigsäureäthylester hellgelbe Prismen; 25,3%. *ω-Diphenylaminopentylester*, $C_{24}H_{26}N_2O_3$, F. 123°; aus A. hellgelbe Tafeln; 38,5%. *ω-Diphenylaminohexylester*, $C_{25}H_{28}N_2O_3$, F. 112°; aus A. hellgelbe Tafeln; 21,9%. *ω-Diphenylaminoheptylester*, $C_{26}H_{30}N_2O_3$, F. 93°; aus Essigsäureäthylester hellgelbe Prismen; 17,3%. *ω-Diphenylaminooktylester*, $C_{27}H_{32}N_2O_3$, F. 102,5° (A.); 15,1%. *ω-Diphenylaminononylester*, $C_{28}H_{34}N_2O_3$, F. 108° (A.); 12,5%. *ω-Diphenylaminodecylester*, $C_{29}H_{36}N_2O_3$, F. 113° (A.); 12,9%. *ω-Morpholinoäthylester* (II), $C_{13}H_{18}N_2O_4$, F. 87° (Methanol), durch Umsetzen von Morpholin mit Äthylenchlorhydrin in A. in Ggw. von NaJ, 24std. Kochen u. Veresterung des ω-Morpholinoäthylalkohols mit I in Ggw. von konz. H_2SO_4 bei 90°; 23,5%. *ω-Morpholinopropylester*, $C_{14}H_{20}N_2O_4$, F. 97° (Methanol), analog II; 19,7%. *ω-Morpholinobutylester*, $C_{15}H_{22}N_2O_4$, F. 90,5° (Methanol); 21,3%. *ω-Morpholinopentylester*, $C_{16}H_{24}N_2O_4$, F. 107° (Methanol); 13,9%. *ω-Morpholinohexylester*, $C_{17}H_{26}N_2O_4$, F. 95° (Methanol); 19,8%. *ω-Morpholinoheptylester*, $C_{18}H_{28}N_2O_4$, $Kp._6$ 165°; 31,7%. *ω-Morpholinooktylester*, $C_{19}H_{30}N_2O_4$, F. 72° (Methanol); 18,3%. *ω-Morpholinononylester*, $C_{20}H_{32}N_2O_4$, F. 92,5° (Methanol); 20,7%. *ω-Morpholinodecylester*, $C_{21}H_{34}N_2O_4$, F. 98° (Methanol); 23,3%. *ω-Pyrrolidinoäthylester*, $C_{13}H_{18}N_2O_3$, F. 65° (A.), aus Pyrrolidin analog II; 32,7%. *ω-Pyrrolidinopropylester*, $C_{14}H_{20}N_2O_3$, F. 70° (Methanol); 36,9%. *ω-Pyrrolidinobutylester*, $C_{15}H_{22}N_2O_3$, F. 77° (Essigsäureäthylester); 27,2%. *ω-Pyrrolidinopentylester*, $C_{16}H_{24}N_2O_3$, F. 89°; aus Essigsäureäthylester Prismen; 21,3%. *ω-Pyrrolidinohexylester*, $C_{17}H_{26}N_2O_3$, F. 78° (Essigsäureäthylester); 20,8%. *ω-Pyrrolidinoheptylester*, $C_{18}H_{28}N_2O_3$, $Kp._6$ 152°; 28,5%. *ω-Pyrrolidinooktylester*, $C_{19}H_{30}N_2O_3$, F. 66° (A.); 21,6%. *ω-Pyrrolidinononylester*, $C_{20}H_{32}N_2O_3$, F. 75° (A.); 13,7%. *ω-Pyrrolidinodecylester*, $C_{21}H_{34}N_2O_3$, F. 92° (A.); 15,7%. *ω-Piperidinoäthylester*, $C_{14}H_{20}N_2O_3$, F. 79° (A.), aus Piperidin analog II; 21,6%. *ω-Piperidinopropylester*, $C_{15}H_{22}N_2O_3$, F. 80° (A.), analog vorst. Deriv.; 13,8%. *ω-Piperidinobutylester*, $C_{16}H_{24}N_2O_3$, F. 88,5°; aus A. Prismen; 25,7%. *ω-Piperidinopentylester*, $C_{17}H_{26}N_2O_3$, F. 72° (A.); 23,6%. *ω-Piperidinohexylester*, $C_{18}H_{28}N_2O_3$, F. 65° (A.); 26,7%. *ω-Piperidinoheptylester*, $C_{19}H_{30}N_2O_3$, $Kp._6$ 150°; 27,3%. *ω-Piperidinooktylester*, $C_{20}H_{32}N_2O_3$, F. 70° (A.); 13,2%. *ω-Piperidinononylester*, $C_{21}H_{34}N_2O_3$, F. 53° (A.); 21,6%. *ω-Piperidinodecylester*, $C_{22}H_{36}N_2O_3$, F. 72° (A.); 18,9%. *ω-Aminoäthylester*, $C_9H_{12}N_2O_3$, F. 82°, durch Zugabe von konz. H_2SO_4 zu Aminoäthylalkohol bei 30° unter Kühlung, Zugabe von p-Nitrosalicylsäure u. konz. H_2SO_4, 8—15std. Erwärmen auf 110° u. katalyt. Hydrierung; aus Essigsäureäthylester Nadeln; 10,2%. *ω-Aminopropylester*, $C_{10}H_{14}N_2O_3$, F. 53°, analog vorst. Deriv.; aus Essigsäureäthylester Nadeln; 9,7%. *ω-Aminobutylester*, $C_{11}H_{16}N_2O_3$, F. 69°; aus Essigsäureäthylester Tafeln; 8,3%. *ω-Aminopentylester*, $C_{12}H_{18}N_2O_3$, F. 49°; aus Essigsäureäthylester Prismen; 10,3%. *ω-Aminohexylester*, $C_{13}H_{20}N_2O_3$, F. 38°; aus Essigsäureäthylester Prismen; 7,5%. *ω-Aminoheptylester*, $C_{14}H_{22}N_2O_3$, $Kp._{0,5}$ 210°; 10%. *ω-Aminooktylester*, $C_{15}H_{24}N_2O_3$, $Kp._{0,5}$ 215°; 9,5%. *ω-Aminononylester*, $C_{16}H_{26}N_2O_3$, F. 35°; aus Essigsäureäthylester hellgelbe Prismen; 7,5%.

ω-Aminodecylester, $C_{17}H_{28}N_2O_3$, F. 48°; aus Essigsäureäthylester Prismen; 10,5%. — *α.ω-Bis-[p-aminosalicyloyloxy]-äthan*, $C_{16}H_{16}N_2O_6$, F. 172,5°, durch 4–8std. Kochen des entsprechenden Äthylenglykols mit p-Nitrosalicyloylchlorid in Ae. u. katalyt. Hydrierung; aus verd. A. Tafeln; 75,3%. — *α.ω-Bis-[p-aminosalicyloyloxy]-propan*, $C_{17}H_{18}N_2O_6$, F. 132°, analog vorst. Deriv.; aus verd. A. hellgelbe Tafeln; 53,6%. — *α.ω-Bis-[p-aminosalicyloyloxy]-butan*, $C_{18}H_{20}N_2O_6$, F. 160°; aus A./Aceton hellgelbe Nadeln; 45%. — *α.ω-Bis-[p-aminosalicyloyloxy]-pentan*, $C_{19}H_{22}N_2O_6$, F. 120°; aus A./Aceton Nadeln; 55%. — *α.ω-Bis-[p-aminosalicyloyloxy]-hexan*, $C_{20}H_{24}N_2O_6$, F. 110°; aus A. Tafeln; 50,5%. — *α.ω-Bis-[p-aminosalicyloyloxy]-heptan*, $C_{21}H_{26}N_2O_6$, F. 93°; aus A. hellgelbe Nadeln; 52,1%. — *α.ω-Bis-[p-aminosalicyloyloxy]-oktan*, $C_{22}H_{28}N_2O_6$, F. 99°; aus A. hellgelbe Nadeln; 58,5%. — *α.ω-Bis-[p-aminosalicyloyloxy]-nonan*, $C_{23}H_{30}N_2O_6$, F. 105°; aus A. Prismen; 62,3%. — *α.ω-Bis-[p-aminosalicyloyloxy]-dekan*, $C_{24}H_{32}N_2O_6$, F. 113,5°; aus A. hellgelbe Prismen; 55,5%.
G. Westphal 1250△

1195 **Darstellung einiger Silanol-Derivate von triphenylsiloxy-substituierten Siloxanen.** Toshio Takiguchi, Minoru Abe, Kōji Urano und Takeo Sakuma. (Bull. chem. Soc. Japan **40** (1967) 10, 2453–54; Dep. of Synth. Chem., Kiryu Coll. of Technol., Gunma Univ., Tenji-cho, Kiryu; engl.) — Es werden dargestellt: *Triphenylsiloxytrichlorsilan*, $C_{18}H_{15}Cl_3OSi_2$, Kp.$_3$ 180–183°, F. 47–48°, aus Triphenylsilanol–Na-Salz (I) u. $SiCl_4$; 52% (Ausb.). — *Triphenylsiloxysilantriol*, $C_{18}H_{18}O_4Si_2$, F. 78° (Cyclohexan), aus vorst. Verb. mit Anilin, W., Aceton u. Ae.; 17,9%. — *3.3-Dichlorhexaphenyltrisiloxan* (II), $C_{36}H_{30}Cl_2O_3Si_3$, F. 140–141°, aus I u. vorvorst. Verb.; 50–53%. — *3-Chlor-3-[triphenylsiloxy]-hexaphenyltrisiloxan*, $C_{54}H_{45}ClO_3Si_4$, F. 239–240°, aus I u. $SiCl_4$; 80%. — *3.3-Dihydroxyhexaphenyltrisiloxan*, $C_{36}H_{32}O_4Si_3$, F. 167–169° (Bzl./Hexan; 1 : 1), durch Hydrolyse von II; 86%. — *3.5-Di-[triphenylsiloxy]-hexaphenyltetrasiloxan-3.5-diol*, $C_{72}H_{62}O_7Si_6$, F. 179°, durch 2std. Kochen eines Gemisches aus II u. ZnO in THF u. Einengen; 34%; daneben 56,6% *vorst. Verbindung*. IR-Maxima vgl. Original.
K.-P. Hilgetag 1380△

1196 **Synthese und Eigenschaften einiger Alkylaryl-N-phenylaminosilane und Alkylaryldisilazane.** K. A. Andrianov, A. M. Kononov, B. D. Lavruchin und N. N. Makarova. (Izvest. Akad. Nauk SSSR, Ser. chim. **1967**, 5, 1066–69; Inst. élementoorgan. soedinenij AN SSSR; russ.) — Durch Rk. von Alkylarylchlorsilanen mit Anilin (III) werden *Alkylarylanilinosilane* dargestellt. IR- u. NMR-Daten s. Original.

Versuche: *Dimethylphenylanilinosilan*, $C_{14}H_{17}NSi$, Kp. $_{3-3,5}$ 139,5–140,5°, durch Zugabe von Dimethylphenylchlorsilan (I) zu III u. Triäthylamin in Ae. u. 1std. Rühren; n_D^{20} 1,5752; $D._4^{20}$ 1,0266; 66% (Ausb.). — *Methyläthylphenylanilinosilan*, $C_{15}H_{19}NSi$, Kp.$_{3-3,5}$ 150,5 bis 151°, analog aus Methyläthylphenylchlorsilan; n_D^{20} 1,5771; $D._4^{20}$ 1,0236; 38%. — *Methyldiphenylanilinosilan*, $C_{19}H_{19}NSi$, Kp.$_{3,5-4}$ 204–209°, analog aus Methyldiphenylchlorsilan (II); 46%. — *1.1.3-Trimethyl-1.3.3-triphenyldisilazan*, $C_{21}H_{25}NSi_2$, Kp.$_{3,5-4}$ 195–198°, durch Einleiten von NH_3 in eine Lsg. von II u. I in Bzl.; n_D^{20} 1,5753; $D._4^{20}$ 1,034; 40,2%. H. Dalmer 1380△

1197 **Synthese von Aryl(Arylalkyl)-difluorphosphinen.** G. I. Drodz, S. Z. Ivin, V. V. Šelučenko und B. I. Tetel'baum. (Ž. obšč. Chim. **37/99** (1967) 4, 958–59; russ.) — Durch Einw. von SbF_3 auf Dichlorphosphine in Dialkylanilinen u. gleichzeitige Dest. der Prod. bei 10 bis 30 mm wurden folgende Difluorphosphine dargestellt: *Phenyl-*, Kp.$_{30}$ 30–31°; n_D^{20} 1,4903; $D._4^{20}$ 1,2219; 54% (Ausb.). — *p-Tolyl-*, Kp.$_{50}$ 70–72°; n_D^{20} 1,4990; $D._4^{20}$ 1,2054; 59%. — *p-Chlorphenyl-*, $C_6H_4ClF_2P$, Kp.$_5$ 33–35°; n_D^{20} 1,4957; $D._4^{20}$ 1,3209; 55%. — *Benzyl-*, $C_7H_7F_2P$, Kp.$_{10}$ 43–45°; n_D^{10} 1,4974; 41%. N. Kucharczyk 1380△

1198 **Produkte der Reaktion von Methyldifluorphosphin mit primären Aminen.** G. I. Drozd, S. Z. Ivin, V. V. Šelučenko und B. I. Tetel'baum. (Ž. obšč. Chim. **37/99** (1967) 4, 957–58; russ.) — Durch Einw. von Methyldifluorphosphin auf die entsprechenden Amine in Ae. bei –60 bis –40° u. nachfolgende Dest. im Vakuum unter N_2 wurden folgende Alkylaminomethyldifluorphosphorane dargestellt: *Isobutylamino-*, $C_5H_{14}F_2NP$, Kp.$_{50}$ 55–57; n_D^{20} 1,3950; $D._4^{20}$ 0,9961; 96% (Ausb.). *Allylamino-*, $C_4H_{10}F_2NP$, Kp.$_{20}$ 31–32°; n_D^{20} 1,4132; $D._3^{20}$ 1,1395; 46%. *Cyclohexylamino-*, $C_7H_{16}F_2NP$, Kp.$_{10}$ 66–67°; n_D^{20} 1,4155; 83%.
N. Kucharczyk 1380△

1199 **Reaktion von Phenyldichlorphosphin mit Methacryl- und Propiolsäure.** V. K. Chajrullin, V. N. Eliseenkov und A. N. Pudovik. (Ž. obšč. Chim. **37/99** (1967) 4, 871–75; Inst. org. i fiz. chimii im. Arbuzova AN SSSR; russ.) — Die Titelrk. führt zu *2-Methyl-4-phenyl-4-oxo-4-chlor-4-phosphabuttersäure-* (I) bzw. *4-Phenyl-4-oxo-4-chlor-4-phosphacrotonsäurechlorid*, die mit Alkoholen entsprechende Ester bilden. Beim Erhitzen von I mit Essigsäure wird das *innere Anhydrid* (II) *der 2-Methyl-4-phenyl-4-oxo-4-hydroxy-4-phosphabuttersäure* erhalten, das mit Aminen zu II-Amiden umgesetzt wird. IR-Daten vgl. Original.

Versuche: 2-Methyl-4-phenyl-4-oxo-4-phosphabuttersäuren: *4-Chlor-*, *-chlorid* (I), $C_{10}H_{11}Cl_2O_2P$, Kp.$_{0,002}$ 230–235°, durch 7std. Erhitzen von Phenyldichlorphosphin (III) mit Methacrylsäure auf 100–105° im Rohr; n_D^{20} 1,5573; $D._4^{20}$ 1,3192; 70% (Ausb.). — *4-Hydroxy-*, $C_{10}H_{13}O_4P$, F. 149–150,5° (W.), durch Kochen von I mit W.; 90,1%. — *4-Methoxy-*, *-methylester*, $C_{12}H_{17}O_4P$, Kp.$_{0,001}$ 123–124°, durch 2std. Rühren von I mit CH_3OH in abs. Bzl.; n_D^{20} 1,5138; $D._4^{20}$ 1,1923; 40%.— Analog: *4-Äthoxy-*, *-äthylester*, $C_{14}H_{21}O_4P$, Kp.$_{0,003}$ 125–126°; n_D^{20} 1,4985; $D._4^{20}$ 1,1192; 26%. — *4-Propoxy-*, *-propylester*, $C_{16}H_{25}O_4P$, Kp.$_{0,004}$ 139 bis 141°; n_D^{20} 1,5049; $D._4^{20}$ 1,1063; 30,1%. — *4-Hydroxy-*, *-anilid*, $C_{16}H_{18}NO_3P$, F. 148–149° (Bzl.), durch 4std. Erhitzen von II mit Anilin auf 120° im Rohr; 34,5%. — Analog: *4-Hydroxy-*, *-m-toluidid*, $C_{17}H_{20}NO_3P$, F. 140 bis 141° (Bzl.); 34,2%. — *4-Hydroxy-*, *-p-toluidid*, $C_{17}H_{20}NO_3P$, F. 155–156,5° (A.); 42,4%. — *4-Hydroxy-*, *-p-anisidid*, $C_{17}H_{20}NO_4P$, F. 111–112,5° (Bzl.); 33,9%. — *4-Hydroxy-*, *-m-nitroanilid*, $C_{16}H_{17}N_2O_5P$, F. 170–171° (A.); 45,9%. — *4-Hydroxy-*, *-2-methyl-4-nitroanilid*, $C_{17}H_{19}N_2O_5P$, F. 200–201° (Bzl.); 55,8%. — *4-Hydroxy-*, *-α-naphthylamid*, $C_{20}H_{20}NO_3P$, F. 162–163° (A.); 48%. — *2-Methyl-4-phenyl-4-oxo-4-hydroxy-4-phosphatbuttersäureanhydrid* (II), $C_{10}H_{11}O_3P$, F. 84–87°, Kp.$_{0,002}$ 156–157°, durch 3std. Erhitzen von I mit Eisessig auf 75–80°; 71,8%. — 4-Phenyl-4-oxo-4-phosphacrotonsäureester: durch Zugabe von Propiolsäure zu III in Bzl. unter Eiswasserkühlung, 4std. Stehen bei Raumtemp., Abkühlen auf 0°, Zugabe des Alkohols u. Dest.; *4-Methoxy-*, *-methylester*, $C_{11}H_{13}O_4P$, Kp.$_{0,003}$ 134°; n_D^{20} 1,5380; $D._4^{20}$ 1,2209; 25,2%. — *4-Äthoxy-*, *-äthylester*, $C_{13}H_{17}O_4P$, Kp.$_{0,003}$ 143°; n_D^{20} 1,5240; $D._4^{20}$ 1,1555; 34,3%. — *4-Propoxy-*, *-propylester*, $C_{15}H_{21}O_4P$, Kp.$_{0,006}$ 151–152°; n_D^{20} 1,5158; $D._4^{20}$ 1,1160; 22%. — *4-Butoxy-*, *-butylester*, $C_{17}H_{25}O_4P$, Kp.$_{0,04}$ 166–167°; n_D^{20} 1,5165; $D._4^{20}$ 1,1075; 31,2%. L. Berseck 1380△

1200 **Reaktionen von Sulfiden mit tert.-Butylhypochlorid.** Lars Skattebøl, Bernice Boulette und Stanley Solomon. (J. org. Chemistry **32** (1967) 10, 3111–14; Union Carbide Res. Inst., Tarrytown, N.Y.; engl.) — Phenylpropargylsulfid (I) reagiert mit 1 Val tert.-Butylhypochlorit (II) bei –78° zu *1-Methoxy-1-phenylmercaptopropin-(2)* (III), das zum Strukturbeweis aus I durch Rk. mit SO_2Cl_2 u. anschließend mit $NaOCH_3$ dargestellt wird. Methyl- (IV) bzw. Äthylphenylsulfid (V) geben analog ausschließlich die entsprechenden *Sulfoxide*. p-Chlorphenyl- (VI), Benzyl- (VII) bzw. n-Butylpropargylsulfid (VIII), Phenylmercapto- (IX) bzw. Benzylmercaptoessigsäuremethylester (X) bilden nur *1-Methoxypropin-(2)-derivate*. Dibenzyl- (XI), Benzylmethyl- (XII) bzw. Benzylphenylsulfid (XIII) liefern *Sulfoxide* u. *Methoxyverbindungen*. In tert.-Butanol entsteht aus I u. II nur *Phenylpropargylsulfoxid*, während in A. nur *1-Äthoxy-1-phenylmercaptopropin-(2)* erhalten wird. In Bzl. bilden I u. II *1-Chlor-1-phenylmercaptopropin-(2)*, das von $NaOCH_3$ in III umgewandelt wird. Die Rk. von I mit II in CH_3OH wird von O_2, Cyclohexan bzw. Methacrylsäuremethylester nicht beeinflußt.

Versuche: *1-Phenylmercaptopropin-(2)* (I), aus Thiophenol u. Propargylbromid; 77% (Ausb.). — *1-[p-*

Chlorphenylmercapto]-propin-(2) (VI), Kp.$_{0,1}$ 58°, analog I; 76%. — *1-Benzylmercaptopropin-(2)* (VII), Kp.$_1$ 76°; 82%. — *1-n-Butylmercaptopropin-(2)* (VIII), Kp.$_{30}$ 78°; 78%. — *1-Methoxy-1-phenylmercaptopropin-(2)* (III), $C_{10}H_{10}OS$, Kp.$_{0,2}$ 76°, a) aus I u. 1 Val II in CH_3OH bei −78°; 78%; b) aus I u. SO_2Cl_2 in CCl_4 bei 60° u. Rk. mit methanol. CH_3ONa-Lsg. bei Raumtemp.; 50%. — *1-[4-Chlorphenylmercapto]-1-methoxypropin-(2)*, $C_{10}H_9ClOS$, Kp.$_{0,1}$ 71°, aus VI analog III nach a); 67%. — *1-Benzylmercapto-1-methoxypropin-(2)*, $C_{11}H_{12}OS$, Kp.$_{0,05}$ 67—68°, aus VII; 60%. — *1-n-Butylmercapto-1-methoxypropin-(2)*, $C_8H_{14}OS$, Kp.$_1$ 48°, aus VIII; 63%. — *α-Methoxy-α-phenylmercaptoessigsäuremethylester*, $C_{10}H_{12}O_3S$, Kp.$_{0,2}$ 80—86°, aus IX; 82%. — *α-Methoxy-α-benzylmercaptoessigsäuremethylester*, $C_{11}H_{14}O_3S$, Kp.$_{0,025}$ 140°, aus X; 80%. — *Dibenzylsulfoxid*, F. 135° (CH_3OH), aus XI; 64%; daneben 36% *α-Methoxybenzylbenzylsulfid*. — *Gemisch* von 88% *Benzylmethylsulfoxid* mit 12% *α-Methoxybenzylmethylsulfid*, aus XII. — *Benzylphenylsulfoxid* (XIV), F. 125° (A.), aus XIII; 73%; daneben 27% *α-Methoxybenzylphenylsulfid* (XV, Kp.$_{0,025}$ 113°). — *Äthylphenylsulfoxid*, Kp.$_{0,05}$ 68—70°, aus V; 92%. — *Methylphenylsulfoxid*, Kp.$_{0,025}$ 70°, F. 25—26°, aus IV; 90%. — *1-Äthoxy-1-phenylmercaptopropin-(2)*, $C_{11}H_{12}OS$, Kp.$_{0,05}$ 60—62°, a) aus I in A.; 72%; daneben *Propargylaldehyd* u. *Diphenyldisulfid* (F. 60°); b) aus I u. SO_2Cl_2 u. Rk. mit A.; 51%. — *1-Chlor-1-phenylmercaptopropin-(2)*, aus I, $NaHCO_3$ u. II in Bzl. bei 0°. — *1-Phenylsulfinylpropin-(2)*, a) aus I, $NaHCO_3$ u. II in tert.-Butanol/Pentan bei 0°; daneben *Diphenyldisulfid*; b) aus I u. 1 Val m-Chlorperbenzoesäure in CH_2Cl_2. — *Benzaldehyd-2.4-dinitrophenylhydrazon*, F. 239°, aus einem Gemisch von XIV u. XV mit 2.4-Dinitrophenylhydrazin. — *Propargylaldehyd-2.4-dinitrophenylhydrazon*, F. 121° (CCl_4), analog vorst. Verb. aus III. Hans Köhne/Berlin 1450△

1201 **Cyclopentanone. 1. Mitt. Synthese von 2-Alkyl-4-hydroxycyclopentanonen und Derivaten.** M. Vandewalle und F. Compernolle. (Bull. Soc. chim. belges **76** (1967) 1/2, 43—49; Labor. of Organ. Chem., State Univ., Gent, Belgium; engl.) — Red. von 2-Alkyl-4-hydroxy-3-methoxy-Δ^2-cyclopentenonen mit K in NH_3 führt zu *2-Alkyl-4-hydroxycyclopentanonen* u. *4-Alkylcyclopentadiolen-(1.3)*, die zu *5-Alkyl-Δ^2-cyclopentenonen* dehydratisierbar sind.

Versuche: Δ^2-Cyclopentenone: *2-Methyl-3-methoxy-4-hydroxy-* (I), F. 84—85° (Bzl./Isooctan), durch Hydrieren von 2-Methyl-3-methoxy-Δ^2-cyclopentendion-(1.4) an 5%ig. Pd-Kohle; 75% (Ausb.). — *2-Isopentyl-3-methoxy-4-hydroxy-* (II), Kp.$_{0,1}$ 125—140°, aus 2-Isopentyl-3-methoxy-Δ^2-cyclopentendion-(1.4) analog Vorst.; 84%. — *5-Methyl-*, C_6H_8O, Kp.$_{15}$ 50°, aus 2-Methyl-4-hydroxycyclopentanon mit 2n HCl; 47%. — *5-Isopentyl-*, $C_{10}H_{16}O$, Kp.$_{15}$ 105°, aus 2-Isopentyl-4-hydroxycyclopentanon analog Vorst.; 64%. — *2-Methyl-4-hydroxycyclopentanon*, $C_6H_{10}O_2$, Kp.$_{0,02}$ 66°, a) durch Zugabe von 1,42 g I in THF zu K in fl. NH_3; 0,25 g; daneben 0,1 g *nachst. Verb.*; b) durch Zugabe von K zu I in NH_3/THF; 36%. — *4-Methylcyclopentandiol-(1.3)*, $C_6H_{12}O_2$, Kp.$_{0,05}$ 80°, aus I in abs. THF u. K in NH_3 u. Zugabe von tert.-Butanol; 61%. — *2-Isopentyl-4-hydroxycyclopentanon-(1)*, $C_{10}H_{18}O_2$, Kp.$_{0,1}$ 90—95°, a) aus 2,55 g II analog Vorvorst.; 0,5 g; daneben 0,15 g *nachst. Verb.*; b) aus II analog Vorvorst. nach b); 42%. — *4-Isopentylcyclopentandiol-(1.3)*, $C_{10}H_{20}O_2$, Kp.$_{0,05}$ 106—112°, aus II analog vorvorst. Meth.; 58%.

K.-P. Hilgetag 1960△

1202 **Synthese von racemischen und (3R)-Methylcyclopentan-1.2-dicarbonsäuren (Nepetsäuren).** E. J. Eisenbraun, P. G. Hanel, K. S. Schorno sen., St. Francis Dilgen und Jeanne Osiecki. (J. org. Chemistry **32** (1967) 10, 3010—17; Dep. of Chem., Okla. State Univ., Stillwater, Okla.; engl.) — Genipin gibt bei der Hydrierung an PtO_2 in Eisessig *9-Desoxy-6.7-dihydrogenipin* (I) u. *1.9-Anhydro-6.7-dihydrogenipin* als Hauptprodukte. Das Rohgemisch der Hydrierungsprod. wird durch Rk. mit O_3 in CH_2Cl_2 bei −70° u. anschließende Einw. von 30%ig. H_2O_2 in 10%ig. NaOH in ein *Gemisch* von (−)-*cis.cis-3-Methylcyclopentan-1.2-dicarbonsäure* (II) u. *cis–trans-Nepetsäure* (III) umgewandelt. Aus II wird durch Umwandeln in ein *Gemisch* von (−)-*cis.cis-1-Carboxy-2-methoxycarbonyl-* u. (−)-*cis.cis-1-Methoxycarbonyl-2-carboxy-3-methylcyclopentan* über das *Anhydrid*, Epimerisierung u. anschließende Hydrolyse ein *1 : 5,3-Gemisch* von (+)-*trans.trans-* (IV) mit (−)-*trans–cis-3-Methylcyclopentan-1.2-dicarbonsäure* (V) erhalten. Durch Bromierung u. anschließende Favorski-Umlagerung entsteht aus 2-Oxocyclohexancarbonsäureäthylester (VI) ein *Gemisch* von *trans-* (VII), *cis-Cyclopentan-1.2-dicarbonsäure* (VIII) u. *Cyclopenten-1.2-dicarbonsäure* (IX) im Verhältnis 4 : 1 : 2. IX-Methylester wird katalyt. zu einem *Gemisch* von VII- u. VIII-*Methylester* hydriert. (+)-*3-Methylcyclohexanon* (X) wird aus (+)-Pulegon (XI) u. heißer konz. HCl dargestellt. X reagiert mit NaH u. Dimethylcarbonat (XII) in abs. Dioxan zu (+)-*4-Methyl-2-oxocyclohexancarbonsäuremethylester* (XIX), aus dem mit Br_2 in kaltem abs. Ae. (+)-*3-Brom-4-methyl-2-oxocyclohexancarbonsäuremethylester* (XIII) erhalten wird. XIII gibt beim Kochen mit NaOH in wss. A. unter N_2 ein *Gemisch* von IV, V, (−)-*cis–trans-3-Methylcyclopentan-1.2-dicarbonsäure* (XIV) u. II. IV, V, XIV u. II werden mit CH_3OH u. H_2SO_4 verestert u. in Form der *Dimethylester* getrennt. X gibt bei der Kondens. mit Oxalsäurediäthylester (XV) in Ggw. von Na *4-Methyl-2-oxocyclohexylglyoxylsäureäthylester* (XVI), das bei 170° zu (+)-*4-Methyl-2-oxocyclohexancarbonsäureäthylester* (XVII) decarbonyliert wird. Aus XVII wird durch Bromierung (+)-*3-Brom-4-methyl-2-oxocyclohexancarbonsäureäthylester* (XVIII) erhalten, das analog XIII in ein *Gemisch* von IV, V, XIV u. II umgewandelt wird.

Versuche: (+)-*3-Methylcyclohexanon* (X), Kp. 168°, Kp.$_{13}$ 58—60°, aus 1540 g Pennyroyalöl mit ca. 85% XI u. heißem konz. HCl; $[\alpha]_D^{24}$ +11,4°; 661 g (Ausb.). — (+)-*4-Methyl-2-oxocyclohexancarbonsäure. Methylester* (XIX), $C_9H_{14}O_3$, F. 41°, Kp.$_2$ 74°, aus X, NaH u. XII in abs. Dioxan; $[\alpha]_D^{23}$ +101,5° (c = 0,5; $CHCl_3$); 85%. *Äthylester* (XVII), Kp.$_{1-1,5}$ 75—80°, aus XVI bei 170° in Ggw. von Glaspulver u. Fe; $[\alpha]_D^{28}$ +86° (c = 1,3; $CHCl_3$); $[\alpha]_D$ 84,2° (A.). — (+)-*3-Brom-4-methyl-2-oxocyclohexancarbonsäure. Methylester* (XIII), aus XIX u. Br_2 in abs. Äther. *Äthylester* (XVIII), $C_{10}H_{15}BrO_3$, Kp.$_{0,4}$ 130°, analog XIII aus XVII; $[\alpha]_D^{24}$ +91° (c = 4,4; $CHCl_3$). — *Gemisch* von IV, V, XIV u. II, a) aus XIII u. NaOH u. sd. wss. A.; 66%; b) analog a) aus XVIII; 56%. — *Gemisch der Dimethylester* von IV, V, XIV u. II, Kp.$_{48}$ 63—67°, aus dem Gemisch der Säuren, CH_3OH u. konz. H_2SO_4 in sd. CH_2Cl_2; 87%. — (+)-*trans.trans-3-Methylcyclopentan-1.2-dicarbonsäure* (IV), $C_8H_{12}O_4$, F. 118—120° (Ae./PAe.), aus dem Dimethylester u. 5%ig. NaOH in sd. CH_3OH; $[\alpha]_D^{28}$ +43° (c = 2,1; $CHCl_3$); 83%. *Dimethylester*, $C_{10}H_{16}O_4$, Kp.$_1$ 69°, aus 65 g von IV- u. V-Dimethylester durch präparative Gaschromatographie; $[\alpha]_D^{23}$ +36° (c = 2,5; $CHCl_3$); 26 g; daneben 13 g V-*Dimethylester*. — (−)-*trans–cis-3-Methylcyclopentan-1.2-dicarbonsäure* (V), F. 113—115° (Ae./PAe.), aus 8 g Dimethylester analog IV; $[\alpha]_D^{25}$ −88° (c = 2,1; $CHCl_3$); 7,8 g. *Dimethylester*, Kp.$_{1,1}$ 72°; $[\alpha]_D^{23}$ −52° (c = 2,5; $CHCl_3$). — *Gemisch* von XIV- u. II-*Anhydrid*, Kp.$_{0,3}$ 83°, aus dem Gemisch von II, IV, V u. XIV u. sd. Acetanhydrid; 67%. — (−)-*cis–trans-3-Methylcyclopentan-1.2-dicarbonsäure* (XIV), F. 131—132° (Ae./PAe.), aus 160 g von vorst. Gemisch u. $Ba(OH)_2$ in W. u. Rk. mit konz. HCl; $[\alpha]_D^{23}$ −67° (c = 2; $CHCl_3$); 29 g; daneben 0,9 g II. *Dimethylester*, Kp.$_1$ 115°, aus XIV u. CH_2N_2 in Ae.; $[\alpha]_D^{23}$ −54° (c = 1,3; $CHCl_3$). — (−)-*cis.cis-3-Methylcyclopentan-1.2-dicarbonsäure* (II), F. 140—140,5° (Ae./PAe.), aus 10,6 g I u. O_3 in CH_2Cl_2 bei −70° u. Rk. mit 30%ig. H_2O_2 in 10%ig. NaOH; $[\alpha]_D$ −4,7° (c = 1,0; $CHCl_3$); $[\alpha]_D$ +37° (c = 0,54; CH_3OH); 0,5 g; daneben III. (+)-*Dimethylester*, Kp.$_{0,1}$ 115°, aus IV u. CH_2N_2; $[\alpha]_D^{23}$ +32° (c = 0,6; $CHCl_3$). — (+)-*4-Methyl-2-oxocyclohexancarbonsäureäthylester* (XVII), Kp.$_7$ 110—130°, aus X, XV u. Na; 74%. — *Pimelinsäure*, F. 97—100°, aus VI; 67%. — *trans-Cyclopentan-1.2-dicarbonsäure* (VII), F. 159—160° (Ae.), nach Brenner [vgl. ibid. **26** (1961) 22] aus VI (→ 66% *Gemisch* von VII, VIII u. IX); daneben nach Rk. mit CH_2N_2, präparativer Gaschromatographie u. Hydrolyse mit Alkali in wss. CH_3OH *Cyclopenten-1.2-dicarbonsäure* [IX, F. 171 bis 172° (Ae./Bzl.)] u. VIII. — *9-Desoxy-6.7-dihydro-*

genipin (I), F. 81–82° (PAe./Ae.), durch Hydrieren von 11,7 g Genipin in Eisessig an PtO_2 bei Raumtemp. u. Normaldruck; 6,8 g. Hans Köhne/Berlin 2020△

1203 **Perfluorphenylderivate der Elemente.** 10. Mitt. **Bildung von Polyhalogendiphenylderivaten aus Trifluorbromdehydrobenzol und verwandte Reaktionen.** S. C. Cohen, D. E. Fenton, D. Shaw und A. G. Massey. (J. organometallic Chem. [Amsterdam] 8 (1967) 1, 1–8; Dep. of Chem., Queen Mary Coll., London; engl.) — 9. vgl. ibid. **6** (1966) 352. — Die therm. Zers. von 2-Bromtetrafluorphenyl-Li (I) führt unter Abspaltung von LiF u. LiBr zu den Arinen *2-Brom-3.4.5-trifluordehydrobenzol* u. *Tetrafluordehydrobenzol*, die mit überschüssigem 1.2-Dibromtetrafluorbenzol (**II**) polyhalogenierte *Diphenyle* bilden. Die Zers. von Pentafluorphenyl-Li (**III**) in Ggw. von **II** liefert analoge Rk.-Prod., daneben tritt in geringem Umfang Li–Br-Austausch auf.

Versuche: *1-Brom-2.3.4.5-tetrafluorbenzol*, $C_6H \cdot BrF_4$, aus **II** u. Butyl-Li bei –78°. — *2.6.2'-Tribromheptafluorbiphenyl*, $C_{12}Br_3F_7$, F. 112–113°, aus Butyl-Li u. überschüssigem **II** bei –78°; ca. 10% (Ausb.); daneben ca. 10% *2.3.2'-Tribromheptafluorbiphenyl*, $C_{12}Br_3F_7$, F. 92–93°, u. wenig **IV**, **V**, **VI**, **VII** u. *2-H-Nonafluorbiphenyl* (F. 41–42°). — *2-Bromnonafluorbiphenyl* (**VII**), $C_{12}BrF_9$, F. 69–71°, aus **III** u. **II** bei –78°; daneben wenig **IV** u. *2.6-Dibromoctafluorbiphenyl*. — *2.2'-Dibromoctafluorbiphenyl* (**IV**), $C_{12}Br_2F_8$, F. 97,5–98,5°, aus **II**, n-Butyl-Li u. $TiCl_4$ bei –78°; 88%. — *4-Bromnonafluorbiphenyl* (**V**), $C_{12}BrF_9$, F. 97–99°, aus **III**, 1.4-Dibromtetrafluorbenzol u. $TiCl_4$; 20%. — *2-Brom-2'-H-octafluorbiphenyl* (**VI**), $C_{12}HBrF_8$, aus **IV** u. n-Butyl-Li; daneben *2.2'-Dihydrooctafluorbiphenyl*.

M. Weidenbruch 2210

1204 **Tropylierung von Polyhydroxybenzolen und Dehydrierung der Reaktionsprodukte.** Kazuko Takahashi. (Bull. chem. Soc. Japan **40** (1967) 6, 1462–73; Dep. of Chem., Fac. of Sci., Tohoku Univ., Katahiro-cho, Sendai; engl.) — Es wurden dargestellt: *3(1)-Tropylguajacol*, $C_{14}H_{14}O_2$, Kp.$_5$ 167,5°, a) aus Guajacol (**I**) mit Äthyltropyläther (**II**) in Ggw. von Tropyliumbromid (Meth. **A**); 42% (Ausb.); b) aus **I** mit Ditropyläther; 50%; gibt nach Hydrierung in Ggw. von Pd–Kohle ein Öl vom Kp.$_5$ 150°. — *4-[3(1)-Tropyl]-guajacolmethyläther* (4,6 : 1-Gemisch), $C_{15}H_{16}O_2$, F. 83–84° (Methanol), aus vorst. Gemisch mit Dimethylsulfat; daneben nachst. Gemisch; gibt mit $KMnO_4$ *3.4-Dimethoxybenzoesäure* (50%); gibt mit PCl_5, dann mit 60%ig. $HClO_4$, 20%ig. H_2PtCl_6 u. äthanol. Pikrinsäure (Meth. **B**) *3.4-Dimethoxyphenyltropyliumperchlorat* [F. 158°]. *-chloroplatinat* [$C_{30}H_{30}Cl_6O_4Pt$, F. 213° (Zers.)] u. *-pikrat* [$C_{21}H_{17}N_3O_9$, F. 148° (Methanol)] sowie das *-chlorid* [$C_{15}H_{15}ClO_2 \cdot 2\,H_2O$, F. 165–166°] in einer Gesamtausb. von 77,1%. — *3-[3(1.7)-Tropyl]-guajacolmethyläther* (15 : 2 : 1-Gemisch), Öl, aus vorvorst. Gemisch mit Dimethylsulfat; gibt mit $KMnO_4$ *2.3-Dimethoxybenzoesäure* (29%); gibt nach **B** *2.3-Dimethoxyphenyltropyliumperchlorat* [$C_{15}H_{15}ClO_6$, F. 162°], *-chloroplatinat* [$C_{30}H_{30}Cl_6O_4Pt$, F. 180° (Zers.)] u. *-pikrat* [$C_{21}H_{17}N_3O_9$, F. 117° (Methanol)] in einer Gesamtausb. von 60%. — *4-[3(1)-Tropyl]-brenzcatechin*, $C_{13}H_{12}O_2$, F. 94° (Bzl.), aus Brenzcatechin mit **II** (Meth. **C**); 12,3%; daneben nachst. Verbindung. — *3-[3(1.7)-Tropyl]-brenzcatechin* (15 : 2 : 1-Gemisch), $C_{13}H_{12}O_2$, F. 63–65° (PAe.), analog vorst. Verb.; 3,8%. — *4-[7-Tropyl]-brenzcatechindimethyläther*, $C_{15}H_{16}O_2$, F. 78–79° (Methanol), aus dem Rk.-Gemisch vorvorst. Verb. mit Dimethylsulfat; 29%; daneben *Öl* vom Kp.$_{11}$ 140–160° (5,63%) u. nachst. Verb.; gibt mit $KMnO_4$ *3.4-Dimethoxybenzoesäure* [F. 179°; 63%]. — *3.5-Bis-[1(3)-tropyl]-brenzcatechindimethyläther*, analog vorst. Verb.; 25,3%; gibt mit $KMnO_4$ *4.5-Dimethoxyisophthalsäure* [F. 245°; 65%]. — *4-[7-Tropyl]-resorcin*, $C_{13}H_{12}O_2$, F. 132–134° (Bzl.). *Hemihydrat*, $C_{13}H_{12}O_2 \cdot {}^1/_2\,H_2O$, F. 124–128° (Bzl.), aus Resorcin nach **C**. — *1.3-Dihydroxy-6-äthyl-4-[7-tropyl]-benzol*, $C_{15} \cdot H_{16}O_2$, F. 101–104° ($CHCl_3$), aus 4-Äthyl-1.3-dihydroxybenzol nach **C**; 71%. — *1.3-Dihydroxy-6-methylcarbonyl-4-[7-tropyl]-benzol*, $C_{15}H_{14}O_3$, F. 193–194° (A.), aus 1.3-Dihydroxy-4-methylcarbonylbenzol nach **C**; 70,3%. — *1.3-Dihydroxy-6-chlor-4-[7-tropyl]-benzol*, Kp.$_2$ 160–180°, aus 1.3-Dihydroxy-4-chlorbenzol nach **C**; 50,7%. — *1.4-Dimethoxy-2.5-bis-[7-tropyl]-benzol*, $C_{22}H_{22}O_2$, F. 166 bis 167° (Aceton), aus Hydrochinon nach **C**, dann Dimethylsulfat; daneben *1.4-Dimethoxy-2-[4(1)-tropyl]-benzol* [$C_{15}H_{16}O_2$], Kp.$_{.1}$ 130–150°; 22,6%; gibt nach **B** *2.5-Dimethoxyphenyltropyliumperchlorat* [$C_{15}H_{15}ClO_6$], *-chloroplatinat* [$C_{30}H_{30}Cl_6O_4Pt$, F. 167°] u. *-pikrat* [$C_{21}H_{17} \cdot N_3O_9$, F. 131–132° (A.)] in einer Gesamtausb. von 60%; gibt mit $KMnO_4$ 2.5-Dimethoxybenzoesäure (75%). — *1.4-Dihydroxy-2.5-ditropylbenzol*, $C_{20}H_{18}O_2$, F. 190–192° ($CHCl_3$), aus Hydrochinon mit Tropyliumperchlorat; 53,5%. — *1.3-Dimethoxy-2-hydroxy-5-[1(3)-tropyl]-benzol*, $C_{15}H_{16}O_3$, Kp.$_{.1}$ 180–190°, aus 2.6-Dimethoxyphenol nach **A**; 50%. — *4.6-Bis-[7-tropyl]-pyrogalloltrimethyläther*, $C_{23}H_{24}O_3$, F. 94° (Methanol), aus Pyrogallol nach **C**, dann Dimethylsulfat; 44%; gibt mit $KMnO_4$ *4.5.6-Trimethoxybenzoesäure* (84%); daneben *4-[4(1)-Tropyl]-pyrogalloltrimethyläther* [$C_{16}H_{18}O_3$, Kp.$_2$ 155–158°; 14,55%; gibt mit $KMnO_4$ 1.2.3-Trimethoxybenzoesäure (75%)]. — *4.6-Dicycloheptylpyrogalloltrimethyläther*, $C_{23}H_{36}O_3$, F. 115° (Methanol), aus 300 mg vorst. Verb. mit H_2 in Ggw. von PtO_2; 270 mg (Ausb.). — *2.4-Bis-[7-tropyl]-phloroglucin*, $C_{20}H_{18}O_3$, F. 155° (Bzl.), aus 5 g Phloroglucin nach **C**; 50 mg. *Triacetat*, $C_{26}H_{24}O_6$, F. 173–174°, analog nachst. Verbindung. — *2-[7-Tropyl]-phloroglucintriacetat*, $C_{19} \cdot H_{18}O_6$, F. 131° (Methanol), aus Phloroglucin nach **C**, dann Essigsäureanhydrid; 53%. — *2.4.6-Tri-[7-tropyl]-phloroglucintriacetat*, $C_{33}H_{30}O_6$, F. 197° (Methanol) u. F. 204° (Methanol) (verschiedene Modifikationen), analog vorst. Verbindung. — *1-Hydroxy-2-tropyl-4-äthylbenzol*, $C_{15}H_{16}O$, Kp.$_{0,8}$ 130–140°, aus p-Hydroxyäthylbenzol nach **A**; 73%. — *1-Hydroxy-2-tropyl-4-methylbenzol*, $C_{14}H_{14}O$, Kp.$_{0,4}$ 132–134°, aus p-Kresol nach **A**; 83%. — 4-Hydroxyphenyltropyliumsalze: *-bromid*, F. 215°, aus 1 g p-Tropylphenol mit Br_2; 182 mg. — *-perchlorat*, F. 197°, $C_{13}H_{11}ClO_5$, a) aus dem Bromid mit 60%ig. $HClO_4$; b) aus nachst. Bromid mit Essigsäure/HBr, dann $HClO_4$. — 4-Methoxyphenyltropyliumsalze: *-bromid* (**III**), $C_{14}H_{13}BrO \cdot 2\,H_2O$, F. 130–140° (Zers.; W.), aus 4-Tropylanisol (**IV**) mit Br_2; gibt mit 60%ig. $HClO_4$ das Perchlorat. — *-perchlorat* (**V**), F. 174° (Zers.), aus **IV** nach **B**; daneben die nachst. Salze; Gesamtausb. 83,5%. — *-chloroplatinat*, $C_{28}H_{26}Cl_6O_2Pt \cdot H_2O$, F. 203°. — *-pikrat*, $C_{20}H_{15}N_3O_8$, F. 162°. — *4-Cycloheptylanisol*, Öl, a) aus vorst. Bromid bzw. aus **IV** mit H_2 in Ggw. von PtO_2; gibt mit Essigsäure/HBr *p-Cycloheptylphenol*. — *2-[7-Tropyl]-anisol*, $C_{14}H_{14}O$, F. 84–91° (Methanol), aus 4,4 g 2-Tropylphenol mit Dimethylsulfat; 4,46 g; gibt mit $KMnO_4$ *2-Methoxybenzoesäure* (78%); gibt nach **B** *2-Methoxyphenyltropyliumperchlorat* [$C_{14}H_{13}ClO_5$, F. 186° (Zers.)], *-chloroplatinat* [$C_{28}H_{26}Cl_6O_2Pt$, F. 137–138°] u. *Pikrat* [$C_{20}H_{15}N_3O_8$] in einer Gesamtausb. von 71%. — *3.3'(2.2')-Bis-[p-methoxyphenyl]-ditropyläther*, a) aus **IV** mit PCl_5, dann $NaHCO_3$; b) aus **III** bzw. **V** mit $NaHCO_3$; gibt mit konz. HCl, dann $HClO_4$ **V**. — *3(4)-[p-Methoxyphenyl]-tropon* (**VI**), $C_{14}H_{14}O$, F. 60–65°, a) aus vorst. Verb. mit HCl; 80%; b) aus vorst. Verb. mit Pikrinsäure; daneben eine Verb. vom F. 162°; c) aus vorst. Verb. mit SeO_2. — *4-[p-Methoxyphenyl]-tropon* (**VII**), $C_{14}H_{12}O_2$, F. 85–86° (Cyclohexan), aus dem Pikrat durch Chromatographie über Al_2O_3; 92%. *Pikrat*, $C_{20}H_{15}N_3O_9$, F. 140° (A.), aus **VI** mit Pikrinsäure. *2.4-Dinitrophenylhydrazon*, $C_{20}H_{16}N_4O_5$, F. 204°. — *3-[p-Methoxyphenyl]-tropon* (**VIII**), $C_{14}H_{12}O_2$, F. 83° (Cyclohexan), analog vorst. Verb.; 80%. *Pikrat*, $C_{20}H_{15}N_3O_9$, F. 159° (A.), aus **VI** mit Pikrinsäure. *2.4-Dinitrophenylhydrazon*, $C_{20}H_{16} \cdot N_4O_5$, F. 166°. — *5-[p-Methoxyphenyl]-2-aminotropon*, $C_{14}H_{13}NO_2$, F. 201–202° (Bzl.), aus **VII** mit Hydrazinhydrat; daneben *4-[p-Methoxyphenyl]-2-aminotropon* [**IX**, $C_{14}H_{13}NO_2$, F. 180–181° (Bzl.)] in einer Gesamtausb. von 99,5%. — *6-[p-Methoxyphenyl]-2-aminotropon* (**X**), $C_{14}H_{13}NO_2$, F. 206°, aus **VIII** mit Hydrazinhydrat; 97,3%. — *5-[p-Methoxyphenyl]-tropolon*, $C_{14}H_{12}O_3$, F. 161° (A.), aus vorvorst. Verb. mit KOH; 95,8%. — *4-[p-Methoxyphenyl]-tropolon*, $C_{14}H_{12}O_3$, F. 140–141° (A.), aus **IX** bzw. **X** mit KOH; 97 bzw. 88%.

P. Becker 2250△

1205 **Verbindungen mit Atropin-ähnlicher Struktur.** 1. Mitt. **Synthese und Eigenschaften disubstituierter Glykolsäureaminoester.** N. N. Jarovenko, I. L. Michaleva und G. Ju. Chljupina. (Chim. get erocikličeskich

Soedinenij **1967**, 1, 110–11; russ.) — Es werden *α.α-disubstituierte Glykolsäureester* dargestellt.

Versuche: *α-Phenyl-α-[thiazolyl-(2)]-glykolsäure, Äthylester*, $C_{13}H_{13}NO_3S$, F. 95° (Bzl.–PAe.), durch Zugabe von Benzoylameisensäureäthylester zu Thiazolyl-(2)-MgBr in abs. Ae. bei −70° u. 2std. Erhitzen auf dem W.-Bad; 44,3% (Ausb.). *1-Methylpiperidyl-(4)-ester*, $C_{17}H_{20}N_2O_3S$, F. 135,2° (Bzl.–PAe.), durch 4std. Erhitzen vorst. Äthylesters mit 1-Methylpiperidol-(4) u. Na auf 120°/20 mm im N_2-Strom; 85,3% (*Bis-methojodid*, $C_{19}H_{26}J_2N_2O_3S$, F. 165°, durch 10 Tage langes Stehen des Esters mit CH_3J in Aceton im Dunkeln; 70,3%). — Analog: *α-Phenyl-α-[p-chlorphenyl]-glykolsäure, 1-Methylpiperidyl-(4)-ester*, $C_{20}H_{22}ClNO_3$, F. 144° (Bzl.–PAe.); 18%. — *Benzilsäure, β-Diäthylaminoisopropylester*, $C_{21}H_{27}NO_3$, $Kp._{40}$ 295°; 12%. *α-Phenyl-β-diäthylaminoäthylester*, $C_{26}H_{29}NO_3$, $Kp._{0,1}$ 190°; 15%. Helmut Schäfer 2450△

1206 **Azomethinbasen.** 7. Mitt. **Azomethine aus 3.3'-disubstituierten Benzidinen.** B. M. Krasovickij, V. B. Smeljakova und Ju. M. Vineckaja. (Ukrainskij chim. Ž. **33** (1967) 3, 295–99; VNII monokristallov, scintilljac. mat. i osobo čistych veščestv; russ.) — Eine Reihe von *Azomethinen* werden aus 3.3'-substituierten Benzidinen dargestellt, u. ihre UV-Spektren (s. Orig.) werden aufgenommen. Die UV-Absorption von *N.N'-Bis-[o-hydroxybenzal]-3.3'-dibrombenzidin* u. *N.N'-Bis-[o-hydroxybenzal]-3.3'.5.5'-tetrabrombenzidin* zeigt ster. Hinderung, verbunden mit einem hypsochromen Effekt.

Versuche: Benzidine: Durch Kondens. von Benzidin mit den Aldehyden in A. oder CH_3OH: *N.N'-Dibenzal-*, $C_{26}H_{20}N_2$, F. 235–236° (Chlorbenzol); 36% (Ausb.). — *N.N'-Bis-[o-hydroxybenzal]-*, $C_{26}H_{20}N_2O_2$, F. 263–264° (DMF/Chlorbenzol); 30%. — *N.N'-Bis-[α-naphthylmethylen]-*, $C_{34}H_{24}N_2$, F. 200,5–201,5° (Toluol); 72%. — *N.N'-Bis-[2-hydroxynaphthyl-(1)-methylen]-* $C_{34}H_{24}N_2O_2$, F. 320–321° (DMF); 70%. — 3.3'-Dimethylbenzidine: *N.N'-Dibenzal-*, $C_{28}H_{24}N_2$, F. 153 bis 154° (Bzl./Chlorbenzol); 10%. — *N.N'-Bis-[o-hydroxybenzal]-*, $C_{28}H_{24}N_2O_2$, F. 204–205° (Toluol/m-Xylol); 67%. — *N.N'-Bis-[α-naphthylmethylen]-*, $C_{36}H_{28}N_2$, F. 156,5–157,5° (Bzl./CH_3OH); 28%. — *N.N'-Bis-[2-hydroxynaphthyl-(1)-methylen]-*, $C_{36}H_{28}N_2O_2$, F. 286–287° (Chlorbenzol/DMF); 48%. — 3.3'-Dimethoxybenzidine: *N.N'-Dibenzal-*, $C_{28}H_{24}N_2O_2$, F. 153–154° (Bzl.); 32%. — *N.N'-Bis-[o-hydroxybenzal]-*, $C_{28}H_{24}N_2O_4$, F. 172,5 bis 173,5° (Toluol/m-Xylol); 64%. — *N.N'-Bis-[α-naphthylmethylen]-*, $C_{36}H_{28}N_2O_2$, F. 210,5–211,5° (Bzl./Toluol); 51%. — *N.N'-Bis-[2-hydroxynaphthyl-(1)-methylen]-*, $C_{36}H_{28}N_2O_4$, F. 317–318° (Py./DMF); 28%. — 3.3'-Dichlorbenzidine: *N.N'-Dibenzal-*, $C_{26}H_{18}Cl_2N_2$, F. 156 bis 157° (A.); 20%. — *N.N'-Bis-[o-hydroxybenzal]-*, $C_{26}H_{18}Cl_2N_2O_2$, F. 274–275° (DMF/Nitrobenzol); 40%. — *N.N'-Bis-[α-naphthylmethylen]-*, $C_{34}H_{22}Cl_2N_2$, F. 184,5 bis 185,5° (Bzl./CH_3OH); 18%. — *N.N'-Bis-[2-hydroxynaphthyl-(1)-methylen]-*, $C_{34}H_{22}Cl_2N_2O_2$, F. 322–323° (Chlorbenzol/Nitrobenzol); 53%. — *N.N'-Bis-[o-hydroxybenzal]-3.3'-dibrombenzidin*, $C_{26}H_{18}Br_2N_2O_2$, F. 267–268° (Toluol); 56%. — *N.N'-Bis-[o-hydroxybenzal]-3.3'.5.5'-tetrabrombenzidin*, $C_{26}H_{16}Br_4N_2O_2$, F. 234–235° (Toluol), durch Erhitzen von Salicylaldehyd mit 3.3'.5.5'-Tetrabrombenzidin auf 170–180°; 41%. L. Berseck 2510△

1207 **Stereospezifische Einführung einer einer Funktion benachbarten angularen Methylgruppe. Synthese von L-Valeranon.** Ernest Wenkert und David A. Berges. (J. Amer. chem. Soc. **89** (1967) 10, 2507–09; Dep. of Chem., Ind. Univ., Bloomington, Ind.; engl.) — Durch Kondens. von D-Carvomenthon mit *Methoxymethylvinylketon* in situ [aus 1.4-Dimethoxybutanon-(2)] in Ggw. von äthanol. KOH in Ae. wird *5ξ-Hydroxy-7β-isopropyl-10α-methyl-4ξ-methoxydekalinon-(3)* [I; 36% (Ausb.)] erhalten, das mit Li in fl. NH_3 in *5ξ-Hydroxy-7β-isopropyl-10α-methyldekalinon-(3)* (79%) übergeführt wird. Säurekatalysierte Dehydratisierung gibt *7β-Isopropyl-10α-methyl-Δ^4-oktalinon-(3)* (F. 28–28,5°; 91%). Rk. von I mit äthanol. KOH führt zu *7β-Isopropyl-4-methoxy-10α-methyl-Δ^4-oktalinon-(3)* ($[\alpha]_D^{21}$ −163° (c = 1; $CHCl_3$); 78%), das mit $LiAlH_4$ zu *7β-Isopropyl-4-methoxy-10α-methyl-Δ^4-oktalinol-(3α)* ($[\alpha]_D^{24}$ +25,7° (c = 1,2; $CHCl_3$); 94%) red. wird. Dessen Simmons-Smith-Rk. gibt *7β-Isopropyl-4β-methoxy-10α-methyl-4α.5α-methanodekalinol-(3α)* ($[\alpha]_D^{21}$ −38,9° (c = 0,8; $CHCl_3$); 91%) u. durch Jones-Ox. *7β-Isopropyl-4β-methoxy-10α-methyl-4α.5α-methanodekalinon-(3)* [F. 40,5–42°; $[\alpha]_D^{20}$ −39,8° (c = 0,8; $CHCl_3$); 54%]. Durch Wolff-Kishner-Red. wird *7β-Isopropyl-4β-methoxy-10α-methyl-4α.5α-methanodekalin* ($[\alpha]_D^{21}$ −55,6° (c = 0,8; $CHCl_3$); 80%) erhalten, das in wss.-methanol. HCl *L-Valeranon* [*7β*-Isopropyl-5α.10α-dimethyldekalinon-(4); 100%] liefert. W. Senf 2700△

1208 **Synthesen in der Reihe der Chloranthracencarbonsäuren.** G. S. Tret'jakova, N. A. Kapran und V. M. Čerkasov. (Ukrainskij chim. Ž. **33** (1967) 3, 301–02; Inst. org. chimii AN SSSR; russ.) — *1-Chlor-* (I), *2-Chlor-* u. *4.5-Dichlor-9-bromanthracen* werden in 60–65%ig. Ausb. durch Bromierung der entsprechenden Chloranthracene mit PBr_5 dargestellt. Durch Umsetzung mit Phenyllithium/CO_2 werden sie in *Anthracen-9-carbonsäuren* übergeführt. *1.4-Dichloranthracen-9-carbonsäure* wird aus 1.4-Dichloranthracen (II) u. Oxalylchlorid erhalten.

Versuche: 9-Bromanthracene: *1-Chlor-* (I), F. 144–145°, durch 20 Min. langes Rühren von 1-Chloranthracen mit PBr_5 in Bzl.; 57% (Ausb.). — *2-Chlor-* $C_{14}H_8BrCl$, F. 129–131° (Eisessig), analog durch Stehen über Nacht u. Abdest. des Bzl.; 65%. — *4.5-Dichlor-*, $C_{14}H_7BrCl_2$, F. 200–202° (Bzl.), analog; 66%. — Anthracen-9-carbonsäuren: *1-Chlor-*, F. 254–255°, durch Eintragen von I in eine äther. Phenyl-Li-Lsg., 20 Min. langes Rühren, Zugabe von fester CO_2, Versetzen mit W. u. Ansäuern der wss. Phase mit verd. HCl; 80%. — *2-Chlor-*, F. 226–227° (Bzl.), analog; 81%. — *4.5-Dichlor-*, Zers. ca. 300° (Aceton), analog, jedoch ½std. Erwärmen der äther. Lsg. auf 30–40° vor der CO_2-Zugabe; 76%. — *1.4-Dichlor-*, $C_{15}H_8Cl_2O_2$, F. 229 bis 230° (Eisessig), durch Zugabe von $AlCl_3$ u. Oxalylchlorid zu II in CS_2 unter Eiskühlung, 4std. Stehen bei 0° u. 2tägiges Stehen; 27%. L. Berseck 2800△

1209 **Tetracycline.** 6. Mitt. **Oxazolone und deren Schwefelanaloga.** Hans Muxfeldt, Jochen Behling, Günter Grethe und Werner Rogalski. (J. Amer. chem. Soc. **89** (1967) 19, 4991–96; Chem. Res. Building, Univ. of Wis., Madison, Wis.; engl.) — Rk. von 4-Alkyliden-Δ^2-oxazolinonen-(5) u. einiger S-Analoga mit 3-Oxoglutarsäuredimethylester (I) führt in Ggw. von Basen zu Deriv. des *6-Aminocyclohexandions-(1.3)*.

Versuche: Cyclohexandione-(1.3): *2.4-Bis-[methoxycarbonyl]-5-phenyl-6-benzamido-* (II), $C_{23}H_{21}NO_7$, F. 121–217°, a) aus 2-Phenyl-4-benzyliden-Δ^2-oxazolinon-(5) u. I in Ggw. von K-tert.-Butylat in THF (Meth. A); 94% (Ausb.); b) aus III u. K-tert.-Butylat; 45%. — *5-Phenyl-6-benzamido-*, $C_{19}H_{17}NO_3$, F. 133–135°, aus II u. $Ba(OH)_2$; 89%. — *5-Phenyl-6-amino-, Hydrochlorid*, $C_{12}H_{14}ClNO_2$, F. 220° (Zers.; Methanol/Ae.), aus 2.4-Bis-[methoxycarbonyl]-5-phenyl-6-acetamidocyclohexandion-(1.3) u. konz. HCl; 39%. — *2.4-Bis-[methoxycarbonyl]-5-phenyl-6-amino-*, $C_{16}H_{17}NO_6$, F. 328–330° (Zers.; Methanol), aus II u. Triäthyloxoniumfluoroborat in CH_2Cl_2 unter N_2; 61%; daneben durch Rk. der Mutterlauge mit 2n HCl 5,6% des *Hydrochlorids* [$C_{16}H_{18}ClNO_6$, F. ≈ 203° (Zers.; Methanol/Ae.)]. — *2.4-Bis-[methoxycarbonyl]-5-phenyl-6-acetamido-*, $C_{18}H_{19}NO_7$, F. 124–169°, aus I u. 2-Methyl-4-benzylidenoxazolon-(5) analog **A**; 61%. — *2.4-Bis-[methoxycarbonyl]-5-phenyl-6-[thiobenzamido]-*, $C_{23}H_{21}NO_6S$, F. 153–161° (Aceton/Ae.), aus 2-Phenyl-4-benzyliden-Δ^2-thiazolinon-(5) u. I analog **A**; 52%. — *2-Phenyl-Δ^2-thiazolinon-(5)*, C_9H_7NOS, F. 79–81°, aus 5 g Thiobenzoylglycin (IV) u. PBr_3 in Dioxan; 4,2 g. — *2-Phenyl-4-benzyliden-Δ^2-thiazolinon-(5)*, $C_{16}H_{11}NOS$, F. 130–132°, a) aus 4,2 g vorst. Verb., Triäthylamin, Benzaldehyd u. Bzl.; 5,57 g; b) aus **IV**, Dicyclohexylcarbodiimid u. Benzaldehyd. — 4-Oxo-5-methoxy-8-chlor-1.2.3.4-tetrahydronaphthaline: *2-[2'-Phenyl-5'-oxothiazolyl-(4')-äthyliden]-, Äthylenketal*, $C_{24}H_{22}ClNO_4S$, F. 150–151° (Ae.), aus vorvorst. Verb. u. 2-Formylmethyl-4-oxo-5-methoxy-8-chlor-1.2.3.4-tetrahydronaphthalin-4-äthylenketal (V) in Bzl. in Ggw. von Triäthylamin; 65%. — *2-[2'-Thiobenzoylamino-3'-hydroxy-4'-methoxycarbonyl-5'-oxo-6'-methoxycarbonylcyclohexen-(3')-methyl]-, 4-Äthylenketal*, $C_{31}H_{32}ClNO_9S$, F. 174 bis 182°, aus vorst. Verb. analog **A**; 27%. — *2-[2'-Thio-*

benzoylamino-3'-hydroxy-4'-methoxycarbonyl-5'-oxo-6'-methoxycarbonylcyclohexen-(3')-ylmethyl]- (VI), $C_{29}H_{28}ClN \cdot O_8S$, F. 174—193° (Dioxan/Aceton), aus vorst. Verb. u. 1n HCl; 38%. — *2-[2'-(N-Acetamido)-3'-hydroxy-4'-methoxycarbonyl-5'-oxo-6'-methoxycarbonylcyclohexen-(3')-ylmethyl]-, 4-Äthylenketal, K-Salz, Dimethanolsolvat*, $C_{26}H_{29} \cdot ClKNO_{10} \cdot 2\ CH_3OH$, F. 250—254° (Zers.; Methanol/Ae.), aus V, N-Acetylglycin, Dicyclohexylcarbodiimid, THF u. Triäthylamine u. Rk. mit I; 19,4%. — *2-[2'-Acetamido]-3'-hydroxy-4'-methoxycarbonyl-5'-oxo-6'-methoxycarbonylcyclohexen-(3')-ylmethyl]-*, $C_{24}H_{26}ClNO_9$, F. 195 bis 211° (Aceton/Ae.), aus vorst. Verb. u. verd. HCl in W./Aceton; 90%. — *1-[Thiobenzoylamino]-2.5-dihydroxy-3-methoxycarbonyl-4.6-dioxo-7-methoxy-10-chlor-1.4.5a.6.11.11a.12.12a-octahydronaphthacen*, $C_{28}H_{24}ClNO_7S$, F. 178 bis 190° (Zers.; Aceton/Ae.), aus VI u. NaH; 6,7%. — *1-[Acetylamino]-2.5-dihydroxy-3-methoxycarbonyl-4.6.-dioxo-7-methoxy-10-chlor-1.4.5a.6.11.11a.12.12a-octahydronaphthacen*, $C_{23}H_{22}ClNO_8$, F. 247—252° (Zers.; Aceton/Ae.), aus vorvorst. Verb., NaH, Toluol u. DMF bei 100°; 7,5%. — *2-Phenyl-4-[2.4-methoxycarbonyl-1-phenyl-3-oxobutyl]-Δ^2-oxazolinon-(5)* (III), $C_{23}H_{21}NO_7$, F. 135—137° (Ae.), aus I, 2-Phenyl-4-benzyliden-Δ^2-oxazolinon-(5) u. Triäthylamin bei Raumtemp.; 19%. — *Thiobenzoylglycin*, F. 150—154° (W.), aus Äthylmercaptobenzoylglycin, Py. u. P_2S_5 bei Siedetemperatur. K.-P. Hilgetag 2910△

1210 **Synthesen von Metaboliten des 7.12-Dimethylbenz-[a]-anthracens. 4-Hydroxy-7.12-dimethylbenz-[a]-anthracen, 7-Hydroxymethyl-12-methylbenz-[a]-anthracen, ihre Methyläther und Acetoxyderivate.** James W. Flesher, Soekeni Soedigdo und Donald R. Kelley. (J. med. Chem. **10** (1967) 5, 932—36; Univ. of Ky., Lexington, Ky.; engl.) — Behandeln des durch Ox. von 4-Methoxybenz-[a]-anthracen (I) erhältlichen *4-Methoxybenz-[a]-anthrachinon* mit CH_3MgJ u. Zugabe des Grignard-*Komplexes* zu HJ in Methanol liefert *4-Methoxy-7-jodmethyl-12-methylbenz-[a]-anthracen*. Red. letzterer Verb. zu *4-Methoxy-7.12-dimethylbenz-[a]-anthracen* u. Ätherspaltung gibt *4-Hydroxy-7.12-dimethylbenz-[a]-anthracen* (II). Ausgehend von 7-Jodmethyl-12-methylbenz-[a]-anthracen (III) werden *7-Hydroxymethyl-* (IV) bzw. *7-Methoxymethyl-12-methylbenz-[a]-anthracen* dargestellt. II, IV u. 7.12-Dihydroxymethylbenz-[a]-anthracen werden in Rattenleber-Homogenisaten als Metaboliten des 7.12-Dimethylbenz-[a]-anthracens nachgewiesen. Vorläufige Daten über karzinogene Aktivität sind tabelliert.

Versuche: *4-Methoxybenz-[a]-anthrachinon*, $C_{19} \cdot H_{12}O_3$, F. 220—221° (Bzl.), durch Behandeln von I in Essigsäure mit $K_2Cr_2O_7$; 79% (Ausb.). — Benz-[a]-anthracene: *4-Methoxy-7-jodmethyl-12-methyl-*, F. 105° (Zers.), durch 1std. Zugabe von CH_3MgJ in Ae. zu vorst. Verb. in Bzl. u. langsames Gießen in Methanol/57%ig. HJ bei —5 bis 0°; 74%. — *4-Methoxy-7.12-dimethyl-*, $C_{21}H_{18}O$, F. 121°, durch Zugabe vorst. Verb. in Dioxan/konz. HCl zu $SnCl_2$ in Dioxan/konz. HCl; 96%. — *4-Hydroxy-7.12-dimethyl-* (II), $C_{20}H_{16}O$, F. 164—165° (Bzl.), durch Zugabe von 48%ig. HBr zu vorst. Verb. in Essigsäure unter N_2; 70%. — *4-Acetoxy-7.12-dimethyl-*, F. 180 bis 181°, durch 3/4std. Kochen von 50 mg II, Py., Acetanhydrid u. Na-Acetat; aus A./Bzl. cremefarbene Platten; 30 mg. — *7-Hydroxymethyl-12-methyl-* (IV), $C_{20}H_{16}O$, F. 162°, durch Zugabe von Ag_2CO_3 u. Na_2CO_3 in W. zu III in Dioxan u. 1std. Kochen; aus Bzl. hellgelbe Nadeln; 96%. — *7-Methoxymethyl-12-methyl-*, F. 120—121° (Methanol), a) durch Zugabe von konz. H_2SO_4 in Methanol zu IV in Methanol u. 2½std. Kochen; 57%; b) durch Zugabe von III zu Na in abs. Methanol u. 1std. Kochen; gelb; 85%. — *7-Acetoxymethyl-12-methyl-*, F. 145—146°, a) durch 1std. Kochen von IV, Py., Na-Acetat u. Acetanhydrid; 84%; b) durch ½std. Kochen von IV, Ag_2CO_3 u. Acetanhydrid; aus Bzl./Methanol gelbe Nadeln; 80%. H. Miele 2910△

1211 **Aufbau von Ringsystemen mit geminaler Dimethylcyclopropan-Einheit unter Verwendung von Diphenylsulfoniumisopropylid.** E. J. Corey und Manfred Jautelat. (J. Amer. chem. Soc. **89** (1967) 15, 3912—14; Harvard Univ., Cambridge, Mass.; engl.) — Verb. mit geminaler Dimethylcyclopropanstruktur werden durch Rk. von *Diphenylsulfoniumisopropylid* (I) mit konjugierten Carbonylverb. dargestellt. (±)-*trans-Chrysanthemsäuremethylester* wird durch Umsetzung von 5-Methylhexadien-(2.4)-säuremethylester (II) mit 1 Val I erhalten.

Versuche (unter N_2): *7.7-Dimethylbicyclo-[4.1.0]-heptanon-(2)*, aus Cyclohexen-(2)-on u. I in 1½ Std. bei —60°; Fl.; 74% (Ausb.). — *1.7.7-Trimethylbicyclo-[4.1.0]-heptanon-(2)*, aus 2-Methylcyclohexen-(2)-on u. I in 3 Std. bei —70 bis —30°; Fl.; 86%. — *2.2-Dimethylcyclopropancarbonsäure-(1)-methylester*, aus Acrylsäuremethylester u. I in 1½ Std. bei —70 bis —50°; Fl.; 71%. — *trans-3.3-Dimethylcyclopropandicarbonsäure-(1.2)-dimethylester* (trans-III), aus Fumarsäuredimethylester u. I in 1½ Std. bei —70°; Fl.; 82%. *cis*-III, aus Maleinsäuredimethylester; Fl; 75%. — *3.3-Dimethylcyclopropandicarbonsäure-(1.2)-[N-phenylimid]*, F. 142—144°, aus N-Phenylmaleinimid u. I in 2 Std. bei —70 bis —50°; 84%. — *2.2.4.4-Tetramethylbicyclo-[1.1.0]-butandicarbonsäure-(1.3)-dimethylester*, aus Acetylendicarbonsäuredimethylester in 2 Std. bei —70 bis —50°; Fl.; 16%. — (±)-*trans-Chrysanthemsäuremethylester*, $Kp._{12}$ 90—92°, durch Zugabe einer kalten Lsg. von *Li-Diisopropylamid* [IV, durch Zugabe von 1,6m n-C_4H_9Li in Hexan zu Diisopropylamin in Dimethoxyäthan (DMA) bei —70°] zu *Diphenyläthylsulfoniumfluoroborat* [aus Diphenylsulfid u. Triäthyloxoniumfluoroborat] u. CH_2Cl_2 in abs. DMA unter N_2 bei —70° u. Zugabe von II; 72,5%. *Freie Säure*, F. 46—47°. H. Miele 2950△

1212 **Struktur und Reaktionsfähigkeit von Kleinring-Verbindungen. 1. Mitt. Solvolyse von Spiro-[2.4]-heptyl-(4)- und Spiro-[2.5]-octyl-(4)-3.5-dinitrobenzoaten.** Takashi Tsuji, Ichiro Moritani und Shinya Nishida. (Bull. chem. Soc. Japan **40** (1967) 10, 2338—43; Dep. of Chem., Fac. of Engin. Sci., Osaka Univ., Madeikaneyama, Toyonaka, Osaka; engl.) — Solvolyse von *Spiro-[2.4]-heptyl-(4)-* (I), *Spiro-[2.5]-octyl-(4)-* (IV), *2-Methylencyclopentyl-* (II), *2-Methylencyclohexyl-*, *2.2-Dimethylcyclopentyl-* (III) u. *2.2-Dimethylcyclohexyl-3.5-dinitrobenzoaten* in 60%ig. wss. Dioxan wird untersucht. Dabei ist das Solvolyseverhältnis von I 850mal größer als bei II u. $3 \cdot 10^5$mal größer als bei III, analog ist das Verhältnis in der Cyclohexylreihe. In gepufferter Lsg. liefert I ein Gemisch aus *Spiro-[2.4]-heptanol-(4)*, (VI), *Bicyclo-[3.2.0]-heptanol-(1)* u. *3-Methylencyclohexanol* sowie dem *3.5-Dinitrobenzoylderiv.* von *Bicyclo-[3.2.0]-heptanol-(1)*. Unter analogen Bedingungen gibt IV ein Gemisch aus *Spiro-[2.5]-octanol-(4)* (VII), *Bicyclo-[4.2.0]-octanol-(1)* (V) u. dem *3.5-Dinitrobenzoylderiv.* von V.

Versuche: *2-Methylencyclopentanol*, $Kp._3$ 74 bis 77°, aus 2-[Dimethylaminomethyl]-cyclopentanol {durch Red. von 2-[Dimethylaminomethyl]-cyclopentanon mit $LiAlH_4$} u. H_2O_2 mit Pt-Schwarz; 57,3%. *Phenylurethan*, F. 81,5—83°. *3.5-Dinitrobenzoylderiv.* (II), F. 62,5—63,5°. — *2-Methylencyclohexanol*, $Kp._{16}$ 73—76°, aus 2-[Dimethylaminomethyl]-cyclohexanol analog vorst. Verb.; 69%. *Phenylurethan*, F. 71—72°. *3.5-Dinitrobenzoylderiv.*, F. 85—86°. — *Spiro-[2.4]-heptanol-(4)* (VI), $Kp._{15}$ 65 bis 67°, aus Methylenjodid, Zn–Cu-Leg. u. vorvorst. Verb.; 71%. *3.5-Dinitrobenzoylderiv.* (I), F. 87—88°. — *Spiro-[2.5]-octanol-(4)* (VII), $Kp._{20}$ 87—88°, aus vorvorst. Verb. analog vorst.; 64%. *3.5-Dinitrobenzoylderiv.* (IV), F. 113 bis 114°. — *2.2-Dimethyladipinsäure*, $C_8H_{14}O_4$, F. 88 bis 89° (W.), aus Ammoniumvanadat, 50%ig. HNO_3 u. 2.2-Dimethylcyclohexanol; 40%. — *2.2-Dimethylcyclopentanol*, Kp. 153—154°, durch Red. von 2.2-Dimethylcyclopentanon [aus vorst. Verb.] mit $LiAlH_4$. *3.5-Dinitrobenzoylderiv.* (III), F. 82,5—83,5°. — *2.2-Dimethylcyclohexanol*, aus 2.2-Dimethylcyclohexanon nach Bailey (1954). *3.5-Dinitrobenzoylderiv.*, F. 111—112°. — *Bicyclo-[3.2.0]-heptanol-(1)*, durch 3std. Erwärmen eines Gemisches aus I, $NaHCO_3$ u. 60%ig. wss. Dioxan auf 90°, Kühlen, Zugabe von W. u. Extrahieren mit Ae.; 28%; daneben 10% *Methylencyclohexanol-(3)*; 12% *Bicyclo-[3.2.0]-heptanol-(1)*, *3.5-Dinitrobenzoylderiv.* [F. 136—137° (Ae./PAe.)] u. 46% VI. — *Bicyclo-[4.2.0]-octanol-(1)* (V), aus IV analog vorst.; 21%; daneben 71% VII u. 6% V. *3.5-Dinitrobenzoylderivat.* K.-P. Hilgetag 2950△

1213 **Struktur und Reaktionsfähigkeit von Kleinring-Verbindungen.** 3. Mitt. **Solvolyse von 4-Methylspiro-**

[2.4]-heptyl-(4)- und 4-Methylspiro-[2.5]-octyl-(4)-p-chlorbenzoaten. Takashi Tsuji, Moritani, Shinya Nishida und Goro Tadokoro. (Bull. chem. Soc. Japan **40** (1967) 10, 2344–49; engl.) — 1. vgl. vorst. Referat. — Solvolyse von *4-Methylspiro-[2.4]-heptyl-(4)-* (**I**), *4-Methylspiro-[2.5]-octyl-(4)-* (**IV**), *1.2.2-Trimethylcyclopentyl-* (**III**), *1.2.2-Trimethylcyclohexyl-*, *Spiro-[2.4]-heptyl-(4)-* (**II**) u. *Spiro-[2.5]-octyl-(4)-p-chlorbenzoate.* in wss. Dioxan wird untersucht. Dabei ist das Solvolyseverhältnis von **I** 2600mal größer als das von **II** u. 1800mal größer als das von **III**. Analog erscheint das Verhältnis in der Cyclohexyl-Reihe. Solvolyse von **I** gibt ein Gemisch aus *4-Methylspiro-[2.4]-heptanol-(4)*, *4-Methylspiro-[2.4]-hepten-(4)* u. *4-Methylenspiro-[2.4]-heptan*, während analog aus **IV** ein Gemisch aus *4-Methylspiro-[2.5]-octanol-(4)* u. *4-Methylspiro-[2.5]-octen-(4)* erhalten wird.

Versuche: *Spiro-[2.4]-heptanon-(4)*, $Kp._{63}$ 87 bis 89°, aus $Na_2Cr_2O_7 \cdot 2\,H_2O$ in W./konz. H_2SO_4/Essigsäure u. Spiro-[2.4]-heptanol-(4) in Bzl.; 71 % (Ausb.). *2.4-Dinitrophenylhydrazon*, $C_{13}H_{14}N_4O_4$, F. 155–156°. — *4-Methylspiro-[2.4]-heptanol-(4)*, $Kp._2$ 35–36°, durch Rk. vorst. Verb. mit CH_3MgJ; 76 %. *p-Chlorbenzoylderiv.* (**I**), F. 26,5–27,5°. — *Spiro-[2.5]-octanon-(4)*, $Kp._{24}$ 83–84°, durch Ox. von Spiro-[2.5]-octanol-(4) analog vorvorst.; 75 %. *2.4-Dinitrophenylhydrazon*, $C_{14}H_{16}N_4O_4$, F. 154 bis 155°. — *4-Methylspiro-[2.5]-octanol-(4)*, $Kp._3$ 48 bis 49°, aus vorst. Verb. analog vorvorst.; 87 %. *p-Chlorbenzoylderiv.* (**IV**), F. 49–50°. — *1.2.2-Trimethylcyclopentanol*, aus dem entsprechenden Keton [vgl. vorst. Referat]. *p-Chlorbenzoylderiv.* (**III**), F. 24–25°. — *1.2.2-Trimethylcyclohexanol*, aus dem entsprechenden Keton [analog vorst. Ref.]. *p-Chlorbenzoylderiv.*, F. 76–69°.
K.-P. Hilgetag 2950△

1214 **2-Methoxycarbonylbenzocyclobutenon. Synthese eines photochemisch empfindlichen Kleinringsystems durch pyrolytische Wolff-Umlagerung.** M. P. Cava und R. J. Spangler. (J. Amer. chem. Soc. **89** (1967) 17, 4550–51; Wayne State Univ., Detroit, Mich.; engl.) — UV-Bestrahlung von 2-Diazoindandion-(1.3) (**I**) in Methanol gibt hauptsächlich *Homophthalsäuredimethylester* [**II**; 30 % (Ausb.)]. Pyrolyse von **I**-Dampf im N_2-Strom bei 25 Torr an einem glühenden Ni-Cr-Draht (ca. 750°) unter Einspeisen von Methanoldampf im Anschluß an die Pyrolysezone liefert *2-Methoxycarbonylbenzocyclobutenon* [**III**, F. 54–55°; 45–50 %]. UV-Bestrahlung von **III** in Methanol führt zu **II**. Gaschromatographie von **III** bei 160° gibt das isomere *3-Methoxyisocumarin* (F. 56–61°), aus dem bei Einw. von verd. HCl nach Gaschromatographie *Homophthalsäureanhydrid* erhalten wird.
H. Miele 2950△

C–3. Heterocyclische Verbindungen

1215 **2.3-Epoxybernsteinsäureanhydrid.** S. M. Creighton und D. L. Mitchell. (Canad. J. Chem. **45** (1967) 11, 1304–06; Res. Council of Alberta, Edmonton; engl.) — *2.3-Epoxybernsteinsäureanhydrid* wird durch Dehydratisierung von *2.3-Epoxybernsteinsäure* (**I**) mit Dicyclohexyldicarbodiimid (**II**) dargestellt.

Versuche: *2.3-Epoxybernsteinsäure* (**I**), F. 146 bis 148°, aus dem rohen Na-Salz von **I** in eiskaltem W. durch Passieren einer Kolonne mit kaltem Rexyn 101 (H^+); 28 % (Ausb.). *Anhydrid*, $C_4H_2O_4$, F. 63–64°, durch schnelle Zugabe von **II** in Ae. zu **I**. *Monoanilid*, $C_{10}H_9NO_4$, F. 179–180° (Aceton/PAe.), aus dem Acetanhydrid u. Anilin. — *Mono-[2.5-dichloranilid]*, $C_{10}H_7Cl_2NO_4$, F. 183 bis 184° (Aceton/PAe.). — *Mono-[4-nitroanilid]*, $C_{10}H_8N_2O_6$, F. 178–179° (Aceton/PAe.). — *Mono-[naphthyl-(1)-amid]*, $C_{14}H_{11}NO_4$, F. 176–178° (Aceton/PAe.). — *Mono-[2.5-dichlorphenylhydrazid]*, $C_{10}H_8Cl_2N_2O_4$, F. 198 bis 200° (Aceton/PAe.). — *Mono-[p-toluolsulfonylhydrazid]*, $C_{11}H_{12}N_2O_6S$, F. 200–201° (Aceton/PAe.). — *Mono-[N.N'-diphenylhydrazid]*, $C_{16}H_{14}N_2O_4$, F. 174–175° (Aceton/PAe.).
H. Miele 3030△

1216 **N-Sulfonylamine.** George M. Atkins jun. und Edward M. Burgess. (J. Amer. chem. Soc. **89** (1967) 10, 2502–03; School of Chem., Ga Inst. of Technol., Atlanta, Ga.; engl.) — Das aus Äthylaminhydrochlorid u. SO_2Cl_2 in Ae. erhaltene *Äthylsulfamoylchlorid* reagiert mit Triäthylamin (**III**) in Toluol bei −78° zu *N-Sulfonyläthylamin* (**I**) u. *Triäthylaminhydrochlorid* [100 % (Ausb.)]. **I** polymerisiert beim Erwärmen u. reagiert mit Anilin zu *N-Phenyl-N'-äthylsulfamid* (21 %). Wird **I** in Ggw. von 2-Dichlormethylen-1.3-dioxolan bei 20° dargestellt, wird *4.4-Dichlor-2-äthylthiazetidin-[3-spiro-2']-[1.3]-dioxolan-1.1-dioxid* (F. 74–75°; ca. 100 %) erhalten. *Benzoylsulfamoylchlorid* (aus Chlorsulfonylisocyanat u. Benzoesäure) gibt analog **I** *N-Sulfonyl-benzamid* (**II**), das mit Äthylamin wahrscheinlich über das **III**-Addukt (*Triäthylammonium-N-sulfonylbenzamidat*) zu *N-Benzoyl-N'-äthylsulfamid* (66 %) reagiert. Bei der Darst. von **II** in Bzl. bei 30° in Ggw. von Äthylvinyläther, mit dem **I** nicht reagiert, wird *2-Benzoyl-3-äthoxythiazetidin-1.1-dioxid* [F. 87–88°; 71 %] isoliert, das mit **III** in Bzl. bei 30° in *Äthyl-[2-(benzoylaminosulfonyl)-vinyl]-äther* (F. 135 bis 136°; ca. 100 %) übergeführt wird. Aus **II** entsteht in Toluol bei 20° *Phenylisocyanat*.
W. Senf 3040△

1217 **3-Hydroxydamsin, ein neues Pseudoguajanolid aus Ambrosia Psilostachya DC (Compositae).** H. E. Miller und T. J. Mabry. (J. org. Chemistry **32** (1967) 9, 2929 bis 2931; Cell Res. Inst. and Dep. of Botany, Univ. of Tex., Austin, Tex.; engl.) — Aus *Ambrosia Psilostachya DC* werden mit $CHCl_3$ *Coronopilin*, *Parthenin* u. *3-Hydroxydamsin* (**I**, 2.9-Dioxo-3-methylen-6.9a-dimethyl-8α-hydroxy-6aα.9aβ-perhydroazuleno-[4.5:b]-furan) extrahiert. An Silicagel geht **I** in *2.8-Dioxo-3-methylen-6.9a-dimethyl-9β-hydroxy-6aα.9aβ-perhydroazuleno-[4.5:b]-furan* (**II**) über. Ambrosiol gibt mit Dimethylsulfoxid (DMS) u. 1,5 Val Acetanhydrid **I**, *2.8-Dioxo-3-methylen-6.9a-dimethyl-9α-hydroxy-6aα.9aβ-perhydro-* (**III**) u. *2.9-Dioxo-3-methylen-6.9a-dimethyl-8-hydroxy-2.3.3a.4.5.6.6aα.9.9aβ.9b-dekahydro-azuleno-[4.5:b]-furan* (**IV**). Mit überschüssigem Acetanhydrid entsteht analog nur **IV**.

Versuche: *3-Hydroxydamsin* (**I**), $C_{15}H_{20}O_4$, F. 142 bis 145° (Bzl.), a) aus 100 g getrocknetem Pflanzenmaterial von *Ambrosia psilostachya DC* durch Extraktion mit $CHCl_3$ u. Chromatographie an Silicagel G; $[\alpha]_D^{24}$ +2,7° (c = 1,5; $CHCl_3$); 65 mg; daneben 0,52 g *Coronopilin* [F. 178–180° (CH_2Cl_2/Diisopropyläther), 0,06 g *Parthenin* [F. 164–166° (CH_2Cl_2/Diisopropyläther)] u. 75 mg **II**; b) aus 0,5 g Ambrosiol, 1,5 Val Acetanhydrid u. DMS in Ggw. von Pyridiniumtrifluoracetat u. Py. bei Raumtemp.; 15 mg; daneben 0,1 g **III** u. 20 mg *2.9-Dioxo-3-methylen-6.9a-dimethyl-8-hydroxy-2.3.3a.4.5.6.6aα.-9.9aβ.9b-dekahydroazuleno-[4.5:b]-furan* [**IV**, $C_{15}H_{18}O_4$, F. 232–233° (Subl.)]. — *2.8-Dioxo-3-methylen-6.9a-dimethyl-9β-hydroxy-6aα.9aβ-perhydroazuleno-[4.5:b]-furan* (**II**), F. 147–148° ($CHCl_3$/Ae.), a) aus 13 mg **I** u. Silicagel G in CH_2Cl_2; 4 mg; b) aus 110 mg Damsin u. Trimethylanilinperbromid in THF bei Raumtemp. u. Rk. des *1:1-Gemisches* von *Damsin* u. *3-Bromdamsin* mit 0,75n KOH in heißem DMS; $[\alpha]_D^{24}$ −197° (c = 1,21; $CHCl_3$); 15 mg.
Hans Köhne/Berlin 3061△

1218 **Synthese und antituberkulostatische Wirkung von Isoniazonen einiger Aldehyde der Furan- und Thiophen-Reihe.** L. N. Pavlov, O. O. Makeeva, Ja. L. Danjuševskij, Ju. B. Vol'kenštejn, N. E. Danilina und Ja. L. Gol'dfarb. (Chim. geterociklićeskich Soedinenij **1967**, **1**, 176–77; Inst. org. chim. im. Zelinskogo AN SSSR, Moskva; VNI chimiko-farmacevt. inst. im. Ordžonikidze, Moskva Zavod „Akrichin"; russ.) — Durch 1–2std. Kochen von Isonicotinsäurehydrazid mit dem entsprechenden Aldehyd in A., Stehen über Nacht u. Filtrieren (evtl. nach Eindampfen oder Verdünnen mit W.) werden dargestellt: N^2-Alkylidenisonicotinsäurehydrazide: *N^2-[5-Äthylmercaptofurfuryliden]-*, F. 174 bis 175° (A.). — *N^2-{[2-Äthylmercapto-5-methylfuryl-(3)]-methylen}-*, F. 176–177,5° (A.). — *N^2-{[2-Äthylmercapto-5-äthylfuryl-(3)]-methylen}-*, F. 157–159° (A.). — *N^2-{[2-Äthylmercapto-5-propylfuryl-(3)]-methylen}-*, F. 113–115° (A.). — *N^2-{[2-Butylmercapto-5-methylfuryl-(3)]-methylen}-*, F. 129–130,5° (A.). — *N^2-[4-Bromthenyliden-(2)]-*, F. 234 bis 235,5° (A.). — *N^2-[2-Methylthenyliden-(4)]-*, F. 175,5 bis 176° (A.). — *N^2-[2-Äthylthenyliden-(4)]-*, F. 185,5 bis 186,5° (A.).
H.-J. Graubaum 3071△

1219 **Synthese von Sulfolenepoxiden und einigen Methylderivaten.** M. A. Nečaeva, L. A. Muchamedova, R. A.

Virobjanc und R. R. Šagidullin. (Chim. geterocikličeskich Soedinenij **1967**, 6, 1029—30; Inst. org. fiz. i chimii im. Arbuzova AN SSSR, Kazan; russ.) — *Sulfolen-3.4-epoxid* (I), *2-* (II) u. *3-Methylsulfolen-3.4-epoxid* (III) werden durch Einw. von Peressigsäure (IV) auf die entsprechenden Sulfolene-(3) dargestellt. IR-Spektren von I—III s. Original. I—III sind gegen weitere Ox. mit IV sehr beständig.

Versuche: Sulfolen-3.4-epoxide, durch 7- bis 10tägiges Stehen der entsprechenden Sulfolene-(3) mit IV (30% Überschuß): *Unsubstituiert* (I), $C_4H_6O_3S$, F. 159 bis 160°; 57% (Ausb.). — *2-Methyl-* (II), $C_5H_8O_3S$, $Kp._{0,1}$ 112°, F. 59—61°; n_D^{20} 1,4992; $D._4^{20}$ 1,3732; 12%. — *3-Methyl-* (III), $C_5H_8O_3S$, F. 91—91,5°; 56%. *Rk.-Prod. mit Acetanhydrid*, $C_9H_{14}O_6S$, F. 145° (Bzl./Aceton), durch 2std. Erhitzen von III mit Acetanhydrid u. konz. H_2SO_4 auf 100°. A. Černy 3071△

1220 **Synthese von 1-substituierten 3-Brompyrrolidinen.** D. C. Ruopp, F. A. E. Schilling und B. B. Brown. (J. pharmac. Sci. **56** (1967) 8, 1038—39; Penick. Res. Labor., Orange, N.J.; engl.) — Es werden dargestellt: 3-Brompyrrolidine: *1-Methyl-, Hydrobromid*, $C_5H_{11}\cdot Br_2N$, F. 92—93° (Aceton), aus 1-Methyl-Δ^3-pyrrolin-Hydrobromid u. 60%ig. HBr bei 120—125°, Kühlen, Zugabe von 25%ig. NaOH bis pH 11, Extrahieren mit Bzl. u. Einleiten von HBr bis pH 7 (Meth. **A**); 22% (Ausb.). *Methobromid*, $C_6H_{13}Br_2N$, F. 190—191° (A.), aus 1-Methyl-Δ^3-pyrrolin-Methobromid analog **A**; 57%. — *1-Äthyl-, Hydrobromid*, $C_6H_{13}Br_2N$, F. 89—90°, analog **A**; 60%. *Methobromid*, F. 134—135° (Methyläthylketon), aus 1-Äthyl-Δ^3-pyrrolin-methobromid (F. 265—266°) analog **A**. — *1-Benzyl-, Methobromid*, $C_{12}H_{17}Br_2N$, F. 134—135°, analog **A** u. Rk. mit Methylbromid; 52%. — *1-Methyl-Δ^3-pyrrolin, Methobromid*, $C_6H_{12}BrN$, F. 303—304°, aus 1-Methyl-Δ^3-pyrrolin u. Methylbromid in Methyläthylketon; 100%. K.-P. Hilgetag 3081△

1221 **Reduktion bestimmter Oxindole und Isatine mit Lithiumaluminiumhydrid.** C. B. Hudson und A. V. Robertson. (Austral. J. Chem. **20** (1967) 8, 1699—1704; Dep. of Organ. Chem., Univ., Sidney; engl.) — Vf. beschreiben die Red. der aus 3.4-Dehydroprolin u. verschiedenen Isatinen erhaltenen Addukte mit $LiAlH_4$.

Versuche: Indole: *Unsubstituiert*, F. 51,5 bis 52,5°, aus 3-[Pyrrolyl-(1)]-oxindol in THF u. $LiAlH_4$; 29% (Ausb.). — *1-Methyl-3-[pyrrolyl-(1)]-* (I), $C_{13}H_{12}N_2$, F. 39—39,5°, aus 1-Methyl-3-[pyrrolyl-(1)]-oxindol in Ae. mit $LiAlH_4$; 70%; daneben 18% *1-Methyl-3-[pyrrolyl-(1)]-indolin* (II; $C_{13}H_{14}N_2$). — *1-Äthyl-3-[pyrrolyl-(1)]-*, $C_{14}H_{14}N_2$, $Kp._{0,05}$ 100° (Badtemp.) aus 1-Äthyl-3-[pyrrolyl-(1)]-oxindol u. $LiAlH_4$ in Ae.; daneben 60% *1-Äthyl-3-[pyrrolyl-(1)]-indolin* ($C_{14}H_{16}N_2$). — *1-Methyl-*, a) durch Kochen von 1,119 g 1-Methyl-2-[1-methyl-2-oxo-3-hydroxyindolinyl-(3)-oxy]-3-[pyrrolyl-(1)]-indol mit $LiAlH_4$ in THF; 148 mg; daneben 202 mg I u. 168 mg II; b) aus 1-Methylisatin (III) u. $LiAlH_4$ analog a); 38%; c) aus III u. $LiAlH_4$ in Ae.; 64%. *Pikrat*, F. 146—147° (Ae.). — *1-Äthyl-*, aus 1-Äthylisatin u. $LiAlH_4$ in Ae.; 76%. *Pikrat*, F. 103—103,5°. K.-P. Hilgetag 3081△

1222 **Synthese, antivirulle und antibakterielle Aktivität gewisser N-Dialkylaminomethylisatin-β-thiosemicarbazone.** Rajendra S. Varma und W. Lewis Nobles. (J. med. Chem. **10** (1967) 5, 972—74; Univ. of Miss.; engl.) — Die aus N-Mannich-Basen (A) des Isatins erhältlichen *β-Thiosemicarbazone* werden auf biolog. Aktivität geprüft.

Versuche: *N-{3-Azabicyclo-[3.2.2]-nonyl-(3)-methyl}-5-methylisatin*, $C_{18}H_{22}N_2O_2$, F. 162—164° (A.), durch Zugabe von 3-Azabicyclo-[3.2.2]-nonan in A. zu 5-Methylisatin u. 37%ig. CH_2O-Lsg. in A.; 47% (Ausb.). — Isatin-β-thiosemicarbazone (F. aus Äthylacetat), a) durch Zugabe von Thiosemicarbazid (I) zu dem betreffenden **A** in abs. A. u. Rühren bei Raumtemp. über Nacht; b) durch Zugabe des **A** zu I in warmem dest. W., Zugabe von A. u. 1½std. Kochen: *N-Piperidinomethyl-*, $C_{15}H_{19}N_5OS$, F. 170° (Zers.); 70%. — *N-(3-Azabicyclo-[3.2.2]-nonyl-(3)-methyl)-*, $C_{18}H_{23}N_5OS$, F. 185° (Zers.); 77%. — *N-[Dimethylaminomethyl]-, Hemihydrat*, $C_{12}H_{15}\cdot N_5OS\cdot 0,5\ H_2O$, F. 168—170° (Zers.); 36%. — *N-Morpholinomethyl-, Hemihydrat*, $C_{14}H_{17}N_5O_2S\cdot 0,5\ H_2O$, F. 202 bis 204° (Zers.); 72%. — *N-{3-Azabicyclo-[3.2.2]-nonyl-(3)-methyl}-5-brom-*, $C_{18}H_{22}BrN_5OS$, F. 198—200° (Zers.); 92%. — *N-{3-Azabicyclo-[3.2.2]-nonyl-(3)-methyl}-5-methyl-*, $C_{19}H_{25}N_5OS$, F. 196—200° (Zers.); 98%. — *N-Piperidinomethyl-5-methyl-*, $C_{16}H_{21}N_5OS$, F. 206° (Zers.); 90%. — *N-[3-Methylpiperidinomethyl]-*, $C_{16}H_{21}N_5OS$, F. 165—166° (Zers.); 60%. H. Miele 3081△

1223 **Isolierung und Charakterisierung von zwei nur in der Konfiguration am Stickstoff unterschiedlichen diastereomeren Ammoniumsalzen.** Robert E. Lyle und Charles R. Ellefson. (J. Amer. chem. Soc. **89** (1967) 17, 4563—64; Dep. of Chem., Univ. of N.H., Durham, N.H.; engl.) — 3-Phenyltropin gibt bei der Dehydratisierung mit 40%ig. HBr *α-3-Phenyltropidinhydrobromid* (**I**, F. 179,5—181°). 3-Phenyltropidin (**II**) bildet mit HBr in abs. Ae. *β-3-Phenyltropidinhydrobromid* (**III**, F. 180—182°). In warmen Lsg. von **I** bzw. **III** in D_2O bzw. Alkoholen stellen sich Gleichgew. von **I** u. **III** ein. **I** bzw. **III** geben in 75—85%ig. Ausb. **II**. Hans Köhne/Berlin 3081△

1224 **1.2-Dithiolthione-(3) (Trithione) aus 3-Chlor-1.2-dithioliumsalzen und schwefelfreien Basen.** Jürgen Faust, Hartmut Spies und Roland Mayer. (Z. Chem. **7** (1967) 7, 275; Inst. für Organ. Chem. der TU Dresden; dt.) — Es werden *Trithione* (**I**) durch Rk. des 3-Chlor-1.2-dithiolium-Kations mit schwefelfreien Basen wie A., NH_3, Methylamin, Dimethylamin, Piperidin, Morpholin, mit dem Azid-Ion u. dem HSO_3-Ion dargestellt. Verb. vom Typ **I** werden auch durch Red. von 3-Chlor-1.2-dithioliumchloriden (**II**) mit Zn in saurer Lsg. in Ggw. von Hydrid-Donatoren wie $NaBH_4$ bzw. Diboran sowie durch Red. mit $TiCl_3$ in wss. Lsg. bzw. durch Hydrierung an Pd–Kohle erhalten. Carbonsäuren werden von Verb. vom Typ **II** in *Säurechloride* übergeführt. Daneben kann quant. *1.2-Dithiolon-(3)* isoliert werden. Mit Cyanessigester (**III**) bzw. Rhodanin wird aus **II** *[1.2-Dithioliden-(3)]-cyanessigester* bzw. *-rhodanin* erhalten.

Versuche: *4-Methyl-1.2-dithiolthion-(3)*, $Kp._{0,1}$ 90 bis 92°, F. 39—40°, aus 3-Chlor-4-methyl-1.2-dithioliumchlorid u. Morpholin; 28% (Ausb.). — *β-Methylaminothiozimtsäuremethylamid*, F. 95—98° (Hexan), aus Methylamin u. 5-Phenyl-1.2-dithioliumchlorid in abs. Bzl.; 34—39%. — *[5-Phenyl-1.2-dithiolyliden-(3)]-cyanessigsäureäthylester*, durch Erwärmen äquimolarer Mengen **III** u. 3-Chlor-5-phenyl-1.2-dithioliumchlorid auf dem W.-Bad. K.-P. Hilgetag 3112△

1225 **Organische Schwefelverbindungen. 86. Mitt. 1.2-Dithiolon-(3)-carbonsäurechlorid-(5) und Folgeprodukte.** Jürgen Faust und Roland Mayer. (Z. Chem. **7** (1967) 7, 275—76; Inst. für Organ. Chem. der TU Dresden; dt.) — 85. vgl. ibid. **7** (1967) 194. — 5-Carboxy-1.2-dithiolon-(3) (**I**) wird mit $SOCl_2$ in das *Säurechlorid* übergeführt, das mit NaN_3 zum Azid reagiert. In abs. A. erfolgt oberhalb 50° ein Curtius-Abbau zu *3-Carbäthoxyimino-5-hydroxy-1.2-dithiol* [F. 171,5° (W.)]. 5-Carboxy-1.2-dithiolthion-(3) läßt sich nicht in das Säurechlorid überführen, da chlorierende Agenzien bevorzugt mit der Thiocarbonylgruppe reagieren.

Versuche: *5-[Chlorcarbonyl]-1.2-dithiolon-(3)*, $Kp._{0,6}$ 89°, F. 78°, aus **I** mit $SOCl_2$ in Ggw. von Py.; 92% (Ausb.). *Anilid*, F. 194—195° (A.), durch Rk. mit Anilin in Äther. *Freie Säure* (**I**), F. 213—216° (Zers.), durch Hydrolyse. *Äthylester*, $Kp._{0,1}$ 92°, durch Rk. mit abs. A. bei 40°. *Amid*, F. 223°, durch Rk. mit NH_3 in abs. Äther. — *5-Carboxy-1.2-dithiolthion-(3)*, F. 130—136° [Zers.; Bzl./Hexan (1 : 3)], aus nachst. Amid u. 66%ig. HBr; 46%. *Amid*, F. 196—197,5° (W.), durch Einleiten von NH_3 in eine Lsg. von 5-[Äthoxycarbonyl]-1.2-dithiolthion-(3) in abs. A.; 75%. K.-P. Hilgetag 3112△

1226 **Synthese von Allenen durch Cycloeliminierungsreaktionen.** Robert Kalisch und W. H. Pirkle. (J. Amer. chem. Soc. **89** (1967) 11, 2781—82; Dep. of Chem. and Chem. Engineer., Univ. of Ill., Urbana, Ill.; engl.) — Durch Behandlung von 4-Oxo-3.3.5.5-tetramethylpyrazolinhydrazon [durch Hypobromid-Ox. des 2.4-Diamino-2.4-dimethylpentanons-(3)] mit Ni-Peroxid in Ae. erhält man über das *3.3.5.5-Tetramethyl-4-diazopyrazolin*, 87 bis 91% *Tetramethylallen* (**I**), mit Ag_2O dagegen nur 2,5 bis

3,5% I. In Tetramethyläthylen u. Cyclohexen betragen die Ausb. an I ca. 82%, in n-Hexan u. n-Decan 77%. I wird außerdem durch Pyrolyse des *Na-Salzes* von *2.2.4.4-Tetramethyl-3-thietanondioxidtosylhydrazon* [durch Ox. von 2.2.4.4-Tetramethylthietanon-(3)] u. Rk. des *Tosylhydrazons* mit NaH im Vakuum bei 110—160° über die instabile *Diazoverb.* zu 54—56% dargestellt. Daneben entsteht das *Na-p-Toluolsulfinat*. Vers., I aus 2.2.4.4-Tetramethylcyclobutandionmonotosylhydrazon durch CO-Eliminierung herzustellen, waren erfolglos.
H.-J. Schönherr 3122

1227 **α-Amino-β-[1-methylbenzimidazolyl-(2)]-propionsäure.** D. D. Dalgatov und A. M. Simonov. (Chim. geterocikličeskich Soedinenij **1967**, **5**, 908—09; Dagestanskij ped. inst., Machačkala; Rostovskijna-Donu gos. univ.; russ.) — Die Kondens. von 1-Methyl-2-formylbenzimidazol (I) mit Hydantoin (II) liefert *5-[1-Methylbenzimidazolyl-(2)-hydroxymethyl]-hydantoin* u. *5-[1-Methylbenzimidazolyl-(2)-methylen]-hydantoin* (III). III wird zu *1.2-Dimethylbenzimidazol* hydrolysiert u. zu *5-[1-Methylbenzimidazolyl-(2)-methyl]-hydantoin* hydriert. Letzteres wird zu *α-Amino-β-[1-methylbenzimidazolyl-(2)]-propionsäure* hydrolysiert.

Versuche: *5-[1-Methylbenzimidazolyl-(2)-hydroxymethyl]-hydantoin*, $C_{12}H_{12}N_4O_3$, F. 275—276° (Zers.; CH_3 · OH), durch 7—8std. Kochen von 0,01 Mol I mit 0,015 Mol II, 1 ml Py. u. 4—5 Tropfen Piperidin in 50 ml abs. A.; Prismen; 84,5% (Ausb.). — *5-[1-Methylbenzimidazolyl-(2)-methylen]-hydantoin* (III), $C_{12}H_{10}N_4O_2$, F. 290—293° (A.), durch 4½std. Kochen von 0,01 Mol I mit 0,01 Mol II u. 0,012 Mol Na-Acetat in 10 ml Eisessig; gelbe Nadeln; 77%. — *1.2-Dimethylbenzimidazol*, F. 112° (Bzl.), durch 4std. Erhitzen von III mit 10%ig. KOH; Nadeln; 83%. — *5-[1-Methylbenzimidazolyl-(2)-methyl]-hydantoin*, $C_{12}H_{12}$ · N_4O_2, F. 224—225° (Zers.; A.), durch portionsweise Zugabe von 3%ig. Na-Amalgam zu III in A. u. Kochen (ca. 12 Std.); Prismen; 92%. — *α-Amino-β-[1-methylbenzimidazolyl-(2)]-propionsäure*, $C_{11}H_{13}N_3O_2$, F. 212 bis 213° (W.), durch Kochen vorst. Verb. mit 10%ig. NaOH (ca. 30 Std.); Nadeln; 92%.
Helmut Schäfer 3122△

1228 **Synthese von 2-[5-Halogenfuryl-(2)]-benzimidazolen.** F. T. Požarskij, V. C. Buchaeva und A. M. Simonov. (Chim. geterocikličeskich Soedinenij **1967**, 5, 910—12; Rostov na Dony, Univ.; russ.) — Es werden substituierte *2-[Furyl-(2)]-benzimidazole* u. *1-Benzyl-2-[furyl-(2)]-3-methylbenzimidazoliumjodide* dargestellt. Von den Verb. **II, IV, VI** u. **VIII** (s. Vers.-Teil) sind die UV-Absorptionsspektren bei 220—440 nm angegeben.

Versuche: 2-[Furyl-(2')]-benzimidazole: *5'-Chlor-* (I), $C_{11}H_7ClN_2O$, F. 223—225°, durch Zugabe von Cu-Acetat in W. u. 5-Chlorfurfurol in CH_3OH zu o-Phenylendiamin in CH_3OH, 2std. Kochen, 12std. Stehen, Suspendieren des Cu-Komplexes in 60%ig. A. u. 2std. Einleiten von H_2S; Plättchen; 80% (Ausb.). — Analog: *5'-Brom-* (II), $C_{11}H_7BrN_2O$, F. 228—230°; 72%. — *5'-Jod-*, $C_{11}H_7JN_2O$, F. 189—192° (Zers.); 66%. — *1-Benzyl-5'-chlor-* (III), $C_{18}H_{13}ClN_2O$, F. 117—118° (A.-W.), durch 4std. Erhitzen von I u. NaOH in W. mit Leukotrop O als gesätt. Lsg. auf dem sd. W.-Bad; 72%. — Analog: *1-Benzyl-*, $C_{18}H_{14}N_2O$, F. 125—127°; 82%. — *1-Benzyl-5'-brom-* (IV), $C_{18}H_{13}BrN_2O$, F. 137—138°; 80%. — *1-Benzyl-5'-jod-*, $C_{18}H_{13}JN_2O$, F. 135—136°; 70%. — 1-Benzyl-2-[furyl-(2')]-3-methylbenzimidazoliumjodide: *5'-Chlor-* (V), $C_{19}H_{16}ClJN_2O$, F. 188 bis 188,5°, a) durch 11—12std. Kochen von III mit CH_3J in abs. Bzl.; b) durch ½std. Erhitzen von III mit Benzolsulfonsäuremethylester (1 : 1 Mol) auf 140°, Lösen in W. u. Ausfällen mit KJ; Prismen; 80%. — Analog: *Unsubstituiert*, $C_{19}H_{17}JN_2O$, F. 206—207°; 78%. — *5'-Brom-* (VI), $C_{19}H_{16}BrJN_2O$, F. 204—205°; 83%. — *5'-Jod-* (VII), $C_{19}H_{16}J_2N_2O$, F. 220—222°; 79%. — *5'-Piperidino-* (VIII), $C_{24}H_{26}JN_3O$, F. 189—190°, durch 2std. Erhitzen von VI (oder V oder VII) mit Piperidin in A.; zitronengelbe Prismen; 87%. Helmut Schäfer 3122△

1229 **Synthese und einige Umwandlungen von Oxazolidinen, die funktionelle Gruppen enthalten.** K. D. Petrov und G. I. Ostroumova. (Chim. geterocikličeskich Soedinenij **1967**, **2**, 204—08; NII plast. mass. Moskva; russ.) — Durch Rk. von β-[Furfurylamino]- (I), β-[Tetrahydrofurfurylamino]-äthanol (II) u. Diäthanolamin (III) mit Ketonen (A) u. Aldehyden (B) werden *substituierte 3-Furfuryl-*, *3-Tetrahydrofurfuryl-* u. *3-[β-Hydroxyäthyl]-oxazolidine* dargestellt. Folgerk. sind angegeben.

Versuche: 3-Furfuryloxazolidine, durch Zugabe von B bzw. A zu I in Bzl., Erhitzen im W.-Abscheider u. Eindampfen: *Unsubstituiert*, $C_8H_{11}NO_2$, Kp.$_1$ 90—91°; D.$_4^{20}$ 1,0913; n_D^{20} 1,5005; 85,6% (Ausb.). — *2-Methyl-*, $C_9H_{13}NO_2$, Kp.$_1$ 101—103°; D.$_4^{20}$ 1,0848; n_D^{20} 1,5052; 70,65%. — *2-Propyl-*, $C_{11}H_{17}NO_2$, Kp.$_2$ 87—91°; D.$_4^{20}$ 1,0272; n_D^{20} 1,4828; 61,3%. — *2-Phenyl-*, $C_{14}H_{15}NO_2$, Kp.$_2$ 138—142°; D.$_4^{20}$ 1,1327; n_D^{20} 1,5526; 87,3%. — *2-[o-Hydroxyphenyl]-*, $C_{14}H_{15}NO_3$, Kp.$_4$ 170—175°; D.$_4^{20}$ 1,1956; n_D^{20} 1,5645; 69,1%. — *2-[Furyl-(2)]-*, $C_{12}H_{13}NO_3$, Kp.$_6$ 136—140°; D.$_4^{20}$ 1,1621; n_D^{20} 1,5268; 94,5%. — *2-[3-Furfuryloxazolidinyl-(2)]-*, $C_{16}H_{20}N_2O_4$, Kp.$_3$ 170 bis 175°; D.$_4^{20}$ 1,1879; n_D^{20} 1,5309; 72,36%. — *2.2-Dimethyl-*, $C_{10}H_{15}NO_2$, Kp.$_5$ 98—103°; D.$_4^{20}$ 1,0639; n_D^{20} 1,5009; 65,7%. — Analog mit II: 3-Tetrahydrofurfuryloxazolidine: *Unsubstituiert*, $C_8H_{15}NO_2$, Kp.$_5$ 98—100°; D.$_4^{20}$ 1,0489, n_D^{20} 1,4770; 84%. — *2-[Furyl-(2)]-*, $C_{12}H_{17}$ · NO_3, Kp.$_3$ 131—136°; D.$_4^{20}$ 1,1228; n_D^{20} 1,5092; 82,35%. — *2-[3-Tetrahydrofurfuryloxazolidinyl-(2)]-*, $C_{16}H_{28}N_2O_4$, Kp.$_4$ 200—205°; D.$_4^{20}$ 1,1426, n_D^{20} 1,5059; 63,2%. — Analog mit III: 3-[β-Hydroxyäthyl]-oxazolidine: *2-Propyl-*, $C_8H_{17}NO_2$, Kp.$_4$ 103—105°; D.$_4^{20}$ 1,0146; n_D^{20} 1,4699; 60,9%. — *2.2-Dimethyl-*, $C_7H_{15}NO_2$, Kp.$_4$ 79 bis 83°; D.$_4^{20}$ 1,0350; n_D^{20} 1,4679; 73,4%. — *2-[Furyl-(2)]-*, $C_9H_{13}NO_3$, Kp.$_4$ 142—144°, in Ggw. von K_2CO_3; D.$_4^{20}$ 1,2435; n_D^{20} 1,5165; 90,4%. — *5-Anilinomethyl-3-phenyloxazolidin*, $C_{16}H_{18}NO$, Kp.$_2$ 220—223°, analog mit 1.3-Dianilinopropanol-(2) u. Paraformaldehyd; hellgelb; D.$_4^{20}$ 1,1668; n_D^{20} 1,6258; 59,3%. — *5-[N-(β-Hydroxyäthyl)-anilinomethyl]-3-phenyloxazolidin*, $C_{18}H_{22}N_2O$, durch Zugabe von wss. KOH zu vorst. Verb. u. Äthylenchlorhydrin bei 100° u. 2std. Erhitzen auf 100—110°; dunkelbraun; 100%. — *Buttersäure-β-[oxazolidinyl-(3)]-äthylester*, $C_9H_{17}NO_3$, Kp.$_2$ 150—155°, durch Erhitzen von 3-[β-Hydroxyäthyl]-oxazolidin mit Buttersäureäthylester u. wenig Na unter Abdest. von A.; D.$_4^{20}$ 1,1102; n_D^{20} 1,4875; 60,36%. — Analog: *Benzoesäure-β-[oxazolidinyl-(3)]-äthylester*, $C_{12}H_{15}NO_3$, Kp.$_2$ 172—177°; D.$_4^{20}$ 1,1537; n_D^{20} 1,5368; 59,88%. — *Maleinsäure, Bis-{β-[oxazolidinyl-(3)]-äthylester}*, $C_{14}H_{22}N_2O_6$; dunkelbraun; 100%. *Bis-{β-{2-[furyl-(2)]-oxazolidinyl-(3)}-äthylester}*, $C_{22}H_{26}N_2O_8$; dunkelbraun; 100%. — *Terephthalsäure, Bis-{β-[oxazolidinyl-(3)]-äthylester}*, $C_{18}H_{24}N_2O_6$; dunkelbraun; 100%. *Bis-{β-{2-[furyl-(2)]-oxazolidinyl-(3)}-äthylester}*, $C_{26}H_{28}$ · N_2O_8; dunkelbraun; 100%. H. J. Graubaum 3132△

1230 **Studien über Heteroaromatizität. 4. Mitt. Thermische 1.3-dipolare Cycloaddition von 2-Furoesäure-hydroximidchlorid und ihrer 5-Nitroverbindung mit Olefinen und Acetylenen.** Tadashi Sasaki und Toshiyuki Yoshioka. (Bull. chem. Soc. Japan **40** (1967) 11, 2604—07; Inst. of Appl. Chem., Fac. of Engng., Nagoya Univ., Chikusa-ku, Nagoya; engl.) — 3. vgl. J. chem. Soc. Japan, pure Chem. Sect. [Nippon Kagaku Zasshi] 88 (1967) 1122. — Die Titelrk. führt zu *Isoxazolinen* bzw. *Isoxazolen*, die auch auf die übliche Weise über die Nitriloxide gewonnen wurden.

Versuche: 3-[Furyl-(2)]-Δ^2-isoxazoline, a) aus 2-Furonitriloxid (vgl. 3. Mitt.) (Meth. A); b) aus 2-Furoesäurehydroximidchlorid (Meth. B): *5-Phenyl-*, C_{13} · $H_{11}NO_2$, F. 91—92°, mit Styrol; nach A 95% (Ausb.); nach B 76,5%. — *4.5-Diphenyl-*, $C_{19}H_{15}NO_2$, F. 110 bis 112°, mit Stilben (nach A Bldg. von *3.4-Bis-[furyl-(2)]-1.2.5-oxadiazol-N-oxid* [I, F. 115—116°]) nach B 32,2%. — 3-[5-Nitrofuryl-(2)]-Δ^2-isoxazoline, a) aus 5-Nitro-2-furonitriloxid (vgl. 3. Mitt.; Meth. C); b) aus 5-Nitro-2-furoesäurehydroximidchlorid (Meth. D): *5-Phenyl-*, C_{13} · $H_{10}N_2O_4$, F. 135—136°, mit Styrol; nach C 68%; nach D 87,5%. — *5-Carbamoyl-*, $C_8H_7N_3O_5$, F. 225—227°, mit Acrylamid; nach C 61%; nach D; 44,4%. — *4.5-Tetramethylen-*, $C_{11}H_{12}N_2O_4$, F. 145—146°, mit Cyclohexen; nach D 92,5%. — *4.5-Diphenyl-*, $C_{19}H_{14}N_2O_4$, F. 158 bis 160°, mit Stilben; nach D 57%. — *4.5-Hexamethylen-*, $C_{13}H_{16}N_2O_4$, F. 128—130°, mit Cycloocten; nach C 8%;

nach **D** 95%. — *Verb.*, F. 130—131°, aus Dicyclopentadien nach **C** bzw. **D** 82 bzw. 93%. — 3-[Furyl-(2)]-isoxazole, a) nach **A**; b) nach **B**: *5-Phenyl-*, $C_{13}H_9NO_2$, F. 98 bis 100°, mit Phenylacetylen; nach Bldg. von **I**; nach **B** 64%. — *5-Brommethyl-*, $C_8H_6BrNO_2$, F. 78—79°, mit 3-Brompropin; nach **A** 51%; nach **B** 62%. — 3-[5-Nitrofuryl-(2)]-isoxazole, a) nach **C**; b) nach **D**: *5-Phenyl-*, $C_{13}H_8N_2O_4$, F. 209—210° (Bzl./PAe.), mit Phenylacetylen; nach **C** 7,8%; nach **D** 64%. — *5-Brommethyl-*, $C_8H_5BrN_2O_4$, F. 105—106°, mit 3-Brompropin; nach **D** 27%. — *5-Hydroxymethyl-*, $C_8H_6N_2O_5$, F. 145 bis 147°, mit 3-Hydroxypropin; nach **C** 15%; nach **D** 30%. — *4.5-Bis-[methoxycarbonyl]-*, $C_{11}H_8N_2O_8$, F. 86—88° (A.), mit Acetylendicarbonsäuredimethylester; nach **D** 28%. — *4.5-Diphenyl-*, $C_{19}H_{12}N_2O_4$, F. 193—195°, mit Diphenylacetylen; nach **D** 28,2%. — *5-[1-Hydroxycyclohexyl]-*, $C_{13}H_{14}N_2O_5$, F. 135°, mit [1-Hydroxycyclohexyl]-acetylen; nach **D** 77,5%. — *5-Methoxycarbonyl-*, $C_9H_6N_2O_5$, F. 175—176°, mit Acetylencarbonsäuremethylester; nach **C** 10%; nach **D** 29%. P. Becker 3132△

1231 **Studien über Heteroaromatizität. 8. Mitt. Reaktivität einiger Nitriloxide mit Konjugation zu einer Doppelbindung.** Tadashi Sasaki und Toshiyuki Yoshioka. (Bull. chem. Soc. Japan **40** (1967) 11, 2608—13; Inst. of Appl. Org. Chem., Fac. of Engng., Nagoya Univ., Chikusa-ku, Nagoya; engl.) — 7. vgl. J. synth. org. Chem. Japan, im Druck. — Phenyl- (**II**), Furyl- (**IV**) u. [5-Nitrofuryl-(2)]-acrylnitriloxid (**I**), die aus den entsprechenden Hydroximdichloriden zugänglich sind, reagieren u. a. mit Styrol bzw. Acrylamid (**III**) zu den entsprechenden 3.5-disubstiutierten *Isoxazolinen*, während mit α-Morpholinostyrol (**VII**) die entsprechenden *Isoxazole* gebildet werden. Versuche: *[5-Nitrofuryl-(2)]-acrylsäurehydroximidchlorid* (**VIII**), $C_7H_5ClN_2O_4$, F. 139—141° (Zers.; Bzl./PAe.), aus [5-Nitrofuryl-(2)]-acroleinoxim mit NOCl. — *[5-Nitrofuryl-(2)]-acrylnitriloxid* (**I**), aus vorst. Verb. mit Triäthylamin. — *Phenylacrylnitriloxid* (**II**), aus Phenylacrylsäurehydroximidchlorid mit wss. NaOH. — 3.5-disubstituierte Δ^2-Isoxazoline: *3-Styryl-5-carbamoyl-* (**VI**), $C_{12}H_{12}NO_2$, F. 205—208° (A.), aus **II** u. Acrylamid (**III**); 28% (Ausb.). — *3-Furylvinyl-5-carbamoyl-*, $C_{10}H_{10}NO_3$, F. 203—205° (A.), aus Furylacrylnitriloxid (**IV**) u. **III**; 16%. — *3-[(5-Nitrofuryl-(2))-vinyl]-5-carbamoyl-*, $C_{10}H_9N_3O_5$, F. 209—210° (A.), aus **I** u. **III**; 30%. — *3-Styryl-5-phenyl-*, $C_{17}H_{15}NO$, F. 117—119° (PAe.), aus **II** u. Styrol (**V**); 8%. — *3-Furylvinyl-5-phenyl-*, $C_{15}H_{13}NO_2$, F. 102—104° (PAe.), aus **IV** u. **V**; 5%. — *3-[(5-Nitrofuryl-(2))-vinyl]-5-phenyl-*, $C_{15}H_{12}N_2O_4$, F. 131—132° (PAe.), aus **I** u. **V**; 7%. — *3-Styryl-5-[p-chlorphenyl]-*, $C_{17}H_{14}ClNO$, F. 139—141° (PAe.), aus **II** u. p-Chlorstyrol; 9%. — *3-Styryl-5-carbäthoxy-*, $C_{14}H_{15}NO_3$, F. 73—75° (A.), aus **VI** in A. mit konz. HCl; 91%. — *3-Styryl-5-phenyl-4-carbamoylisoxazolin*, $C_{18}H_{16}N_2O_2$, F. 258—260° (A.), aus **II** u. Phenylacrylamid; 4%. — *3-Styryl-5-phenyl-5-morpholinoisoxazolin*, $C_{21}H_{22}N_2O_2$, F. 135—136° (Bzl./A.), aus **II** u. α-Morpholinostyrol (**VII**); 10%. — *3-Styryl-5-phenylisoxazol*, $C_{17}H_{13}NO$, F. 149° (A.), aus vorst. Verb. mit konz. HCl; 95%. — *3-[(5-Nitrofuryl-(2))-vinyl]-5-phenyl-5-morpholino-Δ²-isoxazolin*, $C_{19}H_{19}N_3O_5$, F. 195—196° (A.), aus 0,4 g **I** u. **VII**; 20 mg (Ausb.). — *3-Styryl-5-guanidino-1.2.4-oxadiazol, Pikrat*, $C_{17}H_{14}N_8O_8$, F. 248—249° (Zers.; DMF/A.), aus **II** u. Cyanoguanidin; 2,5%. — *[5-Nitrofuryl-(2)]-acrylsäurehydroximidazid*, $C_7H_5N_5O_4$, F. 162° (Zers.; Methanol), aus **VIII** mit NaN_3; 22%. P. Becker 3132△

1232 **Synthese neuer Fungizide. 2-[4'-Arylthiazolyl-(2')-imino]-3-arylthiazolidone-(4).** Suresh Chandra Sharma. (Bull. chem. Soc. Japan **40** (1967) 10, 2422—24; Dep. of Chem., Coll. of Sci., Banaras Hindu Univ., Varanasi, India; engl.) — Vf. synthetisieren aus den entsprechend substituierten Thioharnstoffen durch Umsetzung mit Monochloressigsäure (**I**) eine Reihe von *2-[4'-Arylthiazolyl-(2')-imino]-3-arylthiazolidonen*, deren fungizide Eig. in Abhängigkeit von der Struktur untersucht werden.

Versuche: 2-[4'-Arylthiazolyl-(2')-imino]-3-arylthiazolidone-(4): *3.4'-Diphenyl-*, $C_{18}H_{13}N_3OS_2$, F. 299° (A.), aus N-Phenyl-N'-[4-phenylthiazolyl-(2)]-thioharnstoff, **I** u. Na-Acetat; 67% (Ausb.). — *3-[m-Chlorphenyl]-4'-phenyl*; $C_{18}H_{12}ClN_3OS_2$, F. 180°; 58%. — *3-[p-Chlorphenyl]-4'-phenyl-*, F. 208°; 69%. — *3-[p-Bromphenyl]-4'-phenyl-*, $C_{18}H_{12}BrN_3OS_2$, F. 212°; 68%. — *3-[o-Methylphenyl]-4'-phenyl-*, $C_{19}H_{15}N_3OS_2$, F. 256°; 51%. — *3-[m-Methylphenyl]-4'-phenyl-*, F. 206°; 46%. — *3-[p-Methylphenyl]-4'-phenyl-*, F. 242°; 58%. — *3-[o-Methoxyphenyl]-4'-phenyl-*, $C_{19}H_{15}N_3O_2S_2$, F. 140°; 50%. — *3-[m-Methoxyphenyl]-4'-phenyl-*, F. 257°; 54%. — *3-[p-Methoxyphenyl]-4'-phenyl-*, F. 136°; 61%. — *3-[p-Äthoxyphenyl]-4'-phenyl-*, $C_{20}H_{17}N_3O_2S_2$, F. 270°; 64%. — *3-Phenyl-4'-[p-bromphenyl]-*, $C_{18}H_{12}BrN_3OS_2$, F. 250°; 65%. — *3-[m-Chlorphenyl]-4'-[p-bromphenyl]-*, $C_{18}H_{11}BrClN_3OS_2$, F. 229°; 54%. — *3-[p-Chlorphenyl]-4'-[p-bromphenyl]-*, F. 234°; 63%. — *3.4'-Bis-[p-bromphenyl]-*, $C_{18}H_{11}Br_2N_3OS_2$, F. 232°; 69%. — *3-[o-Methylphenyl]-4'-[p-bromphenyl]-*, $C_{19}H_{14}BrN_3OS_2$, F. 277°; 48%. — *3-[m-Methylphenyl]-4'-[p-bromphenyl]-*, F. 242°; 52%. — *3-[p-Methylphenyl]-4'[p-bromphenyl]-*; F. 260°; 58%. *3-Phenyl-4'-[p-methylphenyl]-*, $C_{19}H_{15}N_3OS_2$, F. 228°; 61%. — *3-[m-Chlorphenyl]-4'-[p-methylphenyl]-*, $C_{19}H_{14}ClN_3OS_2$, F. 210°; 48%. — *3-[p-Chlorphenyl]-4'-[p-methylphenyl]-*, F. 216°; 55%. — *3-[p-Bromphenyl]-4'-[p-methylphenyl]-*, $C_{19}H_{14}BrN_3OS_2$, F. 211°; 63%. — *3-[o-Methylphenyl]-4'-[p-methylphenyl]-*, $C_{20}H_{17}N_3OS_2$, F. 241°; 52%. — *3-[m-Methoxyphenyl]-4'-[p-methylphenyl]*, F. 219; 46%. — *3-[p-Methylphenyl]-4'-[p-methylphenyl]-*, F. 234°; 57%. — *3-[o-Methoxyphenyl]-4'-[p-methylphenyl]-*, $C_{20}H_{17}N_3O_2S_2$, F. 271°; 42%. — *3-[p-Methoxyphenyl]-4'-[p-methylphenyl]-*, F. 232°; 51%. — *3-[p-Äthoxyphenyl]-4'-[p-methylphenyl]-*, $C_{21}H_{19}N_3O_2S_2$, F. 253°; 59%. — *3-Phenyl-4'-[p-methoxyphenyl]-*, $C_{19}H_{15}N_3O_2S_2$, F. 225°; 57%. — *3-[m-Chlorphenyl]-4'-[p-methoxyphenyl]-*, $C_{19}H_{14}ClN_3O_2S_2$, F. 117° (Zers.); 49%. — *3-[p-Chlorphenyl]-4'-[p-methoxyphenyl]-*, F. 223°; 54%.

K.-P. Hilgetag 3142△

1233 **Anthelminthische quaternäre Salze. Thiacyanine und Hemithiacyanine.** D. L. Garmaise, C. H. Chambers, J. Komlossy und R. C. McCrae. (J. med. Chem. **10** (1967) 5, 897—99; Abbot Labor. Ltd., Montreal, P.Q., Canada; engl.) — Nachst. Thiacyanine u. Hemithiacyanine werden dargestellt: *Bis-[3-methylbenzthiazol]-monomethincyaninjodid* (**I**), nach Oksengendler (1953). — *Bis-[3-äthylbenzthiazol]-trimethincyaninjodid*, nach Mills (1922). — *Bis-[3-äthylbenzthiazol]-heptamethincyaninjodid* (**II**), nach Fisher u. Hamer (1933). — Bis-[benzthiazol]-pentamethincyaninjodide: *3.3'-Diäthyl-6.6'-dimethyl-* (**III**), $C_{25}H_{27}JN_2S_2$, F. 259 bis 260°, aus 2.6-Dimethyl-3-äthylbenzthiazoliumjodid, 1-Methyl-1.2-dihydro-2-iminopyrimidinhydrojodid u. Triäthylamin in sd. A.; 70% (Ausb.). — Analog: *3.3'-Diäthyl-* (**IV**). — *3.3'.6.6'-Tetramethyl-* (**V**), $C_{23}H_{23}JN_2S_2$, F. 290—292°; 40%. — *3.3'-Dimethyl-6.6'-dimethoxy-*, $C_{23}H_{23}JN_2O_2S_2$, F. 241°; 50%. — *3.3'-Diäthyl-6.6'-dimethoxy-*, $C_{25}H_{27}JN_2O_2S_2$, F. 240—242°; 57%. — *6.6'-Diäthoxy-3.3'-dimethyl-*, $C_{25}H_{27}JN_2O_2S_2$, F. 242—243°; 69%. — *6.6'-Dichlor-3.3'-dimethyl-* (**VI**), $C_{21}H_{17}Cl_2JN_2S_2$, F. 310—312°; 49%. — *3.3'-Diäthyl-6.6'-dichlor-* (**VII**), nach Berlenson u. Hamer (1936). — *6.6'-Dibrom-3.3'-dimethyl-* (**VIII**), $C_{21}H_{17}Br_2JN_2S_2$, F. 294—296°; 58%. — *3.3'-Dimethyl-6.6'-dinitro-* (**IX**), $C_{21}H_{17}JN_4O_4S_2$, F. 305°; 84%. — *3-Äthyl-2-[2-dimethylaminovinyl]-benzthiazoliumjodid*, nach Meerwein et al. [Ann. **641** (1961) 1]. — 2-[4-Dimethylaminobutadien-(1.3)-yl]-3-methylbenzthiazoliumjodide: *6-Äthoxy-*, $C_{16}H_{21}JN_2OS$, F. 231° (Zers.; CH_3OH), durch 1std. Kochen von 2.3-Dimethyl-6-äthoxybenzthiazoliumjodid mit N.N'-Propen-(1)-yl-(1)-yliden-(3)-dianilinhydrochlorid in Acetanhydrid u. Rk. des gebildeten *2-[4-Acetanilidobutadien-(1.3)-yl]-3-methyl-6-äthoxybenzthiazoliumjodids* (F. 230—232°) mit Dimethylamin in sd. A.; 66%. — Analog: *6-Methyl-* (**X**), $C_{15}H_{19}JN_2S$, F. 233—235°; 50%. — *6-Methoxy-* (**XI**), $C_{15}H_{19}JN_2OS$, F. 222—223°; 60%. — *3-Äthyl-2-[4-dimethylaminobutadien-(1.3)-yl]-6-methylbenzthiazoliumchlorid, Dihydrat*, $C_{16}H_{21}ClN_2S \cdot 2\,H_2O$, F. 225—227°; 86%. — *2.3-Dimethyl-6-nitrobenzthiazoliumjodid*, $C_9H_9JN_2O_2S$, F. 240° (Zers.; CH_3NO_2), aus 2-Methyl-6-nitrobenzthiazol u. CH_3J bei 100°; 99%. — Die Verb. werden auf ihre Wrkg. gegenüber 6 gastrointestinalen Nematodenarten (N.) in Schafen u. gegenüber *Ascaris suum*-Larven bei Mäusen u. Schweinen sowie auf ihre Toxizität (T.) bei Mäusen untersucht; Struktureinfl. werden diskutiert. Die wirksamsten Verb. gegen N. sind **III**, **IV** u. **V**, gegen *A. suum* **X** u. **XI**; hohe Wirksamkeit ist stets mit hoher T. ver-

bunden. Mit zunehmender Länge der Polymethinkette steigt die T. stark an; II hat die 2000fache T. von I. Verb. mit elektronenanziehenden Substituenten, wie VI, VII, VIII u. IX, sind anthelmint. inakt. u. kaum toxisch.
A. Jungblut 3142△

1234 **Thioacylierung von Enaminen. Synthese von Isothiazolen.** R. R. Crenshaw, J. M. Essery und A. T. Jeffries. (J. org. Chemistry 32 (1967) 10, 3132–34; Res. Div., Bristol Labor., Div. of Bristol-Myers Co., Syracuse, N.Y.; engl.) — Trichlormethansulfenylchlorid (I) wird in Ggw. von wss. Base mit β-Aminozimtsäureäthylester (II) zu *2-Hydroxy-4-phenyl-5-äthoxycarbonylthiazol* kondensiert. Dithioessigsäureäthylester (III), -hydroxycarbonylmethylester- (IV) bzw. -methoxycarbonylmethylester (V) geben durch Kondens. mit II bzw. β-Aminozimtsäurenitrilen u. anschließende Ox. mit J_2 *Isothiazole*. 4-Cyanisothiazole werden zu *4-Carboxyisothiazolen* hydrolysiert. III u. II reagieren nicht im neutralen Medium. *3.5-Dimethyl-4-cyanisothiazol* wird aus IV u. 3-Aminocrotononitril (VI) dargestellt. V wird aus III u. Mercaptoessigsäuremethylester (VII) in Py. erhalten. II läßt sich nicht nach Gougoutas (Ph. D. Thesis, Harvard, 1964) mit Thiophosgen zu 3-Phenyl-4-äthoxycarbonylisothiazol umsetzen. β-Aminozimtsäurenitril (VIII) gibt *3-Phenyl-4-cyanisothiazol*.

Versuche (F. korr.): *Dithioessigsäuremethoxycarbonylmethylester* (V), $C_5H_8O_2S_2$, Kp.$_8$ 100–109°, aus III u. VII in sd. Py.; 45% (Ausb.). — *2-Hydroxy-4-phenyl-5-äthoxycarbonylthiazol*, $C_{12}H_{11}NO_3S$, F. 198 bis 199°, aus I u. II in wss. NaOH/THF; 31%. — Isothiazole: *5-Methyl-3-phenyl-4-cyan-* (IX), $C_{11}H_8N_2S$, F. 76 bis 78° (Skellysolve B), a) aus VIII u. IV bei 105–109°/3 Torr u. Rk. mit J_2 u. K_2CO_3 in Bzl. bei 28°; 34%; b) analog a) in Toluol; 19%. — *3-[2-Chlorphenyl]-5-methyl-4-cyan-* (X), $C_{11}H_7ClN_2S$, F. 86–87° (A.), aus 3-[2-Chlorphenyl]-3-aminoacrylnitril u. IV bei 116 bis 125°/7 Torr u. analog IX nach a); 20%. — *3-[2.6-Dichlorphenyl]-5-methyl-4-cyan-* (XI), $C_{11}H_6Cl_2N_2S$, F. 125 bis 126° (A.), aus 3-[2.6-Dichlorphenyl]-3-aminoacrylnitril u. IV bei 150–160°/7 Torr; 7%. — *3.5-Dimethyl-4-cyan-*, $C_6H_6N_2S$, F. 51–54° (Cyclohexan), aus VI u. IV in sd. Bzl.; 16%. — *5-Methyl-3-phenyl-4-carboxy-* (XII), $C_{11}H_9NO_2S$, F. 151–153° (Bzl./Skellysolve B), aus IX u. KOH in sd. Äthylenglykol/W.; 91%. — *3-[2-Chlorphenyl]-5-methyl-4-carboxy-*, $C_{11}H_8ClNO_2S$, F. 185,5–186,5° (Bzl./Skellysolve B), aus X analog XII; 94%. — *3-[2.6-Dichlorphenyl]-5-methyl-4-carboxy-*, $C_{11}H_7Cl_2NO_2S$, F. 213,5 bis 215°, aus XI; 86%. — *3-Phenyl-4-cyan-*, F. 49–51°, aus VIII, $CSCl_2$ u. Triäthylamin in abs. Ae. bei 0–5°; 2,4%. — *5-Methyl-3-phenyl-5-äthoxycarbonyl-*, $C_{13}H_{13}NO_2S$, F. 54–55° (Skellysolve B), a) aus II u. V in sd. DMS u. Rk. mit J_2 u. K_2CO_3 in Bzl. bei 28°; ca. 15%; daneben *Acetophenon*; b) aus XII u. trockenem HCl-Gas in sd. abs. C_2H_5OH.
Hans Köhne/Berlin 3142△

1235 **Umsetzung von 3.5-disubstituierten 2-Imino-1.3.4-oxdiazolinen mit Isothiocyanaten.** Heinz Gehlen und Peter Demin. (Z. Chem. 7 (1967) 12, 458; Chem. Inst. der Pädagog. Hochschule Potsdam; dt.) — Durch 10 bis 30 Min. langes Erhitzen entsprechender Oxdiazoline mit Senfölen in A. (Meth. A) bzw. Aceton (Meth. B) wurden in 70–90%ig. Ausb. nachst. Thioharnstoffe gewonnen: *N-[3-Methyl-5-phenyl-1.3.4-oxdiazolinyliden]-N'-phenyl-*, F. 140–141°, nach A. — *N-[3-Methyl-5-(m-nitrophenyl)-1.3.4-oxdiazolinyliden]-N'-phenyl-*, F. 170–171°, nach A. — *N-[3-Äthyl-5-(p-nitrophenyl)-1.3.4-oxdiazolinyliden]-N'-phenyl-*, F. 159–160°, nach A. — *N-[3-Methyl-5-phenyl-1.3.4-oxdiazolinyliden]-N'-benzoyl-*, F. 145–146°, nach B. — *N-[3-Äthyl-5-phenyl-1.3.4-oxdiazolinyliden]-N'-benzoyl-*, F. 135–137°, nach B. — *N-[3-Methyl-5-phenyl-1.3.4-oxdiazolinyliden]-N'-äthoxycarbonyl-*, F. 161–163,5°, nach B. UV-Maxima s. Original.
H.-J. Jahns 3163△

1236 **2.1.3-Thia- und -Selenadiazole. 43. Mitt. Chlorierung und Chlormethylierung.** V. G. Pesin und E. K. D'jačenko. (Chim. geterocikličeskich Soedinenij **1967**, 1, 97–99; Leningradskij chim.-farmac. inst.; russ.) — Die Chlormethylierung von Benzo-2.1.3-thiadiazol (I) u. 5.6-Dimethylbenzo-2.1.3-thiadiazol (II) wird durch Basen u. Pseudobasen [Paraformaldehyd (III), Urotropin, DMF] gehemmt. Bei der Chlorierung von I in Abwesenheit von III (½std. Einleiten von Cl_2 in I in Ggw. von Fe bei 100°) wird *4.7-Dichlorbenzo-2.1.3-thiadiazol*, in Ggw. von III *4-Chlorbenzo-2.1.3-thiadiazol* erhalten. Die red. Spaltung der Verb. (1std. Erhitzen des Rk.-Prod. mit konz. HCl u. $SnCl_2$) liefert *1.4-Dichlor-2.3-diaminobenzol* u. wenig *o-Phenylendiamin* (IV) u. *3-Chlor-1.2-diaminobenzol* (V) bzw. (bei Chlorierung in Ggw. von III) lediglich IV u. V. Die Chlormethylierung von I mit α.α'-Dichlordimethyläther (VI) in Ggw. von $AlCl_3$ liefert *4.7-Bis-[chlormethyl]-benzo-2.1.3-thiadiazol*, in Ggw. von III daneben *4-Chlormethylbenzo-2.1.3-thiadiazol*. In Ggw. größerer Mengen III wird I nicht chlormethyliert. Die Chloreriung von II in Ggw. von Fe liefert bei Abwesenheit u. in Ggw. von III *4.7-Dichlor-5.6-dimethylbenzo-2.1.3-thiadiazol*, dessen red. Spaltung *3.6-Dichlor-4.5-dimethyl-1.2-diaminobenzol* gibt. — *4.7-Bis-[chlormethyl]-5.6-dimethylbenzo-2.1.3-thiadiazol* [$C_{10}H_{10}Cl_2N_2S$, F. 169–171° (A.); Nadeln; 75,5% (Ausb.)] wird durch 6std. Erhitzen von 10 g II mit 12,5 ml VI in Ggw. von 60 ml $ClSO_3H$ oder 30 g $AlCl_3$ auf 70–75° dargestellt.
Helmut Schäfer 3173△

1237 **2.1.3-Thia- und -Selenadiazole. 44. Mitt. Chlormethylierung von 4- und 5-Chlorbenzo-2.1.3-thiadiazol und -selenadiazol.** V. G. Pesin und E. K. D'jačenko. (Chim. geterocikličeskich Soedinenij **1967**, 1, 100–05; russ.) — 43. vgl. vorst. Referat. — Durch Chlormethylierung von 4-Chlor- (I) u. 5-Chlorbenzo-2.1.3-thiadiazol (II) werden *4-Chlor-7-chlormethyl-* (III) u. *5-Chlor-4-chlormethylbenzo-2.1.3-thiadiazol* (IV) dargestellt. III u. IV, werden in *4-Chlor-7-methyl-*, *5-Chlor-4-methyl-*, *4-Methyl-5.7-dichlor-*, *4-Chlor-7-hydroxymethyl-*, *5-Chlor-4-hydroxymethyl-*, *5-Chlor-4-carboxymethyl-*, *4-Chlor-7-cyanmethyl-* u. *4-Chlor-7-carboxymethylbenzo-2.1.3-thiadiazol* übergeführt. Durch red. Spaltung von I u. Cyclisierung mit SeO_2 wird *4-Chlorbenzo-2.1.3-selenadiazol* (V) synthetisiert. Die bei der red. Spaltung der Chlormethylderiv. von I, II, V u. 5-Chlorbenzo-2.1.3-selenadiazol entstehenden o-Phenylendiaminderiv. werden durch Dünnschichtchromatographie als *4-Chlor-2.3-diaminotoluol* u. *6-Chlor-2.3-diaminotoluol* (Hauptprod.) identifiziert.

Versuche: Benzo-2.1.3-thiadiazole: *4-Chlor-7-chlormethyl-* (III), $C_7H_4Cl_2N_2S$, F. 104–105° (A.), durch 1std. Erhitzen von 0,02 (Mol) I mit 0,08 $AlCl_3$ u. 0,04 α.α'-Dichlordimethyläther (VI) auf 100°; 95% (Ausb.). — *5-Chlor-4-chlormethyl-* (IV), $C_7H_4Cl_2N_2S$, F. 109–110° (verd. Essigsäure), analog aus II u. VI; 92%. — *4-Chlor-7-methyl-*, F. 135,5–137° (CH_3OH), durch 3std. Kochen von III mit $SnCl_2$ in konz. HCl, Gießen in 25%ig. NaOH, Extraktion mit Bzl., Eindampfen u. 1std. Erhitzen des Rückstandes mit $SOCl_2$ in abs. Py. auf 50°; Nadeln. — *5-Chlor-4-methyl-*, $C_7H_5ClN_2S$, F. 74–75° (A.–W.), durch Rk. von 9 g IV mit $SnCl_2$, dann mit $SOCl_2$ nach vorst. Meth.; 2,5 g. — *4-Methyl-5.7-dichlor-*, F. 113–115°, durch 20 Min. langes Einleiten von Cl_2 in vorst. Verb. u. Fe bei 100°. — *4-Chlor-7-hydroxymethyl-*, $C_7H_5ClN_2OS$, F. 130° (W.), durch 4std. Kochen von III mit K_2CO_3 in W.; Nadeln; 37%. — *5-Chlor-4-hydroxymethyl-*, $C_7H_5ClN_2OS$, F. 100–101° (W.), durch 8std. Kochen von IV mit K_2CO_3 in W.; Nadeln; 5,5%. — *5-Chlor-4-carboxymethyl-*, $C_8H_5ClN_2O_2S$, F. 176–178° (A.), durch 7std. Rühren von IV mit KCN in A. u. W., Filtrieren in der Hitze, Lösen des beim Abkühlen erhaltenen Nd. in Essigsäure u. HCl u. 4std. Kochen; 21%. — *4-Chlor-7-cyanmethyl-*, $C_8H_4ClN_3S$, F. 146° (Essigsäure–W., A.–W.), durch 2std. Kochen von 0,55 g III mit 0,2 g KCN in 3 ml 50%ig. A.; 0,4 g. — *4-Chlor-7-carboxymethyl-*, $C_8H_5ClN_2O_2S$, F. 190° (A.), durch 5std. Kochen vorst. Verb. mit Essigsäure u. konz. HCl; 74%. — *4-Chlorbenzo-2.1.3-selenadiazol* (V), F. 158–160°, durch 3std. Kochen von I mit $SnCl_2$ in konz. HCl, Gießen in 30%ig. NaOH, Extrahieren mit Ae., Eindampfen, Behandeln des verbliebenen Öls mit HCl, Lösen des Nd. in heißem W. u. Versetzen mit Na_2SeO_3.
Helmut Schäfer 3173△

1238 **Cyclische Endiolphosphate aus Dialkylchlorphosphiten und α-Diketonen.** I. P. Gozman und V. A. Kuchtin. (Ž. obšč. Chim. 37/99 (1967) 4, 881–84; Inst. org. i fiz. chimii im. Arbuzova AN SSSR, Kazan'; russ.) — Diacetyl u. Benzil bilden in der Endiolform mit Dialkylchlorphosphiten (A) zunächst Anlagerungsprod., die unter Abspaltung von Alkylchlorid unter Arbuzov-Umlagerung zu *1-Alkoxy-1-oxo-3.4-dimethyl(diphenyl)-2.5-dioxaphospholenen* cyclisieren.

Versuche: 1-Alkoxy-1-oxo-3.4-dimethyl-2.5-dioxaphospholene: a) durch 8—10std. Erhitzen von Diacetyl mit den A auf 100° im Rohr; b) im Dest.-Kolben unter Abdest. des Alkylchlorids: *Äthoxy-*, $C_6H_{11}O_4P$, Kp.$_8$ 118,5°, nach a); n_D^{20} 1,4325; $D._4^{20}$ 1,1755; 61,0% (Ausb.). — *Propoxy-*, $C_7H_{13}O_4P$, Kp.$_{0,02}$ 67,5 bis 68,5°, nach b); n_D^{20} 1,4350; $D._4^{20}$ 1,1496; 55,5%. — *n-Butoxy-*, $C_8H_{15}O_4P$, Kp.$_{0,02}$ 72—72,5°, nach b); n_D^{20} 1,4380; $D._4^{20}$ 1,1180; 45,0%. — *Isobutoxy-*, $C_8H_{15}O_4P$, Kp.$_{0,02}$ 62—63°, nach a); n_D^{20} 1,4371; $D._4^{20}$ 1,1150; 53,5%. — 1-Alkoxy-1-oxo-3.4-diphenyl-2.5-dioxaphospholene: a) aus Benzil u. den A bei 150° im Rohr; b) durch 6std. Erhitzen von Benzil mit den A im Kolben mit Dephlegmator auf 135°/30—40 mm u. 2std. Erhitzen auf 150°/0,02 mm: *Äthoxy-*, $C_{16}H_{15}O_4P$, Kp.$_{0,005}$ 150—152°, nach a); n_D^{20} 1,5660; 45,3%. — *n-Butoxy-*, $C_{18}H_{19}O_4P$, Kp.$_{0,002}$ 173—174°, nach a); n_D^{20} 1,5675; 46,0%. — *Isobutoxy-*, $C_{18}H_{19}O_4P$, Kp.$_{0,003}$ 150 bis 152°, F. 65—67,5°; nach b); 50,7%.

L. Berseck 3183△

1239 **Kondensation von 2.6-Diphenylpyron-(4) mit Carbanionen.** Thomas M. Harris und Constance M. Harris. (J. org. Chemistry **32** (1967) 4, 970—75; Dep. of Chem., Vanderbilt Univ., Nashville, Tenn.; engl.) — Na-Diphenylmethan (Na-III) reagiert am $C_{(2)}$ mit der Titelverb. (I) unter nachfolgender Ringöffnung zu *1.5.6.6-Tetraphenyl-Δ⁴-* (II) u. *-Δ⁵-hexendion-(1.3)* (V). Beide Diketone geben mit $NaNH_2$ in fl. NH_3 des *Dianion*, aus dem mit NH_4Cl in fl. NH_3 93—94% V neben 6—7% II zurückgewonnen werden. Der Einfl. der Rk.-Bedingungen auf die Ausb. an II u. V, deren Struktur chem. u. spektroskop. bewiesen wird, wird diskutiert. In fl. HF wird II sowie V zu *1-Phenacyl-3.4-diphenylnaphthalin* cyclisiert. Na-Acetophenon (Na-VII) sowie Di-Na-Benzoylaceton (Na-IX) reagieren analog Na-III, jedoch liegen die erhaltenen *1.5.7-Triphenyl-Δ⁴-* u. *-Δ⁵-heptentrione-(1.3.7)* bzw. *1.5.9-Triphenyl-Δ⁴-nonentetraon-(1.3.7.9)* als *cycl. Hemiketale* (VI bzw. VIII) vor, deren dehydratisierende Aromatisierung zu *3-substituierten 4-Benzoyl-5-hydroxybiphenylen* führt. HF dehydratisiert 2-Hydroxy-6-phenacyliden-2.4-diphenyl-5.6-dihydro-2H-pyran (VI) zum entsprechenden *4H-Pyran*. Die Rk. des Na-Salzes von Na-Phenylessigsäure (Na-IV-Na-Salz) mit I gibt in fl. NH_3 bzw. in Ae. in Ggw. von NH_3 2 *isomere 5.7-Dioxohepten-(3)-säuren*, die sich in fl. HF beide in *3.4-Diphenyl-6-phenacylpyron-(2)* umwandeln.

Versuche (F. korr.): *2.6-Diphenylpyron-(4)* (I), aus Aceton u. Benzoesäuremethylester mit NaH u. Rk. des *1.5-Diphenylpentantrions-(1.3.5)* mit fl. HF. — *1.5.6.6-Tetraphenylhexen-(4)-dion-(1.3)* (II), $C_{30}H_{24}O_2$, F. 101,5—103° (A./Hexan), aus I u. Na-III in fl. NH_3; 66% (Ausb.); daneben wenig V. — *1.5.6.6-Tetraphenylhexen-(5)-dion-(1.3)* (V), F. 174—175° (Aceton), a) analog II mit 1 Val Na-III; 43%; b) aus II in Triäthylamin bei 100°; 75%. — *4.5.5-Triphenylpenten-(4)-on-(2)*, $C_{23}H_{20}O$, F. 147,5—148,5° (A.), aus II in 10%ig. NaOH bei 140°; 81%; daneben 39% *Benzoesäure*. — *1-Phenacyl-3.4-diphenylnaphthalin*, $C_{30}H_{22}O$, F. 154—155° (A.), a) aus V in fl. HF; 98%; b) analog a) aus II; 92%. *2.4-Dinitrophenylhydrazon*, $C_{36}H_{26}N_4O_4$, F. 236—237,5° (A./Äthylacetat). — *2-Hydroxy-6-phenacyliden-2.4-diphenyl-5.6-dihydro-2H-pyran* (VI), $C_{25}H_{20}O_3$, F. 206—208° (Zers.; Aceton/A.), analog II aus Na-VII; 60%. — *2-Hydroxy-4.6-diphenylbenzophenon*, $C_{25}H_{18}O_2$, F. 159 bis 160° (CS_2), aus VI in Py. bei 140°; 73%. — *2-Phenacyliden-4.6-diphenyl-2H-pyran*, $C_{25}H_{18}O_2$, F. 162—163° (A.), aus VI in fl. HF; 81%. — *2-Hydroxy-2-phenacyl-6-phenacyliden-4-phenyl-5.6-dihydro-2H-pyran* (VIII), $C_{27}H_{22}O_4$, F. 156—158° (Zers.; A.), analog II aus Na-IX; 56%. — *2-Hydroxy-6-phenacyl-4-phenylbenzophenon*, $C_{27}H_{20}O_3$, F. 176,5—177° (A./W.), aus VIII in A. bei 100°; 86%. — *2.3.7-Triphenyl-5.7-dioxo-Δ³-heptensäure*, $C_{25}H_{20}O_4$, F. 165—165,5° (Zers.; Bzl.), analog II aus Na-IV-Na-Salz; 65%. *Isomeres*, F. 125—126° (Zers.; Bzl./Hexan), analog in Ae. in Ggw. von NH_3; 58%. — *6-Phenacyl-3.4-diphenylpyron-(2)*, $C_{25}H_{18}O_3$, F. 164,5—166° (Bzl./Hexan), a) aus vorst. Verb. in fl. HF; 90%; b) analog a) aus vorst. Isomeren; 88%. *2.4-Dinitrophenylhydrazon*, $C_{31}H_{22}N_4O_6$, F. 227—229° (Äthylacetat).

W. Senf 3211△

1240 **Spektralbeweis der Struktur von drei dem Theaflavin, einem orangeroten Pigment des schwarzen Tees, verwandten Flavanotropolonen.** Y. Takino, A. Ferretti, V. Flanagan, M. A. Gianturco und M. Vogel. (Canad. J. Chem. **45** (1967) 17, 1949—56; Dep. of Agricult. Chem., Tokyo Univ. of Educat., Tokyo; engl.) — Durch NMR- u. Massenspektren werden die Strukturen von Categallin (3.5.7-Trihydroxy-2-[3.4.6-trihydroxy-5-oxo-5H-benzocycloheptenyl-(8)]-chroman), Pyrogallin (3.5.7-Trihydroxy-2-[2.3.4.6-tetrahydro-5-oxo-5H-benzocycloheptenyl-(8)]-chroman) bzw. Erycetin (3.5.7-Trihydroxy-2-[3.4.6-trihydroxy-5-oxo-5H-benzocycloheptenyl-(8)]-chromon) bewiesen. Durch Ox. von 4-Methylbrenzcatechin (I) u. Pyrogallol bzw. 5-Methylpyrogallol (II), Brenzcatechin (III) u. II bzw. I u. Gallussäure mit $K_3[Fe(CN)_6]$ bzw. H_2O_2 u. Peroxydase werden *3.4.6-Trihydroxy-1-methyl-*, *1.8-Dimethyl-3.4.6-trihydroxy-*, *3.4.6-Trihydroxy-8-methyl-* bzw. *1-Methyl-3.4.6-trihydroxy-8-carboxy-5-oxo-5H-benzocyclohepten* dargestellt. Bei der oxydativen Kupplung von II mit III bzw. I entsteht ein farbloses Nebenprod., das auch bei der Ox. von II mit $K_3[Fe(CN)_6]$ bzw. Peroxydase/H_2O_2 erhalten wird.

Versuche (F. korr.): 3.4.6-Trihydroxy-5-oxo-5H-benzocycloheptene: *1-Methyl-*, $C_{12}H_{10}O_4$, F. 208° (Sintern ab 165°; CH_3OH), a) aus 10 g Pyrogallol, I u. $K_3[Fe(CN)_6]$ in $NaHCO_3$-Lsg.; 3 g (Ausb.); b) aus 1 g Pyrogallol, I u. 10%ig. H_2O_2 in W. in Ggw. von Peroxydase; 355 mg. — *1.8-Dimethyl-*, $C_{13}H_{12}O_4$, F. 228° (Sintern bei 185°; CH_3OH), nach a) bzw. b) aus 2,84 g bzw. 0,4 g II u. I; 414 mg bzw. 69 mg; daneben *Verb.* $C_{14}H_{12}O_6$. — *8-Methyl-*, F. 204—205° (CH_3OH), aus 2,84 g II u. III; 0,163 g; daneben 1,87 g *Verb.* $C_{14}H_{12}O_6$. — *1-Methyl-8-carboxy-*, $C_{13}H_{10}O_6$, F. unscharf (Eisessig), aus 1 g Gallussäure u. I; 600 mg. — *Verb.* $C_{14}H_{12}O_6$, Zers. bei 232° (DMS), aus II nach a) bzw. b); ca. 100%.

Hans Köhne/Berlin 3211△

1241 **Kondensation einiger natürlicher Furochromone mit 1.2-Diphenylpyrazolidindion-(3.5) und mit basischen aromatischen Aldehyden.** Giovanni Renzi, Antonietta Stener und Vittorio Dal Piaz. (Ann. Chimica **57** (1967) 3, 279—91; Firenze, Ist. di Chim. Farmaceut. dell'Univ.; ital.) — Folgende Verb. werden dargestellt: *1.2-Diphenyl-4-[4.9-dimethoxy-7-methyl-5H-furo-[3.2:g]-[1]-benzopyranyliden-(5)]-pyrazolidindion-(3.5)*, $C_{29}H_{22}N_2O_6$, F. 285° (Dioxan), aus Khellin u. 1.2-Diphenylpyrazolidindion-(3.5) (I) in Acetanhydrid bei 120°; rote Kristalle. — *Desmethylkhellin*, F. 199—200° (A.), aus vorst. Verb. mit Essigsäure u. konz. HCl. — *1.2-Diphenyl-4-[4-methoxy-7-methyl-5H-furo-[3.2:g]-[1]-benzopyranyliden-(5)]-pyrazolidindion-(3.5)*, $C_{28}H_{20}N_2O_5$, F. 265° (Dioxan), analog vorvorst. Verb. aus Visnagin u. I; gelbe Kristalle. — 5-[1.2-Diphenyl-3.5-dioxopyrazolidinyliden-(4)]-furo-[3.2:g]-[1]-benzopyrane: *4.9-Dimethoxy-7-styryl-*, $C_{36}H_{26}N_2O_6$, F. 260—262° (Dioxan), aus Benzalkhellin u. I analog vorst. Verb.; rote Kristalle. — *4.9-Dimethoxy-7-[p-methoxystyryl]-*, $C_{37}H_{28}N_2O_7$, F. 274—276° (Dioxan), aus Anisalkhellin u. I; rote Kristalle. — *4.9-Dimethoxy-7-[β-styrylvinyl]-*, $C_{38}H_{28}N_2O_6$, F. 265° (Dioxan), aus Cinnamylidenkhellin u. I; rote Kristalle. — *4.9-Dimethoxy-7-{β-[thienyl-(2)]-vinyl}-*, $C_{34}H_{24}N_2O_6S$, F. 239 bis 241° (Dioxan), aus II u. I in Acetanhydrid bei 130°; rote Kristalle. — *4-Methoxy-7-{β-[thienyl-(2)]-vinyl}-*, $C_{33}H_{22}N_2O_5S$, F. 280—282° (Dioxan), aus nachst. Verb. u. I; orangerote Kristalle. — *α-[Thenyliden-(2)]-visnagin*, $C_{18}H_{12}O_4S$, F. 174—175° (A.), aus Visnagin u. Thiophen-2-carbaldehyd in abs. A. in Ggw. von Na-Äthylat; gelbe Nadeln. — *α-[Thenyliden-(2)]-khellin* (II), $C_{19}H_{14}O_5S$, F. 183—184° (A.), aus Khellin u. Thiophen-2-carbaldehyd in abs. A. in Ggw. von Na-Äthylat. — *4.9-Dimethoxy-7-[o-(β-dimethylaminoäthoxy)-styryl]-5H-furo-[3.2:g]-[1]-benzopyranon-(5)*, $C_{25}H_{25}NO_6$, F. 107—110° (Bzl./PAe.), aus Khellin u. nachst. Verb. in abs. A. in Ggw. von Na-Äthylat; gelbe Kristalle. — *o-[β-Dimethylaminoäthoxy]-benzaldehyd*, Kp.$_6$ 120°. *Hydrochlorid*, $C_{11}H_{16}ClNO_2$, F. 216—217° (A./Ae.), durch Einleiten von HCl. *Pikrat*, $C_{17}H_{18}N_4O_9$, F. 125—126° (A.). — *o-[β-Diäthylaminoäthoxy]-benzaldehyd*, $C_{13}H_{19}NO_2$, Kp.$_6$ 157°, aus Salicylaldehyd, β-Diäthylaminoäthylchlorid u. Na-Äthylat in sd. Chlorbenzol. *Hydrochlorid*, $C_{13}H_{20}ClNO_2$, F. 145 bis 146° (abs. A./Ae.). *Pikrat*, $C_{19}H_{22}N_4O_9$, F. 121—122° (abs. A.). — *4.9-Dimethoxy-7-[o-(β-diäthylaminoäthoxy)-styryl]-5H-furo-[3.2:g]-[1]-benzopyranon-(5)*, $C_{27}H_{29}NO_6$, F. 76—78° (Bzl./PAe.), aus vorst. Verb. u. Khellin; gelbe Kristalle. *Hydrochlorid*, $C_{27}H_{30}ClNO_6$, F. 237° (Zers.; abs. A./Ae.). *Pikrat*, $C_{33}H_{32}N_4O_{13}$, F. 185—186°. — *4-[β-Dimethylaminoäthoxy]-benzaldehyd*, $C_{11}H_{15}NO_2$, Kp.$_{2,2}$ 145°. — *4.9-Dimethoxy-7-[p-(β-dimethylaminoäthoxy)-styryl]-5H-furo-[3.2:g]-[1]-benzopyranon-(5)*, $C_{25}H_{25}NO_6$, F. 123—125° (Bzl./PAe.), aus vorst. Verb. u. Khellin; gelbe Kristalle. — *p-[β-Diäthylaminoäthoxy]-benzaldehyd*, Kp.$_6$ 168°, analog dem o-Isomeren. *Pikrat*, $C_{19}H_{22}N_4O_9$, F. 140—141° (abs. A.). — *4.9-Dimethoxy-7-[p-(β-diäthylaminoäthoxy)-styryl]-5H-furo-[3.2:g]-[1]-benzopyranon-(5)*, $C_{27}H_{29}NO_6$, F. 95—97° (Bzl./PAe.), aus vorst. Verb. u. Khellin; gelbe Kristalle. *Pikrat*, $C_{33}H_{32}N_4O_{13}$, F. 199 bis 200° (A./Ae.). — IR-Spektren vgl. Original.

P. Golinske 3211△

1242 **Synthese von substituierten Thiabicyclanen.** 1. Mitt. **Neue Synthese von cis-1-Thiahydrindan und cis-2-Thiabicyclo-[3.3.1]-nonan.** N. P. Volynskij, G. D. Gal'pern und A. B. Urin. (Chim. geterocikličeskich Soedinenij **1967**, 6, 1031—35; Inst. neftechim. sinteza AN SSSR, Moskva; russ.) — Aus 3-Hydroxymethylcyclohexen (I) wurde mit $SOCl_2$ die *3-Chlormethylverb.* (II) erhalten, die durch Grignard-Rk. mit Mg u. Formaldehyd (III) in *3-[β-Hydroxyäthyl]-hexen* (IV) übergeführt wurde. Aus **IV** wurde über *3-[β-Chloräthyl]-cyclohexen* (V) durch Erhitzen mit NaSH ein Gemisch von *cis-1-Thiahydrindan* (VI) u. *cis-2-Thiabicyclo-[3.3.1]-nonan* (VII) im Verhältnis ca. 1 : 1 erhalten u. durch Gas–Fl.-Chromatographie getrennt. Das **VI–VII**-Gemisch entstand auch aus 3-[β-Mercaptoäthyl]-cyclohexen (VIII) durch Cyclisierung in Ggw. von Azo-disobuttersäurenitril (IX). — IR-Spektren von **VI** u. **VII** s. Original.

Versuche: Cyclohexene: *3-Chlormethyl-* (II), $C_7H_{11}Cl$, Kp.$_{23}$ 65—66°, durch Zutropfen von $SOCl_2$ zu I u. 2std. Erhitzen auf 80°; n_D^{20} 1,4880; $D._4^{20}$ 1,0263; 67% (Ausb.). — *3-[β-Hydroxyäthyl]-* (IV), $C_8H_{14}O$, Kp.$_{23}$ 109—111°, durch Einleiten von gasf. **III** in die Grignard-Verb. von **II** in Ae., Zerlegen mit verd. HCl (1 : 2) u. Methanolyse des teilweise entstandenen Formals durch 3—4std. Kochen mit methanol. H_2SO_4; n_D^{20} 1,4869; $D._4^{20}$ 0,9580; 55,5%. — *3-[β-Chloräthyl]-* (V), $C_8H_{13}Cl$, Kp.$_{23}$ 84—87°, aus **IV** analog **II**; n_D^{20} 1,4867; $D._4^{20}$ 1,0055; 80%. — *3-[β-Mercaptoäthyl]-* (VIII), $C_8H_{14}S$, Kp.$_{20}$ 100—102°, durch Zugabe von S zur Grignard-Verb. von **V** in Ae. u. ½std. Rühren; 46%. — *cis-1-Thiahydrindan* [VI, $C_8H_{14}S$, Kp.$_{20}$ 103°; n_D^{20} 1,5300; $D._4^{20}$ 1,0391] u. *cis-2-Thiabicyclo-[3.3.1]-nonan* [VII; $C_8H_{14}S$, F. 101—103° in zugeschmolzener Kapillare], a) durch 3std. Erhitzen von **V** mit alkohol. NaSH-Lsg. auf 130° im Autoklaven; 86,5%; b) durch 20std. Erhitzen von **VIII** in Heptan in Ggw. von **IX** auf 80°; 90% (**VI** + **VII**).

A. Černý 3221△

1243 **Synthese von Hydrothioxanthenen.** 1. Mitt. V. G. Charčenko und T. I. Krupina. (Chim. geterocikličeskich Soedinenij **1967**, 3, 468—70; Saratovskij politechn. inst.; russ.) — Bei Einw. von P_2S_5 auf Bis-[2-oxocyclohexyl]-methan (I) entstehen *Perhydro-* (II), *1.2.3.4.5.6.7.8-Octahydrothioxanthen-* u. *Thioxanthen*. IR-Daten sind angegeben.

Versuche: *Perhydrothioxanthen* (II), $C_{13}H_{22}S$, F. 70—71,5° (A.), durch Zugabe von P_2S_5 zu I in Toluol oder Xylol unter N_2 oder CO_2 u. 1—2std. Erhitzen; Stäbchen; 25% (Ausb.). *S.S-Dioxid*, $C_{13}H_{22}O_2S$, F. 146 bis 147° (A.), durch Zugabe von 30%ig. H_2O_2 zu **II** in Eisessig u. 2std. Erhitzen; 100%. *$HgCl_2$-Komplex*, $C_{13}H_{22}S \cdot HgCl_2$, F. 192—193,5°, aus **II** in abs. Ae. mit $HgCl_2$. *Perchlorat*, $C_{13}H_{22}S \cdot HClO_4$, F. 186—187° (Essigsäure), durch Zugabe von 70%ig. $HClO_4$ zu **I** in abs. Ae. + Acetanhydrid bei —70°; Prismen. — *1.2.3.4.5.6.7.8-Octahydrothioxanthen*, $C_{13}H_{18}S$, Kp.$_3$ 132—134°, neben **II**; hellgelb; 20%. — *Thioxanthen*, $C_{13}H_{10}S$, F. 129—130° (A.), a) neben **II**; Nadeln; 1%; b) durch 2std. Erhitzen von **II** mit 5%ig. Pd/Kohle unter CO_2 auf 300—320°; c) durch langsames Erhitzen vorst. Verb. mit S unter CO_2 auf 250° u. ca. 5 Min. langes Halten bei 250°.

H.-J. Graubaum 3221△

1244 **Darstellung, Struktur und einige Eigenschaften von Thiaxanthon-S-oxid.** J. P. A. Castrillón und H. Harry Szmant. (J. org. Chemistry **32** (1967) 4, 976—79; Puerto Rico Nuclear Center, Univ. of Puerto Rico, San Juan, Puerto Rico; engl.) — Thiaxanthon (II) sowie 2-Chlorthiaxanthon (V) werden durch Jodosobenzoldiacetat (III) zu den *Sulfoxiden* (A) oxydiert. Thiaxanthon-S-oxid (I) bildet ein *2.4-Dinitrophenylhydrazon* (IV), das mit HCl/Dioxan leicht zu *Thiaxanthon-2.4-dinitrophenylhydrazon* red. wird. **IV** gibt ein purpurfarbenes *Monohydrat*. Die spektroskop. Unters. von **I** läßt es noch offen, ob **I** in einer koplanaren Konform. oder in einer gewinkelten Konform., bei der die S—O-Bindung axial oder äquatorial gerichtet sein kann, vorliegt. Die axiale Konform. scheint beim Thianthren-S-oxid u. **I** bevorzugt zu sein, dagegen die äquatoriale Konform. beim Phenoxathiin-S-oxid. Ein Isomeres von **I** ließ sich nicht nachweisen. HCl/Dioxan-Red. von **I** gibt **II**. Die UV- u. IR-Spektren der **A** werden diskutiert.

Versuche: *Thiaxanthon-S-oxid* (I), $C_{13}H_8O_2S$, F. 202—204° (A.), a) aus **II** u. **III** in sd. Eisessig; 78% (Ausb.); b) analog a) mit $NaJO_4$ bzw. N-Bromsuccinimid; daneben **VI**. *2.4-Dinitrophenylhydrazon* (IV), $C_{19}H_{12}N_4O_5S$, F. 255,5—256,5° (Zers.; $CHCl_3$/A.). *2.4-Dinitrophenylhydrazonmonohydrat*, $C_{19}H_{12}N_4O_5S \cdot H_2O$, F. 164—167° u. 254—259°. — *Thiaxanthon* (II), aus **I** mit HCl/Dioxan. *2.4-Dinitrophenylhydrazon*, $C_{19}H_{12}N_4O_4S$, F. 272,5—274° (Zers.; Toluol), aus 1,15 g **IV** analog **II**; 0,49 g. — *Thiaxanthon-S.S-dioxid* (VI), F. 185—187° (Eisessig), durch $KMnO_4$-Ox. von **I** in Eisessig. *2.4-Dinitrophenylhydrazon*, $C_{19}H_{12}N_4O_6S$, F. 270,5—271° (Zers.). — *2-Chlorthiaxanthon-S-oxid*, $C_{13}H_7ClO_2S$, F. 176,5—177° (A.), aus 2,47 g **V** analog **I**; 0,79 g. *2.4-Dinitrophenylhydrazon*, $C_{19}H_{11}Cl \cdot N_4O_5S$, F. 268,5—269° (Zers., $CHCl_3$/A.). — *2-Chlorthiaxanthon-S.S-dioxid*, F. 227,5—229,5°, analog **VI**. *2.4-Dinitrophenylhydrazon*, $C_{19}H_{11}ClN_4O_6S$, F. 278—278,5° (Zers.; Toluol).

W. Senf 3221△

1245 **Synthese von 2.5-Diphenylpyridin.** Dieter Münzner, Herbert Lettau und Hermann Schubert. (Z. Chem. 7 (1967) 7, 278; Inst. für Organ. Chem. der Martin-Luther-Univ. Halle-Wittenberg, Halle (Saale); dt.) — Es werden dargestellt: *1.4-Diphenyl-4-cyan-4-äthoxycarbonylbuten-(2)-on-(1)*, $C_{20}H_{17}NO_3$, F. 108—109° (A.), aus Phenylcyanessigester, Na u. Phenyl-β-chlorvinylketon in Toluol; 60% (Ausb.). — *6-Hydroxy-2.5-diphenylpyridin*, $C_{17}H_{13}NO$, F. 260—261° (DMF), aus vorst. Verb. u. 80%ig. H_2SO_4; 90%. — *6-Chlor-2.5-diphenylpyridin*, $C_{17}H_{12}ClN$, F. 102—103° (verd. A.), aus vorst. Verb. mit $POCl_3$ im Rohr; 85%. — *2.5-Diphenylpyridin*, $C_{17}H_{13}N$, F. 174—174,5° (verd. A.), durch Hydrieren vorst. Verb. in A. in Ggw. von MgO u. Pd–Kohle bei 60°; 90%.

K.-P. Hilgetag 3231△

1246 **Additions- und Kondensationsprodukte des N-Acetonylpyridiniumchlorids.** Bodo Lipke und Hans-Hartwig Stroh. (Z. Chem. 7 (1967) 12, 457—58; Inst. für Chem., Landw.-gärtner. Fak. der Humboldt-Univ., Berlin; dt.) — N-Acetonylpyridiniumchlorid (I) reagiert in CH_3OH oder A. mit Phenyl- (II) u. p-Nitrophenylhydrazin zu den entsprechenden *Pyridinioacetonarylhydrazonchloriden*; mit p-Chlor- (III), p-Brom- u. p-Methylphenylhydrazin liefert **I** dagegen nur die Additionsprod., die *1-Pyridinio-2-arylhydrazinopropanol-(2)-chloride*. In 50%ig. Essigsäure entsteht aus **I** u. **II** bzw. **III** bei 90° im Gegensatz zu Schmidt u. Knuttel [1898] nicht das Arylhydrazonchlorid, sondern das entsprechende *Phenylosazon des Methylglyoxals*.

Versuche: Pyridinioacetonarylhydrazonchloride, durch Versetzen von **I** in CH_3OH oder A. mit dem entsprechenden Arylhydrazin in A., kurzes Erwärmen, mehrstd. Stehen bei Raumtemp., Digerieren mit Ae., Filtrieren, Lösen des Rückstands in A., Fällen mit Ae. u. Kristallisieren aus 90%ig. A. (Meth. **A**): *-phenylhydrazon-*, F. 149—152°; 50% (Ausb.). — *-[p-nitrophenylhydrazon]-*, F. 210—213°; 70%. — 1-Pyridiniopropanol-(2)-chloride, nach **A**: *2-[p-Tolylhydrazino]-*, F. 59—61°; 30%. — *2-[p-Chlorphenylhydrazino]-*, F. 110 bis 111°; 60%. — *2-[p-Bromphenylhydrazino]-*, F. 129—140°; 65%. — Methylglyoxalosazone, durch Versetzen von **I** in W. mit dem entsprechenden Arylhydrazin in

50%ig. Essigsäure u. 5–8std. Erwärmen auf 90°: -*phenylosazon*, F. 152–153° (80%ig. A.); 8%. — -[*p-chlorphenylosazon*], F. 181–183° (80%ig. A.); 40%.
H. J. Jahns 3231△

1247 **Alkylierung von 2-Aminopyridin.** S. I. Burmistrov und V. A. Krasovskij. (Chim. geterociklíčeskich Soedinenij **1967**, 1, 173–74; Dnepropetrovskij chim.-technol. inst.; russ.) — Durch Zugabe von Cyclohexanol oder Isopropanol zu 2-Aminopyridin in 80%ig. bzw. 85%ig. H_2SO_4 bei 60°, 6std. Rühren bei 60–70° bzw. 80°, Gießen auf Eis u. Neutralisieren mit konz. NH_3-Lsg. werden dargestellt: *2-Cyclohexylaminopyridin*, F. 125° (Heptan); 70% (Ausb.). *Pikrat*, F. 184–185° (A. + Essigsäure); gelbe Nadeln. — *2-Isopropylaminopyridin*, $C_8H_{12}\cdot N_2$, Kp.$_{4-5}$ 84–86°, F. 41,5–42,5° (Heptan), Extrahieren mit Ae.; Nadeln; 67%. *Pikrat*, $C_8H_{12}N_2 \cdot C_6H_3N_3O_7$, F. 180–182° (verd. A.); gelbe Nadeln.
H. J. Graubaum 3231△

1248 **Schmidt-Reaktion in der Reihe der Pyridincarbonsäuren.** V. L. Zbarskij, G. M. Šutov, V. F. Žilin und E. Ju. Orlova. (Chim. geterociklíčeskich Soedinenij **1967**, 1, 178; Mosk. chim.-technol. inst. im. Mendeleeva, Moskva; russ.) — Durch langsame Zugabe von NaN_3 zu Picolin-, Nicotin- oder Isonicotinsäure in 30%ig. Oleum bei 0–5°, Erhitzen auf 95° in 6 Std., 3std. Halten bei 95°, Abkühlen auf 10°, Gießen auf Eis u. Neutralisieren mit 40%ig. NaOH bei $<30°$ werden dargestellt: *2-Aminopyridin*; $<$ 30% (Ausb.). — *3-Aminopyridin*, F. 61–62° (Bzl.); 69,1%. — *4-Aminopyridin*; $<$ 30%.
H. J. Graubaum 3231△

1249 **Keten und dessen Derivate.** 12. Mitt. **Struktur des Selbstkondensationsprodukts von Acetylacetamid.** Tetsuzo Kato, Hiroshi Yamanaka und Tetsuichi Shibata. (Chem. pharmac. Bull. [Tokyo] **15** (1967) 7. 921–24; Pharmaceut. Inst., Tohoku Univ., School of Med., Kita-4, Sendai, Miyagiken; engl.) — 11. vgl. ibid. **14** (1966) 752. — Pyrolyse von Acetylacetamid liefert *3-Acetyl-4-amino-6-methylpyridon-(2)*, das zu *3-Acetyl-4-hydroxy-6-methylpyridon-(2)* (I) hydrolysiert wird. Diese Resultate stehen im Gegensatz zu den von Claisen u. Meyer (1902) berichteten Ergebnissen. IR-Spektrum von I vgl. Original.

Versuche: *Acetylacetamid*, F. 53–54° ($CHCl_3$), durch Einleiten von NH_3 in eine Lsg. von Diketen in abs. Ae. unter Eiskühlung; 96% (Ausb.). — *3-Acetyl-4-amino-6-methylpyridon-(2)*, $C_8H_{10}N_2O_2$, F. 314–317° (Zers.; Methanol), aus vorst. Verb. bei 135–140° unter Abspaltung von NH_3; 3%; daneben 52% *2.6-Dimethylpyrimidon-(4)*, $C_6H_8N_2O$, F. 191–191,5° (Essigester). — *3-Acetyl-4-hydroxy-6-methylpyridon-(2)* (I), $C_8H_9NO_3$, F. 256° (Zers.; Methanol), a) aus 0,2 g vorst. Verb. mit 40%ig. NaOH; 0,1 g; b) aus 0,1 g vorst. Verb. mit 20%ig. HCl; 0,06 g.
K. P. Hilgetag 3231△

1250 **Hydrazone aus Hydraziden des 4.6-Dimethyl-5-carboxypyridons-(2) und 4-Methyl-6-carboxymethylpyridons-(2).** I. A. Zajcev, M. M. Šestaeva und V. A. Zagorevskij. (Chim. geterociklíčeskich Soedinenij **1967**, 1, 168–70; Inst. farmakologii i chimioterapii med. AN SSSR, Moskva; russ.) — Die nachst. Verb. wurden dargestellt: *4.6-Dimethyl-5-carboxypyridon-(2)*, *Äthylester* (I), F. 136–137°, nach Colli (1887–1897); 42% (Ausb.). *Hydrazid* (II), $C_8H_{11}N_3O_2$, F. 257–258° (A.), durch 20std. Kochen von I mit $N_2H_4 \cdot H_2O$; 77%. *Isopropylidenhydrazid* (III), $C_{11}H_{15}N_3O_2$, F. 288–289° (CH_3OH), durch 3std. Kochen von II mit Aceton unter gleichzeitigem Abdestillieren u. Zugabe von abs. Aceton; 35%. *Benzylidenhydrazid*, $C_{15}H_{15}N_3O_2$, F. 303° (Zers.; CH_3OH), analog III mit Benzaldehyd in abs. A. + Dichloräthan; 13%. — *4.6-Dimethylpyridon-(2)*, F. 175–177°, neben II; 23%. — *4-Methyl-6-carboxymethylpyridon-(2)*, *Äthylester*, F. 166 bis 167°, analog I bei ≈40°; 20%. *Hydrazid*, F. 189 bis 190°, analog II durch 3std. Kochen in abs. A.; 97%. *α-Methylbenzylidenhydrazid*, $C_{16}H_{17}N_3O_2$, F. 206–207° (A.), durch Erhitzen vorst. Verb. mit Acetophenon in Dichloräthan; 75%. — Analog: *Benzylidenhydrazid*, $C_{15}H_{15}N_3O_2$, F. 216–217° (A.); 43%. *α-Äthyl-p-hydroxybenzylidenhydrazid*, $C_{17}H_{19}N_3O_3$, F. 206–207° (A.); 44%. *d-Dimethylaminobenzylidenhydrazid*, $C_{17}H_{20}N_4O_2$, F. 220 bis 221° (75%ig. A.); 57%. [*Tetrahydrothiopyranyliden-(4)*]-*hydrazid*, $C_{13}H_{17}N_3O_2S$, F. 229–230° (75%ig. A.); 75%. *Isopropylidenhydrazid*, $C_{11}H_{15}N_3O_2$, F. 229–230° (Zers.; CH_3OH), analog III in Ggw. von abs. A.; 75%. *α-Methylpropylidenhydrazid*, $C_{12}H_{17}N_3O_2$, F. 171–172° (A.), analog 76%.
H. J. Graubaum 3231△

1251 **Nucleophile Öffnung des Oxiranringes von 1-Methyl-4-phenyl-3.4-epoxypiperidin.** Robert E. Lyle und William E. Krueger. (J. org. Chemistry **32** (1967) 9, 2873–76; Dep. of Chem., Univ. of N.H., Durham, N.H.; engl.) — 1-Methyl-4-phenyl-3.4-epoxypiperidin (I) wird von $LiAlD_4$ in Ae. zu *cis-1-Methyl-4-deutero-4-phenylpiperidinol-(3)* reduziert. 1-Phenyl-1.2-epoxycyclohexan (II) gibt analog mit $LiAlH_4$ *1-Phenyl-* u. wenig *2-Phenylcyclohexanol* (III). Mit Diboran reagiert I in Dimethoxyäthan zu *cis-1-Methyl-4-phenyl-3.4-epoxypiperidinol-(3)*, *Borankomplex* (IV). Beim Einleiten von Diboran in eine äther. Lsg. von I entsteht dagegen eine cycl. Verb. zwischen *Boran* u. [*1-Methyl-4-phenylpiperidinol-(3)*]-(V), mit einer Brücke zwischen N, B u. O. Von Säure wird V zu *cis-1-Methyl-4-phenylpiperidinol-(3)* hydrolysiert. Mit verschiedenen organometall. Li- bzw. Mg-Reagenzien gibt I *1-Methyl-4-phenyl-1.2.3.6-tetrahydropyridinol-(3)* (VI). I u. C_6H_5MgBr bilden in sd. Anisol neben VI *1-Methyl-4.4-diphenylpiperidinol-(3)* u. vermutlich *1-Methyl-3.4-diphenylpiperidinol-(4)*.

Versuche: *cis-1-Methyl-4-deutero-4-phenylpiperidinol-(3)*, F. 95–97° (n-Heptan), aus I u. $LiAlD_4$ in abs. Ae.; 92% (Ausb.). — *1-Phenylcyclohexanol*, F. 60–62° (n-Heptan), aus II u. $LiAlH_4$ in abs. Ae.; 78%; daneben III. — *cis-1-Methyl-4-phenylpiperidinol-(3)*, *Borankomplex* (IV), $C_{12}H_{20}BNO$, F. 137–140° (Zers.; Toluol), aus I u. Diboran in 1.2-Dimethoxyäthan; 64%. — *Verb. aus Boran u.* [*1-Methyl-4-phenylpiperidinol-(3)*] (V), $C_{12}H_{18}BNO$, F. 105–108° (Ae./PAe.), aus I u. überschüssigem Diboran in abs. Ae.; 54%. — *cis-1-Methyl-4-phenylpiperidinol-(3)*, F. 102–105°, aus IV bzw. V u. 6n HCl. — *1-Methyl-4-phenyl-1.2.3.6-tetrahydropiperidinol-(3)* (VI), $C_{12}H_{15}NO$, F. 104–106° (n-Heptan), aus I u. CH_3Li, C_6H_5Li bzw. C_6H_5MgBr in Ae.; 45%, 45% bzw. 52%. *Hydrochlorid*, $C_{12}H_{16}ClNO$, F. 211–214° (wss. Isopropanol), aus VI u. trockenem HCl-Gas in Aceton; 73%. — *1-Methyl-3.4-diphenylpiperidinol-(4)*, $C_{18}H_{21}NO$, F. 157–159° (Aceton), aus I u. C_6H_5MgBr in sd. Anisol; daneben *1-Methyl-4.4-diphenylpiperidinol-(3)* (F. 162–165°) u. VI.
Hans Köhne/Berlin 3231△

1252 **Elektrochemische Synthese von Nicotinsäure und 1-Acetyl-1.2.3.4-tetrahydrochinolin.** V. V. Codikov, L. D. Borchi, V. G. Brudz', N. E. Chomutov und V. G. Chomjakov. (Chim. geterociklíčeskich Soedinenij **1967**, 1, 112–13; VNII chim. reaktivov i osobo čistych chim. veščestv; Moskva; russ.) — Durch elektrochem. Redox-Rk. von Chinolin (I) werden *Nicotinsäure* [II; 40–43% Ausb.] u. *1-Acetyl-1.2.3.4-tetrahydrochinolin* (III; $C_{11}H_{13}\cdot NO$, Kp.$_6$ 144–147°, Kp.$_9$ 156–159°, Kp.$_{16}$ 169–172°) synthetisiert. Die Elektrolyse erfolgt an einer Pb/PbO_2-Anode u. Pb-Kathode. Daneben werden *Pyridin-2.3-dicarbonsäure*, *polymere Dihydrochinoline* u. *Tetrahydrochinolin* isoliert.
Helmut Schäfer 3231△

1253 **Friedländer-Synthesen mit o-Aminoarylketonen.** 2. Mitt. **Säurekatalysierte Kondensation von o-Aminobenzophenon mit polyfunktionellen Carbonylverbindungen.** Edward A. Fehnel. (J. heterocyclic Chem. 4 (1967) 4, 565–70; engl.) — 2. vgl. vorst. Referat. — Bei der Friedländer-Kondens. von o-Aminobenzophenon (I) mit β-Ketoestern oder anderen polyfunktionellen Carbonylverb. mit akt. Methylengruppen in α-Stellung werden in Ggw. von sauren Katalysatoren in guten Ausb. die erwarteten *substituierten 4-Phenylchinoline* gebildet.

Versuche: 4-Phenylchinoline, durch Kondens. von I mit den Ketoverb. in Eisessig in Ggw. von H_2SO_4: *2-Benzoyl-* (II), $C_{22}H_{15}NO$, F. 121–122° (A.), mit 1-Phenylpropandion-(1.2); 57% (Ausb.). *Pikrat*, $C_{28}H_{18}\cdot N_4O_8$, F. 167–168°. — *2-Methyl-3-acetyl-*, mit Acetylaceton; 84%. — *3-Benzoyl-2-phenyl-*, $C_{28}H_{19}NO$, F. 146 bis 147° (A.), mit Dibenzoylmethan; 59%. *Pikrat*, $C_{34}H_{22}\cdot N_4O_8$, F. 163–164°. — *3-Benzoyl-2-methyl-* (III), $C_{23}H_{17}\cdot NO$, F. 138–139° (A.), mit Benzoylaceton; 86%. *Pikrat*, $C_{29}H_{20}N_4O_8$, F. 210–211°. — *3-Äthoxycarbonyl-2-methyl-* (IV), $C_{19}H_{17}NO_2$, F. 99–100° (A.), a) mit Acetessigsäureäthylester; 85%; b) durch 1std. Stehenlassen von **VI** mit wss.-methanol. KOH bei Raumtemp. u. Eindampfen; 84% roh. *Pikrat*, $C_{25}H_{20}N_4O_9$, F. 159–160°. — *3-Äthoxycarbonyl-2-phenyl-* (**V**), $C_{24}H_{19}NO_2$, F. 98–99° (A.), mit Benzoylessigsäureäthylester in A.; 73%. *Pikrat*, $C_{30}H_{22}\cdot N_4O_9$, F. 142–143°. — *2-Äthoxycarbonylmethyl-3-äthoxycarbonyl-* (**VI**), $C_{22}H_{21}NO_4$, F. 60–61° (A.), mit Acetondicarbonsäurediäthylester in A.; 69%. *Pikrat*, $C_{28}H_{24}\cdot N_4O_{11}$, F. 121–122°. — *2-Methoxycarbonylmethyl-3-methoxycarbonyl-*, $C_{20}H_{17}NO_4$, F. 112–113° (CH_3OH), mit Acetondicarbonsäuredimethylester in CH_3OH; 89%. *Pikrat*, $C_{26}H_{20}N_4O_{11}$, F. 150–151°. — *2-Hydroxymethyl-3-carboxy-*, *Lacton*, mit Tetronsäure; 86%. — *3-Phenyl-*, $C_{21}H_{15}N$, F. 140–141° (A.), a) mit Phenylbrenztraubensäure; 69%; b) durch 10 Min. langes Erhitzen von 0,28 g **XI** auf 200–210°; 0,13 g roh. *Pikrat*, $C_{27}H_{18}N_4O_7$, F. 195 bis 196°. — *2-Methyl-3-carboxymethyl-* (**VII**), $C_{18}H_{15}NO_2$, F. 194–195° (Zers.; abs. A.). *Monohydrat*, $C_{18}H_{17}NO_3$, F. 135–140° (Zers.; 50%ig. A.), mit Lävulinsäure; 61%. — *2-Phenyl-3-carboxymethyl-* (**VIII**), $C_{23}H_{17}NO_2$, F. 168 bis 171° (Zers.; Bzl./Ligroin). *Äthanolsolvat*, $C_{25}H_{23}NO_3$, F. 116–118° (Zers.; A.), mit β-Benzoylpropionsäure; 52%. — *2-Phenyl-3-cyan-*, $C_{22}H_{14}N_2$, F. 177–178° (A.), mit Benzoylacetonitril; 72%. *Dipikrat*, $C_{34}H_{20}N_8O_{14}$, F. 144 bis 145°. — *3-Methoxy-2-phenyl-*, $C_{22}H_{17}NO$, F. 145–146° (A.), mit 2-Methoxyacetophenon; 69%. *Pikrat*, $C_{28}H_{20}\cdot N_4O_8$, F. 202–204°. — *3-Hydroxy-2-methyl-*, $C_{16}H_{13}NO$, F. 236–237° (Zers.; A.), mit Hydroxyaceton; 51%. — *2.3-Diäthoxycarbonyl-*, $C_{21}H_{19}NO_4$, F. 93–94° (A.), mit Oxalessigsäurediäthylester in A.; 66%. — *3-Benzoyl-*, F. 113–114° (A.), durch 5 Min. langes Erhitzen in **IX** in Diäthylenglykol auf 175–195°; 57%. — *2-Methyl-3-carboxy-*, F. 266–268° (Zers.), durch 5tägiges Kochen von **IV** mit konz. HCl; 89%. — *2-Phenyl-3-carboxy-*, $C_{22}H_{15}\cdot NO_2$, F. 207–208°, durch 10 Min. langes Erhitzen des Benzolsolvats auf 150°. *Benzolsolvat*, $C_{22}H_{15}NO_2\cdot C_6H_6$, F. 136–138° (Bzl.; nach Verfestigung F. 206–207°), durch 10tägiges Kochen von 0,70 g **V** mit konz. HCl; 0,29 g. — *2-Phenyl-*, F. 109–111°, durch 1/4std. Erhitzen von vorst. Verb. auf 250–265°. — *2.3-Dimethyl-*, F. 117 bis 119° (Ligroin u. wss. A.), durch 10 Min. langes Erhitzen von **VII** auf 200–215°. — Analog *2-Phenyl-3-methyl-*, F. 144–146° (A.), aus **VIII**. — *2-Benzyl-*, $C_{22}H_{17}N$, F. 77–78,5° (Ligroin), durch Erhitzen von **II** mit KOH u. Hydrazin in Diäthylenglykol auf 110–125°, dann auf 200°, dann auf 200–210°; 56%. *Pikrat*, $C_{28}H_{20}N_4O_7$, F. 178–179° (Zers.; A.). — 1.2.3.4-Tetrahydro-1-oxo-9-phenylacridine: *unsubstituiert*, $C_{19}H_{15}NO$, F. 156–157° (A.), analog **II** aus **I** u. Cyclohexandion-(1.3); 85%. *Pikrat*, $C_{25}H_{18}N_4O_8$, F. 188–189° (Zers.). — Analog *3.3-Dimethyl-*, $C_{21}H_{19}NO$, F. 190–191° (A.), aus 5.5-Dimethylcyclohexandion-(1.3); 86%. *Pikrat*, $C_{27}H_{22}N_4O_8$, F. 213–214° (Zers.). — *10-Phenyl-11H-indeno-[1.2:b]-chinolinon-(11)*, $C_{22}H_{13}NO$, F. 187–188° (A.), aus **I** u. Indandion-(1.3); 83%. *Pikrat*, $C_{28}H_{16}N_4O_8$, F. 209 bis 210°. — 4-Phenylchinaldinsäuren: *3-Benzoyl-* (**IX**), $C_{23}H_{15}NO_3$, F. 182–183° (Zers.; A.), a) durch 1std. Kochen von **III** mit SeO_2 in wss. Dioxan, Aufarbeiten u. 3/4std. Kochen mit 30%ig. H_2O_2 in Aceton; 74%; b) durch 2std. Kochen von **X** mit wss.-äthanol. KOH; 100%. *Äthylester* (**X**), $C_{25}H_{19}NO_3$, F. 155–156° (A.), analog **VI** mit Benzoylbrenztraubensäureäthylester; 65%. — *3-Phenyl-* (**XI**), F. 184–185° (Zers.; A.), analog **IX** nach b) aus **XII**; 96%. *Äthylester* (**XII**), $C_{24}H_{19}NO_2$, F. 128–129° (A.), analog **VI** mit Phenylbrenztraubensäureäthylester: 53%. *Pikrat*, $C_{30}H_{22}N_4O_9$, F. 134–135°. — *4-Phenylacridinsäurediäthylester*, $C_{21}H_{19}NO_4$, F. 93–94° (A.), analog **VI** mit Oxalessigsäurediäthylester; 66%.

G. O. Jäger 3231△

1254 **Ringsubstituierte α-Aminosäuren. 2. Mitt. Reaktion von Cyclolactamen mit Methylvinylketon zu α.γ-Diaminobuttersäure-Derivaten.** Shozo Kamiya und Kimie Koshinuma. (Chem. pharmac. Bull. [Tokyo] **15** (1967) 12, 1985–88; Nation. Inst. of Hygienic. Sci., Tamagawayoga, Setagaya, Tokyo; engl.) — 1. vgl. ibid. **15** (1967) 949. — Es werden dargestellt: *1-[3-Oxobutyl]-1H-chinolon-(2)*, $C_{13}H_{13}NO_2$, F. 85–88°, aus 1H-Chinolon-(2), Methylvinylketon, A u. 20%ig. NaOH; aus A. Nadeln; 17% (Ausb.). *2.4-Dinitrophenylhydrazon*, $C_{19}H_{17}\cdot N_5O_5$, F. 248–249° (Zers.; A.). *Thiosemicarbazon*, $C_{14}H_{16}\cdot N_4OS$, F. 206° (Zers.; verd. Essigsäure). — *1-[2-{2'.5'-dioxo-4'-methylimidazolidinyl-(4')}-äthyl]-chinolon-(2)*, $C_{15}\cdot H_{15}N_3O_3$, F. 251–252°, aus NaCN u. vorst. Verb. mit 50%ig. $(NH_4)_2CO_3$ in 50%ig. A. u. Ansäuern mit 10%ig. HCl (Meth. **A**); aus verd. A. Blättchen; 80%. — *DL-2-Amino-2-methyl-4-[2-oxo-1H-chinolyl]-buttersäure*, *Monohydrat*, $C_{14}H_{16}N_2O_3\cdot H_2O$, F. 242° (Zers.), aus vorst. Verb. u. $Ba(OH)_2\cdot 8\,H_2O$ in W., Einleiten von N_2, Filtrieren u. Ansäuern mit 20%ig. H_2SO_4 (Meth. **B**); 52%. *N-[2.4-Dinitrophenyl]-Deriv.*, $C_{20}H_{18}N_4O_7$, F. 252° (Zers.; A.). *Methylester*, *Hydrochlorid*, $C_{15}H_{18}N_2O_3\cdot HCl$, F. 221° (Zers.), aus A. u. Isopropyläther gelbe Körnchen. — *2-[3-Oxobutyl]-2H-isochinolon-(1)*, Kp.$_3$ 174–178°, aus 2H-Chinolon-(1), Methylvinylketon u. 20%ig. NaOH in A.; gelbes Öl; 72%. *2.4-Dinitrophenylhydrazon*, $C_{19}H_{17}\cdot N_5O_5$, F. 212–215° (Zers.; Methanol). — *2-[2-{2'.5'-dioxo-4'-methylimidazolidinyl-(4')}-äthyl]-isochinolon-(1)*, $C_{15}H_{15}N_3O_3$, F. 232–233°, aus vorst. Verb. analog **A**; aus Methanol Körnchen; 89%. — *DL-2-Amino-2-methyl-4-[1-oxo-2H-isochinolyl-(2)]-buttersäure*, $C_{14}H_{16}N_2O_3$, F. 257° (Zers.; Methanol/A.), aus vorst. Verb. analog **B**; 40%. — *2-[3-Oxobutyl]-3-oxo-1.2-benzisothiazolin-1.1-dioxid*, $C_{11}\cdot H_{11}NO_4S$, F. 122–123° aus 3-Oxobenzisothiazolin-1.1-dioxid, Methylvinylketon u. 20%ig. NaOH; 97%. *2.4-Dinitrophenylhydrazon*, $C_{17}H_{15}N_5O_7S$, F. 188°.

K.-P. Hilgetag 3231△

1255 **Synthesen von heterocyclischen Verbindungen. 182. Mitt. Synthese von sogenanntem Corpaverin.** Tetsuji Kametani und Toyohiko Kikuchi. (Chem. pharmac. Bull. [Tokyo] **15** (1967) 6, 879–83; Pharm. Inst., Tohoku Univ. School of Med., Kitayobancho, Sendai; engl.) — 181. vgl. J. pharmac. Soc. Japan [Yakugakuzasshi] **87** (1967) 682. — Bischler-Napieralski-Cyclisierung von N-[3.5-Bis-benzyloxy-4-methoxyphenäthyl]-2-[4-methoxyphenyl]-acetamid (**I**) mit $POCl_3$ gibt *6.8-Bis-benzyloxy-3.4-dihydro-7-methoxy-1-[4-methoxybenzyl]-isochinolin*, dessen Methojodid mit $NaBH_4$ zu *6.8-Bis-benzyloxy-1.2.3.4-tetrahydro-7-methoxy-1-[4-methoxybenzyl]-2-methylisochinolin* red. wird.

Versuche: *Gemisch aus 8-Benzyloxy-6.7-dimethoxy-* u. *6-Benzyloxy-7.8-dimethoxy-3.4-dihydro-1-[4-methoxybenzyl]-isochinolin*, *Pikrolonat*, $C_{36}H_{35}N_5O_9$, F. 198 bis 200° (A.), aus 5 g N-[5-Benzyloxy-3.4-dimethoxyphenäthyl]-p-methoxyphenylacetamid, $POCl_3$ u. Bzl., Zugabe von n-Hexan, Filtrieren, Lösen in A. u. Zugabe von Pikrolonsäure (Meth. **A**); 6,2 g (Ausb.). — *Gemisch aus 8-Benzyloxy-6.7-dimethoxy-* u. *6-Benzyloxy-7.8-dimethoxy-1.2.3.4-tetrahydro-1-[4-methoxybenzyl]-2-methylisochinolin*, aus 5 g vorst. Gemisch u. CH_3J in Aceton/Methanol (1 : 1), 5std. Kochen, Einengen, Lösen in Methanol, Zugabe von $NaBH_4$, 1/2std. Kochen u. Zugabe von 5%ig. wss. NaOH (Meth. **B**); 4 g. — 1-[4-Methoxybenzyl]-2-methylisochinoline: *8-Hydroxy-6.7-dimethoxy-1.2.3.4-tetrahydro- (Corpaverin)*, *Perchlorat*, $C_{20}H_{25}NO_4\cdot HClO_4$, F. 205 bis 207° (A.), a) aus 1,2 g vorst. Gemisch in A./konz. HCl (1 : 1) unter N_2, Einengen, Lösen in 5%ig. NaOH u. Extrahieren mit Ae. (Meth. **C**); 230 mg; daneben 200 mg *6-Hydroxy-7.8-dimethoxy-1.2.3.4-tetrahydro-1-[4-methoxybenzyl]-2-methylisochinolin*, *Oxalat* (**II**), *Hemihydrat* [$C_{22}\cdot H_{27}NO_8\cdot 0{,}5\,H_2O$, F. 173–175° (A.)]; b) aus 987 mg **III** u. CH_2N_2; 250 mg; daneben durch Rk. mit Oxalsäure 200 mg **II**. — *6.8-Bis-benzyloxy-3.4-dihydro-7-methoxy-1-[4-methoxybenzyl]-isochinolin*, *Pikrolonat*, $C_{42}H_{39}N_5O_8$, F. 183–185° (A.), aus 5 g **I** analog **A**; 6 g. — *6.8-Bis-benzyloxy-1.2.3.4-tetrahydro-7-methoxy-*, aus 5 g vorst. Verb. analog **B**; Sirup; 4 g. — *1.2.3.4-Tetrahydro-6.8-dihydroxy-7-methoxy-*, *1/3 Hydrat* (**III**), $C_{19}H_{23}NO_4\cdot{}^1/_3\,H_2O$, F. 161–163° ($CHCl_3$), aus 3 g vorst. Verb. analog **C**; 1,2 g.

K.-P. Hilgetag 3231△

1256 **Heterocyclische Verbindungen. 204. Mitt. Ringkontraktion bei der katalytischen Hydrierung von 3-Oximino-4-oxoisocarbostyril.** Tetsuji Kametani, Hiroshi Sugahara und Kazuko Kanno. (Chem. pharmac. Bull. [Tokyo] **15** (1967) 12, 1916–21; Pharm. Inst., Tohoku Univ. School of Med., Kita-4-bancho, Sendai; engl.) — 203. vgl. ibid. **15** (1967) 1910. — Es werden dargestellt: *Phthalimidin-3-carbonsäure*, $C_9H_7NO_3$, F. 152° (Zers.; Methanol/W.), a) durch Hydrieren von 2 g 3-Hydroxyimino-4-oxoisocarbostyril (**II**) an PtO_2; 1,1 g (Ausb.); daneben 160 mg *3-Amino-3.4-dihydro-4-oxoisocarbostyril*

[I; F. 268° (Zers./W.); b) aus 200 mg I in 5%ig. HCl; 150 mg; c) aus 0,5 nachst. Äthylester mit 10%ig. HCl; 0,35 g. *Äthylester*, $C_{11}H_{11}NO_3$, F. 180–181°; a) durch Hydrieren von 1 g II in A./konz. HCl an PtO_2; aus A./W. Nadeln; 0,2 g; b) durch Einleiten von HCl in eine Suspension von 0,5 g der Säure in abs. A.; 0,4 g. — *2-Acetylphthalimidin-3-carbonsäureäthylester*, $C_{13}H_{13}NO_4$, F. 80°, aus 0,5 g des Äthylesters mit Acetanhydrid; aus Isopropanol Nadeln; 0,4 g. — *Phthalimidin*, C_8H_7NO, F. 150 bis 151°, aus 0,5 g vorvorst. Verb.; aus W. Nadeln; 0,32 g. K.-P. Hilgetag 3231△

1257 **Synthese von Chinolizinium- und Dehydrochinoliziniumsalzen.** Vincenzo Carelli, Felice Liberatore und Giovanni Casini. (Ann. Chimica **57** (1967) 3, 269–78; Bari, Ist. di Chim. farmaceut. e tossicol. del l'Univ.; ital.) — Folgende Verb. werden dargestellt: *N-Carbäthoxymethyl-2-[2.2-dicarbäthoxy-2-hydroxyäthyl]-pyridiniumbromid*, $C_{17}H_{24}BrNO_7$, F. 134–136° (Aceton), aus N-Carbäthoxymethyl-2-methylpyridiniumbromid u. Mesoxalsäurediäthylester in Ggw. von Py. in sd. $CHCl_3$; 80% (Ausb.). — *2.4-Dicarbäthoxy-2.3-dihydroxychinoliziniumbetain*, $C_{15}H_{17}NO_6$, F. 128° (Ae./A.), aus vorst. Verb. mit wss. Sodalsg.; 60%. — *2-Carbomethoxy-4-carbäthoxy-2.3-dihydroxychinoliziniumbetain*, $C_{14}H_{15}NO_6$, F. 144° (A.), analog vorst. Verbindung. — *2-Carboxy-3-hydroxy-4-carbäthoxydehydrochinoliziniumbetain*, $C_{13}H_{11}NO_5$, F. 227° (A.), aus vorst. Verb. mit der ber. Menge 2n NaOH; gelbe Krist.; 80%. — *2-Carboxy-3-hydroxydehydrochinoliziniumchlorid*, $C_{10}H_8ClNO_3$, F. 273°, durch 12std. Kochen vorst. Verb. mit 5%ig. HCl; 100%. — *2-Carboxy-3-hydroxydehydrochinoliziniumbetain*, $C_{10}H_7NO_3$, F. 288° (W.), durch Sättigen einer Lsg. vorst. Verb. in W. mit K_2CO_3; 70%. — *2-Carbäthoxy-3-hydroxydehydrochinoliziniumchlorid*, $C_{12}H_{12}ClNO_3$, F. 167° (Aceton), durch Einleiten von HCl in die Suspension von 2-Carboxy-3-hydroxydehydrochinoliziniumchlorid in abs. A. u. Kochen; 70%; gibt durch Schmelzen vorst. Verbindung. — *2-Carbäthoxy-3-hydroxydehydrochinoliziniumbetain*, $C_{12}H_{11}NO_3$, F. 174–175° (Aceton), a) aus vorst. Verb. in W. durch Sättigen mit K_2CO_3; 70%; b) durch Sättigen einer Lsg. nachst. Verb. in W. mit K_2CO_3; 65%. — *2-Carbäthoxy-3-acetoxydehydrochinoliziniumchlorid, Hydrat*, $C_{14}H_{14}ClNO_4 \cdot H_2O$, F. 115–116° (Aceton), aus vorvorst. Verb. u. Acetylchlorid in sd. Bzl.; 85%. — *2.4-Dicarboxy-3-hydroxydehydrochinoliziniumbetain*, $C_{11}H_7NO_5$, F. 291° (Zers., W.), durch 2std. Kochen von 2-Carboxy-3-hydroxy-4-carbäthoxydehydrochinoliziniumbetain mit 0,5n NaOH; gelbe Kristalle. — *3-Hydroxydehydrochinoliziniumbetain, Hydrat*, $C_9H_7NO \cdot H_2O$, F. 75–80° (Bzl.), durch Erhitzen von 2-Carboxy-3-hydroxy-4-carbäthoxydehydrochinoliziniumbetain mit CuO auf 180–190°; hygroskop.; 40%. — NMR-Daten vgl. Original. P. Golinske 3231△

1258 **Bequeme Synthese von 4-Phenylacridinsäuredimethylestern.** Edward C. Taylor und Ned D. Heindel. (J. org. Chemistry **32** (1967) 5, 1666–67; Dep. of Chem., Princeton Univ., Princeton, N.J.; engl.) — *4-Phenylacridinsäuredimethylester* entsteht beim Kochen von 2-Aminobenzophenonen (A) mit Acetylendicarbonsäuredimethylester (I) in Benzol. Unter analogen Bedingungen führt die Rk. von I mit 2-Aminoacetophenon zu *1.4-Dihydro-4-hydroxy-4-methylacridinsäuredimethylester* (II), der beim Erhitzen in Ggw. von Na-Methylat in *4-Methylacridinsäuredimethylester* übergeführt wird. Pyrolyse von II liefert *8-Acetyl-2-methoxycarbonyl-1H-chinolon-(4)*. Nach diesen Verf. wurden folgende Verb. dargestellt: 4-Phenylacridinsäuredimethylester: *Unsubstituiert*, $C_{19} \cdot H_{15}NO_4$, F. 129–130°; 76% (Ausb.). — *6-Chlor-*, $C_{19}H_{14} \cdot ClNO_4$, F. 162,5–163°; 78%. — *6-Brom-*, $C_{19}H_{14}BrNO_4$, F. 169,5–170,5°; 70%. — *6-Nitro-*, $C_{19}H_{14}N_2O_6$, F. 149 bis 150°; 14%. — *1.4-Dihydro-4-hydroxy-4-methylacridinsäuredimethylester* (II), $C_{14}H_{15}NO_5$, F. 95,5–97,5°; 74%. — *4-Methylacridinsäuredimethylester*, $C_{14}H_{13}NO_4$, F. 97,5 bis 99°; 77%. — *8-Acetyl-2-methoxycarbonyl-1H-chinolon-(4)*, $C_{13}H_{11}NO_4$, F. 176–177°; 49%. G. O. Jäger 3231△

1259 **Kondensationsprodukte aus Alkyl- und Aryl-α-methoxypropylmalonestern und Harnstoff.** Z. I. Bezgudova und O. S. Stepanova. (Ukrainskij chim. Ž. **33** (1967) 3, 306–307; Odesskij gos. univ. im. Mečnikova; russ.) — Die Titelrk. führt zu *5-Alkyl(Aryl)-5-[α-methoxypropyl]-barbitursäuren*. Bei Verw. von CH_3OH/Mg-Methylat als Kondens.-Mittel sinkt die Ausb. bei größeren Alkylresten. Höhere Ausb. werden in diesen Fällen mit A./Na-Äthylat erzielt.

Versuche: 5-[α-Methoxypropyl]-barbitursäuren: a) durch 24std. Kochen der Malonester mit Harnstoff in CH_3OH/Mg-Äthylat, Abdest. des Lsgm., Lösen des Nd. in sd. W. u. Ansäuern mit 10%ig. HCl; b) analog mit äthanol. Na-Äthylatlsg.: *5-Methyl-*, $C_9H_{14}N_2O_4$, F. 181°, nach a); 20% (Ausb.). — *5-Äthyl-*, $C_{10}H_{16}N_2O_4$, F. 188°, nach a); 21%. — *5-Propyl-*, $C_{11}H_{18}N_2O_4$, F. 164°, nach a); 23%. — *5-Isopropyl-*, $C_{11}H_{18}N_2O_4$, F. 189°, nach b); 41%. — *5-Cyclohexyl-*, $C_{14}H_{22}N_2O_4$, F. 198°, nach a); 9%; nach b); 85%. — *5-Phenyl-*, $C_{14}H_{16}N_2O_4$, F. 272°, nach a); 20%; nach b); 95%. L. Berseck 3272△

1260 **Heterocyclen aus Lävulinsäure. 2. Mitt. Über die Bildung von Chinazolinderivaten.** Günter Westphal und Hans-Hartwig Stroh. (Z. Chem. **7** (1967) 12, 456–57; Inst. für Chem. der Landw.-gärtner. Fak., Humboldt-Univ., Berlin; dt.) — Anthranilsäureamid (II) u. Lävulinsäurechlorid (III) reagieren in äther. Lsg. zu *1.9-Dioxo-3a-methyl-1.2.3.3a.4.9-hexahydropyrrolo-[2.1:b]-chinazolin* (I), dessen Hydrolyse *2-Methyl-4-oxo-1.2.3.4-tetrahydrochinazolinyl-(2)-propionsäure* gibt. I reagiert mit Dimethylsulfat zu *1.9-Dioxo-3a.4-dimethyl-1.2.3.3a.4.9-hexahydropyrrolo-[2.2:b]-chinazolin* [F. 139–140°].

Versuche: *1.9-Dioxo-3a-methyl-1.2.3.3a.4.9-hexahydropyrrolo-[2.1:b]-chinazolin* (I), $C_{12}H_{12}N_2O_2$, F. 181 bis 182° (W.), a) aus II u. III in Ae.; 46% (Ausb.); b) aus II u. III in Ggw. von p-Toluolsulfonsäure unter Erwärmen; 26%; daneben 56% *2-Methyl-4-oxo-1.2.3.4-tetrahydrochinazolinyl-(2)-propionsäure*. — *1.5-Dioxo-3a.4-dimethyl-1.2.3.3a.4.5-hexahydropyrrolo-[1.2:a]-chinazolin*, $Kp._3$ 220–222°, F. 99–101°, aus III u. Anthranilsäuremethylamid; 35%. K.-P. Hilgetag 3272△

1261 **Synthese von N-[Purinyl-(6)]-aminosäureestern.** V. M. Čerkasov, G. S. Tret'jakova, N. A. Kapran und N. N. Nedel'kina. (Chim. geterocikličeskich Soedinenij **1967**, 1, 170–72; Inst. org. chim. AN Ukr. SSR, Kiev; russ.) — Durch Rk. von 6-Chlorpurin (I) mit Aminosäurealkylestern (A) werden *N-[Purinyl-(6)]-aminosäurealkylester* dargestellt.

Versuche: N-[Purinyl-(6)]-aminosäurealkylester, durch Zugabe von A zu einer Suspension von I im dem Ester entsprechenden abs. Alkohol, 1–2std. Rühren bei 50–60°; Kristallisation aus W. u. A.: *-glycinmethyl-*, $C_8H_9N_5O_2$, F. 241–242°; 50% (Ausb.). — *-glycinäthyl-*, $C_9H_{11}N_5O_2$, F. 254–255°; 63%. — *-glycinpropyl-*, $C_{10}H_{13}N_5O_2$, F. 225–227°; 54%. — *-glycinbutyl-*, $C_{11}H_{15}N_5O_2$, F. 203–204°; 85%. — *-alaninäthyl-*, $C_{10} \cdot H_{13}N_5O_2$, F. 199–200°; 90%. — *-β-alaninäthyl-*, $C_{10}H_{13} \cdot N_5O_2$, F. 184–185°; 63%. — *-α-aminobuttersäureäthyl-*, $C_{11}H_{15}N_5O_2$, F. 190–191°; 53%. — *-α-aminobuttersäurebutyl-*, $C_{13}H_{19}N_5O_2$, F. 177–178°; 65%. — *-leucinäthyl-*, $C_{13}H_{19}N_5O_2$, F. 186–187°; 55%. — *-leucinbutyl-*, $C_{15}H_{23} \cdot N_5O_2$, F. 190–191°; 53%. H. J. Graubaum 3272△

1262 **Neue stereospezifische Methode der Synthese von Uracil-N-nucleosiden.** I. A. Michajlopulo, V. I. Gunar, und S. I. Zav'jalov. (Izvest. Akad. Nauk SSSR, Ser. chim. **1967**, 8, 1811–16; Inst. org. chim. im. Zelinskogo AN SSSR; russ.) — Durch selektive Methylierung werden *Methyluracile* dargestellt. *Uracil-N-nucleoside* werden durch die stereospezif. verlaufende Rk. von Uracil-Ag-Salzen mit Acylhalogenzuckern synthetisiert.

Versuche: *1.6-Dimethyluracil*, F. 220–222° (abs. A.), a) durch 15std. Kochen von 6-Methyluracil (I)-K-Salz mit CH_3J in abs. Dioxan; 58% (Ausb.) {daneben *1.3.6-Trimethyluracil* [II; F. 109–112° (abs. A.); 3%] u. *3.6-Dimethyluracil* [III; F. 261–263° (W.); 2%]}; b) durch 4std. Kochen von I-Ag-Salz mit CH_3J in Bzl.; Ausb. gering [daneben 2% II, Spuren III u. 5% *2.4-Dimethoxy-6-methylpyrimidin* (F. 58–61°)]. — *1-Methyluracil*, F. 222–224°, analog durch Methylierung von Uracil-K-Salz in Dioxan oder Toluol. — *1-[2.3.4.6-Tetra-O-acetyl-β-D-glucopyranosyl]-uracil*, F. 140–142° (A.), durch 7std. Kochen von Uracil-Ag-Salz mit Acetobromglucose in Xylol; $[\alpha]_D^{25}$ – 7,6° (c = 8,78; $CHCl_3$); 33%. Daneben *2.4-Bis-[2.3.4.6-tetra-O-acetyl-β-D-glucopyrano-*

syloxy]-pyrimidin, Hydrat, $C_{32}H_{40}N_2O_{20} \cdot H_2O$; 52%. — *2.3.5-Tri-O-benzoyl-α-D-ribofuranosylchlorid* (IV), durch 7 Tage langes Stehen von 1-O-Acetyl-2.3.5-tri-O-benzoyl-β-D-ribose mit HCl-gesätt. abs. Ae. bei 0°. — *Tri-O-benzoyluridin*, F. 141—143° (Bzl.), durch 7std. Kochen von IV mit Uracil-Ag-Salz in Xylol; $[\alpha]_D^{20}$ —43,1° (c = 10,5; $CHCl_3$); 35%. — *1-[2.3.5-Tri-O-benzoyl-β-D-ribofuranosyl]-thymin*, F. 160—161° (Äthylacetat–PAe.), durch 4std. Kochen von Thymin-Ag-Salz mit IV in Xylol; $[\alpha]_D^{23}$ —78° (c = 7,8; $CHCl_3$); 39%.

Helmut Schäfer 3272△

1263 **Bis-[phenoxy]-phosphinyl als N-Schutzgruppe bei der Synthese von Aminozuckernucleosiden.** M. L. Wolfrom, P. J. Conigliaro und E. J. Soltes. (J. org. Chemistry **32** (1967) 3, 653—55; Dep. of Chem., O. State Univ., Columbus, O.; engl.) — 3.4.6-Tri-O-acetyl-2-desoxy-2-N-[bis-(phenoxy)-phosphinyl]-amino-α-D-glucosylbromid (I) gibt mit 6-Benzamido-9-chlormercuripurin (II) in sd. Toluol *6-Benzamido-9-{3.4.6-tri-O-acetyl-2-desoxy-2-N-[bis-(phenoxy)-phosphinyl]-amino-β-D-glucosyl}-purin*, das von Pikrinsäure (III) in *9-{3.4.6-Tri-O-acetyl-2-desoxy-2-N-[bis-(phenoxy)-phosphinyl]-amino-β-D-glucosyl}-adenin* (IV) umgewandelt wird. Die Bis-[phenoxy]-phosphinylgruppe ließ sich auch bei höheren Drücken nicht durch Hydrieren entfernen. IV reagiert mit NH_3 in Benzylalkohol zu *9-{2-N-[Bis-(benzyloxy)-phosphinyl]-amino-2-desoxy-β-D-glucopyranosyl}-adenin*, das bei der Hydrierung an Pd–Kohle *9-[2-Amino-2-desoxy-β-D-glucopyranosyl]-adenin* gibt. *1-{3.4.6-Tri-O-acetyl-2-desoxy-2-N-[bis-(phenoxy)-phosphinyl]-amino-β-D-glucosyl}-cytosin* (V) wird aus I u. N-Acetylcytosinquecksilber (VI) dargestellt. In besserer Ausb. erhält man V aus I u. Bis-[trimethylsilyl]-cytosin (VII). V reagiert mit NH_3 in Benzylalkohol zu *1-{2-N-[Bis-(benzoylxy)-phosphinyl]-amino-2-desoxy-β-D-glucopyranosyl}-cytosin*, das in 92%ig. wss. Dioxan bzw. 90%ig. wss. CH_3OH zu *1-[2-Amino-2-desoxy-β-D-glucopyranosyl]-cytosin* u. einer *nicht identifizierten Verb.* hydriert wird. Beim Hydrieren in stärker polaren Lsgm. steigt die Menge der nicht identifizierten Verbindung.

Versuche: *6-Benzamido-9-{3.4.6-tri-O-acetyl-2-desoxy-2-N-[bis-(phenoxy)-phosphinyl]-amino-β-D-glucosyl}-purin*, aus II, $CdCO_3$, Celite u. 12,5 g I in sd. abs. Toluol; 8,9 g (Ausb.). — *9-{3.4.6-Tri-O-acetyl-2-desoxy-2-N-[bis-(phenoxy)-phosphinyl]-amino-β-D-glucosyl}-adenin* (IV), $C_{29}H_{31}N_6O_{10}P$, F. 150—152° u. 248—249° (Ae.), aus vorst. Verb. u. III in sd. A. u. Rk. mit Dowex AG 1-X2 (CO_3^{2-}) in 90%ig. wss. Aceton; $[\alpha]_D^{25}$ —15 ± 0,5° (c = 3,2; CH_3OH); 25,5%. — *9-{2-N-[Bis-(benzyloxy)-phosphinyl]-amino-2-desoxy-β-D-glucopyranosyl}-adenin*, $C_{25}H_{29}N_6O_7P$, F. 195—197° (Zers.; Erweichen bei 140—160°; 95%ig. A.), aus IV u. NH_3 in Benzylalkohol bei Raumtemp.; $[\alpha]_D^{25}$ —15 ± 1° (c = 1; CH_3OH); 86%. — *9-[2-Amino-2-desoxy-β-D-glucopyranosyl]-adenin*, $C_{11}H_{16}N_6O_4$, F. 186 bis 189° (Zers.; abs. A.), durch Hydrieren vorst. Verb. an 10%ig. Pd–Kohle unter 40 psi H_2; $[\alpha]_D^{25}$ —17 ± 2° (c = 0,7; W.); 42%. — *1-{3.4.6-Tri-O-acetyl-2-desoxy-2-N-[bis-(phenoxy)-phosphinyl]-amino-β-D-glucosyl}-cytosin* (V), $C_{28}H_{31}N_4O_{11}P$, F. 260° (Zers.; Erweichen bei 153—165°), a) aus VI u. I in sd. abs. Toluol; 8—9%; b) aus VII u. I in sd. abs. Bzl.; $[\alpha]_D^{20}$ +12 ± 0,5° (c = 3,5; CH_3OH); 75%. *Pikrat*, $C_{34}H_{34}N_7O_{18}P$, F. 144—146°; $[\alpha]_D^{21}$ +51 ± 2° (c = 1; Aceton). — *1-{2-N-[Bis-(benzyloxy)-phosphinyl]-amino-2-desoxy-β-D-glucopyranosyl}-cytosin*, $C_{24}H_{29}N_4O_8P$, F. 213—215° (Zers.; 95%ig. CH_3OH), aus V u. NH_3 in Benzylalkohol bei Raumtemp.; $[\alpha]_D^{22}$ +44 ± 2° (c = 0,5; W.); 83%. — *1-[2-Amino-2-desoxy-β-D-glucopyranosyl]-cytosin*, $C_{10}H_{16}N_4O_5$, F. 217—219° (Zers.; CH_3OH/Ae./$CHCl_3$), durch Hydrieren von 1 g vorst. Verb. an 10%ig. Pd–Kohle in 92%ig. wss. Dioxan bei 30 psi H_2; $[\alpha]_D^{25}$ +33 ± 1° (c = 1,2; W.); 0,12 g; daneben 0,025 g einer *unbekannten Verbindung*.

Hans Köhne/Berlin 3272△

1264 **Stickstoffheterocyclen. 2. Mitt. Neue Synthese von Pyrrolo-[1.2 : a]-chinoxalin.** Marino Artico, Giovanni De Martino und Vito Nacci. (Ann. Chimica **57** (1967) 12, 1431—39; Roma, Ist. di Chim. farmaceut. e tossicol. dell'Univ.; ital.) — Folgende Verb. werden dargestellt: *o-Acetylaminoanilinomalonsäurediäthylester* (II), $C_{15}H_{20}N_2O_5$, F. 102—104° (Bzl./PAe.), aus Brommalonsäurediäthylester u. o-Aminoacetanilid; 60% (Ausb.). — *α-Carbäthoxy-N-[o-acetylaminophenyl]-glutaminsäurediäthylester* (I), $C_{20}H_{28}N_2O_7$, F. 93—94° (Bzl./PAe.), aus II u. β-Brompropionsäureäthylester in Ggw. von Na-Äthylat in abs. A.; 90%. — *3a-Carbäthoxy-1.2.3.3a.4.5-hexahydropyrrolo-[1.2 : a]-chinoxalindion-(1.4)*, $C_{14}H_{14}N_2O_4$, F. 160 bis 162° (W.), a) aus 4,08 g I durch 10std. Kochen mit Na-Äthylat in abs. A.; 2,4 g; b) aus II u. Acrylsäureäthylester analog a); 60%. — *1.2.3.3a.4.5-Hexahydropyrrolo-[1.2 : a]-chinoxalindion-(1.4)*, $C_{11}H_{10}N_2O_2$, F. 235 bis 237° (wss. A.), a) aus 1 g vorst. Verb. durch Kochen mit wss.-äthanol. HCl; 0,6 g; b) aus 3,5 g I analog a); ca. 2 g. — *1.2.3.3a.4.5-Hexahydropyrrolo-[1.2 : a]-chinoxalin*, $C_{11}H_{14}N_2$, F. 97—98° (20%ig. wss. A.), aus vorst. Verb. mit $LiAlH_4$ in abs. THF (7 Std. bei 70—80°); 64%. — *Pyrrolo-[1.2 : a]-chinoxalin*, $C_{11}H_8N_2$, F. 129 bis 130° (W.), durch 2½std. Erhitzen von 0,5 g vorst. Verb. mit 10%ig. Pd–Kohle auf 260—270°; gelbe Nadeln; 350 mg. — Das IR-Spektrum u. das NMR-Spektrum der Titelverb. sowie Maxima der IR- u. NMR-Spektren der anderen Verb. sind angegeben. P. Golinske 3272△

1265 **Darstellung von 1.2.3.4-Tetrahydrochinazolindithionen-(2.4).** Günther Wagner und Lothar Rothe. (Z. Chem. 7 (1967) **9**, 339—40; Pharm. Inst. der Karl-Marx-Univ., Leipzig; dt.) — Rk. von Isatosäureanhydrid mit P_4S_{10} in sd. Pseudocumol führt in 90%ig. Ausb. zu *2.4-Dithioxo-4H-1.2-dihydro-3.1-benzothiazin* (I). Analog wurde die *N-Methylverb.* (II) synthetisiert. I u. II sind auch durch Rk. der entsprechenden Thioanthranilsäureamide mit CS_2 in sd. Py. zugänglich, wobei sich gleichzeitig *Tetrahydrochinazolindithione-(2.4)* (III) bilden. Verb. vom Typ III werden auch durch Rk. von I bzw. II mit prim. aliphat. Aminen erhalten. Bei Einsatz von prim. Arylaminen im Überschuß u. Rk. bei 140—160° entstehen neben III die entsprechenden *Thioanthranilsäureamide*.

Versuche: Tetrahydrochinazolindithione-(2.4): *3-Methyl-*, F. 290—291°, a) aus N-Methylthioanthranilsäureamid; 71%; daneben 11% *2.4-Dithioxo-4H-1.2-dihydro-3.1-benzothiazin* [I; F. 238—240° (Zers.)]; b) aus I u. Methylamin; 91%. — *3-Phenyl-*, F. 268 bis 269°, a) aus N-Phenylthioanthranilsäureamid; 3%; daneben 61% I; b) aus I u. Phenylamin; 28%; daneben 37% *N-Phenylthioanthranilsäureamid* [F. 122—123°]. — *1.3-Dimethyl-*, F. 267—268°, a) aus N.N'-Dimethylthioanthranilsäureamid; Spuren; daneben 57% *1-Methyl-2.4-dithioxo-4H-1.2-dihydro-3.1-benzothiazin* [II; F. 187 bis 188°]; b) aus II u. Methylamin; 98%. — *Unsubstituiert*, F. 319—322° (Zers.), aus I u. NH_3; 86%. — *3-Isopropyl-*, F. 165—166°, aus I u. Isopropylamin; 90%. — *3-[p-Chlorphenyl]-*, F. 253—254,5°, aus I u. p-Chlorphenylamin; 25%; daneben 31% *N-[p-Chlorphenyl]-thioanthranilsäureamid* [F. 148—149°]. — *1-Methyl-3-phenyl-*, F. 223 bis 224°, aus II u. Phenylamin; Spuren; daneben 79% *N-Methyl-N'-phenylthioanthranilsäureamid* [F. 119 bis 120°]. K.-P. Hilgetag 3292△

1266 **Synthese von siliciumorganischen Lactonen auf der Basis von Vinylessigsäure.** V. F. Mironov und N. S. Fedotov. (Chim. geterociklič̌eskich Soedinenij **1967**, 1, 179—82; NII chim. i technologii élementoorg. soedin., Moskva; russ.) — Durch intramol. Cyclisierung von Vinylessigsäuresilylestern, die eine Si—H-Bindung enthalten, in Ggw. von H_2PtCl_6 werden *2-Silatetrahydropyranone-(6)* dargestellt. IR-Spektren sind angegeben.

Versuche: *Vinylessigsäuredimethylsilylester* (I), Kp.$_{80}$ 67—68°, durch Zugabe von Vinylessigsäure zu Dimethylchlorsilan (II) u. Diäthylanilin in abs. Ae.; D_4^{20} 0,9059; n_D^{20} 1,4140; 70% (Ausb.). — Analog: *Acrylsäuredimethylsilylester*, Kp.$_{110}$ 57—58°; D_4^{20} 0,9155; n_D^{20} 1,4111; 70%. — *Methacrylsäuredimethylsilylester*, Kp.$_{43}$ 51—52°; D_4^{20} 0,9061; n_D^{20} 1,4175; 66%. — 2-Silatetrahydropyranone-(6): *2.2-Dimethyl-*, Kp.$_{1,5}$ 69—70°, a) durch Zugabe von I zu wenig H_2PtCl_6 in sd. abs. Bzl. u. Eindampfen; D_4^{20} 1,0495; n_D^{20} 1,4640; b) durch Zugabe von Vinylessigsäuretrimethylsilylester zu sd. II in Ggw. von wenig isopropanol. H_2PtCl_6; 76,6%. — Analog nach b): *2-Chlor-2-äthyl-*, Kp.$_3$ 106—107°; D_4^{20} 1,2041; n_D^{20} 1,4802; 86,4%. — *2-Chlor-2-methyl-*,

Kp.$_2$ 96—97°; D.$_4^{20}$ 1,2505; n$_D^{20}$ 1,4753; 87,5%. — *2-Chlor-2-phenyl-*, Kp.$_{2,5}$ 158—159°; D.$_4^{20}$ 1,2630; n$_D^{20}$ 1,5460; 81%. — *2.2-Dichlor-*, Kp.$_{1,5}$ 99—100°; D.$_4^{20}$ 1,4088; n$_D^{20}$ 1,4859; 70%. H.-J. Graubaum 3292△

1267 **Isolierung der cis- und trans-Isomeren einiger Oxaphosphorinane.** Knut Bergesen. (Acta chem. scand. **21** (1967) 2, 578—79; Chem. Inst., Univ. of Bergen, Norway; engl.) — Vf. beschreiben die Darst. von *5-Methyl-* bzw. *6-Methyl-2-oxo-2-äthoxy-1.2-oxaphosphorinan* aus Triäthylphosphit (I) u. 2-Methyl-1.4-dibrombutan (II) bzw. 1.4-Dibrompentan (III). Die erhaltenen Verb. werden durch Gaschromatographie in geometr. Isomere aufgetrennt.

Versuche: *5-Methyl-2-oxo-2-äthoxy-1.2-oxaphosphorinan*, $C_7H_{15}O_3P$, Kp.$_{2}$ 130°, aus I u. II bei 180° u. Abdest. des gebildeten *Äthylbromids*; n$_D^{20}$ 1,4588; 40% (Ausb.). *cis-Isomeres*; n$_D^{20}$ 1,4597; D.$_4^{20}$ 1,148. *trans-Isomeres*; n$_D^{20}$ 1,4541; D.$_4^{20}$ 1,134. — *6-Methyl-2-oxo-2-äthoxy-1.2-oxaphosphorinan*, $C_7H_{15}O_3P$, Kp.$_{0,5}$ 95°, aus I u. III; n$_D^{20}$ 1,4496; 30%. *cis-Isomeres*; n$_D^{20}$ 1,4492; D.$_4^{20}$ 1,095. *trans-Isomeres*; n$_D^{20}$ 1,4525; D.$_4^{20}$ 1,106. K.-P. Hilgetag 3292△

1268 **Fluorkohlenstoffstickstoffverbindungen.** 12. Mitt. **Katalytische Perfluoralkylierung von Halogentriazinen.** Robert L. Dressler und John A. Young. (J. org. Chemistry **32** (1967) 6, 2004—05; Denver Res. Inst., Univ. of Denver, Denver, Colo.; engl.) — Durch Erhitzen von Cyanursäurefluorid mit Hexafluorpropen in Ggw. von CsF auf 200—300° im Autoklaven entstehen *substituierte Triazine*. In analoger Weise gelingt die Cyanperfluoralkylierung von 2.4-Bis-[perfluorisopropyl]-6-fluor-symm.-triazin mit Perfluorallylcyanid. Mit Hilfe von Perfluor-2-aza-propen kann Cyanursäurefluorid perfluordimethylaminiert werden.

Versuche: symm-Triazine: *2-Perfluorisopropyl-4.6-di-fluor-*, Kp.$_{630}$ 99—100°; n$_D^{25}$ 1,3131. — *2.4-Bis-[perfluorisopropyl]-6-fluor-*, Kp.$_{630}$ 125—126°; n$_D^{25}$ 1,3373. — *2.4.6-Tris-[perfluorisopropyl]-*, F. 30—31°, Kp.$_{630}$ 137 bis 138°. — *2-[Di-(perfluormethyl)-amino]-4.6-difluor-*, Kp.$_{630}$ 108—109°; n$_D^{25}$ 1,3477. — *2.4-Bis-[di-(perfluormethyl)-amino]-6-fluor-*, Kp.$_{40}$ 73—75°; n$_D^{25}$ 1,3485. — *2.4.6-Tris-[di-(perfluormethyl)-amino]-*, F. 47—48°, Kp.$_{40}$ 90°. — *2-[3-Cyanperfluorpropyl-(2)]-4.6-diperfluorisopropyl-*, Kp.$_{20}$ 79—80°; n$_D^{25}$ 1,3266. G. Westphal 3313△

1269 **Hydrogenolyse von 3.4-Dihydro-1.2.4-benzothiadiazin-1.1-dioxiden.** 4. Mitt. Mario Ghelardoni, Filippo Russo und Maria Grazia Salmon. (Ann. Chimica **57** (1967) 3, 298—307; Firenze, Stab. Farmaceut. Menarini, Labor. Ric.; ital.) — Folgende Verb. werden dargestellt: 3-Alkyl-2.7-dimethyl-6-chlor-3.4-dihydro-1.2.4-benzothiadiazin-1.1-dioxide, durch 4std. Kochen von 2-Amino-4-chlor-5-methylbenzolsulfonsäuremethylamid mit dem entsprechenden Aldehyd in Ggw. von konz. HCl in Dioxan: *3-Äthyl-*, $C_{11}H_{15}ClN_2O_2S$, F. 184—186° (A.). — *3-Butyl-*, $C_{13}H_{19}ClN_2O_2S$, F. 135 bis 137° (A.). — *3-Pentyl-*, $C_{14}H_{21}ClN_2O_2S$, F. 133—135° (A.). — 2-Alkylamino-4-chlor-5-methylbenzolsulfonsäuremethylamide, a) durch 8std. Stehen der entsprechenden 3-Alkyl-2.7-dimethyl-6-chlor-3.4-dihydro-1.2.4-benzothiadiazin-1.1-dioxide mit KBH_4 in wss. A. bei Raumtemp.; 16—20% (Ausb.); b) durch 25std. Erhitzen des entsprechenden 2-Alkylamino-4-chlor-5-methylbenzolsulfonsäureamids mit CH_3J in A. in Ggw. von Na-Äthylat u. Umkristallisieren aus A. oder Cyclohexan: *2-Äthylamino-*, $C_{10}H_{15}ClN_2O_2S$, F. 100 bis 101°. — *2-Propylamino-*, $C_{11}H_{17}ClN_2O_2S$, F. 101 bis 103°. — *2-Butylamino-*, $C_{12}H_{19}ClN_2O_2S$, F. 93—94°. — *2-Pentylamino-*, $C_{13}H_{21}ClN_2O_2S$, F. 87—88°. — *2-Hexylamino-*, $C_{14}H_{23}ClN_2O_2S$, F. 73—75°. — 4-Alkyl-2.7-dimethyl-6-chlor-3.4-dihydro-1.2.4-benzothiadiazin-1.1-dioxide, durch 3std. Kochen der 2-Alkylamino-4-chlor-5-methylbenzolsulfonsäuremethylamide mit 37%ig. Formaldehyd in Dioxan in Ggw. von konz. HCl u. Umkristallisieren aus A. oder Cyclohexan: *4-Äthyl-*, $C_{11}H_{15}ClN_2O_2S$, F. 108—110°. — *4-Propyl-*, $C_{12}H_{17}ClN_2O_2S$, F. 77—79°. — *4-Butyl-*, $C_{13}H_{19}ClN_2O_2S$, F. 98—100°. — *4-Pentyl-*, $C_{14}H_{21}ClN_2O_2S$, F. 84—86°. — *4-Hexyl-*, $C_{15}H_{23}ClN_2O_2S$, F. 90—91°. — 3-Alkyl-4.7-dimethyl-6-chlor-3.4-dihydro-1.2.4-benzothiadiazin-1.1-dioxide, durch Erhitzen von 2-Methylamino-4-chlor-5-methylbenzolsulfonamid mit dem entsprechenden Aldehyd in Ggw. von konz. HCl u. Umkristallisieren aus A.: *3-Methyl-*, $C_{10}H_{13}ClN_2O_2S$, F. 115—117°, mit Acetaldehyddiäthylacetal bei 100°. — *3-Äthyl-*, $C_{11}H_{15}ClN_2O_2S$, F. 150 bis 152°, bei 45°. — *3-Propyl-*, $C_{12}H_{17}ClN_2O_2S$, F. 125 bis 127°, bei 70°. — *3-Butyl-*, $C_{13}H_{19}ClN_2O_2S$, F. 86—88°, bei 100°. — *3-Pentyl-*, $C_{14}H_{21}ClN_2O_2S$, F. 108—110°, bei 100°. — *2-Methylamino-4-chlor-5-methylbenzolsulfonsäure, Äthylamid*, $C_{10}H_{15}ClN_2O_2S$, F. 115—117°, durch 8std. Rühren des entsprechenden 3-Alkyl-4.7-dimethyl-6-chlor-dihydro-1.2.4-benzothiadiazin-1.1-dioxids mit KBH_4 in wss. A. bei Raumtemp. u. Umkristallisieren aus A. oder Cyclohexan; 99%. *Propylamid*, $C_{11}H_{17}ClN_2O_2S$, F. 77 bis 78°. *Butylamid*, $C_{12}H_{19}ClN_2O_2S$, F. 98—99°. *Pentylamid*, $C_{13}H_{21}ClN_2O_2S$, F. 76—78°. *Hexylamid*, $C_{14}H_{23}ClN_2O_2S$, F. 60—61°. — 2-Alkyl-4.7-dimethyl-6-chlor-3.4-dihydro-1.2.4-benzothiadiazin-1.1-dioxide, aus 37%ig. Formaldehyd u. dem entsprechenden 2-Methylamino-4-chlor-5-methylbenzolsulfonsäurealkylamids in Dioxan in Ggw. von konz. HCl: *2-Äthyl-*, $C_{11}H_{15}ClN_2O_2S$, F. 106—108°. — *2-Propyl-*, $C_{12}H_{17}ClN_2O_2S$, F. 116 bis 118°. — *2-Butyl-*, $C_{13}H_{19}ClN_2O_2S$, F. 84—86° (A.), a) nach dem allg. Verf.; b) durch 8std. Kochen von 4.7-Dimethyl-6-chlor-3.4-dihydro-1.2.4-benzothiadiazin-1.1-dioxid u. Butylbromid in abs. A. in Ggw. von Na-Äthylat. — *2-Pentyl-*, $C_{14}H_{21}ClN_2O_2S$, F. 97—99°. — *2-Hexyl-*, $C_{15}H_{23}ClN_2O_2S$, F. 85—86°. P. Golinske 3333△

1270 **Oxocan. Synthese und Konformations-Isomerisierung.** Leo A. Paquette und Robert W. Begland. (J. org. Chemistry **32** (1967) 9, 2723—25; Dep. of Chem., O. State Univ., Columbus, O.; engl.) — Synth. von *Oxocan* wird beschrieben.

Versuche: *3-Oxa-9-methylgranataninol-(7)*, F. 130 bis 132°, aus 3-Oxa-9-methylgranataninon-(7) u. $LiAlH_4$ u. Hydrolyse mit 30%ig. NaOH; 99,8% (Ausb.). — *3-Oxa-9-methylgranatolin*, Kp.$_{16}$ 85—87°, aus vorst. Verb. u. H_2SO_4/Eisessig; 88%. *Hydrochlorid*, $C_8H_{14}ClNO$, F. 234 bis 236° (A./Ae.). — *3-Oxa-9.9-dimethyl-9-azoniabicyclo-[3.3.1]-nonen-(6)-jodid*, $C_9H_{16}JNO$, F. 305—307° (wss. A.), aus vorst. Verb. u. CH_3J; 99%. — *5-[Dimethylamino]-7-oxacyclooctadien-(1.3)*, aus vorst. Verb. mit Amberlite IRA-400 (OH^--Form) u. Zers. des eingeengten Eluats bei 45—50°/6 mm unter N_2; 73,2%. *Methojodid* (I), $C_{10}H_{18}JNO$, F. 170—171°; 90,5%. — *3-Dimethylamino-oxocan*, Kp.$_{16}$ 97—98°, aus vorst. Verb. u. H_2 an Adams-Katalysator. *Methojodid*, $C_{10}H_{22}JNO$, F. 147—148° (A./Ae.). — *3.4.5.6-Tetrahydro-2H-oxocin*, $C_7H_{12}O$, Kp.$_{15}$ 75 bis 80°, aus vorst. Methojodid u. Amberlite IRA-400 (OH^--Form); 33,4%. — *Oxocan*, $C_7H_{14}O$, a) aus vorst. Verb. u. H_2 an Adams-Katalysator; 44%; b) aus 885 mg I u. H_2 an Adams-Katalysator; 150 mg; daneben 330 mg *Trimethylammoniumjodid*, F. 262—263°. K.-P. Hilgetag 3370△

C-4. Naturstoffe

1271 **Acetonierung von D-Xylosediäthyldithioacetal.** D. G. Lance und J. K. N. Jones. (Canad. J. Chem. **45** (1967) 13, 1533—38; Dep. of Chem., Queen's Univ., Kingston, Ontario; engl.) — D-Xylosediäthyldithioacetal (I) gibt mit abs. Aceton in Ggw. von Dowex 50W-X8 (H^+-Form) *2.3;4.5-Di-O-isopropyliden-D-xylosediäthyldithioacetal* (II). II wird zum Strukturbeweis mit 1 n H_2SO_4 in CH_3OH bei Raumtemp. zu *2.3-O-Isopropyliden-D-xylosediäthyldithioacetal* (XI) hydrolysiert, das durch Methylierung mit Dimethylsulfat (III) u. NaOH in sd. THF u. anschließende Hydrolyse mit 1 n H_2SO_4 in sd. CH_3OH in *4.5-Di-O-methyl-D-xylosediäthyldithioacetal* (IV) umgewandelt wird. Aus IV wird durch Ox. mit Perjodat u. anschließende Red. *1.2-Di-O-methyl-DL-glycerin* erhalten. Aus IV u. Raney-Ni in A. wird *1-Desoxy-4.5-di-O-methyl-D-xylit* gebildet, das bei der Ox. mit Perjodat 1 Val *Acetaldehyd* liefert. Aus 2.4-O-Isopropyliden-D-xylosediäthyldithioacetal (V) u. abs. Aceton in Ggw. von wasserfreiem $CuSO_4$ entsteht *2.4;3.5-Di-O-isopropyliden-D-xylosediäthyldithioacetal* (VI), das von Aceton in Ggw.

von wasserfreiem $CuSO_4$ langsam in **II** u. einige *Mono-O-isopropylidenverb.* umgewandelt wird. Bei der milden Hydrolyse gibt **VI V**. Bei der Darst. von **II** werden *4.5-* (**VII**) u. *3.4-O-Isopropyliden-D-xylosediäthyldithioacetal* (**X**), **V** u. **XI** als Nebenprod. isoliert. **VII** wird durch Methylierung u. anschließende Hydrolyse in *2.3-Di-O-methyl-D-xylosediäthyldithioacetal* (**VIII**) übergeführt, das zu *4.5-Di-O-benzoyl-2.3-di-O-methyl-D-xylosediäthyldithioacetal* benzoyliert wird. **VIII** reagiert mit $HgCl_2$ u. $CdCO_3$ in wss. Aceton zu *2.3-Di-O-methyl-D-xylose*, die mit $CH_3 \cdot OH$ in Ggw. von Säure *Methyl-2.3-di-O-methyl-α-D-xylofuranosid* (**IX**) liefert. **IX** wird zum Strukturbeweis zu *Methyl-2.3.5-tri-O-methyl-α-D-xylosid* methyliert. **X** wird durch Methylierung u. Hydrolyse in *2.5-Di-O-methyl-D-xylosediäthyldithioacetal* (**XII**) umgewandelt, das von Raney-Ni zu *1-Desoxy-2.5-di-O-methyl-D-xylit* (**XIII**) entschwefelt wird. Perjodatox. von **XIII** u. anschließende Red. liefert *2-Methoxyäthanol* u. *2-Methoxypropanol-(1)*. Analog **VIII** wird **XII** in *2.5-Di-O-methyl-D-xylose* übergeführt.

Versuche: D-Xylosediäthyldithioacetale: *Unsubstituiert* (**I**), F. 59—61° ($CHCl_3$/PAe.), nach Dalley u. McIlroy (1949) aus D-Xylose. — *2.3;4.5-Di-O-isopropyliden-* (**II**), aus **I** u. abs. Aceton in Ggw. von Dowex 50W-X8 (H^+-Form) bei Raumtemp.; $[\alpha]_D^{22}$ —67° (c = 2,8; Aceton); 94% (Ausb.). — *2.3-O-Isopropyliden-* (**XI**), aus **II** u. 1n H_2SO_4 in CH_3OH bei Raumtemp.; $[\alpha]_D^{21}$ —60° (c = 3,4; $CHCl_3$); 74%. — *4.5-Di-O-methyl-* (**IV**), $C_{11}H_{24}O_4S_2$, F. 47—48° (Ligroin), aus **XI**, **III** u. NaOH in sd. THF u. Rk. mit 1n H_2SO_4 in sd. CH_3OH; $[\alpha]_D^{20}$ +23° (c = 2,2; $CHCl_3$); 69%. — *4.5-O-Isopropyliden-* (**VII**), $C_{12}H_{24}O_4S_2$, F. 78—79° (A./W.), aus 20 g **I**, wasserfreiem $CuSO_4$ u. abs. Aceton bei Raumtemp.; $[\alpha]_D^{23}$ +48° (c = 4,9; $CHCl_3$); 39%; daneben 0,62 g **V** u. **X**. — *2.4-O-Isopropyliden-* (**V**), F. 117—117,5° (W./A.), aus **VI** u. 1n H_2SO_4 in CH_3OH; $[\alpha]_D^{22}$ —8,4° (c = 1,5; $CHCl_3$); daneben **I**. — *2.4;3.5-Di-O-isopropyliden-* (**VI**), $C_{15}H_{28}O_4S_2$, F. 113,5—114° (A./W.), aus 0,2 g **V** u. wasserfreiem $CuSO_4$ in abs. Aceton; $[\alpha]_D^{22}$ +8 ± 1° (c = 2,3; Aceton); 70 mg. — *2.3-Di-O-methyl-* (**VIII**), aus **VII** durch Methylieren u. anschließende Hydrolyse; $[\alpha]_D^{20}$ —13,5° (c = 2,9; $CHCl_3$); 88%. — *4.5-Di-O-benzoyl-2.3-di-O-methyl-*, $C_{25}H_{32}O_6S_2$, F. 82—83° (A./W.), aus **VIII** u. Benzoylchlorid in Py.; 45%. — *2.5-Di-O-methyl-* (**XII**), $C_{11}H_{24}O_4S_2$, F. 47—48° (Ligroin), aus **X** durch Methylieren u. anschließende Hydrolyse; $[\alpha]_D^{20}$ +2° (c = 1,1; $CHCl_3$); 30%. — *1-Desoxy-4.5-di-O-methyl-D-xylit*, $C_7H_{16}O_4$, aus **IV** u. Raney-Ni in C_2H_5OH. — *2.3-Di-O-methyl-D-xylose*, F. 85—93° (Ae.), aus **VIII**, $HgCl_2$ u. $CdCO_3$ in wss. Aceton; $[\alpha]_D^{20}$ +24,6° (c = 2; W.); 69%. — *Methyl-2.3-di-O-methyl-α-D-xylofuranosid* (**IX**), $C_8H_{16}O_5$, F. 81,5—82° (Ligroin), aus 0,2 g vorst. Verb. u. Dowex 50W-X8 (H^+-Form) in sd. CH_3OH; $[\alpha]_D^{20}$ +190° (c = 1,2; CH_3OH), +165° (c = 1,5; $CHCl_3$); 16 mg. — *1-Desoxy-2.5-di-O-methyl-D-xylit* (**XIII**), $C_7H_{16}O_4$, aus **XII** u. Raney-Ni in C_2H_5OH. — *2.5-Di-O-methyl-D-xylose*, aus **XII** analog **IX**; $[\alpha]_D^{22}$ +9,7° (c = 2,45; A.), +48° (c = 2,15; W.); 93%.

Hans Köhne/Berlin 3400△

1272 **Synthese der 3.4.6-Tri-O-acetyl- und 3.4.6-Tri-O-benzoylderivate von 2-Desoxy-α-D-arabinohexopyranosylfluorid.** L. D. Hall und J. F. Manville. (Canad. J. Chem. **45** (1967) 11, 1299—1303; Dep. of Chem., Univ. of British Columbia, Vancouver, British Columbia, Canada; engl.) — 1.3.4.6-Tetra-O-acetyl-2-desoxy-β-D-arabinohexopyranose (**I**) gibt mit wasserfreiem fl. HF *3.4.6-Tri-O-acetyl-2-desoxy-α-D-arabinohexopyranosylfluorid* u. wenig *3.4.6-Tri-O-acetyl-2-desoxy-β-D-arabinohexopyranosylfluorid*. Aus 1.3.4.6-Tetra-O-benzoyl-2-desoxy-β-D-arabinohexopyranose (**II**) wird analog *3.4.6-Tri-O-benzoyl-2-desoxy-α-D-arabinohexopyranosylfluorid* erhalten.

Versuche: *3.4.6-Tri-O-acetyl-2-desoxy-α-D-arabinohexopyranosylfluorid*, $C_{12}H_{17}FO_7$, F. 73—74° ($CHCl_3$/PAe.), aus **I** u. fl. HF bei —70°; $[\alpha]_D^{23}$ +67° (c = 2,15; $CHCl_3$); 77% (Ausb.). — *3.4.6-Tri-O-benzoyl-2-desoxy-α-D-arabinohexopyranosylfluorid*, $C_{27}H_{23}FO_7$, F. 112—114° analog vorst. Verb. aus **II**; $[\alpha]_D^{23}$ +41,6° (c = 2,3; $CHCl_3$); 95%. Hans Köhne/Berlin 3400△

1273 **2-Desoxy-D-mannoheptose.** M. B. Perry. (Canad. J. Chem. **45** (1967) 11, 1295—97; Div. of Biosci., National Res. Council of Canada, Ottawa, Canada; engl.) — 1-Desoxy-1-nitro-D-glycero-D-galakto-heptit (**I**) wird zu *2.3.4.5.6.7-Hexa-O-acetyl-1-desoxy-1-nitro-D-glycero-D-galakto-heptit* (**II**) acetyliert. **II** gibt mit $NaHCO_3$ in sd. Bzl. *3.4.5.6.7-Pentaacetoxy-D-manno-1-nitrohepten-(1)*, das an Pd-Schwarz zu *3.4.5.6.7-Penta-O-acetyl-1.2-didesoxy-D-manno-heptit* (**III**) hydriert wird. Aus **III** wird durch alkal. Verseifung u. anschließende Rk. mit konz. H_2SO_4 *2-Desoxy-D-manno-heptose* (**IV**) dargestellt. Zur Charakterisierung von **IV** werden *1.3.4.5.6.7-Hexa-O-acetyl-2-desoxy-D-manno-heptit*, *2-Desoxy-D-manno-heptose-2.5-dichlorphenylhydrazon* bzw. *-methylphenylhydrazon* synthetisiert.

Versuche (F. korr.): *2.3.4.5.6.7-Hexa-O-acetyl-1-desoxy-1-nitro-D-glycero-D-galakto-heptit* (**II**), $C_{19}H_{27}NO_{14}$, F. 151—151,5° (A.), aus 13 g **I** u. sd. Acetanhydrid in Ggw. von konz. H_2SO_4; $[\alpha]_D^{22}$ —9,7° (c = 2,5; $CHCl_3$); 27 g (Ausb.). — *3.4.5.6.7-Pentaacetoxy-D-manno-1-nitrohepten-(1)*, $C_{17}H_{23}NO_{12}$, F. 115° (A.), aus 20 g **II** u. $NaHCO_3$ in sd. abs. Bzl.; $[\alpha]_D^{22}$ +28,4° (c = 3; $CHCl_3$); 14,8 g. — *3.4.5.6.7-Penta-O-acetyl-1.2-didesoxy-1-nitro-D-manno-heptit* (**III**), $C_{17}H_{25}NO_{12}$, F. 99—100° (A.), durch Hydrieren von 10 g vorst. Verb. an Pd-Schwarz in A.; $[\alpha]_D^{22}$ +38,4° (c = 3,3; $CHCl_3$); 8,2 g. — *2-Desoxy-D-manno-heptose* (**IV**), $C_7H_{14}O_6$, F. ca. 52° (Isopropanol/Ae.), aus 8 g **III** u. 1n NaOH bei 22° u. Rk. mit H_2SO_4; $[\alpha]_D^{22}$ +35 → +52° (c = 0,6; W.); 3,11 g. *2.5-Dichlorphenylhydrazon*, $C_{13}H_{18}Cl_2N_2O_5$, F. 173° (A.), aus 0,1 g **IV**; $[\alpha]_D^{22}$ —1,2 → —19,4° (c = 1; CH_3OH); 0,13 g. *Methylphenylhydrazon*, $C_{14}H_{22}N_2O_5$, F. 132° (A./Isopropanol), aus 0,13 g **IV**; $[\alpha]_D^{22}$ +10° (c = 0,5; CH_3OH); 0,11 g. — *1.3.4.5.6.7-Hexa-O-acetyl-2-desoxy-D-manno-heptit*, $C_{19}H_{28} \cdot O_{12}$, F. 104° ($CH_3OH$), aus 0,16 g **IV** u. $NaBH_4$ in W. bei Raumtemp. u. Rk. mit Acetanhydrid in Ggw. von konz. H_2SO_4 bei 35°; $[\alpha]_D^{22}$ +36° (c = 1; CH_3OH); 0,15 g.

Hans Köhne/Berlin 3400△

1274 **Chemische Synthese von Panose und einem isomeren Trisaccharid.** M. L. Wolfrom und K. Koizumi. (J. org. Chemistry **32** (1967) 3, 656—60; Dep. of Chem., O. State Univ., Columbus, O.; engl.) — Aus Maltose werden durch Rk. mit Tritylchlorid (**I**) in abs. Py. u. anschließende Acetylierung *Hexa-O-acetyl-6.6'-di-O-tritylmaltose*, *O-[2.3.4-Tri-O-acetyl-6-O-trityl-α-D-glucosyl]-(1 → 4)-tetra-O-acetyl-β-D-glucopyranose* (**II**) u. *O-[Tetra-O-acetyl-α-D-glucopyranosyl]-(1 → 4)-1.2.3-tri-O-acetyl-6-O-trityl-α-D-glucose* (**III**) erhalten. Zum Strukturvergleich wird *O-[Tetra-O-acetyl-α-D-glucopyranosyl]-(1 → 4)-1.2.3-tri-O-acetyl-6-O-trityl-β-D-glucose* (**IV**) aus O-[Tetra-O-acetyl-α-D-glucopyranosyl]-(1 → 4)-1.2.3-tri-O-acetyl-β-D-glucopyranose (**V**) u. **I** dargestellt. Durch Entacetylierung mit CH_3ONa in CH_3OH u. anschließende Acetylierung mit Acetanhydrid in Py. wird **IV** in **III** umgewandelt. **II** gibt mit 3.4.6-Tri-O-acetyl-2-O-nitro-β-D-glucopyranosylchlorid (**VI**) in Nitromethan in Ggw. von $AgClO_4$ u. wasserfreiem $CaSO_4$ *Panose* u. *O-β-D-Glucopyranosyl-(1 → 6)-O-α-D-glucopyranosyl-(1 → 4)-D-glucopyranose* (**VII**). Analog werden *Panose* u. **VII** in schlechterer Ausb. aus **VI** u. O-[2.3.4-Tri-O-acetyl-α-D-glucopyranosyl]-(1 → 4)-tetra-O-acetyl-β-D-glucopyranose (**VIII**) dargestellt. Aus **VI** u. Tetra-O-acetyl-6-O-trityl-β-D-glucopyranose (**IX**) werden *β-Isomaltosooktaacetat* u. *β-Gentiobioseoktaacetat* erhalten.

Versuche: *O-[2.3.4-Tri-O-acetyl-6-O-trityl-α-D-glucosyl]-(1 → 4)-tetra-O-acetyl-β-D-glucopyranose* (**II**), $C_{45}H_{50}O_{18}$, F. 164—164,5° (Aceton/CH_3OH), a) aus Maltose u. 1 Val **I** in abs. Py. bei 37—39° u. Rk. mit Acetanhydrid in Py. bei Raumtemp.; $[\alpha]_D^{20}$ +96° (c = 2,165; $CHCl_3$); 31% (Ausb.); daneben 13% *Hexa-O-acetyl-6.6'-di-O-tritylmaltose* [$C_{62}H_{62}O_{17}$, F. 222—223° (Aceton/CH_3OH); $[\alpha]_D^{20}$ +88° (c = 2,14; $CHCl_3$)] u. 3% **III**; b) aus 160 mg **VIII** u. **I** in abs. Py. bei 100°; 151 mg. — *O-[2.3.4-Tri-O-acetyl-α-D-glucopyranosyl]-(1 → 4)-tetra-O-acetyl-β-D-glucopyranose* (**VIII**), $C_{26}H_{36}O_{18}$, F. 177—178° (CH_3OH), aus **II** u. 80%ig. wss. CH_3COOH bei 100°; $[\alpha]_D^{19}$ +65° (c = 1,58; $CHCl_3$); 65,4%. — *O-[Tetra-O-acetyl-α-D-glucopyranosyl]-(1 → 4)-1.2.3-tri-O-acetyl-6-O-trityl-β-D-glucose* (**IV**), $C_{45}H_{50}O_{18}$, F. 116—118°, aus **V** u. **I** in abs. Py. bei 100°; $[\alpha]_D^{22}$ +36° (c = 6; $CHCl_3$). — *O-[Tetra-O-acetyl-α-D-glucopyranosyl]-(1 → 4)-1.2.3-tri-O-*

acetyl-6-O-trityl-α-D-glucose (III), F. 189—190° (Aceton/CH_3OH), aus IV u. 0,05 m methanol. CH_3ONa-Lsg. bei 5° u. Rk. mit Acetanhydrid in Py. bei Raumtemp.; $[\alpha]_D^{20}$ +100° (c = 1,78; $CHCl_3$). — *Panose*, F. 221° (Zers.; CH_3OH), a) aus II, $AgClO_4$, wasserfreiem $CaSO_4$ u. VI in Nitromethan, Hydrieren an 10%ig. Pd-Kohle in abs. A. bei 35 psi H_2 u. Rk. mit 0,05 m methanol. CH_3O·Na-Lsg. in CH_3OH bei 5°; $[\alpha]_D^{20}$ +161 → 151° (c = 0,3; W.); 17%; daneben 7% *O-β-D-Glucopyranosyl-(1 → 6)-O-α-D-glucopyranosyl-(1 → 4)-D-glucopyranose* [VII, $C_{18}H_{32}$·O_{16}, $[\alpha]_D^{20}$ + 71° (c = 0,32; W.)], *D-Glucose* u. *Maltose*; b) analog a) aus VIII; 5,7%; daneben 2,5% VII. — *β-Gentiobioseoktaacetat*, F. 193—194°, analog vorst. Verb. nach a) aus IX; 18,1%; daneben 16,6% *β-Isomaltose-oktaacetat* (F. 146—147°).

Hans Köhne/Berlin 3400△

1275 **Ein neuer Weg zur Synthese höherer 3-Desoxyglyculosonsäuren.** N. K. Kochetkov, B. A. Dmitriev und L. V. Backinowsky. (Carbohydrate Res. [Amsterdam] 5 (1967) 4, 399—405; N.D. Zelinsky Inst. of Chem., Acad. of Sci. of the USSR., Moscow; engl.) — Ein neuer Weg zur Synth. von *3-Desoxyglyculosonsäuren* wird beschrieben. Die Schlüsselstufe der Synth. beruht auf der Umwandlung eines Monosaccharides durch Wittig-Rk. in eine *3.4-Didesoxy-Δ³-glyculosenonsäure* u. vollständige Lactonisierung. Papierchromatograph. Meth. vgl. Original.

Versuche: *5.6.7.8.9-Penta-O-acetyl-3.4-didesoxy-D-galacto-Δ³-trans-nonulosenonsäure-tert.-butylester*, C_{23}·$H_{32}O_{13}$, F. 102—104° (Essigsäureäthylester/Hexan), durch 20std. Kochen von Penta-O-acetyl-aldehydo-D-galactose mit [tert.-Butoxyoxalyl]-methylentriphenylphosphoran in Bzl.; $[\alpha]_D^{20}$ +27,2° (c = 4,18; Bzl.); 80% (Ausb.). — *5.6.7.8.9-Penta-O-acetyl-3.4-didesoxy-D-galacto-Δ³-trans-nonulosenonsäure*, $C_{19}H_{24}O_{13}$, F. 98—104° (Essigsäureäthylester/Hexan), durch 40 Min. langes Stehen von 100 mg vorst. Verb. in Trifluoressigsäure; $[\alpha]_D^{20}$ +26,9° (c = 3,22; $CHCl_3$); 40 mg. — *1-[p-Methoxycarbonylphenyl]-3-[p-methoxycarbonylphenylamino]-5-[D-galacto-pentaacetoxypentyl]-Δ³-pyrrolinon-(2)*, $C_{35}H_{38}N_2O_{15}$, F. 207—209°, durch 5tägiges Stehen vorst. Verb. (aus 256 mg vorvorst. Verb.) mit p-Aminobenzoesäuremethylester in Eisessig; $[\alpha]_D^{20}$ — 3,4° (c = 4,14; $CHCl_3$); aus Methanol Nadeln; 140 mg. — *2-[N-(p-Methoxycarbonyl)-phenyl]-amino]-4-[D-galactopentaacetoxypentyl]-buten-(2)-olid-(4)*, $C_{27}H_{31}N$·O_{14}, F. 181° (Methanol), a) neben vorst. Verb.; 40 mg; b) durch 6std. Erwärmen von vorvorst. Verb. mit p-Aminobenzoesäuremethylesterhydrochlorid in Essigsäure auf 70°; $[\alpha]_D^{23}$ + 57° (c = 3,38; $CHCl_3$); 45%. — *Gemisch aus D-Galactose, D-Glycero-L-mannoheptose u. D-Glycero-L-glucoheptose*, durch Ox. vorst. Verb. mit OsO_4 u. $NaJO_4$ in 80%ig. wss. DMF, Eindampfen u. 2std. Kochen mit 0,2 n methanol. HCl. — *Gemisch aus 3-Desoxy-D-glycero-L-manno- u. L-glucononulosonsäure, Ba-Salz-Trihydrat*, $(C_9H_{15}O_9)_2Ba$·$3\,H_2O$, durch 2std. Kochen von 0,2 g vorvorst. Verb. mit 0,2 n methanol. HCl u. Chromatographie; $[\alpha]_D^{20}$ — 21° (c = 4,27; W.); 94,3 mg. G. Westphal 3400△

1276 **Untersuchungen über das Fischersche Glucalhydrobromiddiacetat und Glucalhydrobromidtriacetat.** Takao Maki und Setsuzo Tejima. (Chem. pharmac. Bull. [Tokyo] 15 (1967) 7, 1069—71; Fac. of Pharm. Sci., Hokkaido Univ., Kita 15-jo, Nishi 7-chome, Sapporo; engl.) — Rk. von 10 g 3.4.6-Tri-O-acetyl-D-glucal mit HBr/Eisessig bei 0°, Zugabe von $CHCl_3$, Einengen der organ. Phase, Rk. des Rückstandes mit $AgCO_3$ in wss. Aceton bei Raumtemp. gibt *2.3-Didesoxy-3-brom-4.6-di-O-acetyl-α-D-glucopyranose* [I; $C_{10}H_{15}BrO_6$, F. 98—99° (Bzl./PAe.); $[\alpha]_D^{22}$ +40,5° (c = 1; A.); 1,1 g (Ausb.); daneben 1 g *2-Desoxy-3.4.6-tri-O-acetyl-α-D-glucopyranose* [$C_{12}H_{18}O_8$, F. 93—95°; $[\alpha]_D^{20}$ +86° (c = 1; A.)]. Acetylierung von I mit Acetanhydrid/Py. liefert *2.3-Didesoxy-3-brom-1.4.6-tri-O-acetyl-α-D-glucopyranose* [II; $C_{12}H_{17}$·BrO_7, F. 82° (A.), $[\alpha]_D^{20}$ +58° (c = 1; $CHCl_3$)]. Rk. von 2.3-Didesoxy-3-brom-4-O-acetyl-6-O-tosyl-α-D-glucopyranosylbromid mit $AgCO_3$ in Aceton gibt *2.3-Didesoxy-3-brom-4-O-acetyl-6-O-tosyl-D-glucopyranose* [$C_{15}H_{19}BrO_7S$, F. 128—131°; $[\alpha]_D^{20}$ +46° (c = 1; Aceton)], die mit Acetanhydrid/Py. zu *2.3-Didesoxy-3-brom-1.4-di-O-acetyl-6-O-tosyl-α-D-glucopyranose* [$C_{17}H_{21}BrO_8S$, F. 104,5 bis 105,5°; $[\alpha]_D^{20}$ +60° (c = 0,5; $CHCl_3$)] reagiert. Nachfolgendes Kochen mit K-Acetat in Acetanhydrid führt zu II. K.-P. Hilgetag 3450△

1277 **Antibiotika und verwandte Verbindungen.** 32. Mitt. **Synthese von Neamin und dessen Analogen.** Kuniaki Tatsuta, Eiichi Kitazawa und Sumio Umezawa. (Bull. chem. Soc. Japan 40 (1967) 10, 2371—75; Dep. of Appl. Chem., Fac. of Engin., Keio Univ., Koganei-shi, Tokyo; engl.) — Synth. von *Neamin* (I) aus Paromamin durch Tosylierung der prim. Hydroxylgruppe von Tri-[N-acetyl]-paromamin (II), nachfolgenden Austausch des Tosylrestes durch den Azidrest, anschließende katalyt. Hydrierung u. Acetylierung zu *4-O-[2.6-Diacetamido-2.6-didesoxy-α-D-glucopyranosyl]-N.N-diacetyldesoxystreptamin* wird beschrieben. Desacetylierung der vorst. Verb. liefert I. Partialhydrolyse von Kanamycin führt zu *6-O-[3-Amino-3-desoxy-α-D-glucopyranosyl]-desoxystreptamin*, aus dem *6-O-[3.6-Diamino-3.6-didesoxy-α-D-glucopyranosyl]-desoxystreptamin*, ein Strukturisomeres von I synthetisiert wird.

Versuche: Desoxystreptamine: *4-O-[2-Acetamido-2-desoxy-6-O-tosyl-α-D-glucopyranosyl]-N.N'-diacetyl-*, $C_{25}H_{37}N_3O_{12}S$, F. 169—172° (Methanol/Ae.), aus p-Toluolsulfonylchlorid u. II in Py. (Meth. A); $[\alpha]_D^{25}$ + 68° (c = 0,5; Methanol); 43% (Ausb.). — *4-O-[2-Acetamido-6-azido-2.6-didesoxy-α-D-glucopyranosyl]-N.N'-diacetyl-*, $C_{18}H_{30}N_6O_9$, F. 241—245° (Zers., Methanol/Ae.), aus NaN_3 u. vorst. Verb. in DMF (Meth. B); $[\alpha]_D^{25}$ + 114° (c = 0,5; W.); 35%. — *4-O-[2.6-Diacetamido-2.6-didesoxy-α-D-glucopyranosyl]-N.N'-diacetyl-*, [*Tetra-N-acetylneamin*], $C_{20}H_{34}N_4O_{10}$, F. 326° (Zers.; Methanol), durch Hydrieren vorst. Verb. in Methanol an PtO_2 u. Acetylieren (Meth. C); $[\alpha]_D^{15}$ + 95° (c = 0,5; W.); 85%. — *4-O-[2.6-Diamino-2.6-didesoxy-α-D-glucopyranosyl]-* [I; *Neamin*], *Tetrahydrochlorid*, $C_{12}H_{26}N_4O_6 \cdot 4\,HCl$, F. 233° (Zers.; Methanol/Aceton), aus vorst. Verb. u. Hydrazinhydrat im geschlossenen Gefäß bei 100° (Meth. D); $[\alpha]_D^{25}$ + 86,8° (c = 0,5; W.); 72%. — *6-O-[3-Acetamido-3-desoxy-6-O-tosyl-α-D-glucopyranosyl]-N.N'-diacetyl-* (III), $C_{25}H_{37}N_3O_{12}S$, F. 184—189° (Zers.; A./Aceton), aus 6-O-[3-Acetamido-3-desoxy-α-D-glucopyranosyl]-N.N'-diacetyldesoxystreptamin analog A; $[\alpha]_D^{20}$ + 59° (c = 0,68; Methanol); 44%. — *6-O-[3-Acetamido-6-azido-3.6-didesoxy-α-D-glucopyranosyl]-N.N'-diacetyl-*, $C_{18}H_{30}$·N_6O_9, F. 239—241° (Zers.; Methanol/Ae.), aus vorst. Verb. analog B; $[\alpha]_D^{20}$ + 88° (c = 0,54; W.); 83%. — *6-O-[3.6-Diacetamido-3.6-didesoxy-α-D-glucopyranosyl]-N.N'-diacetyl-*, $C_{20}H_{34}N_4O_{10}$, F. 293—296° (Zers.; Methanol), aus vorst. Verb. analog C; $[\alpha]_D^{20}$ + 63° (c = 0,67; W.); 60%. — *6-O-[3.6-Diamino-3.6-didesoxy-α-D-glucopyranosyl]-*, *Tetrahydrochlorid*, $C_{12}H_{26}N_4O_6 \cdot 4\,HCl$, F. 170—173° (Zers.; wss. Methanol/A.), aus vorst. Verb. analog D; $[\alpha]_D^{20}$ + 69° (c = 0,66; W.); 74%. — *6-O-[3-Acetamido-3.6-didesoxy-α-D-glucopyranosyl]-N.N'-diacetyl-*, $C_{18}H_{31}N_3O_9$, F. 285° (Zers.; Methanol), aus III u. NaJ in DMF bei 130°, Filtrieren, Einengen, Hydrieren des erhaltenen *6-O-[3-Acetamido-3-desoxy-6-jod-α-D-glucopyranosyl]-N.N'-diacetyldesoxystreptamins* in 99%ig. A. an Raney-Ni bei 40°; $[\alpha]_D^{20}$ + 67° (c = 0,65; W.); 50%.

K.-P. Hilgetag 3450△

1278 **2.4-Dinitrophenyl als N-Schutzgruppe bei der Pyrimidin-Nucleosid-Synthese mit 2-Aminozuckern.** M. L. Wolfrom und H. B. Bhat. (J. org. Chemistry 32 (1967) 9, 2757—59; Dep. of Chem., O. State Univ., Columbus, O.; engl.) — Umsetzung von Bis-[trimethylsilyl]-thymin (IV) mit Tri-O-acetyl-2-desoxy-2-[2.4-dinitroanilino]-α-D-glucopyranosylbromid (I) liefert nach Rk. mit Alkali *1-[2-Amino-2-desoxy-β-D-glucopyranosyl]-thymin*, während bei Rk. von I mit Dithyminylquecksilber (II) das *Glykosid* gebildet wird.

Versuche: Thymine: *2-O-[Tri-O-acetyl-2-desoxy-2-(2.4-dinitroanilino)-D-glucopyranosyl]-* (III), $C_{23}H_{25}N_5O_{13}$, F. 220°, aus I, II, $CdCO_3$ u. Celite; $[\alpha]_D^{21}$ + 103° (c = 3,02; $CHCl_3$); 44% (Ausb.); daneben nicht *identifizierte Verbindung*. — *Unsubstituiert*, aus 0,4 g III u. methanol. HCl in CH_2Cl_2 bei 0°; daneben 0,2 g *Methyl-2-desoxy-2-[2.4-dinitroanilino]-D-glucopyranosid* [$C_{13}H_{17}N_3O_9$, F. 216° (Methanol); $[\alpha]_D^{21}$ + 19° (c = 1; Aceton)]. — *2-O-[2-Desoxy-2-(2.4-dinitroanilino)-D-glucopyranosyl]-*, $C_{17}H_{19}$·

N_5O_{10}, F. 185—187° (Zers.), aus III u. methanol. NH_3; $[\alpha]_D^{25}$ +104 ± 2° (c = 2,01; Aceton); 86%. — *1-[Tri-O-acetyl-2-desoxy-2-(2.4-dinitroanilino)-β-D-glucopyranosyl]-*, $C_{23}H_{25}N_5O_{13}$, F. 219° (Aceton), a) aus 10,9 g I u. 7 g IV; $[\alpha]_D^{22}$ +37° (c = 1,36; $CHCl_3$); 3,5 g; b) aus III u. $HgBr_2$; 7,5%. — *1-[2-Desoxy-2-(2.4-dinitroanilino)-β-D-glucopyranosyl]-*, $C_{17}H_{19}N_5O_{10}$, F. 249—250° (A.), a) aus 300 mg vorst. Verb. u. methanol. NH_3; $[\alpha]_D^{26}$ −125° (c = 0,94; A.); 175 mg; b) aus 300 mg III u. methanol. HCl; 190 mg. — *1-[2-Amino-2-desoxy-β-D-glucopyranosyl]-*, F. 240—242° (Methanol), aus vorst. Verb. u. wss. $Ba(OH)_2 \cdot 8 H_2O$; $[\alpha]_D^{22}$ +6° (c = 3,46; W.); 80%.

K.-P. Hilgetag 3450△

1279 **Nucleoside. 5. Mitt. 2-Thiopyrimidin-β-D-arabinofuranoside.** W. V. Ruyle und T. Y. Shen. (J. med. Chem. **10** (1967) 3, 331—34; engl.) — 4. vgl. C. **1967**, 8-1163. — Rk. von 2.2'-Anhydro-1-[5'-O-trityl-β-D-arabinofuranosyl]-uracil mit H_2S bei 100—110° führt zu *1-[5'-O-Trityl-β-D-arabinofuranosyl]-2-thiouracil*, das nach Entfernung der Tritylgruppe in *1-[β-D-Arabinofuranosyl]-2-thiouracil* (I) übergeht. I wird durch HCl zu *1-β-D-Arabinofuranosyluracil* u. unbekannten Prod. hydrolysiert; durch Acetylierung erhält man *1-[2'.3'.5'-Tri-O-acetyl-β-D-arabinofuranosyl]-2-thiouracil* u. durch anschließende Behandlung mit P_2S_5 *1-[2'.3'.5'-Tri-O-acetyl-β-D-arabinofuranosyl]-2.4-dithiouracil* (II). II wird durch wss. NH_3 bei 100° in *1-β-D-Arabinofuranosylcytosin* übergeführt, mit wasserfreiem methanol. NH_3 entsteht dagegen *1-β-D-Arabinofuranosyl-2-thiocytosin* (III); bei wesentlich längerer Rk.-Zeit entsteht ein Gemisch, aus dem in geringer Ausb. nur *2.2'-Anhydro-1-β-D-arabinofuranosylcytosin* (IV) isoliert werden kann. Eine wss. Lsg. von I entfärbt Brom u. ergibt dabei *2.2'-Anhydro-1-β-D-arabinofuranosyluracil*. Entsprechend erhält man IV aus III. I kann mit Raney-Ni nicht entschwefelt werden. III zeigt Antivirusaktivität gegen *Vaccinia*; alle anderen Verb. sind inaktiv.

Versuche: *2.2'-Anhydro-1-[5'-O-trityl-β-D-arabinofuranosyl]-uracil*, F. 215—219° (A.), durch Zugabe von $CSCl_2$ in Bzl. zu einer Lsg. von Imidazol in CH_2Cl_2, 2std. Rühren u. Zugabe von 5'-O-Trityluridin zum erhaltenen Filtrat; 94% (Ausb.). — *1-[5'-O-Trityl-β-D-arabinofuranosyl]-2-thiouracil*, durch 1$^1/_2$std. Einleiten von H_2S in eine Lsg. vorst. Verb. in abs. DMF u. Triäthylamin bei 95°, 4$^1/_2$std. Erhitzen auf 115° u. Stehen über Nacht; 90%. — *1-[β-D-Arabinofuranosyl]-2-thiouracil* (I), $C_9H_{12}N_2O_5S$, F. 203—205° (A.), aus vorst. Verb. durch Verseifen mit 80%ig. Essigsäure; $[\alpha]_{589}^{25}$ +110° (c = 1; W.); 80%. — *1-[2'.3'.5'-Tri-O-acetyl-β-D-arabinofuranosyl]-2-thiouracil*, $C_{15}H_{18}N_2O_8S$, F. 140,5—141,5° (A.), aus I durch Acetylierung in Py./Acetanhydrid; 89%. — *1-[2'.3'.5'-Tri-O-acetyl-β-D-arabinofuranosyl]-2.4-dithiouracil* (II), $C_{15}H_{18}N_2O_7S_2$, F. 146—147° (Toluol/Hexan), durch 3$^1/_2$std. Kochen vorst. Verb. mit P_2S_5 in Py.; 91%. — *1-[β-D-Arabinofuranosyl]-2-thiocytosin* (III), $C_9H_{13}N_3O_4S$, F. 180—182° (Zers.; CH_3OH/Isopropanol), durch Sättigen einer Lsg. von II in CH_3OH mit NH_3, 3std. Erhitzen im Rohr auf 100° u. Chromatographieren des erhaltenen Rückstandes an Kieselgel; 30%. — *2.2'-Anhydro-1-β-D-arabinofuranosylcytosin* (IV), *Hydrochlorid*, $C_9H_{12}ClN_3O_4$, F. 250—260° (Zers.; CH_3OH/Isopropanol), analog III mit 250 mg II u. 48std. Erhitzen u. Rk. mit äther. HCl; 4,4 mg. — *1-β-D-Arabinofuranosylcytosinhydrochlorid*, F. 188—190° (A.), aus II durch 3std. Erhitzen im Rohr auf 100° mit konz. NH_4OH u. Zugabe von äther. HCl zum erhaltenen Prod.; 75%. — *2.2'-Anhydro-1-β-D-arabinofuranosyluracilhydrobromid*, $C_9H_{11}BrN_2O_5$, F. 136—138° (CH_3OH/Ae.), durch Zutropfen von Br_2 in CCl_4 zu 0,52 g I in W.; 0,34 g; daneben 0,17 g I. — *2.2'-Anhydro-1-β-D-arabinofuranosyluracil*, F. 238 bis 241°, a) aus vorst. Hydrobromid u. äthanol. NH_3; b) durch Zutropfen von J_2/KJ u. 1 n K_2CO_3-Lsg. zu 0,26 g I in W. u. Pufferlsg. von pH 6,84; 0,066 g; daneben 0,123 g I. — *Hydrobromid* von IV, $C_9H_{12}BrN_3O_4$, F. 240° (Zers.; A.), aus 80 mg III analog vorvorst. Verb.; 17 mg.

Helmut Schulze 3450

1280 **Synthetische Nucleoside und Nucleotide. 1. Mitt. Synthese und Eigenschaften verschiedener Thiocyanatoderivate von Purinen und deren Ribonucleosiden.** Mineo Saneyoshi und Goro Chihara. (Chem. pharmac. Bull. [Tokyo] **15** (1967) 7, 909—14; National Cancer Center Res. Inst., Tsukiji-5-chome, Chuo-ku, Tokyo; engl.) — Es werden *Thiocyanatoderiv.* von *Purinen* u. deren *Ribonucleosiden* als potentielle antineoplast. wirksame Agenzien durch Rk. von Mercaptopurinen u. deren Ribonucleosiden mit BrCN dargestellt.

Versuche: *8-Bromxanthosin, Monohydrat*, $C_{10}H_{11}BrN_4O_6 \cdot H_2O$, F. > 200° (Zers.; W.), aus Xanthosin-Dihydrat u. Br_2; 60,5% (Ausb.). — Purine: *8-Mercapto-9-β-D-ribofuranosyl-2.6-dihydroxy-, Monohydrat*, $C_{10}H_{12}N_4O_6S \cdot H_2O$, F. > 240° (W.), a) aus Thioharnstoff u. vorst. Verb.; 86,9%; b) aus 8-Mercaptoguanosin u. 2%ig. HCl mit wss. $NaNO_2$ bei 0°; 61,4%. — *6-Thiocyanato-* (IV), $C_6H_3N_5S$, F. 225—226° (Zers.; wss. A. oder W.), aus 6-Mercaptopurin, wss. NaOH u. BrCN (Meth. A); 88%. — *6-Thiocyanato-9-[β-D-ribofuranosyl]-* (II), $C_{11}H_{11}N_5O_4S$, F. >240°, analog A; 65%. — *2-Amino-6-thiocyanato-*, $C_6H_4N_6S$, F. >240°, analog A; 85%. — *2-Amino-6-thiocyanato-9-[β-D-ribofuranosyl]-* (I), $C_{11}H_{12}N_6O_4$, F. >240°, analog A; 60%. — *2.6-Dithiocyanato-* (V), $C_7H_2N_6S_2$, F. >240°, analog A; 81%. — *2-Thiocyanato-6-hydroxy-* (VI), $C_6H_3N_5OS$. F. > 240°, analog A; 88%. — *6-Amino-8-thiocyanato-* (VII), $C_6H_4N_6S$, F. >240°, analog A; 38%. — *6-Amino-8-thiocyanato-9-[β-D-ribofuranosyl]-* (VIII), $C_{11}H_{12}N_6O_4S$, F. >240°, analog A; 33%. — *2-Amino-6-hydroxy-8-thiocyanato-9-[β-D-ribofuranosyl]-* (IX), $C_{11}H_{12}N_6O_5S$, F. >240°, analog A; 48%. — *2.6-Dihydroxy-8-thiocyanato-9-[β-D-ribofuranosyl]-* (X), $C_{11}H_{11}N_5O_6S$, F. >240°, analog A; 67%. — *6-Thioguanosin*, F. 221—223° (sd. W.), aus 100 mg I u. 0,1 n NaOH; 83 mg. — *6-Thioinosin*, F. 208—210° (sd. W.), aus 500 mg II mit 0,1 n methanol. Na-Methylat; 100 mg; daneben 120 mg *6-Methylthioinosin*, F. 163—165° (Methanol). — *Nebularin*, F. 174—176° (A.), a) aus II in W. mit Raney-Ni, Filtrieren, Einengen u. Zugabe von A. (Meth. B); 45%; b) analog in β-Methoxyäthanol (III). — *Purin*, a) aus IV analog B; b) aus V analog B. — *2-Aminopurinribosid*, aus I in III analog B. — *Hypoxanthin*, aus VI analog B. — *Adenin*, aus VII analog B. — *Adenosin*, aus VIII in III analog B. — *Guanosin*, aus IX in III analog B. — *Xanthosin*, aus X in III analog B. K.-P. Hilgetag 3450△

1281 **Potentielle Cytostatika. 12. Mitt. Verknüpfung von Desacetylthiocolchicin mit Tetraacetylglucoseisocyanat.** Helmut Dorn und Manfred Schütt. (Z. Chem. 7 (1967) 7, 276—77; Inst. für organ. Chem. der DAW zu Berlin, Berlin-Adlershof; dt.) — Es wird aus 2.3.4.6-Tetraacetyl-β-D-glucosyl-(1)-isocyanat (I) u. Desacetylthiocolchicin (II) *N-Desacetyl-N-{N'-[2.3.4.6-tetraacetyl-β-D-glucosyl-(1)]-carbaminyl}-thiocolchicin* dargestellt, das nach Zemplin entacetyliert wird. Diese Verb. erwies sich jedoch am Ehrlich-Asciteskarzinom als unwirksam.

Versuche: *N-Desacetyl-N-{N'-[2.3.4.6-tetraacetyl-β-D-glucosyl-(1)]-carbaminyl}-thiocolchicin, Monohydrat*, $C_{35}H_{42}N_2O_{14}S \cdot H_2O$, F. 180—190° (Methanol/W.), aus I u. II in $CHCl_3$ bei 20°; 90% (Ausb.). — *N-Desacetyl-N-{N'-[β-D-glucosyl-(1)]-carbaminyl}-thiocolchicin, Monohydrat*, $C_{27}H_{34}N_2O_{10}S \cdot H_2O$, F. >200° (Zers.; A./Ae.), durch Zugabe von 1%ig. methanol. Na-Methylat zu vorst. Verb. in Methanol, 18std. Stehen bei 20°, Neutralisieren mit CO_2 u. Zugabe von Ae.; 70%.

K.-P. Hilgetag 3500△

1282 **Konstitution von Thalicarpin.** Masao Tomita, Hiroshi Furukawa, Sheng-Teh Lu und S. Morris Kupchan. (Chem. pharmac. Bull. [Tokyo] **15** (1967) 7, 959—63; Fac. of Pharm. Sci., Kyoto Univ., Sakyo-ku, Kyoto; engl.) — Das durch Ullmann-Kondens. von L-6'-Bromlaudanosin (II) u. N-Methyllaurotetanin (III) erhaltene Prod. wird als *Thalicarpin* (I) identifiziert. Die Konstit. der aus *Thalictrum-* u. *Hernandia*-Spezies isolierten Verb. I wird bestimmt.

Versuche: *L-6'-[2-Methoxyphenoxy]-laudanosin*, $C_{28}H_{33}NO_6$, F. 128—130° (Methanol), aus 450 mg II, 50 mg CuO, 1 ml Guajacol, K_2CO_3 u. abs. Py. bei 145 bis 150° unter N_2 (Meth. A); $[\alpha]_D^{26}$ +68,6° (c = 1,12; $CHCl_3$); 260 mg (Ausb.). — *L-6'-Hydroxylaudanosin*, aus 130 mg vorst. Verb. mit Na in fl. NH_3; $[\alpha]_D^{28}$ −90,5° (c = 1,16; $CHCl_3$); 85 mg. *Hydrojodid, Hemihydrat*, $C_{21}H_{27}NO_5 \cdot HJ \cdot {}^1/_2 H_2O$, F. 191—193° (Aceton). — *Thalicarpin* (I), F. 152—154°, durch Rk. von III mit II analog **A**; $[\alpha]_D^{33}$ + 136° (c = 1; Methanol). — *Laudanosin*, durch Kondens. von 190 mg Isocorydin mit D-6'-Bromlaudanosin (**IV**) analog **A**; daneben 60 mg *Öl* {$[\alpha]_D^{35}$ — 64,5° (c = 1,14; Methanol)}. — Ullmann-Kondens. von 250 mg **III** u. 200 mg **IV** ergibt 80 mg *Öl*; $[\alpha]_D^{33}$ — 57,6° (c = 0,52; Methanol).

K.-P. Hilgetag 3500△

1283 **Neue stereospezifische Synthese von trisubstituierten Olefinen. Stereospezifische Synthese von Farnesol.** E. J. Corey, John A. Katzenellenbogen und Gary H. Posner. (J. Amer. chem. Soc. **89** (1967) 16, 4245—47; Harvard Univ., Cambridge, Mass.; engl.) — Rk. von trans-Geranylaceton mit PCl_5/2.6-Lutidin in CH_2Cl_2 bei 0° u. anschließende Dehydrochlorierung mit $NaNH_2$ in fl. NH_3 liefert *2.6-Dimethylundecadien-(2.6)-in-(10)*, das mit CH_2O zu *7.11-Dimethyldodecadien-(6t.10)-in-(2)-ol-(1)* (**I**) hydroxymethyliert wird. 3std. Kochen von **I** mit 0,1 m Lsg. von $LiAlH_4/AlCl_3$ (Mol-Verhältnis 60 : 1) in THF u. anschließende Jodierung (überschüssiges J_2, — 78°) gibt ausschließlich *2-Jod-7.11-dimethyldodecatrien-(2t.6t.10)-ol-(1)* (**II**), während analog mit $LiAlH_4/NaOCH_3$ (Mol-Verhältnis 1 : 2) spezif. *3-Jod-7.11-dimethyldodecatrien-(2t.6t.10)-ol-(1)* (**III**) gebildet wird (Ausb. an **II** bzw. **III** 60—75%). 63std. Rk. von **III** mit überschüssigem $(CH_3)_2CuLi$ bei 0° unter N_2 liefert *trans.-trans-Farnesol*. Ähnlich gibt **II** *2.7.11-Trimethyldodecatrien-(2t.6t.10)-ol-(1)* [*Phenylurethan*, F. 58—59°]. Analog wird Decin-(2)-ol-(1) stereospezif. in *2-* bzw. *3-Joddecen-(2t)-ol-(1)* übergeführt.

H. Miele 3600△

1284 **Struktur von Illudol, einem Sesquiterpenoidtriol aus Clitocybe illudens.** T. C. McMorris, M. S. R. Nair und Marjorie Anchel. (J. Amer. chem. Soc. **89** (1967) 17, 4562—63; New York Botan. Garden, Bronx, N.Y.; engl.) — Illudol [**I**, 1.4-Dihydroxy-3-hydroxymethyl-6.6.7b-trimethyl-1.2.4.4a.5.7.7a.7b-octahydro-6H-cyclobut-[e]-inden, $C_{15}H_{24}O_3$, F. 130—132°; $[\alpha]_D$ —116° (c = 0,42; A.)] bildet ein *Triacetat* u. liefert bei Hydrierung an Pd–Kohle ein *Gemisch*, aus dem *1.4-Dihydroxy-3.6.6.7b-tetramethylperhydrocyclobut-*[e]*-inden* (**II**, $C_{15}H_{26}O_2$, F. 94—95°), *1-Hydroxy-3.6.6.7b-tetramethyl-4-oxoperhydro-cyclobut-*[e]*-inden* (**III**, F. 110—112°) u. *1-Hydroxy-3.6.6.7b-tetramethylperhydrocyclobut-*[e]*-inden* (F. 87—91°) isoliert werden. Bei 280° gibt **I** mit Pd–Kohle *2.2.4.5.6-Pentamethylindan*. Von Jones-Reagens werden **II** bzw. **III** zu einem *Diketon* oxydiert.

Hans Köhne/Berlin 3600△

1285 **Absolute Konfiguration von Pimarsäureisomeren. 4. Mitt. Isopimarsäure.** Ajay K. Bose, K. G. Das und R. T. Dahill jun. (Indian J. Chem. **5** (1967) 6, 228—30; Dep. of Chem. and Chem. Engng., Stevens Inst. of Technol., Hoboken, N.J.; engl.) — 3. vgl. Chem. and Ind. **1963**, 254. — Vf. bestimmen an Hand der ORD u. massenspektrograph. Unters. des aus Dihydroisopimarsäuremethylester (**I**) erhaltenen *7-Oxodihydroisopimarsäuremethylesters* die Lage der Doppelbindung in der Isopimarsäure in 7(8)-Stellung. Massenspektren vgl. Original.

Versuche: *7-Oxodihydroisopimarsäuremethylester*, $C_{21}H_{34}O_3$, F. 78—79°, durch Hydroborierung von **I**; $[\alpha]_D^{25}$ —12,3° (c = 1; A.).

K.-P. Hilgetag 3600△

1286 **Synthese von 8α- und 9β-B-Noröstron.** J. H. Burckhalter und Frank C. Sciavolino. (J. org. Chemistry **32** (1967) 12, 3968—73; Labor. of Med. Chem., Coll. of Pharm., Univ. of Mich., Ann Arbor, Mich.; engl.) — 5-Methoxyindanon-(1) (**I**) gibt mit Vinyl-MgBr (**II**) *(±)-5-Methoxy-1-vinylindanol-(1)*, das mit 2-Methylcyclopentandion-(1.3) (**III**) in Ggw. von Triton B zu *(±)-3-Methoxy-8.14-seco-B-nor-$\Delta^{1.3.5(10).9(11)}$-östratetraen-14.17-dion* (**IV**) reagiert. **IV** bildet mit warmer methanol. HCl *(±)-3-Methoxy-B-nor-$\Delta^{1.3.5(10).8.14}$-östrapentaen-17-on* (**V**), das bei der Hydrierung an 5%ig. Pd/$CaCO_3$ ein *Gemisch* von *(±)-3-Methoxy-B-nor-$\Delta^{1.3.5(10).8}$-östratetraen-17-on* (**VI**) mit dem *14β-Isomeren* bildet. Von $NaBH_4$ wird **V** zu *(±)-3-Methoxy-B-nor-$\Delta^{1.3.5(10).8.14}$-östrapentaen-17β-ol* (**VII**) reduziert. **VII** gibt der Hydrierung an 5%ig. Pd–Kohle *(±)-3-Methoxy-B-nor-$\Delta^{1.3.5(10).8}$-östratetraen-17β-ol* (**VIII**), das auch durch Red. von **VI** mit $NaBH_4$ erhalten wird. **VI** bzw. **VIII** lassen sich unter sauren Bedingungen nicht isomerisieren. Durch Red. von **VIII** mit Li/NH_3 u. anschließende Jones-Ox. werden *(±)-3-Methoxy-B-nor-9β-$\Delta^{1.3.5(10)}$-östratrien-17-on* (**IX**) u. *(±)-3-Methoxy-B-nor-8α-$\Delta^{1.3.5(10)}$-östratrien-17-on* (**X**) im Verhältnis 20 : 1 erhalten. **VIII** wird durch Red. mit Na/fl. NH_3 in abs. Ae./abs. THF in Ggw. von Isopropanol u. anschließende Hydrolyse mit konz. HCl in sd. CH_3OH in *(±)-17β-Hydroxy-B.19-dinor-9β.10α-Δ^4-androsten-3-on* (**XI**) umgewandelt. **IX** reagiert mit Äthylenglykol (**XII**) in Bzl. in Ggw. von p-Toluolsulfonsäuremonohydrat (**XIII**) zu *(±)-17.17-Äthylendioxy-3-methoxy-B-nor-9β-$\Delta^{1.3.5(10)}$-östratrien*, das mit Li/fl. NH_3 in abs. Ae. bzw. abs. THF/abs. tert.-Butanol zu *(±)-17.17-Äthylendioxy-3-methoxy-B-nor-9β-$\Delta^{2.5(10)}$-östradien* (**XIV**) red. wird. **XIV** gibt bei der Hydrolyse *(±)-B.19-Dinor-9β.10α-Δ^4-androsten-3.17-dion*, das auch durch Ox. von **XI** mit CrO_3-Lsg. dargestellt wird. **VIII** gibt durch Hydrieren an 10%ig. Pd–Kohle u. anschließende Jones-Ox. **IX** u. **X** im Verhältnis 1 : 8. **X** bildet mit $NaBH_4$ *(±)-3-Methoxy-B-nor-8α-$\Delta^{1.3.5(10)}$-östratrien-17β-ol*, das zu *(±)-3-Methoxy-17β-acetoxy-B-nor-8α-$\Delta^{1.3.5(10)}$-östratrien* acetyliert wird.

Versuche: *(±)-5-Methoxy-1-vinylindanol-(1)*, aus 48,6 g **I** u. **II** in abs. THF/abs. Ae.; 59,6 g (Ausb.). — *(±)-3-Methoxy-8.14-seco-B-nor-$\Delta^{1.3.5(10).9(11)}$-östratetraen-14.17-dion* (**IV**), $C_{18}H_{20}O_3$, F. 84—86° (A.), aus 59,6 g vorst. Verb. u. **III** in Xylol/tert.-Butanol/CH_3OH in Ggw. von Triton B; 60 g. — *(±)-3-Methoxy-B-nor-$\Delta^{1.3.5(10).8.14}$-östrapentaen-17-on* (**V**), $C_{18}H_{18}O_2$, F. 159 bis 160° (CH_3OH), aus **IV** u. konz. HCl in CH_3OH; 92%. — *(±)-3-Methoxy-B-nor-$\Delta^{1.3.5(10).8}$-östratetraen-17-on* (**VI**), $C_{18}H_{20}O_2$, F. 121—122,5° (CH_3OH), durch Hydrieren von **V** an 5%ig. Pd–$CaCO_3$ in Xylol; 25%. — *(±)-3-Methoxy-B-nor-$\Delta^{1.3.5(10).8.14}$-östrapentaen-17β-ol* (**VII**), $C_{18}H_{20}O_2$, F. 168—169° (wss. CH_3OH), aus **V** u. $NaBH_4$ in CH_3OH; 91%. — *(±)-3-Methoxy-B-nor-$\Delta^{1.3.5(10).8}$-östratetraen-17β-ol* (**VIII**), $C_{18}H_{22}O_2$, F. 140 bis 142° (wss. CH_3OH), a) durch Hydrieren von **VII** an 5%ig. Pd–Kohle in A.; 24%; b) analog a) in Essigester; 65—70%; c) aus **VI** u. $NaBH_4$ in CH_3OH; 59%. — *(±)-3-Methoxy-17β-acetoxy-B-nor-$\Delta^{1.3.5(10).8}$-östratetraen*, F. 109—111° u. F. 88—89° (dimorph; CH_3OH), aus **VIII** u. Acetanhydrid in Ggw. von Py.; 46%. — *(±)-3-Methoxy-B-nor-9β-$\Delta^{1.3.5(10)}$-östratrien-17-on* (**IX**), $C_{18}H_{22}O_2$, F. 93—95° (wss. A.), aus **VIII** u. Li/fl. NH_3 in abs. THF u. Rk. mit 8n CrO_3-Lsg. in abs. Aceton; 37—52%; daneben **X**. — *(±)-3-Hydroxy-B-nor-9β-$\Delta^{1.3.5(10)}$-östratrien-17-on*, $C_{17}H_{20}O_2$, F. 172,5—174,5° (50%ig. wss. CH_3OH), aus **IX** u. Pyridinhydrochlorid bei 205—208° unter N_2; 41%. *Benzoat*, $C_{24}H_{24}O_3$, F. 153—155° (CH_3OH). — *(±)-17β-Hydroxy-B.19-dinor-9β.10α-Δ^4-androsten-3-on* (**XI**), $C_{17}H_{24}O_2$, F. 196,5—198,5° (Bzl.), aus **VIII** u. Na/fl. NH_3 in abs. Ae./abs. THF/Isopropanol u. Rk. mit konz. HCl in sd. CH_3OH; 19%. — *(±)-17.17-Äthylendioxy-3-methoxy-B-nor-9β-$\Delta^{1.3.5(10)}$-östratrien*, $C_{20}H_{26}O_3$, F. 73—74° (CH_3OH), aus **IX** u. **XII** in sd. Bzl. in Ggw. von **XIII**; 85%. — *(±)-17.17-Äthylendioxy-3-methoxy-B-nor-9β-$\Delta^{2.5(10)}$-östradien* (**XIV**), $C_{20}H_{28}O_3$, F. 98—99° (CH_3OH), a) aus vorst. Verb. u. Li/fl. NH_3 in abs. Ae.; 50%; b) aus vorst. Verb. u. Li/fl. NH_3 in abs. THF/abs. tert.-Butanol; 80%. — *(±)-B.19-Dinor-9β.10α-Δ^4-androsten-3.17-dion*, $C_{17}H_{22}O_2$, F. 174—176° (Essigester), a) aus **XIV** u. konz. HCl in sd. CH_3OH; 47%; b) aus 50 mg **XI** u. 8n CrO_3-Lsg. in abs. Aceton; 27 mg. — *(±)-3-Methoxy-B-nor-8α-$\Delta^{1.3.5(10)}$-östratrien-17-on* (**X**), $C_{18}H_{22}O_2$, F. 120—122° (wss. A.), durch Hydrieren von **VIII** an 10%ig. Pd–Kohle u. Rk. mit 8n CrO_3-Lsg.; 60%; daneben 8% **IX**. *2.4-Dinitrophenylhydrazon*, $C_{24}H_{26}N_4O_5$, F. 242—244° (Essigester — *(±)-3-Hydroxy-B-nor-8α-$\Delta^{1.3.5(10)}$-östratrien-17-on*, $C_{17}H_{20}O_2$, F. 265—267° (CH_3OH), aus **X** u. Pyridinhydrochlorid bei 212° unter N_2; 50%. *Benzoat*, $C_{24}H_{24}O_3$, F. 193—198° (CH_3OH/Essigester). — *(±)-3-Methoxy-17β-acetoxy-B-nor-8α-$\Delta^{1.3.5(10)}$-östratrien*, $C_{20}H_{26}O_3$, F. 117—118° (CH_3OH), a) durch Hydrieren von **VIII** an 10%ig. Pd–Kohle u. Rk. mit Acetanhydrid in Py.; 46%; b) aus **X** u. $NaBH_4$ in CH_3OH u. Rk. mit sd. Acetanhydrid/Py.; 65%.

Hans Köhne/Berlin 3700△

1287 **Dehydrierung von $\Delta^{5,10.9,11}$-Steroiddienen.** Milton Heller, Robert H. Lenhard und Seymour Bernstein. (Steroids **10** (1967) 3, 211—17; Organ. Chem. Res. Sect., Lederle Labor., A Div. of Amer. Cyanamid Co.,

Pearl River, N.Y.; engl.) — Dehydrierung von 3-Oxo- oder 3-Hydroxy-$\Delta^{5,10.9,11}$-steroiden mit 2.3-Dichlor-5.6-dicyan-p-benzochinon (**II**) führt zu den entsprechenden *3-Oxo-$\Delta^{4.9.11}$-steroidtrienen.*

Versuche: *$\Delta^{5,10.9,11}$-Östradien-3ξ.17β-diol*, $C_{18}H_{26}O_2$, F. 164—167° (Aceton/Hexan), aus $NaBH_4$ u. 500 mg $\Delta^{5,10.9,11}$-Östradien-17β-ol-3-on (**I**); $[\alpha]_D^{25}$ +214° ($CHCl_3$); 300 mg (Ausb.). — *17α-Äthinyl-3ξ.17β-dihydroxy-$\Delta^{5,10.9,11}$-östradien*, $C_{20}H_{26}O_2$, F. 160—163° (wss. Methanol), aus 250 mg 17α-Äthinyl-17β-hydroxy-$\Delta^{5,10.9,11}$-östradien-3-on analog Vorst.; $[\alpha]_D^{25}$ +181° ($CHCl_3$); 130 mg. — *17β-Hydroxy-$\Delta^{4.9.11}$-östratrien-3-on*, $C_{18}H_{22}O_2$, F. 182—186° (Aceton/W.), a) aus 0,405 g **II** u. 0,22 g **I**; $[\alpha]_D$ +19° (A.); 46 mg; b) analog aus 0,4 g vorvorst. Verb.; 94 mg. — *17α-Äthinyl-17β-hydroxy-$\Delta^{4.9.11}$-östratrien-3-on*, F. 161—164° (Ae./Hexan), aus 0,67 g **II** u. 0,4 g vorvorst. Verb.; $[\alpha]_D$ + 63° (A.); 45 mg.

K.-P. Hilgetag 3700△

1288 **Synthese von 16β-Amino-Δ^5-pregnen-3β.20β-diol und verwandten Verbindungen.** Milton Heller und Seymour Bernstein. (J. org. Chemistry **32** (1967) 12, 3978—81; Organ. Chem. Res. Sect., Lederle Labor., Div. of Amer. Cyanamid Co., Pearl River, N.Y.; engl.) — 3β-Acetoxy-16α-hydroxy-Δ^5-pregnen-20-on (**I**) gibt mit Methansulfonylchlorid (**II**) in Py. *3β-Acetoxy-16α-methansulfonyloxy-Δ^5-pregnen-20-on*, das mit $NaBH_4$ zu *3β-Acetoxy-16α-methansulfonyloxy-Δ^5-pregnen-20β-ol* (**III**) red. wird. **III** wird zum Strukturbeweis zu *3β.20β-Diacetoxy-16α-methansulfonyloxy-Δ^5-pregnen* acetyliert bzw. mit $LiAlH_4$ zu *Δ^5-Pregnen-3β.20β-diol* (**IV**) reduziert. **IV** bildet mit Acetanhydrid in Py. *3β.20β-Diacetoxy-Δ^5-pregnen.* Mit NaN_3 in N-Methylpyrrolidon-(2) reagiert **III** zu *3β-Acetoxy-16β-azido-Δ^5-pregnen-20β-ol* (**X**), das mit $LiAlH_4$ zu *16β-Amino-Δ^5-pregnen-3β.20β-diol* (**V**) red. wird. **V** gibt bei Acetylierung *3β.20β-Diacetoxy-16β-acetylamino-Δ^5-pregnen*, das zu *16β-Acetylamino-Δ^5-pregnen-3β.20β-diol* (**IX**) hydrolysiert wird. Aus **V** u. Nitroharnstoff (**VI**) in sd. A. entsteht *16β-Ureido-Δ^5-pregnen-3β.20β-diol.* Aus **V** u. Benzyloxycarbonylchlorid (**VII**) wird *16β-Benzyloxycarbonylamino-Δ^5-pregnen-3β.20β-diol* erhalten. Ein N-Phthaloylderiv. von **V** konnte nicht dargestellt werden. Mit Phthalsäureanhydrid (**VIII**) in sd. Dioxan gibt **V** *16β-o-Carboxybenzamido-Δ^5-pregnen-3β.20β-diol*, das nicht zur Phthalamidoverb. cyclisiert werden konnte. Bei der Oppenauer-Ox. von **V** entsteht ein *Gemisch* vieler Verbindungen. Dagegen läßt sich **IX** zu *16β-Acetamido-20β-hydroxy-Δ^4-pregnen-3-on* oxydieren. **X** wird in *16β-Azido-20β-[tetrahydropyranyl-(2)-oxy]-3β-acetoxy-Δ^5-pregnen* umgewandelt, das zu *16β-Azido-20β-[tetrahydropyranyl-(2)-oxy]-Δ^5-pregnen-3β-ol* (**XI**) hydrolysiert wird. Durch Oppenauer-Ox. von **XI** u. anschließende saure Hydrolyse wird *16β-Azido-20β-hydroxy-Δ^4-pregnen-3-on* (**XII**) erhalten. Aus **XII** wird *16β-Azido-3.3-äthylendioxy-Δ^5-pregnen-20β-ol* dargestellt, das von $LiAlH_4$ zu *16β-Amino-3.3-äthylendioxy-Δ^5-pregnen-20β-ol* (**XIII**) red. wird. **XIII** gibt bei der sauren Hydrolyse vermutlich *16β-Amino-20β-hydroxy-Δ^4-pregnen-3-on*, das nicht gereinigt werden konnte u. daher zu *16β-Acetamido-20β-acetoxy-Δ^4-pregnen-3-on* acetyliert wird.

Versuche: *3β-Acetoxy-16α-methansulfonyloxy-Δ^5-pregnen-20-on*, $C_{24}H_{36}O_6S$, F. 159,5—160,5° (Aceton/W.), aus 1 g **I** u. **II** in Py. bei —5°; $[\alpha]_D^{25}$ —29° ($CHCl_3$); 1,01 g (Ausb.). — *3β-Acetoxy-16α-methansulfonyloxy-Δ^5-pregnen-20β-ol* (**III**), $C_{24}H_{38}O_6S$, F. 161,5—162° (Zers.; Aceton/Hexan), aus 5,2 g von vorst. Verb. u. $NaBH_4$ in abs. A. bei Raumtemp.; $[\alpha]_D^{25}$ —110° ($CHCl_3$); 3,18 g. — *16α-Methansulfonyloxy-3β.20β-diacetoxy-Δ^5-pregnen*, $C_{26}H_{40}O_7S$, F. 172,5—173° (Zers.; verd. Aceton), aus 0,215 g **III** u. Acetanhydrid in Py.; $[\alpha]_D^{25}$ —83,5° ($CHCl_3$); 0,22 g. — *3β-Acetoxy-16β-azido-Δ^5-pregnen-20β-ol* (**X**), $C_{23}H_{35}N_3O_3$, F. 186,5—187° (Aceton/W.), aus 0,57 g **III** u. NaN_3 in heißem N-Methylpyrrolidon-(2) u. tert.-Butanol; $[\alpha]_D^{25}$ +19° ($CHCl_3$); 215 mg. — *Δ^5-Pregnen-3β.20β-diol* (**IV**), F. 204—207° (CH_3OH), aus 0,47 g **III** u. $LiAlH_4$ in sd. THF; $[\alpha]_D^{25}$ —74° ($CHCl_3$); 81 mg. — *3β.20β-Diacetoxy-Δ^5-pregnen*, F. 130—131° (verd. CH_3OH), aus 188 mg **IV** u. Acetanhydrid in Py.; $[\alpha]_D^{25}$ — 35° ($CHCl_3$); 32 mg. — *16β-Amino-Δ^5-pregnen-3β.20β-diol* (**V**), $C_{21}H_{35}NO_2$, F. 241—242° (Essigester), aus 3,73 g **X** u. $LiAlH_4$ in sd. Ae.; $[\alpha]_D^{25}$ — 51° (CH_3OH); 1,48 g. — *16β-Acetamido-3β.20β-diacetoxy-Δ^5-pregnen*, F. 185—186,5°, aus **V** u. Acetanhydrid in Pyridin. — *16β-Acetamido-Δ^5-pregnen-3β.20β-diol* (**IX**), $C_{23}H_{37}NO_3$, F. 283—284° (verd. CH_3OH), aus 2,3 g vorst. Verb. u. 10%ig. K_2CO_3-Lsg. in sd. CH_3OH; $[\alpha]_D^{25}$ — 27° (CH_3OH); 1,7 g. — *16β-Ureido-Δ^5-pregnen-3β.20β-diolhemihydrat*, $C_{32}H_{36}N_2O_3 \cdot {}^1/_2\, H_2O$, F. 251—252° ($CH_3OH$), aus 1 g **V** u. **VI** in sd. A.; $[\alpha]_D^{25}$ — 22° (CH_3OH); 0,66 g. — *16β-Benzyloxycarbonylamino-Δ^5-pregnen-3β.20β-diolhemihydrat*, $C_{29}H_{41}NO_4 \cdot {}^1/_2\, H_2O$, F. 164,5—165,5° (verd. Aceton), aus 1 g **V** u. **VII** in Py. bei 0°; 46 mg. — *16β-o-Carboxybenzamido-Δ^5-pregnen-3β.20β-diol-${}^1/_4$-hydrat*, $C_{29}H_{39}NO_5 \cdot {}^1/_4\, H_2O$, F. 188—190° (verd. CH_3OH), aus 1 g **V** u. **VIII** in sd. Dioxan; $[\alpha]_D^{25}$ —24,5° (CH_3OH); 0,79 g. — *16β-Acetamido-20β-hydroxy-Δ^4-pregnen-3-on*, $C_{23}H_{35}NO_3$, F. 262—263° (Aceton/Hexan), aus 0,6 g **IX** u. Al-Isopropylat in sd. Toluol/Cyclohexanon; $[\alpha]_D^{25}$ +49° (CH_3OH); 48 mg. — *16β-Azido-20β-[tetrahydropyranyl-(2)-oxy]-3β-acetoxy-Δ^5-pregnen*, $C_{28}H_{43}N_3O_4$, F. 113,5 bis 114,5° (CH_3OH), aus 1 g **X** u. Dihydropyran in Ggw. von $POCl_3$ bei Raumtemp.; $[\alpha]_D^{25}$ +23° ($CHCl_3$); 572 mg. — *16β-Azido-20β-[tetrahydropyranyl-(2)-oxy]-Δ^5-pregnen-3β-ol* (**XI**), $C_{26}H_{41}N_3O_3$, F. 115—118° (Aceton/W.), aus ca. 5 g vorst. Verb. u. sd. methanol. KOH; $[\alpha]_D^{25}$ + 29° ($CHCl_3$); 4,32 g. — *16β-Azido-20β-hydroxy-Δ^4-pregnen-3-on* (**XII**), $C_{21}H_{31}N_3O_2$, F. 178,5—179,5° (Aceton/Hexan), aus 1,32 g **XI** u. Al-Isopropylat in sd. Toluol/Cyclohexanon; $[\alpha]_D^{25}$ +143,5° ($CHCl_3$); 542 mg. — *16β-Azido-3.3-äthylendioxy-Δ^5-pregnen-20β-ol*, $C_{23}H_{35}N_3O_3$, F. 209—209,5° (Aceton/Hexan), aus 0,48 g **XII**, Äthylenglykol u. p-Toluolsulfonsäure in sd. Bzl.; $[\alpha]_D^{25}$ +80° ($CHCl_3$); 0,37 g. — *16β-Amino-3.3-äthylendioxy-Δ^5-pregnen-20β-ol* (**XIII**), $C_{23}H_{37}NO_3$, F. 221,5—223,5° (Essigester/Hexan), aus 0,3 g vorst. Verb. u. $LiAlH_4$ in sd. THF; $[\alpha]_D^{25}$ —28° ($CHCl_3$); 0,15 g. — *16β-Acetamido-20β-acetoxy-Δ^4-pregnen-3-on-${}^1/_4$-hydrat*, $C_{25}H_{37}NO_4 \cdot {}^1/_4\, H_2O$, F. 222,5—223,5° (Aceton/Hexan), aus **XIII** u. 8%ig. H_2SO_4 in sd. CH_3OH u. Rk. mit Acetanhydrid in Py.; $[\alpha]_D^{25}$ + 77° ($CHCl_3$).

Hans Köhne/Berlin 3700△

1289 **Einige Reaktionen von 16β-Amino-Δ^5-pregnen-3β.20β-diol.** Milton Heller und Seymour Bernstein. (J. org. Chemistry **32** (1967) 12, 3981—86; engl.) — 16β-Amino-3β.20β-dihydroxy-Δ^5-pregnen (**I**) gibt beim Umkrist. aus Aceton *2′.2′.6′(R)-Trimethyl-2′.3′.4′.5′-tetrahydro-1′.3′-oxazino-[4′.5′:16β.17β]-Δ^5-androsten-3β-ol* (**II**). **II** bildet mit Acetanhydrid in Py. *16β-Acetamido-3β.20β-diacetoxy-Δ^5-pregnen* (**III**). Mit HCl-Gas in CH_2Cl_2 reagiert **II** zu *16β-Amino-3β.20β-dihydroxy-Δ^5-pregnenhydrochlorid.* Mit CH_3J u. K_2CO_3 bildet **II** *2′.2′.3′.6′(R)-Tetramethyl-2′.3′.4′.5′-tetrahydro-1′.3′-oxazino-[4′.5′:16β.17β]-Δ^5-androsten-3β-ol*, das als *2′.2′.3′.6′(R)-Tetramethyl-2′.3′.4′.5′-tetrahydro-3β-acetoxy-1′.3′-oxazino-[4′.5′:16β.17β]-Δ^5-androsten* charakterisiert wird. Mit Acetanhydrid in viel Py. gibt **II** *3′-Acetyl-2′.2′.6′(R)-trimethyl-2′.3′.4′.5′-tetrahydro-3β-acetoxy-1′.3′-oxazino-[4′.5′:16β.17β]-Δ^5-androsten* u. wenig **III**. Durch Methylierung von **I** mit HCOOH u. HCHO werden *3β-Hydroxy-* (**IV**) u. *3β-Formyloxy-3′.6′(R)-dimethyl-2′.3′.4′.5′-tetrahydro-1′.3′-oxazino-[4′.5′:16β.17β]-Δ^5-androsten* erhalten. **IV** wird zum Strukturbeweis mit Chlorameisensäureäthylester (**VI**) in Py. zu *3β-Äthoxycarbonyloxy-3′.6′(R)-dimethyl-2′.3′.4′.5′-tetrahydro-1′.3′-oxazino-[4′.5′:16β.17β]-Δ^5-androsten* umgesetzt. Aus **I** u. HCHO in sd. CH_3OH entsteht *6′(R)-Methyl-2′.3′.4′.5′-tetrahydro-1′.3′-oxazino-[4′.5′:16β.17β]-Δ^5-androsten-3β-ol* (**VII**), das mit CH_3J **IV** liefert. **IV** wird auch aus 16β-Methylamino-Δ^5-pregnen-3β.20β-diol (**VIII**) u. HCHO in sd. CH_3OH dargestellt. **VII** wird mit Acetanhydrid in $CHCl_3$/Py. in *3β-Acetoxy-3′-acetyl-6′(R)-methyl-2′.3′.4′.5′-tetrahydro-1′.3′-oxazino-[4′.5′:16β.17β]-Δ^5-androsten* (**XI**) umgewandelt. Bei der Rk. von **I** mit Diäthylsulfat bzw. C_2H_5J werden keine isolierbaren Verb. erhalten. **III** wird mit $LiAlH_4$ zu *16β-Äthylamino-Δ^5-pregnen-3β.20β-diol* red., das als *N-Acetyl-16β-äthylamino-3β.20β-diacetoxy-Δ^5-pregnen* charakterisiert wird. Aus **I** u. **VI** in Py. entsteht *16β-Äthoxycarbonylamino-Δ^5-pregnen-3β.20β-diol*, das von $LiAlH_4$ zu **VIII** red. wird. Aus **I** u. 1.5-Dibrompentan (**IX**) in n-Butanol wird *16β-Piperidino-Δ^5-pregnen-3β.20β-diol (**X**)-hydrobromid*, das in **X** umgewandelt wird. **X** wird als *Diacetat* charakterisiert. Aus

II u. $LiAlH_4$ entsteht *16β-Isopropylamino-Δ⁵-pregnen-3β.20β-diol*. Analog werden aus IV bzw. XI *16β-Dimethylamino-* (XII) bzw. *16β-N-Äthyl-N-methylamino-Δ⁵-pregnen-3β.20β-diol* dargestellt. XII, IV bzw. II geben bei der Oppenauer-Ox. *Gemische vieler Produkte*. X läßt sich nicht mit CrO_3/Aceton/H_2SO_4 oxydieren. IV gibt analog vermutlich *3'.6'(R)-Dimethyl-2'.3'.4'.5'-tetrahydro-1'.3'-oxazino-[4'.5':16β.17β]-Δ⁴-androsten-3-on*. 3β-Acetoxy-16β-azido-Δ⁵-pregnen-20β-ol (XIII) wird in *3β-Acetoxy-20β-benzoyloxy-16β-azido-Δ⁵-pregnen* umgewandelt, das zu *16β-Azido-20β-benzoyloxy-Δ⁵-pregnen-3β-ol* (XIV) hydrolysiert wird. XIV reagiert mit p-Toluolsulfonylchlorid (XV) in Py. zu *3β-p-Toluolsulfonyloxy-16β-azido-20β-benzoyloxy-Δ⁵-pregnen* (XVII), das mit K_2CO_3 in CH_3OH *16β-Azido-6β-methoxy-20β-benzoyloxy-3α.5α-cyclopregnan* (XVI) bildet. Aus XVI, HN_3 u. BF_3-Ätherat entsteht *3β.16β-Diazido-20β-benzoyloxy-Δ⁵-pregnen*, das mit $LiAlH_4$ zu *3β.16β-Diamino-Δ⁵-pregnen-20β-ol* (V) red. wird. V gibt bei der Eschweiler-Clark-Rk. *3β-Dimethylamino-3'.6'(R)-dimethyl-2'.3'.4'.5'-tetrahydro-1'.3'-oxazino-[4'.5':16β.17β]-Δ⁵-androsten*.

Versuche: 2'.3'.4'.5'-Tetrahydro-1'.3'-oxazino-[4'.5':16β.17β]-Δ⁵-androstene: *3β-Hydroxy-2'.2'.6'(R)-trimethyl-* (II), $C_{24}H_{39}NO_2$, F. 176,5—178,5° (Aceton), aus 1,09 g XIII u. $LiAlH_4$ in Ae.; $[\alpha]_D^{25}$ — 8° (CH_3OH); 695 mg (Ausb.). — *3β-Hydroxy-2'.2'.3'.6'(R)-tetramethyl-*, $C_{25}H_{41}NO_2$, F. 193—195° (verd. Aceton), aus 0,51 g II, CH_3J u. K_2CO_3 in sd. Aceton; $[\alpha]_D^{25}$ — 31° ($CHCl_3$); 0,36 g. — *3β-Acetoxy-2'.2'.3'.6'(R)-tetramethyl-*, $C_{27}H_{43}NO_3$, F. 179,5—180,5° (verd. Aceton), aus 155 mg vorst. Verb. u. Acetanhydrid in Py. bei Raumtemp.; $[\alpha]_D^{25}$ — 39,5° ($CHCl_3$); 0,13 g. — *3β-Acetoxy-3'-acetyl-2'.2'.6'(R)-trimethyl-*, $C_{28}H_{43}NO_4$, F. 219—221° (Aceton/Hexan), aus 445 mg II u. Acetanhydrid in viel Py. bei Raumtemp.; 56 mg; daneben 22 mg III. — *3'.6'(R)-Dimethyl-3β-hydroxy-* (IV), $C_{23}H_{37}NO_2$, F. 186—188° (Aceton/Hexan), a) aus 2,125 g I u. 40%ig. HCHO-Lsg. in sd. HCOOH; $[\alpha]_D^{25}$ — 33° ($CHCl_3$); 410 mg; daneben 196 mg *3β-Formyloxy-3'.6'(R)-dimethyl-2'.3'.4'.5'-tetrahydro-1'.3'-oxazino-[4'.5':16β.17β]-Δ⁵-androsten* [$C_{24}H_{37}$·NO_3, F. 156—159° (CH_3OH/W.); $[\alpha]_D^{25}$ — 55,5° ($CHCl_3$)]; b) aus 866 mg VII CH_3J u. K_2CO_3 in sd. CH_3OH; 347 mg; c) aus 0,3 g VIII u. 40%ig. HCHO-Lsg. in sd. CH_3OH; 176 mg. — *3β-Äthoxycarbonyloxy-3'.6'(R)-dimethyl-*, C_{26}·$H_{41}NO_4$, F. 125—126° (Aceton/W.), aus 0,5 g IV u. VI in Py.; $[\alpha]_D^{25}$ — 35° ($CHCl_3$); 405 mg. — *3β-Hydroxy-6'(R)-methyl-* (VII), $C_{22}H_{35}NO_2$, F. 264—266° (CH_2Cl_2/CH_3OH/Ae.), aus 0,5 g I u. 40%ig. HCHO-Lsg. in sd. CH_3OH; $[\alpha]_D^{25}$ — 34° ($CHCl_3$/CH_3OH); 235 mg. — *3β-Acetoxy-3'-acetyl-6'(R)-methyl-* (XI), $C_{26}H_{39}NO_4$, F. 224,5—226° (Aceton/Hexan), aus 134 mg VII u. Acetanhydrid in heißem Py.; $[\alpha]_D^{25}$ — 53° ($CHCl_3$); 100 mg. — *3'.6'(R)-Dimethyl-3β-dimethylamino-*, $C_{25}H_{42}N_2O$, F. 127,5 bis 128,5° (Aceton/W.), aus 590 mg V u. HCHO in sd. HCOOH; $[\alpha]_D^{25}$ — 29° ($CHCl_3$); 310 mg. — Δ⁵-Pregnene: *3β.20β-Diacetoxy-16β-acetamido-* (III), $C_{27}H_{41}NO_5$, F. 190 bis 190,5° (Aceton/W.), aus 180 mg II u. Acetanhydrid in Py. bei Raumtemp.; $[\alpha]_D^{25}$ — 35° (CH_3OH); 220 mg. — *16β-Amino-3β.20β-dihydroxy-, Hydrochlorid*, $C_{21}H_{36}ClNO_2$, F. 331,5—332° (Zers.; CH_3OH/Ae.), aus 0,22 g II u. HCl-Gas in CH_2Cl_2 bei Raumtemp.; $[\alpha]_D^{25}$ — 37° (CH_3OH); 135 mg. — *16β-Äthylamino-3β.20β-dihydroxy-*, $C_{23}H_{39}$·NO_2, F. 181,5—182,5° (Aceton/Hexan), aus 1,6 g III u. $LiAlH_4$ in sd. THF; $[\alpha]_D^{25}$ — 17° (CH_3OH); 720 mg. — *N-Acetyl-16β-äthylamino-3β.20β-diacetoxy-*, $C_{29}H_{45}NO_5$, F. 211—212° (Aceton/W.), aus 347 mg vorst. Verb. u. Acetanhydrid in Py. bei Raumtemp.; $[\alpha]_D^{25}$ — 70° ($CHCl_3$); 330 mg. — *16β-Äthoxycarbonylamino-3β.20β-dihydroxy-*, $C_{24}H_{39}NO_4$, F. 197—198,5° (Aceton/Hexan), aus 1 g I u. VI in Py.; $[\alpha]_D^{25}$ — 35° ($CHCl_3$); 955 mg. — *16β-Methylamino-3β.20β-dihydroxy-* (VIII), $C_{22}H_{37}NO_2$, F. 216 bis 217° (Aceton/Hexan), aus 533 mg vorst. Verb. u. $LiAlH_4$ in sd. THF; $[\alpha]_D^{25}$ — 17° (CH_3OH); 430 mg. — *16β-Piperidino-3β.20β-dihydroxy-* (X), $C_{26}H_{43}NO_2$, F. 193 bis 196° (verd. Aceton), aus 2,235 g Hydrobromid u. 10%ig. KOH in CH_3OH bei Raumtemp.; $[\alpha]_D^{25}$ — 12° (Dioxan); 1,24 g. *Hydrobromid*, $C_{26}H_{44}BrNO_2$, F. 277,5 bis 278° (Zers.; CH_3OH/Aceton), aus 300 mg I u. IX in sd. n-Butanol; $[\alpha]_D^{25}$ — 55° (CH_3OH); 190 mg. — *16β-Piperidino-3β.20β-diacetoxy-*, $C_{30}H_{47}NO_4$, F. 195,5 bis 196° (Aceton/W.), aus 460 mg X u. Acetanhydrid in Py. bei Raumtemp.; $[\alpha]_D^{25}$ — 1° ($CHCl_3$); 375 mg. — *16β-Isopropylamino-3β.20β-dihydroxy-*, $C_{24}H_{41}NO_2$, F. 169,5—170° (verd. Aceton), aus 215 mg II u. $LiAlH_4$ in sd. abs. Ae./abs. THF; $[\alpha]_D^{25}$ — 24,5° (CH_3OH); 0,12 g. — *16β-Dimethylamino-3β.20β-dihydroxy-* (XII), $C_{23}H_{39}NO_2$, F. 180,5—182° (Aceton/Hexan), aus 971 mg IV u. $LiAlH_4$ in sd. THF; $[\alpha]_D^{25}$ — 23° ($CHCl_3$); 583 mg. — *16β-N-Äthyl-N-methylamino-3β.20β-dihydroxy-*, F. 178 bis 180° (Aceton/Hexan), aus 1,242 g XI u. $LiAlH_4$ in sd. THF; $[\alpha]_D^{25}$ — 39° ($CHCl_3$); 950 mg. — *16β-Azido-3β-acetoxy-20β-benzoyloxy-*, $C_{30}H_{39}N_3O_4$, F. 174,5—175° (Aceton/Hexan), aus 3,4 g XIII u. Benzoylchlorid in Py. bei Raumtemp.; $[\alpha]_D^{25}$ — 34° ($CHCl_3$); 3,6 g. — *16β-Azido-20β-benzoyloxy-3β-hydroxy-* (XIV), $C_{28}H_{37}N_3O_3$, F. 122,5 bis 126° (CH_3OH), aus vorst. Verb. u. 5%ig. KOH in CH_3OH/CH_2Cl_2 bei 5°; $[\alpha]_D^{25}$ — 34° ($CHCl_3$). — *16β-Azido-3β-p-toluolsulfonyloxy-20β-benzoyloxy-* (XVII), $C_{35}H_{43}$·N_3O_5S, F. 179,5—180,5° (CH_2Cl_2/Hexan), aus XIV u. XV in Py. bei Raumtemp.; $[\alpha]_D^{25}$ — 26° ($CHCl_3$). — *3β.16β-Diazido-20β-benzoyloxy-*, $C_{28}H_{36}N_6O_2$, F. 155,5—156,5° (Aceton/Hexan), aus 4,5 g XVI, HN_3 u. BF_3-Ätherat in Bzl. bei Raumtemp.; $[\alpha]_D^{25}$ — 14° ($CHCl_3$); 3,65 g. — *3β.16β-Diamino-20β-hydroxy-* (V), $C_{21}H_{36}N_2O$, F. 224—225° (CH_3OH/Essigester), aus 2,77 g vorst. Verb. u. $LiAlH_4$ in sd. THF; $[\alpha]_D^{25}$ — 36° (CH_3OH); 750 mg; daneben 0,25 g *Verb. vom F. 234—236°*. — *16β-Azido-6β-methoxy-20β-benzoyloxy-3α.5α-cyclopregnan* (XVI), aus 6,29 g XVII u. K_2CO_3 in sd. CH_2Cl_2/CH_3OH; 4,5 g. — *3'.6'(R)-Dimethyl-2'.3'.4'.5'-tetrahydro-1'.3'-oxazino-[4'.5':16β.17β]-Δ⁴-androsten-3-on*, $C_{23}H_{35}NO_2$, F. 140—143° (verd. Aceton), aus 654 mg IV, CrO_3 u. verd. H_2SO_4 in Aceton bei 0°; $[\alpha]_D^{25}$ + 91° ($CHCl_3$); 39 mg.

Hans Köhne/Berlin 3700△

1290 **Grundlagenforschung in der klinischen Chemie. 12. Mitt. Einige Aspekte der Kolorimetrie von Steroidverbindungen mittels p-Nitrophenylhydrazin. 1. Mitt. Hydrazone von Δ⁴-3-Hydroxysteroiden.** Michiya Kimura und Toshihiro Nishina. (Chem. pharmac. Bull. [Tokyo] 15 (1967) 8, 1239—42; Fac. of Pharm. Sci., Hokkaido Univ., Nishi-6-chome, Kita-13-jo, Sapporo; engl.) — Die *p-Nitrophenylhydrazone* einiger Steroide werden dargestellt u. deren Absorptionen im Hinblick auf eine kolorimetr. Best. von Mikromengen ermittelt.

Versuche: *Δ⁴-Cholesten-3.6-dion-6-enoläthyläther*, F. 165—166° (Methanol/Ae.), nach Windaus (1906). — *Δ⁴-Cholesten-3.6-dionmono-p-nitrophenylhydrazon*, $C_{33}H_{47}$·N_3O_3, F. 273—274° (Zers.; $CHCl_3$/A.), a) aus Δ⁴-Cholesten-3.6-dion mit p-Nitrophenylhydrazin (I) in Diäthylenglykoldimethyläther in Ggw. von konz. HCl bei 70°; b) aus vorst. Verb. u. I in A./HCl bei 70°; daneben *Δ⁴-Cholesten-3.6-dion-6-enoläthyläther-p-nitrophenylhydrazon* [$C_{35}H_{51}$·N_3O_3, F. 286—288° (Zers.); aus $CHCl_3$ orangefarbene Nadeln) u. *Δ⁴-Cholesten-3.6-dion-bis-p-nitrophenylhydrazon*, F. 206—208° (Zers.); aus $CHCl_3$ rote Nadeln.

G. Westphal 3700△

1291 **Syntheseuntersuchungen von Bacitracin. 1. Mitt. Synthese eines geschützten intermediären Heptapeptids-(5—11).** Yasuo Ariyoshi, Tetsuo Shiba und Takeo Kaneko. (Bull. chem. Soc. Japan 40 (1967) 7, 1709—15; Dep. of Chem., Fac. of Sci., Osaka Univ., Toyonaka, Osaka; engl.) — Die Synth. von *Formyl-L-isoleucyl-ε-cbo-L-lysyl-δ-tosyl-D-ornithyl-L-isoleucyl-D-phenylalanyl-im-benzyl-L-histidyl-L-asparaginsäure-α-methyl-β-benzylester* als intermediäres Peptid zur Totalsynth. des Antibioticums Bacitracin A wird beschrieben. IR-Spektren vgl. Original.

Versuche: *Cbo-L-isoleucyl-D-phenylalaninäthylester*, $C_{25}H_{32}N_2O_5$, F. 152,5—153°, aus Cbo-leucin, Chlorameisensäureäthylester u. Triäthylamin in $CHCl_3$ u. Zugabe von D-Phenylalaninäthylester; $[\alpha]_D^{17}$ + 15,3° (c = 3,2; DMF); aus Essigsäureäthylester Nadeln; 78,5% (Ausb.). — *L-Isoleucyl-D-phenylalaninäthylester-hydrobromid* (I), $C_{17}H_{27}BrN_2O_3$, F. 222—222,5° (Zers.), aus vorst. Verb. mit HBr/Essigsäure; $[\alpha]_D^{17}$ + 67,9° (c = 2,7; DMF); aus abs. A. Nadeln; 87,7%. — *D-Ornithinhydrochlorid*, $C_5H_{13}ClN_2O_2$, F. 233—234° (Zers.), nach Izumiya (1951); $[\alpha]_D^{20}$ — 11,1° (c = 5,2; W.). — *δ-Tosyl-D-ornithin*, $C_{12}H_{18}N_2O_4S$, F. 234—235,5° (Zers.), aus vorst. Verb. nach Erlanger et al. (1954); $[\alpha]_D^{17}$

— 20° (c = 2,2; 6n HCl); aus W. Tafeln; 69,8%; *dimorphe Form,* F. 231—233° (Zers.), durch Lösen in heißem H_2O; $[\alpha]_D^{17}$ — 20,3° (c = 2,1; 6n HCl); aus W. Tafeln; 60%. — *Cbo-δ-tosyl-D-ornithin,* aus vorst. Verb.; 89,6%. — *Cbo-δ-tosyl-D-ornithyl-L-isoleucyl-D-phenylalaninäthylester,* $C_{37}H_{48}N_4O_8S$, F. 177,5—179°, aus I mit vorst. Verb. in Triäthylamin/THF/DMF in Ggw. von Dicyclohexylcarbodiimid; $[\alpha]_D^{17}$ + 13,6° (c = 3,3; DMF); aus DMF Nadeln; 74,8%. — *δ-Tosyl-D-ornithyl-L-isoleucyl-D-phenylalaninäthylesterhydrobromid* (II), $C_{29}H_{43} \cdot BrN_4O_6S$, F. 212,5—213,5°, aus vorst. Verb. mit HBr/Essigsäure; $[\alpha]_D^{17}$ + 6,6° (c = 3,7; DMF); aus A./Ae. Nadeln; 73,3%; *dimorphe Form von* II, F. 171—172°, durch Lösen in abs. A.; $[\alpha]_D^{24}$ + 6,1° (c = 3,6; DMF); 69,2%. — *Formyl-L-isoleucyl-ε-cbo-L-lysinmethylester,* $C_{22}H_{33}N_3O_6$, F. 152,5—153,5°, aus ε-Cbo-L-lysinmethylesterhydrochlorid mit Formyl-L-isoleucin in DMF/Triäthylamin in Ggw. von Dicyclohexylcarbodiimid; $[\alpha]_D^{16}$ — 13,4° (c = 5; DMF); aus Essigsäureäthylester Nadeln; 35,6%. — *Formyl-L-isoleucyl-ε-cbo-L-lysinhydrazid,* $C_{21}H_{33}N_5O_5$, F. 210—210,5° (Methanol), aus vorst. Verb. mit Hydrazinhydrat in Methanol; $[\alpha]_D^{17}$ — 18,5° (c = 3,3; DMF); 98,3%. — *Formyl-L-isoleucyl-ε-cbo-L-lysyl-δ-tosyl-D-ornithyl-L-isoleucyl-D-phenylalaninäthylester,* $C_{50}H_{71}N_7O_{11}S$, F. 218—220° (DMF/Äthylacetat), aus vorst. Verb. durch Umsetzen mit $NaNO_2$ in Essigsäure/HCl u. Zugabe von II; $[\alpha]_D^{17}$ — 2° (c = 2,1; DMF); 53,2%. — *Formyl-L-isoleucyl-ε-cbo-L-lysyl-δ-tosyl-D-ornithyl-L-isoleucyl-D-phenylalaninhydrazidhemihydrat* (III), $C_{48}H_{69}N_9O_{10}S \cdot 1/2\, H_2O$, F. 198—199° (DMF/W.), aus vorst. Verb. mit Hydrazinhydrat in DMF; $[\alpha]_D^{17}$ — 0,8° (c = 3; DMF); 93,3%. — *L-Asparaginsäure-β-benzylester,* $C_{11}H_{13}NO_4$, F. 221° (Zers.), aus L-Asparaginsäure u. Benzylalkohol in Ae. in Ggw. von konz. H_2SO_4; $[\alpha]_D^{16}$ + 28,5° (c = 3; n-HCl); aus W. in Ggw. von wenig Py. Tafeln; 42,6%. — *Cbo-L-asparaginsäure-β-benzylester,* $C_{19}H_{19}NO_6$, F. 108,5 bis 109,5°, aus vorst. Verb. mit Chlorameisensäurebenzylester; $[\alpha]_D^{17}$ + 13,2° (c = 10; Essigsäure); aus Essigsäureäthylester/PAe. Nadeln; 72,8%. — *N-Carboxy-L-asparaginsäure-β-benzylesteranhydrid,* $C_{12}H_{11}NO_5$, F. 118—119° (Zers.), aus vorst. Verb. nach Katchalski et al. (1951). — *L-Asparaginsäure-α-methyl-β-benzylesterhydrochlorid,* $C_{12}H_{16}ClNO_4$, F. 137,5—138°, aus vorst. Verb. in Methanol mit äther. HCl; $[\alpha]_D^{17}$ + 19,2° (c = 4,2; W.); aus abs. Ae./abs. Methanol Nadeln; 60,8%. — *Cbo-im-benzyl-L-histidyl-L-asparaginsäure-α-methyl-β-benzylester,* $C_{33}H_{34}N_4O_7$, F. 116—118°, aus vorst. Verb. mit Cbo-im-benzyl-L-histidin in DMF/Triäthylamin in Ggw. von Dicyclohexylcarbodiimid; $[\alpha]_D^{17}$ — 8,3° (c = 3,4; DMF); aus Essigsäureäthylester/PAe. Nadeln; 83,5%. — *im-Benzyl-L-histidyl-L-asparaginsäure-α-methyl-β-benzylesterdihydrobromid,* aus 5 g vorst. Verb. mit HBr/Essigsäure; 5 g. — *Formyl-L-isoleucyl-ε-cbo-L-lysyl-δ-tosyl-D-ornithyl-L-isoleucyl-D-phenylalanyl-im-benzyl-L-histidyl-L-asparaginsäure-α-methyl-β-benzylestermonohydrat,* $C_{73}H_{93}N_{11}O_{15}S \cdot H_2O$, F. 175—176° (DMF/Methylenchlorid/Ae.), durch Zugabe von $NaNO_2$ zu III in Essigsäure/HCl u. Versetzen mit vorst. Verb.; $[\alpha]_D^{16}$ — 1,8° (c = 2,2; DMF); 65,4%.
G. Westphal 3800△

1292 **Pyridoxinchemie. 15. Mitt. Acylwanderung und selektive Veresterung von Pyridoxol.** W. Korytnyk und B. Paul. (J. org. Chemistry **32** (1967) 12, 3791—96; Dep. of Exp. Therapeut., Roswell Park Mem. Inst., Buffalo, N.Y.; engl.) — 14. vgl. J. med. Chem. **10** (1967) 345. — Es wird festgestellt, daß Acylgruppen vom phenol. Hydroxyl des Pyridoxols an das alkohol. Hydroxyl in 4-Stellung wandern. Diese Wanderung wird bei den Benzoyl-, p-Nitrobenzoyl-, Acetyl- u. Palmitoylestern beobachtet. Der Mechanismus dieser Umlagerung wird beobachtet. Meth. der dünnschichtchromatograph. Aufarbeitung vgl. Original. IR- u. UV-Maxima werden angegeben. Die Umlagerung von 3-O-Benzoyl-$\alpha^4.\alpha^5$-isopropylidenpyridoxol zu *α^4-O-Benzoylpyridoxol* (II) wird in $H_2^{18}O$ untersucht u. die Ergebnisse der Massenspektroskopie angegeben.

Versuche: *3-O-Benzoyl-$\alpha^4.\alpha^5$-O-isopropylidenpyridoxol,* F. 102—104°, nach Schmidt u. Giesselmann [Liebigs Ann. Chem. **657** (1962) 162]; 88% (Ausb.). — *α^4-O-Benzoylpyridoxol* (II), $C_{15}H_{15}NO_4$, F. 141—142° (W.), a) durch 20 Min. langes Erwärmen von 5 g vorst. Verb. in 10%ig. Ameisensäure auf 100°; 2,36 g; b) durch 1std. Erwärmen nachst. Verb. auf 100°; c) durch 5tägiges Schütteln von Pyridoxolhydrochlorid mit Benzoylchlorid in Py./$CHCl_3$; daneben I; d) analog c) in DMF/Pyridin. *Hydrochlorid-1½-hydrat,* $C_{15}H_{16}ClNO_4 \cdot 1^1/_2\, H_2O$, F. 147° (A./Ae.), durch Lösen in 1n HCl bei 100°. — *3-O-Benzoyl-$\alpha^4.\alpha^5$-O-isopropylidenpyridoxolhydrochlorid,* $C_{18}H_{20}ClNO_4$, F. 142—144° (A./Ae.), durch Einleiten von HCl in eine äther. Lsg. vorvorst. Verbindung. — *3-O-Methyl-α^4-O-benzoylpyridoxol,* $C_{16}H_{17}NO_4$, F. 100° (Subl.), aus II mit Diazomethan; 55%. — *3-O-Methyl-α^5-O-benzoylpyridoxol,* $C_{16}H_{17}NO_4$, F. 138—140° (Äthylacetat), aus 2,2 g α^5-O-Benzoylpyridoxol (III) mit Diazomethan; 0,7 g. — *3-O-Methansulfonyl-α^5-O-benzoylpyridoxol,* $C_{16} \cdot H_{17}NO_6S$, F. 138° (A.), aus III mit Methansulfonylchlorid in Py.; 65%. — *$\alpha^4.\alpha^5$-O-Dibenzoylpyridoxol* (I), $C_{22}H_{19} \cdot NO_5$, F. 143—144° (A.), aus III mit Benzoylchlorid in Py.; 60%. — *$\alpha^4.\alpha^5$-O-Dibenzoyl-3-O-methansulfonylpyridoxol,* $C_{23}H_{21}NO_7S$, F. 93° (A.), aus I mit Methansulfonylchlorid in Pyridin. — *Tri-O-benzoylpyridoxol,* $C_{29}H_{23}NO_6$, F. 126° (A.), aus 683 mg III mit Benzoylchlorid in Py.; 1,03 g. — *3.α^4-O-Dibenzoylpyridoxolhydrochlorid,* $C_{22}H_{20}ClNO_5$, F. 152—154°, aus II mit Benzoylchlorid in Py. u. Umsetzen mit äther. HCl; 90%. — *3-O-[p-Nitrobenzoyl]-$\alpha^4.\alpha^5$-O-isopropylidenpyridoxol,* $C_{18}H_{18}N_2O_6$, F. 164—166° (verd. A.), aus 1 g $\alpha^4.\alpha^5$-O-Isopropylidenpyridoxol mit p-Nitrobenzoylchlorid in Py.; 1,44 g. — *α^4-O-[p-Nitrobenzoyl]-pyridoxylhydrochlorid,* $C_{15}H_{15}ClN_2O_6$, F. 197° (verd. A.), durch ¾std. Erwärmen von 102 mg vorst. Verb. in 10%ig. Ameisensäure in Ggw. von 0,01 n HCl auf 100°; 55,1 mg. — *3-O-Methansulfonyl-α^4-O-[p-nitrobenzoyl]-pyridoxol,* $C_{16} \cdot H_{16}N_2O_8S$, F. 125—126° (A.), aus 248 mg vorst. Verb. mit Methansulfonylchlorid in Py.; 89 mg. — *3-O-Palmitoyl-$\alpha^4.\alpha^5$-O-isopropylidenpyridoxol,* $C_{27}H_{45}NO_4$, F. 55—56° (Methanol), aus $\alpha^4.\alpha^5$-O-Isopropylidenpyridoxol mit Palmitoylchlorid in Py.; 51,4%. — *α^4-O-Palmitoylpyridoxol,* F. 85—86°, aus dem Hydrochlorid mit $NaHCO_3$. *Hydrochlorid,* $C_{24}H_{42}ClNO_4$, F. 149—150° (Methanol/Ae.), aus vorst. Verb. mit 0,01n HCl in A. bei 100°; 89,3%. — *α^5-O-Palmitoyl-α^4.3-O-isopropylidenpyridoxol,* F. 42—43°, aus $\alpha^4.\alpha^5$-O-Isopropylidenpyridoxol; 61%. *Hydrochlorid,* $C_{27}H_{46}ClNO_4$, F. 141—142° (Aceton/PAe.). — *α^5-O-Palmitoylpyridoxol,* $C_{24}H_{41}NO_4$, F. 99—100° (Methanol), aus vorst. Verb.; 91%. — *3-O-Acetyl-$\alpha^4.\alpha^5$-O-isopropylidenpyridoxol,* aus 3 g $\alpha^4.\alpha^5$-O-Isopropylidenpyridoxol mit Essigsäureanhydrid/Py.; Öl; 3,47 g. *Pikrat,* $C_{19}H_{20}N_4O_{11}$, F. 163° (A.). — *α^4-O-Acetylpyridoxol,* $C_{10}H_{13}NO_4$, F. 155 bis 157° (Trocknen im Vakuum bei 60°) bzw. 162—165° (A.), 347 g aus vorst. Verb. mit 10%ig. Essigsäure bei 100°; 203 mg.
G. Westphal 3850△

1293 **Chemie der Streptovaricine. 3. Mitt. Photostreptovaron, ein Phenalenon durch photolytische Abspaltung von Essigsäureanhydrid.** Robert J. Schacht und Kenneth L. Rinehart jun. (J. Amer. chem. Soc. **89** (1967) 9, 2239—40; engl.) — 2. vgl. vorst. Referat. — Bestrahlung von Streptovaron in methanol. Lsg. gibt unter Abspaltung von Acetanhydrid fast 100% *Photostreptovaron* (I, $C_{20}H_{17}NO_6$, F. 260—261°). Durch saure Methanolyse entstehen aus I *Brenztraubensäure* u. *Deptovaron* (*Despyruoylphotostreptovaron,* $C_{17}H_{15}NO_4$, Zers. ca. 300°), das in ein *N-Acetylderiv.* ($C_{19}H_{17}NO_5$, F. 274 bis 275°) bzw. ein *N.N-Dimethylderiv.* ($C_{19}H_{19}NO_4$, F. 162 bis 163°) übergeführt werden kann. Aus diesen Vers. u. den NMR-, IR- u. UV-Spektren schließen Vf., daß I die Struktur eines *2-Pyruvoylamino-3.5.8-trimethyl-6.7-methylendioxy-9-hydroxyphenalenons-(1)* hat.
Helmut Schulze 3900

D. Makromolekulare Chemie

1294 **Anionische Polymerisation β-substituierter Acrylsäureester.** Teiji Tsuruta, Tsutomu Makimoto und Kiyoshi Tanabe. (Makromolekulare Chem. [Basel] **114** (1968) 182—200; Fac. of Engng., Univ. of Tokyo, Bunkyo-ku, Tokyo; engl.) — Vf. untersuchten die Polymerisation (Pol.) verschiedener *Alkylcrotonate* (A) u.

Alkylcinnamate (**B**) bei -78^0 in Toluol (am günstigsten) bzw. THF in Ggw. nachst. Katalysatoren (Kat.): Tetraäthyl-Ca-Zn (**I**), Tetraäthyl-Sr-Zn, Tetraäthyl-Ba-Zn, n-Butyl-Li (**II**), **II**/Diäthyl-Zn, **II**/Triäthyl-Al, $LiAlH_4$, n-Amyl-Na, Triäthyl-Na-Zn, sek.-Butyl-MgBr, Di-n-butyl-Mg. Als günstigster Kat. erwies sich **I**. Die maximalen Ausb. betrugen nach 96std. Pol. bei den **A**: *Methyl-* (**III**) 28,0%, *Äthyl-* 28,9, *n-Propyl-* 23,0, *n-Butyl-* 21,8, *Isopropyl-* (**IV**) 79,3 u. *sek.-Butylcrotonat* 100% sowie bei den **B**: *Äthyl-* 2,3% (120 Std.) u. *sek.-Butylcinnamat* 13,4% (216 Std.). Die [η]-Werte der *Poly*-**A** liegen bei den geradkettigen Monomeren um 1,0, bei den verzweigten $>1,0$. Mit steigender Polarität des Lsgm. fallen Ausb. u. Molgew. der Polymeren ab. Unters. an **III** u. **IV** zeigen, daß die cis-Verb. wesentlich schlechter polymerisieren: **III**: *cis*-Verb. bei -78^0 in Toluol in Ggw. von **I** nach 15 Tagen 0,94%; *trans*-Verb.: analog nach 4 Tagen 27,7%. — **IV**: *cis*-Verb. 3,2%; *trans*-Verb. 79,3% Polymere unter Bedingungen wie bei **III**. Die Reaktivitäten der trans-Verb. sind auch bei der Copol. größer. Die Reaktivitätsdifferenz kommt durch die unterschiedlichen Reaktivitäten der sich fortpflanzenden Spezies zustande. Der Mechanismus der Rk. von **III** mit organometall. Kat. wird diskutiert u. daraus die unterschiedliche Reaktivität abgeleitet. Löslichkeit, therm. Verh. sowie Röntgen-, IR- u. KMR-Spektren werden untersucht u. die Spektren diskutiert. Die cis-Isomeren scheinen Polymere von größerer Stereoregularität zu bilden.

Versuche: Alkylcrotonate (**A**): *Methyl-* (**III**), Kp. 118,8—119,3°, aus Crotonsäure u. CH_3OH in Ggw. von wenig H_2SO_4. — *Äthyl-*, Kp. 136,0—136,5°. — *n-Propyl-*, Kp. 156,8—157,0°. — *Isopropyl-* (**IV**), Kp. 145,6—146,2°. — *n-Butyl-*, Kp. 178,7—178,9°. — *sek.-Butyl-*, Kp. 164,0—164,5°. — Cinnamate: *Äthyl-*, $Kp._2$ 93,0°. — *sek.-Butyl-*, $Kp._3$ 111—114°. *cis-Crotonsäure*, aus Äthylacetoacetat u. PCl_5 nach Hatch et al. [J. Amer. chem. Soc. **72** (1950) 727]. *Methylester*, $C_5H_8O_2$, Kp. 106—109°, analog **III**. *Isopropylester*, $C_7H_{12}O_2$, Kp. 139—143°. — Polycrotonate: *Methyl-*, Erweichungspunkte der in Bzl. unlösl. Fraktion maximal $>320^0$, der in Bzl. lösl. Fraktion 280°. — *Äthyl-*, 300 u. 250—260°. — *n-Propyl-*, 290 u. 250—260°. — *n-Butyl-*, 280 u. 240—250°. — *Isopropyl-*, 285—288 u. 240—250°. — *sek.-Butyl-*, lösl. Anteil 250—260°. Polycinnamate: *Äthyl-*, in Bzl. unlösl. Anteil $>320^0$. — *sek.-Butyl-*, 300—310°. K. Gröbe 4020△

1295 **Darstellung und Polymerisationsverhalten von einigen neuen Vinylverbindungen.** Dietrich Braun, Gilbert Arcache, R. Josef Faust und Werner Neumann. (Makromolekulare Chem. [Basel] **114** (1968) 51—69; Dt. Kunststoffinst., Darmstadt; dt.) — Vf. beschreiben die Synth. u. Polymerisation (Pol.) von *4-Vinylbenzophenonanil* (**I**), *4-Vinyl-α.α-diphenyläthylen* (**II**), *4-Vinyl-4'-dimethylaminoazobenzol* (**III**), *4-Vinyl-4'-phenyltriphenylcarbinol* (**IV**), *4-Vinyl-4'.4''-diphenyltriphenylcarbinol* (**V**), weiteren *4-Vinyltriarylcarbinolen* (**A**) sowie *4-Vinyltriarylmethylchloriden* (**B**). Die Geschw. der Pol. von Styrol (**VII**) wird bei der Copol. mit **II** gehemmt. Sowohl Homo- als auch Copol. von **II** verlaufen über Vinyl- u. Vinylidengruppen. *4-Vinyltriphenylcarbinol* (**IX**), **IV** u. **V** polymerisieren sehr leicht radikalisch. Die Pol.-Geschw. steigt in der Reihenfolge **IX** < **IV** < **V** an, der Umsatz wächst mit $\sqrt{[\mathrm{VIII}]}$ (**VIII** = Azo-bis-[isobutyro-nitril]). Die **A** polymerisieren 7—22mal schneller als **VII** (polarisierende Wrkg. der p-Substituenten). Der Pol.-Grad der Polymeren der **A** beträgt für *Poly*-**IX** 308, für *Poly*-**IV** 324 u. für *Poly*-**V** 347, er ist nur wenig von [**VIII**] abhängig. Bei der Copol. mit **VII** werden die **A** stärker in das **CP** eingebaut, mit steigendem **VII**-Geh. sinken die Pol.-Geschw. u. die Vernetzungstendenz ab. Die **B** vermögen weder zu homo- noch zu copolymerisieren, die Pol. von **VII** wird sehr stark gehemmt. Die Ursachen für die unterschiedliche Pol.-Neigung der Monomeren wird diskutiert. IR-, UV- u. KMR-Banden vgl. Original.

Versuche: *4-Vinylbenzophenonanil* (**I**), $C_{21}H_{17}N$, F. 86° (CH_3OH), durch 1 std. Erhitzen von *4-Vinylbenzophenon* (**VI**) u. überschüssigen Anilin in Ggw. von Anilinhydrochlorid u. Hydrochinon auf 200°; gelb; 54% (Ausb.). — *4-Vinyl-α.α-diphenyläthylen* (**II**), $C_{16}H_{14}$, F. 32° ($CH_3 \cdot OH$), durch Eintropfen von Methyl-MgJ in Ae. in eine Lsg. von **VI** in Ae. u. auf $KHSO_4$ u. tert.-Butylbrenzcatechin; 57%. — *4-Vinyl-4'-dimethylaminoazobenzol*, F. 165° (wss. CH_3OH), durch Diazotieren von 4-Aminostyrolhydrochlorid u. Kuppeln mit Dimethylanilin; 50%. — Triarylcarbinole: *4-Vinyl-4'-phenyltriphenyl-* (**IV**), $C_{27} \cdot H_{22}O$, F. 74° (n-Heptan), durch Zutropfen von 4-Styryl-MgCl in THF bei 60° zu 4-Phenylbenzophenon in Bzl.; 35%. — *4-Vinyl-4'.4''-diphenyltriphenyl-* (**V**), $C_{33}H_{26}O$, F. 95—96° (Bzl.–Heptan), analog mit 4.4'-Diphenylbenzophenon; 57%. — *4-Äthyl-4'-phenyltriphenyl-*, durch 1 std. Hydrieren von **IV** mit PtO_2 bei Raumtemp. in CH_3OH. — *4-Äthyl-4'.4''-diphenyltriphenyl-*, $C_{33}H_{28}O$, F. 88° (n-Heptan), analog aus **V**; 90%. — *4-(α.β)-Dibromäthyl-4'-phenyltriphenyl-*, $C_{27}H_{22}Br_2O$, F. 113—114° (90%ig. A.), durch Bromieren von **IV** mit Br_2 bei -15^0 in $CHCl_3$; 62%. — *4-(α.β)-Dibromäthyl-4'.4''-diphenyltriphenyl-*, $C_{33}H_{26}Br_2O$, F. 141°, analog aus **V**; 65%. — Tritylchloride (**B**): *4-Vinyl-*, $C_{21}H_{17}Cl$, F. 75—77° (n-Heptan/Acetylchlorid), durch 5 Min. langes Kochen von **IX** mit Acetylchlorid; 62%. — *4-Vinyl-4'-phenyl-*, $C_{27}H_{21}Cl$, F. 117—119° (n-Heptan/Acetylchlorid), analog aus **IV**; 79%. — *4-Vinyl-4'.4''-diphenyl-*, $C_{33}H_{25}Cl$, F. 135—136° (n-Heptan/Acetylchlorid), analog aus **V**; 82%. K. Gröbe 4020△

1296 **Kinetik und Mechanismus der Polymerisation von 4-Vinylpyridin auf Makromolekülen von Polyacryl- und Poly-L-glutaminsäure.** V. A. Kabanov, V. A. Petrovskaja und V. A. Kargin. (Vysokomolekuljarnye Soedinenija, Ser. A **10** (1968) 4, 925—34; Moskovskij gos. univ. im. Lomonosova; russ.) — Die Kinetik der Polymerisation von *4-Vinylpyridin* (**I**) auf *Polyacrylsäure* (Molgew. $2,3 \cdot 10^6$) bzw. *Poly-L-glutaminsäure* (Molgew. $9,4 \cdot 10^4$) als Matrix in wss. Lsg. bei verschiedenen pH-Werten wurde untersucht. Ein kinet. Schema der Polymerisation wird vorgelegt, das die Aktivierung von **I** durch Protonierung, die Adsorption des aktivierten Monomeren in der Nähe des akt. Endes der Kette sowie den Kettenabbruch berücksichtigt. Die abgeleitete kinet. Gleichung beschreibt exakt die experimentellen Daten. Die Auswrkg. der Konform.-Änderung von Poly-L-glutaminsäure bei pH 5—6 (Helix–Knäuel-Übergang) auf die Polymerisationsgeschw. wurde untersucht. G. Conradi 4030△

1297 **Polymerisation von Methylvinylsiloxanoligomeren mit Methylhydrosiloxanen.** K. A. Andrianov, A. S. Kočetkova und L. M. Chanašvili. (Ž. obšč. Chim. **38/100** (1968) 1, 175—78; Moskva, Inst. tonkoj chim. technol. im. Lomonosova; russ.) — Die 4std. Cohydrolyse von Trimethylchlorsilan mit Methylvinyldichlorsilan (1,1 : 1) in W. bei 19—20° liefert nebeneinander *1.1.1.3.-5.5.5-Heptamethyl-3-vinyltrisiloxan* [$Kp._8$ 48°; $D._4^{20}$ 0,8365; n_D^{20} 1,3978; 11,9% (Ausb.)], *1.1.1.3.5.7.7.7-Oktamethyl-3.5-divinyltetrasiloxan* (**I**, $C_{12}H_{30}O_3Si_4$, $Kp._7$ 85 bis 86°; $D._4^{20}$ 0,8800; n_D^{20} 1,4080; 7,5%) u. *1.1.1.3.5.7.-9.9.9-Nonamethyl-3.5.7-trivinylpentasiloxan* ($C_{15}H_{36}O_4Si_5$, $Kp._{21}$ 135—136°; $D._4^{20}$ 0,9097; n_D^{20} 1,4152; 10,6%). Bei der Copolymerisation von **I** mit 1.1.1.3.5.7.7.7-Oktamethyl-3.5-dihydrotetrasiloxan bzw. mit Tetramethyldisiloxan ($Kp._{760}$ 69—70°; n_D^{20} 1,3700) in Ggw. von isopropanol. H_2PtCl_6 bei 60° werden [vermutlich infolge ster. Hinderung durch die $(CH_3)_3SiO$-Gruppen] nur *Oligomere* (Molgew. ca. 2000; E. -76 bzw. -63^0) erhalten. Die Prod. weisen eine wesentlich stärkere Temp.-Abhängigkeit ihrer Viskosität als analoge Polydimethylpolysiloxane auf, d. h., die Einführung von $(CH_2)_2$-Brücken in die Polysiloxankette setzt deren Starrheit herab. H.-E. Toussaint 4050

1298 **Konformation von Polypeptidsequenzen. 3. Mitt. Synthese von Poly-L-prolyl-L-phenylalanylglycin und Poly-L-phenylalanyl-L-prolylglycin.** Antonio Mario Tamburro, Angelo Scatturin und Fernando Marchiori. (Gazz. chim. ital. **98** (1968) 5, 638—44; Padova, Ist. di Chim. Organ. dell'Univ.; ital.) — Vf. beschreiben die Synth. von *Poly-L-prolyl-L-phenylalanylglycin* u. *Poly-L-phenylalanyl-L-prolylglycin* als Kollagenmodelle.

Versuche: *Benzyloxycarbonyl-Pro-Phe-Gly-OH*, (Z-Pro-Phe-Gly-OH), $C_{24}H_{27}N_3O_6$, F. 156—158° (CH_3OH–Ae.), durch 3std. Hydrolyse aus nachst. Verb. mit n-NaOH in Dioxan (Meth. **A**); $[\alpha]_D^{22}$ —61,8° (DMF); 81% (Ausb.). *Äthylester*, $C_{26}H_{31}N_3O_6$, F. 158—159° ($CHCl_3$–Ae.), durch 48std. Rk. von Z-Pro-ONp mit H-Phe-Gly-OÄt-Hydrobromid in Py. in Ggw. von Triäthylamin (**I**) bei Raumtemp. (Meth. **B**); $[\alpha]_D^{22}$ —57,5° (DMF); 89%. *p-Nitrophenylester*, $C_{30}H_{30}N_4O_8$, F. 125 bis 129° (Äthylacetat), durch Zugabe von Dicyclohexylcarbodiimid bei 0° zu einer Lsg. von vorvorst. Verb. u. p-Nitrophenol in $CHCl_3$ unter Rühren (Meth. **C**), ½std. Rühren bei 0° u. 2 Std. bei Raumtemp.; $[\alpha]_D^{22}$ —46,1° (DMF); 65%. — *H-Pro-Phe-Gly-ONp, Hydrobromid*, $C_{22}H_{25}BrN_4O_6$, F. 203—206°, durch allmähliche Zugabe von 3,6n HBr in Eisessig zu vorst. Verb. in Eisessig, 2std. Stehen, Einengen bei 55° (Meth. **D**) u. Ausfällen mit Ae.; $[\alpha]_D^{22}$ —17,3° (DMF); 68%. — *Poly-Pro-Phe-Gly*, $(C_{16}H_{19}N_3O_3)_n$, durch Zugabe von **I** zu einer Lsg. vorst. Verb. in DMSO bei Raumtemp., 5tägigem Stehen bei Raumtemp. (Meth. **E**) u. Fällen mit A.; [η] 0,23 (25°; 1,27%ig in Dichloressigsäure); 74%. — *Z-Phe-Pro-Gly-OH*, $C_{24}H_{27}N_3O_6$, F. 162—163° (Ae.–A.), aus nachst. Verb. analog **A**; $[\alpha]_D^{22}$ —46,9° (DMF); 54%. *Äthylester*, $C_{26}H_{31}N_3O_6$, F. 87—88° (Ae.), durch Rk. von Z-Pro-Gly-OÄt analog **D** u. Rk. des gebildeten H-Pro-Gly-OÄt analog **B**; $[\alpha]_D^{22}$ —46,6° (DMF); 68%. *p-Nitrophenylester*, $C_{30}H_{30}N_4O_6$, F. 164—165°, aus vorvorst. Verb. analog **C** u. 48std. Stehen bei Raumtemp.; $[\alpha]_D^{22}$ —52,4° (DMF); 71%. — *H-Phe-Pro-Gly-ONp, Hydrobromid*, F. 110 bis 130°, aus vorst. Verb. analog **D**; 46%. — *Poly-Phe-Pro-Gly, Halbhydrat*, $(C_{16}H_{19}N_3O_3 \cdot {}^1/_2\,H_2O)_n$, aus vorst. Verb. analog **E**; [η] 0,21 (25°; 0,65%ig); 70%.

K. Gröbe 4080△

E. Biologische, physiologische und medizinische Chemie

1299 **Polynucleotide.** 9. Mitt. **Methylierung von Nucleinsäuren, Homopolynucleotiden und Komplexen.** F. Pochon und A. M. Michelson. (Biochim. biophysica Acta [Amsterdam] **149** (1967) 1, 99—106; Inst. de Biol. Physicochim., Paris; engl.) — 8. vgl. ibid. **144** (1966) 469. — Die Methylierung einzelner Nucleinsäuren durch Dimethylsulfat in wss. Lsg. bei 4° in Ggw. von Tri-n-butylamin wird untersucht. Sie ist nicht spezif. für einzelne Basen, lediglich bei pH 5 wird Guanin spezif. methyliert. Bei Polynucleotiden u. ihren Komplexen beeinflußt die Sekundärstruktur die Methylierung, einige Positionen sind nicht methylierbar. DNS wird ohne Veränderung der Sekundärstruktur zu 80% im Guaninteil am N^7 methyliert. Methylierte DNS zeigt stärkere Affinität für Actinomycin D als unmethylierte. Von Propylenoxid wird Adenosin u. Cytidin nicht angegriffen im Gegensatz zu Thymidin, Uridin, Guanosin u. Inosin. Denaturierte DNS reagiert mit diazotierter 2-Amino-p-benzoldisulfonsäure u. 2-Aminonaphthalin-1.5-disulfonsäure.

W. Holland 4150

1300 **Polynucleotide.** 10. Mitt. **Oligonucleotide und ihre Assoziation mit Polynucleotiden.** A. M. Michelson und C. Monny. (Biochim. biophysica Acta [Amsterdam] **149** (1967) 1, 107—26; engl.) — 9. vgl. vorst. Referat. — Durch Titration werden die therm. Stabilitäten von Oligonucleotiden u. ihren Komplexen mit Polynucleotiden untersucht. log n gegen 1/T aufgetragen, ergibt für ein gegebenes Oligomeres bei kleinen n-Werten Geraden, die für verschiedene Polynucleotide parallel verlaufen. Bei größeren Kettenlängen, die mehr als einer Windung der Doppelhelix entspricht, hört die Parallelität auf.

W. Holland 4150

1301 **Polynucleotid-Analoge.** 12. Mitt. **Poly-5-bromcytidylsäure und Poly-5-jodcytidylsäure.** A. M. Michelson und C. Monny. (Biochim. biophysica Acta [Amsterdam] **149** (1967) 1, 88—98; Inst. de Biol. Physicochim., Paris; engl.) — Darst., UV-Absorptionsspektrum u. opt. Rotationsdispersionsspektrum von *Poly-5-brom-* (**I**) u. *-5-jodcytidylsäure* (**II**) werden beschrieben. **I** u. **II** bilden 1 : 1-Komplexe mit *Poly-(I)*, deren Stabilität größer ist als die von Polycytidylsäure mit *Poly-(I)*. **I** existiert <pH 4,5 in saurer Form. **II** dissoziiert in 2 Stufen. Die kettenförmige Anordnung von **II** in Zweier- oder Dreiergruppen wird diskutiert.

Versuche: *5-Jodcytidin-5'-phosphat*, durch 20 Min. langes Stehen von 2 mMol Cytidin-5'-phosphat, 500 mg J_2 u. 500 mg JCl_3 in Dioxan bei 85°, Eindampfen, mehrmaliges Einengen mit A., Aufnehmen in W. u. Fällen mit A.; 513 mg (Ausb.). — *5-Jodcytidin-5'-pyrophosphat*, durch Umsetzung von 1,1 mMol vorst. Verb. in Ggw. von Tri-n-oktylammoniumsalz zum *P^1-Nucleosid-5'-P^2-diphenylpyrophosphat*, Rk. mit 2 mMol anorgan. Phosphat u. Ionenaustauscherchromatographie; 350 mg. — *Poly-5-jodcytidylsäure* (**II**), durch Polymerisation vorst. Verb. mit Polynucleotidphosphorylase aus *Azotobacter vinlandii*; 85 mg.

W. Holland 4150

1302 **Schwefelsäureester von 5-Joddesoxyuridin und 5-Joddesoxycytidin.** Pauline K. Chang, Louis J. Sciarini und John W. Cramer. (J. med. Chem. **10** (1967) 4, 733—35; Dep. of Pharmacol., Yale Univ. School of Med., New Haven, Conn.; engl.) — Vf. beschreiben die Darst. von Schwefelsäureestern des 5-Joddesoxyuridins (**I**) u. 5-Joddesoxycytidins (**II**); bei Verw. von Chlorsulfonsäure bzw. Schwefeltrioxid–Py. erhielt man Gemische von *3'-Sulfaten, 5'-Sulfaten* u. *3'.5'-Disulfaten*. Durch Herst. der 3'-Sulfate über die *5'-O-Tritylverb.* wurde die Stellung der Estergruppen sichergestellt. Im Gegensatz zu **I** u. **II** oder deren Phosphaten waren die neuen Verb. nicht imstande, das Wachstum von P815Y-Zellen zu verhindern.

Versuche: *5'-O-Trityl-5-joddesoxyuridin* (**III**), $C_{28}H_{25}JN_2O_5$, F. 208° (Aceton–Bzl. bzw. Essigester + PAe.); aus **I** u. Tritylchlorid in Py. durch 7tägiges Stehenlassen; 66% (Ausb.). — *5'-O-Trityl-5-joddesoxycytidin* (**IV**), $C_{28}H_{25}JN_3O_4$, F. 189° (THF + W. bzw. Dimethylsulfoxid–A.–W.); aus **II** analog **III**; 56%. — *3'-O-Acetyl-5-joddesoxyuridin* (**V**), $C_{11}H_{13}JN_2O_6$, F. 196° (Methanol–PAe. bzw. Essigester–PAe.); aus 4,8 g **III** mit Acetanhydrid in Py.; 2,5 g. — *5-Joddesoxyuridin-3'-sulfat* (**VI**), *K-Salz*, $C_9H_{10}JKN_2O_8S$ (W.–A.); a) durch Umsetzung von **I** mit Chlorsulfonsäure oder SO_3 neben 5-Joddesoxyuridin-5'-sulfat (**VII**) u. 5-Joddesoxyuridin-3'.5'-disulfat (**VIII**); 7—16%. b) aus **III** durch Rk. mit SO_3 in Py., chromatograph. Reinigung u. Behandlung mit Ionenaustauscher; 78%. c) aus **V** neben **VII** u. **VIII**. — *5-Joddesoxyuridin-5'-sulfat* (**VII**), *K-Salz*, $C_9H_{10} \cdot JKN_2O_8$ (W.–A.); neben **VI** bei dessen Herst. nach Meth. a); 25—40%. — *5-Joddesoxyuridin-3'.5'-disulfat* (**VIII**), *K-Salz*, $C_9H_9JK_2N_2O_{11}S_2$ (W.–A.); neben **VI** bei dessen Herst. nach Meth. a); 5—59%. — *5-Joddesoxycytidin-3'-sulfat* (**IX**), *Ba-Salz*, $(C_9H_{11}JN_3O_7S)_2Ba$ (W.); a) durch Umsetzung von **II** analog **VI** Meth. a) neben 5-Joddesoxycytidin-5'-sulfat (**X**) u. 5-Joddesoxycytidin-3'.5'-disulfat (**XI**); 4—11%. b) aus **IV** analog **VI** Meth. b); 82%. — *5-Joddesoxycytidin-5'-sulfat* (**X**), *Ba-Salz* $(C_9H_{11}JN_3O_7S)_2 \cdot Ba$ (W.–A.); neben **IX** bei dessen Herst. nach Meth. a); 23—78%. — *5-Joddesoxycytidin-3'.5'-disulfat* (**XI**), *K-Salz*, $C_9H_{10}JK_2N_3O_{10}S_2$ (W.); neben **IX** bei dessen Herst. nach Meth. a); 5—57%. — Einzelheiten des UV-Spektrums sind angeführt für die Verb. **III**—**XI**, R_F-Werte für die Verb. **VI**—**XI**.

Ernst Frank 4150

1303 **Synthese potentieller Antikrebsmittel.** 37. Mitt. **N-Nitrosoharnstoffe.** 3. Mitt. **1.5-Bis-[2-chloräthyl]-1-nitrosobiuret und verwandte Derivate von Biureten, Diharnstoffen und Carbonsäureamiden.** Thomas P. Johnston und Pamela S. Opliger. (J. med. Chem. **10** (1967) 4, 675—81; Kettering-Meyer Labor., South. Res. Inst., Birmingham, Ala.; engl.) — 36. u. 2. vgl. Johnston et al., ibid. **9** (1966) 892. — Auf der Suche nach Stoffen mit antileukäm. Wrkg. synthetisierten Vf. Analoge des 1.3-Bis-(2-chloräthyl)-1-nitrosoharnstoffs wie *Nitrosoverb.* von *Biuret-, Diharnstoff-* u. *Carbonsäureamidderivaten.* Die Einführung der 2-Chloräthylgruppe in die Nitrosoverb. ergab keine Erhöhung der antileukäm. Wirksamkeit an Mäusen, lediglich *N.N'-Bis-[2-chloräthyl]-N.N'-dinitrosoadipinamid* (**XXIV**) zeigte eine beachtenswerte Aktivität.

Versuche: Biurete: *1-Methyl-*, F. 171—173° (A.); aus Äthylallophanat u. CH_3NH_2; 80% (Ausb.). — *1-Methyl-1-nitroso-* (**I**), $C_3H_6N_4O_3$, F. 145° (Zers.); aus der vorst. Verb. mit $NaNO_2$ + HCl; 92%. — *1-(2-Chloräthyl)-* (**II**), $C_4H_8ClN_3O_2$, F. 138—140°; aus der vorst. Verb. mit 2-Chloräthylamin · HCl (**III**) u. $(CH_3)_3N$ (**IV**); 55%. — *1.5-Dimethyl-* (**V**), $C_4H_9N_3O_2$, F. 166—168° (Acetonitril); aus Methylharnstoff u. Methylisocyanat; 39%. — *1.5-Dimethyl-1-nitroso-* (**VI**), $C_4H_8N_4O_3$, F. 111°; durch Nitrosierung von **V**; 78%. — *1.5-Dimethyl-1.5-dinitroso-* (**VII**), $C_4H_7N_5O_4$, F. 94° (Zers.); durch erschöpfende Nitrosierung von **V**; 30%. — *1-(2-Chloräthyl)-5-methyl-* (**VIII**), $C_5H_{10}ClN_3O_2$, F. 134—136°; aus **VI** analog **II**; 52%. — *5-(2-Chloräthyl)-1-methyl-1-nitroso-* (**IX**), $C_5H_9ClN_4O_3$, F. 109°; aus der vorst. Verb. durch Nitrosierung; 97%. — *1.5-Bis-(2-chloräthyl)-*(**X**), $C_6H_{11}Cl_2N_3O_2$, F. 145—146° ($CHCl_3$–PAe.); a) aus **IX** mit **III** + **IV**; 72%. b) aus **VII** mit **III** + **IV**; 56%. — *1.5-Bis-(2-chloräthyl)-1-nitroso-* (**XI**), $C_6H_{10}Cl_2N_4O_3$, F. 69°; durch Nitrosierung von **X**; 67%. — *1.3.5-Trimethyl-*, F. 125 bis 126° (Bzl. u. Essigester). — *1.3.5-Trimethyl-1.5-dinitroso-* (**XII**), F. 102°; aus der vorst. Verb. durch Nitrosierung; 33%. — 1-Carbamoylimidazolidine: *2-Oxo-* (**XIII**), $C_4H_7N_3O_2$, F. 195° (Zers., nach Sintern ab 115°); aus **II** durch Kochen mit KOH in 70%ig. A. unter Ringschluß; 49%. — *3-Nitroso-2-oxo-* (**XIV**), $C_4H_6N_4O_3$, F. unbestimmbar (Zers.); aus der vorst. Verb. durch Nitrosierung; 45%. — *N-Methyl-2-oxo-*, $C_5H_9N_3O_2$, F. 196—198° ($CHCl_3$–PAe.); aus **VIII** ähnlich der Darst. von **XIII**; 25%. — *N-Methyl-3-nitroso-2-oxo-* (**XV**), $C_5H_8N_4O_5$, F. 150—154° (Zers.); durch Nitrosierung der vorst. Verb.; 40%. — *N-(2-Chloräthyl)-2-oxo-* (**XVI**), $C_6H_{10}ClN_3O_2$, F. 155° (nach Sintern ab 138°); aus **X** analog **XIII**; 64%. — *N-(2-Chloräthyl)-3-nitroso-2-oxo-* (**XVII**), $C_6H_9ClN_4O_3$, F. 102—105° (Zers.); aus der vorst. Verb. durch Nitrosierung; 81%. — *Methylallophanat*, F. 205 bis 208° (CH_3OH); aus **I** durch Kochen mit CH_3OH; 61%. — *1-Nitrosohydrouracil* (**XVIII**), $C_4H_5N_3O_3$, F. 142° (Zers.); aus Hydrouracil durch Nitrosierung; 84%. — Durch 6tägiges Rühren mit W. geht **XVIII** in *Hydrouracil* über ($C_4H_6N_2O_2$, F. 279—281° [Zers.]); 100%. — Diharnstoffe: *1-Methyl-* (**XIX**), $C_3H_8N_4O_2$, F. 245—246° (W.); aus 4-Methylsemicarbazid (**XX**) u. K-Cyanat in verd. HCl bei 20°; 80%. — *1.3.6-Trimethyl-*, $C_5H_{12}N_4O_2$, F. 202 bis 204° (A.); aus Methylhydrazin u. Methylisocyanat in $CHCl_3$; 80%. — *1.3.6-Trimethyl-1.6-dinitroso-* (**XXI**), $C_5H_{10}N_6O_4$, F. 119° (Zers.); a) aus der vorst. Verb. durch Nitrosierung in HCOOH; 10%. b) bei Nitrosierung in verd. HCl erhielt man ein Gemisch von **XXI** mit einem Isomeren, wahrscheinlich der 1.4-Dinitrosoverbindung. — *1.4-Dimethyl-*, $C_4H_{10}N_4O_2$, F. 190—191° (A.); aus 2-Methylsemicarbazid u. Methylisocyanat in $CHCl_3$; 46%. — *1-(2-Chloräthyl)-6-methyl-*, $C_5H_{11}ClN_4O_2$, F. 238—239°; aus **XX** u. 2-Chloräthylisocyanat (**XXII**); 81%. — *1.6-Bis-(2-chloräthyl)-*, $C_6H_{12}Cl_2N_4O_2$, F. 223—225°; aus **XXII** u. 95%ig. Hydrazin; 81%. — *3-Cyclohexyl-1-methyl-1-nitrosoharnstoff*, $C_8H_{15}N_3O_2$, F. 77° (Zers.); a) durch Nitrosierung von 1-Cyclohexyl-3-methylharnstoff; 83%. b) durch Nitrosierung von 550 mg **XIX** u. Behandlung des Rk.-Prod. mit Cyclohexylamin, neben *1.3-Dicyclohexylharnstoff* (F. 227° [Zers.]); 340 mg. — *N.N'-Bis-(2-chloräthyl)-oxamid*, F. 199—201° (A.); aus Äthylenimin (**XXIII**) u. Oxalylchlorid; 36%. — *N-Methyl-N-nitrosoacetamid*, Öl; n_D^{25} 1,4414; aus N_2O_4 in CCl_4 u. N-Methylacetamid bei Ggw. von Na-Acetat; 51%. — *N-(2-Chloräthyl)-cyclohexancarbonsäureamid*, $C_9H_{16}ClNO$, F. 94 bis 95° (wss. A.); aus **XXIII** u. Cyclohexancarbonsäurechlorid in $CHCl_3$; 60%. — trans-1.4-Cyclohexandicarbonsäurediamide: *N.N'-Bis-(2-chloräthyl)-*, $C_{12}H_{20}Cl_2N_2O_2$, F. 256—259° (A.); aus **XXIII** u. trans-1.4-Cyclohexandicarbonsäuredichlorid; 51%. — *N.N'-Bis-(2-chloräthyl)-N.N'-dinitroso-*, $C_{12}H_{18}Cl_2N_4O_4$, F. 115 bis 116° (Zers.; Ae.–Hexan); aus der vorst. Verb. durch Nitrosierung; 62%. — *N.N'-Bis-(2-chloräthyl)-N.N'-dinitrosoadipinamid* (**XXIV**), $C_{10}H_{16}Cl_2N_4O_4$, F. 50—52°; aus N.N'-Bis-(2-chloräthyl)-adipinamid durch Nitrosierung; 93%. — IR-Spektren von allen beschriebenen Verb. sind angeführt, NMR-Spektren nur von **IX**—**XII**, **XIV**—**XVIII** u. **XXI**, UV-Spektren von **XXIV**.

Ernst Frank 4160

1304 **Potentielle karzinolytische Agenzien. 5. Mitt. Lost-Enamine.** Zinon B. Papanastassiou, Robert J. Bruni und Edward White, V. (J. med. Chem. **10** (1967) 4, 701—06; Arthur D. Little, Inc., Acorn Park, Cambridge, Mass.; engl.) — 4. vgl. Papanastassiou et al., ibid. **9** (1966) 725. — Die Synth. von Lost-Enaminen (**I**) mit elektronenanziehenden Gruppen wird beschrieben. Derartige Verb. sollten im sauren Milieu der Tumorzellen zu cytotox. N-Lostderiv. hydrolysiert, aber in normalen Zellen kaum angegriffen werden. Bei der Prüfung an Ratten gegenüber WA 256, KB, L 1210, S 180 u. Dunning-Leukämie besaßen nur **II** u. **III** eine gewisse Wirksamkeit, ohne die Aktivität von N-Lost zu übertreffen. **II** u. **III** wurden erwartungsgemäß bei pH 6 schneller hydrolysiert als bei pH 7,9.

Versuche: Propiolsäureester: Darst. aus Propiolsäure u. dem entsprechenden Alkohol in Ggw. von H_2SO_4 nach 2—4tägigem Stehen; 25—30% (Ausb.). *n-Butylester*, $Kp._{19}$ 62°; n_D^{25} 1,4220. — *n-Pentylester*, $Kp._{20}$ 75—76°; n_D^{25} 1,4262. — *n-Heptylester*, $Kp._{17}$ 105 bis 106°; n_D^{25} 1,4340. — *Propiolamid*, F. 56—59° (CH_2Cl_2); aus Propiolsäuremethylester u. fl. NH_3. — *Acetylendicarbonsäurediamid*, F. 192°; aus Acetylendicarbonsäuredimethylester u. fl. NH_3; 53%. — *N-Propioloylglycinäthylester* (**IV**), $C_7H_9NO_3$, F. 62—64° (CCl_4–$CHCl_3$); aus Glycinäthylester · HCl, N.N-Dicyclohexylcarbodiimid, Propiolsäure u. Triäthylamin in CH_2Cl_2; 26%. — *N-Propioloyl-DL-valinäthylester*, $C_{10}H_{15}NO_3$, F. 57—59° (PAe.); analog **IV**; 44%. — *N-Propioloyl-L-tryptophanäthylester* (**V**), $C_{16}H_{16}N_2O_3$, F. 94—95° ($CHCl_3$–PAe.); $[\alpha]_D^{26,5}$ —32,7° (c = 2,4; Methanol); a) analog **IV**; 48%; b) aus Propiolsäureanhydrid, Triäthylamin u. L-Tryptophanäthylester in $CHCl_3$; 42%. — *N-Propioloyl-L-phenylalaninmethylester*, $C_{13}H_{13}NO_3$, F. 78—79° (CCl_4), $[\alpha]_D^{26,5}$ —32,7° (c = 2,4; CH_3OH); analog **IV**; 52%. — *N-Propioloyl-11-aminoundecylsäureäthylester*, $C_{16}H_{27}NO_3$, F. 68 bis 69° (Ae.); analog **V**, Meth. b); 40%. — *Lost-Enamine* (**I**) wurden durch Rk. von Bis-(2-halogenäthyl)-aminen mit dem entsprechenden Acetylenderiv. $ZC{\equiv}CR$ dargestellt. **I**-Deriv. mit einem aromat. Substituenten an einem der Äthylen-C-Atome wurden aus Propiolsäurederiv. durch Umsetzen mit Diäthanolamin u. Erwärmen der Rk.-Prod. (**VI**) mit Methansulfochlorid (**VII**) oder besser durch Veresterung von **VI** mit **VII** in der Kälte u. Behandlung der Ester mit LiCl bereitet. — 3-(Bis-[2-chloräthyl]-amino)-acrylsäure-(1)-Deriv.: *Methylester*, $C_8H_{13}Cl_2NO_2$ (**II**), F. 94—95° (Hexan); 53%. — *Äthylester*, $C_9H_{15}Cl_2NO_2$, $Kp._{0,1}$ 134—140°; n_D^{25} 1,5360; 47%. — *n-Butylester*, $C_{11}H_{19}Cl_2NO_2$, F. 30—31° (Hexan); 63%. — *n-Pentylester*, $C_{12}H_{21}Cl_2NO_2$, F. 26—27° (Hexan), n_D^{25} 1,5210; 62%. — *n-Heptylester*, $C_{14}H_{25}Cl_2NO_2$, F. 23 bis 24° (Heptan), n_D^{25} 1,5131; 33%. — *3-Methoxycarbonyl-, -methylester*, $C_{10}H_{15}Cl_2NO_4$, $Kp._{0,05}$ 131—135°; n_D^{25} 1,5332; 30%. — *3-Äthoxycarbonyl-, -äthylester*, $C_{12}H_{19}Cl_2NO_4$, $Kp._{0,1}$ 155—158°; n_D^{25} 1,5216; 29%. — *3-Carbamoyl-, -amid*, $C_8H_{13}Cl_2N_3O_2$, F. 215—217° (CH_3OH); Darst. aus Propiolamid; 53%. — *3-(Bis-[2-fluoräthyl]-amino)-acrylsäure-(1)-methylester*, $C_8H_{13}F_2NO_2$, F. 37 bis 40°, $Kp._{0,1}$ 101—118°, n_D^{25} 1,4992; 62%. — *3-([2-Chlor-2'-fluordiäthyl]-amino)-acrylsäure-(1)-methylester*, $C_8H_{13}ClFNO_2$, $Kp._{0,5}$ 131—141°, n_D^{25} 1,5230; 77%. — *3-(Bis-[2-hydroxyäthyl]-amino)-acrylsäure-(1)-amid*, $C_7H_{14}N_2O_3$, F. 107—110° (Aceton); 94%. — *Bis-O-methansulfonat* des *3-(Bis-[2-hydroxyäthyl]-amino)-acrylsäure-(1)-nitrils*, $C_9H_{16}N_2O_6S_2$, n_D^{25} 1,5325, 1%. — N-(3-[Bis-{2-chloräthyl}-amino]-acryloyl-[1])-[1])-aminosäureester: *-glycinäthylester* (**III**), $C_{11}H_{18}Cl_2N_2O_3$, F. 106—108° (CCl_4); 40%. — *-L-valinäthylester*, $C_{14}H_{24}Cl_2N_2O_3$, F. 98 bis 100° (CCl_4–PAe.), $[\alpha]_D^{25}$ —22,1° (c = 3,4; PAe.); 22%. — *-L-phenylalaninmethylester*, $C_{17}H_{22}Cl_2N_2O_3$, F. 110 bis 111° ($CHCl_3$–PAe.); $[\alpha]_D^{25}$ +93,0° (c = 5,0; $CHCl_3$); 27%. — *-L-tryptophanäthylester*, $C_{20}H_{25}Cl_2N_3O_3$, F. 145 bis 146° ($CHCl_3$–PAe.), $[\alpha]_D^{25}$ —1,10 (c = 2,7; PAe.); 33%. — Zimtsäureäthylester: *β-(Bis-[2-hydroxyäthyl]-amino)-*, $C_{15}H_{21}NO_4$, *Bis-O-methylsulfonat*, $C_{17}H_{25}$ ·

NO_8S_2, F. 87–89° (CH_3OH); 29%. — *β-(Bis-[2-chloräthyl]-amino)-*, $C_{15}H_{19}Cl_2NO_2$, F. 52–54° (PAe.); 31%. — 4-Nitrostyrole: *β-(Bis-[2-hydroxyäthyl]-amino)-*, $C_{12} \cdot H_{16}N_2O_4$, F. 63–65° ($CH_2Cl_2$); 49%. *Bis-O-methylsulfonat*, $C_{14}H_{20}N_2O_8S_2$, F. 105–108° (CCl_4–CH_2Cl_2); 30%. — *β-(Bis-[2-chloräthyl]-amino)-*, $C_{12}H_{14}Cl_2N_2O_2$, F. 84–86° (CCl_4); 50%. — 4-Nitrozimtsäuremethylester: *α-(Bis-[2-hydroxyäthyl]-amino)-*, $C_{14}H_{18}N_2O_6$, F. 130–132° (CH_2Cl_2); 35%. *Bis-O-methylsulfonat*, $C_{16}H_{22} \cdot N_2O_{10}S_2$, F. 120–121° ($CCl_4$–$CH_2Cl_2$); 88%. — *α-(Bis-[2-chloräthyl]-amino)-*, $C_{14}H_{16}Cl_2N_2O_4$, F. 107–109° (CCl_4); 27%. — Von den meisten Verb. sind Einzelheiten der IR- u. UV-Spektren angegeben. — *p-Nitrophenylpropiolsäuremethylester*; aus der Säure mit CH_3OH u. H_2SO_4, F. 109–111°; 61%. Ernst Frank 4160

1305 **Antineoplastische Agenzien.** 18. Mitt. **N-[2-Halogenäthyl]-benzylamine.** G. R. Pettit, S. K. Gupta und P. A. Whitehouse. (J. med. Chem. **10** (1967) 4, 692–96; Dep. of Chem., Ariz. State Univ., Tempe, Ariz.; engl.) — 17. vgl. Pettit u. Chamberland, Can. J. Chem. **44** (1966) 813. — Die Darst. von *N-Benzyl-N-[2-halogenäthyl]-aminen* (**I**) wird beschrieben. Benzoylchloride wurden mit Aziridin kondensiert, die Rk.-Prod. mit Halogenwasserstoff zu *N-[2-Halogenäthyl]-benzamiden* geöffnet u. letztere mit Diboran (**II**) zu **I** reduziert (mit Ausnahme der Jodäthylverb., bei denen **II** das Jod eliminierte). Die Verb. vom Typ **I** waren im Rattentest gegenüber Walker 256-Tumoren weniger akt. als die früher beschriebenen *N-Bis-[2-halogenäthyl]-benzylamine*.

Versuche: Die angeführten Meth. sind charakterist. für die Darst. analoger Verb. einer Reihe. Benzoylaziridine: *3.4-Dichlor-* (**III**), $C_9H_7Cl_2NO$, F. 97,5 bis 98° (Bzl.–PAe.), aus 3.4-Dichlorbenzoylchlorid u. Aziridin in Bzl., Ae. u. wss. KOH unter Umrühren u. Kühlen; 80% (Ausb.). — *4-Methoxy-*, $C_{10}H_{11}NO_2$, F. 76,5° (Bzl.–Hexan); 85,5%. — *3.4-Dimethoxy-*, $C_{11}H_{13}NO_3$, F. 86° (Bzl.–Hexan); 72%. — *3.4-Methylendioxy-*, $C_{10}H_9 \cdot NO_3$, F. 62,5° (Bzl.–Hexan); 75%. — *3.4.5-Trimethoxy-*, $C_{12}H_{15}NO_4$, F. 61–62° (Bzl.–PAe.); 90%. — *4-Fluor-*, C_9H_8FNO, F. 42,5–43° (PAe.); 35%. — *3.5-Dimethyl-*, $C_{11}H_{13}NO$; n_D^{29} 1,5464; 60%. — *3.4.5-Trimethoxyphenylacetylaziridin*, $C_{13}H_{17}NO_4$, F. 70,5–71° (Bzl.–PAe.); 75%. — N-[2-Chloräthyl]-benzamide: *3.4-Dichlor-* (**IV**), $C_9H_8Cl_3NO$, F. 100–100,5° (Bzl.); aus **III** in $CHCl_3$ durch Einleiten von HCl-Gas; 100%. — *3.4-Dimethyl-*, $C_{11}H_{14} \cdot ClNO$, F. 143,5–144° (Bzl.); 80%. — *3.5-Dimethyl-*, $C_{11}H_{14}ClNO$, F. 103–104°, 109,5–110° (Bzl.); 80%. — *3.5-Dimethoxy-*, $C_{11}H_{14}ClNO_3$, F. 94–94,5° (A.); 95%. — *4-Methoxy-*, $C_{10}H_{12}ClNO_2$, F. 132–132,5° (Bzl.); 85%. — *3.4-Methylendioxy-*, $C_{10}H_{10}ClNO_3$, F. 98–99° (Bzl.); 95%. — *3.4-Dimethoxy-*, $C_{11}H_{14}ClNO_3$, F. 129–130° (Bzl.); 80%. — *3.4.5-Trimethoxy-*, $C_{12}H_{16}ClNO_4$, F. 137 bis 137,5° (Bzl.); 70%. — *4-Fluor-*, C_9H_9ClFNO, F. 113 bis 113,5° (Bzl.); 80%. — *3-Fluor-*, C_9H_9ClFNO, F. 95 bis 95,5° (Bzl.–Hexan); 75%. — *3-Trifluormethyl-*, $C_{10}H_9ClF_3NO$, F. 64–65° (Bzl.–Hexan); 78%. — *3.5-Bis-(trifluormethyl)-*, $C_{11}H_8ClF_6NO$, F. 102,5–103° (Bzl.–Hexan); 80%. — *3-Chlor-*, $C_9H_9Cl_2NO$, F. 85–85,5° (Bzl.–Hexan); 85%. — *3.5-Dichlor-*, $C_9H_8Cl_3NO$, F. 134,5 bis 135° (Bzl.–Hexan); 68%. — N-(2-Bromäthyl)-benzamide: *3.4-Dimethyl-*, $C_{11}H_{14}BrNO$, F. 139–140° (Bzl.); 50%. — *4-Methoxy-*, $C_{10}H_{12}BrNO_2$, F. 165–166,5° (A.); 80%. — *3.4-Methylendioxy-*, $C_{10}H_{10}BrNO_3$, F. 159 bis 160° (Bzl.); 90%. — *3.4-Dimethoxy-*, $C_{11}H_{14}BrNO_3$, F. 193–194° (Bzl.–A.); 75 u. 55%. — *3.4.Dichlor-*, $C_9H_8Cl_2 \cdot BrNO$, F. 99,5–100° (Bzl.–Hexan); 90%. — N-(2-Jodäthyl)-benzamide: *unsubstituiert*, $C_9H_{10}JNO$, F. 110,5° (Bzl.); 55%. — *3.4-Dimethyl-*, $C_{11}H_{14}JNO$, F. 137,5–138° (Bzl.); 65%. — *3.5-Dimethyl-*, $C_{11}H_{14}JNO$, F. 88–88,5° (Bzl.); 65%. — *3.4-Methylendioxy-*, $C_{10}H_{10}JNO_3 \cdot H_2O$, F. 196–197,5° (Bzl.); 60%. — *3.4-Dimethoxy-*, $C_{11}H_{14} \cdot JNO_3$, F. 179–180° (A.); 50%. — *3.4.5-Trimethoxy-*, $C_{12}H_{16}JNO_4$, F. 144,5–145° (Bzl.); 80%. — *3.4-Dichlor-* (**V**), $C_9H_8Cl_2JNO$, F. 111,5–112° (Bzl.); a) aus **III** mit 57%ig. HJ; b) aus **IV** in Aceton mit NaJ; 60%. — *N-(2-Chloräthyl)-3.4.5-trimethoxyphenacetamid*, $C_{13}H_{18}ClNO_4$, F. 101,5–102° (Bzl.); 80%. — N-(2-Chloräthyl)-benzylamine: *unsubstituiert*, *Hydrobromid*, $C_9H_{13}Br \cdot ClN$, F. 181–182,5° (A.); 85%. — *3.4-Dimethyl-*, *Hydrochlorid*, $C_{11}H_{17}Cl_2N$, F. 210,5–211,5° (A.); 90%. — *3.5-Dimethyl-*, *Hydrobromid*, $C_{11}H_{17}BrClN$, F. 206–210, 222,5 bis 223,5° (A.); 75%. — *4-Methoxy-*, *Hydrochlorid*, $C_{10}H_{15} \cdot Cl_2NO$, F. 180–188°, 203–204,5° (A.); 70%. — *3.4-Methylendioxy-*, *Hydrochlorid*, $C_{10}H_{13}Cl_2NO_2$, F. 170–172°, 208 bis 210°, Zers. bei 260° (A.); 90%. — *3.4-Dimethoxy-*, *Hydrochlorid*, $C_{11}H_{17}Cl_2NO_2$, F. 183–185° (A.); 80%. — *3.5-Dimethoxy-*, *Hydrochlorid*, $C_{11}H_{17}Cl_2NO_2$, F. 180 bis 181° (A.–Ae.); 52%. — *3.4.5-Trimethoxy-*, *Hydrochlorid*, $C_{12}H_{19}Cl_2NO_3$, F. 165–165,5° (A.); 90%. — *3-Fluor-*, *Hydrochlorid*, $C_9H_{12}Cl_2FN$, F. 184–186° (A.–Ae.); 55%. *4-Fluor-*, *Hydrochlorid*, $C_9H_{12}Cl_2FN$, F. 219–220° (A.); 75%. — *3-Trifluormethyl-*, *Hydrochlorid*, $C_{10}H_{12}Cl_2F_3N$, F. 194–195° (A.–Ae.); 57%. — *3.5-Bis-(trifluormethyl)-*, *Hydrochlorid*, $C_{11}H_{11}Cl_2F_6N$, F. 199–200° (A.–Ae.); 50%. — *3-Chlor-*, *Hydrochlorid*, $C_9H_{12}Cl_3N$, F. 199–200° (A.–Ae.); 53%. — *3.4-Dichlor-*, *Hydrochlorid*, $C_9H_{11}Cl_4N$, F. 191–192° (A.); durch Red. von **IV** mit **II** in THF bei 20°; 75%. — *3.5-Dichlor-*, *Hydrochlorid*, $C_9H_{11}Cl_4N$, F. 174° (Zers.; A.–Ae.); 48%. — N-(2-Bromäthyl)-benzylamine: *3.4-Dimethyl-*, $C_{11}H_{16}BrN \cdot 0{,}5\,H_2O$, F. 178–180° (A.–Ae.); 70%. — *3.4-Methylendioxy-*, $C_{10} \cdot H_{12}BrNO_2 \cdot H_2O$, F. 136–137° (A.); 83%. — *3.4-Dimethoxy-*, $C_{11}H_{16}BrNO_2 \cdot H_2O$, F. 154,5–155° (A.–Ae.); 65%. — *3.4-Dichlor-*, *Hydrochlorid*, $C_9H_{11}BrCl_3N$, F. 199 bis 202° (A.); 75%. — *N-(2-Chloräthyl)-3.4.5-trimethoxyphenäthylamin*, *Hydrochlorid*, $C_{13}H_{21}Cl_2NO_3$, F. 181,5 bis 182,5° (A.); 98%. — N-Äthylbenzylamine: *3.4-Dimethyl-*, *Hydrobromid*, $C_{11}H_{18}BrN \cdot H_2O$, F. 144–144,5° (A.); 60%. — *3.5-Dimethyl-*, *Hydrobromid*, $C_{11}H_{18}BrN \cdot H_2O$, F. 91,5–92° (A.); 63%. — *3.5-Bis-(trifluormethyl)-*, *Hydrochlorid*, $C_{11}H_{12}ClF_6N$, F. 183° (Zers.; A.–Ae.).; 52%. — *3.4-Dichlor-*, *Hydrobromid*, $C_9H_{11}BrCl_2N \cdot H_2O$, F. 183–185° (A.); aus **V** bei der Red. mit **II** in THF bei 60°; 80%. — Wichtige Einzelheiten der *IR-Spektren* in den Gruppen der 2-Halogenäthylbenzamide u. -benzylamine sind angeführt. Ernst Frank 4160

1306 **Substanzen mit antineoplastischer Wirkung.** 17. Mitt. **Beitrag zur Darstellung von 6-(4-Carboxybutyl)-thiopurin.** A. Černý und M. Semonský. (Arzneimittel-Forsch. **17** (1967) 8, 1034–36; Forsch.-Inst. für Pharmazie u. Biochem., Praha; dt.) — 16. vgl. Biochem. Pharmacol. **15** (1966) 763. — Eine verbesserte Darst. von 6-(4-Carboxybutyl)-mercaptopurin wird beschrieben.

Versuche: 4.5-Diamino-6-(4-carboxybutyl)-mercaptopyrimidin (**I**), $C_9H_{14}N_4O_2S$, F. 194–195° (W.), a) durch Verseifung von **II**; 75% (Ausb.); b) durch Kondens. von 4.5-Diamino-6-mercaptopyrimidin mit δ-Bromvaleriansäureäthylester in Ggw. von NaOH in A. u. alkal. Verseifung; 92%. Äthylester (**II**), $C_{11}H_{18}N_4O_2S$, F. 45 bis 47° (wss. A.), wie vorst. nach b) ohne Verseifung; 90%. — *4-Amino-5-formylamino-6-(4-carboxybutyl)-mercaptopyrimidin* (**III**), $C_{10}H_{14}N_4O_3S$, F. 186–187° (W.), durch 1std. Kochen von **I** mit 85%ig. HCOOH; 97%. *Äthylester* (**IV**), $C_{12}H_{18}N_4O_3S$, F. 144–146° (Aceton), analog aus **II**; 72%. — *6-(4-Carboxybutyl)-mercaptopurin*, $C_{10}H_{12} \cdot N_4O_2S$, F. 203–205° (W.), a) durch 2std. Kochen von **I** mit Orthoameisensäureäthylester (**V**), kurzes Kochen mit verd. NaOH u. Ansäuern; 90%; b) durch 4std. Kochen von **III** u. **V** u. Abkühlen auf –15°; 81%; c) analog a) aus **II**; 35%; d) durch 20std. Kochen von **I** oder **III** mit 100%ig. HCOOH; 60%; e) durch 15 Min. langes Kochen von **I** u. Formamid; 60%; f) aus **IV**.
W. Holland 4160

1307 **3-Bromacetonyltrimethylammoniumbromid, ein Cholinacetylaseinhibitor.** B. O. Persson, L. Larsson, J. Schuberth und B. Sörbo. (Acta chem. scand. **21** (1967) 8, 2283–84; Res. Inst. of Nat. Defence, Dep. 1, Sundbyberg, Schweden; engl.) — Das hergestellte *3-Bromacetonyltrimethylammoniumbromid* (**I**) hemmt in Konz. von $5 \cdot 10^{-4}$m die Cholinacetylase aus Plazenta zu 50% u. in Konz. von $5 \cdot 10^{-3}$m zu 95%. **I** hemmt nicht die Acetylcholinesterase aus Humanerythrozyten bzw. die Pseudocholinesterase aus Humanserum bei $5 \cdot 10^{-4}$m.

Versuche: *3-Bromacetonyltrimethylammoniumbromid*, $C_6H_{13}Br_2NO$, durch Behandeln von 1.3-Dibromaceton in Aceton mit Trimethylamin bei +4°, Ausb. 54,5%. W. Hiller 4230

1308 **Phenazine, Phenoxazinone und Dioxopiperazine von Streptomyces thioluteus.** Nancy N. Gerber. (J. org. Chemistry **32** (1967) 12, 4055—57; Inst. of Microbiology, Rutgers, The State Univ., New Brunswick, N.J.; engl.) — Aus *S. thioluteus* Fermentationen wurden folgende Verb. isoliert u. durch Vgl. mit den entsprechenden synthet. Verb. identifiziert: Phenazine: *1-Hydroxy-*, F. 155—157°; 0,25% (Ausb.). *6-Methoxy-1-hydroxy-*, $C_{13}H_{10}O_2N_2$, F. 190—192°; 7%, *1.6-Dimethoxy-*, F. 249 bis 253°, 3H-Phenoxazinone-(3): *2-Amino-*, *2-Äthanolamino-*, F. 204—207°; 0,4%; UV, 2.5-Dioxopiperazine: *3.6-Dibenzyliden-*, F. 303—305°; 25%; *3-Anisyliden-6-benzyliden-*, $C_{19}H_{16}O_3N_2$, F. 270—273°; 4%; UV. Versuche: *1-Hydroxy-6-methoxyphenazin*, F. 190 bis 193°, Kochen von 100 mg 1.6-Dimethoxyphenazin mit Eisessig u. 48% HBr, Verdünnen mit W., Einstellen auf pH 5,2, Extrahieren mit $CHCl_3$, Extrahieren der $CHCl_3$-Lsg. mit verd. Base, Ansäuern u. Extrahieren mit $CHCl_3$, chromatograph. Reinigung; 14 mg. — *2-Äthanolamino-3H-phenoxazinon-(3)*, F. 203—205° (Umsetzung von 2-Hydroxy-3H-phenoxazinon-(3) mit Thionylchlorid in Bzl., Rk. mit Äthanolamin, Extrahieren mit Bzl. u. chromatograph. Reinigung. — *3-Anisyliden-6-benzyliden-2.5-dioxopiperazin* (I), F. 275—277°, 8std. Erhitzen einer Mischung von Glycinanhydrid, Na-Acetat, Essigsäureanhydrid, Benzaldehyd u. Anisaldehyd auf 120—130°, Trennung des Rk.-Gemisches durch Säulen- u. Dünnschichtchromatographie. Neben I wird das *3.6-Dibenzylidenderiv.* (F. 303—305°) u. das *3.6-Dianisylidenderiv.* (325°) isoliert; UV. G. Menz 4315

1309 **Chemische Natur der Produkte der mikrobiologischen Transformation des Willardiins und seiner Analoga.** Ju. P. Švačkin, M. Ja. Vitol, V. N. Šapošnikov, M. Ju. Lidak und M. É. Dunce. (Vestnik Moskovskogo Univ., Ser. II **22** (1967) 6, 96—98; Moskva, universitet; russ.) — Die mikrobiolog. Transformation der Racemate von *Willardiin* (I), *5-Methyl-* (II) u. *5-Bromwillardiin* (III) durch 24std. Kulturen von *Mycobacterium spec.* erfolgt bei 28° auf synthet. Nährboden aus 0,05% I, II oder III, 0,01% KH_2PO_4, 0,002% $MgSO_4 \cdot 7\,H_2O$, 0,4% Glycerin, 0,1% Bernsteinsäure u. dest. W. ad 100%. Nach Erreichen des maximalen Wachstums nach ca. 72 Std. werden die Bakterien abgetrennt. Die chromatograph., elektrophoret., polarimetr. u. UV-spektroskop. Unters. der Prod. zeigt, daß nur die L-Form transformiert wird u. jeweils 2 Verb. liefert: *Uracil*, *5-Methyl-* bzw. *5-Bromuracil* u. *Uracil-(N)-brenztraubensäure*, *5-Methyl-* bzw. *5-Bromuracilyl-(N)-brenztraubensäure*. Letztere sind wahrscheinlich Zwischenprod. der Transformation zu den Uracilderivaten. Ch. Maniewski 4320△

1310 **Synthese einiger substituierter Naphtho-[2.3-d]-thiazol-4.9-dione als potentielle Fungizide.** B. Harinath Babu und N. V. Subba Rao. (Current Sci. [Bangalore] **36** (1967) 7, 176; Hyderabad, Osmania Univ., Dep. of Chem.; engl.) — *2-Alkyl-*, *2-Aryl-* u. *2-Furylnaphtho-[2.3-d]-thiazoldione-(4.9)* wurden zur Prüfung auf fungistat. Wrkg. (*A. niger*) synthetisiert. Die nichtsubstituierte Verb. war wirksamer als die substituierten.

Versuche: 2-substituierte Naphtho-[2.3-d] thiazoldione-(4.9), aus 2-Amino-3-mercapto-1.4-naphthochinon u. Aldehyd in sd. wss. Lgs. in Ggw. von etwas Essigsäure. — *2-Furyl-*, F. 270°, mit 10 ppm 20%, mit 100 ppm 87% Hemmung. — *4'-Methoxyphenyl-*, F. 243°; 13, 33%. — *3'-Nitrophenyl-*, F. 206°; 7, 13%. — *2'-Chlorphenyl-*, F. 226°; 0, 13%. — *4'-Chlorphenyl-*, F. 230°; 7, 13%. — *2'.4'-Dichlorphenyl-*, F. 229°; 7, 20%. — *3'.4'-Dichlorphenyl-*, F. 196°, 0, 13. — *Nichtsubstituiert*, 100, 100%. K. Maier 4330

1311 **Synthese von Kohlenhydrat-Antibiotika.** 4. Mitt. **Synthese von α-D-Glucopyranosiden von (+)- und (—)-trans-2-Aminocyclohexanol.** Norio Kurihara, Tamio Ueno, Shigeru Hashimoto und Minoru Nakajima. (Agric. biol. Chem. [Tokyo] **31** (1967) 11, 1343—45; Dep. of Agric. Chem., Coll. of Agric., Kyoto Univ., Kyoto; engl.) — 3. vgl. ibid. **31** (1967) 1189. — Nach einer modifizierten Koenigs-Knorr-Synth. werden aus 2.3.4.6-Tetra-O-benzyl-D-glucopyranosylchlorid u. den Benzyloxycarbonylderiv. von (+)- und (—)-trans-2-Aminocyclohexanol die vier möglichen isomeren D-Glucopyranoside erhalten. Der Rk.-Mechanismus wird diskutiert.

Versuche: *2.3.4.6-Tetra-O-benzyl-α-* (I) u. *-β-D-glucopyranosyl-(+)-N-benzyloxycarbonyl-trans-2-aminocyclohexanol* (II), $C_{48}H_{53}NO_8$, F. 120° (I), $[\alpha]_D$ +59° (c = 1; $CHCl_3$) u. 154° (II), $[\alpha]_D$ +23° (c = 1; $CHCl_3$), durch Lösen von 2.3.4.6-Tetra-O-benzyl-α-D-glucose in $SOCl_2$, 4 Std. Kochen am Rückfluß, Entfernen des $SOCl_2$ im Vakuum, Zugabe von Toluol, Entfernen im Vakuum u. Lösen des Tetra-O-benzylglucopyranosylchlorids in abs. Bzl., unter Rühren Zugabe von (+)-N-Benzyloxycarbonyl-trans-2-aminocyclohexanol in Bzl. u. nach Zusatz von $AgClO_4$ bei 28° 72 Std. Rühren, Abfiltrieren u. Waschen mit $CHCl_3$, Filtrat u. Waschwasser im Vakuum Einengen. Durch Umkristallisieren des Restes in A. werden II u. aus der Mutterlauge I erhalten. Aus den gesammelten Mutterlaugen lassen sich I u. II chromatograph. isolieren; (Ausb.) 23% (I); 15% (II). — *2.3.4.6-Tetra-O-benzyl-α-* (III) u. *-β-D-glucopyranosyl-(—)-N-benzyloxycarbonyl-trans-2-aminocyclohexanol* (IV), $C_{48}H_{53}NO_8$, F. 145—170° (III), F. 98—99° (IV), analog vorst. mit dem (—)-Isomeren. Aus den Mutterlaugen von III wird chromatograph. IV isoliert; 17% (III); 6% (IV). — *α-D-Glucopyranosyl-N-acetyl-(—)-2-aminocyclohexanol*, F. 233° (A.), durch Acetylieren des freien Glucosids von III mit Essigsäureanhydrid in Py., Behandlung des Pentaacetats mit Na-Methoxid u. chromatograph. Reinigung. — Durch Hydrieren am $PdCl_2$-Katalysator werden aus I, II u. III die freien Glucoside erhalten. IR- u. NMR-Spektren vgl. Original. G. Menz 4340

1312 **Synthese von Kohlenhydrat-Antibiotika.** 5. Mitt. **Synthese von 6-Acetamido-2.3.4-tri-O-benzyl-6-desoxy-D-glucopyranosylchlorid und sein Einsatz bei der Koenigs-Knorr-Reaktion.** Tamio Ueno, Norio Kurihara, Shigeru Hashimoto und Minoru Nakajima. (Agric. biol. Chem. [Tokyo] **31** (1967) 11, 1346—50; engl.) — 4. vgl. vorst. Referat.

Versuche: *Methyl-6-azido-2.3.4-tri-O-benzyl-6-desoxy-α-D-glucopyranosid* (I), $C_{28}H_{31}N_3O_5$, Sirup; $[\alpha]_D$ +53,1° (c = 2,4; $CHCl_3$), aus Methyl-6-azido-2.3.4-tri-O-benzyl-6-desoxy-α-D-glucopyranosid, Benzylchlorid u. KOH durch 3std. Erhitzen auf 90—100° (Badtemp.), Abfiltrieren des festen Rückstands, Abdampfen des Filtrats u. der Mutterlaugen u. chromatograph. Reinigung; (Ausb.); 80%. — *Methyl-6-acetamido-2.3.4-tri-O-benzyl-6-desoxy-α-D-glucopyranosid* (II), $C_{30}H_{35}NO_6$, F. 150 bis 151°, $[\alpha]_D$ —6° (c = 2; $CHCl_3$), a) durch selektive Red. von I mit Zn-Staub in Essigsäure, nach 2std. Rühren Abfiltrieren des Unlösl., Konzentrieren des Filtrats u. Behandeln mit Essigsäureanhydrid/Py.; 63%; b) durch Red. von I mit Na-Amalgam u. Acetylieren; 54%. — *6-Acetamido-2.3.4-tri-O-benzyl-6-desoxy-D-glucose* (III), $C_{29}H_{33}NO_6$, F. 116—117° (A./W.), $[\alpha]_D$ +10° (c = 1; $CHCl_3$), durch 1std. Erhitzen einer Lsg. von II in Essigsäure u. 6n HCl auf 60—70°; 73%. — *6-Acetamido-1-O-acetyl-2.3.4-tri-O-benzyl-6-desoxy-D-glucose* (IV), $C_{31}H_{35}NO_7$, F. 152—153° (A.), durch Acetylieren von III mit Essigsäureanhydrid/Py.; 81%. — *6-Acetamido-2.3.4-tri-O-benzyl-6-desoxy-D-glucopyranosylchlorid* (V), F. 71 bis 75° (abs. Ae.), durch 70std. Stehen einer Lsg. von IV in 4%ig. HCl in abs. Dioxan; 60%. — *6-Acetamido-2.3.4-tri-O-benzyl-6-desoxy-D-glucopyranosyl-(+)-N-benzyloxycarbonyl-trans-2-aminocyclohexanol* (VI), $C_{43}H_{50}N_2O_8$, F. 196° (A.); $[\alpha]_D$ +111° (c = 0,8, $CHCl_3$), nach Koenigs-Knorr aus einer Lsg. von 1,88 g V in Bzl. u. (+)-N-Benzyloxycarbonyl-trans-aminocyclohexanol in abs. Bzl. u. $AgClO_4$; 120 mg. — *(—)-Isomeres von VI*, $C_{43}H_{50}N_2O_8$, F. 188° (A.), $[\alpha]_D$ +1° (c = 1,66; $CHCl_3$), analog vorst. aus 540 mg V u. dem (—)-Aglykon; 65 mg. — IR- u. NMR-Spektren vgl. Original. G. Menz 4340

1313 **Struktur des Esperins.** 1. Mitt. **Esperinsäure.** M. M. Šemjakin, Ju. A. Ovčinnikov, V. T. Ivanov und P. V. Kosteckij. (Ž. obšč. Chim. **37/99** (1967) 12, 2617 bis 2625; Moskva, inst. chimii prirodnych soedinenij AN SSR; russ.) — Zur Überprüfung der Literaturangaben [Jap. A. S. Nr. 1145 (1951) u. Nr. 2497 (1951)] über die Struktur von *Esperin* (I) u. *Esperinsäure* (II) aus

Bacillus mesentericus werden durch stufenweisen Aufbau der Peptidkette 2 Diastereomere aus L- u. D-Hydroxytridecansäure hergestellt u. mit den spektroskop., physikal., chem. u. biolog. Eig. von **II** verglichen. Aus der Differenz der Eig. wird gefolgert, daß die vorgeschlagene Struktur für **II** falsch u. für **I** zweifelhaft ist.

Versuche: *DL-Hydroxytridecansäure* (**III**), F. 79 bis 80° (Hexan), durch 4std. Hydrieren von 3-Ketotridecen-(12)-säureäthylester in A. bei 75° u. 125 at in Ggw. eines Ni-Katalysators, Eindampfen des Filtrates im Vakuum, Lösen des Nd. in A., Zufügen von KOH in A., 12std. Stehen bei Raumtemp., Ansäuern mit konz. HCl u. Extrahieren mit Ae.; 65% (Ausb.). — Trennung in opt. Antipoden: *Salz aus* (—)-*Phenyläthylamin* u. (—)-*β Hydroxytridecansäure* (**IV**), $C_{21}H_{37}NO_3$, F. 66—67° (Chlf./Ae.), durch Versetzen einer sd. Lsg. von **III** in Ae. mit (—)-Phenyläthylamin u. 10std. Kühlen auf — 5°; 51%. — (—)-*β-Hydroxytridecansäure* (**IIIa**), $C_{13}H_{26}O_3$, F. 79° (Hexan), durch Schütteln von **IV** mit 2n HCl in Ae.; 99%. — *Salz aus* (+)-*Phenyläthylamin* u. (+)-*β-Hydroxytridecansäure* (**V**), $C_{21}H_{37}NO_3$, F. 66—67° (Chlf.)/Ae.), durch Eindampfen des Filtrates von **IV** im Vakuum, Versetzen mit W., konz. HCl u. Ae., Eindampfen der Ae.-Phase u. analog **IV** Versetzen mit (+)-Phenyläthylamin; 46%. — (+)-*β-Hydroxytridecansäure* (**IIIb**), $C_{13}H_{26}O_3$, F. 79° (Hexan), Darst. analog **IIIa** aus **V**; 95%. — (+)-*β-Benzyloxytridecansäurebenzylester* (**VI**), $C_{27}H_{38}O_3$, durch Versetzen einer Lsg. von **IIIb** in abs. Ae. mit Ag_2O, Zutropfen von Benzylbromid, 24std. Rühren, Abtrennen des Ag-Salzes, Waschen mit 5%ig. Sodalsg., Abdampfen des Ae. u. chromatograph. Trennung; 63%. — (+)-*β-Hydroxytridecansäurebenzylester*, $C_{20}H_{32}O_3$, F. 47—48° (Hexan), Bldg. neben **VI**; 24%. — (—)-*β-Benzyloxytridecansäurebenzylester* (**VII**), $C_{27}H_{38}O_3$, Darst. analog **VI** aus **IIIa**; 61%. — (—)-*β-Hydroxytridecansäurebenzylester*, $C_{20}H_{32}O_3$, F. 47—48° (Hexan), Bldg. neben **VII**; 28%. — (+)-*β-Benzyloxytridecansäure* (**VIII**), $C_{20}H_{32}O_3$, durch 24std. Rk. von **VI** mit 0,5n NaOH in A. bei 20°, Versetzen mit W. u. konz. HCl u. Extrahieren mit Ae.; 86%. — (—)-*β-Benzyloxytridecansäure* (**IX**), $C_{20}H_{32}O_3$, analog **VIII** aus **VII**; 85%. — *Carbobenzoxy-L-leucyl-D-leucin-p-nitrobenzylester* (**X**), $C_{27}H_{35}N_3O_7$, F. 113—114° (A.), durch Versetzen einer Lsg. von Carbobenzoxy-L-leucin in abs. Tetrahydrofuran mit Triäthylamin (**XI**), Kühlen auf 0°, Zufügen von Chlorameisensäureäthylester, 30 Min. Rühren bei 0°, Versetzen mit einer Lsg. des Aminoesters (durch Rk. des p-Toluolsulfonates von D-Leucin-p-nitrobenzylester in Chlf. mit wss. Na_2CO_3/$NaHCO_3$-Lsg.) in abs. Chlf., 3std. Rühren bei 0° u. 12std. Stehen bei 20°; 72%. — *L-Leucyl-D-leucin-p-nitrobenzylesterhydrobromid* (**XII**), $C_{19}H_{30}BrN_3O_5$, F. 103—105° (Chlf./n-Hexan), durch 15 Min. Rk. von **X** mit HBr in Eisessig bei 20° u. Eindampfen im Vakuum bei 40°; 90%. — *Carbobenzoxy-L-valyl-L-leucyl-D-leucin-p-nitrobenzylester* (**XIII**), $C_{32}H_{44}N_4O_8$, F. 162—163° (A.), analog **X** aus Carbobenzoxy-L-valin u. **XII**; 90%. — *L-Valyl-L-leucyl-D-leucin-p-nitrobenzylesterhydrobromid* (**XIV**), $C_{24}H_{39}BrN_4O_6$, F. 132 bis 134° (Chlf./n-Hexan), analog **XII** aus **XIII**; 90%. — *Phthalyl-L-[β-benzylaspartyl]-L-valyl-L-leucyl-D-leucin-p-nitrobenzylester* (**XV**), $C_{43}H_{51}N_5O_{11}$, F. 84—85° (Aceton/Ae./Hexan 1 : 1 : 1), durch Zufügen von **XI** u. N.N'-Dicyclohexylcarbodiimid (**XVI**) in Chlf. zu Phthalyl-L-asparaginsäure-*β*-benzylester u. **XIV** in Methylenchlorid bei 0°, 2std. Rühren bei 0° u. 12std. bei 20°, Versetzen mit Äthylacetat (**XVII**) u. Eindampfen des Filtrats; 81%. — *o-Nitrophenylsulfenyl-L-[β-benzylaspartyl]-L-valyl-L-leucyl-D-leucin-p-nitrobenzylester* (**XVIII**, $C_{41}H_{52}N_6O_{11}S$, F. 171 bis 172° (Methanol), durch Zufügen von **XVI** zu einer Lsg. von Dicyclohexylammoniumsalz des o-Nitrophenylsulfenyl-L-asparaginsäure-*β*-benzylesters u. **XIV** in abs. Chlf., 12std. Rühren bei 20° u. analog **XV**; 80%. — *L-[β-Benzylaspartyl]-L-valyl-L-leucyl-D-leucin-p-nitrobenzylesterhydrochlorid* (**XIX**), $C_{35}H_{50}ClN_5O_9$, F. 186—189° (Chlf./n-Hexan), a) durch 12std. Rk. von **XV** mit 72%ig. Hydrazinhydrat in A. bei 20°, Versetzen mit Ae., Waschen mit 1n HCl u. Eindampfen der Ae.-Phase; 54%; b) durch Versetzen einer Lsg. von **XVIII** in abs. Dioxan mit 1n HCl, Eindampfen des Filtrates u. Zufügen von Ae.; 90%. — *Phthalyl-L-[γ-benzylglutamyl]-L-[β-benzylaspartyl]-L-valyl-L-leucyl-D-leucin-p-nitrobenzylester*, $C_{55}H_{64}N_6O_{14}$, F. 205° (Aceton/Ae./n-Hexan 1 : 1 : 1), analog **XV** aus Phthalyl-L-glutaminsäure-*γ*-benzylester u. **XIX**; 76%. — *o-Nitrophenylsulfenyl-L-[γ-benzylglutamyl]-L-[β-benzylaspartyl]-L-valyl-L-leucyl-D-leucin-p-nitrobenzylester* (**XX**), $C_{53}H_{65}N_7O_{14}S$, F. 197—198° (Methanol), analog **XVIII** aus **XIX** u. dem Dicyclohexylammoniumsalz des o-Nitrophenylsulfenyl-L-glutaminsäure-*γ*-benzylesters; 92,5%. — *L-[γ-Benzylglutamyl]-L-[β-benzylaspartyl]-L-valyl-L-leucyl-D-leucin-p-nitrobenzylesterhydrochlorid* (**XXI**), $C_{47}H_{63}ClN_6O_{12}$, F. 197—202° (Chlf./n-Hexan), analog **XIX**; b) aus **XX**; 90%. — *D-β-Benzyloxytridecanoyl-L-[γ-benzylglutamyl]-L-[β-benzylaspartyl]-L-valyl-L-leucyl-D-leucin-p-nitrobenzylester* (**XXII**), $C_{67}H_{92}N_6O_{14}$, F. 228—229° (A.), a) durch Versetzen von **IX** in abs. Ae. mit **XI** u. $SOCl_2$ bei 0°, 30 Min. Rühren bei 0°, Eindampfen des Filtrates im Vakuum, Lösen in abs. Ae., Zufügen zu einer Lsg. aus **XXI** u. **XI** in THF bei — 30° u. 2std. Rühren bei 20°; 63%; b) durch Versetzen einer Lsg. von **XI** in Chlf. mit **XXI**, **IX** u. **XVI**, 12std. Rühren, Zufügen von **XVII** u. Eindampfen des Filtrates; 75%. — *L-β-Benzyloxytridecanoyl-L-[γ-benzylglutamyl]-L-[β-benzylaspartyl]-L-valyl-L-leucyl-D-leucin-p-nitrobenzylester* (**XXIII**), $C_{67}H_{92}N_6O_{14}$, F. 227—228° (A.), a) analog **XXII** a) aus **VIII** u. **XXI**; 67%; b) analog **XXII**; b) aus **XXI** u. **VIII**; 60%. — *L-β-Hydroxytridecanoyl-L-[γ-benzylglutamyl]-L-[β-benzylaspartyl]-L-valyl-L-leucyl-D-leucin-p-nitrobenzylester* (**XXIV**), $C_{60}H_{86}N_6O_{14}$, F. 212—213° (Methanol), durch Versetzen von **XI** in abs. Chlf. mit **XXI**, **IIIb** u. **XVI**, 12std. Rühren bei 20° u. Eindampfen des Filtrates; 75%. — *D-β-Hydroxytridecanoyl-L-[γ-benzylglutamyl]-L-[β-benzylaspartyl]-L-valyl-L-leucyl-D-leucin-p-nitrobenzylester* (**XXV**), $C_{60}H_{86}N_6O_{14}$, F. 213—214° (Methanol), analog **XXIV** aus **XXI** u. **IIIa**; 74%. — *L-β-Hydroxytridecanoyl-L-glutamyl-L-aspartyl-L-valyl-L-leucyl-D-leucin* (**XXVI**), $C_{39}H_{69}N_5O_{12}$, F. 181—182° (Methanol/W.), a) durch 48std. Hydrieren von **XXIII** in abs. A. in Ggw. von Essigsäure bei 20° u. 760 Torr in Ggw. von Palladiumschwarz; 75%; b) analog a) aus **XXIV**; 75%. — *D-β-Hydroxytridecanoyl-L-glutamyl-L-aspartyl-L-valyl-L-leucyl-D-leucin*, $C_{39}H_{69}N_5O_{12}$, F. 181—182° (Methanol/W.), a) analog **XXVI**, a) aus **XXII**; 75%; b) analog **XXVI** a) aus **XXV**; 75%. — *L-β-Hydroxytridecanoyl-L-glutamyl-L-aspartyl-L-valyl-L-leucyl-D-leucintrimethylester* (**XXVII**), $C_{42}H_{75}N_5O_{12}$, F. 234—235° (Chlf./n-Hexan), durch Versetzen einer Lsg. von **XXVI** in abs. Methanol bei — 5° mit Diazomethan (**XXVIII**) in Ae., Zerstören von **XXVIII** durch Eisessig nach $1^1/_2$ Std. u. Stehen über Nacht bei 0°; 78%. — *Degradation von* **XXVII** *nach* Curtius u. vollständige Hydrolyse: durch Lösen von **XXVII** in abs. Methanol unter Erwärmen, Zufügen von Hydrazin, 12std. Kochen, 24std. Stehen bei 20°, Abdampfen u. Halten des Nd. im Vakuum bei 60° über konz. H_2SO_4, Lösen des Rückstandes in Eisessig, Zufügen von 6n HCl, Abkühlen auf 0°, Zufügen von $NaNO_2$, Extrahieren mit Ae., Abdampfen des Ae., 15std. Kochen mit konz. HCl u. Eindampfen im Vakuum. Das Hydrolysat enthält nach der Unters. im automat. Aminosäureanalysator Leucin, Valin, *α.β*-Diaminopropionsäure, *α.γ*-Diaminobuttersäure, Asparaginsäure u. Glutaminsäure. Chr. Maniewski 4340△

1314 **Zusammensetzung der Paraffinkohlenwasserstoffe des Tabaks.** I. G. Mochnačev, V. P. Pisklov und L. A. Dulan. (Prikl. Biochim. Mikrobiol. **3** (1967) 3, 246—53; VNII tabaka i machorki; russ.) — Die höheren aliphat. KW-Stoffe sind von wesentlicher Bedeutung für die Qualitätseig. des Tabaks. Vf. untersuchten die Zus. der paraffin. KW-Stoffe der Tabaksorte „Ostrolist 450". Es wurde festgestellt, daß im Tabak n- u. Isoparaffine mit 14—34 C-Atomen enthalten sind. Der Geh. der Paraffine mit ungerader C-Atomzahl ist doppelt so groß wie der mit gerader C-Atomzahl. Außerdem sind n-Paraffine in bedeutend größerem Maße enthalten als Isoverbindungen. Dominierend sind *n-Heptakosan* u. *n-* u. *i-Hentriakontan*. Chr. Pantschev 4420

1315 **Inhaltsstoffe einiger Saniculoideae. 8. Mitt. Aliphatische Carbonsäuren.** K. Hiller, N. Kothe und S. Pfeifer. (Pharmazie **22** (1967) 12, 718—22; Berlin, Humboldt-Univ., Pharmazeut. Inst.; dt.) — Vf. untersuchten *Sanicula europaea L.* (**I**), *Astrantia major L.* (**II**), *Eryngium campestre L.* (**III**), *Eryngium maritimum L.* (**IV**), *Eryn-*

gium planum L. (V) auf Vork. aliphat. Carbonsäuren. Sie fanden in allen Objekten *Äpfel-*, *Citronen-*, *Malon-* u. *Oxalsäure* (als Ca-Oxalat). In II, III, IV u. V konnten sie *Glykolsäure*, in II *Angelicasäure* nachweisen. In Wurzeln von III u. Blättern von V fand sich eine unbekannte Säure. Das Vork. in den verschiedenen Pflanzenteilen war teilweise unterschiedlich. U. Geiger 4420

1316 **Alkaloide von Nuphar luteum.** T. N. Il'inskaja, A. D. Kuzovkov und T. G. Monachova. (Chim. prirodnych Soedinenij **3** (1967) 3, 178–82; Moskva, n.-i. inst. lekarstvennych rastenij; russ.) — Durch Extraktion des trockenen Wurzelstocks von *Nuphar luteum* mit Dichloräthan werden in einer Ausb. von 0,3–0,8% die bereits bekannten Alkaloide *Thiobinupharidin* (I) u. *Neo-*

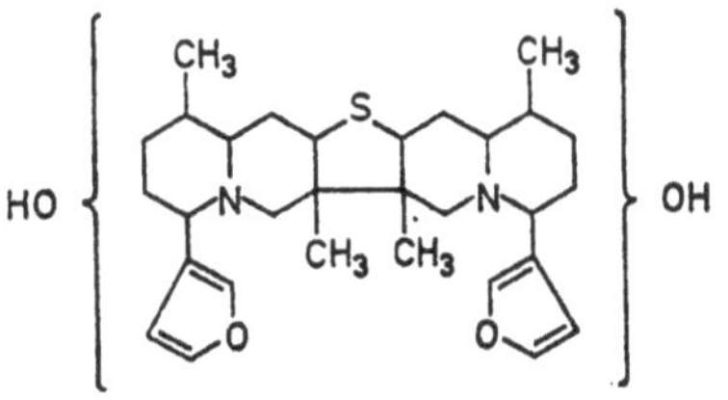

thiobinupharidin u. das bisher unbekannte Alkaloid *Nuphlein* (II) gewonnen. II entspricht der Formel $C_{30}H_{42}N_2O_4S$; F. des Perchlorats 225–226°. Red. des II durch $NaBH_4$ führt zu I. Von I unterscheidet sich II durch die Ggw. von 2 OH-Gruppen in der α-Carbinolamingruppe. Für II wird die obenst. Strukturformel vorgeschlagen. O. Lebtag 4420△

1317 **Pachysandraalkaloide.** 6. Mitt. **Struktur von Terminalin.** Tohru Kikuchi, Shoichiro Uyeo und Toshinari Nishinaga. (Chem. pharmac. Bull. [Tokyo] **15** (1967) 3, 316–20; Fac. of Pharmaceut. Sci., Kyoto Univ.; engl.) — 5. vgl. ibid. **15** (1967) 307. — Für *Terminalin* (I), ein Nebenalkaloid aus *Pachysandra terminalis Sieb. et Zucc.* wird die Struktur *3β.4α-Dihydroxy-20α-dimethylamino-5α-pregnan* festgelegt.

Versuche: *Terminalin* (I), $C_{23}H_{41}NO_2$, F. 243 bis 244° (Aceton/Methanol), a) durch alkal. Verseifung von 100 mg des Diacetats mit $NaHCO_3$, $[\alpha]_D$ +29°; 80 mg; b) durch Red. von 98 mg III mit Na in Amylalkohol; 35 mg. *Diacetat*, $C_{27}H_{45}NO_4$, F. 202–204° (Aceton), aus 50 mg I in Py. mit Essigsäureanhydrid; $[\alpha]_D^{22}$ +40°; 55 mg. — 3.4-Secoterminaline: *3.4-Dioxo-*, ölig, a) durch HJO_4-Ox. von 200 mg I; 150 mg; b) analog aus II. — *3.4-Dihydroxy-*, durch Red. von 150 mg vorst. Verb. mit $NaBH_4$; $[\alpha]_D^{22}$ +19°; 140 mg. *Diacetat*, $C_{27}H_{47}NO_4$, F. 148–150°; $[\alpha]_D$ +16°; 50 mg. — *3β.4β-Dihydroxy-20α-dimethylamino-5α-pregnan* (II), $C_{23}\cdot H_{41}NO_2\cdot {}^1/_2\,H_2O$, F. 226–228° (Aceton), durch saure Hydrolyse von 120 mg des Acetonids; 100 mg. *Acetonid*, F. 165–167° (Aceton), durch Red. von 90 mg 3-Oxo-4-hydroxy-20α-dimethylamino-Δ^4-pregnen (III) mit $NaBH_4$ u. 5std. Kochen des Diolgemisches mit p-Toluolsulfonsäure in Aceton; 20 mg. W. Holland 4420

1318 **Isolierung von Pyrrolizidinalkaloiden aus Senecio rivularis D. C. und Ligularia clivorum Maxim.** A. Klásek, P. Vrublovský und F. Šantavý. (Collect. czechoslov. chem. Commun. **32** (1967) 7, 2512–22; Olomouc, Palacký Univ., Chem. Inst.; engl.) — Aus frischem S. rivularis D. C. wird das früher [vgl. ibid. **27** (1962) 1666] bereits aus getrockneten Pflanzen erhaltene *Rivularin* (I) isoliert u. seine Identität mit *7-O-Angeloylheliotridin* eindeutig bewiesen. In der Mutterlauge von I werden durch Dünnschichtchromatographie (DChr.) noch 4 andere Dragendorff-positive Verb. nachgewiesen. Neben I wird ein *Amid* $C_6H_{11}NO$ (II) abgetrennt, seine Konstit. jedoch nicht ermittelt. Aus *L. clivorum* Maxim. werden *Fumarsäure* u. ein neues Alkaloid, *Clivorin* (III), isoliert, das bei der alkal. Hydrolyse neben *Essigsäure* eine nicht identifizierte *Säure* $C_{10}H_{12}O_4$, nach saurer Hydrolyse u. Hydrierung des amorphen bas. Spaltprod. *Dihydrodesoxyothonecin* (IV) liefert. Es wird angenommen, daß III ein makrocycl. Diester des Othonecins ist. Die UV-Spektren von III u. III-Perchlorat, die IR-Spektren von II, III, IV u. IV-Perchlorat sowie das Massenspektrum von II sind angegeben.

Versuche: *7-O-Angeloylheliotridin* (I), F. 116 bis 117° (Äthylacetat), durch Extrahieren von 24 kg frischen Pflanzen mit CH_3OH; $[\alpha]_D^{24}$ +18 ± 2° (c = 0,783; Chlf.); 2,15 g (Ausb.). — *Amid* $C_6H_{11}NO$, F. 130 bis 132° (Äthylacetat), durch Red. der neben I erhaltenen N-Oxide mit Zn/HCl, Alkalisieren mit NH_4OH u. Extrahieren mit Ae.; opt.-inakt.; 0,15 g. — *Heliotridin*, F. 116–118° (A.), aus dem Hydrochlorid u. Na_2CO_3-Lsg.; $[\alpha]_D^{24}$ +32,5 ± 2° (c = 0,483; CH_3OH). *Hydrochlorid*, F. 122–124°, durch Hydrolyse von I; 84,4%. — *Angelicasäure*, $C_5H_8O_2$, F. 45–46°, neben vorst. Hydrochlorid; 95,1%. — *Fumarsäure*, $C_4H_4O_4$, F. 284–286° (zugeschmolzene Kapillare), neben III aus den sauren Anteilen des Extrakts; 0,813%. — *Clivorin* (III), $C_{21}\cdot H_{29}NO_8$, F. 147–149° (nach Subl. bei 130°/0,05 Torr), durch Extrahieren von 34,70 kg getrockneten Pflanzen mit CH_3OH, Eindampfen im Vakuum, Zugeben von Citronensäure in W. bis pH 4, Einengen des Filtrats im Vakuum, Extrahieren mit PAe., Extrahieren der Säuren mit Ae., Alkalisieren mit NH_4OH bis pH 10, Extrahieren der Basen (101 g) mit Chlf. u. Kristallisation aus Äthylacetat als *Solvat* (Tetraeder vom F. 147–149°); $[\alpha]_D^{24}$ +79 ± 2° (c = 0,713; Chlf.), +49 ± 3° (c = 0,713; CH_3OH); 26,7 g. *Pikrat*, $C_{27}H_{32}N_4O_{15}$, F. 173–175°, aus A. gelbe Nadeln. — *Dihydrodesoxyothonecin* (IV), $C_9H_{17}\cdot NO_2$, Kp.$_{0,25}$ 57–58°, durch 12std. Erhitzen von III mit 18%ig. HCl auf 90°, Perforieren mit Ae., Eindampfen der wss. Phase im Vakuum, Hydrieren an PtO_2 in Eisessig (Verbrauch 1,83 Mol H_2), Eindampfen im Vakuum u. Reinigen über das Hydrochlorid; $[\alpha]_D^{24}$ −13,4 ± 2° (c = 5,688; CH_3OH). *Hydrochlorid*, $C_9H_{17}NO_2\cdot HCl$, F. 241–243° (A.). — *Clivonecinsäure*, $C_{10}H_{12}O_4$, F. 142 bis 144° (nach Subl. bei 130°/0,05 Torr), durch 3std. Kochen von 2,0 g III mit methanol. KOH, Extrahieren mit Chlf. u. Ansäuern mit HCl; $[\alpha]_D^{24}$ −208 ± 2° (c = 0,478; A.); 0,78 g. F. Heller 4420

1319 **Alkaloide von Leontice albertii.** S. Iskandarov, R. N. Nuriddinov und S. Ju. Junusov. (Chim. prirodnych Soedinenij **3** (1967) 1, 26–31; Inst. chimii rastitel'nych veščestv AN Uz. SSR; russ.) — Der Alkaloidgeh. der oberird. Teile von *Leontice albertii* schwankt, je nach dem Standort, zwischen 1,77 u. 1,84% des Trockengewichts. Durch Trennung der Alkaloide werden *Taspin* (I), *N-Methylcytisin* (II), *Leontalbin* (III), *Leontalbinin* (IV) u. *Albertin* (V) erhalten. III ist ein *l-5.17-Dehydromatrin*. IV ein *7.11-Dehydro-15-oxomatridin*. Im Gegensatz zu Literaturangaben wird *Goebelin* als *13.14-Dehydro-15-oxo-(5.6.7.11-cis)-isomatridin* angesehen.

Versuche: 6,5 kg *L. albertii* wurden mit Chlf. extrahiert, der Extrakt mit H_2SO_4 behandelt, die saure Mutterlsg. des Sulfats alkalisiert u. mit Ae. u. Chlf. extrahiert. Es wurden 1,4 g *Taspin* (I), F. 370° (Toluol), 19,2 g Chlf.- (A) u. 95 g Ae.-Fraktion (B) der Alkaloide erhalten. Aus A wurde *N-Methylcytisin* (II), F. 134 bis 136° (PAe.), isoliert. *Hydrochlorid*, F. 253–255° (A.). — Aus B in Aceton wurden mit alkohol. HCl 60 g gemischte Hydrochloride abgeschieden. Lösen in W. u. Zusatz von $NaClO_4$ ergaben 18,5 g *Leontalbinperchlorat* (VI), F. 247° (A.); $[\alpha]_D^{20}$ −131,2° (c = 0,83; A.). — Analog wurden aus 5 kg L. albertii 1,2 g I-Sulfat, 18,2 g A u. 73,2 g B isoliert. B wurde auf Al_2O_3 chromatographiert u. mit Bzl., Bzl./CH_3OH, CH_3OH u. 5%ig. H_2SO_4 eluiert. Aus der Bzl.-Fraktion wurde VI erhalten, aus der Mutterlauge durch Extraktion mit Chlf. *Leontalbininperchlorat* (VII), F. 245° (A.); aus der Bzl./CH_3OH- bzw. der CH_3OH-Fraktion *Albertin* (V), F. 161° (Aceton); $[\alpha]_D^{21}$ −101,5° (c = 2,03; A.), $C_{15}H_{22}N_2O_2$. — *Perchlorat*, F. 228–229°. — *Hydrochlorid*, F. 277–278°. — *Jodmethylat*, F. 285°. — *Leontalbin* (III), $C_{15}H_{22}N_2O$, Kp. 180–185°; $[\alpha]_D^{26}$ −167 (c = 1,15; A.), aus VI. — *Pikrat*, F. 214–216° (A.); *Hydrochlorid*, F. 275–277°. — *Jodmethylat*, F. 258 bis 259° (A.-Aceton). — *Desoxyleontalbin* (VIII), F. 54 bis 56° (Ae.), aus III mit $LiAlH_4$ in abs. Ae.; Ausb. 78%. — *Desoxydihydroleontalbin* (IX), $C_{15}H_{26}N_2$, F. 60–61° (Ae.), $[\alpha]_D^{25}$ +13,8° (c = 1,1; A.), aus VIII in A. durch Schütteln mit Pt-Schwarz in H_2. — *Hydrochlorid*, F. 328 bis 330° (Zers.). — *Pikrat*, F. 243–245° (Zers.). — *Hydro-*

jodid, F. 306° (Zers.). — *5-Hydroxy-6.7-dehydromatrin* (**X**), F. 184—185°, aus Matrin (F. 76°) nach Literatur. — *5-Hydroxymatrin* (**XI**), F. 169—170° (Aceton), aus **X** in A. mit Raney-Ni, Chromatographie auf Al_2O_3 u. Eluieren mit Bzl./Ae.; 50%. — *5.17-Dehydromatrin* (**XII**), durch Erwärmen einer Mischung von **XI**, Sand u. P_2O_5 auf 160—180°, Verdünnen mit Eiswasser, Alkalisieren mit NaOH, Extraktion mit CH_2Cl_2 u. Abdest. des Lsgm., danach aus dem Dest.-Rückstand *Perchlorat*, F. 244 bis 245° (A.); $[\alpha]_D^{22}$ +128,3° (c = 0,73; A.). — *Leontalbinin* (**IV**), $C_{15}H_{22}N_2O$, F. 107—108° (Ae.); $[\alpha]_D^{24}$ −135,5° (c = 0,85; A.), aus **VII**. — *Jodmethylat*, F. 295°. — *Desoxyleontalbinin* (**XIII**) aus **IV** in abs. Ae. mit $LiAlH_4$. — *Desoxydihydroleontalbinin* (**XIV**), F. 65—70° (CH_2Cl_2/abs. Ae.), durch Hydrierung von **XIII** an Pt in Eisessig, Alkalisieren mit NaOH u. Extraktion mit CH_2Cl_2. — *Pikrat*, F. 255—257° (Zers.). — *Hydrochlorid*, F. 219 bis 220°. — *Hydrojodid*, F. 357—359° (Zers.). — *Allomatrin* (**XV**), F. 106—107° (Ae.); $[\alpha]_D^{24}$ +77,4° (c = 0,62; A.), durch 22std. Hydrierung von **IV** an Pt in Eisessig bei 70—80°, Alkalisieren mit NaOH u. Extraktion mit CH_2Cl_2. Aus dem Rückstand wurde das *Perchlorat* erhalten, F. 253—254° (Zers.). — *Jodmethylat*, F. 297 bis 299° (Zers.). — *Pikrat*, F. 176—177°.

Ch.-S. Rühl 4420

1320 **Isolierung und Struktur von Adonilid.** Yuzuru Shimizu, Yoshimasa Sato und Hiroshi Mitsuhashi. (Chem. pharmac. Bull. [Tokyo] **15** (1967) 12, 2005—06; Sapporo, Hokkaido Univ., Fac. of Pharmaceut. Sci.; engl.) — Aus den Wurzeln von *Adonis amurensis* Regel et Radd. wird durch Extrahieren mit A., milde saure Hydrolyse der Glykoside u. Chromatographie der Aglykone an Al_2O_3 eine neue Verb., *Adonolid* {I, $C_{21}H_{28}O_4$, F. 268—270°; $[\alpha]_D$ +13,2° (c = 1,4; Chlf.)} isoliert. Die Konstit. von I als *3β.20β-Dihydroxy-14β.20α-epoxy-Δ⁵-pregnen-18-säure-(18 → 20)-lacton* sowie der durch saure Hydrolyse von **I** erhaltenen *3β.14α-Dihydroxy-20-oxo-17βH-Δ⁵-pregnen-18-säure* {amorph. *Methylester*, F. 222—228°; $[\alpha]_D$ −67,2° (c = 0,94; Chlf.)} wird durch KMR- u. Massenspektren sowie biogenet. Überlegungen wahrscheinlich gemacht.

F. Heller 4420

1321 **Konfiguration von β-Eucain und β-Isoeucain.** F. Perks und P. J. Russell. (J. Pharmacy Pharmacol. **19** (1967) 5, 318—21; Portsmouth, Coll. of Technol., Pharmac. Chem. Labor.; engl.) — Die α-Form (**Ia**, F. 137 bis 138°) u. die β-Form (**Ib**, F. 160—163°) des *2.2.6-Trimethyl-4-hydroxypiperidins* zeigen im IR nur die Bande der freien OH-Gruppe bei 3630—3640 cm^{-1}, wodurch ebenso wie durch chem. Indizien anderer Autoren die durch H-Bindung zwischen O u. N stabilisierte Bootsform ausgeschlossen wird. Die pK_a-Werte (**Ia**: 10,0; **Ib**: 10,6) sind wie bei den entsprechenden *O-Benzoylderiv.* (**IIa**, „*β-Eucain*": 9,4; **IIb**, „*β-Isoeucain*": 9,8) prakt. gleich. Die KMR-Spektren beweisen eindeutig für **Ia** die Sesselform mit äquatorialer bzw. für **Ib** mit axialer OH-Gruppe u. damit für **IIa** u. **IIb** entsprechende Konfigurationen.

F. Heller 4420

1322 **Struktur des neu isolierten Glykosids aus den Rhizomen von Glaucidium palmatum.** Takao Murakami, Yoshiko Mikami und Hideji Itokawa. (Chem. pharmac. Bull. [Tokyo] **15** (1967) 11, 1817—18; Tokyo, Sci. Univ. of Tokyo, Fac. of Pharmaceut. Sci.; dt.) — Das früher von Vf. aus den Rhizomen von *Glaucidium palmatum* isolierte *Glykosid*, $C_{21}H_{28}O_9$ {F. 131 bis 134° (Zers.); $[\alpha]_D^{20,5}$ +6,27° (c = 5,034; A.)}, gibt bei saurer Hydrolyse 1 Mol *D-Glucose* u. das *Aglykon* $C_{15}H_{18}O_4$ {**I**, F. 198°; $[\alpha]_D^{22,3}$ +12,92° (c = 5,000; A.)}, das wahrscheinlich die gleiche Struktur wie das von Uyeo et al. (Chem. Commun. **1967**, **547**) aus der gleichen Pflanze isolierte opt.-inakt. Glaupalool besitzt. Es wird deshalb für **I** die Bezeichnung (+)-*Glaupalool* vorgeschlagen. Die Struktur von **I** als *2.3.3.9-Tetramethyl-8-hydroxy-2.3-dihydrofuro-[3.2:c]-cumarin* wird durch IR- u. KMR- Spektren sowie Rk. weitgehend gesichert. Mit KOH bei 200° gibt **I** *2-[3.3-Dimethyl-Δ⁴-pentenoyl]-3-methylhydrochinon* [**II**, $C_{14}H_{18}O_3$, F. 148°; 30% (Ausb.). *Diacetat*, F. 57—58°], das durch Ozonolyse zu CH_2O u. *2.2-Dimethylbernsteinsäure* abgebaut wird; letztere entsteht auch direkt aus **I** u. KOH bei 250—280°. Der *1-Methyläther* (**Ia**; $C_{16}H_{18}O_4$, F. 73°) gibt bei der Öffnung des Lactonringes *2.3.3-Trimethyl-5-[2-methyl-3-methoxy-5-hydroxyphenyl]-2.3-dihydrofuran-4-carbonsäure* ($C_{16}H_{20}$ · O_5, F. 120°), die bei der Vakuumdest. teilweise zu **Ia** cyclisiert, z. T. zu *2.3.3-Trimethyl-5-[2-methyl-3-methoxy-5-hydroxyphenyl]-2.3-dihydrofuran* (**III**, $C_{15}H_{20}O_3$, F. 83°) decarboxyliert wird. KOH-Schmelze von **III** bei 200—250° liefert den **II**-*4-Methyläther* ($C_{15}H_{20}O_3$, F. 81—82,5°). Bei der Hydrierung von **II** an Pd in A. wird das *Dihydroderiv.* (**IV**, $C_{14}H_{20}O_3$, F. 157°) erhalten, das durch $Ag_2O/MgSO_4$ zum entsprechenden *Benzochinonderiv.* ($C_{14}H_{18}O_3$, F. 25°; gelbe Nadeln) ox. wird; reduktive Acetylierung des Chinons gibt das **IV**-*Diacetat* (F. 65—66°). Durch Ozonolyse von **IV** wird *3.3-Dimethylvaleriansäure* (*p-Bromphenacylester*, F. 78°) erhalten, die Red. von **IV**-Dimethyläther mit $LiAlH_4$ gibt *2-[2-Hydroxy-3.3-dimethylpentyl]-3-methylhydrochinondimethyläther* ($C_{16}H_{26}O_3$, F. 48—53°).

F. Heller 4420

1323 **Synthetische Untersuchungen an mit Colchicin verwandten Tropolonen.** Masanao Matsui, Kyohei Yamashita, Kenji Mori und Shin-ichi Kaneko. (Agric. biol. Chem. [Tokyo] **31** (1967) 6, 675—81; Dep. of Agricult. Chem., Fac. of Agricult., Univ. of Tokyo; engl.) — Einige β-[3-(3.4.5-Trimethoxyphenyl)-propyl]-tropolone werden ausgehend vom 4-Formyltropolon dargestellt. Da das Zwischenprod. *β-[3-(3.4.5-Trimethoxyphenyl)-Δ²-propenyl]-tropolon* bereits als Ausgangsmaterial für Colchicin beschrieben ist, ist damit ein Weg für dessen Totalsynth. gegeben.

Versuche: *3.4.5-Trimethoxybenzoylessigsäureäthylester* (**I**), $C_{14}H_{18}O_6$, F. 90—91° (Ae.), durch 30 Min. langes Kochen von 3.4.5-Trimethoxyacetophenon mit $NaNH_2$ in Ae., Abkühlen, 3std. Kochen mit Kohlensäurediäthylester, Zugabe von Ae. u. Gießen in W.; 83% (Ausb.). — Tropolone: *4-Methyl-*, *-methyläther*, Kp.₇ 145°, aus 43 g 4-Methyltropolon (F. 76—77°) u. CH_2N_2 in Ae.; 43 g. — *4-Formyl-*, F. 160° (W.), durch Ox. vorst. Verb. mit SeO_2 in Dioxan u. Ätherspaltung mit HCl; 52%. — *β-[1-Hydroxy-3-oxo-3-(3.4.5-trimethoxyphenyl)-propyl]-* (**II**), $C_{19}H_{20}O_7$, F. 172° (A.), durch 48std. Stehen von 24 g **I** mit 10%ig. KOH-Lsg. bei 5°, Einstellen des pH auf 8, Zugabe von 9,5 g vorst. Verb. u. 24std. Stehen bei 20—30°; 13,5 g. — *β-[3-Oxo-3-(3.4.5-trimethoxyphenyl)-Δ¹-propenyl]-* (**III**), $C_{19}H_{18}O_6$, F. 157° (A.), durch Lösen von **II** in konz. HCl; 93%. — *β-3-Oxo-(3.4.5-trimethoxyphenyl)-propyl-*, $C_{19}H_{20}O_6$, F. 165—166° (A.), durch Hydrieren von **III** in CH_3COOH über Pd-Kohle. — *β-[3-Hydroxy-3-(3.4.5-trimethoxyphenyl)-propyl]-*, $C_{19}H_{22}$ · O_6, F. 110—111° (Dichlormethyläther), durch Red. von 1,5 g vorst. Verb. mit $NaBH_4$; 1,5 g. — *β-[3-(3.4.5-Trimethoxyphenyl)-Δ²-propenyl]-*, $C_{19}H_{20}O_5$, F. 126—127° (A.), durch Dest. von 1,5 g vorst. Verb. bei 0,1 Torr bei 270—280°; 200 mg. — *β-[1-Hydroxy-3-oxo-3-(3.4.5-trimethoxyphenyl)-propyl]-*, *-methyläther*, $C_{20}H_{22}O_7$, F. 159 bis 160° (Dioxan), aus 10 g **II** u. CH_2N_2 in Dioxan/Ae.; 5 g. — *β-[1.3-Dihydroxy-3-(3.4.5-trimethoxyphenyl)-propyl-*, *-methyläther*, durch Red. von 6 g vorst. Verb. mit $NaBH_4$; 5,6 g. — *β-[1(3)-Brom-3-(3.4.5-trimethoxyphenyl)-Δ²⁽¹⁾-propenyl]-*, *-methyläther*, $C_{20}H_{21}BrO_5$, aus 3,6 g vorst. Verb. u. PBr_3 in Chlf./Py.; 6 g. — *β-(5.6.7-Trimethoxyindenyl)-*, $C_{19}H_{18}O_5$, F. 221—222° (Essigester), a) durch 4std. Rühren von 6 g vorst. Verb. mit Raney-Ni in Methanol u. 1std. Kochen mit KOH; 30 mg; b) durch 24std. Stehen von 2 g nachst. Verb. mit $ZnCl_2$ in konz. HCl, Verdünnen mit W. u. Extraktion mit Chlf.; 0,5 g. — *β-[3-Hydroxy-(3.4.5-trimethoxyphenyl)-1-propenyl]-*, C_{19} · $H_{20}O_6$, F. ca. 100°, durch Red. von 2 g **III** mit $NaBH_4$; 2 g.

W. Holland 4420

1324 **Gemeinsames Vorkommen von Diterpensäuren der Eperuan- und Labdanserie in Oxystigma oxyphyllum.** D. E. U. Ekong und J. I. Okogun. (Chem. Commun. **1967**, 2, 72—73; Chem. Dep., Univ. of Ibadan, Ibadan, Nigeria; engl.) — Im Extrakt des Holzes von *O. oxyphyllum* findet sich *Labda-8(20).13-dien-15-säure* [*Methylester*, $C_{21}H_{34}O_2$, $[\alpha]_D^{22}$ +25° (c = 1,0); n_D^{20} 1,5130]. Red. mit $LiAlH_4$ ergibt *Labda-8(20).13-dien-15-ol*; $[\alpha]_D^{22}$ +28° (c = 1,0); n_D^{20} 1,5211. Weiterhin finden Vf. *Δ⁷·¹³-Eperudien-15-säure* [*Methylester*, $C_{21}H_{34}O_2$; $[\alpha]_D^{22}$ −26,4° (c = 1,2); *Tetrahydromethylester*; $[\alpha]_D^{22}$ −22°; *p-Phenylphenacylester*, F. 109—111°; $[\alpha]_D$ −29,8° (c = 0,155)], *Eperusäure*

(*Methylester*; $[\alpha]_D$ -26^0; n_D^{23} 1,4960) u. *Δ^7-Eperuensäure* [*Methylester*; $[\alpha]_D^{23}$ -8^0; n_D^{22} 1,4962; *Dihydroeperusäuremethylester*; $[\alpha]_D^{22}$ -30^0 (c = 1,4); n_D 1,4900]. W. Hiller 4420

1325 **Natürliche Chromene. 4. Mitt. Struktur und Synthese von Desoxyhomofleminglin.** Giuliana Cardillo, Lucio Merlini, Rosanna Mondelli und Antonio Selva. (Ricerca sci. **37** (1967) 10, 826—28; Milano, Politecnico, Ist. di Chim.; engl.) — 3. Mitt. erscheint in Tetrahedron [London]. — Durch Chromatographie an SiO_2 wird aus dem Hexanextrakt der Droge Wars (Samenschalen von *Flemingia rhodocarpa* Baker) ein *Desoxyhomofleming in* (I) isoliert. Die Konstit. von I als *2.4.2'-Trihydroxy-5-methoxy-3-geranylchalkon* wird durch Spektren u. Synth. bewiesen. — I, $C_{26}H_{30}O_5$, durch Erhitzen von 300 mg 2.4-Dihydroxy-3-geranyl-5-methoxyacetophenon, Salicylaldehyd u. NaOH in CH_3OH auf 100° (10 Min.); 15 mg (Ausb.). F. Heller 4420

1326 **Neuer Syntheseweg für Isoflavone und 2'-Hydroxyisoflavone und eine neue Synthese von (±)-Pterocarpin.** Masaaki Uchiyama und Masanao Matsui. (Agric. biol. Chem. [Tokyo] **31** (1967) 12, 1490—98; Dep. of Agric. Chem., Fac. of Agric., Yamagata Univ., Tsuruo-ka, Yamagata, Japan; engl.) — Die synthetisierten Verb. spielen eine Rolle im Pflanzenschutz. *Pterocarpin* u. *Homopterocarpin* wurden früher aus *Pterocarpus*-Arten isoliert.

Versuche (alle F. unkorr.): Isoflavone: *7-Methoxy-3'.4'-methylendioxy-* (*Pseudobaptigeninmethyläther*), F. 179—180° (A.), a) durch Kondens. des Piperidinenamins von Homopiperonal (aus Homopiperonal, Py. u. einer Spur p-Toluolsulfonsäure in Bzl.) mit 2-Acetoxy-4-methoxybenzoylchlorid in Ggw. von Triäthylamin in trockenem $CHCl_3$ u. (nach Entfernen des Triäthylaminhydrochlorids) intramol. Cyclisierung des Kondens.-Prod. durch Kochen mit Piperidin in Py.; b) durch Cyclisieren von 2.4-Dihydroxyphenyl-3.4-methylendioxybenzylketon mit Orthoameisensäureäthylester in Py. in Ggw. von Piperidin zu *7-Hydroxy-3'.4'-methylendioxy-* (I) u. Methylieren von I mit CH_3J u. K_2CO_3 in sd. Aceton. — *2'-Benzyloxy-* (II), $C_{22}H_{16}O_3$, F. 112—113° (Bzl./PAe.), analog Vorst. durch Kondens. von Acetylsalicylchlorid u. dem Pyrrolidinenamin von 2-Benzyloxyphenylacetaldehyd u. chromatograph. Reinigung. — *2'-Hydroxy-*, $C_{15}H_{10}O_3$, F. 152—153° (Ligroin/Bzl.), durch 1std. Erhitzen von II (100 mg) mit Essigsäure in konz. HCl auf 65°, Eingießen des Rk.-Gemisches in Eiswasser u. Extrahieren mit $CHCl_3$; 60 mg (Ausb.). — *7-Methoxy-2'-benzyloxy-4'.5'-methylendioxy-* (X), $C_{24}H_{18}O_6$, F. 129—130° (A. oder PAe.), analog Vorst. nach a) aus dem Pyrrolidinenamin von VIII [F. 106—107° (PAe.)] u. IX, chromatograph. Reinigung; 31%. — *7-Methoxy-2'-hydroxy-4'.5'-methylendioxy-* (XI), $C_{17}H_{12}O_6$, F. 198—199° (Bzl.), a) aus 0,1 g X in Eisessig mit konz. HCl; 40 mg; b) durch katalyt. Hydrierung von 0,4 g X mit PdC-Katalysator in Äthylacetat; 0,2 g. — *2'-Acetoxy-7-methoxy-4'.5'-methylendioxy-*, F. 159—161° durch Acetylieren von XI. — *2'.7-Dimethoxy-4'.5'-methylendioxy-* (XII), F. 209—210° (Aceton), aus XI, CH_3J u. K_2CO_3 in Aceton. — (±)-*Pterocarpin*, $C_{17}H_{14}O_5$, F. 184 bis 185° (A.), Umsetzung von XII mit $NaBH_4$ in THF u. Kochen des erhaltenen Rohprod. [stereoisomeres Gemisch von 7-Methoxy-2'-hydroxyisoflavanol-(4)] mit 50%ig. Essigsäure; 0,1 g. — *3.4-Methylendioxyphenylallyläther* (IV), $C_{10}H_{10}O_3$, Kp.$_3$ 106—109°, durch 6std. Erhitzen eines Rk.-Gemisches aus Sesamol, Allylbromid u. K_2CO_3 in Aceton am Rückfluß, Verdünnen mit W., Aufnehmen in Ae.; 81%. — *2-Allyl-4.5-methylendioxyphenol* (V), $C_{10}H_{10}O_3$, F. 74,5—75,5° (Ligroin), durch 3std. Erhitzen von IV mit Dimethylanilin auf 200—210°, Konzentrieren, Lösen in Bzl., Waschen mit 5%ig. HCl u. Entfernen des Lsgm.; 88%. — *2-Allyl-4.5-methylendioxyphenylbenzyläther* (VI), $C_{17}H_{16}O_3$, F. 45—46° (Methanol, PAe.), durch 7std. Rückflußerhitzen von V, Benzylbromid u. K_2CO_3 in Aceton, Verdünnen mit W. u. Aufnehmen des öligen Prod. in Ae.; 62%. — *3-[2-Benzyloxy-4.5-methylendioxyphenyl]-propandiol-(1.2)* (VII), $C_{17}H_{18}O_5$, F. 103—104° (Bzl.), aus VI, Ag-Benzoat u. Jod in Bzl., Verseifen des Rohprod. mit 10%ig. wss.-äthanol. NaOH-Lsg., Entfernen des A., Verdünnen mit W. u. Extrahieren mit Ae.; 8 g. — *2-Benzyloxy-4.5-methylendioxyphenylacetaldehyd* (VIII), $C_{16}H_{14}O_4$, F. 65—67° (Ligroin), durch Behandlung von VII in Bzl. mit Pb-Tetraacetat bei 50°; 81%. — *2-Acetoxy-4-methoxybenzoylchlorid* (IX), Kp.$_3$ 158—160°, durch Umsetzung von 2-Acetoxy-4-methoxybenzoesäure mit $SOCl_2$ in Pyridin. — 2-Benzyloxy-4.5-methylendioxy-: *-benzaldehyd* (XIII), $C_{15}H_{12}O_4$, F. 95—96° (A.), durch 4std. Erhitzen von 2-Hydroxy-4.5-methylendioxybenzaldehyd, Benzylbromid, K_2CO_3 u. Aceton am Rückfluß u. Verdünnen mit W.; 72%. — *-benzylalkohol* (XIV), $C_{15}H_{14}O_4$, F. 109 bis 110° (Bzl.), durch Red. von XIII mit $NaBH_4$ in Dioxan; 87%. — *-benzylcyanid* (XV), $C_{16}H_{13}NO_3$, F. 117 bis 118° (A.), durch Einleiten von HCl in eine Lsg. von XIV in Bzl. mit Na_2SO_4 u. Umsetzung des Benzylchlorids mit NaCN; 41%. — *-phenylessigsäure* (XVI), $C_{16}H_{14}O_5$, F. 130—131° (A.), durch 4std. Erhitzen einer Lsg. von XV in 20%ig. äthanol. KOH-Lsg. am Rückfluß; 56%. — *3-[2-Benzyloxy-4.5-methylendioxyphenyl]-7-methoxycumarin* (XVII), $C_{24}H_{18}O_6$, F. 170—171° (A.), durch Erhitzen eines Gemisches von XVI, 2-Hydroxy-4-methoxybenzaldehyd, K-Acetat u. Essigsäureanhydrid am Rückfluß (5 Std.); 31 g. — Vers., aus XVII durch Red. mit $LiAlH_4$ u. anschließende Kondens. des Gemisches der zwei Diole die entsprechenden Isoflavane oder Isoflavene herzustellen, blieben ohne Erfolg. — IR-Spektren vgl. Original. G. Menz 4420

1327 **Natur der abfangbaren ätherlöslichen Indolderivate aus der Koleoptile von Zea mays.** G. Ballin. (Wiss. Z. Univ. Rostock, math.-naturwiss. R. **16** (1967) 4/5, 427—28; Botan. Inst. der Univ. Rostock; dt.) — Abfangvers. zeigten *β-Indolylessigsäure* als natives Auxin der Maiskoleoptile. W. Hiller 4485

1328 **Bildung und Synthese von 2.3.5.6-Tetrachlorphenylessigsäure.** Ryuzo Nishiyama. (J. synth. org. Chem., Japan **25** (1967) 8, 677—80; Central Res. Labor., Ishihara Sangyo Co., Japan; jap.) — Die Diazotierung von 2.3.5.6-Tetrachloranilin verläuft sehr langsam. Zersetzt man das Diazoniumsalz mit H_2SO_4, so entsteht nicht das erwartete Phenol, sondern 2.3.5.6-Tetrachlorphenylessigsäure (I), die durch Synth. identifiziert wird. I unterdrückte bei fast allen getesteten Pflanzensamen die Wurzelbldg. beinahe vollständig. Es zeigt außerdem deutliche Auxinaktivität.

Versuche: *2.3.5.6-Tetrachlorbenzylchlorid*, $C_7H_3 \cdot Cl_5$, F. 81,5—82° (Ligroin), durch 9std. Rk. von 2.3.5.6-Tetrachlortoluol mit Cl_2 in Ggw. von PCl_5 unter UV-Bestrahlung bei 120—130°; 88% (Ausb.). — *2.3.5.6-Tetrachlorphenylacetonitril*, $C_8H_3Cl_4N$, F. 150—151° (Ligroin), durch Rk. vorst. Verb. mit KCN in wss. A. in der Wärme; 80%. — *2.3.5.6-Tetrachlorphenylessigsäure*, F. 212—213° (Ligroin), a) durch Kochen vorst. Verb. in 70%ig. H_2SO_4, Gießen in Eiswasser, Extraktion der ausgeschiedenen Krist. mit 2%ig. NaOH, Ansäuern u. Umkrist.; 90%; b) durch Rk. einer Dispersion von 23 g 2.3.5.6-Tetrachloranilinsulfat in einem Gemisch aus Essigsäure u. H_2SO_4 mit einer Dispersion von $NaNO_2$ in konz. H_2SO_4 bei 0—2° (88%ig. Diazotierung), Eintropfen der Diazoniumsalzlsg. in 70%ig. H_2SO_4 bei 150—160° u. W.-Dampfdest., Reinigung wie unter a); 1,2 g. Daneben erfolgt reichliche Bldg. eines harzigen Materials. Ch. Jürgens 4485△

1329 **Synthese und Hemmwirkung von Polyasparaginsäurederivaten.** H. Nagy Kovacs, J. Kovacs, M. A. Pisano und B. A. Shidlovsky. (J. med. Chem. **10** (1967) 5, 904—08; Dep. of Chem. and Biol., St. John's Univ., New York, N.Y.; engl.) — Aus einer Reihe Amide der α.β-Polyasparaginsäure ist nur die DL-Form des 3-Aminopropylamids antibakteriell u. antifungal wirksam, auch gegen das Sarkom 180. Die reinen α- u. β-Polyamide sind weit weniger wirksam, die Monomeren sind unwirksam. Cytotox. Eig. zeigt auch Polysuccinimid (I).

Versuche: 1.3-Diaminopropane: *N-Carbobenzoxy-*, *Hydrochlorid* (*HCl*) (II), $C_{11}H_{17}ClN_2O_2$, F. 184 bis 186°, a) durch 4tägiges Rühren von 1.3-Diaminopropan (III) u. Dibenzylcarbonat bei Raumtemp., Einengen, Fällen mit Ae. u. Lösen in alkohol. HCl; 74% (Ausb.); b) durch Zutropfen von Carbobenzoxychlorid in Hexan zu III in 2n HCl unter Eiskühlung in Ggw. von

Acetatpuffer, Alkalisieren der wss. Phase, Ausäthern u. Sättigen der Ae.-Lsg. mit CO_2; 14%. *Pikrat*, $C_{17}H_{19}N_5O_9 \cdot H_2O$, F. 78—80° (wss. A.). — *N.N'-Bis-carbobenzoxy-*, $C_{19}H_{22}N_2O_4$, F. 111—113° (Chlf./Hexan), a) neben II nach b); b) wie vorst. nach b) in W./Hexan bei —60 bis 0°; 85%. — *Carbobenzoxy-3-aminopropylcarbaminsäure, Carbobenzoxy-3-aminopropylaminsalz*, $C_{23}H_{32}N_4O_6$, F. 122—125°, durch Mischen von 250 mg II mit gesätt. Na_2CO_3-Lsg.; 100 mg. — Asparaginsäuren: *N-Carbobenzoxy-α-[3-carbobenzoxyaminopropylamid]-β-benzylester*, D-*Form*, $C_{30}H_{33}N_3O_7$, F. 145—146° (Essigester), durch Zutropfen von Chlorameisensäureisobutylester zu N-Carbobenzoxyasparaginsäurebenzylester (IV) u. Triäthylamin in Toluol bei —10°, Zugabe von II in verd. NaOH u. Extraktion mit Essigester; $[\alpha]_D^{24}$ —10,54°; 54%. L-*Form*, F. 146—147° (Essigester); $[\alpha]_D^{24}$ +10,76°; 68%. — *α-[3-Aminopropylamid], Di-HCl*, D-*Form*, $C_7H_{17} \cdot Cl_2N_3O_3$, durch Hydrierung vorst. Verb. in Methanol/W. über Pd-Kohle; $[\alpha]_D^{23}$ —8,4°; 88%. L-*Form*; $[\alpha]_D^{23}$ +9,4°; 65%. — *N-Carbobenzoxy-β-[3-aminopropylamid]*, D-*Form*, $C_{15}H_{21}N_3O_5 \cdot H_2O$, F. 208—210° (A./W.), durch Zutropfen von IV zu III in Methanol u. Fällen mit Ae.; $[\alpha]_D^{30}$ —10,99°; 85%. L-*Form*, F. 211—212° (W.), $[\alpha]_D^{24}$ +10,8°; 94%. *HCl*, $C_{15}H_{22}ClN_3O_5$, F. 178—180° (A./Ae.). — *β-[3-Aminopropyl]-amid*, D-*Form*, F. 146 bis 148°, durch Hydrierung von 1,8 g vorst. Verb.; 975 mg. *Di-HCl*, $C_7H_{17}Cl_2N_3O_3$, aus 242 mg mit methanol. HCl; $[\alpha]_D^{24}$ —24,2°; 335 mg. L-*Form*; 97%. *Di-HCl*, $[\alpha]_D^{24}$ +25,8°. — α.β-Poly-DL-asparaginsäuren: *3-Aminopropylamid*, $C_{18}H_{33}N_7O_8$, durch Zutropfen von I in Dimethylformamid zu II bei Raumtemp. u. Zugabe von PAe.; 79,5%. *HCl*, $C_{18}H_{33}N_7O_8 \cdot 2\,HCl$, aus 10 g mit wss. HCl; 8,4 g. — *2-Aminopropyl-* oder *-isopropylamid*; 34%. — *4-Aminobutylamid*; 46%. — *6-Aminohexylamid*; 53%. — *2-Hydroxyäthylamid*; 68%. — *Hydrazid*; 32%. — *N'.N'-Dimethylhydrazid*; 48%. — α.α-Polyasparaginsäure-3-aminopropylamid: L-*Form*, durch Zugabe des Benzylesters zu II; 35%. — D-*Form*, analog. — β.β-Polyasparaginsäure-3-aminopropylamid: D-*Form*; 72%. L-*Form*; 53%. W. Holland 4607

1330 **Darstellung einiger Derivate von Glycyrrhetsäure und Oleanolsäure.** P. D. G. Dean, T. G. Halsall und M. W. Whitehouse. (J. Pharmacy Pharmacol. **19** (1967) 10, 682—89; Oxford, Univ., Dyson Perrins Labor.; engl.) — Zur Unters. ihrer pharmakolog. Wrkg. werden nach bekannten Meth. Deriv. u. Umwandlungsprod. von *Glycyrrhet-* u. *Oleanolsäure* dargestellt.

Versuche: *3β-Hydroxy-11-oxo-Δ¹²-5α.18β-oleanen-30-säure* (**I**; *Glycyrrhetsäure*), *Methylester* (**Ia**), F. 253 bis 254°, aus I u. CH_2N_2; aus A. Platten. **Ia**-*3-O-[β-Carboxypropionyl]-deriv.* (**Ib**), *1-Hydrat*, $C_{35}H_{52}O_7 \cdot H_2O$, F. 265 bis 267°, durch 12std. Kochen von **Ia** u. Bernsteinsäureanhydrid in Py., Gießen in W. u. Extrahieren mit Ae.; $[\alpha]_D$ +70 ± 1° (c = 1,05; Chlf.); aus verd. A. Platten. **I**-*3-O-Acetylderiv.* (**Ic**), F. 289—290° (A.), aus I u. Acetanhydrid/Pyridin. **Ic**-*Amid* (**Id**), *1-Hydrat*, $C_{32}H_{49}NO_4 \cdot H_2O$, F. 302—305°, durch 4std. Kochen von 1,6 g **Ic** mit $SOCl_2$, Eindampfen im Vakuum u. Eintragen des **Ic**-*Chlorids* (**Ie**) in NH_4OH; aus A. Nadeln; 1,6 g (Ausb.). **Ic**-*2-Carboxyanilid*, F. 269° (Zers.; CH_3OH), durch Zugeben von 0,4 g **Ie** zu Anthranilsäure in 10%ig. NaOH, ½std. Schütteln u. Ansäuern mit HCl; 0,7 g. **Ic**-*4-Carboxyanilid*, F. 260° (Zers.), analog vorst. Deriv.; aus CH_3OH Nadeln. **I**-*3-O-[β-Methoxycarbonylpropionyl]-deriv.* (**If**), $C_{35}H_{52}O_7$, F. 246—250°, durch Stehen von **I** u. β-Methoxycarbonylpropionylchlorid in Py. für 4 Tage u. Gießen in W.; $[\alpha]_D$ +74 ± 2° (c = 0,6; Chlf.); aus W./CH_3OH Nadeln. **If**-*Amid*, F. 216—218°, analog **Id** aus **If**; aus CH_3OH/Aceton Nadeln. **I**-*3-O-[β-Carboxypropionyl]-deriv.*, *Amid*, F. 247—250°, durch 12std. Kochen vorst. Deriv. mit LiJ in DMF; aus Chlf. Platten. **I**-*N-[Carboxymethyl]-amid*, *½-Hydrat*, $C_{32}H_{49}NO_5 \cdot \frac{1}{2}\,H_2O$, F. 264°, durch ½std. Rühren von **I**, Glycinäthylester u. Dicyclohexylcarbodiimid in Chlf./CH_2Cl_2 bei 25—30°, 48std. Rühren bei 20°, Zugeben von einigen Tropfen Eisessig, Zugeben von Chlf. zum Filtrat, Filtrieren über Al_2O_3, Eindampfen, 2std. Rühren mit methanol. KOH bei Raumtemp., Ansäuern, Extrahieren mit Äthylacetat u. Chromatographie (Chr.) an SiO_2; aus Äthylacetat/PAe. Nadeln. — *3β-[β-Carboxypropionyloxy]-11-oxo-Δ¹²-5α.18α-oleanen-30-säuremethylester*, *1-Hydrat*, F. 237—239°, aus 5α.18α-Glycyrrhetsäure u. CH_2N_2 u. Rk. des Methylesters wie bei **Ib**; aus verd. Essigsäure Nadeln. — *3β-Hydroxy-Δ⁹,¹¹.¹²-5α.18β-oleanadien-30-säure*, F. 293 bis 295°, neben 2 nicht identifizierten Verb. durch 2std. Kochen von 3,9 g **I** u. KBH_4 in A., Ansäuern u. Chr. an SiO_2; aus CH_3OH Nadeln; 3 g. *3-O-[β-Carboxypropionyl]-deriv.*, F. 264—267°, analog **Ib**; $[\alpha]_D$ +136 ± 2° (c = 0,4; Chlf.); aus Eisessig/W./A. Oktaeder. — *3β-Hydroxy-Δ¹²-5α.18β-oleanen-30-säure*, F. 328—329°, durch 7std. Hydrieren von **I** an PtO_2 in Eisessig; $[\alpha]_D$ +55 ± 2° (c = 1,0; A.); Nadeln. — *3β-Hydroxy-Δ¹²-5α.18α-oleanen-30-säure*, F. 288—292°, durch 48std. Hydrieren von 18α-Glycyrrhetsäure an PtO_2 in Eisessig/Dioxan; aus Eisessig Nadeln; enthält noch ca. 20% Ausgangsverbindung. — *3-O-[β-Methoxycarbonylpropionyl]-oleanolsäuremethylester* (**II**), $C_{36}H_{56}O_6$, F. 166—167°, analog **If** aus Oleanolsäuremethylester; $[\alpha]_D$ +57 ± 1° (c = 1,4; Chlf.); aus CH_3OH/Äthylacetat Nadeln. — *3β-Hydroxy-11-oxo-Δ¹²-5α.18β-oleanen-28-säure* (**III**), *Acetylderiv.* (**IIIa**), F. 263—264°, aus dem Methylester u. LiJ in 2.4.6-Collidin; aus CH_3OH/Chlf. Platten. **IIIa**-*Methylester*, F. 240—241°, Darst. nach Bilham et al. (1942); aus CH_3OH/Aceton Nadeln. **III**-*3-O-[β-Carboxypropionyl]-deriv.* (**IIIb**), F. 257—258°, durch 22std. Kochen des Dimethylesters mit LiJ in DMF; aus Eisessig Platten. **IIIb**-*Dimethylester*, $C_{36}H_{54}O_7$, F. 193—193,5°, durch Zutropfen von CrO_3 in 90%ig. Essigsäure zu **II** in Eisessig, 1½std. Kochen, Zugeben von W. u. Chr. des Nd. an SiO_2; $[\alpha]_D$ + 66 ± 2° (c = 0,87; Chlf.); aus W./CH_3OH Nadeln. — *3β-[β-Carboxypropionyloxy]-Δ⁹,¹¹.¹²-5α.18β-oleanadien-28-säure*, F. 256—257°, durch Kochen von 3-O-[β-Carboxypropionyl]-oleanolsäure mit N-Bromsuccinimid in CCl_4/PAe. im UV-Licht für 7 Min., Zugeben von Xylol zum Filtrat, Eindampfen im Vakuum, Zugeben von Py., Kochen für 20 Min. u. Eindampfen des Filtrats im Vakuum; aus verd. Essigsäure Nadeln.

F. Heller 4608

1331 **Heterocyclische Analoga der Salicylsäure.** William O. Foye und Joel M. Kauffman. (Chim. thérapeut. **2** (1967) 6, 462—66; Mass. Coll. of Pharmacy, Boston, Mass.; engl.) — Die Analoga werden hinsichtlich ihrer biolog. Wrkg. mit Salicylsäure, ihren 3.6-Dialkyl- u. ihrem Acetylderiv. verglichen. Die Alkylgruppen in 3- u. 6-Stellung verringern die Stabilitätskonst. der Cu^{2+}-, Fe^{3+}- u. Al^{3+}-Komplexe u. gleichzeitig die entzündungshemmende u. antierythem. Wirkung. Die Heterocyclen zeigen Einfl. auf den Blutzuckerspiegel diabet. Ratten. Eine Beziehung dieser Wrkg. zur Komplexbldg. wurde nicht festgestellt.

Versuche: *2-Hydroxypyridincarbonsäure-(3)* (**I**), F. 262,5—265° (Nadeln), durch Diazotieren von 2-Aminopyridincarbonsäure-(3); (Ausb.) 53%. — *3-Hydroxypyridincarbonsäure-(4)* (**II**), F. 326° (Zers.) gelbe Nadeln (DMF); 38%. — *2-Aminopyrazincarbonsäure-(3)* (**III**), F. 206—207,5° (Zers.) blaßgelbe Nadeln (W.), durch Ox. von Chinoxalin mit $KMnO_4$ u. Rk. der Pyrazin-2.3-dicarbonsäure mit Essigsäureanhydrid zu *Pyrazin-2.3-dicarbonsäureanhydrid*, F. 214—218° (Zers.), Lösen der Verb. in THF u. Rk. mit trockenem NH_3 zu *2-Carboxyaminopyrazin-3-carbonsäure*, NH_4-*Salz* (F. 180—183° (Zers.); 96%), Lösen dieser Verb. in NaOH, Einleiten von Luft u. Umsetzen mit NaOBr. — *2-Hydroxypyrazin-3-carbonsäure* (**IV**), F. 219—222° (Nadeln aus DMF); 62%. — *4-Aminopyrimidin-5-carbonsäure* (**V**), F. 272,5 bis 274°. — *4-Hydroxy-2-methylchinolin-3-carbonsäure*, F. 252—253° (Zers.); 69%. — *4-Hydroxy-2-methylthiazol-5-carbonsäureäthylester*, F. 107—108°; 14%. — *3-Hydroxythiophen-2-carbonsäuremethylester*, $Kp._{21-23}$ 106—118; 41%. Die Stabilitätskonst. wurden von folgenden Verb. untersucht: **I**, **II**, **III**, **IV**, **V**, *3.6-Dimethyl-*, *3-tert.-Butyl-6-methyl-*, *3-Methyl-6-isopropyl-*, *3.6-Dimethyl-5-amino-* u. *3.6-Dimethyl-5-nitrosalicylsäure*. G. Menz 4617

1332 **N-(4-Biphenyl)-N-(2-diäthylaminoäthyl)-mandelsäureamid-Hydrochlorid. Ein wirksames Lokalanästhetikum bei Verabreichung von Sulfhydryl-Inhibitoren in der Krebstherapie.** Frances E. Knock. (J. med. Chem. **10** (1967) 4, 733; Dep. of Surg., Presbyterian-St. Luke's

Hosp., Chicago. Ill.; engl.) — Zwecks Linderung der Schmerzen bei Applikation gewisser Sulfhydryl-Inhibitoren schlägt Vf. die gleichzeitige Injektion von N-[4-Biphenyl]-N-[2-diäthylaminoäthyl]-mandelsäureamid-Hydrochlorid (I) vor. I erwies sich als bes. geeignet bei direkter Injektion in den Tumor. I ist 5mal so stark wie Lidocain u. bei i. v. Applikation gleich toxisch.

Versuche: *N-[4-Biphenyl]-N-[2-diäthylaminoäthyl]-mandelsäureamid-Hydrochlorid* (I), $C_{26}H_{31}N_2O_2Cl$, F. 176 bis 177°, hygroskop.; aus Acetylmandelsäurechlorid in Bzl. durch Rk. mit N-[4-Biphenylyl]-N'.N'-diäthyläthylendiamin. Abspaltung der Acetylgruppe des Rk.-Prod. mit alkohol. NaOH u. Überführen der freien Base in I; 90% Ausbeute. Ernst Frank 4627

1333 **Synthese einiger disubstituierter Cyanacetamide als mögliche Antikonvulsiva.** Herbert F. Schwartz II, Lee F. Worrell und Jaime N. Delgado. (J. pharmac. Sci. **56** (1967) 1, 80—86; Pharmaceut. Chem. Labor., Coll. of Pharm., Univ. of Tex., Austin; engl.) — C-Mono- u. dialkylierte Cyanacetamide werden durch C-Alkylierung in verschiedenen Lsgm. u. durch Acylierung von Aminen dargestellt. Im ersten Fall entstehen Mono- u. Dialkylverb. nebeneinander. Symm. Dialkylderiv. werden am besten in *Dimethylsulfoxid* (I) erhalten, asymm. schrittweise in *Dimethylformamid* (II). Einige Verb. zeigen in der pharmakolog. Prüfung keine sedative u. mäßige bis gute antikonvulsive Wirkung.

Versuche: N-Methylcyanacetamide: *Propyl-*, $C_7H_{12}N_2O$, F. 65,5—66,5° (W.), durch 1std. Schütteln von N-Methylcyanacetamid u. KOH in II, Zugabe von Propylbromid u. weiteres Schütteln über 4 Std.; 41% (Ausb.). — *Dipropyl-*, $C_{10}H_{18}N_2O$, F. 111 bis 112° (W.); 16%. — *Diäthyl-*, $C_8H_{14}N_2O$, F. 97—98° (W.); a) wie vorst.; 84%. b) durch allmähliche Zugabe von geschmolzenem Diäthylcyanacetamid zu geschmolzenem Methylamin-HCl, 4std. Erhitzen auf 200°, Aufnehmen in Isopropanol, Filtrieren u. Einengen (Meth. A); 38—61%. — *Äthylpropyl-*, $C_9H_{16}N_2O$, F. 86,5—87,5° (Isopropanol), a); 68—82%. b) nach Meth. A; 60—62%. — N-Propylcyanacetamide: *Diäthyl-*, $C_{10}H_{18}N_2O$, F. 71—71,5° (Isopropanol/W.), nach Meth. A; 69—78%. — *Äthylpropyl-*, $C_{11}H_{20}N_2O$, F. 65,5—66,5° (A./W.), nach Meth. A; 70—90%. — N.N-Dimethylcyanacetamide: *Äthyl-*, $C_7H_{12}N_2O$, Kp.$_4$ 120—121°, durch C-Alkylierung, n_D^{23} 1,4616; 48,3%. — *Diäthyl-*, $C_9H_{16}N_2O$, Kp.$_7$ 92 bis 93°, in I/II (3 : 1), n_D^{23} 1,4606; 48%. — *Äthylpropyl-*, $C_{10}H_{18}N_2O$, Kp.$_4$ 111—112°, wie vorst., n_D^{23} 1,4605; 44%. — Cyanacetpyrrolidide: *Äthyl-*, $C_9H_{14}N_2O$, Kp.$_8$ 160—161°, n_D^{24} 1,4868; 70—89%. — *Diäthyl-*, $C_{11}H_{18}N_2O$, Kp.$_3$ 127—128°, n_D^{24} 1,4816; 31—47%. — *Äthylpropyl-*, $C_{12}H_{20}N_2O$, Kp.$_3$ 133—134°, n_D^{24} 1,4810; 70%. — Cyanacetpiperidide: *Äthyl-*, $C_{10}H_{16}N_2O$, F. 59—60° (Isopropanol); 83—100%. — *Diäthyl-*, $C_{12}H_{20} \cdot N_2O$, Kp.$_6$ 122—123°, n_D^{24} 1,4846; 82—95%. — *Äthylpropyl-*, $C_{13}H_{22}N_2O$, Kp.$_3$ 137—138°, n_D^{23} 1,4829; 78 bis 100%. — Cyanacetmorpholide: *Äthyl-*, $C_9H_{14}N_2O_2$, Kp.$_4$ 164—165°, n_D^{24} 1,4915; 69%. — *Diäthyl-*, $C_{11}H_{18} \cdot N_2O_2$, Kp.$_5$ 138—139°, F. 35—36°, n_D^{23} 1,4858; 43%. — *1-Cyanacetylpyrrolidin*, $C_7H_{10}N_2O$, F. 71,5—72,5° (Isopropanol), durch Zugabe von Cyanessigsäureäthylester zu überschüssigem Pyrrolidin unter Kühlung; 90,5%. W. Holland 4628

F. Pharmazeutische Chemie

1334 **Bestimmung von Phenylephrinhydrochlorid neben anderen Arzneistoffen.** Carl Ponder. (J. pharmac. Sci. **57** (1968) 3, 467—69; Atlanta, Ga., Food and Drug Admin., District Labor.; engl.) — Aus Tabletten u. Sirupen, die Antihistaminikagemische, Kodein, Aspirin u. Dextromethorphan enthalten, wird *Phenylephrinhydrochlorid* säulenchromatograph. isoliert u. UV-spektrophotometr. bei 273 nm quant. bestimmt. F. Schwarz 4846

1335 **Selektive Bestimmung von Tolbutamid in Arzneifertigwaren durch die Ninhydrinreaktionen.** K. K. Kaistha und W. N. French. (J. pharmac. Sci. **57** (1968) 3, 459—64; Ottawa, Canada, Food and Drug Direct., Dep. of Nat. Health and Welfare; engl.) — n-Butylamin, das bei hydrolyt. Spaltung aus *Tolbutamid* (I) in äquivalenter Menge entsteht, bildet mit Ninhydrin einen blauen Komplex, der photometr. bei 585 nm bestimmt wird. p-Toluolsulfonamid, Dibutylharnstoff (als Zers.-Prod.), Harnstoff u. seine Acylderiv., Carbamate, Amidine, Guanidine u. Tablettenhilfsstoffe stören nicht. Ist I durch n-Butylamin verunreinigt, können beide Verb. nebeneinander quant. bestimmt werden. Für I-Tabletten werden Stabilitätsunters. durchgeführt. F. Schwarz 4846

1336 **Bestimmung einiger in der Praxis verwendeter Sulfonamide.** M. Šaršúnová, V. Schwarz, E. Feketeová und J. Protiva. (Sci. pharmac., Proc. 25th Congr. pharmac. Sci., Prague 1965 **2** (1967) 129—36; Labor. für Arzneimittelanalyse, pharm. Fak., Bratislava; dt.) — Vf. entwickeln eine qual. dünnschichtchromatograph. Meth. für die Verteilung von 12 Sulfonamiden (Sulfacetamid, Sulfadimidin, Sulfathiazol, Succinylsulfathiazol, Ftalazol, Uramid, Sulfamethoxypyridazin, Sulfanylamid, Sulfaguanidin, Sulfadiazin, Sulfamethoxydin) auf losen Al_2O_3-Schichten u. anschließende spektrophotometr. Auswertung der eluierten Stoffe, wobei die Lsgm.-Syst. $CHCl_3$: Methanol (80 : 15), $CHCl_3$: A. (80 : 15), $CHCl_3$ zu Propanol (80 : 15), $CHCl_3$: Isopropanol (80 : 15), $CHCl_3$ zu Butanol (80 : 15) u. $CHCl_3$: Amylalkohol (80 : 15) verwendet werden. U. Drehmann 4846

1337 **Stabilität von γ-Phenylbutazon. 3. Mitt. Identifizierung und Bestimmung des Azobenzols unter den Zersetzungsprodukten des Arzneimittels.** Pietro Barolo und Luciano Cerè. (Ann. Chimica **58** (1968) 7, 735—41; Ist. Merceologico, Univ., Torino; ital.) — 2. vgl. ibid. **57** (1967) 1288. — Als Zers.-Prod. von γ-Phenylbutazon werden *cis-* u. *trans-Azobenzol* chromatograph. u. spektrophotometr. in Cyclohexan bei 274 nm nachgewiesen. — 21 Literaturangaben. W. Holland 4846

1338 **Analyse einiger pyridinhaltiger Arzneimittel mit Thiobarbitursäure.** P. Mesnard, G. Devaux und J. Fauquet. (Sci. pharmac., Proc. 25th Congr. pharmac. Sci., Prague 1965 **2** (1967) 77—86; Labor. de Chim. Org. et Chim. Analyt., Fac. de Méd. et de Pharm., Bordeaux; franz.) — Vf. schlagen vor, die Rk. zwischen 2-Thiobarbitursäure u. dem bei der Spaltung des Pyridinkernes mit CNCl entstehenden Glutacondialdehyds, wobei sich gefärbte Verb. bilden, zu einer kolorimetr. Best.-Meth. für nicht α-substituierte Pyridinverb. anzuwenden. Die Meth. ist auf Nicotinsäure- u. Isonicotinsäurederiv. enthaltende Arzneimittel anwendbar. — 55 Literaturangaben. U. Drehmann 4846

1339 **Untersuchung der Stabilität von Prazepam und verwandten Arzneimitteln.** Lester Chafetz und Charles A. Gaglia jun. (J. pharmac. Sci. **56** (1967) 12, 1681—82; Pharm. Res. and Dev. Labor., Warner-Lambert Res. Inst., Morris Plains; engl.) — *Prazepam (7-Chlor-2.3-dihydro-1-cyclopropylmethyl-5-phenyl-1H-1.4-benzodiazepinon-(2)*; I) wird hydrolyt. in *2-Cyclopropylmethylamino-5-chlorbenzophenon* (II) u. Glykokoll gespalten. Die UV-spektrophotometr. Best.-Meth. von I in Tabletten u. Kapseln zur Prüfung der Stabilität von I beruht auf dem deutlichen Unterschied der Spektren von I u. II infolge Protonisierung. Die Messung von nicht hydrolysiertem I wird in konz. H_2SO_4/abs. Methanol (97 : 3) bei dem Absorptionsmax. 365 nm vorgenommen. Diese modifizierte spektrophotometr. Best. von I erweist sich der zum Vgl. durchgeführten konventionellen polarograph. Meth. an Empfindlichkeit gleichwertig, an Genauigkeit u. Einfachheit überlegen. Bei Lagerung von I bis zu 35 Monaten bei Raumtemp. wird keine hydrolyt. Spaltung festgestellt. U. Rohmann 4846

1340 **Farbreaktion der Digitoxose. 1. Mitt. Versuche zur Klärung des Reaktionsmechanismus.** W. Poethke und W. Kupferschmid. (Arch. Pharmaz. **301** (1968) 11, 846—55; Jena, Univ., Pharmaz. Inst.; dt.) — Digitoxose (I) liefert mit Orcin in stark salzsaurer Lsg. in Ggw. von

$FeCl_3$ (Reagens nach Bial) beim Erhitzen eine tiefblaue Färbung, die auch zur photometr. Best. von *Herzglykosiden* Anwendung gefunden hat. Pentosen bzw. Furfural geben mit diesem Reagens ebenfalls eine Blaufärbung, jedoch kann kein analoger Rk.-Mechanismus vorliegen, da **I** als 2-Desoxyzucker nicht zur Bldg. des Furanringes befähigt ist. Dies wurde auch experimentell bestätigt. Weitere Unters. ließen vermuten, daß durch die Säure aus **I** durch Wasserabspaltung intermediär ein Ketoaldehyd, 4-Oxo-5-hydroxyhexanal-(1), entsteht, der sich mit Orcin im Mol-Verhältnis 1 : 3 zu einem chinoiden Farbstoff umsetzt, wobei Fe^{3+} als Ox.-Mittel fungiert. Ein ähnlicher Mechanismus ist aus Unters. der Rk.-Kette Hydroxymethylfurfural → Lävulinsäure bekannt.
W. Kupferschmid 4846

1341 **Bestimmung von Mikrogramm-Mengen von Belladonna-Alkaloiden in einer Neomycin–Kaolin–Pektin-Suspension.** Alfred Bracey und George Selzer. (J. pharmac. Sci. 57 (1968) 3, 464–66; Washington, D.C., U.S. Dep. of Health, Educ. and Welfare, Div. of Antibiotics and Insulin Certification; engl.) — Die Alkaloide werden durch Ausschütteln mit A./Ae. isoliert u. von störenden Substanzen (z. B. Konservierungsmitteln) befreit, anschließend über Kieselgur-Säulen gereinigt u. mit $CHCl_3$ eluiert. Nach Nitrierung, Red. u. Diazotierung werden sie mit N-[1-Naphthyl]-äthylendiamindihydrochlorid zum Farbstoff gekuppelt u. die Absorption bei 550 nm gemessen. Bei Modellvers. werden 92,9–99,4% des eingesetzten Atropinsulfats wiedergefunden.
F. Schwarz 4846

1342 **Bestimmung von Terpinhydrat durch Gas–Flüssigkeit-Chromatographie.** Ernest J. Kubiak. (J. pharmac. Sci. 57 (1968) 3, 473–75; Kalamazoo, Mich., Upjohn Co.; engl.) — Terpinhydrat wird aus NaCl-gesätt. Lsg. mit $CHCl_3$ extrahiert u. als Terpin unter Verw. von hydriertem Rizinusöl als stationärer Phase bestimmt. Abbauprod. u. andere Terpene stören nicht. 3-tert.-Butylphenol dient als innerer Standard. Die Meth. ist schnell u. einfach durchzuführen u. genau (±1%).
F. Schwarz 4846

1343 **Kolorimetrische Gehaltsbestimmung von Chloramphenicol mittels α-Naphthol.** Daniel S. Masterson jun. (J. pharmac. Sci. 57 (1968) 2, 305–08; Washington, D.C., U.S. Dep. of Health, Educ. and Welfare, Div. of Antibiotics and Insulin Certification; engl.) — In 6n NaOH gibt *Chloramphenicol* mit α-Naphthol eine Blaufärbung, die für eine quant. photometr. Geh.-Best. des Antibiotikums bei 610 nm im Vgl. mit einer Standardlsg. verwendet wird. Die Standardabweichung ist $< 3\%$. Die Spezifität der Meth. wird durch Vgl. mit chem. ähnlichen Verb. überprüft. Die Absorption im langwelligen Bereich ist an die p-Nitrophenylgruppe gebunden.
F. Schwarz 4848

1344 T. J. Smith & Nephew Ltd., Kingston-upon-Hull, Yorkshire, Großbritannien (Erfinder: David John Drain und John Gordon Bernard Howes), **Benzamidophenylalkansäureverbindungen** der allg. Formel I

I 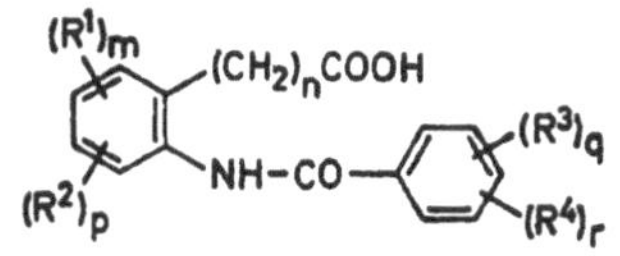

(R^1, R^2, R^3 u. R^4 = C_{1-4}-Alkyl- oder -Alkoxyreste, Halogen oder CF_3; n = 1 oder 2; m, p, q u. r = 0 oder 1, jedoch im gleichen Mol. nicht alle gleich 0) erhält man a), falls n = 1, durch Red. einer entsprechend substituierten Nitroverb. der allg. Formel $(R^1)_m[(R^2)_p]C_6H_3(NO_2)$–$CH_2$–COOX (X = niedrigmol. Alkyl), Acylierung des gebildeten Aminoesters mit einer die Gruppe –C(=O)–$C_6H_3[(R^3)_q]$–$(R^4)_r$ enthaltenden Verb. u. Verseifung des dem Säureprod. entsprechenden Alkylesters bzw. b), falls n = 2, durch Spaltung eines $(R^1)_m$- u. $(R^2)_p$-substituierten Dihydrocarbostyrils mit wss. Alkalihydroxid u. Acylierung des gebildeten Alkalisalzes einer β-[2-Aminophenyl]-propionsäure der Formel $(R^1)_m$–$[(R^2)_p]$·$C_6H_2(NH_2)$–CH_2CH_2–COOH mit einer Verb. wie bei a) in wss. Lösung. — Phenylessigsäuren: *2-[4'-Chlorbenzamido]-*, $C_{15}H_{12}ClNO_3$, F. 190–191° [Aceton (**II**)/W., 3 : 1], 75% (Ausb.), aus 2-Nitrophenylessigsäureäthylester in A. durch katalyt. Hydrierung in Ggw. von PtO_2, Eindampfen des Filtrats, Lösen des öligen Rückstands in **II** (+ Triäthylamin), Zutropfen von p-Chlorbenzoylchlorid in **II**, 1std. Kochen u. Verseifung des 2-[4'-Chlorbenzamido]-phenylessigsäureesters, $C_{17}H_{16}ClNO_3$, F. 99 bis 101° (**II**/W., 3 : 1), 87%; analog *2-[3'.4'-Dichlorbenzamido]-*, $C_{15}H_{11}Cl_2NO_3$, F. 188,5–189,5° (**II**/W., 3 : 1); *2-[4'-Methylbenzamido]-*, $C_{16}H_{15}NO_3$, F. 174,5–175,5° (**II**/W.); *2-[4'-Methoxybenzamido]-*, $C_{16}H_{15}NO_4$, F. 195 bis 197° (**II**/W.); *2-[3'-Trifluormethylbenzamido]-*, $C_{16}H_{12}$·F_3NO_3, F. 184,5–186° (**II**/Bzn.); *4-Chlor-2-[4'-chlorbenzamido]-*, $C_{15}H_{11}Cl_2NO_3$, F. 246–247,5° (**II**/W.); *4-Chlor-2-[3'.4'-dichlorbenzamido]-*, $C_{15}H_{10}Cl_3NO_3$, F. 213–214° (**II**/W.); *4-Chlor-2-[3'-trifluormethylbenzamido]-*, $C_{16}H_{11}$·ClF_3NO_3, F. 187,5–188,5° (**II**/Bzn); *4-Methyl-2-[3'-trifluormethylbenzamido]-*, $C_{17}H_{14}F_3NO_3$, F. 132–133° (**II**/Bzn.); *2-[4'-Chlorbenzamido]-4-methyl-*, $C_{16}H_{14}ClNO_3$, F. 205,5–206° (**II**/W.); *2-[3'.4'-Dichlorbenzamido]-4-methyl-*, $C_{16}H_{13}Cl_2NO_3$, F. 178–179° (**II**/W.); *2-[4'-Chlorbenzamido]-5-methoxy-*, $C_{16}H_{14}ClNO_4$, F. 195,5–196,5° (**II**/W.), *2-[3'.4'-Dichlorbenzamido]-5-methoxy-*, $C_{16}H_{13}Cl_2NO_4$, F. 190–191° (**II**/W.); *5-Methoxy-2-[3'-trifluormethylbenzamido]-*, $C_{17}H_{14}F_3NO_4$, F. 172–173° (**II**/Bzn.). — Phenylpropionsäuren: *β-2-[3'.4'-Dichlorbenzamido]-*, C_{16}·$H_{13}Cl_2NO_3$, F. 185–186° (Essigester), 24%, aus 3.4-Dihydrocarbostyril durch Rk. mit NaOH u. dann mit 3.4-Dichlorbenzoylchlorid; analog *β-2-[4'-Chlorbenzamido]-*, $C_{16}H_{14}ClNO_3$, F. 162–163° (**II**/W.); *β-2-[4-Methylbenzamido]-*, $C_{17}H_{17}NO_3$, F. 153–154°; *β-4-Chlor-2-[4'-chlorbenzamido]-*, $C_{16}H_{13}Cl_2NO_3$, F. 230–233° [Essigsäure (**III**)]; *β-4-Chlor-2-[3'.4'-dichlorbenzamido]-*, $C_{16}H_{12}Cl_3NO_3$, F. 194 bis 195° (**III**); *β-2-[4'-Chlorbenzamido]-4-methyl-*, $C_{17}H_{16}$·$ClNO_3$, F. 189–190° (**III**/W.); *β-2-[3'.4'-Dichlorbenzamido]-4-methyl-*, $C_{17}H_{15}Cl_2NO_3$, F. 183–184° (Dibutyläther); *β-4-Methyl-2-[3'-trifluormethylbenzamido]-*, $C_{18}H_{16}$·F_3NO_3, F. 159–160° (**III**/W.); *β-2-[4'-Chlorbenzamido]-5-methoxy-*, $C_{17}H_{16}ClNO_4$, F. 189–190° (**III**); *β-2-[3'.4'-Dichlorbenzamido]-5-methoxy-*, $C_{17}H_{15}Cl_2NO_4$, F. 182 bis 183° (**III**/W.). — Die Prod. besitzen *analget.* u. *antiinflammator. Wirkung.* — Wrkg.-Tabelle. (**Brit. P. 1 082 466** vom 29/6. 1965, ausg. 6/9. 1967.) — 11 S.
Georg Vogel 4846

1345 Chemische Fabrik Schweizerhall (Erfinder: Herbert Mühle, Ignac Schiller und Bernhard Prijs), Basel, Schweiz, **Derivate der 4-Sulfamylbenzoesäure** der allg. Formel X–SO_2–C_6H_4–COOH(4) (X = 5- oder 6gliedriger N-Ring) werden hergestellt durch Rk. von Y–SO_2–C_6H_4–Z mit HX u. Überführung der geeigneten Reste in die Carboxylgruppe (Y = Halogen; Z = Carboxyl, funktionell abgewandeltes Carboxyl). — *N-(p-Carboxyphenylsulfonyl)* (**I**)*-pyrrolidin*, F. 225°; 80% (Ausb.). — **I**-*Prolin*, F. 236°; 75%. — **I**-*2.6-Dimethylpiperidin*, F. 145–148°; 81%. — *1-Methyl-4-(p-carboxyphenylsulfonyl)-piperazin*, F. 310°; 75%. — *Arzneimittel*, die die Ausscheidung von Penicillin u. p-Aminosalicylsäure verzögern u. die von Harnsäure fördern. (**Schwz. P. 444 846** vom 9/8. 1963, ausg. 29/2. 1968.) — 3 S.
A. Debo 4846

1346 C. F. Boehringer & Soehne G.m.b.H., Mannheim (Erfinder: Erich Haack, Heidelberg, Alfred Popelak, Mannheim, Gustav Lettenbauer, Lampertheim, Wolfgang Schaumann und Klaus Ritter, Mannheim), **Herstellung von Diphenylaminoalkylaminen** erfolgt durch Red. eines Diphenylaminoalkylamins zusammen mit einem Phenylpropanon oder durch Rk. eines Phenylalkylaminoalkylhalogenids mit Diphenylamin oder durch Rk. eines Phenylamins mit einem Diphenylaminoalkylhalogenid. Beispiel: Hydrierung von 3-Diphenylaminopropylamin u. Phenylaceton in Ggw. von PtO_2 → *N-[3-(Phenylisopropylamino)-propyl]-diphenylamin, Hydrochlorid*, $C_{24}H_{28}N_2$·HCl, F. 140–141°. Analog folgende Diphenylamine (**I**): *N-[3-(3'.4'-Methylendioxyphenylisopropylamino)-propyl]-***I**, *Hydrochlorid*, C_{25}·$H_{28}N_2O_2$·HCl, F. 157–160°; *N-[3-(3'.4'-Methylendioxyphenylisopropylmethylamino)-propyl]-***I**, *Oxalat*, $C_{26}H_{30}N_2$·O_2·$C_2H_2O_4$, F. 178–179°; *N-[3-(p-Benzyloxyphenyliso-*

propylamino)-propyl]-I, *Hydrochlorid*, $C_{31}H_{34}N_2O \cdot HCl$, F. 160—163°; *N-[3-(p-Hydroxyphenylisopropylamino)-propyl]*-I, *Maleinat*, F. 174—176°; *N-[2-(3'.4'-Dimethoxyphenylisopropyl)-methylaminoäthyl]*-I, *Hydrochlorid*, $C_{26}H_{32}N_2O_2 \cdot HCl$, F. 191—192°; *N-[2-(Phenylisopropylmethylamino)-äthyl]*-I, *Hydrochlorid*, $C_{24}H_{28}N_2 \cdot HCl$, F. 144—146°; *N-[3-(N-Phenylisopropylmethylamino)-propyl]*-I, *Oxalat*, $C_{25}H_{30}N_2 \cdot C_2H_2O_4$, F. 174—176°; *N-[3-(3'.4'-Dimethoxyphenylisopropylmethylamino)-propyl]*-I, *Oxalat*, $C_{27}H_{34}N_2O_2 \cdot C_2H_2O_4$, F. 156—160°; *N-[3-(N'-p-Benzyloxyphenylisopropyl-N'-äthylamino)-propyl]*-I, *Oxalat*, $C_{33}H_{38}N_2O \cdot C_2H_2O_4$, F. 138°; *N-[3-(4'-Methylphenylisopropylamino)-propyl]*-I, *Maleinat*, $C_{25}H_{30}N_2 \cdot C_4H_4O_4$, F. 116 bis 117°; *N-[3-(3'.4'-Dichlorphenylisopropylamino)-propyl]*-I, *Maleinat*, $C_{24}H_{26}N_2Cl_2 \cdot C_4H_4O_4$, F. 131—132°; *N-[3-(4'-Chlorphenylisopropylamino)-propyl]*-I, *Hydrochlorid*, $C_{24}H_{27}ClN_2 \cdot HCl$, F. 169°; *N-[3-(N'-3'.4'-Dichlorphenylisopropyl-N'-äthyl)-aminopropyl]*-I. — *Coronargefäßerweiternde Mittel.* (**Schwz. P. 449 089** vom 24/12. 1964, ausg. 11/4. 1968. D. Prior. 31/10. 1964.) — 5 S.
R. Bauereis 4846

1347 Farbwerke Hoechst Akt.-Ges. vormals Meister Lucius & Brüning, Frankfurt/M., **Herstellung von Phenylpropylaminen** der allg. Formel I (R = H

I 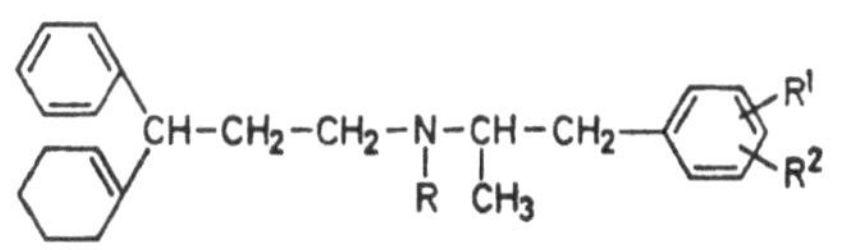

oder CH_3; R_1 u. R_2 = H oder Alkylgruppen mit ≦ 4 C-Atomen) durch Rk. von a) 1-Phenyl-1-cyclohexen-(1)-yl-3-aminopropan (II) mit entsprechend substituiertem Methylbenzylketon u. Red. der Doppelbindung, b) II mit entsprechend substituiertem 1-Phenyl-2-halogenpropan, c) 1-Phenyl-1-cyclohexen-(1)-yl-3-halogenpropan mit 1-Phenyl-2-aminopropan (ggf. N-substituiert), d) 3-Phenyl-3-cyclohexen-(1)-ylpropionaldehyd mit 1-Phenyl-2-aminopropan, e) Phenylcyclohexylidenacetonitril mit 1-Phenyl-N-halogenäthylpropylamin oder f) durch Red. entsprechend substituierter Carbonsäureamide. — Genannt sind: *1-Phenyl-2-[(3'-phenyl-3'-cyclohexenylpropyl)-methylamino]-propan*, *1-Phenyl-2-[3'-phenyl-3'-cyclohexenylpropylamino]-propan*, *1-[3'.4'-Dimethylphenyl]-2-[3''-phenyl-3''-cyclohexenylpropylamino]-propan*. — *Kardiaka*, bes. zur Dilatation der Koronararterien. (**Port. P. 45 858** vom 1/5. 1966, Auszug. veröff. 31/5. 1967. D. Prior. 2/6. 1965.)
W. Wittholz 4846

1348 Daiichi Seiyaku Co. Ltd., Tokio (Erfinder: Atsuji Okano, Shizuo Kadoya, Tokio, Takeo Naito, Ichikawa City, Takaaki Aoyagi, Fujisawa City, und Masao Shimizu, Tokio), Japan, **trans-4-Aminomethylcyclohexan-1-carbonsäure** erhält man durch Hydrierung von trans-4-Cyancyclohexan-1-carbonsäure oder deren Ester in einem Lsgm., bes. einem aliphat. Alkohol in Ggw. von PtO, Pd–Holzkohle, Pd-Schwarz, Raney-Co, Raney-Ni als Katalysator u. ggf. Verseifung des erhaltenen Esters. Die Hydrierung kann auch in W. in Ggw. von NH_3 oder einem Alkylamin, bes. in wasserhaltigem CH_3OH, durchgeführt werden. Die nach Hydrierung oder Verseifung erhaltene Lsg. kann durch eine Ionenaustauscherharz-Kolonne geleitet werden. — Aus trans-4-Cyancyclohexan-1-carbonsäure durch Hydrierung in CH_3OH → *trans-4-Aminomethylcyclohexan-1-carbonsäure*, $C_8H_{15}NO_2$, F. 380—390°. — *Heilmittel.* (**Schwz. P. 444 146** vom 23/12. 1964, ausg. 15/2. 1968. Jap. Prior. 24/12. 1963.) — 5 S. R. Bollinger 4846

1349 Merck & Co., Inc., Rahway (Erfinder: Robert du Bois Hoffsommer jun., David Taub, Metuchen, und Norman Lord Wendler, Summit), N.J., USA, **Herstellung von 5-Aminopropyliden-Derivaten des Dibenzo-(a.d)-cycloheptans.** Zu Brit. P. 1 039 374; C. **1969**, 4-2135, ist nachzutragen: Aus 5-Cyclopropyl-5-hydroxy-dibenzo-(a.d)-cycloheptan erhält man durch Rk. mit HCl in CH_3COOH bei 10—15° *5-[γ-Chlorpropyliden]-dibenzo-(a.d)-cycloheptan*, $C_{18}H_{17}Cl$, F. 83—84°, ferner ist noch beschrieben die Herst. der *Hydrochloride* von *5-[γ-Hydroxypropyliden]-dibenzo-(a.d)-cycloheptan*, $C_{18}H_{18}O$, F. 89—90,2°, von *5-[γ-Dimethylamino-*, $C_{20}H_{24}ClN$, F. 190—192°, *5-[γ-Methylamino-*, $C_{19}H_{22}ClN$, F. 213 bis 215°, *5-[γ-Brom-*, $C_{18}H_{17}Br$, F. 69,2—71,6°, *5-[γ-Jod-*, $C_{18}H_{17}J$, F. 56,2—59°, u. *5-[γ-Aminopropyliden]-dibenzo-[a.d]-cycloheptan*, $C_{18}H_{20}ClN$, F. 258—263°. — *Antidepressiva.* (**D. A. S. 1 262 998** Kl. 12o vom 11/4. 1963, ausg. 14/3. 1968. U. S. Prior. 19/4. 1962.) — 4 S.
R. Bollinger 4846

1350 F. Hoffmann-La Roche & Co. Akt.-Ges., Basel, Schweiz, **Dibenzocycloheptatrien-Derivate** der allg. Formel I (R u. R^1 = Halogen, CF_3, Alkyl, Alkoxy,

I 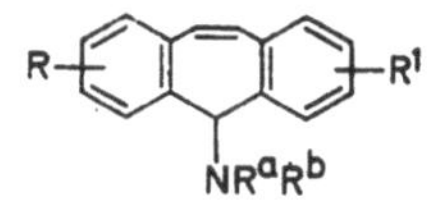

Alkylthio, Acyl, Sulfamyl oder Alkylsulfamyl; R^a = H oder ggf. substituiertes Alkyl; R^b = H, ggf. substituiertes Alkyl, Cycloalkyl oder Acyl; R^a u. R^b können zusammen mit dem N einen heterocycl. Ring bilden) erhält man durch Rk. der im Benzolkern entsprechend substituierten Dibenzocycloheptatriene, die in der 5-Stellung ein Halogen oder einen Sulfonsäurerest bzw. eine OH-Gruppe tragen, mit einem Amin der allg. Formel HNR^aR^b, ggf. in einem inerten Lsgm. bei 20—200, bes. 100—150°. — Aus 5-Chlor-5H-dibenzo-[a.d]-cyclohepten erhält man durch Rk. mit Methylamin in Toluol *N-Methyl-5H-dibenzo-[a.d]-cyclohepten-(5)-amin, Hydrochlorid*, F. 234 bis 235°, ähnlich: *R-5H-cyclohepten-(5)-amin, R = N-Propyl, Hydrochlorid*, F. 220°; *N-Butyl, Hydrochlorid*, F. 216 bis 217°; *N-Hexyl*, $Kp._{0,05}$ 170—175°; *N-Benzyl, Hydrochlorid*, F. 209—210°; *N-Isopropyl, Hydrochlorid*, F. 192 bis 194°; *N-tert.-Butyl, Hydrochlorid*, F. 225°; *N-(3-Dimethylaminopropyl)*, $Kp._{0,5}$ 148—156°; *N-(3-Methoxypropyl), Hydrochlorid*, F. 198°; *N.N-Dimethyl, Hydrochlorid*, F. 203—203,5°; *N.N-Diäthyl*, F. 58—59°; *H, Hydrochlorid*, F. 222—223°; *N-Dimethylaminoacetyl*, F. 204—205°; *N-Acetyl*, F. 289—290°; *N-Pentyl, Hydrochlorid*, F. 176—178°; *N-Methyl-N-butyl, Hydrochlorid*, F. 149—151°; ferner *1-[5H-Dibenzo-[a.d]-cyclohepten-(5)-yl]-piperidin*, F. 116—118°, *Hydrochlorid*, F. 180°; *Äthyl-[5H-dibenzo-[a.d]-cyclohepten]-5-carbamat*, F. 202 bis 203°; *4-[5H-Dibenzo-[a.d]-cyclohepten-(5)-yl]-morpholin*, F. 118—119°, *Hydrochlorid*, F. 181° u. *1-[5H-Dibenzo-[a.d]-cyclohepten-(5)-yl]-pyrrolidin*, F. 132—133°. — *Heilmittel.* (**Brit. P. 1 061 946** vom 5/1. 1966, ausg. 15/3. 1967. Schwz. Prior. 6/1. 1965.) — 7 S.
R. Bollinger 4846

1351 Rhône-Poulenc Soc. An., Paris (Erfinder: Jean Clément Louis Fouche, Bourg-la-Reine, Seine), Frankreich, **Dibenzo-[a.d]-cycloheptatriene** der allg. Formel I (A = Alkylen; Z = NH_2, Mono- oder Dialkylamin,

I 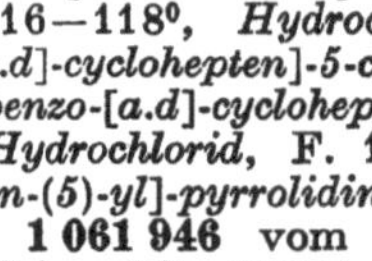

Pyrrolidinyl, ggf. am N-Atom substituiertes Piperazin, ggf. in 4-Stellung substituiertes Piperidyl oder Morpholinyl) erhält man durch Rk. eines Amins der allg. Formel HZ mit einem Dibenzocycloheptatrien mit dem Rest AX (X = Halogen oder der Sulfonsäurerest) in der 10-Stellung. Verb. mit einem alkylierten Piperazylrest in der 10-Stellung erhält man durch Alkylierung der entsprechenden Verb. mit dem Piperazylrest in der 10-Stellung. — Aus Methansulfonyloxy-3-propyl-10-dibenzo-[a.d]-cycloheptatrien erhält man durch Rk. mit Dimethylamin in Bzl. u. anschließend mit HCl das *[Dimethylamino-3-propyl]-10-dibenzo-[a.d]-cycloheptatrien, Hydrochlorid*, F. 215—216°; ähnlich: *R-10-dibenzo-[a.d]-cycloheptatrien, R = (Dimethylamino-2-methyl-1-äthyl)-, Hydrochlorid*, F. 215—220° (Zers.); *Dimethylaminomethyl-*, F. 127—129°; *(Dimethylamino-2-propyl)-, Hydrochlorid*, F. 190—192°; *(Methylamino-3-propyl)-, Hydrochlorid*, F. 160—162°; *[(Methyl-4-piperazino)-3-propyl]-, Hydrochlorid*, F. 245—250°; *[(Methyl-4-piperazino)-2-äthyl]-*, F. 85—86°; *(Methyl-4-piperazino)-methyl-, Dichlorhydrat*,

F. ca. 250°; [(*Hydroxyäthyl-4-piperazino*)-*3-propyl*]-, *Dichlorhydrat-Dihydrat*, F. ca. 190°; [*Dimethylamino-3-methyl-2-propyl*]-, *Hydrochlorid*, F. 214–216°; [*Methylamino-3-methyl-2-propyl*]-, *Hydrochlorid*, F. 194–196°; [(*Cinnamoyl-4-piperazino*)-*2-äthyl*]-, *Methansulfonat*, F. 235°; [*Cinnamoyl-4-piperazino*]-*methyl-*, *Methansulfonat*, F. 236–240°; [(*Hydroxy-4-phenyl-4-piperidino*)-*2-äthyl*]-, F. 150°; [(*Phenyl-4-äthoxycarbonyl-4-piperidino*)-*2-äthyl*]-, F. 130–131°; [(*Phenyl-4-äthoxycarbonyl-4-piperidino*)-*3-propyl*]-, F. 121°; [*Hydroxy-4-phenyl-4-piperidino*]-*methyl-*, *Methansulfonat*, F. 258–262°; [(*Hydroxy-4-phenyl-4-piperidino*)-*3-propyl*]-, F. 144°; [*Phenyl-4-äthoxycarbonyl-4-piperidino*]-*methyl-*, F. 133–135°; *Piperazinomethyl-*, *Dihydrochlorid*, F. 255°; [*Piperazino-2-äthyl*]-, *Fumarat*, F. 210–215°; [(*Methyl-1-phenyl-2-äthyl*)-*amino-2-äthyl*]-, *Maleinat*, F. 208–210°, u. [(*N-Propionylanilino*)-*4-piperidino*]-*methyl-*, *Hydrochlorid*, F. 190°. Ferner ist noch beschrieben die Herst. von [*Dimethyl-2.6-anilino*]-*carbonylmethyl-4-*[*dibenzo-*[*a.d*]-*cycloheptatrienyl-10*]-*methyl-1-piperazin*, F. 160°; [*Dimethyl-2.6-anilino*]-*carbonylmethyl-4-*[(*dibenzo-*[*a.d*]-*cycloheptatrienyl-10*)-*2-äthyl*]-*1-piperazin*, F. 159–160°, u. [*Dimethyl-2.6-anilino*]-*carbonylmethyl-4-*[(*dibenzo-*[*a.d.*]-*cycloheptatrienyl-10*)-*3-propyl*]-*1-piperazin*, F. 119–120°. — *Heilmittel*. (**Schwz. P. 436 269** vom 1/6. 1965, ausg. 15/11. 1967. F. Prior. 1/6., 29/10. 1964 u. 22/4. 1965.) — 9 S. R. Bollinger 4846

1352 Farbwerke Hoechst Akt.-Ges. vormals Meister Lucius & Brüning, Frankfurt/M. (Erfinder: Walter Krohs, Bod Soden/Taunus, Leopold Ther und Gerhard Vogel, Frankfurt/M.), **Phenylcycloalkylmethylamine** der allg. Formel I (R^1 u. R^2 = H, OH, CH_3,

I 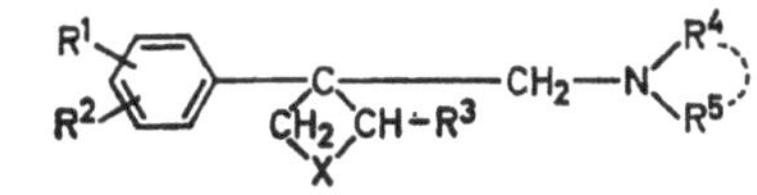

CH_3O oder gemeinsam die Methylendioxygruppe; X mit den Methylengruppen u. dem zentralen C-Atom = Cycloalkan; R^3 = H oder Alkyl; R^4 u. R^5 = H, Benzyl, Alkyl, Alkenyl oder Cycloalkyl, ggf. zusammen mit N ein heterocycl. Ring) erhält man durch Rk. eines entsprechenden Amins mit Estern oder Säuren der allg. Formel YR^4 (Y = anorgan. oder organ. Säurerest), durch gemeinsame Red. mit einer Oxo-Verb. der allg. Formel OCR^6R^7 (R^6 u. R^7 = H, Alkyl oder Alkenyl), durch Rk. mit einer Verb. der allg. Formel $(Hal)_2(CH_2)_n$ (n = 3–5; Hal = Halogen) oder durch Rk. mit $C_6H_5 \cdot CHO$, Anlagerung von Estern an die erhaltene Benzylidenverb. u. hydrolyt. Abspaltung des Säurerestes. — Aus 1-Phenyl-1-cyancyclopropan erhält man durch Hydrierung *1-Phenyl-1-aminomethylcyclopropan*, Kp.$_{12}$ 98 bis 102°, *Hydrochlorid*, F. 175°. — Ferner ist noch beschrieben die Herst. von *1-Phenyl-1-sek.-butylaminomethylcyclopropan*, *Hydrochlorid*, F. 97°; *1-Phenyl-1-pyrrolidinomethylcyclopropan*, *Hydrochlorid*, F. 170°; *1-Phenyl-1-aminomethylcyclobutan*, Kp.$_{10}$ 115–117°, u. *1-Phenyl-1-sek.-butylaminomethylcyclobutan*, *Hydrochlorid*, F. 113°; *1-*[*3'-Methoxyphenyl*]-*1-amino-*, Kp.$_3$ 120°, *Hydrochlorid*, F. 128°; *1-*[*3'-Methoxyphenyl*]-*1-sek.-butylamino-*, *Hydrochlorid*, F. 109°, das *3'-Hydroxyphenyl-Deriv.*, *Hydrochlorid*, F. 142°, u. *1-*[*3'-Methoxyphenyl*]-*1-pyrrolidinomethylcyclobutan*, *Hydrochlorid*, F. 185°, das *3'-Hydroxyphenyl-Deriv.*, *Hydrochlorid*, F. 182°; *1-*[*4'-Methylphenyl*]-*1-aminomethylcyclopentan*, Kp.$_{12}$ 146–148°, u. *1-*[*4'-Methylphenyl*]-*1-sek.-butylaminomethylcyclopentan*, *Hydrochlorid*, F. 169°; *1-*[*2'.4'-Dimethylphenyl*]-*1-aminomethylcyclopentan*, *Hydrochlorid*, F. 183°, u. *1-*[*2'.4'-Dimethylphenyl*]-*1-sek.-butylaminomethylcyclopentan*, *Hydrochlorid*, F. 200°; *1-*[*2'.5'-Dimethylphenyl*]-*1-aminomethylcylopentan*, *Hydrochlorid*, F. 208°, *1-*[*2'.5'-Dimethylphenyl*]-*1-sek.-butyl-*, *Hydrochlorid*, F. 181°, u. *1-*[*2'.5'-Dimethylphenyl*]-*1-allylaminomethylcyclopentan*, *Hydrochlorid*, F. 143°; *1-*[*3'.4'-Dimethylphenyl*]-*1-R-cyclopentan*, *R* = *n-butylaminomethyl*, *Hydrochlorid*, F. 124°, *isobutylaminomethyl*, *Hydrochlorid*, F. 158°, *isopropylaminomethyl*, *Hydrochlorid*, F. 191°, *sek.-butylaminomethyl*, *Hydrochlorid*, F. 168°, *cyclopentylaminomethyl*, *Hydrochlorid*, F. 172°, *cyclohexylaminomethyl*, *Hydrochlorid*, F. 174°, u. *pyrrolidinomethyl*, *Hydrochlorid*, F. 211°; *1-*[*3'-Methoxyphenyl*]-*1-R-methylcyclopentan*, *R* = *amino*, Kp.$_9$ 161–162°, *pyrrolidino*, *Hydrochlorid*, F. 204°, u. *piperidino*, *Hydrochlorid*, F. 176°; *1-*[*3'-Hydroxyphenyl*]-*1-diäthylamino-*, *Hydrochlorid*, F. 175°, *1-*[*3'-Hydroxyphenyl*]-*1-pyrrolidino-*, *Hydrochlorid*, F. 146°, u. *1-*[*3'-Hydroxyphenyl*]-*1-piperidinomethylcyclopentan*, *Hydrochlorid*, F. 201°; *1-*[*3'.4'-Dimethoxyphenyl*]-*1-amino-*, Kp.$_{0,1}$ 154–156°, *Hydrochlorid*, F. 199°, u. *1-*[*3'.4'-Dimethoxyphenyl*]-*1-pyrrolidinomethylcyclopentan*, *Hydrochlorid*, F. 206°; *1-*[*3'.4'-Methylendioxyphenyl*]-*1-amino-*, F. 60°, *1-*[*3'.4'-Methylendioxyphenyl*]-*1-methylamino-*, F. 59°, *1-*[*3'.4'-Methylendioxyphenyl*]-*1-sek.-butylamino-*, *Hydrochlorid*, F. 184°, u. *1-*[*3.'4'-Methylendioxyphenyl*]-*1-pyrrolidinomethylcyclopentan*, *Hydrochlorid*, F. 228°. — *Heilmittel*. (**Schwz. P. 443 274** vom 10/2. 1961, ausg. 15/2. 1968. D. Prior. 12/2. 1960.) — 7 S. R. Bollinger 4846

1353 Kyorin Seiyaku K. K. (Erfinder: Tsutomu Irikura, Seigo Suzue und Yasuo Abe) Tokio, Japan, **Sulfonylharnstoffderivate** der allg. Formel I (X = Halogen, Z = ein Rest der Formeln **II–VII**, R^1, R^2,

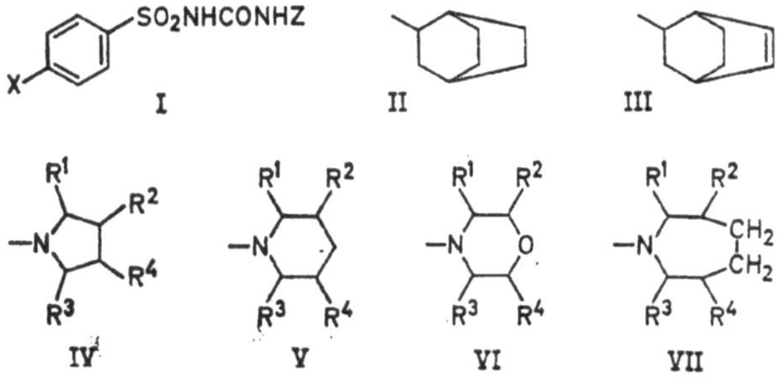

R^3 u. R^4 = H oder Alkyl) erhält man durch Rk. des Alkalisalzes eines Sulfonamids der allg. Formel $XC_6H_4 \cdot SO_2NH_2$ mit einem Isocyanat der allg. Formel OCNZ oder durch Rk. einer Verb. der allg. Formel EOOCNHZ (E = H, abspaltbares Alkyl) bzw. eines Sulfonamids der allg. Formel $XC_6H_4SO_2NHCOOB$ (B = abspaltbares Alkyl) mit einem Amin der allg. Formel H_2NZ. — Aus p-Chlorbenzolsulfonamid mit Bicyclo-(2.2.2)-octan-2-isocyanat in Ggw. von NaOH in Aceton → *N-p-Chlorbenzolsulfonyl-N'-bicyclo-(2.2.2)-octan-2-harnstoff*, F. 218°, ähnlich folgende *N-p-Chlorbenzolsulfonyl-N'-R-harnstoffe*; R = *Δ⁵-bicyclo-(2.2.2)-octan-2*, F. 224–226°, *pyrrolidino*, F. 261°, *morpholino*, F. 206–208°, *2.6-dimethylmorpholino*, F. 192–195°, *piperidino*, F. 206–209°, *hexahydroazepino*, $C_{13}H_{18}ClN_3O_3S$, F. 205°. — Diagramme, IR-Spektren. — *Hypoglykäm. Mittel*. (**Schwz. P. 439 270** vom 3/10. 1962, ausg. 15/12. 1967. Jap. Prior. 7/4., 14/6. u. 5/7. 1962.) — 5 S. R. Bollinger 4846

1354 Shionogi & Co. Ltd., Osaka, Japan, **Hexahydroindandicarbonsäurederivate** der allg. Formel I [X = CH_2, $CH(CH_3)$, $CH(CH_3)(CH_2)_n$, $CH(CH_3)-(CH_2)_nCH(CH_3)$; n = 1–4] erhält man aus Steroiden der allg. Formel **II**

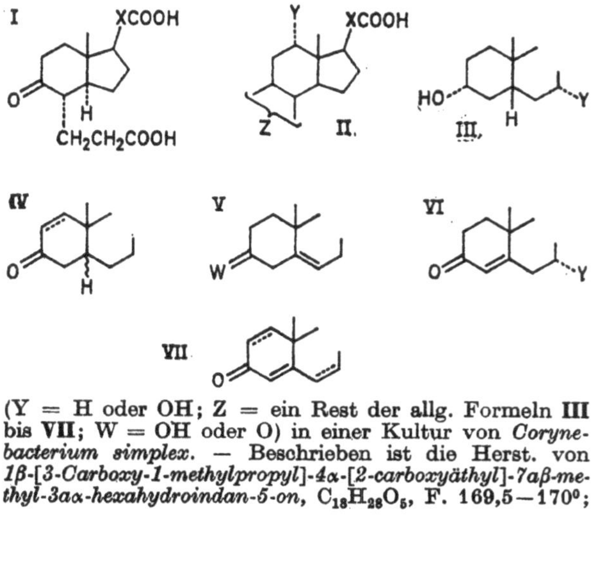

(Y = H oder OH; Z = ein Rest der allg. Formeln **III** bis **VII**; W = OH oder O) in einer Kultur von *Corynebacterium simplex*. — Beschrieben ist die Herst. von *1β-*[*3-Carboxy-1-methylpropyl*]-*4α-*[*2-carboxyäthyl*]-*7aβ-methyl-3aα-hexahydroindan-5-on*, $C_{18}H_{28}O_5$, F. 169,5–170°;

$[\alpha]_D^{24}$ $+20{,}5 \pm 5^0$; *1β-Carboxy-4α-[2-carboxymethyl]-7aβ-methyl-3aα-hexahydroindan-5-on*, $C_{14}H_{20}O_5$, F. 236,5 bis 240,5°; $[\alpha]_D^{25}$ $+34{,}5 \pm 2^0$; *1β-[1-Carboxyäthyl]-4α-[2-carboxyäthyl]-7aβ-methyl-3aα-hexahydroindan-5-on*, $C_{16}H_{24}O_5$, F. 158,5—159,5°; $[\alpha]_D$ $+0{,}7 \pm 0{,}25^0$. — *Heilmittel.* (**Brit. P. 1 078 166** vom 13/8. 1965, ausg. 2/8. 1967. Jap. Prior. 14/8. 1964.) — 6 S. R. Bollinger 4846

1355 Imperial Chemical Industries Ltd., London, Großbritannien (Erfinder: Bernard Joseph McLoughlin), **Carbocyclische Propanolamine** der allg. Formel **I**

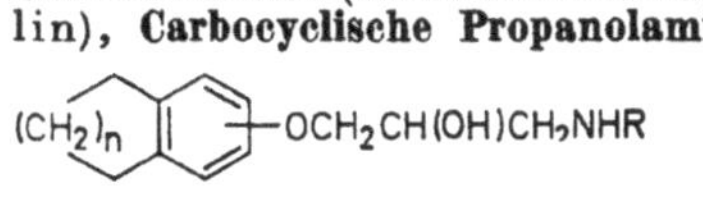

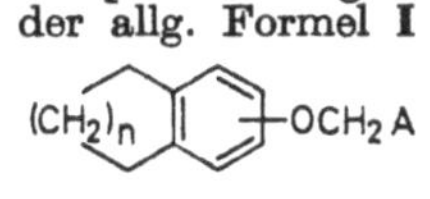

I II

(R = Cycloalkyl, n = 1 oder 2) erhält man durch Rk. einer Verb. der allg. Formel **II** [A = Epoxidring oder $-CH(OH)CH_2X$, X = Halogen] mit einem Amin der allg. Formel NH_2R. Die OH-Gruppe kann mit Säuren der allg. Formel R^1COOH (R^1 = Alkyl, Alkenyl, Aryl) verestert werden. — Aus 1-Chlor-3-(5.6.7.8-tetrahydro-1-naphthoxy)-2-propanol mit Cyclopentylamin in A. bei 100° → *1-Cyclopentylamino-3-(5.6.7.8-tetrahydro-1-naphthoxy)-2-propanol*, F. 117—118°. — *Heilmittel.* (**Brit. P. 1 079 989** vom 28/9. 1965, ausg. 16/8. 1967. **Zusatz zu Brit. P. 1 028 214; C. 1968, 4-1368.**) — 3 S. R. Bollinger 4846

1356 Sandoz Akt.-Ges., Basel (Erfinder: Albert Hofmann und Franz Troxler, Bottmingen), Schweiz, **Herstellung von Benzothiophenderivaten,** die im Phenylrest durch Gruppe $-CH_2-NH-R$ substituiert sind (R = niedermol. Alkyl, Alkinyl, Cyclopropyl), erhält man durch Rk. eines Aldehyds mit einem Amin u. Red. des entstandenen Aldimins. — (*Benzo-[b]-thiophen* = **I**).— Durch Red. von **I**-5-carbonsäure mit $LiAlH_4$ erhält man *5-Hydroxymethyl-***I**, F. 92—95°. Durch Ox. dieser Verb. mit MnO_2 erhält man *5-Formyl-***I**, F. 54—57°. Durch Rk. dieser Verb. mit Cyclopropylamin u. Red. des Zwischenprod. mit $NaBH_4$ erhält man *5-Cyclopropylaminomethyl-***I**, $Kp._{0,001}$ 130—135°, *Bimaleinat*, F. 159—160°. — Analog wurde erhalten: **I**-*6-carbonsäure*, F. 209—211°, → *6-Hydroxymethyl-***I**, F. 73—74°, → *6-Formyl-***I**, F. 44 bis 45°, → *6-Cyclopropylaminomethyl-***I**, $Kp._{0,01}$ 115 bis 120°, *Bimaleinat*, F. 137—139°; *6-Aminomethyl-***I**, $Kp._{0,08}$ 75—83°, *Hydrobromid*, F. 193—195°; *6-Propargylaminomethyl-***I**, *Bimaleinat*, F. 143—145°. — *Blutdrucksenkende Mittel.* (**Schwz. P. 442 358** vom 16/4. 1964, ausg. 31/1. 1968.) — 3 S. R. Bauereis 4846

1357 Sandoz Akt.-Ges., Basel (Erfinder: Franz Troxler, Bottmingen), Schweiz, **Herstellung von Indolderivaten,** die im Phenylrest durch die Gruppe $-CH_2-CH(CH_3)-NH-CO-R$ substituiert sind (R = niedermol. Alkoxy, niedermol. Alkyl, Phenyl, p-Aminobenzyl, Pyridyl), erhält man durch Rk. des entsprechenden Amins mit einem reaktionsfähigen Carbonsäurederivat. — (*Indol* = **I**). — Beispiel: 6-[2'-Aminopropyl]-I gibt mit $ClCO_2C_2H_5$ *6-[2'-Carbäthoxyaminopropyl]-***I**, $Kp._{0,001}$ 180°. — Analog wurden erhalten: *6-[2'-N-Propionylaminopropyl]-***I**, F. 93—95°; *6-[2'-N-Benzoylaminopropyl]-***I**, F. 129—130°; *6-[2'-N-Nicotinoylaminopropyl]-***I**, F. 135 bis 137°; *6-[2'-(N-Aminophenylacetyl)-aminopropyl]-***I**, F. 175—178°; *6-[2'-(N-Nitrophenylacetyl)-aminopropyl]-***I**, F. 123—125°. — *Blutdrucksenkende Mittel.* (**Schwz. P. 444 160** vom 2/7. 1964, ausg. 15/2. 1968.) — 3 S. R. Bauereis 4846

1358 Upjohn Co. (Erfinder: William Crawford Anthony), Kalamazoo, Mich., USA, **Herstellung von 3'.3'-disubstituierten Spiro-[indolin-3.2'-oxiran]-2-onen** erfolgt durch Epox. von 3-[disubstituierten-Methylen]-oxindolen mit wss. H_2O_2 in Ggw. von bas. Katalysatoren. — Beispiel: 3-Isopropyliden-**I** (**I** = *oxindol*) gibt mit H_2O_2 in Ggw. von NaOH *3.3'-Dimethyl-spiro-[indolin-3.2'-oxiran]-2-on*, F. 166—168°, $C_{11}H_{11}NO_2$. — Analog wurden folgende *Spiro-[indolin-3.2'-oxiran]-2-one* (**II**) erhalten: *1-Methyl-3-isopropyliden-***I**, F. 72—74°, $C_{12}H_{13}NO$, → *1.3'.3'-Trimethyl-***II**, F. 86—88°, $C_{12}H_{13}NO_2$; *3'-Isopropyl-3'-methyl-***II**, Öl, $C_{13}H_{15}NO_2$; *1-Methyl-3-diphenylmethylen-***I**, F. 165,5—167,5°, $C_{22}H_{17}NO$, → *1-Methyl-3'.3'-diphenyl-***II**, F. 174—177°, $C_{22}H_{17}NO_2$; *1-Methyl-3-[phenyl-(4-pyridyl)-methylen]-***I**, F. 167—169°, $C_{21}H_{16}NO_2$ → *1-Methyl-3'-phenyl-3'-[4-pyridyl]-***II**, F. 140-180°, $C_{21}H_{16} \cdot N_2O_2$; *3'-Methyl-3'-phenyl-***II**, F. 203-204, 5° $C_{16} \cdot H_{13}NO_2$. — *Sedativa, Diuretika, Spasmolytika.* (**Schwz. P. 441 316** vom 28/4. 1965, ausg. 15/1. 1968.) — 5 S. R. Bauereis 4846

1359 Merck & Co., Inc., Rahway (Erfinder: Janos Kollonitsch, Westfield), N.J., USA, **Herstellung von 1-Niederalkyl-5-nitroimidazol-2-carbonsäuren,** dad. gek., daß man ein 1-Niederalkyl-2-hydroxymethyl-5-nitroimidazol mit einem sauren Ox.-Mittel, bes. mit $HNO_3-H_2SO_4$-Gemisch, behandelt. — *1-Methyl-5-nitroimidazol* + Paraformaldehyd (in Dimethylsulfoxid) → *1-Methyl-2-hydroxymethyl-5-nitroimidazol* (**I**), F. 112—114,5°. — Analog: *1-Äthyl-2-hydroxymethyl-5-nitroimidazol.* — 4,71 (g) **I** + **16,5** konz. H_2SO_4 + 6,66 70%ig. HNO_3 (60 Std. bei 75—80°) → 4,2 *1-Methyl-5-nitroimidazol-2-carbonsäure*, F. 84—85°, + NaOH → Na-Salz + Oxalylchlorid (in sd. Bzl.) → *1-Methyl-5-nitroimidazol-2-carbonylchlorid*, **F.** 150 bis 153°, + NH_3 (in Bzl.) → *1-Methyl-5-nitroimidazol-2-carboxamid*, F. 222—224° (subl.). — Analog: *1-Äthyl-* u. *1-Propyl-5-nitroimidazol-2-carbonsäure.* — *Zwischenprod.* zur Herst. von *1-Niederalkyl-5-nitroimidazol-2-carboxamiden*, die als *Heilmittel* gegen parasitäre Krankheiten (*Histomoniasis* u. *Trichomonas vaginalis vaginitis*) dienen. (**Schwz. P. 449 680** vom 27/11. 1964, ausg. 11/4. 1968. U. S. Prior. 27/11. 1963.) — 3 S. O. Schön 4846

1360 Smith, Kline & French Laboratories, Philadelphia, Pa., USA, **Anthelminthika** der allg. Formel **I**

I 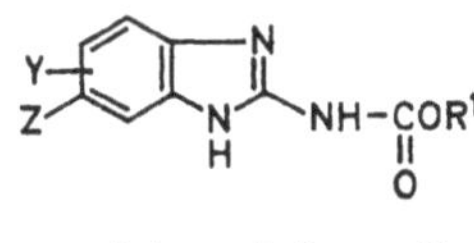

(R^1 = ggf. verzweigte niedere C_1-C_6-Alkylgruppe, C_3-C_6-Cycloalkyl- oder Alkylcycloalkylgruppe, ggf. verzweigte C_2-C_6-Alkenylgruppe oder Phenylrest; Y = ggf. verzweigte C_1-C_6-Alkylgruppe, C_2-C_6-Alkoxygruppe, Cl, Phenyl-, niederer Alkylmercapto-, Alkylamino-, Dialkylamino-, Dialkylaminoalkylrest, CN, Carboxy-, C_2- bis C_7-Carbalkoxygruppe; Z = H, ggf. verzweigte C_1-C_6-Alkyl- oder Alkoxygruppe) werden durch Rk. eines niederen S-Alkylisothioharnstoffsulfats, z. B. 2-Methyl-2-isothioharnstoffsulfat (**II**), in Ggw. einer Base, wie NaOH, mit 1—2 Äquivalenten Chlorameisensäureester $Cl-CO-OR^1$ u. anschließende Rk. mit entsprechend substituiertem o-Phenylendiamin erhalten, z. B. *5(6)-n-Butyl-2-carbomethoxyaminobenzimidazol* durch Rk. von **II** mit Chlorameisensäuremethylester in Ggw. von NaOH u. Kondens. mit 4-n-Butyl-o-phenylendiamin. (**Port. P. 46 822** vom 3/12. 1966, Auszug veröff. 12/7. 1967. U. S. Prior. 23/12. 1965 u. 1/7. 1966.) W. Wittholz 4846

1361 J. R. Geigy Akt.-Ges., Basel (Erfinder: André Gagneux, Franz Häflinger, Basel, und Conrad Eugster, Wallisellen), Schweiz, **3-Hydroxy-5-aminomethylisoxazol,** F. 175° (Zers.), *Hydrochlorid*, F. 160° (Zers.), erhält man nach folgenden Verf.: 1. durch katalyt. Hydrierung entsprechender Azidomethylisoxazole (Formel **I**, R^1 = N_3, R = H, Benzyl), 2. durch Hydrierung

I 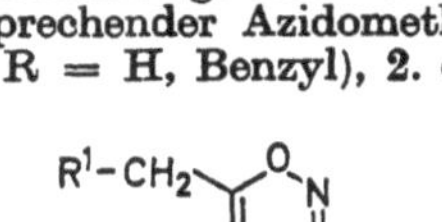

entsprechender Aminomethylbenzyloxyisoxazole (Formel **I**; R^1 = NH_2; R = Benzylrest), 3. durch Hydrolyse von Aminomethylalkoxy-, -benzyloxyisoxazolen (Formel **I**; R^1 = NH_2, R = Alkyl-, Benzylrest) mittels HBr, HCl, dem Hydrochlorid oder Hydrobromid von ggf. alkylsubstituierten Pyridinen, 4. Rk. eines Halogenids oder Schwefelsäureesters des 3-Hydroxy-5-hydroxymethylisoxazols (Formel **I**; R^1 = OH, R = H) mit NH_3, 5. durch Hydrolyse eines N-Acylaminomethylisoxazols (Formel **I**; R^1 = Ac—NH—; R = H; Ac = niederer Acylrest). — *Heilmittel.* (**Schwz. PP. 443 298, 443 300,**

448 801, 448 802 u. **448 803** vom 6/11. 1964, ausg. 15/2. 1968.) — 2 S. — 2 S. — 2 S. — 2 S. — 2 S.
A. Jahn 4846

1362 Bristol-Banyn Research Institute Ltd., Tokio, Japan, **Gegen Bakterien wirksame Stoffe** der allg. Formel I (R_3 = niedere Alkylgruppe; der Bzl.-Kern A

I 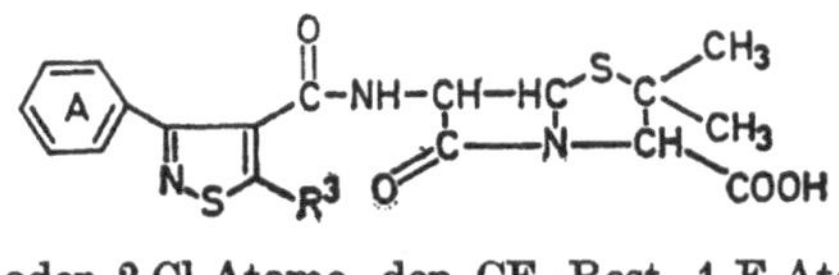

kann 1 oder 2 Cl-Atome, den CF_3-Rest, 1 F-Atom, den Methylsulfonylrest, eine Nitro-, niedere Alkyl- oder Alkoxygruppe enthalten) werden durch Rk. von 6-Amino-penicillansäure mit einem funktionellen Deriv. der 3-Phenylisothiazol-4-carbonsäure, z. B. dem Chlorid, Bromid, Anhydrid, Azid, oder der freien Säure in Ggw. von Carbodiimid erhalten. (**Port. P. 45 959** vom 22/6. 1966, Auszug veröff. 31/5. 1967. U. S. Prior. 23/6. 1965.)
W. Wittholz 4846

1363 Dr. med. Hans Voigt, Chemisch-Pharmazeutische Fabrik, Berlin, **Herstellung von basisch substituierten Flavonen** erfolgt durch Rk. eines 7-Oxy-8-halogenmethylflavons mit einem Alkanolamin oder durch Rk. eines 7-Oxyflavons mit CH_2O u. einem Alkanolamin. — Beispiel: Durch Rk. von 7-Oxyflavon mit β-Methylaminoäthanol u. CH_2O erhält man *8-[N-Methyl-N-äthanolaminomethyl]-7-oxyflavon*, F. 169—171°. — Analog wurden erhalten: *8-[N.N-Diäthanolaminomethyl]-7-oxyflavon*, F. 187—189°; Ausb. 90%; *8-[N-Äthyl-N-äthanolaminomethyl]-7-oxyflavon*, F. 148—151°; Ausb. 85%. — *Herzakt. Mittel.* (**D. A. S. 1 270 567** Kl. 12q vom 19/5. 1961, ausg. 20/6. 1968.) — 3 S.
R. Bauereis 4846

1364 J. R. Geigy Akt.-Ges. (Erfinder: Rudolf Pfister und Alfred Sallmann), Basel, Schweiz, **Herstellung von Cumarinderivaten** erfolgt durch Rk. eines 4-Aminocumarins mit einem Aminoalkylhalogenid. — Beispiel: 3-Phenyl-4-aminocumarin gibt mit β-Dimethylaminoäthylchlorid in Ggw. von NaH *3-Phenyl-4-[β-dimethylaminoäthylamino]-cumarin*, F. 130—131°, mit Ausb. 30%. — Analog wurden folgende Cumarine (I) erhalten: *3-Phenyl-4-[γ-dimethylaminopropylamino]*-I, F. 138°; *3-Phenyl-[β-dimethylaminoäthylamino]-6-chlor*-I, F. 193°; *3-Benzyl-4-[β-dimethylaminoäthylamino]-7-chlor*-I, F. 109°; *3-Butyl-4-[β-dimethylaminoäthylamino]*-I, $Kp._{0,01}$ 163°; *3-Butyl-4-[γ-dimethylaminopropylamino)*-I, $Kp._{0,01}$ 167°. — *Arzneimittel.* (**Schwz. P. 446 388** vom 3/12. 1964, ausg. 15/3. 1968.) — 3 S. R. Bauereis 4846

1365 Wellcome Foundation Ltd., London, Großbritannien (Erfinder: Morton Harfenist, Yonkers, N.Y., USA), **Herstellung von heterocyclischen Aldehyden** der allg. Formel I erfolgt durch Rk. eines polycycl.

I 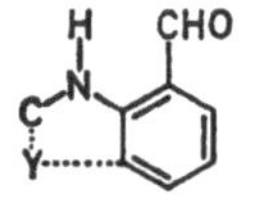 II 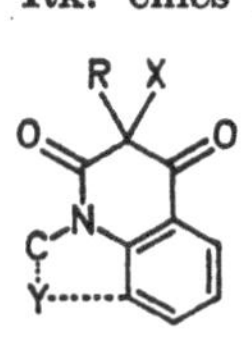

Ketoamids der allg. Formel II mit einem komplexen Metallhydrid u. alkal. Hydrolyse des Rk.-Prod. (R = niedermol. aliphat. KW-Stoffrest; X = tert.-Aminogruppe, niedermol. KW-Stoffrest; Y = ggf. weitere Heteroatome enthaltende Gruppe, die zusammen mit der C—N-Atomgruppe mindestens einem an den Bzl.-Kern kondensierten Ring bzw. Ringsyst. entspricht). — Beispiel: 2.3-Dihydro-2-methyl-1.3-dioxo-1H-pyrido-[3.2.1-kl]-phenothiazin gibt mit Brom *2-Brom-2.3-dihydro-2-methyl-1.3-dioxo-1H-pyrido-[3.2.1-kl]-phenothiazin*, F. 143—148°. Durch Rk. dieser Verb. mit $(CH_3)_2NH$ erhält man *2-Dimethylamino-2.3-dihydro-2-methyl-1.3-dioxo-1H-pyrido-[3.2.1-kl]-phenothiazin, Hydrochlorid*, F. 188—193° (Zers.). — Durch Rk. von 2-Äthyl-2-dimethylamino-1.3-dioxo-2.3-dihydro-1H-pyrido-[3.2.1-kl]-phenothiazin mit $LiAlH_4$ erhält man *Phenothiazin-1-aldehyd*, F. 80 bis 81°; Ausb. 88%; *Oxim*, F. 97—98,5°, *Thiosemicarbazon*, F. 232—237°. — Analog wurden folgende *2.3-Dihydro-1.3-dioxo-1H-pyrido-[3.2.1-kl]-phenothiazine* (III), *2.3-Dihydro-1.3-dioxo-1H-pyrido-[3.2.1-kl]-phenoxazine* (IV) u. *Carbazole* (V) erhalten: *2-Brom-2-äthyl*-III, F. 130—132°; *2-Brom-2-methyl*-IV, F. 134—137°; *2-Brom-2-äthyl*-IV, F. 128—129°; *5-Brom-5-äthyl-5.6-dihydro-4.6-dioxo-4H-pyrido-[3.2.1-jk]*-V, F. 148—150°; *2-[N-3-Dimethylaminopropyl-N-methylamino]-2-methyl*-III, *Dihydrochlorid*, F. 175—176° (Zers.); *2-Methyl-2-N'-methylpiperazino*-III, *Hydrochlorid*, F. 193—198° (Zers.); *2-Dimethylamino-2-äthyl*-III, *Hydrochlorid*, F. 194—196°; *2-[N-3-Dimethylaminopropyl-N-methylamino]-2-äthyl*-III, *Dihydrochlorid*, F. 147—155° (Zers.); *2-Äthyl-2-pyrrolidino*-III, F. 160—162°, *Hydrochlorid*, F. 214—216° (Zers.); *2-Äthyl-2-piperidino*-III, F. 172—178°; *2-Äthyl-2-N'-methylpiperazino*-III, F. 146—151°, *Hydrochlorid*, F. 261—263° (Zers.); *2-Dimethylamino-2-methyl*-IV, *Hydrochlorid*, F. 194 bis 196° (Zers.); *2-Dimethylamino-2-äthyl*-IV, *Hydrochlorid*, F. 204—206°; *2-[N-3-Dimethylaminopropyl-N-methylamino]-2-äthyl*-IV, *Dihydrochlorid*, F. 204—212° (Zers.); *2-Äthyl-2-N'-methylpiperazino*-IV, *Dihydrochlorid*, *Hydrat*, F. 224—226° (Zers.); *5-Dimethylamino-5-äthyl-5.6-dihydro-4.6-dioxo-4H-pyrido-[3.2.1-jk]*-V, F. 88—92°, *Hydrochlorid*, F. 198—200° (Zers.); *2-N'-Benzyl-N'-methylpiperazinium-2-äthyl-III-chlorid*, F. 165—168° (Zers.); IV-*1-aldehyd*, F. 111—113°; *5-Äthyl-5-dimethylamino-4.6-dihydroxy-5.6-dihydro-4H-pyrido-[3.2.1-jk]*-V, *Hydrochlorid*, F. 178—180°; V-*1-aldehyd*, F. 146—146,5°, *Thiosemicarbazon*, F. 246°. — *Chemotherapeutika.* (**Schwz. P. 442 801** vom 15/5. 1963, ausg. 31/1. 1968. Brit. Prior. 15/5. 1962 u. 7/1. 1963.) — 6 S.
R. Bauereis 4846

1366 F. Hoffmann-La Roche & Cie. Soc. An., Basel, Schweiz, **Herstellung von Tetrahydroisochinolinen** der allg. Formel I [R = H oder niedere Alkylgruppe;

I 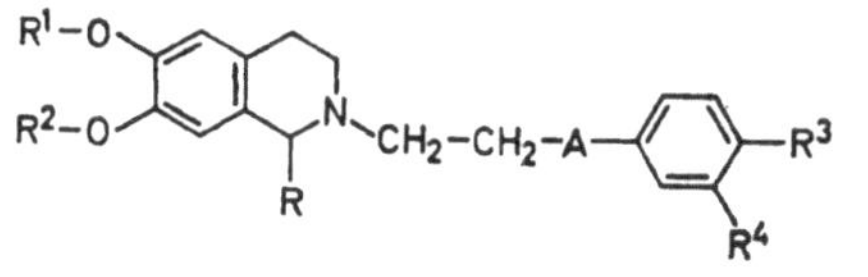

R^1 u. R^2 = niedere Alkylgruppen, z. B. CH_3, oder zusammen eine Methylengruppe; R^3 u. R^4 = niedere Alkylgruppe oder zusammen eine Trimethylen-, Tetramethylen- oder Butadien-(1.3)-ylen-(1.4)-gruppe; A = CO oder CH(OH)] durch Rk. eines entsprechend substituierten Tetrahydroisochinolins mit HCHO u. einem Keton, z. B. 3.4-Dimethylacetophenon, 5-Acetylindan, 2-Acetylnaphthalin oder 2-Acetyl-5.6.7.8-tetrahydronaphthalin u. ggf. Red. der CO-Gruppe mit H_2 u. Pd bzw. Pt, mit $LiAlH_4$ oder $NaBH_4$. — *Analgetika, Antitussiva.* (**Port. P. 46 115** vom 18/7. 1966, Auszug veröff. 8/6. 1967. Brit. Prior. 19/7. 1965.) W. Wittholz 4846

1367 Siegfried Akt.-Ges. (Erfinder: Marc Häring), Zofingen, Schweiz, **Herstellung von 10-Aminoalkyl-5.5-dialkylacridanen** der Formel I (R = niedrige

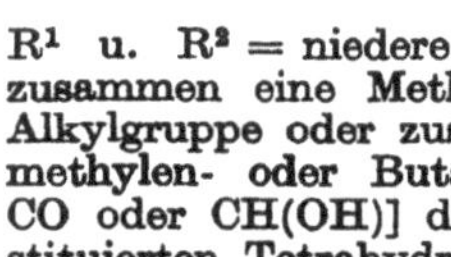
I

Y—X—OH
II

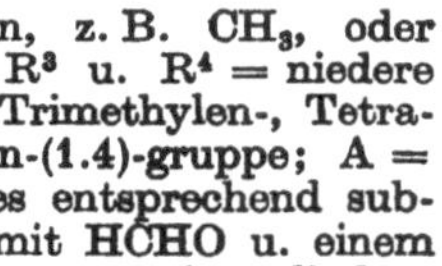
III

Alkylgruppen, R^1, R^2 (gleich oder verschieden) = H, Halogen, niedrige (halogensubstituierte) Alkyl-, Alkoxy-, Alkylmercaptogruppen, X = Alkylen, Y = eine mindestens monoalkylierte Aminogruppe oder eine (ggf. noch weitere Heteroatome aufweisende) cycl. Alkyleniminogruppe, Z (mit Y vertauschbar) = Rest III) durch Rk. eines Amins ZH mit einem reaktionsfähigen Ester eines Alkohols II. — Beispiel: Rk. von 5.5-Dimethylacridan in Ggw. von $NaNH_2$ mit 1-Chlor-3-dimethylaminopropan → *10-[3'-Dimethylaminopropyl]-5.5-dimethylacridan*, $Kp._{0,005}$ 170—180°. — Analog folgende 5.5-Dimethylacridane (I): *10-[2'-Dimethylaminopropyl]*-I, $Kp._{0,001}$ 150—160°; *10-[2'-Diäthylaminoäthyl]*-I, $Kp._{0,001}$

160°; *10-[3'-(4''-Hydroxyäthylpiperazyl-1'')-propyl]*-**I**, F. 99 bis 102°, *Dihydrochlorid*, F. 246—251° (Zers.); *2-Chlor-10-[3'-dimethylaminopropyl]*-**I**, $Kp._{0,006}$ 160°; *10-[3-Dimethylaminopropyl]-5.5-diäthylacridan*, $Kp._{0,35}$ 190°. — *Antidepressiva*. (**Schwz. P. 420 150** vom 18/12. 1961, ausg. 15/3. 1967.) — 4 S. R. Bauereis 4846

1368 Smith, Kline & French Laboratories Ltd., Welwyn Garden City, Großbritannien (Erfinder: John Nicholson Gardner, Bloomfield, N.J., USA), **Herstellung von 2-[1-Guanidinoäthyl]-1.4-benzodioxanen** erfolgt durch Rk. von 2-[1-Aminoäthyl]-1.4-benzodioxanen mit Cyanamid, einem S-Alkylisothiuronium- oder O-Alkylisouroniumsalz. — Beispiel: Rk. von Brenzcatechin mit 3.4-Dibrombutan-2-on → *2-Acetyl-1.4-benzodioxan*, $Kp._{0,05}$ 88°, F. 34—35°. Rk. dieser Verb. mit NH_2OH → *2-Acetyl-1.4-benzodioxanoxim*, $Kp._{0,4}$ 123—124°. Red. des Oxims mit $LiAlH_4$ → *2-[1-Aminoäthyl]-1.4-benzodioxan*, $Kp._{14}$ 140—150°, *Hydrochlorid*, F. 219—220°. Rk. dieser Verb. mit Cyanamid → *2-[1-Guanidinoäthyl]-1.4-benzodioxan*, *Nitrat*, F. 177—179°; *isomere Form*, F. 140 bis 146°. — Analog folgende 1.4-Benzodioxane (**I**): *2-Acetyl-5.8-dimethyl*-**I**, F. 48—49°, $Kp._{0,4}$ 87—89°, *Oxim*, F. 115—117°, → *2-[1-Aminoäthyl]-5.8-dimethyl*-**I**, $Kp._{1,25}$ 118—120°, *Hydrochlorid*, F. 272—277°, → *5.8-Dimethyl-2-[1-guanidinoäthyl]*-**I**, *Sulfat*, F. 223—230°, *Nitrat*, F. 152 bis 165°. — *Blutdrucksenkende Mittel*. (**Schwz. P. 449 649** vom 17/2. 1964, ausg. 11/4. 1968.) — 4 S. R. Bauereis 4846

1369 Rhône-Poulenc Soc. An., Paris (Erfinder: Jean Clément Louis Fouche, Bourg-la-Reine), Seine, Frankreich, **Dibenzocycloheptatrienderivate** der allg. Formel **I** (B = Alkylen; Z = NH_2, Mono- oder Dialkyl-

I 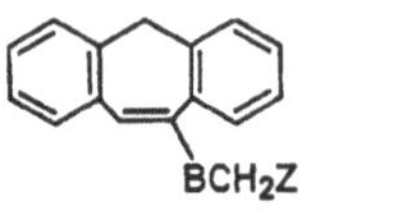

amino, Pyrrolidyl, ggf. durch R substituiertes Piperazinyl, ggf. durch R^1 u. R^2 substituiertes Piperidyl oder Morpholinyl; R = Alkyl, Alkenyl, Alkinyl, Hydroxyalkyl, Phenyl, Phenylalkyl oder Phenylalkenyl; R^1 u. R^2 = Alkyl, OH, Alkoxy, NH_2, Mono- oder Dialkylamino oder Phenyl) erhält man aus einem Dibenzocycloheptatrien mit der Seitenkette BCOZ durch Reduktion. — Aus Dimethylaminocarbonylmethyl-(10)-dibenzo-[a.d]-cyclo-heptatrien erhält man durch Red. mit $LiAlH_4$ [*Dimethylamino-2-äthyl*]-*(10)-dibenzo-[a.d]-cycloheptatrien*, *Chlorhydrat*, F. 232—234°; ähnlich: *10-[Dimethylamino-2-methyl-1-äthyl]-dibenzo-[a.d]-cycloheptatrien*, *Chlorhydrat*, F. 215—220°, sowie folgende *10-R-dibenzo-[a.d]-cycloheptatriene*: R = [(*Methyl-4-piperazino*)-*2-äthyl*], F. 85—86°; [(*Cinnamyl-4-piperazino*)-*2-äthyl*], *Methansulfonat*, F. 235°; [*Dimethylamino-3-propyl*], *Chlorhydrat*, F. 215 bis 216°; [*Methylamino-3-propyl*], *Chlorhydrat*, F. 160 bis 162°; [(*Methyl-4-piperazino*)-*3-propyl*], *Dichlorhydrat*, F. 245—250°; [(*Hydroxyäthyl-4-piperazino*)-*3-propyl*], *Dichlorhydrat*, F. 190°; [*Methylamino-3-methyl-2-propyl*], *Chlorhydrat*, F. 194—196°; [(*Hydroxy-4-phenyl-4-piperidino*)-*2-äthyl*], F. 150°; *Piperazinomethyl*, *Dichlorhydrat*, F. 255°; [(*Methyl-1-phenyl-2-äthyl*)-*amino-2-äthyl*], *Maleinat*, F. 208—210°; *Dimethylaminomethyl*, F. 127—129°; [*Methyl-4-piperazino*]-*methyl*, *Dichlorhydrat*, F. 250°; [*Cinnamyl-4-piperazino*]-*methyl*, *Bismethansulfonat*, F. 236 bis 240°, u. [*Piperazino-2-äthyl*], *Fumarat*, F. 210—215°. — *Heilmittel*. (**Schwz. P. 448 071** vom 1/6. 1965, ausg. 29/3. 1968. F. Prior. 29/10. 1964 u. 22/4. 1965.) — 6 S. R. Bollinger 4846

1370 Rhône-Poulenc Soc. An., Paris, Frankreich (Erfinder: Jean Louis Clément Fouche und Claude Georges Alexandre Gueremy), **Phenazinderivate** erhält man durch Rk. von 2-Carboxyphenazin-5.10-dioxid mit N.N'-Carbonyldiimidazol u. Rk. des entstandenen Imidazolids mit einem Amin. — Beispiel: Durch Rk. von 2-Carboxyphenazin-5.10-dioxid, F. 270°, mit N.N'-Carbonyldiimidazol u. Umsetzung des Rk.-Prod. mit 1-Methylpiperazin erhält man das *2-[4-Methyl-1-piperazinyl]-carbonylphenazin-5.10-dioxid*, F. 210°. — Analog wurden folgende Carbonylphenazin-5.10-dioxide (**I**) erhalten: *2-[2-Dimethylaminoäthyl]-amino*-**I**, F. 180°; *2-[4-Äthyl-1-piperazinyl]*-**I**, F. 160—162°; *2-[4-Dimethylamino-2-methylpropyl]-amino*-**I**, F. 164—166°; *2-[3-Benzyl-1-piperazinyl]*-**I**, F. 162°; *2-[2-(Pyrrolidinyl)-äthyl]-amino*-**I**, F. 184—186°; *2-[3-Dimethylaminopropyl]-amino*-**I**, F. 161—163°; *2-[2-(4-Methyl-1-piperazinyl)-äthyl]-amino*-**I**, F. 170—172°. — *Karzinostatika*. (**Brit. P. 1 068 985** vom 24/3. 1966, ausg. 17/5. 1967. **Schwz. P. 449 025** vom 25/3. 1966, ausg. 11/4. 1968. Beide F. Prior. 25/3. 1965 u. 4/2. 1966.) — 6 S. R. Bauereis 4846

1371 Schering Akt.-Ges. (Erfinder: Klaus Gutsche), Berlin, **2-Benzolsulfonamidopyrimidine**, die im Benzolkern durch X u. Y u. in 5-Stellung durch OR substituiert sind, erhält man durch Rk. entsprechender 5-Halogenpyrimidine mit Alkoholaten [R = gesätt. oder ungesätt., ggf. durch ein oder mehrere O-Atome unterbrochener gerader, verzweigter oder cycl. C_1—C_8-KW-Stoffrest; X = H, Halogen, Alkyl-, Alkoxy-, Mercaptorest, der ggf. durch ein oder mehrere O-Atome unterbrochen ist; Y = H, niederer Alkylrest]. — (Pyrimidin = **I**). *2-Benzolsulfonamido-5-methoxy*-**I**, F. 152—154° (A.). — *2-[4-Methylmercaptobenzolsulfonamido]-5-methoxyäthoxy*-**I**, F. 173—175°. — *4-[4-Chlor-2-methylbenzolsulfonamido]-5-isobutoxy*-**I**, F. 166—168°. — *2-[4'-Methoxyäthoxybenzolsulfonamido]-5-propoxy*-**I**, F. 128—130°. — *Blutzuckersenkende Mittel*. (**Schwz. P. 445 498** vom 4/5. 1965, ausg. 29/2. 1968. D. Prior. 9/5. 1964.) — 2 S. A. Jahn 4846

1372 Ernst Tenor, Dessau, Heinz Füller, Rodleben, und Fritz Hausschild, Leipzig, **Herstellung von symm.-Triazolo-[1.2:a]-pyrimidinen** der allg. Formel **I**

I 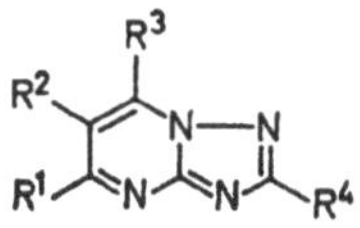

(R^1, R^4 = H, Alkyl-, Alkoxyalkylrest, Halogen, Aralkyl- oder Arylgruppe; R^2 = H, Halogen, Alkyl-, Alkenyl-, Aralkyl- oder Arylrest; R^3 = substituierte Amino-, Hydrazino-, Guanidino- oder Alkoxygruppe) durch Rk. von Verb. der allg. Formel **I** (mit R^3 = Halogen, SH, Alkylmercapto- oder Alkoxygruppe) mit Verb. der allg. Formeln R^3H oder $R^3(CH_2)_nONa$ (n = 2—4). — 5,1 (g) 7-Chlor-symm.-triazolo-[1.2:a]-pyrimidin u. 9,6 $(C_2H_5)_2 \cdot NH$ werden 5 Std. in W. gekocht, der Rk.-Rückstand wird mit PAe. extrahiert: 3 *7-Diäthylamino-symm.-triazolo-[1.2:a]-pyrimidin*, F. 68°. — Analog folgende symm.-Triazolo-[1.2:a]-pyrimidine: *7-Benzylamino-*, F. 216—217°. — *2-Äthyl-5-methyl-7-diäthylamino-*, F. 61—63°. — *5-Methyl-6-chlor-7-furfurylamino-*, F. 163°. — *5-Methyl-6-brom-7-diäthylamino-*, F. 84—86°. — *5-Methyl-7-[β-diäthylaminoäthoxy]-*, F. 113—114°. — *2-Isopropyl-5-methyl-7-piperidino-*, F. 73—75°. — *5-Methyl-7-n-amylamino-*, F. 111—112°. — *2-[3'.4'.5'-Trimethoxyphenyl]-5-methyl-7-piperidino-*, F. 186—187°. — *5-Phenyl-7-[di-(β-hydroxyäthyl)-amino]-*, F. 163—165°. — *2-Phenyl-5-methyl-7-piperidino-*, F. 174—175°. — *5-Methyl-7-[o-chloranilino]-*, F. 177°. — *5-Methyl-7-[p-carbäthoxyanilino]-*, F. 185°. — *5-Methyl-7-benzylamino-*, F. 162—163°. — *2.5-Dimethyl-7-benzylamino-*, F. 162 bis 163°. — *2.5-Dimethyl-7-furfurylamino-*, F. 189—190°. — *2.5-Dimethyl-7-piperidino-*, F. 93—94°. — *5-Methyl-7-diäthylamino-*, F. 103—104°. *Hydrochlorid*, F. 212°. — *2.5-Dimethyl-7-isobutylamino-*, F. 97—98°. *Hydrochlorid*, F. 148°. — *N.N-Diäthyl-N'-[5-methyl-6-brom-symm.-triazolo-[1.2:a]-pyrimidyl-(7)]-propylendiamin*, F. 120°. — *Heilmittel* mit *koronargefäßerweiternder Wirkung*. (**D. P. [DDR] 55 956** Kl. 12p vom 27/9. 1966, ausg. 20/5. 1967 [Wirtschaftspatent].) — 4 S. K.-D. Stolp 4846

1373 Dr. Karl Thomae G. m. b. H. (Erfinder: Eberhard Woitun und Gerhard Ohnacker), Biberach/Riß, **Herstellung von Dihydrothieno-[3.2-d]-pyrimidinen**

II 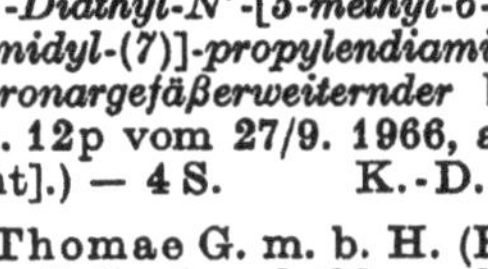

(I) der allg. Formel II (n = 0, 1 oder 2; R^1 = durch Alkoxy, Aryl oder Mono- bzw. Dialkylamino substituierte Alkoxygruppe oder ggf. substituierte Aminogruppe, auch N-haltige heterocycl. Reste; R^2 = Niederalkyl oder ggf. substituiertes Aryl), dad. gek., daß man 2.4-Dihalogen-, 2.4-Diniederalkylmercapto- oder 2-Amino-4-halogen(bzw. alkylmercapto)-I mit einer Verb. der allg. Formel HR^1 bei 0—200° umsetzt u. ein in 2-Stellung etwa verbliebenes Halogen, Alkylmercapto oder SH gegen NH_2 durch Einw. von NH_3 austauscht. — Man kocht 2-Amino-4-chlor-I mit überschüssigem Morpholin 3 Std. → 79% *2-Amino-4-morpholino-I*, $C_{10}H_{14}N_4OS$, F. 170—172°. — Analog: *2-Amino-4-methylamino-7-methyl-I*, $C_8H_{12}N_4S$, F. 157—159°. — *2-Amino-4-[4'-methylpiperazino]-I*, F. 179—180°. — *2-Amino-4-pyrrolidino-I*, F. 160—161°. — *2-Amino-4-cyclohexylamino-I*, F. 117 bis 118°. — *2-Amino-4-[benzyläthylamino]-I*, F. 114 bis 115°. — *2.4-Diamino-I*, F. 229—231°. — *2-Amino-4-äthylamino-I*, F. 82—83°. — *2-Amino-4-n-propylamino-I*, F. 120—121°. — *2-Amino-4-allylamino-I*, F. 140—141°. — *2-Amino-4-isopropylamino-I*, F. 195—196°. — *2-Amino-4-[(3'-methylbutyl)-amino]-I*, F. 126—127°. — *2-Amino-4-diäthylamino-I*, F. 99—100°. — *2-Amino-4-[(2'-hydroxyäthyl)-amino]-I*, F. 88—90°. — *2-Amino-4-[(2'-hydroxyäthyl)-methylamino]-I*, F. 105—106°. — *2-Amino-4-[3'-(dimethylamino)-n-propylamino]-I*, F. 101—102°. — *2-Amino-4-[(3'-methoxy-n-propyl)-amino]-I*, F. 103—104°. — *2-Amino-4-[2'-methylmorpholino]-7-methyl-I*, F. 146 bis 148°. — *2-Amino-4-piperidino-7-methyl-I*, F. 143—144°. — *2-Amino-4-benzylamino-7-methyl-I*, F. 109—111°. — *2-Amino-4-diäthylamino-7-methyl-I*, F. 113—114°. — *2-Amino-4-isobutylamino-7-methyl-I*; *Hydrochlorid*, $C_{11} \cdot H_{19}ClN_4S$, F. 223—225°. — *2-Amino-4-diäthanolamino-7-methyl-I*; *Hydrochlorid*, F. 193—195°. — *2-Amino-4-hydrazino-7-methyl-I*. — *2-Amino-4-[2-äthoxyäthoxy]-I*, $C_{10}H_{15}N_3O_2S$, F. 94—95°. — *Kardiovaskulär, sedativ, diuret., zytostat., bakteriostat., antiphlogist.* u. *antipyret.* wirksame *Heilmittel*. (**Schwz. P. 446 858** vom 28/5. 1964, ausg. 15/3. 1968. U. S. Prior. 17/6. 1963.) — 4 S.

O. Schön 4846

1374 Dr. Karl Thomae G. m. b. H. (Erfinder: Eberhard Woitun und Gerhard Ohnacker), Biberach/Riß, **Herstellung von Thieno-[3.2-d]-pyrimidinen (I)** der allg. Formel II (R^1 = H, Alkyl, Aralkyl, Aryl, OH,

II 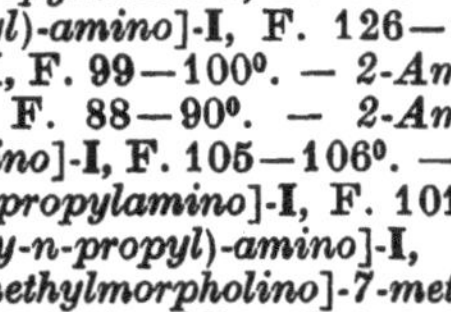

Alkoxy, Alkenyloxy, Alkoxalkoxy, Mono- bzw. Dialkylaminoalkoxy, Aryloxy, Aralkyloxy, ggf. substituierte Aminogruppe, auch N-haltige heterocycl. Reste; R^2 = Alkoxy, Alkenyloxy, Alkoxyalkoxy, Mono- bzw. Dialkylaminoalkoxy, Aryloxy, Aralkoxy oder ggf. substituierte Aminogruppe, auch N-haltige heterocycl. Reste; R^3 u. R^4 = H oder ggf. substituiertes Alkyl oder Aryl), dad. gek., daß man ein 2.4-Dihalogen-, 2.4-Di-(niederalkyl)-mercapto-, 2-Halogen-4-(niederalkyl)-mercapto- oder 4-Halogen-2-(niederalkyl)-mercapto-I bei 0—200° mit Verb. der allg. Formel R^1H u./oder R^2H umsetzt. — Zu einer Lsg. von 0,025 (Mol) 2.4-Dichlor-I in 200 ml abs. A. gibt man bei 20° 0,055 Morpholin → 90% *2-Chlor-4-morpholino-I*, $C_{10}H_{10}ClN_3OS$, F. 196—198°. — Analog nachst. 2-Chlorthieno-[3.2-d]-pyrimidine, die als Ausgangsstoffe dienen: *4-[2-Methylmorpholino]-*, F. 169 bis 171°. — *4-Piperidino-*, F. 130—131°. — *4-Pyrrolidino-*, F. 179—180°. — *4-n-Butylamino-*, F. 94—95°. — *4-Isopropylamino-*, F. 140—142°. — *4-Dimethylamino-*, F. 166 bis 168°. — *4-β-Hydroxyäthylamino-*, F. 206—207°. — *4-[Di-(β-hydroxyäthyl)-amino]-*, F. 144—145°. — *4-[β-Hydroxyäthylmethylamino]-*, F. 179—180°. — *4-[β-Phenyläthylamino]-*, F. 128—129°. — *4-Amino-*, F. 273—275°. — *4-Äthylenimino-*, F. 118°. — *4-Guanidino-*, F. 256 bis 258°. — *4-Äthoxy-*, $C_8H_7ClN_2OS$, F. 137—138°. — Nachst. Thieno-[3.2-d]-pyrimidine werden hergestellt: *4-Morpholino-*, F. 136—138°. — *4-[2'-Methylmorpholino]-*, F. 118—120°. — *4-Pyrrolidino-* F. 143—144°. — *4-n-Propylamino-*, F. 85—86°. — *4-Isopropylamino-*, F. 202 bis 204°. — *4-Allylamino-*, F. 116—118°. — *4-Diäthylamino-*, F. 95—96°. — *4-[β-Hydroxyäthylamino]-*, F. 149 bis 150°. — *4-[Di-(β-hydroxyäthyl)-amino]-*, F. 164 bis 165°. — *4-[β-Hydroxyäthylmethylamino]-*, F. 148 bis 149°. — *4-[3'.3'-Pentamethylendiaziridino]-*, F. 178 bis 179°. — *4-Benzylamino-*, F. 154—155°. — *4-[β-Phenyläthylamino]-*, F. 205—206°. — *2.4-Dimorpholino-*, $C_{14}H_{18} \cdot N_4O_2S$, F. 145—147°. — *2-Diäthanolamino-4-piperidino-*, $C_{15}H_{22}N_4O_2S$, F. 83—84°. — *2.4-Di-[2'-methylmorpholino]-*, F. 86—87°. — *2.4-Dipyrrolidino-*, F. 161—162°. — *2.4-Di-[β-hydroxyäthylamino]-*, F. 144—146°. — *2.4-Di-[benzylamino]-*, F. 150—151°. — *2.4-Di-[β-phenyläthylamino]-*, F. 65—66°. — *2-Morpholino-4-pyrrolidino-*, F. 174—176°. — *2-Morpholino-4-[2'-methylmorpholino]-*, F. 103—104°. — *2-Morpholino-4-n-butylamino-*, F. 118 bis 119°. — *2-Morpholino-4-isopropylamino-*, F. 156 bis 157°. — *2-Morpholino-4-dimethylamino-*, F. 122 bis 123°. — *2-Morpholino-4-äthanolamino-*, F. 145 bis 147°. — *2-Morpholino-4-diäthanolamino-*, F. 130 bis 131°. — *2-Morpholino-4-äthanolmethylamino-*, F. 126 bis 127°. — *2-Morpholino-4-[β-phenyläthylamino]-*, F. 174 bis 175°. — *2-[2'-Methylmorpholino]-4-morpholino-*, F. 109 bis 110°. — *2-[2'-Methylmorpholino]-4-pyrrolidino-*, F. 161 bis 163°. — *2-Piperidino-4-diäthanolamino-*, F. 85 bis 86°. — *2-Piperidino-4-äthanolmethylamino-*, F. 93 bis 94°. — *2-Pyrrolidino-4-morpholino-*, F. 118—119°. — *2-Pyrrolidino-4-dimethylamino-*, F. 141—142°. — *2-Äthanolmethylamino-4-piperidino-*, F. 74—75°. — *2.4-Diamino-*, F. 196—198°. — *2.4-Di-[n-propylamino]-*, F. 76 bis 78°. — *2.4-Diisopropylamino-*, F. 87—89°. — *2-[β-Morpholinoäthylamino]-4-amino-*, F. 207—208°. — *2-Morpholino-4-amino-*, F. 183—184°. — *2-Morpholino-4-äthylenimino-*, F. 163—164°. — *2-[β-Morpholinoäthylamino]-4-pyrrolidino-*, F. 133—134°. — *2-Piperidino-4-morpholino-*, F. 108—109°. — *2-Piperidino-4-isopropylamino-*, F. 101—103°. — *2-[4'-Methylpiperazino]-4-morpholino-*, F. 120—121°. — *2-[4'-Methylpiperazino]-4-amino-*, F. 194 bis 195°. — *2-[4'-Methylpiperazino]-4-n-butylamino-*, F. 92 bis 94°. — *2-[4'-Methylpiperazino]-4-äthylamino-*, F. 100 bis 102°. — *2-[4'-Methylpiperazino]-4-n-propylamino-*, F. 113—114°. — *2-[4'-Methylpiperazino]-4-allylamino-*, F. 105—106°. — *2-[4'-Methylpiperazino]-4-isobutylamino-*, F. 133—134°. — *2-[4'-Methylpiperazino]-4-isopentylamino-*, F. 124—125°. — *2-Pyrrolidino-4-amino-*, F. 250 bis 252°. — *2-[3'.3'-Pentamethylendiaziridino]-4-morpholino-*, F. 82—83°. — *2-Anilino-4-morpholino-*, F. 180 bis 181°. — *2-Benzylamino-4-morpholino-*, F. 142 bis 143°. — *2-[β-Phenyläthylamino]-4-morpholino-*, F. 98 bis 99°. — *2-Pyrrolidino-4-äthylamino-*, F. 173—174°. — *2-n-Propylamino-4-morpholino-*, F. 106—107°. — *2-n-Propylamino-4-pyrrolidino-*, F. 131—132°. — *2-n-Propylamino-4-isopropylamino-*, F. 108—110°. — *2-n-Butylamino-4-morpholino-*, F. 112—114°. — *2-n-Butylamino-4-pyrrolidino-*, F. 124—125°. — *2-n-Butylamino-4-amino-*, F. 101—103°. — *2-Isopropylamino-4-morpholino-*, F. 131 bis 133°. — *2-Isopropylamino-4-pyrrolidino-*, F. 123 bis 124°. — *2-Isopropylamino-4-amino-*, F. 138—139°. — *2-Isobutylamino-4-morpholino-*, F. 93—94°. — *2-Isobutylamino-4-pyrrolidino-*, F. 133—134°. — *2-Isobutylamino-4-amino-*, F. 132—134°. — *2-[3'-Methylbutylamino]-4-morpholino-*, F. 89—90°. — *2-[3'-Methylbutylamino]-4-pyrrolidino-*, F. 117—119°. — *2-[3'-Methylbutylamino]-4-amino-*, F. 109—111°. — *2-Allylamino-4-isopropylamino-*, F. 103—105°. — *2-Diallylamino-4-pyrrolidino-*, F. 92—94°. — *2-Dimethylamino-4-morpholino-*, F. 103—104°. — *2-Dimethylamino-4-pyrrolidino-*, F. 171—172°. — *2-Dimethylamino-4-amino-*, F. 174 bis 175°. — *2-Diäthylamino-4-morpholino-*, F. 62—63°. — *2-Diäthylamino-4-pyrrolidino-*, F. 105—107°. — *2-Diäthylamino-4-isopropylamino-*, F. 110—111°. — *2-Diäthylamino-4-äthanolamino-*, F. 99—100°. — *2-Äthanolamino-4-morpholino-*, F. 122—123°. — *2-Diäthanolamino-4-morpholino-*, F. 118—119°. — *2-Diäthanolamino-4-pyrrolidino-*, F. 141—142°. — *2-Diäthanolamino-4-isopropylamino-*, F. 97—99°. — *2-Äthanolmethylamino-4-morpholino-*, F. 90—92°. — *2-Äthanolmethylamino-4-pyrrolidino-*, F. 101—102°. — *2-Äthanolmethylamino-4-isopropylamino-*, F. 99—100°. — *2-Hydrazino-4-morpholino-*, F. 163—164°. — *2-[β-(Dimethylamino)-äthylamino]-4-amino-*, F. 167—168°. — *2-[γ-(Methoxy)-propyl-*

amino]-4-morpholino-, F. 84–85°. — *2.4-Diäthoxy-*, $C_{10}H_{12}N_2O_2S$, F. 107–108°. — *4-Methoxy-*, F. 105 bis 106°. — *4-Äthoxy-*, F. 96–97°. — *4-Isopropoxy-*, F. 69–70°. — *2.4-Dimethoxy-*, F. 120–121°. — *2.4-Diisopropoxy-*, F. 62–63°. — *2.4-Di-n-butoxy-*, F. 47 bis 49°. — *2-Äthoxy-4-[2'-methylmorpholino]-*, $C_{13}H_{17}\cdot N_3O_2S$, F. 100–101°. — *2-Methoxy-4-morpholino-*, F. 126 bis 128°. — *2-Methoxy-4-[2'-methylmorpholino]-*, F. 82 bis 84°. — *2-Methoxy-4-pyrrolidino-*, F. 147–149°. — *2-Methoxy-4-amino-*, F. 219–221°. — *2-Äthoxy-4-morpholino-*, F. 109–111°. — *2-Äthoxy-4-pyrrolidino-*, F. 145–146°. — *2-Äthoxy-4-amino-*, F. 160–162°. — *2-n-Propoxy-4-amino-*, F. 131–133°. — *2-n-Butoxy-4-[2'-methylmorpholino]-*, F. 42–44°. — *2-Allyloxy-4-isobutylamino-*, F. 105–106°. — *2-Isopropoxy-4-morpholino-*, F. 102–104°. — *2-Isopropoxy-4-pyrrolidino-*, F. 141–142°. — *2-Isopropoxy-4-isobutylamino-*, F. 141 bis 142°. — *2-Phenoxy-4-morpholino-*, F. 140–142°. — *2-Benzyloxy-4-morpholino-*, F. 75–76°. — *2-[β-Äthoxyäthoxy]-4-morpholino-*, F. 80–81°. — *2-[β-Dimethylaminoäthoxy]-4-morpholino-*, F. 73–74°. — *2-Morpholino-4-äthoxy-*, $C_{12}H_{15}N_3O_2S$, F. 105–106°. — *2-Äthanolmethylamino-4-äthoxy-*, F. 85–86°. — *4-Hydrazino-*, $C_6H_6N_4S$, F. 246–248° (Zers.). — Ferner nachst. Thieno-[3.2-d]-pyrimidinmonohydrochloride: *4-Äthylenimino-*, F. 256–257°. — *2-[N-Methylpiperazino]-4-äthoxy-*, F. 289–290°. — *2.4-Di-[äthylamino]-*, F. 228–230°. — *2.4-Di-[3'-methylbutylamino]-*, F. 177 bis 178°. — *2.4-Di-[diallylamino]-*, F. 118–120°. — *2-n-Propylamino-4-[β-phenyläthylamino]-*, F. 186–188°. — *2-Pentylamino-4-morpholino-*, F. 185–187°. — *2-Diallylamino-4-morpholino-*, F. 173–174°. — *2-Propylamino-4-[2'-methylmorpholino]-*, F. 205–207°. — *2-[3'-Methylbutylamino]-4-[2''-methylmorpholino]-*, F. 184–186°. — Weiter nachst. Thieno-[3.2-d]-pyrimidindihydrochloride: *2-[β-(Dimethylamino)-äthylamino]-4-morpholino-*, F. 268–270°. — *2-[β-(Dimethylamino)-äthylamino]-4-isopropylamino-*, F. 115–118°. — *2-[β-Morpholinoäthylamino]-4-morpholino-*, F. 275–277°. — *2-[N-Methylpiperazino]-*, F. 250–252°. — *2-[β-Morpholinoäthylamino]-4-isopropylamino-*, F. 283–285°. — *2-[γ-Dimethylaminopropylamino]-4-morpholino-*, F. 235–237°. — *2-[N-Methylpiperazino]-4-[2'-methylmorpholino]-*, F. 260–261°. — *2-[N-Methylpiperazino]-4-piperidino-*, F. 280° (Zers.). — *2-[β-Diäthylaminoäthylamino]-*, F. 234–236°. — Die Herst. nachst. Vorprod. wird beschrieben: ***3-Aminothiophen-2-carbonsäuremethylester* (III)** + überschüssiges Formamid (1 Std. bei 200°) → 68% *4-Hydroxy-***I**, $C_6H_4\cdot N_2OS$, F. 218–220°. — **III** + Harnstoff (2 Std. bei 200°) → 72% *2.4-Dihydroxy-***I**, $C_6H_4N_2O_2S$, F. > 300°. — Man dispergiert 4,1 (g) Na in 85–90° heißem Toluol, läßt ein Gemisch aus 14,1 **III** u. 35 Benzylcyanid in 2 Std. zutropfen u. kocht 8 Std. → 34% *2-Benzyl-4-hydroxy-***I**, $C_{13}H_{10}N_2OS$, F. > 300°. — 4-Hydroxy-**I** + $POCl_3$ (4 Std. kochen) → 63% *4-Chlor-***I**, $C_6H_3ClN_2S$, F. 125 bis 126°. — *2.4-Dichlor-***I**, F. 141–142°. — Man kocht 3,8 4-Hydroxy-**I** u. 6,1 P_2S_5 4 Std. in 60 ml Py. → 74% *4-Mercapto-***I**, $C_6H_4N_2S_2$, F. > 300°, + CH_3J + KOH → 53% *4-Methylmercapto-***I**, $C_7H_6N_2S_2$, F. 110–111°. — *2-Morpholino-4-hydroxy-***I** + $POCl_3$ → 78% *2-Morpholino-4-chlor-***I**, $C_{10}H_{10}ClN_3OS$, F. 105°. — *Kardiovaskulär, zentralstimulierend, diuret., analget., sedativ, antirheumat., antiphlogist., zytostat., bakteriostat.* u. *fungistat.* wirkende *Heilmittel.* (**Schwz. P. 446 361** vom 13/1. 1965, ausg. 15/3. 1968. D. Prior. 15/1. 1964.) — 13 S. O. Schön 4846

1375 Heinz-Joachim Engelbrecht, Dessau, **Herstellung von Phthalazonen** der allg. Formel **I** (R^1 =

I 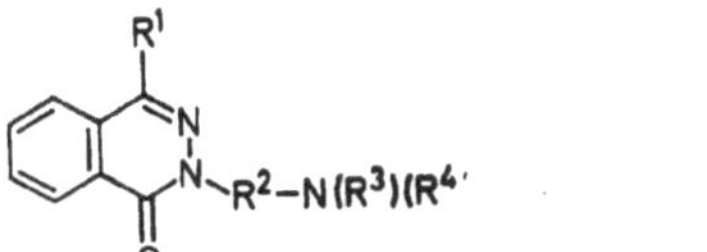

Aryl- oder Aralkylrest; R^2 = 2wertige aliphat. C_{2-5}-Kette; R^3, R^4 = Alkylgruppen) durch Rk. von in 2-Stellung unsubstituierten Phthalazonen mit Verb. der allg. Formel Halogen–R^2–$N(R^3)(R^4)$ in Ggw. von W. u. Alkali bei 50–60°. — Man versetzt 354 (g) 4-Benzylphthalazon in 750 ml 40%ig. NaOH bei 50° mit 305 Dimethylaminoäthylchloridhydrochlorid in 150 W.: 420 *2-[β-Dimethylaminoäthyl]-4-benzylphthalazon-(1)*, F. 107 bis 108°, Kp.$_{0,1}$ 208–210°. *Hydrochlorid* (= *HCl*), F. 178°. — Analog folgende Phthalazone-(1): *2-[β-Diäthylaminoäthyl]-4-benzyl-*, Kp.$_{0,1}$ 208–214°. *HCl*, F. 142 bis 143°. — *2-[3-Dimethylaminopropyl]-4-benzyl-*, Kp.$_{0,5}$ 218°. *HCl*, F. 173–174°. — *2-[β-Dimethylaminoäthyl]-4-[p-chlorbenzyl]-*, Kp.$_{0,2}$ 215–220°. *HCl*, F. 248°. — *2-[β-Diäthylaminoäthyl]-4-phenyl-*, Kp.$_{0,5}$ 225–230°. *HCl*, F. 198°. — *Histaminolytika, Spasmolytika, Lokalanästhetika, Antihistaminika.* (**D. P. [DDR] 55 955** Kl. 12p vom 28/10. 1966, ausg. 20/5. 1967 [Wirtschaftspatent].) — 3 S. K.-D. Stolp 4846

1376 Roussel-Uclaf (Erfinder: André Girard), Paris, Frankreich, **Herstellung neuer Phenoxazinderivate** der allg. Formel **I** (R, R^1 u. R^2 = C_{2-4}-Alkyl, wobei R u.

I 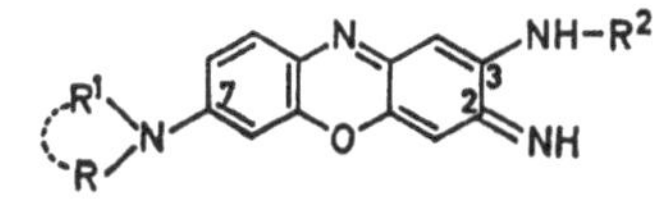

R^1 ggf. einen substituierten Piperidin- oder Pyrrolidinrest bilden können), dad. gek., daß man ein 2-Nitroso-5-[R–R^1-amino]-phenol zum entsprechenden Diaminophenol red., dieses mit einem 1.3-Dihalogen-4.6-dinitrobenzol kondensiert, im entstandenen 3-Halogen-4.6-dinitro-2'-hydroxy-4'-dialkylaminodiphenylamin Halogen gegen den Rest –NHR^2 austauscht, mit Zn red. u. das gebildete 2-Amino-3-alkylamino-7-dialkylaminophenoxazin mit O_2 oxydiert. — *2-Nitroso-5-dipropylaminophenol* + $H_2(PtO_2)$ → *2-Amino-5-dipropylaminophenol*, + 4.6-Dinitro-1.3-dichlorbenzol (in CH_3OH u. in Ggw. von $[C_2H_5]_3N$) → **94%** *3-Chlor-4.6-dinitro-2'-hydroxy-4'-dipropylaminodiphenylamin*, F. 188–189°, + Butylamin (2std. Kochen) → 82% ***3-Butylamino-4.6-dinitro-2'-hydroxy-4'-dipropylaminodiphenylamin***, F. 160°, + Zn + Essigsäure (bei 20–28°) → Leukobase, die beim Durchleiten von O_2 oder Luft **I** (*R* u. R^1 = *Propyl*; R^2 = *Butyl*), F. 135–137°, liefert. — Ferner: *7-Dipropylamino-3-butylamino-N-isopropylphenoxazin-2*, F. 83–84°. — Formeltafel. — Gegen *Tuberkulose* wirksame *Heilmittel.* (**Schwz. P. 444 866** vom 19/4. 1960, ausg. 29/2. 1968.) — 5 S. O. Schön 4846

1377 Farbenfabriken Bayer Akt.-Ges., Leverkusen (Erfinder: Hans Werner Schubert, Otto Behner und Hans Henecka, Wuppertal), **2-Amino-4H-5.6-dihydro-1.3-thiazinderivate**, die durch R kernsubstituiert sind, erhält man durch Rk. von im Propylrest durch R substituierte γ-Halogenpropylsenföle mit tert.-Butylamin u. Behandlung des Prod. mit Säure (R = ggf. durch Halogen, Alkyl-, Aralkyl-, Aryl-, Alkoxy-, Alkylmercapto-, Acylaminoreste, OH, SH, NH_2, NO_2 substituierter Phenylrest). — (2-Amino-4H-5.6-dihydro-1.3-thiazin = **I**). 3-Chlor-2-phenylpropylsenföl + tert.-Butylamin → 2-tert.-Butylamino-5-phenyl-4H-5.6-dihydro-1.3-thiazin (**II**), F. 88,5–91° (PÄe.). — **II** + 2n HCl → *5-Phenyl-***I**, F. 132,5–135° (Bzl.-PÄe. — *6-Phenyl-***I**, *Hydrochlorid*, F. 202–204°. — 4-[3-Chlorphenyl]-**I**, Hydrobromid, F. 112–115°. — *N-Acetylderiv.-Hydrobromid*, F. 212–214°. — *6-[4-Methoxyphenyl]-***I**, F. 137°. — *4-[3-Nitrophenyl]-***I**, *Hydrobromid*, F. 210 bis 211°. — *4-[4-Methoxyphenyl]-***I**, *Hydrochlorid*, F. 215 bis 218°. (**Schwz. P. 446 339** vom 9/9. 1965, ausg. 15/3. 1968. D. Prior. 1/10. 1964.) — 2 S. A. Jahn 4846

1378 Scherico Ltd., Luzern, Schweiz (Erfinder: John G. Topliss, East Orange, Nathan Sperber, North Caldwell, und Alan A. Rubin, Bloomfield, N.J., USA), **1.2.4-Benzthiadiazin-1.1-dioxidderivate**, die an C_3 durch R u. an C_6 durch X substituiert sind, erhält man durch Cyclisierung entsprechender Sulfamylaniline mit Carbonsäuren der allg. Formel R–CO_2H, deren Estern, Orthoestern, Imidoestern, Anhydriden, Amiden, Amidinen, Halogeniden (R = Alkyl, Cycloalkyl mit ≦ 5 C-Atomen; X = Cl, Br). — *3-Methyl-6-chlor-*, *3-Butyl-6-chlor-*, *3-Cyclopropyl-6-chlor-*, *3-Methyl-6-brom-*. — *Blutdrucksenkende Mittel.* (**Schwz. P. 443 317** vom 13/9. 1961, ausg. 15/2. 1968. U. S. Prior. 19/9. 1960 u. 20/2. 1961.) — 6 S. A. Jahn 4846

1379 J. R. Geigy Akt.-Ges., Basel (Erfinder: Henry Dietrich, Birsfelden, und Werner Küng, Basel), Schweiz, **Herstellung von Iminodibenzylderivaten** der allg. Formel **I** (R^1 u. R^2 = niedrigmol. Alkyl, die unter

I 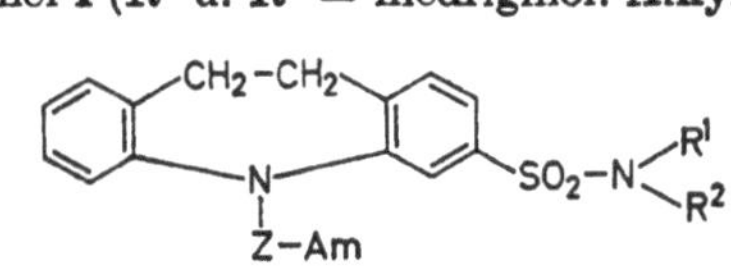

sich direkt über ein O-Atom miteinander verbunden sein können; Z = ggf. verzweigtes C_2—C_6-Alkylen; Am = niedrigmol. Dialkylamino, wobei ein Alkyl direkt mit Z verbunden sein kann) erfolgt durch Behandeln von Verb. der allg. Formel **I**, Am = prim. oder Monoalkylamin, mit niedrigmol. Alkylierungsmitteln, bes. HCHO u. Dimethylsulfat. — 5-[3'-Methylaminopropyl]-**A** (**A** = 3-Dimethylsulfamoyliminodibenzyl) wird in A. 2 Std. mit 37%ig. HCHO gekocht, mit $NaBH_4$ versetzt, 1 Std. gerührt u. kurz bis zum Kp. erhitzt, eingedampft u. der Rückstand mit HCl behandelt → *5-[3'-Dimethylaminopropyl]*-**A**-*hydrochlorid*, F. 189°. — Analog: *5-[β-Dimethylaminoäthyl]*-**A**-*hydrochlorid*, F. 210°. — *5-[γ-Dimethylamino-β-methylpropyl]*-**A**, F. 111°. — *5-[γ-Dimethylamino-n-butyl]*-**A**, F. 90°. — *5-[β-(1'-Methylpiperidinyl-2')-äthyl]*-**A**, F. 125°. — *5-[γ-Methylamino-β-methylpropyl]*-**A**-*oxalat*, F. 216°. — *Antiallerg.*, *antiemet.* u. *sedativ* wirkende *Mittel*. (**Schwz. P. 428 788** vom 20/3. 1962, ausg. 13/5. 1967.) — 3 S. C. Lüttgen 4846

1380 Dr. A. Wander Akt.-Ges. (Erfinder: Fritz Hunziker), Bern, Schweiz, **Amidine** der allg. Formel **I** erhält man durch Ringschluß aus Verb. der allg. Formel

I 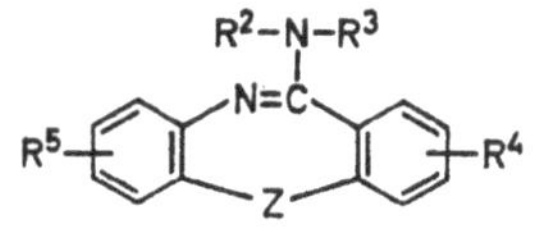

II 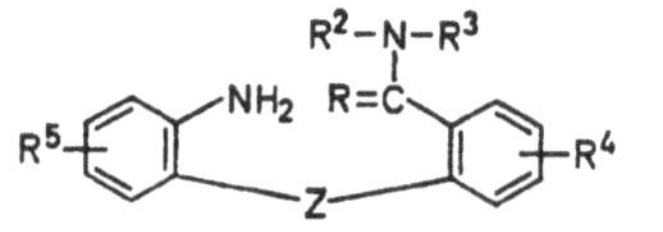

II oder deren quatern. Verb. u. ggf. nachfolgende Hydrolyse oder Hydrogenolyse [Z = S, SO, >N(R^1); R^1 = H, C_{1-5}-Alkyl- oder Alkenylgruppe; R^2 u. R^3 = H, ggf. im Arylrest durch R^4 substituierte Aryl- oder Aralkylgruppen; ferner C_{1-5}-Alkyl- oder Alkenylreste, die ggf. einen Ring bilden, der weitere O-, S- oder N-Atome enthalten kann, wobei das N-Atom H oder Alkyl-, Hydroxyalkyl- oder Alkoxyalkylgruppen trägt, ferner freie oder am N-Atom alkylierte Amino- oder Aminoalkylgruppen; R^4 u. R^5 = H, Halogen, OH, CF_3, C_{1-3}-Alkyl-, Alkoxy- oder Alkylmercaptoreste; R = O oder S; zudem kann R^1 ein hydrolyt. oder hydrogenolyt. abspaltbarer Rest sein]. — N-Methyl-2-amindiphenylamin-2'-carbonsäurepiperidid + P_2S_5 → *5-Methyl-11-piperidino-* **III** {**III** = *5H-Dibenzo-[b.e]-[1.4]-diazepin*}, zitronengelb, F. 162—163° (Ae./PAe.). — *5-Methyl-11-[β-dimethylamino]-äthylamino-* **III**, gelbe Plättchen, F. 167—170° (Aceton/PAe.). — *11-[β-Dimethylamino]-äthylamino-* **III**, hellgelb, F. 143—144° (Ae./PAe.). — *8-Chlor-11-[4-methyl]-piperazino-* **III**, gelb, F. 182—184° (Aceton/PAe.). — 2-Amino-4'-chlordiphenylsulfid-2'-carbonsäure-(4''-methyl)-piperazid + PCl_5 → *2-Chlor-11-[4'-methyl]-piperazinodibenzo-[b.f.]-[1.4]-thiazepin*, F. 118 bis 120° (Ae./PAe.). — Ferner wurden Verb. der Formel **I** (R^4 = *H*) erhalten [— N(R^2)R^3 = A]: *Z* = *NCH*$_3$, *A* = *4-Methylpiperazino* (**IV**), R^5 = *7-SCH*$_3$, F. 171 bis 173° (Aceton/PAe.). — *Z* = *S*, *A* = **IV**, R^5 = *3-CH*$_3$, F. 92—95° (Ae./PAe.). — *Z* = *NCH*$_3$, *A* = **IV**, R^5 = *8-Cl*, F. 164—165° (Ae./PAe.). — *Z* = *NH*, *A* = *Piperidino-*, R^5 = *H*, F. 129—131° (Ae./PAe.). — *Z* = *NH*, *A* = **IV**, R^5 = *7-Cl*, F. 179—181° (Aceton/PAe.). — *Z* = *NCH*$_3$, *A* = *NH*$_2$, R^5 = *H*, F. 167—168° (Aceton/PAe.). — *Z* = *S*, *A* = *Piperidino*, R^5 = *H*, F. 133—134° (Ae./PAe.). — *Z* = *NH*, *A* = **IV**, R^5 = *H*, F. 184—185° (Aceton/Ae.); *Dimethobromid*, Zers. 198—200° (Isopropanol/Essigester). — *Z* = *NH*, *A* = *N(C*$_2$*H*$_5$*)*$_2$, R^5 = *H*, *Hydrochlorid*, Zers. 230—240°. — *Z* = *NH*, *A* = *Morpholino*, R^5 = *H*, F. 201—203° (Aceton/PAe.). — *Z* = *NH*, *A* = *NHCH*$_2$*CH*$_2$*N(C*$_2$*H*$_5$*)*$_2$, R^5 = *H*, Kp.$_{0,01}$ 205—210°. — *Z* = *NH*, *A* = *NH(CH*$_2$*)*$_3$*N(CH*$_3$*)*$_2$, R^5 = *H*, F. 148 bis 150° (Ae./PAe.). — *Z* = *NH*, *A* = *NH—CH(CH*$_3$*)·(CH*$_2$*)*$_3$*N(CH*$_3$*)*$_2$, R^5 = *H*, Kp.$_{0,05}$ 204—208°. — *Z* = *NH*, *A* = *4-[β-Hydroxyäthyl]-piperazino-*, R^5 = *H*, F. 182 bis 184° (Aceton/PAe.). — *Z* = *NCH*$_3$, *A* = *NH(CH*$_2$*)*$_3$*·N(CH*$_3$*)*$_2$, R^5 = *H*, F. 73—75° (Ae./PAe.). — *Z* = *NCH*$_3$, *A* = **IV**, R^5 = *H*, F. 124—125° (Ae./PAe.). — *Z* = *NH*, *A* = *NHCH*$_2$*CH*$_2$*N(CH*$_3$*)*$_2$, R^5 = *2-OCH*$_3$, *Dihydrochlorid*, F. >160°. — *Z* = *NH*, *A* = **IV**, R^5 = *2-OCH*$_3$, *Dihydrochlorid*, *Dihydrat*, F. 210° (Zers.; Methanol/Ae.). — *Z* = *NH*, *A* = *NHCH*$_2$*CH*$_2$*N(CH*$_3$*)*$_2$, R^5 = *8-OCH*$_3$, *Dihydrochlorid*. — *Z* = *NCH*$_3$, *A* = *NHCH*$_2$*CH*$_2$*N(CH*$_3$*)*$_2$, R^5 = *7-Cl*, F. 155—156° (Ae./PAe.). — *Z* = *NCH*$_3$, *A* = **IV**, R^5 = *7-Cl*, F. 201—203° (Aceton/W.). — *Z* = *NH*, *A* = *Piperidino*, R^5 = *8-Cl*, F. 148—151° (Ae./PAe.). — *Z* = *NH*, *A* = *NHCH*$_2$*CH*$_2$*N(CH*$_3$*)*$_2$, R^5 = *8-Cl*, F. 156—158° (Ae./PAe.). — *Z* = *NH*, *A* = *NHCH(CH*$_3$*)(CH*$_2$*)*$_3$*N(C*$_2$*H*$_5$*)*$_2$, R^5 = *H*, *Dihydrochlorid*, F. 244—246° (Zers.; Isopropanol/Ae.). — *Z* = *NH*, *A* = *Piperidino*, R^5 = *7-Cl*, F. 158—159° (Ae./PAe.). — *Z* = *NH*, *A* = *NHCH*$_2$*CH*$_2$*N(CH*$_3$*)*$_2$, R^5 = *7-Cl*, F. 157 bis 159° (Aceton/W.). — *Z* = *NCH*$_3$, *A* = **IV**, R^5 = *8-OCH*$_3$, F. 139° (Aceton/PAe.). — *Z* = *NH*, *A* = **IV**, R^5 = *3-CH*$_3$, F. 168—170° (Aceton/PAe.). — *Z* = *NH*, *A* = **IV**, R^5 = *8-CH*$_3$, F. 188—190° (Aceton/Ae.). — *Z* = *NH*, *A* = *NHCH*$_2$*CH*$_2$*N(CH*$_3$*)*$_2$, R^5 = *8-CH*$_3$, F. 175—177° (Aceton/PAe.). — *Z* = *NCH*$_3$, *A* = **IV**, R^5 = *8-CH*$_3$, F. 171—173° (Aceton/PAe.). — *Z* = *NH*, *A* = **IV**, R^5 = *3-Cl*, F. 169—171° (Ae./PAe.). — *Z* = *NH*, *A* = *NHCH*$_2$*CH*$_2$*N(CH*$_3$*)*$_2$, R^5 = *3-Cl*, F. 136 bis 137° (Ae./PAe.). — *Z* = *S*, *A* = **IV**, R^5 = *H*, F. 102 bis 103° (Ae./PAe.). — *Z* = *S*, *A* = *N(CH*$_3$*)*$_2$, R^5 = *H*, F. 121—122° (Aceton/PAe.). — *Z* = *S*, *A* = *NHCH*$_2$*·CH*$_2$*N(CH*$_3$*)*$_2$, R^5 = *H*, F. 96—97° (Ae./PAe.). — *Z* = *S*, *A* = *NHN(CH*$_3$*)*$_2$, R^5 = *H*, F. 181—183° (Essigester/PAe.). — *Z* = *NH*, *A* = **IV**, R^5 = *3-OCH*$_3$, F. 212—214° (Aceton/PAe.). — *Z* = *NH*, *A* = *N(CH*$_3$*)CH*$_2$*CH*$_2$*N(CH*$_3$*)*$_2$, R^5 = *H*, Kp.$_{0,01}$ 168—169°. — *Z* = *NH*, *A* = *N(CH*$_3$*)·CH*$_2$*CH*$_2$*N(CH*$_3$*)*$_2$, R^5 = *8-Cl*, F. 103—106° (Ae./PAe.). — *Z* = *NH*, *A* = **IV**, R^5 = *8-CF*$_3$, F. 193—194° (Ae./PAe.). — *Z* = *NCH*$_3$, *A* = **IV**, R^5 = *4-SCH*$_3$, F. 140° (Aceton/PAe.). — *Z* = *NH*, *A* = **IV**, R^5 = *2-Cl*, F. 203—205° (Aceton/Ae.). — *Z* = *S*, *A* = *Morpholino*, R^5 = *H*, Kp.$_{0,07}$ 190—194°. — *Z* = *S*, *A* = **IV**, R^5 = *6-Cl*, F. 82 bis 88° (Ae./PAe.). — *Z* = *S*, *A* = *NHCH*$_2$*CH*$_2$*CH*$_2$*N·(CH*$_3$*)*$_2$, R^5 = *H*, F. 125—126° (Aceton/PAe.). — *Z* = *S*, *A* = *N(CH*$_3$*)CH*$_2$*CH*$_2$*N(CH*$_3$*)*$_2$, R^5 = *H*, F. 89—90° (PAe.). — *Z* = *S*, *A* = *Piperazino*, R^5 = *H*, F. 122 bis 124° (Aceton/PAe.). — *Z* = *S*, *A* = *NHNH*$_2$, R^5 = *H*, F. 119—121° (Essigester/PAe.). — *Z* = *S*, *A* = *Anilino*, R^5 = *H*, F. 127—128° u. 155—156° (Aceton/Ae./PAe.). — *Z* = *S*, *A* = *p-Chloranilino*, R^5 = *H*, F. 154—155° (Aceton/Ae./PAe.). — *Z* = *S*, *A* = *N(CH*$_3$*)(CH*$_2$*)*$_3$*·N(CH*$_3$*)*$_2$, F. 69—70° (PAe.). — *Z* = *S*, *A* = *NHCH·(CH*$_3$*)(CH*$_2$*)*$_3$*N(CH*$_3$*)*$_2$, R^5 = *H*, F. 76—77° (Ae./PAe.). — *Z* = *S*, *A* = **IV**, R^5 = *8-CH*$_3$, F. 151—153° (Aceton/PAe.). — *Z* = *S*, *A* = **IV**, R^5 = *8-CF*$_3$, *Dihydrochlorid*, F. 192° (Zers.; Isopropanol/Ae.). — *Z* = *S*, *A* = **IV**, R^5 = *8-Cl*, F. 166—167° (Aceton/PAe.). — *Z* = *S*, *A* = **IV**, R^5 = *7-Cl*, F. 136—138° (Ae./PAe.). — *Z* = *S*, *A* = **IV**, R^5 = *8-OCH*$_3$, F. 116—118° (Aceton/PAe.). — *Z* = *S*, *A* = **IV**, R^5 = *3-Cl*, *Hydrochlorid*, Zers. >215°. — *Z* = *S*, *A* = **IV**, R^5 = *7-SCH*$_3$, F. 113—115° (Ae.-PAe.). — *Z* = *NCH*$_3$, *A* = **IV**, R^5 = *8-CF*$_3$, F. 184—185° (Ae./PAe.). — *Z* = *NH*, *A* = **IV**, R^5 = *7-SCH*$_3$, F. 120/146—150° (Aceton/PAe.). — *Z* = *NH*, *A* = *Morpholino*, R^5 = *8-Cl*, F. 169—170° (Aceton/PAe.). — *Z* = *NH*, *A* = *4-[β-Hydroxyäthyl]-piperazino*, R^5 = *8-Cl*, F. 241 bis 244° ($CHCl_3$/PAe.). — *Z* = *NH*, *A* = *Piperazino*, R^5 = *8-Cl*, F. 105—116° (Ae./PAe.). — *Z* = *NH*, *A* = *4-Äthylpiperazino*, R^5 = *8-Cl*, F. 162—163° (Ae./PAe.). — *Z* = *NH*, *A* = **IV**, R^5 = *7-OCH*$_3$, F. 227—228° (Aceton/

PAe.). — $Z = S$, $A = NHCH_2CH_2N(CH_3)_2$, R^5 = *2-Cl*, F. 54—60° (PAe.). — $Z = S$, A = *Piperazino*, R^5 = *2-Cl*, F. 132—134° (Ae./PAe.). — $Z = S$, A = *4-[β-Hydroxyäthylpiperazino]*, R^5 = *2-Cl, Hydrochlorid*, F. 194 bis 200° (Methanol/Ae.). — $Z = S$, $A = N(CH_3)CH_2 \cdot CH_2N(CH_3)_2$, R^5 = *2-Cl, Hydrochlorid*, F. 196—197° (A./Ae.). — $Z = S$, $A = NH(CH_2)_3N(CH_3)_2$, R^5 = *2-Cl*, F. 104—106° (Ae./PAe.). — $Z = S$, A = *N-Methylanilino*, R^5 = *2-Cl*, F. 141—143° (Aceton/PAe.). — $Z = S$, A = *Morpholino*, R^5 = *2-Cl*, F. 148—150° (Aceton/PAe.). — $Z = S$, A = IV, R^5 = *2-CH₃*, F. 99 bis 107° (PAe.). — $Z = S$, A = *Morpholino*, R^5 = $2\text{-}CH_3$, F. 147—148° (Aceton/PAe.). — $Z = S$, A = IV, R^5 = *2-Br*, F. 137—138° (Aceton/PAe.). — $Z = S$, A = IV, R^5 = *2-F*, F. 80—84° (PAe.). — $Z = S$, A = IV, R^5 = $4\text{-}CH_3$, F. 149—150° (Aceton/PAe.). — $Z = S$, A = *Piperidino*, R^5 = $2\text{-}OCH_3$, F. 116—117° (Ae./PAe.). — $Z = S$, A = *Morpholino*, R^5 = $2\text{-}OCH_3$, F. 174—175° (Aceton/PAe.). — $Z = S$, A = *4-[β-Methoxyäthylpiperazino]*, R^5 = *2-Cl, Dihydrochlorid*, F. 215—225° (A./Ae.). — $Z = NCH_3$, A = *p-Chloranilino*, $R^5 = H$, F. 108—111° (Ae./PAe.). — $Z = S$, $A = NH_2$, $R^5 = H$, F. 176—178° (Essigester/PAe.). — $Z = S$, A = *p-Methoxyanilino*, $R^5 = H$, F. 158—160° (Aceton/PAe.) — $Z = S$, A = *4-[β-Hydroxyäthyl]-piperazino*, R^5 = *H, Hydrochlorid*, F. 230—248° (Methanol/Ae.). — $Z = H$, $A = N(CH_3)CH_2CH_2N(C_2H_5)_2$, R^5 = *H, Hydrochlorid*, F. 179—180° (Methanol/Ae.). — *Heilmittel*. (**Schwz. P. 416 633** vom 25/5. 1962, ausg. 31/1. 1967.) — 8 S.

A. Jahn 4846

1381 Dr. A. Wander Akt.-Ges., Bern (Erfinder: Jean Schmutz, Muri, und Fritz Hunziker, Bern), Schweiz, **10.11-Dihydro-11-oxo-5H-benzo-[b.e][1.4]-diazepin(I)-Derivate**, die in 10-Stellung durch $-X-NHR^2$ u. in 5-Stellung durch R^1 substituiert sind, erhält man durch Entalkylierung entsprechender Dialkylaminverb. ($X = C_2-C_4$-Alkylenrest; $R^1 = R^2$ oder H; R^2 = Alkyl mit $\leqq 3$ C-Atomen), bes. mittels des Chlorameisensäure-Abbaus oder des Bromcyanabbaus. — Folgende I-Deriv.: *5-Methyl-, Hydrochlorid*, F. 230° (CH_3OH–Ae.). — *10-[β-Methylaminoäthyl]-, Hydrochlorid*, F. 213—215°. — *5-Methyl-10-[γ-methylaminopropyl]-, Hydrochlorid*, F. 193 bis 196°. — *Antidepressive Mittel*. (**Schwz. P. 442 330** vom 24/10. 1963, ausg. 31/1. 1968.) — 2 S.

A. Jahn 4846

1382 Dr. A. Wander Akt.-Ges., Bern (Erfinder: Jean Schmutz, Muri, Fritz Hunziker und Franz Martin Künzle, Bern), Schweiz, **Herstellung von in 11-Stellung basisch substituierten Dibenz-[b.f][1.4]-oxazepinen** (I) der allg. Formel II ($R = C_1-C_5$-Alkylen; R^1 =

II 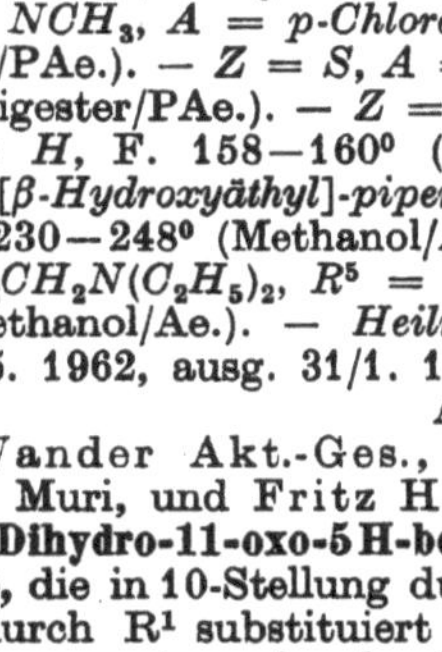

H, C_1-C_5-Alkyl; R^2 u. R^3 = H, C_1-C_5-Alkyl; $R^2 + R^3$ = $-CH_2-CH_2-$, wobei in letztem Fall R^1 auch eine C_1-C_5-Hydroxyalkyl- oder Alkoxyalkyl sein kann; die Bzl.-Ringe können bes. in 2-, 4- oder 8-Stellung durch Halogen, Trifluormethyl, C_1-C_5-Alkyl, C_1-C_5-Alkoxy oder C_1-C_5-Alkylmercapto substituiert sein) erfolgt durch Rk. eines entsprechend substituierten 11-Chlor-, 11-Sulfhydryl-, 11-Alkoxy- oder 11-Alkylthio-I mit einem Amin der allg. Formel $R^1-N[R^2]-R-NH-R^3$; man kann auch ein 11-Amino- oder 11-[R^3-Amino]-I mit einem reaktionsfähigen Ester eines Alkohols der allg. Formel $R^1-N[R-OH]-R^2 \ldots R^3-OH$ bzw. $R^1-N \cdot (R^2)-R-OH$ umsetzen. Die II sind auch durch Cyclokondens. der entsprechend substituierten o-Amino-o'-amino(thio)carbonyldiphenyloxide oder o-Ureidodiphenyläther mit sauren Kondens.-Mitteln herstellbar. — Man erhitzt 10 (g) *2-Chlor-10.11-dihydro-11-oxo*-I mit 3 ml N.N-Dimethylanilin u. 80 ml $POCl_3$ 3 Std. unter Rückfluß → 9,3 · (= 85,5% Ausb.) *2.11-Dichlor*-I, F. 131—134°; daraus mit 10 ml N-Methylpiperazin nach 4 Std. in 100 ml abs. sd. Xylol → 8,9 *2-Chlor-11-[4-methylpiperazino]*-I, F. 109—110°. — Analog 11-[4-Methylpiperazino]-dibenz-[b.f]-[1.4]-oxazepine: *Unsubstituiert*, F. 97—98°. — *8-Chlor-*, F. 165—166°. — *7-Chlor-*, F. 147—148°. — *2.8-Dichlor-*, F. 130—131°. — *4.8-Dichlor-*, F. 134—135°. — *4-Methyl-*, F. 179—182°. — *2-Methyl-*, F. 130—131°. — *4-Chlor-*, F. 173—174°. — *6-Chlor-*, F. 83—87°. — *3-Methyl-*, F. 103—105°. — *2-Brom-*, F. 95—99°. — *3.4-Dimethyl-*, F. 167—168°. — *2-Fluor-*, F. 81—86°. — *1.4-Dimethyl-*, F. 143—144°. — *3-Chlor-*, F. 122—124°. — *4-Methyl-8-chlor-*, F. 151 bis 152°. — *2-Methoxy-*, F. 107—108°. — *4-Äthyl-*, F. 128 bis 130°. — *2.4-Dichlor-*, F. 135—138°. — *4-Methyl-7-chlor-*, F. 167—168°. — *2-Methylthio-; Maleinat*, F. 198—201°. — *2-Äthylthio-*, F. 117—119°. — 11-Piperazinodibenz-[b.f][1.4]-oxazepine: *2-Chlor-*, F. 178—180°. — *2-Methylthio-*, F. 114—116°. — *2-Äthylthio-; Maleinat*, F. 161 bis 162°. — *2-Chlor-11-[4-β-hydroxyäthylpiperazino]*-I, *Dihydrochlorid*, F. 197—237°. — *2-Chlor-11-[4-β-methoxyäthylpiperazino]*-I, *Maleinat*, F. 180—181°. — *11-[3-Dimethylaminopropylamino]*-I, F. 108—109°. — *11-[2-Dimethylaminoäthylamino]*-I, F. 88—89°. — *4-Methyl-11-[2-Diäthylaminoäthylamino]*-I, F. 43—45°. — *4-Chlor-11-[2-diäthylaminoäthylamino]*-I, F. 96—97°. — *4-Methyl-11-[3-dimethylaminopropylamino]*-I, F. 126—127°. — *4-Methyl-11-[3-dimethylaminopropylmethylamino]*-I, *Hydrochlorid*, F. 201—203°. — *4-Methyl-11-[(1-methyl-3-diäthylaminopropyl)-amino]*-I, $Kp._{0,05}$ 200—210°. — *11-[β-Aminoäthylamino]*-I, F. 133—135°. — *Neuroplegika, Neuroleptika* u. *Analgetika*. — Vgl. Port. P. 42 513; C. **1966**, 18-2390. (**Schwz. PP. 450 422, 450 424, 450 425** u. **450 426** vom 27/9. 1963, ausg. 30/4. 1968.) — 5 S. — 4 S. — 4 S. — 4 S.

O. Schön 4846

1383 J. R. Geigy Akt.-Ges., Basel (Erfinder: Walter Schindler, Riehen, und Erich Schmid, Basel), Schweiz, **Herstellung von Thiepinderivaten.** Durch Rk. von Dibenzo-[b.f]-thiepin-10[11H]-on mit Br_2 in CS_2 bei 0—5° erhält man das 11-Bromdibenzo-[b.f]-thiepin-10-[11H]-on, F. 105—106°; daraus durch Rk. mit Dimethylamin das *11-Dimethylaminodibenzo-[b.f]-thiepin-10[11H]-on*, $Kp._{0,002}$ 148—150°; *Hydrochlorid*, F. 210—216°. — Analog folgende Dibenzo-[b.f]-thiepin-10[11H]-one (I): *11-[4'-Methyl-1'-piperazinyl]*-I, F. 101,5°. — *11-Morpholino*-I, F. 137,5°. — *11-Piperidino*-I, *Hydrochlorid*, F. 210 bis 216°. — *11-[4'-(2''-Hydroxyäthyl)-1'-piperazinyl]*-I, *Dihydrochlorid*, F. 174—175°. — *Psych. Beruhigungsmittel*. (**Schwz. P. 449 651** vom 29/4. 1965, ausg. 11/4. 1968.) — 4 S.

R. Bauereis 4846

1384 Sandoz Akt.-Ges. (Erfinder: Emil Schreier), Basel, Schweiz, **Herstellung von Podophyllotoxin-Alkyläthern** durch Rk. von Podophyllotoxin (I) mit niederen Diazoalkanen in Ggw. eines geeigneten Katalysators. — I gibt mit CH_2N_2 in Ggw. von BF_3-Ätherat I-*methyläther*, F. 177—178°, $[\alpha]_D$ 156°. — *Antimitotika*. (**Schwz. P. 447 201** vom 13/7. 1964, ausg. 29/3. 1968.) — 2 S.

R. Bauereis 4846

1385 Sandoz Akt.-Ges., Basel (Erfinder: Roger Boissonnas, Bottmingen), Schweiz, **Herstellung eines neuen Nonapeptids** der Zus. *H-Arg-Pro-Pro-Gly-Phe-Ser-Pro-Phe-Arg-OH* (I), dad. gek., daß man das Tetrapeptid R'-(R)-Arg-Pro-Pro-Gly-OH [R = Schutzgruppe (Sch.) für NH_2; R' = Sch. für die Guanidogruppe] als freie Säure oder reaktionsfähiges Deriv. mit einem Peptid der allg. Formel H-Phe-Ser-Pro-Phe-Arg(R'')-R''' (R'' = H oder Sch. für die Guanidogruppe; R''' = H oder Sch. für COOH, wobei $\geqq 1$ Rest R', R'' u. R''' für H steht) kondensiert u. alle Sch. der Nonapeptidverb. R-(R')Arg-Pro-Pro-Gly-Phe-Ser-Pro-Phe-Arg(R'')-R''' in einer oder mehreren Stufen abspaltet. Nachfolgend steht Z für Benzyloxycarbonyl, -OÄt für -äthylester, Tos für Tosyl u. -ONb für -p-nitrobenzylester. — Aus einer Lsg. von N-Z-(NO_2)Arg-Pro-Pro-Gly-OH u. Triäthylamin in Dioxan durch Rk. mit $ClCOOC_2H_5$ bei 0° u. dann mit H-Phe-Ser-Pro-Phe-Arg-OH (II) u. Hydrierung in Ggw. eines Pt-Katalysators → I · 2 HCl (III). — Aus N-Z-Arg-OH u. H-Pro-Pro-Gly-OÄt · HBr (IV) in Py. u. Acetonitril (V) in Ggw. von Dicyclohexylcarbodiimid (VI) bei 20° → N-Z-Arg-Pro-Pro-Gly-OH (VII); aus VII in VI u. V in Ggw. von Toluolsulfonsäure (VIII) durch Rk. mit Nitrophenol in Ggw. von VI u. dann mit II → N-Z-

Arg–Pro–Pro–Gly–Phe–Ser–Pro–Phe–Arg–OH (**IX**); dieses wird wie vorst. hydriert → **III**. — Aus **IX** durch Abspaltung von Z mit Na in fl. NH_3 → **III**; analog aus N–Z–(Tos)Arg–OH u. **IV** in Ggw. von **VI** → N–Z–(Tos)-Arg–Pro–Pro–Gly–OH u. daraus mit **II** → N–Z–(Tos)-Arg–Pro–Pro–Gly–Phe–Ser–Pro–Phe–Arg–OH. — Aus einer Lsg. von **VII** u. **VIII** in Dimethylformamid u. **V** in Ggw. von **VI** durch Kondens. mit H–Phe–Ser–Pro–Phe–(NO_2)Arg–ONb → N–Z–Arg–Pro–Pro–Gly–Phe–Ser–Pro–Phe–(NO_2)Arg–ONb, hydriert → **III**. — *Blutdrucksenkende Wrkg. wie Bradykinin.* — Strukturformeln. (**Schwz. P. 443 334** vom 9/5. 1961, ausg. 15/2. 1968.) — 3 S.
Georg Vogel 4846

1386 Roussel-Uclaf, Paris (Erfinder: Gaston Amiard, Gérard Nominé, Noisy-le-Sec, und Vesperto Torelli, Maisons Alfort, Seine), Frankreich, **Zwischenprodukte zur Synthese von Steroid-Derivaten** der allg. Formel I erhält man durch Rk. eines 4-Oxo-5-hexen-

I

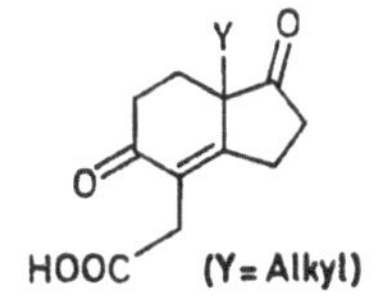

(Y = Alkyl)

carbonsäureesters mit einem 1.3-Dioxo-2-Y-cyclopentan. — 4-Oxo-5-hexensäuremethylester gibt mit 1.3-Dioxo-2-methylcyclopentan in Py. bei 40° *1.5-Dioxo-7a-methyl-5.6.7.7a-tetrahydroindan-4-essigsäure*, $C_{12}H_{14}O_4$, F. 200°; *Methylester*, $C_{13}H_{16}O_4$, F. 145°. — Formelblatt. (**Schwz. P. 435 255** vom 27/11. 1964, ausg. 31/10. 1967. F. Prior. 29/11. 1963.) — 4 S. R. Bollinger 4847

1387 Merck & Co., Inc., Rahway (Erfinder: Lewis Hastings Sarett, Princeton, Robert Gibb Strachan, Summit, und Ralph Franz Hirschmann, Scotch Plains), N.J., USA, **Herstellung von 2′-Acylamido-2′-desoxyglucosiden der im Ring A ungesättigten 11.17-Bis-oxy-20-ketosteroide** der Pregnanreihe u. deren 4′-Epimeren, dad. gek., daß das entsprechende im Ring A ungesätt. 11.17-Bis-oxy-20-ketosteroid, welches mindestens in einer der Stellungen 16 u. 21 eine am C gebundene, ggf. veresterte OH-Gruppe hat, mit einem 1-Halogen-N-acylglucosamintriacylat oder dessen 4′-Epimeren umgesetzt wird, wodurch das Tri-O-acyl-2′-acylamido-2′-desoxyglucosid des Hydroxysteroids oder des 4′-Epimeren entsteht, u. dann die Tri-O-acylverb. mit einem alkal. Hydrolysierungsmittel reagiert. — Aus 11.17.21-Trihydroxy-1.4-pregnadien-3.20-dion erhält man durch Rk. mit 1-Chlor-N-acetylglucosamintriacetat in Dimethylformamid in Ggw. von $Hg(CN)_2$ bei 130—135° das *11β.17α-Dihydroxy-3.20-dion-1.4-pregnadien-21-yl-tri-O-acetyl-β-D-2′-acetamido-2-desoxyglucopyranosid*. Herst. weiterer Verb. ohne Angabe der Kennzahlen. — *Entzündungshemmende Mittel*. (**Schwz. P. 451 130** vom 18/2. 1964, ausg. 15/5. 1968. **F. P. [Méd.] 3 627** vom 14/5. 1964, veröff. 18/10. 1965. Beide U. S. Prior. 18/2. 1963.) — 4 S. — 5 S.
R. Bollinger 4847

1388 E. Merck Akt.-Ges. (Erfinder: Klaus Irmscher, Darmstadt, Karl-Hinz Bork, Griesheim, und Hans-Günther Kraft, Darmstadt), **1α-Alkylthio-3-keto-4-androstene** werden hergestellt, indem man ein Alkylmercaptan an ein $\Delta^{1.4}$-3-Ketosteroid in Ggw. eines bas. Katalysators, bes. Piperidin, anlagert u. diesen vor der Aufarbeitung aus dem Rk.-Gemisch entfernt. — *1α-Äthylthiotestosteronacetat*, F. 138—140° (aus Ae.); $[\alpha]_D$ +135° (Dioxan). — *1α-n-Propylthiotestosteron*, F. 156—157°; dessen *Acetat*, F. 106—107°; $[\alpha]_D$ +140° (Dioxan). — *1α-Methylthiotestosteronacetat*, F. 198—201°; $[\alpha]_D$ +119° (Dioxan); *Propionat*, F. 145—146°; $[\alpha]_D$ +102° (Dioxan). — *1α-Äthylthio-17α-methyltestosteron*, F. 136—139°; $[\alpha]_D$ +120° (Dioxan). — *1α-n-Propylthio-17α-methyltestosteron*, F. 82—85°; $[\alpha]_D$ +121° (Dioxan). — *1α-Methylthio-17α-methyltestosteron*, F. 158—160° (aus Ae.); $[\alpha]_D$ +120° (Dioxan). — *Anabolika*. (**D. A. S. 1 274 126** Kl. 12o vom 6/12. 1962, ausg. 1/8. 1968.) — 3 S. W. Gengenbach 4847

1389 Herchel Smith, Wayne (Erfinder: Gordon Alan Hughes, Conshohocken, und Herchel Smith, Wayne), Pa., USA, **Δ^4-3-Ketone der Gonenreihe** erhält man durch Rk. der entsprechenden $\Delta^{5(10)}$-3-Ketone mit einer Säure oder Base. — Man setzt 17α-Äthyl-18-homo-17β-hydroxy-östr-5(10)-en-3-on mit methanol. HCl um → *17α-Äthyl-18-homo-19-nortestosteron*, F. 144—145°. — Analog: *17α-Äthinyl-18-homo-17β-hydroxy-östr-5(10)-en-3-on*, F. 203—206°. — Alle Verb. liegen in der (±)-Form vor. — *Hormonwirksame Heilmittel*. (**Schwz. P. 455 763** vom 17/10. 1962, ausg. 15/7. 1968. Brit. Prior. 19/10. 1961.) — 2 S. U. Sievers 4847

1390 Roussel-Uclaf, Soc. An., Paris, Frankreich, **Herstellung von 3-Oxo-13β-alkyl-Δ^4-gonenen** der allg. Formel I (Y = Alkylrest mit 2—18 C-Atomen; R^1 =

I

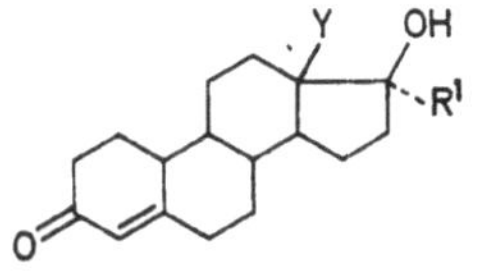

Alkinylrest mit 2—4 C-Atomen). Man ox. **3-Oxo-17β-hydroxy-13β-äthyl-$\Delta^{5(10)}$-gonen** in Aceton bei —25 bis —10° mit CrO_3 zu *3.17-Dioxo-13β-äthyl-$\Delta^{5(10)}$-gonen* (**II**), F. 138°, $[\alpha]_D^{20}$ +214° (c = 1 in Dioxan). Dann setzt man K in fl. NH_3 bei 35° mit Acetylen um, setzt Ae. u. **II** zu u. leitet Acetylen ein → *3-Oxo-17β-hydroxy-17α-äthinyl-13β-äthyl-$\Delta^{5(10)}$-gonen*, F. 190°, $[\alpha]_D^{20}$ + 89° (c = 1 in Dioxan). Durch Einw. von HCl in Tetrahydrofuran entsteht hieraus *3-Oxo-17β-hydroxy-17α-äthinyl-13β-äthyl-Δ^4-gonen* (= 17α-Äthinyl-13β-äthyl-18.19-dinortestosteron), F. 240°, $[\alpha]_D^{20}$ —26° (c = 0,5 in $CHCl_3$). — Analog: *3.17-Dioxo-13β-n-propyl-$\Delta^{5(10)}$-gonen*, F. 127° → *3-Oxo-17β-hydroxy-17α-äthinyl-13β-n-propyl-$\Delta^{5(10)}$-gonen*, F. 172°, $[\alpha]_D^{20}$ + 91° (c = 0,4 in Methanol) → *3-Oxo-17β-hydroxy-17α-äthinyl-13β-n-propyl-Δ^4-gonen*, F. 180°, $[\alpha]_D^{20}$ — 26,5° (c = 0,4 in Methanol). — *Pharmazeutika*. (**Niederl. P. 123 458** vom 17/12. 1964, ausg. 15/12. 1967. F. Prior. 14/1. 1964.) — 6 S. F. Böhm 4847

1391 Roussel-Uclaf Soc. An., Paris, Frankreich, **Herstellung von Diaminosteroiden** der allg. Formel **I**

I

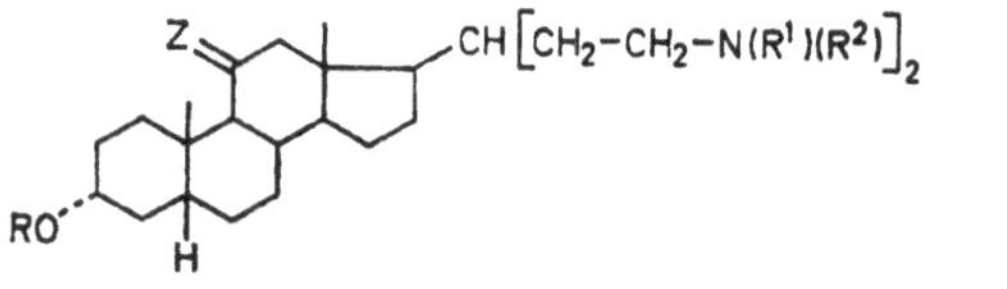

[R = H oder Acyl; R^1 = H oder Alkyl C_{1-4}; R^2 = Alkyl C_{1-4}; R^1 u. R^2 können auch zusammen einen ggf. O-Atome enthaltenden Ring mit 4—6 C-Atomen darstellen; Z = H_2, O oder (OH)H]. Man erwärmt 3α-Acetoxy-11-oxo-21.22-dijod-23.24-bis-nor-(5β)-cholan 2 Std. in Dimethylformamid mit KCN auf 60° u. erhitzt das entstandene *3α-Acetoxy-11-oxo-21.22-dicyan-***II** (**II** = *23.24-bis-nor-(5β)-cholan*), F. 166°, $[\alpha]_D^{20}$ + 65,5° (c = 0,75 in $CHCl_3$), in W., A. u. KOH enthaltendem Äthylenglykol auf 105 bis 115° → *3α-Hydroxy-11-oxo-21-carboxy-24-nor-(5β)-cholan-23-carbonsäure*, F. 190—192°. Dieses setzt man bei Raumtemp. mit HCO_2H zu *3α-Formyloxy-11-oxo-21-carboxy-24-nor-(5β)-cholan-23-carbonsäure* um, die durch Rk. mit $POCl_3$ bei 40° u. nachfolgende Rk. mit $(CH_3)_2NH$ bei 0° *3α-Hydroxy-11-oxo-21.22-bis-[dimethylformamid]*-**II**, F. 190—191°, $[\alpha]_D^{20}$ + 58° (c = 0,9 in A.), ergibt. Durch Red. mit $LiAlH_4$ in sd. Tetrahydrofuran u. nachfolgende Einw. von Essigsäureanhydrid/Py. erhält man hieraus *3α-Acetoxy-11β-hydroxy-21.22-bis-[dimethylaminomethyl]*-**II**, F. 154°, $[\alpha]_D^{20}$ + 59° (c = 1 in A.). Ox. mit CrO_3 in H_2SO_4 führt zu *3α-Acetoxy-11-oxo-21.22-bis-[dimethylaminomethyl]*-**II**, Öl, *Dihydrochlorid*, F. 250—260°, $[\alpha]_D^{20}$ + 47° (c = 1 in A.). — Analog: *3α-Acetoxy-21.22-dicyan*-**II**, F. 167—168°, $[\alpha]_D^{20}$ + 48,5° (c = 0,6 in $CHCl_3$), → *3α-Hydroxy-21-carboxy-24-nor-(5β)-cholan-23-carbonsäure*, F. 256—257° → *3α-Formyloxy-21-carboxy-24-nor-(5β)-cholan-23-carbonsäure*, F. 160° → *3α-Hydroxy-21.22-bis-[dimethylformamido]*-**II**, F. 212°, $[\alpha]_D^{20}$ + 37° (c = 1 in

A.), → *3α-Acetoxy-21.22-bis-[dimethylaminomethyl]*-**II**, amorph, → *3α-Acetoxy-21.22-bis-[dimethylaminomethyl]*-**II**-*dihydrochlorid*, F. 230—240°, $[\alpha]_D^{20}$ + 39,5° (c = 1 in A.). — *3α-Acetoxy-11-oxo-21.22-bis-morpholino*-**II**-*dihydrochlorid*, F. 240° (Zers.), $[\alpha]_D^{20}$ + 62,5° (c = 0,8 in W.). — *Pharmazeutika*. (**Niederl. P. 123 800** vom 24/12. 1963, ausg. 15/11. 1967. F. Prior. 4/3. 1963.) — 8 S. F. Böhm 4847

1392 Ciba Akt.-Ges., Basel (Erfinder: Bruno Fechtig, Binningen, Ernst Vischer, Basel, Hans Bickel, Binningen, Rolf Bosshardt, Arlesheim, und Jakob Urech, Basel), Schweiz, **7-Aminocephalosporansäureester** erhält man durch Stehenlassen von Cephalosporin C-Diestern, bes. in einer Konz. von ≦ 1 % in chlorierten KW-Stoffen (CH_2Cl_2). Cephalosporin C-Dibenzylester → **I**-*Benzylester* (**I** = 7-Aminocephalosporansäure). Durch hydrolyt. oder hydrogenolyt. Abspaltung des Esterrestes erhält man **I**. Ferner: **I**-*Methylester*. — **I**-*Äthylester*. — **I**-*n-Butylester*. — **I**-*Benzhydrylester*. — **I**-*p-Nitrophenylester*. — *Antibiotika*. (**Schwz. P. 447 172** vom 15/3. 1963, ausg. 29/3. 1968.) — 4 S. A. Jahn 4848

1393 R & L Molekular Research Ltd., übert. von: Rintje Raap, Raymond Urgel Lemieux und Ronald George Micetich, Edmonton, Alberta, Kanada, **Cephalosporansäure (I)-Derivate** der allg. Formel **II**

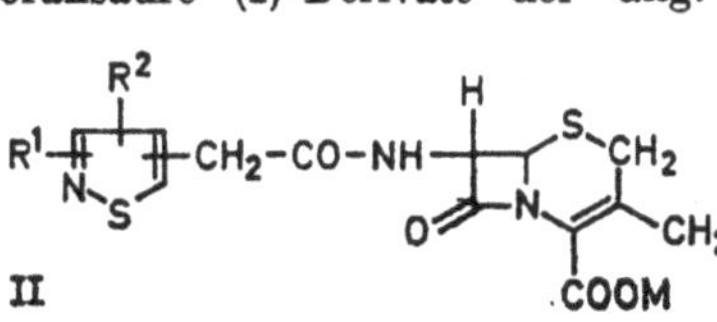

II

erhält man durch Rk. von 7-Amino-I bzw. deren Deriv. mit den entsprechenden Isothiazolylessigsäurederiv. (**III**; A = H, OH, C_2—C_8-Alkanoyloxy, Benzoyloxy, quart. Ammoniumrest; A u. M kann zusammen eine Einfachbindung sein; M = H, nicht giftiges Kation oder negative Ladung; R^1 u. R^2 = H, Cl, Br, J, CH_3]. — **III** erhält man aus Isothiazolcarbonsäuren durch Aufbau des Säurechlorids mit CH_2N_2, Ox. des Diazomethylketons mit AgO in einem Alkohol u. Verseifung des Esters. Folgende Zwischen- u. Endprod. wurden hergestellt (*Isothiazol* = **IV**): *3-Brommethyl*-**IV**, $Kp._{1,5}$ 58 bis 60°. — **IV**-*3-ylessigsäure*, Nadeln, F. 130—132°. *Methylester*, $Kp._6$ 108—110°. — **IV**-*4-Carbonylchlorid*, $Kp._5$ 73 bis 74°. — **IV**-*4-Diazomethylketon*, gelbe Nadeln, F. 57—59° (Bzl.–Hexan). — **IV**-*4-ylessigsäure*, Nadeln, F. 117 bis 119° (Zers.; aus Äthylacetat–Hexan). *Methylester*, gelbes Öl. — **IV**-*5-Carbonsäure*, F. 196—200° (Zers.; Äthylacetat). — **IV**-*5-Carbonylchlorid*, $Kp._5$ 56—58°. — **IV**-*5-Diazomethylketon*, F. 75—78°. — **IV**-*5-Ylessigsäure*, F. 153—155° (Zers.). *Äthylester*, $Kp._2$ 95—96°, (Zers.). — *4-Chlor-3-brommethyl*-**IV**, $Kp._{0,5}$ 67—79°. — *4-Chlor-3-cyanmethyl*-**IV**, F. 38—40°. — *4-Chlor*-**IV**-*3-ylessigsäure*, Nadeln, F. 109—110,05°. *Methylester*, $Kp._{0,5}$ 83—88°. — *4-Brom*-**IV**-*3-ylessigsäure*, F. 106—107°. *Methylester*. — *4-Brom-3-cyanmethyl*-**IV**, Nadeln, F. 47—49° (Bzl.–Hexan); $Kp._{0,5}$ 107—114°. — *4-Brom-3-brommethyl*-**IV**, $Kp._3$ 100—106°. — *3-Methyl*-**IV**-*4-carbonylchlorid*, $Kp._2$ 64°. — *3-Methyl*-**IV**-*4-ylessigsäure*, F. 159—161° (Bzl.). *Methylester*, $Kp._1$ 89—91°. — *3-Methyl*-**IV**-*5-carbonylchlorid*, $Kp._{0,5}$ 41—42°. — *3-Methyl*-**IV**-*5-diazomethylketon*, F. 84—94° (Bzl.–Hexan). — *3-Methyl*-**IV**-*5-ylessigsäure*, F. 135—138° (Zers.; Äthylacetat–Hexan). *Äthylester*, rotes Öl. — 7-[**IV**-*5-ylacetamido*]-**I**, *K-Salz*. — 7-[**IV**-*3-ylacetamido*]-**I**, *K-Salz*, gelbe Kristalle. — 7-[**IV**-*5-ylacetamido*]-*de*-**I**-*lacton*. — *3-Pyridiniummethyl-7*-[**IV**-*5-ylacetamido*]-*de*-**I**, *inneres Salz*. — *3-Chinoliniummethyl-7*-[**IV**-*5-ylacetamido*]-*de*-**I**, *inneres Salz*. — *3-γ-Picoliniummethyl-7*-[**IV**-*5-ylacetamido*]-*de*-**I**, *inneres Salz*. — *Antibiotika* u. Zwischenprod. hierfür. (**U. S. PP. 3 268 523** vom 28/6. 1965, ausg. 23/8. 1966 u. **3 271 407** vom 28/6. 1965, ausg. 6/9. 1966.) — 12 S. — 7 S. A. Jahn 4848

1394 Farbwerke Hoechst Akt.-Ges. vormals Meister Lucius & Brüning, Frankfurt/M. (Erfinder: Manfred Schorr, Frankfurt/M., Walter Dürckheimer, Hattersheim/M., und Georg Lämmler, Frankfurt/M.), **Tetrahydro-1.3.5-thiadiazin-2-thionderivate**, die in 3-Stellung durch R^1 u. in 5-Stellung durch $-A-N(R^2)R^3$ substituiert sind, erhält man durch Überführen eines prim. Amins der allg. Formel R^1-NH_2 mittels CS_2 in Ggw. von bas. Kondens.-Mitteln in die entsprechenden dithiocarbaminsauren Salze, die mit CH_2O u. Diaminen der allg. Formel $H_2N-A-N(R^2)R^3$ umgesetzt werden [R^1 = ggf. halogensubstituierter Phenylalkylrest; A = niedere Alkylengruppe; R^2 u. R^3 = niedere Alkylreste, die gemeinsam mit dem N-Atom einen gesätt., ggf. durch O, S, N unterbrochenen heterocycl. 5—7-gliedrigen Ring bilden können]. — (Tetrahydro-1.3.5-thiadiazin-2-thion = **I**). *3-Benzyl-5-[2-diäthylaminoäthyl]*-**I**, F. 58—59°. *Hydrochlorid*, F. 157 bis 158°. — *3-Phenyläthyl-5-[3-diäthylamino-2-propyl]*-**I**, F. 106—107°. — *3-[3.4-Dichlorphenyläthyl]-5-diäthylaminoäthyl]*-**I**, F. 114°. *Hydrochlorid*, F. 164°. — *3-[4-Chlorphenyläthyl]-5-diäthylaminoäthyl]*-**I**, F. 70—72°. — *3-[3.4-Dichlorbenzyl]-5-[3-piperidinopropyl]*-**I**, F. 96—98°. *Hydrochlorid*, F. 164—166°. — *3-[3.4-Dichlorbenzyl]-5-diäthylaminoäthyl*-**I**, F. 86—88°. *Hydrochlorid*, F. 170 bis 171°. — *3-Benzyl-5-[3-diäthylaminopropyl]*-**I**, F. 54 bis 56°. *Hydrochlorid*, F. 157°. — *3-[2.4-Dichlorphenyläthyl]-5-diäthylaminoäthyl*-**I**, F. 74—76°. *Hydrochlorid*, F. 122—124°. — *3-Benzyl-5-[3-dimethylaminopropyl]*-**I**, *Hydrochlorid*, F. 172—173°. — *Bakterizide*. (**Schwz. P. 442 329** vom 28/6. 1965, ausg. 31/1. 1968. D. Prior. 30/6. 1964.) — 3 S. A. Jahn 4852

1395 **Laboratoire d'Analyses et de Recherches Biologiques Mauvernay — Centre Européen de Recherches Fondamentales et Appliquées (C.E.R.F.A.)** (Erfinder: **Roland-Yves Mauvernay**), Riom, Puy-de-Dôme, Frankreich, *Herstellung von 2-Allyloxy-4-chlor-N-[β-diäthylaminoäthyl]-benzamid und 2-Allyloxy-4-trifluormethyl-N-[β-diäthylaminoäthyl]-benzamid*. (**D. A. S. 1 267 213** Kl. 12o vom 3/5. 1963, ausg. 2/5. 1968. F. Prior. 5/5. u. 25/6. 1962. — C. **1969**, 9-1295 [Schwz. P. 415 682].)

1396 **UCB (Union Chimique-Chemische Bedrijven) Soc. An.**, Sain-Gilles-lez-Bruxelles, Belgien (Erfinder: **Henri Morren**), *Ester von sekundären Aminoalkoholen*. (**Brit. P. 1 060 005** vom 4/10. 1963, ausg. 22/2. 1967. — C. **1969**, 9-1339 [Schwz. P. 422 005].)

1397 **Science Union et Cie. Soc. Française de Recherche Médicale** Suresnes, Seine (Erfinder: **Gilbert Regnier**, Sceaux, **Roger Canevari**, La Haye-les-Roses, und **Jean Claude Le Douarec**, Versailles), Frankreich, *Herstellung von Dihydroxybenzeosäurederivaten*. (**Schwz. P. 442 322** vom 13/10. 1964, ausg. 31/1. 1968. Brit. Prior. 14/10. 1963. — C. **1968**, 44-1557 (U. S. P. 3 280 127].)

1398 **Science Union et Cie. Soc. Française des Recherche Médicale**, Suresnes, Frankreich (Erfinder: **L. Beregi** und **P. Hugon**), *Bicyclische Sulfonylharnstoffe*. (**Schwed. P. 203 624** vom 1/7. 1963, ausg. 26/4. 1966. Brit. Prior. 2/7. 1962. — C. **1968**, 43-1705 [Schwz. P. 414 592].)

1399 **J. R. Geigy Akt.-Ges.** (Erfinder: **André R. Gagneux** und **Franz Häfliger**), Basel, Schweiz, *Herstellung von Guanidinderivaten*. (**Schwz. P. 448 068** vom 31/7. 1964, ausg. 29/3. 1968. — C. **1969**, 7-1347 [U. S. P. 3 270 054].)

1400 **C. F. Boehringer & Soehne G.m.b.H.**, Mannheim (Erfinder: **Erich Haack**, Heidelberg, **Alfred Popelak**, Mannheim, **Gustav Lettenbauer**, Lampertheim, **Wolfgang Schaumann**, Mannheim, und **Klaus Ritter**, Mannheim), *Herstellung von Diphenylaminoalkylaminen*. (**Schwz. P. 451 185** vom 24/12. 1964, ausg. 15/5. 1968. D. Prior. 31/10. 1964. — C. **1969**, 2-1642 [Brit. P. 1 025 700].)

1401 **Dr. Karl Thomae G.m.b.H.**, Biberach/Riss (Erfinder: **E. Seeger**), *Neue tertiäre Amine*. (**Schwed. P. 203 626** vom 22/12. 1958, ausg. 26/4. 1966. D. Prior. 10/1. 1958. Zusatz zu Schwed. P. 199 680. — C. **1963**, 22042 [Aust. P. 232 372].)

1402 **Dr. Karl Thomae G.m.b.H.**, Biberach/Riss (Erfinder: **E. Seeger**), *Tertiäre Amine*. (**Schwed. PP. 203 627** u. **203 628** vom 22/12. 1958, ausg. 26/4. 1966. D. Prior. 10/1. 1958. Zusätze zu Schwed. P. 199 680. — C. **1963**, 22428 [Brit. P. 851 660].)

1403 **Merck & Co., Inc.** (Erfinder: **Donald F. Reinhold, Meyer Sletzinger** und **John M. Chemerda**), *Phenylalaninderivate*. (**Aust. P. 272 550** vom 3/10. 1963, ausg. 2/2. 1967. U. S. Prior. 11/10. u. 19/9. 1962. — C. **1969**, 2-1644 [Brit. P. 1 037 026].)

1404 **A/B Pharmacia**, Uppsala, Schweden, *Herstellung von 5-Hydroxy-5-aminoalkyl-10.11-dihydro-5H-dibenzo-(a.d)-cycloheptadienen*. (**Brit. P. 1 060 834** vom 28/11. 1963, ausg. 8/3. 1967. Schwed. Prior. 29/11. 1962, 23/7. u. 19/11. 1963. — C. **1969**, 9-1309 [Schwz. P. 415 610].)

1405 **Upjohn Co.**, Kalamazoo, übert. von: **Daniel Lednicer**, Portage Township, Mich., USA, *2-[tert.-Aminoalkoxyphenyl]-3.4-dihydronaphthaline und 2-[tert.-Aminoalkoxyphenyl]-3.4-dihydro-1[2H]-naphthalinone*. (**U. S. P. 3 313 853** vom 16/10. 1963, ausg. 11/4. 1967. — C. **1969**, 9-1315 [Brit. P. 1 087 242].)

1406 **Sandoz Soc. An.**, Schweiz (Erfinder: **Ernst Jucker** und **Rudolf Süess**), *Herstellung von Azaspiranen*. (**F. P. 1 430 135** vom 28/8. 1964, ausg. 27/4. 1966. **Oe. P. 250 358** vom 28/8. 1964, ausg. 10/11. 1966. Beide Schwz. Prior. 30/8. 1963 u. 5/5. 1964. — C. **1966**, 30-1666 [D. P. [DDR] 41 479].)

1407 **Studiengesellschaft Kohle m.b.H.**, Mülheim/Ruhr (Erfinder: **Klaus Hafner, Heinrich Pelster**, Marburg/Lahn, und **Heinz Patzelt**, Leverkusen), *Herstellung substituierter entzündungshemmender Azulene*. (**Schwz. P. 433 218** vom 5/1. 1962, ausg. 30/9. 1967. D. Prior. 7/1. 1961. — C. **1969**, 2-1653 [Niederl. P. 121 630].)

1408 **Sandoz Patents Ltd.** (Erfinder: **Ernst Jucker, Adolf J. Lindenmann** und **Fulvio Gadient**), *Herstellung von Pyrazolidinderivaten.* (**Aust. P. 274 311** vom 15/11. 1962, ausg. 27/4. 1967. Schwz. Prior. 16/11. 1961 u. 6/8. 1962. — C. **1967,** 47-1638 [Schwz. P. 398 616] u. C. **1969,** 1-2418 [Schwz. P. 419 147].)

1409 **Soc. des Usines Chimiques Rhône-Poulenc,** Seine, Frankreich (Erfinder: **Ctirad Podesta** und **Kitty Vagi**), *2-Methyl-4-nitro-3-[2'-hydroxyäthyl]-imidazol.* (**F. P. 1 379 915** vom 17/12. 1963, ausg. 8/3. 1965. **Oe. P. 249 669** vom 25/11. 1963, ausg. 25/10. 1966. Beide Can. Prior. 20/12. 1962. — C. **1966,** 30—1668 [D. P. [DDR] 41 348]).

1410 **Sankyo Co. Ltd.** (Erfinder: **Genshun Sunagawa, Hideo Nako, Haruhiko Minakami, Shinsaku Kobayashi, Junichi Nakazawa, Nobuo Soma, Yasunobu Sato, Mitsuo Watatani** und **Yasuhiro Matsumoto**), *Therapeutische Cycloheptimidazolverbindungen.* (**Aust. P. 275 505** vom 6/11. 1962, ausg. 22/6. 1967. Jap. Prior. 7/11., 29/12. 1961, 17/9. u. 10/10. 1962. — C. **1968,** 32-1718 [U. S. P. 3 205 235].)

1411 **Sankyo Co. Ltd.** (Erfinder: **Issei Iwai** und **Tetsuo Hiraoka**), Tokio, Japan, *Herstellung von Imidazothiazolderivaten.* (**Schwz. P. 443 325** vom 26/2. 1965, ausg. 15/2. 1968. Jap. Prior. 29/2., 29/2. u. 8/4. 1964. — C. **1968,** 41-1806 [U. S. P. 3 267 112].)

1412 **Farbwerke Hoechst Akt.-Ges. vormals Meister Lucius & Brüning** (Erfinder: **Karl Schmitt** und **Gerd Driesen**), Frankfurt/M., *Herstellung von Triazolidinen.* (**Schwz. P. 449 033** vom 27/6. 1962, ausg. 11/4. 1968. D. Prior. 29/6. 1961. Zusatz zu Schwz. P. 423 795; C. 1968, 31-1915. — C. **1964,** 41-1428 [D. A. SS. 1 135 478 u. 1 135 479.])

1413 **Pfizer Corp.,** Brüssel, Belgien (Erfinder: **Joachim Augstein,** Dover, und **Sheila Mary Green,** Folkestone, Kent, Großbritannien), *Herstellung von 2-Guanidinoalkyl-1.4-benzodioxanverbindungen.* (**Schwz. P. 446 389** vom 22/5. 1963, ausg. 15/3. 1968. Brit. Prior. 22/5. 1962. — C. **1968,** 20-1662 [U. S. P. 3 247 221].)

1414 **Ciba Akt.-Ges.,** Basel (Erfinder: **Paul Schmidt, Kurt Eichenberger,** Therwil, **Albert Rossi,** Oberwil, und **Max Wilhelm,** Allschwil), Schweiz, *Herstellung von Diazinen.* (**Schwz. P. 450 434** vom 22/6. 1962, ausg. 30/4. 1968. Zusatz zu Schwz. P. 423 784; C. 1969, 7-1379. — C. **1968,** 21-1879 [Brit. P. 1 021 195].)

1415 **Merck & Co., Inc.,** Rahway, N.J., USA, *Pyrazinoylbenzamidine.* (**Brit. P. 1 070 589** vom 4/11. 1964, ausg. 1/6. 1967. U. S. Prior. 15/11. 1963. — C. **1968,** 41-1814 [U. S. P. 3 274 191].)

1416 **Ciba Akt.-Ges.,** Basel, Schweiz (Erfinder: **George de Stevens,** Summit, und **Robert Paul Mull,** Florham Park, N.J., USA), *Herstellung von Piperazinverbindungen.* (**Schwz. PP. 446 345, 446 346, 446 347** u. **446 348** vom 20/1. 1964, ausg. 15/3. 1968. Alle U. S. Prior. 23/1. u. 10/10. 1963. — C. **1968,** 26-1777 [U. S. P. 3 168 522].)

1417 **Norwich Pharmcal Co.,** Norwich, N.Y., USA (Erfinder: **Harry R. Snyder jun.**), *Herstellung von Dimethylhexahydropyridazinen.* (**Oe. PP. 248 445** vom 6/12. 1963, ausg. 25/7. 1966, u. **251 586** vom 6/12. 1963, ausg. 10/1. 1967. **F. P. [Méd.] 3 182** vom 13/2. 1964, veröff. 12/4. 1965. **F. P. 1 377 648** vom 15/11. 1963, ausg. 19/2. 1965. Alle U. S. Prior. 6/12. 1962. — C. **1966,** 28-1679 [U. S. P. 3 127 400].)

1418 **Haco Akt.-Ges.,** Gümlingen (Erfinder: **Max Matter,** Muri, und **Roland Glatthard,** Bern), Schweiz, *Herstellung neuer 1.3.5-Triazine.* (**Schwz. P. 449 034** vom 11/1. 1963, ausg. 11/4. 1968. Zusatz zu Schwz. P. 427 833; C. 1969, 5-1496. **Oe. P. 250 979** vom 18/8. 1964, ausg. 12/12. 1966. — C. **1968,** 42-1615 [Brit. P. 1 017 862].)

1419 **Sandoz Soc. An.,** Schweiz (Erfinder: **Jany Renz, Albert von Wartburg, Emil Angliker** und **Hans Emmenegger**), *Podophyllderivate.* (**F. P. [Méd.] 2 616** vom 24/5. 1963, ausg. 23/8. 1965. **Oe. P. 256 335** vom 22/5. 1963, ausg. 10/8. 1967. Beide Schwz. Prior. 24/5. 1962. — C. **1966,** 37-1785 [Ung. P. 151 506].)

1420 **Sandoz Soc. An.,** Schweiz (Erfinder: **Roger Boissonnas, René Hugenin, Boton Berde** und **Walter Schalch**), *Polypeptid.* (**F. P. 1 431 687** vom 28/8. 1964, ausg. 1/6. 1966. Schwz. Prior. 30/8. u. 30/8. 1963. **F. P. [Méd.] 3 882** vom 27/11. 1964, veröff. 7/3. 1966. Schwz. Prior. 30/8. 1963. — C. **1966,** 30-1681 [D. P. [DDR] 40 706].)

1421 **Ortho Pharmaceutical Corp.,** USA (Erfinder: **Irving Scheer**), *Herstellung von tertiären Glykoläthern.* (**F. P. 1 450 864** vom 13/8. 1965, veröff. 18/7. 1966. U. S. Prior. 17/8. 1964. — C. **1969,** 9-1382 [Brit. P. 1 066 705].)

1422 **Upjohn Co.,** USA (Erfinder: **John E. Pike**), *Herstellung von 16-Hydroxy-21-carbonsäure-γ-lactonen.* (**F. P. 1 460 133** vom 28/10. 1965, veröff. 17/10. 1966. U. S. Prior. 29/10. 1964. — C. **1968,** 23-1893 [U. S. P. 3 268 521].)

1423 **Shionogi & Co. Ltd.,** Osaka (Erfinder: **Wataru Nagata,** Nishinomiya-shi), Japan, *Herstellung von in β-Stellung den Cyanrest tragenden Ketonen.* (Schwz. P. **456 587** vom 28/2. 1963, ausg. 31/7. 1968. Jap. Prior. 2/3. 1962. — C. **1968,** 19-1920 [U. S. P. 3 231 566].)

1424 **F. Hoffmann-La Roche & Cie. Soc. An.,** Schweiz, *Herstellung von 9β.10α-Steroiden.* (**F. P. 1 459 827** vom 16/7. 1965, veröff. 17/10. 1966. Schwz. Prior. 28/10. 1964. — C. **1969,** 9-1396 [Brit. P. 1 078 426].)

1425 **Schering Akt.-Ges.,** Berlin, *Herstellung von 1.2β-Methylensteroiden.* (**Brit. P. 1 087 782** vom 19/3. 1965, ausg. 18/10. 1967. D. Prior. 26/3., 26/3., 26/3. u. 26/3. 1965. — C. **1967,** 39-1733 [D. A. S. 1 226 573], C. **1968,** 12-1667 [D. A. S. 1 230 796], C. **1968,** 49/50-1756 [D. A. S. 1 250 436] u. C. **1969,** 8-1501 [D. A. S. 1 265 158].)

1426 **N. V. Organon, Oss,** Niederlande, *Herstellung von 16-Methylensteroiden.* (**Belg. A. S. 645 187** vom 13/3. 1964, bekanntgemacht 14/9. 1964. Niederl. Prior. 13/3. 1963. — C. **1969,** 7-1414 [U. S. P. 3 275 666].)

1427 **Olin Mathieson Chemical Corp.,** USA (Erfinder: **David Walter Rosenthal** und **Josef Fried**), *Antiandrogen wirksame A-Nor-14-methylpregnanverbindungen.* (**F. PP. [Méd.] 4 100** vom 10/12. 1964, veröff. 18/4. 1966 u. **1 441 417** vom 14/9. 1964, veröff. 2/5. 1966. Beide U. S. Prior. 13/9. 1963. — C. **1969,** 8-1507 [Brit. P. 1 084 856].)

1428 **Ayerst, McKenna & Harrison Ltd.,** Canada (Erfinder: **Romano Deghenghi** und **David Jonathan Marshall**), *Herstellung von Pregnenderivaten.* (**F. P. 1 455 037** vom 18/9. 1964, veröff. 5/9. 1966. U. S. Prior. 20/9. 1963. — C. **1968,** 3-1749 [U. S. P. 3 197 470].)

1429 **Ayerst, McKenna & Harrison Ltd.,** Canada (Erfinder: **Romano Deghenghi** und **David Jonathan Marshall**), *6α.9α-Difluor-3β.11β-dihydroxy-16α.17α-isopropylidendioxy-4-pregnen-20-on.* (**F. P. [Méd.] 4 161** vom 17/12. 1964, veröff. 18/4. 1966. U. S. Prior. 20/9. 1963. — C. **1968,** 3-1749 [U. S. P. 3 197 470].)

1430 **Merck & Co., Inc.,** USA (Erfinder: **Ralph Franz Hirschmann und Gerald Joseph Kent**), *5'-Substituierte-[3.2-c]-pyrazole der Pregnanreihe.* (**F. P. 1 447 200** vom 1/4. 1965, veröff. 20/6. 1966. U. S. Prior. 14/4. 1964. — C. **1968,** 51/52-1784 [U. S. P. 3 257 385].)

1431 **Parke, Davis & Co.,** Detroit (Erfinder: **Paul Le Roy Creger,** Ann Arbor), Mich., USA, *Herstellung von 17β.20-Epoxy-17α-methylandrost-5-en-3β-ol.* (**Schwz. PP. 445 483** vom 10/11. 1965, ausg. 29/2. 1968 u. **447 156** vom 10/11. 1965, ausg. 29/3. 1968. **F. P. 1 453 171** vom 10/11. 1965, veröff. 8/8. 1966. Alle U. S. Prior. 12/11. 1964. — C. **1969,** 9-1395 [Brit. P. 1 066 658].)

1432 **Syntex Corp.,** Panama, Panama, *Herstellung von $\Delta^{5(10)}$-3β-Hydroxyandrostenverbindungen.* (**Brit. P. 1 073 637** vom 2/10. 1964, ausg. 28/6. 1967. Mexikan. Prior. 29/10. 1963. — C. **1969,** 5-1425 [U. S. P. 3 270 007].)

1433 **Syntex Corp.,** Panama, Panama (Erfinder: **Francisco Alvarez**), *Herstellung von 17α-Äthinyl-$\Delta^{5(10)}$-19-norandrosten-17β-ol-3-on.* (**F. P. 1 443 074** vom 27/10. 1964, veröff. 16/5. 1966. Mexikan. Prior. 29/10. 1963. — C. **1969,** 5-1425 [U. S. P. 3 270 007].)

1434 **Roussel-Uclaf** (Erfinder: **Gérard Nominé, Robert Bucourt** und **André Pierdet**), *Östradiolderivate.* (**Aust. P. 268 779** vom 4/5. 1962, ausg. 4/8. 1966. F. Prior. 4/5. u. 2/8. 1961. — C. **1968,** 17-1843 [U. S. P. 3 198 707].)

1435 **Merck & Co., Inc.,** Rahway, N.J., USA, *In 17α-Stellung durch einen Halogenkohlenwasserstoffrest substituierte Östradiolderivate.* (**Brit. P. 1 073 466** vom 18/6. 1964, ausg. 28/6. 1967. U. S. Prior. 1/7. 1963. — C. **1968,** 51/52-1793 [U. S. P. 3 253 004].)

1436 **Abbott Laboratories,** North Chicago (Erfinder: **John Solomon Tadanier,** Chicago, und **John Wayne Cole,** Deerfield), Ill., USA, *Herstellung von in 3-, 7- und 17-Stellung substituierten B-Homoöstrenverbindungen.* (**Schwz. P. 436 277** vom 17/2. 1965, ausg. 15/11. 1967. U. S. Prior. 2/3. 1964. — C. **1969,** 9-1398 [Brit. P. 1 081 141].)

1437 **Syntex Corp.,** Panama (Erfinder: **Francisco Alvarez**), *Herstellung von $\Delta^{1.3.5(10)}$-Östratrienen und $\Delta^{1.3.5(10).9(11)}$-Östratetraenen.* (**F. P. 1 439 391** vom 14/6. 1965, veröff. 12/4. 1966. U. S. Prior. 15/6. 1964. — C. **1968,** 44-1601 [U. S. P. 3 258 471].)

1438 **Knoll Akt.-Ges. Chemische Fabriken,** Ludwigshafen/Rh. (Erfinder: **Walter Steidle,** Limburgerhof), *Herstellung von reinem Proscillaridin.* (**Schwz. P. 442 291** vom 29/10. 1964, ausg. 31/1. 1968. D. Prior. 2/11. 1963. — C. **1969,** 8-1581 [Brit. P. 1 081 140].)

1439 **G. D. Searle & Co.,** USA (Erfinder: **Robert H. Mazur**), *Hydroxyiminoandrostan-17-ole als hypocholesterämisch wirksame Mittel.* (**F. P. [Méd.] 3 920** vom 15/4. 1964, veröff. 14/2. 1966. U. S. Prior. 23/7. 1963. — C. **1968,** 7-1750 [U. S. P. 3 211 756].)

1440 **Ichthyol-Ges., Cordes, Hermanni & Co.** (Erfinder: **Fred Leuschner**), Hamburg, *Herstellung von Enzymen.* (**D. A. S. 1 227 855** Kl. 6a vom 12/7. 1960, ausg. 3/11. 1966. — C. **1969,** 3-2386 [Schwz. P. 425 697].)

1441 **J. R. Geigy Akt.-Ges.,** Basel, Schweiz, *Herstellung von Penicillinderivaten.* (**Oe. P. 247 520** vom 5/3. 1964, ausg. 10/6. 1966. **F. P. 1 393 618** vom 5/3. 1964, ausg. 7/7. 1965u. **F .P. [Méd.] 3 435** vom 4/6. 1964, veröff. 23/8. 1965. Alle Schwz. Prior. 6/3. 1963. — C. **1966,** 30-1705[D. P.[DDR] 39 060].)

1442 **Beecham Group Ltd.,** Brentford, Großbritannien, *Herstellung von Benzylpenicillinen.* (**Oe. P. 246 918** vom 26/6. 1963, ausg. 10/5. 1966. **F. P. 1 393 250** vom 28/6. 1963, ausg. 2/7. 1965. Beide Brit. Prior. 30/6. 1962. — C. **1966,** 29-1734 [Brit. P. 967 108].)

1443 **Takeda Chemical Industries Ltd.** und **Nippon Oils & Fats Co. Ltd.** (Erfinder: **Kenichi Shinozaki, Kosaku Imanishi** und **Tadashi Sawai**), *Tierarzneimittel.* (**Aust. P. 270 769** vom 19/10. 1962, ausg. 10/11. 1966. Jap. Prior. 19/10. 1961. — C. **1968,** 21-1922 [U. S. P. 3 248 289].)

1444 **Norwich Pharmacal Co.,** Norwich, N.Y. (Erfinder: **Edward John Watson jun.,** New Orleans, La.), USA, *6.7-Di-(niedrigalkoxy)-4-hydroxychinolin-3-carbonsäurealkylester.* (**Schwz. P. 449 618** vom 1/7. 1965, ausg. 11/4. 1968. U. S. Prior. 2/7. 1964. Belg. Prior. 3/2. 1965. Zusatz zu Schwz. P. 432 521; C. 1968, 36-1773. — C. **1969,** 2-1727 [Brit. P. 1 035 179].)

G. Analytische Chemie, Laboratoriumspraxis

G–1. Allgemeine Verfahren und Apparate

1445 **Wissenschaftliche Geräte.** (Rev. sci. Instruments 38 (1967) 12, 1697—1868; engl.) — Gelatinefreie ionenempfindliche Platten für die Massenspektrographie (R. E. Honig, J. R. Woolston und D. A. Kramer; 1703—07); Anzeige ionenempfindlicher Platten als Funktion der Ionenenergie (J. R. Woolston, R. E. Honig und E. M. Botnick; 1708—13); Breitband-Kernresonanz-Dispersionsdetektor (R. J. Blume und D. T. Edmonds; 1716—19); Arbeitsparameter von He–Ne-Gaslaser mit Gleichstromanregung (R. L. Field jun.; 1720 bis 1722); Mikrowellenrefraktometer für feste Proben (M. J. Vetter und M. C. Thompson jun.; 1726—27); Vakuum-UV-Lichtquelle für die Blitzlichtphotolyse in der Gasphase (K. H. Welge, J. Wanner, F. Stuhl und

A. Heindrichs; 1728—30); Steigerung der Reproduzierbarkeit von Kristallorientierungsverfahren mit Hilfe der Weissenberg-Kamera (Bi-Cheng Wang und A. W. Cordes; 1736—37); Verwendung von reinem Kupfer als Eichsubstanz für die Tieftemperatur-Kalorimetrie (D. L. Martin; 1738—40); Quelle für Kohlenstoff-Resonanzstrahlung (A. G. Whittaker und P. Kintner; 1743 bis 46); Vakuumdiodendetektor zur Messung hochintensiver γ-Ströme (P. J. Ebert und A. F. Lauzon; 1747—52); Registriermethode zur Untersuchung der Kinetik gaserzeugender Rk. (A. Wilson; 1757—60); Stabilisierter Antrieb für Mössbauer-Spektrometer mit konstanter Beschleunigung (Y. Hazony; 1760—63); Pyroelektrische Laser-Kalorimeter (R. W. Astheimer und R. E. Buckley; 1764—68); System zur kontinuierlichen Registrierung kritischer Stromkurven von Supraleitern (R. W. Shaw und H. L. Laquer; 1768—69); Magnetische Messungen unter hydrostatischem Druck: Intensität von Magnetisierung und Anisotropie (N. Kawai und A. Sawaoka; 1770—72); Analysator für die Teilchengröße von Aerosolen unter Umsetzung der in einer Flamme erzeugten Ionen in Stromimpulse (W. L. Crider und A. A. Strong; 1772—75); Mit He-Dampf gekühlte Stromzuführungen (K. R. Efferson; 1776—79); Verbesserte Meth. zur Ausmessung des Brennpunktes von Röntgenröhren (W. Parrish; 1779—82); Wechselstrommethode zur Bestimmung der Energieverteilung von Photoelektronen (R. Nathan und C. H. B. Mee; 1783—85); Flugzeitzählsysteme für große Flächen (R. J. Stefanski, R. K. Adair, H. Kasha und R. C. Larsen, 1792—93); Bemerkungen zur Eichung energiekompensierter Spektralfluorimeter (J. G. Becsey und K. Scheller; 1793—94); Simultane Rubin- und Neodym-Laserimpulse (P. M. Beeson; 1794—95); Integrator für Nanosekundenimpulse (R. L. Anderson und D. I. Porat; 1800—02); Alterung u. Verjüngung von Elektronenvervielfachern (W. H. Wright; 1802); Sicherheitsverschluß für allgemeine elektrische Pulverdiffraktometer (W. A. Hockings und W. J. Kangas; 1803—04); Kalorimeterbombe mit zwei Unterteilungen für Verbrennungen (J. L. Settle, E. Greenberg und W. N. Hubbard; 1805—06); Temperaturkontrollvorrichtung für Thermolumineszenzuntersuchung (R. A. Wolf und M. L. Bowser; 1806—07); Probenhalter mit zwei Rotationsfreiheitsgraden für tiefe Temperaturen (J. C. Abele und F. J. Blatt; 1810—12); Technik zur Herstellung einheitlicher lochfreier Goldoberflächen im Innern von Metallbehältern für die Kalorimetrie (J. D. Nutter, R. Redman und N. C. Scholl; 1812). Gerhard Schulze 5001

1446 **Eine aus gängigen Laborkleinteilen leicht herstellbare Sicherheitspipette für Serienanalysen.** Günter Herrmann. (Chem. Techn. **20** (1968) 1, 46; Dresden, TU, Inst. für Elektrochem. u. Phys. Chem.; dt.) — An ein Vorratsgefäß wird über einen Schlauch ein Dreiwegehahn angeschlossen, an den nach oben ein Steigrohr u. nach unten eine Abflußspitze angesetzt sind. Die Pipette ist bes. geeignet. zum Dosieren von Di-Na-Tetrachloromercurat(II)-Lsg. (zur Best. von SO_2 in der Atmosphäre). W. Betcke 5004

1447 **Laborapparatur für die Erzeugung eines konstanten Druckes.** Jan Kryściak. (Chem. analit. [Warszawa] **13** (1968) 3, 677—79; Kraków, Inst. Zootechn.; pol.) — Vf. beschreibt eine einfache App. für die Erzeugung eines konst. Überdruckes von ca. 500 mm Hg, mit der entsprechenden Durchflußgeschw. des Eluates bei der Trennung von Aminosäuren mit Hilfe der Säulenchromatographie nach Moore et al. (Anal. Chem. **30** (1958), 1185) eingestellt werden können. G. Niechoj 5008

1448 **Einfaches System zur Erzielung von Temperaturen bis zu 0,55 °K durch Pumpen von Helium-3.** D. I. Vasil'ev. (Cryogenics **8** (1968) 4, 252; Inst. of Phys. Problems, Acad. of Sci., Moscow; engl.) H.-D. Schenke 5012

1449 **Vereinfachtes Helium-Dewar-Gefäß für optische Untersuchungen.** B. Hagene. (Cryogenics **8** (1968) 4, 250; Labor. de Radioélectr., Fac. des Sci., Rennes, France; engl.) — Das Gefäß gestattet 1—2std. opt. Experimente bei Temp. des fl. He. Der He-Verbrauch beträgt 2 cm^3 pro Min. bei 4,18 °K u. 2,5 cm^3/Min. bei 2,0 °K. H.-D. Schenke 5012

1450 **Vielseitiger Kryostat für Fehlstellenuntersuchungen in abgeschreckten Metallen.** D. Schumacher. (J. sci. Instruments **44** (1967) 2, 161—64; Inst. für theoret. u. angew. Phys., TH, Stuttgart; engl.) — Die App. ist eine Weiterentw. bekannter Kryostaten u. erleichtert das Einfüllen des fl. He u. die Vorbehandlung der Proben unter unterschiedlichen Bedingungen. Gerät u. Anwendung werden ausführlich beschrieben. A. Helms/Merseburg 5012

1451 **Bedeutung der Keimbildung bei der Fällung aus homogener Lösung.** A. Townshend. (Analyst **93** (1968) 1107, 413; Chem. Dep., Univ., Birmingham; engl.) — Diskussion der Keimbldg.-Häufigkeit in homogenen Lsg. bei Annahme einer homogenen u. einer heterogenen (Mitwrkg. von Verunreinigungen) u. bei Ausschluß der homogenen Keimbildung. H.-D. Schenke 5020

1452 **Aufsatz für fraktionierte Destillation.** H. L. Chin, B. J. Luberoff und S. W. Mociulewski. (Chem. and Ind. 1968, **39**, 1313; The Lummus Co., Bloomfield, N.J.; engl.) — Vf. beschreiben einen Dest.-Aufsatz zum Fraktionieren von wss. Emulsionen. H.-D. Schenke 5022

1453 **Entwicklung einer automatischen Destillationsapparatur für vorgereinigtes Wasser.** Tsutomu Momose und Yosuke Ohkura. (Japan Analyst **16** (1967) 10, 1085—88; Katakasu, Fukuoka-shi, Kyushu Univ., Fac. of Pharmaceutical Sci.; jap., Auszug: engl.) — Vf. beschreiben eine gläserne Dest.-App. mit elektr. Beheizung u. W.-Zuführungspumpe. Beheizung u. W.-Kühlung werden durch drei Polyäthylenschwimmer geregelt. Der $KMnO_4$-Verbrauchstest des dest. W. zeigt, daß durch die Dest. ein großer Teil der organ. Substanzen entfernt wird. I. Degen 5022

1454 **Verbesserte Methode zur Bestimmung der Halbwertzeit kurzlebiger gasförmiger Kernspaltprodukte.** O. L. Cordes, J. E. Cline und C. W. Reich. (Nuclear Instruments Methods [Amsterdam] **48** (1967) 1, 125—30; Phillips Petroleum Co., Nat. Reactor Test. Station, Idaho Falls, Id.; engl.) — Bei der beschriebenen Meth. durchströmt das radioakt. Gas ein Rohr mit einer Serie von Aerosolfiltern im gleichen Abstand. Die Halbwertzeit wird aus der Anzahl der Tochteratome auf den einzelnen Filtern bestimmt. Die Halbwertzeiten von ^{142}Xe (1,18 ± 0,04 s) u. ^{141}Xe (1,6 ± 0,1 s) wurden gemessen. H. Glaser 5030

1455 **Röntgenabsorptiometrische Pulverkorngrößenbestimmung.** H. Ebel, A. Wagendristel und R. Maix. (Z. angew. Physik **24** (1967) 1, 35—37; Inst. für Angew. Phys., TH, Wien; dt.) — Das Verf. ermöglicht die Korngrößenbest. von Pulverteilchen mit Abmessungen von einigen μm aufwärts. Der erforderliche Zeitaufwand ist im Vgl. zu anderen Verf. gering. H.-D. Schenke 5044

1456 **Bayard-Alpert-Manometer mit LaB_6-Kathode und kleiner Emission.** J. Völter, H. Berndt und K.-D. Kramp. (Vakuum-Techn. **16** (1967) 1—2, 17—19; Inst. für anorg. Katalyseforsch. der Dt. Akad. der Wiss., Berlin-Adlershof; dt.) — Es werden die Verw. von LaB_6-Kathoden im Bayard-Alpert-Manometer u. eine Schaltung zur Stabilisierung von Emissionsströmen zwischen 1 μA u. 1 mA beschrieben. H. Krone 5054

1457 **Dichtemessungen an Pulvern durch hydrostatisches Wägen.** P. C. Aitcin, G. Garnier und A. Carles-Gibergues. (Amer. Mineralogist **53** (1968) 7/8, 1413 bis 1417; Univ. de Sherbrooke, P.Q., Canada; engl.) — Prinzip u. App. zur Dichtebest. nach dieser Meth. werden beschrieben. Die Genauigkeit beträgt ± 0,001. J. Pickardt 5056

1458 **Kreislaufebulliometer.** Henry Brusset, Louis Kayser und Jean Hocquel. (Chim. Ind., Génie chim. **99** (1968) 2, 220—24; Fac. des Sci. de Paris; franz.) — Vf. beschreiben ein Ebulliometer, bei dem die Fl. im Kreislauf zurückgeführt u. kondensiert wird. Die Ergebnisse entsprechen denen der dynam. Ebullioskopie. J. Pickardt 5064

1459 **Reines PMMA als Dosimeter im gemischten γ, n-Feld eines Reaktors.** H. A. Kostalas. (Int. J. Appl. Radiat. Isotopes 18 (1967) 2, 783–85; NRC. Democritus, Athen; engl.) – PMMA wurde bisher nur in der γ-Strahlungsdosimetrie verwendet. Es eignet sich jedoch auch als Dosimeter für γ, n-Felder an Reaktoren u. diskriminiert zwischen γ- u. n-Dosen. K.-F. Poulheim 5068

1460 **Monochromator mit automatischer Spaltregelung und Registriervorrichtung.** C. Kunze. (Z. angew. Physik 24 (1967) 1, 45–47; Forsch.-Labor. Prof. Dr.-Ing. Walter Heimann, Wiesbaden-Dotzheim; dt.) – Für die Messung der spektralen Empfindlichkeit von Photodetektoren wird ein Monochromator mit Registriervorr. entwickelt. Der Monochromator gibt für alle Wellenlängen im Bereich von 400–1800 nm eine annähernd konst. Ausgangsenergie ab. Der dazu entwickelte Regelkreis besteht aus einem Thermoelement, das hinter dem Ausgangsspalt die abgegebene Energie mißt, aus einem Brückenkreis, in dem die verstärkte Thermospannung mit einer einstellbaren Spannung verglichen wird, u. einem Leistungsverstärker, in dem die von der Brücke abgegebene Differenzspannung verstärkt u. zum Antrieb eines Motors benutzt wird. Dieser Motor verstellt die Spalte des Monochromators so lange, bis die Brücke im Gleichgew. ist. Durch diese Energieregelung wird gleichzeitig erreicht, daß die opt. Bandbreite sich über den gesamten Wellenlängenbereich nur wenig ändert. H.-D. Schenke 5070

1461 **Dichtigkeitskontrolle mit Helium.** J.-L. Chatel. (Soudage Techn. connexes 21 (1967) 5/6, 205–19; Soc. Gén. du Vide; franz.) – Vf. beschreibt zahlreiche Geräte zur Dichtigkeitskontrolle mit Hilfe von He auf Grund massenspektrometr. Unters.-Methoden. J. Pickardt 5070

1462 **Untersuchungen zur qualitativen anorganischen Analyse. 27. Mitt. Halbquantitative Herstellung kleiner Mengen von Feststoffmischungen für die qualitative Halbmikroanalyse.** D. Thorburn Burns und G. H. Drake. (Mikrochim. Acta [Wien] **1967, 2, 389–94**; Woolwich Polytechn., London; engl.) – **24.** vgl. C. **1967, 26-2056.** – Im Vgl. zu handelsüblichen Mikrospateln bietet die Verw. bes. geformter Meßspatel für die Dosierung reproduzierbarer Mengen verschiedener Substanzen keine Vorteile. F. Glombitza 5081

1463 **Zum Problem der „Genauigkeit" chemischer Analysen.** Richard Püschel. (Mikrochim. Acta [Wien] **1968, 4, 783–801**; Versuchsanstalt der Metallwerk Plansee Akt.-Ges., Reutte, Österreich; dt.) – Zwischen der Reproduzierbarkeit von Analysenresultaten u. dem zu bestimmenden Geh. besteht im Bereich von 1 ppm bis 100% eine lineare Korrelation mit einem Korrelationskoeff. von –0,88. Zwischen der relativen prozentualen Standardabweichung u. dem Geh. läßt sich der funktionelle Zusammenhang durch die Gleichung $\log (s \cdot 100/x) = 0{,}13 - 0{,}32 \log p$ wiedergeben. Mögliche Ursachen für diese Abhängigkeit werden diskutiert. Die Richtigkeit von Analysen ist ebenfalls gehaltsabhängig, eine präzise Aussage hierüber wird durch das Nichtvorliegen umfangreicher Daten über Vgl.-Analysen erschwert. Die Abweichung von der Richtigkeit beträgt von 1 ppm bis ca. 0,1% rund das 7fache der Reproduzierbarkeit u. erniedrigt sich von hier an, um bei 100% ca. die Hälfte der Reproduzierbarkeit zu betragen. Die Unters. lassen den Schluß zu, daß die statist. Sicherheit bei der Analyse von Spurenverunreinigungen unter 10 ppm im Mittel unter 99% liegt. K. Henning 5082

1464 **Entwicklung und Arbeitsweise eines erweiterten Systems der Gütekontrolle.** Sylvan M. Sax, Lakeles Dorman, David D. Libenson und John J. Moore. (Clin. Chem. [New York] 13 (1967) 10, 825–33; Dep. of Pathol. and Dep. of Data Processing, Western Pa. Hosp., Pittsburgh, Pa.; engl.) – Vf. beschreiben ein Syst. zur Qualitätskontrolle von Analysen im klin.-chem. Labor., bei dem drei Arten von Kontrollmaterialien verwendet werden. Die Analysenergebnisse von Kontrollproben werden mit Hilfe eines Computers verarbeitet, so daß eine schnelle Berechnung der Gesamtrichtigkeit u. -reproduzierbarkeit, eine schnelle Kontrolle der Leistungsfähigkeit des Laboranten u. eine schnelle Anzeige für die Notwendigkeit einer erneuten Eichung oder von individuellen Tests zur Störungssuche gegeben ist. Gerhard Schulze 5082

1465 **Vorversuche zur Fällungstitration organischer Komponenten mit polarovoltrischer Endpunktbestimmung. 3. Mitt. Titration von Stickstoffbasen mit Jod.** M. R. F. Ashworth und U. Hartmann. (Analytica chim. Acta [Amsterdam] 38 (1967) 3, 415–20; Inst. für org. Chem., Univ. des Saarlandes, Saarbrücken; engl.) – 2. vgl. C. **1968, 44-1857.** – Durchgeführt werden Fällungstitrationen mit J_2-Lsg. von *9-Aminoacridin, Proflavin, Tribenzylamin, Dibenzylanilin, Acridin, Phenanthridin, o-Phenanthrolin* u. *α-Phenylchinolin* in sauren Lösungen. Vf. untersuchen den Einfl. verschiedener Faktoren, bes. den des pH-Wertes auf die Stöchiometrie der Perjodatbildung. Die Reproduzierbarkeit der Messungen ist besser als ±5%. K. Zinke 5092

1466 **Mikrophasentitrationen.** D. W. Rogers, D. Lillian und I. D. Chawla. (Mikrochim. Acta [Wien] **1968, 4**, 722–28; Conolly Coll., Long Island Univ., Brooklyn, N.Y.; engl.) – Um die Phasentitration auch mit Vol. von 0,1 ml ausführen zu können, wird die Vermischung der Phasen durch einen sich in der Lsg. auf- u. abbewegenden Draht, der an einen Vibrator angeschlossen ist, durchgeführt. Während der Titration steht das Titrationsgefäß in einer dunklen Kiste, die vorn zur Beobachtung ein Blaufilter enthält. Die Beleuchtung des Titrationsgefäßes erfolgt von der Seite her durch ein Rohr. Ausgeführt wird die Best. einer Reihe von Geschmacks- u. Geruchsstoffen in A. durch Titration mit Wasser. Der durchschnittliche Fehler liegt bei 0,7%. K. Henning 5094

1467 **Schärfe des Endpunktes bei thermometrischen Titrationen.** H. J. V. Tyrrell. (Talanta [London] 14 (1967) 7, 843–48; Dep. of Chem., Chelsea Coll. of Sci. and Technol., London; engl.) – Es wird gezeigt, daß die Schärfe des Endpunktes einer thermometr. Titration, der die einfache Rk. $A + B \rightleftharpoons AB$ zugrunde liegt, von dem Prod. $K \cdot c_A'$ abhängt (K = Gleichgew.-Konst. der Rk., c_A' = Gesamtkonz. des Titranden A im Rk.-Gemisch). Der Endpunkt ist dann scharf, wenn die Enthalpieänderung bei der Rk. nicht vernachlässigbar klein ist u. $K \cdot c_A' > 10^3$ ist. Daraus folgt, daß die thermometr. Titration einer 0,1 m Säure vom pK_A-Wert 10 möglich sein sollte. Einige Gesichtspunkte der thermometr. Titration für den Fall $K \cdot c_A' < 10^3$ werden betrachtet. Gerhard Schulze 5094

1468 **Untersuchung wasserstoffionenreversibler Ionenaustauschermembranelektroden.** V. N. Kirjušov, A. V. Gordievskij, G. S. Kolesnikov, A. S. Tevlina, S. N. Sividova und T. N. Sencova. (Zav. Labor. 34 (1968) 7, 795–98; Mosk. chim. technol. inst. im. Mendeleeva; russ.) – Vf. untersuchen die Eignung phosphorylierter Pfropfcopolymerer von Polypropylen, Niederdruckpolyäthylen bzw. Äthylen-Propylenpolymer mit ca. 50% Polystyrol für wasserstoffionenempfindliche Indikatorelektroden. Dazu wurde die EMK der Ketten Ag/AgCl, HCl (c = 0,1 m)/Membran/HCl $^{(1)}$, AgCl/Ag für reine 10^{-4} bis 6 m HCl sowie SCE/HX (c = 0,1 m)/Membran/ $HX^{(1)}$ + MeX/SCE für salzhaltige Säuren mit X = Cl^- oder NO_3^- u. Me = Li^+, Na^+, Cs^+, NH_4^+, Mg^{2+}, Ca^{2+}, Ba^{2+} bzw. La^{3+} bestimmt. Die Grenzen der Gültigkeit der Nernstschen Gleichung werden angegeben. Die Potentialeinstellung erfolgt innerhalb 30 Sek. u. die Genauigkeit der pH-Best. liegt bei ±0,02. E. Bomke 5100

1469 **Apparatur zur Untersuchung der NMR in Gasen.** Kanji Ogawa, Kantaro Senda und Shin-chi; Matsuoka. (Jap. J. appl. Physics 7 (1968) 5, 536–39 Kanazawa Univ.; engl.) – Vf. beschreiben eine geeignete Gasküvette mit Druckeinrichtung, welche Messungen bei Drücken von 0,03–70 kp/cm² u. bei Temp. von –50 bis 150° gestattet. J. Pickardt 5102

1470 **Spektralanalytische Bestimmung kleiner Mengen Stickstoff in Wasserstoff.** L. E. Gardašnikov. (Zav. Labor. 34 (1968) 9, 1079–80; russ.) – Zur Unterdrükkung des dichten H-Spektrums wird O im Verhältnis 1 : 1 zugesetzt; der Untergrund des dichten Spektrums wird dadurch stark verringert, während die Bande des N ihre

Intensität beibehält. Gebracht wird das Schema des Diffusionsimpulsgebers; bei der Best. von 10^{-2} bis 1% N beträgt der Variationskoeff. 10%. E. Pfluger 5104

1471 **Bestimmung von Wasserstoff in Chlorgas.** Shigeru Shimomura und Masao Iguchi. (Japan Analyst **17** (1968) 8, 969–73; Tokushima-shi, Shō-machi, Univ. of Tokushima, Fac. of Pharmaceut. Sci.; jap., Auszug: engl.) — Das Cl_2/H_2-Gemisch wurde in einem Quarzrohr belichtet u. dann in einer IR-Gasküvette gemessen. Der Geh. des Rk.-Prod. HCl wurde aus den Extinktionen bei 2980 u. 2840 cm^{-1} nach der Grundlinienmeth. berechnet. Die Best. wird durch H_2O oder CO_2 nicht gestört. Die mit dieser Meth. erhaltenen Ergebnisse stimmen mit den aus der Explosionsmeth. erhaltenen Werten gut überein. I. Degen 5104

1472 **Erhöhung der Analysenempfindlichkeit am Massenspektrometer MX 1303.** A. A. Kravčenko. (Zav. Labor. **34** (1968) 5, 622–24; russ.) Herbert Hoffmann 5106

1473 **Doppeleinlaßsystem mit viskosem Gaseinstrom für die Verwendung von 2 ml-Glasampullen als Probenbehälter.** F. Bigl. (Isotopenpraxis **4** (1968) 1, 35–36; Leipzig, Deutsche Akad. der Wiss. zu Berlin, Inst. für stabile Isotope; dt.) — Beschreibung einer Vorr. zum Öffnen von Glasampullen bei gleichzeitiger Erzielung eines viskosen Gasstroms für massenspektrometr. Isotopenanalysen. D. Ertel 5106

1474 **Methoden zur Erhöhung der Empfindlichkeit von nichtkoinzidenten scharfen Linienquellen für die AAS: Hohlkathoden mit magnetischer Regulierung.** W. G. Schrenk, C. E. Meloan und C. W. Frank. (Spectroscopy Letters **1** (1968) 6, 237–44; Kans. State Univ., Manhattan, Kans.; engl.) — Magnet. Einfl. auf die Emission von Hohlkathoden, die als Überlappungsquellen verwendet werden, werden untersucht. Eine merkliche Erhöhung der Empfindlichkeit für Mn, Ni u. Cu wird erreicht, wenn eine Fe-Hohlkathode unter einem magnet. Fluß von 3400 Gauß betrieben wird. H. Kuchenbecker 5116

1475 **Fehlerfunktion für die Durchlässigkeit in der Spektralphotometrie. Praktische Bestimmung in Bezug auf das Rauschen.** Werner Bek. (Afinidad **24** (1967) 248, 92–98; span.) — Vf. untersucht den Einfl. von Absolutfehlern ΔT der Transmission T auf den Fehler der Konz.-Best. am Beispiel der Spektralphotometer Beckman DK-2 u. DB, wobei für ΔT 3 verschiedene Fehlerfunktionen (lineare u. exponentielle) verwendet werden. J. Pickardt 5116

1476 **Flammenspektrometrie: Vergleich zwischen Atomfluoreszenz und Atomabsorption.** J. D. Winefordner. (Rec. chem. Progr. **29** (1968) 1, 25–45; Dep. of Chem., Univ. of Fla., Gainesville, Fla.; engl.) — Krit. Vgl. der beiden Meth. im Hinblick auf die Instrumentation, Grundprinzipien, Wahl der optimalen Analysenbedingungen, Störungen, Nachw.-Grenzen, Eichkurven u. Anwendungen. — 61 Literaturangaben. Gerhard Schulze 5116

1477 **Atomverteilungsfunktionen in der spektrochemischen Analyse.** P. W. J. M. Boumans. (Spectrochim. Acta [Oxford], Part B **23** (1968) 9, 559–66; Labor. for Anal. Chem., Univ., Amsterdam; engl.) — Es wird die Bedeutung der Atomverteilungsfunktion in der Boltzmann- u. Saha-Gleichung diskutiert u. dabei ihr Einfl. auf die Nachw.-Empfindlichkeit u. den Ionisationsgrad, ihre Abhängigkeit von der Temp. sowie der Begriff des scheinbaren Anregungspotentials erläutert. Für verschiedene Temp. werden Werte für das scheinbare Ionisationspotential von 58 Elementen angegeben. H. Bensch 5118

1478 **Neuzeitliche Verfahren der Röntgenfluoreszenzspektrometrie. Übersicht.** N. F. Losev, A. N. Smagunova, G. V. Pavlinskij, V. P. Afonin, T. N. Guničeva und A. G. Revenko. (Zav. Labor. **34** (1968) 8, 944–60; russ.) — Tabellar. Zusammenstellung der Best.-Konz., Nachw.-Grenzen u. Variationskoeff. für 94 Elemente in verschiedenen natürlich vorkommenden u. künstlichen Stoffen. — 304 Literaturangaben. E. Pfluger 5122

1479 **Laser-induzierte spontane und angeregte Ramanstreuung.** Chester J. Schuler. (Progr. nuclear Energy, Ser. IX **8** (1968) 2, 141–237; GCA Technol. Div., Bedford, Mass.; engl.) — Übersicht über die Bedeutung der Laser als Lichtquellen in der Ramanspektroskopie. — 327 Literaturangaben. Gerhard Schulze 5124

1480 **Untersuchungen des Ordnungszahleffektes in der Elektronenstrahl-Mikroanalyse.** G. Springer. (Neues Jb. Mineralog., Mh. **1967,** 9/10, 304–17; Inst. für Mineral. u. Lagerstättenlehre, TH, Aachen; engl.) — Die existierenden Formeln zur Best. des Ordnungszahleffektes in der Elektronenstrahlmikroanalyse werden krit. betrachtet. Die Rückdiffusionsfaktoren nach Bishop u. die mittleren Ionisationspotentiale, die nach $J = 11{,}5 \cdot Z$ ber. werden, sind zur Ermittlung einer Korrektur am besten geeignet. Der Fall eines Auftreffwinkels der Elektronen von 45° wird kurz erörtert. G. Malow 5126

1481 **Vorrichtung zur Messung betaaktiver Gase geringer Konzentration.** Margarita Christova und Ilija Mišev. (Izvest. fiz. Inst. ANEB, balgarska Akad. Naukite **17** (1968), 165–69; bulg., Auszug: engl.) — Beschreibung einer Anlage mit 6 Zählern, die für ^{41}Ar 0,6 · 10^{-11} Ci/l mit 95% Vertrauensbereich bei 30% statist. Fehler mißt. K. Jaeger 5130

1482 **Bestimmung des Isotopeneffektes von 4 °K mit radiometrischen Methoden.** M. Zaduban und H. O. Seidel. (Mikrochim. Acta [Wien] **1968,** 4, 699–704; Radiobiol Labor., Šafárik-Univ., Košice, ČSSR; dt.) — Abweichungen des Geh. an ^{40}K gegenüber dem natürlichen Isotopengemisch können durch β-Aktivitätsmessungen mit Hilfe eines Gasdurchflußzählers in der 2π-Geometrie oder mit einem plast. Szintillator ermittelt werden. Bei Aktivitätsmessungen im plast. Bohrloch-Szintillator müssen K-Standard u. Probe gleiches Vol., D., mittlere Atomzahl, Farbe u. Farbintensität aufweisen. Bei Messungen in der 2π-Geometrie muß die mittlere Atomzahl u. das Flächengew. eingehalten werden, da sonst Fehler bis zu 10% möglich sind. K. Henning 5132

1483 **Flüssigszintillationszählung mit äußerem Standard und Kanalverhältnistechnik für die Löschkorrektur.** T. K. Bell. (Lab. Pract. **17** (1968) 7, 809–24; Roy. Victoria Hospital, Belfast; engl.) N. Harder 5132

1484 **Verwendung des Peltier-Effektes in der Kalorimetrie.** A. A. Isirikjan und A. I. Sarachov. (Izvest. Akad. Nauk SSSR, Ser. chim. **1968,** 6, 1385–87; Inst. fiz. chim. AN SSSR; russ.) — Eine neue Meth. zur Best. endothermer Wärmeeffekte mit Hilfe des exothermen Peltier-Effektes wird vorgeschlagen. J. J. Pohl 5136

1485 **Fokussierende Chromatographie mit verdünnten Fällungsreagenzien; Trennung von Cu^{2+}, Ni^{2+}, Co^{2+} u. Fe^{3+} mit 8-Hydroxychinolin.** Mutsuaki Shinagawa, Kazuyoshi Furushima, Keisuke Nakaya und Takeo Harada. (Japan Analyst **17** (1968) 8, 954–58; Osaka-fu, Suitashi, Yamadakami, Osaka Univ., Fac. of Engng., Dep. of Nucl. Engng.; jap., Auszug: engl.) — Die negative Zelle der Vers.-Anordnung wurde mit verd. wss. Oxinlsg., die positive Zelle mit HCl oder CH_3COOH gefüllt. Der Einfl. von pH, Wanderungszeit, Konz. der Oxinlsg. u. des Potentialgradienten auf die Ergebnisse wurde untersucht. Das Verf. ist zur Trennung bin. Gemische wie Cu^{2+}/Ni^{2+}, Cu^{2+}/Co^{2+} u. Cu^{2+}/Fe^{3+} geeignet. I. Degen 5138

1486 **Stand der Reproduzierbarkeit in der Dünnschichtchromatographie.** F. Geiss. (J. Chromatogr. [Amsterdam] **38** (1968) 1, 9–24; Euratom, Ispra, Italien; dt.) — Die auf Schichten aus verschiedenen kommerziellen Al_2O_3- u. Kieselgelprod. unter ident. Bedingungen erhaltenen R_F-Werte werden miteinander verglichen, wobei Unterschiede bis 50% festgestellt werden. Die Abhängigkeiten der R_F-Werte von der Schichtdicke u. der aufgetragenen Mengen, Definitionen des R_F-Wertes u. ihre Konsequenzen für die Chromatographie in verschiedenen Kammertypen sowie „wahre" R_F-Werte werden betrachtet. In einem Diagramm wird der Einfl. der einzelnen Parameter auf die R_F-Werte abgeschätzt. — Diskussion. Gerhard Schulze 5138

1487 **Einflußfaktoren auf die R_F-Werte in der Papierchromatographie.** I. M. Hais. (J. Chromatogr. [Amsterdam] **33** (1968) 1, 25–27; Dep. of Chem. and Biochem., Fac. of Med., Charles Univ., Hradec Králové; engl.) — In Form einer Einführung wird auf die Bedeutung des Papiers, des Vol. u. der Zus. der Lsgm., der Kammeratmosphäre, der Art der Entw. u. von Begleitstoffen in der Probe für die Lage der R_F-Werte sowie auf die Korrektur der experimentellen Werte mit Hilfe von Vgl.-Substanzen u. R_M-Berechnungen hingewiesen.
Gerhard Schulze 5138

1488 **Fehlermöglichkeiten bei der Papierchromatographie, Reproduzierbarkeit der R_F-Werte.** A. Grüne. (J. Chromatogr. [Amsterdam] **33** (1968) 1, 28–34; C. Schleicher u. Schüll, Dassel; dt.) — Vf. weist darauf hin, daß R_F-Werte nur als „Richtzahlen" aufzufassen sind, u. erörtert die Faktoren, die ihre Reproduzierbarkeit beeinflussen können (Temp.-Unterschiede, Kammersättigung, Entmischungseffekte der Fließmittel u. Veränderung durch chem. Rk. u. Alterung, Auftragsmenge u. Überladung des Trägers, Ggw. von Fremdsubstanzen, zu hohes Erhitzen der Substanzen vor der Chromatographie, Kammervol., Entfernung zwischen Startlinie u. Eintauchzone, Bldg. von Umwandlungsprod. u. Artefakte). — Diskussion. Gerhard Schulze 5138

1489 **Wassergehalt des Papiers als Variable in der Papierchromatographie.** Arthur J. Tomisek und Paula Wedeles Allan. (J. Chromatogr. [Amsterdam] **33** (1968) 1, 35–37; Southern Res. Inst., Birmingham, Ala.; engl.) — Vf. berichten über Vers. zur Ermittlung des W.-Geh. von Chromatographiepapier durch Auswägen eines Vgl.-Papiers u. mit Hilfe eines registrierenden Feuchtigkeitsmessers sowie über die Geschw. der Gleichgew.-Einstellung bei Feuchtigkeitsänderungen. Wenn das Papier in einer Atmosphäre mit konst. Partialdruck des W.-Dampfes über einer gesätt. wss. Salzlsg. äquilibriert wird, ist eine Feuchtigkeitsmessung nicht erforderlich. Der W.-Geh. des Papiers als Einfl.-Größe auf die R_F-Werte läßt sich dadurch diminieren. Jedoch ist die zur tatsächlichen Gleichgew.-Einstellung erforderliche Zeit sehr groß (mindestens 6 Std.).
Gerhard Schulze 5138

1490 **Chromatographie einiger Metallionen auf mit Tri-n-octylaminsalzen imprägniertem Papier unter Verwendung von Essig-, Ameisen- und Chloressigsäure als mobiler Phase.** Stanisław Przeszlakowski, Edward Soczewinski und Anna Flieger. (Chem. analit. [Warszawa] **13** (1968) 4, 841–48; Lublin, Kat. Chem. Nieorg. i Anal. Wydzialu Farmaceut. Akad. Med.; pol.) — Vf. bestimmten die R_F-Werte von 33 Metallionen auf Filterpapier, das mit Tri-n-octylamin u. Amberlite LA-2 imprägniert war. Im Konz.-Bereich von 0,05–6 m besitzen Al, Zn, Mn(II), Ni, Co, Cd, Be, La, Y, In, Pb, Ge(IV) u. Tl(I) R_F-Werte, die größer als 0,80 sind. Bei Verw. von $CH_2ClCOOH$-Lsg. (I) als Fließmittel verbleiben Au(III), W(VI) u. Tl(I) auf der Startlinie. Bei Verw. von HCOOH- (II) oder CH_3COOH-Lsg. (III) bleiben auch Mo(VI), Ru(III), Re(VII), Hg(II) u. Pb(II) auf der Startlinie. Die R_F-Werte von Ga, Ti(IV), Te(IV), Se(IV), Sb(III), U(VI), As(III), Ce(III), Fe(III) u. Th(IV) steigen mit der Säurekonz. in der mobilen Phase. U, As u. Se zeigen beim Auftragen von R_F gegen III-Konz. Minima. Bei konst. Säurekonz. der wss. Phase sinken die R_M-Werte der Metallionen in der Reihenfolge III > II > I. Die Ionenaustauschaffinität gegenüber Anionenaustauscherharzen verhält sich umgekehrt.
I. Degen 5138

1491 **Anwendung von körnigem, porösen Fluoroplast in der Verteilungschromatographie.** B. K. Preobraženskij, L. N. Moskvin und G. S. Katychin. (Radiochimija **10** (1968) 3, 373–74; russ.) — Als Träger der fixen Phase kann speziell angefertigtes, poröses, körniges Tetrafluorpolyäthylen (Fluoroplast — 4) verwendet werden, wobei eine größere Bödenzahl erreicht u. der innere Säulenwiderstand verringert werden kann. So wurden bei Verw. von Bis-[2-äthylhexyl]-orthophosphorsäure als fixe Phase u. Fluoroplast-4 von der Korngröße eines μm HEPT-Werte von 0,7–2,0 mm, bei Verw. eines größeren Korns (30–50 μm) HETP-Werte von 0,1 bis 0,3 mm erreicht. Bei 10 cm Säulenhöhe ergibt dies eine Bödenzahl von >300. Es können Trennungsfaktoren von 1,5–2,0 erhalten werden. Ein Trennungsbeispiel für Seltenerdmetalle ist angegeben.
G. Ewald 5138

1492 **Körniges, poröses Fluoroplast für die Chromatographie. Herstellungsverfahren und Eigenschaften.** B. K. Preobraženskij, A. V. Kaljamin, O. M. Lilova, L. N. Moskvin und B. S. Usikov. (Radiochimija **10** (1968) 3, 375–77; russ.) — Vgl. vorst. Referat. — Herst.-Verf.: Das Fluoroplastpulver wird 10 Sek. lang in einer Mühle zerkleinert, ohne Pressen in eine Form geschüttet u. 20–30 Min. lang bei 370–390° erhitzt. Dadurch wird ein Prod. mit einer Porengröße von ca. 1 μm u. einem Gesamtmikroporenvol. von 77% erhalten. Dieses Prod. wird nochmals in einer Mühle einige Sek. lang zerkleinert u. fraktioniert. Bei einer Teilchengröße von 0,25–0,5 u. 0,5–1 mm beträgt die Schüttdichte 0,37 g/cm³, das Porenvol. 63%. Bei einer Korngröße von 0,5–1; 0,25–0,5; 0,1–0,25 u. 0,05–0,1 mm betragen die HETP-Werte —; 1,5–2,0; 0,7–1,0 u. 0,5–0,7 mm, die Schüttdichte des körnigen Mediums: 0,36; 0,37; 0,46 u. 0,52, die Dichte des Korns selbst — jeweils 0,8 u. die Gesamtporenvol. 64, 63, 54 u. 48%.
G. Ewald 5138

1493 **Verwendung von kompaktem porösem Fluoroplast in der Verteilungschromatographie.** B. K. Preobraženskij, L. N. Moskvin, A. V. Kaljamin, O. M. Lilova und B. S. Usikov. (Radiochimija **10** (1968) 3, 377–79; russ.) — Vgl. vorst. Referate. — Die Fluoroplastproben wurden nach 3 Verf. hergestellt: 1. 6std. Sintern des Rohmaterials mit NH_4Cl (10–50%) als Füllstoff bei 380° nach Zerkleinerung in einer Messerwerkmühle; 2. 20–30 Min. langes Sintern von zerkleinertem Rohmaterial ohne Füllstoff bei 380° in einer 10 mm starken Schicht. 3. Zunächst wie Verf. 2, danach Zerkleinern, Fraktionieren u. erneutes 30 Min. langes Sintern von bestimmten Fraktionen bei 380° in einer Schichtdicke von 20–30 mm. Aus dem Material wurden Tabletten mit Kolonnendurchmesser geschnitten. Nur das nach 3. hergestellte Material ist ausreichend elast. u. in Chromatographiekolonnen einsetzbar. Bei Sinterung von porösem Material mit einer Korngröße von 0,2–0,5 mm kann bei Verw. in Kolonnen u. Einsatz von DEHP als fixe Phase ein HETP-Wert von 1,5 mm erreicht werden.
G. Ewald 5138

1494 **Methodik und Ergebnisse der Gelchromatographie.** D. Kranz. (Kolloid-Z., Z. Polymere **227** (1968) 1–2, 41–47; Ing.-Abt. Angew. Phys., Farbenfabriken Bayer, Leverkusen; dt.) — Die Meth. der Gelchromatographie werden aufgezählt, an Hand eines Fließschemas wird die Arbeitsweise eines analyt. Gelchromatographen erklärt. Die beim Trennprozeß in einer Gelsäule ablaufenden Vorgänge werden erörtert, das Auflsg.-Vermögen der Säulen wird definiert, Gleichungen zur Berechnung werden angegeben. Bei einer engen Molgew.-Verteilung muß die Zonenverbreiterung eliminiert werden, um die aus dem Gelchromatogramm berechnete Molgew.-Verteilung mit der durch Fällungschromatographie bestimmten in Übereinstimmung zu bringen. — Diskussion.
Gerhard Schulze 5138

1495 **Kationenaustauschverhalten einiger Elemente in Medien aus Salzsäure und organischen Lösungsmitteln.** J. Korkisch und S. S. Ahluwalia. (Talanta [London] **14** (1967) 2, 155–70; Analyt. Inst. der Univ. Wien; engl.) — Am Kationenaustauscher Dowex 50-X8 (100 bis 200 mesh, H^+-Form) werden für Mg, Ca, U(VI), Co, Ni, Cu(II), Zn, Cd, Pb, Fe(III), Al, Ga, In, Bi, Th, Zr, Ce(III), V(V) u. Mo(VI) die Verteilungskoeff. in HCl im Gemisch mit Methanol, A., n-Propanol, Isopropanol, Methylglykol, Eisessig, THF u. Aceton (jedes Gemisch bestehend aus 0–90% des organ. Lsgm., 10% HCl u. W. zu 100%) bestimmt. Die besten Bedingungen für eine Reihe quant. Trennungen werden angegeben u. diskutiert. K. Dorfner 5138

1496 **Trennung einiger zweiwertiger Kationen von Eisen und Wismut durch Fixierung am Kationenaustauscher.** R. N. Golovatyj und V. V. Oščapovskij. (Ukrainskij chim. Ž. **34** (1968) 10, 1088–89; L'vovskij gos. univ.

im. Franko; russ.) — Zur Trennung von Ni^{2+}, Co^{2+}, Cd^{2+}, Cu^{2+}, Mg^{2+} u. Ca^{2+} von Fe^{3+} u. Bi^{3+} werden die Ionen am Kationenaustauscher *KU-2* (HKt) fixiert. Die Sorptionsformen $FeKt_3$ u. $BiKt_3$ werden mit *Urotropin* in die nichtaustauschbaren Formen $Fe(OH)Kt_2$ u. $Bi(OH)Kt_2$ übergeführt; das Auswaschen der restlichen Ionen erfolgt mit Ausnahme von Cu mit einer Lsg. von 1 m KCl + 0,1 m Urotropinlsg.; Cu wird mit derselben Lsg. nach Zusatz von 0,2 m Glycin ausgewaschen. Vf. bringen die abs. Analysenergebnisse der Trennung; der relative Analysenfehler liegt für Bi^{3+} bei −4,0 bis +4,71 u. für Fe^{3+} bei −1,40 bis +3,4%. E. Pfluger 5138

1497 **Trennungen von Kationen in Titanhexacyanoferrat(II)-Säulen.** K. H. Lieser, J. Bastian und A. B. H. Hecker. (Z. analyt. Chem. **228** (1967) 2, 98—106; Lehrstuhl für Kernchem., TH, Darmstadt; dt.) — An Ti-Hexacyanoferrat(II) werden die Verteilungskoeff. für die Ionen Na^+, K^+, Rb^+, Cs^+, Ca^{2+}, Sr^{2+}, Ba^{2+}, Zr^{4+}, Nb^{5+}, Sc^{3+}, La^{3+}, Ce^{3+}, Pm^{3+}, Lu^{3+}, Y^{3+} u. UO_2^{2+} in $3 \cdot 10^{-3}$ bis 3n HCl untersucht. Daraus ergeben sich folgende Trennungen: Rb^+/Cs^+ mit 1 m NH_4Cl/0,1 m HCl als Elutionsmittel, K^+/Rb^+ mit 0,02 m NH_4Cl bzw. 1 m NH_4Cl, Na^+/K^+ mit 0,025 m NH_4Cl bzw. 0,05 m NH_4Cl, Li^+/Na^+ mit 0,001 m HCl bzw. 0,05 m NH_4Cl, Ca^{2+}/Ba^{2+} mit 0,001 m NH_4Cl bzw. 0,05 m NH_4Cl, Sr^{2+}/Cs^+ mit 0,02 m NH_4Cl. Cs^+ kann nicht eluiert werden. Auch eine partielle Trennung der Seltenerdmetalle ist möglich. Y ist leichter eluierbar als die Lanthaniden. K. Dorfner 5138

1498 **Veränderung der Aktivität von Florisil: Einfache Methode der Messung der Adsorptionskapazität und ihre Anwendung bei der Standardisierung von Florisilsäulen.** Paul A. Mills. (J. Assoc. off. analyt. Chemists **51** (1968) 1, 29—32; Food and Drug Adm., Div. of Food Chem., Washington, D.C.; engl.) — Es wird festgestellt, daß die Ggw. verschiedener Mengen von Na_2SO_4, das bei der Darst. von Florisil (I) entsteht, die Adsorptionswrkg. von I verändert. Zur schnellen Best. der Adsorptionskapazität verschiedener I-Sorten wird die Adsorption von Laurinsäure aus Hexanlsg. gemessen. Dabei wird die überschüssige Laurinsäure mit NaOH-Lsg. titriert. E. Boye 5138

1499 **Programmierte Gaschromatographie. 4. Mitt. Theoretische Grundlagen der strömungsprogrammierten Gaschromatographie.** Teil 1. J. Takács und L. Mázor. (J. Chromatogr. [Amsterdam] **34** (1968) 2, 157—64; Inst. für Allg. u. Analyt. Chem., TU, Budapest; dt.) — 3. vgl. C. **1969**, 15-1585. — Für die strömungsprogrammierte Gaschromatographie bei Konstanz der Temp. u. der übrigen Vers.-Parameter werden folgende Grundsätze aufgestellt: das Nettoretentionsvol. einer beliebigen Komponente besitzt einen konst. Wert, u. die Retentionszeit, die Netto- sowie die red. Retentionszeit u. die Differenzen von Retentions- u. Nettoretentionszeit zweier Komponenten sind lineare Funktionen der reziproken Vol.-Strömungsgeschw. des Trägergases. G. Bock 5138

1500 **Quantitative gaschromatographische Analyse.** 3. Mitt. **Verfälschung der Registrierung bei einfachen Prozessen durch elektrische Überführung.** K. Hána. (Collect. czechoslov. chem. Commun. **32** (1967) 3, 968—80; Inst. of Instrumental Analyt. Chem., Czechoslov. Acad. of Sci., Brno; engl.) — 2. vgl. Chem. Listy **59** (1965) **1149.** — Vf. untersucht den durch elektr. Überführung der Signale auftretenden Fehler u. gibt eine Meth. zur Berechnung mit Hilfe des Duhamel-Integrals an. Der Einfl. der Zeitkonst. auf Höhe, Fläche u. Retentionszeit der Kurven wird untersucht. R. Lehmann 5138

1501 **Quantitative gaschromatographische Analyse.** 4. Mitt. **Verfälschung der chromatographischen Kurve durch elektrische Überführung.** K. Hána. (Collect. czechoslov. chem. Commun. **32** (1967) 3, 981—91; engl.) — 3. vgl. vorst. Referat. — Vf. bespricht die Aufzeichnung der chromatograph. Kurve durch elektr. Überführung u. die dadurch entstehende Beeinflussung der Kurvenhöhe u. -fläche sowie der Retentionszeit. Die Fehlergröße kann in Abhängigkeit von der Zeitkonst. u. der Kurvenform ber. werden. Es werden die Hauptbedingungen angegeben, die erfüllt werden müssen, um eine Identität zwischen der aufgezeichneten u. der Orig.-Kurve zu erreichen. R. Lehmann 5138

1502 **Einfache automatische Probendosiervorrichtung für die Verteilungsgaschromatographie.** R. Borth, A. Canossa und J. K. Norymberski. (J. Chromatogr. [Amsterdam] **26** (1967) 1, 258—61; Labor. d'Hormonol. de la Maternité, Univ. de Genève, Geneva; engl.) — In einem einseitig verschließbaren, spitzwinkelig mit dem Eingang des Gaschromatographen verbundenen Rohr werden zylindr. Probenbehälter aus Edelstahldrahtnetz mit Hilfe eines Synchronmotors durch einen außen angebrachten, beweglichen Elektromagneten bis zum Einfall in die Verdampfungszone des Gaschromatographen geschoben. Die einzelnen Probenbehälter werden durch Glaskugeln voneinander getrennt. Die Vorr. ist nur für Substanzen geeignet, deren Dampfdruck bei Normaltemp. vernachlässigbar ist. Fl. werden in Kapillaren in die Probenbehälter gebracht. K. Metzner 5138

1503 **Gaschromatographische Trennung von Metalldämpfen.** D. N. Sokolov, M. A. Bajdarovceva und N. A. Vakin. (Izvest. Akad. Nauk SSSR, Ser. chim. **1968**, 6, 1396—97; Fil. inst. chim. fiz. AN SSSR; russ.) — Eine gaschromatograph. Methodik, die für Temp. bis 1000° geeignet ist, u. eine Temp.-Konstanthaltung von ±2° erlaubt, wird vorgeschlagen. Die gasadsorptionschromatograph. Trennung von Zn- u. Cd-Dampf bei 850° bei einer Strömungsgeschw. von 50 ml Ar/Min., einer Kolonnenlänge von 10 cm u. einem inneren Durchmesser von ca. 6 cm bei Verw. von Diatomeenerde, Silicagel S-3, Aktivkohle A-3 u. Quarz als Kolonnenfüllung wird diskutiert. Aktivkohle sorbiert Zn irreversibel, die anderen Füllungen führen zu zwei gut getrennten Maxima in der Detektoranzeige. J. J. Pohl 5138

1504 **Untersuchung der Empfindlichkeit des thermoionischen Detektors für die Gaschromatographie von Organophosphor-, -stickstoff-, -arsen- und -chlorverbindungen.** N. F. Ives und Laura Giuffrida. (J. Assoc. off. analyt. Chemists **50** (1967) 1, 1—4; Food and Drug Adm., Div. of Food Chem., Washington, D.C.; engl.) — Vf. ermittelten den Spezifitätsgrad u. die erhöhte Empfindlichkeit dieses Detektors. Die Testverb. enthielten Triphenylderiv. von Elementen der Gruppe V (a). Bes. wurden verschiedene Arten von N-Verb. untersucht, weiterhin die Einfl. des Brennerdurchmessers, des Trägergases u. a. Parameter. N_2 als Trägergas beeinträchtigt die Unters. nicht. R. Lehmann 5138

1505 **Adsorptionsgaschromatographie mit Wasserdampf als Trägergas für sauerstoffhaltige organische Substanzen.** Akira Nonaka. (Japan Analyst **16** (1967) 11, 1166—75; Tokyo, Sinjuku-ku, Tokyo Kyôiko Univ., Inst. for Optic. Res.; jap., Auszug: engl.) — Zur Trennung wurden 0,01%ig. wss. Lsg. der Proben benutzt. Die Chromatographie wurde bei 110—210° durchgeführt. Als Adsorbens diente Schamottesteinpulver (50% SiO_2, 45% Al_2O_3, 0,8 Schüttgew.), das mit wss. HF-Lsg. bis zu einer HETP von 0,4—0,25 cm behandelt wurde. Die Funktion von Flammenionisationsdetektor u. Säule werden durch den W.-Dampf nicht gestört. Eine Zers. der Proben während der Trennung wurde nicht beobachtet. Vf. benutzte das Verf. zur Trennung von Alkoholen (C_1—C_6) u. anderen organ. O_2-haltigen Substanzen. Polyalkohole u. organ. Säuren konnten nicht getrennt werden. Bei gleichartigen Mol. wird die Elutionsreihenfolge durch den Kp. der Verb. bestimmt. I. Degen 5138

1506 **Chromatographie und Elektrophorese anorganischer Ionen in Salzschmelzen.** G. Alberti und S. Allulli. (Chromatogr. Reviews [Amsterdam] **10** (1968) 1, 99—128; CNEN Labor. di Chim. della Radiaz. e Chim. Nucl., Ist. di Chim. Gen. ed Inorg., Univ., Rome; engl.) — Nach einer kurzen Übersicht über die chromatograph. Meth. werden Geräte u. Techniken der Elektrophorese in Salzschmelzen erörtert, wobei bes. Nachdruck auf die Zonenelektrophorese im offenen Blocksyst. (Blätter, Dünnschichten, anorgan. Papiere) gelegt wird. Der Überblick erfaßt die Literatur bis Dez. 1966 u. teilweise bis 1967. Die Hittorf-Meth. wurde nicht berücksichtigt. — 67 Literaturangaben.

Gerhard Schulze 5138

1507 **Extraktion der Ionenassoziate von Ferroin in der analytischen Chemie.** Miroslav Knížek. (Chem. Listy **62** (1968) 3, 299—306; Tesla-Výzk. úst. sdělovací techn., Praha; tschech.) — Übersicht über photometr. Meth., die auf der Bldg. farbiger Ionenassoziate von Ferroin mit zahlreichen Anionen u. ihrer Extraktion mit organ. Lsgm. beruhen. — 35 Literaturhinweise.

K. Kámen 5140△

1508 **Studien zur Verteilung von Jodidkomplexen zwischen mineralsauren Lösungen und langkettigen Aminen (Amberlite LA-2).** P. Markl, Ilse Markl und F. Hecht. (Mikrochim. Acta [Wien] **1968**, 1, 1—12; Analyt. Inst. der Univ. Wien; dt.) — Von den Elementen *Sr, La, Fe, Co, Ni, Zn, Cd, Hg, In, Tl, Ge, Sn, As, Sb, Bi, Te* u. *U* wird die Abhängigkeit des Verteilungskoeff. (D) bei der Verteilung zwischen einer 2%ig. (v/v) Lsg. von Amberlite LA-2 in Xylol 5% (v/v) Octanol u. HCl verschiedener Konz. untersucht. Anschließend wird für den größten Teil dieser Elemente auch die Größe von D in Abhängigkeit von der H_2SO_4- u. HNO_3-Konz. der wss. Phase untersucht. Die erhaltenen Werte sind tabellar. wiedergegeben. Für einige Elemente wird auch die graph. Darst. im Diagramm von lg D gegen die Molarität der HCl gewählt. Auf Grund der Ergebnisse werden für die Elemente Tl, Te, Bi, Hg u. Cd Möglichkeiten zur selektiven Abtrennung aus Gemischen angegeben.

K. Henning 5140

G–2. Analyse der Elemente und organischen Verbindungen

1509 **Pikogramm-Verfahren. 1. Mitt. Farbnachweis einiger Ionen in Mengen von 10^{-10} bis 10^{-33}g.** I. Klimeš, K. Kantorová und J. Janák. (Collect. czechoslov. chem. Commun. **32** (1967) 1, 443—47; Inst. für instrumentelle analyt. Chem., Tschechoslowak. Akad. der Wiss., Brno; dt.) — Zum Nachw. von Metallionen im pg-Bereich werden übliche chem. Farbrk. an Kieselgelkörnern (I) durchgeführt u. mkr. ausgewertet. Bei einem Vol. der I von 10^{-6}cm³ liegt die Erfassungsgrenze zwischen 80 u. 560 pg, bei 10^{-9}cm³ zwischen 0,2 u. 1,6 pg. Die Meth. wird an Bi^{3+}, Fe^{2+}, Co^{2+}, Ni^{2+}, Mg^{2+} u. $[PtCl_6]^{2-}$ erprobt. Das Aufbringen der Probelsg. auf das Körnchen geschieht mit Hilfe sog. Pikopipetten. Bei sehr kleinen Körnchen müssen die Pipetten hydrophobiert werden.

K. Seyfert 5151

1510 **Schnelle Trennung des Tl(IV), As(III), W(VI) und Au(III) von zahlreichen Metallionen und von Fe–Al–Ti durch Papierchromatographie.** Mohsin Qureshi und Fahmida Khan. (J. Chromatogr. [Amsterdam] **34** (1968) 2, 222—36; Dep. of Chem., Aligarh Muslim Univ., Aligarh, India; engl.) — Bin. Gemische von Ti(IV) mit Cu, Bi, Cd, Hg, Fe(II), Al, Ni, Co, Mn, Cr, Mg, UO_2^{2+}, V, Sn(II), La, Th, Y, Ce(III), Te, Pt, Sn, Zr, Mo, W, Ga, In, K, Cs, Rb u. BO_3^{3-} können von Ameisensäure (I)/HCl (II)/Aceton (III) (3 : 5 : 2) getrennt werden. Ti(IV) bleibt am Auftragungspunkt, während alle anderen Ionen einen R_F-Wert von >0,5 haben. Acetat, Tartrat, Formiat u. Citrat stören nicht. Bin. Gemische von As(III) mit Sb, Tl, V, Co, Sn, NH_4, Mg, Mn, Zn, Ga, In, Be, Sr, Ba, Ca, UO_2^{2+}, Fe, Cr, K, Rb, Cs, Al, Fe(II), Cu u. Ni werden mit I als Eluierungsmittel ohne Störung durch die üblichen Anionen getrennt. Zur Trennung des Au(III) u. des W(VI) von Ga, Se, Hg, V, Te, Cr, Pd, As, Fe, Ni u. Cu bzw. von Mo, Ti, NH_4, Th, Mg, UO_2^{2+}, Sr, Ca, Fe, Mn, V, Co, Ni, In, Ga, Y, La, Ce(III), K, Rb, Pb, Cs, Se, Cr, Zn, Al, Pt, As, Pd, Sb, Hg, Te, Bi, Tl(I) u. Be wird ein Gemisch von 70%ig. HNO_3/n-Butanol (6 : 4) verwendet. W(VI) bleibt am Auftragungspunkt zurück, während Au(III) mit der Lsgm.-Front wandert. Fe(III), Al(III) u. Ti(IV) können in Ggw. der üblichen Anionen mit Hilfe von I/II/III (3 : 4 : 3) getrennt werden.

H.-D. Schenke 5152

1511 **Quantitative Trennung des Titans von zahlreichen Metallionen und von Eisen, Aluminium und Titan durch Papierchromatographie.** Mohsin Qureshi, Jagdish P. Rawat und Fahmida Khan. (J. Chromatogr. [Amsterdam] **34** (1968) 2, 237—40; Chem. Labor., Aligarh Muslim Univ., Aligarh, India; engl.) — Vgl. vorst. Referat. — Vf. beschreiben die quant. Trennung des Ti(IV) aus 1 : 1-Gemischen mit Ga(III), In(III), Mo(VI), W(VI), K^+, Cs^+, NH_4^+, Cu^{2+}, Cd^{2+}, Fe(III), Cr(III), Al^{3+}, Ni^{2+}, Co^{2+}, Mn(II), Zn^{2+}, Ba^{2+}, Mg^{2+}, UO_2^{2+} u. V(IV). durch Papierchromatographie mit Ameisensäure/HCl/Aceton (3 : 5 : 2) als Elutionsmittel. Eine quant. Trennung des Gemisches Fe(III)–Al(III)–Ti(IV) wird mit Ameisensäure/HCl/Aceton (3 : 4 : 3) erreicht.

H.-D. Schenke 5152

1512 **Aktivierungsanalytische Sauerstoffbestimmung mit schnellen Reaktorneutronen.** R. Henkelmann, D. C. Aumann und H.-J. Born. (Z. analyt. Chem. **233** (1968) 1, 1—14; Inst. für Radiochem., TH, München; dt.) — Vf. bestimmen O aktivierungsanalyt. mit schnellen Reaktorneutronen über die Kernrk. $^{16}O(n, p)^{16}N$. Die automat. Bestrahlungs- u. Meßanlage, die in Anbetracht einer Halbwertszeit des ^{16}N von nur 7,4 s notwendig ist, wird beschrieben. Die Aktivierung durch therm. Neutronen wird durch Einbau eines Cd-Schildes am Bestrahlungsort unterdrückt. Eine Best. ist unmöglich in Ggw. von Ag, Al, Co, Cu, J, Mn, Mo, Na, Sb u. Sc, jedoch durchführbar bei Verw. eines nur schnelle Neutronen liefernden Neutronengenerators. H.-D. Schenke G 239

1513 **Bestimmung von Wasserstoffperoxidspuren mit Hydroxylionen als Katalysator.** Alfons Krause, Florian Domka und Bogdan Marciniec. (Chem. analit. [Warszawa] **13** (1968) 4, 883—85; Inst. für anorg. Chem., Univ., Poznań; dt.) — H_2O_2 wird in Spuren durch Messen der bei 37° zur Entfärbung von alkal. Indigocarminlsg. erforderlichen Zeit bestimmt. 0,2 mg H_2O_2 lassen sich in einer Verdünnung von 1 : 300000 noch erfassen. I. Degen G 240

1514 **Spektrophotometrische Bestimmung von Anionen durch Solventextraktion mit Metallchelatkationen. 32. Mitt. Neue spektrophotometrische Bestimmung von Nitrat durch Solventextraktion.** Yuroku Yamamoto, Nobuko Okamoto und Eiji Tao. (J. chem. Soc. Japan, pure Chem. Sect. [Nippon Kagaku Zasshi] **89** (1968) 4, 399 bis 404; Labor. of Analyt. Chem., Fac. of Sci., Univ., Higashisenda-machi, Hiroshima-shi; jap., Auszug: engl. S. A 22.) — 30. vgl. C. **1969**, 20-1620. — NO_3^- wird in Ggw. von Cu(I) u. Neocuproin mit MIBK aus wss. Lsg. bei pH 5,5—6,5 vermutlich als $[Cu(neocup)_2]NO_3$ extrahiert. Die organ. Phase wird bei 456 nm photometriert. Das Beersche Gesetz gilt für (8—64) · 10^{-6}Mol NO_3^-/l in der wss. Lösung. SO_4^{2-}, CO_3^{2-} u. SO_3^{2-} stören nicht. NO_2^- kann mit HSO_3NH_2 beseitigt, Cl^- als AgCl gefällt u. Fe(III) u. Al können durch Weinsäure maskiert werden.

W. Grimmich G 243

1515 **Photometrische Bestimmung von Distickstofftrioxid in flüssigem Distickstofftetroxid.** Tsugio Takeuchi und Shin Tsuge. (Japan Analyst **16** (1967) 10, 1074—77; Nagoya, Chikusa-ku, Nagoya Univ., Fac. of Engng.; jap., Auszug: engl.) — Vf. untersuchten die Spektren von fl. N_2O_4 vor u. nach Zusatz von W. bei —10° im sichtbaren Bereich. Aus der Abhängigkeit der Extinktion bei 665 nm von der zugesetzten W.-Menge bzw. dem dabei entstandenen N_2O_3 kann der Geh. an N_2O_3 in N_2O_4 bis herab zu 2 Vol.-% bestimmt werden. Der Mechanismus der Rk. zwischen fl. N_2O_4 u. W. wird diskutiert.

I. Degen G 243

1516 **Extraktionsphotometrische Bestimmung von Perchlorsäure in schwefelsaurer Lösung.** G. Reusmann. (Z. analyt. Chem. **226** (1967) 4, 346—52; VARTA G. m. b. H., Hagen; dt.) — ClO_4^- wird bei pH 4 mit Bzl. als Ionenassoziat mit Brillantgrün extrahiert. Bei 638 nm wird gegen eine Blindprobe photometriert. Bis herauf zu 50 µg ClO_4^- in 5 ml Lsg. sind bestimmbar. Der Extinktionskoeff. beträgt $1{,}06 \cdot 10^5$ l · Mol^{-1} · cm^{-1} (abhängig von der angewandten Menge Brillantgrün), der Fehler ±1,9 Relativ-%. Der Farbstoff ist licht- u. O_2-empfindlich; daher ist Ascorbinsäure zuzusetzen u. grelles Sonnenlicht zu vermeiden. Es dürfen nur Gefäße u. Küvetten aus Quarz benutzt werden, da ClO_4^- von Glas stark adsorbiert wird. Spuren Pb, Sb u. Fe sowie große Mengen SO_4^{2-} stören nicht. G. Wünsch G 247

1517 **Coulometrische Chloridbestimmung in konzentrierten Säuren mit potentiometrischer Indizierung und Polarisationsspannungsindikation.** H. Monien und H. Specker. (Z. analyt. Chem. **224** (1967) 1, 357–64; Inst. für Spektrochem. u. angew. Spektroskop., Dortmund; dt.) — Die Best. gelingt nach beiden Meth. ohne Leitelektrolyten im Gemisch von CH_3OH (I) u. 35%ig. H_2SO_4, 53%ig. H_3PO_4 oder 37%ig. $HClO_4$. Bei potentiometr. Indizierung sind in einem Gemisch von 10 ml Säure u. 40 ml I noch 2 µg Cl/ml bei einer relativen Standardabweichung von 0,5% u. einer unteren Konz. von 1 µg/ml nachweisbar. Mit der Polarisationsspannungsindikation sind im Gemisch von 1 ml Säure u. 8 ml I 0,4 µg Cl/ml noch gut bestimmbar. Bei 2 µg Cl/ml beträgt die relative Standardabweichung 2%. Die Konz. an der Nachw.-Grenze liegt bei 0,08 µg Cl/ml.
K. Seyfert G 247

1518 **Mikrobestimmung von Bromid (Chlorid) durch radioaktive Extraktion.** É. Bányai und F. Szabadváry. (Mikrochim. Acta [Wien] **1968,** 4, 729–34; Inst. für allg. u. analyt. Chem., TH, Budapest; dt.) — Zur Best. wird die 0,01 bzw. 0,001 m Br^-- oder Cl^--Lsg. mit 2 ml 0,01 m bzw. 0,001 m radioakt. $Hg(NO_3)_2$-Lsg. versetzt u. nach Zugabe von 15 ml Ae. 10 Min. lang extrahiert. Bei der Cl^--Best. muß die Extraktion 2mal wiederholt werden. Anschließend wird die γ-Aktivität in der organ. Phase bestimmt u. der Geh. einer Eichkurve entnommen. Der Fehler beträgt bei der Br^--Best. ±4%; er liegt beim Cl^- höher.
K. Henning G 248

1519 **Bestimmung von Schwefel und Sulfat durch Titration mit Bariumperchlorat.** B. Buděšínský und L. Krumlová. (Analytica chim. Acta [Amsterdam] **39** (1967) 3, 375–81; Nucl. Res. Inst., Czechoslov. Acad. of Sci., Řež near Prague; engl.) — Für die titrimetr. Best. von SO_4^{2-} mit $Ba(ClO_4)_2$-Lsg. wurden folgende Indikatoren verwendet u. hinsichtlich ihrer Eignung miteinander verglichen: *Thorin, Carboxyarsenazo, Sulfonazo III, Dinitrosulfonazo III, Dimethylsulfonazo III* u. *Dibromsulfonazo III*. Die Reinheit der Indikatoren wurde durch Elementaranalyse u. durch Papierchromatographie (Whatman-No. 1-Papier, 2m wss., mit Isobutanol gesätt. NH_3-Lsg.) überprüft. Am besten eignet sich zur S-Best. in anorgan. Sulfiden u. Sulfaten u. in organ. S-Verb. Dimethylsulfonazo III.
Gerhard Schulze G 253

1520 **Maßanalytische Bestimmung von Sulfaten mit Chlorphosphonazo III.** A. M. Lukin und T. V. Černyševa. (Zav. Labor. **34** (1968) 9, 1054–56; VNII chim. reaktivov i osobo čist. chim. veščestv; russ.) — Das Prinzip des Verf. beruht auf der Titration von SO_4^{2-} mit $Ba(NO_3)_2$-Lsg. in saurem Medium in Ggw. von 80% Aceton gegen Chlorphosphonazo III. Der Umschlag erfolgt von Violettrosa auf Tiefblau. Es stören nicht PO_4^{3-}, AsO_4^{3-}, F^-, NH_4NO_3 u. NaCl. Ca u. Sr stören. Gebracht werden die Titrationswerte bei verschiedenem pH der Ausgangslsg., der Einfl. verschiedener Salze auf die Titration u. die Best. von S in organ. Substanzen nach dem Verbrennen u. Ox. des S zu SO_4^{2-}. Der relative Fehler liegt bei S-Geh. von 5,82–18,18% bei −2,09 bis +1,92%.
E. Pfluger G 253

1521 **Photometrische Bestimmung von kleinen Mengen Bor in Natriumhydroxid mit Curcumin.** Zofia Ciecierska-Tworek, Hanna Walędziak, Krystyna Gorczyńska und Danuta Ciecierska-Stokłosa. (Chem. analit. [Warszawa] **13** (1968) 4, 773–81; Warszawa, Zakl. Fiz. Techn. Inst. Chem. Ogolnej; pol.) — Die Probe wird mit HCl (wss. oder gasf.) neutralisiert u. eingedampft. B wird nach Trocknung des NaCl mit A. extrahiert u. nach Dible, Troug u. Berger [Analytic. Chem. **26** (1954) 418] bestimmt. Der Einfl. mehrerer Parameter (z. B. pH u. Zusatz von W.) auf Extraktion u. Rk. wurde untersucht. Der molare Extinktionskoeff. von Rubrocurcumin wurde unter den angegebenen Rk.-Bedingungen bei 550 nm zu $3050 \pm 580\ g^{-1} \cdot l \cdot cm^{-1}$ bestimmt. Der Fehler der Best. überschreitet bei einem Geh. von ca. 10^{-6}% B 15% nicht. Der Fehler der Reproduzierbarkeit des Extinktionskoeff. ist ebenfalls <15%. Das Verf. kann zur Best. von 10^{-5} bis 10^{-7}% B benutzt werden. Die untere Best.-Grenze kann durch Modifizierung des Verf. auf 10^{-8}% gesenkt werden.
I. Degen G 258

1522 **Bestimmung des freien Kohlenstoffs in Carbiden des Titans, Zirkoniums und Hafniums.** K. D. Modylevskaja und G. Ch. Kotljar. (Zav. Labor. **34** (1968) 8, 937–38; Inst. problem materialovedenie; russ.) — Vergleichende Vers. über die Auflsg. der Carbide u. Best. des freien C nach Behandlung mit H_2SO_4 (1 : 8) oder (1 : 4) + HNO_3. Als Vgl. wurde die Auflsg. der Carbide mit HF/HNO_3 vorgenommen. Der freie C wird nach der Auflsg. über geglühtem Asbest filtriert u. wie bekannt im O-Strom verbrannt. 0,3–0,5 g der Carbide werden in einem Becherglas mit 40 ml H_2SO_4 (1 : 8) oder (1 : 4) + 5 ml HNO_3 (D. 1,3) versetzt u. nach Beendigung der Auflsg. 1 Std. bei schwachem Sieden gehalten, wobei das Vol. gleichgehalten wird. Dann wird mit ca. 80 ml W. verd. u. wie bekannt weiter verfahren. Gebracht werden die abs. Best.-Ergebnisse von freiem C in den Carbiden nach den verschiedenen (gleichwertigen) Auflsg.-Verfahren.
E. Pfluger G 260

1523 **Untersuchungen zur Analytik von Jodoniumverbindungen. 5. Mitt. Gravimetrische Bestimmung von Phosphat als Diphenyljodoniummolybdatophosphat.** A. J. Bowd und D. Thorburn Burns. (Mikrochim. Acta [Wien] **1967,** 3, 560–63; Woolwich Polytechnic, London; engl.) — 4. vgl. C. **1969,** 20-1614. — Das l. c. beschriebene Verf. eignet sich auch zur Best. von 0,5–10 mg PO_4^{3-} pro 15 ml. Bei 3,7 mg beträgt der Variationskoeff. 0,09%.
K. Henning G 264

1524 **Analytische Bestimmung von anorganisch gebundenem Phosphor in Gegenwart von alkyliertem Phosphor.** G. Lidner und I. Edmundsson. (Acta chem. scand. **21** (1967) 1, 136–42; Res. Inst. of Nat. Defence, Dep. 1, Sundbyberg; engl.) — Zur Best. des Gesamt-P-Geh. wird eine Probe, die 10–50 mg P enthält, in einem Kjeldahl-Kolben mit 5–15 ml H_2SO_4 aufgeschlossen, mit 5 ml eines Katalysators versetzt, abgeraucht u. kolorimetr. oder gravimetr. analysiert. Für die Best. des anorgan. gebundenen P werden 5–10 ml der Probe, die 0,1–0,5 mg P enthalten, in einem 50-ml-Kolben mit 2 ml H_2SO_4 u. 1 ml $KMnO_4$-Lsg. versetzt u. 1 Min. aufgekocht. Nach dem Abkühlen wird der $KMnO_4$-Überschuß mit 3%ig. H_2O_2-Lsg. entfernt. Zur Lsg. gibt man NH_4-Vanadat-Lsg., kocht auf, bis eine gelbgrüne Farbe entsteht, u. versetzt die abgekühlte Lsg. mit NH_4-Molybdat. Nach 10 Min. extrahiert man 2mal mit je 10 ml Amylalkohol, vereinigt die Extrakte u. filtriert. Die Extinktion des Filtrats wird bei 425 nm gemessen.
G. Gawalek G 264

1525 **Aufschluß von Proben bei der Analyse von Borphosphid.** M. D. Ljutaja und T. S. Bartnickaja. (Zav. Labor. **34** (1968) 8, 939–40; Inst. problem materialovedenija; russ.) — Die Meth. beruht auf dem Aufschluß des BP durch Sintern im Pt-Tiegel mit $BaCO_3$ + KNO_3. Nach dem Sintern wird in HCl (1 : 1) gelöst u. in aliquoten Teilen P u. B bestimmt. Zur Abscheidung des P für die maßanalyt. B-Best. wird die Lsg. mit BaO versetzt u. $^1/_2$–1 Std. gekocht, filtriert u. dann die Borsäure mit Lauge in Ggw. von Mannit bestimmt. Der P wird gravimetr. als $Mg_2P_2O_7$ bestimmt. Vf. bringen Vgl.-Analysen nach verschiedenen Meth. des Sinterns u. des Schmelzens.
E. Pfluger G 264

1526 **Bestimmung von Arsen mittels Atomabsorption.** H. Massmann. (Z. analyt. Chem. **225** (1967) 2, 203–13; Inst. für Spektrochem. u. angew. Spektroskop., Dortmund; dt.) — As wird durch Atomabsorptionsspektrometrie bei den Wellenlängen 1890,4 u. 1972,6 Å bestimmt. Als Absorptionsküvette wird ein Graphitrohr von 5,5 cm Länge in einer Ar-Kammer verwendet. Der Innendurchmesser des Graphitrohres beträgt 8 mm, die Wandstärke 1 mm. Die Probe wird mit einer Mikropipette durch eine Bohrung in der Wand des Graphitrohres eingebracht. Die Verdampfung der Probe geschieht durch elektr. Widerstandsheizung des Rohres. Als Spektrometer wird der kleine Hilger-Spektrograph E 474 mit photoelektr. Meßeinrichtung verwendet. Um die in diesem Wellenbereich auftretenden Störungen bei der Absorptionsmessung zu vermindern, wird eine Bezugs-

intensität bei einer benachbarten Wellenlänge mitgemessen. Dadurch ist es möglich, As in Lsg. bis zu 1 ng oder in einer Konz. bis zu 0,1 μg/ml zu bestimmen.
K. Henning G 265

1527 **Anwendung von Radioisotopen bei der Säulenchromatographie an substituierten Cellulosen. 6. Mitt. Trennung des Antimons von Mangan, Eisen und anderen Metallen.** R. A. A. Muzzarelli und G. Marcotrigiano. (Talanta [London] **14** (1967) 4, 489—94; Sherbrooke, P.Q., Canada, Univ., Fac. of Sci.; engl.) — 5. vgl. C. **1968**, 10-1942. — Mit Hilfe von Radioisotopen wird das chromatograph. Verh. von ng-Mengen Sb an Cellobiose (I)-, Cellulose (II)- sowie an 7 Säulen mit modifizierter II (Diäthylaminoäthyl-, Aminoäthyl-, Phosphat-, Carboxymethyl-, Epichlorhydrintriäthanolamin-, Sulfoäthyl- u. p-Aminobenzyl-II) untersucht. Sb wird sehr stark adsorbiert u. kann ohne Schwierigkeiten von g-Mengen Au, Fe, Mn, U, Hg, As u. anderen Metallen getrennt werden. Von natürlichem I u. II kann Sb vollständig eluiert werden. Die Elution von Sb erfolgt mit methanol. HCl- oder wss. HNO_3-Lösung.
G. Gawalek G 266

1528 **Fällungstitrationen in nichtwäßrigen Lösungsmitteln. Bestimmung der Kationenkomponente einiger Alkalisalze.** G. Henrion und E. Pungor. (Mikrochim. Acta [Wien] **1968**, **4**, 841—50; Univ. für die chem. Ind., Veszprém, Ungarn; dt.) — In Ketonen lösl. Alkali- u. Erdalkalimetallsalze lassen sich mit einer äthanol. LiCl-Lsg., die mit Keton bis zur gewünschten Konz. verd. wurde, titrieren, wie dies die Titrationen von Alkalisalicylat, -thiocyanat u. -tetraphenyloborat zeigen. Daneben ist aber auch die Titration mäßig lösl. Salze möglich, wenn sie vor der Titration frisch ausgefällt werden. Auf diese Weise läßt sich z. B. Na_2SO_4 in Aceton oder Methyläthylketon titrieren. Benzoate werden zum Carbonat verglüht u. mit H_2SO_4 in Sulfate verwandelt.
K. Henning G 272

1529 **Verwendung einer Natriumglaselektrode zur Bestimmung von Natrium.** Kazuyoshi Onishi. (Japan Analyst **16** (1967) 11, 1152—55; Nakashima, Shikama-ku, Himeji-shi, Hyogo-ken, Nippon Satetsu Kogyo Co. Ltd.; jap., Auszug: engl.) — Zur Best. von Na in rohem Na_2TiO_3 wird der pH-Wert der Probelsg. mit Triäthanolamin auf 6,8—7,3 eingestellt. Bei Verw. von NH_3 treten Fehler auf. In Ggw. von Ti, Fe oder Al muß die Lsg. mit 0,5 g Weinsäure versetzt werden. Nach Eichung der Elektrode mit NaCl-Lsg. ist der Variationskoeff. bei der Na-Best. in Na_2TiO_3 6,7%, der relative Fehler +10,4 bis —4,2%. I. Degen G 274

1530 **Indirekte photometrische Bestimmung von Kalium durch Solventextraktion mit Cuproin-Kupfer(I)-tetraphenylborat.** Yuroku Yamamoto, Nobuko Okamoto und Eiji Tao. (Japan Analyst **16** (1967) 10, 1034—39; Hiroshima-shi, Higashisenda, Hiroshima Univ., Fac. of Sci., Dep. of Chem.; jap., Auszug: engl.) — Die Probelsg., die 20—200 μg K enthalten kann, wird mit 1 ml Kalignost (10^{-2}m) u. Acetatpufferlsg. versetzt. Nach Auffüllen der Lsg. auf 10 ml u. anschließendem Zentrifugieren wird 1 ml der überstehenden Lsg. mit 2 ml $CuSO_4$-Lsg. ($5 \cdot 10^{-3}$m), 2 ml Hydroxylammoniumsulfatlsg. (5%ig.) u. 5 ml Pufferlsg. versetzt. Die Lsg. wird auf pH 4—5 gebracht, mit W. auf 25 ml verd. u. 5 Min. lang mit 10,0 ml Cuproinlsg. (10^{-3}m in $CHCl_3$) extrahiert. Die Extinktion der organ. Phase wird bei 550 nm gemessen. Die Meth. wird durch NH_4, Ag, Tl u. Cs gestört. Das Verf. kann zur Best. von K in Seewasser oder Zigaretten benutzt werden. I. Degen G 275

1531 **Trennung von Rubidium und Cäsium nach der Methode des fokussierten Ionenaustausches.** V. P. Švedov, V. V. Fomin und V. V. Kolin. (Radiochimija **16** (1968) 3, 371—73; russ.) — Bei dieser verbesserten elektrophoret. Meth. wird der Unterschied in der Beständigkeit der Komplexverb. der Elemente Rb u. Cs mit Ammoniumnitrilotriacetat (I), Ammoniumäthylendiamintetraacetat (II), Ammoniumparawolframat (III), Na-Nitritocobaltat(III) (IV), $K_3[Fe(CN)_6]$ u. $K_4[Fe(CN)_6]$ genutzt. Getrennt wurden Gemische aus ^{86}RbCl u. ^{134}CsCl, trägerfrei. Die Lage der Zonen wurde autoradiograph. u. durch Best. der Verteilung der Aktivität längs des Streifens fixiert. Bei Verw. von I u. II erfolgt die Fixierung von Rb u. Cs in einer engen Zone. Bei Verw. von III (kathod. Lsg.) u. $CaCl_2$ (anod. Lsg.) konnten die Zonen getrennt werden, jedoch waren die Grenzen verwischt. Auch bei Verw. von IV konnte keine einwandfreie Trennung der Zonen erreicht werden. Gute Ergebnisse wurden bei Verw. von $K_3[Fe(CN)_6]$ u. $K_4[Fe(CN)_6]$ als kathod. Lsg. u. $CaCl_2$ als anod. Lsg. erreicht. Die Konz. der Lsg. wurde zwischen 0,01 u. 0,3 Mol/l variiert. Folgende Bedingungen sind für die Trennung von ^{86}Rb u. ^{134}Cs optimal: kathod. Lsg. 0,01 m $K_4[Fe(CN)_6]$; anod. Lsg. 0,2 m $CaCl_2$, Trenndauer 6 Min.; Feldstärke 25 V/cm. Unter diesen Bedingungen beträgt der Abstand zwischen den Zonen 32 mm bei einer Zonenbreite von 1,5—2,0 mm.
G. Ewald G 277

1532 **Volumetrische Bestimmung von Calcium, Strontium und Barium mit Natriumoxalat in Wasser/Aceton-Lösungen unter Verwendung von Kaliumpermanganat als Indikator.** Zbigniew Gregorowicz und Maria Olejniczenko. (Chem. analit. [Warszawa] **13** (1968) **4**, 877—82; Gliwice, Kat. Chem. Sanitarnej Politechniki Śląskiej; pol.) — Die Titration wird mit 0,1 n Oxalatlsg. durchgeführt. Das Verf. wurde zur volumetr. Best. von Ca in synthet. Alumosilicaten benutzt.
I. Degen G 280

1533 **Extraktionskomplexometrische Bestimmung von Calcium, Strontium und Barium in Magnesium und dessen Verbindungen.** F. P. Gorbenko und E. V. Lapickaja. (Zav. Labor. **34** (1968) 9, 1051—53; Doneckij filial inst. chim. reaktivov i osobo čist. veščestv; russ.) — Die Trennung der Erdalkalielemente (A) von Mg wird durch Fällung des Mg mit NaOH in Ggw. von EDTA vorgenommen. Im Filtrat wird nach Zers. des EDTA-Überschusses die Trennung der A mit Hilfe von AT (0,04%ig. Lsg. von Azo Azoxy BN in CCl_4 mit 30% TBP) als Lsgm. durchgeführt. Das Verf. beruht auf der selektiven Extraktion des Ca aus der A-Mischung, die 0,05 n an NaOH ist u. das Sr aus 1 n NaOH-Lösung. Die Elemente werden nach der Trennung komplexometr. bestimmt. Das Verf. erlaubt während 6—7 Std. die Trennung von 0,3% Ca, Sr, Ba bei einem relativen Fehler von 5—6%. Vf. bringen den Analysengang u. die Best. der A mit abs. Vgl.-Werten. E. Pfluger G 280

1534 **Atomfluoreszenzspektroskopie von Beryllium.** J. W. Robinson und C. J. Hsu. (Analytica chim. Acta [Amsterdam] **43** (1968) 1, 109—17; Coates Chem. Labor., La. State Univ., Baton Rouge, La.; engl.) — Be läßt sich durch Atomfluoreszenzspektroskopie bei 2349 Å in O_2/C_2H_2- oder N_2O/C_2H_2-Flammen bestimmen. In diesem Zusammenhang wird ein neu entwickelter Brenner für N_2O/C_2H_2-Flammen beschrieben. Die Nachw.-Empfindlichkeit in der O_2/C_2H_2-Flamme beträgt 10 ppm Be u. in der N_2O/C_2H_2-Flamme 0,5 ppm. Die Best. wird durch zahlreiche Kationen nicht gestört, anion. Störungen können durch EDTA-Zusatz beseitigt werden. Organ. Lsgm. können die Fluoreszenzintensität sowohl erhöhen als auch erniedrigen. H. Kuchenbecker G 281

1535 **Bestimmung von Beryllium durch Thermalemission und Atomfluoreszenzspektroskopie in einer getrennten Distickstoffoxid-Acetylen-Flamme.** D. N. Hingle, G. F. Kirkbright und T. S. West. (Analyst **93** (1968) 1109, 522—27; Chem. Dep., Imp. Coll., London; engl.) — Gearbeitet wird mit einer N_2O/C_2H_2-Flamme, bei der die prim. u. sek. Rk.-Zone mit Hilfe eines Quarzrohres mechan. getrennt werden. Die hohe Temp. u. der geringe Untergrund dieses Flammentyps erlauben die Best. von bis herunter zu 0,25 bzw. 0,03 ppm Be in wss. Lsg. durch Thermalemission bzw. Atomfluoreszenzspektroskopie. In beiden Fällen wird die Wellenlänge bei **234,86** nm verwendet. Die Anregung der Atomfluoreszenz erfolgt mit einer durch Mikrowellen angeregten elektrodenlosen Entladungsröhre. Optimale Arbeitsbedingungen für beide Verf. u. Einfl. von Fremdionen werden mitgeteilt.
H. Kuchenbecker G 281

1536 **Bestimmung von Mikrogrammengen Magnesium durch die Imprägnierungsmethode auf einem Filterpapier.** Władysław Kiełczewski und Krystyna Matusiewicz. (Chem. analit. [Warszawa] **13** (1968) 4, 787—89; Poznań, Kat. Chem. Ogólnej Wyższej Szk. Rolniczej;

pol.) — Zur Best. wird das Papier Whatman No. 1, das mit alkohol. Chinalizarinlsg. getränkt wurde, benutzt. Die Fläche des hellvioletten Flecks ist dem Mg-Geh. proportional. Die Best. wurden in einem Konz.-Bereich von 0,68—5,4 μg Mg/2,45 μl durchgeführt. Das Verf. wird durch Ba, Sr u. Ca nicht gestört.
I. Degen G 282

1537 **Magneson ChS als Reagenz auf Zink.** N. N. Vysokova, A. M. Lukin und K. A. Smirnova. (Zav. Labor. **34** (1968) 8, 930—32; VNII chim. reaktivov i osobo čist. chim. veščestv; russ.) — Magneson ChS (I) gibt mit Zn eine Kontrastrk. u. kann für die photometr. oder komplexometr. Zn-Best. verwendet werden. Die blaue Farbe des I geht in Abhängigkeit von der Zn-Konz. in Violett bzw. Violettrosa über. Die Farbe ist beständig; die Empfindlichkeit der Rk. liegt bei 0,1 μg/ml. Vf. bringen die Extinktionskurven für I u. I + Zn, die Abhängigkeit der Extinktion von der Zn-Konz., die Kurven isomol. Serien des Syst. I–Zn u. die photometr. Kennzahlen des I u. des Zn–I-Komplexes sowie den Einfl. verschiedener Störelemente auf die Komplexbldg. u. die Extinktion.
E. Pfluger G 288

1538 **Extraktive Isolierung von Zink mit Hexamethylphosphorsäuretriamid.** Max Ziegler und Lüder Ziegeler. (Z. Naturforsch. **22b** (1967) 2, 221—22; Anorgan.-chem. Inst. der Univ., Göttingen; dt.) — Eine schwach saure Lsg., die 3—30 mg Zn^{2+} enthält, wird durch gesätt. Na-Acetatlsg. auf pH 5—6 gepuffert, mit 6 ml 5%ig. NH_4SCN-Lsg. (I) sowie 10 ml 10%ig. wss. Hexamethylphosphorsäuretriamid (II)-Lsg. versetzt u. das Gemisch mit 10 ml CH_2Cl_2 (III) extrahiert. Die Extraktion wird nach Zusatz von 3 ml I u. 5 ml II wiederholt. Zum Schluß extrahiert man die wss. Phase nochmals mit 5 ml III. Durch Schütteln mit 50 ml W., dem 3 ml I u. 5 ml II zugesetzt sind, reinigt man die nichtwss. Phase. Die Lsg. des Zn in III wird zur Best. des Zn eingedampft, der ölige Rückstand 15 Min. lang mit 5 ml halbkonz. HCl erhitzt, nach Abkühlung neutralisiert u. Zn komplexometr. titriert. Cd kann im Bereich der Verhältnisse Zn : Cd = 1 : 200 bis 1 : 20 unter Benutzung von Eriochromschwarz T in der wss. Phase komplexometr. bestimmt werden.
G. Gawalek G 288

1539 **Bestimmung von Cadmium in Thoriumnitrat durch lineare Chronoamperometrie mit anodischer Wiederauflösung.** K. A. Khasgiwale und R. Molina. (J. electroanalyt. Chem. [Amsterdam] **13** (1967) 1/2, 144—48; Atomic Energy Establ. Trombay, Bombay; franz.) — Die Best. wurde in K_2CO_3- oder KCl/HCl-Leitelektrolyten vorgenommen, wobei die erforderliche extreme Reinheit durch 12std. Vorelektrolyse erreicht wurde. Die Leitelektrolytkonz. beeinflußte in starkem Maße den Verlauf der Eichkurven, was mit einer Veränderung des Cd-Transportmechanismus erklärt wird. Die Best. von 8 ppm Cd gelang mit einer mittleren Streuung von ±14%.
C. Herold G 289

1540 **Eudiometrische Bestimmung von aktivem Aluminium in Aluminiumpulver.** George Norwitz und Herman Gordon. (Metallurgia [Manchester] **75** (1967) 448, 93—96; Frankford Arsenal, Philadelphia, Pa.; engl.) — Vf. beschreiben eine Eudiometermeth., nach der das akt. Al mit 10%ig. NaOH-Lsg. zersetzt wird. Bes. eingegangen wird auf den Einfl. der Temp., die Anwendung von Ascarit zur Gastrocknung, Sättigung der Lsg. mit H_2, den Einfl. von Stearinsäure, Talg, metall. u. nichtmetall. Verunreinigungen. Die Meth. liefert gut reproduzierbare Werte.
G. Gawalek G 294

1541 **Polarographische Bestimmung kleiner Indiummengen.** Rudolf Bock und Syed Laik Ali. (Z. analyt. Chem. **228** (1967) 1, 1—9; Inst. für anorgan. Chem. u. Kernchem., Johannes-Gutenberg-Univ., Mainz; dt.) — Die Nachw.-Grenze der polarograph. In-Best. wurde in zahlreichen Grundlsg. untersucht. Die besten Ergebnisse (0,5—1 μg In/ml) wurden in 0,5m HCl-, 0,1m KCl- u. 4m KBr-Lsg. erhalten. Wechselstrompolarograph. wird in 2m KBr-Lsg. bei 2 μg In/ml die beste Reproduzierbarkeit erzielt.
E. Bomke G 296

1542 **Photometrische Spurenanalyse von Indium.** 2. Mitt. **Bestimmung von Gallium, Molybdän, Gold und Eisen nach Isolierung ihrer Chloridkomplexe durch Extraktion.** Krzysztof Kasiura. (Chem. analit. [Warszawa] **13** (1968) 4, 849—55; Warszawa, Kat. Chem. Anal. Politechniki; pol.) — 1. vgl. C. **1967,** 25-1776. — Die Metallionen werden mit Isoamylacetat aus 7n HCl extrahiert. Fe, Mo u. Ga werden mit 3n HCl reextrahiert. Au u. Tl werden mit W. reextrahiert. Mo wird mittels Kationenaustauscher vom Fe u. Ga getrennt u. nach Extraktion mit Isoamylalkohol als Thiocyanat unter Verw. von $SnCl_2$ als Red.-Mittel bestimmt. Fe wird durch Fällung mit NaOH auf Ga-Träger vom Ga getrennt u. nach Extraktion mit Hexon als Thiocyanat bestimmt. Die Ga-Best. erfolgt nach Extraktion mit Bzl. als Rhodamin-B-Komplex. Au wird als Metall auf Te-Träger ausgefällt, in Königswasser gelöst u. nach Extraktion mit Toluol als Rhodamin-B-Komplex bestimmt. Tl wird im Filtrat als Dithizonat in $CHCl_3$ bestimmt.
I. Degen G 296

1543 **Titrimetrische Bestimmung von Thallium.** O. C. Saxena. (Mikrochim. Acta [Wien] **1968,** 4, 719—21; Chem. Labor., Univ., Allahabad, India; engl.) — Zur Best. von Tl(I) wird dessen Sulfatlsg. in alkal. Medium mit D-Glucose oder D-Fructose red., das metall. Tl abfiltriert, der Nd. im Überschuß an Fe(III)-Ammoniumsulfatlsg. ox. u. das gebildete Fe(II) mit $Ce(SO_4)_2$-Lsg. gegen N-Phenylanthranilsäure titriert. Alkali- u. Erdalkalimetalle sowie Cd, Zn, Co u. Zr stören, Pb(II) u. Th dagegen nicht.
K. Henning G 297

1544 **Photometrische Bestimmung von dreiwertigem Gallium, Indium und Thallium mit Xylenolorange.** Chandra D. Dwivedi und Arun K. Dey. (Mikrochim. Acta [Wien] **1968,** 4, 708—11; Chem. Labor., Univ., Allahabad, India; engl.) — Xylenolorange bildet mit Ga(III), In(III) u. Tl(III) in wss. Lsg. bei pH 4 ± 0,2 1 : 1-Komplexe, die zur Extinktionsmessung bei 560 nm für Ga u. In u. bei 590 nm für Tl herangezogen werden können. Bei 5fachem Reagenzzusatz ist die Farbbldg. nach 30 Min. abgeschlossen u. bleibt dann für 48 Std. stabil. Das Beersche Gesetz ist erfüllt im Bereich von 0,13 bis 2,80, 0,23—9,20 bzw. 0,32—4,16 ppm, die Empfindlichkeit nach Sandell beträgt 0,046, 0,046 bzw. 0,051 u. der molare Extinktionskoeff. 16500, 18000 bzw. 17500 für Ga, In bzw. Tl.
K. Henning G 297

1545 **Potentiometrische Bestimmung von Seltenerdmetallen mit Natriumwolframat.** G. C. Shivahare und R. C. Verma. (Z. analyt. Chem. **227** (1967) 4, 279—80; Dep. of Chem., Univ. of Jodhpur, Indien; engl.) — Bei der Fällungstitration (pH > 6,4) von *La, Pr, Nd* u. *Sm* mit WO_4^{2-} wird zur Endpunktsbest. die Glaselektrode benutzt. Ebenso ist umgekehrt WO_4^{2-} mit Sm-Lsg. titrierbar. Der Fehler der Sm-Best. ist < 0,4%.
G. Wünsch G 303

1546 **Konduktometrische Bestimmung von Gadolinium als Molybdat.** Kashi Prasad Srivastava. (J. Indian chem. Soc. **44** (1967) 1, 42—46; Birla Inst. of Technol. and Sci., Pilani, Rajastan; engl.) — Bei der konduktometr. Titration von $Gd(NO_3)_3$ mit Na_2MoO_4 wurden scharfe Knickpunkte [Bldg. von $Gd_2(MoO_4)_3$] erhalten. Bei Titration von MoO_4^{2-} mit $Gd(NO_3)_3$ trat der Knickpunkt [vermutlich durch Absorption von MoO_4^{2-} an $Gd_2(MoO_4)_3$] zu früh auf. Dieser Fehler konnte durch Zusatz von 2,5—5,0% A. vermieden werden.
I. Degen G 310

1547 **Polarographische Bestimmung von Titan in Aluminium mit KSCN als Leitsalz.** Hiroko Kaneko und Keiji Kaneko. (Japan Analyst **16** (1967) 10, 1078—82; Tokyo, Chiyoda-ku, Agency of Ind. Sci. and Technol., Electrotechn. Labor.; jap., Auszug: engl.) — Die 0,2 bis 2,0 mMol Ti enthaltende Lsg. wird bis zu einer Endkonz. von 1,0m mit KSCN versetzt u. mit H_2SO_4 oder KOH-Lsg. auf pH 0,5—1,5 eingestellt. Das Halbstufenpotential (— 0,31 V gegen SCE bei pH 1) des Ti stimmt mit seinem Spitzenpotential überein. Im Konz.-Bereich 0,2 bis 2,0 mMol besteht eine lineare Abhängigkeit. Die Best. wird durch Cu, Wolframat, Stannat, Phosphat, Oxalat, Citrat, Tartrat, Fluorid usw. gestört. Das Verf. wurde zur Best. von < 0,1 % Ti in Al-Leg. benutzt. Variations-

koeff. der Meth. ist für Gleichstrompolarographie 2,6%, für Wechselstrompolarographie 1,2%.
I. Degen G 321

1548 **Sehr genaue coulometrische Analysen von nuklearem Material bei konstantem Strom.** 2. Mitt. **Bestimmung von Thorium.** G. C. Goode und W. T. Jones. (Analytica chim. Acta [Amsterdam] **38** (1967) 3, 363—68; Atomic Weapons Res. Establ., Aldermaston, Berks.; engl.) — 1. vgl. C. **1968,** 36-1945. — Th wird in mit Na-Acetat gepufferter Lsg. (pH 4,5) mit elektrolyt. aus dem Hg–EDTA-Komplex erzeugtem EDTA unter Verw. von zwei polarisierten Hg-Elektroden zur Endpunktsbest. bei konst. Strom titriert. 30 μg bis 30 mg können mit einer relativen Standardabweichung von 0,3—0,02% bestimmt werden. Die Meth. eignet sich zur Analyse von durch Zonenschmelzen gereinigtem Th.
W. Grimmich G 324

1549 **Anwendung der Adsorptions-Komplexbildungs-Methode für die Extraktion von Germanium aus verdünnten Lösungen.** E. A. Kogan und D. Ja. Evdokimov. (Ukrainskij chim. Ž. **34** (1968) 10, 1089—91; Odesskij ėlektrotechn. inst. svjazi; russ.) — Als Adsorbent u. Trägermittel wurde eine aktivierte Birkenholzkohle (HK) verwendet; diese wurde vorher mit HNO_3 behandelt u. nach dem Spülen mit W. bei 800° geglüht. Für die Tränkung der HK wurden verwendet: *Oxalsäure, Dithizon, Trilon B, α-Nitroso-β-naphthol; Phenylfluoron, Tannin* (**I**), *8-Hydroxychinolin* (**III**), *Eisenoxidhydrat* (**II**), *Citronensäure* (**IV**) u. *Weinsäure* (**V**). **I**—**V** erhöhen die Sorptionsfähigkeit der HK bez. des Ge; Ge wird gut bei pH $\leqq 3$ auf HK adsorbiert, die mit **IV** u. **V** behandelt wurde. Bei pH 7,65 adsorbiert mit **II** behandelte HK gut. Die Desorption des Ge wird mit W., besser jedoch mit 1%ig. KOH vorgenommen.
E. Pfluger G 326

1550 **Amperometrische Titration von Blei, Cadmium und Zink in Propanol-(2) mit 1.2-Cyclohexandinitrilotetraessigsäure.** Paul Arthur und Brenda R. Hunt. (Analytic. Chem. **39** (1967) 1, 95—97; Dep. of Chem., Okla. State Univ., Stillwater, Okla.; engl.) — Cd, Pb u. Zn werden als Nitrate in Äthanolamin (**I**) enthaltendem Propanol-(2) gelöst u. mit 0,1m CDTA-Lsg. in 95%ig. A., der 0,33m an **I** ist, titriert. Der Leitelektrolyt besteht aus 0,01m $LiNO_3$-Lsg.; höhere Geh. stören. Die Cd- u. Zn-Lsg. waren 1,5m an **I**, Pb dagegen 2,0m. Die Metallsg. werden in wss. Lsg. mit EDTA amperometr. eingestellt. Die Halbstufenpotentiale betragen für Pb u. Cd — 0,39 bzw. — 0,63 V. Das für Zn liegt bei ca 1 V. Gemessen wird bei — 0,90 V für Pb u. Cd sowie — 1,2 V beim Zn gegen acetongesätt. Kalomelelektrode.
K. Henning G 328

1551 **Bestimmung des Niobs mit PAN nach Extraktion mit N-Benzylanilin.** E. Gagliardi und E. Wolf. (Mikrochim. Acta [Wien] **1967,** 1, 104—15; Inst. für anorgan. u. analyt. Chem. der Univ. Graz; dt.) — Die photometr. Best. des Nb mit 1-(2-Pyridylazo)-2-naphthol als Komplexbildner wird beschrieben. Der rotviolette Komplex des Nb bildet sich in der Wärme bei pH 2. Ta gibt unter diesen Bedingungen kein Chelat. Nb wird mit N-Benzylanilin–$CHCl_3$ in H_2SO_4-Lsg. extrahiert u. im organ. Lsgm. der Nb–PAN-Komplex gemessen (Fehlergrenze ± 1,5%). Es wird eine Vorschrift zur Best. des Nb in Stahl angegeben.
R. Stolz G 331

1552 **Extraktionsphotometrische Bestimmung von Niob als ternärer Komplex mit Brenzcatechin und Tribenzylamin.** G. Ja. Jagnjatinskaja und V. A. Nazarenko. (Zav. Labor. **34** (1968) 9, 1047—49; Inst. obšč. i neorg. chim. AN USSR; russ.) — Aus saurer Lsg., die Brenzcatechin (**I**) enthält, wird Nb mit einer Lsg. aus Tribenzylamin (**II**) u. $CHCl_3$ als tern. Komplex mit einem Komponentenverhältnis Nb : **I** : **II** = 1 : 2 : 1 extrahiert. Die optimale Acidität liegt bei pH 4,5 u. 1,5—3m HCl; λ_{max} 330—360 nm. Das Verf. eignet sich für die Nb-Best. in Erzen, die $5 \cdot 10^{-4}$% u. mehr Nb enthalten. Vf. bringen den Analysengang u. in graph. Darst. die Einfl.-Faktoren Acidität u. Konz. auf die Extinktion u. abs. Best.-Werte in Erzen.
E. Pfluger G 331

1553 **Bestimmung von Niob in Metallen und Legierungen.** A. I. Williams. (Analyst **92** (1967) 1090, 43—46; Nat. Phys. Labor., Teddington, Middlesex; engl.) — Zur Best. von Nb wird von einer Lsg. in H_2F_2 u. HNO_3 ausgegangen. Nb wird von den übrigen Elementen durch Absorption an einem Dowex-I-Anionenaustauscherharz abgetrennt. Mit einem Gemisch HNO_3/H_2F_2 kann Nb eluiert werden, Ta bleibt auf dem Austauscherharz. Nb^{5+} kann dann durch photometr. Messung des blauen Brompyrogallolrotkomplexes bestimmt werden.
F. Vier G 331

1554 **Spektrophotometrische Bestimmung von Nickel, Kobalt, Kupfer, Eisen und Zink in Niob.** O. Grossmann und H. Grosse-Ruyken. (Z. analyt. Chem. **233** (1968) 1, 14—20; Inst. für Metallphys. u. Reinstmetalle, DAW zu Berlin, Dresden; dt.) — Ni-, Co-, Cu-, Fe- u. Zn-Spuren werden als Diäthyldithiocarbamidkomplexe durch Extraktion von Nb abgetrennt. Anschließend trennt man diese Elemente durch Anionenaustauschchromatographie voneinander u. bestimmt sie in den einzelnen Fraktionen photometrisch. Die Nachw.-Grenzen liegen für 0,5-g-Einwaagen bei 0,3 ppm Ni, 0,1 ppm Co, 0,3 ppm Cu, 0,3 ppm Fe u. 0,3 ppm Zn. Die Variationskoeff. der Best. schwanken in Abhängigkeit vom Spurengeh. bei den verschiedenen Elementen zwischen 4 u. 24%.
H.-D. Schenke G 331

1555 **Bestimmung von Zinn, Cadmium, Wismut, Antimon, Arsen und Blei in Gegenwart großer Mengen Zink.** A. L. Beloglazova, V. K. Krupnov und F. Z. Safaeva. (Zav. Labor. **34** (1968) 9, 1057—58; Kazanskij gos. univ.; russ.) — Das Verf. beruht auf der Trennung der vorst. Metalle vom Zn durch Fällung mit Diäthyldithiophosphorsäure (**I**), Extraktion der Nd. mit CCl_4 u. spektralanalyt. Best. nach dem Verdampfen des organ. Lösungsmittels. Die Empfindlichkeit der Best. liegt bei $4{,}5 \cdot 10^{-4}$ bis $5{,}4 \cdot 10^{-6}$ g-Ion/l.
E. Pfluger G 334

1556 **Schnelle Trennung von $^{90}Sr/^{90}Y$ und $^{212}Pb/^{212}Bi$ durch Dünnschichtelektrophorese auf kurzen Chromatographiestreifen.** Itsuhiko Mori. (Japan Analyst **16** (1967) 12, 1320—24; Kobe-shi, Higashinada-ku, Coll. of Pharm., Dep. of Pharmaceut. Radio-Chem.; jap., Auszug: engl.) — Die Elektrophorese wird 5 Min. lang bei 300 V/5 cm auf Chromatographiestreifen (5 × 2 cm Silicagel, Tokyo Filterpaper Co.) unter Verw. von 0,15m Citronensäurelsg. als Elektrolyten durchgeführt. ^{90}Sr u. ^{90}Y wurden mit Na-Rhodizonat u. durch Autoradiographie, ^{212}Pb u. ^{212}Bi durch Extraktion mit Dithizon/$CHCl_3$ u. anschließende Aktivitätsmessung mit einem 2-π-Durchflußzähler identifiziert.
I. Degen G 334

1557 **Bestimmung von Chromspuren durch Square-Wave-Polarographie.** Kazuyoshi Hagiwara. (Japan Analyst **16** (1967) 11, 1219—24; Osaka, Ikeda-shi, Midorigaoka, Government Ind. Res. Inst., Osaka; jap., Auszug: engl.) — Die Cr(III) enthaltende Probelsg. wird bei pH 3—4 auf dem sd. W.-Bad mit Cd–EDTA erhitzt. Nach 45 Min. ist die Rk. quant. abgelaufen. Die Cd^{2+}-Konz. der Lsg. wird bei pH > 4, bei dem die Abhängigkeit der Cd-Stufenhöhe vom pH vernachlässigt werden kann, polarograph. bestimmt. Im Konz.-Bereich $5 \cdot 10^{-6}$ bis $3 \cdot 10^{-5}$ Mol Cr(III)/l ist die Abhängigkeit der Cr-Konz. von der Cd-Stufenhöhe linear. Die Best. wird von vielen Metallionen mit Ausnahme der Erdalkalimetalle, Mn u. Co gestört. Die Störung der Meth. durch Mo kann durch Zusatz von Mannit verhindert werden. Fe u. Al können durch Extraktion mit Acetylaceton/$CHCl_3$ entfernt werden.
I. Degen G 335

1558 **Potentiometrische Bestimmung von Kaliumaquotrihydroxotetracyanomolybdat und Bestimmung des Standardpotentials.** M. Aijaz Beg, A. A. Khan und Kabir-ud-Din. (J. electroanalyt. Chem. Interfacial Electrochem. [Lausanne] **18** (1968) 1/2, 187—91; Dep. of Chem., Alifarh Muslim Univ., Aligarh, Indien; engl.) — Best. von K-Aquotrihydroxotetracyanomolybdat durch potentiometr. Titration mit alkal. $K_3[Fe(CN)_6]$-Lsg. (**I**) u. saurer $KMnO_4$-Lsg. (**II**) u. Best. des Standardpotentials E^0 in Abhängigkeit von der KOH-Konz. bei der Titration mit **I** im Bereich 0,1—5,0m u. von der Temp. im Bereich 303—333 °K.
K.-H. Bielicki G 336

1559 **Elektrodenreaktionen von Wolframationen in Gegenwart von Kohlenmonoxid.** Paul Stonehart. (Analytica chim. Acta [Amsterdam] **37** (1967) 1, 127–34; Stanford, Conn., Amer. Cyanamid Co., Stanford Res. Labor.; engl.) — Zur Unters. der elektrochem. WO_4^{2-}-Red. wurden in 1 m H_3PO_4 cycl. voltammetr. Kurven an Pt-, Rh- u. Hg-Elektroden aufgenommen (Schaltbild). Es zeigte sich, daß unter den vorliegenden Bedingungen die Rk. $WO_4^{2-} + e^- \rightleftharpoons WO_4^{3-}$ reversibel verläuft. Aus der Änderung des Abstandes von kathod. u. anod. Peak als Funktion der Potentialabtastgeschw. wurde die spezif. Geschw.-Konst. an Pt zu $1,2 \cdot 10^{-2}$, an Rh zu $7,0 \cdot 10^{-3}$ u. an Hg zu $6,5 \cdot 10^{-4}$ cm/s bestimmt. In Ggw. von CO wird die H_2-Entw. blockiert, während der Elektronendurchtritt für die WO_4^{2-}-Red. unbehindert verläuft. Dieses wird als Kriterium für einen Oberflächendissoziations- oder Rekombinationsschritt vorgeschlagen. Zur quant. WO_4^{2-}-Best. kann entweder bei rotierender Pt- oder Rh-Elektrode der Diffusionsstrom oder bei konst. Potentialabtastgeschw. die Höhe des Red.-Peaks benutzt werden. C. Herold G 337

1560 **Chromatographische Trennung von Ga, In, Zr und U.** S. S. Gupta und D. Mukerjee. (Z. analyt. Chem. **226** (1967) 2, 201–02; Inorg. Chem. Labor., Lucknow Univ., Lucknow; engl.) — Die Komplexe des Ga^{3+}, In^{3+}, Zr^{4+} u. UO_2^{2+} mit Mandelsäure (I) wurden an mit 0,05 m I getränktem Papier (Whatman No. 1) getrennt. Laufmittel war n-Butanol. UO_2^{2+} wurde mit $K_4[Fe(CN)_6]$-Lsg., Ga^{3+} mit Alizarin (II) u. NH_3, In^{3+} mit II u. Zr^{4+} mit II u. 6 n HCl entwickelt. (R_F-Werte: Ga^{3+} 1,0; In^{3+} 0,5; Zr^{4+} 0,31; UO_2^{2+} 0,20). R. Dörfeld G 339

1561 **Reinheitskontrolle von Uran durch Neutronenaktivierungsanalyse. 2. Mitt. Bestimmung von Mangan, Nickel und Kupfer.** A. A. Abdel-Rassoul und S. S. Wahba. (Talanta [London] **14** (1967) 9, 1061–67; Cairo, Atomic Energy Establ., Nucl. Chem. Dep.; engl.) — 1. vgl. ibid. **13** (1966) 3, 381. — Mn, Ni u. Cu werden gleichzeitig in metall. U, U-Konzentraten, Oxid, Acetat, Nitrat u. Na-Uranat aktivierungsanalyt. bestimmt. U wird papierchromatograph. abgetrennt. Die Proben werden 10–15 Min. im Reaktor mit einem Fluß von $5 \cdot 10^{11} n \cdot cm^{-2} \cdot s^{-1}$ bestrahlt. μg-Mengen der untersuchten Elemente konnten mit einer Genauigkeit von ±15% bestimmt werden. H. Glaser G 339

1562 **Voltammetrische Bestimmung von Neptunium an der glasartigen Kohlenstoffelektrode.** C. E. Plock. (J. electroanalyt. Chem. Interfacial Electrochem. [Lausanne] 18 (1968) 3, 289–93; Chem.-Phys. Res. and Dev. Anal. Dev. Group, Dow Chem. Co., Rocky Flats Div., Golden, Colo.; engl.) — Mit einer glasartigen C-Elektrode wurde Np unter Verw. des Paares Np(V)–Np(VI) im Konz.-Bereich $2,25 \cdot 10^{-4}$ bis $2,25 \cdot 10^{-3}$m in 1,0m $HClO_4$ bestimmt. Die Elektrodenrk. waren in HNO_3, $HClO_4$ u. H_2SO_4, aber nicht in H_3PO_4, reversibel. Unters. des Einfl. verschiedener Ionen auf die Np-Best. zeigten, daß Ce^{4+}, $Cr_2O_7^{2-}$ u. MnO_4^- die Ox. von Np(V) u. $Cr_2O_7^{2-}$, MnO_4^- u. Cl^- die Red. von Np(VI) stören, während Ag^+, Ce^{4+}, Co^{2+}, Fe^{3+}, Hg^{2+}, Ni^{2+} u. Pb^{2+} nicht stören. K.-H. Bielicki G 342

1563 **Trennung von Americium und Curium von Seltenerdmetallträgern durch Ionenfokussierungselektrophorese.** H. Y. Gee, A. H. Heimbuch und M. W. Nathans. (Analytic. Chem. **39** (1967) 1, 98–100; Tracerlab, Div. of LFL, Inc., Richmond, Calif.; engl.) — Am u. Cm werden vom La-Träger getrennt. Dazu wird die Probe mit einem Geh. $\leqq$0,5m La mit ^{144}Ce als Leitisotop u. den Actiniden mit NH_3-Lsg. gefällt, der Nd. gewaschen u. in ca. 30 μl Pufferligandenlsg. gelöst. Die Anodenlsg. besteht aus 0,2n $HClO_4$, die Kathodenlsg. aus 0,15m Diammoniumtrinitrilotriacetat-, 0,2m CH_3COONH_4- u. 0,16m CH_2Cl–$CONH_4$-Lsg. bei pH 5,0. Angelegt werden 20 mA u. 400 V, die während einer 25 Min. langen Wanderung auf 10 mA abfallen. Eine Änderung des pH von 4,5–6,0 im Kathodenraum hat keinen Einfl. auf die Wanderung. Allerdings muß der Anodenraum mindestens 0,2n an $HClO_4$ sein. Die durchschnittliche Ausb. beträgt bei einer Trennung 77%. Die Analyse der Zellen u. der Lsg. nach einem „high level run" ergab bei einem Trägergeh. von 0,3 mg eine Trennung von $2 \cdot 10^6$cpm ^{144}Ce u. $1 \cdot 10^5$cpm ^{241}Am. K. Henning G 345

1564 **Verwendung von Thenoyltrifluoraceton (TTA) zur Bestimmung von Mangan durch Aktivierungsanalyse.** František Kukula, Blažena Mudrová und Miloslav Křivánek. (Talanta [London] **14** (1967) **2**, **233–37**; Nucl. Res. Inst., Czechoslovak Acad. of Sci., Řež by Prague; engl.) — Ein Verf. zur substöchiometr. Extraktion von Mn(II) durch TTA in Essigester wurde entwickelt u. bei der Aktivierungsanalyse verwendet. Die Extraktionskonst. beträgt $3,1 \cdot 10^{-6}$. Die Extraktion wurde im Bereich 7,8–9,2 vorgenommen. Der Einfl. von Citrat (I), Oxalat (II), Tartrat (III), CN^- (IV) u. F^- (V) auf die Extraktion wurde untersucht. Ein Fehler von 1% wird durch Mengen von 75 mg I, 200 mg II, 650 mg III, 160 mg IV u. >5000 mg V hervorgerufen. Mit III u. V als Maskierungsmittel läßt sich Mn selektiv substöchiometr. in Ggw. von Zr, Hf, Nb, Th, Fe, Sc u. Sb bei pH 8–8,5 extrahieren. Cu u. Co können durch NH_4^+ bzw. IV maskiert werden. Die Meth. wurde zur Best. von Mn in biolog. Materialien, KF u. Zr verwendet. Zur Auswertung wird das γ-Spektrum des TTA–Mn-Extraktes herangezogen. E. Schrage G 350

1565 **Spektrophotometrische Bestimmung von Spuren Rhenium.** Maria Basińska und Władysław Rutkowski. (Chem. analit. [Warszawa] **13** (1968) 4, 799 bis 807; Warszawa, Zakł. Chem. Anal. Inst. Badań Jądrowych; pol.) — Re wird nach Abtrennung störender Elemente als $[ReO(CNS)_4]^-$ mit Diisopropyläther extrahiert u. durch Extinktionsmessung bei 435 nm bestimmt. Zur Abtrennung störender Elemente schlagen Vf. verschiedene Meth. vor. 1. Auflösen der Probe in HNO_3 u. $CHCl_3$-Extraktion des Re-Tetraphenylarsoniumchlorid-Komplexes. Ag, Co, Cu, Mo, Nb, Ti u. W stören nicht. Das Verf. ist jedoch mit beträchtlichen Re-Verlusten verbunden. 2. Erhitzen mit CaO u. $KMnO_4$ auf 600°. Der Re-Verlust beträgt 17–33%. In Ggw. größerer Mengen Mo muß Re zusätzlich nach Meth. 1 extrahiert werden. 3. W.-Dampfdest. des Re_2O_7 bei 280±10° unter vermindertem Druck aus H_2SO_4. Bei Anwendung von Meth. 3 ist die Genauigkeit des Verf. bei Best. von ca. 5,5 ppm Re in Cu-Konzentraten ±12,8%. I. Degen G 352

1566 **Bestimmung von Rhenium in Rhenium–Wolfram-Legierungen.** Teiji Ôkubo und Masuo Kojima. (Japan Analyst **16** (1967) 10, 1082–84; Tokyo, Shibuya-ku, Tokyo, Governm. Chem. Ind. Res. Inst.; jap., Auszug: engl.) — Die Probe wird mit Na_2CO_3/KNO_3 geschmolzen u. in W. gelöst. Ein Teil der verd. Lsg., der ca. 0,1–2,0 mg Re enthält, wird nach Zusatz von 0,2 g Harnstoff, 10 ml 50%ig. Citronensäurelsg., 25 ml konz. HCl, 12 ml 5%ig. Thioharnstofflsg. u. 6 ml 1m-$SnCl_2$-Lsg. in 4m HCl mit W. auf 100 ml aufgefüllt. Nach 50 Min. wird die Extinktion der Lsg. bei 380 nm gemessen. I. Degen G 352

1567 **Trennung von Tantal, Wolfram und Rhenium durch Mitfällung mit Eisenhydroxid.** A. I. Novikov und G. K. Rjazanova. (Radiochimija **10** (1968) 3, 369–71; russ.) — Unter Verw. der Nuklide ^{182}Ta, ^{185}W u. ^{186}Re wurden die Trennung u. die Mitfällung von Ta, W u. Re mit Fe(III)-Oxidhydrat in Abhängigkeit vom pH-Wert untersucht. Ta wird im pH-Bereich 5–13, W im pH-Intervall 5–8 mitgefällt; Re wird im pH-Bereich 4–14 nicht mitgefällt. Zur angesäuerten Ausgangslsg. der 3 Elemente werden NH_4Cl (1 Mol/l) u. 5 mg Fe zugegeben, Fe wird mit Ammoniak oder Py. bei pH 5–8 bzw. pH 6,5 gefällt. Ta u. W werden mitgefällt. Nach dem Zentrifugieren wird der Nd. in 1 n HCl gelöst u. die Lsg. zu konz. Ammoniak gegeben. Mit dem Nd. wird Ta mitgefällt. Nach dem Zentrifugieren u. dem Auflösen des Nd. kann Ta durch Extraktion mit Isoamylacetat von Fe getrennt werden. G. Ewald G 352

1568 **Abtrennung und gravimetrische Bestimmung von Eisen mit Oximidobenzotetronsäure.** G. S. Manku, A. N.

Bhat und B. D. Jain. (Proc. Indian Acad. Sci., Sect. A **68** (1968) 2, 88—92; Dep. of Chem., Univ. of Delhi, Delhi, India; engl.) — Oximidobenzotetronsäure (I) bildet mit Fe(II) bei pH 0,8—9,0 einen tiefblauen Komplex, der in 5%ig. A. oder 2n Mineralsäure (jeweils 10% NH_4NO_3 enthaltend) schwerlösl. ist. Bei der gravimetr. Best. wird **I** langsam unter Rühren bei pH 1,7 zu der Analysenlsg. gegeben, die 10—45 mg Fe_2O_3 u. 5 g NH_4NO_3 pro 100 ml W. enthalten darf, bis ein Verhältnis von 10 mg I/mg Fe_2O_3 erreicht ist. Nach 1 Std. kann der Nd. abfiltriert werden. Co(II), V(V), Ce(IV), Ce(III) u. EDTA stören die Fällung, während die Störung durch Cu(II), Bi(III), Sn(II) u. W(VI) durch Maskieren mit Weinsäure beseitigt werden kann.
P. Wild G 354

1569 **Ringtest auf Eisen(II)-ionen.** M. H. Hashmi, Abdur Rashid und Fazal-ur-Rheman Malik. (Mikrochim. Acta [Wien] **1968**, 4, 705—07; West Reg. Labor., Pakistan Council of Sci. and Ind. Res., Lahore, West Pakistan; engl.) — Überschichtet man eine wss. 1%ig. Lsg. von Pantothensäure u. Ascorbinsäure in Ggw. von Fe(II)-Ionen mit A., so entsteht an der Berührungsstelle der beiden fl. Phasen ein blauer Ring, der für Fe(II) charakterist. ist. Die Nachw.-Grenze liegt bei 25 μg Fe(II)/ml. Für Störionen wird die maximal tolerierbare Menge angegeben. K. Henning G 354

1570 **Extraktive Titration von Eisen(III) mit Cupferron unter Verwendung von Tiron als Indikator.** Yoshimi Sasaki. (Japan Analyst **16** (1967) 11, 1199—1203; Fukui-ken, Sabae-shi, Fukui Techn. Coll.; jap., Auszug: engl.) — Fe(III) wird in wss. Lsg. bei pH 3 mit wss. Cupferron-Standardlsg. in Ggw. von Tiron u. $CHCl_3$ titriert. Während der Titration wird 2—3mal nach jeweils 1 Min. langem Stehen das $CHCl_3$, das das Fe(III)-Cupferronat enthält, abgelassen. Der Einfl. von anderen Metallen auf das Verf. wurde durch Best. von Fe in Steinsalz, HCl, Kalidüngern u. Kalkstein untersucht.
I. Degen G 354

1571 **Quantitative Dünnschichtchromatographie. 4. Mitt. Spektralphotometrische Bestimmung des Kobalts mit MDCM nach Abtrennung von Metallen der 3. Gruppe.** E. Gagliardi und G. Pokorny. (Mikrochim. Acta [Wien] **1967**, 3, 550—54; Inst. für anorgan. u. analyt. Chem., Univ., Graz; dt.) — 3. vgl. C. **1969, 11-1779**. — Co wird von TiO^{2+}, Mn^{2+}, Fe^{3+}, Ni^{2+}, UO_2^{2+}, Al^{3+}, Zn^{2+} u. ZrO^{2+} an Cellulosepulver mit Aceton/MIBK/6n HCl-Lsg. (50 : 25 : 25) getrennt. Al, Zn u. Zr können durch Besprühen mit 8-Hydroxychinolin-, die übrigen mit MDCM-Lsg. nachgewiesen werden. Zur Best. wird die Co-Zone mit 0,1n HCl-Lsg. eluiert. Das Eluat wird mit MDCM-Lsg. versetzt u. mit $CHCl_3$ extrahiert. Die $CHCl_3$-Schicht wird bei 645 nm photometriert.
W. Grimmich G 355

1572 **Dünnschichtchromatographische Trennung von cis-trans-Isomeren des Tris-(glycinato)-kobalts(III).** F. Jursik. (J. Chromatogr. [Amsterdam] **35** (1968) 1, 126—28; Dep. of Inorg. Chem., Inst. of Chem. Technol., Prague; engl.) — Bis-(glycinato)-kobalt(II) (**I**) u. die cis- (**II**) u. trans-Isomeren (**III**) des Tris-(glycinato)-kobalts(III) werden auf gepufferten (pH 4,10—9,91) Celluloseschichten mit A./W. (60 : 40, v/v) oder Isopropanol/W. (60 : 40, v/v) als bewegliche Phasen getrennt. **I** bleibt auf der Startlinie, **III** hat einen R_F-Wert von ca. 0,40 u. der von **II** richtet sich nach dem verwendeten Lsgm. u. dem pH-Wert. Die Flecken werden mit Na_2S sichtbar gemacht. H.-D. Schenke G 355

1573 **Abtrennung geringer Mengen Zinn aus hochreinem Nickel mit Amberlite LA-2 und deren Bestimmung mit Phenylfluoron.** Andreas Hofer. (Z. analyt. Chem. **240** (1968) 4, 229—32; Österr. Stickstoffwerke Akt.-Ges., Linz; dt.) — Sn(IV) wird aus 6n HCl mit dem fl. Ionenaustauscher Amberlite LA-2 (10%ig. Lsg. in Xylol) selektiv extrahiert u. von großen Mengen Ni getrennt. Zur Entfernung mitextrahierter Spuren Pb wird die organ. Phase mit 6n HCl gewaschen. Das Sn(IV) wird durch dreimaliges Schütteln des Extraktes mit 0,5n-HNO_3 in die wss. Phase übergeführt u. nach Zers. von Resten organ. Substanz mit Phenylfluoron photometr. bestimmt. 0,001—0,005% Sn in Ni sind erfaßbar.
G. Wünsch G 356

1574 **Potentiometrische Titration von Bi, Cu, Cr und V mit Eisen(II)-sulfat in alkalischer Glycerinlösung.** P. Blanický, J. Doležal und J. Zýka. (Z. analyt. Chem. **240** (1968) 4, 233—35; Dep. of Analyt. Chem., Charles Univ., Prague; engl.) — Bi(III), Cu(II), V(V) u. Cr(VI) sind in wss. Lsg., welche 0,5—2,5m an Glycerin u. 0,1—2m an KOH ist, mit wss. Fe(II)-Lsg. potentiometr. titrierbar. Zur Anzeige dient eine Pt/SCE-Kette. Die Ionen werden zu Bi, Cu(I) u. Cu, V(IV) u. Cr(III) reduziert. Die Fehler liegen unter 1,5%. Al(III), Ni(II), Cd(II), Zn(II), Fe(III) u. Cr(III) in 5fachem Überschuß sowie Cl^-, SO_4^{2-} u. NO_3^- stören nicht. Ag(I), Au(III), Bi(III), Cu(II), Hg(II) u. Pd(II) werden durch den Fe(II)-Glycerin-Komplex zum Metall red. u. hierdurch nachgewiesen. G. Wünsch G 358

1575 **Katalytische Bestimmung von Ultramikromengen Silber in hochreinem Zink und Cadmium.** P. R. Bontchev und A. A. Alexiev. (Mikrochim. Acta [Wien] **1968**, 4, 875—82; Dep. of Anal. Chem., Sofia, Univ., Sofia; engl.) — Zur Best. werden 2 g Cd oder 1,2 g Zn in wenig konz. HNO_3 gelöst, zur Trockne eingeengt u. mit W. auf 25 ml verd. (pH 2). Anschließend werden 5 ml dieser Lsg., 8 ml 0,023m $Ce(SO_4)_2$-Lsg. u. verd. HCl getrennt für sich 15 Min. lang auf $30 \pm 1°$ temperiert. Die verd. HCl muß so gewählt werden, daß das Endvol. von 25 ml 3,4m ist. Nach dem Vermischen wird von der 21. Min. an die Extinktion (E) bei 420 nm gemessen, 1/E gegen c_{Ag^+} aufgetragen u. der Geh. einer Eichkurve entnommen. Die Empfindlichkeit liegt bei $5 \cdot 10^{-6}$%, der relative Fehler beträgt im Vertrauensbereich von 95% ± 13%. 5 μg Cu(II) u. Mn(II), 50 μg Te(IV), Pt(IV), Au(III), Os(VIII) u. Pb(II) u. 500 μg Hg(II) u. Fe(III) stören. K. Henning G 359

1576 **Substöchiometrische Bestimmung von Goldspuren durch Radioisotopenverdünnungsanalyse.** D. A. Beardsley, G. B. Briscoe, J. Růžička und M. Williams. (Talanta [London] **14** (1967) 8, 879—86; Dep. of Chem., Univ. of Aston in Birmingham, Birmingham; engl.) — Die beschriebene Verdünnungsmeth. mit radioakt. Isotopen zur Best. von Au-Spuren beruht auf der Extraktion des Au als Diäthyldithiocarbamat aus 0,5n H_2SO_4-Lsg., die Ascorbinsäure enthält, mit Hilfe einer substöchiometr. Menge von Zn-Diäthyldithiocarbamat in $CHCl_3$. Die Abtrennung wurde auf die Analyse von Au-dotiertem Halbleiter-Si u. von Au-haltigen Erzen angewendet. Bis herab zu $5 \cdot 10^{-7}$g Au/20 ml Probelsg. können bestimmt werden.
Gerhard Schulze G 360

1577 **Konzentrierung von Platinmetallen mit Hilfe von Ionenaustauschern.** N. P. Strel'nikova, S. E. Kašlinskaja, I. I. Litvinskaja und N. A. Rylova. (Zav. Labor. **34** (1968) 8, 926—28; Noril'skij gornometalurg. komb.; russ.) — Die Verw. von Ionenaustauscherharzen erlaubt eine Trennung der Pt-Metalle (**A**) von Cu, Ni, Co u. Fe. Die Anreicherung der **A** erfolgt mit dem Anionenaustauscher ÈDÈ-10P (**B**) bei pH 1,5—2 in 1n HCl. Ru wird nur zu 70% adsorbiert. Die **A** des Konzentrates werden nach dem Extraktionsverf. getrennt. Die Reextraktion der **A** aus dem Harz wird mit konz. HNO_3 vorgenommen. Gebracht wird die Beschreibung des Anreicherungsverf. u. die Trennung der einzelnen **A** (Pt, Pd, Rh, Ir, Ru) u. abs. Best.-Ergebnisse. Nach dem vorgeschlagenen Verf. wurde die Best. der **A** in Anodennickel, Roh- u. Zementkupfer u. anderen Materialien durchgeführt. E. Pfluger G 362

1578 **Extraktiv-spektrophotometrische Bestimmung von Rh(III) in Gegenwart der Platinmetalle, Gold und Silber unter Anwendung von 1-(2-Pyridylazo)-2-naphthol (PAN).** A. I. Busev, V. G. Grössl und V. M. Ivanov. (Analyt. Letters **1** (1968) 4, 267—71; Moskau, Staatl. Univ.; dt.) — PAN bildet mit Rh(III) in 25—40%ig. wss. DMF-Lsg. bei pH 1,2—2,6 einen grünen Farbkomplex, der nach 35—40 Min. langem Erwärmen mit $CHCl_3$ extrahiert u. bei 600 u. 640 nm photometriert wird. Die Best. von 25—150 μg Rh(III) wird durch 1 mg Ir(III) oder Ir(IV), 200 μg Ru(IV), 400 μg Os(IV), 350 μg Pt(IV), 5 mg Ag(I) u. 100 μg Au(III) nicht gestört, größere Mengen Ag(I) bzw. Au(III) werden als AgCl bzw. als Au durch Red. mit Ascorbinsäure entfernt. Die sukzessive Best. von Pd(II) u. Rh(III) ist durch die unterschiedliche Bldg.-Geschw. der PAN-Komplexe möglich. Zur Best. von 50—500 μg Pd(II) wird die Lsg. 2—3mal je 3—4 Min. erwärmt, mit $CHCl_3$ extrahiert u. bei 670—690 nm photometriert. Zur Best. von 4 bis 100 μg Rh(III) wird 50 Min. lang erwärmt u. nur einmal extrahiert. Die Meth. wurde zur Analyse eines Rh-Konzentrates angewandt. P. Scharner G 364

1579 **Photometrische Bestimmung von Palladium mit Cromazurol S.** Yoshizo Horiuchi und Hiroshi Nishida. (Japan Analyst **16** (1967) 10, 1018—26; Ueda, Morioka-shi, Iwate Univ., Fac. of Engng., Dep. of Chem.; jap., Auszug: engl.) — Pd bildet in HCl/CH_3COONa-Pufferlsg. bei pH 5,8—6,7 in Ggw. von $3{,}54 \cdot 10^{-4}$Mol Chromazurol S (**I**), 0,16 Mol KNO_3 u. $3 \cdot 10^{-2}$Mol CH_3COONa (**II**)/l mit **I** ein wasserlösl. 1 : 2-Chelat, dessen Absorptionsmax. bei 610 nm liegt. Im Bereich von 0,116 bis 2,8 ppm Pd ist das Lambert-Beersche Gesetz erfüllt. Der molare Extinktionskoeff. ist bei 610 nm $4{,}34 \cdot 10^4$. Im Bereich unter $2{,}66 \cdot 10^{-4}$Mol **I**/l entsteht ein 1 : 1-Chelat. Die Empfindlichkeit der Meth. u. die Stabilität des Chelates können durch stark bas. Kationen u. überschüssiges KNO_3 gesteigert werden. In Ggw. von $5{,}44 \cdot 10^{-3}$Mol Zephiramin, $8{,}85 \cdot 10^{-5}$Mol **I** u. $3 \cdot 10^{-2}$Mol **II**/l u. pH 6,1 ist der molare Extinktionskoeff. bei 635 nm $1{,}17 \cdot 10^5$. I. Degen G 365

1580 **Extraktiv-photometrische Bestimmung von Palladium als Palladium–Thioxan-Chlorid.** Max Ziegler und Hartmut Schroeder. (Z. analyt. Chem. **226** (1967) 5, 405—08; Anorg. Chem. Inst. der Univ. Göttingen; dt.) — Von den Verb. [*Pd* · *Thioxan*$_2$ · *X*$_2$] (X = Cl, Br, J) eignet sich das Chlorid zur photometr. Best. von Pd bei 360 nm. Nach einmaliger Extraktion mit CH_2Cl_2 aus ca. 70%ig. HCl-Lsg. lassen sich 10—200 μg Pd neben größeren Mengen Rh^{3+} (Pd^{2+} : Rh^{3+} = 1 : 2000), Ir^{3+} (1 : 20), Ir^{4+} (1 : 300), Au^{3+} (1 : 350), Pt^{4+} (1 : 50), Co^{2+}, Ni^{2+}, Mn^{2+}, Zn^{2+}, Cd^{2+}, Pb^{2+}, Cu^{2+}, VO^{2+}, Al^{3+}, Fe^{3+}, Cr^{3+}, Bi^{3+} u. Zr^{4+} (1 : 10^5) selektiv bestimmen. P. Scharner G 365

1581 **Verwendung einer nichtabsorbierenden Bezugslinie bei der Simultanbestimmung von Platin, Rhodium, Palladium und Gold durch Atomabsorptionsspektroskopie.** P. B. Zeeman und J. A. Brink. (Analyst **93** (1968) 1107, 388—93; Merensky Inst. for Phys., Univ. of Stellenbosch, Stellenbosch, South Africa; engl.) — Mit Hilfe eines direktanzeigenden Spektrometers (Bausch u. Lomb, Typ 18000) u. einer Multielement-Hohlkathode werden unter Verw. der nichtabsorbierenden Pt-Linie bei 3042 Å Simultanbest. von Au (2428 Å), Pd (3404 Å), Pt (2659 Å) u. Rh (3434 Å) durchgeführt. Die Konz.-Bereiche der Eichkurven liegen für Pt, Rh u. Pd zwischen 0 u. 20 ppm u. für Au zwischen 0 u. 5 ppm. Die Nachw.-Grenzen betragen 0,1 ppm für Rh u. Pd, 0,5 ppm für Pt u. 0,01 ppm für Au. Gearbeitet wird mit einer Propan–Butan/Luft-Flamme. Das Verf. wird zur Best. der Edelmetalle in Erzen angewendet u. liefert zufriedenstellende Ergebnisse. H. Kuchenbecker G 368

1582 **Bestimmung von Gold, Platin, Palladium und Rhodium durch Atomabsorptionsspektrophotometrie unter Verwendung eines Ultraschallzerstäubers und einer Multielement-Hochintensitätshohlkathode mit selektiver Modulation.** H. C. van Rensburg und P. B. Zeeman. (Analytica chim. Acta [Amsterdam] **43** (1968) 2, 173—82; Dep. of Exp. Phys., Univ. of Stellenbosch, Stellenbosch, South Africa; engl.) — Vgl. vorst. Referat. — Durch Verw. einer Hochintensitätslampe mit selektiver Modulation u. eines 2-MHz-Ultraschallzerstäubers werden wesentlich bessere Nachw.-Grenzen erreicht als mit normalen Hohlkathoden u. pneumat. Zerstäubern. Es werden sowohl wss. als auch organ. Medien untersucht. Bei zahlreichen organ. Lsgm. ist die Zerstäubung unbefriedigend, die besten Ergebnisse werden mit 95%ig. Aceton erzielt. Für wss. Lsg. betragen die Nachw.-Grenzen 0,03 ppm Au (2428 Å), 0,02 ppm Pd (2448 Å), 0,3 ppm Pt (2659 Å) u. 0,09 ppm Rh (3435 Å); für 95%ig. Aceton 0,009 ppm Au, 0,012 ppm Pd, 0,2 ppm Pt u. 0,06 ppm Rh. Die ermittelten Werte beziehen sich auf die Verw. einer Propan–Butan/Luft-Flamme. H. Kuchenbecker G 368

1583 **Analyse dünner Filme aus Gadolinium/Eisenoxid und Gadolinium/Eisen durch Kombination von Ionenaustausch und Röntgenfluoreszenz.** I. C. Barlow und R. K. Van Valkenburg. (Mikrochim. Acta [Wien] **1968**, **4**, 827—32; Internat. Business Machines Corp., Monterey and Cottle Roads, San Jose, Calif.; engl.) — Zur Analyse von 0,7—2,3 nm dicken Filmen mit einem Gew. von 500—2000 μg werden diese mit Essigsäure/Salpetersäure/W. (1 : 1 : 3) durch Kochen am Rückfluß gelöst u. auf Filterscheiben, die mit Ionenaustauscherharz (Amberlite IR-120) beladen sind, angereichert. Die angereicherten Proben werden dann durch Röntgenfluoreszenzmessung analysiert. K. Henning 5156

1584 **Bestimmung von Begleitstoffspuren in Calciumoxid hoher Reinheit.** N. M. Kuz'min, I. A. Kuzovlev, S. V. Cykunova, G. V. Krasnikova und A. N. Galaktionova. (Zav. Labor. **34** (1968) 9, 1058—60; russ.) — Das CaO wird in HCl gelöst, mit NH_3-Lsg. auf pH 5,5 bis 6,0 eingestellt u. 0,1 m Lsg. von Oxin in Isoamylalkohol/CCl_4 (1 : 2) beigefügt, geschüttelt u. nach der Trennung der Phasen die Extraktion noch 3mal wiederholt. Die vereinigten Extrakte werden nach dem Waschen mit schwach angesäuertem W. (pH 5,5—6,0) in einem Pt-Tiegel mit 30 mg spektralreinem C eingedampft u. der Rückstand wie üblich spektralanalyt. untersucht. E. Pfluger 5158

1585 **Bestimmung von Titan in Silicaten durch Atomabsorptionsspektrophotometrie.** J. C. Van Loon und C. Parissis. (Analyt. Letters **1** (1968) 4, 249—55; Univ. of Toronto, Dep. of Geol., Toronto, Ont.; engl.) — Zur Analyse werden 0,5 g der Probe (100—200 mesh) mit H_2SO_4/HF aufgeschlossen, der Rückstand wird mit H_2SO_4 abgeraucht, mit HCl aufgenommen u. filtriert. Ein aliquoter Teil der Lsg. wird nach Zugabe von $AlCl_3$-Lsg. zur Trockne eingedampft u. mit 4 n HCl aufgenommen. Die Konz. an Al in der so erhaltenen Meßlsg. soll 750 bis 1000 ppm betragen, wodurch Störungen durch Begleitelemente (100—500 ppm Fe, Al, Ca, Mg, K u. Na) maskiert werden. Gemessen wird die Atomabsorption bei 364 nm unter Verw. einer N_2O/C_2H_2-Flamme. H. Kuchenbecker 5158

1586 **Bestimmung von Indium in Gesteinen durch Neutronenaktivierungsanalyse.** Hiroshi Hamaguchi, Kenji Tomura, Naoki Onuma, Hideo Higuchi und Kazuo Suda. (Japan Analyst **16** (1967) 11, 1233—38; Tokyo, Bunkyo-ku, Univ. of Tokyo, Fac. of Sci., Dep. of Chem.; jap., Auszug: engl.) — 0,4 g der Probe u. 0,1 μg In als Vgl.-Substanz wurden 1 Std. lang mit $5 \cdot 10^{11}$ n · cm^{-2} · s^{-1} bestrahlt. Nach Zers. der Probe durch Schmelzen mit $NH_4F \cdot HF/NH_4NO_3$ in Ggw. von 20 mg In-Träger wurden die Radionuklide durch Extraktion mit HBr/Ae. vom In abgetrennt. Nach anschließender Reinigung mit CuS u. SiO_2 wurde das In als Sulfid ausgefällt u. durch Messung der β-Aktivität des ^{116m}In bestimmt. Die durchschnittliche chem. Ausb. beträgt ca. 50%. Bei den Unters. wurden in G-1 0,026, W-1 0,057, Graniten 0,042, Andesiten 0,050, Basalten 0,083 u. Peridotiten 0,025 ppm In gefunden. Mögliche Fehler der Best. durch Selbstabsorption oder die konkurrierende Kernrk. ^{116}Sn(n, p) ^{116}In werden diskutiert. I. Degen 5158

1587 **Bestimmung von Mn, Ag, Sm, In u. Ge in Kupfererzen und Konzentraten durch zerstörungsfreie Aktivierungsanalyse.** Sławomir Sterliński. (Chem. analit. [Warszawa] **13** (1968) 4, 857—69; Warszawa, Pracownia Metod Radiometrycznych, Zakł. Chem. Anal., Inst. Badań Jądrowych; pol.) — Die unteren Best.-Grenzen, die etwas von der Art der Probe beeinflußt werden, sind für Mn 2,5 bis $5 \cdot 10^{-6}$%, Ag 1 bis $3 \cdot 10^{-3}$%, Sm 4 bis $6 \cdot 10^{-5}$%, In 5 bis $8 \cdot 10^{-5}$% u. Ge $2{,}8 \cdot 10^{-3}$%. I. Degen 5158

1588 **Bestimmung von Uran- und Thoriumerzen durch γ-Spektrometrie.** J. M. Domingos und A. A. Melo. (Nuclear Instruments Methods [Amsterdam] **48** (1967) 1, 28—32; Phys. Labor., Univ. of Mozambique; engl.) —

Zur Best. von U- u. Th-Erzgemischen sowie von U-Erzen, die sich nicht im Gleichgew. befinden, werden die Banden 52—108 keV, 560—660 keV u. 2,46—2,76 MeV γ-spektrometr. [NaJ(Tl)-Krist.] ausgemessen. H. Glaser 5158

1589 **Chemisch-spektralanalytische Bestimmung von Silber-Spuren in Silicatgesteinen.** V. M. Novikov und V. K. Bondarenko. (Zav. Labor. **34** (1968) 9, 1080—81; Inst. geochim. SO AN SSSR; russ.) — Das Verf. beruht auf der Fällung des Ag in der aufgeschlossenen Probenlsg. mit Te nach der Red. mit $SnCl_2$ u. Spektralanalyse nach dem Vermischen mit spektralreinem C auf dem Quarzspektrographen ISP-28 oder auf dem Diffraktionsspektrographen DFS-8; zur Anregung dient ein Wechselstromlichtbogen (18 A). Der Variationskoeff. bei einmaliger Best. liegt bei 13, 17 u. 30% relativ in den Konz.-Bereichen $1 \cdot 10^{-4}$, $1 \cdot 10^{-6}$ u. $3 \cdot 10^{-7}$% Ag. E. Pfluger 5158

1590 **Bestimmung von Eisen und Nickel in Wasser und Sole durch Lösungsmittelextraktion und Atomabsorptionsspektroskopie.** Jerry L. Jones und Raymond D. Eddy. (Analytica chim. Acta [Amsterdam] **43** (1968) 2, 165—71; Dep. of Chem., Tex. A & M Univ., College Station, Tex.; engl.) — Mit einem einfachen, einstufigen Extraktionsverf. läßt sich Fe in W. in Konz. von 0,4—200 ppb u. in 25%ig. NaCl-Lsg. in Konz. zwischen 0,8 u. 200 ppb bestimmen. Ein ähnliches Verf. wird für Ni-Konz. von 2 bis 200 ppb in W. u. von 4—200 ppb in Solen beschrieben. Optimale Ergebnisse werden bei 15 Min. langer Extraktion mit MIBK aus einem gepufferten Syst. bei pH 7 erhalten. Als Komplexbildner dienen 0,2%ig. Lsg. von 8-Hydroxychinolin für Fe u. Dimethylglyoxim für Ni. Die Best. erfolgen unter Verw. einer Luft/H_2-Flamme bei 2483 Å (Fe) u. 2320 Å (Ni). H. Kuchenbecker 5162

G-3. Analyse organischer Verbindungen

1591 **Bestimmung organischer Stoffe durch Oxydation mit Permanganat.** 8. Mitt. **Untersuchung der Oxydation von Oxalsäure mit Permanganat, Mangan(IV)-oxid und dem Pyrophosphatkomplex des dreiwertigen Mangans.** A. Berka. (Z. analyt. Chem. **238** (1968) 6, 427—31; Prag, Karls-Univ., Lehrstuhl für anal. Chem.; dt.) — 7. vgl. Mikrochim. Acta [Wien] **1968**, 2, 405—17; 6. vgl. C. **1968, 44**-1849. — Es werden die Wrkg. von MnO_4^-, MnO_2 u. dem Mn(III)-Pyrophosphatkomplex (I) auf Oxalsäure verglichen. In einem breiten Aciditätsbereich verläuft die Ox. zu W. u. CO_2 mit frisch bereitetem MnO_2 sofort u. quantitativ. Die Ox. mit MnO_4^- u. **I** verläuft langsamer. **I** führt in 2 n H_2SO_4-Lsg. u. bei Raumtemp. in 20 Min. zu vollständiger Umsetzung. G. Gawalek 5171

1592 **Versuch zur Automatisierung der gravimetrischen C—H-Bestimmung.** 2. Mitt. Helmut Trutnovsky. (Mikrochem. Acta [Wien] **1968**, 1, 97—105; Pregl-Labor. der Univ., Graz; dt.) — 1. vgl. Z. analyt. Chem. **222** (1966) 254. — Das bereits beschriebene Verf. zur gravimetr. C—H-Best. [Z. analyt. Chem. **222** (1966) 254] wird durch eine neue Konstruktion der Absorptionsmittelschicht (Schichten aus $Mg(ClO_4)_2$ u. Natronasbest), die während der Analyse vollständig durchströmt wird, verbessert, so daß quant. Absorption erreicht wird. Die Steuerung der Anordnung (Abb.) erfolgt z. T. automat. als auch von Hand. N-haltiges Probenmaterial wird nicht analysiert. Die Fehlergrenze liegt bei $\pm 0,3$%. K. Henning 5176

1593 **Mikroanalyse ungewöhnlicher Verbindungen.** 1. Mitt. **Einwaage hygroskopischer Proben.** A. D. Campbell. (Mikrochim. Acta [Wien] **1968**, 4, 833—35; Dep. of Chem., Univ. of Otago, Dunedin, New Zealand; engl.) — Es wird die Herst. von Kapseln aus Al-Folie beschrieben, in denen sich hygroskop. Substanzen bis zur Gew.-Konstanz vor der Analyse trocknen lassen. K. Henning 5176

1594 **Mikroanalyse ungewöhnlicher Verbindungen.** 2. Mitt. **Bestimmung von Kohlenstoff, Wasserstoff und Stickstoff in organometallischen Perchloraten und Nitraten.** A. D. Campbell, Loo Sai Harn, R. Monk und D. R. Petrie. (Mikrochim. Acta [Wien] **1968**, 4, 836—40; engl.) — 1. vgl. vorst. Referat. — Die CHN-Analyse hochexplosiver organometall. Nitrate u. Perchlorate wird mit dem Coleman-Analysator in Ggw. von CuO ausgeführt, mit dem die Probe vorher im Al-Schiffchen vermischt wurde. Während der Verbrennung steigt die Temp. auf 850° an. Das Verbrennungsrohr enthält zur CH-Best. vom Boden an aufsteigend eine 8 cm dicke Schicht aus Ag-Wolle, 2 cm $AgMnO_4$-Zers.-Prod. u. 10 cm Co-Oxid. K. Henning 5176

1595 **Mikrobestimmung von Sauerstoff in organischen Verbindungen mit einem automatischen Elementaranalysegerät.** Robert Culmo. (Mikrochim. Acta [Wien] **1968**, 4, 811—15; Perkin-Elmer Corp., Norwalk, Conn.; engl.) — Die von Oita und Conway [Analytic. Chem. **26** (1954) 600] angegebene O_2-Mikrobest. wird der Verw. eines automat. Elementaranalysengerätes angepaßt, wobei nur der Verbrennungsteil modifiziert werden muß. Nach der Pyrolyse bei 950° in H_2-Atmosphäre wird O_2 an platinierter Kohle in CO konvertiert. Gasf. Rk.-Prod. werden bei 900° an red. Cu absorbiert u. S-haltige an Ascarite. Anschließend wird CO bei 610° über CuO ox. u. CO_2 in einer Wärmeleitfähigkeitszelle gemessen. K. Henning 5176

1596 **Jodometrische Mikrobestimmung von Phosphor, Schwefel und Chlor in organischen Verbindungen.** Theodore S. Prokopov. (Mikrochim. Acta [Wien] **1968**, 4, 675—78; Stout State Univ., Menomonie, Wis.; engl.) — Zur Best. in stickstofffreien Substanzen wird eine 5-mg-Probe in der Thomas-Schöniger-Flasche verbrannt, im Gemisch aus 5 ml W. u. 0,04—0,12 ml 30%ig. H_2O_2-Lsg. absorbiert, mit 5 ml W. abgespült u. nach Zugabe von 10 ml Aceton, 50 mg KJ u. KJO_3 das gebildete J_2 mit $Na_2S_2O_3$-Lsg. ohne Stärkezusatz titriert. K. Henning 5176

1597 **Verbrennung fluor-, phosphor- und metallhaltiger Verbindungen mit einem CHN-Automaten.** W. Walisch und K. Schäfer. (Mikrochim. Acta [Wien] **1968**, 4, 765—72; Inst. für Org. Chem., Univ. des Saarlandes, Saarbrücken; dt.) — Durch Einfügen einer 6 cm langen MgO-Schicht vor dem Kupferoxid im Verbrennungsrohr wird der Anwendungsbereich des bereits beschriebenen CHN-Automaten [Walisch, Trans. New York Acad. Sci. **25** (1963) 693] auf fluor- und phosphorhaltige Proben erweitert. Infolge der geringeren Pyrolysegeschw. mancher phosphorhaltiger Proben wird die Verbrennungszeit durch Reduzierung des Gasstromes verlängert. Sofern metallhaltige Substanzen unter den Analysenbedingungen definierte Rückstände bilden, ergeben sich ohne bes. Maßnahmen gute Werte. Die Bldg. carbonathaltiger Rückstände mit Alkali u. Erdalkalimetallen wird im Normalfall von der App. als solche registriert. K. Henning 5176

1598 **Analytische Aspekte der Oxydation organischer Stickstoffverbindungen mit Chromsäure.** 14. Mitt. **Mikrobestimmung der Nitrogruppen und Aminogruppen.** M. Jureček und P. Kozák. (Mikrochim. Acta [Wien] **1968**, 2, 358—67; Chem. Technol. Hochschule, Pardubice, ČSSR; dt.) — 13. vgl. Collect. czechoslov. chem. Commun. **33** (1968) 5, 1549; 12. vgl. C. **1969, 1**-2034. — Die früher entwickelten Verf. zur Best. von Nitrogruppen (**I**) (C. **1963**, 5591) u. Aminogruppen (**II**) (C. **1964, 49**-1757) werden in modifizierter Form auf den Mikromaßstab übertragen. Die Probe wird mit einem Gemisch 5 n Chromsäurelsg. u. konz. H_2SO_4 (1 : 1) unter Rückfluß 20 Min. auf 150° erhitzt. Zur Best. von **II** wird alkalisiert u. das gebildete NH_3 bzw. Methylamin abdest. u. acidimetr. titriert. Zur Best. von **I** u. Nitrosogruppen wird das gebildete NO_3^- zu NH_3 red. u. analog titriert. Bei gleichzeitiger Best. beider Gruppen wird zunächst das NH_3 abdest. u. nach der NO_3^--Red. u. nochmaliger NH_3-Dest. die Titration ausgeführt. Enthält die Substanz gleichzeitig **I** u. prim. **II**, muß **II** vor der Ox. durch Kochen mit Essigsäureanhydrid u. wasserfreiem Na-Acetat acetyliert werden, damit kein elementares N_2 gebildet wird. Die Fehler betragen bei **I** $\pm 3,2$%, bei der gemeinsamen Best. von **I** u. **II** $\pm 0,3$% u. bei der Best. von **I** u. **II** in Ggw. prim. **II** $\pm 0,3$% bei 100%ig. Wahrscheinlichkeit. K. Henning 5178

1599 **Mikrobestimmung von Nitrogruppen in organischen Verbindungen.** T. S. Gore und P. K. Inamdar. (Mikrochim. Acta [Wien] **1968**, 4, 883—85; Dep. of Chem. Technol., Univ., Bombay; engl.) — In Anwendung des Verf. nach Chaphekar u. Gore (vgl. ibid. **1959**, **664**) werden die Nitrogruppen im App. nach Roth in CH_3COOH mit Pd/Kohle als Katalysator red. u. die H-Zahl nach Ogg u. Cooper [vgl. Analytic. Chem. **21** (1949) 1400] berechnet. K. Henning 5178

1600 **Bestimmung von Buten-(2)-diol-(1.4) und Butin-(2)-diol-(1.4) in ihren Mischungen.** R. N. Sivakova und V. I. Ljubomilov. (Ž. analitičeskoj Chim. **23** (1968) 2; NII plastmass, Moskva; russ., Auszug: engl.) — Es wird eine Meth. zur Best. von Buten-(2)-diol-(1.4) (I) u. Butin-(2)-diol-(1.4) (II) in ihren Mischungen beschrieben. I wird durch die Titration mit Br^-/BrO_3^- bestimmt. II wird aus der Differenz der Br-Werte nach der Kaufmann-Meth. u. der direkten Titration mit Br^-/BrO_3^- ermittelt. Die Meth. ist sehr genau, einfach u. schnell. M. Sidillo G 620

1601 **Aldehydbestimmung in Alkoholen unter Verwendung der Schiffschen Reaktion.** J. Dokládalová und A. Konečná. (Mikrochim. Acta [Wien] **1968**, 4, 686—92; Inst. für organ. u. analyt. Chem. der Univ., Olomouc, ČSSR; engl.) — Bei der photometr. Best. von HCOH nach der Schiffschen Rk. in Ggw. von 0,25—1 Mol verschiedener Alkohole tritt eine Verschlechterung der Genauigkeit mit einem kleineren als 5%ig. Risiko ein. Am wenigsten wird die Reproduzierbarkeit durch A. u. Isopropanol verschlechtert, am deutlichsten durch n-Butanol. Daneben wird der wahrscheinliche Mechanismus der Wrkg. von Alkoholen im Rk.-Verlauf diskutiert. K. Henning G 660

1602 **Ionenaustauschchromatographie von Carbonsäuren mit der Titrationsmethode.** Satoru Egashira. (Japan Analyst **17** (1968) 8, 958—63; Matsuyama-shi, Bunkyo-cho, Ehime Univ., Fac. of Educat.; jap., Auszug: engl.) — Das Eluat einer Ionenaustauschchromatographiesäule wurde in eine zweite, mit einem schwach sauren Austauscher (H^+-Form) gefüllte Säule geleitet u. dann fraktionsweise alkalimetr. titriert. Der Geh. an Säuren wurde durch Addition der Titrationswerte der einzelnen Fraktionen ermittelt. Für genauere Ergebnisse müssen pH der Lsg. vor der Titration u. die Dissoziationskonst. der einzelnen Säuren berücksichtigt werden. I. Degen G 800

1603 **Dampfträgeradsorptionsgaschromatographie für Monocarbonsäuren.** Akira Nonaka. (Japan Analyst **17** (1968) 8, 944—53; Tokyo, Shinjuku-ku, Kyôiku Univ., Inst. for Optic. Res.; jap., Auszug: engl.) — Die Vers. wurden in einer Glassäule (1,8—3,7 mm ∅ mal 2,6 bis 4,0 m) durchgeführt, die 3% H_3PO_4 auf Chromosorb PAW 30/60 enthielt u. 5 Min. auf 500° erhitzt wurde. Die Proben (Fettsäuren C_2—C_{18}, Benzoe-, Salicyl- u. Milchsäure) wurden in 0,1%ig. bis 0,1 ppm wss. Lsg. untersucht. Unlösl. Säuren wurden als Alkalimetallsalze gelöst u. zeigten keine Unterschiede zu den in CCl_4 erhaltenen Chromatogrammen der freien Säuren. Die niederen Fettsäuren konnten vorzüglich mit 0,12 bis 0,17 cm HETP getrennt werden. Die Retentionszeiten betragen z. B. für Önanth- u. n-Capronsäure bei 170° 35 Sek. u. für Stearin- u. Palmitinsäure 90 Sek. (225°). Bei Verw. eines H_2-FID können noch 0,1 ppm der niederen Fettsäuren bis zur Önanthsäure u. 1 ppm Palmitinsäure nachgewiesen werden. I. Degen G 810

1604 **Kolorimetrische Bestimmung von Methylformiat in flüssigem Dimethyläther durch Reaktion mit Hydroxamsäure.** Masao Kawamura und Sadaharu Hagino. (Japan Analyst **16** (1967) 10, 1086—89; Harima-cho, Hyogo-ken, Seitetsu Kagaku Co. Ltd., Befu Works; jap., Auszug: engl.) — Zur Best. wird die Probe bei Raumtemp. verdampft u. das dabei entstehende Gas in zwei mit einem Gemisch aus 10 ml einer 14%ig. Lsg. von Hydroxylammoniumchlorid in A. u. 1 ml 25%ig. KOH-Lsg. gefüllten Absorptionsflaschen aufgefangen. Die Absorptionslsg. werden 5 Min. lang auf 60° erwärmt u. nach dem Abkühlen mit je 1 ml $FeCl_3$-Lsg. versetzt. Nach 5 Min. wird die Färbung der Lsg. mit einer Reihe von Standardlsg. verglichen. Methylformiat kann nach diesem Verf. in Mengen von $< 0,01$ % bestimmt werden. I. Degen G 810

1605 **Trennung und Identifizierung der geometrischen Isomeren der 9.12-Octadecadiensäure und der 9.12.15-Octadecatriensäure.** A. Strocchi und M. Piretti. (J. Chromatogr. [Amsterdam] **36** (1968) 2, 181—90; Univ. degli Studi di Bologna; engl.) — Vf. beschreiben die Trennung der geometr. Isomeren von 9.12-Octadecadiensäure- (I) u. 9.12.15-Octadecatriensäuremethylester (II). Die Darst. von I u. II erfolgte durch Isomerisierung von Linol- bzw. Linolensäure mit Se u. Veresterung mit Methanol. Ihre Trennung wurde an mit $AgNO_3$ u. NH_3-Lsg. imprägniertem Silicagel vorgenommen. Als Laufmittel fand Bzl./PAe. (30 : 70) bei I bzw. (40 : 60) bei II Verwendung. Die Flecken wurden nach Besprühen mit einer 0,2%ig. Lsg. von 2'.7'-Dichlorfluorescein im UV-Licht (254 nm) sichtbar. Mit Hilfe der IR-Spektrophotometrie wurde die Trennung von I in drei Fraktionen (reine trans-, trans–cis-, cis–trans-, reine cis-Verb.) u. die Trennung von II in vier Fraktionen (reine trans-, di-trans-, mono-cis-, di-cis-, mono-trans-, reine cis-Verb.) festgestellt. Durch Gaschromatographie an 60-m-Glaskapillaren mit Apiezon L als Trennfl. gelang die vollständige Auftrennung der TLC-Fraktionen von I bzw. II in einzelne Individuen. U. Feist G 810

1606 **Verteilungsgaschromatographie von Phenyl-N-methylcarbamaten.** Tetuki Kawahara und Tukasa Kashiwa. (Japan Analyst **17** (1968) 8, 925—27; Tokyo, Kodaira-shi, Min. of Agric. and Forest, Agric. Chem. Inspect. Stat.; jap., Auszug: engl.) — Vf. trennten mit 2 kombinierten Verf. 7 Phenyl-N-methylcarbamatderiv. unter Verw. eines Wärmeleitfähigkeitsdetektors. 3.4-Dimethylphenyl-N-methylcarbamat zersetzt sich beim Chromatographieren unter Bldg. von 3.4-Dimethylphenol. I. Degen G 880

1607 **Inversvoltammetrische Untersuchung von Cyanidspuren am hängenden Quecksilbertropfen.** H. Berge und P. Jeroschewski. (Z. analyt. Chem. **228** (1967) 1, 9—15; Inst. für anorgan. Chem. der Univ. Rostock; dt.) — Die inverse Voltammetrie am hängenden Hg-Tropfen unter Anreicherung wird zur Best. von CN^--Spuren in 0,1 m KNO_3-Lsg., wobei die Ggw. von Cu^{2+} notwendig ist, benutzt. Sowohl die Abnahme des inversvoltammetr. Cu-Peaks als auch die Zunahme des Ox.-Peaks bei +0,17 V zeigen in gewissen Grenzen lineare Abhängigkeit von der CN^--Konz., wobei der Ox.-Peak 3—4mal höher ist als der ursprüngliche Cu-Peak. Die geringste CN^--Konz. lag bei $1 \cdot 10^{-7}$ m/l. Der Einfl. von SCN^-, J^-, Br^-, Cl^- auf die Peakhöhe wird untersucht, u. eine Deutung der Elektrodenrk. für den 2. Ox.-Peak wird versucht. E. Bomke G 890

1608 **Methoden zur Isolierung und Charakterisierung von Bestandteilen in Naturprodukten. 5. Mitt. Gruppen- und Einzeltrennung von 2.6-Dinitrophenylhydrazonen der Brenztraubensäureamide.** D. P. Schwartz und C. R. Brewington. (Microchem. J. [New York] **12** (1967) 4, 547—54; Agric. Res. Serv., U. S. Dep. of Agric., Washington, D.C.; engl.) — 4. vgl. ibid. **12** (1967) 2, 192. — Die Gruppentrennung von 2.6-Dinitrophenylhydrazonderiv. der Brenztraubensäureamide von prim. u. symm. sek. aliphat. Aminen erfolgte quant. säulenchromatograph. an MgO/Celite mit $CHCl_3$ u. qual. dünnschichtchromatograph. an Silicagel G mit Diäthylamin/Heptan (1 : 1) als Laufmittel. Die Gruppen sind sauber zu trennen u. während der Chromatographie durch die Farbe zu unterscheiden (prim. Aminderiv. violett, sek. Aminderiv. grün). Beim Säulenverf. sind 0,2 μMol sichtbar, während beim Dünnschichtverf. $1,8 \cdot 10^{-4}$ μMol eines prim. Deriv. u. $5,4 \cdot 10^{-4}$ μMol eines sek. Deriv. verfolgt werden können. Durch Dünnschichtverteilungschromatographie (DVC) wurde die Trennung der Homologenreihe der prim. u. einiger sek. Aminderiv. vorgenommen [stationäre Phase: Polyäthylenglykol 400 (I) auf Support-Microcel T-38 (II), mobile Phase: Hexan/Bzl. (7 : 3), gesätt. mit I; Erfassungsgrenze ca. $1,5 \cdot 10^{-4}$ μMol]. Die höheren prim. Aminderiv. wurden durch DVC mit umgekehrten Phasen getrennt [stationäre Phase: Mineralöl auf II, mobile Phase: CH_3CN/H_2O (3 : 1)]. W. Ast G 910

1609 **Bestimmung von Aminosäuren auf Grund der Fleckengröße bei einem zweidimensionalen DC-Trenn-**

verfahren. E. Bancher, J. Washüttl und M. Dj. Olfat. (Mikrochim. Acta [Wien] **1968, 4,** 773—77; Inst. für Bot., TH, Wien; dt.) — Am Gemisch aus *His* u. *Lys* · *HCl, Ser, Gly, Arg* · *HCl, Asp, Glu, Ala, Pro, Thr, Tyr, Val, Met* u. *Trp* in 10%ig. wss. Propanollsg. mit etwas 0,1n HCl wird an Hand der zweidimensionalen DC-Chromatographie auf 0,25 mm dicken Cellulosepulverschichten mit den Laufmitteln sek.-Butanol/Aceton/Ameisensäure/W. (40 : 40 : 8 : 20) u. — nach dem Trocknen im Kaltluftstrom — mit n-Butanol/Aceton/NH_3/W. (40 : 40 : 8 : 20) gezeigt, daß die nach dem Trocknen bei 70—80° erhaltenen Flecken mit dem Ninhydrin-Kollidin-Reagenz zur quant. Auswertung herangezogen werden können, da der log der Substanzmenge in g linear zur Quadratwurzel der Fleckenfläche in mm² ist. Die Fleckenfläche wird aus 10 Einzelbest. mit einem Fehler von ± 8% ermittelt. Die Linearität ist gültig für den Bereich von 0,8—8 µg der einzelnen Aminosäuren.
K. Henning G 950

1610 **Szintillationszählung von ^{14}C-Ninhydrinaminosäurereaktionsprodukten aus einem automatischen Aminosäureanalysator.** Alfred C. Olson, Lawrence M. White und Amy T. Noma. (Analyt. Biochem. [New York] **24** (1968) 1, 120—27; Western Reg. Res. Labor. Agric. Res. Serv., U. S. Dep. of Agric., Albany, Calif.; engl.) — Bei Sammlung u. Zählung der Abflüsse eines Aminosäureanalysators mit ^{14}C-Aminosäuren löscht das ninhydringefärbte Rk.-Prod. die Zählung nicht, wenn auf 20 ml Meßlsg. 0,4 ml mit 0,2 µMol Aminosäuren zugesetzt werden. Die Meth. eignet sich nur für Verb., die nicht in der Carboxylgruppe ^{14}C-markiert sind, da diese bei der Rk. verlorengeht. U. Drehmann G 950

1611 **Kapillargaschromatographie von C_6—C_{11}-Aromaten und Synthese ausgewählter Isomere zur Identifizierung.** Frederick Baumann und Sigmund M. Csicsery. (J. Chromatogr. [Amsterdam] **26** (1967) 1, 262—67; Chevron Res. Co., Richmond, Calif.; engl.) — Durch temperaturprogrammierte Kapillargaschromatographie an einer mit Ucon LB550X belegten 300 ft. langen, 0,02 in. weiten Edelstahlkapillare mit Flammenionisationsdetektor lassen sich bei 60—100° (1°/min) *C_6—C_{11}-Alkylbenzole, Styrole, Indene, Indan, Tetralin* u. *Naphthalin* trennen. Isomere C_{10}- u. C_{11}-Alkylbenzole werden durch Disproportionierung von 1-Methyl-2-äthylbenzol bei 400° an SiO_2–Al_2O_3-Crackkontakt hergestellt u. über die lineare Abhängigkeit des korr. Retentionsvol. vom Kp. identifiziert. K. Metzner G 1010

1612 **Nachweis von Nitroverbindungen.** L. Légrádi. (Mikrochim. Acta [Wien] **1968, 4,** 739—47; Nitrokémia Industriewerke, Füzfögyártelep, Ungarn; dt.) — Von einer großen Anzahl von Polynitroverb., die eine akt. CH_2-Gruppe enthalten, sind die Farbrk. u. Nachw.-Grenzen für die Rk. mit A., Aceton, DMF, Phenylhydrazin, Hydrazin, Hydroxylamin u. ω-Chloracetylaceton angegeben. In einigen Fällen ist auch Best. in Gemischen möglich. K. Henning G 1010

1613 **Farbreaktion von Mononitrobenzolderivaten mit Phenylacetonitril in alkalischem Dimethylformamid.** Akio Tsuji, Akitada Nakamura und Akie Nakamura. (Mikrochim. Acta [Wien] **1968, 4,** 851—59; Showa Univ., Hata nodai, Shinagawa, Tokyo; engl.) — Die Farbrk. von 60 Mononitrobenzolderiv., die sich bei Zugabe von 1 Tropfen Phenylacetonitril, 3 Tropfen Probesubstanz in DMF u. 1 Tropfen 0,5n KOH-Lsg. ergeben, werden registriert u. die Absorptionsmaxima u. die Erfassungsgrenzen in µg mitgeteilt. — Daneben ist auch die dünnschichtchromatograph. Trennung möglich. Hierzu wird die alkal. DMF-Lsg. nach 10 Min. mit 1 n HCl angesäuert, mit Bzl. extrahiert, auf Silicagel G mit Bzl./CH_3OH (6 : 1), $CHCl_3$, Bzl. oder Toluol/Äthylacetat (20 : 1) entwickelt u. mit 0,5n äthanol. KOH-Lsg. angesprüht.
K. Henning G 1010

1614 **Untersuchungen zur Analytik von Jodoniumverbindungen.** 4. Mitt. **Gravimetrische Bestimmung des Diphenyljodoniumions als Dodekamolybdatophosphat.** A. J. Bowd und D. Thorburn Burns. (Mikrochim. Acta [Wien] **1967, 3,** 539—45; Woolwich Polytechnic, London; engl **7,** —3. vgl. C. **1968, 49**/50-1962. — $[(C_6H_5)_2J]^+$ wird in HNO_3-Lsg. in Ggw. von Citronensäure als $[(C_6H_5)_2J]_3[P(Mo_3O_{10})_4]$ gefällt u. ausgewogen. Der Variationskoeff. beträgt ± 0,11%.
K. Henning G 1010

1615 **Untersuchungen zur Analytik von Jodoniumverbindungen.** 6. Mitt. **Spektrophotometrische Bestimmung des Diphenyljodoniumions durch Extraktion mit Hexanitrodiphenylamin.** A. J. Bowd und D. Thorburn Burns. (Mikrochim. Acta [Wien] **1967, 3,** 564—69; Woolwich Polytechnic, London; engl.) — 5. vgl. C. **1969,** 20-1523. — Zur Best. von 50—1000 µg $[(C_6H_5)_2J]^+$ (**I**) fügt man zur Probelsg. 5 ml 0,1%ig. wss. Hexanitrodiphenylamin- (**II**) u. 1 ml 0,5%ig. Na_2CO_3-Lsg. hinzu, so daß pH > 10 erhalten wird. Dann wird 2mal mit 10 ml $CHCl_3$ extrahiert u. jeweils filtriert. Die Extrakte werden mit $CHCl_3$ auf 50 ml aufgefüllt u. bei 400 nm photometriert. Das Beersche Gesetz gilt für 50 bis 1000 µg I/50 ml. Bei 300 µg beträgt der Variationskoeff. ± 0,6%. Nach der Job-Meth. findet man für die extrahierte Verb. aus **I** u. **II** die Zus. 1 : 1.
K. Henning G 1010

1616 **Polarographische Analyse der Oxydationsprodukte von p-Xylol.** R. Baranowski, Z. Gregorowicz und J. Kulicka. (Mikrochim. Acta [Wien] **1968, 4,** 806—10; Inst. für allg. Chem., Schles. TH, Gliwice; dt.) — Zur polarograph. Best. von *p-Toluylaldehyd* (**I**), *Terephthalaldehyd* (**II**) u. *p-Formylbenzoesäure* (**III**) wird eine innere Hg-Elektrode benutzt u. ein Grundelektrolyt aus 10 ml CH_3COOH, 1 ml 0,5%ig. wss. Gelatinelsg. u. 39 ml W. verwendet. Die Halbstufenpotentiale betragen —1,29, —0,84 bzw. —1,05 V für **I, II** bzw. **III**.
K. Henning G 1060

1617 **Photometrische Titration von 2.6-Xylenol mit Tetracyanäthylen.** Toshiyuki Shono, Toshifumi Inui, Yuko Yamashoji und Koichiro Shinra. (Japan Analyst **16** (1967) 10, 1067—70; Osaka, Miyakojima-ku, Osaka Univ., Fac. of Engng., Dep. of Chem. Technol.; jap., Auszug: engl.) — 2.6-Xylenol wird mit einer Lsg. von Tetracyanäthylen in Äthylacetat titriert. Der Endpunkt der Titration wird photometr. ermittelt. Der dabei entstehende π-Komplex, der eine 1 : 1-Zus. besitzt (Meth. der kontinuierlichen Variation), zeigt ein Absorptionsmax. bei 520 nm. Die Assoziationskonst. des π-Komplexes ist bei 25° 0,58. I. Degen G 1060

1618 **Furanderivate.** 10. Mitt. **Dünnschichtchromatographische Trennung der Nitrofuranderivate.** E. Komanová, J. Kováč und A. Krutošíková. (Chem. Zvesti **22** (1968) 3, 230—32; Bratislava, Slov. vys. šk. techn.; slowak.) — Mit Tetrahydrofuran/Bzl. (1 : 2) (A), Bzl./Methanol/Essigsäure (90 : 25 : 4) (B) u. Tetrahydrofuran/Bzl./n-Heptan (0,5 : 2 : 2) (C) als Laufmittel wurden 5-Nitrofuranderiv. dünnschichtchromatograph. getrennt u. mit J_2-Dämpfen oder durch Besprühen mit 5%ig. $AgNO_3$-Lsg. in 10%ig. wss. NH_3-Lsg. entwickelt. *Furylacrylsäure* (**I**), *5-Nitrofurylacrylsäure* (**II**), *β-Nitrovinylfuran* (**III**), *5-Nitro-[β-nitrovinyl]-furan* (**IV**) u. *5-Nitrofurfurylazid* (**V**) wurden an Schichten von SiO_2 mit 10% $CaSO_4$ als Bindemittel getrennt u. durch beide Nachw.-Meth. identifiziert; zur Trennung von **I**, *5-Nitro-2-furfurylnitrat* (**VI**), *5-Nitro-2-furfurylbromid* (**VII**) u. *5-Nitrobrenzschleimsäuremethylester* (**VIII**) wurden SiO_2-Dünnschichten u. zur Sichtbarmachung $AgNO_3$-Lsg. benutzt. F., Laufmittel u. gefundene R_F-Werte werden von Vf. mitgeteilt: **I** (141; A, B; 0,62), **II** (238; A; 0,32), **III** (78; A; 0,55), **IV** (142; A; 0,36), **V** (56; A; 0,85), **VI** (36,5; A, C; 0,40), **VII** (47; A, C; 0,53), **VIII** (80,5; A, C; 0,46). J. Seitlová G 3061 △

1619 **Bromatometrische Mikrobestimmung einiger Derivate von 2-Amino- sowie 7-Aminophenoxazon-(3).** E. Růžička. (Mikrochim. Acta [Wien] **1968, 4,** 778—82; Inst. für organ., analyt. u. physikal. Chem., Palacký Univ., Olomouc, ČSSR; dt.) — An Hand von 7 Aminophenoxazonderiv. werden die Möglichkeiten ihrer bromometr. u. bromatometr. potentiometr. Titration geprüft. Die bromometr. Titration wird in 96%ig. A. mit 0,01 n Bromlsg. in Ggw. von 0,5 ml 1 n HBr-Lsg. ausgeführt. Hierbei werden entweder 6 bzw. 5 Br-Atome verbraucht. Der Fehler liegt bei ± 4%. Phenole, aromat. Amine, Thiazine, Hydroxyphenoxazone u. Diazine stören. — Die bromatometr. Titration wird ebenfalls in Ggw. von A. u. 0,5 ml 5%ig. KBr-Lsg. mit 0,01 n $KBrO_3$-Lsg. bei 40–45° unter Ansäuern mit HBr-Lsg. ausgeführt, wobei 4 Br^--Ionen verbraucht werden. Der Fehler kann bis 10% betragen. K. Henning G 3282

1620 **Spektrophotometrische Bestimmung von Anionen durch Solventextraktion mit Metallchelatkationen. 30. Mitt. Photometrische Methode zur Bestimmung des Natriumsalzes von Saccharin mit dem Tris-[1.10-phenanthrolin]-Eisen(II)-Chelat.** Yuroku Yamamoto, Takahiro Kumamaru, Yasuhisa Hayashi, Machiko Yamate, Taro Kobayashi und Ryoichi Tanaka. (J. pharmac. Soc. Japan [Yakugakuzasshi] 88 (1968) 1, 28–32; Dep. of Chem., Fac. of Sci., Hiroshima Univ., Higashisenda-machi; jap., Auszug: engl.) – 20. vgl. C. **1968**, 33-2262; 32. vgl. C. **1969**, 20-1514. – Die beschriebene Meth. beruht auf der Extraktion des zwischen $[Fe(phen)_3]^{2+}$ (I) u. dem Saccharinanion gebildeten Ionenpaares in Nitrobenzol bei pH 4–8 u. einem mindestens 20fachen molaren Überschuß von I u. Messung der Extinktion bei 516 nm. Die Farbe bleibt bei Raumtemp. einige Std. lang stabil. Das Lambert-Beersche Gesetz wird für 10^{-6} bis $3{,}2 \cdot 10^{-5}$m wss. Saccharinlsg. befolgt. Saccharose, Glucose, Dulcin, Citronensäure u. NaCl stören nicht, Na-Cyclamat bewirkt einen leichten positiven Fehler. W. Grimmich G 3292

1621 **Dünnschichtchromatographie der Kohlenhydrate.** H. Scherz, G. Stehlik, E. Bancher und K. Kaindl. (Chromatogr. Reviews [Amsterdam] 10 (1968) 1, 1–17; Inst. für Bot., techn. Mikroskop. u. organ. Rohstofflehre, TH, Wien; dt.) – Überblick über die Anwendung der Dünnschichtchromatographie (DC) auf Trennprobleme in der Kohlenhydratchemie (Trennung der einfachen Mono- u. Disaccharide auf verschiedenen Schichtmaterialien, DC der höheren Oligo- u. Polysaccharide, Trennung der Methyläther, Methylglykoside, Isopropyliden- u. Acetylverb. der Zucker, Trennung der Zuckerphosphate, -säuren, -osazone, Aminozucker, Zuckeralkohole u. Desoxyzucker, quant. Best. der Kohlenhydrate). – 73 Literaturangaben. Gerhard Schulze G 3400

1622 **Nachweis von Zuckern durch Zirkulardünnschichtchromatographie.** M. H. Hashmi, N. A. Chughtai und Maqbool Ahmad Shahid. (Mikrochim. Acta [Wien] **1968**, 4, 679–82; West Reg. Labor., Pakistan Council of Sci. and Ind. Res., Lahore, West Pakistan; engl.) – Zur Trennung eines Gemisches aus Lactose, Maltose, Sucrose, D-Glucose, D-Fructose, D-Mannose, D-Xylose u. L-Rhamnose empfiehlt sich die Zirkulardünnschichtchromatographie auf 250 μm dicken Platten (Kieselgur G, getrocknet bei 25–30°) mit den Fließmitteln n-Butanol/Isopropanol/$CHCl_3$ (34 : 17 : 49), n-Butanol/Isopropanol/$CHCl_3$/Bzl. (29 : 14 : 43 : 14) oder n-Butanol/Isopropanol/$CHCl_3$/Äthylacetat (29 : 14 : 43 : 14). Nach dem Trocknen wird mit dem Gemisch aus 1 ml Anisaldehyd in 10 ml A., 1 ml konz. H_2SO_4 u. 3–4 Tropfen CH_3COOH angesprüht u. bei 100–110° getrocknet unter Bldg. gelbgrüner Ringe. Die Empfindlichkeit liegt bei $\leqq 0{,}15$ μg. K. Henning G 3400

1623 **Papierelektrophorese von Kohlenhydraten.** 3. Mitt. **Carbonathalbestersalze.** J. L. Frahn. (Austral. J. Chem. **21** (1968) 3, 811–14; Adelaide, Australia, CSIRO, Div. of Nutrit. Biochem.; engl.) – 2. vgl. ibid. **17** (1964) 274. – In eine Mischung der Lsg. (jeweils 0,2m) von Polyhydroxyverb. u. NaOH wird bei 0° im langsamen Strom CO_2 eingeleitet. Sobald pH 7,5 erreicht ist, werden ca. 0,5 μl der Lsg. auf imprägniertes Papier aufgetragen. Die Elektrophorese wird bei 4° u. 21 V/cm innerhalb von 40 Min. durchgeführt. Bei Glycerin, Äthylenglykol, Mannit, Sorbit, Dulcit, Myoinosit, Saccharose, Glucose u. Galaktose wurde mit ammoniakal. $AgNO_3$-Lsg. gesprüht. Zur Sichtbarmachung von Pentaerythrit wird $Cr_2O_3/MnO_4^-/H_2SO_4$-Reagenz eingesetzt. I. Liske G 3400

1624 **Trennung von Zuckerphosphaten mit einem Celluloseionenaustauscher.** Wataru Funasaka, Kazumi Fujimura und Toshihiko Hanai. (Japan Analyst **16** (1967) 11, 1244–48; Kyoto, Sakyo-ku, Kyoto Univ., Fac. of Engng., Dep. of Ind. Chem.; jap., Auszug: engl.) – Zur Trennung von *Fructose* (I), *Glucose* (II), *Glucose-1-* (III), *Glucose-6-* (IV), *Fructose-6-phosphat* (V) u. *Fructose-1.6-diphosphat* (VI) benutzten Vf. eine mit DEAE-Cellulose (Boratform) beschickte Säule. I u. II werden mit 0,015m $Na_2B_4O_7$-Lsg., III mit 0,01m $Na_2B_4O_7$-Lsg. u. 0,025m NH_4Cl-Lsg. (1 : 1), IV mit 0,04m NH_4Cl-Lsg., V mit 0,02m NaCl-Lsg. u. 0,02m HCl (1 : 1) u. VI mit 0,02m NaCl-Lsg. u. 0,06m HCl eluiert. Die Eluatkonz. wurde nach dem Anthronverf. bestimmt. Über das Verh. der Zucker u. ihrer Phosphate auf DEAE-Sephadex u. ECTEOLA-Cellulose wird ebenfalls berichtet. Die Adsorptionsisothermen dieser Adsorbenzien werden mitgeteilt. I. Degen G 3400

1625 **Unterscheidung von lösungsmittelhaltigen pseudopolymorphen Kristallformen und polymorphen Modifikationen bei Steroidhormonen.** 1. Mitt. M. Kuhnert-Brandstätter und H. Grimm. (Mikrochim. Acta [Wien] **1968**, 1, 115–26; Inst. für Pharmakognosie der Univ. Innsbruck; dt.) – Am Beispiel des *Cortisonacetats* u. des *β-Östradiols* wird gezeigt, daß Steroidhormone eine außergewöhnlich große Neigung zur Bldg. von lösungsmittelhaltigen Krist.-Formen besitzen. Auf Grund der Unters. reicht zur Identifizierung polymorpher u. pseudopolymorpher Modifikationen die IR-Spektroskopie allein nicht aus. Sie muß mit der Thermomikroskopie kombiniert werden. Hierbei werden die bei der Zers. lösungsmittelhaltiger Krist. entweichenden Gase dadurch sichtbar gemacht, daß die Krist. in Siliconöl erhitzt werden. Beim Cortisonacetat werden 11 pseudopolymorphe Krist.-Formen hergestellt, denen 2 polymorphe Modifikationen gegenüberstehen. K. Henning G 3700

1626 **Unterscheidung von lösungsmittelhaltigen pseudopolymorphen Kristallformen und polymorphen Modifikationen bei Steroidhormonen.** 2. Mitt. M. Kuhnert-Brandstätter und H. Grimm. (Mikrochim. Acta [Wien] **1968**, 1, 127–39; dt.) – 1. vgl. vorst. Referat. – *Reichstein-S-acetat* (I), *Dexamethasonacetat* (II), *β-Östradiol* (III), *Methandriol* (IV), *Dehydropregnenolon* (V), *Androsteron* (VI) u. *Stanolon* (VII) werden mit Hilfe der IR-Spektroskopie u. Thermomikroskopie auf ihre Fähigkeit zur Bldg. von pseudopolymorphen Krist. untersucht. Bei III wurden 30 Lsgm. untersucht, bei IV 16, die alle pseudopolymorphe Krist.-Formen ergeben. Ähnlich liegen die Verhältnisse bei II. I u. V vermögen dagegen nur Lsgm. mit O-Funktion festzuhalten. VI u. VII krist. nicht mit organ. Lsgm., sie bilden nur Hydrate. K. Henning G 3700

1627 **Organische Synthese im Mikrogrammbereich.** 3. Mitt. **Trennung und Reinigung von Steroiden.** Bertram J. Marcus und T. S. Ma. (Mikrochim. Acta [Wien] **1968**, 2, 436–41; City Univ. of New York, Brooklyn, N.Y.; engl.) – 2. vgl. C. **1968**, 31-2052. – Angegeben wird die Trennung der Ketosteroide von Steroiden, die keine CO-Gruppe enthalten. Es können z. B. 5 μg/μl-Gemische von *Pregnan-3α.20β-diol* (I), *Progesteron* u. *Testosteron* auf vorbeschichtete Silicagel-GF-254-Platten mit $CHCl_3$/CH_3OH (99 : 1, v/v) in 45 Min. getrennt werden. Identifiziert werden die Ketosteroide im UV-Licht, I durch Joddämpfe, die braune Flecken ergeben. Überschüssiges J_2 wird bei 100° verflüchtigt. Anschließend wird die Fläche, in der sich die getrennten Steroide befinden, nach Drehen um 90° mit 2.4-Diphenylhydrazin angesprüht u. nach 10 Min. 5 Min. lang auf 100° erhitzt. Die Rk.-Prod. können in $CHCl_3$/Äthylacetat (7 : 3, v/v) getrennt werden, wobei Ketosteroide gelbe Flecken ergeben. Die gebildeten 2.4-Dinitrophenylhydrazone können durch direkten Umsatz auf der Platte mit $SnCl_2$-Lsg. in verd. HCl in die entsprechenden Ausgangssteroide zurückverwandelt werden. K. Henning G 3700

1628 **Proteinmikrobestimmung mit Hilfe von Nitrocellulosemembranfiltern.** Hirozi K. Kihara und Harumi Kuno. (Analyt. Biochem. [New York] 24 (1968) 1, 96–105; School of Med., Keio Univ., Tokyo; engl.) – Da die üblichen Protein (A)-Best. (Biuret-, Folin-Phenol-Meth., UV-Absorption) durch einige Chemikalien, wie Tris/HCl-Puffer, Mg^{2+}, β-Mercaptoäthanol, Thioglykolsäure oder Nucleotide gestört werden u. die Fällung mit TCA bei geringen A-Konz. unvollständig ist, empfehlen Vf. folgenden Weg: 5—60 µg A in 0,1 m $MgCl_2$-Lsg. werden durch einen Nitrocellulosemembranfilter (Schleicher & Schüll B-6, ∅ 27 mm) filtriert u. dann mit 2,5 ml $MgCl_2$-Lsg. nachgewaschen. Mit 3 ml einer 0,1 %ig. Lsg. von Amidoschwarz in CH_3COOH/Methanol/W. (1 : 5 : 4) wird A angefärbt u. überschüssiger Farbstoff anschließend mit 2 ml 1 %ig. CH_3COOH ausgewaschen. Das angefärbte A wird mit 3,5 ml 0,1 n NaOH-Lsg. eluiert u. bei 620 nm photometr. bestimmt. Die Vers. über den Einfl. von Salzen u. deren Ionenkonz. auf die Bindungskapazität wurden mit *Rinderserumalbumin*, *Protaminsulfat*, *Poly-DL-alanin* u. ^{14}C-markiertem A aus *E. coli* durchgeführt. Die durch Detergenzien, wie Na-Dodecylsulfat oder Benzethoniumchlorid, hervorgerufenen Störungen können durch Verw. höherer $MgCl_2$-Konz. eliminiert werden. P. Ziska G 4080

1629 **Elementaranalyse markierter DNS durch Röntgenfluoreszenz.** L. Zeitz und R. Lee. (Analyt. Biochem. [New York] **23** (1968) 3, 442—58; Div. of Biophys., Sloan-Kettering Inst., New York, N.Y.; engl.) — Beschreibung eines Röntgenstrahlemissionsverf. bei dem Atomionisationen durch Röntgenstrahlen verursacht werden u. die Energieverteilung der resultierenden Fluoreszenzstrahlung durch disperse oder nichtdisperse Analyse bestimmt wird. Dispersionsanalysen durch Brechung oder Bragg-Reflexion werden mit einem Krist.-Monochromator ausgeführt. Untersucht wird der Grad der Verdrängung von Thymin durch halogenierte Uracile in DNS. Der Fehler der Verdrängungsbest. hängt von dem Ausmaß der Verdrängung ab. U. Drehmann G 4090

G-4. Analyse biologischer Materialien, forensische Analyse

1630 **Osmium enthaltende Verbindungen mit multiplen basischen und sauren Gruppen als Färbemittel für Ultrastrukturuntersuchungen.** Arnold M. Seligman, Hannah L. Wasserkrug, Chandicharan Deb und Jacob S. Hanker. (J. Histochem. Cytochem. [Baltimore] **16** (1968) 2, 87—101; Dep. of Surgery Sinai Hosp. of Baltimore and Johns Hopkins Univ., School of Med., Baltimore, Md.; engl.) — Reagenzien mit multiplen bas. Gruppen wurden hergestellt aus OsO_4 mit Thiocholinchlorid, 2-(Dimethylamino)-äthanthiol, N.N-Dimethyläthylendiamin u. Tetramethyläthylendiamin. Die multiplen sauren Gruppen wurden eingeführt durch Verb. mit Mercaptoessigsäure, Mercaptobernsteinsäure, Glycin, Asparaginsäure, Glutarsäure u. Maleinsäure. Außerdem wurde ein amphoteres Reagenz aus OsO_4 u. Argininmonohydrochlorid synthetisiert. Verschiedene Rattenorgane, wie Duodenum, Dünndarm, Trachealknorpel u. Hypophysenvorderlappen wurden in gepuffertem 5 %ig. Glutaraldehyd fixiert. Die mit dem LKB-Ultrotom angefertigten Ultradünnschnitte wurden 3—18 Std. in eine 1 %ig. wss. oder 2 %ig. Lsg. in 95 %ig. A. obiger Verb. gebracht. Außerdem wurden mit ihnen auch Färbungen lichtmkr. Schnitte vorgenommen. Bei letzteren entsprach die Färbung mit bas. Os-Verb. im wesentlichen der mit Alzianblau. Die Färbung mit sauren Os-Verb. war weitgehend mit dem Ergebnis einer Eosinfärbung identisch. Elektronenmkr. stellten sich je nach der verwendeten Os-Verb. unterschiedliche Zellorganellen bevorzugt dar. Die Anfärbung entsprach jeweils dem mehr sauren oder bas. Charakter der Gewebeanteile. A. Hecht 5201

1631 **Instrumentelle Aktivierungsanalyse von Pflanzengewebe.** E. Steinnes. (Talanta [London] **14** (1967) 7, 753—57; Isotope Labor., Inst. of Atomenergi, Kjeller, Norway; engl.) — Im Gewebe der Blätter von *Picea abies* wurden *Br*, *Mn*, *P*, *K*, *Na* u. *Zn* zerstörungsfrei durch Aktivierungsanalyse u. γ-Spektrometrie bestimmt u. für P u. K auch β-Zählungen durchgeführt. Die Meth., die auch auf andere pflanzliche Materialien übertragen werden kann, ist bes. für Mn- u. Zn-Analysen geeignet. U. Drehmann 5206

1632 **Beziehung zwischen Luftverschmutzung und Schwefelgehalt im Laub der Innenstädte von Yokohama und Kawasaki.** Kiichi Yamashita, Yoshihisa Ishizuka, Syogo Ochiai, Yoshio Saiki und Osamu Niikura. (Japan Analyst **16** (1967) 11, 1251—53; Yokohama-shi, Minami-ku, Kanagawa Prefect. Gov., Plans and Studies Dep., Publ. Hazards Div.; jap., Auszug: engl.) — Vf. fanden eine direkte Abhängigkeit zwischen dem S-Geh. von Laub u. dem SO_2-Geh. der Luft. Am Rand von Industriegebieten war der S-Geh. mit 0,39 % in *Chamaecyparis obtusa*, 0,43 % in *Cryptomeria japonica* u. 0,50 % in *Chamaecyparis pisifera* 3-, 4- bzw. 2mal so hoch wie in Gebieten mit reiner Luft. I. Degen 5206

1633 **Spektralanalytische Bestimmung von Titan, Kobalt und Antimon in Lawsonia.** A. I. Černova. (Zav. Labor. **34** (1968) 9, 1072—73; russ.) — Zur Verringerung der Verluste beim Veraschen der Proben für die spektroskop. Unters. wird nach 2 Verf. gearbeitet; mit u. ohne Zusatz von SiO_2. Das Veraschen der organ. Substanz erfolgt im Porzellantiegel bei 400—600° während 5—6 Std.; nach dem Erkalten wird der Rückstand in einer Achatschale sorgfältig homogenisiert u. diese Proben wie bekannt spektroskop. (ISP-28) untersucht. E. Pfluger 5206

1634 **Isoelektrische Fokussierung von Pflanzenpigmenten.** Mats Jonsson und Erling Pettersson. (Sci. Tools [Stockholm] **15** (1968) 1, 2—6; Gothenburg, Chalmers Inst. of Technol., Dep. of Phys. Chem.; engl.) — Aus den Rohsäften von roten Rüben, Heidelbeeren, schwarzen Johannisbeeren u. Erdbeeren u. dem Rohextrakt von schwarzem Tee wurden die Farbstoffe durch isoelektr. Fokussierung in einem von pH 2—7 verlaufenden Gradienten aufgetrennt. Guntram Seltmann 5206

1635 **Anwendungen von Häufigkeitsverteilungskurven, die mit Hilfe von Computern berechnet wurden.** 1. Mitt. **Qualitätskontrolle.** N. Ressler und L. S. Whitlock. (Clin. Chem. [New York] **13** (1967) 11, 917—30; Dep. of Pathol. and Biol. Chem., Univ. of Mich., Ann Arbor, Mich.; engl.) — Die beschriebenen Anwendungen von laboratoriumseigenen individuellen Häufigkeitsverteilungskurven, die mit Hilfe elektron. Datenverarbeitungssyst. automat. kompiliert werden können, auf Probleme der Gütekontrolle im klin.-chem. Labor. beinhalten eine Verifizierung der Gültigkeit von Ergebnissen, die mit Hilfe einer bestimmten Meth. erhalten wurden, im Hinblick auf die für jeden Fall diagnost. Klassifizierung aufgestellten Häufigkeitsverteilungen sowie die Best. der Konstanz dieser Verteilungen. Der relative Wert unterschiedlicher Prüfmeth. zur diagnost. Unterscheidung läßt sich aus dem Grad der Überlappung der verschiedenen Häufigkeitsverteilungskurven ablesen. Die individuellen Verteilungskurven eignen sich auch zur Ermittlung der Reproduzierbarkeit eines gegebenen Prüfverfahrens. Gerhard Schulze 5208

1636 **Anwendungen von Häufigkeitsverteilungskurven, die mit Hilfe von Computern berechnet wurden.** 2. Mitt. **Ermittlung der diagnostischen Signifikanz von Prüfergebnissen durch mehrdimensionale Analyse.** N. Ressler und L. S. Whitlock. (Clin. Chem. [New York] **13** (1967) 11, 931—40; engl.) — 1. vgl. vorst. Referat. — Die Meth. zur Best. der diagnost. Signifikanz der Testergebnisse beruht auf der Lage eines Testwertes im Hinblick auf die Häufigkeitsverteilungskurven von Patienten mit einer bestimmten Krankheit u. von solchen ohne diese Krankheit. Tritt eine Überlappung der beiden Kurven an der Stelle des Testwertes auf, lassen sich die Ergebnisse in einem Wahrscheinlichkeitsmaß der Zuordnung ausdrücken. Dadurch ist die Zusammenfassung der Wahrscheinlichkeiten einer Reihe von Tests zu einer einzigen Gesamtwahrscheinlichkeit möglich. So läßt sich die wahrscheinlichste Diagnose auf Grund aller durchgeführten Tests sowie die am besten unterscheidende Kombination von Tests für eine bestimmte Diagnose angeben. Die Meth. enthält keine Parameter u. eignet sich zur automat. Auswertung in Datenverarbeitungssystemen. Gerhard Schulze 5208

1637 **Vereinfachte Methode zur Bestimmung von Calcium-45 in biologischem Material durch Gelszintillationszählung.** R. A. Turpin und J. E. Bethune. (Analytic. Chem. **39** (1967) 3, 362—64; Dep. of Med., Univ. of Southern Calif., School of Med., Los Angeles, Calif.;

engl.) — Beschreibung einer einfachen, schnellen, genauen u. Ca in jeder Form leicht erfassenden Meth., die bes. zur Best. kleiner Ca-Mengen in biolog. Material geeignet ist. Einige ml der zu untersuchenden Lsg. werden nach Träger-Ca- u. 2.2-Dimethoxypropanzugabe mit Cab-O-sil gemischt u. in einem Packard Tri-Carb-Fl.-Szintillationszähler gemessen.
U. Drehmann 5208

1638 **Niedervolt-Trägerelektrophorese.** 2. Mitt. **Übersicht über ihre klinischen Anwendungsmöglichkeiten.** R. Clotten und F. Mitze. (G-I-T Fachz. Lab. **12** (1968) 5, 480—82; Freiburg/Br.; dt.) — 1. vgl. Sonderheft Labormedizin **1968,** 418—30. — Vf. beschreiben die Trennung von Lipoproteiden, Hämoglobinen, Glykoproteinen u. von niedermol. Verb. (Aminosäuren, Porphyrine, Indol- u. Phenolsäuren).
H.-D. Schenke 5208

1639 **Bestimmung von Xanthin und Guanin in Mikrogrammengen.** H. Rinderknecht und P. Silverman. (Mikrochim. Acta [Wien] **1968,** 4, 819—26; Univ. of Southern Calif., School of Med., Los Angeles, Calif.; engl.) — Xanthin u. Guanin reagieren mit diazotierter Sulfanilsäure sowohl auf entwickelten Chromatogrammen als auch in wss. Lsg., so daß durch Extinktionsmessung bei 410 nm der Geh. photometr. im Bereich von 0 bis 12 μg/ml erfaßt werden kann. Zur Diazotierung gibt man gleiche Mengen 5%ig. (w/v) $NaNO_2$-Lsg. u. 1%ig. (w/v) Sulfanilsäurelsg. in 1n HCl bei 5^0 zusammen u. gießt nach 5 Min. über das 6fache Vol. gekühlter Na_2CO_3-Lösung. Zur Best. gibt man 0,4 ml diazotierter Sulfanilsäure zur Probe in 1 ml bei 5^0 vorgekühlter 0,5m $NaCO_3$-Lsg., fügt nach 15 Min. 0,15 ml konz. HCl hinzu u. mißt nach 10 Min. die Extinktion gegen eine Blindlösung. Nucleinsäurederiv. stören nicht. Zur Analyse von Magenschleim wird zentrifugiert, über eine Säule aus Sephadex G-25 gegeben u. wie oben analysiert.
K. Henning 5208

1640 **Reaktion zwischen Tryptophan und Ascorbinsäure: Fehlerquelle bei der Prüfung der Tryptophanoxygenase (Tryptophanpyrrolase).** Gene A. Morrill, Leonard A. Feiner und Adele B. Kostellow. (Analyt. Biochem. [New York] **23** (1968) 2, 335—41; Albert Einstein Coll. of Med., Yeshiva Univ., New York, N.Y.; engl.) — Die Zugabe von Ascorbinsäure (**I**) zum Meßansatz der Tryptophanpyrrolase (**II**) ergibt einen progressiven Anstieg der Extinktion bei 321 u. 365 nm, welcher sich von dem aktivierenden Effekt auf die Enzymaktivität unterscheidet. Es gibt mindestens zwei Nebenreaktionen. **I** unterliegt in einer Phosphatpufferlsg., einer metallkatalysierten Ox., wobei sich Prod. bilden, die im 300-nm-Bereich absorbieren. Durch Zugabe von EDTA kann dieser Vorgang verhindert werden. Die zweite Rk. ist die zwischen **I** u. Tryptophan (**III**). Im Gegensatz zur ersten Rk. läßt sich dieser Extinktionsanstieg durch EDTA nicht verhindern. Der Anstieg setzt sich ca. 2 Std. lang bei 37^0 fort u. wird durch Zugabe von Hämatin nicht verändert. Die Geschw. der Bldg. des absorbierenden Materials steigt mit der **III**-Konz. u. ist bei äquimolarem Verhältnis **III**/**I** maximal. In Ggw. von EDTA steigt die Extinktion mit wachsender **III**-Konz. an. Es gibt keine Differenz in der Rk.-Geschw. bei D- u. L-Tryptophan. Zugabe von enzymat. aktiviertem Protein verändert die Rk.-Geschw. nicht. Aus der Unters. geht hervor, daß bes. bei geringer **II**-Aktivität der Fehler durch diese 2. Rk. sehr groß ist. Vf. empfehlen, $NaBH_4$ oder Cystein als Aktivator der **II** zu verwenden, da sie nicht mit **III** reagieren u. keine bei 300 nm absorbierenden Prod. bilden.
H. Wolf 5208

1641 **Bestimmung der relativen, spezifischen Radioaktivität von [^{3}H]-Proteinen in Acrylamidgel.** D. F. Cain und R. E. Pitney. (Analyt. Biochem. [New York] **22** (1968) 1, 11—20; Labor. of Biochem., Dep. of Animal Biol. School of Veter. Med., Univ. of Pa., Philadelphia, Pa.; engl.) — Bei einem Verf. zur diskontinuierlichen vertikalen Glasplattenelektrophorese bei pH 8,9 in einem Äthylendiacrylat-Acrylamidgel wird das segmentierte Gel nach der Färbung stückweise mit 1 m NH_3-Lsg. behandelt u. der proteingebundene Farbstoff photometr. gemessen. Nach Verdunsten der NH_3-Lsg. werden die Proben in NCS u. einer Szintillationsfl. gelöst u. ^{3}H mit einer Effektivität von 26—30% gemessen.
U. Drehmann 5208

1642 **Bestimmung kleiner Kohlenmonoxidgehalte in biologischem Material.** H. Wieczorek. (Mikrochim. Acta [Wien] **1968,** 4, 802—05; Inst. für gerichtl. u. soziale Med., FU Berlin; dt.) — Das als CO-Hämoglobin vorliegende CO wird aus der Blutprobe in Ggw. von 40 mg Saponin, 1 Tropfen Siliconentschäumer u. 3 ml 50%ig. H_3PO_4 im N_2-Strom entbunden, mit J_2O_5 bei 100^0 umgesetzt u. das freigelegte J_2 über die Jodstärkerk. photometr. bestimmt. Oxydable Substanzen werden vorher durch Überleiten über Chromschwefelsäure auf Silicagel u. danach über Natronkalk gebunden. Bei Verw. von 3 ml Blut liegt die Nachw.-Grenze bei 0,4% CO-Hämoglobin, u. bei einem J-Verbrauch von 13—15 μg/ml beträgt der relative Fehler $\pm 0,17$%.
K. Henning 5212

1643 **Analysen von hitzekoaguliertem Blut und Serum. Bestimmung des Kreatinins.** Morris London, Ida A. Freiberger und Jesse H. Marymont jun. (Clin. Chem. [New York] **13** (1967) 11, 970—75; Manhasset, N.Y., North Shore Hospital Mildred Werner Cancer Res. Labor.; engl.) — 0,2 ml Serum werden in einem Röhrchen mit flachem Boden u. 25 mm ∅ unter Verschluß durch Al-Folie 2 Min. lang im sd. W.-Bad u. nach Zusatz von 2 ml W. 60 Min. lang bei 37^0 gehalten. In der Lsg. läßt sich Kreatinin (**I**) mit einem alkal. Pikratreagenz photometr. bestimmen. Die Eichkurve ist nicht linear. Bei einem modifizierten Verf. extrahiert man die Hitzekoagulate mit Lloyds Reagenz statt mit H_2O. Beide Meth. sowie die Best. nach Haden unter Verw. von Wolframsäure (**II**) bei Serumproben mit Zusatz bekannter Mengen **I** werden miteinander verglichen. Die besten Ergebnisse erhielt man mit der wss. Extraktion der Koagulate, was Vf. vor allem auf die bessere pH-Konstanz zurückführen. Die Enteiweißung durch **II** ergibt Minderbefunde von 5—10%.
F. Bister 5214

1644 **Diskussionsbeitrag zu der Arbeit „Zur Methodik der enzymatischen Triglyceridbestimmung im Serum" von B. Willms und H. D. Söling.** G. J. Kremer und H. Talke. (Z. klin. Chem. **6** (1968) 3, 223; II. Med. Klinik der Univ., Mainz; dt.) — Vf. weisen darauf hin, daß Nichtbeachten des Leerwertes bei der enzymat. Triglycerid-(**A**)-Best. im Serum (**B**) zu einem bis um 15 mg **A**/100 ml **B** zu hohen Endergebnis führen kann. Um Schwierigkeiten beim direkten Einsatz von **B** in den opt. Test zu begegnen, sollten die **A** besser aus dem gewaschenen Folch-Sperry-Extrakt bestimmt werden. Statt der Verw. von $HClO_4$ zur Neutralisation des Verseifungsansatzes wird das Abstumpfen mittels 0,1 m $MgSO_4$-Lsg. empfohlen. Dadurch wird ein optimaler pH-Wert garantiert sowie das Entstehen von Trübungen verhindert.
P. Ziska 5214

1645 **Trennung von Maus-Immunoglobulinen über die Wasserlöslichkeit auf Sephadex G-25.** H. Bazin, M.-C. Savin und H. S. Micklem. (J. Chromatogr. [Amsterdam] **34** (1968) 2, 180—85; Labor. Pasteur de l'Inst. du Radium, Paris; engl.) — Zur Trennung der Immunoglobuline setzt man das Serum in W. oder 0,0001 m Phosphatlsg. mit einer Sephadex G-25 „Fein"- oder besser „Superfein"-Säule ins Gleichgew. u. eluiert mit 0,01 m Phosphatlsg. (pH 7,4), die 0,15 m an NaCl ist. Die Proteine werden in zwei Peaks eluiert; der 1. erscheint annähernd im Leervol. der Säule u. enthält das meiste IgA, 50—70% IgG, manchmal Spuren IgM u. den Hauptteil der Nicht-Immunoglobuline; der 2. enthält IgM, 30—50% IgG, 15—35% IgA u. etwas β-2C-Globulin. Durch einen weiteren Durchgang der Proteine des 2. Peaks durch eine Sephadex G-200-Säule erhält man reines IgM.
Jürgen Peters 5214

1646 **Anilin-Essigsäure-Methode zur Glucosebestimmung in Körperflüssigkeiten.** M. Gros und M. Smrekar. (Clin. chim. Acta [Amsterdam] **17** (1967) 3, 518—19; Ljubljana, Univ., Surgical Clinic, Clinicial Chem. Labor.; engl.) — Aromat. Amine reagieren in Essigsäure mit Glucose (**I**) unter Bldg. gefärbter Verbindungen. 0,5% Anilin in Eisessig reagieren mit **I** von Blut, Liquor oder verd. Harn beim Erwärmen im sd. W.-Bad (15 Min.)

unter Bldg. eines gefärbten Komplexes mit 2_{max} = 378 nm. Der normale I-Wert für Gesamtblut betrug nach dieser Meth. 75—110 mg/100 ml. K. Maier 5224

1647 **Mehrfachentwicklung eindimensionaler Dünnschichtchromatogramme von Aminosäuren des Harns.** Roy B. Mefferd jun., Ruby M. Summers und Jorge G. Fernandez. (Analytic. Letters **1** (1968) 5, 279—83; Veterans Adm. Hosp., Houston, Tex.; engl.) — Durch 3malige chromatograph. Entw. von Aminosäuregemischen als Vgl.-Lsg. u. Harnproben auf Cellulose-Dünnschichtplatten mittels Butanol/CH_3COOH/W. (60 : 20 zu 20) lassen sich *Cystin* + *His · 2 HCl*, *Harnsäure*, *Lys*, *His · 1 HCl*, *Arg*, *Taurin*, *Kreatinin*, *Ser*, *Gly* + *Asp*, *Thr*, *Glu*, *Ala*, *Tyr*, *Trp* + *Met*, *Val*, *Phe* u. *Leu* trennen u. identifizieren. Die quant. Auswertung der Chromatogramme erfolgt durch visuellen Vgl. mit den in 3 verschiedenen Konz. aufgetragenen Standardlösungen. P. Ziska 5224

1648 **Fluorimetrische Bestimmung des Bilirubins.** Marc Roth. (Clin. chim. Acta [Amsterdam] **17** (1967) 3, 487—92; Labor. Central de l'Hôpital Cantonal Univ., Genève; franz.) — Zur Best. des Gesamtbilirubins (I) im Serum werden 50 μl mit 0,6 ml H_3PO_4 (85%ig.) gemischt, nach 1 oder mehreren Min. 3 ml W. zugesetzt u. die Fluoreszenz gemessen (maximale Erregung u. Fluoreszenz bei 435 u. 500 nm). Die Ergebnisse stimmen mit denen der Diazokupplungsmeth. gut überein. Zur Verstärkung der Fluoreszenz ist Albumin (II) erforderlich. Serumproben mit > 110 mg I/l werden mit 6%ig. Rinder-II-Lsg. verdünnt. Zur I-Best. im Harn verd. man 50 μl mit 50 μl 6%ig. II-Lsg. u. 0,6 ml 85%ig. H_3SO_4 u. setzt nach 1 Min. 3 ml W. zu. Gesamt-I im Serum von 36 gesunden Personen wurde zu 3,5—9,9 mg/l gefunden. K. Maier 5224

1649 **Extraktion von Uroporphyrin mit Tri-n-butylphosphat an festen Filterböden.** H. Mundschenk. (Z. analyt. Chem. **238** (1968) 1, 25—43; I. Med. Klinik u. Poliklinik, Johannes-Gutenberg-Univ., Mainz; dt.) — Durch Extraktion an mit TBP imprägniertem Kieselgel kann Uroporphyrin im ppb-Bereich selbst bei einem 10^4 bis 10^6fachen Überschuß an anorgan. Salzen u. organ. Stoffwechselprod. in vergleichsweise hoher Reinheit abgetrennt werden. Bereits Kontaktzeiten zwischen wss. Phase u. Filterboden von wenigen Sek. genügen, um den Hämpräkursor quant. zu extrahieren. Die Halbwertszeit des Extraktionsvorganges beträgt $t_{1/2} = 0{,}55_2$ s, was einer zur Abscheidung erforderlichen Kontaktzeit (Extraktionsgrad 99,5%) von 4—5 Sek. entspricht. H.-D. Schenke 5224

1650 **Verbesserung des Phenylhydrazinsulfatreagenzes zur Bestimmung des Porter-Silber-Chromogens im Harn.** Osamu Nishikaze, Tamotsu Morita und Yoshihisa Iwamoto. (Med. and Biol. [Tokyo] **75** (1967) 2, 52—57; Sapporo, Hokkaido-Daigaku, Igakubu; jap.) — Zur Best. des Porter-Silber-Chromogens in menschlichem Harn ist eine Lsg. von 1 mg Phenylhydrazon (I) in 1 ml eines Gemisches aus 66 Vol.-Teilen A., 64 Vol.-Teilen konz. H_2SO_4 u. 36 Vol.-Teilen W. besser geeignet als die bisher übliche Zusammensetzung. E. Maekawa 5224△

1651 **Isolierung und Reinigung der Metaboliten im Harn von mit Aldrin und Dieldrin gefütterten männlichen Ratten.** A. K. Klein, J. D. Link und N. F. Ives. (J. Assoc. off. analyt. Chemists **51** (1968) 4, 895—98; Washington, D.C., Food and Drug Adm., Bur. of Sci., Div. of Food Chem.; engl.) — Beschreibung eines Verf. zur Isolierung, Extraktion mit A./Ae./PAe. u. Reinigung durch Chromatographie über eine Florisil-Säule von im Rattenharn gefundenen Metaboliten von Aldrin (I) u. Dieldrin (II). Verfütterung von I u. II an Ratten führt zu dem gleichen Stoffwechselprod., das giftiger ist als I bzw. II, durch Kochen mit 2%ig. alkohol. KOH zerstört wird u. einen Epoxid-Ring im Mol. enthält. Summenformel: $C_{12}H_7O_2Cl_5$. • A.-M. Fretzdorff 5224

1652 **Verbesserte Methoden zum Nachweis und zur Bestimmung geringer Mengen von Imipramin (Tofranil) und einigen seiner Metaboliten.** Gerold Schneider. (Z. analyt. Chem. **237** (1968) 1, 38—49; Cécile u. Oskar Voigt-Inst., Neustadt (Schwarzwald); dt.) — Dem Bedürfnis nach höherer Nachw.-Empfindlichkeit des Psychopharmakons Imipramin (I) auf Papierchromatogrammen kommen die Vers. der Vf. nach, die Empfindlichkeit herkömmlicher Nachw.-Meth., des Azo-Reagenzes nach Herrmann (II) u. des Schwefelsäure-Reagens nach Crammo u. Scott (III), zu steigern. Die Empfindlichkeit von II kann durch Erwärmen der mit Reagenz besprühten Chromatogramme auf 37° im Dunkeln erreicht werden. Dabei entwickelt sich die maximale Farbintensität 45 Min. nach Beginn der Wärmebehandlung. Die Empfindlichkeitssteigerung beträgt für I das 20fache, für *Desmethylimipramin* (IV) u. *Didesmethylimipramin* (V) das 10fache u. für *Iminodibenzyl* (VI) das 5fache. Die HCl-Eluate zeigen bei 585 nm ein Absorptionsmax., sind aber instabil. Elution mit Methanol führt zu stabilen Eluaten, jedoch erfolgt Farbumschlag von Blau nach Gelb, bei VI nach Himbeerrot. Letzteres kann zur Identifizierung von VI herangezogen werden. Unter standardisierten Bedingungen sind beide Elutionsverf. geeignet. Die Steigerung der Empfindlichkeit des Nachw. mit III gelingt durch ein modifiziertes Reagenz u. Behandlung der Chromatogramme mit nitrosen Gasen. Die Empfindlichkeitssteigerung beträgt für I das 20fache, für IV das 10fache, für V das 8fache u. für VI das 2fache. Eine Stabilisierung des Farbkomplexes von I ist im Orig. angegeben. Die Elution der Chromatogramme kann mit 50%ig. H_2SO_4 erfolgen. Die Eluate müssen zur Best. in stabile Farbkomplexe übergeführt werden. Zusammenfassend empfehlen die Vf. das Arbeiten mit dem modifizierten H_2SO_4-Reagenz zur spezif. Best. von geringen Mengen I u. seiner Metabolite. H. Wolf 5228

1653 **Halbquantitative Bestimmung im Mikrobereich von Eisen, Kupfer, Nickel und Zink in Blut und Gewebe durch Zirkular-Dünnschichtchromatographie.** M. H. Hashmi, Farhat Rafique Chughtai, N. A. Chughtai, Abdur Rashid und Maqbool Ahmad Shahid. (Mikrochim. Acta [Wien] **1968**, **4**, 712—18; West Regional Labor., Pakistan Council of Sci. and Ind. Res., Lahore, West Pakistan; engl.) — Nach dem Veraschen des Probematerials im Porzellantiegel bei 700° wird in 7 m HCl gelöst, Fe(III) mit 5 ml MIBK/Amylacetat (2 : 1) extrahiert, die organ. Phase 5mal mit je 2 ml 50%ig. HCl gewaschen u. der Geh. an Fe(III) bestimmt. Die wss. Lsg. wird zusammen mit dem Waschwasser mit $NaHCO_3$ neutralisiert u. Cu, Co, Ni u. Zn mit 0,5 ml Py., 1 ml 50%ig. NH_4SCN-Lsg. u. 10 ml $CHCl_3$ extrahiert. Von der $CHCl_3$-Phase wird auf 400 μm dicken Schichten aus Al_2O_3 DS-5 mit $CaSO_4$ bzw. aus Cellulosepuder für Fe, Cu, Co, Ni bzw. Zn das Zirkular-Dünnschichtchromatogramm mit dem Fließmittel Aceton/4 m HCl/Acetylaceton (45 : 3 : 2) während 1—2 Min. entwickelt. Anschließend kann mit verschiedenen Reagenzlsg., wie Tanninsäure, Oxin, $K_4[Fe(CN)_6]$, Dithizon u. ähnlichen, zur Identifizierung angesprüht werden. Durch Vgl. mit einem Standardchromatogramm wird auf den Geh. geschlossen. Der Fehler liegt bei ± 5%. R_F-Werte sind angegeben. K. Henning 5230

1654 **Demonstration der Untereinheitenstruktur von Alphakristallin durch isoelektrische Fokussierung.** Hans Bloemendal und John G. G. Schoenmakers. (Sci. Tools [Stockholm] **15** (1968) 1, 6—7; Nijmegen, Univ. of Nijmegen, Dep. of Biochem.; engl.) — Durch isoelektr. Fokussierung in 6 m Harnstofflsg. konnte gereinigtes α-Kristallin aus Augenlinsen in 3 aus jeweils mehreren Fraktionen bestehende Untergruppen zerlegt werden (isoelektr. Punkte 5.7, 6.07 u. 7.42). Guntram Seltmann 5232

1655 **Gaschromatographische Barbituratbestimmung. Praktische Anwendung in der Toxikologie.** G. Machata und H. J. Battista. (Mikrochim. Acta [Wien] **1968**, **4**, 866—74; Inst. für gerichtl. Med., Univ., Wien; dt.) — Die gaschromatograph. Trennung von Barbitursäurederiv. (I), z. B. von *Phenobarbital*, *Cyclobarbital* u. *Nirvanol*, kann aus Glassäulen (2 m × 2,7 mm Innendurchmesser) an 4% Apiezon M, 0,5% Carbowax 20 M, 1% SE-30 oder 2,5% SE-52 auf silanisiertem Chromosorb G ausgeführt werden, indem Lsg. aus Aceton oder $CHCl_3$ bei 300° Einlaßtemp. injiziert werden. Als Trägergas dient N_2 mit einer Durchflußgeschw. von 36, 27, 26 bzw. 25 ml/

min, u. die Säulentemp. beträgt 215°, 215°, 165° bzw. 200°. Identifiziert wird mit einem FID mit 35 ml H_2/min u. 350 ml Preßluft/min bei einer Temp. von 300°. Zur Analyse biolog. Materials kann nach der Meth. von Stas-Otto oder Curry [Stevenson, Analytic. Chem. **38** (1966) 148] aufgearbeitet u. mit dem Extraktionsapparat nach Glendi, Kisser u. Machata (ibid. **1965,** 120) mit Ae. extrahiert werden. Die Nachw.-Grenze liegt bei 0,5—1 μg I. K. Henning 5234

1656 **Einfache Sauerstoffelektrodenkammer und Methode zur Messung der photosynthetischen O_2-Entwicklung.** Peter M. Shugarman und David Appleman. (Analyt. Biochem. [New York] **18** (1967) 2, 193—202; Los Angeles, Calif., Univ. of Calif., Dep. of Botan. Sci.; engl.) — Vf. beschreiben eine App. zur Best. von O_2 bei der Photosynth. mit Hilfe einer O_2-Elektrode. Als Rk.-Gefäß dient eine zylindr. Kammer aus Lucite, die ca. 4 ml der zu untersuchenden Lsg. aufnehmen kann u. in die seitlich eine O_2-Elektrode eingesetzt ist. Durch Eindrehen einer kon. Schraube kann die Lsg. luftblasenfrei gemacht werden. Das Vermischen der Lsg. erfolgt mit einem Magnetrührer (800 U/Min.). Die Kammer wird durch W.-Kühlung auf einer konst. Temp. von 20,0 ± 0,1° gehalten. Der an die Elektrode angeschlossene elektron. Kreis gestattet die Aufnahme des Elektrodenstromes mit einem Schreiber ohne zusätzliche Verstärkung. Es wird eine Polarisationsspannung von 0,67 V benutzt. Als Lichtquelle für die Photork. dient eine „kalte" 300-W-Lampe. Mit dieser App. wurde die photosynthet. O_2-Entw. von Chlorella-Zellkulturen untersucht. Die mittlere Abweichung der mit dieser App. erhaltenen Daten betrug 1,7%. Die Elektrode reagiert sehr schnell auf den Wechsel hell—dunkel u. auf den Zusatz von Hemmstoffen. Frank Hofmann 5236

G–5. Analyse technischer Produkte

1657 **Ferngesteuerte polarographische Bestimmung von Uran in Abfallösungen von Aufbereitungsprozessen.** Satoru Emura und Susumu Sugikawa. (Japan Analyst **16** (1967) 12, 1345—50; Ibaraki-ken, Tokai-mura, Japan Atomic Energy Res. Inst.; jap., Auszug; engl.) — Zur Verhinderung von Störungen der Best. durch organ. Lsgm. (TBP) u. durch HNO_2 werden der Probelsg. $(NH_4)_2SO_4$ u. Harnstoff zugesetzt. 500 μl der Probelsg. werden mit 5 ml Leitelektrolyt [3,5 m $(NH_4)_2SO_4$, 1 m HNO_3, 0,1 m Harnstofflsg.] versetzt u. nach 15 Min. langem Spülen mit N_2 im Wechselstrompolarographen von —0,3 bis —0,9 V gemessen. Für synthet. Abfall-lsg. mit $9{,}0 \cdot 10^{-4}$ bis $5 \cdot 10^{-2}$ Mol U/l wurde eine Standardabweichung von < 2,5% gefunden. Die Genauigkeit von ferngesteuerten Analysen u. manuell durchgeführten Best. ist etwa gleich. I. Degen 5241

1658 **Anwendung des differenzierenden Stromkreises für potentiometrische Titrationen.** 2. Mitt. **Bestimmung der freien Säure und des Urans in uranhaltigen Salpetersäurelösungen.** Nobuo Tsuji und Yu Yokoyama. (Japan Analyst **17** (1968) 8, 939—44; Ibaraki-ken, Tokai-mura, Power Reaktor and Nucl. Full Dev. Corp.; jap., Auszug: engl.) — In der ersten alkalimetr. Titration wird die freie HNO_3 bestimmt. In einer 2. Probe wird U durch Zusatz von H_2O_2 ausgefällt u. die Summe der freien u. der U-gebundenen HNO_3 durch alkalimetr. Titration ermittelt. In Ggw. von Al muß der Lsg. NH_4-Oxalat zugesetzt werden. Der relative Fehler der Best. ist < 3%. Die Best. wurden mit der in der 1. Mitt. beschriebenen App. durchgeführt. I. Degen 5241

1659 **Bestimmung von Phosphat in verschmutztem Flußwasser durch Extraktion mit n-Butylacetat.** Akinobu Tsuyama. (Japan Analyst **16** (1967) 12, 1376—78; Nagoya-shi, Mizuho-ku, Nagoya City Health Res. Inst.; jap., Auszug: engl.) — Nach Extraktion mit dem Lsgm. u. 0,7 n $HClO_4$ wird PO_4^{3-} als Molybdänblau durch photometr. Messung bei 725 nm bestimmt. Konst. Werte werden durch mehrstd. Stehenlassen bei 5—32° u. einer Acidität von 0,4—1,0 n erhalten. Die Best. wird durch Ggw. von < 100 mg Harnstoff, 10 mg Di- u. Tricarbonsäuren, 2 mg Lignin, 100 mg Monosaccharid, flüchtige Monocarbonsäuren, Formaldehyd u. Phenole nicht gestört. Bei Best. von 10 μg PO_4^{3-} ist die Wiederfindungsquote 94—108%. I. Degen 5242

1660 **Aufeinanderfolgende chelatometrische Titration von Mangan, Zink und der Summe von Calcium und Magnesium in saurem Minenabwasser.** Takao Yotsuyanagi, Taku Yamaguchi, Katsumi Goto und Masaichi Nagayama. (Japan Analyst **16** (1967) 10, 1056—61; Sapporo-shi, Hokkaido Univ., Fac. of Engng., Labor. of Analyt. Chem.; jap., Auszug: engl.) — In der Probelsg. wird zunächst die Summe Ca u. Mg bei pH 10 in Ggw. von KCN durch Titration mit EDTA gegen Thymolphthaleinkomplexon bestimmt. Mn wird dann durch Erhitzen der Lsg. mit Na-L-Ascorbat demaskiert u. durch Zusatz eines Überschusses an EDTA u. Rücktitration mit Mg-Lsg. bestimmt. Zn wird durch Zers. des Zn–CN-Komplexes mit Formaldehyd u. Titration mit EDTA bestimmt. I. Degen 5242

1661 **Infrarotabsorptionsspektrometrische Analyse von Automobilabgasen.** Shogo Ochiai und Yoshio Saiki. (Japan Analyst **17** (1968) 8, 1025—27; Yokohama-shi, Minami-ku, Kanagawa Prefectural Gov., Public Hazards Div., Plans & Studies Dep.; jap., Auszug: engl.) — Vf. bestimmten CO, CO_2, CH_4, $CH_2{=}CH_2$ u. $CH{\equiv}CH$ aus den IR-Banden bei 2360, 660, 1300, 950 bzw. 730 cm^{-1}. Die unteren Nachw.-Grenzen sind 0,1%, 0,3%, 0,02%, 0,02% bzw. 0,02%. Die Konz. der Gase in den Abgasen von 10 Automobilen war 1,0—9,7%, 2,6—10,0%, ca. 0,42%, ca. 0,13% bzw. ca. 0,42%. I. Degen 5242

1662 **Automatische Bestimmung von Wasserstoff in Chlor mit dem Solvay-Analysengerät ARLH.** A. G. Basilevsky. (Electrochem. Technol. **5** (1967) 5—6, 241—45; Electrochem. Processes, Inc., New York, N.Y.; engl.) — Die Best. beruht auf der Messung der Wärmeleitfähigkeit des Zellgases vor u. nach der Rk. von H_2 mit Cl_2 bei Bestrahlung mit UV-Licht. Der Meßbereich geht von 0 bis 5 Vol.-%; die Meßgenauigkeit beträgt 0,2% H_2. W. Wesly 5243

1663 **Analyse von Verunreinigungen in Nickel besonderer Reinheit.** M. Csajka, M. Ördögh und E. Szabo. (Acta chim. Acad. Sci. hung. **51** (1967) 2, 161—64; Central Res. Inst. for Phys., Budapest; engl.) — Es wird eine aktivierungsanalyt. Meth. zur Best. von As-, Cu-, Zn-, Sb- u. Bi-Spuren in Ni, das als Kathodenmaterial in Elektronenröhren Verw. findet, beschrieben. Nach der Bestrahlung werden die Verunreinigungen durch Ionenaustauschchromatographie getrennt. H. Glaser 5243

1664 **Mikroskopische Untersuchung von technischen Silicaten.** J. P. Roberts. (Épitőanyag [Baumaterial] **19** (1967) 3, 81—91; Leeds, Keram. Abt. der Univ.; ung.) — Übersicht über die Anwendung mkr. Meth. zur Unters. von keram. Stoffen, Glas u. Zement. — 103 Literaturangaben. I. Náray-Szabó 5244△

1665 **Bromphenolblau zur Unterscheidung von Kalkstein und Dolomit.** W. A. Schnitzer. (Zement-Kalk-Gips **20** (**56**) (1967) 1, 31—32; Erlangen; dt.) — Vf. benutzt zur schnellen Abschätzung des Kalk/Dolomit-Verhältnisses in Gesteinen u. Rohstoffen den intensiven Farbumschlag des Indikators Bromphenolblau in verd. HCl oder CH_3COOH. Der Umschlagspunkt (von Rotgelb nach Blau) liegt bei einem MgO-Anteil von 10—14%. I. Degen 5244

1666 **Analyse von metallkeramischem Material mit elektrochemischen Methoden.** G. W. C. Milner, A. J. Wood, G. Phillips und G. J. Weldrick. (Z. analyt. Chem. **224,** (1967) 1, 346—56; Anal. Chem. Branch AERE, Harwell; engl.) — Vf. bestimmen die Hauptbestandteile Pu, U u. Fe des Materials 15% (Pu, U)C–10% Fe. Dazu wird die Probe in HNO_3 gelöst u. anschließend zur Zers. organ. Substanz mit einem HNO_3/H_2SO_4-Gemisch behandelt. Pu^{6+} wird mit einem geringen Überschuß an Fe^{2+} zu Pu^{4+} reduziert. Der Fe^{2+}-Überschuß wird mit Ce^{4+}-Lsg. potentiometr. zurücktitriert. U u. F werden durch Coulometrie bei konst. Spannung bestimmt. Die Miterfassung des Pu bei der Fe-Best. muß berück-

sichtigt werden. Der Fehler liegt bei 0,25% für 10 mg U u. 1 mg Fe sowie 0,1% für 4 mg Pu.
H. Heegn 5244

1667 **Bestimmung von Gips in Calciumsulfathemihydrat durch Differentialthermoanalyse.** Katsuya Sato, Susumu Yamazaki und Kozo Senju. (Japan Analyst **16** (1967) 10, 1040—45; Tokyo, Chofu-shi, Shibasaki-machi, Shimadzu Seisakusho Ltd., Tokyo Res. Labor.; jap., Auszug: engl.) — Das Differentialthermogramm von $CaSO_4 \cdot 2\,H_2O$ weist 2 große endotherme Maxima auf, die bei der Entwässerung entstehen. $CaSO_4 \cdot 0{,}5\,H_2O$ weist nur ein Max. auf. Die Abhängigkeit der Höhe u. Fläche der Maxima vom Dihydratgeh. wurde durch abs. Eichung u. durch die Meth. des inneren Standards untersucht. Unter optimalen Bedingungen ist die genaue Best. von Gips in Gipsmörtel über einen weiten Konz.-Bereich möglich.
I. Degen 5244

1668 **Photometrische Bestimmung von Mikromengen Schwefel in Metallen nach Verbrennung und Reduktion.** Tsugio Takeuchi, Iwao Fujishima und Mitsuhiko Yamada. (Japan Analyst **16** (1967) 12, 1354—58; Nagoya-shi, Chikusa-ku, Univ., Fac. of Engng., Dep. of Synthet. Chem.; jap., Auszug: engl.) — Die Probe wird im calcinierten SiO_2-Tiegel unter O_2-Atmosphäre im Hochfrequenzofen verbrannt. Die S-Oxide werden bei 550° mit einem Ag-Drahtnetz gesammelt. Nach Verdrängen des O_2 aus der App. mit N_2 wird das Ag-Netz im H_2-Strom erhitzt u. das H_2S in alkal. Zn-Acetatlsg. absorbiert u. nach der Methylenblaumeth. bestimmt. Bei der Best. von 238 ppm S ist die Standardabweichung, 6,9 ppm. Mit der Meth. können Mengen von 1 μg S bestimmt werden.
I. Degen 5245

1669 **Phasenanalyse von ferritischem Stahl mit Hilfe intermetallider Verfestigung.** I. M. Dubrovina, D. N. Žarkova und E. F. Jakovleva. (Zav. Labor. **34** (1968) 8, 917—18; CNII černoj metallurgii im. Bardina; russ.) — Unters. der Phasenzus. von Stahl ÉP-503 mit 0,1(%) C; 0,46 Si; 0,60 Mn; 2,5 Cr; 8,1 W; 1,0 Nb; 0,60 Mo u. ca. 0,3 V. Das Verf. besteht in der elektrochem. Isolierung der Laves-Phase (A) u. der Carbide mit anschließender chem. Differenzierung der Phasen. Bestimmt werden die Menge u. Zus. der A auf Basis Fe_2W. Für die elektrochem. Isolierung der feindispersen A wird ein Elektrolyt aus 1150 ml Methanol, 50 ml HCl (D = 1,19) u. 20 g Ammoniumcitrat verwendet. Stromdichte 0,05 A/cm²; Temp. — 5°. Nach der Phasenzus. der A ergibt sich eine Formel $(Fe, Ni, Cr, V)_{1,7-1,9}(W, Mo, Nb)$. Gebracht werden die Ergebnisse der differenzierten chem. Analyse der isolierten Phasen von A u. die Geh. an W, Mo, V, C u. N in Nb(C, N).
E. Pfluger 5245

1670 **Infrarotabsorptionsspektren von Metalloxiden.** Ōhiko Kammori, Naoharu Yamaguchi und Kimitaka Sato. (Japan Analyst **16** (1967) 10, 1050—55; Ida, Kanagawa-ken, Kawasaki-shi, Yawata Iron and Steel Co., Ltd., Tokyo Res. Inst.; jap., Auszug: engl.) — Vf. untersuchten die Möglichkeit der Anwendung der IR-Spektrographie zur Analyse von nichtmetall. Einschlüssen in Stahl, zur Identifizierung von Korrosionsprod. u. bei Vers. der Oberflächenbehandlung von Stahl u. nahmen die Spektren von α-Al_2O_3, CaO, CeO_2, Co_3O_4, CrO_3, Cr_2O_3, CuO, FeO, α-Fe_2O_3, Fe_3O_4, MgO, MnO, NiO, PbO, PbO_2, Sc_2O_3, α-SiO_2, SnO, SnO_2, TiO_2, V_2O_3, V_2O_5, Y_2O_3, ZnO u. ZrO_2 im Bereich von 1400—400 cm⁻¹, in einigen Fällen auch im Bereich von 400—60 cm^{-1} auf (KBr-Preßlinge oder Nujolverreibung). Die Fe-Oxide FeO, α-Fe_2O_3, γ-Fe_2O_3 u. Fe_3O_4 können IR-spektroskop. unterschieden werden. CrO_3, PbO, SnO u. V_2O_3 können von Cr_2O_3 bzw. den entsprechenden höheren Oxiden unterschieden werden. Für Oxide vom NaCl-Typ, wie MgO, CaO, FeO usw., die nur eine Bande bei 400 cm^{-1} aufweisen, wurde die Kraftkonst. der M—O-Bindung für ein 2atomiges Mol. ber. (z. B. FeO 1,24 md/A). Spinelle, wie $MgAl_2O_4$, zeigen Kupplungsabsorptionen bei ca. 570 u. 390 cm^{-1}. SiO_2 kann in einem Gemisch von FeO, MnO, SiO_2, Cr_2O_3 u. Al_2O_3 erkannt werden. Zwischen Extinktion u. SiO_2-Geh. einer Probe besteht eine lineare Abhängigkeit.
I. Degen 5245

1671 **Bestimmung der Zusammensetzung von nichtmetallischen Einschlüssen in mit Ferrocer desoxydiertem Stahlblech.** E. V. Daškevič. (Zav. Labor. **34** (1968) 8, 938—39; Inst. černoj metallurgii, Dnepropetrovsk; russ.) — Der Stahl wird anod. in einem Elektrolyten aus 3(%) $FeSO_4$, 1 NaCl u. 0,2 Seignettesalz aufgelöst; als Isoliermembran dient ein Beutel aus Transparentpapier. Im anod. Rückstand wird das SiO_2 entfernt u. dann die Trennung der Sulfide u. Oxide durch Lösen in 10%ig. HCl durchgeführt u. in den getrennten Fraktionen Si, Al, Fe, Cr, Mn u. Ce bestimmt. Vf. bringen den Trennungsgang für die vorst. Elemente im Anodenrückstand.
E. Pfluger 5245

1672 **Bestimmung des Wasserstoff- und Sauerstoffgehaltes von Ferrolegierungen.** 2. Mitt. **Wasserstoffbestimmung in Ferromangan.** E. Lassner. (Z. Erzbergbau Metallhüttenwes. **20** (1967) 9, 420—22; Chemiker-Ausschuß der Ges. Dt. Metallhütten- u. Bergleute; dt.) — 1. vgl. C. **1968**, 41-2146. — Bezugnehmend auf Vgl.-Analysen sieben verschiedener Labor. wird für die H-Best. in Ferromangan (stückig u. pulverförmig) folgende optimale Arbeitsweise vorgeschlagen: Waschen der stückigen Proben in CCl_4 bzw. Einwägen der pulverförmigen Proben in Sn-Kapseln u. 3std. Trocknung bei 160—180°, Entgasung des Materials im Kohletiegel bei 1000—1100° ohne Badmetall, bis wieder ein konst. Blindwert erreicht ist. Die Entgasungsdauer hängt von der Saugleistung der im Extraktionsteil verwendeten Pumpe ab. Bei H-Geh. von 20—40 ml H_2/100 g beträgt die Standardabweichung ca. ± 2,2 ml H_2/100 g. Der Vertrauensbereich des Mittelwertes von 3 Einzelbest. bei einer statist. Sicherheit von 99% liegt bei ± 4 ml H_2/100 g.
K. Krone 5245

1673 **Photometrische Bestimmung von Phosphor in Eisenlegierungen durch Extraktion als Molybdatovanadatophosphorsäure.** Takashi Shimanuki. (Japan Analyst **16** (1967) 11, 1135—40; Tokyo, Chiyoda-ku, Toshiba Denko Co., Ltd.; jap., Auszug: engl.) — Die Probelsg., die 0,8—1,5 n an H_2SO_4, 0,8—1,6 n an $HClO_4$ u. 0,9 bis 2,7 n an HNO_3 ist, wird mit 5 ml 10%ig. $(NH_4)_6Mo_7O_{24}$-Lsg. u. 2—5 ml 1,2%ig. NH_4VO_3-Lsg. versetzt u. mit W. auf 50 ml aufgefüllt. Die Lsg. wird 10—20 Sek. lang mit 10 ml MIBK extrahiert u. P durch Messen der Extinktion der organ. Phase bestimmt. Die Empfindlichkeit der Meth. steigt mit kürzer werdender Wellenlänge. Durch Extinktionsmessung zwischen 340 u. 460 nm können 1 bis 400 μg P bestimmt werden. Das Verf. wird durch Ti, As, W, Cr, Si, Nb, Sn, Sb, größere Mengen SO_4^{2-}, organ. Säuren u. Salze sowie durch Red.-Mittel gestört. Die Genauigkeit der Meth. ist 0,8—3,2%.
I. Degen 5245

1674 **Square-wave-Polarographie zur Bestimmung von Indium in Eisen und Stahl.** Ōhiko Kammori und Isamu Inamoto. (Japan Analyst **16** (1967) 12, 1324—27; Kanagawa-ken, Kawasaki-shi, Yawata Iron and Steel Co., Ltd., Tokyo Res. Inst.; jap., Auszug: engl.) — 0,2 g der Probe werden in HCl u. HNO_3 gelöst. Nach dem Abdampfen der Lsg. zur Trockne wird der Rückstand in 2 ml HCl (1 : 1) u. 10 ml W. gelöst u. nach Zusatz von 10 ml 10%ig. $(NH_3OH)Cl$-Lsg. 2 Min. lang gekocht. Nach dem Abkühlen wird die Lsg. mit 15 ml HCl versetzt, mit W. auf 50 ml verd. u. im Polarographen gemessen. Das Spitzenpotential des In beträgt — 0,60 V (gegen Hg-Pool-Elektrode). Mit dieser Meth. können 0,005—0,2% In in 20 Min. mit einem abs. Fehler von < 0,005% bestimmt werden. Die Best. wird durch 1 mg As, Pb u. 0,1 mg Sn gestört. Sie kann in Ggw. von 1 mg Al, B, Bi, Ce, Co, Cr, Cu, Ga, Mn, Mo, Nb, Ni, P, Sb, Se, Si, Te, Ti, V, W, Zn u. Zr durchgeführt werden.
I. Degen 5245

1675 **Morpholin-N-dithiocarbonsaures Morpholinium (MDCM) als Reagenz in der quantitativen Analytik. 5. Mitt. Schnellbestimmung von Molybdän in hochlegierten Stählen.** W. Likussar, W. Beyer und O. Wawschinek. (Mikrochim. Acta [Wien] **1968**, 4, 735—38; Inst. für anorg. u. anal. Chem., Univ., Graz; dt.) — 4. vgl. C. **1968**, 8-1895. — 0,5 g Stahlspäne werden in 25 ml einer Lsg. aus je 15 ml konz. H_2SO_4, 85%ig. H_3PO_4 u. 70 ml W. gelöst, mit HNO_3 ox., bis zum Rauchen eingeengt, mit W. verd. u. mit 20%ig. NaOH-Lsg. ein Nd. ausgefällt. Danach wird mit H_2SO_4 aufgelöst, in Ggw. von V 10 ml 20%ig. Fe(II)-Sulfatlsg. zugegeben, in 50 ml heiße 20%ig. NaOH-Lsg. gegossen, abgekühlt, auf 250 ml mit W. auf-

gefüllt u. abfiltriert. 10 ml des Filtrats werden mit 5 ml 1%ig. wss. MDCM-Lsg. versetzt, mit W. auf 50 ml aufgefüllt u. bei 395 nm gegen W. photometriert. Bei 0,02% Mo beträgt der Fehler 5%, bei 5% Mo 0,9%.
K. Henning 5245

1676 **Analyse von Zinkspritzguß durch Atomabsorptionsspektroskopie unter Verwendung eines inneren Standards.** Stanley B. Smith jun., Jane A. Blasi und Fredric J. Feldman. (Analytic. Chem. 40 (1968) 10, 1525–29; Instr. Labor., Inc., Watertown, Mass.; engl.) — Bestimmt werden die Elemente Mg, Sn, Cu, Pb, Cd, Al u. Fe, wobei für Mg, Fe u. Pb das in der Probe vorhandene Zn u. für die restlichen Elemente Cr als innerer Standard verwendet wird. Gearbeitet wird mit einem Doppelstrahlgerät mit zwei getrennten Kanälen (Fa. Instrumentation Laboratory, Modell 153). Die Meth. wird an NBS-Standards überprüft u. liefert gut übereinstimmende Ergebnisse. In allen Fällen ist die Reproduzierbarkeit wenigstens um den Faktor 2 besser als bei der normalen Methode. H. Kuchenbecker 5245

1677 **Bestimmung von Phosphor-Spuren in Nickel und Nickellegierungen.** G. V. Flidlider und L. V. Charčenko. (Zav. Labor. 34 (1968) 8, 925–26; russ.) — Das Verf. beruht auf der Bldg. einer Verb. der gelben Molybdatophosphorsäure (I) mit Brillantgrün in CCl_4/Butylalkohol. Die optimale Acidität vor der Extraktion der I soll 6 Vol.-% HNO_3 betragen. Photometriert wird bei Geh. von 1–10 μg P mit dem Gerät FEK-M in 20-mm-Küvetten u. Blaufilter, bei 0,2–1 μg P auf dem Gerät KOL-52 in 30 mm-Küvetten mit Lichtfilter Nr. 5 gegen jeweils eine Blindprobe. Die Auflsg. der Ni-Proben erfolgt in HNO_3 (D = 1,4) u. Zusatz von 4%ig. $KMnO_4$-Lsg.; für Ni–W bzw. Ni–Be-Leg. wird mit einem Gemisch aus HNO_3/HCl/4%ig. $KMnO_4$-Lsg. aufgeschlossen. Die Berechnung wird mittels einer Eichkurve vorgenommen. Vf. bringen den Analysengang für Rein-Ni u. dessen Leg.; W u. Re stören bei Geh. $\leqq$ 10% nicht. Der mittlere quadrat. Fehler beträgt < 12%. E. Pfluger 5245

1678 **Direktbestimmung von Bisphenol A durch Gaschromatographie.** A. Davis und J. H. Golden. (J. Chromatogr. [Amsterdam] 26 (1967) 1, 254–55; Explosives Res. and Dev. Establ., Waltham Abbey, Essex; engl.) — In Ggw. von Metallen u. Säuren zersetzt sich Bisphenol A bei Temp. von 250°. Unter Berücksichtigung dieser Einfl. gelingt es, an 20% Apiezon K auf Embacel in Glassäulen mit Glasdosiereinrichtung Bisphenol A ohne vorhergehende Acetylierung direkt isotherm oder auch von 150–250° mit 24°/Min. temperaturprogrammiert zu chromatographieren. K. Metzner 5246

1679 **Gaschromatographische Analyse von Pyridinbasen aus Kohlenteer, die zwischen 180 u. 230° sieden. 1. Mitt. Identifizierung von β-Alkylpyridinen durch Reaktion mit Benzaldehyd.** Wataru Funasaka, Tsugio Kojima und Hiroyuki Igaki. (Japan Analyst 16 (1967) 10, 1026–33; Kyoto, Sakyoku, Kyoto Univ., Fac. of Engng. Dep. of Ind. Chem.; jap., Auszug: engl.) — Die Pyridine werden von den zwischen 180 u. 230° sd. Pyridinbasen durch Alkaliextraktion, Acetylierung u. Rk. mit Benzaldehyd abgetrennt. Unter diesen Pyridinen werden *3.5-* u. *3.4-Lutidin, 2.3.5-, 2.4.5-* u. *3.4.5-Kollidin, 3-Methyl-5-äthylpyridin* sowie *4-Methyl-3-äthylpyridin* nach verteilungsgaschromatograph. Trennung durch IR- oder UV-Photometrie identifiziert. Die Korrelation zwischen relativer Retentionszeit u. Kp. kann ebenfalls zur Identifizierung benutzt werden. I. Degen 5247

1680 **Bestimmung von Spurenelementen in Erdölen des Feldes Matzen-Auersthal mit Neutronenaktivierungsanalyse. 1. Mitt. Bestimmung von langlebigen Nukliden.** Peter Patek und Hubert Bildstein. (Z. analyt. Chem. 231 (1967) 3, 187–92; Österreich. Studienges. für Atomenergie Reaktorzentrum Seibersdorf, Wien; dt.) — Durch Kombination von Fällung, Fl.–Fl.-Extraktion u. Ionenaustausch wurde ein chem. Trennungsgang für Fe, Zn, Sb, Ag, Cr, Co, Se u. Sc ausgearbeitet, der die Analyse von Spurenelementen in Erdöl durch Neutronenaktivierung gestattet. Die Bestrahlung der Erdölproben erfolgt in Quarzkapseln, deren Abschmelzstelle porös gehalten wurde, um radiolyt. entstehendes H_2 entweichen zu lassen. ^{59}Fe(III) u. ^{124}Sb(V) werden aus 8 n HCl mit Isopropyläther (I) extrahiert, ^{59}Fe(III) mit 2 n HCl rückextrahiert u. ebenso wie das im I verbliebene ^{124}Sb(V) gemessen. In der ursprünglich wss. Phase befinden sich ^{75}Se(VI), ^{51}Cr(VI), ^{110m}Ag, ^{46}Sc(IV), ^{60}Co u. ^{65}Zn. ^{75}Se(VI) wird nach Zusatz von Se-Träger mit Ascorbinsäure als rotes ^{75}Se gefällt, in konz. HNO_3 gelöst u. gemessen. Der Lsg. mit Ag, Sc, Zn, Co u. Cr werden Co-, Zn- u. Cr-Träger hinzugefügt u. Cl^- durch Eindampfen mit HNO_3 vertrieben. Nach Zugabe von Ag-Träger wird Ag in 0,1 n HNO_3 mit 1 n NH_4Cl-Lsg. als AgCl gefällt, in NH_3-Lsg. gelöst u. gemessen. Die Aktivität des ^{51}Cr(VI) wird nach Eindampfen des Filtrats der AgCl-Fällung u. Aufnahme in 2n HCl gemessen. Die Lsg., die außer Cr noch Sc, Co u. Zn enthält wird über einen Anionenaustauscher (Dowex 1-X8) gegeben. Sc u. Co finden sich mit etwas Cr im Effluat, in dem sie ohne Trennung gemessen werden können, da bei Sc der 0,89 MeV-Peak u. bei Co der 133 MeV-Peak ausgewertet wird. Zn wird vom Austauscherharz, an dem auch das Cr teilweise bleibt, mit W. eluiert u. gemessen. Die Trennausb. lagen bei 15 Vers. zwischen 85 u. 95%, bei einer Reproduzierbarkeit von ± 2 Relativ-%. W. Morneweg 5247

1681 **Schnellmethode zur Bestimmung von festen Asphalten in Mineralöl mit der Ringofenmethode.** Jerzy Bzdęga, Tadeusz Rambuszek und Anzelm Lewandowski. (Chem. analit. [Warszawa] 13 (1968) 4, 767–71; Poznań, Kat. Chem. Ogólnej Uniw. im. A. Mickiewicza; pol.) — Zur Best. wird die in Bzl. gelöste Probe nach der Ringofenmeth. verarbeitet. Alle in n-Heptan unlösl. festen Asphalte werden ausgefällt. Bei Verw. von Standardproben ist zur Best., die ca. 10–15 Min. dauert, keine Waage notwendig. Die Best. wird durch Detergentien nicht gestört. I. Degen 5247

1682 **Papier- und dünnschichtchromatographische Trennung und Identifizierung von Dichlorchinoxalin-Reaktivfarbstoffen. 69. Mitt. Identifizierung organischer Verbindungen.** A. Cee und J. Gasparič. (Mikrochim. Acta [Wien] 1968, 2, 452–54; Forsch.-Inst. für org. Synth., Pardubice-Rybitvi, ČSSR; dt.) — 66. vgl. C. **1968, 36-2145.** — Zur Identifizierung, Reinheitsprüfung u. Kontrolle der Hydrolyse von Reaktivfarbstoffen der Reihe *Levafix-E* (Bayer), d. h. *Derivaten des 2.3-Dichlorchinoxalins* verwenden Vf. die Papier- (I) u. Dünnschichtchromatographie (II), indem 5%ig. Farbstofflsg. auf das Whatman-Papier Nr. 3 MM bzw. 0,4 mm dicke Platten aufgetragen u. absteigend chromatographiert werden. Laufmittel für I sind: n-Butanol/DMF/W. (11 : 3 : 11) oder 11 : 3 : 10), n-Propanol/W. (2 : 1) u. n-Propanol/CH_3COOH/W. (5 : 2 : 3). Für II: n-Butylacetat/Py./W. (2 : 2 : 1). Die Hydrolyseprod. bleiben in der Nähe des Starts. K. Henning 5248

1683 **Reinigung von Thiazinfarbstoffen, wie Azur A, Azur B, Azur C, durch eine Verteilungsmethode.** Roland Bonneau, Jean Faure und Jacques Joussot-Dubien. (Talanta [London] 14 (1967) 1, 121–22; Bordeaux, Fac. des Sci., Dep. de Chim.-Phys.; franz.) — Die N-methylierten Thiazinfarbstoffe Azur C (N-Monomethylthionin), Azur B (N.N'-Trimethylthionin) u. Azur A (N.N'-Dimethylthionin) lassen sich von Thionin, Methylenblau u. untereinander durch Extraktion mit CCl_4 aus einer wss. gepufferten Lsg. bei einem für die einzelnen Substanzen geeigneten pH-Wert trennen. Die Meth. kann zur Reinigung der Farbstoffe dienen.
G. Gawalek 5248

1684 **Potentiometrische Bestimmung von anorganischen Sulfaten in Detergentien vom Alkylnaphthalinsulphonattyp.** Janusz Alchimowicz, Kazimierz Siutowicz und Krystyna Zwierzak. (Chem. analit. [Warszawa] 13 (1968) 4, 871–75; Łódź, Zakł. Labor. Badawcze, Łódźkie Zakł. Chem.; pol.) — Die Probe wird in wss. A. gelöst, schwach angesäuert u. in Ggw. von $K_4[Fe(CN)_6]$/$K_3[Fe(CN)_6]$ als Indikator mit $Pb(NO_3)_2$-Lsg. titriert. Zur Titration werden eine Pt-Indikatorelektrode u. eine Kalomel-Bezugselektrode benutzt. Das Verf. kann zur Best. von 1–25% SO_4^{2-} benutzt werden. Der Fehler der Best. überschreitet 2,5% nicht. Ca stört nicht, wenn es in Mengen von 0,01% bez. des Alkylnaphthalinsulfonates vorliegt. I. Degen 5249

1685 **Analyse der Griffinschen HLB-Zahlen für Polyoxyäthylen/Polyoxypropylen-Detergentien durch Mehrfachregression.** Werner Lowenthal. (J. pharmac. Sci. **57** (1968) 3, 514–15; Dep. of Pharm., School of Pharm., Med. Coll. of Va., Richmond, Va.; engl.) — Es wird eine Gleichung angegeben, mit der die HLB-Zahl nach Griffin [J. Soc. Cosmet. Chemists **1** (**1949**) 311] in Abhängigkeit vom Prozentgeh. Polyoxyäthylen im Gesamtmol. u. vom typ. Molgew. des Polyoxypropylens ber. werden kann. Die für 32 oberflächenakt. Stoffe ber. HLB-Zahlen stimmen gut mit den bekannten Werten überein. W. Grimmich 5249

1686 **Analyse von archäologischem und Ostseebernstein durch Dünnschichtchromatographie.** D. Lebez. (J. Chromatogr. [Amsterdam] **33** (1968) 3–4, 544–47; Dep. of Radiobiol., Nuc. Inst. „Jožef Stefan", Ljubljana; engl.) — Auf eine unterschiedliche Zus. von Ostsee- u. von archäolog. Bernstein aus Slowenien wird auf Grund ihrer äußeren Eig., ihres Lsg.-Verh. in einer Reihe von Lsgm. u. ihrer qual. dünnschichtchromatograph. Analyse geschlossen. H.-D. Schenke 5249

1687 **Chromatographische Trennung und Identifizierung einiger Zwischenprodukte der Reaktion von Epichlorhydrin mit 2.2-Bis-[4-hydroxyphenyl]-propan.** I. Wiesner (Collect. czechoslov. chem. Commun. **32** (1967) 1, 448–53; Forsch.-Inst. der chem. Techn., Spolek pro chemickou a hutni výrobu, Ústi nad Labem; dt.) — Die Trennung von Verb. mit Phenol- bzw. Epoxidgruppen erfolgt durch Papierverteilungschromatographie. Die Säulenchromatographie an Silon-Polyamidpulver ermöglicht die Trennung der Phenolgruppen enthaltenden Verbindungen. Als Zus. des Rk.-Gemisches während der Kondens. von *Epichlorhydrin* mit *2.2-Bis-[4-hydroxyphenyl]-propan* ergibt sich: 2.2-Bis-[hydroxyphenyl]-propan, 2-[4-(3-Chlor-2-hydroxypropyloxy)-phenyl]-2-(4-hydroxyphenyl)-propan, 2-[4-(2.3-Epoxypropyloxy)-phenyl]-2-(4-hydroxyphenyl)-propan, 2-[4-(3-Chlor-2-hydroxypropyloxy)-phenyl]-2-[4-(2.3-epoxypropyloxy)-phenyl]-propan u. 2.2-Bis-[4-(2.3-epoxypropyloxy)-phenyl]-propan. Im Hinblick auf den verhältnismäßig großen Fehler der chromatograph. Analyse lassen sich die Resultate nicht zur Unters. der Kinetik heranziehen, doch vermitteln sie eine Übersicht über die Teilrk. u. deren Aufeinanderfolge. K. Seyfert 5250

1688 **Bestimmung von Feuchtigkeit in Gummi und Kautschuk nach Fischer unter Verwendung von absolutem Alkohol.** C. I. Dobroborskaja und D. A. Moskaleva. (Kaučuk i Rezina **27** (1968) **1**, 44–46; Leningrad, obedinenie „Krasnij treugolnik"; russ.) — Eine Einwaage von 2 g wird 1 Std. mit 15 ml A./Toluol (7 : 3) unter Feuchtigkeitsausschluß (Silicagelrohr) extrahiert. Vom Extrakt werden 10 ml zur Titration verwendet. Analog wird der Blindwert bestimmt. Ein Vgl. mit Methanol als Extraktionsmittel zeigt gute Übereinstimmung. Bei Feuchtigkeitsgeh. von ca. 0,5% beträgt der relative Fehler für Gummi 6 u. Kautschuk 4%. Herbert Hoffmann 5250

1689 **Chromatographische Analyse optischer Aufheller.** H. Theidel und G. Schmitz. (J. Chromatogr. [Amsterdam] **27** (1967) 2, 413–22; Leverkusen-Bayerwerk, Farbenfabriken Bayer Akt.-Ges.; dt.) — Zur Trennung von 16 verschiedenen opt. Aufhellern verwenden Vf. die folgenden chromatograph. Syst.: Siliconisiertes Papier (Schleicher & Schüll 2045a mit Bayer-Siliconisierungsmittel S imprägniert) u. DMF/n-Butanol/CH_3OH/NH_3-Lsg./W. (35 : 50 : 10 : 5 : 20), Polyamid (250 μm), CH_3OH/W./NH_3-Lsg. (10 : 1 : 4), Polyamid, CH_3OH/6n HCl (10 : 2) Kieselgel G (250 μm), n-Hexanol/Py./Essigsäuremethylester/NH_3-Lsg./CH_3OH (5 : 5 : 5 : 5 : 3) u. Kieselgel G, Bzl./$CHCl_3$ (4 : 6). Die Aufheller wurden mit Äthylenglykolmonomethyläther/NH_3-Lsg. (70 : 30) oder Py./W. (1 : 1) extrahiert. I. Degen 5251

1690 **Entsalzung von Fulvosäurelösungen durch Gelfiltration.** H.-E. Oberländer, I. Stadler und K. Roth. (Z. analyt. Chem. **234** (**1968**) 2, 124–25; Landwirtschaftlich-chem. Bundesvers.-Anstalt, Wien; dt.) — Zur Ermittlung des C-Geh. in Fulvosäurelsg., die neben der organ. Substanz die 200fache Gew.-Menge an Salzen (NaCl, $Na_4P_2O_7$) enthalten, muß das Cl^- abgetrennt werden. Das wird erreicht durch Gelfiltration mittels Sephadex G10 (Ausschließungsgrenze bei Molgew. 700) in einer 117 cm langen Säule (⌀ = 3 cm). In den 10-ml-Fraktionen des wss. Eluats werden die Fulvosäuren durch Messung der Extinktion bei 450 nm, das organ. gebundene Fe absorptionsflammenphotometr., die Summe der Salze konduktometr., $Na_4P_2O_7$ kolorimetr. als Mo-Blau u. NaCl gravimetr. als AgCl bestimmt. H.-D. Schenke 5253

1691 **Gaschromatographische Bestimmung von Rückständen in Pflanzen und Bodenproben nach Anwendung von Präparaten der E 605-Reihe und von Agritox.** E. Möllhoff. (Pflanzenschutz – Nachr. „Bayer" **20** (1967) 2, 557–74; Biolog. Inst., Farbenfabriken Bayer Akt.-Ges., Leverkusen; dt.) — Es wird ein Verf. zur gaschromatograph. Best. der Insektizide *Parathion* (Wirkstoff des Präp. E 605, Folidol), *Parathionmethyl* [O.O-Dimethyl-O-(4-nitrophenyl)-monothiophosphat, Folidol M], *Fenitrothion* [O.O-Dimethyl-O-(3-methyl-4-nitrophenyl)-monothiophosphat, Folithion], *Chlorthion* u. *Trichloronat* [O-Äthyl-O-(2.4.5-trichlorphenyl)-äthylmonothiophosphat, Agritox] beschrieben. Das Pflanzenmaterial wird in Aceton mazerisiert. Der Rückstand des $CHCl_3$-Extrakts des Mazerats wird in Bzl. aufgenommen u. säulenchromatograph. an Florisil gereinigt. Das Insektizid wird durch Gaschromatographie des Bzl.-Eluats an SE-30 (50% auf Chromosorb W) in einer Stahlsäule (Säulentemp. 190°, Trägergas N_2) mit einem Elektroneneinfangdetektor bestimmt. Die relativen Retentionszeiten sind außer für SE-30 noch für die stationären Phasen QF-1, DC-11 u. E-301 angegeben, u. zwar außer für die aufgeführten Insektizide noch für *Lindan, Aldrin, Dieldrin, Endrin* u. *Dichlordiphenyltrichloräthan.* Unters.-Ergebnisse der 5 erstgenannten Verb. werden vorgelegt für Äpfel, Kopfsalat, Möhren, Zwiebeln, Kartoffeln u. Bodenproben, z. T. für Weißkohl (Parathion). Die Best.-Grenze liegt bei 0,1 ppm. W. Betcke 5253

1692 **Bestimmung von Isopropyl-N-(3-chlorphenyl)-carbamat in Herbizidformulierungen durch Verteilungsgaschromatographie.** Keisuke Suzuki, Shinkō Gotō und Fujio Itō. (Japan Analyst **16** (1967) 10, 1046–49; Tokyo, Kodaira-shi, Suzuki-machi, Ministry of Agric. and Forestry, Agric. Chem. Inspect. Station; jap., Auszug: engl.) — Zur Best. der Verb. in techn. Prod., emulgierbaren Konzentraten u. Granulaten wird die Probe in Bzl. gelöst, mit γ-BHC als innerem Standard versetzt u. in einen Shimadzu-Gaschromatographen, der mit 80 ml He/Min. arbeitet, gegeben. Das mit einem Wärmeleitfähigkeitsdetektor ausgerüstete Gerät besitzt eine 4 mm × 2 m-Säule, die 15% FS 1265 u. 1% Emulsogen WS-32 als stationäre Phase auf Chromosorb W (HMDS-behandelt) enthält u. bei 175° betrieben wird. Die Eichkurve ist im Bereich von 0,4–1,0 (Gew.-Verhältnis Verb./γ-BHC) linear. Die Standardabweichung des Verf. liegt zwischen 1,0 u. 0,8%. Die Wiederfindungsquote der Meth. ist für emulgierbare Konzentrate 98,0–100,4%. I. Degen 5253

1693 **Chromatographie von Methylendioxyphenylverbindungen. 1. Mitt. Einfache und Pestizidderivate.** Lawrence Fishbein, Hans L. Falk und Paul Kotin. (Chromatographic Reviews [Amsterdam] **10** (1968) 2, 175–220; Nat. Environmental Health Sci. Center, Res. Triangle Park, N.C.; engl.) — Überblick über die Analyse von einfachen u. als Pestizide verwendeten Deriv. der Methylendioxyphenylverb. unter bes. Berücksichtigung papier-, dünnschicht- u. gaschromatograph. Meth., wobei bes. die Verf. betrachtet werden, die bei Metabolit- u. Abbauunters., bei der Aufstellung von Kriterien für die Homogenität u. bei der Trennung u. Identifizierung isomerer u. nahe verwandter Verb. natürlicher oder synthet. Herkunft Verw. fanden. — 123 Literaturangaben. Gerhard Schulze 5253

1694 **Automatische Analyse von Organophosphor-Insektiziden durch Naßdigestions-Oxydation und kolorimetrische Bestimmung des entstandenen Orthophosphates.** Daniel E. Ott und Francis A. Gunther. (J. Assoc. off. analyt. Chemists **51** (1968) 3, 697–708; Dep. of Entomol.,

Univ. of Calif., Citrus Res. Center and Agric. Exp. Stat., Riverside, Calif.; engl.) — Die Abänderung eines Auto-Analyzer-Syst. durch die Vf. [Residue Reviews [Berlin] **14** (1966) 12] ermöglicht eine genaue u. empfindliche automat. Best. von 10 Proben pro Stunde. Die durch Säulen- oder Dünnschichtchromatographie gereinigten Extrakte werden vom Lsgm. befreit, wenn nötig alkal. hydrolysiert, der automat. Naßdigestions-Ox. mit $HClO_4$ unterzogen u. P_2O_5 als Phosphormolybdänblau bei 815 nm bestimmt (Skizze der App. u. ausführliche Beschreibung). Die Insektizide (Diazon, Dimethoat, Guthion, Malathion, Methylparathion, Parathion, Phosphamidon, Thimet) wurden in Konz. von 2 µg/ml u. höher getestet, die Reproduzierbarkeit der Ergebnisse betrug ± 10%. Analyse der bei der dünnschichtchromatograph. Reinigung erhaltenen Flecken kann direkt erfolgen, dadurch wird die Best. beträchtlich spezifischer. E. Haase-Sajak 5253

1695 **Nachweis von Glucono-δ-lacton in Fleischwaren mit Hilfe der Infrarotspektroskopie.** Herbert Günther. (Dtsch. Lebensmittel-Rdsch. **63** (1967) 1, 8; Bundesanst. für Fleischforsch., Kulmbach/Obfr.; dt.) — Der Fleischwarenextrakt wird auf Cellulose dünnschichtchromatographiert. Nach dem Entwickeln im Syst. Isopropanol/Py./Eisessig/W. (8 : 8 : 1 : 4) werden die Ränder mit $KMnO_4/Na_2CO_3$- u. $NaJO_4/HJO_4$-Lsg. besprüht u. von der Platte entfernt. Die weiße Bande der Glucuronsäure auf rosafarbenem, später braunem Hintergrund wird angezeichnet, abgeschabt, mit 50%ig. A. eluiert, filtriert u. mit KBr zu Tabletten für die IR-Spektroskopie gepreßt. W. Huhn 5255

1696 **Bestimmung von Aflatoxin M in Milch.** M. S. Masri, J. R. Page und V. C. Garcia. (J. Assoc. off. analyt. Chemists **51** (1968) 3, 594—600; Albany, Calif., Western Regional Res. Labor.; engl.) — Es werden Meth. der Extraktion u. der Aufbereitung der Extrakte sowie die photometr. Best. nach Dünnschichtchromatographie beschrieben. E. Boye 5255

1697 **Chromatographischer Nachweis der Verfälschung von Ölen und Fetten.** V. V. S. Mani und Gollamudi Lakshminarayana. (Chromatographic Reviews [Amsterdam] **10** (1968) 2, 159—74; Regional Res. Labor., Hyderabad, India; engl.) — Überblick über die Anwendung der Säulen-, Papier-, Verteilungsgas- u. Dünnschichtchromatographie zum Nachw. der Verfälschung von Speiseölen u. -fetten. — 157 Literaturangaben. Gerhard Schulze 5255

1698 **Beim Backen in Fett entstehende Reaktionsprodukte.** 3. Mitt. **Identifizierung der nicht sauren flüchtigen Zersetzungsprodukte von Maisöl.** R. G. Krishnamurthy und Stephen S. Chang. (J. Amer. Oil Chemists' Soc. **44** (1967) 2, 136—40; New Brunswick, N.J., Dep. of Food Sci., Rutgers, State Univ.; engl.) — 1. vgl. C. **1967**, 18-3390. — In dem nicht sauren flüchtigen Anteil der beim Erhitzen von Maisöl entsteht, konnten nach gaschromatograph. Trennung durch IR- u. massenspektrograph. Best. 45 Verb. eindeutig u. 20 Verb. mit einiger Wahrscheinlichkeit identifiziert werden. Unter den Verb. waren 11 KW-Stoffe, 7 Alkohole, 2 Ester, 6 Lactone, 21 Aldehyde, 9 Ketone u. 9 aromat. Verbindungen. E. Wiehr 5255

1699 **Gaschromatographie von Triglyceriden. Prüfung einer Bestimmungsmethode.** Katsuya Sato, Masami Matsui und Nobuo Ikekawa. (Japan Analyst **16** (1967) 11, 1160—65; Xamato-cho, Saitama-ken, Inst. of Phys. and Chem. Res.; jap., Auszug: engl.) — Vf. untersuchten die Triglyceride in Schmalz, Fleischtalg, Walöl, Butter, Margarine u. Käse in einem Gaschromatographen mit Temp.-Programm (200—310°), der eine Glassäule (35 cm) mit 2% OV-17 auf Shimalite W (80—100 mesh) besaß. Die Säulenfüllung wird besser nach der Filtrationsmeth. als nach der Verdampfungsmeth. hergestellt. Die Genauigkeit der Best. wird verbessert, wenn der Trägergasstrom durch einen Mengenstromregler dosiert wird. I. Degen 5255

1700 **Methode zur Bestimmung von Nickel in Margarine.** Antoni Rudnicki und Henryk Niewiadomski. (Chem. analit. [Warszawa] **13** (1968) 4, 755—62; Gdańsk, Politechnika, Kat. Chem. i Technol. Tłuszczów; pol.) — Die Probe wird nach einem von den Vf. modifizierten Verf. mineralisiert. Die Metallionen werden als Hydroxide gefällt u. abzentrifugiert. Unter den von den Vf. ermittelten Bedingungen kann die Adsorption von Ni am Nd. vernachlässigt werden. Ni wird dann photometr. als Ni-Dimethylglyoxim-Komplex bestimmt. Mit dieser Meth. können 0,1 mg Ni/kg in $3^1/_2$ Std. bestimmt werden. Die Verluste an Ni betragen ca. 10%. I. Degen 5255

1701 **Vergleichende Untersuchung über die Bestimmung von Zink in Lebensmitteln durch Atomabsorptionsspektroskopie.** Grayson R. Rogers. (J. Assoc. off. analyt. Chemists **51** (1968) 5, 1042—45; Food and Drug Admin., Atlanta, Ga.; engl.) — 6 Lebensmittelproben (Rohrzucker, Sojamehl, Weizen- u. Vollweizenmehl) mit Zn-Geh. zwischen 5 u. 60 ppm werden von 10 verschiedenen Labor. mit Hilfe der Atomabsorption (Luft/C_2H_2-Flamme, 2138 Å) aus ihren Zn-Geh. untersucht. Der Aufschluß erfolgt sowohl durch trockene als auch durch nasse Veraschung. Vorhandenes Zn wird zu 98—102% gefunden, wobei die Standardabweichungen 0,2—2,0 ppm Zn (nasse Veraschung) bzw. 0,8—2,97 ppm Zn (trockene Veraschung) betragen. Die Meth. wird zur offiziellen Annahme (AOAC; first action) vorgeschlagen. H. Kuchenbecker 5255

1702 **Mikrochromatographische Bestimmung des Vitamin-C-Gehaltes.** G. Gorbach, J. Henke und I. Hekal. (Mikrochim. Acta [Wien] **1968**, 4, 886—93; Inst. für biochem. Technol., Lebensmittelchem. u. Mikrochem. der TH Graz; engl.) — Zur Best. von Ascorbinsäure (I) in Früchten u. Gemüse wird das Material in Ggw. von Seesand, Oxalsäure (II) u. NaCl im Homogenisator nach Potter u. Elvehjem [J. biol. Chemistry **114** (1963) 114] aufgeschlossen, die Dehydroascorbinsäure mit H_2S red. u. überschüssiges H_2S mit CO_2 ausgetrieben. Chromatographiert wird auf Papier (180×13 mm) von Schleicher & Schüll 2043b MGL mit dem Fließmittel n-Butanol/W. (2 : 3) mit 2% II u. Spuren KCN in CO_2-Atmosphäre. Die Konzentrierung von I wird durch Einlegen der Chromatogrammabschnitte zwischen zwei Glasplatten u. Durchsaugen von II im CO_2-Strom in einer entsprechenden App. (Abb.) vorgenommen. Anschließend wird nach der Anreicherung mit 1%ig. II I direkt in das kapillare Photometerrohr des Mikrophotometers übergeführt u. mit 0,001 m 2.6-Dichlorphenolindophenol-Lsg. als Farbreagenz photometriert. Für die titrimetr. Best. kann die Anreicherung von I durch einfache Extraktion der Papierabschnitte im Schliffspitzbecher mit 2%ig. II ausgeführt werden, da das Papier die Titration nicht stört. K. Henning 5255

1703 **Ringversuch zur dünnschichtchromatographischen Methode für Carbarylrückstände in Äpfeln und Spinat.** Nancy J. Palmer und Walter R. Benson. (J. Assoc. off. analyt. Chemists **51** (1968) 3, 679—81; Food and Drug Adm., Washington, D.C.; engl.) — Von 8 Labor. wurde eine Unters. über die Extraktion, Reinigung u. semiquant. dünnschichtchromatograph. Best. von zu Äpfeln u. Spinat zugegebenem Carbaryl (I) durchgeführt. wobei im Bereich von 0,1—0,2 ppm im Vgl. mit Standardproben befriedigende Ergebnisse erzielt wurden. E. Haase-Sajak 5255

1704 **Halbmikromethode zur Bestimmung von Linalool in Corianderöl.** K. R. Manolov und E. V. Georgiev. (Talanta [London] **14** (1967) 1, 124—26; Bulgaria, Plovdiv, Dep. of Inorg. and Anal. Chem., Higher Inst. of Food Ind.; engl.) — Die Meth. beruht auf der Grünfärbung von Linalool enthaltenden Toluollsg., die in Ggw. von HNO_2 entsteht. Die grüne Färbung wird photometr. bei 680 nm gemessen. Geraniol, Terpineol, Citral, Citronellol, Citronellal, Dipenten u. Nerol geben ebenfalls Grünfärbung u. werden mit erfaßt, jedoch bei geringen Konz. vernachlässigt. E. Boye 5255

1705 **Arecolinbestimmung durch Destillation.** E. Sankaran Nambudiri. (J. Assoc. off. analyt. Chemists **51** (1968) 4, 799—802; Central Food Technol. Res. Inst., Mysore, India; engl.) — 2,5 g gepulverte Arecanuß werden im Langhalskolben mit 5 ml 0,3 n NaOH-Lsg. befeuchtet oder 1 g Arznei in einem 100-ml-Meßkolben in W. gelöst, mit 0,02n NaOH-Lsg. auf pH 9—9,1 eingestellt u. 5 ml davon mit W.-Dampf destilliert. Als Vorlage dienen 10 ml 0,02n H_2SO_4-Lösung. Der Überschuß wird mit 0,02n NaOH-Lsg. zurücktitriert. Papierchromatograph. wurde nachgewiesen, daß im Destillat nur Arecolin vorliegt. W. Huhn 5255

1706 **Prüfung von grünem Kaffee auf eine mögliche Verunreinigung durch Aflatoxin.** Collete P. Levi und Emanuel Borker. (J. Assoc. off. analyt. Chemists **51** (1968) 3, 600—02; White Plains, N.Y., General Food Technic. Center; engl.) — Aflatoxin (I) wird mit W./Methanol/Hexan (II) aus gepulvertem Kaffee extrahiert u. über eine Celitesäule aufbereitet. Eluiert wird mit $CHCl_3$/II. Der auf dem W.-Bad unter N_2 erhaltene Trockenrückstand wird in THF gelöst u. über eine Florisilsäure gereinigt. Die eigentliche Best. erfolgt dünnschichtchromatographisch. Es können noch 2 μg I/kg Kaffee bestimmt werden. In 58 Kaffeesorten aus 10 verschiedenen Ländern wurde kein I festgestellt. Bei Zugabe von I-B_1 zu grünen Kaffeebohnen konnten ca. 75% wiedergefunden werden. Bei Verw. eines neuen Extraktionsmittels [DMSO/Bzl. (30 : 50)] wurden sogar 85% wiedergefunden. E. Boye 5255

1707 **Fett als Faktor bei der Epimerisierung von Chlortetracyclin in Futtermitteln.** Stanley E. Katz und Carol A. Fassbender. (J. Assoc. off. analyt. Chemists **51** (1968) 3, 557—62; New Brunswick, N.J., Rutgers State Univ., Coll. of Agric. and Environmental Sci., Dep. of Agric. Chem.; engl.) — Es wurden acht mit tier. u. pflanzlichen Fetten beladene Proben von Sojabohnenmehl (A) verwendet. Die Geh. an freien Fettsäuren lagen zwischen 0,4 u. 100%, die JZ. lagen zwischen 0,3 u. 132. A wurde mit dem Chlortetracyclin (II) enthaltendem Futtermittelzusatz Aurofac homogen gemischt. 2 g A enthalten 4364 μg akt. II. Die Proben wurden mit Säure/Aceton/W. extrahiert. In den Extrakten wird das Gesamt-II nach älteren Meth. oder auch mikrobiolog. bestimmt. Der Epi-II-Geh. wird chromatograph. über Cellulosesäulen ermittelt, während das akt. II sich als Differenzwert ergibt. Das Umwandlungsgleichgew. wurde von den Fetten nicht beeinflußt, lediglich die Geschw. der Gleichgew.-Einstellung. Im Mittel wurden 12,5% des zugesetzten II zu epi-II epimerisiert. E. Boye 5255

H. Angewandte Chemie

H—3. Anorganische Industrie

1708 **Reduktion von Sb aus sulfidisch-alkalischer Cu-Lösung.** V. N. Čazov und B. A. Stepanov. (Cvetnye Metally **40** (1967) 3, 65—67; russ.) — Da die Zementation aus sulfid. Lsg. mit *Al* u. *Zn* als Red.-Mittel (Gewinnung von *Sb*) wegen schwieriger Regenerationsverf. keine brauchbaren Ergebnisse zeigt, wird das Zementieren von Na_3SbS_3-Lsg. mit metall. Cu nach $2\,Na_3SbS_3 + 6\,Cu = 2\,Sb + 3\,Cu_2S + 3\,Na_2S$ empfohlen. Die nach der Na_2S-Behandlung von Sb-Konzentraten erhaltenen Lsg. mit 50,8 g/l Sb werden mit der 1,5fachen stöchiometr. Cu-Menge bei ca. 95° verrührt. Prakt. ist nach 10 Min. die Sb-Hauptmenge abgeschieden; nach 1 Std. ist die Abscheidung vollständig. Die entstehenden Rk.-Prod. *Na_2S* u. *Cu_2S* können auf einfache Art wieder als Rohstoffe in den Kreislaufprozeß zurückgeführt werden. E. Pfluger H 266

1709 **Strom-Ausbeuteerhöhung bei der Elektrolyse von Sb aus alkalischen Sulfidlösungen.** O. M. Tleukulov, I. R. Polyvjannyj und V. D. Ponomarev. (Izvest. vysšich učebnych Zavedenij [Ordžonikidze], cvetnaja Metallurg. **1967**, 3, 58—62; Inst. metallurgii i obogaščenija AN KasSSR; russ.) — Die bei der Bearbeitung von Sb-Konzentrat abfallende Lauge enthält bei der Elektrolyse störendes $S_2O_3^{2-}$ sowie SbS_4^{3-}. Die Red. auf SO_3^{2-} u. SbS_3^{3-} wird vorteilhaft mit Roh-Sb (78,3% Sb, Körnung —0,1 mm, ebenso wie bei dem Auszementieren von Hg) zusammen mit Fe-Spänen durchgeführt. Die Behandlung dauert unter Rühren bei 80—90° 110 bis 120 Min., Verbrauch 4—6 g Sb/l. Bei der Elektrolyse steigt die Stromausb. auf 75—80%, das Prod. enthält 97—98,5% Sb. Bei großer Anhäufung von Salzen (Na_2SO_3, Na_2SO_4, Na_2CO_3, 150—160 g/l) müssen diese durch Zusatz von BaS beseitigt werden. J. Tůmová H 266△

1710 **Eigenschaften von elektrolytischen Abscheidungen.** J. Glayman. (Galvano [Paris] **36** (1967) 361, 136—42; franz.) — Übersicht über die mechan. u. physikal. Eig. von elektrolyt. abgeschiedenen Metallen, bes. *Cu* u. *Ni*, in Abhängigkeit von Art, Zus., Konz., Temp., Bewegung des Elektrolyten u. Stromdichte. W. Wesly H 270

1711 **Abscheidung von Ammonchlorid aus dem Filtrat der Soda-Herstellung.** 2. Mitt. F. K. Michajlov, E. A. Raškovskaja und E. I. Černen'kaja. (Z. prikl. Chim. **40** (1967) 12, 2652—59; NII osnov. chim., Char'kov; russ.) — Auf der Grundlage experimenteller Daten der Unters. des Syst. Na^+, NH_4^+/CO_3^{2-}, Cl^-, $OH^- + H_2O$ wird eine Meth. zur Abtrennung von NH_4Cl aus dem Filtrat der Sodaherst. angegeben. Die Abtrennung kann dabei nach folgendem Schema erfolgen: a) filtrierte Fl. → Entgasung → Abscheidung von festem NaCl + NH_4Cl → Herst. einer gesätt. Lsg. bei 50—60° → Auskristallisieren des NH_4Cl bei —10° → Abfiltrieren des NH_4Cl → Rückführung der Mutterlauge in die Sodaproduktion; b) filtrierte Lsg. → Ammonisierung → Carbonisierung → Herst. einer gesätt. Lsg. bei 50—60° usw. wie unter a). K. Jasche H 274△

1712 **Einfluß einiger Zusätze auf die Carbidbildung und auf Siliciumverluste.** V. G. Mizin, I. V. Rjabčikov und N. V. Tolstoguzov. (Izvest. vysšich učebnych Zavedenij [Moskva], černaja Metallurg. **10** (1967) 12, 51—54; Sibir. metallurg. inst.; russ.) — Unters. über den Einfl. von CaO, MgO, BaO, Fe_2O_3, Al_2O_3 sowie von Ca_2 u. NaCl auf die Kinetik der *Carborund*-Bldg. u. auf die Verdampfung von Si während der SiO_2-Red. durch C. Die Zusätze dieser Salze u. Oxide zeigen einen bedeutenden Einfl. auf die Si-Verluste u. auf die Kinetik der SiC-Bildung. Am aktivsten reagiert CaF_2, aber nur bei einem Zusatz von ≦4% zur Charge. H. Hochstein H 294

1713 **Zusammensetzung des elektrolytischen Niederschlages „Schwarzes Chrom".** D. P. Zosimovič und N. D. Ivanova. (Ukrainskij chim. Ž. **33** (1967) 2, 200—01; Inst. obšč. i neorgan. chim. AN USSR; russ.) — In Ggw. von geringen Mengen an F^--Ionen im Elektrolyten (elektrolyt. Cr-Gewinnung aus Konzentraten) scheidet sich *Cr* mit Geh. an Zwischenprod. der Red. von Cr^{6+} ab; diese Verb. enthalten O oder OH-Gruppen. Die Cr-Konz. im Elektrolyten betrug bei den Vers. 300 g CrO_3/l; Temp. 40—45°, Stromdichte 75 A/dm². Die Abscheidung bei 0,1, 0,2, 0,8 u. bei 1,4 g/l F^- wird beschrieben. Bei 2,4 ist der Nd. hell mit glatter Oberfläche. E. Pfluger H 335

1714 **Löslichkeit von Schwefel in Ferrosilicium.** H. C. Fiedler. (Trans. metallurg. Soc. AIME **239** (1967) 2, 260—63; General Electric Res. and Dev. Center, Schenectady, N.Y.; engl.) — Die Löslichkeit von S in wärmebehandeltem u. abgeschrecktem *Ferrosilicium* (A; Gewinnung von A) wird untersucht. In Abwesenheit von Mn beträgt die Löslichkeit in A mit 3,1 (%) C ca. 0,010 bei 1000, 0,015 bei 1100 u. 0,020 bei 1150°. Mit steigendem Si-Geh. fällt die S-Löslichkeit in A, entsprechend dem Anstieg des Aktivitätskoeff. von S mit steigendem Si-Gehalt. Unters. über den Einfl. von Mn-Zusätzen auf die S-Löslichkeit in A mit 3,1(%) Si u. 0,013—0,015 S zeigen, daß das Löslichkeitsprod. von MnS bei geringen Mn-Geh. niedriger ist, als frühere Veröffentlichungen angeben. W. Wesly H 354

1715 **Wasserstoffkrankheit von Ni.** I. A. Gnezdilov und K. N. Milicyn. (Cvetnye Metally **40** (1967) 2, 82—87; russ.) — Aufklärung der Ursachen über die Kalt- u. Warmbrüchigkeit von Ni. Der Grad an Plastizitätsverlust befindet sich in umgekehrter Abhängigkeit vom Geh. an Desox.-Elementen. Untersucht wurden Zusätze von 0,05, 0,10, 0,15 u. 0,20% *Mg, Al, Ti, Si* u. *Mn*. Geringe Zusätze haben einen großen Einfl. auf die mechan. Eig. von Ni-Guß, u. dieser Einfl. liegt in direkter Abhängigkeit zu der O-Affinität der Metalle. Mg u. Al bewirken eine starke Erhöhung der mechan. Eig., während weniger O-akt. Elemente einen geringeren Effekt ergeben. Der Wert der Plastizität wird durch das Verhältnis der Konz. von O u. H bestimmt. Die Ggw. beider Elemente bewirkt eine mehr oder weniger intensive W.-Bldg. u. diese ist die Ursache der Porosität bzw. der Mikroporosität, die wiederum die Versprödung bewirken. Zur Erzeugung dichter Gußstücke wird empfohlen: Sichere Desox. der Ni-Schmelze bis zu 0,0005% O oder Ox. der Ausgangsschmelze durch oxid. Schmelzführung (bis zum eutekt. Punkt − 0,24% O_2); das 1. Verf. ist für die Erzeugung günstiger. Sicher ist, daß die Brüchigkeit von Ni durch die „H-Krankheit" verursacht wird. E. Pfluger H 356

1716 **Einfluß der thermomechanischen Behandlungen auf Gefüge und Zugeigenschaften von Hastelloy X-280.** I. S. Levy, B. Mastel und J. L. Brimhall. (Trans. metallurg. Soc. AIME **239** (1967) 2, 204−09; Battelle Mem. Inst., Richland, Wash.; engl.) — Elektronenmkr. Unters. von Hastelloy X-280 mit 47,3(%) Ni, 22,78 Cr, 17,51 Fe, 9,17 Mo, 0,10 C, 0,71 Mn, 0,61 Co, 0,59 Si, 0,56 W, 0,26 Al u. geringen Mengen anderer Elemente nach Zugbeanspruchung bei Zimmertemp. u. 1350 °F zeigen, daß durch Kaltbearbeitung verursachte Versetzungen noch nach 24std. Alterung bei 1550° nachweisbar sind. Infolge der Kombination von thermomechan. Behandlung u. anschließender Zugbeanspruchung werden (Cr, Mo)$_{23}$C$_6$, (Fe, Mo)C′ u. eine nicht identifizierbare Phase ausgeschieden. Die Zugeig. bei Zimmertemp. u. 1350 °F zeigen mit zunehmender Kaltbearbeitung eine Steigerung der Festigkeit u. eine Verminderung der Duktilität. W. Wesly H 356

1717 **Einfluß einer Vorbehandlung der Oberfläche für chemisch ausgefällte Ni-Überzüge auf Nichtmetallen.** A. I. Zajac, A. N. Piljankevič und A. I. Kublanovskaja. (Ukrainskij chim. Ž. **33** (1967) 2, 201−05; Inst. obšč. i neorgan. chim. AN USSR; russ.) — Die besten Ergebnisse werden nach einer Behandlung in *$SnCl_4$-Lsg.* erreicht. Als Objekt wird eine *Kollodiumoberfläche* (K) verwendet, die eine spätere Beobachtung im durchfallenden Licht des Elektronenmikroskops erlaubt. Die K wurden entweder mit *Detergens OP-10* bei 40° während 1−2 Min. oder mit $SnCl_4$-Lsg. bei 20° während 10 Min. behandelt. Für die chem. Abscheidung von Ni wurde eine Lsg. mit 30 (g/l) *$NiCl_2$*, 10 *$NaH_2PO_2 \cdot H_2O$*, 45 *Na-Citrat*, 10 *Na-Acetat* verwendet. Die Vernickelung erfolgte bei 65°, pH 5, Dauer je nach Dicke der Haut 10−120 Sek.; die Bewertung der Oberflächenqualität erfolgte visuell. Eine Aktivierung der K erfolgte in einer *$PdCl_2$-Lsg.* mit 0,5−1,0 g/l. E. Pfluger H 356

1718 **Kinetik und Mechanismus der Hochtemperaturschwefelung von Nickel–Chrom-Legierungen.** S. Mrowec, T. Werber und M. Zastawnik. (Métallurgie [Mons, Belgium] 7 (1967) 1, 27−32; engl.) — Unters. über die Rk. von Ni–Cr-Leg. mit 0,11−82% Cr mit S-Dampf bei 500−900° u. atmosphär. Druck zeigen, daß die Schwefelung unabhängig von der Temp. u. der Leg.-Zus. ist u. einem parabol. Geschw.-Gesetz folgt. Die Geschw. der Schwefelung von Proben mit < 2% Cr ist größer als die von reinem Ni. Dagegen ist die Geschw. der Schwefelung von Leg. mit > 20% Cr geringer als die von reinem Cr. Der Mechanismus der Zunderbldg., die Zunderzus. u. die Abhängigkeit der Rk.-Geschw. von der Leg.-Zus. werden erörtert. W. Wesly H 356

1719 **Gleichzeitige Löslichkeit von Eisen und Phosphor in Kupfer bei verschiedenen Temperaturen.** V. M. Glazov und M. V. Stepanova. (Izvest. vysšich učebnych Zavedenij [Ordžonikidze], cvetnaja Metallurg. **10** (1967) 4, 129−31; Moskov. inst. stali i splavov; russ.) — Leg. des Syst. Cu–Fe–P mit bis 3 Atom-% Fe u. P wurden erschmolzen (Herst. von Cu-Leg. mit Fe u. P), bei 640−650° 3 Std. homogenisiert, geschmiedet (40−50% Red.), bei 200−950° 2−200 Std. geglüht u. abgeschreckt. Die Mikrohärtemessungen (75−140 kg/m²) ergeben die Löslichkeitsgrenzen u. Phasenbldg.; in Ergänzung mit metallograph. Ergebnissen wurden Löslichkeitsisothermen graph. dargestellt, die die chem. Wechselwrkg. in dem Syst. bestätigen; die Cu–Fe_3P- u. Cu–Fe_2P-Schnitte sind quasibinär. J. Tůmová H 358△

1720 **Auswahl von organischen Zusätzen bei der Elektrokristallisation von Kupfer bei erhöhten Temperaturen.** G. F. Afanas'ev, A. A. Krjukova, M. A. Loškarev und Ju. D. Gudzenko. (Izvest. vysšich učebnych Zavedenij [Ivanovo], Chim. i chim. Technol. **10** (1967) 7, 802−07; Dnepropetrovsk. chim. technolog. inst.; russ.) — Es wurde der Zusatz von Acridin, 9-Methylacridin, Glutamin- u. Capronsäure sowie von Thioharnstoff in Mengen von 1 g/l auf die Form des ausgeschiedenen Cu aus dem Elektrolyten mit 0,5n $CuSO_4$ u. 4n H_2SO_4 bei 95° ohne Rühren untersucht. Alle Zusätze führen zur Ausscheidung feinkrist. u. dichter Cu-Überzüge bei Stromdichten bis 500 A/m², Stromausb. 95−100%. Die Polarisationspotentiale steigen um 130, 110, 170 u. 50 mV bei 20 mA/cm² (vorst. Reihenfolge). Thioharnstoff ist weniger geeignet, da er sich langsam zersetzt; es wird angenommen, daß die anderen Stoffe für die Autoklavenanalyse bei > 100° geeignet sind. J. Tůmová H 358△

1721 United Coke & Chemicals Co. Ltd., Rotherham, Großbritannien (Erfinder: Harry Lister Riley), **Elektrisch leitender Kohlenstoff** wird erhalten, indem amorpher C mit > 5 Gew.-% eines Metalls der Fe-Gruppe vermischt u. anschließend bei 1300−1700° graphitiert wird, bis ein Widerstandswert von < 2000 $\mu\Omega$/cm³ erreicht ist. — Verw. bes. als *Elektroden* in *Lichtbogenöfen*. (**Brit. P. 1 066 052** vom 22/2. 1963, ausg. 19/4. 1967.) — 16 S. E. Miessgang H 260

1722 Monsanto Co., St. Louis, Mo., USA, **Herstellung von Alkali- oder Ammoniumtrimetaphosphat** erfolgt dadurch, daß ein Alkali- oder Ammoniumphosphat (**I**), z. B. Mono-Na-phosphat, in feiner Vermischung mit einem Alkali- oder Ammoniumsulfat (**II**) zwischen 400 u. 620°, jedoch unterhalb des F. des herzustellenden Prod., kalziniert wird. An Stelle von **I** u. **II** kann eine Alkalibase, z. B. Na_2CO_3, u. ein Phosphorsäure–Schwefelsäure-Gemisch treten. Die Trimetaphosphate sind frei von wasserunlösl. Metaphosphaten. — Beispiele. — *Waschmittel*. (**Brit. P. 1 075 264** vom 12/8. 1964, ausg. 12/7. 1967. U. S. Prior. 12/8. 1963.) — 5 S. H.-W. Wille H 264

1723 Imperial Smelting Corp. (N. S. C.) Ltd., London, Großbritannien (Erfinder: Norman John Dance), **Herstellung von Zink im Schachtofen.** Die aus oxid. *Zn* u. *Pb* sowie C-haltigem Red.-Mittel bestehende Beschickung wird vor der Aufgabe in den Schachtofen zu 50% von dem unter 420 µ liegenden Korn befreit, um die Verstaubung der Pb-Kondensatoren herabzudrücken u. dadurch die Wirksamkeit der Zn-Kondens. zu erhöhen. — Abbildung. (**Brit. P. 1 082 025** vom 27/7. 1965, ausg. 6/9. 1967.) — 6 S. M. Neckermann H 288

1724 Montecatini Soc. Gen. per l'Industria Mineraria e Chimica, Mailand, Italien (Erfinder: Luciano Luciani und Gianfranco Corsi), **Herstellung von kristallinem Titantrichlorid,** hauptsächlich in der *δ-Form*, durch Red. von $TiCl_4$ mit metall. Al in einer Kugelmühle bei 100−250°, ggf. unter Nachrk. bei Raumtemp., unter bestimmten Mahlbedingungen. — Herst. von *Polymerisationskatalysatoren*. (**Brit. P. 1 078 485** vom 11/6. 1965, ausg. 9/8. 1967.) — 4 S. H. Roos H 321

1725 Imperial Metal Industries (Kynoch) Ltd., Witton, Birmingham, Großbritannien (Erfinder: Clive Dudley Thomas Minton und Richard Ernest Goosey), **Titanlegierungen** bestehen aus 2,5−7,5(%) *Al*, 0−8 *Sn*, 2−7 *Zr*, 0,5−6 *Mo*, 0,05−0,4 *C*, 0,1−1,0 *Si*, Rest Ti u. übliche Verunreinigungen. Bevorzugte Zus.: 6 Al, 4 Mo, 5 Zr, 0,2 Si, 0,05−0,2 C, Rest Ti. Die Leg. zeichnen sich durch hohe Zugfestigkeit u. ausgezeichnete Schmiedbarkeit aus. Die D. liegt bei ca. 4,5 g/cm³. Durch Glühen bei 900°, Abschrecken in W. u. anschließendem 24std. Altern bei 500° wird die Zugfestigkeit von z. B.

90,7 t/sq.in. (C-frei) auf 106,8 t/sq.in. (0,30 C) erhöht, wobei die Dehnung von 5% beibehalten wird. Verw. finden die Leg. bes. zur Herst. von *Schmiedeteilen* für den *Flugzeugbau*. (**Brit. P. 1 079 416** vom 14/7. 1965, ausg. 16/8. 1967. **F. P. 1 486 765** vom 13/7. 1966, veröff. 22/5. 1967. Brit. Prior. 14/7. 1965.) — 3 S. — 3 S. C. F. Gross H 321

1726 National Research Development Corp., London, Großbritannien (Erfinder: Archibald William Fletcher und John Charles Wilson), **Gewinnung von Zinn aus Erzen und Konzentraten.** Das *Sn* wird zunächst als *$SnCl_2$*, z. B. durch Erhitzen des Erzes mit *$CaCl_2$* u. *C*, gewonnen u. dieses mittels C in Ggw. von *CaO* zu metall. Sn reduziert. — Abbildung. (**Brit. P. 1 095 122** vom 11/1. 1965, ausg. 13/12. 1967.) — 6 S. M. Neckermann H 327

1727 Montecatini Soc. Gen. per l'Industria Mineraria e Chimica (Erfinder: Giulio Natta, Raffaele Ercoli und Fausto Calderazzo), Mailand, Italien, **Vanadinhexacarbonyl** wird erhalten durch Rk. einer Vanadinverb. (die V als Kation oder Bestandteil eines Kations enthält) mit CO oder CO u. H_2 in einem inerten Lsgm. in Ggw. eines Red.-Syst. aus einem oder mehreren stärker elektropositiven Metallen, deren Hydriden oder Alkylhydriden u. aus einer wasserfreien N-Base (tert.-Base) in Ggw. von Halogen oder Halogenverb. bei 50—250° u. 10—400 at u. z. B. Ansäuern der Rk.-Mischung. (**D. A. S. 1 244 140** Kl. 12n vom 22/4. 1960, ausg. 13/7. 1967. It. Prior. 23/4. 1959.) — 4 S. R. Hofmann H 330

1728 Wah Chang Corp., New York, N.Y., und Boeing Co., Seattle, Wash., USA (Erfinder: Samuel Austin Worcester, Ronald Theodore Torgerson und Willi August Baginski), **Nioblegierung** besteht aus 4—15(%) *Hf*, 0,02—0,5 *Y* u. 5—15 *W* oder 2,5 bis 7,5 *Mo* oder 5—15 W u. Mo, wobei 1 Mo stets 2 W entsprechen, Rest Nb u. übliche Verunreinigungen, bes. jeweils $\leqq$100 ppm *O*, *N* u. *C*. Die als feste Lsg. vorliegende Leg. zeichnet sich durch hohe Festigkeit bei Raumtemp. u. bis 3000 °F sowie durch gute Schweißbarkeit aus. (**Brit. P. 1 077 597** vom 4/4. 1966, ausg. 2/8. 1967. **F. P. 1 481 650** vom 31/5. 1966, ausg. 21/8. 1967.) — 5 S. — 4 S. C. F. Gross H 331

1729 Hitachi Ltd., Chiyoda-ku, Tokio, Japan, **Supraleitende Niob–Zirkonium–Titan-Legierungen** bestehen aus 20—63 (Atom-%) Nb, Rest Zr u. Ti, bes. 1—79 Zr u. 1—79 Ti, sowie geringe Geh. an Verunreinigungen. Die Leg. werden im Elektronenstrahlschmelzofen erschmolzen u. durch Kaltverformen mit eingeschalteten Zwischenglühungen zu dünnen Drähten (z. B. 0,25 mm ∅) verarbeitet. Die als Supraleiter verwendeten Leg. zeichnen sich durch eine bei ca. 7—11 °K liegende Sprungtemp. aus. Ihr krit. Magnetfeld ist auf ca. 90—105 kOe erhöht. — 4 Diagramme zur Darst. des krit. Stroms als Funktion der Feldstärke des angelegten Magnetfeldes. (**Brit. P. 1 081 465** vom 18/8. 1964, ausg. 31/8. 1967. Jap. Prior. 23/10. 1963.) — 4 S. C. F. Gross H 331

1730 United Kingdom Atomic Energy Authority, London, Großbritannien (Erfinder: David Gordon Stevenson), **Gewinnung von Uran und/oder Plutonium aus ihren Lösungen.** Die *essigsaure U-* u./oder *Pu*-Salzlsg. wird kontinuierlich in eine Nd.-Zone geführt, in die wss. *NH_3*-Lsg. zugesetzt wird. Die Essigsäuremenge ist so hoch anzusetzen, daß sich *$UO_2(Ac)_3$*- u./oder *$Pu(Ac)_3$*-Ionen bilden. Die entstehende U- u. Pu-Fällung wird aus der Nd.-Zone entfernt. (**Brit. P. 1 087 322** vom 20/3. 1964, ausg. 18/10. 1967.) — 3 S. M. Neckermann H 343

1731 Matsushita Electric Industrial Co. Ltd., Kadoma, Osaka, Japan, **Ferromagnetischer Werkstoff mit einer Kristallstruktur vom $Cr_{23}C_6$-Typ,** bestehend aus bis 50,7 (Atom-%) *Fe*, 6,3—7,3 *Sn*, 20,6—23,2 *B*, Rest *Co*, mit der Maßgabe, daß die Krist.-Struktur eine solche Atomanordnung besitzt, daß die Punktlagen „a", „f" u. „h" von Fm3m durch Co- u. Fe-Atome, die Punktlage von „c" von Fm3m durch Sn-Atome u. die Punktlage „e" von Fm3m durch B-Atome besetzt sind. Vorzugsweise entspricht die ferromagnet. Zus. der chem. Formel $Co_{16,8}Fe_{4,2}Sn_{2,02}B_6$. (**Brit. P. 1 079 456** vom 22/3. 1966, ausg. 16/8. 1967. **F. P. 1 472 617** vom 25/3. 1966, ausg. 24/5. 1967. Beide Jap. Prior. 26/3. 1965.) — 4 S. — 3 S. H. Hochstein H 355

1732 Ontario Research Foundation, Toronto, Canada, **Kupfer-Zink-Legierung** besteht aus 52,0 bis 64,0(%) Cu, 1,7—15 *Al* u. ggf. 0,25—3,0 *Fe*, 0,25—4,0 *Ni*, 0,25—3,0 *Co*, 0—1,0 *Sn* oder *Cd*, 0—1,0 *Si*, 0—2,0 *Mn*, 0—10,0 *Pb*, 0—0,3 *Sb* u./oder 0—0,3 *As*, Rest Zn, mit der Maßgabe, daß der Gesamtgeh. an Zn u. Fe, Ni, Co, Sn, Cd, Si, Mn, Pb, Sb u./oder As 30,0—46,0 ausmacht. Die anlaufbeständige Leg. ist kupferfarben [Farbton: 584—592 mμ (dominierende Wellenlänge); Farbreinheit 18,5—30,2%] u. vermag daher Cu zu ersetzen. Kupferfarbe u. Anlaufbeständigkeit der Leg. können durch Glühen an Luft oder O_2 bei 300—600° noch verbessert werden. Verw. findet die Leg. z. B. als Ersatz für Cu in *Raumfahrzeugen*, die in die Erdatmosphäre eintauchen. — 1 tern. Zustandsdiagramm, 1 Farbdiagramm. (**Brit. P. 1 085 180** vom 2/12. 1965, ausg. 27/9. 1967. U. S. Prior. 11/12. 1964.) — 9 S. C. F. Gross H 358

1733 Hitachi Ltd., Marunouchi, Chiyoda-ku, Tokio, Japan, **Binäre beziehungsweise ternäre Platinmetalllegierungen** bestehen aus Pt u. *Rh* oder *Pd* bzw. aus Pt, Rh u. Pd, wobei die Zus. in dem Bereich des tern. Zustandsdiagramms liegt, der bestimmt ist durch die Zus. der Eckpunkte (1) 25 (Atom-%) Pt, 75 Rh; (2) 55 Pt, 45 Rh; (3) 85 Pt, 15 Pd; (4) 15 Pt, 85 Pd; (5) 5 Pt, 10 Rh, 85 Pd; (6) 5 Pt, 75 Rh, 20 Pd. Die Leg. lassen sich gut zu dünnen Drähten u. Folien verarbeiten u. zeichnen sich durch hohe mechan. Eig. (Zugfestigkeit von ca. 50—160 kg/mm²), hohen spezif. elektr. Widerstand (ca. 20—30 $\mu\Omega \cdot$ cm) mit einem geringen Temp.-Koeff., einen Dehnungsmeßfaktor von $\geqq$4, niedrige Thermokraft gegenüber Cu, ausgezeichnete Ox.- u. Korrosionsbeständigkeit u. leichte Lötbarkeit aus. Verw. finden die Leg. daher als *Dehnungsmeßstreifen*. — 1 Pt–Rh–Pd-Diagramm mit Eig.-Linien. (**Brit. P. 1 061 233** vom 5/5. 1964, ausg. 8/3. 1967. Jap. Prior. 15/5. 1963.) — 5 S. C. F. Gross H 362

1734 Johnson, Matthey & Co. Ltd., London, Großbritannien (Erfinder: Ralph George Hollister), **Palladium und Palladiumlegierungen,** wie bin. Leg. mit 0,1(%) *Fe* oder 1 *Ru*, enthalten neben *Si* als Verunreinigung (z. B. 0,01) zusätzlich noch ein Element, wie *Ca*, *Sr*, *Ba*, *Ti*, *Zr* oder *Re*, in Spuren bis 0,05, das mit Si schneller eine intermetall. Verb. bildet als Pd u. dabei das Auftreten einer diskontinuierlichen Streckgrenze bei Spannungsbeanspruchung verhindert. Es gelingt so, Drähte in rekrist. Zustand ohne rauhe Oberfläche herzustellen, die sich anschließend gut zu *Kontakten* mit angestauchten Köpfen verarbeiten lassen. — 1 Spannungs–Dehnungs-Diagramm. (**Brit. P. 1 091 051** vom 4/11. 1963, ausg. 15/11. 1967.) — 4 S. C. F. Gross H 365

1735 **California Research Corp.**, USA (Erfinder: **Bernard Freedman**) *Halogencarbonylsulfenylhalogenide*. (**F. P. 1 372 971** vom 31/10. 1963, ausg. 31/12. 1964. U. S. Prior. 2/11. 1962. — C. **1966**, 34-2113 [D. A. S. 1 203 742].)

1736 **W. R. Grace & Co.**, USA (Erfinder: **Grover L. Bridger** und **Norval K. Alfrey**), *Düngemittel*. (**F. P. 1 316 076** vom 10/2. 1962, ausg. 24/4. 1963. U. S. Prior. 10/2. 1961. — C. **1966**, 38-2980 [U. S. P. 3 125 411].)

1737 **Engelhard Industries, Inc.**, USA (Erfinder: **John H. Koch jun.**), *Herstellung von Verbindungen mit Aluminiumoxidmonohydrat*. (**F. P. 1 309 694** vom 5/1. 1962, ausg. 27/2. 1963. U. S. Prior. 6/1. 1961. — C. **1966**, 35-2202 [U. S. P. 3 152 865].)

1738 **Pittsburgh Plate Glass Co.**, USA (Erfinder: **William Leslie Wilson**), *Herstellung von TiO_2-Pigment*. (**F. P. 1 359 420** vom 9/4. 1963, ausg. 7/8. 1964. U. S. Prior. 25/4. 1962. — C. **1966**, 30-2040 [Brit. P. 979 564].)

1739 **Reactor Centrum Nederland**, Niederlande, *Elektrolytische Herstellung von Urandioxid-Kristallen*. (**F. P. 1 348 866** vom 26/2. 1963, ausg. 8/4. 1964. Niederl. Prior. 1/3. 1962. — C. **1966**, 33-2114 [Brit. P. 964 227].)

1740 **Badische Anilin- & Soda-Fabrik Akt.-Ges.**, Deutschland (Erfinder: **Werner Balz**), *Herstellung von nadelförmigem gelbem Eisenoxid*. (**F. P. 1 357 866** vom 29/3. 1963, ausg. 10/7. 1964. D. Prior. 30/3. 1962. — C. **1966**, 34-2162 [D. A. S. 1 204 644].)

H–6. Organische Industrie

1741 **Neuer Trichloräthylenprozeß.** L. Andrussow und E. Edler. (Chem. Process Engng. **48** (1967) 1, 41—42; engl.) — Abbau von Tetrachloräthan in Methanol über einem Al-Katalysator bei 260° zu *Trichloräthylen.* Dimethyläther u. A. können an Stelle von Methanol verwendet werden. Verschiedene Prozeßbedingungen u. Ausb. werden angegeben. Vf. führen Vorteile gegenüber herkömmlichen Verf. an. R. Hintsche H 570

1742 **Einfluß inerter Verdünnungsmittel auf die Dehydrierung von Isopentan durch Jod.** S. V. Adel'son und V. I. Nikonov. (Doklady Akad. Nauk SSSR **174** (1967) 1, 150—53; Moskva, Inst. neftechim. gaz. prom. im. Gubkina; russ.) — Der Grad der Umwandlung von *Isopentan* (I) in *Isopren* (II) u. *Isoamylene* (III) bei der oxydierenden Dehydrierung in Ggw. von O_2 u. J_2 wird durch Verdünnung von O_2 mit W.-Dampf am stärksten, mit Ar am wenigsten vermindert. Die II-Ausb. ist mit CO_2 am höchsten, mit Ar am kleinsten. Mit J_2 ohne O_2 werden als Hauptprod. III erhalten; Verdünnungsmittel beeinflussen die Rk. wenig. Die Annahme, daß der Einfl. der Zusatzgase auf therm. Faktoren beruht, wird experimentell nicht bestätigt. Der spezif. Einfl. von CO_2 u. W.-Dampf wird damit in Zusammenhang gebracht, daß bei der Rk. von I diese Verb. als Prod. neben II u. III entstehen. R. K. Müller H 570

1743 **Oxydative Dehydrierung von n-Butan in Gegenwart von Jodzusätzen im Hohlreaktor.** S. P. Kuz'ničev, V. K. Skarčenko und I. Ja. Tjurjaev. (Chim. Prom. Ukrainy **1967**, 4, 49—51; Inst. chim. vysokomol. soedin. AN USSR; russ.) — Die oxydative Dehydrierung von *n-Butan* (I) zu *Butadien-(1.3)* (II) wird in Ggw. wechselnder Mengen J_2 im Temp.-Intervall 450—600° untersucht. Beim Mol-Verhältnis im Ausgangsgas $I–J_2–O_2–N_2$ = 1 : 0,03 : 1 : 4 wird bei 530° ein II-Ausb.-Max. beobachtet, während das Max. der Selektivität der II-Bldg. bei tieferen Temp. liegt. Die Kontaktdauer beeinflußt den Rk.-Verlauf u. die II-Ausb. kaum. Günstig sind 10 bis 12 Sek. Rk.-Dauer. Wesentlichen Einfl. auf den Ablauf der ox. Dehydrierung zeigt die J_2-Konzentration. Bei $J_2 : I$ = 0,02—0,03 inhibiert J_2 die Rk.; 5—6% J_2-Zusatz führt zu einer starken II-Ausb.-Erhöhung (bis zu 25 Mol-%). K. Jasche H 570△

1744 **Acetylen und Wasserstoff durch Pyrolyse von Methan.** John Happel und Leonard Kramer. (Ind. Engng. Chem., int. Edit. **59** (1967) 1, 39—50; engl.) — Kinet. Studien der therm. Methanpyrolyse bei verschiedenen Prozeßbedingungen zeigen die Möglichkeit zur Erreichung hoher Ausb. relativ reiner Gemische von *Acetylen* u. H_2 mit der beschriebenen Apparatur. R. Hintsche H 580

1745 **Reaktion zwischen Epichlorhydrin und Alkoholen in Dioxan.** Shizen Sekiguchi und Shuji Ishii. (J. chem. Soc. Japan, ind. Chem. Sect. [Kōgyō Kagaku Zasshi] **70** (1967) 1, 46—48; Fac. of Engng., Gunma Univ., Tenjin-cho, Kiryu-shi, Japan; jap., Auszug: engl.) — Die Kinetik der Additionsrk. von Epichlorhydrin (I) an Alkohole (Methanol, A. u. Isopropanol) wurde untersucht. Die Geschw. wurden bei 25, 30 u. 40° in Dioxan bei Anfangskonz. von I, Alkoholen u. Katalysator $[BF_3 \cdot (C_2H_5)_2O]$ von 0,6, 0,9 u. $8{,}0 \cdot 10^{-3}$ bis ca. $8{,}0 \cdot 10^{-2}$ Mol $\cdot$ l^{-1} gemessen. Die Geschw.-Konst. 3. Ordnung nehmen ab, u. die Aktivierungsenergien (**A**) u. die Frequenzfaktoren (**B**) nehmen zu in der Reihe Methanol, A. u. Isopropanol. Sowohl **A** als auch **B** zeigen den Kompensationseffekt. Die Ergebnisse lassen auf einen säurekatalysierten bimol. Mechanismus schließen. F. W. Guthke H 600

1746 **Hydrierung von Allylalkohol an Ni-Katalysatoren auf Trägern.** N. M. Popova, D. V. Sokol'skij, L. V. Babenkova und R. Mamašev. (Izvest. Akad. Nauk Kaz. SSR, Ser. chim. **17** (1967) 3, 33—38; russ.) — Vf. untersuchen die Hydrierung von Allylalkohol bei 20—60° in 96%ig. A. über Ni-Katalysatoren auf Trägern. Der Aktivität nach kann man die Katalysatoren in folgende Reihe einordnen: Ni–Cu–Cr_2O_3/Kohle > Ni–Cr_2O_3/Kohle > Ni/Cr_2O_3 > Ni/Kieselgur > Ni/ZnO. Die Aktivität der ersten beiden Katalysatoren für die Allylalkoholhydrierung ist der H_2-Sorption proportional u. hängt vom Geh. des Ni, Cu u. den Vers.-Bedingungen ab. Die Aktivierungsenergie beträgt nur 0,3—6,0 kcal/Mol. G. Mögel H 610

1747 **Umwandlungen aliphatischer Mercaptane an einem Aluminiumsilicatkatalysator.** N. V. Imnadze, A. K. Getmanova und T. A. Danilova. (Neftechimija **7** (1967) **1**, 104—09; Moskva, Gos. univ. im. Lomonosova; russ.) — Die Umwandlungen der isomeren *Butylmercaptane* (I) an einem techn. kugelförmigen Al-Silicatkatalysator wird bei 350° u. Vol.-Geschw. 0,5 h^{-1} untersucht. Der Grad des Zerfalls der I nimmt vom normalen zum Isoderiv. u. vom prim. zum tert. Deriv. zu. Die Stellung der SH-Gruppe beeinflußt die Stabilität der I mehr als die Verzweigung der C-Kette. Die Stabilität von n-Decylmercaptan ist größer als die der I, aber auch hier ist der Einfl. der Stellung der SH-Gruppe maßgebend. Neben einem Kracken der Mercaptane erfolgt bei 350° die Bldg. von Sulfiden. R. K. Müller H 640

1748 **Hydroformylierung von Olefinen in Anwesenheit von Rhodiumcarbonylen.** V. Ju. Gankin, L. S. Genender und D. M. Rudkovskij. (Ž. prikl. Chim. **40** (1967) 9, 2029—33; russ.) — Hexen, Isobutylen u. Cyclohexen, gelöst in Toluol, werden bei 100—120°, Drücken bis 300 at, $H_2 : CO = 1 : 1$ u. Rh-Carbonylgeh. 0,0005 bis 0,4 % hydroformyliert. Es wurde gefunden, daß in diesem Konz.-Gebiet die Rk.-Geschw. direkt proportional der Katalysatorkonz. ist. Bis zu 200 at existiert auch eine direkte Druckabhängigkeit. Im Vgl. mit Co-Carbonyl zeigt Rh-Carbonyl eine größere Rk.-Geschwindigkeit. Die Ausb. an Aldehyd betragen 93—100%, ein 50%ig. Umsatz ist nach 15—20 Min. erreicht. Herbert Hoffmann H 670

1749 **Oxydation von Methyläthylketon in flüssiger Phase in Gegenwart von Katalysatoren.** G. E. Zaikov, Z. K. Majzus und N. M. Ėmanuėl'. (Neftechimija **7** (1967) 1, 82—87; AN SSSR, Inst. chim. fiz.; russ.) — Vgl. C. **1965**, 11-0898. — Wirksame Katalysatoren der Ox. von *Methyläthylketon* (I) in fl. Phase sind Co- u. Ni-Acetat u. bes. Cu-Acetat. Sie beschleunigen den Zerfall von *Diacetyl* (II) u. des Ketohydroperoxids in Radikale, ohne die Zus. der Prod. gegenüber der nichtkatalyt. I-Ox. wesentlich zu ändern. Wenn die Ox. statt bei 145° (vgl. l. c.) bei 80° erfolgt, ist die Selektivität der I-Ox. derart erhöht, daß prakt. nur II entsteht. Aus diesen Unters. wird ein Verf. zur Gewinnung von II in Ggw. von Co- u. Ni-Acetat entwickelt. R. K. Müller H 720

1750 **Oxydation von Acrolein und Methacrolein mit molekularem Sauerstoff in flüssiger Phase.** 1. Mitt. **Katalysatoren für die Oxydation von Methacrolein in flüssiger Phase.** Mamoru Asao. (J. chem. Soc. Japan, ind. Chem. Sect. [Kōgyō Kagaku Zasshi] **70** (1967) 1, 37—42; Res. Dep. of Mitsubishi Rayon Co. Ltd., Kyobashi, Tokyo, Japan; jap., Auszug: engl.) — Methacrolein (I) wird mit O_2 in fl. Phase in Ggw. verschiedener Katalysatoren zu *Methacrylsäure* (II) ox., wobei in homogenen Syst. eine „vulkanartig" geformte Kurve für die Selektivität von II gegenüber dem Ox.-Red.-Potential des als Katalysator verwendeten Metallions erhalten wird. Ag- u. Hg-Ionen befinden sich in Nähe der Spitze dieser Kurve. Die mit Ag- u. Hg-Katalysatoren (Naphthenate in n-Heptan als Lsgm.; I-Umsatz 20—40%) erzielten Selektivitäten von II betragen 50—60%. Andere untersuchte Katalysatoren geben niedrigere Selektivitäten. F. W. Guthke H 810

1751 **Katalytische Gasphasenoxydation von Propylen bei tiefen Temperaturen.** B. V. Suvorov, D. Ch. Sembaev und S. R. Rafikov. (Doklady Akad. Nauk SSSR **172** (1967) 5, 1096—98; AN Kaz. SSR, inst. chim. nauk; russ.) — Im Gegensatz zu der üblichen Ox.-Temp. von 450° wird die Ox. von C_3H_6 bei 240—320° am Katalysator $V_2O_5 : Al_2O_3 = 7 : 3$, bei einem Mol-Verhältnis $C_3H_6 : O_2 = 1 : 4{,}2$ u. einer Belastung 317 g C_3H_6/l/Std. durchgeführt. Bei 240° beträgt die Summe von *Acryl-*, *Propion-* u. *Essigsäure* 70,7 (%) u. der von *CO*, CO_2, *HCHO* u. *HCOOH* 7, bei 320° dagegen nur 28,3, während letztere auf 62,5 ansteigen. Herbert Hoffmann H 810

1752 **Herstellung von Decan-1.10-dicarbonsäure durch Flüssigphasenoxydation von Cyclododecanon.** K. M. Sokova, V. V. Kamzolkin, G. A. Zelenaja, T. P. Andreeva und A. N. Baškirov. (Neftechimija **7** (1967)

2, 270—73; AN SSSR, inst. neftechim. sinteza; russ.) — Die Ox. erfolgt bei 85—90°, Lufteinsatz von 60—400 l/kg Rk.-Gemisch/Std., Rk.-Dauer 5—9 Std. in Ggw. von Mn- u. Ba-Acetat, Mn- oder Co-Stearat als Katalysator im kontinuierlichen Betrieb. Der Rk.-Umsatz beträgt 85%, hiervon sind 82% *Decan-1.10-dicarbonsäure*, $C_7—C_{11}$-*Di-* 13% u. *Monocarbonsäure* 5%.
Herbert Hoffmann H 820

1753 **Neues kombiniertes Toyo-Koatsu-Ammoniak-Harnstoff-Verfahren.** P. A. Gaillard und P. G. Renaudin. (Chim. Ind., Génie chim. **97** (1967) 1, 37—40; Inst. Français du Petrole; franz.) — Es wird ein neues Verf. zur Herst. von *Harnstoff* beschrieben, das völlig mit der Herst. von NH_3 kombiniert ist. Die Anordnung wird näher erläutert, die konventionelle u. die neue kombinierte Meth. werden durch Fließ-Schemata gegenübergestellt. Die Vorteile des neuen Verf. sind: Wegfall der Kompression des CO_2, vereinfachtes Pumpen von NH_3, wirksame Extraktion von CO_2, Verbesserung der Wärmebilanz, Wegfall der Regeneration von NH_3 aus dem Syst. der Wiedergewinnung der Reinigungsgase, Verw. von Turbokompressoren u. Verminderung der Kosten des Harnstoffreaktors. Die Qualität des Prod. ist einwandfrei.
F. W. Guthke H 880

1754 **Hydrodealkylierung.** Shinobu Masamune, Junichi Fukuda und Shoji Katada. (Hydrocarbon Processing Petroleum Refiner **46** (1967) 1, 155—58; Mitsubishi Petrochem. Co. Ltd., Tokyo; engl.) — Der MHC-Prozeß dient zur Herst. von Bzl. aus Alkylaromaten durch therm. Hydrodealkylierung bzw. von *Naphthalin* aus Alkylnaphthalinen. Vorteile des MHC-Verf.: der Rohstoff kann bis zu 30% Nichtaromaten enthalten, H_2 muß nicht rein sein, der Verkokungsgrad ist gering, 99,95 Mol-%ig. *Bzl.* entsteht. Die anfallenden hochkondensierten Aromaten werden im Kreislauf geführt, dadurch sinken die Aromatenverluste auf 1—2%.
R. Sowada H 1010

1755 **Synthese von Phenolestern am Kationenaustauscher KU-2 als Katalysator.** O. N. Karpov, R. M. Bystrova und L. G. Fedosjuk. (Ž. obšč. Chim. **37/99** (1967) 1, 278—79; VNII chim. reaktivov i osobo čist. chim. veščestv; russ.) — Durch 2—4std. Erhitzen von Phenol mit Carbonsäuren (1 : 2) bzw. deren Anhydriden in n-Nonan auf 120—160° in Ggw. von 40 (%) Kationit KU-2 (H^+-Form) wurden folgende Phenylester erhalten: *-acetat*, $Kp._{20}$ 92—94°; 60 (Ausb.). — *-butyrat*, Kp. 223—225°; 50. — *-isovalerat*, Kp. 226—228°; 49. — *-capronat*, $Kp._4$ 122—124°; 46. — Analog: *p-Kresylbutyrat*, $Kp._3$ 100—102°; 48. — *o-Kresylcapronat*, $Kp._3$ 119—121°; 39. — Die isolierten Ester weisen 99—99,5% Reinheit auf.
H.-E. Toussaint H 1060

1756 **Katalytisches Verhalten einiger Azokörper.** A. Krause unter Mitarb. von L. Lomozik. (Österr. Chemiker-Ztg. **68** (1967) 6, 192; Inst. für anorg. Chem., Univ. Poznań, Polen; dt.) — Die starke Inhibitorwrkg. von Azoverb. wurde an *Azobenzol* (I), *Aminoazobenzol* (II), *Dimethylaminoazobenzol* u. *Hydroxyazobenzol* durch peroxidat. Indigocarminentfärbung bei 37° u. Best. der Entfärbungszeit untersucht. Der wirksamste Inhibitor dieser Reihe u. der stärkste von bisher untersuchten organ. Verb. ist **II** mit ≈ 7300 Min. Entfärbungsdauer. Da **I** keine Hemmgruppen besitzt, wirkt es als sehr schwacher Katalysator (1250 Min. gegenüber 1560 Min. Entfärbungszeit der Blindprobe). Auf die prakt. Verw.-Möglichkeit solcher Verb. als Farbstoffstabilisatoren u. Schutzmittel gegen oxydative Einfl. wird hingewiesen.
F. W. Guthke H 1310

1757 **Hydrierung von Cyclohexen und Hexen-(1).** A. M. Sokol'skaja und S. A. Rjabinina. (Vestnik Akad. Nauk Kaz. SSR **22** (1967) 1, 52—60; russ.) — Nach einer Literaturübersicht wird über die Hydrierung von Cyclohexen u. Hexen-(1) in CH_3OH oder A. in Ggw. von $Pd/BaSO_4$ u. PtO_2 bei 30° u. unterschiedlicher H_2-Aufnahme berichtet. Die erhaltenen Ergebnisse werden graph. ausgewertet u. diskutiert. — 73 Literaturangaben.
Herbert Hoffmann H 1810

1758 **Katalytische Alkylierung von Furan mit Isobutylen.** N. I. Šujkin, B. L. Lebedev und V. G. Nikol'skij. (Doklady Akad. Nauk SSSR **174** (1967) 3, 621—23; Inst. org. chim. im. Zelinskogo, AN SSSR; russ.) — Durch Unters. des Einfl. der Temp., des Verhältnisses der Reagenzien, der Katalysatormenge u. Rk.-Dauer wurden folgende optimale Bedingungen zur Alkylierung von Furan durch Isobutylen gefunden: 75—100°, Katalysatormenge 5 g, Furan : Isobutylen = 1 : 0,42, Rk.-Dauer 3 Stunden.
G. Mögel H 3061

1759 **Hydrierung von 5-Hydroxy-, 7-Hydroxy- und 5.7-Dihydroxyflavon an einem Platinkatalysator.** Morio Suzuki, Hideo Mizuno und Masahiro Takai. (J. chem. Soc. Japan, pure Chem. Sect. [Nippon Kagaku Zasshi] 88 (1967) 6, 675—78; Dep. of Ind. Chem., Fac. of Engng., Shizuoka Univ., Hamamatsu-shi, Japan; jap., Auszug: engl.) — Zur Feststellung der Angreifbarkeit verschiedenartiger Mol.-Gruppen bei der Hydrierung wurden alkohol. Lsg. von 5-Hydroxy-, 5.7-Dihydroxy-, 7-Hydroxy-, 7-Methoxy- u. 7-Acetoxyflavon an einem Pt-Katalysator bei Raumtemp. u. unter Atmosphärendruck hydriert. Aus den entsprechenden Flavonen wurden die folgenden Verb. erhalten: *2-Cyclohexyl-5-hydroxychromon* (F. 102,5°; Ausb. 74%), *2-Cyclohexyl-5.7-dihydroxychromon* (F. 217°), *2-Cyclohexyl-7-hydroxychromon* (F. 201°), *2-Cyclohexyl-7-methoxychromon* (F. 85°), *2-Cyclohexyl-7-acetoxychromon* (F. 102°) u. *2-Cyclohexyl-7-acetoxychromanon* (F. 69°). Die Ausb. waren ausgezeichnet. Bei den erwähnten Flavonderiv. fand die Hydrierung ausschließlich an der 2-Phenylgruppe statt.
F. W. Guthke H 3211

1760 **Herstellung von Piperidin durch katalytische Hydrierung von Pyridin.** Karl Smeykal und Karl-Klaus Moll. (Chem. Techn. **19** (1967) 2, 92—96; Leuna, Hauptabt. Forsch. u. Entw., VEB Leuna-Werke „Walter Ulbricht"; dt.) — *Reinpyridin* mit 0,3—0,8% S wurde im Autoklaven u. kontinuierlich mit festangeordnetem Katalysator in Röhrenreaktoren hydriert. Die Ergebnisse der Autoklavenvers. zeigen, daß sulfid. Katalysatoren für die Kernhydrierung des Py. zu *Piperidin* (I) wenig geeignet sind. Mit 2 NiS · WS_2 wurden die besten Ausb. erhalten. Diese betrugen aber auch hier < 50 Mol-% (bez. umgesetztem Py.). Bei der kontinuierlichen Hydrierung mit festangeordnetem Katalysator im Röhrenreaktor bei 50 at, 280°, einer Katalysatorbelastung von 0,1 Vol. Py./Vol. Katalysator u. Std., sowie einem Verhältnis von Py. (fl.) zu H_2 von 1 : 20000 bilden sich 64,3 Mol-% I. Diese Ergebnisse entsprechen hinsichtlich des Umsatzes an Py., der Ausb. an I u. der Nebenprod.-Bldg. nicht den Anforderungen eines wirtschaftlich arbeitenden Verf. zur I-Gewinnung. Vollständig u. ohne wesentliche Bldg. von Nebenprod. erfolgt die Kernhydrierung von Py. mittels metall. Hydrierungskatalysatoren. Da letztere durch S-haltiges Py. in kurzer Zeit an Wirksamkeit verlieren, muß ein wirtschaftlich arbeitendes Verf. zur Entschwefelung von Rohpyridinen der Hydrierung vorangehen. Entgegen den bisher bekannten unbefriedigenden Ergebnissen bei der Verw. von Ni für die Hydrierung der Py.-Basen erwiesen sich Ni-Katalysatoren auf γ-Al_2O_3 bzw. Cr_2O_3 als Träger mit Geh. an Ni-Metall von mindestens 30% als sehr aktiv.
K. Frederich H 3231

1761 **Verfahrenstechnische Probleme bei der Herstellung von Melamin aus Harnstoff bei Atmosphärendruck.** A. Schmidt. (Österr. Chemiker-Ztg. **68** (1967) 6, 175—79; Österreich. Stickstoffwerke Akt.-Ges., Linz; dt.) — Die Erhitzung des Harnstoffs (Zerfall in Cyansäure u. NH_3) muß sehr rasch erfolgen, da sonst störende Nebenprod. entstehen. Für diese Rk. wurde ein außenbeheizter Wirbelschichtreaktor entwickelt. Da die Bldg. von Melamin (I) aus Cyansäure eine mäßig exotherme Rk. darstellt, I gegen Überhitzung sehr empfindlich ist (Abspaltung von NH_3) u. eine Reinheit von > 99,9% gefordert wird, muß jede Überhitzung vermieden werden. Ferner sind die Strömungsgeschw. u. die Eintrittstemp. des Synth.-Gases für die I-Reinheit wichtig. Der Umsatz von Cyansäure zu I beträgt maximal 90—95%. Im Ausgangsgas ist daher neben NH_3, CO_2 u. I-Dampf noch umumgesetzte Cyansäure vorhanden. Beim Abkühlen kondensiert zunächst I aus, anschließend jedoch auch NH_4NCO, das sich sofort zu Harnstoff umlagert. Infolge

der hohen Temp. entstehen weitere Nebenprod.; es wurde daher ein Kondens.-Syst. entwickelt, in dem das eintretende, 400—450° heiße Gas schnell auf eine Temp. $<100^0$ abgekühlt u. so jede Nebenrk. vermieden wird.
F. W. Guthke H 3813

1762 British Petroleum Co. Ltd., London, Großbritannien (Erfinder: James Keith Hambling und Geoffrey Winton Alderson), **Heptene** werden hergestellt durch Codimerisierung von Propylen u. Buten bei erhöhter Temp. in Ggw. eines Katalysators, der durch Dispersion von Na in einer wasserfreien K-Verb. hergestellt worden ist. (**Brit. P. 1 120 515** vom 14/6. 1966, ausg. 17/7. 1968.) — 4 S. A. Debo H 570

1763 Imperial Chemical Industries Ltd., London, Großbritannien (Erfinder: Royden Lewis Heath und Frank Johnson), **Dichlorbutene** werden hergestellt durch Chlorierung von Butadien in Gasphase in Ggw. zusätzlicher Dichlorbutene. (**Brit. P. 1 119 682** vom 1/4. 1966, ausg. 10/7. 1968.) — 3 S. A. Debo H 570

1764 Imperial Chemical Industries Ltd., London (Erfinder: Winston Costain und Bernard William Hugh Terry, Manchester, Lancs.), Großbritannien, **Isomerisierung von Dichlorbutenen,** getrennt oder im Gemisch, dad. gek., daß man die Dichlorbutene mit wss. Lsg. eines Alkalihalogenids, Ammoniumhalogenids oder Cu(II)-Halogenids, bes. der wss. Lsg. von 10—45 Gew.-% NaCl, NH_4Cl, $CuCl_2$, die ein Cu(I)-Salz in einer Menge von 0,5—10 Gew.-%, bes. CuCl, enthält, in Berührung bringt. Dichlorbuten wird in Form von feinen fl. Tropfen in der Katalysatorlsg. dispergiert u. nach ca. 10 bis 60 Min. abgetrennt. Die Lsg. wird durch Zugabe eines Puffersalzes, bes. Na- oder NH_4-Acetat u./oder säurebindenden Mittels bei pH 3—7,3 gehalten. Die Isomerisierung wird unter Ausschluß von O_2 durchgeführt. — Zum Beispiel: 1.4-Dichlorbuten-(2) $\rightarrow$ 3.4-Dichlorbuten-(1). (**Schwz. P. 448 059** vom 22/5. 1964, ausg. 29/3. 1968. Brit. Prior. 24/5. 1963.) — 3 S.
R. Bollinger H 570

1765 Rhône-Poulenc Soc. An., Paris (Erfinder: Emile Eugène Frainnet, Merignac, Raymond Jean Calas, Le Bouscat, und Yves Colleuille, Lyon), Frankreich, **Alkohole** erhält man durch Hydrierung von Aldehyden oder Ketonen mit H_2 in Ggw. eines feinverteilten Ni-Katalysators, der durch Rk. von Triäthylsilan u. $NiCl_2$ erhalten wurde. Beispiel für die Hydrierung von 3.3-Dimethylbutanon-(2). (**Schwz. P. 447 135** vom 20/5. 1965, ausg. 29/3. 1968. F. Prior. 21/5. 1964.) — 2 S.
A. Jahn H 610

1766 International Flavors & Fragrances, Inc., New York, N.Y. (Erfinder: Peter William Drake Mitchell und Lewis George Augustine, Atlantic Highlands, N.J.), USA, **Methylisogeraniol** erhält man durch Rk. von Myrcensulfon mit HCHO oder der Lsg. einer Verb., die unter den Rk.-Bedingungen HCHO bildet, in Ggw. einer niedrigen Carbonsäure oder deren Anhydrid bei $<90^0$ u. Pyrolyse bei 160—220°. — *Riechstoff.* (**Schwz. P. 447 141** vom 13/12. 1965, ausg. 29/3. 1968. U. S. Prior. 18/12. 1964.) — 4 S.
R. Bollinger H 610

1767 Minnesota Mining and Mfg. Co. (Erfinder: Robert Lloyd Hansen), St. Paul, Minn., USA, **Fluorierte Sulfonsäureester** der Formel $[R_fSO_2OCH_2]_mQ$ (R_f = hochfluoriertes C_1-C_8-Alkyl mit $\geqq 2$ F u. $\leqq 1$ H; Q = fluoriertes Alkyl, Cycloalkyl, Oxalkyl, Oxacycloalkyl mit der Valenz m u. $\geqq 44\%$ F; m = 1, 2) werden hergestellt durch Rk. von R_fSO_2X (X = Cl, F) mit $Q(CH_2OH)_m$ in Ggw. von Triäthylamin als Säureakzeptor. — *Trifluormethansulfonsäure*(I)*-2.2.2-trifluoräthylester*, $C_3H_2F_6O_3S$, $Kp._{740}$ 89—91°, n_D^{25} 1,3037; I-*1.1-dihydroperfluorbutylester*, $C_5H_2F_{10}O_3S$, $Kp._{732}$ 118—120°, n_D^{25} 1,3020; I-$OCH_2\cdot CF_2CF_3$, $Kp._{740}$ 102—105°, n_D^{25} 1,3012; I-$OCH_2(CF_2)_6\cdot CF_3$, $Kp._5$ 74—75°, n_D^{25} 1,3098; I-$OCH_2CF_2CF_2H$, $Kp._{737}$ 122—125°, n_D^{25} 1,3203; I-$OCH_2(CF_2)_4H$, $Kp._{21}$ 69—72°, n_D^{25} 1,3191; I-$OCH_2(CF_2)_8H$, $Kp._{20}$ 117—119°, n_D^{25} 1,3200; I-$OCH_2C_8F_{11}$, $Kp._{20}$ 73—76°, n_D^{25} 1,3253; $(CF_3SO_3OCH_2CF_2)_2CF_2$, $Kp._{20}$ 76—78°, n_D^{25} 1,4252; I-$OCH_2(CF_2)_2OCF_3$, $Kp._{740}$ 120—123°, n_D^{25} 1,3070; $\overbrace{CF_2CF_2CF_2CF}^{O}-CF_2CH_2O$-I, $Kp._{22}$ 64—66°, n_D^{25} 1,3167; *Perfluoräthansulfonsäure-2.2.2-trifluoräthylester*, $C_4H_2F_8\cdot O_3S$, $Kp._{740}$ 105—106°, n_D^{25} 1,3028; *Perfluoroctansulfonsäure-1.1-dihydroperfluorbutylester*, $C_{12}H_2F_{24}O_3S$, F. 59 bis 62°; I-*1.1.7-trihydroperfluorheptylester*, $C_8H_3F_{15}O_3S$, $Kp._9$ 75—78°; I-*1.1.11-trihydroperfluorundecylester*, F. 56 bis 59°, $Kp._{10}$ 125—130°. — *Oberflächenakt. Stoffe.* (**D. A. S. 1 275 052** Kl. 12o vom 2/3. 1966, ausg. 14/8. 1968. U. S. Prior. 5/3. 1965.) — 3 S. A. Debo H 640

1768 Minnesota Mining and Mfg. Co., St. Paul, Minn. (Erfinder: Emery Gustav Tokoli, Princetown, N.J.), USA, **Perfluoralkansulfonamidoamine** der Formel R_fSO_2NHW ($R_f = C_1-C_{18}$-Perfluoralkyl; W = C_2-C_6-Aminoalkyl, Aminomethylbenzyl, ω-Aminoazalkylen) u. deren Salze werden hergestellt durch Rk. von R_fSO_2F mit H_2NW, Versetzen der Rk.-Lsg. mit der alkohol. Lsg. einer anorgan. Base u. Abtrennung des anorgan. Fluorids. — $C_8F_{17}SO_2N^{\ominus}CH_2CH_2N^{\oplus}H_3$, F. 192—193°, subl. bei 170°/1,2 Torr; $C_8F_{17}SO_2NHCH_2(C_6H_4\text{-}3)\text{-}CH_2NH_2$. — *Oberflächenakt. Stoffe.* (**D. A. S. 1 275 054** Kl. 12o vom 8/3. 1965, ausg. 14/8. 1968. U. S. Prior. 9/3. 1964.) — 2 S.
A. Debo H 640

1769 Farbwerke Hoechst Akt.-Ges. vormals Meister Lucius & Brüning, Frankfurt/M. (Erfinder: Lothar Hirsch, Kelkheim, Lothar Hörnig, Günther Mau und Therese Quadflieg, Frankfurt/M.), **Acetaldehyd** erhält man durch Ox. von Äthylen mit O_2 in Ggw. von W. an festen Katalysatoren, die ein elementares Edelmetall der 8. Gruppe des Period. Syst. enthalten. Ausb. 92%. (**Schwz. P. 446 288** vom 24/3. 1965, ausg. 15/3. 1968. D. Prior. 24/3. 1964.) — 3 S.
A. Jahn H 670

1770 Lonza Akt.-Ges., Gampel (Erfinder: Pio Guyer und August Guyer, Zürich), Schweiz, **Herstellung von Propionaldehyd** durch Hydroformylierung von Äthylen mit CO u. H_2 bei erhöhten Temp. u. Drücken in inertem nichtpolarem Lsgm. in Ggw. von Co-Carbonyl. Man bringt die Katalysatorlsg. in Form eines dünnen Films mit dem Gasstrom in intensive Berührung, führt die Lsg. gleichzeitig über eine wärmeübertragende Fläche, zieht die Aldehydlsg. fortlaufend ab u. isoliert Propionaldehyd. Ausb. $\leqq 99{,}4\%$. (**Schwz. P. 448 251** vom 24/10. 1963, ausg. 15/2. 1968.) — 2 S. A. Jahn H 670

1771 Imperial Chemical Industries Ltd., London, Großbritannien (Erfinder: Peter Arthur Edward Whincup), **Acrylsäureester** werden hergestellt durch Bildung eines Komplexes aus Hg-Salz u. ggf. alkyliertem Acrolein ohne Erhitzung u. dann Erwärmen mit einem C_1-C_5-Alkanol, der $<15\%$ W. enthält, u. einem Hg-Salz. — (**Brit. P. 1 121 877** vom 26/11. 1965, ausg. 31/7. 1968.) — 4 S. A. Debo H 810

1772 Eastman Kodak Co., Rochester, N.Y. (Erfinder: Gary Fred Hawkins, Kingsport, Tenn.), USA, **Monomere α-Cyanacrylsäureester** (I) erhält man durch Polykondens. von CH_2O mit einem Cyanessigsäureester oder α.α'-Dicyanglutarsäureester durch Erhitzen mit einem bas. Kondens.-Mittel (II), Abdest. des gebildeten W., Abtrennen von II u. Depolymerisieren des Polykondensats zu dem gewünschten I. (**Schwz. P. 458 826** vom 8/12. 1966, ausg. 30/8. 1968. U. S. Prior. 9/12. 1965.) — 4 S. H.-W. Ebersbach H 810

1773 Farbwerke Hoechst Akt.-Ges. vormals Meister Lucius & Brüning, Frankfurt/M. (Erfinder: Lothar Hörnig, Frankfurt/M., Hermann Neu, Neu-Isenburg, und Otto Probst, Frankfurt/M.), **Sorbinsäure** (I) erhält man durch Isomerisierung von cis.cis-bzw. cis–trans-Hexadien-(2.4)-säuren bei 20—300, bes. 100—220° in Ggw. von S u. bzw. oder HCl als Katalysator, ggf. in einem aliphat., alicycl., aromat. KW-Stoff oder in deren Cl-, Br- oder Nitroderiv. bzw. einem Äther oder Keton als Lösungsmittel. — Zu 100 g eines Hexadiensäuregemisches aus 24% I u. 76(%) cis-Isomeren gibt man 3 g S u. erhitzt auf 170° $\rightarrow$ > 99 I. — Mit 5 g konz. HCl an Stelle des S bei 80° $\rightarrow$ 88 I. — Man leitet ein Dampfgemisch aus Hexadiensäuren u. Diäthylenglykoldibutyläther (II), das durch therm. Spaltung des aus Crotonaldehyd u. Keten gebildeten Polyesters in Ggw. von Alkali u. II erhalten wurde u. aus 15 I, 5 cis-Isomeren u.

75 II besteht, bei 110—120° u. 20 Torr über S → 18,8 I, 1,2 cis-Isomere u. 75 II. (**Brit. P. 1 077 327** vom 9/2. 1965, ausg. 26/7. 1967. **Schwz. P. 441 288** vom 12/2. 1965, ausg. 15/1. 1968. Beide D. Prior. 15/2. 1964.) — 3 S. — 2 S.
H.-W. Ebersbach H 810

1774 Farbwerke Hoechst Akt.-Ges. vormals Meister Lucius & Brüning, Frankfurt/M. (Erfinder: Helmut Gössel, Rudolf Wirtz, Frankfurt/M., und Hans Fernholz, Bad Soden/Taunus), **Ungesättigte Carbonsäurenitrile,** bes. Acrylsäurenitril (I), erhält man durch Rk. von Olefinen mit HCN u. O_2 bei 0—200, bes. 10—120°, u. 2—300, bes. 5—150 at in Ggw. eines Edelmetallkatalysators, bes. eines 0,15—15 Gew.-% Ru, Rh, Pd, Os, Ir oder Pt auf Kohle, Bimsstein, Bentonit, Zeolith, Montmorillonit, SiC, Al_2O_3 oder Kieselsäuregel als Träger enthaltenden Katalysators, ggf. in Ggw. eines Alkali- oder Erdalkalicyanids u. eines Lösungsmittels. Man gibt 200 Vol.-Teile eines 5% Pd enthaltenden Katalysators, hergestellt durch Aufziehen von $PdCl_2$ in salzsaurer Lsg. auf Bentonit, Red. mit N_2H_4 u. Auswaschen bis zur Cl^--Freiheit, 5 (Gew.-Teile) KCN, 10 abs. HCN u. 200 Acetonitril in einem Autoklaven. Das Lsgm. wird mit Äthylen gesätt. u. sodann 40 at Äthylen u. 40 at Luft aufgedrückt. Nach 10 Min. Schütteln (Druckabnahme 20 at) → 9 I. Der Katalysator kann sofort wieder verwendet werden. (**Schwz. P. 446 301** vom 7/5. 1965, ausg. 15/3. 1968. **U. S. P. 3 347 900** vom 21/4. 1965, ausg. 17/10. 1967. Beide D. Prior. 9/5. 1964.) — 2 S. — 2 S.
H.-W. Ebersbach H 810

1775 Sapchim-Fournier-Cimay, Paris, **Wasserfreies Ferrofumarat** erhält man durch Behandeln von Fumarsäure in wss. oder wss.-alkohol. Phase mit einem in W. schwer lösl. Fe-Deriv., bes. einem Carbonat oder Hydrat von Fe. Beim Arbeiten bei alkal. pH erhält man ein Prod. mit einer Korngröße in der Größenordnung von μ; bei saurem pH in der Größenordnung 0,1 mm. (**Schwz. P. 454 120** vom 2/5. 1966, ausg. 14/6. 1968. F. Prior. 14/5. 1965.) — 2 S.
H.-W. Ebersbach H 820

1776 Ciba Akt.-Ges. (Erfinder: Alfred Berger), Basel, Schweiz, **Herstellung von quaternären Ammoniumverbindungen** der allg. Formel $R-CO-NH-CH_2-CH_2-N(R^1)(R^2)(X)-CH_2COOH$ (R = ungesätt., unverzweigter aliphat. KW-Stoffrest mit 11—17 C-Atomen; R^1 u. R^2 = CH_3, C_2H_5; X = Halogen) erfolgt durch Rk. von tert. Aminen mit einer Halogencarbonsäure u. Überführung der Carbonsäuren in Salze. Durch Rk. von Ölsäurediäthylaminoäthylamid mit Chloressigsäure erhält man eine Paste. — *Weichmacher für synthet. Fasern,* bes. *Viskosekunstseide.* (**Schwz. P. 444 177** vom 24/9. 1962, ausg. 15/2. 1968. **Zusatz zu Schwz. P. 378 053; C. 1965, 20-3018.**) — 2 S.
R. Bauereis H 950

1777 Sandoz Akt.-Ges., Basel (Erfinder: Berthold Gertisser, Münchenstein), Schweiz, **Hydrazinderivate** der allg. Formel $(R^1)_2N-NHCH_2CH(R)(CN)$ erhält man durch Addition von (Meth)Acrylnitril an entsprechende Hydrazine [R = H, CH_3; R^1 = (substituierte) Alkylreste, die zusammen mit dem N-Atom einen heterocycl. Ring bilden können]. — Dimethylhydrazin + Acrylnitril → *1.1-Dimethyl-2-cyanäthylhydrazin,* $Kp._{10-11}$ 89°. — *Farbstoffzwischenprodukte.* (**Schwz. P. 441 367** vom 2/4. 1965, ausg. 15/1. 1968.) — 2 S.
A. Jahn H 950

1778 Pliva Pharmazeutische und Chemische Fabrik (Erfinder: Vera Johanides, Jelena Suput, Nevenka Adler und Menzura Drazić), Zagreb, Jugoslawien, **Erzeugung von L-Glutaminsäure durch Gärung,** dad. gek., daß man den Mikroorganismus *Gaffkya tibisci* in einem Glucose, Fructose, Saccharose, Maltose oder Glycerin als C-Quelle, Harnstoff oder assimilierbare NH_4-Salze, wie $NH_4H_2PO_4$, als N-Quelle, KH_2PO_4 u. $MgSO_4$ als Mineralsalze u. Thiamin oder Thiaminrohstoffe, wie Hefe-, Fleisch- oder fermentierten Maisextrakt, als Wachstumsfaktor enthaltenden fl. Nährmedium 48 bis 72 Std. aerob bei 28—33° u. pH 6,5—9 kultiviert u. das Prod. bei pH 3,2 (I. P.) u. 5° aus der Lsg. direkt krist. oder an „Amberlite IR-4B" oder „Amberlite IRA-400" adsorbiert, mit verd. wss. HCl eluiert u. durch Kühlung des Eluats gewinnt. — Mengenbeispiele, Tabellen für die Morphologie u. Physiologie der Zellen, Kulturbedingungen u. Zucker. (**Schwz. P. 453 379** vom 8/4. 1965, ausg. 14/6. 1968. Jugoslaw. Prior. 13/4. 1964.) — 3 S.
Georg Vogel H 950

1779 Kyowa Hakko Kogyo Co. Ltd., übert. von: Katsunobu Tanaka, Kazuo Kimura, Machida-shi, und Ken Yamaguchi, Tokio, Japan, **L-Glutaminsäureherstellung** erfolgt durch Züchten von Mikroorganismen, bes. von *Corynebacterium hydrocarboclastus ATCC No. 15592, Arthrobacter simplex ATCC No. 15799,* u. von Gattungen *Micrococcus* u. *Brevibacterium* in einem wss. Paraffin-KW-Stoff, bes. Undecan enthaltendem wss. Nährmedium, dem Thiamin, p-Aminobenzoesäure, Vitamin B_{12} u./oder Biotin zugesetzt wird. Beispiele mit Versuchsergebnissen. (**U. S. P. 3 359 178** vom 19/3. 1965, ausg. 19/12. 1967. **Brit. P. 1 103 754** vom 23/3. 1965, ausg. 21/2. 1968. Beide Jap. Prior. 23/3. 1964.) — 3 S. — 4 S.
H.-W. Wille H 950

1780 Lubrizol Corp., Wickliffe, übert. von: William M. LeSuer, Cleveland, O., USA, **Hydroxysubstituierte Dithiophosphorsäuretriester** werden hergestellt durch Rk. von $(RO)_2P(S)SH \cdot NH_3'$ (R = KW-Stoffrest; R' = H, KW-Stoffrest) mit einem Epoxid in Ggw. einer sauren Verb. mit geringerer Acidität als $(RO)_2P(S)SH$. — Beispiele für R = 2-Methylpentyl-(4), Isooctyl, Cyclohexyl; R' = H, C_2H_5, CH_3; Epoxid = Propylenoxid, Butylenoxid, Äthylenoxid; saure Verb. = Ammoniumacetat, -hydroxid, -formiat, -propionat, Äthyl- u. Dimethylammoniumacetat, SO_2. — *Schmierölzusätze* u. *Zwischenprod.* hierzu. (**U. S. P. 3 361 856** vom 13/12. 1963, ausg. 2/1. 1968.) — 4 S.
A. Debo H 980

1781 Tenneco Chemicals, Inc., New York, N.Y. (Erfinder: Eugene Peter Di Bella, Rochelle Park, N.J.), USA, **Chlortoluole** mit relativ hohem Anteil an p-Chlortoluol werden hergestellt durch Chlorierung von Toluol in fl. Phase in Ggw. eines PtO_2-Katalysators. (**Schwz. P. 458 313** vom 20/10. 1966, ausg. 30/8. 1968. U. S. Prior. 21/10. 1965.) — 3 S.
A. Debo H 1010

1782 Parke, Davis & Co., Detroit, Mich., USA (Erfinder: Ronald Jan Thrift, Whitton, Großbritannien), **2.4-Dichlor-3-nitrotoluol,** F. 84—85,5°, wird hergestellt durch Chlorierung von 4-Chlor-3-nitrotoluol mit Cl_2 in Ggw. von $SbCl_3$, $SbCl_5$, Jod oder $AlCl_3$. — *Zwischenprod.* für *N-[2.6-Dichlor-m-tolyl]-anthranilsäure,* F. 254—255°. (**Schwz. P. 458 312** vom 7/10. 1966, ausg. 30/8. 1968.) — 2 S.
A. Debo H 1010

1783 Imperial Chemical Industries Ltd., London, Großbritannien (Erfinder: Michael Edward Brogden, George Milnes und Harry Pinkerton), **Kontinuierliche Herstellung von Dinitrotoluol.** Man führt die Nitrierung von Toluol in mehreren, hintereinandergeschalteten, bes. 6, Reaktoren durch u. führt die gesamte benötigte H_2SO_4 u. HNO_3 dem 1. Reaktor derart zu, daß die Mischsäure anfangs 5—20 (Gew.-%) W. u. die nach der Nitrierung übrigbleibende H_2SO_4 15—25 W. enthält. Die Nitrierung wird bes. bei 60—70° durchgeführt. Verhältnis der 2.4-: 2.6-Isomeren z. B. 81 : 19. (**Brit. P. 1 081 091** vom 8/1. 1964, ausg. 31/8. 1967. **Schwz. P. 439 241** vom 7/1. 1965, ausg. 15/12. 1967. **D. A. S. 1 275 526** Kl. 12o vom 29/12. 1964, ausg. 22/8. 1968. Beide Brit. Prior. 8/1. 1964.)
A. Jahn H 1010

1784 Allied Chemical Corp., New York (Erfinder: Edward Joseph Murray, Buffalo), N.Y., USA, **Herstellung von Benzoesäure** durch Ox. eines fl. Monoalkylbenzols mit O_2 in Ggw. eines mehrwertigen Schwermetallkatalysators, z. B. Co-Acetat, bei 125—200° unter Verw. von Benzoesäure als einzigem Initiator, wobei die Benzoesäure anfangs in einer Menge von ≤ 6% des gesamten Rk.-Gemisches anwesend ist. (**Brit. P. 1 070 227** vom 8/4. 1965, ausg. 1/6. 1967. **Schwz. P. 448 260** vom 8/4. 1965, ausg. 15/2. 1968. Beide U. S. Prior. 8/4. 1964.) — 4 S. — 3 S.
L. Stadelmann H 1210

1785 Badische Anilin- & Soda-Fabrik Akt.-Ges., Ludwigshafen/Rh. (Erfinder: Harry Distler, Ludwigshafen/Rh., und Kurt Schneider, Limburgerhof), **Herstellung von Glykolmonoestern** erfolgt durch Rk. von Carbonsäuren mit Alkylenoxiden bei erhöhter Temp. in Ggw. von Sulfoxiden an Stelle von Thioäthern. — Bei-

spiele: 144 (Teile) Acrylsäure (I) + 100 C_2H_4O + 4 Dimethylsulfoxid 3 Std. bei 60—65° → 218 (94%) I-*Monoglykolester*, Kp.$_{0,5}$ 58—60°. — *Terephthalsäuremonoglykolester*, F. 107—108°. (**D. A. S. 1 257 776** Kl. 12o vom 23/10. 1965, ausg. 4/1. 1968. **Zusatz zu D. A. S. 1 248 660; C. 1968, 36-2522.**) — 2 S.
O. Müller-Meiningen H 1220

1786 Sumitomo Chemical Co. Ltd., Osaka (Erfinder: Shinichiro Terao, Ashiya-shi, Seizi Sagawa, Hirakaba-shi, und Seizo Yabuta, Nishinomiya-shi), Japan, **Nitrodiarylamine** werden hergestellt durch Rk. eines Halogennitroaryls mit einem Arylamin in Ggw. eines Dehydrohalogenierungsmittels (z. B. Cu, Ni), eines Neutralisationsmittels u. eines Amids. — *p-Nitrodiphenylamin*, Kp.$_5$ 190°; *p-Methyl-p'-nitrodiphenylamin.* — Zwischenprod. für *Farbstoffe, Kautschukhilfsmittel.* (**Schwz. P. 447 192** vom 21/5. 1965, ausg. 29/3. 1968. Jap. Prior. 22/5. 1964.) — 3 S. A. Debo H 1310

1787 Merck & Co., Inc., Rahway, N.J., USA, **α-Aminopropionitrile** werden hergestellt durch Rk. eines Diazoniumsalzes mit Methacrylnitril u. Rk. des entstandenen α-Halogenpropionitrils mit NH_3. — *α-Amino-α-methyl-β-[3-methoxy-4-hydroxyphenyl]-propionitril*, F. 124—126°, aus 3-Methoxy-4-hydroxyanilin. — *Zwischenprod. für α-Methyl-DOPA*. (**Brit. P. 1 097 579** vom 30/9. 1965, ausg. 3/1. 1968. U. S. Prior. 8/10. 1964.) — 5 S.
A. Debo H 1350

1788 Rhône-Poulenc Soc. An., Paris (Erfinder: Jean-Claude Brunie und Noël Crenne, Lyon), Frankreich, **Organoperoxyborane** erhält man nach dem Rk.-Schema 3 ROOH + $B(OR')_3$ → $B(OOR)_3$ + 3 R'OH [R = Rest eines prim., sek. oder tert. aliphat., alicycl. oder araliphat. Alkohols mit ≧ 4 C-Atomen; R' = C_1—C_4-Alkyl] durch Entfernung des Alkohols sofort nach seiner Bildung. — Cyclohexylhydroperoxid + Methylborat → *Tri-(cyclohexylperoxy)-boran. Tri-(1-phenyl-1-methyläthylperoxy)-boran.* — *Tri-(benzylperoxy)-boran.* — *Tri-(methylcyclohexylperoxy)-boran.* — *Tri-(cyclohexylperoxy)-boran* (I). — Setzt man Organoperoxyborane mit Aromaten, die ≧ 1 Kern-H-Atom enthalten, um, so erhält man Phenole. I + Toluol → *o-* u. *p-Kresol.* I + Anisol → *o-* u. *p-Methoxyphenol.* — I + Phenetol → *o-* u. *p-Äthoxyphenol.* — (**Schwz. P. 448 292** vom 21/4. 1966, ausg. 15/2. 1968. F. Prior. 21/4., 29/9. u. 26/11. 1965.) — 5 S. A. Jahn H 1380

1789 Dow Corning Corp. (Erfinder: Donald Vernon Flatt), Midland, Mich., USA, **Hochreines kristallines Diphenylsilandiol** wird hergestellt, indem man Diphenyldialkoxysilane (I) mit 1,3—4 (Mol) W. je 1 OR-Gruppe im I in 5—50%, bezogen auf das Gew. des I, eines mit W. mischbaren organ. Lsgm. mit Dielektrizitätskonst. ≧ 10 löst, wobei man durch Säure einen pH-Wert 2—5 aufrechterhält, die Lsg. unter Bewegung bei Temp. zwischen dem Gefrierpunkt der Lsg. u. 40° hält u. krist. ausfallendes Diphenylsilandiol, F. 176°, in Ausb. von 71,8—100% abtrennt. — NMR-Spektren sind angegeben. — *Weichmacher für härtbare Organosiloxanpolymerisate.* (**D. A. S. 1 259 887** Kl. 12o vom 1/8. 1966, ausg. 1/2. 1968. U. S. Prior. 2/8. 1965.) — 3 S.
A. Debo H 1380

1790 Miltiades Ioannu Iliopulos, Hellmut F. I. Bredereck, Stuttgart, und Horst F. Wieder, Brooklyn, N.Y., USA, **1.1-Bis-[p-hydroxyphenyl]-alkanphosphonsäurediester** der allg. Formel I erhält man durch Rk.

I 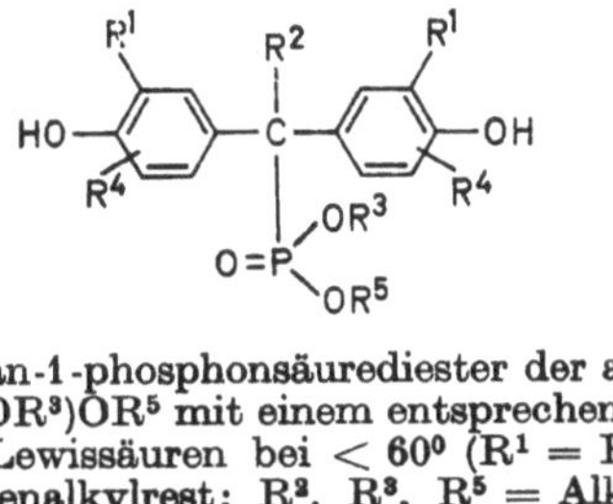

von 1-Oxoalkan-1-phosphonsäurediester der allg. Formel $R^2CO-P(O)(OR^3)OR^5$ mit einem entsprechenden Phenol in Ggw. von Lewissäuren bei < 60° (R^1 = H, Halogen, Alkyl-, Halogenalkylrest; R^2, R^3, R^5 = Alkyl-, Cycloalkyl-, Aralkyl-, Arylreste, die ggf. halogensubstituiert sind; R^4 = H, Halogen, OH, Alkyl-, Cycloalkyl-, Arylreste, die ggf. halogensubstituiert sind). — An Stelle des Phenols kann man das Phenol-BF_3-Addukt, an Stelle des 1-Oxoalkan-1-phosphonsäurediesters dessen BF_3-Addukt einsetzen. — *1.1-Bis-(p-hydroxyphenyl)-äthan-1-phosphonsäure* (**II**)-*dimethylester*, $C_{16}H_{19}O_5P$, F. 217°. — *1.1-Bis-(4-hydroxy-3-chlorphenyl)-äthan-1-phosphonsäure* (**III**)-*diäthylester*, $C_{18}H_{21}Cl_2O_5P$, F. 143,5° (Methanol–W.). — **III**-*Dimethylester*, $C_{16}H_{17}Cl_2O_5P$, F. 214° (CH_3OH–W.). — *1.1-Bis-(p-hydroxyphenyl)-1-(phenyl)-methanphosphonsäuredimethylester*, $C_{21}H_{21}O_5P$, Zers. 273—274° (CH_3OH–W. oder Dioxan–W.). — **II**-*Diäthylester*, $C_{18}H_{23}O_5P$, F. 158,5° (CH_3OH–W.). — Vorprod. für *Flammschutzmittel, Weichmacher, Polymere.* (**D. A. S. 1 268 001** Kl. 12o vom 19/1. 1966, ausg. 14/3. 1968. U. S. Prior. 12/7. 1965.) — 3 S. A. Jahn H 1380

1791 Imperial Chemical Industries Ltd., London, Großbritannien (Erfinder: Edward Vincent Cooke, Harry James Thurlow und Clifford Williams), **Cycloaliphatische Amine** werden hergestellt durch Hydrierung von Arylaminen in fl. Phase in Ggw. eines Co-Katalysators bei 1—10 at. — *Cyclohexylamin*, 90% Ausb., mit CoO. (**Brit. P. 1 122 827** vom 16/7. 1965, ausg. 7/8. 1968.) — 2 S. A. Debo H 2110

1792 Ciba Akt.-Ges., Basel (Erfinder: Alfred Renner, Allschwil, und Frank Widmer, Basel), Schweiz, **Dimeres 1.4-Bis-[cyclopentadienyl]-buten-(2)** erhält man durch Erwärmen des Monomeren auf 70—150°. Das Monomere erhält man durch Rk. von 1.4-Dichlorbuten-(2) mit Cyclopentadienyl-MgBr, -K oder -Na. — *Verw. als Gießharz, Lack, Laminierharz, Klebstoff.* (**Schwz. P. 446 308** vom 26/11. 1962, ausg. 15/3. 1968.) — 4 S.
R. Bollinger H 2210

1793 Roussel-Uclaf, Paris (Erfinder: Jacques Martel, Bondy, Edmond Toromanoff, Paris, und Chanh Huynh, Villemonble), Frankreich, **2.3.4-Trimethoxy-5-[2'-carbäthoxyäthyl]-6-oxo-5.6.8.9-tetrahydro-7H-benzocyclohepten** (**I**) erhält man durch Ringschluß von 8-[3'.4'.5'-Trimethoxyphenyl]-4-oxooctansäureester in Ggw. einer Mineralsäure oder einer organ. Sulfonsäure, Red. des dabei erhaltenen 8.9.10-Trimethoxy-3-oxo-1.2.3.4.5.-6-hexahydrobenz[e]-azulens (**II**), Überführung des dabei erhaltenen 8.9.10-Trimethoxy-3-oxo-1.2.3.3a.4.5.6.10a-octahydrobenz[e]-azulens (**III**) in das 2.3.4-Trimethoxy-5-[2'-carbäthoxy]-6-hydroximino-5.6.8.9-tetrahydro-7H-benzocyclohepten (**IV**) u. anschließende Hydrolyse. — Aus 8-[3'.4'.5'-Trimethoxyphenyl]-4-oxooctansäuremethylester erhält man durch Erhitzen auf 50° in Ggw. von Polyphosphorsäure **II**, $C_{17}H_{20}O_4$, F. 110°, daraus durch Red. mit Li u. fl. NH_3 oder katalyt. Red. **III**, $C_{17}H_{22}O_4$, F. 204°, daraus durch Rk. mit Isoamylnitrit in Ggw. von Na in A. **IV**, $C_{17}H_{23}NO_6$, F. 191°, daraus durch Hydrolyse mit CH_3COOH in W. **I**, $C_{17}H_{22}O_6$, F. 92°. — Zwischenprod. zur Herst. von *Colchicin.* — Formelbilder. (**Schwz. P. 449 004** vom 30/12. 1965, ausg. 11/4. 1968. F. Prior. 4/1. 1965.) — 4 S. R. Bollinger H 2910

1794 Universal Oil Products Co., Des Plaines, Ill. (Erfinder: William Joseph Houlihan, Colonia, N.J.), USA, **Ketale gesättigter 4.7.7.10.10-pentaalkylsubstituierter Bicyclo-[4.4.0]-decan-3-one** erhält man durch Rk. des entsprechenden Ketons mit einem aliphat. Alkohol, bes. Äthylenglykol, in Ggw. von katalyt. Mengen einer starken Säure, bes. konz. H_2SO_4, HCl, p-Toluolsulfonsäure, Benzolsulfonsäure. Aus den Ketalen kann unter Bldg. der entsprechendenpentaalkylsubstituierten 3-Alkoxybicyclo-[4.4.0]-decene mit einer vom C-Atom 3 ausgehenden Doppelbindung im Ring Alkohol abgespalten werden. — Aus 4.7.7.10.10-Pentamethylbicyclo-[4.4.0]-decan-3-on mit Methylorthoformiat u. CH_3OH in Ggw. von konz. HCl dessen *Dimethylketal*, Kp.$_2$ 85—87°; mit Äthylenglykol das *Äthylenketal*, Kp.$_2$ 126—130° u. mit A. das *Diäthylketal*. Aus dem Dimethylketal durch Erhitzen in Ggw. von p-Toluolsulfonsäure → *3-Methoxy-4.7.7.10.10-pentamethylbicyclo-[4.4.0]-decan-3-en* u. *-decen-(2)*, Kp.$_2$ 78—81°. — *Riechstoffe.* (**Schwz. P. 441 293** vom 5/11. 1963, ausg. 15/1. 1968. U. S. Prior. 5/11. 1962.) — 3 S.
R. Bollinger H 2950

1795 Halcon International, Inc., New York, N.Y. (Erfinder: John Kollar, Wallington, N.J.), USA,

Epoxypropanol erhält man durch Rk. von Allylalkohol mit einem organ. Hydroperoxid in Ggw. eines Katalysators (Hydroxylierungskatalysator oder zur Persäurebldg. befähigte Verb.), z. B. Ti, V, Cr, Se, Zr, Nb, Mo, Te, Ta, W, Re, U, bes. von V-Katalysatoren. Selektivität der Rk. $\leq$ 87%. (**Schwz. P. 447 136** vom 9/11. 1965, ausg. 29/3. 1968. U. S. Prior. 9/11. u. 18/12. 1964.) — 4 S.
A. Jahn H 3030

1796 Halcon International, Inc., New York, N.Y. (Erfinder: John Kollar, Wallington, N.J.), USA, **Gewinnung von Epoxiden**, z. B. Propylenoxid, aus Epoxydationsgemischen, die außer Epoxiden Hydroperoxide enthalten. Man dest. die Mischung in Ggw. einer bas. Verb. (Alkali-, Erdalkaliacetate, -naphthenate, -stearate, -octoate, -butyrate, -carbonate, -phosphate, -hydroxide, -oxide). — (**Schwz. P. 441 258** vom 15/6. 1965, ausg. 15/1. 1968. U. S. Prior. 15/6. u. 9/11. 1964.) — 2 S.
A. Jahn H 3030

1797 Cassella Farbwerke Mainkur Akt.-Ges., Frankfurt/M. (Erfinder: Hanswilli von Brachel, Offenbach/M., und Karl Hintermeier, Frankfurt/M.), **Cycloaliphatische, Epoxidgruppen enthaltende Sulfide** der allg. Formel I u. deren niedere Alkylhomologe (m = 0, 1,

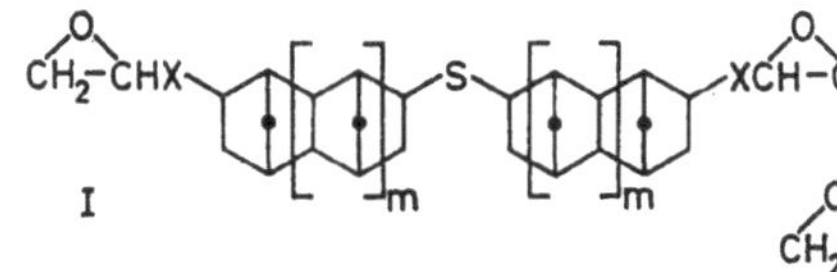

I

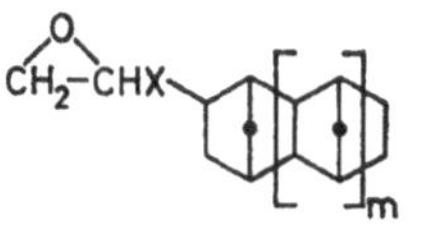

II

2, X = direkte Bindung oder $-CH_2-$, $-C_2H_4-$, $-COO-$, $-CH_2OCH_2-$), wobei die Bicycloheptanringe $\leq$ 2 niedere Alkylgruppen enthalten können, gewinnt man durch Einw. von H_2S bei erhöhter Temp. in Ggw. von radikal. wirkenden Katalysatoren auf Bicycloheptene der allg. Formel **II**. Aus 6-Oxidoäthylbicyclo-(2.2.1)-hepten-(2) mit H_2S in Ggw. von Azoisobuttersäurenitril → *Bis-(2-oxidoäthylbicycloheptyl)-sulfid*, $C_{18}H_{38}O_2S$; ähnlich: *Bis-2-(2.3-oxidopropoxymethyl)-bicyclo-(2.2.1)-heptyl-(5)-sulfid*, $C_{22}H_{34}O_4S$, *Bis-[1-methylbicyclo-(2.2.1)-heptyl-(5)-2-carbonsäureglycidester]-sulfid*, $C_{24}H_{34}O_6S$, u. Sulfid aus dem Anlagerungsprod. von Dicyclopentadien an Methacrylsäureglycidester (Kp.$_{0,1}$ 135°), $C_{34}H_{46}O_6S$. — *Stabilisatoren für Polyvinylchlorid*. (**D. A. S. 1 261 504** Kl. 12o vom 26/11. 1966, ausg. 22/2. 1968.) — 3 S.
R. Bollinger H 3030

1798 Badische Anilin- & Soda-Fabrik Akt.-Ges., Ludwigshafen/Rh. (Erfinder: Franz Westphal, Limburgerhof), **Herstellung von α-Methylindolen** erfolgt durch Rk. von Aceton mit einem aromat. Hydrazin, das ggf. im Kern durch Alkyl substituiert ist, bei erhöhter Temp. in Ggw. einer starken Mineralsäure u. von Borsäure. (**Brit. P. 1 098 977** vom 13/5. 1965, ausg. 10/1. 1968. D. Prior. 14/5. 1964.) — 3 S. R. Bauereis H 3081

1799 Aliphatic Research Co. Ltd. (Erfinder: Henry Fletcher), Manchester, Großbritannien, **Herstellung substituierter Isoindolenine** erfolgt nach folgendem Beispiel: Durch Erhitzen von 2.5-Dimethylpyrrol mit 2n H_2SO_4 unter N_2 erhält man *1.3.4.7-Tetramethylisoindolenin*, F. 143—144°, 55,3% Ausbeute. — O_2-bindende Mittel. (**Schwz. P. 454 856** vom 13/11. 1964, ausg. 28/6. 1968. Brit. Prior. 19/11. 1963.) — 3 S.
R. Bauereis H 3081

1800 Sumitomo Chemical Co., Osaka (Erfinder: Masaaki Ohkawa, Toyonaka-shi, und Tadao Kinoshita, Minoo-shi), Japan, **4.4'-Di-[benzoxazolyl-(2)]-stilbene,** deren Bzl.-Kerne durch Halogen, Alkyl oder Aryl substituiert sein können, erhält man durch Erhitzen von 4.4'-Stilbendicarbonsäure (**I**) bzw. deren Diniederalkylestern mit einem o-Hydroxy- oder o-Alkoxyanilin oder durch Erhitzen von einem entsprechend substituierten 4.4'-Stilbendicarbonsäure-di-[o-hydroxy(bzw. alkoxy)-anilid] in Ggw. von P_2O_5, H_3PO_4, Meta-, Pyro- oder Polyphosphorsäure. — Man erhitzt 8 Std. unter N_2-Atmosphäre ein Gemisch aus 21,8 (Teilen) o-Aminophenol, 26,8 **I** u. 500 Polyphosphorsäure auf 220° → *4.4'-Di-[benzoxazolyl-(2)]-stilben*; Ausb. 39,5. — Analog nachst. 4.4'-Di-[... -benzoxazolyl-(2)]-stilbene: *5-methyl.* — *5-chlor.* — *5-phenyl.* — *6-methyl.* — *5.7-dimethyl.* — *5-tert.-butyl.* — *Opt. Aufheller*, bes. für *Polypropylen, Polyäthylen* u. *Polyäthylenterephthalat*. (**Schwz. P. 451 150** vom 18/9. 1964, ausg. 15/5. 1968. Jap. Prior. 18/9., 19/10. u. 21/11. 1963.) — 5 S. O. Schön H 3132

1801 Kodak Soc. An., Lausanne, Schweiz (Erfinder: George Washington Sawdey, Rochester, N.Y., USA), **Ultraviolettabsorbierende 2-Arylacenaphthenotriazole** der allg. Formel **I** (R = H, Halogen, NO_2, C_{1-18}-Alkyl, Cyclo-

I

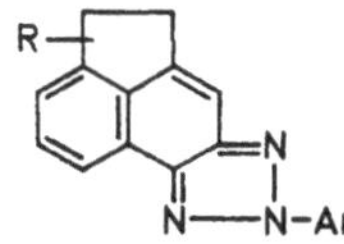

alkyl, C_{1-18}-Alkoxy, Aryl, Aryloxy, Carboxy, Sulfo, Amino; Ar = ggf. durch R substituierter Phenyl- oder α-Naphthylrest) erhält man durch Diazotieren eines entsprechenden Arylamins u. Kuppeln mit einem 4- oder 5-Aminoacenaphthen mit freier 5- bzw. 4-Stellung, worauf das Kupplungsprod. z. B. mit Cu^{2+} oxydiert wird. — Man diazotiert 7 (g) p-Dodecylanilin in 14 ml konz. HCl mit 1,8 $NaNO_2$ u. fügt langsam 4,3 5-Aminoacenaphthen, gelöst in 50 ml CH_3OH, zu. Das abfiltrierte Kupplungsprod. wird in 125 ml A. gelöst u. mit 30 $CuCl_2$, 35 ml W. u. 60 ml konz. wss. NH_3-Lsg. 15 Std. gekocht → 40% *2-[p-Dodecylphenyl]-4.5-acenaphthenotriazol*, F. 110 bis 111°. — Lichtdurchlässigkeitskurve. — Zusatz für *farbphotograph. Schichten*. (**Schwz. P. 444 874** vom 1/9. 1965, ausg. 29/2. 1968. **F. P. 1 446 051** vom 1/9. 1965, veröff. 6/6. 1966. Beide U. S. Prior. 4/9. 1964.) — 4 S. — 5 S. O. Schön H 3153

1802 Deutsche Gold- und Silber-Scheideanstalt vormals Roessler, Frankfurt/M., **Herstellung von Trioxan** (**I**) durch Erhitzen einer Emulsion aus wss. HCHO-Konzentrat (**II**), Paraffinöl (**III**) u. C_{14-16}-**Alkansulfonsäuren** (**IV**; **III/II** = 1,5—2,5/1 Teil; 20—50 Gew.-% **IV**, bezogen auf **II**) auf 101—104° u. Abdest. von **I**. Man versetzt 200 (Gew.-Teile) **III** mit 100 70%ig. **II** bei 90° u. mit 15 **IV** u. erwärmt auf 105°, wobei bei 96° ein **I/II**-Gemisch dest.; **II**-Umsatz 58%. — Weitere Beispiele. (**Oe. P. 244 963** vom 28/10. 1963, ausg. 10/2. 1966. D. Prior. 26/11. 1962.) — 3 S. K.-D. Stolp H 3343

1803 Perstorp A/B (Erfinder: Per Gustaf Magnus Flodin, Per Kornfeldt und Jonn Inge Gardshol), Perstorp, Schweden, **Herstellung von Trioxan** (**I**) aus HCHO (**II**) in Ggw. eines sauren Katalysators, dad. gek., daß gasf. **II**, der $\leq$ 1(%) Methanol u. 1—7 W.-Dampf enthält, in Ggw. von N_2 u. Lewis-Katalysatoren aus H_2SO_4, H_3PO_4 oder $ZnCl_2$, die auf einem Träger, wie Silicagel, niedergeschlagen sind, bei 90—120° umgesetzt wird. **I** wird mittels selektiver Lsgm., z. B. halogenierten KW-Stoffen, wie CH_2Cl_2, aus den Gasen des Reaktors abgetrennt. Der nicht umgewandelte **II** wird in die Reaktionszone zurückgeleitet u. polymerisiert oder mit einer anderen Substanz, z. B. einem Polyol, zu einer schwer verflüchtigbaren Verb. umgesetzt, wobei **I** in der gasf. Phase bleibt. (**Oe. P. 252 918** vom 29/12. 1964, ausg. 10/3. 1967.) — 3 S. F.-W. Schränkler H 3343

1804 Inventa Akt.-Ges. für Forschung und Patentverwertung, Zürich (Erfinder: Clau Berther, Hans Joachim Schultze, Chur, Schweiz, Johann Harms und Walter Thomas, Marl), **Kontinuierliche Herstellung von Laurinlactam** durch Umsetzen von Cyclododecanon u. Hydroxylaminsalzlsg. bei 90—145° u. Beckmannsche Umlagerung mit H_2SO_4 u. Oleum, wobei die Oximbldg. in Ggw. eines cycloaliphat. Lsgm. vor sich geht, welches bei der Rk.-Temp. gegen H_2SO_4 u. Oleum beständig ist u. dessen Kp. so hoch liegt, daß es leicht vom Lactam destillativ abtrennbar ist. (**Ung. P. 154 014** vom 30/1. 1965, ausg. 23/6. 1967. Schwz. Prior. 30/1. 1964.) F. Landsberger H 3390△

1805 Roussel-Uclaf, Paris (Erfinder: Georges Muller, Nogent-sur-Marne/Seine, Roland Bardoneschi, Le Vert Galant, Seine-et-Oise, und André Poitevin,

Les Lilas/Seine), Frankreich, **1-Hydroxymethyldesacetylaminocolchicin-Derivate,** die in 14-Stellung durch einen O-Alkyl-S-alkyl-Rest oder durch die Gruppe NR^1R^2 (R^1 u. R^2 = H, Alkyl, Aryl, Aralkyl oder zusammen ein heterocycl. Ring) substituiert sind, erhält man durch Rk. eines Alkylchlormethyläthers mit dem entsprechenden Desacetylaminocolchicin-Deriv. u. anschließende Hydrolyse des 1-Chlormethyl-Derivates. — Desacetylaminocolchicin gibt mit Monochlormethyläther in Ggw. von $SnCl_4$ *1-Chlormethyldesacetylaminocolchicin,* daraus durch Hydrolyse das *1-Hydroxymethyl-Derivat.* Antimitotika zur Erzeugung von *Polyploiden.* — Formelbilder. (**Schwz. P. 450 401** vom 1/11. 1963, ausg. 30/4. 1968. F. Prior. 9/11. u. 21/12. 1962.) — 4 S. R. Bollinger H 3500

1806 Roussel-Uclaf, Paris (Erfinder: Jacques Martel, Bondy, Edmond Toromanoff, Paris, und Chanh Huynh, Villemonble), Seine, Frankreich, **Neue Totalsynthese von 7-Des-(acetylamino)-11.12-dihydrocolchicein** (I) erfolgt nach dem Schema: 2.3.4-Trimethoxy-5-(2′-carboxyäthyl)-8.9-dihydro-7H-benzocyclohepten → *5-Lacton von 2.3.4-Trimethoxy-5.6-dihydroxy-5-(2′-carboxyäthyl)-5.6.8.9-tetrahydro-7H-benzocyclohepten* → *2.3.4-Trimethoxy-5-(2′-carboxyäthyl)-6-oxo-5.6.8.9-tetrahydro-7H-benzocyclohepten* → *2.3.4-Trimethoxy-5-(2′-carboxyäthyl)-6-hydroxy-6-äthinyl-5.6.8.9-tetrahydro-7H-benzocyclohepten* → *2.3.4-Trimethoxy-5-(2′-carboxyäthyl)-6-hydroxy-6-vinyl-5.6.8.9-tetrahydro-7H-benzocyclohepten* → *2.3.4-Trimethoxy-5-(2′-carbomethoxyäthyl)-6-hydroxy-6-vinyl-5.6.8.9-tetrahydro-7H-benzocyclohepten* → *2.3.4-Trimethoxy-5-(2′-carbomethoxyäthyl)-6-(2″-bromäthyliden)-5.6.8.9-tetrahydro-7H-benzocyclohepten* → *2.3.4-Trimethoxy-5-(2′-carbomethoxyäthyl)-6-(2″-cyanäthyliden)-5.6.8.9-tetrahydro-7H-benzocyclohepten* → *2.3.4-Trimethoxy-5-(2′-carbomethoxyäthyl)-6-(2″-cyanäthyl)-8.9-dihydro-7H-benzocyclohepten* → *1.2.3-Trimethoxy-9-cyan-10-benzoyloxy-5.6.7.8.-11.12-hexahydrobenzo(a)heptalen* → *1.2.3-Trimethoxy-9-cyan-10-oxo-5.6.7.8.9.10.11.12-octahydrobenzo(a)heptalen* → *1.2.3-Trimethoxy-9-cyan-9-benzoyloxy-10-oxo-5.6.7.8.9.-10.11.12-octahydrobenzo(a)heptalen* → **I**, F. 135–137°. (**Niederl. P. 121 735** vom 3/4. 1964, ausg. 16/1. 1967. **Schwz. P. 441 294** vom 3/4. 1964, ausg. 15/1. 1968. **Brit. P. 1 059 811** vom 6/4. 1964, ausg. 22/2. 1967. Alle F. Prior. 5/4. u. 7/6. 1963.) F. Böhm H 3500

1807 Roussel-Uclaf Soc. An., Paris (Erfinder: Daniel Bertin, Montrouge/Seine, und Jacques Perronnet, Paris), Frankreich, **Herstellung von Lactonen ungesättigter Steroide mit 3-Oxo-Δ^4-Struktur.** Man läßt $HClO_4$ bei Raumtemp. unter N_2 in Aceton auf 1.2.4-Trihydroxybutan einwirken, gibt Na_2CO_3 zu, filtriert u. versetzt das Filtrat mit Triäthylamin → *1.2-Isopropylidendioxy-4-hydroxybutan* (I), $Kp._{20}$ 107–109°, $Kp._{760}$ 207°. Dieses läßt man bei — 10 bis — 5° in Py. mit Mesylchlorid reagieren → I-*Mesylat.* Analog aus I u. Essigsäureanhydrid: I-*Acetat,* $Kp._{760}$ 205°. — Durch Kochen von I-Mesylat mit LiBr in Ggw. von Triäthylamin in Aceton erhält man *1.2-Isopropylidendioxy-4-brombutan,* $Kp._{18-19}$ 89 bis 90°. Dieses trägt man zusammen mit 3β-Hydroxy-16-oxo-Δ^5-androsten in eine Suspension von Mg in Ae. ein, läßt über Nacht stehen u. versetzt mit wss. NH_3-haltiger NH_4·Cl-Lsg. → *Ketonid von 3β.16β-Dihydroxy-16α-[3′.4′-dihydroxybutyl]-Δ^5-androsten.* Dieses löst man in 1%ig. Lsg. von HCl in A./W. (2 : 1), wobei sich *3β.16β-Dihydroxy-16α-[3′.4′-dihydroxybutyl]-Δ^5-androsten,* F. 175° u. 193 bis 195°, $[\alpha]_D^{20}$ — 53° (c = 0,6 in wss. Dioxan), bildet. Hierauf läßt man in tert. Butanol/W. (1 : 1) bei Raumtemp. u. pH 4 H_2SO_4 einwirken → *3β-Hydroxy-1′.16β-epoxy-16α-[1′ξ-hydroxypropyl]-Δ^5-androsten,* F. 213 bis 214°, $[\alpha]_D^{20}$ — 78° (c = 1 in Dioxan). Kochen dieser Verb. in Methanol in Ggw. von wenig H_2SO_4 ergibt *3β-Hydroxy-1′.16β-hydroxy-16α-[1′ξ-methoxypropyl]-Δ^5-androsten* (II), F. 208° u. > 250°, $[\alpha]_D^{20}$ + 8,5° (c = 0,7 in Dioxan). Durch Einw. von H_2SO_4 in wss. A. erhält man hieraus *3β-Hydroxy-1′.16β-epoxy-16α-[1′ξ-äthoxypropyl]-Δ^5-androsten,* F. 173°, $[\alpha]_D^{20}$ — 4,5° (c = 0,8 in Dioxan) u. durch Einw. von HCl in wss. Aceton bei Raumtemp. auf II *1′ξ.1′ξ-Bis-äther von 3β-Hydroxy-1′.16β-epoxy-16α-[1′ξ-hydroxypropyl]-Δ^5-androsten,* F. 272°, $[\alpha]_D^{20}$ + 12° (c = 0,25 in Dioxan). — Durch Kochen von II in Toluol/Cyclohexanon mit Al-Isopropylat u. anschließende W.-Dampfdest. über Na–K-Tartrat entsteht *3-Oxo-1′.16β-epoxy-16α-[1′ξ-methoxypropyl]-Δ^4-androsten* (III), F. 120°, $[\alpha]_D^{20}$ + 116° (c = 0,6 in Dioxan). Rk. mit Pyrrolidin in Methanol ergibt *3-Pyrrolidyl-1′.16β-epoxy-16-[1′ξ-methoxypropyl]-$\Delta^{3.5}$-androstadien,* F. 152°. — **III** wird in tert. Butanol/W. (1 : 1) in Ggw. von H_2SO_4 gekocht → *1′ξ.1′ξ-Bis-äther von 3-Oxo-1′.16β-epoxy-16α-[1′ξ-hydroxypropyl]-Δ^4-androsten,* F. 329°, $[\alpha]_D^{20}$ + 140,5° (c = 0,4 in $CHCl_3$). Dieses überführt man durch Einw. von Sulfochromsäurelsg. in Aceton/W. (11 : 4) in das *Lacton von ω-[3-Oxo-16β-hydroxy-Δ^4-androsten-16α-yl]-propionsäure,* F. 168°, $[\alpha]_D^{20}$ + 39° (c = 0,5 in Dioxan). — Vgl. F. P. 1 334 968; C. **1967,** 39-1742. (**Niederl. P. 121 282** vom 18/4. 1963, ausg. 15/9. 1966. **D. A. S. 1 259 336** Kl. 12o vom 4/4. 1963, ausg. 25/1. 1968. **U. S. P. 3 271 391** vom 11/4. 1963, ausg. 6/9. 1966. **Brit. P. 1 086 087** vom 18/4. 1963, ausg. 13/7. 1966. **Belg. A. S. 631 243** vom 18/4. 1963, bekanntgemacht 18/11. 1963. Alle F. Prior. 18/4. 1962.) F. Böhm H 3700

1808 Schering Akt.-Ges. (Erfinder: Heinz Gibian, Klaus Kieslich, Hans-Joachim Koch, Horst Kosmol, Clemens Rufer, Eberhard Schröder und Rosemarie Vössing), Berlin, **Herstellung optisch aktiver Antipoden** der allg. Formel $C_a(X)(Y)(Z)(Z')$ (C_a = asymm. C-Atom eines opt. akt. Antipoden; X, Y, Z, Z′ = beliebige, verschiedene, ≧ 1 C-Atom enthaltende organ. Reste; Z′ auch = H, wenn Z = COOH; X auch = H, Halogen, freie, veresterte oder verätherte OH-, freie oder funktionell veränderte NH_2-Gruppe; Y kann mit Z oder Z′ u./oder Z mit Z′ ggf. über ein Heteroatom einen cycl. Rest bilden), dad. gek., daß man im Verlauf der Synth. eine opt. inakt. Verb. der Formel $C_i(X)(Y)(Z)_2$ (Y nicht mit Z ringgeschlossen; C_i = opt. inakt. C-Atom; Z = gleiche, ≧ 1 C-Atom enthaltende, enzymat. angreifbare Liganden) durch selektive Enzymrk. 1 Z zu Z′ u. dabei C_i in C_a umwandelt u. die erhaltene Verb. ggf. über Y u. Z oder Z′ stereospezif. cyclisiert. Die Enzymrk. werden mittels Mikroorganismen bewirkt. Zur Umwandlung einer Ketogruppe werden Aspergillus (A.) ochraceus, A. niger, Curvularia lunata, Rhizopus nigricans, Penicillium notatum, Saccharomyces (S.) carlsbergensis, S. cerevisiae, S. ellipsoides, S. pastorianus, Bacillus (B.) esterificans, B. laterosporus, B. thuringiensis, Brevibacterium vitarum, Propionibacterium arabinosum, Protaminobacter alboflavus, Mesentericus spec., Mycoplana dimorpha, zur selektiven enzymat. Red. Saccharomyces uvarum, Bacillus thuringiensis bzw. Arthrobacter simplex verwendet. — Einer Submerskultur mit A. ochraceus in einem Glucose/Corn-steep-liquor-Medium wird eine 2%ig. Lsg. von 3-Methoxy-8(14)-seco-1.3.5(10).9(11)-östratetraen-14.17-dion in A. zugesetzt u. 24 Std. fermentiert. Danach arbeitet man den Methylisobutylketon-Extrakt des Nährbodens dünnschichtchromatograph. auf: *3-Methoxy-8(14)-seco-1.3.5-(10).9(11)-östratetraen-14α-ol-17-on,* F. 101–103,5°; $[\alpha]_D^{20}$ 47,8° (c = 1; Dioxan). — Ferner erhält man durch mikrobiolog. Verf.: *3-Methoxy-8(14)-seco-1.3.5(10).9(11)-östratetraen-17β-ol-14-on,* F. 110–114°; $[\alpha]_D$ — 39,2° (c = 1; Dioxan). — *3-Methoxy-8(14)-seco-1.3.5(10).9(11)-östratetraen-17α-ol-14-on,* F. 100–102°; $[\alpha]_D^{20}$ — 44,3° (c = 1; Dioxan). — *13β-Äthyl-3-methoxy-8(14)-seco-18-nor-1.3.5(10).9(11)-östratetraen-17β-ol-14-on,* F. 85 bis 86,5°; $[\alpha]_D$ 15,2° (c = 1; Dioxan). — *3-Methoxy-8(14)-seco-D-homo-1.3.5(10).9(11)-östratetraen-17aβ-ol-14-on,* F. 115–116,5°; $[\alpha]_D$ 28,5° (c = 1; Dioxan). — *2-Methyl-3-methoxy-8(14)-seco-1.3.5(10).9(11)-östratetraen-14α-ol-17-on,* F. 135–137°; $[\alpha]_D^{20}$ 47,8° (c = 1; Dioxan). — *4-Methyl-3-methoxy-8(14)-seco-1.3.5(10).9(11)-östratetraen-17β-ol-14-on,* F. 167–168°; $[\alpha]_D$ — 43,6° (c = 1; Dioxan). — *d-β-[3.4-Methylendioxyphenyl]-glutarsäuremonoäthylester,* $[\alpha]_D$ 9,6° (c = 2; Dioxan), u. *-monomethylester,* $[\alpha]_D$ 7,2° (c = 2; Dioxan). — *d-3-[3.4-Methylendioxyphenyl]-pentanol-(5)-al-(1),* F. 139–141°; $[\alpha]_D^{20}$ 9,8° (c = 2; A.). — *l-3-[3.4-Methylendioxyphenyl]-pentanol-(5)-al-(1),* F. 136 bis 140°; $[\alpha]_D$ — 12° (c = 2; A.). — *d-2-[3.4-Methylendioxybenzyl]-propandiol-(1.3)-1-acetat,* $[\alpha]_D$ 8,5° (c = 2; A.). — *1-Methyl-3-methoxy-8(14)-seco-1.3.5(10).9(11)-östratetraen-14α-ol-17-on,* F. 93–95°; $[\alpha]_D^{20}$ 23° (c = 1; Dioxan). — *13β-[n-Propyl]-3-methoxy-8(14)-seco-18-nor-1.3.5(10).9(11)-östratetraen-17β-ol-14-on,* $[\alpha]_D^{20}$ 12° (c = 1;

Dioxan). — *1-Methyl-1-[6-carboxy-3-ketohexyl]-cyclopentanol-(1)-on-(3)* u. *4-[2'-Carboxyäthyl]-8-methyl-4.9-dehydrohydrindanol-(1)-on-(5)*, F. 106—109°; $[\alpha]_D$ 28° (Aceton). — *l-Piperonylmalonsäuremonoäthylester*, $[\alpha]_D$ —1,9° (c = 2; Dioxan). — *l-2-[3.4-Methylendioxybenzyl]-propandiol-(1.3)-1-acetat*, $[\alpha]_D$ —3,6° (Dioxan). — *(—)-3-Methoxy-8(14)-seco-1.3.5(10).9(11)-östratetraen-14.17-dionmonosemicarbazon*, F. 204—205,5°; $[\alpha]_{364}$ —25,5°. — *6-Thia-8(14)-seco-1.3.5(10).9(11)-östratetraen-14α-ol-17-on*, $[\alpha]_D$ 27° (c = 1; Dioxan). (**D. P. [DDR] 55 014** Kl. 12o vom 12/4. 1966, ausg. 5/4. 1967 [Ausschließungspatent].) — 20 S. K.-D. Stolp H 3700

1809 Studiengesellschaft Kohle m.b.H., Mülheim (Erfinder: Herbert Lehmkuhl, Mülheim, und Rolf Schäfer, Ibbenbüren), **Aluminiummethylen-Verbindungen** der Formeln $Cl_2Al-CH_2-AlCl_2$ u. $[-Al(Cl)-CH_2-]_n$ ($n > 2$) werden hergestellt durch Rk. von Al mit CH_2Cl_2 bei mäßiger Temp. u. Auftrennung der Gemische. — $[Cl_2Al]_2CH_2$; 78% (Ausb.). — *Bis-diäthylätherat*, F. 34 bis 37°; $Cl_2AlCH_2[Al(Cl)CH_2]_5AlCl_2$; 58%. — *Komponenten für metallorgan. Mischkatalysatoren* bes. zur *Olefinpolymerisation*. (**D. A. S. 1 264 443** Kl. 12o vom 29/4. 1966, ausg. 28/3. 1968.) — 3 S. A. Debo 6680

1810 Stauffer Chemical Co., New York (Erfinder: Walter Stamm, Tarrytown), N.Y., USA, **Herstellung von organometallischen Isocyanaten beziehungsweise Isothiocyanaten.** Zu D. A. S. 1 229 529; C. **1967,** 45-2324, ist nachzutragen: In analoger Weise erhält man die entsprechenden Sn-Verb., wie *Tri-n-butyl-Sn-isocyanat*, $Kp._{0,4-0,5}$ 110—115°; n_D^{22} 1,490; Ausb. 82%. *Tri-n-butyl-Sn-isothiocyanat*, $Kp._{0,15}$ 140—150°; n_D^{22} 1,519. *Triisobutyl-Sn-isocyanat*, $Kp._{0,3}$ 102°; n_D^{21} 1,488; Ausb. 78%. *Triäthyl-Sn-isocyanat*, F. 34°. (**Schwz. P. 451 918** vom 22/9. 1964, ausg. 15/5. 1968. U. S. Prior. 4/10. 1963.) — 3 S. C. Lüttgen 6680

1811 M & T Chemicals, Inc., New York (Erfinder: Nathaniel Lincoln Remes, Yonkers, N.Y., und John Joseph Ventura, East Brunswick, N.J.), USA, **Diorganostibinmercaptide** werden hergestellt durch Rk. von Diorganostibinalkylacylaten mit weniger als 4 C-Atomen im Alkyl mit Alkylmercaptanen mit mindestens 4 C-Atomen oder mit Thiophenolen. — $(C_6H_5)_2Sb-S-C_6Cl_5$, F. 152—154°; 82% (Ausb.); $(C_6H_5)_2Sb-S-C_5H_{11}$, $Kp._{0,02}$ 164°; 88%. — *Stabilisatoren, Bakterizide, Germizide.* (**D. A. S. 1 279 017** Kl. 12o vom 15/4. 1965, ausg. 3/10. 1968. U. S. Prior. 24/4. 1964.) — 2 S. A. Debo 6680

1812 Farbwerke Hoechst Akt.-Ges. vormals Meister Lucius & Brüning (Erfinder: Walter Herwig), Frankfurt/M., **Komplexverbindungen aus Schwermetallhalogeniden,** Phosphorsäure-tris-dialkylamiden (= PTDA) u. Al-Halogeniden u./oder Alkyl-Al-halogeniden werden hergestellt, indem man $[CoHal_2(PTDA)_2]$ u./oder $[NiHal_2(PTDA)_2]$ mit $AlHal_nR_m$ in Ggw. von 1—5 Mol PTDA bei 0—100° umsetzt, wobei die Alkylgruppen im PTDA 1—3 C-Atome enthalten sollen ($n = 0-3$; $m = 0-3$; $n + m = 3$; R = Alkyl, Aryl; Hal = Cl, Br). — (*Phosphorsäure-tris-dimethylamid* = **I**): $[NiBr-(\mathbf{I})_3-AlCl_3Br]$, blaßblau; 95% (Ausb.); $[CoCl-(\mathbf{I})_3-AlCl_4]$, blaßblau; 92,5%; $[NiCl-(\mathbf{I})_3-Al(C_2H_5)Cl_3]$, grünblau; 85%; $[NiCl-(\mathbf{I})_3]_2[Al(C_2H_5)_2Cl_2][Al(C_2H_5)Cl_3]$, dunkelblau; 59%; $[NiBr-(\mathbf{I})_3Al(C_2H_5)_3Br]$, dunkelblau; $[CoCl-(\mathbf{I})_3Al(C_2H_5)Cl_3]$; 52%. — *Katalysatoren für Olefinpolymerisation.* (**D. A. S. 1 263 767** Kl. 12o vom 21/5. 1966, ausg. 21/3. 1968.) — 3 S. A. Debo 6680

1813 **Studiengesellschaft Kohle m. b. H.,** Deutschland (Erfinder: **Kurt Zosel**), *Herstellung von Methylbuten und -penten.* (**F. P. 1 333 488** vom 12/9. 1962, ausg. 25/11. 1963. D. Prior. 18/9. 1961. — C. **1966,** 29-2503 [Brit. P. 976 930].)

1814 **California Research Corp.,** USA (Erfinder: **Robert Dale Vanselow** und **John Barker Wilkes**), *Herstellung von 2-Methylpenten-(2).* (**F. P. 1 333 442** vom 11/9. 1962, ausg. 25/11. 1963. U. S. Prior. 15/9. 1961. — C. **1966,** 31-2447 [D. A. S. 1 201 329].)

1815 **Phillips Petroleum Co.,** USA (Erfinder: **Fred T. Sherk** und **John E. Cottle**), *Gewinnung von tert.-Amylenen aus Gemischen.* (**F. P. 1 322 703** vom 22/5. 1962, ausg. 24/6. 1963. U. S. Prior. 26/5 u. 26/5. 1961. — C. **1966,** 29-2504 [Brit. P. 948 584].)

1816 **British Petroleum Co. Ltd.,** Großbritannien (Erfinder: **James Keith Hambling** und **Geoffrey Winton Alderson**), *Herstellung von Hexenen.* (**F. P. 1 316 878** vom 5/3. 1962, ausg. 26/4. 1963. Brit. Prior. 7/3. 1961. — C. **1966,** 25-2470 [Brit. P. 962 255].)

1817 **Dynamit Nobel Akt.-Ges.,** Deutschland, *Herstellung chlorierter Äthylene.* (**F. P. 1 337 716** vom 31/10. 1962, ausg. 23/12. 1963. D. Prior. 2/11. 1961. — C. **1966,** 27-2392 [D. A. S. 1 202 268].)

1818 **National Lead Co.,** USA (Erfinder: **John Happel** und **Charles Joseph Marsel**). *Herstellung von Allen und Methylacetylen.* (**F. P. 1 332 786** vom 29/6. 1962, ausg. 20/11. 1963. U. S. Prior. 6/7. 1961. — C. **1966,** 29-2514 [Brit. P. 964 127].)

1819 **Commercial Solvents Corp.,** USA (Erfinder: **George N. Butter**), *Herstellung von Äthylalkohol.* (**F. P. 1 323 453** vom 1/6. 1962, ausg. 3/7. 1963. U. S. Prior. 2/6. 1961. — C. **1966,** 33-2469 (Brit. P. 951 506].)

1820 **Farbwerke Hoechst Akt.-Ges. vormals Meister Lucius & Brüning,** Deutschland, *Herstellung von Estern.* (**F. P. 1 367 818** vom 12/7. 1963, ausg. 27/11. 1964. D. Prior. 12/7. 1962. — C. **1966,** 29-2530 [Can. P. 695 187].)

1821 **Imperial Chemical Industries Ltd.,** Großbritannien, *Sulfatierte Sulfoniumsalze.* (**F. P. 1 329 996** vom 27/7. 1962, ausg. 11/10. 1963. Brit. Prior. 27/7., 2/10. 1961 u. 27/6. 1962. — C. **1966,** 38-2863 [Brit. P. 978 355].)

1822 **Shell Internationale Research Mij. N. V.,** Niederlande, *Herstellung von Acrolein und Methacrolein.* (**F. P. 1 342 963** vom 4/10. 1962, ausg. 14/2. 1964. U. S. Prior. 6/10. 1961. — C. **1966,** 27-2415 [Brit. P. 973 375].)

1823 **Asahi Kasei Kogyo K. K.,** Japan, *Herstellung ungesättigter Aldehyde.* (**F. P. 1 325 538** vom 20/6. 1962, ausg. 31/7. 1963. Jap. Prior. 22/6. 1961. — C. **1966,** 32-2409 [Brit. P. 964 613].)

1824 **Shell Internationale Research Mij. N. V.,** Niederlande (Erfinder: **Ronald Kent June** und **John Clifford Rapean**), *Ungesättigte Acetale.* (**F. P. 1 331 351** vom 22/1. 1962, ausg. 8/11. 1963. U. S. Prior 24/1. 1961. — C. **1966,** 33-2474 [Brit. P. 970 371].)

1825 **Distillers Co. Ltd.,** Großbritannien (Erfinder: **Leslie Ernest Cooper, Kenneth Raymond Hargrave** und **Kenneth George Pickup**), *Herstellung aliphatischer Ketone und sekundärer Alkohole.* (**F. P. 1 328 143** vom 6/7. 1962, ausg. 9/9. 1963. Brit. Prior. 8/7. 1961. — C. **1966,** 29-2538 [Brit. P. 963 269].)

1826 **Wacker-Chemie G. m. b. H.,** Deutschland, *Herstellung von Estern.* (**F. P. 1 313 549** vom 2/2. 1962, ausg. 8/4. 1963. D. Prior. 4/2. 1961. — C. **1966,** 33-2422 [Brit. P. 970 431].)

1827 **F. Hoffmann-La Roche & Cie. Soc. An.,** Schweiz (Erfinder: **August Sturzenegger**), *Herstellung von Isopropenylacetat.* (**F. P. 1 335 691** vom 2/8. 1962, ausg. 11/12. 1963. U. S. Prior. 4/8. 1961. — C. **1966,** 33-2480 [U. S. P. 3 142 700].)

1828 **Eastman Kodak Co.,** USA (Erfinder: **Alden Edward Blood, David Carlock Hull** und **Hugh John Hagemeyer jun.**), *Gewinnung von Alkylmethacrylaten.* (**F. P. 1 337 597** vom 12/10. 1962, ausg. 27/12. 1963. U. S. Prior. 16/10. 1961. — C. **1966,** 36-2480 [U. S. P. 3 062 872].)

1829 **Montecatini Soc. Gen. per l'Industria Mineraria e Chimica,** Italien (Erfinder: **Gian Paolo Chiusoli** und **Sergio Merzoni**), *Gleichzeitige Herstellung von Acrylsäure- und Hexadien-(2.5)-säuremethylester.* (**F. P. 1 342 549** vom 20/12. 1962, ausg. 7/2. 1964. It. Prior. 22/12. 1961. — C. **1966,** 28-2441 [Can. P. 692 079].)

1830 **Montecatini Soc. Gen. per l'Industria Mineraria e Chimica,** Italien (Erfinder: **Gian Paolo Chiusoli** und **Sergio Merzoni**), *Hexadien-(2.5)-säuremethylester.* (**F. P. 1 324 134** vom 4/6. 1962, ausg. 5/7. 1963. It. Prior. 6/6. 1961. — C. **1966,** 35-2642 [D. A. S. 1 203 759].)

1831 **Eastman Kodak Co.,** USA (Erfinder: **Hugh John Hagemeyer jun.** und **Howard Nolan Wright jun.**), *Glykolmonoester.* (**F. P. 1 328 654** vom 6/7. 1962, ausg. 30/9. 1963. U. S. Prior. 6/7. 1961. — C. **1966,** 36-2472 [U. S. P. 3 091 632].)

1832 **SNAM — S. p. A.,** Italien, *Gewinnung von Acrylnitril.* (**F. P. 1 367 388** vom 29/8. 1963, ausg. 23/11. 1964. It. Prior. 4/9. 1962. — C. **1966,** 31-2471 [D. P. [DDR] 40 649].)

1833 **Asahi Kasei Kogyo K. K.,** Japan, *Herstellung von α-Chlorglutarsäure.* (**F. P. 1 331 154** vom 14/8. 1962, ausg. 30/10. 1963. Jap. Prior. 15/8. 1961. — C. **1966,** 32-2417 [Can. P. 698 202].)

1834 **Inventa Akt.-Ges. für Forschung und Patentverwertung,** Schweiz, *Herstellung von Lactonen.* (**F. P. 1 317 805** vom 16/3. 1962, ausg. 8/5. 1963. Schwz. Prior. 10/4. 1961. — C. **1966,** 28-2448 [Oe. P. 231 422].)

1835 **Eastman Kodak Co.,** USA (Erfinder: **James Cuthbert Martin**), *2.2.4.4-Tetraalkyl-3-hydroxybuten-(3)-säure-β-lactone.* (**F. P. 1 321 322** vom 7/5. 1962, ausg. 10/6. 1963. U. S. Prior. 9/5. 1961. — C. **1966,** 36-2487 [U. S. P. 3 062 836].)

1836 **Eastman Kodak Co.,** USA (Erfinder: **Raymond Donald Clark**), *β-Lactone von 2.2.4.4-Tetraalkyl-3-hydroxybuten-(3)-säuren.* (**F. P. 1 326 684** vom 7/5. 1962, ausg. 14/8. 1963. U. S. Prior. 9/5. 1961. — C. **1966,** 36-2487 [U. S. P. 3 062 837].)

1837 **Kodak-Pathé,** Seine, Frankreich (Erfinder: **Cataldo Aldino Maggiuli** und **Howard Everett Munro**), *Herstellung von β-Ketosäureestern.* (**F. P. 1 318 368** vom 27/3. 1962, ausg. 15/5. 1963. U. S. Prior. 29/3. 1961. — C. **1966,** 37-2632 [U. S. P. 3 142 692].)

1838 **J. R. Geigy Soc. An.,** Schweiz (Erfinder: **Elwood Bruce Trickey**), *Kontinuierliche Herstellung von ClCN.* (**F. P. 1 330 038** vom 30/7. 1962, ausg. 11/10. 1963. U. S. Prior. 31/7. 1961. — C. **1966,** 29-2555 [Brit. P. 966 533].)

1839 **Österreichische Stickstoffwerke Akt.-Ges.,** Österreich, *Herstellung von Cyansäure aus Harnstoff.* (**F. P. 1 332 282** vom 23/7. 1962, ausg. 18/11. 1963. Oe. Prior. 22/8. 1961. — C. **1966,** 34-2457 [D. P. [DDR] 36 404].)

1840 **Olin Mathieson Chemical Corp.,** USA (Erfinder: **Robert C. East**) *Herstellung von Isocyansäure.* (**F. P. 1 328 696** vom 11/7. 1962, ausg. 30/9. 1963. U. S. Prior. 26/7. 1961. — C. **1966,** 32-2430 [Can. P. 695 768].)

1841 **Badische Anilin- & Soda-Fabrik Akt.-Ges.,** Deutschland (Erfinder: **Karl-Heinz Koenig** und **Horst Pommer**), *α,β-ungesättigte aliphatische Isocyanate und Carbaminsäurehalogenide.* (**F. P. 1 328 008** vom 25/5. 1962, ausg. 13/9. 1963. D. Prior. 26/5. 1961. — C. **1966,** 38-2466 [Brit. P. 946 177].)

1842 **Imperial Chemical Industries Ltd.**, Großbritannien, *Herstellung von Dinitrotoluol.* (**F. P. 1 333 444** vom 11/9. 1962, ausg. 25/11. 1963. Brit. Prior. 19/9. 1961. – C. **1966,** 31-2485 [Brit. P. 939 873].)

1843 **Hooker Chemical Corp.**. USA (Erfinder: **Walter Hugo Prahl** und **Sol Joseph Lederman**), *Phenol aus aromatischen Halogenverbindungen.* (**F. P. 1 329 335** vom 20/7. 1962, ausg. 25/9. 1963. U. S. Prior. 25/8. 1961. – C. **1966,** 39-2740 [Belg. A. S. 620 276].)

1844 **Shell Internationale Research Mij. N. V.**, Niederlande, *Herstellung von Alkali- oder NH_4-Alkylarylsulfonaten.* (**F. P. 1 324 870** vom 14/6. 1962, ausg. 22/7. 1963. Brit. Prior. 16/6. 1961 u. 16/5. 1962. – C. **1966,** 39-2965 [Brit. P. 958 995].)

1845 **Monsanto Chemical Co.**, USA (Erfinder: **James Carter Masson**), *Herstellung von Allyloxybenzolsulfonaten.* (**F. P. 1 372 086** vom 26/8. 1963, ausg. 30/12. 1964. U. S. Prior. 27/8. 1962. – C. **1966,** 33-2506 [Brit. P. 974 408].)

1846 **Atomenergiekommissionen**, Kopenhagen (Erfinder: **Niels Hesselbjerg Christensen**, Himmelev), Dänemark, *Herstellung von Monosulfonsäureanhydriden.* (**Oe. P. 228 783** vom 17/1. 1962, ausg. 12/8. 1963. **F. P. 1 343 502** vom 23/1. 1962, ausg. 18/2. 1964. Beide Dän. Prior. 26/1. 1961. – C. **1966,** 33-2505 [Brit. P. 977 477].)

1847 **Farbenfabriken Bayer Akt.-Ges.**, Deutschland (Erfinder: **Ulrich Curtius, Volker Böllert, Gerhard Fritz** und **Joachim Nentwig**), *Organische Ester und Anhydride.* (**F. P. 1 334 980** vom 14/5. 1962, ausg. 4/12. 1963. D. Prior. 25/5. u. 8/12. 1961. – C. **1966,** 38-2416 [Brit. P. 975 368].)

1848 **Nippon Shokubai Kogyo Co. Ltd.**, Japan, *Herstellung von aromatischen Nitrilen.* (**F. P. 1 368 494** vom 4/9. 1963, ausg. 2/12. 1964. Jap. Prior. 4/9. 1962 u. 6/4. 1963. – C. **1966,** 37-2647 [Brit. P. 977 755].)

1849 **Distillers Co. Ltd.**, Großbritannien (Erfinder: **Henry Peter Crocker** und **Ronald William Kay**), *Herstellung von α-Halogenarylessigsäuren.* (**F. P. 1 331 256** vom 22/8. 1962, ausg. 30/10. 1963. Brit. Prior. 14/9. 1961. – C. **1966,** 25-2545 [Brit. P. 962 977].)

1850 **Snia Viscosa Soc. Nazionale Industria Applicazioni Viscosa S. p. A.**, Italien, *Herstellung von Hexahydrobenzoesäure.* (**F. P. 1 331 210** vom 17/8. 1962, ausg. 30/10. 1963. It. Prior. 18/8. 1961. – C. **1966,** 25-2544 [Oe. P. 232 986].)

1851 **Imperial Chemical Industries Ltd.**, Großbritannien, *Herstellung von p-Toluylsäure.* (**F. P. 1 327 613** vom 3/7. 1962, ausg. 4/9. 1963. Brit. Prior. 3/7. 1961 u. 18/6. 1962. – C. **1966,** 33-2509 [Brit. P. 971 172].)

1852 **American Cyanamid Co.**, USA (Erfinder: **Michael McKay Rauhut**), *Herstellung tertiärer Phosphine.* (**F. P. 1 323 365** vom 25/5. 1962, ausg. 1/7. 1963, U. S. Prior. 21/7. 1961. – C. **1966,** 37-3061 [U. S. P. 3 116 316].)

1853 **Sicedison S. p. A.**, Italien (Erfinder: **Corrado Brichta, Giuseppe Caprara** und **Guidobaldo Cevidalli**), *Herstellung cyclischer Olefine.* (**F. P. 1 335 657** vom 13/7. 1962, ausg. 11/12. 1963. It. Prior. 18/7. 1961. – C. **1966,** 29-2590 [Oe. P. 237 590].)

1854 **Tadashi Yamaguchi** und **Masataka Amagasa**, Japan, *Herstellung von 1-Methylcyclohexen-(1).* (**F. P. 1 363 842** vom 23/7. 1963, ausg. 12/10. 1964. Jap. Prior. 28/7. 1962. – C. **1966,** 30-2438 [D. A. S. 1 205 529].)

1855 **Soc. Nationale des Pétroles d'Aquitaine**, Seine, Frankreich (Erfinder: **Pierre Bapseres** und **Christos Nicolaides**), *Herstellung aliphatischer und cycloaliphatischer Ketoxime.* (**F. P. 1 324 330** vom 6/3. 1962, ausg. 6/7. 1963. – C. **1966,** 39-2701 [D. A. S. 1 204 219].)

1856 **Sicedison S. p. A.**, Italien, *2-Chlorcyclohexanonoximhydrochlorid.* (**F. P. 1 344 094** vom 18/1. 1963, ausg. 26/2. 1964. It. Prior. 19/1. 1962. – C. **1966,** 29-2594 [Brit. P. 964 636].)

1857 **Ministerul Industriei Petrolului şi Chimiei**, Rumänien (Erfinder: **Nicolae Ungurean, Tony Simionescu, Maria Andonian** und **Simon Katz**), *Herstellung von 2.2-Bis-[p-hydroxyphenyl]-propan.* (**F. P. 1 362 968** vom 12/7. 1963, ausg. 28/9. 1964. – C. **1966,** 35-2696 [D. P. [DDR] 35 386].)

1858 **Pennsalt Chemicals Corp.**, USA (Erfinder: **Paul Gordon Haines** und **Harry Elmer Albert**), *Herstellung alkylierter Bisphenole.* (**F. P. 1 325 111** vom 20/3. 1962, ausg. 24/7. 1963. U. S. Prior. 22/3. 1961. – C. **1966,** 29-2597 [Can. P. 688 845].)

1859 **Soc. d'Électro-Chimie, d'Électro-Métallurgie et des Aciéries Électriques d'Ugine**, Frankreich (Erfinder: **Laszlo Szobel** und **Ludovic Parvi**), *N.N'-substituierte Polychlordiphenylendiamine.* (**F. P. 1 332 697** vom 7/6. 1962, ausg. 20/11. 1963. – C. **1966,** 34-2488 [D. A. S. 1 205 109].)

1860 **Herbert Kölbel**, Deutschland, *Herstellung härtbarer Anthracenendobernsteinsäurediglycidylester.* (**F. P. 1 323 491** vom 5/6. 1962, ausg. 3/7. 1963. D. Prior. 7/6. 1961. – C. **1966,** 26-2816 [D. A. S. 1 203 255].)

1861 **Badische Anilin- & Soda-Fabrik Akt.-Ges.**, Deutschland (Erfinder: **Willy Braun** und **Max Bertl**), *Herstellung von heterocyclischen Carbonsäuren und deren Chloriden.* (**F. P. 1 368 390** vom 25/7. 1963, ausg. 2/12. 1964. D. Prior. 28/7. 1962. – C. **1966,** 38-2505 [Brit. P. 977 697].)

1862 **E. I. du Pont de Nemours & Co.**, USA (Erfinder: **Hugh Harper Gibbs** und **Joseph Leo Warnell**), *Fluorepoxide.* (**F. P. 1 322 597** vom 15/5. 1962, ausg. 21/6. 1963. U. S. Prior. 18/5. 1961. – C. **1966,** 28-2498 [Can. P. 691 974].)

1863 **Imperial Chemical Industries Ltd.**, Großbritannien, *Herstellung von Olefinoxiden und Carbonsäuren.* (**F. P. 1 323 787** vom 16/3. 1962, ausg. 3/7. 1963. Brit. Prior. 17/3. 1961 u. 7/3. 1962. – C. **1966,** 30-2448 [D. A. S. 1 190 926].)

1864 **Chemische Werke Witten G. m. b. H.** (Erfinder: **Klaus Thewalt**), Deutschland, *Herstellung von β-[Furyl-(2)]-propionsäureestern.* (**F. P. 1 336 927** vom 22/8. 1962, ausg. 18/12. 1963. D. Prior. 4/9. 1961 u. 29/5. 1962. – C. **1966,** 25-2570 [Brit. P. 948 893].)

1865 **Shell Internationale Research Mij. N. V.**, Niederlande (Erfinder: **Eldred Emsley Young**), *Herstellung von Sulfolen.* [**F. P. 1 320 557** vom 25/4. 1962, ausg. 31/5. 1963. U. S. Prior. 27/4. 1961. – C. **1966,** 25-2573 [Brit. P. 951 501].)

1866 **Ciba Soc. An.**, Schweiz, *1-Methyl-1.2-di-[benzimidazolyl-(2')]-äthylenverbindungen.* (**F. P. 1 327 409** vom 1/6. 1962, ausg. 30/8. 1963. Schwz. Prior. 5/6. 1961. – C. **1966,** 32-2884 [Brit. P. 941 866].)

1867 **Badische Anilin- & Soda-Fabrik Akt.-Ges.**, Deutschland (Erfinder: **Guenter Hansen** und **Johannes Dehnert**), *Cyanmethylierte Heterocyclen.* (**F. P. 1 361 778** vom 5/7. 1963, ausg. 4/9. 1964. D. Prior. 7/7. 1962. – C. **1966,** 39-2775 [Brit. P. 975 165].)

1868 **Distillers Co. Ltd.**, Großbritannien (Erfinder: **Leslie Ernest Cooper** und **Kenneth Raymond Hargrave**), *Herstellung von Pyridin.* (**F. P. 1 332 907** vom 30/8. 1962, ausg. 22/11. 1963. Brit. Prior. 31/8. 1961. – C. **1966,** 33-2546 [Brit. P. 971 174].)

1869 **Distillers Co. Ltd.**, Großbritannien (Erfinder: **John Pennington** und **Bertram Yeomans**), *Herstellung von Nitrilen und Pyridincarbonsäuren.* (**F. P. 1 327 679** vom 5/7. 1962, ausg. 4/9. 1963. Brit. Prior. 6/7. 1961. – C. **1966,** 29-2622 [U. S. P. 3 146 238].)

1870 **Ministerul Industriei Petrolului şi Chimiei**, Rumänien (Erfinder: **Flavian Culban, Stefan Cilianu-Bibian** und **Lulu Zaharescu**), *Herstellung von α-Chlorisonicotinsäureestern.* (**F. P. 1 362 967** vom 12/7. 1963, ausg. 28/9. 1964. – C. **1966,** 31-2529 [D. P. [DDR] 37 762].)

1871 **Ministerul Industriei Petrolului şi Chimiei**, Rumänien (Erfinder: **Flavian Culban, Stefan Cilianu-Bibian, Sabina Popescu** und **Mihaela Veza**), *Isonicotinsäurethioamide.* (**F. P. 1 366 065** vom 15/5. 1963, ausg. 10/11. 1964. Rumän. Prior. 29/6. 1962. – C. **1966,** 31-2530 [D. P. [DDR] 37 618].)

1872 **Henkel & Cie G. m. b. H.**, Deutschland, *Herstellung von Sultonen.* (**F. P. 1 367 271** vom 22/8. 1963, ausg. 20/11. 1964. D. Prior. 31/8. 1962. – C. **1966,** 27-2479 [D. A. S. 1 203 762].)

1873 **National Research Development Corp.** (Erfinder: **Robert Alfred Shaw, Barry Charles Smith** und **Robert Cecil Golesworthy**), Großbritannien, *Herstellung von Aminoaryltriazinen.* (**F. P. 1 336 007** vom 16/10. 1962, ausg. 11/12. 1963. Brit. Prior. 17/10. 1961. – C. **1966,** 38-2513 [Brit. P. 966 799].)

1874 **W. R. Grace & Co.**, USA, *Herstellung von Melamin.* (**F. P. 1 336 907** vom 13/8. 1962, ausg. 18/12. 1963. – C. **1966,** 38-2519 [Brit. P. 960 298].)

1875 **American Cyanamid Co.**, USA (Erfinder: **Bennett George Buell**), *2-Styrylbenzoxazol-Derivate.* (**F. P. 1 337 162** vom 29/10. 1962, ausg. 20/12. 1963. U. S. Prior. 17/11. 1961. – C. **1966,** 36-2875 [U. S. P. 3 120 520].)

1876 **Chemische Werke Hüls Akt.-Ges.**, Deutschland, *Hydroxyalkylderivate des 1.3.5-Trimethylentrisulfons.* (**F. P. 1 335 787** vom 8/10. 1962, ausg. 9/12. 1963. D. Prior. 11/12. 1961. – C. **1966,** 38-2523 [Brit. P. 973 838].)

1877 **E. I. du Pont de Nemours & Co.**, USA (Erfinder: **George Morrill Nichols**), *Phenoxytriphosphonitrile.* (**F. P. 1 343 090** vom 2/11. 1962, ausg. 14/2. 1964. U. S. Prior. 3/11. 1961. – C. **1966,** 27-2488 [U. S. P. 3 136 727].)

1878 **Imperial Chemical Industries Ltd.**, Großbritannien, *Herstellung von Lactamen.* (**F. P. 1 328 964** vom 17/4. 1962, ausg. 25/9. 1963. Brit. Prior. 17/4. 1961. – C. **1966,** 38-2802 [Brit. P. 978 353].)

1879 **Stamicarben N. V.**, Niederlande, *Herstellung von Caprolactam.* (**F. P. 1 319 834** vom 16/4. 1962, ausg. 22/5. 1963. Niederl. Prior. 18/4. 1961. – C. **1966,** 37-2708 [U. S. P. 3 119 814].)

1880 **United States Borax and Chemical Corp.**, USA (Erfinder: **George W. Willcockson, Don L. Hunter** und **Irving S. Bengelsdorf**), *Dialkanolaminovinylboronate.* (**F. P. 1 328 552** vom 2/5. 1962, ausg. 16/9. 1963. U. S. Prior. 2/5. 1961. – C. **1966,** 37-2713 [U. S. P. 3 069 454].)

1881 **Studiengesellschaft Kohle m. b. H.**, Deutschland (Erfinder: **Günther O. Schenck** und **Ernst Koerner von Eustorf**), *Cyclopentadienylverbindungen.* (**F. P. 1 343 770** vom 16/10. 1962, ausg. 21/2. 1964. D. Prior. 18/10. 1961. – C. **1966,** 34-2515 [D. P. [DDR] 36 415].)

H–8. Farbstoffe

1882 Imperial Chemical Industries Ltd., Großbritannien, **Herstellung von Monoazofarbstoffen** der allg. Formel $A-N=N-B(OH)R_n$ durch Kupplung von diazotierten Aminen der allg. Formel $A-NH_2$ mit Nonylphenolen (A = aromat. Rest; B = Naphthalinrest; R = Nonylrest; n = 1 oder 2). – Die Verb. eignen sich zum Färben von Polyester-, Polymethacrylat-, Polystyrolmassen, Firnissen u. Benzin. – *Anilin* → *Nonyl-β-naphthol*, oranger Stoff. Tabellenbeispiele. (**F. P. 1 490 125** vom 19/8. 1966, veröff. 19/6. 1967. Brit. Prior. 20/8. 1965.) – 4 S. A. Jahn 6842

1883 Farbwerke Hoechst Akt.-Ges. vormals Meister Lucius & Brüning (Erfinder: Ernst Hoyer), **Frankfurt/M., Herstellung von wasserlöslichen Azofarbstoffen** der allg. Formel I (X = H, Na, K). Die Kupplung

I

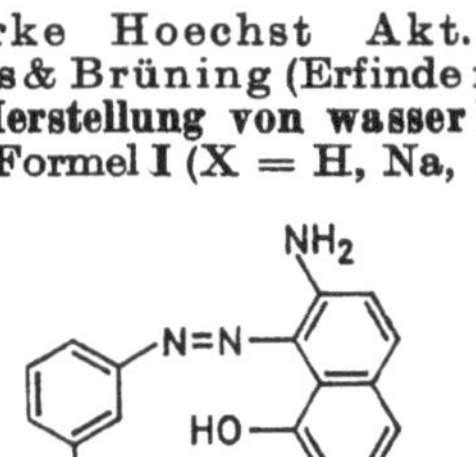

erfolgt bei pH 0,6–1 u. 0–25°. Die krist. Abscheidung des Farbstoffs wird bes. bei pH 3,7–4,1 vorgenommen. – Mit dem Farbstoff werden auf cellulosehaltigen Fasern u. bes. auf Wolle, Seide, Leder u. synthet. Polyamiden licht-, wasch-, schweiß- u. walkechte rote Färbungen u. Drucke erhalten. – 1-Aminobenzol-3-β-hydroxyäthylsulfonschwefelsäureester wird diazotiert u. mit 7-Amino-1-hydroxynaphthalin-3-sulfonsäure (II) gekuppelt oder der Monoazofarbstoff 1-Aminobenzol-3-β-hydroxyäthylsulfon → II wird durch 17std. Verrühren in 95%ig. H_2SO_4 bei 20—30° verestert. (**Schwz. P. 449 810** vom 25/2. 1964, ausg. 30/4. 1968. **Belg. A. S. 644 538** vom 28/2. 1964, bekanntgemacht 28/8. 1964. Beide D. Prior. 28/2. 1963.) — 3 S. — 8 S. O. Roick 6842

1884 Badische Anilin- & Soda-Fabrik Akt.-Ges. (Erfinder: Günter Hansen, Johannes Dehnert und Hans Baumann), Ludwigshafen/Rh., **Herstellung heterocyclischer Azofarbstoffe** der allg. Formel I bzw. deren

I 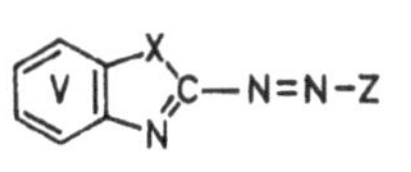

IV 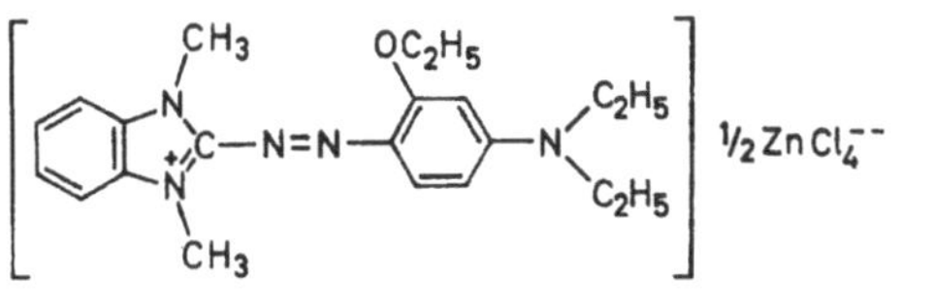

VI 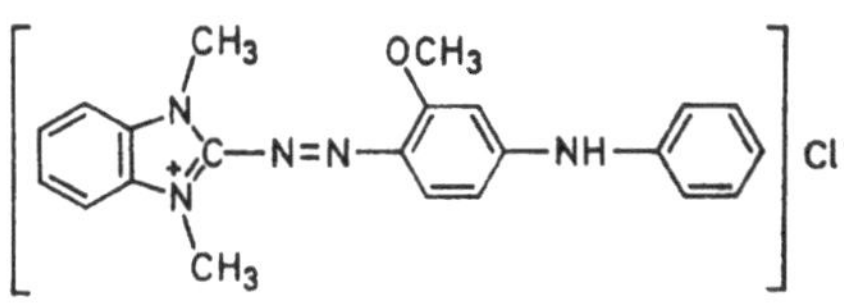

Alkylierungsprod., X = —S—, —NH—, —N(R)—; R = ggf. substituierter aliphat., araliphat., aromat. oder heterocycl. Rest; Z = Rest eines ggf. substituierten aromat.-isocycl. oder aromat.-heterocycl., diazotierbaren Amins u. in der der aromat. Ring V in Azofarbstoffen brauchbare Substituenten enthalten kann, dad. gek., daß man Verb. der allg. Formel Y—N=N—Z, Y = Nitrilgruppe oder deren reaktionsfähiges Deriv. (Iminooder Iminothioäther oder Amidine) mit Verb. NH_2—C_6H_4—o-X—H kondensiert u. die Rk.-Prod. I ggf. mit alkylierend wirkenden Mitteln umsetzt. — Das Verf. ergibt Farbstoffe, die sich in Lsg. oder Suspension zum Färben u. Bedrucken von gebeizter Baumwolle, von Leder u. von Gebilden aus Celluloseestern oder -äthern, Polyamiden (N), Polyurethanen, Polyestern u. bes. aus Polyacrylnitril (**Pac**) oder Mischpolymerisaten des Acrylnitrils eignen. — 49 (Gew.-Teile) 2-Äthoxy-4-diäthylaminophenyldiazocyanid u. 27 1.2-Diaminobenzol (II) verreibt man mit 200 W., läßt 200 36%ig. HCl zulaufen, erhitzt 3—10 Min. zum Sieden u. läßt 500 gesätt. NaCl- u. dann 200 50%ig. $ZnCl_2$-Lsg. zulaufen; der Farbstoff (III), der in A. rot lösl. ist u. Acetatseide (E) bordorot färbt, ist auch erhältlich, wenn man in eine Schmelze aus 13 II 27,8 orangegefärbten 4-Diäthylamino-2-äthoxyphenylazoformiminomethyläther (F. 55°) einträgt u. wenige Min. bei 100° verrührt. Durch Alkylierung von III mit Dimethylsulfat (IIIa) in $CHCl_3$ u. Ausfällen mit NaCl u. $ZnCl_2$ erhält man den Farbstoff IV, in W. rotviolett lösl. blauschwarzes Pulver, das **Pac** aus essigsaurem oder schwefelsaurem Bad naß- u. lichtecht rotviolett färbt. — Ähnlich erhält man Farbstoffe aus: 4-Dimethylaminophenylazocyanid (V) u. II, in A. kirschrot u. Mineralsäuren rotviolett lösl., mit IIIa quaterniert u. in Ggw. von $ZnCl_2$ ausgefällt, wird **Pac** rotviolett gefärbt; V u. 1-Mercapto-2-aminobenzol, das mit IIIa erhaltene Methosulfat, grünschwarz glänzendes krist. Pulver färbt **Pac** blau; 4-Phenylamino-2-methoxyphenyldiazocyanid u. II, nach Methylierung in $CHCl_3$ u. Abdestillieren von $CHCl_3$ unter gleichzeitiger Zugabe von 5%ig. HCl Farbstoff VI, färbt **Pac** violett; 4-Methoxyphenyldiazocyanid u. II, mit IIIa quaterniert u. in Ggw. von $ZnCl_2$ ausgefällt, braunes Pulver, gelbrot in W. lösl., färbt **Pac** gelb; 2.4-Dimethoxyphenylazocyanid u. II, mit IIIa in Ggw. von $ZnCl_2$ quaterniert, braunes in W. rot lösl. Pulver, färbt **Pac** orange; 4-Acetylaminophenylazocyanid u. II, braunes in Dimethylformamid gelb lösl. Pulver, färbt E u. N gelb. (**D. A. S. 1 268 754** Kl. 22a vom 23/11. 1963, ausg. 22/5. 1968. **Brit. P. 1 084 211** vom 19/11. 1964, ausg. 20/9. 1967. **Schwz. P. 448 321** vom 16/11. 1964, ausg. 29/3. 1968. Beide D. Prior. 23/11. 1963.) — 5 S. — 11 S. — 7 S. O. Roick 6842

1885 Farbwerke Hoechst Akt.-Ges. vormals Meister Lucius & Brüning, Frankfurt/M., **Herstellung von basischen Azofarbstoffen** der allg. Formel I [R^1 u.

I 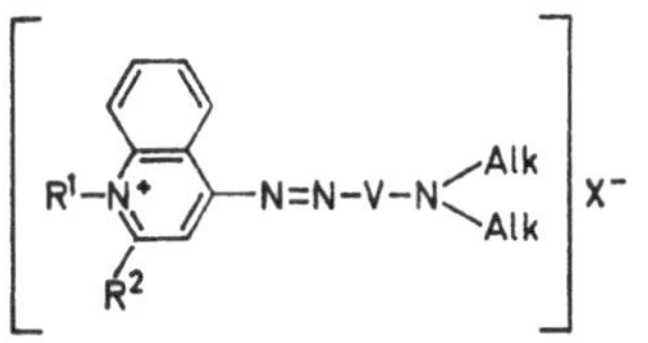

R^2 = ggf. substituiertes niedrigmol. Alkyl; Alk = ggf. substituiertes niedrigmol. Alkyl, die beide zusammen mit dem N einen heterocycl. Ring bilden können; V = Rest der Bzl.- oder Naphthalinreihe; X = Anion; die Azobrücke steht in p-Stellung zur —N(Alk)$_2$-Gruppe], die frei von SO_3H- u. COOH-Gruppen sind, erfolgt wie üblich. — Die Farbstoffe eignen sich zum Färben u. Bedrucken von Fasern aus Cellulose, Seide, Leder oder synthet. Fasern, z. B. aus Celluloseacetaten, Polyamid u. bes. aus Polyacrylnitril (**Pac**) u. Polyvinylidencyanid, in licht-, naß-, Lsgm.- u. hitzeechten blauen Tönen. — 28,4 (g) 4-Amino-1.2-dimethylchinoliniummethylsulfat(II) löst man bei 20—25° in 50 cm³ 80%ig. H_2SO_4, gibt tropfenweise bei 10° 15,5 cm³ 43,8%ig. Nitroxylschwefelsäure in 10 Min. zu, kuppelt die gelb-rot-braune Diazolsg. in 30 Min. mit einer Lsg. von 12,2 N.N-Dimethylanilin (III) in 25 cm³ 80%ig. H_2SO_4, rührt 30 Min. bei Raumtemp., trägt in 200 W. u. 100 Eis ein u. fällt den Farbstoff mit 300 krist. Na-Acetat, 100 NaCl u. 10 cm³ einer 70%ig. $ZnCl_2$-Lsg. als $ZnCl_2$-Doppelsalz, dunkles leicht in W. oder verd. Essigsäure blau lösl. Pulver, das auf **Pac** einen tiefen, rotstichigblauen Druck liefert. — Den gleichen Farbstoff erhält man durch langsames Erwärmen des Azofarbstoffs 4-Aminochinaldin → III mit Dimethylsulfat (IV) auf 50°, Entfernen des überschüssigen IV durch Zers. mit W. u. Abtrennen des Farbstoffs als $ZnCl_2$-Doppelsalz. — Ähnlich erhält man die $ZnCl_2$-Doppelsalze der Farbstoffe 4-Amino-1-äthyl-2-methylchinoliniumäthylsulfat → III, färbt **Pac** rotstichigblau; oder II → 3-Methyl-N.N-diäthylanilin, färbt blau. — Weitere Tabellenbeispiele. — Druck- u. Färbevorschriften. (**F. P. 1 462 723** vom 3/1. 1966, veröff. 7/11. 1966. **Brit. P. 1 094 309** vom 3/1. 1966, ausg. 6/12. 1967. **Belg. A. S. 674 682** vom 3/1. 1966, bekanntgemacht 4/7. 1966. Alle D. Prior. 2/1. 1965.) — 5 S. — 6 S. — 16 S. O. Roick 6842

1886 Imperial Chemical Industries Ltd., London, Großbritannien (Erfinder: Donald Graham Wilkinson), **Herstellung von Pigmenten** mit guter Licht- u. Wetterechtheit durch Zugabe eines Säure bindenden Mittels, bes. bei ca. 100°, zu einer wss. Suspension eines Thiachromonoacridon(I)-Deriv., welche ein lösl. Ni-, Co-, Cu- oder Mn-Salz enthält. Leuchtend gelbliche Rotpigmente erhält man durch Rk. von 2.9-Dichlor-I mit $NiCl_2 \cdot 6\,H_2O$ bzw. $CoCl_2 \cdot 6\,H_2O$ u. Na_2CO_3. — Aus 2.9-Dichlor-I, $MnCl_2 \cdot 4\,H_2O$ u. Na_2CO_3 u. aus 9-Chlor-I, $NiCl_2 \cdot 6\,H_2O$ u. Na_2CO_3 entstehen leuchtende Rotpigmente. (**Brit. P. 1 064 416** vom 4/11. 1964, ausg. 5/4. 1967.) — 4 S. A. Jahn 6856

1887 Badische Anilin- & Soda-Fabrik Akt.-Ges. (Erfinder: Joachim Kranz, Karl Maier, Ludwigshafen/Rh., und Rudolf Polster, Frankenthal), **Herstellung von Anthrachinonfarbstoffen.** 1-Chlor-, 1-Nitro-, 1.4-Dichlor- oder 1.5-Dinitroanthrachinon oder (anthrachinon = I) 1.4-Dihydroxy-I in Ggw. von Red.-Mitteln oder die Leuko-Verb. von 1.4-Dihydroxy-I, 1.4-Diamino-I oder Gemische von 1.4-Dihydroxy-I u. 1.4-Diamino-I setzt man mit Aminen der Formel H_2N—R^1—O—R^2, in der R^1 ein ggf. substituierter 1.3-Propylenrest, R^2 ein Alkylrest mit 4—12 C-Atomen u. n = 0 oder 1 ist, zu Verb. der allg. Formel II um, wobei der zweite

II 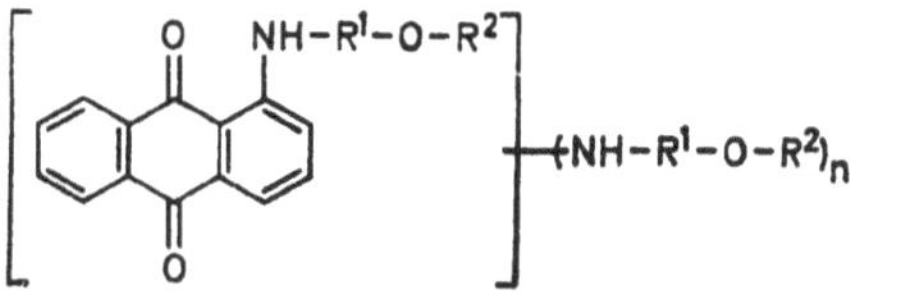

Rest $NH-R^1-O-R^2$ in 4- oder 5-Stellung des Anthrachinonkerns steht. — Die Farbstoffe, bes. jene, bei denen R^2 einen Rest mit 5—10 C-Atomen bedeutet, sind sehr gut lösl. in organ. Fl., wie Treibstoffen, Ölen, Nitro-, Sprit-, Öl- u. Alkydharzlacken, Wachspräp. u. Kunststoffen. — In 75 (Gew.-Teile) 3-[2-Äthylhexoxy]-propylamin (**III**) trägt man bei 50° 10 Zn-Staub u. 48 1.4-Dihydroxy-I ein, erwärmt 2 Std. auf 60—70°, saugt 1 Std. Luft hindurch, verd. mit 80 Bzl., filtriert, dest. Bzl. aus dem Filtrat ab. Der in quant. Ausb. als Öl ausfallende Farbstoff, sehr gut lösl. in Bzn., Toluol, Aceton, kann mit A. zur Kristallisation gebracht werden. — Aus α-Nitro-I u. **III** wird als rotes Öl ein nur in 1-Stellung des Anthrachinonkerns substituierter Farbstoff erhalten. (**D. A. S. 1 259 484** Kl. 22b vom 25/11. 1964, ausg. 25/1. 1968.) — 2 S. O. Roick 6864

1888 Ciba Ltd., Basel, übert. von: Hans Altermatt, Reinach, Schweiz, **Herstellung von N-[5-S-Arylmercapto-1'-anthrachinonyl]-1-amino-2-anthrachinoncarboxamid-Farbstoffen** durch Rk. von 1-Aminoanthrachinon-2-carbonsäurechlorid (I) mit 1-Amino-5-Arylmercaptoanthrachinonen. Die Verb. eignen sich bes. zum Färben von Cellulosefasern nach dem Küpenverfahren. — I + *5-Phenylmercapto-1-aminoanthrachinon* → Verb., die Baumwolle gelb färbt. (**U. S. P. 3 360 532** vom 1/9. 1964, ausg. 26/12. 1967. Schwz. Prior. 20/9. 1963.) — 4 S. A. Jahn 6864

1889 Ciba Akt.-Ges., Basel (Erfinder: Arthur Bühler, Rheinfelden, und René de Montmollin, Riehen), Schweiz, **Herstellung von Anthrachinonfarbstoffen** der Formel **I** (X = dihalogenierter Propionylrest oder ein

I 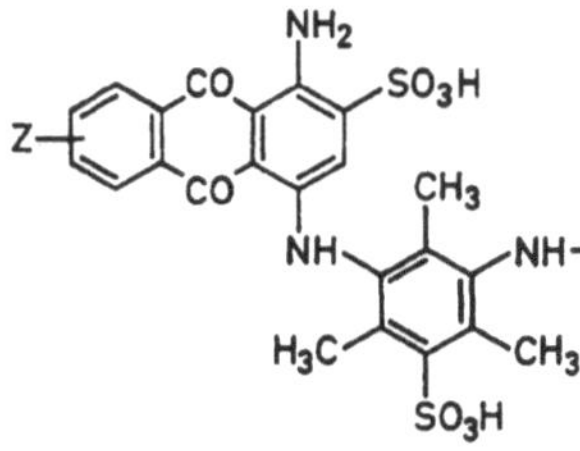

α-Bromacrylrest; Z = H oder $-SO_3H$) aus Anthrachinonfarbstoffen durch Acylierung entsprechender NH_2-Verb. mit Dihalogenpropionsäureanhydriden oder -halogeniden oder mit α-Bromacrylsäurehalogeniden. Das erhaltene Dibrompropionylderiv. wird zur HBr-Abspaltung ggf. mit Alkali behandelt. 53,1 (Teile) 1-Amino-4-[5'-amino-2'.4'.6'-trimethylphenylamino]-anthrachinon-2.3'-disulfonsäure werden in 500 W. unter Zusatz von 20 10 n NaOH gelöst u. neutralisiert. Nach Zugabe von 14,3 $NaHCO_3$ werden 31,2 α.β-Dibrompropionylchlorid zugetropft. Nach beendeter Acylierung bei ≦ 5° wird der Farbstoff ausgesalzen, abgetrennt u. bei 80—90° getrocknet. Das erhaltene wasserlösl. dunkelblaue Pulver färbt Wolle in naßechten brillanten blauen Tönen. — 3 weitere Beispiele. (**D. P. [DDR] 55 739** Kl. 22b vom 7/7. 1966, ausg. 5/5. 1967 [Ausschließungspatent]. Schwz. Prior. 7/7. 1965.) — 3 S. M. F. Müller 6864

1890 Polaroid Corp., Cambridge, übert. von: Charles E. Jandride, Roslindale, Myron S. Simon, Newton Center, und Henry T. Wolosinski, Lexington, Mass., USA, **Herstellung von Anthrachinonfarbstoffen** durch Ox. von Leucoanthrachinon-Verb., welche o- oder p-Dihydroxyphenylreste tragen, mit an Aktivkohle adsorbiertem O_2 bei >Normaltemp. bis <120° in einem inerten Lsgm., bes. unter Inertgasatmosphäre. Dabei bleibt die Dihydroxyphenylgruppierung erhalten. Beispiel für die Ox. des Rk.-Prod. aus *Leuco-1.4.5.8-tetrahydroxyanthrachinon* u. *2-[2'-Aminopropyl]-hydrochinon*. — Photograph. Farbentwickler. (**U. S. P. 3 253 002** vom 28/5. 1963, ausg. 24/5. 1966.) — 3 S. A. Jahn 6864

1891 Polaroid Corp., Cambridge, übert. von: Milton Green, Newton Center, und Howard G. Rogers, Weston, Mass., USA, **Herstellung von Anthrachinon (I)-farbstoffentwicklern** der allg. Formel $A-(-NH-Z-S-X)_m$, z. B. durch Rk. von 1.4-Bis-[halogenalkylamino]-**I** mit o- oder p-Dihydroxyphenylmercaptanen oder durch Rk. von 1.4-Bis-[mercaptoalkylamino]-**I** mit entsprechenden Chinonen. Ferner können 1.4-Dihydroxy-**I**, bes. nach vorausgehender Überführung in die Leukoform mit entsprechenden Mercaptoaminen kondensiert u. ggf. nachfolgend wieder ox. werden (A = **I**-Rest; X = AgCl entwickelnder Dihydroxyphenylrest; Z = Alkylen-, Arylen- oder Alkarylenrest; m = 1 oder 2). — Beispiele für die Herst. von: *1.4-Bis-[β-(p-hydrochinonylmercapto)-α-methyläthylamino]*-I u. *1-[α-Äthyl-β-hydroxyäthylamino]-4-[β-(p-toluhydrochinonylmercapto)-α-methyläthylamino]*-I. — (**U. S. P. 3 253 001** vom 1/12. 1964, ausg. 24/5. 1966.) — 4 S. A. Jahn 6864

1892 Badische Anilin- & Soda-Fabrik Akt.-Ges., Ludwigshafen/Rh. (Erfinder: Karl Schmeidl, Frankenthal, Helmut Fitzner und Wilhelm Brunkhorst, Ludwigshafen), **Herstellung von farbstarken polyhalogenierten Kupferphthalocyaninfarbstoffen** erfolgt dadurch, daß als Ausgangsprod. rohe Kupferphthalocyanine mit 10—16 Halogenatomen im Mol. auf 60—200° in Ggw. der 0,2—10fachen Menge einer unter den Rk.-Bedingungen fl. aromat. Verb., bes. von β-Naphthol, erhitzt werden. (**Brit. P. 1 088 736** vom 17/8. 1966, ausg. 25/10. 1967. D. Prior. 18/8. 1965.) — 3 S. H.-W. Wille 6870

1893 Ciba Akt.-Ges., Basel (Erfinder: Christian Zickendraht, Binningen, und Arthur Bühler, Rheinfelden), Schweiz, **Herstellung von Phthalocyaninsulfamidfarbstoffen** erfolgt dadurch, daß man Phthalocyaninsulfonsäurehalogenide (**I**) mit sulfonsäuregruppenfreien Aminonitrodiphenylamiden (**II**) amidiert. Als **I** dient bes. Cu-Phthalocyanintetrasulfonsäurechlorid u. als **II** bes. sulfonsäure- u. carboxylgruppenfreie o-Nitrodiphenylamine $R^1-NH-C_6H_4-NH_2$, R^1 = o-Nitrobenzolrest; ggf. werden 1—3 Sulfonsäurehalogenidgruppen mit Amino-o-nitrodiphenylamin u. die übrigen mit einem prim. oder sek. u. bes. aliphat. Amin umgesetzt. — 97 (Teile) Cu-Phthalocyanintetrasulfochlorid werden als 40%ig. wss. Paste in 1500 A. verrührt, 42 krist. Na-Acetat u. 164 4-Amino-2'-nitrodiphenylamin-4'-sulfonsäure-N,γ-isopropoxypropylamid zugesetzt u. längere Zeit bei 40—45° gerührt. Nach dem Abdest. des A. wird ein in Aceton lösl., gelbstichiggrüner Farbstoff durch Filtrieren abgetrennt. — Pigmente; soweit lösl., sind sie Farbstoffe für plast. Massen, bes. für Acetatseide. — Tabellenbeispiele der möglichen Ausgangsstoffe. (**Schwz. P. 433 551** vom 24/12. 1963, ausg. 30/9. 1967. **Zusatz zu Schwz. P. 352 076; C. 1960, 10 072.**) — 3 S. H.-W. Wille 6870

1894 Ciba Akt.-Ges., Basel (Erfinder: Günther Zwahlen, Arlesheim, und Maurice Grélat, Bettingen), Schweiz, **Herstellung von Kupferphthalocyaninen** von hoher Rekristallisations-, Modifikations- u. Flockulationsbeständigkeit erfolgt dadurch, daß man eine Mischung aus Phthal-, 4-Chlorphthal- u. Pyridin-2.3-dicarbonsäure, ihren Salzen, Anhydriden oder Imiden mit Harnstoff u. einem Cu-abgebenden Mittel in Ggw. eines Molybdates, bes. in einem hochsd. inerten Lsgm. erhitzt. — 500 (Teile) Nitrobenzol, 37 Phthalsäureanhydrid, 7,45 Pyridin-2.3-dicarbonsäureanhydrid, 95 Harnstoff, 1,2 $(NH_4)_2MoO_4$ u. 10,1 CuCl werden stufenweise unter Rühren auf 205° erhitzt. Das auf 120° gekühlte Rk.-Gemisch wird abgesaugt, mit heißem Nitrobenzol u. A. gewaschen sowie unter jeweiligem anschließendem Neutralwaschen mit W. in 2 n NaOH u. 2 n HCl ausgekocht. Die nach der Trocknung erhaltenen 53 Phthalocyanin werden in 500 konz. H_2SO_4 kalt gelöst, die Lsg. wird in ca. 3000 Eis gegossen u. das neutral gewaschene Prod. im Autoklav in 1500 W. bei 230° 4 Std. gerührt → Cu-Phthalocyanin mit verbesserten Eig.; Pigmentfarbstoff, bes. für Einbrennlacke. (**Schwz. P. 439 541** vom 16/8. 1963, ausg. 29/12. 1967.) — 4 S. H.-W. Wille 6870

1895 Ciba Akt.-Ges. (Erfinder: Visvanathan Ramanathan), Basel, Schweiz, **Herstellung wasserunlös-**

I
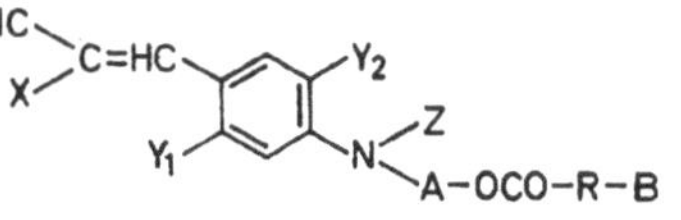

II
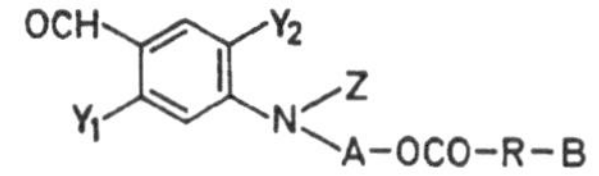

licher Styrylfarbstoffe der Formel **I**, worin A = Alkylen, das eine —O-Acyl-Gruppe enthalten kann; B = Benzolrest oder heterocycl. Rest; R = direkte Bindung, Methylen-, Äthylen-, Vinylgruppe oder —O—; X = Cyan-, Carbalkoxygruppe, Y_1 = H, Alkyl- oder Alkoxy; Y_2 = H, Alkyl oder Alkoxygruppe, Z = Alkyl-, Phenalkylgruppe, Acyloxyalkylgruppe oder Rest der Formel —A—OCO—RB sind, erfolgt dadurch, daß ein von wasserlösl. machenden Gruppen freier Aldehyd der Formel **II** oder ein Aldimin davon mit Malonitril oder einem Cyanessigester kondensiert wird. — Farbstoffe bes. für Polyester-Fasermaterial. (**Schwz. P. 435 517** vom 9/3. 1964, ausg. 31/10. 1967.) — 5 S.

H.-W. Wille 6895

1896 Cassella Farbwerke Mainkur Akt.-Ges., Frankfurt/M. (Erfinder: Heinz Bender, Bergen-Enkheim, Richard Fleischhauer, Frankfurt/M., und Rudi Beyerle, Bruchköbel), **Herstellung von wasserlöslichen organischen Farbstoffen.** Farbstoffe oder Farbstoffvorprod., z. B. der Azo-, Anthrachinon-, Nitro-, Azin-, Oxazin-, Thiazin-, Phthalocyanin- oder Triphenylmethanreihe, die prim. oder sek. Aminogruppen tragen, setzt man mit funktionellen Deriv., bes. Halogeniden, von Halogenpyridazincarbonsäuren der allg. Formel **I** um, wobei die noch im Pyridazinring vorhandenen

I
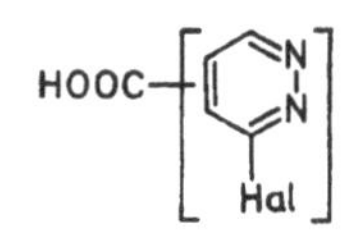

H-Atome ggf. durch Halogen, Alkyl, Aralkyl u. Aryl substituiert sein können, u. vereinigt bei der Verw. von Farbstoffvorprod. die acylierten Zwischenprod. mit den fehlenden Komponenten zu den Endfarbstoffen, wobei man die Komponenten so auswählt, daß mindestens eine derselben eine oder mehrere wasserlösl.-machende Gruppen enthält. — *Reaktivfarbstoffe* für Cellulosefasern sowie geeignet zum Färben von Wolle, Seide, Leder u. Polyamiden. — Durch Rk. von 2.4-Diaminobenzol-1-sulfonsäure mit 3-Chlorpyridazin-[1.2]-6-carbonsäurechlorid (**II**), diazotieren der erhaltenen 1-Amino-3-[3′-chlorpyridazin-(1′.2′)-6′-carbonamido]-benzol-6-sulfonsäure (**III**) u. Kuppeln von **III** mit 1-[2′.5′-Dichlor-4′-sulfophenyl]-3-methyl-5-pyrazolon wird ein Farbstoff erhalten, der auf Baumwolle naß- u. lichtechte grünstichiggelbe Drucke liefert. — An Stelle von **II** kann man als Acylierungsmittel z. B. auch 3.6-Dichlorpyridazin-(1.2)-5-carbonsäurechlorid verwenden. — Wird 2-Amino-5-hydroxynaphthalin-7-sulfonsäure (**IIIa**) mit **II** acyliert u. die entstandene 2-[3′-Chlorpyridazin-(1′.2′)-6′-carbonamido]-5-hydroxynaphthalin-7-sulfonsäure (**IV**) mit diazotierter Anilin-2-, -3- oder -4-sulfonsäure, 2-, 3- oder 4-Aminobenzoesäure, 4-Aminotoluol-3-sulfonsäure oder 3-Aminotoluol-6-sulfonsäure gekuppelt, so erhält man orangefärbende Reaktivfarbstoffe. — Mit 1-Amino-8-hydroxynaphthalin-3.6-disulfonsäure an Stelle von **IIIa** werden blaustichigrot färbende Reaktivfarbstoffe erhalten. — Der Diazofarbstoff **IV** ← 4.4′-Diaminodiphenyl-2.2′-disulfonsäure (**V**) → **IV** gibt auf **A** scharlachrote Drucke. — Aus 1-Amino-4-[4′-methyl-3′-amino-5′-sulfophenylamino]-anthrachinon-2-sulfonsäure u. **II** wird ein dunkles in W. lösl. Pulver erhalten, gibt auf Baumwolle (**A**) rotstichigblaue Drucke. — Der Monoazofarbstoff 2-Aminonaphthalin-4.8-disulfonsäure → 1-Amino-2-methoxy-5-methylbenzol gibt mit **II** acyliert ein orangebraunes Farbstoffpulver u. rotstichiggelbe Drucke auf **A**. Die Cu-Komplexverb. von 1-Amino-2-hydroxybenzol-5-sulfonsäure → **IV**, ein dunkles, wasserlösl. Pulver färbt **A** bordeauxrot. — Ein Cu-Phthalocyaninsulfochlorid wird mit **V** umgesetzt u. mit **II** acyliert. Der Farbstoff liefert türkisblaue Drucke. — Der Farbstoff aus 4′-[4″-Carboxy-2″.6″-dinitrophenylamino]-4-aminodiphenylamin-2-sulfonsäure u. **II** gibt auf **A** einen gelbbraunen Druck. — Weitere Tabellenbeispiele. (**D. A. S. 1 274 764** Kl. 22a vom 2/7. 1963, ausg. 8/8. 1968. **Schwz. P. 450 588** vom 1/7. 1964, ausg. 30/4. 1968. D. Prior. 2/7. 1963.) — 5 S. — 6 S.

O. Roick 6895

1897 **Farbenfabriken Bayer Akt.-Ges.**, Leverkusen (Erfinder: **Hans-Samuel Bien**, Burscheid, **Walter Hohmann** und **Heinrich Vollmann**, Leverkusen), *Herstellung von Anthrachinonsulfonsäuren.* (**Schwz. P. 439 264** vom 14/7. 1964, **ausg.** 15/12. 1967. D. Prior. 29/8. 1963. — C. **1968,** 17-3002 [Brit. P. 1 012 830].)

1898 **Farbenfabriken Bayer Akt.-Ges.** (Erfinder: **Gottfried Manz**), Leverkusen, *Azofarbstoff.* (**Schwz. P. 458 580** vom 6/5. 1966, **ausg.** 30/8. 1968. D. Prior. 3/6. 1965. — C. **1969,** 5-2209 [F. P. 1 482 343].)

1899 **Farbenfabriken Bayer Akt.-Ges.**, Leverkusen (Erfinder: **Paul Krausel**, Köln, und **Winfried Kruckenberg**, Leverkusen), *Herstellung von Monoazofarbstoffen.* (**D. A. S. 1 262 476** Kl. 22a vom 25/10. 1962, **ausg.** 7/3. 1968. — C. **1968,** 5-2774 [F. P. 1 372 326].)

1900 **Farbenfabriken Bayer Akt.-Ges.** (Erfinder: **Winfried Kruckenberg**), Leverkusen, *Herstellung wasserunlöslicher Monoazofarbstoffe.* (**D. A. S. 1 266 421** Kl. 22a vom 14/9. 1960, **ausg.** 18/4. 1968. — C. **1967,** 17-2718 [Brit. P. 933 160].)

1901 **Farbenfabriken Bayer Akt.-Ges.** (Erfinder: **Winfried Kruckenberg**), Leverkusen, *Herstellung von wasserunlöslichen Azofarbstoffen.* (**Schwz. P. 455 087** vom 20/7. 1965, **ausg.** 28/6. **1968.** D. Prior. 18/9. 1964. — C. **1968,** 43-2826 [Brit. P. 1 047 209].)

1902 **Badische Anilin- & Soda-Fabrik Akt.-Ges.** (Erfinder: **Günter Lange** und **Hans Günter Wippel**), Ludwigshafen/Rh., *Azofarbstoff.* (**Schwz. P. 458 579** vom 25/4. 1966, ausg. 30/8. 1968. D. Prior. 8/5. 1965. — C. **1969,** 3-2399 [F. P. 1 478 973].)

1903 **Badische Anilin- & Soda-Fabrik Akt.-Ges.** (Erfinder: **Günter Lange** und **Hans Günter Wippel**), Ludwigshafen/Rh., *Azofarbstoff.* (**Schwz. P. 458 581** vom 18/5. 1966, ausg. 30/8. 1968. D. Prior. 18/6. 1965. — C. **1969,** 5-2208 [F. P. 1 483 203].)

Redaktionsschluß: 13. Februar 1969

Herausgeber: Prof. Dr. Heinrich Bertsch, Berlin, und Prof. Dr. Dr. h. c. Wilhelm Klemm, Münster
Stellvertretende Herausgeber: Prof. Dr.-Ing. Dr. rer. nat. h.c. Eberhard Leibnitz, 104 Berlin, Schiffbauerdamm 19, Fernsprecher: 42 55 71 und Prof. Dr. Bertold Reuter, 1 Berlin 30, Geisbergstraße 39, Fernsprecher: 2 11 90 91
Chefredakteure und verantwortlich für den Inhalt: Dr. Helga Völz, 104 Berlin, Schiffbauerdamm 19, Fernsprecher: 42 55 71 und Dr.-Ing. Christian Weiske, 1 Berlin 30, Geisbergstraße 39, Fernsprecher: 2 11 90 91
Stellvertretender Chefredakteur: Dr.-Ing. Günter Pötzscher, 1 Berlin 30, Geisbergstraße 39, Fernsprecher: 2 11 90 91

Akademie-Verlag GmbH, 108 Berlin, Leipziger Str. 3–4 (Fernsprecher: 22 04 41, Telex-Nr. 011 2020) und Verlag Chemie, GmbH, 6940 Weinheim/Bergstr., Pappelallee 3 (Fernsprecher: (0 62 01) 36 35; Fernschreiber: 46 5516 vchwh d), Bestellnummer: 1007/140.
Das Chemische Zentralblatt erscheint wöchentlich. Preis des Jahrganges einschl. Schnellreferatedienst, Autoren-, Patent-, Sach- u. Formelregister 3200,—; einseitig bedruckte Ausgabe: 3700,—. Abgabe der Zeitschrift nur mit sämtlichen Registern. Abbestellung nur bis spätestens 6 Wochen vor Ablauf des Kalenderjahres

Satz u. Druck: VEB „Maxim Gorki", Altenburg, und VEB Leipziger Druckhaus, Leipzig
Veröffentlicht unter der Lizenznummer 1273 des Presseamtes beim Vorsitzenden des Ministerrates
Printed in Germany

FSC
www.fsc.org
MIX
Papier | Fördert
gute Waldnutzung
FSC® C083411

Kolibri 360 GmbH
Ferdinand-Jühlke-Straße 7
99095 Erfurt, Deutschland
produktsicherheit@kolibri360.de